2021年
中国石油炼制科技大会
论 文 集

中国石油化工信息学会
中国石油学会石油炼制分会 编

中国石化出版社

内 容 提 要

本文集收录了2021年中国石油炼制科技大会论文119篇，内容涉及清洁燃料生产技术、产品结构调整技术、新型催化剂技术、重油深加工技术、绿色低碳技术、信息与智能化技术、节能环保新技术等方面，涵盖近年来我国炼油产业主要发展趋势和炼油工艺技术发展方向，集中体现了“低碳转型新形势下中国炼油行业的高质量发展”的主题，具有较高的学术水平和实用价值。

本文集不仅可为炼油领域的广大生产、科研、设计、管理和规划工作者，以及大专院校相关专业师生等提供重要的参考和借鉴，还将为促进我国炼油技术交流和科技成果转化发挥重要作用。

图书在版编目(CIP)数据

2021年中国石油炼制科技大会论文集/中国石油化工信息学会，中国石油学会石油炼制分会编. —北京：中国石化出版社，2021.8
ISBN 978-7-5114-6416-3

Ⅰ.①2… Ⅱ.①中… ②中… Ⅲ.①石油炼制-学术会议-文集 Ⅳ.①TE62-53

中国版本图书馆CIP数据核字(2021)第150861号

中国石化出版社出版发行
地址：北京市东城区安定门外大街58号
邮编：100011 电话：(010)57512500
发行部电话：(010)57512575
http://www.sinopec-press.com
E-mail：press@sinopec.com
北京柏力行彩印有限公司印刷
全国各地新华书店经销

*

787×1092毫米 16开本 50印张 1269千字
2021年9月第1版 2021年9月第1次印刷
定价：380.00元

2021年中国石油炼制科技大会

主办单位： 中国石油化工信息学会

中国石油学会石油炼制分会

承办单位： 中国石化集团经济技术研究院有限公司

中国石油天然气股份有限公司石油化工研究院

中国石油化工信息学会石油炼制分会

支持单位： 中国石油化工集团有限公司

中国石油天然气集团有限公司

中国海洋石油集团有限公司

中国化工油气股份有限公司

大会主席团

主　席： 俞仁明

副主席： 戴宝华　何盛宝　李明丰　王大壮　陈　淳　聂　红　杜吉洲　邢颖春

组织委员会

主　任： 戴宝华

副主任： 何盛宝　傅　军　马　安

成　员： 王守春　葛少辉　尹鲁江　刘学刚

学术委员会

顾　问： 陈俊武　徐承恩

主　任： 汪燮卿　孙丽丽

副主任： 傅　军　高雄厚　辛　靖　刘灵丽

委　员（按姓氏拼音排序）：

曹建军　陈　淳　崔　鹏　段新琪　高　飞　侯经纬　胡长禄　兰　玲　李锦山　李文乐　马爱增　孟宪玲　庞新梅　钱锦华　王　华　王　京　王丽景　王艳斌　魏永治　温　凯　武铁峰　肖占敏　杨文中　尹鲁江　张国生　张学军　张忠东　赵愉生　周　涵　周洪利

前　言

2021年中国石油炼制科技大会由中国石油化工信息学会和中国石油学会石油炼制分会联合主办，中国石化集团经济技术研究院有限公司和中国石油天然气股份有限公司石油化工研究院承办，于9月在北京召开。

“十四五”时期，我国即将开启全面建设社会主义现代化国家新征程。十九届五中全会明确提出建设现代化经济体系及2035年实现“碳排放达峰后稳中有降”远景目标，我国政府做出“二氧化碳排放力争于2030年前达到峰值，努力争取2060年前实现碳中和”承诺。在此背景下，我国炼油工业不仅面临着加快构建现代产业体系、推动产业链优化升级的新任务，更面临着加快推动低碳转型实现高质量发展的新形势。本次大会以“低碳转型新形势下中国炼油行业的高质量发展”为主题，广泛邀请我国炼油界及相关领域的专家、学者，为推进我国炼油工业转型升级、绿色发展、低碳发展、可持续发展建言献策。

本届大会的论文征集工作自2020年11月启动以来，得到了中国石油化工集团有限公司、中国石油天然气集团有限公司、中国海洋石油集团有限公司、中国化工油气股份有限公司以及国内有关高校和科研院所的积极响应和大力支持，共收到论文198篇。经过评审组专家认真评审和论文作者几经修改，精选其中的119篇汇编成《2021年中国石油炼制科技大会论文集》。

本论文集涉及清洁燃料生产技术、产品结构调整技术、新型催化剂技术、重油深加工技术、绿色低碳技术、信息与智能化技术、节能环保新技术等方面，涵盖近年来我国炼油产业主要发展趋势和炼油工艺技术发展方向，集中体现了“低碳转型新形势下中国炼油行业的高质量发展”的主题。论文集的出版不仅可为炼油领域的广大技术人员以及大专院校相关专业师生等提供重要参考和借鉴，而且将对促进我国炼油技术交流和科技成果转化发挥重要作用。

借此机会，向所有投稿作者表示感谢，向支持和关心本届科技大会的单位和专家谨致谢忱，向赞助单位以及负责论文集编辑出版工作的中国石化出版社表示感谢！

由于论文集涉及的专业跨度较大，整理编排时间较紧，难免有不妥之处，敬请谅解。

中国石油化工信息学会
中国石油学会石油炼制分会
二○二一年七月三十日

目　录

重油深加工

转型升级

绿色低碳

信息化与智能化

重油深加工

苯乙烯焦油在延迟焦化装置中的回炼处理

张　收，王志伟

（中国石化燕山石化公司，北京　102500）

摘　要　苯乙烯焦油是苯乙烯精馏提纯时产生的残渣其主要成分是苯乙烯聚合物以及组成复杂的苯乙烯衍生物低聚物等。工业上一般的处理方法是，作为燃料烧掉或找有资质的公司进行处理，因此没有使苯乙烯焦油得到更充分更有效的利用。延迟焦化装置是炼油厂加工重油的主要装置之一，重油在反应器焦炭塔内发生裂解和缩合反应，缩合产物为焦炭，利用这一特性，将苯乙烯焦油注入焦炭塔内，发生裂解和缩合反应，将苯乙烯焦油转化为延迟焦化装置产品，变废为宝。

关键词　苯乙烯焦油　延迟焦化装置　裂解和缩合反应　回炼处理

1　前言

苯乙烯焦油是苯乙烯精馏提纯时产生的残渣其主要成分是苯乙烯聚合物以及组成复杂的苯乙烯衍生低聚物等，易发生缩合反应。裂解和缩合反应是延迟焦化装置主要的反应之一，利用这一特性，将苯乙烯焦油注入焦炭塔内，发生裂解和缩合反应，将苯乙烯焦油转化成焦炭和轻油组分，解决苯乙烯焦油处理困难的问题。

实验期间，通过焦炭塔急冷油流程和消泡剂流程进行回炼。通过对比操作参数、产品质量、对本装置及下游装置的影响等，找出最佳的回炼方式、回炼量和回炼时间。

2　苯乙烯焦油性质

表 1　苯乙烯焦油性质

项　目		苯乙烯焦油	项　目		苯乙烯焦油
密度(20℃)/(kg/m^3)		1030.4	元素/(mg/kg)	Cu	1.9
残炭/%(质量分数)		5.4		Zn	—
元素/(mg/kg)	Al	37.3		Cr	—
	Si	18.6		Mn	—
	P	438		Te	—
	S	422	四组分/%	饱和烃	0
	Cl	7.53		芳烃	89.62
	Ca	173		胶质	10.38
	Fe	42.9		沥青质	0
	Ni	—			

3　回炼流程介绍

延迟焦化装置焦炭塔进料为下进料，减压渣油从下部进入，反应生成的焦炭储存在焦炭塔内，反应生成的干气、液化气、汽油、柴油、蜡油组分从塔顶进入分馏塔。

焦炭塔急冷油注入点为油气线出口，注急冷油目的是降低油气线出口温度，防止油气线结焦，此处油气温度高、线速高(温度420℃，线速大于30m/s)。急冷油为连续注入，苯乙烯焦油回炼时，与急冷油(产品蜡油)混合注入焦炭塔油气线内。

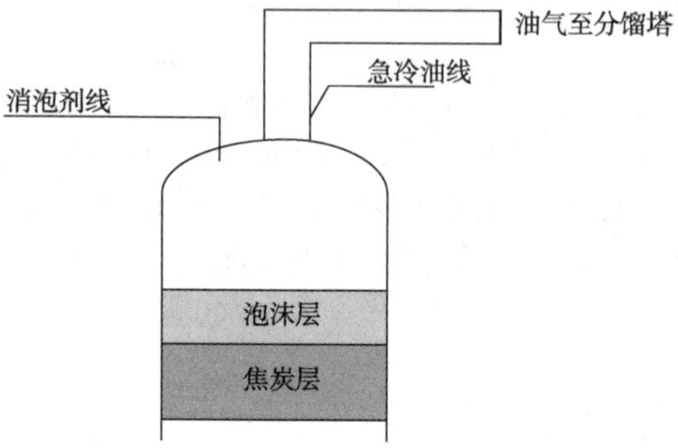

图1　急冷油和消泡剂注入位置

焦炭塔消泡剂注入点为椭圆封头上部，注消泡剂的目的是降低泡沫层高度，防止油气携带焦粉进入分馏塔内。消泡剂为间断注入，焦炭塔焦层高度达到一定高度时注入，苯乙烯焦油回炼时为单独回炼，注消泡剂时回炼停止。

两种流程的回炼量均为2t/h，回炼时间根据对本装置及下游装置的影响而定。

4　运行效果对比

4.1　工艺参数变化

从消泡剂线流程回炼，焦炭塔中子料位计C点料位由起初42%迅速下降至5%，反应温度由430℃最低下降至427℃，焦炭塔顶压力呈锯齿状由0.16MPa至0.17MPa来回波动，这些参数变化均说明通过消泡剂线苯乙烯焦油进入了焦炭塔泡沫层反应区内，确实能够增加苯乙烯焦油的反应时间和反应深度。而从急冷油线流程回炼，中子料位计没有上述变化，说明苯乙烯焦油未进入泡沫层内，直接从油气线进入分馏塔，只起到了分馏作用。

4.2　产品分析

4.2.1　产品颜色

(1) 通过急冷油线进行回炼

图2为通过急冷油线回炼苯乙烯焦油前后产品柴油外观对比，从图中可以看出，回炼前柴油颜色发紫、透亮，回炼后柴油颜色偏黑、不透亮，并且在瓶子底部有大量附着物。

(2) 通过消泡剂线进行回炼

图3为通过消泡剂线回炼苯乙烯焦油前后产品汽油、柴油、蜡油外观对比，从图中可以看出，汽油、蜡油产品无明显变化，柴油颜色略有变深，瓶子底部没有大量附着物。

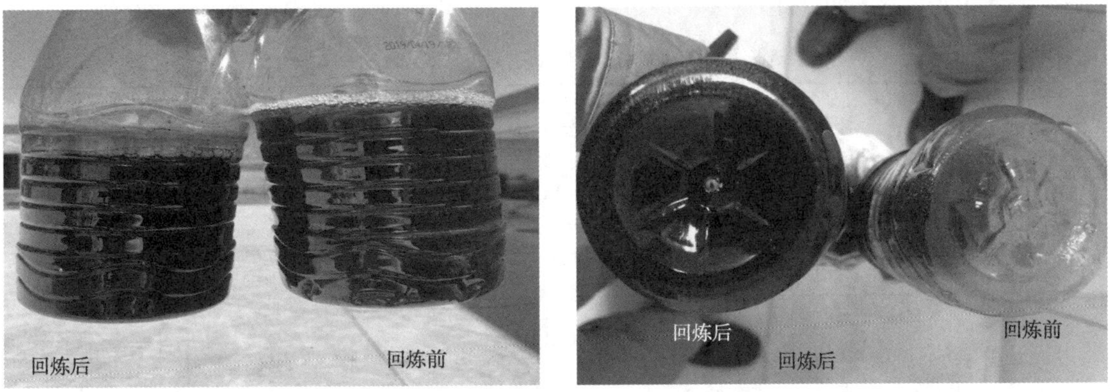

图 2　通过急冷油线回炼苯乙烯焦油前后产品柴油外观

图 3　通过消泡剂线回炼苯乙烯焦油前后产品汽油、柴油、蜡油外观

4.2.2　产品氯氮分析

（1）通过急冷油线进行回炼

表 2　回炼期间相关产品氯氮分析数据

3 月 19 日 11：00 回炼采样数据		回炼前	13：00	15：00	17：00	23：00	1：00
汽油	氯含量/（mg/kg）	<0.5	<0.5	0.6	0.7	0.8	0.8
	氮含量/（mg/kg）	124.3	140.4	141.8	143.1	147.3	148.7
柴油	氯含量/（mg/kg）	<0.5	1.7	5.2	5.8	6.6	6.9
	氮含量/（mg/kg）	—	—	—	—	—	—
蜡油	氯含量/（mg/kg）	3	3.4	3.4	3.5	3.6	3.6
	氮含量/（mg/kg）	—	—	—	—	—	—

3 月 19 日回炼期间，随着回炼时间增加，柴油氯含量逐渐升高，最高至 6.9mg/kg。柴油中氮含量均呈现上升趋势，但上升幅度较小。由此说明，苯乙烯焦油中氯含量大部分进入柴油中。汽油、蜡油氯氮含量变化不明显。

（2）通过消泡剂线进行回炼

表3 回炼前后汽油、柴油、蜡油氯氮分析数据

日期	样品	氯含量/(mg/kg)		氮含量/(mg/kg)	
		回炼前	回炼后	回炼前	回炼后
7月1日	汽油	0.6	0.5	143.1	124
	柴油	0.5	0.8	1135.4	943.2
	蜡油	2.0	1.5	4400	7600
7月9日	汽油	<0.5	<0.5	142.8	156.9
	柴油	<0.5	0.5	1134	1219.1
	蜡油	2.6	3.0	4500	4200

从表3分析数据可以看出：

（1）回炼后较回炼前汽油中氯氮含量无明显上升趋势。

（2）回炼后较回炼前柴油中氯含量略有增加，但氯含量均不高于1mg/kg，氮含量增加不明显。最初通过急冷油线回炼流程，柴油氯含量均在3mg/kg左右。说明苯乙烯焦油通过消泡剂线流程回炼，增加了反应时间和反应深度，大部分氯离子进入气相产品或焦炭中。

（3）7月1日回炼后较回炼前蜡油中氮含量增加较多，从数据上看，属于测量误差或样品中含有其他杂质。从其他数据看，回炼后较回炼前蜡油中氯氮含量无明显上升趋势。

4.3 对本装置的影响

4.3.1 再吸收柴油量降低

如图4所示，焦化柴油经空冷A-2103冷却后，一股至柴油加氢装置，一股至再吸收塔，空冷冷后温度控制不大于75℃。再吸收柴油经水冷器E-2209冷却至40℃后，经再吸收柴油泵P-2207送至再吸收塔。正常情况下，再吸收柴油泵P-2207入口压力为1.7MPa，再吸收柴油可自压至再吸收塔，P-2207停运。

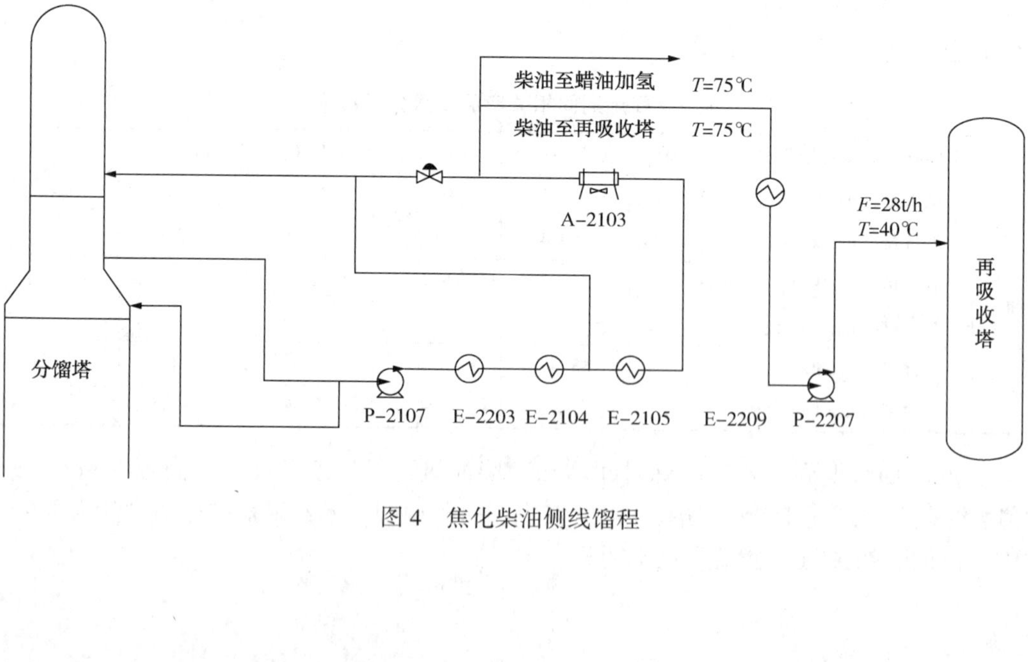

图4 焦化柴油侧线馏程

但是，随着苯乙烯焦油经消泡剂线回炼至焦炭塔，掺炼 1h 后，柴油至再吸收塔流量开始降低。如图 5 所示，7 月 9 日 8：30 分开始回炼，9：30 分，再吸收柴油量开始降低，将 FIC2209 控制阀副线打开后，流量有所好转。苯乙烯焦油停止回炼后，流量又逐渐恢复正常。

由于苯乙烯焦油中部分聚合物进入柴油组分，柴油经水冷器 E-2209 冷却后，温度降至 35℃，聚合物或胶质析出，附着在管束表面，流动性变差，导致流量下降。

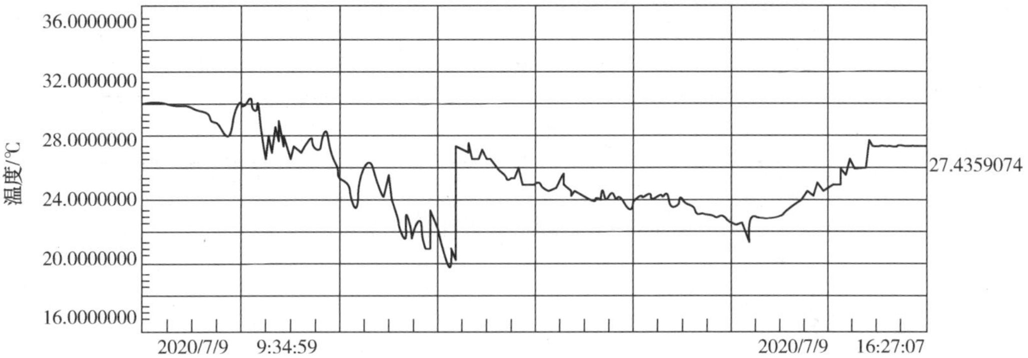

图 5　再吸收柴油量变化趋势

4.3.2　管线聚合

由于苯乙烯焦油易聚合，长期存放导致泵入口过滤器堵塞、机封泄漏，需定期对入口过滤器进行清理，过滤器堵塞情况如图 6 所示。为缓解苯乙烯焦油在管线内聚合，每次回炼完成后，用氮气吹扫管线。

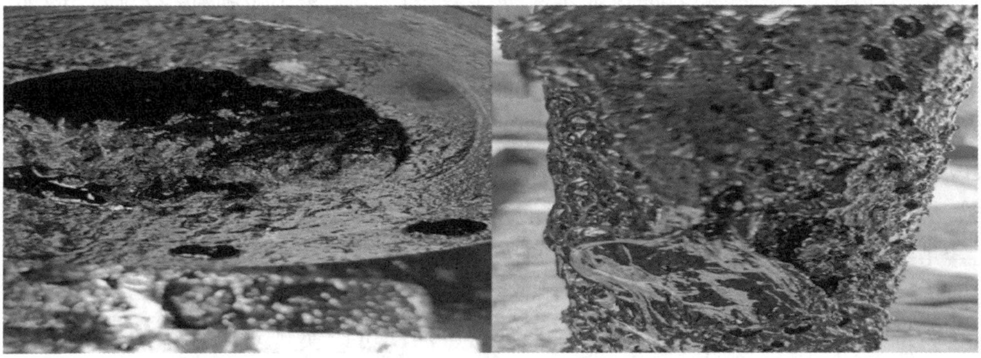

图 6　回炼泵入口过滤器运行情况

4.4　对下游装置的影响

焦化柴油和蜡油全部送至蜡油加氢装置，其中柴油外送量 35t/h，蜡油外送量 40t/h。苯乙烯焦油回炼前，蜡油加氢原料反冲洗过滤器冲洗频次约 1.5h，回炼 4h 后，冲洗频次缩短至 0.5h，停止回炼后反冲洗频次逐渐恢复正常，如图 7 所示。

由此说明，回炼苯乙烯焦油期间，因柴油组分中存有微量固体黑色颗粒，长时间聚集会导致下游装置原料反冲洗过滤器冲洗加剧，但短时间内通过反冲，系统会逐渐恢复正常，并在其装置原料波动承受范围之内，属于受控状态，不会导致下游装置大幅波动。

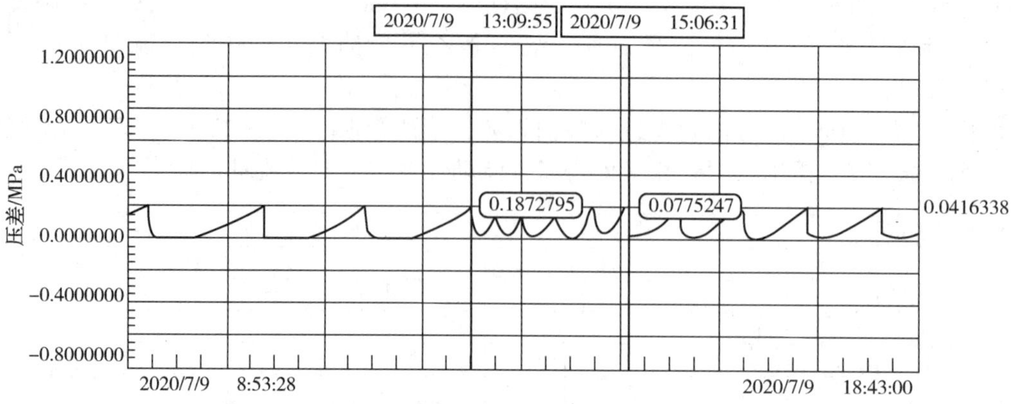

图7 蜡油加氢原料反冲洗过滤器压差变化趋势

5 效益分析

苯乙烯焦油处理费用为4200元/t，每年产生1440t，每年处理费4200 * 1440 = 613.2万元。送至延迟焦化装置回炼每年为企业创效613.2万元。

6 结论

（1）从消泡剂线回炼，苯乙烯焦油进入泡沫层反应区，发生了热转化反应，增加了苯乙烯焦油的反应深度和反应时间，苯乙烯焦油大部分转化为焦炭和轻油组分。从急冷油线进行回炼，苯乙烯焦油注入后会迅速汽化进入分馏塔，只进行了蒸馏分离。

（2）从产品颜色和外观上看，从消泡剂线流程回炼较从急冷油线流程回炼产品柴油得到了很大改善，对本装置和下游装置影响可控。

（3）从产品质量数据可以看出，从消泡剂线进行回炼，各产品中氯含量均处于较低水平，尤其是柴油组分，远低于从急冷油线回炼时柴油中氯含量，说明苯乙烯焦油通过消泡剂线流程回炼，可改善氯元素在柴油产品中的分布。

从实验结果看，从消泡剂线流程回炼苯乙烯焦油，可以实现对苯乙烯焦油的处置，取得很好的经济效益。

参考文献

[1] 关颖．苯乙烯焦油综合利用[J]．吉化科技，1994(02).
[2] 瞿国华．延迟焦化工艺与工程[M]．北京：中国石化出版社，2017.
[3] 姚玉英．化工原理[M]．天津：天津大学出版社，1999.

SBS 改性沥青热储存稳定性试验方法研究

彭　煜，从艳丽，杨克红

（中石油克拉玛依石化有限责任公司炼油化工研究院，克拉玛依　834000）

摘　要　鉴于聚合物改性沥青离析试验（T 0661—2011）评价 SBS 改性沥青的热储存稳定性的不足，对比研究了 SBS 改性沥青经离析管 163℃热储存 48h 后上层、下层试样的软化点差、黏度差、延度差和流变性能。提出采用动态剪切流变试验评价 SBS 改性沥青的热储存稳定性，定义了评价指标——离析率 R_S，并推荐离析率 $R_S \leqslant 5.0\%$ 为合格，离析率 $R_S > 5.0\%$ 为不合格，最后评价了该试验方法和评价指标的合理性。

关键词　SBS 改性沥青　稳定性　评价方法　车辙因子

现行聚合物改性沥青离析试验（T 0661—2011）评价 SBS 改性沥青的热储存稳定性：采用 0.3mm 筛将待测试样过筛，称量重约为 50g 的试样浇灌于直径约为 25mm，长为 140mm 的铝管中，待冷却至室温后密封开口端，在 163℃±5℃烘箱中竖直放置 48h±1h，将盛样管连同试管架取出，放入冰箱的冷柜中，竖直放置不少于 4h，经骤冷固化后把试样均分为上、中、下三部分，分别取得上部和下部试样，通过测定其环球法软化点之差 ΔTR & B 来判定试样是否合格。该试验方法操作简便，设备成本低，在一定程度上能较好地控制 SBS 改性沥青的产品质量，因此在世界各国得到了广泛应用。但是，该方法仍存在一些问题：对于高沥青质或添加高密度填充剂的 SBS 改性沥青，因大密度物质在热储存过程中沉降于下层，使得下层 SBS 改性沥青的黏性和软化点增大，而密度较小的高分子聚合物 SBS 则上浮，使得上层富含高分子聚合物的 SBS 改性沥青的弹性和韧性增强，同样表现为软化点增大，由此减小了上、下层试样的软化点差 ΔTR&B，最终导致得出离析“合格”这一错误结论。

鉴于此，本研究采用动态剪切流变试验，深入研究了 SBS 改性沥青经离析管 163℃热储存 48h 后，上层、下层试样的感温性能。提出采用动态剪切流变试验评价 SBS 改性沥青的热储存稳定性，定义并给定了参考评价指标，为 SBS 改性沥青的质量检测提供依据。

1　试验

1.1　试验原料

A-1 和 A-2、B-1 和 B-2、D-1 和 D-2、E-1 和 E-2、F-1 和 F-2、G-1 和 G-2、H-1 和 H-2 分别为七组相同配方而不同反应时间的实验室试样，C-1 和 C-2 为市场收集的相同配方而不同反应时间的 SBS 改性沥青。

1.2　试验原理

SBS 改性沥青是一种热力学不稳定体系，经热储存后，SBS 改性剂往往会逐渐上浮并富集于上层，下层则因SBS改性剂逐渐游离而导致其含量降低，最终致使上层、下层试样在流变性能上对温度变化具有不同的敏感性。根据此原理，通过动态剪切流变试验，检测SBS改性沥青经离析管163℃热储存48h后，上层、下层试样在不同温度(64~85℃)条件下的车辙因子，通过线性回归，确定对数车辙因子对温度变化的斜率，进而计算出SBS改性沥青的离析率，并根据该离析率的大小判断SBS改性沥青的离析程度。

1.3 试验方法

将16种SBS改性沥青经0.3mm筛过筛，称量重量约为50g的试样浇灌于直径约为25mm，长为140mm的铝管中，待冷却至室温后密封开口端，在163℃±5℃烘箱中竖直放置48h±1h，将盛样管连同试管架取出，放入冰箱的冷柜中，竖直放置不少于4h，经骤冷固化后把试样均分为上、中、下三部分，分别取得上部和下部试样，测定其环球法软化点、黏度、延度和车辙因子。其中车辙因子是通过动态剪切流变仪，采用直径为25mm，间隙为1mm的平行板夹具，在频率为10rad/s±0.1rad/s的正弦振荡负载作用下，分别测得64~85℃条件下的车辙因子$|G^*|/\sin\delta$，通过线性回归，确定对数车辙因子对温度变化的斜率$K_{\log(|G^*|/\sin\delta)}$，最后按式(1)计算各SBS改性沥青的离析率$R_S$。

$$R_S=\left(\frac{K_{\log(|G^*|/\sin\delta)上}}{K_{\log(|G^*|/\sin\delta)下}}-1\right)\times100\% \tag{1}$$

2 结果与讨论

2.1 离析试验

分别对八组十六种SBS改性沥青进行离析管163℃热储存48h，经冰箱冷柜骤冷固化4h，把试样均分为上、中、下三部分，分别取得上部和下部试样。参照聚合物改性沥青离析试验T 0661、沥青旋转黏度试验T 0625和沥青延度试验T 0605，检测各样品上层、下层试样的软化点、黏度、延度，试验结果见表1。

结果表明，采用聚合物改性沥青离析试验方法T 0661检测各SBS改性沥青上层、下层试样的环球法软化点差ΔTR & B，虽然C-2号样品的离析软化点差ΔTR & B满足《公路沥青路面施工技术规范》JTG F40—2004中对SBS改性沥青离析指标不大于2.5℃的技术要求，但实际上该试样已明显分层，上层试样较软，富有弹性，而下层试样较硬，表现为脆性易断。再通过沥青旋转黏度试验方法T 0625和沥青延度试验方法T 0605检测C-2号样品的上层、下层试样的黏度和延度，发现C-2号样品的上层黏度为1.386Pa·s，下层黏度为5.716Pa·s，差值达到4.330Pa·s；而上层延度为80.2cm，下层延度为7.8cm，差值达到72.4cm，都存在很大差别。由此可见，采用聚合物改性沥青离析试验T 0661判断SBS改性沥青的热储存稳定性具有一定局限性，甚至还会产生误判。

基于新疆X沥青的黏度大、芳香分少、硫含量小、沥青质低等特殊的理化性质，以至于难以被SBS改性，并直接影响其加工、储存、运输和应用。故不少厂家和施工单位采用40%~60%的新疆Y沥青与之调合制备改性沥青的基质沥青，以降低其改性难度和生产成本，由此出现了类似于上述C组的SBS改性沥青。研究发现，新疆Y沥青的沥青质高(19.96%)、60℃黏度大(392Pa·s)、软化点高(52℃)，而且密度也比新疆X沥青大，因此两者调合而制备的基质沥青经SBS改性后，其密度较大的沥青质在热储存过程中沉降于下层，使得下层SBS改性

表 1　离析管 163℃热储存 48h 后上下层性质差

样品编号	软化点				黏度				延度			
	上层/℃	下层/℃	差值/℃	$\left\|\frac{软化点_上}{软化点_下}-1\right\|$/%	上层/(Pa·s)	下层/(Pa·s)	差值/(Pa·s)	$\left\|\frac{黏度_上}{黏度_下}-1\right\|$/%	上层/mm	下层/mm	差值/mm	$\left\|\frac{延度_上}{延度_下}-1\right\|$/%
A-1	78.7	69.5	9.2	13.2	4.056	2.438	1.618	66.4	45.0	38.2	6.8	17.80
A-2	76.4	72.2	4.2	5.8	4.371	4.183	0.188	4.5	53.1	46.4	6.7	14.44
B-1	82.8	65.2	17.6	27.0	4.537	2.368	2.169	91.6	49.0	32.7	16.3	49.85
B-2	74.1	73.1	1.0	1.4	4.440	4.225	0.215	5.1	45.0	44.1	0.9	2.04
C-1	79.8	71.5	8.3	11.6	1.603	2.959	-1.356	45.8	92.0	7.0	85.0	1214.29
C-2	78.4	76.5	1.9	2.5	1.386	5.716	-4.330	75.8	80.2	7.8	72.4	928.21
D-1	75.8	53.3	22.5	42.2	1.699	0.920	0.779	84.6	71.1	13.3	57.8	434.59
D-2	68.9	66.5	2.4	3.6	1.864	1.773	0.091	5.1	21.0	18.0	3.0	16.67
E-1	66.1	58.3	7.8	13.4	1.849	1.563	0.286	18.3	44.2	45.5	-1.3	2.86
E-2	61.1	60.7	0.4	0.7	1.690	1.663	0.027	1.6	41.5	41.2	0.3	0.73
F-1	73.5	63.9	9.6	15.0	3.125	1.835	1.290	70.3	40.0	30.0	10.0	33.33
F-2	73.8	71.2	2.6	3.7	3.312	3.100	0.012	6.8	30.0	28.0	2.0	7.14
G-1	75.2	75.0	0.2	0.3	2.894	2.791	0.103	3.7	33.5	31.8	1.7	5.3
G-2	74.8	74.7	0.1	0.1	2.605	2.563	0.042	1.6	29.4	25.8	1.6	5.8
H-1	70.6	68.1	2.5	3.7	3.026	2.681	0.345	12.9	30.7	26.9	3.8	14.1
H-2	71.3	68.9	2.4	3.5	3.343	2.836	0.507	17.9	24.6	20.7	3.9	18.8

沥青的黏性和软化点增大，而密度较小的高分子聚合物 SBS 则上浮，使得上层富含高分子聚合物的 SBS 改性沥青的弹性和韧性增强，同样表现为软化点增大，由此减小了上、下层试样的软化点差 ΔTR & B，最终导致对 C-2 号样品得出离析“合格”这一错误结论。

2.2 车辙因子的感温性能

通过动态剪切流变仪，采用直径为 25mm，间隙为 1mm 的平行板夹具，在频率为 10rad/s±0.1rad/s 的正弦振荡负载作用下，分别检测 SBS 改性沥青的上层、下层试样在 64~85℃条件下的车辙因子 $|G^*|/\sin\delta$，通过线性回归，确定对数车辙因子对温度变化的斜率 $K_{\log(|G^*|/\sin\delta)}$，并按 1.3 中式(1)计算得到不同 SBS 改性沥青的离析率 R_S，试验结果见图 1~图16 及表 2。

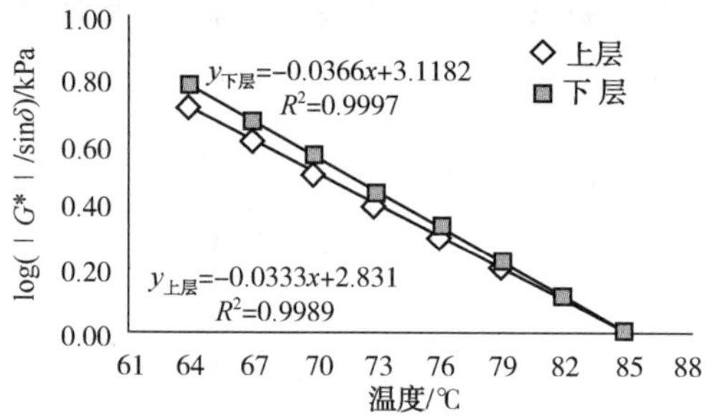

图 1 A-1 样品上层、下层试样的感温性能

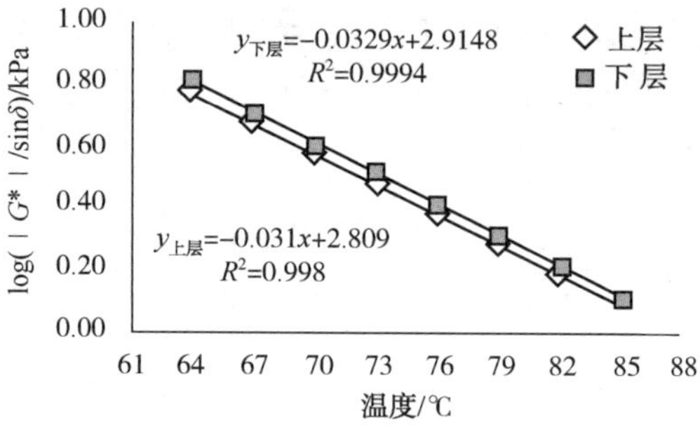

图 2 A-2 样品上层、下层试样的感温性能

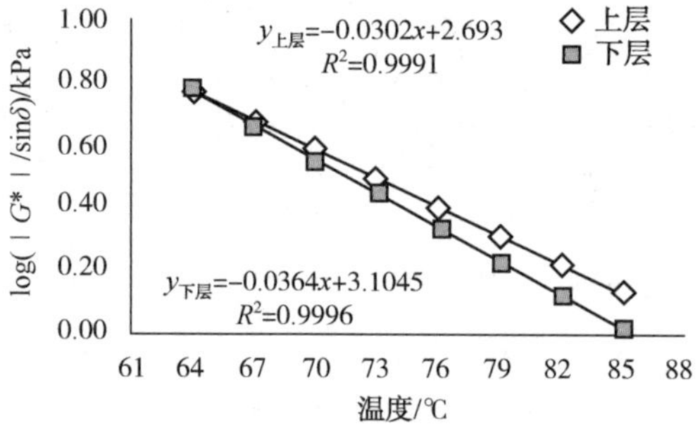

图 3 B-1 样品上层、下层试样的感温性能

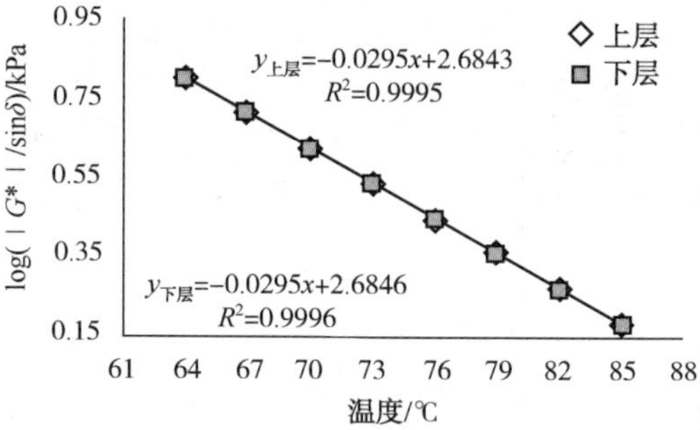

图 4 B-2 样品上层、下层试样的感温性能

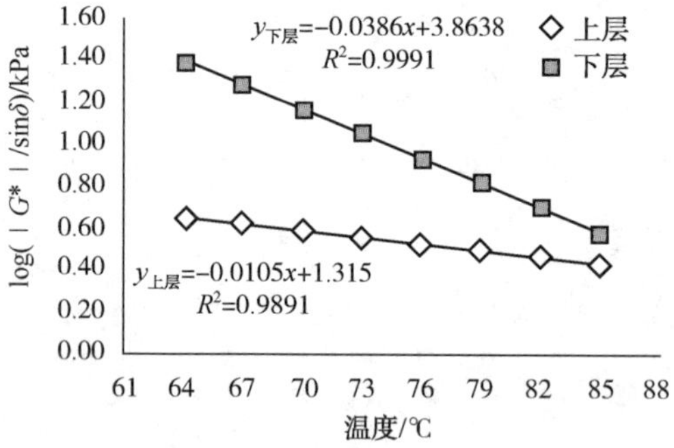

图 5 C-1 样品上层、下层试样的感温性能

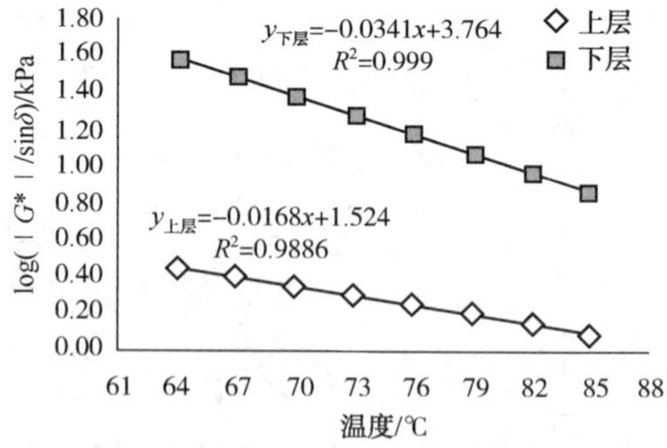

图 6 C-2 样品上层、下层试样的感温性能

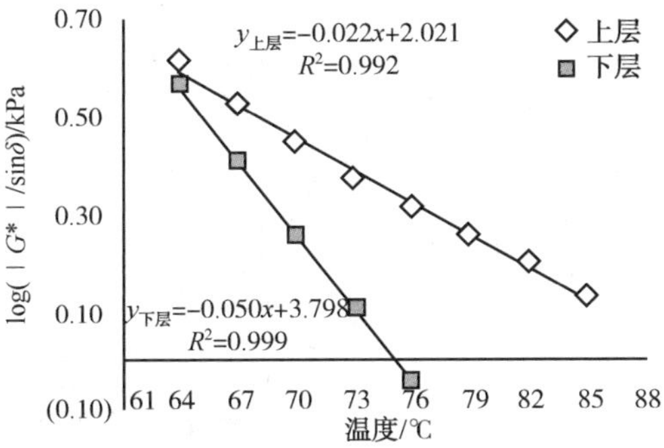

图 7　D−1 样品上层、下层试样的感温性能

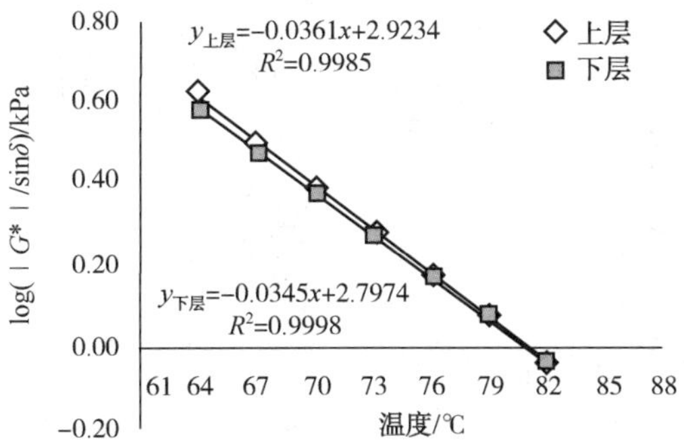

图 8　D−2 样品上层、下层试样的感温性能

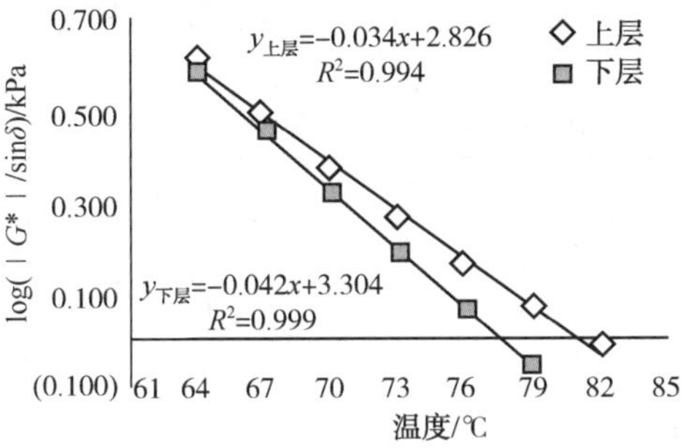

图 9　E−1 样品上层、下层试样的感温性能

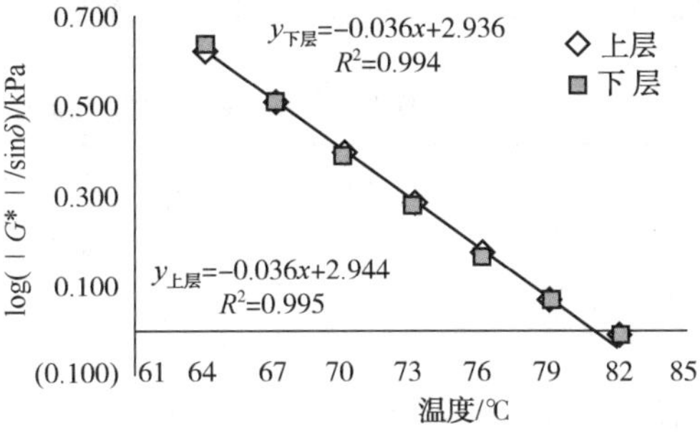

图 10　E−2 样品上层、下层试样的感温性能

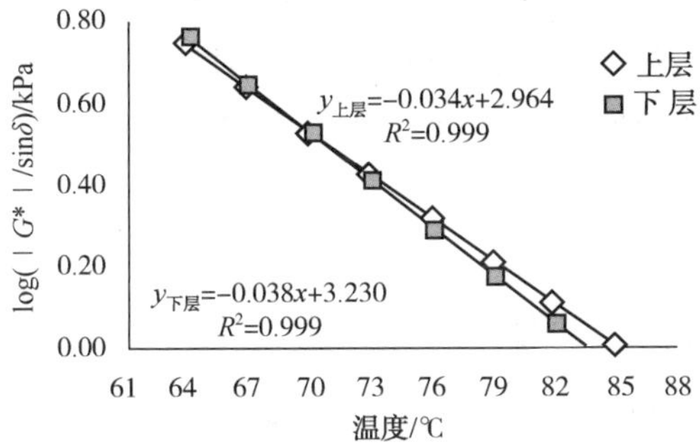

图 11　F−1 样品上层、下层试样的感温性能

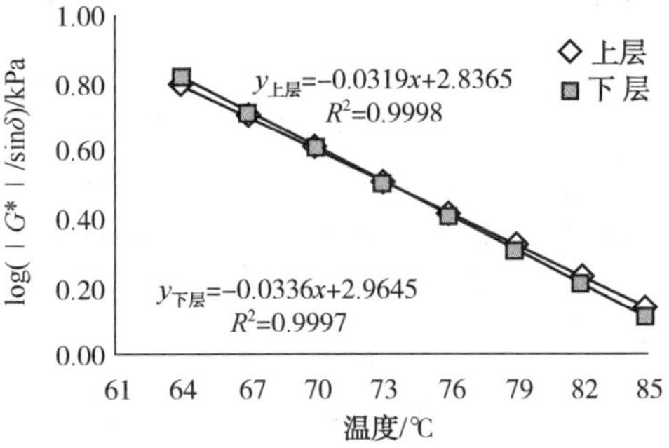

图 12　F−2 样品上层、下层试样的感温性能

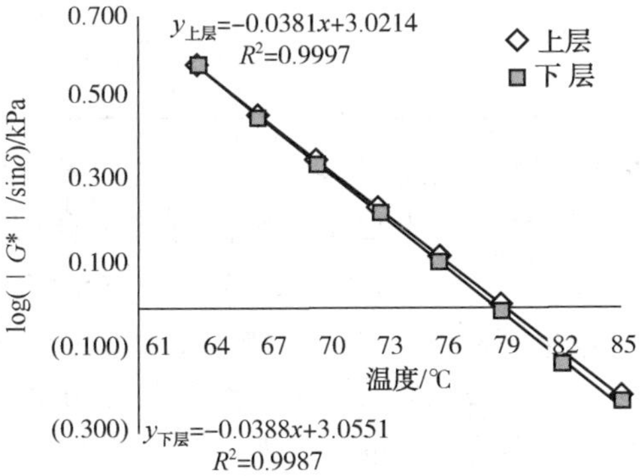

图 13　G−1 样品上层、下层试样的感温性能

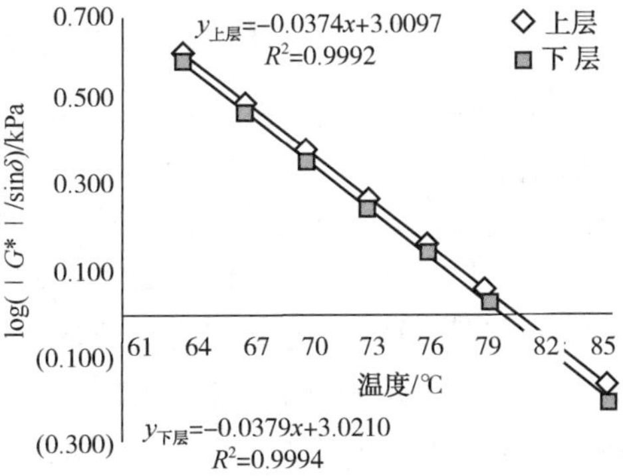

图 14　G−2 样品上层、下层试样的感温性能

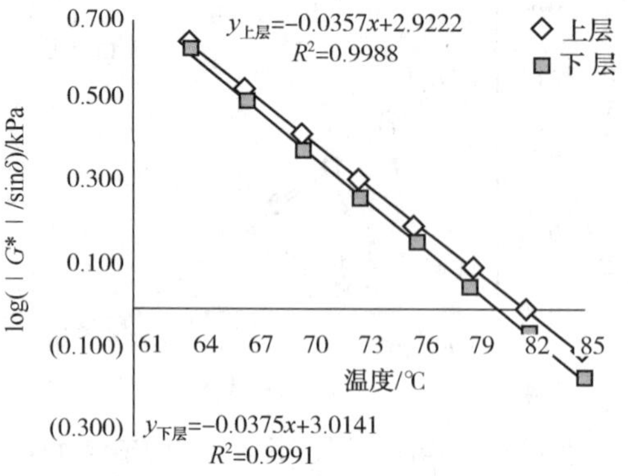

图 15　H-1 样品上层、下层试样的感温性能

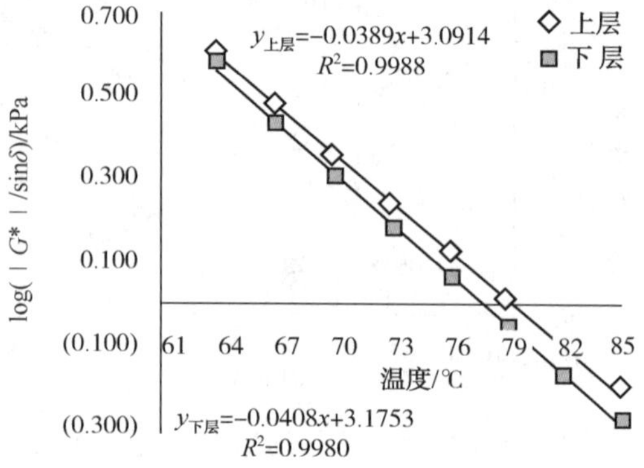

图 16　H-2 样品上层、下层试样的感温性能

表 2　不同 SBS 改性沥青上层、下层试样的动态剪切试验结果

样品编号	不同温度下 log(｜G^*｜/sinδ)-t 斜率			$\left\lvert \frac{K_{\log(\lvert G^*\rvert/\sin\delta)上}}{K_{\log(\lvert G^*\rvert/\sin\delta)下}}-1 \right\rvert \times 100\%/\%$
	上层	下层	差值	
A-1	-0.0333	-0.0366	0.0033	9.02%
A-2	-0.0310	-0.0329	0.0019	5.78%
B-1	-0.0302	-0.0364	0.0062	17.03%
B-2	-0.0295	-0.0295	0.0000	0.00%
C-1	-0.0105	-0.0386	0.0281	72.80%
C-2	-0.0168	-0.0341	0.0173	50.73%
D-1	-0.0220	-0.0500	0.0280	56.00%
D-2	-0.0361	-0.0345	0.0016	4.64%
E-1	-0.0340	-0.0420	0.0080	19.05%
E-2	-0.0360	-0.0360	0.0000	0.00%
F-1	-0.0340	-0.0380	0.0040	10.53%
F-2	-0.0336	-0.0319	0.0017	5.33%
G-1	-0.0381	-0.0388	0.0007	1.80%
G-2	-0.0374	-0.0379	0.0005	1.32%
H-1	-0.0357	-0.0375	0.0018	4.80%
H-2	-0.0389	-0.0408	0.0019	4.66%

结果表明：不同反应时间的 SBS 改性沥青经离析管 163℃储存 48h 后，上层、下层试样对温度的变化具有不同的敏感性，对于离析分层严重的样品，上层试样因高分子聚合物 SBS 含量较高，其车辙因子对温度的敏感性较小，即 log(｜G^*｜/sinδ)-t 曲线的斜率的绝对值较小。而下层试样因高分子聚合物 SBS 含量较小，其车辙因子对温度的敏感性较强，即 log(｜G^*｜/sinδ)~t 曲线的斜率的绝对值较大。根据上述 1.3 中的式(1)计算得到 16 种 SBS 改性沥青的离析率见表 2。从结果可以看出，通过 log(｜G^*｜/sinδ)-t 曲线的斜率计算得到的离析率 SR 能有效地鉴别不同 SBS 改性沥青的热储存稳定性。

3 不同试验方法的适应性与合理性评价

采用聚合物改性沥青离析试验(T 0661—2011)评价 SBS 改性沥青的热储存稳定性，关键在于测定其离析管上层、下层试样的软化点。但是在软化点测定过程中，因人为因素和仪器误差影响较大，往往难以精确测定其软化点。同时，在测定诸如 C-1 和 C-2 这类 SBS 改性沥青的离析指标时，甚至还会出现误判现象。因此，采用聚合物改性沥青离析试验(T 0661—2011)评价 SBS 改性沥青的热储存稳定性具有一定局限性。

采用沥青延度试验(T 0605—2011)评价 SBS 改性沥青的热储存稳定性，同样因人为因素和仪器误差影响较大，且难以鉴别诸如 A 组、E 组这类相同配方不同反应时间的试样在离析程度上的差异性。相比于聚合物改性沥青离析试验(T 0661—2011)和沥青延度试验(T 0605—2011)，采用沥青旋转黏度试验(T 0625—2011)评价 SBS 改性沥青的热储存稳定性，其试验环节较少，人为因素影响较小。同时，仪器的精密度也相对较高，因此更能有效地鉴别 SBS 改性沥青的离析状态。但是，对于离析严重的 SBS 改性沥青，因上层试样不仅含有较多的 SBS 改性剂，而且交联成团，难以准确测定其上层试样的黏度，故该检测方法仍然不具有较好的通用性。

描述沥青流变特性的方法很多，但采用动态剪切流变试验测定沥青材料的流变特性无疑是一项最成功的技术[2]。本研究通过动态剪切流变试验，检测不同 SBS 改性沥青经离析管 163℃热储存 48h 后，上层、下层试样在不同试验温度条件下的车辙因子 $|G^*|/\sin\delta$，通过线性回归，确定对数车辙因子对温度变化的斜率 $K_{\log(|G^*|/\sin\delta)}$，按 1.3 中式(1)计算得到不同 SBS 改性沥青的离析率 R_S，并根据离析率 R_S 的大小判断 SBS 改性沥青的离析程度。从仪器精密度来看，动态剪切流变仪的控温精度可以达到 0.1℃，试验频率精确到 0.1rad/s，应变振幅精确到 0.1%，作用应力精确到 0.01N[3]，具有较高的精密度。从试验过程来看，该方法试验步骤少，受人为因素影响的只有试模的处理过程，因此，试验的可靠性更高。从试验结果来看，因 SBS 高分子聚合物对试验温度的变化具有较高的敏感性，从而能够准确区分 SBS 改性沥青在 163℃条件下经离析管热储存 48h 后的上层、下层试样的差异性，而且还能准确鉴别类似于 C 组 SBS 改性沥青的热储存稳定性。

根据离析软化点差 ΔTR & B 与式(1)计算得到的离析率的对应关系，离析率越小，说明其热储存稳定性就越好，反之则越差。其中 D-2、F-2、H-1、H-2 试样的上层、下层离析软化点差 ΔTR & B 分别为 2.4℃、2.6℃、2.5℃、2.4℃，与之对应的动态剪切流变试验测得的离析率分别为 4.64%、5.33%、4.8%、4.66%。因此，当动态剪切流变试验测得的离析率小于或等于 5.0%时，可以认定其热储存稳定性合格。

4 结论

通过对比研究聚合物改性沥青离析试验(T 0661—2011)、沥青延度试验(T 0605—2011)、沥青旋转黏度试验(T 0625—2011)和动态剪切流变试验评价 SBS 改性沥青热储存稳定性，得出如下结论：

(1) 采用动态剪切流变试验评价 SBS 改性沥青的热储存稳定性，其准确率、精密度、可靠性都高于聚合物改性沥青离析试验（T 0661—2011）、沥青延度试验（T 0605—2011）、沥青旋转黏度试验（T 0625—2011）。

（2）根据离析软化点差 ΔTR & B 与式（1）计算得到的离析率的对应关系，推荐当离析率 $R_S \leqslant 5.0\%$时，待测试样的热储存稳定性为合格，当离析率 $R_S > 5.0\%$时，待测试样的热储存稳定性为不合格。

参 考 文 献

[1] 沈金安．沥青及沥青混合料路用性能[M]．北京：人民交通出版社，2001.1.4：214.
[2] 熊萍，郝培文．SBS 改性沥青储存稳定性试验方法和评价指标的研究[J]．中国公路学报，2005，18(1)：1-6.

掺炼催化油浆对延迟焦化装置的影响

孙铎锋，周佳昕

（中国石化九江石化公司，九江　332004）

摘　要　介绍了延迟焦化装置将油浆作为焦化原料加工会产生加热炉运行周期缩短[1]，处理量下降，影响焦炭塔操作，设备管线堵塞、磨损，蜡油、石油焦品质降低等不利影响[2]，并将油浆至焦化掺炼与作为热拌沥青料、重质船燃、调和60#道路沥青经济性对比，发现作为重质船燃加工方案的经济性最好，每吨油浆可额外增加450~550元的效益。

关键词　延迟焦化装置　催化油浆　效益　影响

九江石化公司延迟焦化装置设计加工能力为100万t/a，2006年3月20日投料试车一次成功。装置原料为减压渣油、催化油浆、脱油沥青及公司各生产装置产生的污油，主要产品为净化干气、液化气、汽油、柴油、蜡油、焦炭等，采用一炉两塔工艺路线。2019年焦化装置累计加工原料1077520t，掺炼油浆66068t，油浆掺炼比为6.13%。由于催化油浆含固体颗粒较多，并与减压渣油性质差别较大[3]，掺炼油浆必然会对生产工艺、设备、产品分布、产品性质以及经济效益的影响，本文将从这几个方面对掺炼催化油浆对焦化的影响情况进行分析。

1　催化油浆与减压渣油性质对比

表1　催化油浆与减压渣油性质对比

项　　目	减压渣油	催化油浆
密度(20℃)/(kg/m^3)	999.7	1082.73
运动黏度/(mm^2/s)	2266.1	106.8
残炭/%(质量分数)	17.73	9.85
硫含量/%(质量分数)	1.994	0.862
饱和烃/%(质量分数)	17.59	18.3
芳烃/%(质量分数)	46.84	74.55
沥青质/%(质量分数)	13.82	1.48
胶质/%(质量分数)	21.74	5.66
油浆固体含量/(g/L)	—	4.01

由表1可以看出：

（1）催化油浆密度比减压渣油大。

（2）催化油浆芳烃含量高，胶质、沥青质含量低，发生裂解缩合反应难度大。

（3）催化油浆残碳、运动黏度小于渣油。

（4）并且油浆固体含量偏高，容易对设备造成磨损。

2 掺炼催化油浆对生产工艺、设备的影响

2.1 装置处理量下降

掺炼油浆会导致生焦率上升，相同生焦周期下装置处理量下降。

2.2 加热炉运行周期缩短

油浆中含有固体催化剂颗粒，在焦化高温原料中起到了“焦核”的作用[1]，加剧原料油在炉管内的结焦趋势和结焦速率，缩短加热炉的运行周期。

2.3 影响焦炭塔操作

大比例掺炼油浆会造成焦炭内焦炭变脆，产生松散的碎焦，会造成给水操作初期焦炭塔晃动加剧；在放水过程中，碎焦回落更容易堵塞焦炭塔内通道，导致放水过程缓慢、不畅。

2.4 造成设备、管线堵塞

由于固体催化剂硬度较大，在流速较高区域会对管线设备产生磨损，影响装置安全生产。九江焦化装置在辐射进料泵出口阀门、辐射进料泵预热线阀门、加热炉进料控制阀等部位都出现了严重磨损。

图1 2020年7月14日油浆流量计堵塞

2.5 造成设备、管线堵塞磨损

由于固体催化剂硬度较大，在流速较高区域会对管线设备产生磨损，影响装置安全生产。九江焦化装置在辐射进料泵出口阀门、辐射进料泵预热线阀门、加热炉进料控制阀等部位都出现了严重磨损。

3 对产品收率的影响

利用 Petro-SIM 软件测算掺练催化油浆对产品收率的影响，KBC 的 Petro-SIM 软件，是世界上最全面综合又严格精细的炼厂模拟模型，基于 HYSYS. Refinery 的 Petro-SIM 是一个多功能的图解式流程模拟模型，可更好地为炼油厂和石化厂建立模型，使炼油化工厂利润达到最大化，能优化生产装置，是利润、产率、加工量达到最大化，同时兼顾到装置实际设备的极限能力和装置操作的约束条件。

表 2 掺炼催化油浆对产品收率的影响

项　目									
渣油进料量/(t/h)	85	85	85	85	85	85	85	85	85
进料量/(t/h)	0	2	4	6	8	10	12	14	16
脱油沥青进料量/(t/h)	22	22	22	22	22	22	22	22	22
油浆掺炼比例/%	0.00	1.83	3.60	5.31	6.96	8.55	10.08	11.57	13.01
干气收率/%	4.23	4.29	4.33	4.37	4.41	4.44	4.48	4.51	4.54
液化气收率/%	1.50	1.47	1.45	1.43	1.41	1.39	1.37	1.36	1.35
乙烯料收率(180℃以下馏分)/%	14.20	13.66	13.19	12.78	12.43	12.13	11.87	11.65	11.47
柴油收率/%	25.82	25.01	24.30	23.74	23.29	22.95	22.67	22.44	22.24
蜡油收率/%	26.87	27.80	28.61	29.28	29.84	30.29	30.67	30.99	31.25
焦炭收率/%	27.11	27.50	27.84	28.12	28.35	28.53	28.67	28.78	28.87

用 Petro-sim 软件模拟随着油浆掺炼比例逐步上升，焦化装置各产品的收率变化情况，由测算结果可以得出以下结论：掺炼催化油浆后，轻油和液化气收率比掺炼前降低，蜡油收率、焦炭收率、干气收率均提高，其中，柴油收率下降最多，而蜡油、焦炭收率上升明显，且随着油浆掺炼比例的逐步增大，各产品收率上升(下降)幅度逐步减小。

4 对产品性质的影响

4.1 蜡油性质变差

掺炼油浆后，蜡油质量有明显的变差，芳烃、胶质和沥青质含量上升，饱和烃含量下降。这主要是因为催化油浆中的芳烃含量较高，催化油浆中一部分稠环芳烃断裂侧链直接成为蜡油组分，或缩合为胶质和沥青质。

表 3 掺炼催化油浆前后蜡油性质对比

项　目	未掺炼	掺炼比例(6%)
残炭/%	0.38	0.55
饱和烃/%	58.7	54.2
芳烃/%	32.3	34.9
胶质沥青质/%	9	10.9

4.2　石油焦灰分上升

油浆掺炼比例增大对石油焦产品质量的影响主要体现在灰分明显上升，催化油浆中催化剂固体颗粒较多，并存积在石油焦中，导致石油焦灰分增大。

表4　掺炼催化油浆前后石油焦性质对比

项　目	未掺炼	掺炼比例(6%)
灰分/%	0.14	0.29

5　加工方案对比

5.1　油浆至焦化掺炼与作为热拌沥青料经济性对比

表5　油浆至焦化掺炼与作为热拌沥青料经济性对比

渣油进料量/(t/h)	85	85	85	85	85	85
油浆进料量/(t/h)	0	2	4	6	8	10
脱油沥青进料量/(t/h)	22	22	22	22	22	22
油浆掺炼比/%	0	1.83	3.60	5.31	6.96	8.55
干气产量/(t/h)	4.53	4.68	4.81	4.94	5.07	5.19
液化气产量/(t/h)	1.60	1.60	1.61	1.62	1.62	1.63
乙烯料产量(180℃以下馏分)/(t/h)	15.19	14.89	14.64	14.44	14.30	14.19
柴油产量/(t/h)	27.63	27.26	26.97	26.83	26.78	26.85
蜡油产量/(t/h)	28.75	30.30	31.76	33.09	34.31	35.44
焦炭产量/(t/h)	29.01	29.98	30.91	31.78	32.61	33.38
效益/(元/h)	3057.67	3453.86	3927.40	4498.17	5134.44	-26616.5

注：根据经验，油浆掺炼比例超过8%后会产生不合格石油焦，故掺炼比例超过8%后的石油焦产品价格按照0元/h计算。

相比油浆作为热拌沥青料，油浆作为焦化原料经济性更好。石油焦质量合格的前提下，每增加焦化掺炼油浆1t/h可增加效益200~350元/h。

5.2　油浆至焦化掺炼与作为重质船燃经济性对比

表6　油浆至焦化掺炼与作为重质船燃经济性对比

渣油进料量/(t/h)	85	85	85	85	85	85
油浆进料量/(t/h)	0	2	4	6	8	10
脱油沥青进料量/(t/h)	22	22	22	22	22	22
油浆掺炼比/%	0	1.83	3.6	5.31	6.96	8.55
干气产量/(t/h)	4.53	4.68	4.81	4.94	5.07	5.19
液化气产量/(t/h)	1.6	1.6	1.61	1.62	1.62	1.63
乙烯料产量(180℃以下馏分)/(t/h)	15.19	14.89	14.64	14.44	14.3	14.19

续表

柴油产量/(t/h)	27.63	27.26	26.97	26.83	26.78	26.85
蜡油产量/(t/h)	28.75	30.3	31.76	33.09	34.31	35.44
焦炭产量/(t/h)	29.01	29.98	30.91	31.78	32.61	33.38
效益/(元/h)	3047.24	1924.62	854.30	-91.86	-999.19	-34295.80

注：根据经验，油浆掺炼比例超过8%后会产生不合格石油焦，故掺炼比例超过8%后的石油焦产品价格按照0元/h计算。

相比油浆作为焦化原料，油浆作为重质船燃经济性更好。石油焦质量合格的情况下，每增加焦化掺炼油浆1t/h，效益减少450~550元/h，但是产量低。

5.3 油浆至焦化掺炼与调和60#道路沥青经济性对比

表7 油浆至焦化掺炼与60#道路沥青经济性对比

渣油进料量/(t/h)	85	85	85	85	85	85
油浆进料量/(t/h)	0	2	4	6	8	10
脱油沥青进料量/(t/h)	22	22	22	22	22	22
油浆掺炼比/%	0	1.83	3.6	5.31	6.96	8.55
干气产量/(t/h)	4.53	4.68	4.81	4.94	5.07	5.19
液化气产量/(t/h)	1.6	1.6	1.61	1.62	1.62	1.63
乙烯料产量(180℃以下馏分)	15.19	14.89	14.64	14.44	14.3	14.19
柴油产量/(t/h)	27.63	27.26	26.97	26.83	26.78	26.85
蜡油产量/(t/h)	28.75	30.3	31.76	33.09	34.31	35.44
焦炭产量/(t/h)	29.01	29.98	30.91	31.78	32.61	33.38
效益/(元/h)	3047.24	2934.66	2874.38	2818.26	2770.97	-29245.60

注：根据经验，油浆掺炼比例超过8%后会产生不合格石油焦，故掺炼比例超过8%后的石油焦产品价格按照0元/h计算。

相比油浆作为焦化原料，油浆调和60#道路沥青经济性更好。石油焦质量合格的情况下，每增加焦化掺炼油浆1t/h，效益减少20~60元/h。

6 结论

掺练催化油浆对延迟焦化装置的影响及经济效益对比：

(1) 对延迟焦化产品的影响，轻油和液化气收率比掺炼前降低，蜡油收率、焦炭收率、干气收率均提高，其中，柴油收率下降最多，而蜡油、焦炭收率上升明显，且随着油浆掺炼比例的逐步增大，各产品收率上升(下降)幅度逐步减小，石油焦灰分明显上升。

(2) 对延迟焦化操作条件和设备的影响，降低焦炭灰分需提高加热炉温度、压力以提高原料在焦炭塔内的反应时长。为降低结焦速度及降低炉管结焦概率，提高循环比以高炉管中原料线速度达到降低结焦速度目的。因为催化油浆含固体催化剂颗粒导致炉管结焦趋势增大及原料换热器结垢、管线、泵等设备磨损严重。

（3）与油浆作为焦化原料加工方案对比，作为重质船燃加工方案的经济性最好，每吨油浆可额外增加450~550元的效益，但受产品配置及加氢重油产量影响，产量不高，目前公司每月生产重质船燃约1万t，其中油浆占比约10%；油浆调和60#道路沥青为次优的加工方案，每吨油浆可额外增加20~60元，但60#道路沥青生产受市场需求影响较大，需要根据生产计划加工；油浆作为热拌沥青料是最不经济的选择，但该方案是公司平衡油浆库存的重要手段之一。

参考文献

[1] 颜峰，谢崇亮，董罡，等. 延迟焦化装置掺炼催化裂化油浆的影响及优化设计[J]. 石油炼制与化工，2014，45(8)：49-53.

[2] 杜涛，魏文，王成章. 掺炼催化油浆对1.2Mt/a延迟焦化装置的影响[J]. 科技视界，2014(29)：276-277.

[3] 史权，许志明，梁咏梅，等. 催化裂化油浆及其窄馏分芳烃组成分析[J]. 石油学报(石油加工)，2000，16(2)：90-94.

丁烷脱沥青装置扩能潜力分析

向伟健，刘光焱

（中国石化九江石化公司，九江　332000）

摘　要　本文对设计 50 万 t/a 丁烷脱沥青装置的扩能潜力进行分析，对抽提塔、沉降塔以及加热炉进行核算，找出装置扩能瓶颈并开展装置负荷爬坡试验，发现装置在进料量 63t/h 生产负荷下可以正常运行，当进料达到 68t/h 时，加热炉 F-102 压降大，背压无法维持，限制了装置进一步提升加工能力。

关键词　丁烷脱沥青　扩能　核算

世界重质原油储量丰富，预计到 21 世纪中期，重油和沥青砂将占石油资源的 50% 以上[1]。随着原油劣质化的趋势的加大，世界各国的原油加工炼化工艺上悄然发生变化，不断向重质油和含硫原油深加工进行倾斜[2~5]。单一的重油加工技术难以直接得到质量合格的产品，越来越多的炼厂开始选择对丁烷脱沥青工艺进行改进优化，与其他重油加工工艺组合使用来提高渣油的利用率[6]。中国石化某公司采用丁烷脱沥青与延迟焦化工艺组合处理重油，以提高重油的有效利用。随着环保要求的不断提高，延迟焦化装置的发展受到环保政策的制约。因此，提高丁烷脱沥青装置的渣油处理能力，以满足公司整体加工需求，显得十分必要。

1　丁烷脱沥青装置简介

中国石化某公司 50 万 t/a 丁烷脱沥青装置主要吸收美国 UOP 公司开发的 Demex 法脱沥青工艺，采用其他公司闲置的 60 万 t/a 装置进行利旧改造，自行开发设计以混合碳四为溶剂的二段抽提及超临界回收工艺。该装置由亚临界抽提、超临界回收、低压溶剂汽提回收及加热炉等部分组成，于 2004 年 6 月建成投产，产品脱油沥青和脱沥青油分别为延迟焦化装置和渣油加氢装置提供原料。

2　装置扩能核算

2.1　抽提塔核算

丁烷脱沥青装置溶剂对渣油的抽提过程主要在抽提塔内完成，依靠溶剂对渣油中各种组分具有不同溶解度的特点进行物理抽提，抽提塔的负荷直接影响装置的渣油加工能力。渣油在塔内停留时间的长短，可以反映出溶剂对渣油抽提的效果，因此可以通过对塔内停留时间的计算，探索装置扩能瓶颈。

抽提塔T-101规格：$\phi4500/\phi1800\times27660$，体积为$258m^3$，设计停留时间为27min。在温度115℃、压力4.2MPa、溶剂比为2.8的正常操作条件下，溶剂和渣油的密度分别为$449kg/m^3$和$980kg/m^3$。对于恒容且稳定流动的系统，可以根据进料体积与系统体积计算系统内流体停留时间：

停留时间 $t \approx V/q$　　　　V为塔的有效体积，q为进料体积

假设进料流量为x，则有：

$$\frac{258.6}{\frac{x}{0.98}+\frac{2.8x}{0.45}}=\frac{27}{60}$$

计算得$x=78.83t/h$

根据计算可知，抽提塔T-101最大进料流量可以达到78.83t/h。

表1　T101停留时间计算

项　　目	设计停留时间/min	最大流量/(t/h)
抽提塔T-101	27	78.83

2.2　沉降塔核算

渣油经抽提塔与溶剂充分接触，重组分经塔底去汽提塔回收溶剂后成为脱油沥青，轻组分与溶剂形成抽提油经塔顶后到沉降塔，重组分沉降到塔底，轻组分经塔顶去超临界塔回收溶剂。

沉降塔规格：$\phi4500/\phi1400\times30700$，上部5层挡液板，3层格栅，下部6层挡液板，2个分布器，容积为$314m^3$，设计停留时间为13min。在温度130℃、压力4.1MPa的正常操作条件下，溶剂和抽提油的密度分别为$387kg/m^3$和$780kg/m^3$。根据物料衡算，溶剂循环每小时需从溶剂罐补充30t左右溶剂，抽提系统和超临界系统损失的30t溶剂分别经塔底进入脱油沥青汽提塔和脱沥青油汽提塔。取脱沥青油收率为52%，每个塔底部携带10t溶剂，同样根据进料体积与系统体积计算系统内流体停留时间：

停留时间 $t \approx V/q$　　　　V为塔的有效体积，q为进料体积

假设总进料量为x，则有：

$$\frac{314}{\frac{0.52x}{0.78}+\frac{2.8x-10}{0.39}}=\frac{25}{60}$$

计算得$x=99.64t/h$

根据计算可知，沉降塔T-102可承受最大进料流量为99.64t/h。

表2　T102停留时间计算表

项　　目	设计停留时间/min	最大流量/(t/h)
沉降塔T-102	25	99.64

2.3　加热炉核算

丁烷脱沥青装置共有加热炉两台，F-101为脱油沥青溶液加热炉，沉降塔顶脱沥青油溶

液经泵抽出后，经过 F-101 加热升温后进入超临界塔；F-102 为脱沥青油溶液加热炉，T-101 与 T-102 底脱油沥青溶液经泵送至 F-102 加热后升温至汽提系统，加热炉工艺简图如图 1。

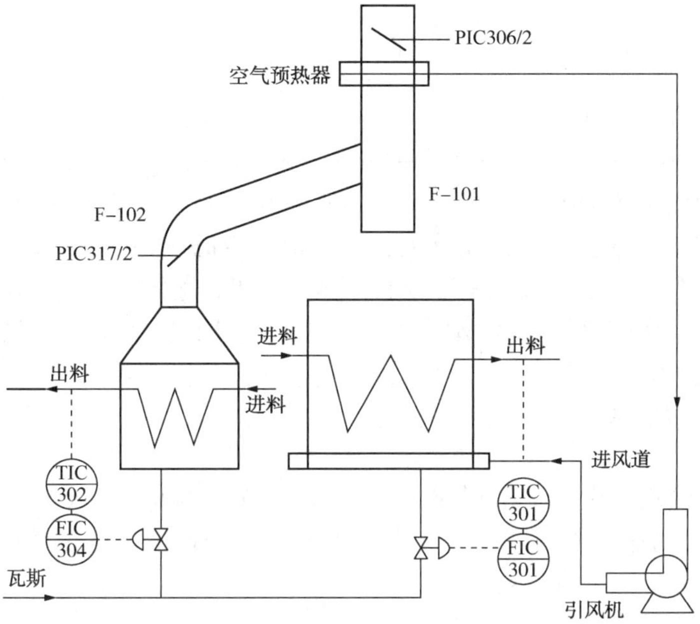

图 1　加热炉流程工艺

根据对抽提塔和沉降塔的核算：该装置同时满足抽提塔、沉降塔设计停留时间的理论最大进料量为 78t/h。选取 78t/h 和 68t/h 两个进料数据，在脱沥青油收率 52%、溶剂比 2.8 的操作条件下，对装置加热炉 F-101、F-102 关键参数分别进行模拟计算，探索加热炉扩能潜力。

表 3　加热炉 F-101 模拟计算数表

	单位	设计值	68t/h	78t/h
渣油处理量	t/h	62.5	68	78
冷油流速	kg/(m^2·s)	1190	1127	1285
加热炉流量	kg/h	234448	225760	258960
每路进料量	t/h	58.61	56.44	64.74
总热负荷	MW	12.57	8.95	10.69

通过对加热炉 F-101 的模拟计算，发现在 68t/h 进料量时，加热炉每路进料量、总流量、冷油流速以及加热炉总负荷均未达到设计值，进料量还有提升的空间；当进料量为 78t/h时，加热炉总热负荷距离设计值还有一定空间总流量，但每路进料量、总流量及冷油流速均已超过了设计值。以上数据表明，加热炉 F-101 在设计热负荷这一项还有潜力可挖，但存在的问题是管线容量不足可能会带来较大的炉管压降，限制 F-101 达到高流量。

表4 加热炉F-102模拟计算数表

	单位	设计值	68t/h	78t/h
冷油流速	kg/(m^2·s)	1119	1136	1357
渣油处理量	t/h	62.5	68	78
加热炉流量	kg/h	46802	52642	57443
每路进料量	t/h	23.40	26.32	28.72
总热负荷	MW	6.98	6.52	7.78

对加热炉F-102进行同样的模拟计算，从计算结果可以发现：在68t/h进料量的情况下，加热炉F-102总热负荷未达到设计值，有少量的余地，而每路进料量、总流量及冷油流速均已高于设计负荷，说明此进料量条件下炉管压降大幅升高；在78t/h处理量的情况下，各项计算参数均远超过设计值，说明加热炉F-102无法达到78t/h进料。

3 负荷爬坡试验

对丁烷脱沥青装置开始进行满负荷操作，渣油处理量由50t/h提至63t/h(设计为62.5t/h，年加工8000小时)，平稳运行24小时后进行爬坡试验，处理量提至68t/h，主要操作参数记录如下：

表5 负荷爬坡试验参数对照表

项目	50t/h	63t/h	68t/h	工艺卡片
抽提温度/℃	117	116	115	100~135
抽提压力/MPa	4.15	4.15	4.15	3.9~4.1
溶剂比	2.8	2.8	2.7	2.0~3.4
F101出口温度/℃	230	230	230	210~250
F102出口温度/℃	275	280	283	260~300
F102出口背压/MPa	2.7	2.6	2.5	2.4~3.0
F102两路进料	30%	48%	80%	
控制阀开度	55%	100%	100%	
脱沥青油收率/%	48	50	51	
泵-101电流/A	32	34	34.8	46(额定电流)
泵-105电流/A	22.5	24	25	43(额定电流)
泵-106电流/A	21.0	21.0	21.0	28(额定电流)

从负荷爬坡试验参数对照表中可以看出：

① 丁烷脱沥青装置在设计负荷运行的情况下基本正常，抽提温度、抽提系统压力、溶剂比等主要操作参数基本可以维持在工艺卡片范围内；

② 在68t/h进料情况下加热炉F-101、F-102均达到了目标温度；

③ 脱沥青油收率维持在50%左右；

④ 各主要机泵运行正常，未出现机泵超额定电流的情况；

⑤ 加热炉 F-102 两路出口温差偏大，可能的原因是加热炉 F102 进料存在偏流现象；

⑥ 加热炉 F-102 两路进料阀门开度大，在进料 63t/h 时，两路进料阀门的开度已分别达到 48%、100%，当进料达到 68t/h 时，两路阀门开度分别达到 80%、100%，炉出口背压降至 2.5MPa 操作，说明加热炉 F-102 进料已经达到极限，无法再进行继续提升进料。

4 结论

经过对丁烷脱沥青装置抽提塔、沉降塔、加热炉 F-101、F-102 核算，以及负荷爬坡试验，得出以下结论：

（1）通过核算得出抽提塔 T-101 理论最大进料量为 78.83t/h，沉降塔 T-102 理论最大进料量为 99.64t/h；

（2）超临界系统及其他塔器、换热器、容器因缺乏关键数据，暂未做全面核算，有待进一步完善；

（3）加热炉 F-101 热负荷尚有一定余量，但冷油流速升高带来的炉管压降限制了进料量的提升；

（4）装置在 63t/h 进料量情况下正常运行，各关键参数正常，脱沥青油收率稳定在 50% 左右；

（5）装置提升负荷至 68t/h 运行时，加热炉 F-101、F-102 出口温度均可以满足操作要求，F-101 能够正常维持抽提系统压力；F-102 两路进料阀门开度很大，且背压已降至 2.5MPa，塔底副溶剂用量较大，抽提塔液位调节操作弹性较小，说明 F-102 进料量已达到甚至超过了它的负荷，这也是溶脱装置高负荷运行的主要瓶颈所在。

参考文献

[1] 张德义．掌握原油资源与贸易信息优化原油采购与原油加工[J]．中外能源，2010，15(1)：73-85.

[2] 高建民，朱建华．我国重油和渣油加工技术展望[J]．炼油与化工，2008，19(2)：1-4.

[3] 谷振生，王晓明．国内外重油加工技术新进展[J]．炼油与化工，2010，21(1)：6-8.

[4] 曲涛，郭皎河，高鲜会．进口油溶剂脱沥青技术优化研究[J]．石油沥青，2011，25(2)：65-68.

[5] 佟彪，张铎．我国溶剂脱沥青工艺技术进展[J]．工业、生产，2018，7(1)：13-37.

[6] 徐晓胜，王利平，李青松．溶剂脱沥青工艺优化研究进展[J]．应用化工，2019，48(2)：402-406.

降低延迟焦化装置石油焦挥发分的分析对策

刘劲松

（中国石化九江石化公司，九江　332004）

摘　要　随着装置原料逐渐劣质化，生焦周期缩短，某焦化装置石油焦挥发分持续较高，严重制约了石油焦的出路。通过分析石油焦挥发分的影响因素，经过优化加热炉、焦炭塔的操作，改变污油回炼方式，充分利用除焦和移焦的联动操作，尽量将高挥发分焦与合格焦进行分堆存储，实现石油焦的精细化管理，石油焦挥发分由12.54%下降为10.65%，下降较明显。

关键词　石油焦　挥发分　吹汽　分段除焦

某延迟焦化装置于2006年3月20日正式投产，由SEI主体设计，加工量为100万t/a，采用一炉两塔的工艺路线，原料为减压渣油、催化油浆、脱油沥青等组成的混合油，主要产品为净化干气、液化气、稳定汽油、柴油、蜡油、石油焦等。其中净化干气送入瓦斯管网进行燃烧，液化气、稳定汽油、柴油及蜡油均送入下游装置进行精制加工，石油焦作为产品出厂。

1　现状

近年来，随着炼厂重油加工路线实行“溶脱-焦化-渣加-催化”组合工艺，该焦化装置原料劣质化倾向加剧，开始逐步大比例掺炼脱油沥青、催化油浆、罐区污油（各炼油装置扫线、退油、切水等产生的污油）以及排水污油（隔油池底的油泥和排水“三泥”）等，该部分油品具有馏程宽、灰分高以及金属含量大的特点，掺炼过程中对石油焦的产品质量影响较大。其中挥发分指标的平均值一直偏高，2017年甚至达到12.54%。表1为近年来装置石油焦产品质量一览表。

表1　2014年至2017年石油焦产品质量一览

项　目	2014年	2015年	2016年	2017年
灰分/%	0.3	0.3	0.38	0.35
挥发分/%	11.24	11.36	11.65	12.54
硫含量/%	2.08	1.92	2.13	2.25

根据设计，该装置生产的石油焦为普通石油焦，其产品质量主要包括挥发分、灰分、硫含量等指标。根据《NB/SH/T 0527—2019 石油焦（生焦）》规定，普通石油焦按照指标大小及用途划分为1号、2A、2B、2C、3A、3B、3C等不同等级，由表2可以看出，在石油焦的不同等级中，挥发分指标均需控制在12%（质量分数）以内，可以看出该装置石油焦品质超标风险极高。

表 2 普通石油焦(生焦)的技术要求和试验方法

项目	质量指标							实验方法
	1号	2A	2B	2C	3A	3B	3C	
硫含量(质量分数)/%，不大于	0.5	1.0	1.5	1.5	2.0	2.5	3.0	GB/T 214—2007 中第 4 章
挥发分(质量分数)/%，不大于	12.0	12.0	12.0	12.0	12.0	12.0	12.0	SH/T 0026
灰分(质量分数)/%，不大于	0.30	0.35	0.40	0.45	0.50	0.50	0.50	SH/T 0029

2 影响因素

根据相关文献，石油焦的挥发分含量的影响因素较多，结合装置实际情况，主要通过调整石油焦的分布、吹汽时间、加热炉出口温度及污油掺炼方式等措施来控制。

2.1 焦炭塔石油焦分布影响

焦化原料进行加热后，自焦炭塔底部进入进行反应。在焦炭塔进行反应过程中，沿其高度可分为三个主要区域：下部为焦炭区；中部为高黏度的胶质沥青质，成为泡沫区；上部为气相区[1]。产生大量的高温油气(含蜡油、柴油、汽油、液化气和干气等)和少量的石油焦，可以看出焦炭塔既是一个反应器，又是一个石油焦存储器。

由图 1 可以看出，由于焦炭塔是底部进料，切塔后中部的泡沫层继续处于反应之中，随着吹汽冷焦，塔顶温度下降，反应深度不足，势必造成泡沫层的石油焦挥发分较高。据相关文献，每个除焦周期中焦炭塔中的泡沫焦高度基本在 2~3m[1]。

通过连续监控焦炭塔不同部位石油焦挥发分数据可以看出，顶部泡沫层挥发分平均为 14.91%，基本在 12%~18%之间，明显较焦炭层(中部和底部)石油焦挥发分高。

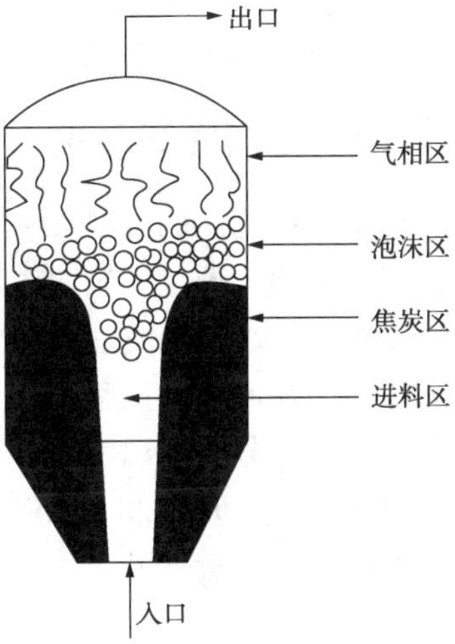

图 1 焦炭塔内反应示意图

表 3 焦炭塔不同部位石油焦挥发分分析数据

序号	石油焦挥发分/%		
	顶部泡沫层	中部	底部
1	15.68	11.72	11.44
2	18.04	11.15	9.34
3	17.51	11.13	10.38
4	14.81	12.21	12.09
5	14.5	10.0	9.58
6	13.75	11.47	10.22
7	12.93	10.8	8.85
8	12.07	11.08	9.68
9	14.91	11.20	10.20

2.2 吹汽及给水操作

切塔后，焦炭塔先通入少量的蒸汽把轻质烃类汽提去分馏塔，再大量通入蒸汽汽提重质烃类至放空冷却塔，回收重油和水，待含在焦炭内的大量油气被吹出后再通入冷却水使石油焦冷却至80℃左右然后除焦[2]。

随着吹汽量的加大和吹汽时间延长，可大幅地将石油焦内的轻质烃类和重质烃类物质吹出，有效地降低石油焦挥发分。

在焦炭小给水期间，塔内石油焦未被冷焦水浸泡，石油焦处于继续汽提状态，经过延长石油焦冷却过程的汽提时间，也可有效地讲石油焦内重质烃类带出，降低石油焦挥发分。

2.3 加热炉出口温度影响

加热炉出口温度的变化直接影响着焦炭塔内的反应温度和反应深度，从而影响到产品分布和产品质量。加热炉出口温度高，可以加深焦炭塔内渣油的反应深度，降低石油焦挥发分，但温度过高会造成加热炉负荷加剧、炉管加速结焦、装置运行时间短、焦炭变硬等不利后果，因此加热炉出口温度调整范围较窄。

2.4 污油掺炼方式

为了降低炼厂的加工损失，该装置承担着回炼全厂重污油(甩油、放空冷却塔回收污油、罐区污油、催化油浆、苯乙烯焦油及排水污油等)的任务，由于全厂重污油存在温度低(70~90℃)、水含量波动大(1%~10%，特别是排水污油存在油包水的现象严重)、馏程复杂等特点，在回炼的过程中，污油往往会送至焦炭塔顶部代替急冷油进行掺炼。

由于该部分污油温度较低，造成焦炭塔顶部温度下降明显，基本维持在410℃左右，较焦炭塔正常生产时(420~425℃)大幅下降，抑制泡沫层高黏度的胶质沥青质继续反应，造成石油焦挥发分含量上升。

3 实施过程

3.1 焦炭塔分段除焦

焦炭塔除焦设施为水力除焦系统，是利用高压水泵将把除焦水通过工艺管线在钻具的喷嘴处汇聚成高压高速的线束，利用此线束来将焦炭切碎，从而达到除焦的目的。高压水通过切焦器斜向下的喷嘴射出高压水在整塔焦炭的中心处从塔顶至下钻出一个通孔，然后堵住切焦器钻孔喷嘴，打开切焦器水平喷嘴，从中射出高压水进行整塔焦炭的切焦，切下的焦炭从塔中心孔及除焦通道中滑至料场，此过程一直到整塔焦炭除完。

根据焦炭塔除焦特点，规定除焦岗位与移焦岗位进行协调配合，联动操作，焦炭塔除完泡沫焦，及时将泡沫焦移至不合格石油焦区域，然后再继续进行其余石油焦的切除，以实现石油焦的分段切割。每个除焦周期控制在泡沫焦在100t左右(焦炭塔内石油焦生焦量按45t/m计算，泡沫焦高度控制在2m左右)，可根据石油焦产品质量进行适当调整泡沫焦的数量。

3.2 石油焦的分堆存放

焦化装置产生的石油焦主要存储在焦池中，通过行车将石油焦分别抓至火车、汽车装车台和输煤栈桥等进行出厂。

由于每个生焦周期产生的石油焦品质不一样，且采样具有随机性，需要将现场不合格石油焦(泡沫焦)与合格石油焦进行分堆存放，实现产品分区管理，进一步加强石油焦产品质量的管理。

根据焦池空间大小，制作石油焦堆放动态示意图。在示意图的分区上针对不同品质的石油焦进行分色标注，同时注标注石油焦产生的时间，实现产品分区管理，进一步加强石油焦产品质量的管理。

针对现场每天产生的不合格石油焦(灰分或者挥发分偏高)，定期送至炼厂 CFB 锅炉代替燃料煤作为燃料进行处理，其余产品质量合格的石油焦按正常产品进行出厂销售。

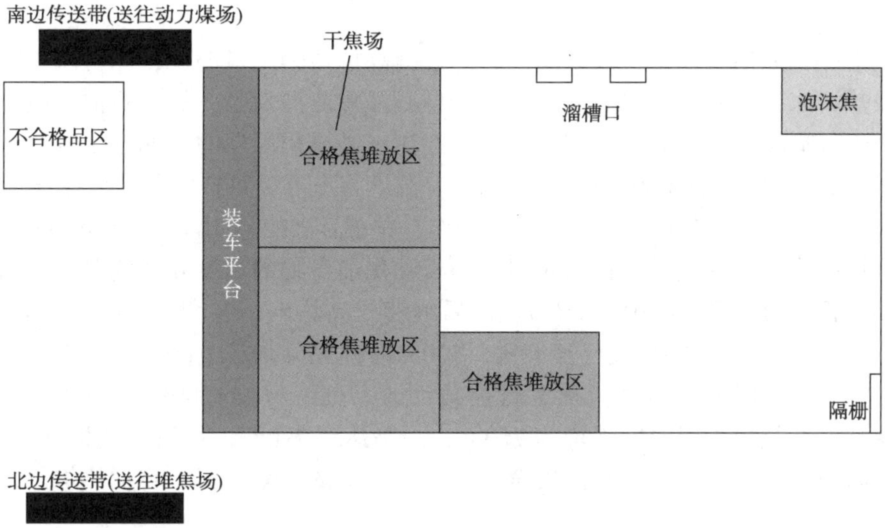

图 2　焦化装置石油焦堆放动态示意图

3.3 优化吹汽及小给水操作

由于装置加工负荷较大，焦炭塔焦高较高，若吹汽量过大，易将泡沫层及焦粉吹至分馏及放空系统，影响装置长周期运行，本次优化只涉及大吹汽和小给水的时间。

在 24h 生焦模式下，正常吹汽时间为小吹汽 1h，大吹汽 2h，小给水 1h。由于小吹汽过程中，小吹汽时间过长有可能将泡沫层及焦粉吹至分馏塔，影响分馏塔底部和循环油系统的运行周期。可统筹安排生焦时间，将大吹汽时间延长至 3h，小给水时间延长 1.5h，提高焦炭塔内汽提时间，进一步降低石油焦挥发分。

由于生焦时间固定，随着吹汽时间的延长，势必将缩短焦炭塔的冷焦、预热时间，对焦炭塔材质的使用寿命有所影响。同时大吹汽量进一步提至 16~17t/h，此时焦炭的挥发分下降不明显，而装置能耗却明显增加。

表4 24h 生焦时刻表

操作步骤	原生焦时间/h	现生焦时间/h
切塔、小吹汽	1	1
大吹汽	2	3
小给水	1	1.5
大给水	6	5
放水	1	1
除焦	3	3
赶空气试压	2	2
预热	8	7.5

3.4 优化加热炉出口温度

在焦炭塔操作周期后期的一段时间内，通过提高加热炉出口温度，同时减少它在焦炭塔内的反应吸热，来提高焦炭塔内温度，从而降低石油焦的挥发分，提高石油焦质量。

在一个生焦周期内，将操作周期分2段：在焦炭塔操作周期的前期较多时间16h里，按较小循环比(0.15~0.25)进行操作，加热炉出口温度控制在498℃。在这个操作周期的后期较少时间8h里，按较大循环比(0.3~0.4)操作，并提高加热炉出口温度至499℃，该工况下可为焦炭塔提供更多的热量，提高焦炭塔内石油焦前身物的温度和油气温度，因而有效降低了石油焦的挥发分(可降至10%左右)。此后继续提高炉出口温度至499.5℃和500℃，在499.5℃时焦炭的挥发分下降幅度已经减缓，500℃时挥发分基本上已不再下降。

由于目前装置长时间实行大负荷运行模式，加工负荷为111.09%，加热炉持续处于高负荷运行状态，加热炉炉膛温度平均为760℃，最高达到790℃，接近工艺指标≯800℃，加热炉运行风险较高。考虑到加热炉的安全运行和焦炭塔的安全运行，将加热炉出口温度提高至499℃。

3.5 优化污油回炼流程

为了减少污油回炼减少对石油焦挥发分的影响，平稳装置的安全生产，充分利用装置余热，经过技术改造，将回炼污油先经过蜡油-污油换热器加热后送入放空塔，利用蜡油换热器余热和放空塔底部伴热盘管对污油进行升温(温度约110℃)、汽提脱水，脱水后的污油可以直接送入原料罐进行回炼(见图3)。

4 实施效果及效益

4.1 实施效果

经过调整，该装置石油焦挥发分由12.54%下降为10.65%，下降明显，见图4。

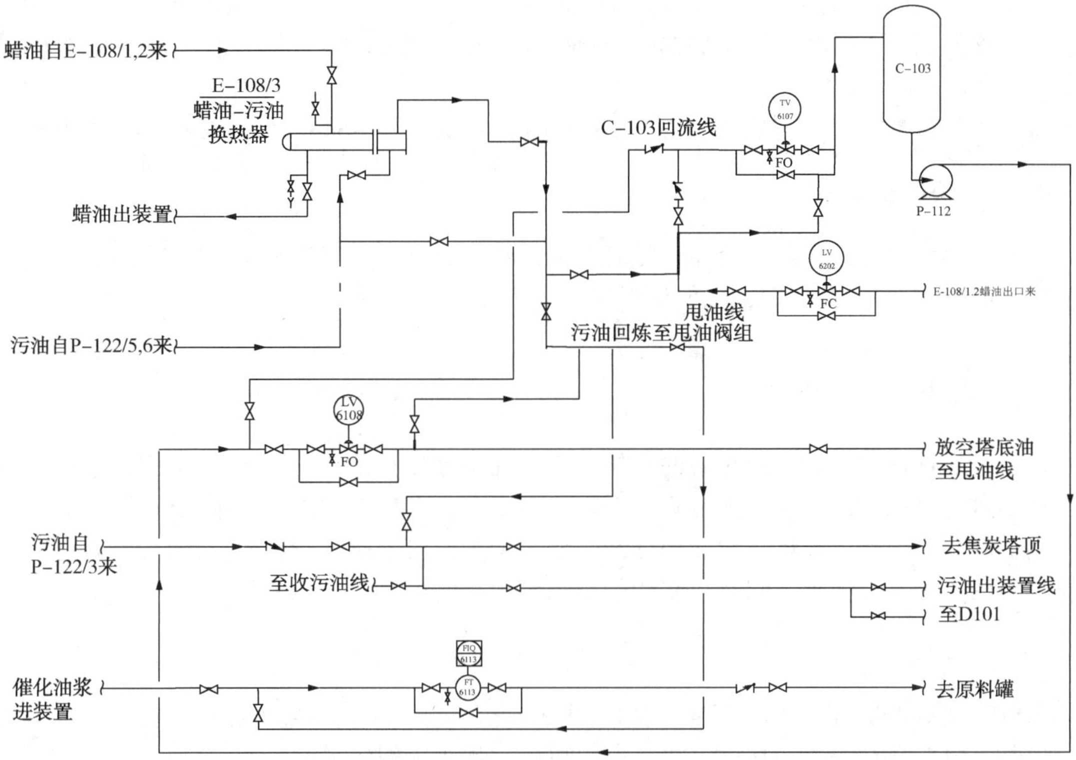

图 3　污油回炼流程动改

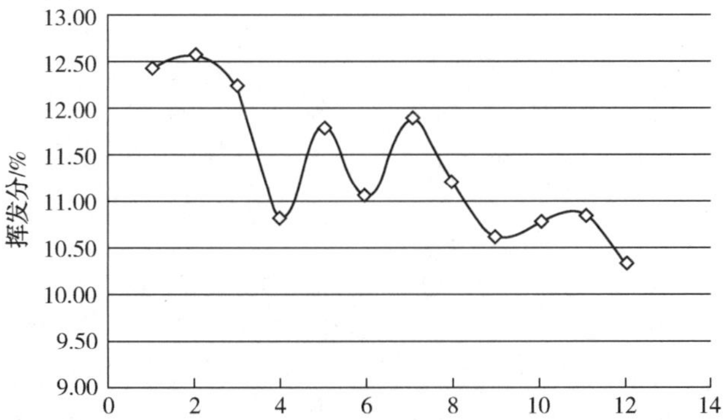

图 4　2018 年石油焦挥发分一览

4.2　经济效益

（1）全年石油焦产量按 30 万 t/a 计算，可以提高装置液体(汽油、柴油及蜡油)产量为 300000×(12.54-10.65)/100=5670t/a。每吨液体产品按 2000 元/t 计算，可以产生经济效益为 1134 万元/a。

（2）随着石油焦进行分区管理，不合格石油焦(泡沫焦)转运至炼厂的 CFB 锅炉代替燃料煤进行燃烧，按每年转 CFB 锅炉石油焦 12000t，每吨石油焦产品与燃料煤成本差为 539 元，增加成本 646.8 万元。

（3）延长大吹汽时间，1.0MPa蒸汽消耗增加18t/h，按每个生焦周期延长大吹汽1h计算，需要增加消耗1.0MPa蒸汽6570t，每吨1.0MPa蒸汽按150元/t计算，增加成本98.55万元。

综上，可以看出提高石油焦品质产生的经济效益为1134-646.8-98.55=388.65万元

4.3 环境效益

由于焦化装置焦池为敞口容器，随着石油焦挥发分下降，对焦池附近的挥发性有机气体(VOCs)的控制有一定的帮助，较好地保护了周边环境。

5 结论

（1）经过优化加热炉、焦炭塔的操作，充分利用除焦和移焦的联动操作，尽量将泡沫焦与合格焦进行分堆存储，可有效地降低石油焦挥发分，实现石油焦的精细化管理。

（2）随着焦化装置在炼厂的作用逐渐转变，装置原料性质劣质化明显，也是石油焦产品质量下降的一个重要因素，同时也制约了石油焦产品的出路。

参 考 文 献

[1] 胡尧良．延迟焦化装置技术手册[M]．北京：中国石化出版社，2013：44；118.
[2] 瞿国华．延迟焦化工艺与工程[M]．北京：中国石化出版社，2008：450.

水力空化改质对减压渣油性质的影响

李　康[1,2]，韩海波[2]，雷　杰[2]，陈建民[3]，王有和[1]，阎子峰[1]

（1. 中国石油大学重质油国家重点实验室，青岛　266580；2. 中石化炼化工程集团洛阳技术研发中心，洛阳　471003；3. 中石化广州工程有限公司，广州　510620）

摘　要　利用水力空化过程产生局部的高温、高压、高射流以及强大的剪切力等极端化学物理条件改质处理减压渣油，改质处理后减压渣油的密度、黏度、残炭等理化性能均得到改善。本文进一步通过 APPI FT-IR 和沥青质粒径分布技术研究了减压渣油水力空化改质机理。结果表明：当水力空化压力为 8MPa，处理 1 次时，减压渣油改质效果最佳：其 20℃时密度、40℃时黏度、残炭、沥青质含量分别由 0.9802g/cm^3、660.5mm^2/s、15.31%、3.3%降低至 0.9711g/cm^3、569.4mm^2/s、14.76%、2.6%；经过水力空化处理后减压渣油延迟焦化的焦炭产率降低 2.12 个百分点，液体收率和气体产率分别增加 1.86 和 0.26 个百分点。

关键词　水力空化　减压渣油改质　沥青质微晶结构　粒度分布　产品分布

重油改质技术开发目前是全球炼油行业研究的热点[1]，空化作为一种独特的能量提供形式，近几年开始广泛应用于重油改质研究领域中[2~7]，空化现象是液体由于压力的变化引起的空泡形成、生长、溃灭的过程，空化气泡溃灭瞬间会在周围极小的空间(微米、微秒)内产生高温、高压、微射流和强大的剪切力等极端现象[8]。Niazi 等[9]采用 CFD 模拟的方法计算了原油中空化气泡产生的全过程，根据计算气泡溃灭时在微秒时间和微米范围内能够产生 300MPa 高压和 3200K 高温，每一个空化气泡可以看作一个微型反应器。Askarian 等[10,11]在自主设计的水力空化设备上考察了空化条件对 Lavan 炼厂重燃料油性质的影响，研究发现，处理条件为 80℃、常压、处理 10~15min 时，重燃料油黏度降低 33%，柴油馏分和 API 度分别增加了 6.5%(v)和 2.9°。Kaushik 等[12]考察了超声空化超声频率、处理时间，探针直径对减压渣油性质的影响，研究发现，超声空化处理后减压渣油中沥青质含量由 13.5%降低到 7.0%(m)，同时水力空化改质的机械作用产生强大剪切力和空化作用冲击波可以有效降低油品黏度和改变沥青质结构，减小胶质沥青质聚集体体积和分子直径，减少沥青质的聚集沉淀，最主要的是降低了沥青质的单元薄片缔合度，减压渣油的平均相对分子质量减小，从而降低了减压渣油的结焦度。Price 等[13]研究了超声空化处理对原油中间馏分油(C_8~C_{26})性质的影响，发现空化气泡绝热破裂所释放的能量使得馏分油发生了热裂解反应。Yen 等[14]研究发现重油空化改质过程中主要发生了自由基反应，轻组分起到供氢体的作用，在空化改质过程中重油分子和轻油分子热裂解形成相应自由基，重油中大分子自由基与小分子自由基之间的相互重排是空化改质的本证特点。Dunn[15]进一步研究了在供氢体四氢萘存在下重油空化改质，研究结果表明在供氢体存在下发生类似加氢反应，进一步验证了空化改质过程中自由基反应机理。陈辉等[16]采用自主设计的空化改质反应器在入口压力 4MPa 时改质处理沙特重质原油，其黏度降低 46.98%。

但是，空化过程产生的能量对于重油改制机理并没有从沥青质结构特点方面进行研究。

本文从水力空化处理前后重油理化性质、分子组成、沥青质微晶结构、沥青质团聚体粒径分布、沥青质官能团、沥青质形貌、减压渣油延迟焦化性能等多方面阐述空化处理对于重油性质影响的机理。

上述文献调研显示空化过程产生的能量能够有效地改善重油性质，并且重油水力空化改质由于能量利用率高和易工业放大的优势具有很好的工业化应用前景[17~19]，减压渣油水力空化改质效果、机理、改质后稳定性等基础研究的不够深入限制了该技术的进一步发展。本研究在自主研发的喉部直径0.8~1.2mm的双曲线锥体水力空化设备上考察了水力空化压力及空化处理次数对减压渣油性质的影响，并且考察了水力空化改质处理前后减压渣油分子组成特点、稳定性、沥青质粒径分布和延迟焦化性能。

1 实验部分

1.1 试验材料

减压渣油(VR)取自中国石化洛阳石化公司，正庚烷，甲苯分析纯，购自洛阳市化学试剂厂。

1.2 实验装置及过程

采用自主研发设计的水力空化装置考察水力空化处理压力和处理次数对减压渣油性质的影响，具体工艺流程如图1所示，在原料罐中加入25~30kg减压渣油，原料罐保温130℃，通过调节原料泵P1转速控制泵头压力，增压的减压渣油进入水力空化装置入口，经过空化处理变为常压的减压渣油进入产物罐，该过程即完成一次水力空化处理。通过产物罐与原料罐的切换实现不同次数的水力空化处理，在空化反应器出口采样，样品静置24h分析水力空化对减压渣油性质的影响。

考察水力空化改质压力分别为2MPa、4MPa、8MPa和10MPa时，空化处理1次对减压渣油性质的影响，试验标记为HC-1、HC-2、HC-3、HC-4；减压渣油样品为对比样，标记为HC-0。考察在水力空化改质压力8MPa时，处理2次、3次时对减压渣油性质的影响，试验标记为HC-5、HC-6。采用ASTM D6560-17标准方法分离样品中沥青质，标记为HC-X-As。采用自主搭建500mL釜式焦化评价装置考察水力空化改质处理前后减压渣油延迟焦化反应性能，延迟焦化评价条件为：温度495℃、压力180kPa、时间3.5h。

1.3 分析方法

采用Bruker Daltonics公司的15T SolariX XR型傅里叶变换离子回旋共振质谱仪(FT-ICR MS)测试样品分子量分布及分子组成，离子源为大气压光致电离源(APPI)。样品溶于甲苯溶液中，样品浓度为0.5mg/mL。常见的有机化合物的分子式可以表示为$C_cH_hS_sN_nO_o$(c、h、s、n、o分别为碳原子、氢原子、硫原子、氮原子、氧原子的个数)，等效双键数DBE的定义为$DBE=c-0.5h+0.5n+1$，DBE代表有机分子的环和双键的数目之和。

采用德国Colloid Metrix公司的NANO-felx-180°DLS型粒径分析仪测试沥青质团聚体粒径分布，仪器粒径测量范围为0.3~10μm，采用浓度为2000μg/g的沥青质甲苯溶液测量，测量温度为室温。

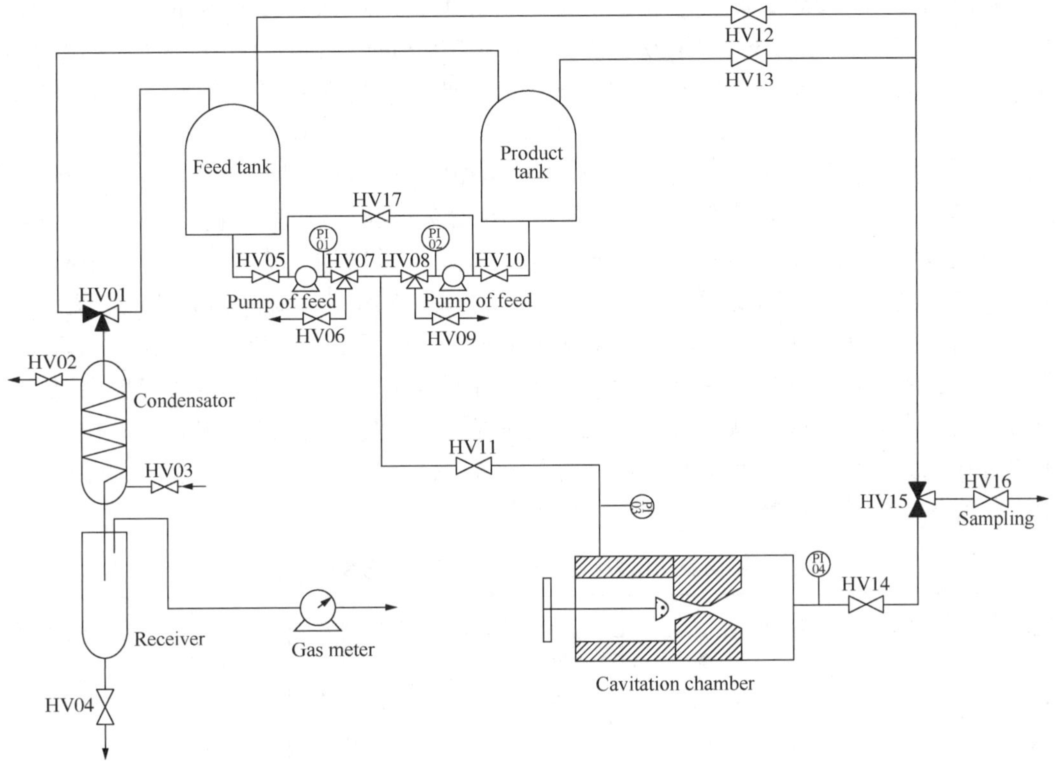

图 1 水力空化装置工艺流程示意

采用法国的 Formulaction 公司的 TURBISCAN LAB 型多重光散射仪测试样品稳定性，测试方法按照标准 ASTM D7061-06，取 2ml 减压渣油与甲苯混合物(质量比 1∶9)与 23mL 正庚烷混合加入样品池，快速放入 TURBISCAN LAB 装置中，扫面得到透射光和散射光普，15min 内每 60S 扫面一次，共计扫面 16 次，通过 Formulaction 公司数据处理软件计算样品每次扫面时间内的平均透光率 X_i，根据公式(1)计算稳定性值 S，当 $0<S<5$ 时，样品属于高度稳定；当 $5<S<10$ 时，样品属于中间稳定；当 $S>10$ 时，样品属于不稳定。

$$S = \sqrt{\frac{\sum_{i=1}^{n}(X_i - X_T)^2}{n-1}} \tag{1}$$

式中：X_i=每 60s 的平均透光率,%；X_T=16 组的平均值,%，n=测试顺序编号。

2 结果与讨论

2.1 水力空化改质压力和次数对减压渣油性质的影响

水力空化改质压力和次数对减压渣油性质的影响如表 1 所示。由表 1 可知，减压渣油性质体现为高密度、高黏度、高残炭。随着水力空化改质压力的增加，减压渣油的密度、黏度、残炭和沥青质含量逐渐降低；而空化次数的增加，对减压渣油的性质未见明显影响。当水力空化改质压力为 2MPa 时，减压渣油密度、黏度、残炭和沥青质含量由 0.9802g/cm³、660.5mm²/s、15.31%、3.3%降至 0.9799g/cm³、629.6mm²/s、15.08%、3.2%；当水力空化改质压力提高至 4MPa 时，减压渣油性质进一步改善，当水力空化改质压力为 8MPa 时，减压渣油密度、黏度、残炭和沥青质含量进一步降低至 0.9711g/cm³、569.4mm²/s、14.76%、2.6%；而当水力空化改质压力提高至 10MPa 和 8MPa 时处理 2~3 次时，减压渣油的密度、黏度、残炭和沥青质含量并没有进一步明显的变化。族组成分析结果表明，减压渣油水力空化改质后饱和烃、芳烃和沥青质降低，胶质含量增加。从减压渣油 D7169 模拟馏程结果可知，经过水力空化改质处理后减压渣油 5%、30%、50%、60%馏出点温度降低，进一步说明水力空化改质对减压渣油轻质化作用明显。依据水力空化反应特点及机理，水力空化改质过程中空化气泡溃灭瞬间在重油周围极小的空间(微米、微秒)内产生高温、高压等极端现象，水力空化改质减压渣油的反应机理遵循自由基反应机理。减压渣油中的轻组分和重组分在水力空化改质过程中产生相应的自由基，轻组分自由基与重组分自由基的重新结合是空化改质重油的本征特点。

表1 不同空化压力和次数对减压渣油理化性能的影响

减压渣油	$F^{(1)}$/(kg/min)	ρ_{20}/(g/cm³)	ν_{40}/(mm²/s)	CCR/%	S/%	N/(μg/g)
HC-0		0.9802	660.5	15.31	1.04	6326
HC-1	1.5	0.9799	629.6	15.08	1.03	6200
HC-2	2.3	0.9787	608.3	14.94	1.02	5949
HC-3	3.5	0.9711	569.4	14.76	1.03	5730
HC-4	3.8	0.9712	560.7	14.72	1.04	5700
HC-5	3.5	0.9705	565.8	14.73	1.04	5723
HC-6	3.5	0.9703	563.2	14.12	1.03	5715

减压渣油	质量分数/%				T(Distilation)/℃				
	$Sa^{(2)}$	$Ar^{(3)}$	$Re+As^{(4)}$	$n\text{-}C_7As^{(5)}$	IBP	5%	30%	50%	60%
HC-0	15.5	34.8	49.7	3.3	302.4	453.6	597.9	649.8	680.0
HC-1	15.3	34.4	51.3	3.2	291.5	445.4	591.4	642.5	675.7
HC-2	15.1	34.1	50.8	3.1	286.1	441.8	583.4	636.9	671.9
HC-3	14.6	32.5	52.9	2.6	277.1	440.2	575.6	631.7	668.4
HC-4	14.5	32.4	53.1	2.6	276.3	438.3	574.3	630.8	667.6
HC-5	14.5	32.3	53.2	2.5	276.5	439.2	575.2	630.4	668.2
HC-6	14.5	32.3	53.2	2.5	276.3	438.8	754.9	630.1	667.8

(1)F-Flow rate；(2)Sa-Saturates；(3)Ar-Aromatics；(4)Re+As-Resin+Asphaltenes；(5)$n\text{-}C_7As\text{-}n\text{-}C_7$ Asphaltenes。

2.2 水力空化改质对减压渣油稳定性的影响

减压渣油水力空化改质后物化性质稳定性是衡量改质效果的一个重要指标，科研人员[20]采用近红外光散射的方法对混合样品进行扫描，结合多重光散射原理引入样品稳定性指数，当样品性质稳定时，随着检测时间的进行，检测器接受的样品透射光强度变化不明显，当样品性质不稳定时，则透射光强度发生明显变化。水力空化改质后稳定性分析如图 2

所示。由图 2 可知，减压渣油水力空化改质前后样品透射光强值随测试时间的进行未发现明显变化，即水力空化改质后减压渣油胶体体系稳定，未出现沥青质团聚现象。根据公式(1)计算可知 HC-0 稳定性值 $S=0.36$，HC-3 稳定性值 $S=0.37$，属于稳定性胶体。

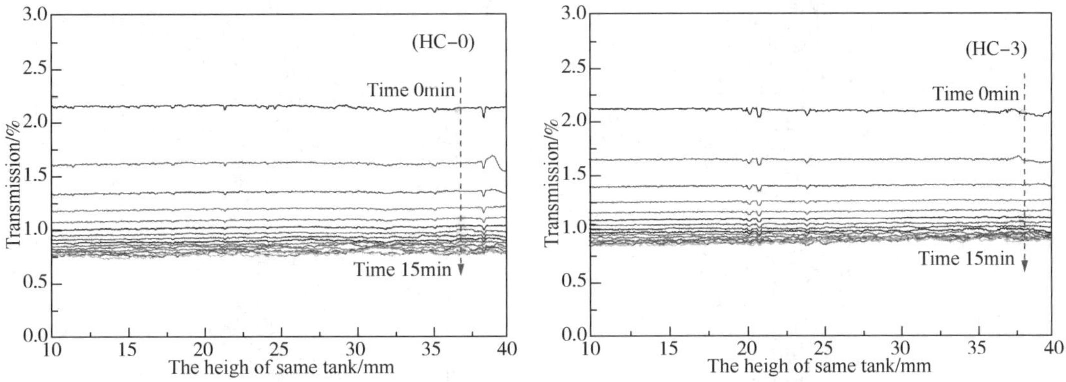

图 2　水力空化改质前后减压渣油稳定性透射光谱

2.3　水力空化改质对减压渣油分子组成的影响

图 3 为水力空化改质前后减压渣油，沥青质芳烃类化合物 *DBE* 与碳数分布图，由图 3 可知，水力空化改质前后减压渣油中芳烃类化合物的分布倾向于更分散，尤其是 40<碳数<50，10<*DBE*<20 中的化合物气泡分布更加松散。沥青质被认为是溶解于芳烃溶液(苯、甲苯)而不溶于链烷烃(正己烷、正庚烷)中的一部分[21]，是重油中分子量最大、极性最强、分子结构最复杂的一类物质，沥青质往往被认为是重油性质的载体[22,23]，因此研究沥青质分子组成变化情况对于理解水力空化改质机理非常重要。水力空化改质前后减压渣油中沥青质中芳烃类化合物的分布变化更加明显，尤其是碳数>55，*DBE*<20 的化合物气泡分布松散。水力空化改质前后化合物组成的变化情况反映了重油化合物的相互缔合作用。表 2 为水力空化改质前后减压渣油、沥青质芳烃类化合物 *DBE* 与碳数，由表 2 可知，随着水力空化改质压力的提高，减压渣油中芳烃类化合物平均碳数和 *DBE* 降低，并且减压渣油中沥青质中芳烃类化合物平均碳数和 *DBE* 降低更加明显。以上分析结果表明水力空化改质后减压渣油芳烃类化合物缔合作用降低，缔合作用的降低有利于改善重油性质。

表 2　水力空化改质前后减压渣油、沥青质芳烃类化合物 *DBE* 与碳数

样　　品	平均碳数	平均 *DBE*
HC-0	47.74	14.56
HC-2	47.57	14.51
HC-3	47.17	14.35
HC-4	47.14	14.32
HC-0-As	46.95	23.51
HC-2-As	46.27	21.33
HC-3-As	45.86	20.36
HC-4-As	45.82	20.27

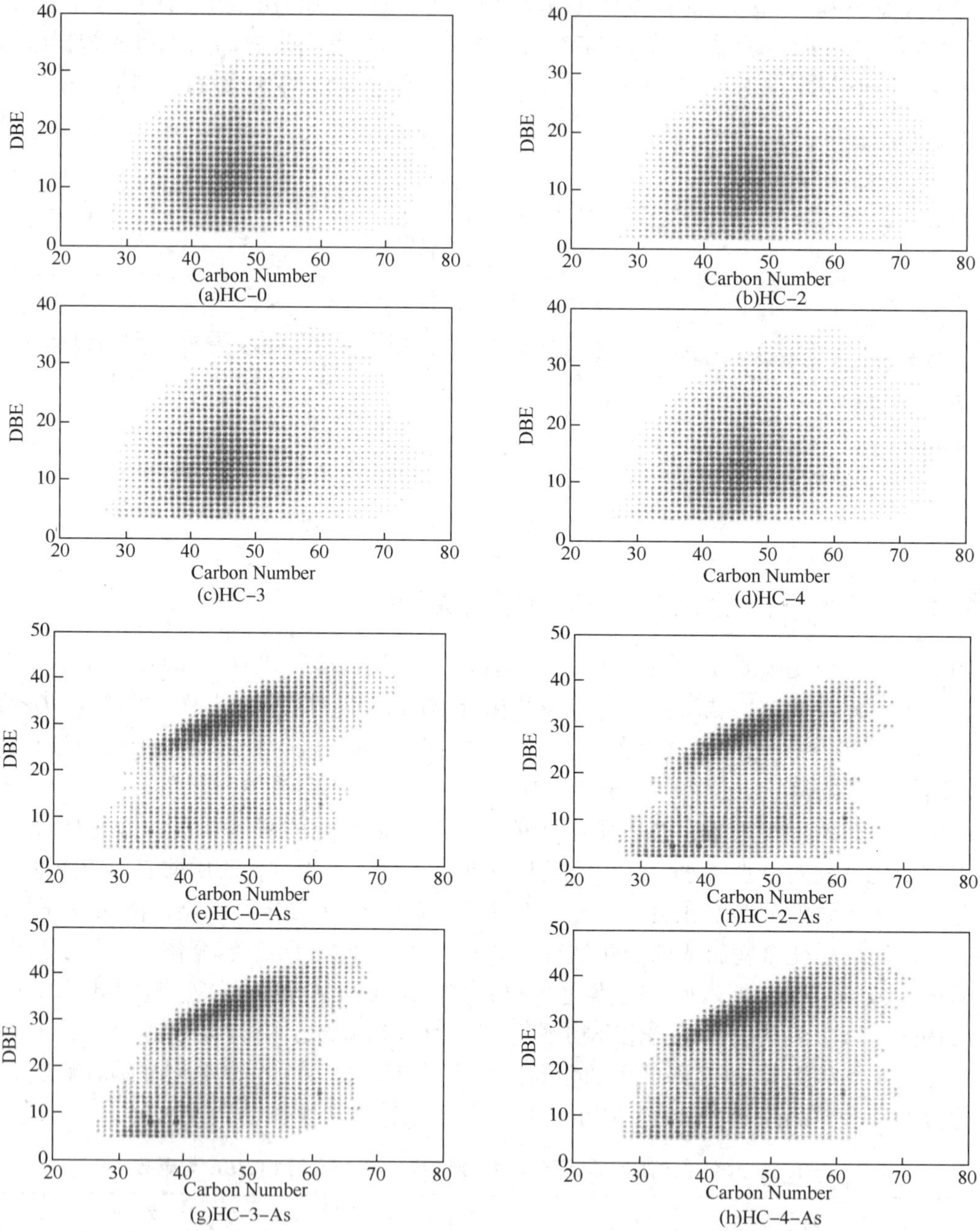

图3 水力空化改质前后减压渣油、沥青质芳烃类化合物DBE与碳数分布

2.4 水力空化改质对减压渣油沥青质团聚体颗粒分布的影响

图4为水力空化改质前后沥青质胶束粒度分布图，为了确保数据的准确性，每组样品分析3次取平均值，由图4可知，水力空化改质前后沥青质胶束粒度分布在7~60nm和5.5~39nm之间，水力空化改质后减压渣油沥青质胶束粒度分布峰值由25nm降低到11nm，出现了粒径分布在5.5~7nm之间的小粒径范围的沥青质胶束，同时最大的沥青质胶束粒径由

60nm 降低至 39nm。以上分析结果表明水力空化处理后能够使沥青质团聚体之间的相互作用减弱，使得沥青质胶束粒度分布变小。

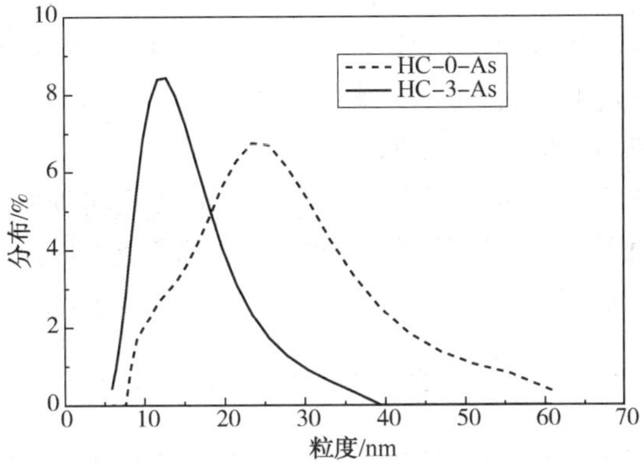

图 4　水力空化改质前后减压渣油沥青质胶束粒度分布

2.5　水力空化改质对减压渣油焦化性能的影响

表 3 为水力空化改质前后减压渣油延迟焦化产品分布，由表 3 可知，随着水力空化改质压力的增加，减压渣油延迟焦化产品分布中气体收率和液体收率逐渐增加，焦炭产率降低；而空化次数的增加对减压渣油延迟焦化产品分布未见明显影响。当水力空化改质压力为 2MPa 时，减压渣油延迟焦化产品分布中气体和液体产率由 8.67%、58.68%提高至 8.75%、58.84%，焦炭产率由 32.65%降低至 32.41%；当水力空化改质压力为 8MPa 时，减压渣油延迟焦化产品分布中气体和液体产率进一步提高至 8.93%、60.54%，焦炭产率进一步降低至 30.53%；而当水力空化改质压力提高至 10MPa 和 8MPa 时处理 2~3 次时，减压渣油延迟焦化产品分布并没有进一步明显的变化。水力空化改质降低了减压渣油的密度、黏度、残炭有利于延迟焦化过程中增加液体收率，同时水力空化改质使得减压渣油中沥青质向胶质转化，减压渣油胶体体系更加松散，促进了饱和分和芳香分在胶质中的溶解、包溶和吸附。在延迟焦化加工过程中减压渣油胶质中的饱和分和芳香分以类似于“虹吸作用”的原理[24]从胶质中更大规模的释放并发生反应，使得液体收率增大。以上试验结果进一步说明了减压渣油延迟焦化过程加工时，减压渣油中沥青质的缔合性质、粒径分布、胶体性质等对延迟焦化加工过程有重要影响。因此，改变沥青质的结构是一种提高渣油转化效率的方法。

表 3　水力空化改质前后减压渣油延迟焦化产品分布

产品	组成分布/%						
	HC-0	HC-1	HC-2	HC-3	HC-4	HC-5	HC-6
气体	8.67	8.75	8.86	8.93	8.95	8.96	8.99
液体	58.68	58.84	59.04	60.54	60.55	60.57	60.55
焦炭	32.65	32.41	32.10	30.53	30.50	30.47	30.46
合计	100.00	100.00	100.00	100.00	100	100	100

3 结论

（1）水力空化改质减压渣油时，最佳空化压力为8MPa、处理1次，减压渣油黏度降低13.8%、残炭质量分数降低3.6%、沥青质粒径分布由7~60nm降低至5.5~39nm之间；减压渣油延迟焦化的焦炭产率降低2.12个百分点。

（2）水力空化改质减压渣油时有利于减压渣油中沥青质向胶质转化，使得减压渣油胶体体系更加松散，减压渣油和沥青质芳烃类化合物缔合度降低，促进了饱和分和芳香分在胶质中的溶解、包溶和吸附。

参考文献

[1] MUHAMMAD K K, WINARTO K, JAEHOON K. Conversion of petroleum emulsion into light fraction-rich upgraded oil in supercritical methanol[J]. Fuel, 2018, 218(4): 78-88.

[2] NALIEE B, VINAY M, LAXMI G S. Developing techno-economically sustainable methodologies for deep desulfurization using hydrodynamic cavitation[J]. Fuel, 2017, 210(12): 482-490.

[3] RAJESH G, AJAY K D, JOHN A. Effects of ultrasound treatment on up gradation of heavy gas oil[J]. Energy & Fuels, 2006, 20(1): 271-277.

[4] HUANG X T, ZHOU C H, SUO Q Y, et al. Experimental study on viscosity reduction for residual oil by ultrasonic[J]. Ultrasonics Sonochemistry, 2018, 41(3): 661-669.

[5] JABER T S, ALI S, HASSAN N. The experimental investigation of effect microwave and ultrasonic waves on the key characteristics of heavy crude oil[J]. Journal of Analytical and Applied Pyrolysis, 2017, 128(10): 92-101.

[6] ASHISH N S, ANIRUDDHA B P, SHRINIWAS D S, et al. Use of ultrasound in petroleum residue upgradation [J]. The Canadian Journal of Chemical Engineering, 2009, 87(7): 329-342.

[7] ASHISH N S. Cavitation induced upgrading of heavy oil and bottom-of-the-barrel: A review[J]. Ultrasonics Sonochemistry, 2019, 58(12): 104690-104699.

[8] KUMAR S, VIJAYANAND S M. Conceptual design of a novel hydrodynamic cavitation reactor [J]. Chemical Engineering Science, 2007, 62(10): 2698-2711.

[9] SHAHRAM N, SEYED H H, MEYSAM M R. CFD simulation of acoustic cavitation in crude oil upgrading sonoreactor and prediction of collapse temperature and pressure of a cavitation bubble[J]. Chemical Engineering Research and Design. 2014, 92(7): 166-173.

[10] MOHAMMAD A, ALI V, MOHSEN E. Heavy oil upgrading via hydrodynamic cavitation in presence of an appropriate hydrogen donor[J]. Journal of Petroleum Science and Engineering, 2017, 151(6): 55-61.

[11] MOHAMMAD A, ALI V, MOHSEN E. Heavy oil upgrading in a hydrodynamic cavitation system: CFD modelling, effect of the presence of hydrogen donor and metal nanoparticles[J]. The Canadian journal of chemical engineering, 2017, 95(4): 670-679.

[12] PRIYANKA K, AJAY K, T, Sharma Y K, et al. Ultrasound cavitation technique for up-gradation of vacuum residue[J]. Fuel Processing Technology, 2012, 93(1): 73-77.

[13] PRICE R J, BLAZINA D, SMITH G C, et al. Understanding the impact of cavitation on hydrocarbons in the middle distillate range[J]. Fuel, 2015, 156(1): 30-39.

[14] JIUNN R L, THE F Y. An upgrading process through cavitation and surfactant[J]. Energy Fuels, 1993, 7(1): 111-118.

[15] KAI D，THE F Y. A plausible reaction pathway of asphaltene under ultrasound[J]. Fuel Processing Technology，2001，73(1)：59-71.

[16] 陈辉，韩海波，李康，等. 水力空化对沙特重质原油性质的影响[J]. 石油学报(石油加工)，2019，35(4)：783-789.

[17] SHARMA A，GOGATE P R. Modeling of hydrodynamic cavitation reactors based on orifice plates considering hydrodynamics and chemical reactions occurring in bubble[J]. Chemical Engineering Journal，2008，143(3)：201-209.

[18] GOLE V L，NAVEEN K，GOGATE P R. A review on intensification of synthesis of biodiesel from sustainable feed stock using sonochemical reactors[J]. Chemical Engineering and Processing，2012，53(1)：1-9.

[19] CASTANEDA L C，MUNOZ J A，ANCHEYTA J. Current situation of emerging technologies for upgrading of heavy oils[J]. 2014，220-222(6)：248-273.

[20] 管秀鹏，田松柏. 原油相容性及对蒸馏过程的影响[J]. 石油学报(石油加工)，2009，25(2)：150-156.

[21] TUNG M N，JINHWAN J，CHUL W L，et al. Effect of asphaltene on slurry-phase hydrocracking of heavy residual hydrocarbons[J]. Fuel，2018，214(4)：174-186.

[22] MOHAMMAD S，LAMIA G，WILLIAM W，et al. Effect of Asphaltene Structure on Association and Aggregation Using Molecular Dynamics[J]. The journal of Physical Chemistry B，2013，117(7)：5765-5776.

[23] ALI H，ELNAZ Z，SHAHAB A，et al. Electro kinetic behavior of asphaltene particles[J]. Fuel，2016，178(4)：234-242.

[24] 张强，王雪，杨朝合. 超声波处理对渣油加氢过程的影响[J]. 燃料化学学报，2013，41(10)，1199-1203.

延迟焦化装置分馏塔顶结盐原因分析及预防措施

周佳昕

（中国石化九江石化公司，九江　332000）

摘　要　中国石化九江石化公司延迟焦化装置原料组成复杂且劣质化严重，氯、氮含量高，易在分馏塔顶部形成铵盐结晶，与焦粉等聚集，导致分馏塔顶部结盐严重，分馏塔气液相通道堵塞，尤其延迟焦化装置焦炭塔切塔、预热等操作本就会影响分馏塔的气液相平衡，顶循结盐更是加剧了操作的难度及风险。为解决延迟焦化装置分馏塔顶结盐问题，分析了产生结盐的原因，并提出了预防措施及处理方法，有效缓解了分馏塔顶部结盐的现象，延长了装置的运行周期。

关键词　延迟焦化　劣质化　分馏塔结盐

延迟焦化装置是炼厂全流程加工中重油平衡主要环节。它将减压渣油、催化油浆、脱油沥青、各种污油等重质低价值油品，通过热裂解缩合反应，使原料反应转化为气体、液化气、汽油、柴油、蜡油和固体产品焦炭的过程。随着原料性质不断劣质化，延迟焦化装置加工劣质油的能力在炼厂全流程中的作用进一步提升，但随之而来的问题也逐步凸显。研究发现，原油中的氮含量约90%集中在减压渣油中，经过延迟焦化反应后除了浓缩在焦炭中，还有一部分存在于焦化气、液产品中[1]，在分馏塔顶部形成铵盐结晶影响正常生产。在生产过程中应确保分馏塔结盐后能得到及时处理，同时优化工艺操作，以延长装置的运行周期。

1　分馏塔顶部结盐原理及现象

1.1　顶循结盐原理

延迟焦化装置混合原料中的氯、氮等组分在焦炭塔中反应生成NH_3、HCl等产物，焦炭塔内裂解产生的油气把这类产物带入分馏塔，在分馏塔的下部，由于温度较高，此类产物仍然以NH_3和HCl的形式存在，随着温度逐步下降，会形成氯化铵产物（氯化铵的分解温度是337.8℃，低于这个温度则会形成氯化铵）[2]。当分馏塔顶部的温度低于水的露点温度时，便形成液态水，氯化铵会溶解在水中与顶循系统油相混合一起落下，下落过程中随着温度逐步上升，氯化铵颗粒析出与铁锈、焦炭粉末等混合沉积于塔顶、塔盘、降液管、回流线等处，积累到一定程度就会堵塞分馏塔气液相通道，导致分馏塔压降逐渐增大，破坏分馏塔的正常操作。

1.2 分馏塔顶部结盐现象

九江石化公司延迟焦化装置原料包括减压渣油、脱油沥青、油浆、苯乙烯焦油、炼厂各种污油等，混合原料性质中氮含量高达 3721mg/kg(见表 1)，加剧了分馏塔顶部结盐。

表 1 九江石化公司延迟焦化装置原料氮、氯含量

分析项目	氮含量/(mg/kg)	氯含量/(mg/kg)
含量	3721	9.05

九江石化延迟焦化装置分馏塔顶循系统结盐后，出现了以下状况：

(1) 分馏塔压降增大(由 10kPa 上升至 25kPa)，富气压缩机的能耗增加；

(2) 分馏塔中上部温度呈锯齿形波动，顶循抽出温度比塔顶温度低，温度分布异常；

(3) 顶循系统波动大，流量逐渐减少直至顶循泵抽空，操作难度加大；

(4) 分馏塔顶塔盘堵塞失效，汽柴油产品馏程重叠度加大，同时会影响后续吸收稳定系统操作；

(5) 在顶循系统空冷管箱(见图 1)、顶循泵入口法兰(见图 2)均有明显结盐现象，且顶循泵检修过程中发现机泵涡轮蜗壳均有不同程度的腐蚀(见图 3)。

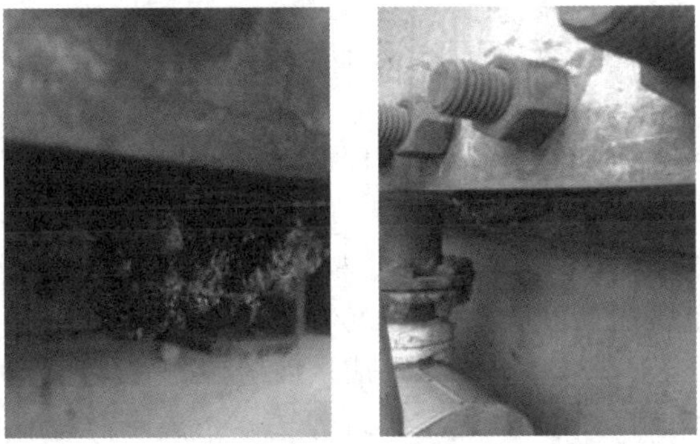

图 1 顶循空冷管箱处结盐

图 2 顶循泵入口法兰处结盐

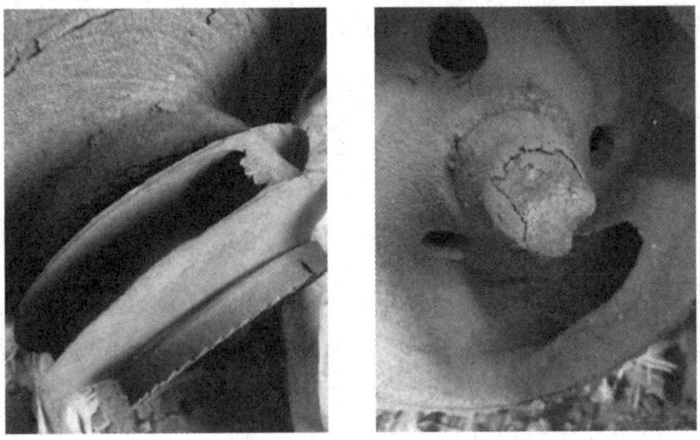

图 3 顶循泵拆检情况

2 分馏塔顶结盐原因分析及采取的措施

2.1 分馏塔顶部结盐原因分析

（1）顶循返塔温度低。为控制分馏塔顶部汽油产品的干点，分馏塔顶循返塔温度控制偏低(80~90℃)，若低于水蒸气露点温度，则会在顶部形成大量液态水，将铵盐溶解其中，随着下落过程温度逐步升高，铵盐析出并在塔盘聚集。

（2）系统内水含量大。焦化装置系统内水分主要由原料、加热炉注汽、特阀汽封蒸汽、焦炭塔小吹汽产生，装置正常负荷运行时，系统内水含量最高可达9t/h。系统内水含量过大，会造成分馏塔顶水蒸气分压高，露点温度降低，会有更多的液态水形成，加剧结盐。

（3）分馏塔顶压力偏高。分馏塔顶压力控制较高(110kPa)，会造成水蒸气分压高，露点温度降低，形成更多的液态水。

（4）塔内结盐未及时外排。分馏塔顶结盐是一个缓慢的过程，会随着装置运行过程不断累积，最终影响装置正常生产。

2.2 采取的措施

（1）提高分馏塔顶循返塔温度。通过计算，正常运行情况下，分馏塔顶的水蒸气摩尔分数为0.426，根据分馏塔顶压力(绝对压力约213.25kPa)可以算出塔顶蒸汽分压为90.87kPa，可得出分馏塔顶水露点温度约为97℃。通过停运分馏塔顶循空冷器、水冷器将分馏塔顶循返塔温度由85℃提升至110℃，从而缓解结盐。

（2）减少系统内含水量。在满足生产需求的前提下，适当下调加热炉三点注汽量、加热炉及焦炭塔特阀汽封蒸汽、焦炭塔小吹汽量，系统内最高含水量由9t/h下降至7.5t/h，水蒸气分压相对降低，塔顶水蒸气露点温度下降约2℃，减少液态水形成从而缓解结盐。

（3）降低分馏塔顶压力至90~100kPa，从而减小水蒸气分压，减少液态水形成从而缓解结盐。

（4）分馏塔在线水洗。装置分馏塔顶分液罐及顶循泵入口均设有新鲜水管线(见图4)，可通过新鲜水管线向系统内注水从而对塔内进行在线清洗。利用汽油泵将粗汽油与含硫污水的混合物通过顶循冷回流注入分馏塔顶部清洗塔盘，而后利用顶循热输出流程将部分油水混合物送出装置。水洗过程中应注意分馏塔各工艺参数的变化，特别是柴油集油箱以上参数的变化情况，控制顶循液相温度在90~95℃、气相温度在95~110℃，控制柴油气相温度≮130℃，以防止大量水落入分馏塔下部。

为了将分馏塔顶结盐排出，2018年7月9日组织对分馏塔顶部进行在线水洗。起初洗塔新鲜水量为10t/h，但顶循系统无法建立，效果不明显，逐步增大新鲜水量至50t/h后，顶循系统逐步建立，循环量缓慢上升。顶循环量恢复至100t/h后，结束洗塔，整个洗塔过程从14：00开始至22：00结束，耗时约8h。

图5为洗塔过程中的顶循系统内采集的样品，从左至右采样时间分别为14：00、16：00、18：00、20：00、22：00。可以看出，随着水洗进程推进，瓶壁处白色铵盐逐渐减少，最初的样品中颜色呈暗黑色，且无明显分层，表明含有较多焦粉，中后期的样品分层明显，颜色

逐步变浅，焦粉量逐步减少。水中氨氮含量分析结果及趋势见表2，随着水洗过程的推进，顶循系统中的氨氮含量逐步下降，水洗效果明显。

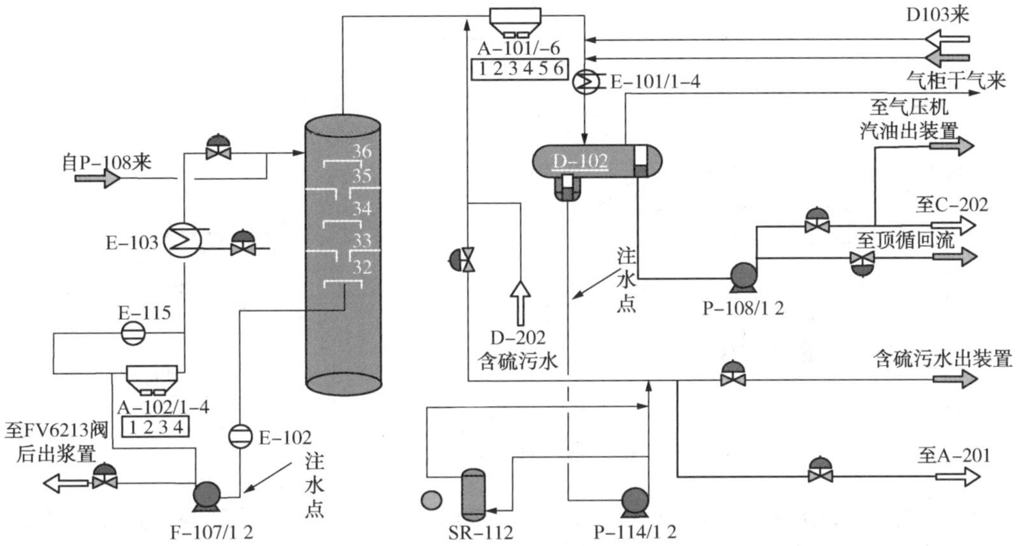

图4　分馏塔顶注水流程

图5　水洗过程中采集的顶循样品

表2　分馏塔顶循样品的水中氨氮分析

项　　目	14：00	16：00	18：00	20：00	22：00
水中氨氮/(mg/L)	无水	690	603	345	<5

3　分馏塔防结盐的新技术

通过在分馏塔顶循系统安装在线高效洗涤净化系统[2]，将分馏塔的盐分在线持续脱除。分馏塔防结盐技术流程图见图6。该技术主要包含混合器、油水分离器及配套脱盐设施，其原理主要是将一部分顶循油抽后注入软化水混合，将顶循油内的盐分溶解于水中，再经过油水分离器将油水分离后实现脱盐。

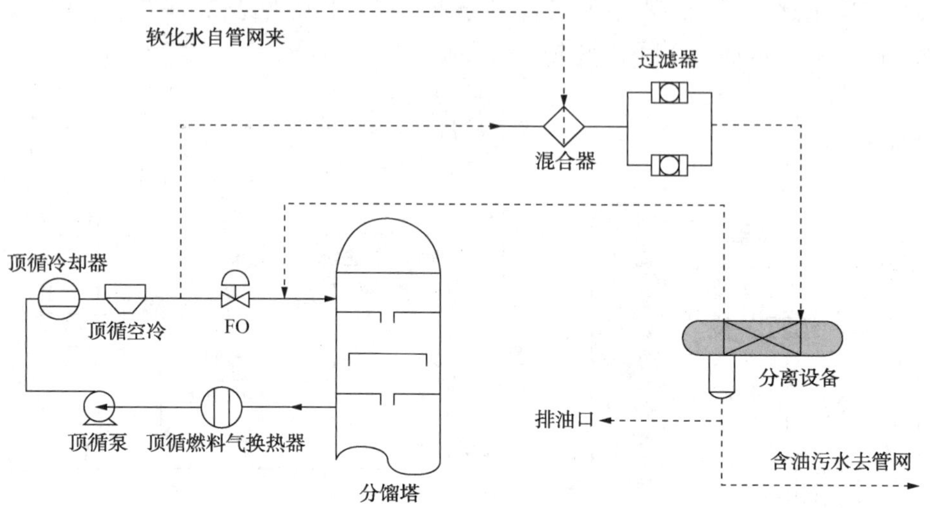

图6 分馏塔防结盐技术流程

相比在线水洗，新技术有以下优势：(1)分馏塔在线水洗是已经对装置产生较大影响后采取的补救措施，而防结盐新技术属于提前预防措施，可以从根本上解决结盐问题；(2)分馏塔在线水洗过程对操作影响大，会产生大量污油及污水，且有安全风险，而防结盐技术对装置生产影响不大。

4 结论

(1) 通过提高分馏塔顶温度、减少系统内含水量、降低分馏塔顶压力等工艺操作优化手段可以有效缓解焦化装置分馏塔顶部的结盐现象，从而延长装置运行周期。

(2) 分馏塔顶循在线水洗可以脱除分馏塔内结盐，且脱除效果明显，但对工艺参数控制及风险控制要求较高。

(3) 分馏塔防结盐新技术可以在正常生产运行过程中持续脱盐，可以达到较好的预防效果，且对生产影响较小，建议应用在装置生产过程中。

参考文献

[1] 瞿国华. 延迟焦化工艺与工程[M]. 北京：中国石化出版社，2007：50-54.

[2] 杨万强，周建刚，万生瑶. 延迟焦化装置分馏塔结盐原因分析及预防措施[J]. 炼油技术与工程，2018，48(6)：42-44.

减黏裂化工艺及流程模拟

徐东芳，杨阳阳

（中海油石化工程有限公司，青岛　266101）

摘　要　本文研究了减黏裂化技术的种类及其在工业上的应用，并以提高某炼厂减压渣油的产品附加值，提升企业经济效益为目的，以现有重油加工能力为基础，新建一套50万t/a低硫船燃减黏裂化装置，采用“减黏炉加热+减黏反应塔+减黏分馏塔”技术路线，生产高品质的船燃组分油。借助Aspen HYSYS模拟软件，建立减黏裂化工艺流程模型，使其模拟结果贴合实际试验数据，给出了适宜的操作参数，为实际生产工况提供了理论依据。

关键词　减黏裂化　低硫船燃　Aspen HYSYS

1　前言

低硫船用燃料油的使用，是减少含硫化合物的排放最直接有效的方式之一。近年来，我国炼油产能过剩，但我国船用燃料油的产能却很低，其中大部分内贸船用燃料油一般通过调和方式获取，90%以上的船用燃料油依赖于保税船燃油[1]。受IMO限硫令影响，我国陆续出台多项低硫燃料出口退税相关政策，鼓励生产低硫船燃。抢抓低硫船燃新规实施带来的市场机遇，增加低硫船燃产量，将成为国内炼厂调整炼油产品结构、缓解炼油产能过剩的重要契机，也能够提高我国低硫船燃的市场影响力。

减黏裂化技术是一种以降低重质黏稠渣油的黏度、改善倾点为目的的浅度热加工技术[2~5]。原料可以是常压渣油、减压渣油、沥青和含蜡渣油。生产的目的产品可以是船用和锅炉燃料油、最大馏分油以及最大中间馏分。减黏裂化技术可分为纯热裂化减黏和临氢热裂化两大类[6,7]，其中较典型的工艺包括：上流式反应塔减黏裂化、临氢减黏裂化、炉管式减黏裂化、延迟减黏裂化、供氢剂减黏裂化以及减黏组合工艺等[6]。

近年来，为了降低渣油黏度、提高轻质油的裂化率，减黏裂化工艺受到了众多行业人士的广泛关注。以委内瑞拉原油为原料，采用供氢剂减黏裂化技术谢国宏等[8]介绍了辽河石化公司的减黏装置的改造流程及工业试验参数等，该项目的应用实施提高了该装置的加工能力和产品质量。锦西石化公司将独立的减黏装置和南蒸馏装置通过搬迁改建成联合装置，从而达到了降低能耗的目的[9]。以生产船用内燃机燃料油为目的，金义娴[10]介绍了上海高桥石化公司炼油厂投产的减黏裂化工艺流程及特点，其标定核算数据结果表明大庆减压渣油100℃下黏度由131.8mm^2/s降低至43.5mm^2/s，开工周期达10个月，产品减黏渣油质量满足200#燃油标准。

2　减黏工艺方案

某炼厂100万t/a常减压装置（年开工时间为8000h）的加工原油主要含水量为2%，密度为975.30kg/m³，酸值为3.61mg KOH/g，S含量为0.34%，盐含量为14.10mg NaCl/L，属低硫环烷基重质原油，是生产低硫船用燃料油的适宜原料。

以该炼厂上游生产的减压渣油为原料，新建一套50万t/a低硫船燃减黏裂化装置，本装置由减黏炉、减黏反应系统、减黏分馏系统组成。工艺流程如下：

（1）减黏炉系统

减压渣油自原有减底泵来，约343℃进入减黏炉。在炉管的辐射段入口注入防焦剂和凝结水，以增大炉管内流速，避免炉管结焦。减压渣油在减黏炉被加热到425℃左右。

（2）减黏反应系统

热减渣经转油线从减黏反应塔的底部进入，进行减黏裂化反应的基本操作条件包括平均反应温度(约415℃)，反应压力(约0.4~0.5MPag)，停留时间(约40~60min)等。减黏反应塔采用上流式反应设备，根据反应时间决定反应塔的尺寸，塔内设筛板，其开孔率自下而上逐渐增大，以减少轴向返混。

（3）减黏分馏系统

经热裂化后的减压渣油进入减黏分馏塔进行馏分分离。减黏分馏塔上段为板式塔，进行分离油气，下段设人字挡板，用于冷却和洗涤，避免结焦和堵塞。为改善减黏渣油的闪点，塔底吹入汽提蒸汽。塔底生产减黏渣油，其换热流程在原有减压渣油换热流程不变基础上，新增或更换相应换热器，保证常减压装置的稳定运行。减黏渣油经换热后，一路作为急冷油(200℃)返回减黏分馏塔进料口，以终止裂化反应。另一路作为低硫船用燃料油的调和组分，经换热冷却后送出装置。急冷油分两部分，一部分返回进料上部，主要控制上升气相量，另一部分返回进料下部，主要控制塔底温度。充分利用高温位热源，设一个中段循环流，中段回流油与原油换热后返回减黏分馏塔。

减黏汽油、裂解气和水蒸气的气相混合物经减黏分馏塔塔顶冷凝器冷却后进入油气分离器，进行气、油、水的三相分离。分出的减黏汽油一部分自塔顶回流返塔，一部分送出装置与直馏汽油混合外售，裂解气送至脱硫装置。

3 流程模拟

以某炼厂常减压装置生产的减压渣油作原料，以50万t/a低硫船燃减黏裂化装置作为分析对象，采用石油化工模拟软件Aspen HYSYS，建立减黏裂化工艺模型，模拟流程生产工况。其中，反应系统不进行模拟，以分析化验得到的数据作为反应产物。

3.1 原料和产品分析数据

某研究中心针对该炼厂减压渣油进行减黏试验，减黏工艺操作条件为：反应温度410℃、停留时间约50min、反应压力0.4MPag。根据试验得到的轻质油及减黏渣油蒸馏数据(见表3)。减压渣油、产品及反应产物的基本性质见表1。借助Aspen HYSYS，将轻质油切割成<200℃和200~360℃两段。反应产物数据通过各产品分析数据由软件拟合得到。试验检测数据显示，减黏渣油中未发现甲苯不溶物，减黏裂化反应未出现结焦反应。

表 1 原料和产品的基本性质

分析项目 \ 样品名称		减压渣油	减黏渣油	轻质油		反应产物
				<200℃	200~360℃	
密度(20℃)/(kg/m³)		958	1019(15℃)	680	765	705
100℃运动黏度/(mm²/s)		2908	—	—	—	—
135℃动力黏度/(Pa·s)		0.112	—	—	—	—
蒸馏方式/%(体)		ASTM D1160	ASTM D1160	ASTM D86	ASTM D86	ASTM D86
馏程/℃	5%	433.5	402.0	80.6	236.7	138.8
	10%	460.4	431.8	89.1	242.7	285.1
	20%	504.2	475.5	110.1	253.2	399.5
	30%	538.6	506.7	127.6	262.8	442.9
	50%	598	575.1	148.8	284.6	512.8
	70%	668	648.0	165.1	306.4	586.6
	80%	714	718.5	170.8	320.2	644
	90%	777	826.8	177.5	336.0	735.6
	95%	830	844.7	182.1	344.9	767

3.2 模型建立

建立减黏裂化工艺稳态模型，采用石油炼制过程推荐物性方法 Peng-Robinson 状态方程，模拟减黏工艺的实际运行情况。具体模型流程图见图 1。

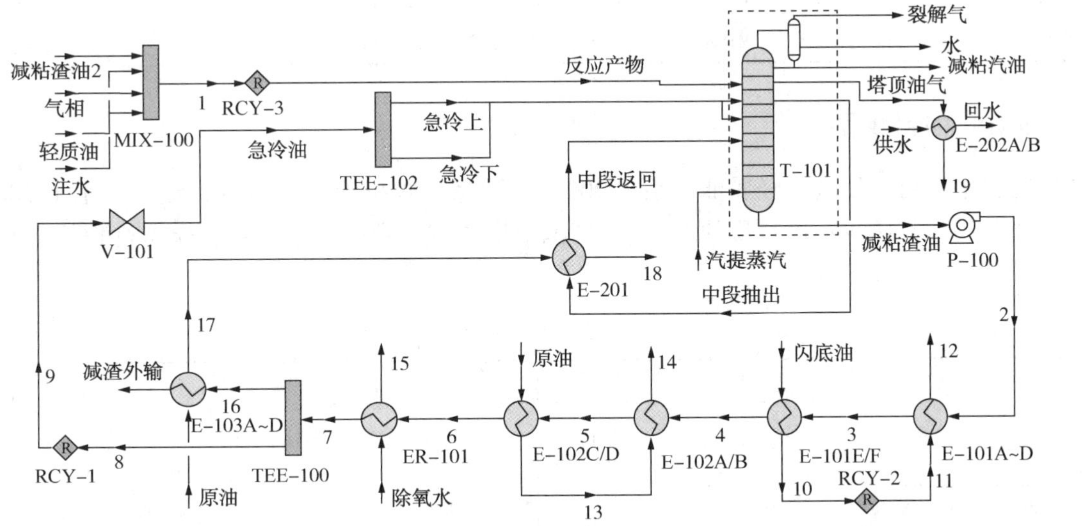

图 1 减黏裂化模型流程

预设板式塔塔板数、中段抽出及返回板位置、板效率等参数。模拟过程中，不断调整塔板数、中段抽出及返回板位置、板效率等工艺操作参数，将减黏渣油模拟性质与试验性质进行对比分析，保证方案可行性。

对于本文模拟流程，减黏分馏塔总塔板数为27块板，塔板序号采用自下而上顺序，下段人字挡板用6块板代替；反应产物进料位置为第6块板，塔底注入汽提蒸汽；设置1个中段循环，从第13块板抽出，返回至第17块板，中段循环温差设为30℃；塔顶采用分凝器，冷凝器温度设为40℃，减黏汽油干点温度设为200℃，回流比设为1∶急冷油一部分返回第8块板，另一部分返回第4块板；除塔顶第27块板、中段返回第17块板和塔底第一块板的板效率设为1外，其余均设为0.6。

设计变量包括冷凝器温度，中段温差或返塔温度，减黏汽油采出量或汽油干点，回流比还可选择中段循环量、过汽化油量。具体工艺参数见表2。

表2 减黏裂化工艺参数

名称	单位	设计数据	名称	单位	设计数据
进料量	kg/h	62500	进料温度	℃	415
汽提蒸汽量	kg/h	835	减黏分馏塔顶温度	℃	140
减黏汽油采出量	kg/h	1850	中段回流抽出温度	℃	168
裂解气量	kg/h	885	中段回流返回温度	℃	138
中段回流量	kg/h	15820	减黏分馏塔底温度	℃	340
减黏渣油量	kg/h	59765	急冷油入塔温度	℃	200
过汽化油	kg/h	3460	回流比		1
急冷油量	kg/h	39000	总塔板数	块	27
急冷油量上段与下段占比		1∶0	进料位置		第6块板
进料压力	MPag	0.4	急冷油上段返回位置		第8块板
塔顶压力	MPag	0.25	急冷油下段返回位置		第4块板
塔底压力	MPag	0.27	汽提蒸汽进料位置		第1块板

3.3 物料平衡

物料平衡对比发现，轻质油中小于200℃汽油馏分收率约为32.4%，经计算小于200℃汽油馏分约占减压渣油进料量的3.1%，模拟结果与试验数据基本一致，模拟过程能准确反映减黏工艺的实际工况。

表3 物料平衡表

	试验值			模拟值			
	项目	收率/%	质量/kg	项目	收率/%	流率	
						kg/h	万t/a
进料	减压渣油	100	67	减压渣油	100	62500	50
出料	裂解气+损失	1.4①	0.93①	裂解气	1.4	885	0.7
	轻质油	9.5	6.37	减黏汽油	3.0	1850	1.5
	减黏渣油	89.1	59.7	减黏渣油	95.6	59765	47.8
	合计	100	67	合计	100	62500	50

①数据根据物料平衡计算获得。

3.4 结果分析

经对原有换热器进行核算，原常减压换热流程不变，新增两台闪底油/减渣换热器 E-101EF，最大限度地利用传热温差，闪底油换热终温由原来的 299℃增加至 310℃，降低了常压炉负荷。中段/原油换热器 E-201 利旧原脱前原油/减渣换热器 E-102AB，对原脱前原油/减渣换热器 E-102AB 进行更换，由原来的 800mm 更换为 1200mm，提高脱前原油换热终温。利旧原有蒸汽发生器 ER-101，可生产 0.5MPag 蒸汽 4.12t/h，用于装置汽提蒸汽，大大降低了装置能耗。新增两台塔顶冷却器 E-202AB。

产品的模拟数据如表 4 所示。应业主要求，中段预留采出口但不采出，减黏渣油作低硫船用燃料油的调和组分。由于中段油不采出，减黏渣油中存有柴油组分，所以油品较试验值轻。减黏渣油 100℃运动黏度为 $45mm^2/s$，比减压渣油黏度（100℃运动黏度为 $2908mm^2/s$）有明显下降。

表 4 产品模拟数据表

分析项目 \ 样品名称		减黏汽油	减黏渣油
密度（20℃）/（kg/m^3）		675	786
100℃运动黏度/（mm^2/s）		0.38	45
蒸馏方式		ASTM D86	ASTM D1160
馏程/℃	5%	59.2	292.9
	10%	80.6	354.8
	20%	107	428.7
	30%	123.5	476.3
	50%	143.3	556.9
	70%	159.4	650.2
	80%	168.4	713.2
	90%	179.5	803.3
	95%	187.4	836.7

4 结论

随着 IMO 限硫令的执行，减黏裂化技术的研究对增产低硫船燃、提高渣油附加值具有十分重要的意义。本文以某炼厂减压渣油为例，采用“减黏炉加热+减黏反应塔+减黏分馏塔”技术路线；基于 Aspen HYSYS 模拟了减黏裂化工艺过程，给出了产品的模拟数据和流程适宜的操作参数；在保证原常减压蒸馏装置换热流程不变的前提下，最大限度地利用传热温差；利用蒸汽发生器自产蒸汽用于装置汽提蒸汽，降低了装置能耗。本文模拟数据对实际生产过程提供了一定的依据。

参 考 文 献

[1] 宁军．低硫船用燃料油生产技术探讨与分析[J]．中国远洋航务，2016，10：60-61.
[2] 迟春红，张道光，严易明．浅析减黏裂化工艺应用与技术发展[J]．石油化工设计，2010，27(2)：25-27.
[3] 亓玉台，谢传欣，李会鹏，等．减黏裂化工艺技术及其进展[J]．炼油设计，2000，10：1-6.
[4] 张东杰．南阳脱油沥青减黏裂化工艺研究[D]．天津大学，2004.
[5] 张德庆．渣油减黏裂化装置工艺设计特点及分析[J]．化工管理，2015：183.
[6] 尹成刚．减压渣油减黏裂化工艺过程优化[D]．天津大学，2005.
[7] 张连红，赵德智，曹祖宾．辽河超稠油减黏裂化工艺研究[J]．抚顺石油学院学报，2000，20(3)：30-33.
[8] 谢国宏，贾建平，韩冰，等．100万t/a委内瑞拉超重油减黏裂化装置改造设计[J]．当代化工，2012，41(6)：636-639.
[9] 张宏利．南蒸馏-减黏装置节能优化组合改造[J]．节能，2003(4)：30-31.
[10] 金义娴．新型减黏裂化装置运转成功[J]．石油炼制，1991(9)：7-12.

溶剂脱沥青工艺在当今炼厂的作用及发展趋势

李飞飞，迟春红，王俊美

（中海油石化工程有限公司，青岛 266100）

摘 要 介绍了溶剂脱沥青的工艺技术及特点，阐明了在当今炼厂重油加工中，溶剂脱沥青技术的地位和作用。对溶剂脱沥青与其他工艺技术的组合工艺进行了综述。阐述了使用传统烃溶剂和非传统溶剂(例如有机碳酸盐和二氧化碳)的溶剂脱沥青前瞻技术，揭示在当今炼厂中溶剂脱沥青的发展趋势和方向。

关键词 溶剂脱沥青 沥青质 脱沥青油 重油 组合工艺

随着世界范围内环保法规的日益严格，合理加工利用重劣质原油变得越来越重要。对含有大量高沸点渣油馏分的重油，通过提质升级或组合工艺处理，才能获得质量合格的高利润产品[1]。

溶剂脱沥青能够脱除胶质-沥青质、深度脱金属以及部分脱硫和脱氮，对后续的催化工艺产生极大的促进作用。将初始原油进行脱沥青后，可大大降低后续加氢处理的氢耗。溶剂脱沥青工艺的应用不受原料组成和特性的限制，尤其不受高金属和残炭含量的限制，因此，溶剂脱沥青工艺在炼油行业中占据重要地位[2]。

1 溶剂脱沥青工艺简介

重油的提质工艺主要包括两种路线：脱碳和加氢[3]。脱碳路线采用的工艺主要包括热裂化、催化裂化和溶剂脱沥青，而加氢路线则包括催化加氢和非催化加氢。

溶剂脱沥青(SDA)工艺是一种脱碳方法，通过使用 $C_3 \sim C_6$ 的烷烃溶剂，将沥青质从重质原料中分离，最终生产出脱沥青油(DAO)及脱油沥青(DOA)[4]。其主要目标是从渣油中脱除胶质-沥青质和多环芳烃，这些化合物的特点是具有高 CCR(康拉逊残炭值)含量和低黏度指数。该工艺的常规原料是减压渣油(VR)，目标产品是脱沥青油馏分，经后续精制后，可用作生产发动机、航空、汽缸、压缩机、变速器和其他润滑油的基础油[5]。

溶剂脱沥青不仅可以生产高黏度润滑油的基础油，而且还通过去除不良组分或杂质来确保后续运输，或者通过热裂化和催化裂化工艺进行后续处理，以及用于对重油和渣油进行精制。从该工艺中分离出的沥青质可用作道路或屋顶表面的沥青，也可用于通过气化生产热量和氢气。通过将 DAO 用作流化催化裂化(FCC)或加氢裂化装置的原料，可以进一步升级 DAO[6]。由于工艺简单，操作条件温和，SDA 工艺运行成本较低，可用于回收大量可以进一步升级的高价值油。

对减压渣油(VR)进行溶剂脱沥青生产脱沥青油和沥青的可能路线如图 1 所示，其中包括溶剂脱沥青与其他渣油转化工艺组合而得到的产品。

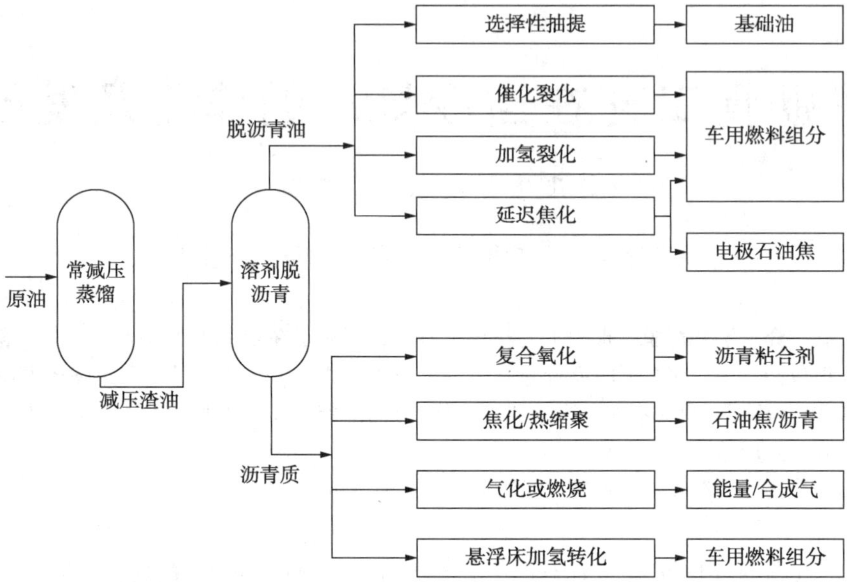

图1　将溶剂脱沥青产品加工成两种馏分(脱沥青油和沥青)的可能路线

2　溶剂脱沥青组合工艺的开发

溶剂脱沥青工艺生产出的脱沥青油和沥青，不能直接用作产品，需要与其他渣油转化工艺组合才能得到产品[8]。因此，溶剂脱沥青组合工艺以其高度的灵活性和适应性，成为重油深度加工的研究热点[9]。

2.1　与催化裂化工艺组合

溶剂脱沥青-催化裂化组合工艺(如图2所示)结合了这两种工艺的优势。一方面，脱沥青油可直接或掺炼后，用作为催化裂化的原料。另外，将减压渣油中掺炼催化裂化油浆，通过溶脱装置回收油浆中的轻组分，既可提高脱沥青油收率，又能改善脱油沥青的品质[10]。

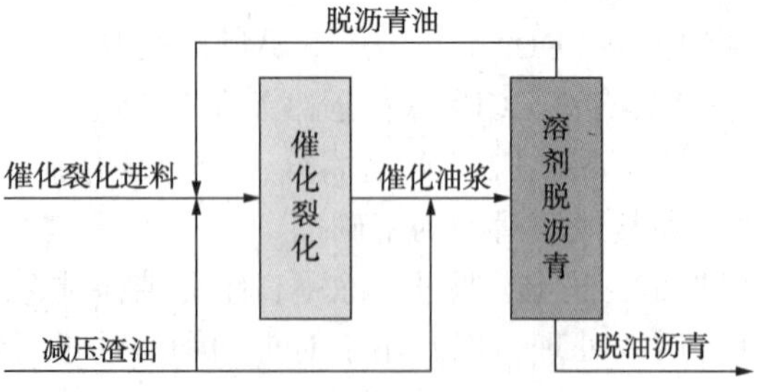

图2　催化裂化-溶剂脱沥青组合工艺

中国石油长庆石化袁晓云等[11]采用“溶剂脱沥青-催化裂化”组合工艺对原有装置进行优化后，催化裂化原料中胶质、沥青质的含量明显降低。减压渣油的残炭脱除率高达48%，经组合工艺优化后，经济效果良好，其中，轻油收率增加了3.64%，总液收增加了4.08%。

2.2　与固定床加氢裂化工艺组合

溶剂脱沥青-固定床加氢裂化工艺路线首先是溶剂脱沥青对重油进行初步分离，然后对脱沥青油或沥青进行加氢裂化。这种组合工艺在进行脱沥青油加氢裂化时，进料中沥青质、金属和 CCR 含量显著降低。因此，可以在较温和的条件下进行加氢转化，获得较高的转化率和较高的轻馏分收率[12]。此外，由于脱沥青油中沥青质已完全脱除，大大降低了催化剂消耗，提高了单元操作系数。该路线的缺点是形成的大量沥青需要后续处理，原油的整体转化率降低[13]。上游溶剂脱沥青产生的沥青通过催化剂进行加氢转化，而脱沥青油则与减压瓦斯油混合后进行常规的固定床加氢裂化，减压渣油的初步转化率和馏分油的产量得以增加。

中国石油大学(北京)[14]采用“溶剂脱沥青-固定床加氢裂化”组合工艺，将轻脱沥青油与减压瓦斯油调合后，用作加氢裂化原料。当掺炼 20%轻脱沥青油时，汽油收率可达 49.70%，煤油和柴油总收率可达 43.10%，而尾油产率低至 6.20%，轻油产率以及产品分布得到优化，经济效益良好。

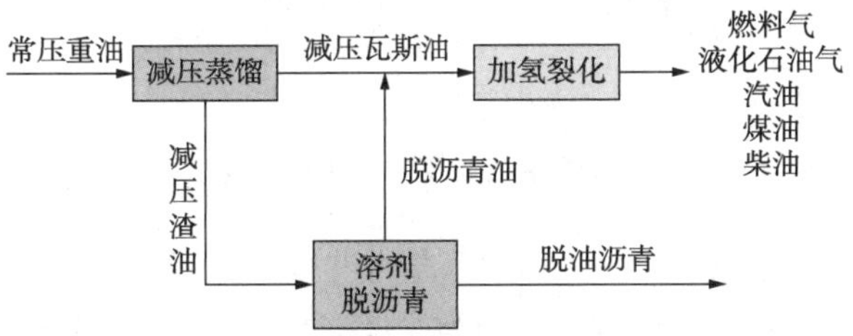

图 3 加氢裂化-溶剂脱沥青组合工艺

2.3 与沸腾床加氢裂化工艺组合

溶剂脱沥青-沸腾床加氢裂化工艺路线首先是对重油进行加氢裂化，然后用溶剂脱沥青处理加氢裂化产生的渣油，并将其生产出的脱沥青油回收至加氢裂化进料位置[15]。这种组合工艺通过对加氢裂化的渣油进行处理，脱除沥青质、焦炭和其他不良的高分子裂化产物。在该工艺路线中，脱沥青油可以再循环到加氢裂化反应器入口，与初始原料混合后，进行加氢裂化。可降低加氢裂化原料的沥青质含量，提高转化率，并减少催化剂和氢气的消耗[16,17]。

2019 年初开车成功的大连恒力 140 万 t/a 的溶剂脱沥青装置，采用“溶剂脱沥青-沸腾床加氢裂化组合工艺”，渣油转化率可提高至 90%。

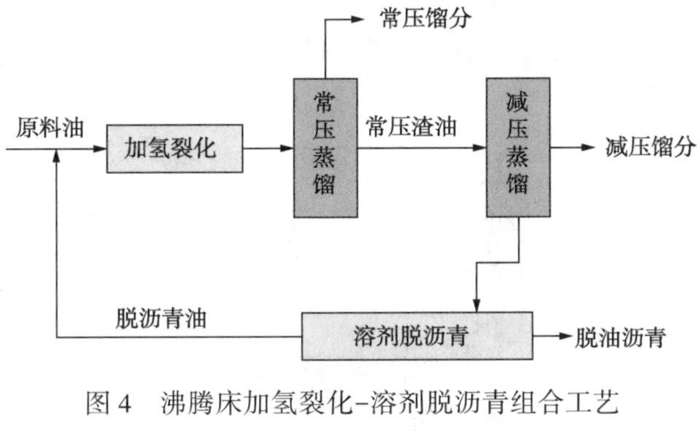

图 4 沸腾床加氢裂化-溶剂脱沥青组合工艺

2.4 与焦化工艺组合

溶剂脱沥青-焦化组合工艺(如图5所示)可提高馏分油收率，降低焦炭产率，同时解决脱油沥青的利用问题[18]，除用于生产道路沥青、建筑沥青外，还可通过延迟焦化，生产得到汽油、柴油、瓦斯油等产品[19]。

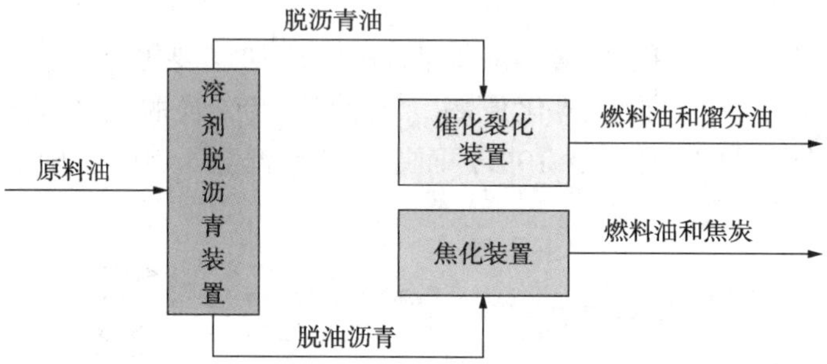

图5 溶剂脱沥青-焦化组合工艺

孙学文等[20]用戊烷为溶剂，对辽河减压渣油进行溶剂脱沥青实验，脱沥青油收率高达74.22%，脱油沥青收率降至25.78%。采用组合工艺优化后，与减压渣油直接焦化相比，液化气与轻油总收率总体提高4.06%，组合工艺的利用提高了轻油总收率。

刘文举等[21]对溶剂脱沥青-焦化组合工艺进行了研究，结果表明，丙烷脱沥青-焦化组合工艺比直接焦化液体收率可提高9.61%，丁烷脱沥青-焦化组合工艺比直接焦化液体收率可提高14.28%。

2.5 与气化工艺组合

溶剂脱沥青-气化工艺组合如图6所示，溶剂脱沥青生产得到脱沥青油和脱油沥青，脱沥青油作为原料送入催化裂化或加氢裂化，脱油沥青作为原料生产合成气($CO+H_2$)，净化后可进行后续利用[22]。该组合工艺既可以实现脱油沥青的综合利用，又可以为炼油厂提供氢气来源，实现效益最大化[23]。

中国石化九江石化公司[24]“溶剂脱沥青-气化”组合工艺，用脱油沥青作为生产合成气的原料，产生的H_2用于合成氨，经济效益显著提高。与原渣油原料直接进气化相比，组合工艺的合成气产量水平相当，且改造后合成氨的日产量达到了1012t，装置运行平稳，使得脱油沥青得到了有效利用。

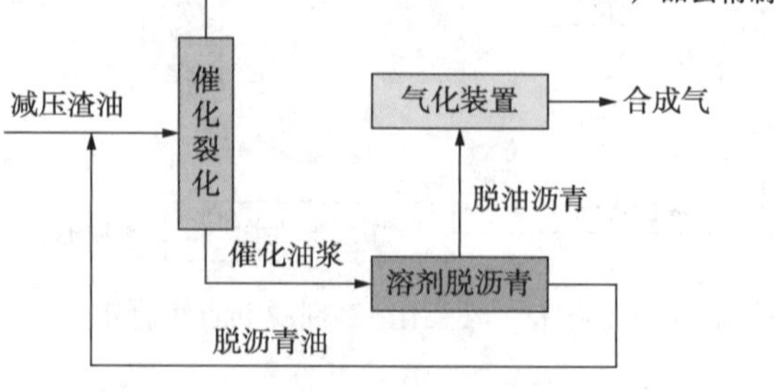

图6 溶剂脱沥青-气化组合工艺

综上所述，溶剂脱沥青在重油处理方面具有很高的灵活性，其具体位置取决于许多因素，包括现有工艺流程、炼油厂的配置和概况、原料的特性和价格、销售市场的可用性以及获得的商业石油产品的价格、运营和资本成本以及装置负荷率等[25]。

3 国内外溶剂脱沥青工艺技术

3.1 国外溶剂脱沥青工艺技术

目前应用最为广泛的现代溶剂脱沥青技术主要有：KBR 公司的 ROSE(渣油超临界萃取)工艺、UOP/FW 公司的 Demex 技术、Foster Wheeler 公司的 LEDA 工艺以及由 IFP 开发由 AXENS 许可的 Solvahl 工艺[26]。主要溶剂脱沥青技术的工业应用情况、特点和技术指标如表 1 所示[1]。这些工艺流程相似，根据原料和对产品质量的要求，可采用溶剂范围为 C_3 到 C_6，引入脱沥青油超临界分离和胶质分离工段，将重油分离成两种(脱沥青油、沥青)或三种馏分(脱沥青油、沥青、胶质)。然而，这些工艺在混合、萃取和溶剂回收工段的配置和操作条件方面有所不同。典型的工艺温度范围为 50~235℃，压力范围为 2.0~4.0MPa[27]。

表 1 主要溶剂脱沥青技术对比

公司名称	技术名称	主要技术特点	主要技术指标	工业应用情况	综合能耗/(MJ/t)
FW&UOP	Demex	剂油比(4~13)：1；燃料型抽提装置采用特殊内构件	脱沥青油收率范围：30%~80%	≥55 套装置	722.3
KBR	ROSE	超临界溶剂回收；高度热偶合；无需直接加热炉	脱沥青油收率 70%~85%	>50 套装置	949.1
Axens	Solvahl	溶剂 C_3~C_6，剂油比范围(4~6)：1；采用超临界溶剂回收	脱沥青油收率 70%~85%	13 套装置	684.7

3.2 国内溶剂脱沥青工艺技术

在国内溶剂脱沥青技术中，目前已获得加拿大威尔资源公司的许可的是中国石油大学(北京)开发的选择性沥青质提取(SELEX-Asp)工艺。该工艺是在萃取步骤中使用亚或超临界溶剂，从重油中选择性除去固体沥青质颗粒。亚临界和超临界溶剂具有接近气体的低黏度和高扩散系数，有利于进料和溶剂的湍流混合，加速传质和沥青相的分离，以及更深和更清洁的相分离。从可行性的角度来看，相对于传统的溶剂脱沥青工艺，其优点是接触器的尺寸更小、设计更简单、能量效率更高、溶剂消耗更低，因此资本和操作成本更低[2]。

SELEX-Asp 工艺主要溶剂是正戊烷。沥青分离萃取塔的温度为 150~180℃，从初始脱沥青油溶液(如果存在)中分离胶质(重质脱沥青油)的塔的温度为 160~190℃，压力为 5MPa，溶剂与进料的质量比为 4：1[28]。SELEX-Asp 工艺允许从残炭量为 19%、金属含量为 242mg/kg 的 VR 中分离出残炭量为 47%、金属含量为 1000mg/kg 的 21.55%的沥青(初始 VR 中这些成分的含量分别为 56 和 90%)[29]。

SELEX-Asp 工艺的脱沥青油，尽管金属和残炭含量相对较高，仍可用作固定床反应器催化裂化、加氢处理或加氢裂化装置的进料。

4 新溶剂的开发

为了确保重油的深度加工，溶剂脱沥青现有工艺的溶剂与原料油的比例较高，导致溶剂消耗量较大。为了降低相对昂贵的溶剂成本，研究人员致力于寻找替代溶剂，以提高溶剂的选择性和溶剂化能力。

4.1 有机碳酸盐

埃尼公司开发了一种工艺，采用有机碳酸盐分离原油，该工艺不仅可以脱沥青，而且能够把含有杂原子和金属的极性化合物从脱沥青油中提取出来，从而提高脱沥青油的质量；萃取分离后，脱沥青油成为工艺萃余液[30~32]。应该注意的是，尽管有可能提高分离选择性和除去更多不良组分，并提高脱沥青油的质量，但这种工艺的实施可能会因溶剂分离和从产物中回收的装置成本增加，而提高装置复杂性。

4.2 二氧化碳-甲苯混合物

为了克服 CO_2溶剂的局限性，莫斯科物理技术研究所研究了使用二氧化碳-甲苯混合物对减压渣油进行溶剂脱沥青，以评估工艺参数和混合物组成对生产的脱沥青油的收率和组成的影响。CO_2-甲苯的混合物可以作为重油原料溶剂脱沥青的有效溶剂，去除重胶质和沥青质馏分，从而确保高效脱金属和 CCR(康拉逊残炭值)去除效率以及脱沥青油质量。为了评估在实践中使用这种溶剂的前景，需要进行中试测试，以评估在连续工艺模式下必要的溶剂与进料比，萃取效率和产品质量。

5 结语

溶剂脱沥青工艺简单，灵活性高，在重油的加工中占据着重要地位。对于造成重油黏度高、碳残留量和金属含量高的沥青质，溶剂脱沥青能有效地将其脱除，大大简化了后续的渣油处理过程，改善最终产品的质量，还可促进重油和天然沥青的运输。

常规的溶剂脱沥青技术已经发展成熟，在当今炼厂应用中，技术研发的重点主要集中在工艺改进、硬件设备升级，以及特种产品生产等方面。溶剂脱沥青技术的发展趋势是：

(1) 提高重油原料的适应性，提高优质产品收率，对溶剂和操作条件进行优化，节约装置的能耗；另外，还包括装置设备硬件升级优化以及新溶剂的开发。

(2) 对重油溶剂脱沥青技术进行更多的机理研究，扩大溶剂脱沥青技术在非常规原油改质中的应用范围。

(3) 溶剂脱沥青与其他重油加工工艺的组合。包括溶剂脱沥青-催化裂化组合工艺、加氢裂化-溶剂脱沥青组合工艺、焦化-溶剂脱沥青组合工艺以及气化-溶剂脱沥青组合工艺等，充分发挥组合工艺的优势，提高炼厂灵活性和竞争力。

参 考 文 献

[1] 李雪静，乔明，魏寿祥．劣质重油加工技术进展与发展趋势[J]．石化技术与应用，2019，37(01)：1-8.

[2] MAGOMEDOV et al.，Role of Solvent Deasphalting in the Modern Oil Refining Practice and Trends in the Process Development[J]. RUSSIAN JOURNAL OF APPLIED CHEMISTRY，2019，92(12)：1634-1648.

[3] Lee J M ，Shin S，Ahn S ，et al. Separation of solvent and deasphalted oil for solvent deasphalting process [J]. Fuel Processing Technology，2014，119：204-210.

[4] Rana M S，Sámano V，Ancheyta J，et al. A review of recent advances on process technologies for upgrading of heavy oils and residua[J]. Fuel，2007，86(9)：1216-1231.

[5] Shin S，Lee J M ，Hwang J W ，et al. Physical and rheological properties of deasphalted oil produced from solvent deasphalting[J]. Chemical Engineering Journal，2014，257：242-247.

[6] Carrillo，Jesús Alirio，Corredor L M . Upgrading of heavy crude oils：Castilla[J]. Fuel Processing Technology，2013，109(Complete)：156-162.

[7] S. Ahn. Solvent recovery in solvent deasphalting process for economical vacuum residue upgrading [J]. Chem. Eng，2016，33(1)：265-270.

[8] Castaneda L C ，Munoz J A D ，Ancheyta J. Combined process schemes for upgrading of heavy petroleum [J]. Fuel，2012，100：110-127.

[9] Long J，Shen B X，Ling H，et al. Improving the solvent deasphalting process by the co-treating of residue and coal[J]. Energy Sources，2013，35(20)：1956-1963.

[10] 杨书显，柴志杰，任满年．溶剂脱沥青-催化裂化组合工艺[J]．炼油技术与工程，2005(3)：37-40.

[11] 袁晓云，赵飞，魏广春，等．溶剂脱沥青-催化裂化工艺的优化组合及其应用[J]．炼油技术与工程，2011，41(5)：6-9.

[12] 张庆军，刘文洁，王鑫，等．国外渣油加氢技术研究进展[J]．化工进展，2015.

[13] 李辉，韩迈，王国强，等．溶剂脱沥青工艺在重油加工中的应用进展[J]．炼油技术与工程，2020(5)：21-25.

[14] 刘林东．达里亚 VGO 及其掺炼 LDAO 加氢裂化反应性能研究[D]．北京：中国石油大学(北京)，2016.

[15] 任文坡，李振宇，李雪静，金羽豪．渣油深度加氢裂化技术应用现状及新进展[J]．化工进展，2016(35)：2309-2316.

[16] 尹忠辉．沸腾床渣油加氢裂化及固定床渣油加氢处理两种工艺路线的技术经济比较[J]．当代石油石化，2010，18(11)：26.

[17] Sun S ，Meng F . Study on solvent deasphalting process for upgrading of hydrocracking unconverted oil [J]. Industrial & Engineering Chemistry Research，2020.

[18] Varma R L，Bakhshi N N，Ranganathan R. Nonhydrogenative co-processing of saskatchewan heavy oil and coal[J]. Canadian Journal of Chemical Engineering，2010，67(1)：150-156.

[19] 刘荣博．减压渣油加工路线的优化[J]．石化技术与应用，2020，38(04)：259-262.

[20] 孙学文，郭秀颖．采用组合工艺提高辽河减压渣油轻油收率[J]．石油炼制与化工，2015，46(6)：12-16.

[21] 刘文举，王少锋，江莉．溶剂脱沥青-焦化联合提高重质油综合液体收率实验研究[J]．石油炼制与化工，2013(09)：51-54.

[22] 王德会，庞新迎，王振元，等．探讨溶剂脱沥青技术在当今炼厂中的地位和作用[J]．当代石油石化，2018，26 (3)：28-34.

[23] 徐晓胜，王利平，李青松，等．溶剂脱沥青工艺优化研究进展[J]．应用化工，2019，48(02)：166-170.

[24] 汪学峰．渣油型合成氨气化原料路线改造工艺探讨[J]．大氮肥，2008，031(006)：430-432.

[25] Castañeda L C，Muñoz，José A. D，Ancheyta J．Current situation of emerging technologies for upgrading of heavy oils[J]. Catalysis Today，2014，220-222：248-273.

[26] Carrillo，Jesús Alirio，Corredor L M．Upgrading of heavy crude oils：Castilla [J]．Fuel Processing Technology，2013，109(Complete)：156-162.

[27] Ramirez-Corredores M M．The Science and Technology of Unconventional Oils，1st Edition Finding Refining Opportunities[M]. 2017.

[28] Yu C，Zhang L，Guo X，et al. Association Model for Nickel and Vanadium with Asphaltene during Solvent Deasphalting[J]. Energy & Fuels，2015，29(mar. -apr.)：1534-1542.

[29] Shi Q，Zhao S，Zhou Y，et al. Development of heavy oil upgrading technologies in China[J]. Reviews in Chemical Engineering，2019，36(1)：1-19.

[30] Savastano C，Cimino R. Process for deasphalting and demetallizing petroleum residues[P]. US：5466365，1995-11-14.

[31] Savastano C. Process for deasphalting and demetalating crude petroleum or its fractions[P]. US：5346615，1994-9-13.

[32] Savastano C，Cimino R，Meli S. Continuous process for deasphalting and demetallating a residue from crude oil distillation[P]. US：5354454，1994-10-11.

沸腾床渣油加氢裂化石脑油综合利用研究

徐大海，陈　光，丁　贺，李　扬

（中国石化大连（抚顺）石油化工研究院，大连　116045）

摘　要　分析了沸腾床渣油加氢裂化石脑油馏分（以下简称沸腾床石脑油）的主要性质，并与焦化石脑油和直馏石脑油的性质进行对比，同时对沸腾床石脑油进行了详细的加氢精制工艺试验。结果表明，沸腾床石脑油比较适合于通过缓和的加氢精制后，作为蒸汽裂解制乙烯装置的原料，也可以通过加氢精制作为催化重整装置的原料，但其芳烃潜含量较低。本研究结果为沸腾床石脑油馏分后续加工方案的确定提供了理论依据。

关键词　沸腾床渣油加氢裂化　石脑油　综合利用

沸腾床渣油加氢裂化技术作为重油轻质化的重要工艺技术之一，近年来越来越受到炼油企业的关注[1-3]。近期，国内某大型炼化企业新建的两套320万t/a沸腾床渣油加氢裂化装置和中国石化某炼化公司新建260万t/a沸腾床渣油加氢裂化装置已相继建成投产。该技术具有原料油适应性较强、运行周期较长等特点[4-5]。劣质减压渣油经过沸腾床加氢裂化装置处理后，可以得到石脑油馏分、柴油馏分和蜡油馏分等。但各馏分杂质含量仍然比较高，需要后续加工处理才能作为最终产品或下游装置的合格进料。其中，沸腾床加氢裂化装置的石脑油馏分收率约为12%~15%[6]。在我国，石脑油作为重要的化工原料，一直存在供应不足的问题，这严重制约了我国石油化工行业的发展。如果按照石脑油收率13.5%计算，一套320万t/a沸腾床渣油加氢裂化装置每年可为石化企业提供43.2万t石脑油原料，用于生产附加值较高的石油化工产品。因此，合理利用好这部分石脑油馏分，可以缓解炼油企业轻烃原料供应不足的问题，有助于提高企业经济效益。

现阶段，炼化企业的石脑油馏分主要用于催化重整装置原料，或作为生产乙烯的蒸汽裂解装置原料。本文对沸腾床石脑油馏分的性质进行了分析，同时与其他石脑油馏分进行对比，并进行了加氢工艺考察试验，确定了沸腾床石脑油馏分的合理利用方案，为炼化企业充分利用好这部分石脑油资源提供理论依据。

1　沸腾床石脑油性质

对取自某沸腾床渣油加氢裂化装置的石脑油性质进行分析，同时列出了典型直馏石脑油和焦化石脑油的性质，结果见表1。

表1　石脑油性质对比

项　　目	直馏石脑油	焦化石脑油	沸腾床石脑油
密度(20℃)/(g/cm^3)	0.743	0.729	0.742
硫含量/(μg/g)	168	6555	958
氮含量/(μg/g)	1.2	141	86

续表

项　　目	直馏石脑油	焦化石脑油	沸腾床石脑油
馏程(ASTM D86)/℃			
初馏点/10%	52/84	47/79	59/92
30%/50%	103/122	93/122	110/129
70%/90%	140/160	145/178	149/172
终馏点	172	190	195
PONA 组成/%			
链烷烃	48.3	34.5	68.3
烯烃	0.5	35.3	4.6
环烷烃	42.8	18.1	20.9
芳烃	8.4	12.1	6.2
芳烃潜含量/%	48.9	29.1	25.6

由表1分析结果可见，沸腾床石脑油链烷烃含量为68.3%，加氢处理后预期可达到70%以上，高于直馏石脑油，与焦化石脑油加氢后基本相当，是比较优质的蒸汽裂解制乙烯装置的原料。沸腾床石脑油的硫、氮等杂质含量介于直馏石脑油和焦化石脑油之间，也可以通过加氢精制的方法脱除杂质后，作为合格的催化重整装置原料，但因其芳烃潜含量低于前两者，预期芳烃产率和产氢率均要低于直馏石脑油和焦化石脑油。

2　实验结果及讨论

2.1　试验装置和氢气

试验在FRIPP的中型加氢试验装置上进行。该装置配备有精密的机泵、可靠的计量仪表和先进的控制系统。反应器进料流向自上而下，反应温度用电炉瓦精确控制，压力自动调节。试验用氢气为经过高压加氢脱氧及硅胶/分子筛脱水净化处理后的电解氢气，氢气纯度大于99.9%(v)，氧体积分数小于5 μL/L。采用氢气循环流程。中型试验装置原则流程见图1。

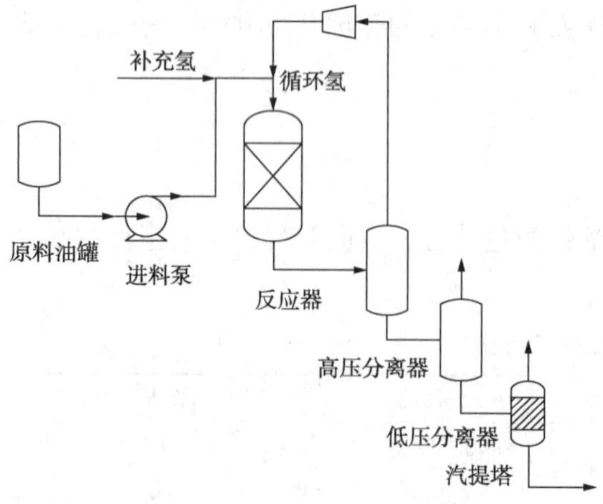

图1　中型试验装置原则流程

2.2　催化剂

本次试验采用W-Mo-Ni系轻质馏分油加氢催化剂FH-40C[7]。FH-40C催化剂为FRIPP开发的低成本加氢精制催化剂，已广泛应用于各类石脑油加氢工业装置，较好地满足了不同炼化企业的生产需要。催化剂的物理化学性质见表2。

表 2　催化剂物理化学性质

催化剂	FH-40C	分析方法
活性金属	W-Mo-Ni	比色法
物理性质		
孔体积/(mL/g)	≮0.42	低温氮吸附
比表面积/(m^2/g)	≮220	低温氮吸附
形状	三叶草	目测
直径/mm	1.5~2.5	卡尺
长度/mm	2~8	卡尺
耐压强度/(N/cm)	≮150	渐进式强度仪

2.3　作为生产乙烯的原料

蒸汽裂解制乙烯装置对原料要求比较低，只需要将石脑油中烯烃含量降低至1%(v)以下即可，对硫含量、氮含量等杂质的要求不高。参照同类工业装置运行工况，确定工艺试验条件为：反应压力3.0~3.5MPa，氢油比300，体积空速1.5~2.0h^{-1}，平均反应温度280~300℃。工艺考察试验结果见表3。

表 3　生产乙烯原料试验结果

试验条件	1	2	3	4
工艺条件				
反应压力/MPa	3.5	3.5	3.5	3.0
反应温度/℃	280	280	300	300
氢油体积比	300	300	300	300
体积空速/h^{-1}	1.5	2.0	2.0	2.0
油品性质	精制油	精制油	精制油	精制油
密度(20℃)/(g/cm^3)	0.735	0.737	0.736	0.738
馏程范围/℃	45~194	48~195	43~193	43~194
硫/(μg/g)	43.2	86.5	45.8	63.4
氮/(μg/g)	3.8	6.1	2.5	5.3
族组成/%				
链烷烃	67.2	66.5	67.2	66.2
烯烃	0.3	0.7	0.4	0.8
环烷烃	26.7	26.8	26.7	26.9
芳烃	5.8	6.0	5.7	6.1

由表3试验结果可见，在反应压力3.0~3.5MPa、氢油体积比300、体积空速1.5~2.0h^{-1}、平均反应温度280~300℃的工艺条件下，精制后的沸腾床石脑油烯烃含量均可满足小于1%的要求，且链烷烃含量在66.2%~67.2%之间，远高于直馏石脑油馏分，芳烃含量也较低，可以作为优质的蒸汽裂解制乙烯装置的原料。

2.4　生产催化重整装置原料

由表1分析结果看出，沸腾床石脑油馏分的芳烃潜含量仅为25.6%，而且其硫、氮等杂质含量均较高，因此它并不是一种优质的催化重整装置原料。但对于没有生产乙烯的蒸汽裂解装置且催化重整装置原料不足的炼化企业，仍可以将沸腾床石脑油通过加氢精制后，作为催化重整装置原料的补充。对于生产芳烃的催化重整装置，石脑油原料实沸点切割范围通常在60~140℃之间。通过对沸腾床石脑油的分馏，预期可以降低其中的硫、氮等杂质含量，有助于降低其加氢精制的难度。将表1中沸腾床石脑油分馏后，可以得到适宜馏分的重整进料。分馏后石脑油性质分析数据列于表4。根据石脑油加氢精制工业装置的实际工况，将工艺试验条件确定为：反应压力2.0~4.0MPa，氢油体积比200，体积空速2.0~3.0h-1，反应温度280~300℃。试验结果见表4。

表4 生产重整装置原料试验结果

试验条件		5	6	7	8
工艺条件					
反应压力/MPa		2.0	3.0	4.0	4.0
反应温度/℃		280	290	290	300
氢油体积比		200	200	200	200
体积空速/h^{-1}		2.0	2.0	3.0	3.0
油品性质	沸腾床石脑油分馏后	精制油	精制油	精制油	精制油
密度(20℃)/(g/cm^3)	0.727	0.724	0.723	0.721	0.720
馏程范围/℃	56~141	54~140	51~139	53~140	52~138
硫/(μg/g)	528	2.4	<0.5	1.8	<0.5
氮/(μg/g)	9.6	1.7	<0.5	1.2	<0.5
溴价/(gBr/100g)	9.5	0.10	0.06	0.08	0.11

由表4试验结果可见，沸腾床石脑油分馏后，硫、氮等杂质含量大幅度降低，特别是氮含量降低至10μg/g以下。在反应压力2.0MPa、体积空速2.0h^{-1}、反应温度280℃、氢油体积比200的条件下，硫、氮含量均不能满足小于0.5μg/g的要求；将反应压力提高至3.0MPa，同时将反应温度提高至290℃后，精制油硫、氮含量合格；在反应温度290℃时，将反应压力提高至4.0MPa，同时将体积空速提高到3.0h^{-1}后，精制油硫、氮含量不合格；在反应压力、氢油体积比和体积空速等条件不变的情况下，将反应温度提高至300℃后，精制油硫、氮含量均小于0.5μg/g。

此外，采用目前重整预加氢装置典型的操作条件，对沸腾床石脑油的最佳掺炼比例进行了考察试验。分别以表1中的直馏石脑油掺炼10%、20%和30%表4中分馏后沸腾床石脑油的混合油为原料，在反应压力2.5MPa、体积空速6.0h^{-1}、反应温度290℃、氢油体积比100条件下进行加氢试验。试验结果见表5。

表5 沸腾床石脑油最佳掺炼比例试验结果

掺炼比例	10%	20%	30%
工艺条件			
反应压力/MPa		2.5	
反应温度/℃		290	
氢油体积比		100	
体积空速/h^{-1}		6.0	

续表

掺炼比例	10%	20%	30%
油品性质	精制油	精制油	精制油
密度(20℃)/(g/cm^3)	0.740	0.740	0.739
馏程范围/℃	51~172	50~171	48~171
硫/(μg/g)	<0.5	<0.5	1.3
氮/(μg/g)	<0.5	<0.5	0.9
溴价/(gBr/100g)	0.08	0.07	0.10

由表5试验结果可见，在常规重整预加氢装置操作条件下，掺炼10%和20%比例的沸腾床石脑油时，精制石脑油硫、氮含量均可以满足小于0.5μg/g的进料要求，当掺炼比例提高到30%时，精制石脑油硫、氮含量分别达到1.3μg/g和0.9μg/g，超出重整装置对进料的要求。因此，建议现有低压重整预加氢装置掺炼沸腾床石脑油时，掺炼比例应按不高于20%控制较为合适。

3 结论

（1）沸腾床石脑油经过加氢精制后，链烷烃含量高于直馏石脑油，与加氢精制后的焦化石脑油基本相当，是比较优质的蒸汽裂解制乙烯装置原料。沸腾床石脑油的硫、氮等杂质含量介于直馏石脑油和焦化石脑油之间，可以通过加氢精制的方法脱除杂质后，作为催化重整装置的原料，但其芳烃潜含量低于前两者，预期芳烃产率和产氢率要低于直馏石脑油和焦化石脑油。

（2）工艺试验结果表明，在反应压力3.0~3.5MPa、氢油体积比300、体积空速1.5~2.0h^{-1}、反应温度280~300℃的工艺条件下，精制后的沸腾床石脑油烯烃含量均可满足小于1%的要求，且链烷烃含量在66.2%~67.2%之间，可以作为优质的蒸汽裂解制乙烯装置原料。

（3）对于分馏后的沸腾床石脑油，反应压力3.0~4.0MPa、氢油体积比200、体积空速2.0~3.0h^{-1}、反应温度290~300℃的工艺条件下，精制石脑油硫、氮含量均可以满足小于0.5μg/g的催化重整装置进料要求。如果在现有的低压重整预加氢装置进行掺炼加工，建议掺炼比例应按不高于20%控制。

参 考 文 献

[1] 方向晨．国内外渣油沸腾床加氢处理技术发展现状及分析[J]．化工进展，2011，30(1)：95-104.

[2] 贾丽，杨涛，胡长禄．国内外渣油沸腾床加氢技术的比较[J]．炼油技术与工程．2009，39(4)：16-19.

[3] 张庆军，刘文洁，王鑫，等．国外渣油沸腾床加氢技术研究进展[J]．化工进展．2015，34(8)：2988-3002.

[4] 朱赫礼，朱宇．沸腾床渣油加氢技术的工业应用及展望[J]．石化技术 2014，21(2)：58-63.

[5] 王喜斌，贾丽，刘建坤等．沸腾床渣油加氢影响因素及催化剂失活分析[J]．炼油技术与工程．2012，48(8)：42-45.

[6] 姜来．渣油沸腾床加氢技术现状及操作难点[J]．炼油技术与工程．2014，44(12)：8-12.

[7] 孙磊．FH-40C焦化汽油加氢精制催化剂的工业应用[J]．石油炼制与化工．2015，46(12)：14-19.

重油催化裂化乳化进料技术研究

许晓斌，申　涛，温　福，许金山

（中国石化齐鲁石化公司研究院，淄博　255400）

摘　要　开展了催化裂化乳化进料技术研究，考察了乳化水量对乳化效果的影响，并在50万t/a催化裂化装置上进行了工业标定试验，结果表明：使用除氧水乳化催化裂化原料可以得到性质稳定的乳化催化裂化原料；原料油乳化后改善了雾化效果，提高了催化进料的分散性，降低了进料油滴的粒径，从而提高了轻质油收率和总液收，同时焦炭产率降低。

关键词　重油　催化裂化　乳化进料

1　前言

随着原油日益重质化以及催化裂化原料油掺渣比例的逐渐加大，催化裂化原料的沥青质、胶质含量升高，密度与黏度也逐渐增加，导致重质催化原料不易雾化，更难以完全汽化，给油剂有效接触带来困难。在催化裂化进料过程中，原料的雾化效果直接影响到原料的催化转化效果和产物分布结果。原料的高效雾化成为提高轻质油收率、降低焦炭产率的关键之一。因此，齐鲁石化公司研究院以“微爆”理论和“分子聚集与解聚”理论为指导，开展了催化裂化乳化进料技术开发研究。

重油催化裂化原料与水、复合乳化剂形成油包水型乳化油，经提升管喷嘴雾化后的油滴内包含着许多0.5~5μm的水珠微粒，每个小水滴被油相包围着。当油滴喷出被加热时，乳化油被一次雾化，由于水和油的沸点相差较大，水率先汽化，体积急剧膨胀，产生了巨大的压力，瞬间把油滴爆开，变成许多小油滴，这一过程称之为“微爆”或二次雾化。这是由于水-油之间非连续相的表面张力要比连续相的纯油弱，所以非连续相之间的薄弱处就成了最易发生爆破雾化的微观区域。乳化油在高速运动时，油滴变得不稳定，加之水-油之间非连续界面易破碎，因此，乳化油就得到良好的雾化。[1]

“微爆”的作用是使油滴更细微化，提高了油滴的表面活化能，从而加速了油滴的挥发。爆破雾化产生的冲击力将对原料油气化以及气相、液相的催化裂化反应产生积极影响。气体和液体中的分子以多分子聚集状态存在，这种聚集作用对液体的气化以及气体、液体的扩散、吸附产生不利影响，对气-固、液-固之间的化学反应存在一定程度的阻滞作用。爆破雾化产生的冲击力对这种聚集状态起到一定程度的破坏作用，使分子聚集体发生解聚，减小油滴粒径，提高原料油的汽化率，从而提高催化裂化反应效果。[2]

实验室小试研究和工业应用结果表明，通过采用适量的复合乳化剂水溶液将催化原料乳化，能够显著改善催化原料雾化效果，提高催化进料的分散性，大幅度降低进料油滴的粒径，从而改善产品分布，降低焦炭产率，提高轻质油收率和总液收。开发和完善重油乳化技术对解决能源短缺、改善环境和提高经济效益具有重要意义。

2 试验部分

2.1 试验室评价

2.1.1 试验装置简介

试验室验证试验在 RU-1 型连续式提升管催化裂化评价试验装置上完成。

2.1.2 试验方案及工艺条件

为了考察不同乳化水量所得乳化油及乳化前后对产品分布和气体组成的影响，参照 50 万 t/a 催化装置的工艺条件，在反应温度 515℃、剂油比 5.0，工业现用平衡剂，进行了 5 组评价试验，其中 1#试验为空白试验，2#—5#试验为乳化原料试验，乳化剂加入量为 150ppm（以原料进料量计），乳化水量分别为 1.0%，2.0%，3.0%，5.0%。具体试验方案和工艺条件见表 1。

表 1 试验方案和工艺条件

试验编号	原料油	乳化剂量/‰	乳化水量/%	工艺条件
1#	催化原料	0	0	反应温度：515℃ 再生温度：690℃ 剂油比：5.0
2#	乳化油 A	0.2	1.0	
3#	乳化油 B	0.2	2.0	
4#	乳化油 D	0.2	3.0	
5#	乳化油 E	0.2	5.0	

2.2 工业应用标定

工业标定试验，在某炼厂 50 万 t/a 催化裂化装置进行，并对催化进料系统进行了相关改造，内容包括：

（1）在催化原料中段换热后设置乳化设备、预混设备及其配套阀组等；

（2）新增乳化水和乳化剂注入系统，包括乳化剂罐，计量控制及联锁控制。

3 试验结果与讨论

3.1 实验室评价试验

3.1.1 原料性质

评价试验所用催化原料、工业平衡剂及乳化用水采自催化装置，催化原料的性质见表 2。

表2 评价试验原料性质

分析项目	催化原料	分析项目	催化原料
密度(20℃)/(g/cm³)	0.9081	初馏点	174
残炭/%	3.95	10%	359
氮含量/(mg/kg)	3230	30%	433
凝点/℃	37	50%	487
硫/%	0.422	55%	503
机械杂质/%	0.016	90%	>503
运动黏度(40℃)/(mm²/s)	158.7	干点	>503
族组成/%		重金属/(mg/g)	
饱和烃	67.07	Fe	6.2
芳烃	24.25	Ca	4.0
胶质	8.20	Na	3.3
沥青质	0.48	Cu	<0.4
馏程/℃		Ni	35.0

由表2可以看出，试验所用催化裂化原料油密度、馏程较高，属于重质催化裂化原料。

3.1.2 催化剂性质

评价试验所用催化剂为50万t/a催化裂化装置工业平衡剂，性质分析结果见表3。

表3 催化剂性质分析结果

项　目	催化剂	项　目	催化剂
灼烧减量/%	11.4	微反活性/%	65
孔体积/(m³/g)	0.29	粒度分布/%	
比表面积/(m²/g)	109	0~40mm	16.19
表观松密度/(g/mL)	0.85	0~149mm	91.53
磨损指数/%	0.97		

3.1.3 乳化剂性质

对于催化原料这样的油水二元体系，重油乳化宜选择油包水型(W/O)乳化剂，通过表面活性物质及机械混合的作用，使微小的水相液滴均匀分散在连续的油相中。试验所用乳化剂物化性质见表4。

表4 复合乳化剂物化性质

项　目	复合乳化剂	项　目	复合乳化剂
外观	棕黄液体	凝点/℃	-12
溶解性	溶于水、乙醇	运动黏度(40℃)/(mm²/s)	8.4
密度(20℃)/(g/cm³)	1.1024		

3.1.4 乳化水性质

由于催化裂化反应要求尽量减少金属杂原子物质，避免催化剂的中毒，因此，选用除氧水作为试验用乳化水。除氧水性质分析见表5。

表 5 除氧水性质分析

项目	除氧水	项目	除氧水
钙硬(以 $CaCO_3$计)/(mg/L)	24.8	总碱度(以 $CaCO_3$计)/(mg/L)	26.6
总硬(以 $CaCO_3$计)/(mg/L)	24.8	氨氮/(mg/L)	未检出
氯离子/(mg/L)	7.36	总铁/(mg/L)	0.08
硫酸根/(mg/L)	17.8	pH	8.15
酚酞碱度(以 $CaCO_3$计)/(mg/L)	未检出	浊度/NTU	2.08

3.1.5 产物分布

按照试验方案所确定的工艺条件进行催化裂化评价试验，评价试验所得产物分布见表6。

表 6 试验所得产物分布 %(m)

项目	1#	2#	3#	4#	5#
干气	3.56	3.43	3.29	3.09	3.04
液化气	18.31	19.24	19.38	19.91	20.02
汽油	45.50	47.33	48.03	48.69	48.91
柴油	20.45	19.64	19.42	19.19	19.11
油浆	6.57	5.41	5.06	4.58	4.41
焦炭	5.61	4.95	4.82	4.54	4.51
轻质油收率	65.95	66.97	67.45	67.88	68.02
总液收	84.26	86.21	86.83	87.79	88.04
转化率	93.43	94.59	94.94	95.42	95.59
汽柴比	2.22	2.41	2.47	2.54	2.56

注：轻质油收率=汽油+柴油；总液收=液化气+汽油+柴油；转化率=100-重油。

由表6可以看出，原料油乳化后可明显改善产物分布，提高轻质油收率和总液收，焦炭产率显著降低，且随着乳化水量的增加，效果愈加明显。这是由于催化裂化原料油乳化后改善了雾化效果，使油剂接触及反应更为完全，裂化程度相对加深，从而使得轻质油收率增加，焦炭产率降低。

实验室评价试验验证了乳化进料技术的可行性，但在实际工业标定试验中，为了确保工业标定试验装置的正常稳定运行，尤其是油浆系统的正常运转，根据前期工业试验经验，推荐乳化水加入量为1.0%(相对催化原料进料量)。

3.2 工业标定试验

工业标定试验由石科院催化标定专家跟踪，并完全按照石科院催化裂化装置工业标定的标准程序进行，所有的样品分析均标定厂家与石科院负责，后期数据也完全由石科院进行采集、计算、处理。因此，此次标定可以比较客观真实的反映重油乳化进料技术的工业试验效果。

3.2.1 标定条件

(1) 注水：标定试验所用乳化水为除氧水，每次调整注水量不超过150kg/h，防止调整过大，影响稳定操作，初始注水量为0.3%(150kg/h)，然后按照0.5%、0.7%、1.0%注水量逐步提升进行调整，每次平稳期1小时左右，便于稳定操作及调整。最终注水量稳定为1.0%左右。

(2) 加剂：标定试验期间乳化剂用量稳定在9kg/h左右。

乳化水、乳化剂加入量均以原料进料量计。

3.2.2 操作条件

标定期间装置操作平稳，参数在工艺指标控制范围，处理量维持在60t/h。试验标定期间以装置操作平稳为调整原则。

标定期间和主要操作条件列于表7。

表7 主要操作条件

标定日期	空　白	乳　化
重油进料流量/(t/h)	59.54	59.63
回炼油流量/(t/h)	1.8	1.8
重油预热温度/℃	213	213
重油雾化蒸汽/(t/h)	3.5	3.5
提升管出口温度/℃	519	519
沉降器顶部表压力/kPa	262	262
再生器顶部表压力/kPa	276	276
二密相温度/℃	707	707
再生器稀相温度/℃	704	703
主风标准体积流量/(Nm^3/min)	1020	1009
预提升蒸汽量/(t/h)	1.3	1.3
外取热器发生蒸汽量/(t/h)	16.65	16.72
汽提蒸汽流量/(t/h)	3.7	3.7

从表8中可以看出，标定期间反再系统和分馏系统的主要操作条件平稳。反应温度为519℃，原料油预热温度为213℃，再生器顶压力276kPa，主风量1000Nm^3/h左右。

3.2.3 FCC原料性质

试验期间的FCC原料性质见表8。

表8 原料性质

分析组分	空　白	乳　化
密度(20℃)/(g/cm^3)	0.9170	0.9152
黏度(100℃)/(mm^2/s)	12.59	11.85
残炭值/%	4.34	4.32
元素质量分数/%		
C	86.20	86.38
H	12.80	12.76
S	0.5683	0.5828
N	0.1610	0.1496

续表

分析组分	空　　白	乳　　化
金属含量/(mg/g)		
Fe	2.8	2.4
Ni	7.9	7.8
V	4.5	4.3
Na	0.3	0.2
常压馏程/℃		
初馏点	331	329
5%	353	352
10%	374	373
30%	431	426
50%	489	478
500℃馏出量	53.3%	56.8%
538℃馏出量	63.1%	66.7%

从表 8 中可以看出，标定期间原料性质比较稳定。将乳化标定期间乳化后的催化原料经减压降温后采集样品，在电子显微镜下观察，发现油滴呈油包水型分布，水滴粒径均在 5μm 以下，并且分散均匀，说明催化裂化乳化油达到较佳乳化状态。图 1 为标定乳化油的微观乳化效果。

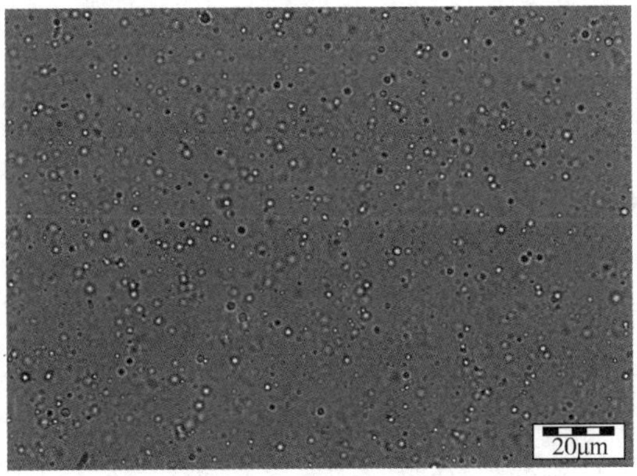

图 1　标定乳化油的微观乳化效果

3.2.4　催化剂性质

试验期间待生剂和再生剂性质见表 9。

表 9　催化剂性质

项　　目	空　　白	乳　　化
平衡剂活性/%(MA)	62	62
堆密度/(g/mL)	0.80	0.80
碳质量分数/%	0.0341	0.0624
硫质量分数/%	0.0811	0.0805

续表

项目	空白	乳化
筛分质量组成/%		
0~20mm	0	0
0~40mm	8.0	11.4
0~80mm	68.0	68.9
0~105mm	88.7	87.9
0~149mm	99.1	98.7
平均粒径/mm	66.9	65.1

从表9可以看出，标定期间的平衡剂筛分组成在正常范围；平衡剂的微反活性为62左右；碳质量分数小于0.1%，说明烧焦效果较好。

3.2.5 试验结果

(1) 物料平衡分析

试验标定期间所得粗物料平衡见表10。

表10 物料平衡

项目	收率/%(m)		
	空白	标定	差值
干气	3.12	3.09	-0.03
液化气	13.65	14.20	0.55
汽油	41.97	43.44	1.47
柴油	25.28	25.08	-0.20
油浆	7.34	5.69	-1.65
焦炭	8.38	8.24	-0.14
损失	0.26	0.26	0.00
合计	100.00	100.00	0.00
轻收	67.25	68.52	1.27
总液收	80.90	82.72	1.82
转化率	92.66	94.31	1.65

注：轻质油收率=汽油+柴油；总液收=液化气+汽油+柴油；转化率=100-重油。

从表10的可以看出，乳化后标定试验与空白试验相比较的干气产率减少0.03个百分点；液化气收率增加0.55个百分点；汽油收率增加1.47个百分点，柴油产率减少0.20个百分点；油浆产率减少1.65个百分点；焦炭产率降低0.14个百分点，轻质油收率增加1.27个百分点，总液收增加1.82个百分点，转化率增加1.65个百分点。

原料乳化后可明显提高汽油收率，降低油浆收率和焦炭产率，并且可显著提高轻质油收率和总液收。这是由于催化裂化原料乳化后改善了雾化效果，使油剂接触更加充分，从而加深了催化裂化反应程度，使得产品分布得到改善，达到了提高轻质油收率，降低焦炭产率的目的。

（2）氢平衡分析

表 11 氢平衡

项目	空白标定			乳化标定		
产物分布/%		氢含量	氢产率		氢含量	氢产率
干气	3.12	22.55	0.703	3.09	22.13	0.684
液化气	13.65	15.41	2.103	14.20	15.41	2.188
汽油	41.97	13.56	5.691	43.44	13.7	5.952
柴油	25.28	10.29	2.602	25.08	10.18	2.553
油浆	7.34	9.78	0.718	5.69	9.27	0.527
焦炭	8.38	6.51	0.535	8.24	6.59	0.535
损失	0.26	12.45	0.032	0.26	12.45	0.032
合计	100.00		12.38	100.00		12.47
绝对误差/%		0.067			0.022	
相对误差/%		0.54			0.17	

注：产物中损失的氢含量按原料氢含量计，氢产率=产物分布×产物氢含量。

从表 11 中可以看出，空白标定相对误差为：（12.45−12.38）/12.45=0.54%；乳化标定相对误差为：（12.45−12.47）/12.45=0.17%；核算结果相对误差较小，说明物料平衡数据比较准确。

（3）装置能耗分析

能耗计算采用国标 GB/T 50441—2007 进行，空白标定和乳化标定装置实际能耗分别为 69.71 和 68.34kg 标油/t 原料，即乳化标定实际能耗比空白标定实际能耗低 1.37kg 标油/t 原料。

4 结论

（1）试验室验证评价试验结果表明：经除氧水乳化后的催化原料可以形成稳定的油包水型乳化液，乳化液滴粒径较小且分布均匀；原料油乳化后改善了雾化效果，提高了催化进料的分散性，大幅度降低了进料油滴的粒径，汽油收率显著增加，柴油收率降低，汽柴比增加，同时焦炭产率降低，明显改善了催化装置的产物分布。

（2）工业标定结果表明，乳化后标定试验与空白试验相比较的干气产率减少 0.03 个百分点，液化气收率增加 0.55 个百分点，汽油收率增加 1.47 个百分点，柴油产率减少 0.20 个百分点，油浆产率减少 1.65 个百分点，焦炭产率降低 0.14 个百分点，轻质油收率增加 1.27 个百分点，总液收增加 1.82 个百分点，转化率增加 1.65 个百分点；从氢平衡核算结果来看，空白标定相对误差为 0.54%，乳化标定相对误差为 0.17%，核算结果相对误差较小，说明物料平衡数据比较准确；从能耗分析来看，空白标定和乳化标定装置实际能耗分别为 69.71 和 68.34kg 标油/t 原料，即乳化标定实际能耗比空白标定实际能耗低 1.37kg 标油/t 原料。

参考文献

[1] 陈振江，赵德智，曹祖宾．重油掺水乳化技术的开发及应用[J]．抚顺石油学院学报，1997，17(4)：14-18.

[2] 姚军品．乳化催化裂化原料油的研究[D]．上海：华东理工大学，2002.

渣油加氢工业废催化剂的再生与利用

张春光[1]，杨爱明[2]，赵愉生[1]，崔瑞利[1]，张　涛[1]

（1. 中国石油石油化工研究院，北京　102206；
2. 大连西太平洋石油化工有限公司，大连　116600）

摘　要　石油炼制行业中原油重质化、劣质化日趋严重，渣油加氢工业随之蓬勃发展，新建的固定床、沸腾床和浆态床装置逐年增多，从而导致工业废催化剂也越来越多。在全球碳减排的背景下，解决废催化剂带来的环境污染问题是大势所趋，因此本文将渣油废催化剂的解决方案分成两类：对于具有再生价值的废剂采用再生的方式进行利用，活性恢复较好的催化剂可用于加氢装置重复使用，活性稍差的催化剂可用于环保等行业使用；而对于不具有再生价值的废剂主要以资源利用的方式回收有价金属，其中浸取法、焙烧-浸取法和氯化法回收金属效果较好。

关键词　渣油加氢　废催化剂　再生　再利用

据国家统计局数据，2020 年全国原油加工量为 6.7441 亿 t，较上年增加 3%。2021 年我国预计新增炼油能力约 3850 万 t/a，原油加工量预计将较 2020 年进一步增加。根据国内炼油行业的标准测算，每吨原油炼制将产生 0.354kg 废催化剂。以此可以估算出，仅 2020 年废催化剂产量即为 23.9 万 t。随着炼油能力的增加，2021 年所产生的废催化剂仍会增加，妥善处理废催化剂的问题已显得尤为重要。在全球二氧化碳减少排放的大背景下，清洁高效可持续发展的能源技术已经上升到国家重点关注的领域。废催化剂的再生与利用为炼油催化剂的持续发展提供有效解决途径，提高资源利用效率，避免废催化剂的环境污染，已成为当前研究的热点。

渣油加氢催化剂数量很大，通常使用一年左右就必须更换，统计数据表明，渣油加氢催化剂约占所有类别加氢催化剂总量的 50%[2]。目前炼油厂处理渣油加氢废催化剂的主要办法还是填埋[2]，这样就带来两个问题：①渣油加氢催化剂含有钼镍等重金属和大量的氧化铝，直接废弃造成资源的浪费[3]；②每年填埋大量的废催化剂，给环境保护带来沉重压力。实现渣油加氢失活催化剂的再生和利用，既有利于减少环境污染，还能使资源得到循环使用，提高炼油厂经济效益。本文主要围绕渣油加氢废催化剂的再生使用、在其他领域的综合利用以及资源化利用回收有价金属进行讨论，给出提高渣油加氢工业废催化剂附加值的方法。

1　渣油加氢废催化剂再生后梯级利用

1.1　高活性再生剂用作加氢类催化剂

一般来说，渣油加氢废催化剂主要是由于三方面原因引起活性降低，一是孔结构因积炭而降低，二是活性位因重金属占据而失活，三是长时间的高温运行导致活性金属与载体之间结合力增强而活性降低，因此废剂再生主要围绕这三个方面进行：通过有机溶剂清洗低温处理除油，酸洗水洗除重金属和高温焙烧除积炭，这种方法可以最大程度地恢复废渣油加氢催化剂活性，能够满足工业使用的要求，而且经济效益较好，再生成本约为新鲜剂成本的20%，可为炼油厂节省催化剂方面的投入。科威特科学研究院石油研究中心开发了渣油加氢失活催化剂的复活工艺[4]，如图1所示。失活催化剂经脱油和筛分后，通过机械分离严重结垢催化剂与部分结垢催化剂，严重结垢催化剂送到金属回收公司，轻度结垢催化剂通过浸取金属和脱除积炭得到复活催化剂。采用这种工艺可复活70%的失活催化剂，复活催化剂活性可达新鲜催化剂的95%。

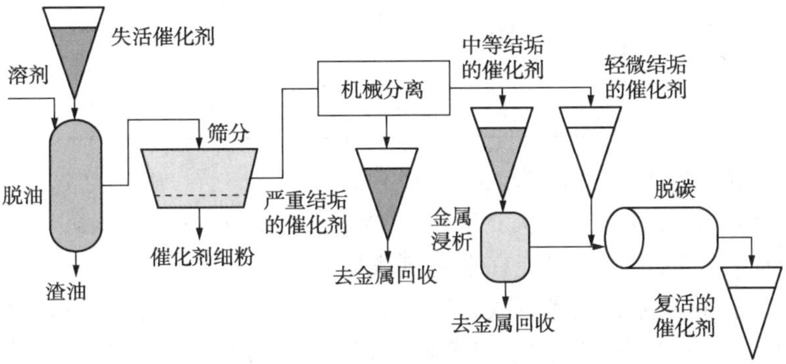

图1　科威特石油研究中心开发的渣油加氢废催化剂复活工艺流程

失活催化剂上的积炭一般通过控制气氛、升温速率和燃烧温度进行脱除，而金属污染物则需通过浸取法脱除。为了脱除沉积在催化剂上的金属污染物，并保持催化剂的机械强度，韩国大学校办产业公司开发的一种有机酸浸取法再生工艺[5]，其主要工艺过程如图2所示，可以最大限度地减低活性成分的损失，其再生剂具有出色的机械物性及脱硫性能，再生催化剂中钒氧化物的含量可以控制在1.0w%以下，机械强度可以控制在新催化剂的97%以上，基本可以代替新催化剂进行使用。该工艺主要包括五个过程：①溶剂清洗工程；②低温热处理过程；③酸处理过程；④水洗过程；⑤高温热处理过程。

通常来说，氧化剂与有机酸结合使用效果更好，常用的氧化剂有 H_2O_2、HNO_3、$Al(NO_3)_3$ 和 $Fe(NO_3)_3$ 等。氧化剂的作用不同于有机酸，如对于未脱除积炭的催化剂[6]，1mol/L 的 $Al(NO_3)_3$ 添加至 0.66mol/L 乙二酸溶液时，V 和 Ni 浸取效率大大提高，而与丙二酸和乙酸搭配使用效果稍差。氧化剂在酸性溶液中，能将金属硫化物氧化成氧化物，氧化物更容易与有机酸络合生成能溶于水的化合物，从而提高浸取效率。Stanislaus A 等[7]研究了不同处理方法对失活催化剂再生活性的影响。新鲜催化剂、失活催化剂和再生催化剂的比表面积、孔容和加氢脱硫活性如表1所示。从表1可以看出，先采用乙二酸和 H_2O_2 溶液处理失活催化剂，再焙烧脱除积炭的方法，能够显著恢复催化剂的孔容（从 $0.12m^2/g$ 到 $0.43m^2/g$）和

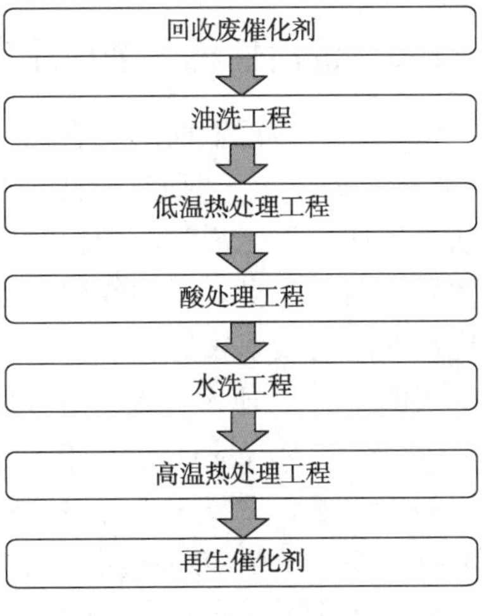

图2　韩国大学渣油加氢废剂处理工艺

比表面积(从 $52m^2/g$ 到 $181m^2/g$)，并将催化剂的加氢脱硫活性恢复到新鲜催化剂的97%。进一步研究发现，脱除35%的V能够恢复催化剂大部分的比表面积和孔容以及加氢脱硫活性[8]，部分V沉积在载体上，而不是覆盖在催化剂活性金属上。

表1 新鲜催化剂、失活催化剂和再生催化剂的比表面积、孔容和加氢脱硫活性

催化剂	试剂	比表面积/(m^2/g)	孔容/(mL/g)	加氢脱硫活性	相对活性
新鲜催化剂		240	0.48	61	100
失活催化剂		52	0.12	17	28
只浸取不除碳	乙二酸	65	0.15	21	34
只浸取不除碳	乙二酸+H_2O_2	141	0.27	52	85
先浸取再除碳	乙二酸+H_2O_2	181	0.43	59	97
先除碳再浸取	乙二酸+H_2O_2	180	0.42	37	61

再生过程中，提高催化剂活性的主要途径有：

(1) 除去金属沉积物和积炭，恢复催化剂大部分的比表面积和孔容；

(2) 活性金属在浸取过程中可能在催化剂表面进行再分散；

(3) 部分Ni或Co以镍铝尖晶石或钴铝尖晶石的形式存在，可以通过试剂浸取出来并在钼酸盐上再分配，Ni或Co与Mo的紧密接触，有利于形成Ni-Mo-S或Co-Mo-S的活性相结构；

(4) 残留在催化剂中的V可能与Ni-Mo或Co-Mo发生协同作用，形成新的活性相中心，促进反应。

渣油加氢废催化剂再生后还可用于其他较低要求的加氢装置。中石化石科院开发的渣油加氢催化剂全生命周期绿色供应链技术[9]，将加氢裂化预精制剂再生后用于渣油加氢脱残碳反应上，将渣油加氢脱残碳催化剂再生后用于渣油加氢脱硫反应上，目前已经完成实验室小试工作，评价结果显示满足渣油加氢处理反应的需要。Sudhakar C 等[10,11]报道反应后渣油加氢催化剂用于石脑油加氢。相对于新鲜催化剂，反应后催化剂能选择性脱除硫，同时减少烯烃的加氢饱和，有助于降低辛烷值损失和减少氢气消耗。

1.2 低活性再生剂用作环保类催化剂

低活性渣油再生剂由于含有Ni、Mo和V等金属，在其他领域可以作为催化剂活性组分。Furimsky E 等[12]研究了渣油加氢再生剂用于高温废气净化处理(脱 H_2S)的吸附剂。3种失活再生加氢催化剂和两种相对应的新鲜催化剂以及铁酸锌在煤气化模拟废气中 H_2S 的脱除效果表明，积炭失活加氢催化剂具有相对较高的净化效率，而积炭和金属同时失活的加氢催化剂的净化效率较低。将失活 Co-Mo/Al_2O_3 和 Ni-Mo/Al_2O_3 催化剂[13]用于 H_2S 的转化，结果表明，对于 H_2S 直接分解反应，失活催化剂活性比新鲜催化剂活性高约80%。

González-García O 等[14]和 Cedeno-Caero L 等[15]研究发现，渣油加氢再生剂对于模型化合物和工业墨西哥柴油具有很好的氧化脱硫性能。从失活加氢脱硫催化剂制备的V-Mo基催化剂有可能用于柴油超深度脱硫的氧化脱硫过程。

Ku B C 等[16]开发了一种以失活催化剂制备选择性催化还原 NO_x 催化剂的方法。失活催化剂经焙烧、研磨和浆化后负载于蜂窝陶瓷。活性结果表明，制得的催化剂经(400~600)℃

焙烧后，最佳反应温度为(270~320)℃，NO_x转化率可达98%甚至更高。与传统催化剂相比，该类催化剂同时具有较高的NO_x脱除活性、热稳定性和抗硫化物中毒的能力。但由于该方法失活催化剂用量少，对失活催化剂的回收率只有30%。针对这个问题，Choi K I等[17]改进了制备工艺，将预处理的失活催化剂与WO_3/TiO_2混合制成催化剂，失活催化剂质量掺杂比例可达70%，该类催化剂在反应温度(240~480)℃时，活性在90%以上，最高活性可达100%，同时，再生剂抗硫化物中毒能力也很强，可在高温下用于脱除NO_x的反应。

2 渣油加氢催化剂中的金属回收

渣油加氢失活催化剂中含有大量的Al、Ni、Co、Mo和V等金属。这些有价金属主要来自矿石的提炼，一般用于钢铁工业和特殊合金的制造。渣油加氢失活催化剂可以作为这些金属的廉价来源，并且回收的金属可用于制备加氢处理催化剂，能够循环和再利用，减少对环境的污染。目前国内外已有一些催化剂处理公司建立了大规模的失活加氢催化剂回收金属或金属化合物的装置[18]。金属回收的方法主要包括浸取、焙烧-浸取法、氯化法和电解池回收法等。

2.1 浸取法

浸取法是指利用浸取剂将失活催化剂中的金属溶出并回收。浸取剂通常采用氨或铵盐溶液、不同浓度无机酸(如H_2SO_4、HCl或HNO_3等)和碱液以及水溶性有机酸(如乙二酸、柠檬酸)溶液。微生物浸取法利用微生物可将固体化合物转化为可溶性化合物，为失活催化剂回收金属提供了一种新颖的方法。

Hubred G L等[19]将失活加氢催化剂脱碳后，再用铵盐溶液(如碳酸铵或硫酸铵)至少可浸取85%Mo、75%~85%V、75%~80% Ni和45% Co。Marcantonio P J等[20]采用氨、铵盐和H_2O_2的混合溶液浸取失活催化剂中的金属，发现初始pH=10.4，氨、铵盐和H_2O_2浓度分别为2mol/L、0.5mol/L和1mol/L时，Mo、V、Ni和Co的浸取率分别为93%、88%、80%和78%。Villarreal M S等[27]在室温用氨水(15~17mol/L)从失活脱金属催化剂(含质量分数27.3% V_2O_5、1.92% MoO_3、3.2%NiO和39.6%Al_2O_3)中选择性提取98%的V，而Mo和Ni则不被浸取。

不同类型的无机酸和有机酸均可用于失活催化剂中金属的浸取。相比于无机酸，水溶性有机酸在环境方面的安全隐患较低，并且对金属的浸取具有更高的选择性。Zhang P等[21]开发了一种金属全回收的方法，失活催化剂脱碳后，用63%H_2SO_4处理并加热干燥，生成的硫酸盐用水溶解。不同金属在不同pH值下，用不同萃取剂采用液液萃取的方法可实现分离和全回收。Mulak W等[22]研究了乙二酸和H_2O_2混合溶液对失活加氢脱硫催化剂中的Mo、Ni、V和Al等元素的浸取效率。结果表明，在50℃、0.5mol/L的$C_2H_2O_4$和3.0mol/L的H_2O_2溶液中浸取4h，Mo、V、Ni和Al的浸取率分别为90%、94%、65%和33%。Marafi M等[23]对超声结合强酸浸取金属进行研究，与H_2SO_4相比，柠檬酸能更有效、更具选择性地浸取Mo、V和Ni。与传统机械搅拌相比，超声能增强浸取效率。超声和柠檬酸共同作用可实现低温(如60℃)浸取大部分(>95%)的Mo、V和Ni。

研究表明，碱液能够用于选择性浸取失活催化剂中的Mo和V。Rokukawa N等[24]报道了一种用Na_2CO_3和H_2O_2混合溶液浸取金属的方法，可选择性回收99%以上的Mo和约85%

的V，并保持很低的Ni、Co和Al浸取率。Villarreal M S等[25]对比了两种不同浓度NaOH溶液浸取效果。10% NaOH溶液可浸取约92%Mo和89%V，40% NaOH溶液可浸取约79%Mo和72%V，这两种溶液均只能浸取很少量的Ni和Al。

生物浸取法具有反应温和、能耗低、流程简单和环境友好等特点，采用生物浸取法回收失活催化剂中的金属，以期减少酸或碱浸取的高成本和带来的环境污染。Mishra D等[26]考察了一步法和两步法的生物浸取。一步法中，嗜酸细菌直接在失活催化剂上生长，Ni、Mo和V的一步法回收率分别为88%、58%和32%。两步法首先利用嗜酸细菌将硫转化为H_2SO_4，并用该酸性溶液浸取失活催化剂上的Ni、Mo和V等金属，在50g失活催化剂/(L浆液)和20g元素硫/(L浆液)条件下处理7天，Ni、Mo和V回收率分别为88%、46%和95%。与H_2SO_4直接浸取相比，生物浸取法金属回收率相对高一些。生物浸取法处理时间长，仍需做更多的研究才可能用于工业化。

2.2 焙烧-浸取法

焙烧-浸取法利用失活催化剂与碱金属试剂(Na或K盐)一起焙烧熔融后，形成易溶于水的碱金属化合物，用水浸取碱金属化合物后，大部分Co和Ni残留在滤渣中可经酸再次浸取，滤液中的金属元素使用分离方法进行回收。Chen Y等[34]利用碱焙烧-浸取法，再结合沉淀、分离和酸浸取等方法处理失活催化剂，V、Mo、Ni和Co的回收率分别为95.8%、98.9%、98.2%和98.5%，Al回收率为90.6%，且回收的Al_2O_3纯度为99.9%。Llanos Z R等[27]开发了一种回收失活催化剂中Mo、V、Ni、Co和Al的工艺，可以将这些金属转化为NH_4VO_3、V_2O_5、MoO_3、熔融Al_2O_3和高纯度的Ni/Co合金。

表2为浸取法和焙烧-浸取法的金属回收率。虽然不同方法的金属回收率相近或者回收率范围有所重叠，但是应充分考虑其他因素，如原材料成本、回收步骤、相关排放、苛刻度和安全要求等，以确定最合适的金属回收方法。

表2 不同浸取法或焙烧-浸取法的金属回收率

试剂	金属回收率/%				
	Mo	V	Ni	Co	Al
Na_2CO_3+H_2O	99	85	—	—	—
NaOH(10%)，pH=8.8	92	89	20	—	35
NaOH(常压，两步浸取)	97	92	—	—	—
氨液(17mol/L)	—	99	—	—	—
NaOH(焙烧)，H_2SO_4(浸取)	99	96	98	98	91
氨液+NH_4CO_3+H_2O_2	93	88	80	78	—
乙二酸+H_2O	90	94	65	—	33

2.3 氯化法

氯化法可以高效回收失活催化剂中的金属，例如，Gravey G等[28]采用碳热氯化法将除油后催化剂在(500~600)℃用氯气处理，V、Mo和Al转化为可挥发化合物，进行选择性分离后回收率超过90%，Ni和Co氯化物不挥发，仍残留在固体中。Gaballah I等[29]研究了选择性氯化法回收失活催化剂中金属，未除碳样品在500℃经Cl_2-N_2或Cl_2-O_2混合气处理30min后，Mo和V回收率分别为98%和80%，Co和Ni氯化物几乎不挥发，Al只有3%~9%被氯化；除碳催化剂在相同条件下用Cl_2-CO混合气处理后，Mo、V和Al回收率分别为97%、82%和≤3%，Ni和Co的化合物只有小于5%进入气相中。Ni和Co氯化物通过酸性水浸取回收，剩余的固体基本上只有Al_2O_3。氯化法虽然可选择性回收金属Mo和V，但同时会产生大量有毒气体。

3 总结与展望

综上所述，渣油加氢催化剂的再生技术正在蓬勃发展，凭经验估计，催化剂再生费用约为新鲜剂的20%左右，再生剂的活性恢复因工艺不同而存在差异，一般可恢复75%~95%，因此，炼油厂应该对催化剂再生、金属回收或深埋处理的费用和受益以及新鲜剂的费用进行综合考量，找到适合自己厂家的最优方案。

将来，渣油加氢催化剂再生技术除对常规再生技术进行持续改进外，为使用了有机添加物的一类高活性加氢催化剂开发了称之为“复活”的再生技术，催化剂经复活后重新获得很高活性。

此外，由于对清洁燃料的需求日益增长，世界市场对加氢催化剂的需求从2000年以来年均增长率约为4.4%，对新鲜催化剂的需求达120kt/a，其中约50%用于馏分油加氢，50%于渣油加氢；加氢裂化催化剂的年增长率也达到约5%。产生的待再生加氢催化剂数量达150~170kt/a。加氢催化剂的再生技术开发不仅有利于资源的节约，也对经济效益和环保有利，其中渣油加氢成为21世纪从原油深加工获取馏分油的环保安全的主要技术，是当代石油深加工的趋势，越来越多的炼厂建立了加工能力庞大的渣油加氢装置，使用了大量的催化剂；另一方面，由于渣油成分的复杂性和难加工性，加氢催化剂的失活较馏分油加氢催化剂更快、使用周期更短。除积炭原因外，催化剂上沉积了大量金属，如V/Ni，作为废剂处理掉也殊为可惜，因此需要加快渣油加氢催化剂的再生研究进度。

参 考 文 献

[1] 方向晨．国内外渣油加氢处理技术发展现状及分析[J]．化工进展，2011，30(1)：95-104.

[2] 孙素华，刘靖，付会娟，等．渣油加氢催化剂失活原因探讨及再生性能研究[J]，当代化工，2006，35(5)：326-328.

[3] 崔瑞利，赵愉生，薛鹏，等．固定床渣油加氢处理装置催化剂积炭分析与表征[J]．石油炼制与化工，2012，43(1)：45-48.

[4] MarafiM，StanislausA，Kam E. A preliminary process design and economic assessment of a catalyst rejuvenation process for waste disposal of refinery spent catalysts[J]. Journal of Environmental Management，2008，86(4)：665-681.

[5] 朴海庆．用于重质油或残渣油氢化处理工程的再生催化剂以及其制造方法．中国专利[P]，CN108273569A.

[6] 崔瑞利，赵愉生，于双林，等．渣油加氢脱残炭催化剂的失活研究[J]．石油化工，2013，42(4)：411-414.

[7] 王娇红，徐景东，车晓瑞，等．渣油加氢失活催化剂的再生研究[J]．广东化工，2019，46(23)：41-42.

[8] Dekker M. Hydrotreating technology for pollution control：catalysts，catalysis，and processes[M]. Boca Raton：

CRC Press, 1996: 327-335.

[9] 崔瑞利，赵愉生，聂士新，等．渣油加氢催化剂的再生[J]. 石油化工，2017，46(2)：237-240.

[10] SudhakarC, Sandford G G. Selective hydrodesulfurization of naphtha using spent resid catalyst: US, 5286373 [P]. 1994-02-15.

[11] Sudhakar C, Sandford G G, Bhattacharya A K. Selective hydrodesulfurization of naphtha using spent resid catalyst: US, 5423975[P]. 1995-06-13.

[12] FurimskyE, Biagini M. Potential for preparation of hot gas cleanup sorbents from spent hydroprocessing catalysts[J]. Fuel Processing Technology, 1996, 46(1): 17-24.

[13] Furimsky E. Activity of spent hydroprocessing catalysts and carbon supported catalysts for conversion of hydrogen sulphide[J]. Applied Catalysis A: General, 1997, 156: 207-218.

[14] Gonzúlez-GarcíaO, Cedeno -Caero L. V-Mo based catalysts for ods of diesel fuel. Part Ⅱ. Catalytic performance and stability after redox cycles[J]. Catalysis Today, 2010, 150(3/4): 237-243.

[15] Cedeno-CaeroL, Alvarez-Amparan M A. Performance of molybdenum oxide in spent hydrodesulfurization catalysts applied on the oxidative desulfurization process of dibenzothiophene compounds[J]. Reaction Kinetics, Mechanisms and Catalysis, 2014, 113(1): 115-131.

[16] Ku B C, Kim Y W, Choi Y T. Selective catalytic reduction for the removal of nitrogen oxides and catalyst body there of: US, 6171566[P], 2001-01-09.

[17] Choi K I, Lee S H, Shin C W, et al. Method for preparing a catalyst for reduction of nitrogen oxides: US, 6673740[P]. 2004-01-06.

[18] MarafiM, Stanislaus A. Spent hydroprocessing catalyst management: a review. Part Ⅱ. Advances in metal recovery and safe disposal methods[J]. Resources, Conservation and Recycling, 2008, 53(1): 1-26.

[19] Hubred G L. Leaching nickel, cobalt, molybdenum, tungsten, and vanadium from spent hydroprocessingcatalysts: US, 4514368[P]. 1985-04-30.

[20] Marcantonio P J. Leaching cobalt from metal-containing particles: US, 5066469[P]. 1991-11-19.

[21] Zhang P, Inoue K, Tsuyama H. Recovery of metal values from spent hydrodesulfurization catalysts by liquid-liquid extraction[J]. Energy & Fuels, 1995, 9(5): 231-239.

[22] Mulak W, Szymczycha A, Les´niewicz A, et al. Preliminary results of metals leaching from a spent hydrodesulphurization(HDS) catalyst[J]. Physicochemical Problems of Mineral Processing, 2006, 40: 69-76.

[23] MarafiM, Stanislaus A. Waste catalyst utilization: extraction of valuable metals from spent hydroprocessing catalysts by ultrasonic-assisted leaching with acids[J]. Industrial &Engi.

[24] Rokukawa N. Method for selective recovery of molybdenum and vanadium values from spent catalysts: US, 4382068[P]. 1983-05-03.

[25] Villarreal M S, Kharisov B I, Torres-Martínez L M, et al. Recovery of vanadium and molybdenum from spent petroleum catalyst of PEMEX[J]. Industrial & Engineering Chemistry Research, 1999, 38(12): 4624-4628.

[26] Mishra D, Kim D J, Ralph D E, et al. Bioleaching of vanadium rich spent refinery catalysts using sulfur oxidizing lithotrophs[J]. Hydrometallurgy, 2007, 88(1/4): 202-209.

[27] Llanos Z R, Provoost G F, Deering W G, et al. Integrated process for the recovery of metals and fused alumina from spent catalysts: US, 5702500[P]. 1997-12-30.

[28] GraveyG, Le G J, Gonin C. Process for preparation of anhydrous metallic chlorides from waste catalysts: US, 4182747[P]. 1980-01-08.

[29] GaballahI, Djona M. Recovery of Co, Ni, Mo, and V from unroasted spent hydrorefining catalysts by selective chlorination[J]. Metallurgical and Materials Transactions B, 1995, 26(1): 41-50.

大连石化渣油加氢催化剂对原油适应性分析及延长寿命的措施

张耘赫，张新昇，李凤岭

（中国石油大连石化公司，大连 116000）

摘　要　大连石化渣油加氢装置设计沙轻/俄油，逐渐变为阿曼/上扎/巴士拉/俄油，到第六、七加工的主要原油为俄油，不同的原油有着不同的性质，而不同的催化剂对原油的适应性也是有区别的。本文研究了通过从2008年到2019年七个催化剂周期出发，探究不同催化剂对不同原油品种的适应性，并总结出规律，提出延长催化剂寿命的建议，提高催化剂的经济效应。

关键词　固定床渣油加氢　催化剂寿命　原油品种　俄油

大连石化设计沙轻/俄油原油，逐渐变为阿曼/上扎/巴士拉/俄油，到第六七加工的主要原油为俄油。渣油加氢装置的设计渣油原料为71%减渣/29%常渣，而实际上，第三周期减渣平均为77.5%，第四周期减渣83.7%，第五周期减渣82.5%，第六周期减渣73.0%，第七周期减渣77.9%。

第六周期大连石化主要加工的原油就是俄油，运行初期俄油加工比例80%多，中期以后提高到95%左右，甚至一度高达100%，末期约为95%。如果单纯看俄油的性质，是非常不错的原油，硫、残炭和金属都不算高，但是从实际加工的情况来看，车间认为俄油加工难度不小。较低硫含量对于解聚沥青质打破大分子会非常困难，所以残炭脱除不容易，这一点可由残炭硫比看到，俄油CCR/S高于10，可见其难度不小，金属镍钒比也较高，不利于脱金属，同时俄油UOP K>12，性质接近低硫石蜡基原油。因此俄油在加工过程中转化率会较低，实际加工中，俄油沥青质的转化就很不容易。

1　原料

1.1　原料品种分类

渣油原料按照处理难易以程度可分为三种：易处理原料、中等程度原料、难以处理原料。易处理原料主要是由于硫和金属在原料中比较活泼；而中等和难处理原料需要较高的催化剂平均温度(CAT)或者适当空速(LHSV)来满足产品要求。

Ni/V比是原油是否适应目前催化剂体系的重要指标之一，装置设计原料为沙轻和俄油，催化剂体系是按照Ni/V<0.5的典型中东油设计，所以如果Ni/V>0.5，则表示原料较难处理。较难加工的原料特点为：原油硫含量较低，但是氮含量偏高，Ni/V较大甚至大于1。装置正常运转后所加工的原料包含有15~60%的亚洲(泰国、中国)和非洲(安哥拉)原油。与中东原油相比，亚洲和非洲原油通常石蜡基含量较高，硫、MCR、金属和沥青质含量较低。然而，亚洲和非洲原油中的MCR非常难转化。在相同的反应温度和空速下，尽管原油中MCR含量很低，但其MCR转化率明显低于典型的阿拉伯原油，从而使得产品中MCR很高。按照易程度划分，典型原油分类为：

容易处理的原油：穆尔班、阿曼、乌姆谢夫。中等程度的原油：卡塔尔陆上、沙轻、沙中、科威特、Isthmus、伊朗轻质油、拉万、锡瑞；难以处理的原油：沙重、沙超轻、伊朗重质油、沙特中立区、赖塔维、上扎库姆、下扎库姆；不推荐处理的原油：阿拉斯加北坡、杜里、辽河、胜利2号、Widru[1]。

难处理原油脱残炭率在55%左右，如产品中残炭要求小于5.5%，原料中的残炭应在12%左右。

大连石化之前几个周期加工原油种类主要有俄罗斯、阿曼、沙轻、上扎库姆、巴士拉、下扎库姆、瓦斯科尼亚、迪拜、乌姆切夫、可可、维亚兹、冠军、辛盖普、梵高、派纳拉、马瑞、萨利尔、卢拉、穆尔班、阿布、埃塔米、达斯、萨宾诺等21个品种。主要以俄油，阿曼，巴士拉为主，俄油占总量在55%~65%。瓦斯科尼亚、埃塔米、辛盖普只在第五周期加工，并且性质较特殊。埃塔米原油硫含量只有0.056%，属于低硫石蜡基原油。瓦斯科尼亚原油中350℃馏分中沥青质为8.32%，辛盖普原油盐含量66.41mg NaCL/L，酸值为0.68mgKOH/g，均为2008年开工以来加工过的最高值。由于俄油、辛盖普原油常渣四组分中饱和份相对中东原油较高，虽然其本身沥青质含量不高，但与高沥青质含量的南美原油混合后，较高的饱和份不利于胶质体系的稳定，沥青质容易聚集难以加工，甚至过早析出，很可能在一反就出现明显结焦现象。这种现象尤其是在后两个反应器表现的明显。

1.2 原料性质分析

原油品种的影响具体体现在不同原油的性质对于催化剂的影响，下面将这些年来装置对于原料性质的影响进行一个简短的总结。

1.2.1 原料黏度影响

渣油黏度与渣油胶质含量与性质密切相关，但是，黏度只是原料苛刻度的一个方面。它们应当与加工不同原油的经验和其他的原料性质综合考虑。根据装置以往经验，当蒸馏原料虽然以俄油、阿曼、为主，即使掺炼少量胶质、沥青质含量较高的稠油，黏度都会大幅提高。高黏度原料中通常大分子较多，有更高的生焦倾向。而且，黏度较高渣油分子在催化剂中的扩散速率会降低，使催化剂活性中心的碳-油平衡改变，加剧催化剂的结焦，导致床层差压升高，催化剂失活。

1.2.2 原料镍+钒影响

在加氢精制过程中，脱金属是一个比较特殊的过程。渣油分子加氢处理和裂化时，不会随产物带走，镍和钒将沉积在催化剂孔隙中，将会导致催化剂活性中心中毒和催化剂孔口由于结焦堵塞[2]。尤其是运行初期，催化剂活性较高，活性中心被覆盖，催化剂孔隙被堵塞，催化剂活性下降。原料金属含量的稳定性甚至要比量更重要，因为金属沉积速率的变化会导致金属在催化剂上的分布不均匀，更多的活性位被覆盖，并且改变孔道结构，影响反应物在催化剂孔道中的扩散效果，使催化剂失活加快。

1.2.3 原料硫含量影响

原油中超过60%的硫存在于减渣馏分，而在减渣中，70%的硫存在于胶质和沥青质的大分子中，所以在渣油中硫通常存在于原料中较大芳环结构分子中[3]。由于渣油分子的化学结构不同，具有相同硫含量的不同渣油脱除硫组分达到同样的产品质量要求往往需要不同的反应温度，实际上，硫含量较高的渣油也许会比硫含量较低的渣油易于加工[4]。较低的硫含量可能对大分子的转化不利。由于S—S，C—S键能较低，断裂容易，很多大分子芳烃各结构单元靠C—S、S—S键连接，断裂后大分子分解成数个小分子芳烃，更有利于加氢饱和。除此之外较高的硫含量对加氢精制操作更有利。由于脱硫反应对床层温升贡献较大，反应器入口温度很大程度上来自与产物换热来提高，如果硫含量较高可以降低加热炉负荷，在床层温升可控的情况下，对于反应器的升温更好操作。

1.2.4 原料残炭含量影响

残炭是渣油在绝氧情况下高温加热后剩余的固体残渣。在这种条件下，沥青质和胶质的侧链断裂。原油中绝大多数残炭存在于560℃的馏分中。从四组分的角度来分析，90%的残炭来自胶质，所以脱残炭实际上就是胶质转化的过程[5]。在运行初期新鲜催化剂活性较高，在最初的一到两个月期间是催化剂结焦最快的阶段。在氢分压一定的情况下，在这个阶段加工较重的原料会造成催化剂不可逆生焦，影响整个周期的运行。

1.2.5 原料铁影响

原料中的铁是一个非常棘手的催化剂毒物。它既能与重质烃分子形成化合物又能以悬浮颗粒形式存在(通常是上游设备和管线腐蚀的硫化亚铁铁屑)。硫化亚铁颗粒作为大颗粒沉积在反应器第一床层顶部催化剂间隙中，而不是在催化剂内部。在运行过程中避免加工罐底料，机械杂质较多，导致大的金属颗粒直接被带入反应器。当颗粒铁沉积后，第一床层的压降会逐渐增加。颗粒铁沉积时，床层压降随时间按几何速率增加。除了使压降增加外，铁也会通过堵塞进入催化剂内部的通道和促进生焦反应使顶层催化剂失活。结焦增快了催化剂床层压降和结块，从而导致径向温差的增大。

综上，固定床渣油加氢对原料比较挑剔，不建议加工沥青质较高的稠油，更不能和石蜡基原油混合加工。较高的沥青质不能被有效分散，容易聚集难以转化，很容易在催化剂表面沉积生成积炭。而前期加工黏度较大的原料可能会造成催化剂不可逆的失活，影响整个周期的运行。另外，镍加钒的量不但要保证不超过指标，而且要尽量保持稳定。上游开好电脱盐，不加工高酸值的原油，避免上游装置的腐蚀，控制原料中铁离子量尽可能低。渣油加氢的硫含量不宜过低，较低的硫含量不利于床层放热，导致后续托残炭能力受限。

同时，表征重油性质最重要的一项分析就是四组分的分析[6]。硫、残炭、氮等含量其实只是一种表象，想了解重油的性质必须要做四组分的分析，尤其是在原油调和之前，要通过原油评价的结果来预判重油的性质。产品的稳定性和产品中的四组分，即饱和烃、芳烃、胶质和沥青质的比例有密切的关系。饱和烃+沥青质与芳烃+胶质的比值称为不稳定指数，这个指数越高，产品的稳定性会变差，即在反应器中越容易产生絮状物沉淀，并且随着CAT的升高，产品的稳定性也会变差。所以说，催化剂系统应保证较好的重组分加氢选择性，以确保对沥青质的转化深度要比胶质/芳烃的转化深度要高，以提高渣油产品的稳定性。同时，在满足生产和产品质量要求的前提下，保持较低的CAT也可以降低不稳定指数，减少絮状物沉淀的出现。

2 延长使用催化剂寿命措施

渣油加氢运行周期与其他装置不一致，行业内普遍流行一年一换剂的运行模式[7]。就大连石化的实际情况来看，渣油加氢如果单系列停工换剂会造成全厂重油平衡困难，必须降低全厂加工量。另外，在单系列换剂的一个月内，会减少超过10万t催化料。以正常市场行情估计，一个月将少盈利3000万元以上。如果催化剂能够长周期运行，一个系列少换一次剂最低可以节省成本超过5000万元。

目前二系列运行1050天，催化剂活性保持良好，在国内实属首例。目前国内渣油加氢的操作策略主要以一年一换剂为主，长周期运行的案例很少。中石油广西石化开工周期最长为两年左右，本周期二系列催化剂目前已经是国内同类装置运行时间最长水平。

2.1 优化催化剂配比

自第七周期开始，在催化剂询价过程中，对提供的原料性质作出修改，原料硫含量由3.5%降至2.5%，残炭由17%降至14%，金属由87mg/kg降至64mg/kg，提供的数据更接近实际情况，有利于催化剂的级配。第七周期将原脱残炭催化剂RN850更换为RN8510，并增加脱残炭剂的装填比例；其次，增加大粒度的脱金属催化剂RN5030的比例，防止长周期运行压降过大的问题；由于原料硫和金属降低，适当降低了脱金属剂的比例。

2.2 精细化提温操作

升温操作过程中以产品质量为导向，在产品质量合格的情况下，稳定操作温度。自2017年7月CAT提至377℃，至今催化剂始终维持在这个水平。另外，反应温度与加工量相匹配调整，加工量降低时，及时调整反应温度，避免使用过度。另外，反应温度根据原料性质调整，在原料掺炼蜡油的工况，相应降低反应温度，避免产品质量过剩，造成催化剂不必要的损耗。

2.3 原料的稳定

原料的稳定有利于催化剂的长周期运行。由于生产调配合理，本周期原料性质稳定，原油以俄油为主，俄油比例始终超过90%。虽然俄油性质偏石蜡基，黏度小饱和分较多，不利于加氢转化。但催化剂根据其性质进行有针对性的配比，原料与催化剂形成很好的默契。

2.4 掺炼催化重柴油

通过催柴的温升提高催化剂活性。在催化剂运行中后期掺炼放热比较大的催化重柴油，保证催化剂的温升。当催化剂在一个反应温度下逐渐失活，温升降低，并不急于提高反应温度，而是掺炼催化重柴，不但提高反应温升，还能改善物料分散性与扩散性，使产品质量不会下降。

参 考 文 献

[1] 瞿国华．重质原油加工的热点与难点[J]．石油化工技术与经济，2013.

[2] 谭青峰，聂士新，程涛，等．PHR系列固定床渣油加氢催化剂的研制开发与工业应用[J]．化工进展，2018，037(010)：3867-3872.

[3] 赵勇，刘铁斌．渣油加氢装置实现长周期运行的措施及应用[J]．当代化工，2017，46(7)：1389-1392.

[4] 公丕江．渣油加氢催化剂询价原料性质的模拟[C]//中国石油炼制技术大会论文集．北京：中国石化出版社，2009.

[5] 韩坤鹏，戴立顺，聂红．固定床渣油加氢催化剂运转初期失活规律研究进展[J]．化工进展，2017，36(B11)：211-220.

[6] 晋梅，韩保平．渣油加氢脱残炭的动力学模型研究[J]．燃料化学学报，2003，31(6)：525-530.

[7] 章群丹，田松柏，王小伟，等．含硫原油加工中的硫分布及传递[J]．石油炼制与化工，2017，48(12)：12-19.

碳达峰碳中和形势下燃料油如何转化利用

张晓琳[1]，陶贵全[1]，李华星[2]，曲兴宇[1]，石岩峰[1]

（1. 中国石油辽阳石化公司，辽阳　111003；2. 中国石化金陵石化公司，南京　210033）

摘　要　我国能源产业格局中，化石能源占消耗总量的84%，不产生碳排放的其他能源仅占16%。在碳达峰碳中和的目标前提下，化石能源比重将会大幅度下降，这也意味着由石油产生的燃料油缩减将是碳中和目标的重要一环。燃料油的缩减将对炼化企业产生巨大影响，如何以非燃料方式利用染料油馏分，使其发挥最大功效，创造最大价值，是当下相关领域的研究重点。本文就已经研发取得的成果，简要介绍不同馏分油品的非燃料利用方式。并对未来炼化企业的发展方向进行了展望。

关键词　碳达峰　碳中和　燃料油转化

1　前言

在我国能源产业格局中，会产生碳排放的化石能源，如煤炭、石油、天然气等占能源消耗总量的84%，不产生碳排放的水电、风电、核能和光伏等仅占16%。而在2020年第七十五届联合国大会上，我国明确提出，力争于2030年实现碳达峰；努力争取2060年实现碳中和。碳中和对于改善生态环境、应对气候变化、助推高质量发展具有重要意义，各国对碳中和的呼声也越来越高。

通观全局，要实现2060年碳中和的目标，就要大幅发展可再生能源，降低化石能源的比重，人类将由化石能源支撑的发展模式向非化石能源支撑的发展模式转化。目前来看，燃油车排放是全球温室气体的重要来源，数据显示，交通运输（海运、陆运、空运）在过去十年全球温室气体贡献占比约14%，这一部分将是实现节能减排的重要切入点，这也意味着由石油产生的燃料油缩减将是碳中和目标的重要一环[1-4]。

2　实施方案

燃料油的缩减将对炼化企业产生巨大影响，如何以非燃料方式利用燃料油馏分，使其发挥最大功效，创造最大价值，是当下相关领域的研究重点。下面简要介绍几种不同馏分油品的非燃料利用方式。

研究通过分析不同馏分性质指标，并对照SH/T 0006—2017《工业白油》、SH/T 0913—2015《轻质白油》、SH/T 0914—2019《粗白油》、GB/T 16630—2012《冷冻机油》、GB/T 2536—2011《电工流体变压器和开关用的未使用过的矿物绝缘油》等标准，从中找到馏分油其他用途及销售渠道。

2.1 1#馏分油转化工产品方案

以直馏柴油为原料，经过加氢精制处理，出口产品经过分馏后，得到1#馏分油，通过分析其性质指标，并对照上述标准，研究馏分油转化为化工原料的可行性。直馏柴油加工条件见表1。

表1 1#馏分油原料加工条件

性　质	指　标	性　质	指　标
原料油	常二线常三线	质量空速/h^{-1}	1.5
反应入口温度/℃	320	氢油比	480~500
反应压力/MPa	6.3	1#馏分油馏程/℃	180~350

1#馏分油性能指标与粗白油进行对比，结果见表2。

表2 1#馏分油与粗白油性质对比

项　目		1#馏分油	3#粗白油	5#粗白油
运动黏度(40℃)/(mm^2/s)		2.4	1~<3	1~<6
密度(20℃)/(kg/m^3)		853.0	报告	报告
倾点/℃	不高于	-27	—	3
闪点(开口)/℃			—	110
闪点(闭口)/℃		82	65	—
赛波特颜色号	不小于	2	+20	+20
机械杂质		无	无	无
水含量(质量分数)/%		未测出	无	无
铜片腐蚀(100℃，3h)	不大于	1a	—	—
硫含量/(mg/kg)	不大于	3.93	10	10
芳烃含量(质量分数)/%	不大于	18.9	10	10
氮含量/(mg/kg)	不大于	<1	100	100

根据表2的对比数据发现：(1)1#馏分油除色度与芳烃含量指标外，其他指标满足3#粗白油标准要求；(2)由于同一样品开口闪点比闭口闪点高约10~30℃，1#馏分油闪点已经比较接近5#粗白油闪点指标，可以进一步分析检测确定或完善加工馏程。通过上述结果，建议1#馏分油可以通过脱色脱芳处理使其达到对应的粗白油标准要求，用来生产粗白油。

2.2 2#馏分油转化工产品方案

常压蜡油为原料，经过加氢裂化处理，出口产品经过分馏后，得到2#馏分油，通过分析其性质指标，并对照上述标准，研究馏分油转化为化工原料的可行性。原料加工条件如表3所示。

表3 2#馏分油原料加工条件

性　质	指　标	性　质	指　标
原料油	常压蜡油	质量空速/h^{-1}	1.4
精制反应器入口温度/℃	360	氢油比	800~900
裂化反应器入口温度/℃	372	2#馏分油馏程/℃	220~365
反应压力/MPa	14~14.5		

2#馏分油性能指标与粗白油进行对比，结果见表4。

表4 2#馏分油与粗白油性质对比

项　目		2#馏分油	3#粗白油	5#粗白油
运动黏度(40℃)/(mm^2/s)		3.66	1~<3	1~<6
密度(20℃)/(kg/m^3)		803.1	报告	报告
倾点/℃	不高于	0	—	3
闪点(开口)/℃			—	110
闪点(闭口)/℃		120	65	—
赛波特颜色号	不小于	26	+20	+20
机械杂质		无	无	无
水含量(质量分数)/%		未测出	无	无
铜片腐蚀(100℃，3h)	不大于	1b	—	—
硫含量/(mg/kg)	不大于	1.94	10	10
芳烃含量(质量分数)/%	不大于	2.5	10	10
氮含量/(mg/kg)	不大于	<1	100	100

根据表4的对比数据发现：由于同一样品开口闪点比闭口闪点高约10~30℃，2#馏分油可以直接作为5#粗白油产品外销。另外由于2#馏分油黏度略高于3#粗白油标准要求，可考虑调和一部分黏度小的馏分油以改善其性质，实际操作简单易行。

2.3 3#馏分油转化工产品方案

常压蜡油为原料，经过加氢裂化处理，产品经过分馏得到3#馏分油，3#馏分油性能指标较高，馏程低，所以其闪点较低，可能为其制约因素。实验通过分析其性质指标，并对照上述标准，认为与2#馏分油经过调和，可转化为化工原料。原料加工条件见表5。

表5 3#馏分油原料加工条件

性　质	指　标	性　质	指　标
原料油	常压蜡油	质量空速/h^{-1}	1.4
精制反应器入口温度/℃	360	氢油比	800-900
裂化反应器入口温度/℃	372	3#馏分油馏程/℃	142-250
反应压力/MPa	14~14.5		

2#、3#馏分油与3#粗白油闪点性能指标见表6。

表 6　油品基本物性分析

项　　目	运动黏度(40℃)/(mm^2/s)	闪点(闭口)/℃
3#粗白油国家标准	1~<3	≥65
2#馏分油	3.66	112
3#馏分油	1.102	42

根据分析检测馏分油的基本性质，对照《SH/T 0914—2019 粗白油》标准，2#馏分油黏度大于标准要求，3#馏分油闪点低于标准要求，综合考虑这两种因素的制约，给出调配比例范围，既满足黏度的要求，也满足闪点的要求，用以调配生产 3#粗白油。具体结果如下：

表 7　调配比例及分析结果

项　　目	运动黏度(40℃)/(mm^2/s)	闪点(闭口)/℃
3 号粗白油国家标准	1~<3	≥65
2#馏分油 75%+3#馏分油 25%(m)	2.529	59
2#馏分油 76%+3#馏分油 24%(m)	2.578	70
2#馏分油 78%+3#馏分油 22%(m)	2.686	70
2#馏分油 80%+3#馏分油 20%(m)	2.701	70
2#馏分油 85%+3#馏分油 15%(m)	2.921	74

从表 7 可以看到，因为受到闪点和黏度两项指标的限制，根据实验结果来看，3#馏分油质量比在 15%~24%之间为宜，可以与 2#馏分油调配出符合 3#粗白油标准的化工产品。

3　总结

碳达峰碳中和带来能源分配的大变革，风能、太阳能等新能源将会发展迅速。炼化企业可以放眼这些领域，与其所需所求结合。例如风力发电机叶片的原材料有聚酯树脂、乙烯基数值和环氧树脂等材料，太阳能电池板的 EVA 薄膜材料，以及动力电池回收需要的萃取剂等等。上述研究，只是燃料油转化工产品的一个开端。在石油化工领域，即便大幅度缩减燃料油的产量，但炼油加工过程依然必须存在，炼化企业应当转“危”为“机”，提早预测未来市场发展，抢占市场份额，力争在碳达峰碳中和的背景下，仍然占有一席之地。

参 考 文 献

[1] 白泉．构建绿色低碳循环发展经济体系是实现碳达峰碳中和的关键举措[J]．中国能源，2021，3：52-54.
[2] 高虎．“双碳”目标下中国能源转型路径思考[J]．国际石油经济，2021，29(3)：1-6.
[3] 刘振亚．实现碳达峰、碳中和的根本途径[J]．电力论坛，2021，3：20-23.
[4] 李俊峰．做好碳达峰、碳中和工作，迎接低排放发展的新时代[J]．世界环境，2021，1：16-19.

重整反应器器壁结焦原因分析及应对措施

王俊玲

（中国石油兰州石化公司炼油厂，兰州　730060）

摘　要　连续重整装置催化剂再生系统由于待生隔离差压 PDIC2512 低而频繁联锁停车，经排查确定为重整反应器器壁积炭形成的炭块堵塞分离料斗下料管所致。本文通过分析器壁积炭形成的机理及其危害性，总结了采取控制重整进料硫含量、停工对反应器及再生器进行检查清焦、更换修复损坏的内构件、对催化剂进行物理分离等措施，有效解决重整装置器壁积炭的过程。

关键词　连续重整　反应器　扇形筒　器壁积炭　催化剂物理分离　重整进料硫含量

1　前言

80 万 t/a 连续重整装置采用美国 UOP 公司 Cyclemax 超低压连续重整专利技术，再生系统采用第三代 Cyclemax CCR 催化剂连续再生技术。再生系统和反应系统靠压差控制来阻止油气和烧焦空气之间互串。

2016 年 8 月 7 日装置大检修后复工，运行至 8 月中下旬一直到 9 月下旬，催化剂再生系统多次出现待生隔离差压 PDIC2512 低低联锁停车情况，经排查，初步判断为重整催化剂中携带有异物堵塞分离料斗下料管法兰所致。装置间歇式对再生系统进行冷停，及时清理分离料斗中的炭块异物。期间将样品送至石科院进行分析，确定为典型的重整反应器器壁积炭形成的丝状炭。

2　反再系统异常现象及原因分析

2.1　再生系统运行异常现象

连续重整装置催化剂再生系统自 2016 年 8 月至 9 月多次出现待生隔离联锁停车情况，现象均为 PDIC2512 差压指示迅速降至 0kPa，待生隔离阀联锁关闭，再生系统停车。表 1 为 8 月至 9 月再生系统出现的异常现象统计。

表 1　2016 年 8~9 月重整再生系统异常现象统计

序号	时间	出现的异常现象
1	8 月 19 日 10：00	PDIC2512 降至 0kPa，再生系统联锁停车。
2	8 月 20 日 17：30	PDIC2512 降至 0kPa，再生系统联锁停车。
3	8 月 27 日 1：12	PDIC2512 降至 0kPa，再生系统联锁停车。

续表

序号	时间	出现的异常现象
4	8月29日14：10	PDIC2512降至0kPa，再生系统联锁停车，分离料斗卸剂检查发现4根下料腿堵塞。
5	9月6日3：20	PDIC2512降至0kPa，之后分别在10：18、13：43、18：00压差降至0kPa，再生系统联锁停车。
6	9月7日16：00	PDIC2512降至0kPa，之后分别在21：28、22：10压差降至0kPa，再生系统联锁停车，分离料斗卸剂检查发现3根下料管堵塞。
7	9月13日16：00	再生冷停车，14日9：00再生泄压，分离料斗卸剂过滤中发现11块积炭，直径最大的为14mm，6号下料腿被积炭堵塞，下料法兰口有4根不通。
8	9月16日17：00	PDIC2512降至0kPa，再生系统联锁停车。
9	9月19日5：00	PDIC2512降至0kPa，再生系统联锁停车，分离料斗卸剂过滤中发现多块大小不一的积炭，其中有2块直径达到20mm，下料管法兰口有4根不通。

2.2 再生系统运行异常原因

经过排查分离料斗补压阀、相关仪表及催化剂下料管等影响因素，初步断定为分离料斗下料管堵塞，不能形成有效料封，造成分离料斗和再生器压力贯通，无法保持较高压力所致。

期间，再生系统多次停车泄压，对分离料斗进行卸剂、检查，从分离料斗催化剂及下料管法兰中清理出大小不等的软炭块(用手能捻碎)，验证了之前的判断，说明催化剂中块状积炭是造成再生系统频繁停工的要因。图1为分离料斗中卸出的炭块。

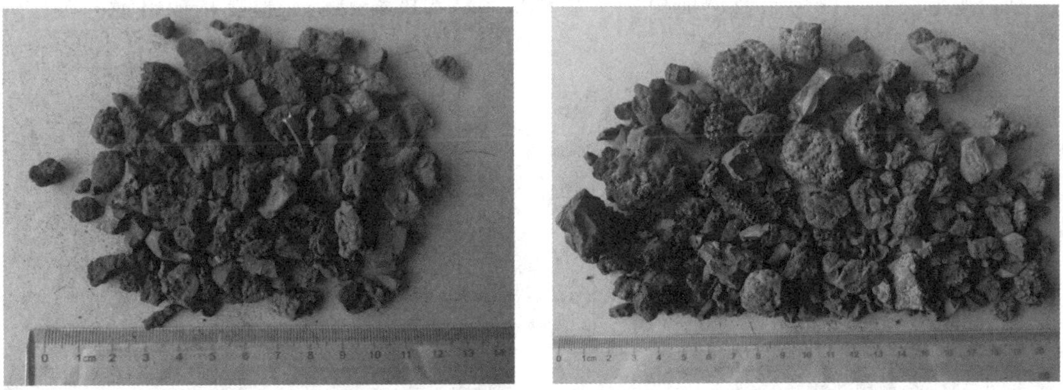

图1 分离料斗中卸出的炭块

2.2.1 重整反应器内积炭的因素

(1) 反应工艺条件中，温度高将加快积炭速度。氢油比低同样也有利于碳的生成，但它们都是重点的影响因素，不是决定因素。装置由于运转的苛刻度较高，一旦生成碳块后，其成长速度比较快，装置积炭的潜在可能性较大。

(2) 循环气中氯和水的存在，有利于碳的生成和长大；在有氯且有较高水的情况下，金属上积炭的形成速度迅速增加，而系统水低时，即使有较高的氯其积炭的形成速度也没有那么快。因此，较高的氯和水的存在对积炭的生成有促进作用。

2.2.2 积炭的原因

丝状碳的生成原因是连续重整装置在苛刻操作条件(高温、低压、低空速等)，在还原气氛下烃被吸附在金属晶粒的表面，再由于脱氢或氢解等反应产生原子碳并溶解在金属晶粒中，碳的沉积和生长而使金属晶粒与基体分离，结果产生前端带有金属粒子的丝状碳，而这种丝状碳又能催化烃类脱氢，使丝状碳本身会变得又粗又长。

金属器壁上的积炭是带有铁粒子的丝状碳，这就形成了铁粒子高度分散在碳中的一种催化剂。从带有铁离子的丝状碳催化生碳的模拟试验以及用该碳与普通活性炭在加压微反上进行的环己烷脱氢对比试验可见，该碳具有较高的脱氢活性，因此，带有铁粒子的丝状碳一经生成，则在它的催化作用下就可以使碳的生成更加迅速。

模拟试验结果表明，这种丝状碳在420~450℃即可形成，而它对烃类的催化脱氢生碳的反应则是温度越高，反应进行得越快。

这种碳是在炉管和反应器内的器壁上生成、如在一反炉管内生成，就可随气流进入一反的扇形管中，因此扇形管下部逐渐被堵死。由于扇形管中的丝状碳的催化生碳作用，使碳量迅速增加，体积变大，因此，产生强大的力而把扇形管胀破；如果碳的反应器内的器壁上生成，由于丝状碳的催化生碳作用，使碳量迅速增加，这种生长在器壁与扇形管之间的碳把扇形管推向中心。由于扇形管被支撑圈所固定，因此使扇形管变成弯曲的“鼓肚”或把支撑圈胀断，又造成中心筒被支撑圈顶破，使催化剂进入下一个加热炉的炉管中，甚至被气流带入下一反应器的扇形管中，同时由于扇形管下部被推向中心筒，使得催化剂下料管被积炭堵塞，催化剂流动性变坏，这样就造成了恶性循环，积炭会更迅速地生成，而设备的损坏也更严重。上述这两种情况往往同时发生，使反应器的内构件随运转时间的增长损坏得更严重。

为了确定块状炭的形态及形成机理，装置将块状炭的样品送石科院扫描电镜分析，分析结果如图2所示。

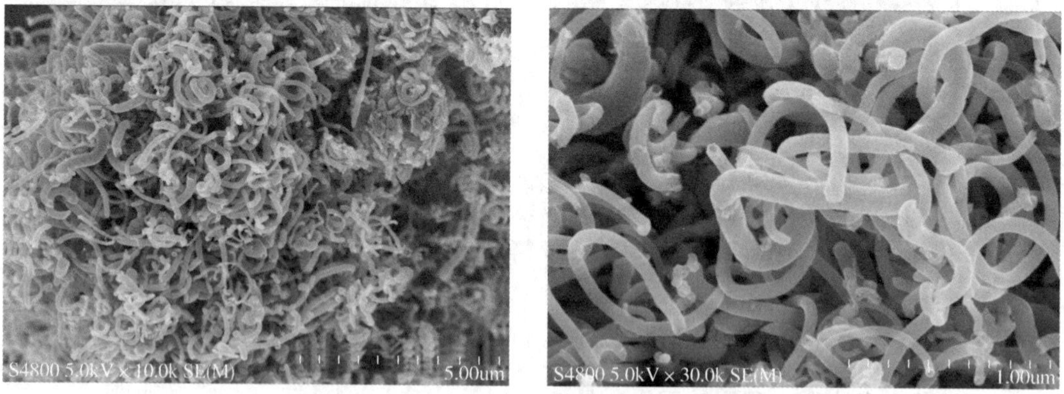

图2 丝状炭块电镜扫描图

根据分析结果并结合装置实际工况确定为重整进料硫含量过低造成反应器器壁钝化效果不佳，导致油气与器壁暴露的铁晶体催化结焦形成块状丝状积炭物，这种块状炭随催化剂循环至整个反再系统，造成催化剂循环不畅、烧焦不能连续进行，加速了催化剂的积炭，装置不得不降量操作或带病运转。

2.2.3 积炭的防止

从文献来看，大量积炭的生成首先是生成初级的带有铁粒子的丝状碳，然后通过其催化生碳，以致使丝状碳变粗变长，而温度、压力、氢油比及系统中的氯含量等均能影响碳的生成速度，但最根本的是应如何防止含有金属粒子的丝状碳的生成。丝状碳生成与否和金属器壁的表面金属活性有关，为了防止带金属粒子的丝状碳的生成，应对金属器壁表面金属进行钝化，最简单易行的办法是在重整催化剂允许的条件下采用硫来钝化金属器壁，抑制丝状碳的生成。

3 应对措施

由于反应器内部积炭结焦的问题无法检测和评估，同时金属催化结焦不是稳定的反应，它与金属结构质量、操作条件和进料组成等都有关系，金属催化结焦随着装置运行时间延长会越来越严重，因此石科院及 UOP 公司建议重整装置需停工检查反再系统。但考虑到系统物料平衡及停工准备需要时间，所以装置特护运行至 11 月。11 月 1 日起，重整停工检查处理反再系统，停工期间对反应器及再生器进行检查清焦、更换了损坏的内构件，同时对重整催化剂进行物理分离，更换了注硫泵；开工后精确控制重整进料硫含量，有效解决了反应器壁积炭问题。

3.1 反再系统特护运行

3.1.1 监控、调整反再系统关键运行参数

重点监控重整各反应器压降、还原段料位 LIC2501、分离料斗料位 LI2503、再生烧焦床层温度、烧焦区氧含量、催化剂粉尘等关键要素，及时分析并调整反再系统的运行参数。

3.1.2 增加临时补氮流程

增加临时补氮流程，从再生专用氮管线放空(DN20)处接临时线(DN20)至粉尘收集器出口放空管线(DN20)，用手阀控制向粉尘收集器补压，弥补分离料斗向再生器漏入的氮气量。

3.1.3 待生催化剂二次提升流量控制阀暂时改为手动控制，提高提升气的压力

将待生催化剂二次提升流量控制阀改为手动控制，保证提升差压 PDIC2511 在 10kPa 以上，用以提高提升气的压力，保证 PDIC2512 有一定的差压(大于 6kPa)，防止提升气压力全部泄放至分离料斗造成 PDIC2512 低于 3.5kPa 后隔离阀关闭。

3.1.4 分离料斗临时卸剂

如果分离料斗下料管堵塞严重，压力难以维持，则对分离料斗进行卸剂，清除内部积炭，疏通下料管。

3.2 反再系统检查、清焦、更换损坏的内构件

3.2.1 检查反应器及再生器

反应器检查结果：从重整各反内构件损坏的情况看，扇形筒主要是底部损坏，下部开孔面被碳胀破，变形的扇形筒大部分是受自下向上的顶力造成皱褶。因扇形筒后壁与反应器表面之间积炭引起的扇形筒弯曲变形的情况很少。

一反扇形筒底部轻微变形、扇形筒内有少量积炭；二反底座及扇形筒内积炭较多，扇形

筒和涨圈局部变形严重；三、四反未发现积炭物及扇形筒损坏现象，但中心管颈部有较大缝隙(见图3)。

图3 反应器内构件损坏情况及清理出的积炭

再生器检查结果：再生器检查情况较好。约翰逊内外网均没有损坏。只是在网的格栅间有催化剂颗粒和粉尘。造成再生循环烟气的流通面积减少。检查再生器器壁与外网之间的空隙，未发现催化剂和其他杂物，氯化段完好。从操作末期再生器的床层温度控制上看，没有出现超温现象，与检查结果相吻合。

3.2.2 反应器清焦

为彻底清除4个反应器的残炭，用机械打磨的方法去除附着在器壁的积炭，使其露出金属光泽，并用抹布进行擦拭；手工清除夹杂在扇形筒和约翰逊网之间的催化剂颗粒，并用大功率吸尘器将落入每个扇形筒内的碎催化剂与炭粉吸出。由于反应器内有大量炭、少量硫化铁及油气，遇见空气极易自燃。为此清炭、卸剂工作需在氮封条件下进行。

为了彻底清除积炭．对反应器的检查及验收提出了以下标准。

(1) 彻底清除4个反应器内壁和内构件外壁残炭。要求用白色抹布擦反应器内壁至无明显黑迹为合格；

(2) 注意清扫还原区、4个反应器的催化剂下料管内部，去除残炭附壁的情况。在安装完成后进行通球试验；

(3) 催化剂下料管的连接法兰，需要用力矩扳手安装螺栓，保证螺栓受力均匀。以防运转过程中出现催化剂泄漏；

(4) 注意清理第4反应器扇形筒底部残存的炭和催化剂颗粒。

经过技术人员的严格检查，反应器器壁及内构件的处理达到验收标准。

3.2.3 修复更换反应器损坏的内构件

根据反应器检查情况，一反扇形筒共30根，其中18根需要更换，二反更换扇形筒20根(共28根)，对三反、四反中心管裂缝进行补焊。同时反应器内壁进行打磨处理。

3.3 催化剂物理分离

重整反应器壁积炭不光会对重整反应器及再生器内构件造成破坏，同时因为内构件变形产生催化剂流动死区，这部分滞留的催化剂由于未进行烧焦再生其碳含量可累计高达30~50%，一旦高碳剂(含碳量>7%)被携带至再生系统，则会造成再生器局部高温，烧坏内构件及催化剂。为了彻底将催化剂中高碳剂及炭块有效分离，装置委托济南瑞东实业有限公司对反再系统卸出的56444kg催化剂实施物理分离。

催化剂物理分离技术的核心是根据催化剂密度大小进行分离的技术与成套装置。由于催化剂颗粒的直径基本相等，密度的不同就反映了催化剂含碳量的不同，按密度实现分级，实际上就是按含碳量分离，以确保加入反应器内的催化剂的含碳量在装置的安全运作范围内。

催化剂分级前后物料平衡如表2所示：

表2 催化剂分级前后物料平衡

待分级催化剂/kg	分离后催化剂/kg				
56444	低碳催化剂	高碳剂	粉末	炭块	落地料
	51748.8	4251.6	515	49.4	7

为了保证分离后的催化剂各项指标是否满足技术协议要求，装置对分离后低碳催化剂的碳含量、粒径进行分析测量，并对低碳催化剂分级效率和催化剂损耗率进行计算，结果如表3所示。其中低碳催化剂分级效率及催化剂损耗率按下列公式进行计算：

低碳催化剂分级效率=分级后回收的低碳催化剂÷(催化剂待分级处理量×低碳催化剂在原料催化剂中的百分含量)

催化剂损耗率=[待分级处理量-(回收的合格催化剂+回收的高碳催化剂、粉末、侏儒球、碳块、破损料、地面清扫料)]÷待分级处理量×1000‰

表3 催化剂分级后各项技术指标

项　　目	技术协议指标	实际值
低碳催化剂最高碳含量	≤7%	3.77%
低碳催化剂粒径	>1.4mm	1.5mm
低碳催化剂分级效率	≥98%	99%
催化剂损耗率	<0.1%	-2.264‰

通过对比分离后催化剂实际参数与技术协议指标，说明催化剂物理分离效果达到技术协议要求。

3.4 更换注硫泵，精确控制重整进料硫含量

根据金属器壁丝状炭的形成机理，目前工业上比较成熟的抑制器壁积炭的方法是对金属

反应器壁进行连续硫化，因为硫化剂可以直接吸附在金属表面的吸附活性中心，阻止或减弱其对烃类分子的吸附。但由于重整催化剂对硫十分敏感，因此利用进料中硫抑制器壁积炭要十分谨慎，按照UOP标准，重整进料硫含量应该控制在0.25~0.5mg/kg，硫含量过低不能满足反应器壁钝化要求，硫含量过高则容易引发催化剂中毒。

本装置重整进料硫含量分析结果受化验室分析精度影响长期处于较高状态(≥0.5mg/kg)，因此装置注硫流程自1999年开工后就再未投用，注硫泵也年久失修。发生器壁积炭后，通过检测重整循环氢中硫化氢含量，判断重整进料硫含量实际处于较低状态，应该向重整进料中注硫。

根据国内外重整装置经验，注硫需按以下要求进行：(1)对于新建CCR装置开工初期480℃恒温阶段，注硫量可以按照0.6~1.0mg/kg注入48h，但应每天检测循环气中H_2S含量不大于2mg/kg；(2)正常操作条件下或装置换剂开工时，注硫量按0.3mg/kg注入即可。

本次停工期间，对重整注硫泵进行了更新，同时对注硫罐D211及注硫速度进行标定。将二甲基二硫(DMDS)稀释20倍后加注至注硫罐中，按照0.3mg/kg注硫量计算结果如表4所示。

表4 重整进料注硫量计算结果

重整负荷/%	重整进料量/(t/h)	DMDS注入量/(mL/h)	DMDS稀释液注入量/(mL/h)	注硫罐下降刻度/(cm/h)
100	95.2	39.6	791.28	0.28
95	90.5	37.6	751.71	0.27
90%	85.7	35.6	712.15	0.26
85%	81.0	33.6	672.59	0.24
80%	76.2	31.7	633.02	0.23
75%	71.4	29.7	593.46	0.21
70%	66.7	27.7	553.89	0.20
65%	61.9	25.7	514.33	0.19
60%	57.1	23.7	474.77	0.17

通过表4的计算结果结合重整实际处理量及时调节注硫速度，可以有效控制重整进料硫含量。表5为2017年前十个月重整进料硫含量分析结果。

表5 2017年重整进料硫含量统计数据

重整进料硫含量/(mg/kg)					
月份	1月份	2月份	3月份	4月份	5月份
最小值	0.20	0.20	0.20	0.20	0.20
最大值	0.80	0.90	1.20	0.60	0.80
平均值	0.35	0.40	0.43	0.36	0.42
月份	6月份	7月份	8月份	9月份	10月份
最小值	0.30	0.20	0.30	0.20	0.20
最大值	0.50	0.90	1.20	1.10	0.50
平均值	0.33	0.33	0.36	0.35	0.30

从表5中可以看出2017年重整进料硫含量除个别值偏高外，基本控制在0.2~0.5mg/kg。同时对重整循环氢中硫化氢进行定期检测，其数值均为1~2mg/kg，这也说明重整进料硫含量符合要求。

4 结论

（1）连续重整装置出现器壁积炭后，应尽早停工对反应器进行检查清焦、修复更换损坏的内构件，并对催化剂进行物理分离后再回装。

（2）日常运行中通过注硫控制重整进料硫含量在0.25~0.5mg/kg可有效防止反应器壁积炭。

（3）本装置通过采取以上措施，自复工后运行一年来未出现类似现象，再生系统运行平稳。

参 考 文 献

[1] 徐承恩. 催化重整工艺与工程[M]. 北京：中国石化出版社，2006.
[2] 李成栋. 催化重整装置技术问答[M]. 3版. 北京：中国石化出版社，2010.

优化生产工艺降低减四线蜡膏含油

高　伟，王　玲

（中国石油兰州石化公司，兰州　730060）

摘　要　介绍了兰州石化公司溶剂脱蜡装置生产的减四线蜡膏因蜡含油较高，无法作为石蜡的生产原料，一直作为催化的原料使用，通过工艺的调整使得四线蜡膏含油降低至1.95%以下后，可以作为高熔点石蜡使用，不仅提高了兰州石化公司石蜡的产量，同时也丰富了石蜡品种的牌号，具有较高的经济效益。

关键词　蜡膏含油　原料馏程　真空度　新鲜溶剂比

由于受润滑油厂对兰州石化润滑油基础油需求量的萎缩，溶剂脱蜡装置长期限量加工，装置加工负荷不足70%。蜡膏产量远远不能满足石蜡装置的加工任务。为增加企业效益，决定增加石蜡产量，炼油厂组织增产石蜡攻关。降低减四线蜡膏含油，根据减四线蜡膏熔点，利用溶剂脱蜡装置两段脱蜡两段脱油联合工艺，对减四线蜡膏的生产进行了生产优化，争取进一步降低减四线蜡膏含油不高于1.95%的目标，从而为石蜡提供合格的减四线蜡膏原料，生产出高熔点石蜡新产品。

1　装置生产现状

2019年溶剂脱蜡装置加工常减压蒸馏装置减四线原料时，减四线蜡膏含油共分析199次，蜡膏含油分析最大值为5.91%，最小值为2.01%，平均值3.11%，高于高熔点石蜡蜡膏含油指标不高于1.95%，减四线蜡膏含油较高，无法做高熔点石蜡原料，降低了蜡膏的利用率。对2019年溶剂脱蜡装置加工减四线精制馏分油时生产的减四线蜡膏含油分析数据进行了统计，详见表1。

表1　2019年减四线蜡膏含油分析数据

月份	次数	最大值/%	最小值/%	平均值/%	四线蜡产量/t
2	16	2.01	2.89	2.24	741
3	14	5.91	3.14	4.35	690
7	17	4.85	3.83	4.19	735
8	13	5.84	4.2	4.77	675
9	19	3.51	2.65	2.93	581
10	45	2.88	2.68	2.78	592
11	49	2.88	2.68	2.79	1936
12	26	2.89	2.67	2.79	3539

2 减四线蜡膏含油高的影响分析

2.1 原料馏程宽度的影响

装置在加工四线油时，通过统计常减压蒸馏装置减四线油的馏程和蜡含油情况，进行观察分析。

表 2 2019 年生产四线油时馏程、蜡含油统计

原料名称	时间	2%/℃	97%/℃	馏程范围/℃	蜡含油/%
减四线	2 月	428	541	113	2.24
减四线	3 月	432	530	98	4.35
减四线	7 月	423	545	130	4.19
减四线	8 月	426	548	122	4.77
减四线	9 月	427	552	125	2.93
减四线	10 月	427	548	121	2.78
减四线	11 月	425	547	122	2.79
减四线	12 月	426	541	115	2.79

原料馏程的宽度对脱蜡结晶过程起着至关重要的作用，随着馏分的变重石蜡结晶粒度会逐渐变小，为了得到理想的蜡结晶粒度，较窄的馏程是比较有利的。

表 3 2020 年 7~10 月生产四线油时馏程、蜡含油统计

原料名称	时间	2%/℃	97%/℃	馏程范围/℃	蜡含油/%
减四线	7 月	409	507	98	1.79
减四线	8 月	395	499	104	1.7
减四线	10 月	396	505	109	1.86

以上数据可以看出，2020 年 7 月、8 月、10 月的减四线馏分油的蜡含油均值较低，对应的当月馏程宽度平均值较窄均≤110℃；当月的 97%的点的温度控制较低，均在 510℃以下。因此建议对常减压装置减四线油的 97%的点的温度进行控制要求，减四线油的 97%的点的温度一般控制在 510 以下(越精准越好)，能防止脱蜡原料中混入太多的微晶蜡，以便降低蜡膏含油。

分析原因为，馏程过宽在于相对分子质量高的蜡结晶混入到相对分子质量低的蜡后，结晶时的颗粒度也变小，由于分子质量高的蜡组分在溶剂、油混合溶液中的溶解度较小，在冷却过程中会先析出形成针状晶核，会影响到后析出的大量较小分子质量的蜡组分，造成结晶形成的颗粒有可能成“错形”形态，小于其正常形成的形状。

但是馏程范围如果过窄会造成脱蜡油料种类变多，会引起操作中频繁切换油料，中间油罐占用较多等问题，因此常减压装置减四线馏程宽度控制在 100~110℃之间，能防止脱蜡原理中混入太多的微晶蜡，达到降低四线蜡膏含油，提升石蜡产品质量的目的。

2.2 脱油系统过滤机真空度的影响

真空度的大小是通过滤机转速、液面、底部控制阀的开度等来调节，由于观察发现真空度的大小会影响蜡膏含油的变化，因此装置将根据容2/3(油回收系统缓冲罐)真空度的大小对蜡膏含油的影响对比，在现有操作上选择最优的真空度调节范围。

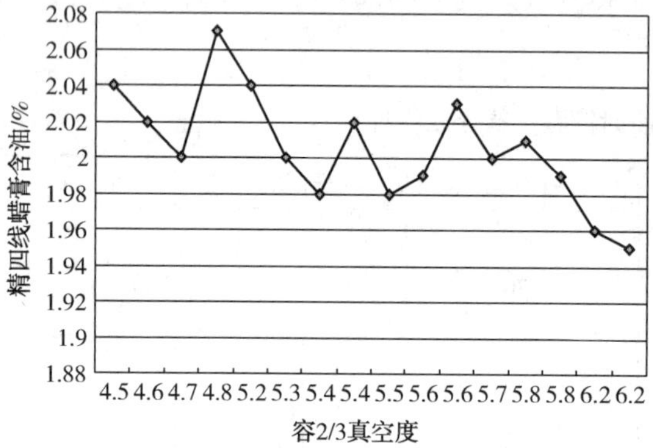

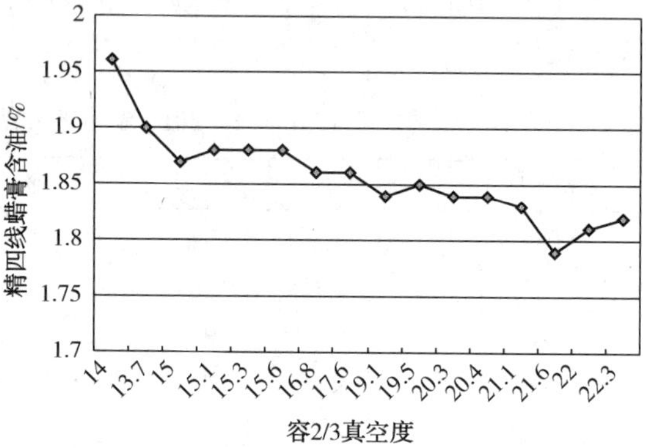

图1 容2/3真空度≯10kPa和真空度在15~25kPa之间蜡膏含油变化趋势图

由图1中对比可以看出，容2/3真空度在≤10kPa下蜡膏含油在1.95%~2.07%；容2/3真空度在15~25kPa，蜡膏含油在1.78%~1.97%。但是在实际生产时若容2/3真空度过大，大于30kPa后容易出现过滤机蜡板翻的情况，影响过滤效果。因此，选择容2/3真空度最优调节范围在15~25kPa是最理想的条件。

2.3 高溶剂剂比、高酮含量的影响

自2020年7月份以来，生产减四线油时车间采取了适度降低原料量，由20t/h降至16t/h；增大结晶系统新鲜溶剂比，将一次溶剂比和三次溶剂比分别提高到2.2∶1和1.8∶1以上；另外提高了溶剂的酮苯比，酮含量由原来的60%左右提高到64%；同时控制好套管最终冷却温度。

表4 2019年生产减四线油时新鲜溶剂比、酮含量及蜡含油统计

原料名称	时间	冷点溶剂比	三次溶剂比	总溶剂比	酮含量/%	蜡含油/%
减四线	2月	1.5∶1	1.2∶1	2.7∶1	62.29	2.24
减四线	3月	1.6∶1	1.2∶1	2.8∶1	61.87	4.35
减四线	7月	1.6∶1	1.1∶1	2.7∶1	61.42	4.19
减四线	8月	1.5∶1	1.1∶1	2.6∶1	59.91	4.77
减四线	9月	1.5∶1	1.2∶1	2.7∶1	61.44	2.93
减四线	10月	1.4∶1	1.3∶1	2.7∶1	61.64	2.78
减四线	11月	1.6∶1	1.2∶1	2.8∶1	60.02	2.79
减四线	12月	1.6∶1	1.3∶1	2.9∶1	60.385	2.79

表 5　2020 年 7~10 月生产减四线油时新鲜溶剂比、酮含量及蜡含油统计

原料名称	时间	冷点溶剂比	三次溶剂比	总溶剂比	酮含量/%	蜡含油/%
减四线	7 月	2.2 : 1	1.8 : 1	4.0 : 1	64.65	1.79
减四线	8 月	2.3 : 1	1.8 : 1	4.1 : 1	64.68	1.7
减四线	10 月	2.2 : 1	1.8 : 1	4.0 : 1	64.71	1.86

从表 5 可以得出，提高溶剂稀释比，可使混合溶剂在对蜡的溶解能力发生较小变化的情况下，增加对油的溶解能力，降低油的黏度，使蜡分子容易扩散到附近的蜡结晶核上，形成大的蜡晶体颗粒，并且能更多地溶解蜡膏缝隙中的油，带走更多的油，降低含油提高蜡膏质量。利于降低四线蜡膏含油量，确保石蜡原料含油量低于 1.95%(质量分数)的要求。

2.4　过滤机蜡液温度的影响

经过套管冷却后的原料，依次进脱蜡过滤机(一段过滤机)、脱油过滤机(三、四段过滤机)。2020 年上半年为了确保四线去蜡油满罐凝固点合格，一段过滤进料温度控制在-15~-17℃，三段过滤进料温度范围在 10~12℃，四段过滤进料温度范围在 20~23℃。

表 6　2020 年 1~6 月份生产减四线油时各段过滤机进料温度及蜡含油统计

原料名称	时间	一段过滤进料温度/℃	三段过滤进料温度/℃	四段过滤进料温度/℃	蜡含油/%
减四线	1 月	-15.7	9.5	20.2	2.24
减四线	2 月	-15.5	9.1	21.2	2.84
减四线	4 月	-16.8	8.9	22.5	5.27
减四线	5 月	-17.1	10.2	20.3	2.86
减四线	6 月	-17.3	10.6	21.6	2.62

2020 年 7 月份以后为了降低蜡含油，适当的提高原料的冷却温度，进行浅度脱蜡，将一段过滤进料温度调整在-13~-14℃，三段过滤进料温度调整在 13~15℃，四段过滤进料温度调整在 25~26℃。

表 7　2020 年 7~10 月份生产减四线油时各段过滤机进料温度及蜡含油统计

原料名称	时间	一过滤机进料温度/℃	三过滤机进料温度/℃	四过滤机进料温度/℃	蜡含油/%
减四线	7 月	-14.4	13.6	25.6	1.79
减四线	8 月	-13.7	14.5	26.2	1.7
减四线	10 月	-14.5	14.2	25.4	1.86

由表 6 和表 7 对比可以看出，在措施实施后，精四线蜡膏含油明显降低，经过分析温度低后，凝结析出的蜡量多，少量的油包含在析出的蜡结晶体内，而温度抬高后蜡量少了，结晶的蜡晶体也发生变化，其内部包含的油也随融化的蜡晶体更容易通过过滤机过滤，从而使蜡含油降低。

2.5　溶剂稀释方式的影响

第一套溶剂脱蜡装置原有一条预稀释溶剂工艺流程，用来在生产减二线油时对原料进行

预稀释，2018 年预稀释溶剂加入位置由原来的原料水冷器入口移位到原料水冷器出口。其目的也是为了在生产二线油时提前进行稀释能更好地缓解套管结晶器上压频次。但在生产减四线油时因其套管上压频率较低，一直未进行投用。

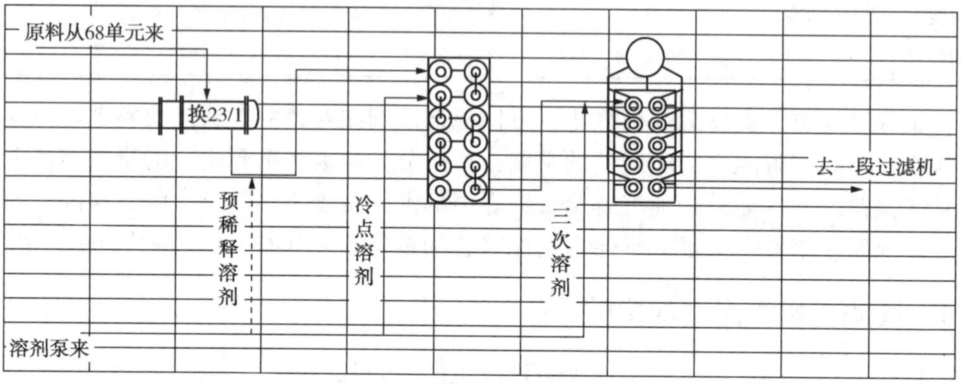

图 2　新鲜溶剂加入流程示意图

下半年以来，车间决定在生产减四线油时投用预稀释溶剂，来考察溶剂多点稀释对蜡含油的影响。按照计划在原料馏程、容 2/3 真空度以及新鲜溶剂比基本相同的条件下 8 月份投用预稀释溶剂，预稀释溶剂比按照 0.3∶1 的比例进行加入，10 月份未投用预稀释溶剂。得到结果如图 3 所示，溶剂多点稀释后蜡含油有小幅的降低。

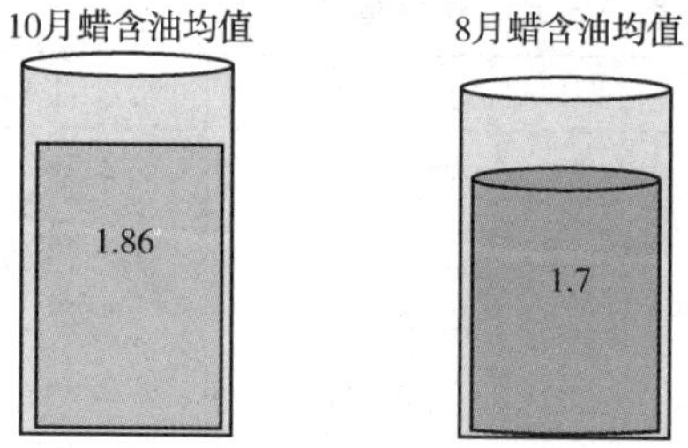

图 3　预稀释溶剂投用对比示意图

分析原因为原料在降温结晶之前，加入少量溶剂稀释，能够很好地降低原料黏度，减小石蜡分子的扩散阻力，为创造理想的晶核提供良好的环境。

3　结论

通过以上原料性质的分析和操作条件的调整，得出了降低减四线蜡含油的最优工艺条件。最终目的希望能够在日常生产中保证装置生产稳定的基础上，努力得到较高的石蜡产品质量，生产高熔点石蜡产品，填补兰州石化公司生产 62#、64#高熔点石蜡的空白。另外也可以将减四线蜡膏与减二线蜡膏原料进行掺调，生产出减三线石蜡产品，增加了石蜡产量，改变了以前减四线蜡膏作为催料，蜡膏未有效利用情况，达到炼厂的效益最大化。

参 考 文 献

[1] 李贺 . 原料对酮苯装置蜡结晶的影响[C]. 2017 年全国石油蜡技术交流论文集，2017. 05.
[2] 江泽政 . 润滑油溶剂脱蜡[M]. 北京：中国石化出版社，1994.
[3] 林世雄 . 石油炼制工程[M]. 北京：石油工业出版社，2006.

延迟焦化装置焦炭密闭输送技术介绍及对比

吕广梅，吉　源，李昕益

（中国昆仑工程有限公司葫芦岛分公司，葫芦岛　125001）

摘　要　传统焦化装置生产过程中挥发的有害气体及石油焦粉尘对环境污染严重，为解决环保问题，国内外多家公司均在开发密闭除焦技术。其中，国外以德国TRIPLAN公司的CCS（石油焦处理系统）技术为代表，国内以中国石化安全环保型延迟焦化石油焦密闭除焦、输送及存储成套技术（S-CCHS洛阳院主导开发）和洛阳涧光特种装备有限公司的罐式密闭除焦技术为代表。三种技术各有特点，但均为静态脱水，脱水时间较长。目前急需开发一种焦炭密闭强制脱水技术来解决脱水时间长及脱水效率低的问题。

关键词　延迟焦化密闭除焦 CCSS-CCHS　罐式　石油焦粉尘

1　前言

延迟焦化技术因其对原料适应性强、技术成熟、投资和操作费用较低，是渣油（特别是劣质渣油）的主要加工手段之一；低油价时，延迟焦化相比渣油加氢技术，在经济效益上也具有明显优势。同时延迟焦化装置也因环保问题严重而备受关注，国内延迟焦化装置总处理能力约1亿t，每年的焦炭生产量就有数千万吨，即使按照1%的挥发量计算，也会造成严重的环境污染。

传统的延迟焦化装置石油焦生产工艺，在石油焦除焦、脱水、取焦、输送、存储及装车过程均为开放式作业，过程中挥发性有机化合物（VOC）、恶臭气体及石油焦粉尘对环境造成严重污染。

为解决传统焦化装置所遇到的安全、环保问题，国内外多家公司均在开发相关技术。其中，国外比较成熟的技术是德国TRIPLAN公司的CCS（石油焦处理系统），国内以中国石化的安全环保型延迟焦化石油焦密闭除焦、输送及存储成套技术（S-CCHS洛阳院主导开发）最具有代表性，并有成功应用案例，近两年洛阳涧光特种装备有限公司开发了罐式密闭除焦技术，也是一种适用于新建装置的密闭除焦技术。

2　TRIPLAN公司的CCS技术

在每台焦炭塔底部设置1个大型双辊式破碎机对焦炭进行破碎，焦炭颗粒控制在50mm以下，并在焦炭塔的顶部及底部加入大量冲洗水，将破碎后的焦炭冲入密闭的地下焦池，再将焦粉和水的混合物通过泵输送至脱水料仓进行脱水和储存。脱水后的焦炭通过皮带机外送，切焦水过滤后密闭储存并循环使用，整个系统全部密闭，挥发性气体通过排气管道直接高点放空。

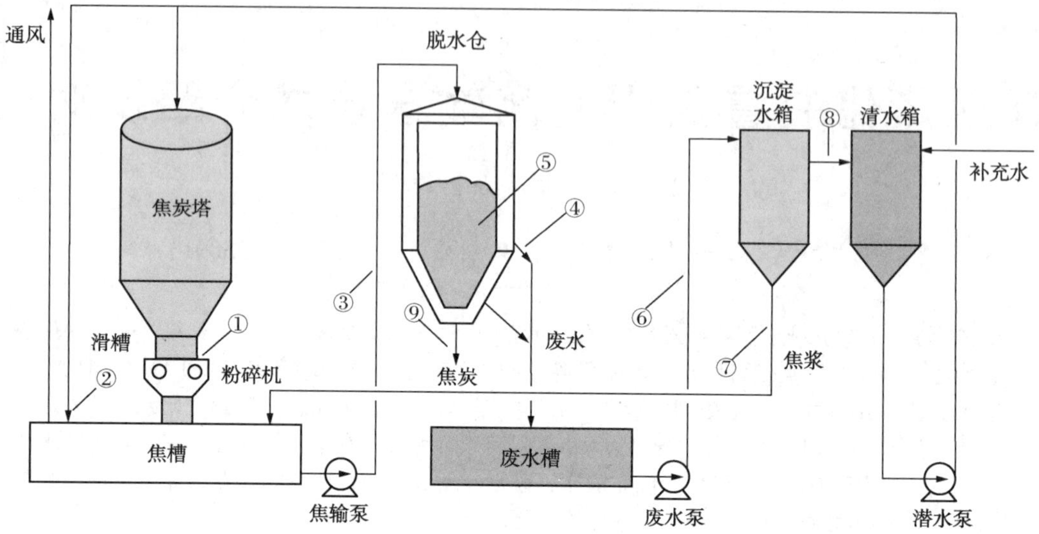

图1 TRIPLAN公司的CCS技术

3 中国石化的S-CCHS技术

焦炭塔中的石油焦经水力除焦系统切割后，通过底盖机进入筛分破碎机，破碎后的石油焦颗径小于150mm，与切焦水一起进入密闭式脱水仓中；石油焦在脱水仓中经摊平、脱水后，通过垂直螺旋提升机和皮带输送机把焦炭自动输送至石油焦存储系统。

切焦水通过脱水仓底部排出，自流进入多功能集水箱，多功能集水箱设置有切焦水输送泵；切焦水经过脱水仓中焦炭层和底部的过滤网过滤，泵送至沉降罐进一步静止分离，沉降罐底部焦浆回送脱水仓过滤分离，干净水输送至后续储水罐进行储存，作为水力除焦及装置冲洗水循环使用。

整个除焦过程中产生的废气(包括塔顶气在内)经引风机统一收集，集中输送至尾气处理装置，经尾气处理装置除尘、脱硫除臭处理后，作为加热炉配风焚烧，排放气达到环保要求。

4 洛阳涧光公司的罐式密闭除焦技术

在焦化反应完成后，经冷焦、切焦从焦炭塔底部排出的石油焦与水的混合物，经过破碎机，将其中的大颗粒石油焦破碎到适当的粒度150~250mm，排入脱水罐内进行脱水，脱过水的石油焦通过密闭式给料机及封闭式输送机输送到后续工段进一步处理或到装车系统装车外运。

经脱水罐脱出来的除焦水与石油焦细粉的混合物，先排入沉降池内，由污水泵将沉降池内含有石油焦细粉除焦水再次送入脱水罐内进一步过滤滤掉其中的细焦粉及其他固体杂质，再送入沉降池的清水罐，由清水泵将经两次过滤的除焦水送入除焦水罐在下一次切焦过程开始时，利用除焦水泵送入焦炭塔，供切焦过程循环利用。

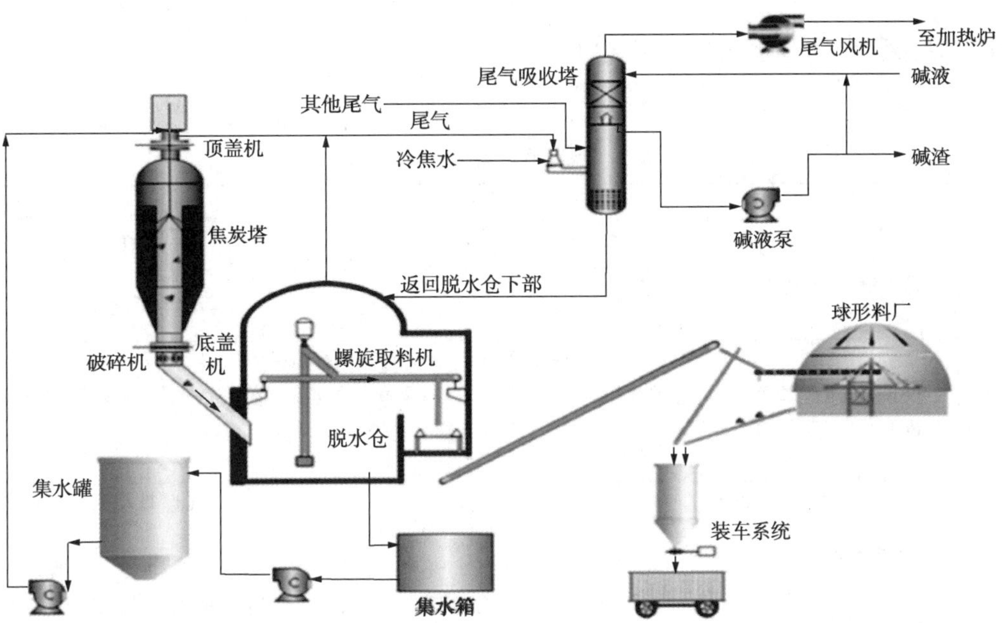

图 2　中石化的 S-CCHS 技术

二次脱水得到的石油焦通过密闭式给料机及封闭式输送机输送到装车系统装车外运。

热风系统与脱水仓下部的热风进口连通，对二次过滤后的脱水罐内的焦炭进行干燥，干燥后得到的石油焦通过密闭式给料机及封闭式输送机输送到装车系统装车外运。

在焦炭塔、脱水仓、沉降池、除焦水罐排出的有害气体送至尾气处理装置，有害气体经净化处理，达到要求后可送至加热炉或至安全处排空。

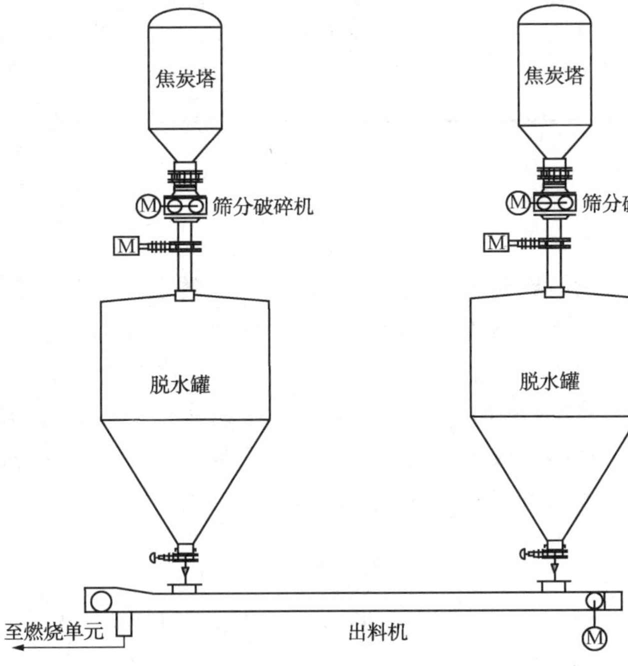

图 3　洛阳涧光公司的罐式密闭除焦技术

5 焦炭密闭输送技术对比

表1 现有密闭除焦技术对比

	TRIPLAN公司的CCS技术	中国石化的S-CCHS技术	洛阳涧光公司的罐式密闭除焦技术
设备国产化程度	核心设备(破碎机、渣浆泵)需进口	无进口设备	无进口设备
老装置改造难易度	可利用现有焦池空间完成改造，改造难度低，施工周期短	可利用现有焦池空间完成改造，但改造工程量较大(需安装焦池顶盖、安装脱水仓、安装螺旋取料机)，施工周期较长	只适合新建焦化装置的密闭除焦。
技术特点	(1)被动脱水，脱水时间较长。 (2)输焦泵需要进口，进口无满足此工况的泵	(1)被动脱水，脱水时间较长。 (2)大量机械、电气设备在密闭脱水仓内工作，腐蚀严重，无法保证长周期运行	(1)被动脱水，脱水时间较长。 (2)需要将焦炭塔抬高近20米，以布置脱水仓。造成转油线过长、温降较大，影响焦炭塔反应温度
尾气治理	无尾气治理措施	有尾气治理措施	有尾气治理措施
应用业绩	德国卡尔斯鲁厄Miro炼油厂、波兰Gdansk GRUPA LOTOS炼厂、俄罗斯Gazprom neft莫斯科炼厂	镇海炼化、塔河炼化、扬子石化、金陵石化、广州石化、北海石化、天津石化等	宁夏百川 茂名石化
知识产权	目前该技术已被鲁姆斯公司收购，知识产权归属于鲁姆斯公司	发明专利《一种石油焦输送系统》(授权公告号：CN103803302B)已授权，知识产权归属于中国石油化工集团公司	实用新型专利《一种延迟焦化用的石油焦密闭输送脱水循环处理装置》(授权公告号：CN 209009685 U)已授权，知识产权归属于洛阳涧光特种装备股份有限公司

6 结论

安全、环保问题已成为制约延迟焦化装置生存、发展的主要原因，十四五期间，能源环保约束和治理加强对石化行业发展提出了新的要求。密闭除焦技术应用变得日益迫切。德国TRIPLAN公司的CCS(石油焦处理系统)技术，国内中国石化安全环保型延迟焦化石油焦密闭除焦、输送及存储成套技术(S-CCHS洛阳院主导开发)和洛阳涧光公司的罐式密闭除焦技术均为被动静态密闭除焦技术，脱水时间过长，目前急需开发一种焦炭密闭输送、强制脱水技术来适应不断进步的生产力的要求，提高生产效率。

参 考 文 献

[1] 杨成炯，魏鑫，朱华兴．延迟焦化装置密闭除焦技术现状及发展[J]．炼油技术与工程，2018，48(1)：33-36.

渣油加氢装置原料油过滤器运行分析

赵 博，顾 望，梁世杰

（中国石油华北石化公司，沧州 062552）

摘 要 原料油过滤器作为固定床渣油加氢装置关键设备，在运行过程中暴露出程控阀卡涩、反冲洗频繁、开副线运行等多种情况，对渣油加氢装置长周期运行构成较大影响。本文结合某渣油加氢装置原料过滤器运行过程中出现的问题，从原料管理、过滤器运行、程控阀等方面分析了渣油加氢过滤器运行不好的原因，提出了一些解决方案，为其他装置过滤器运行提供借鉴经验。

关键词 渣油加氢 原料油过滤器 沥青质 程控阀

随着原油的不断重质化和劣质化，渣油加氢工艺得到了快速的发展，作为渣油加氢关键设备的原料油过滤器问题越来越多的暴露出来，在实际运行过程中，存在比较普遍的开副线运行的情况，大量原料未经过滤直接进入催化剂床层，导致压降增高过快，成为渣油加氢装置长周期运行的制约因素。

1 情况简介

某石化公司340Mt/a渣油加氢装置有原料油过滤器S102AB两套，分别位于两系列滤后缓冲罐V102AB前。该过滤器使用的是温州海米特公司生产的列管式过滤器，过滤精度25微米。整套过滤器为自动控制，设定过滤器压差大于180kPa，或者连续运行8h后进行自动冲洗，反冲洗油使用渣油加氢分馏塔底的加氢渣油，冲洗后的污油与加氢渣油一并送至下游催化装置。过滤器设有跨线，用以在开停工期间对过滤器进行切除。

2 运行情况

装置自2019年4月开工后，两系列原料油过滤器运行正常。其中Ⅰ系列过滤器反冲洗时间6小时，Ⅱ系列过滤器反冲洗时间2h，均满足设计不小于2h的要求。Ⅱ系列反冲洗时间偏短，分析主要是Ⅱ系列先开工，开工初期系统、管线中的杂质带到了过滤器中，导致过滤器冲洗时间短。

运行一年进入2020年4月后，过滤器冲洗逐步开始频繁，Ⅰ系列冲洗间隔从6h缩短到至20min左右，Ⅱ系列冲洗间隔从2h缩短至5min左右，严重时过滤器连续冲洗（冲洗完成后压差满量程），被迫间断打开原料油过滤器副线。

在2020年12月后，原料油过滤器反冲洗更加频繁，当原料油过滤器连续反冲洗时，由于大量原料被冲洗到反冲洗油罐后与加氢渣油混合，跨过了滤后原料罐，使该罐液位无法维持，导致装置进料量降低。为保证装置运行，只得长期打开过滤器副线(副线阀开度3扣)，维持滤后原料罐正常进料。由于大量未经过过滤的原料直接进入反应器床层，使第一反应器压差逐步升高，影响装置运行周期。

3 运行分析

影响过滤器运行的主要因素为：原料性质、过滤器程序运行、设计条件等，结合装置运行数据，展开如下分析：

3.1 原料性质

3.1.1 进料温度

渣油加氢装置原料换热后温度控制在245～253℃之间，在正常生产时可通过E101，E102壳程热产物量来调节原料温度，装置Ⅱ系列正常开工后温度控制稳定，无大幅波动及调整情况。

3.1.2 密度及初馏点情况

表1 密度及初馏点情况

采样时间	密度/(kg/m^3)	初馏点/℃
2020/10/28	941	224.5
2020/11/11	943.6	252.5
2020/11/25	953.2	251.5
2020/12/9	946	284.5
2020/12/23	948.7	258.5
2020/12/30	943	256
平均	945.9	254.6

从表1中2020年10月至12月的初馏点及密度情况来看，11月4日左右开始初馏点上升约40℃左右，可见11月开始原料的轻组分变少，原料开始变重，与过滤器情况变化时间点吻合。

3.1.3 原料中金属情况

表2 金属含量

采样时间	Fe/(mg/kg)	Ni/(mg/kg)	V/(mg/kg)
2020/10/7	31.8	19.1	14.4
2020/11/11	34.1	24	27
2020/12/2	27.2	25.6	32.6
2020/12/16	48	21.4	15.9
2020/12/23	30.8	19.2	9.3
2020/12/30	20.8	19.2	5
平均	32.12	21.58	17.36

从表2中可以看到，2020年10月至12月原料中铁含量一直处于较高水平，而铁在渣油原料中多以大分子结构存在，易形成大于25μm的颗粒，造成过滤器的堵塞；镍钒主要在反应器中发生吸附反应[1]，在低温低压下较为稳定，不会对过滤器造成影响。因此可以看出，高铁的原料会造成过滤器的冲洗频繁，但并不是主要因素。

3.1.4 原料四组分情况

表3 原料四组分情况

采样时间	饱和分/%	芳香分/%	胶质/%	沥青质/%
2019/9/25	57.55	25.98	15.4	1.07
2020/4/20	56.88	30.22	11.65	1.25
2020/6/15	48.26	27.76	20.23	3.75
2020/6/29	46.96	25.18	24.47	3.38
2020/12/4	37.7	29.7	25.1	7.5
2020/12/23	43.6	28.3	22.5	5.6
2021/1/6	49.9	25.8	17.5	6.8
平均	48.69	27.56	19.56	4.19

渣油加氢装置开工至今，原油由初期的上扎库姆、沙轻、俄油等轻质原油，逐步变为阿曼、穆尔班、巴士拉轻等较劣质的原油，原油性质逐步变差，从表3渣油加氢进料四组分的变化看，沥青质含量由1.2%到2020年6月份提高到3%左右，再到2020年12月初提高至7%左右，升高5.8倍。这与渣油加氢原料油过滤器运行情况基本一致，从图1中可更直观的反应这一点：

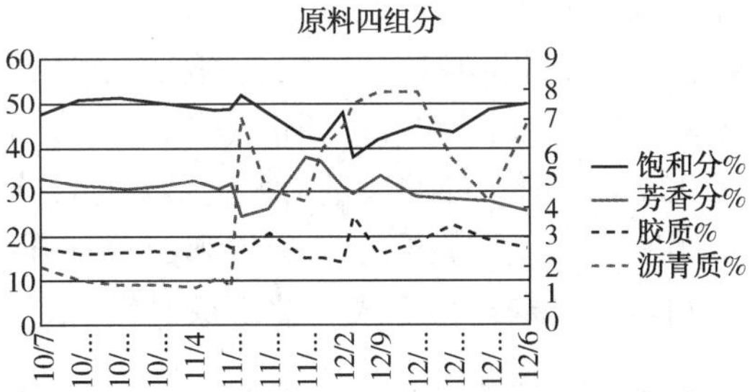

图1 2020年10~12月原料四组分情况

沥青质组分在渣油体系中是最主要的大分子结构，如发生析出现象极易形成25μm以上物质。在渣油体系中，沥青质组分构成胶核的中心，沥青质组分的结构是渣油胶体不稳定的本质[2]；胶质组分是防止沥青质组分聚沉的关键因素，它构成维持渣油胶体体系稳定性的第一层防护体系，芳香分组分为混合胶团在饱和分中的有效分散提供过渡形式和保护作用，是维持渣油胶体稳定性的第二层防护体系，饱和分组分的稀释效应起着破坏体系稳定性的作用，它不构成渣油胶体体系的稳定因素，饱和组分越多，体系的稳定性越差[3]，当渣油稳定系数(胶质+芳烃/饱和烃+沥青质)小于2时，通常认为其性质不稳定[4]。从原料性质来看，目前进料的稳定系数仅为0.89，综上所述，原料稳定性变差导致了沥青质的析出，造成了过滤器的堵塞，是过滤器冲洗频繁的主要原因。

3.1.5 杂质情况

在2021年1月1日反冲洗不停后装置对冷渣，热渣，催化柴油三路进料分别进行采样分析灰分情况，结果见表4。

表4 杂质情况

日期	催化柴油	冷渣	热渣
2021/1/1	0.0034%	0.0369%	0.0609%

三路进料灰分较低，对过滤器的影响不大。

3.2 过滤器运行

3.2.1 滤芯拆除清洗

在运行过程中，装置发现在每次冲洗后过滤器压差均可下降至40kPa以下，但很快就会达到冲洗压差，可见附着在滤芯上的杂质是可以被冲洗掉的，对此情况装置采购了两列(共14根)滤芯对两列过滤器进行更换清洗，在更换了新滤芯后，第一个冲洗周期可延长至2h以上，关跨线后仍可维持1h以上；但连续过滤不超12h后，再次出现冲洗频繁被迫开跨线情况，清洗后回装的滤芯情况也基本相同，由此可见过滤器可以满足原料的过滤要求，但原料中大于25微米杂质较多，滤芯流通量不足，不能满足原料重质化后过滤的要求。

3.2.2 过滤器程控阀运行

原料油过滤器在运行两年左右后，每个滤筒的程控阀(共计168个)出现了大量卡涩，开关不到位的现象，严重时卡涩率达到30%左右；由于过滤器程控阀只有主线的5个阀门有回讯，排查过程主要由人工进行检查，且卡涩情况具有随机性，是否有更多的阀门卡涩情况并不能准确判定。为改善阀门情况，装置将程控阀执行机构改为开阀时齿条运动方向从两侧向中间移动，关阀时齿条运动方向从中间向两侧移动，改动后执行机构可输出稳定扭矩，目前程控阀卡涩现象有所好转，可提高反冲洗的效果。

3.2.3 过滤器程序

原设计中反冲洗压力为1.5MPa，反冲洗污油罐的压力设定在1.05MPa，前后压差0.45MPa，在冲洗频繁后，装置将污油罐压力设定降至0.75MPa，增大了冲洗油流速，使冲洗效果得到了一定的改善，但压差增大后冲洗油、污油量明显上升，如果两系列冲洗周期同时降至20min内时，冲洗油量增大会导致分馏塔液位下降过快，污油出现外送不及时的现象。

同时，压差增大会影响程控阀的顺利开关，程控阀出现了开关不到位的情况，在改善了程控阀执行机构运行方式后此现象好转。

3.3 过滤器冲洗油情况

原料油过滤器在原设计中没有柴油浸泡冲洗线，装置在换剂检修期间增设了一条柴油浸泡线，可实现对单列过滤器的柴油冲洗及浸泡。施工完成后装置立即开始浸泡冲洗，每支滤筒冲洗时长60s，每组过滤器浸泡时间8h。再次投用后过滤器冲洗周期明显延长，但冲洗周期很快又再次恶化，可见柴油对于过滤器的冲洗要优于加氢渣油。

4 结论

(1) 原料重质化后，其中的沥青质含量升高明显，这是导致过滤器冲洗频繁的主要因素。对此在选择原料时，应谨慎采购沥青质含量高的劣质原料。同时在对原料进行掺炼时应充分考虑原料中四组分、金属离子情况，改善过滤器的运行。

（2）当原油重质化后，常规设计的滤芯流通量明显不足，在过滤器设计阶段，应充分考虑装置运行周期延长及原料劣质化的趋势，建议增加过滤器组数或选取流通率小于 0.6Gft^2/cm^{2}的滤芯，增加过滤器设计流通量，为装置长周期运行奠定好的基础。

（3）作为渣油稳定运行的第一屏障，原料油过滤器的程控阀回讯在 DCS 画面中仅有物料进出口主线的 5 台，回讯数量不足，不能满足对过滤器的实时监控，因此在设计过程中建议将过滤器的每台阀门增加回讯，以便做到故障阀门的及时发现，改善过滤器的过滤效果。

（4）面对可能出现的频繁冲洗现象，在设计过程中应充分考虑大量冲洗油的使用对塔器液位稳定的影响，并增大污油外送的能力，提高过滤器的反冲洗能力。

（5）重质化后的原料柴油冲洗效果要明显优于产品加氢渣油，建议在设计过程中引入渣油加氢装置自产热柴油作为冲洗油使用，并增加柴油浸泡设定，改善过滤器的运行。

参 考 文 献

[1] 杨刚，隋宝宽，张成，等．Fe 在固定床渣油加氢处理装置中的沉积及对装置操作的影响[J]．当代化工，2017，46(07)：1326-1328.

[2] 洪琨，马凤云，钟梅，等．渣油重组分沥青质结构分析及其对临氢热反应过程生焦的影响[J]．燃料化学学报，2016，44(03)：357-365.

[3] 孙永卫，王迪，齐邦峰，等．渣油稳定性的研究进展及在石油化工中的应用[J]．广东化工，2009，36(12)：81-82.

[4] 王永立，顾望，马恩红．石蜡基原料渣油加氢装置开工总结[J]．炼油技术与工程，2019，49(12)：11-14.

高频红外硫碳分析法测定石油焦中总硫含量

杨瑞彬

（中国石化塔河炼化有限责任公司，新疆库车　842000）

摘　要　结合当前用于石油焦总硫含量测定方法存在的弊端，通过比对实验，建立了采用高频红外硫碳分析仪检测石油焦总硫含量的方法，并对方法的可行性进行验证。石油焦总硫含量在0.10%~5.00%的范围内，积分面积与样品中硫的质量呈良好线性关系，相关系数$r=0.9998$。通过对标准样品进行反复测定确定了仪器的检出限为0.053%。建立了高频红外仪测定石油焦总硫的方法，并对方法的可靠性进行了验证，建立了与仲裁方法GB/T 387—1990的关联性。该方法具有分析时间短、结果准确可靠的优势。

关键词　高频红外硫碳分析仪　检测　石油焦　硫

石油焦是石油加工过程中高沸点烃组成（重质残渣）的干馏分产物，其应用领域广泛。不同行业对石油焦质量等级的要求不尽相同。石油焦主要组分有C、H、O、S、N、微量金属元素等，硫含量是评定石油焦等级的主要指标，而硫含量又是石油焦价格的主要评定依据，常用检测方法有库仑法、高温燃烧中和法（管式炉法）、高温燃烧红外光谱法和X射线荧光光谱法。其中，高温燃烧中和法即深色石油产品硫含量测定法（管式炉法）作为仲裁实验方法被大众熟知和使用，但该方法耗时长，根据硫含量的大小其准确程度偏差较大，且分析过程使用的玻璃仪器和橡胶管，易破损、老化，分析过程受系统密封性影响较大，最终结果采用手动滴定，分析过程繁琐。分析过程使用强酸碱、强氧化剂，存在较大安全风险。塔河炼化通过研究比对，建立了快速有效的高频红外光谱分析法，并投用于生产中。

1　试验部分

1.1　高温燃烧中和法

采用GB/T 387—1990《深色石油产品硫含量测定法（管式炉法）》[1]。试样在空气流中燃烧，用过氧化氢和硫酸溶液将生成亚硫酸酐吸附，生成的硫酸用氢氧化钠标准溶液进行滴定。瓷舟中称试样，精确至0.0002g，试样应均匀分布在瓷舟的底部。管式电阻炉要逐渐地移到瓷舟的位置上，试样不准着火，在950℃下燃烧60min。燃烧完毕后，瓷舟在电阻炉最红的部分再焙烧15min。试验结束后，向接收器的溶液中加入8滴甲基红—次甲基蓝混合指示剂，用氢氧化钠标准溶液滴定，根据消耗体积计算试样中总硫含量。

1.2　高频红外硫碳分析法

（1）一定质量的石油焦于950~1300℃燃烧炉高温下，在高频炉内通氧气燃烧分解。气流中的颗粒和水蒸气分别被玻璃棉和高氯酸盐吸附滤除后进入红外检测池。高频红外仪不同于传统意义的红外光谱法，是采用一种对红外光源产生的具有一定波长范围的光不进行分光的检测技术，对样品中二氧化硫含量进行测定。仪器使用前需要用标准物质标定，根据预先的标定对石油焦中总硫含量进行校正计算，准确计算样品中总硫含量[2]。

（2）仪器及试剂：

高频红外硫碳分析仪：型号 CS2800G，钢研纳克检测技术股份有限公司

燃烧舟：耐温 1300℃以上。

分析所用标准物质：编号 GBW11126 第 f 批，浓度为 0.27%；编号 GBW11101 第 h 批，浓度为 0.37%；编号 GBW11104 第 m 批，浓度为 1.03%；编号 GBW11112 第 j 批，浓度为 2.1%；编号 GBW11110 第 r 批，浓度为 4.13%；编号 GBW11110 第 s 批，浓度为 4.71%。煤物理化学成分分析标准物质（国家煤炭质量监督检验中心山东省冶金科学研究院）。

氧气：纯度大于等于 99.5%。

分析天平：感量 0.1mg。

（3）仪器工作条件[3]：氧气入口压力控制为 0.24MPa；经过净化管除去氧气中少量的 CO_2 和 H_2O，入炉压力位 0.10MPa；出炉压力为 0.015MPa。基线调零幅度 30mv；基线稳定时间 8s；硫切换电压：9.9V。

1.3 样品准备

石油焦样品按照 SH/T 0313[4] 要求，从焦流中/运输工具顶部/焦堆等地按标准采取具有代表性的样品 0.5kg。将其置于 105℃±3℃烘箱内干燥 30min 以上，使试样达到空气干燥程度。将石油焦从烘箱中取出冷却后，用机械或手工将其破碎到粒度能够完全通过 0.15mm 孔径，用于测定石油焦总硫含量。

1.4 实验方法

（1）标准样品验证：样品测量前，选用与样品结果相当标准样品（样品值含量与标样含量相差不超过 3 倍，建立校准曲线时未使用过），按既定实验方法进行测试，重复测试 4 次结果稳定，且在允许差范围内，可进行样品测定，重复性条件下获得的两次独立测试结果的差值不大于 0.05%即可分析样品。每次分析前，先进行空白试验，空白值硫含量不得超过 0.005%。选择峰高在检测器输出信号中间范围的有证标样，一般控制峰值电压在 4～6V 之间。当仪器的分析结果与标准物质的认证值达到一致（允差范围内），再对样品进行检测，根据样品的锋面积，求出对应样品总硫含量。

（2）样品测定：在天平上准确称取约 0.1～0.2g 被测样品，称准至 0.1mg。（根据样品硫含量大小确定称量样品质量，硫含量小于 0.2%可称取约 0.2g 样品；硫含量 0.2%～2.0%称取约 0.1g 样品；硫含量大于 2.0%称取约 0.05g），将坩埚内样品均匀摊平覆盖坩锅底部，在分析软件上录入实际质量。将样品推送进入燃烧炉高温燃烧段，快速关闭燃烧炉炉门，并确保燃烧管在工作温度下气密性，启动仪器开始分析。样品在炉内通氧气燃烧，样品中的硫生成 SO_2 并通过红外检测池，其响应值与样品中总硫的绝对质量具有线性关系。

2 结果与讨论

2.1 实验温度的选择

为提高分析结果的可靠性，选择不同的燃烧炉炉温进行比对测试，对同一标准样品分别于950℃、1100℃、1200℃和1300℃温度下进行重复试验，从而确定管式炉燃烧区最佳温度，以便取得准确有效的检测结果。分析结果见表1。

表1 不同燃烧温度下标准样品测定结果

试验温度/℃	标样浓度/%									
	0.370			平均值	绝对差	4.170			平均值	绝对差
950	0.361	0.385	0.398	0.381	0.037	4.210	4.084	4.310	4.201	0.226
1100	0.368	0.374	0.389	0.377	0.021	4.193	4.311	4.235	4.246	0.118
1200	0.379	0.381	0.367	0.376	0.014	4.201	4.158	4.189	4.183	0.043
1300	0.391	0.392	0.387	0.390	0.005	4.325	4.405	4.318	4.349	0.087

从表1可以看出，标准样品在950℃、1100℃时分析结果离散。精密度差。1200℃时分析结果的准确度和精密度均满足标准要求。在1300℃时，分析结果的精密度好，但结果显著偏高。因此，本实验选择在1200℃的温度下燃烧样品并测定。

2.2 方法可靠性的考察

采用以上既定条件和1200℃管式炉温度，分别采用石油焦仲裁试验方法GB/T 387《深色石油产品硫含量测定法》、GB/T 17040—2019《石油和石油产品硫含量的测定 能量色散X射线荧光光谱法》和高频红外硫碳分析法三种方法，对不同浓度标准样品和未知样品进行重复测定，确定该方法的准确性和可靠性。比对结果见表2。

表2 不同温度下标准样品测定结果

标样硫含量/%	不同方法比对数据					
	GB/T 387 滴定法		GB/T 17040 X荧光光谱法		高频红外硫碳分析法	
	实测值	绝对差	实测值	绝对差	实测值	绝对差
0.27	0.320	0.05	0.263	0.007	0.281	0.011
0.58	0.680	0.10	0.591	0.011	0.592	0.012
1.03	1.080	0.05	1.106	0.076	1.076	0.046
2.72	2.590	0.13	2.712	0.008	2.734	0.014
4.71	4.490	0.22	4.892	0.182	4.793	0.083

表2对0.27%~4.71%标准样品采用不同方法进行测定，数据显示：仲裁方法GB/T 387燃烧滴定法对小于1.0%的样品分析结果显著偏高，大于2.0%的样品分析结果偏低，绝对偏差最大0.22%。GB/T 17040能量色散X射线荧光光谱法，当样品浓度低于4.0%时，分析结果满足0.1%的重复性要求，当浓度高于4.0%时，分析结果的绝对差为0.182%，超出

允许偏差。高频红外硫碳分析法在0.27%~4.71%的范围内，测定结果满足重复性要求，最大允差为0.083%。足以见证，采用高频红外硫碳分析法测定石油焦总硫，分析结果准确可靠。

2.3 线性方程与检出限

为进一步验证仪器的稳定性，排除化学试剂失效，红外检测器温度的变化，大气压的变化，电子元器件的老化等造成的数据偏差。定期对仪器进行校正，采用有证标准物质0，0.27%，1.03%，2.10%，3.68%，4.71%的硫标准样品，按照上述测定条件和实验方法分别测定，制作标准曲线。依次从低浓度到高浓度测定上述6个标样，每一标准物质重复测定4次，以4次测定值的平均值作为标准样品中总硫含量。将有证标准物质的总硫和标准值输入测定仪，生成工作曲线和校正系数。横坐标为积分面积（V_S），纵坐标为样品中所含硫的绝对质量。得到线性方程为 $Y=0.0121X-0.0037$，相关系数 $r=0.9998$，不同浓度点对应的积分面积值见表3。

表3　系列标准在高频红外硫碳分析仪上的响应面积

总硫标样浓度/%	积分面积/A	总硫标样浓度/%	积分面积/A
0	<0.001	2.10	173.103
0.27	22.391	3.68	307.243
1.03	85.995	4.71	387.821

采用上述1.4中实验方法，对0.27%的硫标准样品进行连续测量7次，并计算测量结果的标准偏差[6]，以3倍的标准偏差计算该方法的检出限为0.053%。

2.4 精密度试验

用前面确定的分析方法对5个具有代表性的含硫样品（标准样品）进行重复性试验，分析结果见表4。表4显示，测定结果的相对标准偏差为0.99%~5.45%（$n=5$），满足该方法精密度试验[6]。

表4　精密度试验结果（$n=5$）

样品名称	高频红外硫碳分析法测定值/%	平均值/%	RSD/%
2018年能力验证石油焦	4.01，4.05，4.04，4.09，4.11	4.06	0.99
石油焦标样（1.63%）	1.64，1.61，1.59，1.68，1.62	1.63	2.10
石油焦标样（3.96%）	4.08，3.97，3.99，4.01，4.03	4.02	1.05
2019年能力验证石油焦	2.75，2.72，2.79，2.70，2.73	2.74	1.25
2020年能力验证石油焦	0.60，0.53，0.61，0.57，0.59	0.58	5.45

2.5 两种方法相关性的考察

对不同的样品分别采用高频红外硫碳分析法与仲裁方法GB/T 387燃烧滴定法进行比对实验，建立两者的相关性。计算两种方法的相关性为0.9998。由表5中数据和相关系数的计算可以看出，高频红外硫碳分析仪准确度高，两种方法的相关性较好，且满足不确定度要求。

表5 两种方法相关性考察数据

实验方法	标准样品测定结果					相关性
	0.37%	1.03%	2.67%	3.68%	3.98%	
GB/T 387 滴定法	0.41	0.99	2.56	3.57	3.79	0.9998
高频红外硫碳分析法	0.36	1.02	2.69	3.71	4.02	

从表2、表4、表5数据显示，燃烧滴定法作为石油焦产品测试的仲裁方法，测定低硫标样及样品时结果偏高，测定高硫标样时结果偏低，偏离标样的不确定度。X荧光光谱法和高频红外硫碳分析法测定结果准确，在允许误差范围内，重复性较好，能够满足生产和检测的要求。但采用X荧光光谱法分析时，需要对样品进行前处理并制作分析膜片，受样品粒径大小、膜片薄厚等因素影响，分析结果存在一定差异。且分析过程繁琐，不被实验室广泛应用。

3 结论

（1）通过研究比对，建立了高频红外硫碳分析法测定石油焦总硫含量的分析方法，分析结果准确可靠，分析速度快，影响因素少。已应用于塔河炼化公司生产检测中。

（2）管式炉法是石油焦总硫含量测定的仲裁方法，分析过冲繁琐、耗时长，准确度不高。分析中所用的玻璃仪器和橡胶管较多，易破损、老化等对分析结果产生较大影响。

（3）高频红外硫碳分析法具有操作简便、快速、重现性好、准确性高等优点。但分析过程中需佩戴防护用具，防止烧伤。该方法(仪器)具有将燃烧试样时排出的含硫气体经净化再排出，满足了绿色实验室建设的需要。

（4）采用高频红外硫碳分析法测定石油焦时，由于红外基线信号的波动对测量结果有相当大的影响，红外基线信号需要稳定在±0.01V的范围内，以确保分析结果的准确性。因样品中水分对红外线的吸收会对硫的测定产生影响，该仪器采用高氯酸镁(吸水剂)吸收样品中的H_2O，避免了对分析结果的偏差。

参考文献

[1] GB/T 387 深色石油产品硫含量测定法(管式炉法)[S].
[2] GB/T 25214 煤中全硫测定红外光谱法[S].
[3] 钢研纳克检测技术股份有限公司. 高频红外硫碳分析仪使用说明书.
[4] SH/T 0313 石油焦检验法[S].
[5] YS/T 587.4 炭阳极用煅后石油焦检测方法第4部分硫含量的测定[S].
[6] GB/T 6683—1997 石油产品试验方法精密度数据确定法[S].

固定床渣油加氢装置反应模型构建与工艺分析优化

范　明，赵元生，王　苑

（中国石油石油化工研究院，北京　102206）

摘　要　基于 RHDS-SIM 反应模块和 Petro-SIM 模拟软件建立了 240 万 t/a 固定床渣油加氢装置的反应器模型和全流程模型，用于深度工艺分析及优化操作条件，解决装置生产瓶颈、提高产品收率和质量、实现降本增效。以两种不同反应器入口温度工况下的运行参数和产品性质对模型进行了准确性验证。应用全流程模型对改变反应器入口温度进行了工艺分析，模拟结果显示，将 R1 入口温度分别提高 1、3、5℃，脱硫率、脱金属率和脱残炭率分别提高了 0.78%、3.72%、0.64%，化学氢耗由 141.3Nm^3/m^3 增加至 144.7Nm^3/m^3。将 R3 入口温度由 384℃提高至 390℃，加氢渣油硫含量由 5514μg/g 下降至 4880μg/g。通过实施优化措施，减少汽提塔底中压蒸汽流量 0.4t/h，可在满足产品指标的前提下实现节能降耗，提升装置经济效益 137.2 万元；在多产柴油工况下侧线柴油抽出率应控制在 23t/h 以下，柴油及加氢渣油产品性质能够满足产品规格及下游装置进料要求。

关键词　渣油加氢　流程模拟　反应器模型　工艺分析　提质增效

基于流程模拟技术建立的单装置模型和全厂模型可用于指导生产，提高企业经济效益[1]。Petro-SIM 系列模型以严格的动力学与质能平衡理论为基础，并结合炼油反应工艺专家多年的实际经验及现场数据优化确认从而建立，既可模拟装置的反应部分，也可进行全厂全流程模拟，目前已经在国内外各大石油公司得到广泛应用[2-3]。

渣油加氢装置通过加氢反应脱除原料中硫、金属，降低残炭，用于生产低硫船燃（LSFO）以及为渣油催化裂化（RFCC）等装置提供原料，是劣质高硫原油深加工的关键技术[4-5]。近年来，基于流程模拟技术对加氢装置进行分析与优化已成为降本增效的重要手段[6]。刘新月[7]等利用 Petro-SIM 对渣油加氢装置高压分离部分进行了模拟，预测了高压换热器腐蚀的情况。范晓[8]等基于总结出的实组分体系及数据对渣油加氢工艺进行模拟，实现了计算值与实际数据较好的吻合。甘彬彬[9]等对渣油加氢分馏塔进行了模拟优化，通过改变塔操作条件增产柴油馏分，提高了装置的经济效益。

实现生产装置的先进控制、实时优化和炼化一体化计划优化、打造智能炼厂，是数字化转型促进能源化工产业高质量发展的重要一环，上述工作的核心之一是利用机理模型作为优化计算的基础[10-12]。由于渣油加氢装置原料多变、表征难度大、反应过程复杂，目前鲜有基于渣油加氢反应机理模型进行工艺分析的研究报道。本文对国内某 240 万 t/a 年固定床渣油加氢处理装置进行建模，催化剂由中国石油石油化工研究院提供。利用催化剂动力学数据及 KBC 公司的 RHDS-SIM 渣油加氢模块完成反应器工段模型的建立及校准，并建立了装置的全流程模型，以此为基础对装置进行深度工艺分析，并提出生产优化方案。

1 模型建立

1.1 反应器模型建立与校准

建模过程分为反应器模型建立和全流程模型建立两个阶段。其中反应器模型主要包括固定床渣油加氢处理反应器 RHDS-SIM Reactor、轻组分分离器 Light Ends Splitter 及分馏塔 Main Fractionator 三部分，模型采用修正的 Peng-Robinson 炼油物性包。

RHDS-SIM Reactor 属于固定床、绝热式反应器，其中介质自上而下流动。RHDS-SIM Reactor 可最多设立三个反应器，每个反应器可最多设置六个催化剂床层，每个床层划分为若干个反应单元。当进料经过反应单元时，按照 KBC 专利的动力学经验式对脱硫、脱氮、烯烃和芳烃饱和、环烷烃开环、裂化、脱金属和康氏残炭脱除等关键渣油加氢处理反应进行计算，包括氢分压、反应物浓度、温度以及相关化学平衡对反应的影响，反应全过程对碳、硫、氮、金属和氢等保持严格的质量平衡，上述动力学经验式见式(1)。

$$\Delta C_i = \left[(aK_0 e^{-E_a/RT})(P_{H_2}{}^n C_i)\left(\frac{1}{LHSV}\right) \right] f(CN) f(Structure) \tag{1}$$

式中 ΔC_i——碳数为 i 的反应物经过一个反应单元时浓度的变化量；

a——催化剂剩余活性；

P_{H_2}——氢分压；

n——反应级数；

C_i——进入反应单元的碳数为 i 的反应物浓度；

$LHSV$——液时空速；

CN——碳数；

$f(CN)$——体现反应活泼程度的系数，是碳数的函数；

$f(Structure)$——体现反应活泼程度的系数，是碳数为 i 的虚拟组分中链烷烃、环烷烃、芳烃浓度的函数。

为了使所建立的反应器模型能够更加直观、准确地反映实际运行情况，模型中反应器的设置应与工业装置反应器的数量和催化剂级配模式相匹配。文中的渣油加氢装置采用四级反应器工艺流程，其中一级反应器主要装填保护剂和脱金属剂，二级反应器主要装填脱金属剂和小部分脱硫剂，三、四级反应器主要装填脱硫、脱残炭剂。基于上述催化剂级配形式，按照功能将模型反应器划分为 R1、R2、R3 三个反应器，其中 R1、R2 为单床层，对应实际装置反应器 R101 和 R102，R3 划分 Bed1 和 Bed2 两个床层，对应实际装置反应器 R103 和 R104。模型开发人员可以根据催化剂研发及评价人员提供的试验数据对模型反应器进行修正。此外，装置反应工段为双系列且进料相同，催化剂的装填量与级配方式也完全相同，两个系列反应器同时换剂投运，因此建立反应器工段模型时可先建立单系列模型，待建立全流程模型时再将另一系列的反应器模型加入。装置反应器与模型反应器关联方式见表 1。

表 1　模型反应器与物理反应器关联方式

装置反应器	模型反应器	装置反应器	模型反应器
R101	R1	R103	R3，Bed1
R102	R2	R104	R3，Bed2

反应器模型主要的建模过程包括：

(1) 规定工艺流程及操作参数

包括原料及循环进料数量与入口、反应器数量、各反应器床层数量、气体系统(新氢、循环氢、急冷氢及驰放氢的流程设计以及高低分数量)、反应器各床层入口及出口的温度压力、催化剂相关数据等。

(2) 输入原料及产品分析数据

包括原料渣油、加氢渣油、石脑油、柴油的温度、压力、流量、馏程、API°、硫含量、氮含量、金属含量、残炭含量及沥青质含量等。此外，还包括新氢、驰放氢及低分气等进出装置气体的分析数据。

(3) 完成质量衡算

完成进出装置物流的质量衡算、硫平衡及氮平衡计算。

(4) 完成模型标定

基于上述输入数据，进行模型标定。标定收敛后审查 C_{5+} 馏程曲线、各反应器反应热、压降、总氢耗分配、产品性质等指标是否合理，并进行精调。

通过上述步骤，完成反应器模型的建立及校准工作，具备开展全流程建模基础。反应器模型建模步骤见图 1，部分输入参数见表 2，工艺流程见图 2。

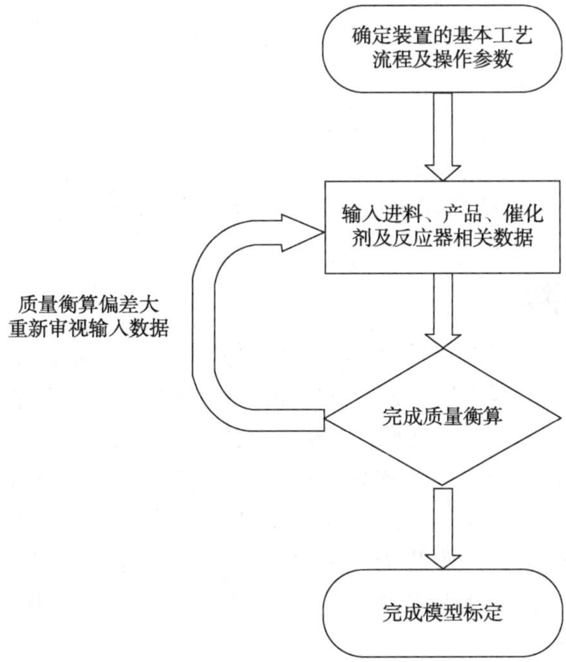

图 1　反应器模型建模流程

表2 反应器模型主要输入参数

项目		参数	项目		参数
原料渣油性质（减压渣油、减压蜡油）	API	12.67	原料渣油性质（减压渣油、减压蜡油）	70%	621
	相对密度	0.98		90%	665
	硫含量/%	3.41		95%	717
	氮含量/(μg/g)	2880		终馏点	786
	镍含量/(μg/g)	18.43	反应器主要参数	R1 入口温度/℃	376.6
	钒含量/(μg/g)	33.60		R1 入口压力/MPa(g)	14.50
	残炭含量/%	11.92		R1 床层数量/个	1
	黏度(100℃)/(mm²/s)	86.00		R2 入口温度/℃	379.6
	馏程(ASTM D1160)/℃			R2 入口压力/MPa(g)	14.28
	初馏点	283		R2 床层数量/个	1
	5%	365		R3 入口温度/℃	384.1
	10%	398		R3 入口压力/MPa(g)	13.70
	30%	482		R3 床层数量/个	2
	50%	554			

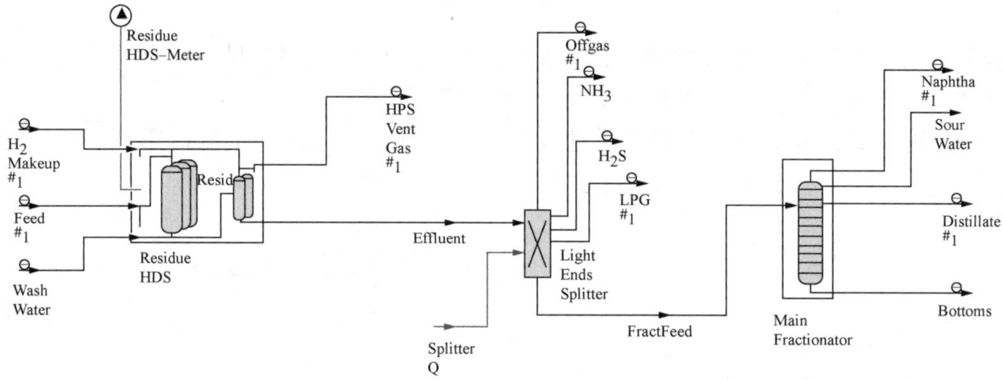

图2 渣油加氢处理装置反应器工段模型

1.2 全流程模型建立

装置为双反应器系列，高低压分离为“两高两低”设置，双系列共用冷低分、汽提塔及分馏塔，分馏塔设置柴油侧线汽提。对应的全流程模型主要包括四个部分：反应器部分、高低压分离部分、循环氢部分及产品分馏部分。总流程采用 Peng-Robinson 作为全局物性方法，其中，为了防止反应过程生成的硫化氢和氨进一步反应生成硫氢化铵盐类结晶并堵塞设备，在冷高分入口空冷器前进行注水[13]，该过程使用带酸性水计算的 Sour PR 物性方法；循环氢脱硫采用吸收解析工艺，吸收剂为 MDEA 溶液，该过程使用专用的 Amine Pkg 物性包进行计算。操作条件按照标定数据输入，全流程模型主要设备采用的模块和物性方法见表3，全流程模型见图3。

表 3 全流程模型主要设备及物性方法

项目		模块	物性方法
高低压分离	热高压分离罐	2-phase Separator	Peng-Robinson
	冷高压分离罐	3-phase Separator	Sour PR
	热低压分离罐	2-phase Separator	Peng-Robinson
	冷低压分离罐	3-phase Separator	Peng-Robinson
循环氢脱硫	循环氢分液罐	Component Spliter	Amine Pkg
	循环氢脱硫塔	Absorber	Amine Pkg
	胺液再生塔	Reboiled Absorber	Amine Pkg
产品分馏	汽提塔	Refluxed Absorber	Peng-Robinson
	主分馏塔	Distillation Column	Peng-Robinson
	柴油侧线汽提塔	Reboiled Absorber	Peng-Robinson

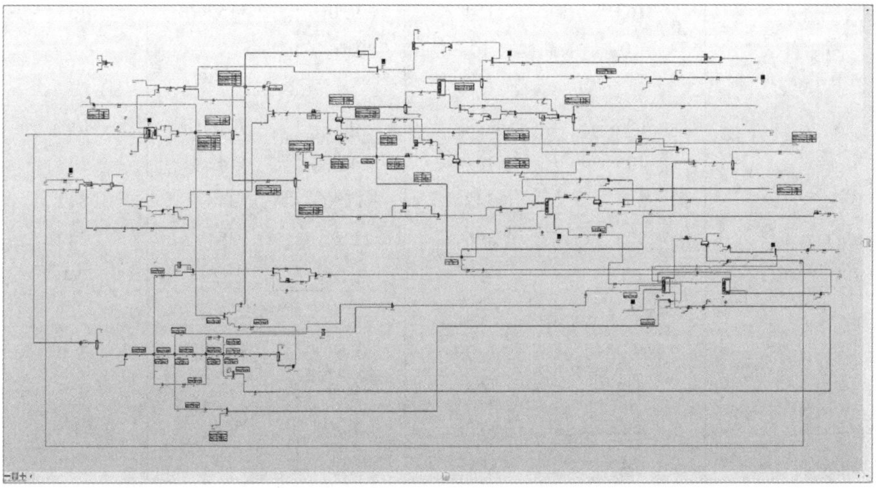

图 3 渣油加氢处理装置全流程模型

1.3 模型准确性验证

基于建立的全流程模型，对标定后反应器入口累计提温 1℃、2.5℃时工况进行预测。模拟结果与装置实际运行参数、产品性质数据进行对比分析，结果见表 4、表 5。

表 4 不同工况下装置运行参数模拟(单系列)

项 目	工况 1 实际	工况 1 模拟	偏差	工况 2 实际	工况 2 模拟	偏差
R1 床层平均温度/℃	377.9	378	0.1	379.8	379.6	-0.2
R2 床层平均温度/℃	388.5	388.9	0.4	390.6	390.8	0.2
R3 床层平均温度/℃	396.2	396.5	0.3	398.8	398.4	-0.4
R4 床层平均温度/℃	402.1	403.9	1.8	403.5	404.7	1.2
转化率/%	13.2	12.8	-0.4	13.5	13.3	-0.2
新氢流量/(kNm^3/h)	25	25.1	0.1	26.1	25.9	-0.2
循环氢流量/(kNm^3/h)	105.7	110.3	4.6	109.3	110.1	0.8

续表

项　　目	工况1实际	工况1模拟	偏差	工况2实际	工况2模拟	偏差
汽提塔顶温度/℃	89.1	90.2	1.1	89.9	90.3	0.4
主分馏塔顶温度/℃	3.5	3.7	0.2	3.8	4.1	0.3
主分馏塔底温度/℃	136	138	2.0	137	138	1.0
柴油侧线汽提塔顶温度/℃	131	127	-4.0	129	127	-2.0

表5　不同工况下产品性质模拟(单系列)

项　　目	工况1实际	工况1模拟	偏差	工况2实际	工况2模拟	偏差
C_4^-收率/%	0.89	1.1	0.2	0.86	1.2	0.3
C_5^+收率/%	96.42	97.09	0.7	96.35	96.99	0.6
石脑油						
收率/%	1.81	1.78	0.0	1.73	1.67	-0.1
干点/℃	163	154	-9.0	157	155	-2.0
硫含量/(μg/g)	10	10	0.0	9	8	-1.0
柴油						
收率/%	8.78	8.52	-0.3	8.53	8.25	-0.3
初馏点/℃	145	141	-4.0	142	138	-4.0
干点/℃	353	342	-11.0	348	342	-6.0
硫含量/(μg/g)	395	406	11.0	354	349	-5.0
闪点/℃(ASTM/PMCC)	65	67	2.0	57	54	-3.0
加氢渣油						
收率/%	86.23	86.79	0.6	86.71	87.07	0.4
初馏点/℃	343	334	-9.0	337	333	-4.0
硫含量/(μg/g)	5523	5496	-27.0	5450	5475	25.0
镍+钒含量/(μg/g)	14	14	0.0	13	13	0.0
康氏残炭/%	4.48	4.36	-0.1	4.43	4.56	0.1

由表4和表5可以看出，装置的主要操作条件——新氢流量、循环氢流量、汽提塔顶温度、主分馏塔顶温度、主分馏塔底温度、柴油侧线汽提塔顶温度等，以及装置的主要生产指标——转化率、产品收率、加氢渣油硫含量、金属含量和康氏残炭含量等，其模型计算值与实际值较为吻合，表明模型具有较高的精确度。

基于建立的全流程模型，对装置能耗进行了分析，模拟结果与装置实际运行数据进行对比，结果见表6。

表6　装置能耗

项　　目	消耗实际	消耗模拟	偏差	产生实际	产生模拟	偏差
燃料/(10^6kcal/h)	22.5	22.3	0.2			
3.5MPa(g)过热中压蒸汽/(t/h)	72.4	72.4	0			
0.45MPa(g)过热低压蒸汽/(t/h)	2.8	2.8	0			
1.1MPa(g)低压蒸汽/(t/h)				52.8	51.2	0.4
0.45MPa(g)低压蒸汽/(t/h)				8.1	8.0	0.1
电/kW	16，564	16，816	252			

由于烃类物流使用虚拟组分进行物性计算，导致物流的密度、黏度、摩尔焓等参数的计算结果会与实际存在偏差，进而会对换热设备、泵及压缩机的能量计算造成影响。比如，在规定加热炉出口温度、辐射段热效率作为加热炉模块设计规定的前提下，模型根据被加热物料温差计算出加热炉的热负荷(燃料消耗按照固定的燃料气组成计算)。由表 6 可见，燃料消耗量、中压蒸汽产生量与电耗的计算值与实际值仅存在≯1.2%偏差，表明模型的计算精度满足用于指导装置进行生产方案的预测及优化研究的要求。

2 工艺分析优化结果与讨论

工艺分析包括：不同的循环氢纯度、不同的反应器入口温度设置对加氢过程的影响；为了进一步提高加氢渣油中硫的脱除率，对各反应器入口所需温度进行预测；优化方案研究包括：满足低分油中轻组分及酸性气脱除率的前提下降低汽提塔底蒸汽消耗量；最大化生产加氢柴油对加氢柴油、渣油性质的影响。

2.1 反应器入口温度对加氢过程影响分析研究

温度是影响渣油加氢过程中杂原子脱除的重要因素，它对反应速率的影响程度遵循阿累尼乌斯公式，在其他反应参数不变的情况下，反应速率的提高即意味着杂原子脱除率的提高。基于基础工况，令 R1 入口温度分别提高 1℃、3℃、5℃，并通过调节急冷氢流量保持 R3 入口温度不变，考察对杂原子脱除率及化学氢耗的影响，如表 7 所示。

表 7 R1 入口温度变化对加氢过程的影响

R1 入口温度/℃	376.6(基础工况)	377.6	379.6	381.6
R1 温升/℃	2.80	2.87	3.01	3.15
R2 入口温度/℃	379.4	380.5	382.6	384.8
总脱硫率/%	85.36	85.42	85.76	86.14
总脱金属率/%	72.13	72.89	74.38	75.85
总脱残炭率/%	66.55	66.72	66.93	67.19
化学氢耗/(Nm^3/m^3)	141.3	141.9	143.4	144.7

注：(1)R1 脱硫率为在一级反应器中脱除的硫占原料中总硫的质量百分比，其余同。

(2)总脱硫率为所有反应器中脱除的硫占原料中总硫的质量百分比，其余同。

由表 7 可见，和基础工况相比，随着 R1 入口温度分别提高至 377.6℃、379.6℃、381.6℃，总脱硫率从 85.36%提高至 86.14%，总脱残炭率从 66.55%提高至 67.19%，总脱金属率变化最大，从 72.13%提高至 75.85%；由于脱杂原子率的增加，R1 温升和 R2 的入口温度均有所提高，化学氢耗由 141.3Nm^3/m^3 增加至 144.7Nm^3/m^3。

2.2 提高加氢渣油中硫脱除率分析研究

装置目前运行在中后期，各反应器床层平均温度(WABT)、末期操作温度(EOR)及模型预测的各反应器预测剩余寿命见表 8。

表8 模型反应器 WABT、EOR 及预测剩余寿命

模型反应器	R1	R2	R3
WABT/℃	378.1	388.9	401.6
EOR/℃	383	395	405
预测剩余寿命/d	60	93	122

由于 R1、R2 中装填的脱硫剂比例较低，提高加热炉出口温度即 R1 入口温度虽然可以间接提高后续反应器的催化剂床层温度，继而提高脱硫率，但对提高 R1 和 R2 的脱硫负荷收效甚微，而且会加快 R1、R2 催化剂的失活；因此，考虑通过降低 R3 入口急冷氢流量，提高 R3 床层温度，考察脱硫效果。基于全流程模型考察了 R3 急冷氢流量从 19.5 下调至 10.5kNm³/h 时加氢渣油硫含量以及 R3 催化剂床层入口温度和加权平均温度的变化，如图 4 所示。

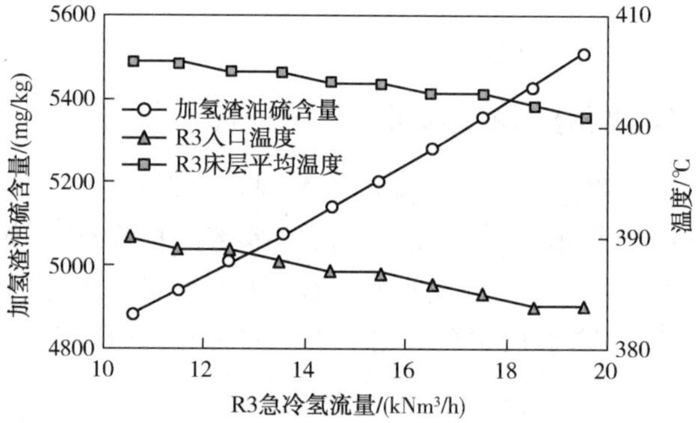

图4 加氢渣油硫含量、R3 床层平均温度及入口温度与 R3 急冷氢流量关系

由图 4 可见，随着急冷氢流量由 19.5kNm³/h 减少到 10.5kNm³/h，R3 入口温度由 384℃提高至 390℃，R3 床层平均温度由 401℃提高至 406℃，加氢渣油硫含量由 5514μg/g 下降至 4880μg/g。目前加氢渣油产品指标硫含量控制在 5500~5600μg/g 区间，当下游加工装置要求原料硫含量进一步降低时，结合渣油加氢装置换剂周期安排及 R3 催化剂剩余寿命情况，可以考虑通过降低 R3 急冷氢流量的方式，提高 R3 反应器入口温度进而提高硫的脱除率。

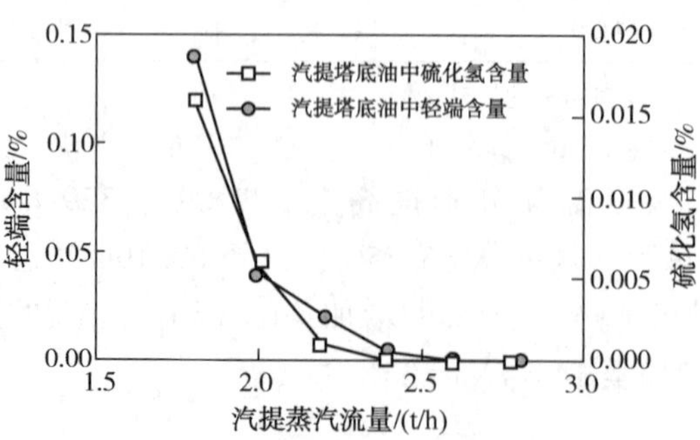

图5 汽提塔中压蒸汽消耗量与塔底渣油中轻端、硫化氢含量的关系

2.3 汽提塔节能优化研究

汽提塔有 27 块塔板，热低分油与冷低分油混合进料，采用过热中压蒸汽（400℃，3.5MPag）为汽提介质，将轻端（C_4^-组分、硫化氢及其他不凝气）从油品中脱除。塔顶物料经空冷器、水冷器和回流罐后分出尾气、酸性水及未稳定石脑油，塔底物料去分馏塔加热炉。使用模型考察了中压蒸汽消耗量对汽提塔底加氢渣油产品性质的影响，如图 5 所示。

经模型计算，随着蒸汽流量由 2.8t/h 降至 2.4t/h，汽提塔底油中硫化氢含量始终≯10μg/g，轻端含量由≯10μg/g 上升至 40μg/g；继续降低蒸汽量，硫化氢及轻端含量显著上升并超过控制指标。尽管减少汽提蒸汽量，会提高加氢渣油中待分离轻端组分的气相分压，不利于液相中轻端的分离，但过量蒸汽也会导致汽提能力过剩及塔顶冷凝器负荷增加。由表 9 可见，根据当前工况下产品性质及模型计算结果，将中压蒸汽流量由当前的 2.8t/h 下调至 2.4t/h，可以在满足产品指标的前提下降低能耗，年经济效益约 137.2 万元。

表 9　汽提塔优化方案经济效益分析

中压蒸汽耗量/(t/h)		冷凝器功率/(MJ/h)		经济效益①/(万元/a)
优化前	优化后	优化前	优化后	
2.8	2.4	7.55×10^4	5.21×10^4	137.2

①计算依据 GB/T 50441—2016《石油化工设计能耗计算标准》。

2.4　产品方案研究

加氢柴油硫、氮含量低、多环芳烃含量低、饱和烃含量高，经过进一步加氢处理可直接生产清洁柴油，也可经过加氢改质/裂化处理同时多产高芳潜石脑油和清洁柴油。根据市场需求的变化，灵活调整加氢柴油产量，进一步优化全厂产品结构，以实现更高经济效益。

目前装置加氢渣油切割温度为 282℃(设计值 350℃)，按照最大化生产催化裂化原料进行操作。为了更好地应对市场波动，应用模型对产品方案进行分析，在设计工况(正常工况)及多产柴油工况时预测产品性质变化趋势。

由图 6 可见，主分馏塔 C302 有 37 块塔板，低分油经加热炉由第 28 板进塔，塔底用 220℃低压蒸汽作为汽提介质。塔顶气相经空冷器后进入回流罐，分出稳定石脑油和水；全塔设 1 个中段回流取热段，并设置侧线汽提塔，汽提塔再沸热源采用主分馏塔底加氢渣油，柴油经汽提塔汽提后抽出。

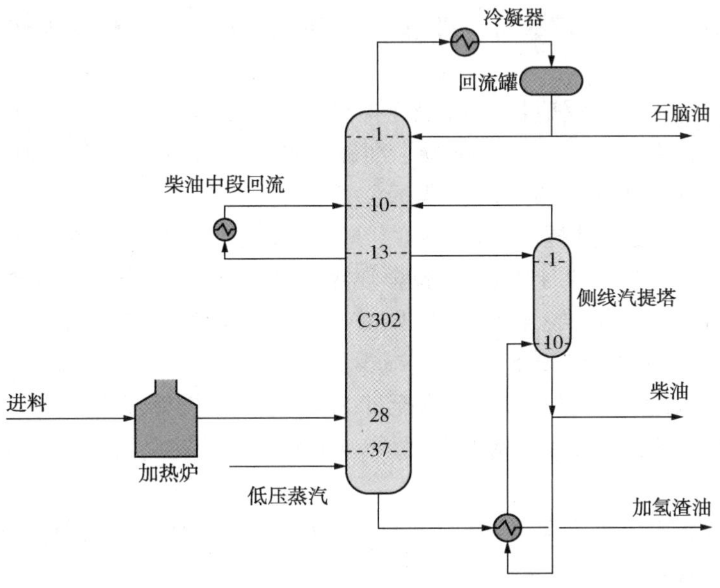

图 6　C302 主分馏塔流程示意图

利用灵敏度分析工具，考察主分馏塔侧线抽出量对柴油和加氢渣油性质的影响。由表10可以看出，随着柴油抽出量的增加，加氢渣油抽出量逐渐减少，初馏点提高。当侧线柴油抽出量为19.5t/h时，加氢渣油产品指标与正常工况的设计值(硫含量≯6000μg/g，金属Ni+V≯20μg/g，残炭≯4.8%)相符；当侧线抽出量继续提高至23.5t/h时，杂原子浓度依然维持在下游装置最大承受范围内(硫含量≯6500μg/g，金属Ni+V≯20μg/g，残炭≯5%)，因此对加氢渣油性质影响在生产允许范围内，但是柴油95%馏出温度为369.2℃，产品质量已经不合格。因此在执行多产柴油加工方案时，主分馏塔侧线柴油抽出量应控制在23t/h以下。

表10 侧线抽出量对柴油及加氢渣油性质的影响

柴油		加氢渣油				
抽出量/(t/h)	95%点/℃	抽出量/(t/h)	初馏点/℃	硫含量/(μg/g)	Ni+V/(μg/g)	康氏残炭/%
9.5	268.4	125.7	282.0	5543	14.0	4.15
11.5	287.5	123.6	300.1	5627	14.2	4.22
13.5	304.2	121.5	316.8	5712	14.5	4.29
15.5	321.5	119.5	330.1	5795	14.8	4.36
17.5	334.0	117.4	341.1	5879	15.0	4.44
19.5	347.4	115.4	349.2	5962	15.3	4.52
21.5	359.0	113.4	354.8	6045	15.5	4.60
23.5	369.2	111.4	359	6129	15.8	4.68

3 结论

基于Petro-SIM的RHDS-SIM渣油加氢反应模块构建了固定床渣油加氢的反应器模型及全流程模型，验证了模型的准确性，并基于模型开展了工艺分析及生产方案优化，结论如下：

(1) 分别选取了标定后反应器入口累计提温1℃、2.5℃时两种工况下的运行参数和产品性质数据与模拟结果对比，对模型进行了准确性验证。结果表明模型预测结果具有较高的精确度，可以作为预测和优化的分析工具；

(2) 将R1入口温度分别提高1℃、3℃、5℃，总脱硫率从85.36%提高至86.14%，总脱残炭率从66.55%提高至67.19%，总脱金属率从72.13%提高至75.85%，R1温升和R2的入口温度均有所提高，化学氢耗由141.3Nm^3/m^3增加至144.7Nm^3/m^3。

(3) 将R3急冷氢流量由19.5kNm^3/h减少到10.5kNm^3/h，R3入口温度由384℃提高至390℃，加氢渣油硫含量由5514μg/g下降至4880μg/g，在统筹考虑下游加工装置需求、换剂周期及R3催化剂剩余寿命等因素的前提下，可通过适当减少急冷氢流量进一步提高加氢渣油硫的脱除率。

(4) 将汽提塔底中压蒸汽流量降低0.4t/h，可在满足产品指标的前提下降低能耗，实现年经济效益137.2万元。

(5) 将柴油侧线汽提塔抽出量控制在≯23t/h，加氢柴油及加氢渣油产品性质能够满足产品规格及下游装置进料要求，实现多产柴油生产方案。

实践表明，基于 RHDS-SIM Reactor 建立的渣油加氢反应器模型及全流程模型，能够准确反应装置的实际运行工况，为操作人员进行深度工艺分析提供了工具和手段，为解决生产瓶颈、提高产品收率和质量、实现降本增效提供了理论依据，可用于指导装置生产，并实现良好的经济效益。

参 考 文 献

[1] 曹湘洪．石油化工流程模拟技术进展及应用[M]．北京：中国石化出版社，2010.

[2] 罗凡，陈夕松，梅彬，等．基于 Petro-SIM 的常减压流程模拟和参数优化[J]．炼油与化工，2017，28(2)：53-55.

[3] 孟凡辉，纪传佳，杨纪．惠州石化有限公司连续重整装置工艺流程模拟与优化[J]．化工进展，2017，36(7)：2724-2729.

[4] 李大东．加氢处理工艺与工程(第二版)[M]．北京：中国石化出版社，2016.

[5] 赵元生，赵愉生，夏恩东，等．上流式反应器用于劣质渣油加氢处理的初步探索[J]．石油化工，2016，45(11)：1363-1368.

[6] 王晨，杨杰，李宝良．Petro-SIM 模拟软件在中压加氢裂化流程模拟中的应用[J]．炼油技术与工程，2018，48(5)：42-46.

[7] 刘新月，王磊．渣油加氢装置流程模拟及优化[J]．石化技术，2019，20(9)：126-127.

[8] 范晓，常璐璐，王健红．实组分切割应用于渣油加氢全流程工艺模拟的研究[J]．北京化工大学学报(自然科学版)，2013，40(3)：32-37.

[9] 甘彬彬，胡瑞，公丕江．渣油加氢脱硫装置分馏塔优化模拟[J]．中外能源，2010，15(11)：75-78.

[10] 魏跃峰，索寒生，陈郑，等．炼化一体计划优化模型建设及技术展望[J]．计算机与应用化学，2020，37(3)：227-233.

[11] 李睿，胡翔．化工流程模拟技术研究进展[J]．化工进展，2014，33(增刊1)：27-31.

[12] 陈明杰，赵毅．人工智能技术在装置实时优化控制中的应用研究[J]．计算机与应用化学，2020，37(3)：257-263.

[13] Robert A Meyers. Handbook of petroleum refining processes(4th Edition)[M]. Ha'erbing: Harbin Institute of Technology Press, 2016.

[14] 董凯，戴立顺，贾燕子，等．仪长渣油加氢处理反应规律的研究Ⅱ．新型催化剂及工艺条件的影响[J]．石油炼制与化工，2015，46(2)：7-11.

延迟焦化冷焦水苯并芘处理技术研究

杨春鹏，王　辉，赵　锐

（中国石化石油化工科学研究院，北京　100083）

摘　要　为解决某公司延迟焦化单元冷焦水中苯并芘质量浓度超标的问题，在分析水质特性的基础上，优选并确定了“隔油+两级絮凝+紫外光催化”的高效组合工艺；然后，开展 0.5m^3/h 的现场侧线试验。结果表明：在优化的工艺条件下，处理出水中苯并芘质量浓度≤0.03μg/L，满足《石油炼制工业污染物排放标准》(GB 31570—2015)中对苯并芘质量浓度的限值要求，处理出水满足《石油化工污水处理设计规范》(GB 50747—2012)中污水厂进水的水质要求。研究结果可为苯并芘处理技术的工业应用提供基础数据支持。

关键词　延迟焦化　冷焦水　苯并芘　絮凝　紫外光催化

延迟焦化是通过深度热裂化将渣油(重油)等转化为气体、馏分油和石油焦的工艺过程。其中，产品石油焦除用作燃料外，还可用于炼铝、炼钢的电极材料，应用价值高。但是在生产石油焦的过程中，需要使用大量的冷焦水(一般为几千吨)将生成的石油焦逐渐冷却，然后切焦得到产品。随着生产工艺的运行，循环使用的冷焦水与石油焦周期性的接触冷却，会不断积累污油、焦粉，甚至是多环芳烃类持久性有机污染物(苯并芘)[1]。

按照常规运行方案，每隔 3~4 个月，需对冷焦水储罐中积累的焦粉进行清罐处理，否则将影响泵输；此时的冷焦水中污染物浓度高，直接进入污水处理厂会对生化系统产生严重冲击；同时《石油炼制工业污染物排放标准(GB 31570—2015)》明确指出，要求车间外排水中苯并芘浓度≤0.03μg/L。而实际冷焦废水中苯并芘的浓度一般是外排限值的几百倍，甚至上千倍；因此研发高效简单的处理工艺对企业绿色发展和满足国家标准要求具有重要意义。

目前，针对冷焦废水处理的研究主要集中在除油和除悬浮物方面[2]，专门针对其中苯并芘去除(≤0.03μg/L)的研究较少。苯并芘水溶性差，但易溶于有机溶剂、易吸附于焦粉。基于上述特点，本论文以某公司冷焦水为研究对象，通过分析水质特性和苯并芘质量浓度，确定了“预处理+高级氧化”的研究思路，并开展了实验室处理方法探究[3,4]和工艺条件优化，在此基础上，设计并加工了处理量为 0.5m^3/h 的撬装式装置开展现场试验，考察该技术的应用效果，并为将来的工业推广提供基础数据支撑。

1　水质指标

试验期间，对某公司冷焦水水样进行多批次采样分析，具体数值和水样表观性状分别参见表 1 和图 1。

表 1　试验期间冷焦水的水质情况

批次/时间	pH 值	电导率/(μS/cm)	COD/(mg/L)	ρ(苯并芘)/(μg/L)
第 1 批/2018. 9	9. 54	1371	466	0. 587～0. 954
第 2 批/2019. 6	9. 25	962	1385	65. 2～96. 6
第 3 批/2019. 11	9. 26	1356	1714	162. 9
第 4 批/2020. 1	9. 10	1250	1413	144. 5
第 5 批/2020. 9	8. 94	1430	522	15. 1

第1批　第2批　第3批　第4批　第5批

图 1　不同批次冷焦水的水样照片

由表 1 可知，冷焦水 pH 值在 8. 94～9. 54 范围，属于偏碱性水质；电导率在 962～1430μS/cm 范围；冷焦水的苯并芘质量浓度范围为 0. 587～162. 9μg/L，5 个批次的水样浓度波动较大，但数值远高于标准(GB 31570—2015)规定的排放限值(≤0. 03μg/L)。结合图 1 可知，不同批次的冷焦水均具有色度高、浊度高的特点，因此需要通过预处理实现石油类及悬浮物的去除。

2　工艺流程及装置介绍

以第 1 批～第 4 批的冷焦水为研究对象，开展实验室工艺优化研究，优选确定了“隔油+两级絮凝+紫外光催化”组合工艺。在此基础上，自主设计加工了 0. 5m^3/h 的撬装式装置，具体工艺和装置照片参见图 2。

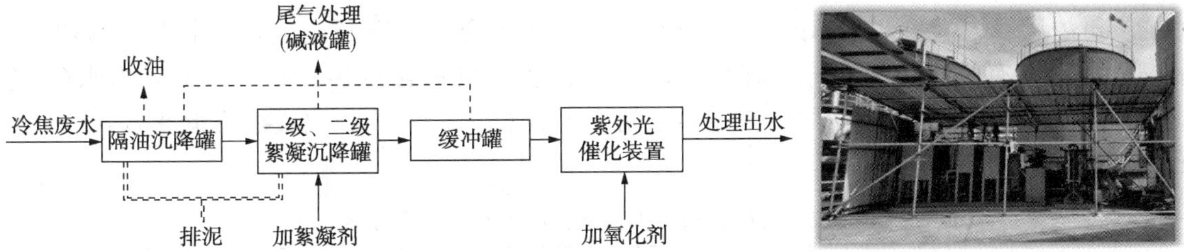

(a)　(b)

图 2　冷焦水处理工艺及现场试验装置照片

现场试验期间，处理对象是第 5 批水，进一步对预处理单元和光催化单元进行参数优化，其中絮凝单元的总药剂加量由第 1 天(500mg/L PAC+11mg/L PAM)逐天递减，以浊度<10NTU 为评价指标；光催化单元主要以苯并芘质量浓度为评价指标。在优化工艺的基础上对苯并芘迁移、降解分布及工艺对后续水处理系统的影响进行分析，具体试验结果如下。

3 试验结果及分析

3.1 絮凝预处理

絮凝预处理单元的试验结果参见图3。

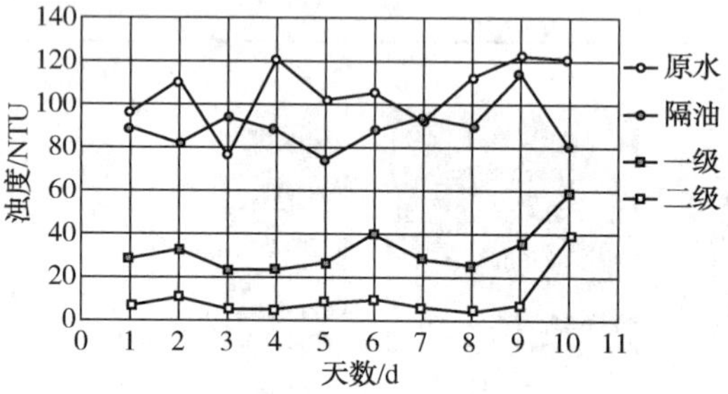

图3 隔油絮凝预处理单元的浊度变化趋势

由图3可知，在不同絮凝剂和助凝剂加量的情况下，原水经过隔油絮凝预处理的不同单元时，浊度的变化趋势基本表现为：原水>隔油>一级>二级。其中，絮凝预处理试验第1天~第9天的浊度去除试验较好，二级絮凝出水的浊度能够满足后续光催化的进水要求(<10NTU)；而在第10天絮凝条件下，由于絮凝剂投加量不足，二级出水浊度为39.1NTU，不满足光催化进水要求，因此重点分析第1天~第9天。在上述不同条件下，预处理效果为：原水的平均浊度为104NTU，隔油的平均浊度为90NTU，一级絮凝的平均浊度为29NTU，二级絮凝的平均浊度为7NTU；其中，综合药剂成本和处理效果的优化加量为：在一级絮凝PAC投加质量浓度为130mg/L，PAM投加质量浓度为2mg/L，二级絮凝PAC投加质量浓度为80mg/L，PAM投加质量浓度为2mg/L的条件下，原水经过隔油絮凝预处理后，平均浊度由104NTU降至5.4NTU；COD由522mg/L降至350mg/L。由此可以看出，隔油絮凝能够一定程度上去除浮油、分散油和悬浮态有机物，也有助于减轻后续紫外光催化的降解有机物的压力。

3.2 紫外光催化单元

在上述的优化条件下，开展紫外光催化单元的苯并芘深度处理试验。具体试验结果参见表2，图4为在最优条件下作对照分析。

由表2可知，在体积流量为300L/h，催化剂投加质量浓度为750mg/L时，出水中的苯并芘质量浓度可以满足≤0.03μg/L的要求。在最优组合条件下开展试验，由图4可知，原水(黑色线)中有机物种类多，且峰面积较大，说明有机物含量多；而组合工艺出水(蓝色线)峰较少，说明较多的有机物得到有效去除，且红框中的苯并芘质量浓度低于检出限，满足标准要求(≤0.03μg/L)。

表2 连续流条件下二级絮凝出水的处理效果

反应条件	流量/(L/h)	300			500		
	催化剂投加量/(mg/L)	300	500	750	300	500	750
水质参数	pH	8.56	7.68	7.57	8.29	7.83	7.36
	浊度/(NTU)	6.97	4.04	2.89	7.07	2.76	2.07
	ρ(TOC)/(mg/L)	86.0	81.3	48.0	86.2	81.5	74.7
	ρ(苯并芘)/(μg/L)	0.089	0.082	0.027	0.089	0.083	0.077

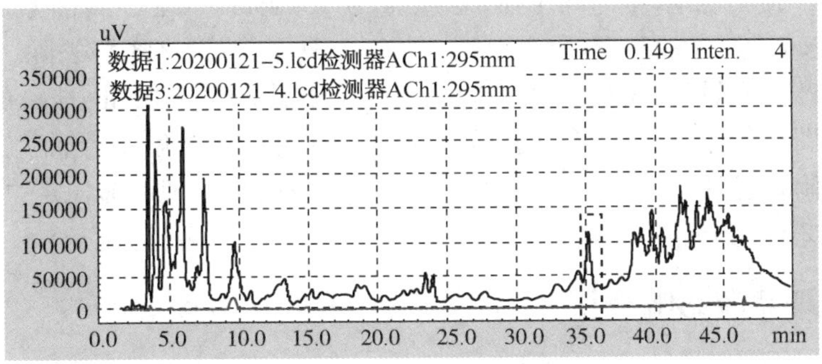

图4　原水和组合工艺出水的苯并芘谱图照片(红框区域)

3.3　苯并芘转移、降解分析

在优化的组合工艺条件下，连续运行五天，各单元出水的苯并芘去除情况参见图5，以图5中各单元的平均值为基础，初步分析苯并芘的去除和转移情况，结果参见图6。

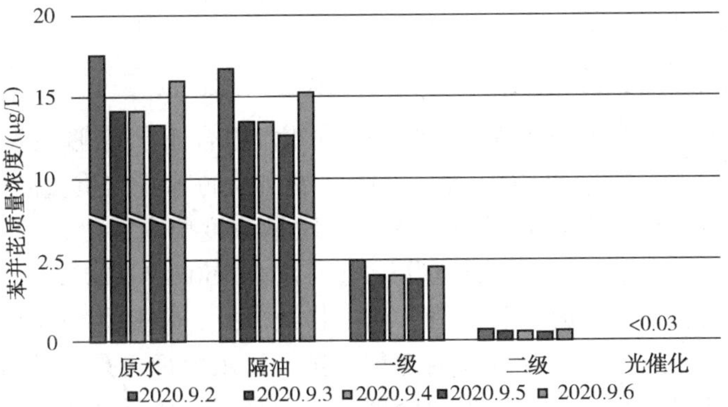

图5　组合工艺各单元的苯并芘去除情况

由图5可知，对于同一处理单元，水中苯并芘的质量浓度呈现一定幅度的波动，但变化不大；在优化的工艺条件下，原水经过不同处理单元时，其苯并芘质量浓度的变化趋势基本表现为：原水>隔油>一级>二级>光催化，且光催化出水的苯并芘质量浓度稳定小于0.03μg/L，说明该组合工艺能够高效稳定的去除苯并芘污染物。

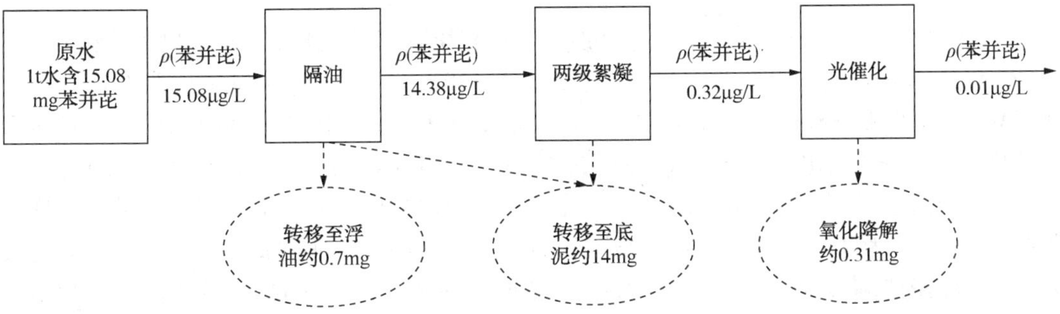

图6　组合工艺各单元的苯并芘降解和转移情况

由图6可知，1t冷焦水中苯并芘的总质量为15.08mg，经过隔油絮凝预处理，约有14.7mg苯并芘被转移至浮油和絮凝底泥中，约有0.31mg被氧化降解去除。与测试数据(絮凝单元处理吨水产泥质量为73.0g，烘干后的苯并芘质量分数为169mg/kg)的计算基本吻合。

结合图5和图6的数据，也说明了预处理能够有效去除溶解在浮油、分散油中的苯并芘，以及去除吸附在悬浮物或焦粉上的苯并芘；光催化氧化处理能够稳定去除溶解态的苯并芘，保证组合工艺出水能够稳定达标。

3.4 水处理系统影响分析

对冷焦水原水、处理出水的水质指标进行分析，并将处理出水的指标与《石油化工污水处理设计规范》(GB 50747—2012)中进水指标要求进行对比分析，具体比对结果参见表3。

表3 冷焦水原水、处理出水水质及标准要求进水数值

名称	ρ(苯并芘)/(μg/L)	COD/(mg/L)	BOD/(mg/L)	ρ(石油类)/(mg/L)	浊度/NTU	ρ(TOC)/(mg/L)	pH值
冷焦水	15.5	522	125	43.1	104	136	9.54
处理出水	<0.03	125	30	0.84	3.74	35.6	7.10
进水要求	≤0.03	600~800	240~320	≤500	—	—	—

由表3可知，采用“隔油+两级絮凝+紫外光催化”组合工艺能够高效去处冷焦水中的污染物，尤其是苯并芘、石油类和COD等。其中处理出水的苯并芘质量浓度(<0.004μg/L)满足标准(GB 31570—2015)车间废水排放口苯并芘质量浓度要求；处理出水的COD、BOD和石油类质量浓度低于《石油化工污水处理设计规范》(GB 50747—2012)中要求的进水水质限值；同时，冷焦水只有在清罐时排放，属于间歇排放方式，水量相对于污水厂处理量而言很小。综上分析结果，将组合工艺处理后的冷焦水排入污水处理厂是一种可供选择的方案。

依据现场试验结果，在优化的絮凝预处理条件下，絮凝单元处理每吨冷焦水共产干泥质量为73.0g，絮凝底泥的有机质质量分数为36.7%。若按3个月排放一次，冷焦水处理体积量为3000m^{3}估算(结合现场情况)，可得1.5t含水率为85%的絮凝底泥，即6t/a。由于絮凝底泥中存在苯并芘污染物，建议作为危废处理。

4 结论

(1) 设计加工了处理能力0.5m^3/h的试验装置开展现场应用试验，试验结果：①优化PAC+PAM药剂加量，一级絮凝PAC质量浓度为130mg/L，PAM质量浓度为2mg/L；二级絮凝PAC质量浓度为80mg/L，PAM质量浓度为2mg/L；②在优化的絮凝条件下，原水经过絮凝预处理后，平均浊度由104NTU降至5.4NTU，平均COD由522mg/L降至350mg/L，絮凝单元处理吨水的平均产泥质量73.0g，干泥中平均有机质质量分数36.7%，烘干后底泥的苯并芘质量分数为169mg/kg。③验证了紫外光催化深度处理的高效性，在体积流量为300L/h，催化剂投质量浓度为750mg/L时，出水中的苯并芘质量浓度可以满足≤0.03μg/L的要求。

(2) 周围环境影响分析及技术处理方案：①处理后的冷焦水中污染物浓度低于《石油化

工污水处理设计规范》(GB 50747—2012)中要求的污水厂进水水质限值，因此将组合工艺处理后的冷焦水排入污水处理厂是一种可供选择的方案；②絮凝底泥产量少但富集有苯并芘，建议作为危废处理。

参 考 文 献

[1] 周付建，王湘，杨军文，等．炼厂延迟焦化废水来源及其处理技术[J]．石油化工安全环保技术，2015，31(5)：76-80.

[2] 朱丽云，王国涛，李安俊，等．延迟焦化废水处理技术介绍[J]．石油化工设备，等．2019，48(6)：40-46.

[3] Rubio-Clemente A ，Chica E ，PeUela G A . Photovoltaic array for powering advanced oxidation processes: Sizing，application and investment costs for the degradation of a mixture of anthracene and benzo[a]pyrene in natural water by the UV/H_2O_2 system[J]. Journal of Environmental Chemical Engineering，2018，6：2751-2761.

[4] Giannakis S，Lin K A ，Ghanbari F. A review of the recent advances on the treatment of industrial wastewaters by sulfate radical-based Advanced Oxidation Processes (SR-AOPs) [J]. Chemical Engineering Journal，2021，406：127083.

转型升级

环保型芳香基橡胶增塑剂生产优化

王海燕，任 峰，吴艳萍，李 慧，杨 鹏，孙洪鑫

（中国石化济南炼化公司，济南 250101）

摘 要 介绍了橡胶油 REACH 法规的执行现状和 TDAE 典型生产技术，简述济南炼化 TDAE 的生产历程、工艺流程与技术特点。通过对精制和脱蜡单元生产条件优化，以及 ARE 单元的真空系统改造、工艺参数调整、精细化规范操作，使全流程更加低耗高效，产品收率提至 30%以上，合格率保持 100%，装置综合能耗降至 50kgeo/t 以下。通过技术改造，彻底解决了设备腐蚀和罐区异味问题。目前，该工艺已连续满负荷运行 26 个月，产品进入高端制造市场，取得了满意的经济和社会效益。

关键词 TDAE 工艺 优化 效果

1 前言

橡胶增塑剂是橡胶配合及加工过程中的关键成分，对橡胶制品的最终性能至关重要。石油类增塑剂(俗称橡胶油)是应用最多的品种，其增塑效果好、来源丰富、成本低，几乎在各种橡胶中都可应用[1]。随着全球范围内环保与健康意识的提高，欧盟在 2005 年发布了关于轮胎生产中禁用含过量稠环芳烃(PCA)的芳烃油(DAE)等有毒橡胶油的指令 2005/69/EC (即 REACH 法规)，并于 2010 年 1 月 1 日起开始执行。美国、日本、韩国等国家在 2011 年也开始执行 REACH 法规。中国的自律性行业规范《绿色轮胎技术规范》要求自 2015 年 1 月起，国内所有子午线轮胎配方以及所有进口轮胎中均不应含有 DAE 等有毒橡胶油。

为应对挑战，国内外相关行业开始研究和生产满足 REACH 法规要求的环保型芳香基橡胶油(TDAE)产品。可见报道的工艺有三种，如图 1 所示[2]。其中，多级溶剂精制工艺的代表是中国石油化工股份有限公司(简称中石化)北京石油化工科学研究院(简称石科院)的 ARE 工艺。为解决国内因无自主知识产权的此类产品而影响橡胶轮胎行业发展的紧迫局面，2010 年 3 月，石科院率先完成了 TDAE 生产关键工艺—ARE 研究的小试和中试试验，并于 2010 年 11 月，由中石化济南炼化公司(简称济南炼化)老溶剂抽提装置改造，建成国内首套、具有自主知识产权的 7 万 t/a ARE 工业化装置并投产，以润滑油老三套反序糠醛抽出油为原料，产品达到 REACH 法规标准，获得欧盟认证。吸附-溶剂精制组合工艺未见工业应用报道；而国外公司大都采用加氢后原料再精制，即

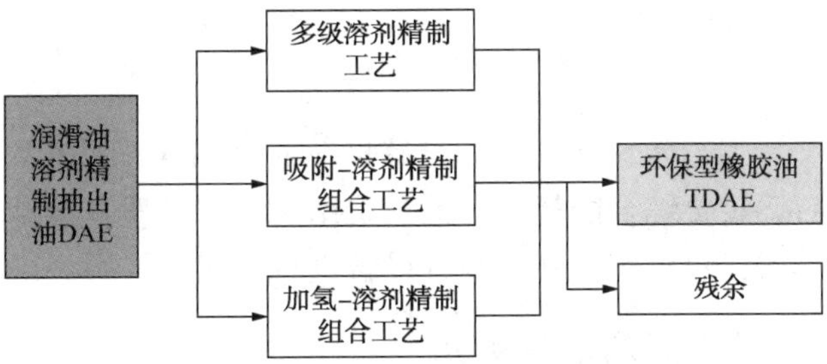

图 1 TDAE 生产组合工艺

加氢-溶剂精制组合工艺，产品收率相对较大。

ARE装置首期开工至2011年底，间断运行五个月，加工原料19961t，产出7711t TDAE。产品填补国内生产空白，打破进口垄断，取得了良好经济和社会效益。2012年，济南炼化重质基础油光亮油生产基地建成投产，原料抽出油性质发生较大改变，生产被迫中断。为满足国内市场迫切需求，2015年，建设10万t/a抽出油脱蜡装置，完善TDAE生产工艺，再次产出合格产品。

作为国内首套TDAE生产工艺，再次开工后很长一段时间内，存在生产波动大、剂耗能耗高、收率偏低(仅20%左右)、质量控制困难、腐蚀严重、环保压力大等问题，2016年-2018年，每年只能生产6个月左右；通过持续技术攻关，对装置及工艺条件进行优化，自2019年起，已满负荷连续运行26个月，综合效益显著。

2 工艺简介

2.1 工艺流程

济南炼化TDAE生产工艺包括馏分油溶剂精制、抽出油脱蜡、脱蜡抽出油ARE精制三个单元。通过三段复杂的物理分离过程，达到富集芳烃并选择性脱除多环芳烃，获得理想TDAE产品的目的。工艺简图见图2。

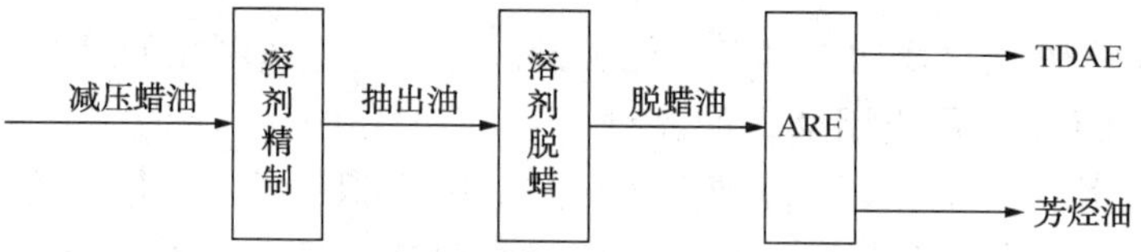

图2 济南炼化TDAE生产流程

2.2 技术特点

(1) 溶剂精制单元：在确保精制油满足加氢原料工艺要求的前提下，使单、双环芳烃尽量保留在抽出油中，即浅度溶剂精制。

(2) 脱蜡单元：目的是确保目标产品倾点合格和C_A含量适宜(>18%)，即适度脱蜡。

(3) ARE单元：将稠环芳烃和大部分多环芳烃与目标组分分离，控制溶剂的选择性，使目标产品PCA含量小于3%，8种受控多环芳烃含量合格。

3 工艺优化

新工艺装置开工后，产品收率由2011年(润滑油老三套反序抽出油)的38.6%降至20%左右、装置综合能耗高、助剂费用高、产品质量波动大，影响了整体效益水平。通过不断研究摸索，对生产条件及装置设备进行了优化。

3.1 溶剂精制单元

装置初始设计采用小剂油比、低温萃取条件，目的是尽可能将润滑油潜在理想组分提取到精制油中，作为润滑油加氢原料。因此，抽出油中剩余的单环或理想双环芳烃含量极少，不利于后续 TDAE 的生产。

实验室对溶剂精制条件进行重新试验，将剂油比、精制温度与温度梯度等因素的有效协调，得出了不影响精制油性质、且能提高抽出油中 TDAE 理想组分的精制条件。生产据此进行调整，使收率有效提高了 3 个百分点以上。见表 1。

表 1　溶剂精制条件调整对比

生产条件	调整前	调整后
剂油比	0.9~1.2	1.4~1.7
精制温度/℃	75~90~105	85~100~120
抽出油收率/%	17~20	23~26

3.2　脱蜡单元

由于抽出油中不可避免带有的少量蜡组分是 TDAE 的非理想组分，影响产品倾点，并会对最终使用效果带来不利影响，必须尽量脱除。

与传统润滑油溶剂脱蜡原料相比，抽出油黏度大、蜡组分结构相对复杂且含量低，因此，结晶过程中需要通过相对更大的稀释比、更高的稀释温度、添加脱蜡助剂以改善蜡组分的结晶状况等措施，来提高过滤速度和增加蜡饼厚度，使连续操作成为可能，但也因此增加了加工成本。

为降低加工成本，提高装置效益，通过大量试验，设计了“含油蜡膏重结晶脱油-脱油蜡膏再循环”的工艺。该工艺在保持脱蜡过滤速度和蜡饼厚度前提下，使新鲜脱蜡助剂的加入量降低了 95%，并将脱油蜡膏回收溶剂负荷降低 60%，显著降低了生产成本和单位能耗。

3.3　ARE 单元

ARE 工艺是 TDAE 生产的最关键步骤，它是一个液液萃取过程，利用溶剂对原料油中三环及三环以上芳烃(PCA)的溶解度大于对一环、两环芳烃及饱和烃溶解度的特点，尽量彻底脱除 PCA，并能够选择性地脱除其他的有害多环芳烃(PAHs)，使精制油满足 REACH 法规对多环芳烃的限量要求。因此，ARE 工艺采用的是具有专利技术的复合溶剂。

与传统的溶剂精制工艺相比，ARE 工艺的原料抽出油黏度相对更大，需要利用溶剂分段加注、增加预稀释流程等措施，来降低物料黏度，强化萃取效果；循环溶剂采取低温控制；而萃取塔采用了大幅低于传统工艺的温度条件。在装置运行初期，遇到了很多困难和问题，通过多方协调、研讨、设计、实施，问题圆满解决，流程得以优化，生产更加顺畅。

3.3.1　真空系统优化

ARE 装置的立式剂水分离罐与真空罐间的垂直距离是 6.6m 距离，当真空度增大时，从精废液汽提塔顶出来的馏出物不能顺畅地从真空罐自流到剂水分离罐中，出现吊液面情况；而当液面达到一定高度时，真空度与重力差平衡被打破，大量液体瞬间流下，又会使剂水分离罐液面周期性迅速上涨，引起真空度的波动，进而使得塔底泵入口压力波动，影响精废液塔底泵的平稳运行、湿溶剂含水量和各蒸发塔压力。

通过综合分析，废旧改造利用一个卧式罐代替原立式罐，使真空罐下端与剂水分离罐的垂直距离增至 9.8m，很好满足了真空罐 85kPa 真空度的操作压力要求，同时加长的“水腿”

可确保真空罐内液体顺利自流，使湿剂含水稳定在7%左右，各蒸发塔压力下降至正常状态，塔底泵运行保持稳定。

3.3.2 降低装置能耗

为达到目标产品低PCA含量和高CA含量的要求，ARE的设计工艺条件是“大溶剂比大助剂量”。由于装置规模小，为精制液提供热量的减温减压器设置不合理，导致背压偏高、效率偏低、实际能耗持续在90kgeo/t以上的高位。

通过反复论证和实验室试验，在装置上逐步实施“小溶剂比小注剂量”的操作条件，溶剂比降20%，助剂注入减少60%左右；减温减压器管壳程互换，使热量利用更加充分，蒸汽用量下降65%，背压由2.6MPa降为0.4MPa；同时对一、二次蒸发塔塔顶的流程进行调整，进一步减少助剂量；停运在用装置含剂重油管线的伴热，优化1.0MPa蒸汽的用量。通过实施各类措施，装置综合能耗降至50kgeo/t以下，节能效果显著。

3.3.3 提高产品收率

2019年5月底至6月初，产品收率持续走低，最低至19%左右。TDAE产品的最终收率主要由原油中目标组分含量来决定，由于TDAE的小众化特点，原油采购很难兼顾该产品。因此，从现馏分油中最大量提取有效理想成分来提高产品收率是装置工作的重点。通过总结经验和理论分析，认为ARE萃取塔在设计控制界面10%~15%时，原料进入萃取塔后，大部分未能在萃取段与溶剂充分混合，完成萃取分离，而是从塔底直接进入回收系统，导致了目标产品收率低。

通过逐步提高萃取塔界面至25%~30%，收率上涨至26%左右，质量保持较好水平。同时，通过前述浅度溶剂精制和适度脱蜡控制，ARE适量负荷加工，最大限度利用好宝贵资源，使TDAE收率逐步上涨并保持在30%以上。

3.3.4 控制产品质量

由于装置设计的萃取条件偏重于对TDAE质量的控制，因此前期产品的PCA在2.2%左右，质量过剩较大(指标≯3%)。为均衡质量与收率，实现装置的效益最大化，通过实验室试验和实践摸索，适当了调整萃取条件，如优化预稀释比、控制更合理的助剂注入量、萃取塔顶底温度与助剂量同步调整等措施，同时注意细化调整操作，如助剂注入量以0.1t/次调整，温度调整以0.5℃/次等。

通过工艺优化和精细化控制，TDAE产品质量合格率保持在100%。

3.3.5 解决腐蚀问题

在ARE生产工艺中，助剂与溶剂在一定条件下易发生结焦，焦粒随物料在管线中运行，对焊缝或质量有缺陷的部位进行反复冲刷，会引起设备管线的坑蚀。加热炉进料线U型弯多、物料含剂量大、温度相对偏高，成为事故多发点。2016年4月开工过程中，在六天时间里，相继出现了两次进炉控制阀三通泄漏，经检查，在弯头及三通等管件多部位出现坑蚀，通过测厚却很难找到坑点。

利用检修机会对易腐蚀系统管线、换热器和蒸发汽提塔的材质进行升级，同时筛选注入适宜的缓释阻焦剂，彻底解决了腐蚀泄漏问题，自2019年连续运转至今，装置可靠性得到保证。

3.4 罐区异味治理

ARE工艺的抽出油部分作为芳烃油出品，它所在的罐区存在较大异味，影响了周围环境。经分析排查，是由于芳烃油携带了较多的溶剂所导致。

在原设计中，精废液汽提塔塔底流量较小，塔底至泵入口有 U 型弯，这就使得塔底泵极易抽空。生产中，采用控制塔内小真空度来避免塔底泵抽空，从而导致芳烃油中溶剂含量升高。通过重新计算、设计，在塔底增加最小回流线，避免了由于机泵长时间憋量运行、机泵过热导致的抽空；同时，利用检修机会，将塔底 U 型弯管进行了取直处理。两项措施实施后，塔顶真空度由 50kPa 提高到了 85kPa，芳烃油溶剂携带量由 800ppm 降至 10ppm 以下，机泵抽空问题彻底解决，罐区异味实现源头消除。

4 优化效果

通过持续技术改造和生产优化，济南炼化 TDAE 工艺实现了连续平稳运行。自 2019 年起已累计生产近 5 万 t 合格产品，经济效益可观；质量与进口产品相当，符合 GB/T 33322—2016《橡胶增塑剂芳香基矿物油》A1820 指标要求，满足 RAECH 法规标准。

基于稳定的品质和可靠的供应，济南炼化 TDAE 产品在高端制造市场，已逐步替代进口，见表 2。作为国内最大合成橡胶生产企业，中国石化齐鲁石化和燕山石化的环保充油合成胶生产用油已全部实现国产化；英国著名轮胎杂志《Tyres&Accessories》公布的 2019 年全球轮胎制造商前 20 强排名中[3]，中策(9)、韩泰(6)、正新(10)、赛轮(18)均采用了该产品。以济南炼化 TDAE 为原料制造的高端轮胎已出口至执行 REACH 法规的欧美日韩等发达地区。

通过生产优化，济南炼化 TDAE 性价比远优于进口产品，这对于国内橡胶、轮胎行业提高竞争力、打破贸易壁垒、加快绿色发展具有积极的意义。

表 2 济南炼化 TDAE 市场情况汇总

客户名称	使用方向	客户名称	使用方向
中国石化齐鲁橡胶厂	充油橡胶	山东盛泰轮胎公司	轮胎制造
中国石化燕山石化橡胶厂	充油橡胶	厦门正新轮胎公司	轮胎制造
中国石化巴陵石化橡胶厂	充油橡胶	韩泰轮胎公司	轮胎制造
中策橡胶公司	轮胎制造	赛轮金宇集团公司	轮胎制造

5 结论

作为国内首套环保型芳香基橡胶增塑剂生产工艺，济南炼化通过持续技术改造和生产优化，实现了装置的长周期连续平稳运行，TDAE 产品收率保持在 30%以上，质量与进口产品相当，合格率 100%；生产能耗处于理想的低水平，助剂消耗量优化至设计量的 5%以下；有效控制了设备腐蚀，从源头上解决了罐区异味问题。产品以其优异的性价比进入高端制造市场，替代进口，助力橡胶与轮胎行业的绿色发展，取得了良好的经济效益和社会效益。

参 考 文 献

[1] 杨清芝. 现代橡胶工艺[M]. 北京：中国石化出版社. 2017：352-366.
[2] 马书杰. 欧盟环保指令对轮胎橡胶油产品的影响及对策研究[J]. 润滑油，2009(4)：6-9.
[3] http://www.360doc.cn/mip/946829751.html? ivk_sa=1024320u.

全硫化态加氢催化剂在80万t/a催化汽油加氢装置的首次工业应用

唐绍泉，马　杰，王东辉，刘　兵

（中国石油独山子石化公司炼油厂，克拉玛依　833699）

摘　要　独山子石化公司80万t/a催化汽油加氢装置在2019年首次使用了全硫化态催化剂。本文对全硫化态催化剂在装置上的首次工业应用全过程进行了简要介绍，对过程中出现的问题及原因进行了分析，对全硫化态催化剂在装置上的使用效果进行了评价，为同类催化剂在加氢装置上的使用提供了实际应用经验。

关键词　全硫化态　催化剂　汽油加氢　开工

独山子石化公司炼油厂80万t/a汽油加氢装置为2013年9月竣工，采用GARDES技术的第一代氧化态催化剂，同年10月一次开车成功，在第一次开工过程中，存在开工周期长、催化剂硫化过程环境污染等问题。

为了缩短开工周期，避免环境污染，2019年8月大修后，装置催化剂更换为由中国石油天然气股份有限公司兰州化工研究中心生产，北京中石大格林催化科技有限公司的GARDES技术第二代全硫化态汽油加氢催化剂。

1　装置生产流程及原理简介

1.1　生产流程

如图1所示，催化汽油通过一个装有选择性脱双烯、脱硫醇催化剂的预加氢反应器，使硫醇硫与二烯烃作用生成硫醚而转移到重馏分中，然后进分馏塔进行轻、重馏分切割；在切割所得到的轻汽油（LCN）中，硫醇性硫含量很低，直接用于汽油产品调和，而重汽油

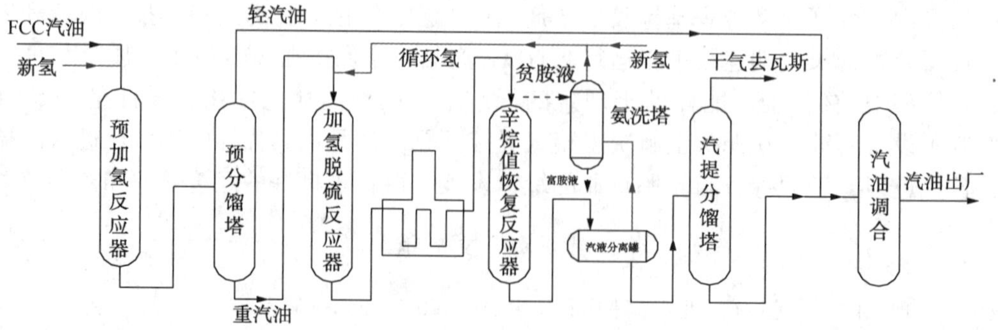

图1　汽油加氢原则工艺流程

(HCN)经过选择性加氢脱硫反应器和辛烷值恢复反应器两段加氢处理后得到总硫和硫醇含量符合调和要求的改质重汽油；最后将轻、重汽油混合得到满足国Ⅵ标准的汽油调和组分。

1.2 各反应器设计操作条件

如表 1 所示，预加氢反应器属于低温、低氢油比的液相反应，而脱硫反应器、辛烷值恢复反应器则属于高氢油比、反应器内存在汽液相并存的反应器。

表 1 各反应器操作条件

项目	预加氢反应器	选择性加氢脱硫反应器	辛烷值恢复反应器
操作压力/MPa	2.4	2.0	1.8
体积空速/h^{-1}	2.6	2.6	1.5
初期入口温度/℃	90	190	300
末期入口温度/℃	210	300	410
氢油比(体积比)	5~7	400~500	400~500

2 装置主要开工过程

装置反应系统开工主要有催化剂装填、反应系统氮气置换、氢气置换及气密、预加氢反应器 R1001 充油、脱硫反应器 R2001/辛烷值恢复反应器 R2002 升温、各反应器进油建立装置大循环、切换催化汽油、各反应器升温至正常操作温度等主要步骤。

2.1 催化剂装填

由于是全硫化态催化剂，运抵现场的催化剂全部使用集装箱储充氮储存并且在装剂过程中反应器全部为氮气环境，以保证装剂过程中不发生催化剂自燃的情况。

反应器装填共耗时 5 天，催化剂装填总量达到 92.3t，具体各反应器催化剂装填量见表 2。

表 2 催化剂装填量

反应器	R1001		R2001			R2002	
			上部		下部	上部	下部
催化剂牌号	GDS10	GDS22	GDS10	GDS32	GDS32	GDS42	GDS42
理论装填量/t	3	34.7	3.1	6.6	9	14.1	22.5
实际装填量/t	3	35	3	6.4	10	15.1	22.5
理论堆密度/(kg/m^3)	637	717	602	515	500	689	713
实际堆密度/(kg/m^3)	629	714	623	504	495	695	710

各反应器在催化剂装填后，均出现催化剂温度上升的情况，尤其是 R1001，最高温度上升到 64℃。具体各反应器催化剂装剂过程中温度分布见表 3。

表3 催化剂装填过程中反应器温度分布

反应器	R1001	R2001上床层	R2001下床层	R2002上床层	R2002下床层
上部温度/℃	40~50	38~47	39~45	36~49	39~48
中部温度/℃	35~50	36~46	37~45	38~50	37~46
下部温度/℃	35~60	40~50	35~48	37~50	35~49

2.2 催化剂装填过程中问题

为了保证催化剂不发生自燃及作业人员安全，装填过程中从装催化剂的集装箱、装催化剂的偏心料斗、反应器顶部、反应器底部等都通入氮气(见图2)，并定期对反应器中气体的氧含量进行监测，保证催化剂在无氧环境下进行装填作业。

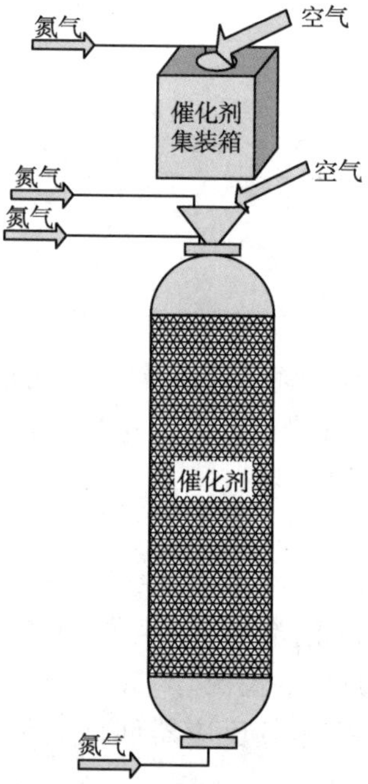

图2 预加氢反应器R1001催化剂氮气环境下装剂过程示意图

虽然采取各种氮气保护措施，但在刚开始对预加氢反应器R1001进行GDS22催化剂装填时，仍然发生催化剂温度上升的情况，最高达到64℃。

2.2.1 原因分析

从全硫化催化剂特性来看，催化剂接触空气后会有氧化发热的情况，造成催化剂温度上升。通过对现场装剂的工具和装剂过程进行分析，笔者认为有以下原因使全硫化态催化剂接触到空气：

(1) 由图2可以看出，尽管通入氮气点达到4处，但为保证催化剂从集装箱里顺利卸出，集装箱顶部密封盖为打开状态，如果通入氮气量小，催化剂从集装箱卸出过程中会有空气从打开的密封盖处进入集装箱。

(2) 装催化剂的集装箱底部卸剂口进入偏心料斗为敞开状态，没有密封。虽然有氮气在偏心料斗处进行保护，但料斗开口在0.5m以上，且集装箱卸料口距离偏心料斗具体在半米左右，无法避免料斗中有空气，造成从集装箱中卸出催化剂使接触到空气。

(3) R1001反应器底部氮气无专用氮气项，借取样器充氮，管径只有10cm左右，存在节流情况，造成进入反应器内氮气量不够，无法将催化剂带入的空气置换出去。

2.2.2 调整措施

(1) 将顶部集装箱密封盖关闭，通过集装箱顶部阀门给氮气保持微正压。

(2) 将集装箱底部卸料口和料斗之间采用雨布进行围挡，减少空气进入量。

(3) 反应器底部通过DN25的导淋再增加氮气线，加大氮气进反应器置换量。

2.2.3 调整效果

通过上述调整，减少了催化剂接触的空气量，在后续R2001、R2002装剂过程采取上述措施，催化剂温度可以控制到50℃以下，保证了装剂的顺利进行。

2.3 反应系统氮气、氢气置换，气密

催化剂装剂完成，对整个反应系统进行氮气置换、氢气置换、氢气气密。氮气置换过程中各反应器催化剂温度维持在 40℃，整个过程正常不再进行赘述。氢气置换升压过程中出现了催化剂温度上升的情况。

进氢气后，R1001 压力达到 1.4MPa 时，R1001 催化剂温度最高达到 70℃；R2001/R2002 压力达到 1.5MPa 时，R2001 温度最高达到 63℃，R2002 温度最高达到 52℃。各反应器压力稳定后，催化剂温度也保持相对稳定。

原因分析：(1)催化剂在运输和装填过程中有部分被氧化，氢气接触催化剂后有吸附热释放，造成温度上升。(2)由于反应器内氢气处于静止状态，放出的热量无法带走，使各催化剂温度上升。

采取对策：针对此情况，装置开启循环氢压缩机，R2001/R2002 内残存的热量被循环氢带走，反应器各点温度迅速恢复到 35℃左右。

催化剂技术提供商认为在反应器氢气本身气密过程中出现的催化剂温度上升最高只有 70℃，对催化剂本身的性能影响可以忽略。全硫化态催化剂在未进油之前，在氢气存在的情况下，温度达到 200℃以上，该催化剂会出现部分硫化态催化剂被氢气还原的情况，造成催化剂活性损失，在开工过程中应避免此类情况发生。

2.4 预加氢反应器 R1001 充油

由于预加氢反应器设计高径比较大(催化剂装填 16m、反应器直径 2m)，为保证润湿效果，避免出现偏流，装置本次采用反应器底部充重石脑油的方式来对催化剂进行润湿。充油量按 8t/h 控制，整个充油过程耗时 4h。

充油后，油品接触到催化剂产生吸附热，R1001 催化剂温度从 60℃上升到 76℃，吸附热过后温度降至 61℃，R1001 各层径向温差在 2℃以内。

2.5 催化剂润湿冲洗

装置以加氢裂化重石脑油作为催化剂润湿原料对催化剂进行润湿、冲洗。进油前，预加氢反应器温度维持在 42℃，脱硫反应器 R2001、辛烷值恢复反应器 R2002 入口温度被控制在 110~120℃左右。进油后，R1001 温度逐步提高至 90℃，R2001/R2002 温度逐步提高至 150℃。

在催化剂润湿过程中，R1001 温升最高上升到 16℃，R2001 最高温升上升到 22℃，R2002 最高温升上升到 8.3℃，2h 后 R1001/R2001/R2002 温升降至 2℃以内。由于使用烯烃含量、硫含量较低的加氢裂化石脑油作为润湿冲洗油，催化剂润湿过程中吸附热较少，润湿过程温度总体较平稳。

2.6 切换 FCC 汽油

切换前，装置循环量在 60t/h，R1001 温度 90℃，R2001 温度控制在 150℃，R2002 温度控制在 235℃，在半小时内装置加工原料全部切换为 FCC 汽油(性质见表 5)。切换后 R2002 温度逐步提高至 275℃，R2001 温度提高至 185℃，R1001 温度维持 90℃。在此过程中，

R1001温升最高达到36℃，R2001反应器温升最高达到16.6℃，R2002温升最高达到41℃。由于切换过程中原料烯烃含量增加，各反应器催化剂在初期活性较高，使反应器温升在5~41℃波动。经过30h，装置反应系统操作达到平稳状态，产品取样质量合格。

3 催化剂标定结果

2019年11月20日，装置进行了初期标定，具体结果如下：

3.1 标定主要操作参数

表4 标定主要工艺参数

参　数	单位	设计值	标定值
预加氢进料流量	t/h	91.7	91.2
新氢补入量	Nm^3/h	4820	1080
R-1001入口温度	℃	90~210	92
R-1001总温升	℃	≯12	3.7
轻汽油抽出量	t/h	25.7	35
R-2001入口温度	℃	180~300	194
R-2001总温升	℃	≯35	0.7
R-2002入口温度	℃	270~410	277
R-2002总温升	℃	≯25	8.3

（1）新氢补入量标定为1080Nm^3/h，设计为4820Nm^3/h，主要是装置最初设计按照加工硫含量最高达到1000mg/kg的原料设计，而标定时装置原料硫含量只有80mg/kg，各反应温度控制较低相应新氢耗量较低。

（2）轻汽油抽出量控制在35t/h，较设计量高10t/h。主要是轻汽油硫含量较低，提高抽出量，减少高辛烷值组分进入加氢脱硫和辛烷值恢复反应器，降低由于烯烃饱和造成的辛烷值损失。

（3）预加氢反应器、脱硫反应器、辛烷值恢复反应器入口温度控制在92℃、194℃、277℃，按初期反应温度进行控制。

（4）R2001反应器温升0.7℃，主要装置原料烯烃含量为20%左右，富含烯烃的轻汽油拔出后进R2001的重汽油烯烃含量在10%左右，同时装置主要依靠R2002进行加氢脱硫反应，R2001入口温度按194℃下限控制，该反应器加氢后脱硫反应、烯烃饱和反应相对较少。进反应器不饱和烃含量低且反应温度低，造成温升较低。

3.2 装置物料平衡

如表5所示，加氢汽油的收率为99.05%，达到设计值≮99%指标；氢气耗量0.11%，远低于0.47%的设计氢耗量。

表 5　标定物料平衡

	序号	物料名称	比例/%	总量/(kg/d)	质量流量/(kg/h)
进方	1	混合原料汽油	99. 89	2188420	91184
	2	氢气	0. 11	2334	97
	合计	总进料	100. 00	2190754	91281
出方	序号	名称	收率/		产量/(kg/h)
	1	加氢汽油	99. 05	2169930	90414
	2	干气	0. 92	20155	864
	3	加工损失	0. 03	669	28
	合计	总出料	100. 00	2190754	91279

3.3　原料及产品性质

如表 6 所示，原料汽油标定值 86. 8 个单位，烯烃 20%，均较设计值低。主要是装置标定时由于原料量不足，掺入一些辛烷值较低加氢石脑油作为原料，原料中烯烃含量相对较低，使辛烷值低于设计值。在原料硫含量 79. 4mg/kg，脱后硫达到 6. 1mg/kg，脱硫率达到 92. 3%的情况下，辛烷值损失为 0. 3 个单位。

总体来看，经过加氢后的汽油产品各分析指标达到或超过设计值，满足汽油调和的需要。

表 6　原料及产品性质

项　　目	FCC 汽油		加氢汽油
	设计值	标定值	产品
密度(20℃)/(kg/m^3)	730	733. 1	735. 1
馏程			
终馏点	≯205	203	200
烷烃/%(体)	57. 1	57	61. 3
烯烃/%(体)	26	20. 2	16
芳烃/%(体)	20	22. 8	22. 7
硫含量/(μg/g)	≯100	79. 4	6. 1
硫醇硫含量/(μg/g)	≯50	10	小于 3
饱和蒸汽压/kPa	70	70	68. 75
辛烷值(RON)	90	86. 8	86. 5
辛烷值损失(ΔRON)	—	—	0. 3

4　硫化态催化剂和氧化态催化剂对比

由于装置 2015 年装置未进行催化剂更换，开工工况不可比，采用 2013 年装置初次开工时的工况与 2019 年工况进行对比。

4.1 催化剂装填周期

2019年装置催化剂装填耗时5天，2013年装置首次开工装剂耗时4.5天，基本持平。全硫化态催化剂需要在氮气环境下进行装剂，装剂过程中出现催化剂温度上升的情况，装剂存在一定风险。但从实际装填情况看，只要氮气保护措施做到位，和普通装填相比并未增加装填时间。

4.2 开工周期

2013年装置开工，催化剂干燥用时70h，硫化用时84h，硫化完成后装置从硫化流程转入开工流程耗时6h，在进油前共耗时160h。

2019年装置开工，催化剂装填完成置换气密后直接进入进油阶段，不再有硫化流程切换到开工流程的步骤，开工周期提前1周左右，装置开工难度大大降低。

4.3 经济效益

2013年装置开工干燥、硫化7天时间能源消耗20万元，硫化剂费用11万元，共计花费31万。

2019年装置提前开工7天时间，多生产汽油9000t。硫化态催化剂费用较氧化态高200万元，开工正常生产7天装置能源消耗45万元。装置加工催化汽油生产成本价格为3500t/元，成品汽油为6500元/t，差价按3000元/t计算，和2013年相比，多产生效益=9000＊3000/10000-(200+45-31)=2486万元。

4.4 环保效益

2013年装置初次开工采用氧化态催化剂需要进行硫化，在硫化剂装入加注系统和催化剂硫化过程中都会出现刺鼻的异味，环境污染较大。在2020年装置开工过程中，使用全硫化态催化剂由于无硫化剂的加注及催化剂硫化的过程，现场开工过程未再出现由硫化剂的使用产生的环境污染。

5 结论

(1) 全硫化态催化剂在催化剂装填过程中需要氮气保护，当催化剂接触到空气由于催化剂上活性物质氧化会出现放热，造成催化剂温度上升。为此需要有良好的氮气保护措施才能保证催化剂装填过程中的安全及保证催化剂活性不受损失。

(2) 在反应器氢气气密过程中，全硫化态催化剂上活性物质接触到氢气后也会发生放热反应，但温度可控，不影响催化剂活性。

(3) 全硫化态催化剂在原料硫含量不大于100mg/kg的情况下，加氢后汽油硫含量在10mg/kg以下，烯烃含量15%，芳烃在22.7%，辛烷值损失不大于1个单位，满足国Ⅵ汽油调和的需要。

(4) 全硫化态催化剂的使用较普通氧化态催化剂可以提前开工正常7天左右，相应多生产7天产品，同时还可以避免环境污染，整体效益高于氧化态催化剂。

高稳定性超深度脱硫RS-3100催化剂在柴油加氢装置的工业应用

罗　凯

（中国石化九江石化公司，九江　332004）

摘　要　RS-3100催化剂是中国石化石油化工科学研究院最新开发的高稳定性超深度加氢脱硫催化剂，首次在中国石化九江石化公司1.20Mt/a柴油加氢装置工业应用。该装置于2020年4月一次开车成功，加工焦化汽柴油、催化柴油和直馏柴油的混合原料，柴油产品硫含量小于10μg/g、多环芳烃质量分数小于7%，达到了国Ⅵ车用柴油标准的要求。工业标定结果表明，RS-3100催化剂具有良好的活性和稳定性，能够加工二次油比例50%的劣质原料，稳定生产国Ⅵ柴油。

关键词　柴油加氢　超深度脱硫　催化剂　高稳定性

汽车尾气所造成的环境污染问题已在全球范围内引起了广泛重视。柴油作为重要的车用燃料，燃烧后排放废气中所含有的硫氧化物（SO_x）、氮氧化物（NO_x）和颗粒物（PM）等是导致大气污染的重要原因[1]。根据我国已经完成的第一批城市大气细颗粒物（PM2.5）源解析结果，柴油车排放更是北京、上海、广州、深圳和杭州等大城市PM2.5的首要来源[2]。因此，生产环境友好的低硫或超低硫柴油已成为世界各国政府和炼油企业普遍重视的问题。欧美日等国家和地区的炼油厂已经普遍在向市场供应硫质量分数小于10μg/g的超低硫柴油产品。我国于2017年1月1日实施国Ⅴ柴油标准，2019年1月1日实施国Ⅵ柴油标准，国Ⅵ标准要求柴油中的硫质量分数不大于10μg/g，多环芳烃质量分数不大于7%。

柴油加氢精制是实现柴油质量升级的最有效手段，但柴油产品低硫、低芳烃的要求导致工业加氢装置运转周期大幅缩短，严重影响企业效益。根据现有装置条件，使用高活性、高稳定性的柴油超深度脱硫催化剂是实现柴油质量升级的最有效途径。为此，世界各大石油公司着重开发高稳定性的柴油精制催化剂并在国内炼化企业进行了工业应用[3-5]，中国石化石油化工科学研究院（简称石科院）从2011年开始陆续开发了RS-2000，RS-2100，RS-2200等柴油加氢精制系列催化剂[6-7]，但这些催化剂仍然存在堆密度偏高和成本较高的问题。

九江石化公司1.20Mt/a柴油加氢精制装置加工的原料为焦化汽柴油、催化裂化柴油和直馏柴油的混合原料，其中焦化汽柴油和催化裂化柴油的掺炼比例接近50%。该装置反应器入口氢分压相对较低（6.0MPa左右），体积空速达到1.4h^{-1}，生产国Ⅵ柴油产品的难度较大。因此，要想装置能够稳定运转4年，必须要求催化剂具有良好的初活性，使运转初期能够保持在较低的反应温度，使装置具有较大的提温空间，同时还要求催化剂具有良好的稳定性。2020年4月，九江石化采用石科院最新开发的高稳定性柴油加氢精制RS-3100催化剂，装置一次开车成功并生产出满足国Ⅵ标准的柴油产品。

1 催化剂装填及开工

1.1 催化剂理化性质

随着柴油质量升级，柴油加氢装置对催化剂稳定性的要求越来越高，并且随着国内炼油能力趋近饱和，炼油利润缩减，对催化剂成本也提出了更高的要求。针对石油馏分加氢反应过程中的特点和要求，石科院开发了新型载体材料。与参比载体材料相比，新型载体材料的微观粒子变得更细更长，从而优化了二次粒子的堆积结构，而载体孔道结构则起源于该堆积结构。由新型载体材料制备的新型载体，其比表面积相当，但孔体积明显增大，且孔分布明显向大孔方向移动，催化剂具有更加畅通的扩散通道以克服反应物扩散限制，提高了活性中心的可接近性。同时，通过设计稳定活性相的金属负载技术，增强了催化剂活性相的稳定性，从而提高了催化剂的稳定性。另外，由新型载体制备的催化剂具有更低的反应积炭量，可以大幅延长催化剂的使用寿命，达到工业装置长周期稳定生产的目的。

基于上述催化剂设计理念，石科院开发了高稳定性超深度脱硫 RS-3100 催化剂，其理化性质与国内外同类催化剂的比较如表 1 所示。与上一代催化剂 RS-2100 相比，RS-3100 催化剂的孔体积显著增大，与国内同类催化剂相比孔体积更高，较大的孔体积使得催化剂具有更加畅通的扩散通道，有利于提高催化剂的稳定性。RS-3100 催化剂的装填堆密度与国内外的同类催化剂相比低 20%以上，有利于降低整装催化剂的采购成本。

表 1 催化剂理化性质

项　　目	RS-2100	RS-3100	国外参比剂 1[3]	国外参比剂 2[4]	国外参比剂 3[5]
活性金属组成	Ni-Mo	Ni-Mo	Ni-Mo	Ni-Mo	Ni-Mo
形状	三叶草	三叶草	三叶草	三叶草	三叶草
孔体积/(cm^3/g)	0.26	0.42	0.25	0.33	
比表面积/(m^2/g)	150	140	200	160	
径向压碎强度/(N/mm)	18	18	15	15	25
颗粒直径/mm	1.2~1.4	1.2~1.4	1.1~1.3	1.1~1.3	1.3
布袋装填堆密度/(g/cm^3)	0.78	0.62	0.88~0.98	0.82	
密相装填堆密度/(g/cm^3)	0.90	0.71	0.95~1.10	0.92	1.323

1.2 催化剂装填

九江石化公司 1.20Mt/a 柴油加氢装置于 2020 年 4 月进行 RS-3100 催化剂的装填，装填工作由专业催化剂装填公司完成。因装置掺炼焦化汽柴油比例较大，故在第一反应器顶部采用多种保护剂级配装填方式，包括：保护剂 1.18t，堆密度为 0.619t/m^3；RG-1 保护剂 3.49t，堆密度为 0.549t/m^3。这些保护剂能够防止一床层顶部结焦，达到容垢和脱二烯烃的目的，能够有效保护精制催化剂。精制催化剂为 RS-3100，共装入 RS-3100 催化剂 97.30t，堆密度为 0.697t/m^3。，催化剂装填数据如表 2 和表 3 所示。

表 2　第一反应器催化剂装填数据

催化剂	装填方式	高度/mm	体积/m^3	质量/t	堆密度/(t/m^3)
一床层					
RG-20 保护剂	布袋装填	210	1.906	1.180	0.619
RG-1 保护剂	布袋装填	700	6.352	3.490	0.549
RS-3100 催化剂	密相装填	2590	23.503	16.510	0.702
Φ3 瓷球	布袋装填	80			
Φ6 瓷球	布袋装填	80			
二床层					
Φ6 瓷球	布袋装填	70			
RS-3100 催化剂	布袋装填	550	4.991	2.990	0.599
RS-3100 催化剂	密相装填	2680	24.320	17.160	0.706
Φ3 瓷球	布袋装填	80			
Φ6 瓷球	布袋装填	80			
三床层					
Φ6 瓷球	布袋装填	80			
RS-3100 催化剂	布袋装填	680	6.171	3.510	0.569
RS-3100 催化剂	密相装填	4470	40.563	28.860	0.711
Φ3 瓷球	布袋装填	110			
Φ6 瓷球	布袋装填	90			
Φ13 瓷球	布袋装填	130			

表 3　第二反应器催化剂装填数据

	装填方式	高度/mm	体积/m^3	质量/t	堆密度/(t/m^3)
Φ13 瓷球	布袋装填	210			
RS-3100 催化剂	布袋装填	530	4.260	2.530	0.594
RS-3100 催化剂	密相装填	4460	35.851	25.740	0.718
Φ3 瓷球	布袋装填	110			
Φ6 瓷球	布袋装填	90			
Φ13 瓷球	布袋装填	130			

1.3　催化剂预硫化

精制催化剂 RS-3100 和保护剂 RG-1 均为氧化态，在使用前需要进行预硫化，本装置采用湿法硫化。反应系统经氢气置换、气密试验合格后，将反应系统压力降至 5.5MPa，催化剂床层最高温度降至 140℃后引入常二线油，确保催化剂充分润湿并外甩污油。然后，装置改为闭路循环并逐渐升温，预硫化期间反应系统升温曲线和循环氢中 H_2S 浓度曲线见图 1。催化剂硫化期间温度控制平稳，H_2S 浓度均在指标要求的范围内，表明催化剂成功地进行了预硫化，保证了催化剂充分发挥其反应活性。硫化结束后，采用直馏柴油进行了 48h 初活稳定，然后转入正常生产。

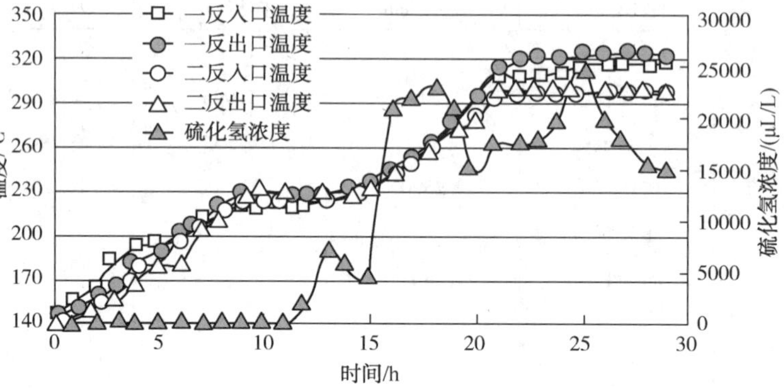

图1 预硫化期间反应系统升温曲线和循环氢中 H_2S 浓度曲线

2 催化剂初期运转

九江石化公司1.20Mt/a柴油加氢装置从2020年4月更换RS-3100催化剂以来，主要加工焦化汽柴油、催化裂化柴油和直馏柴油的混合物，运转过程中装置的混合原料处理量、二次加工油处理量和空速如图2所示，一反平均温度、二反平均温度和总加权平均温度如图3所示，原料和产品的硫含量如图4所示。

从图2可以看出，装置开工后第一个月混合原料处理量和二次加工油处理量均逐渐提高，一个月后装置的处理量基本稳定在140t/h，体积空速1.2h^{-1}，二次加工油比例稳定在45%左右。与之对应的是反应温度在第一个月有明显的提升，此后三个月的运转时间内一反入口温度没有明显变化，由于原料组成和性质波动造成了一反出口反应温度和二反温度出现了小幅的波动，但整体没有出现明显的提温趋势，总加权平均温度也基本稳定(见图3)，说明催化剂具有良好的稳定性。

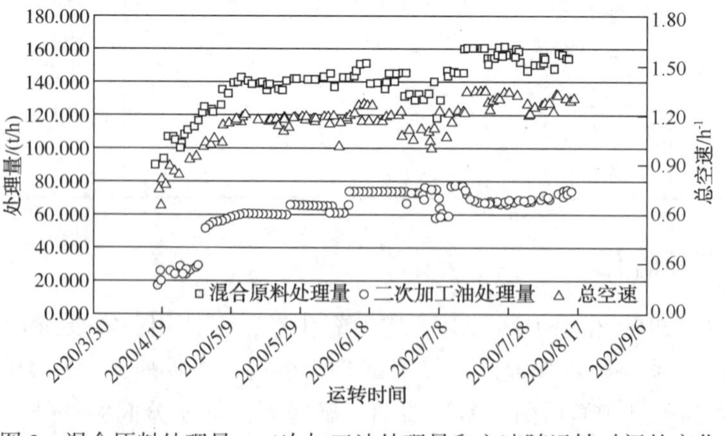

图2 混合原料处理量、二次加工油处理量和空速随运转时间的变化

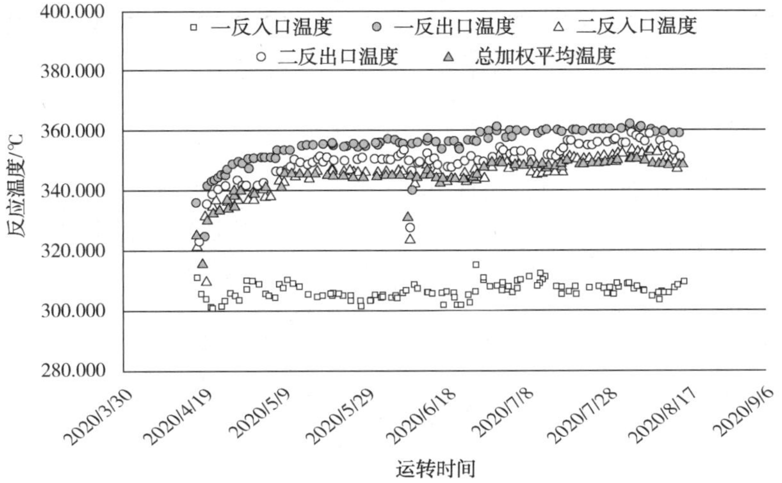

图 3　反应温度随运转时间的变化

从图 4 可以看出，原料硫质量分数基本在 0.4%~0.7%波动，并有逐渐升高的趋势，平均硫质量分数为 0.507%；而柴油产品硫含量基本在 10μg/g 以下，大多数时间能够控制在 5μg/g 以下，平均硫含量仅为 3.3μg/g，平均脱硫率高达 99.93%，柴油产品多环芳烃质量分数平均值为 4.7%，满足国Ⅵ柴油产品指标。

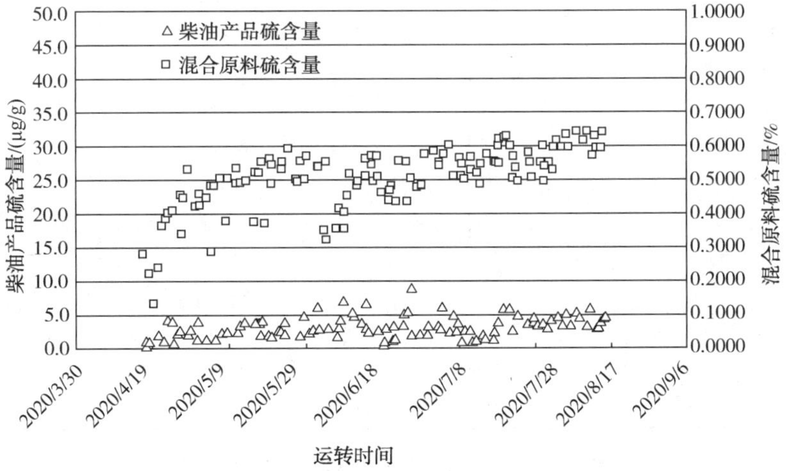

图 4　原料和柴油产品硫含量随运转时间的变化

3　运行标定

为了考察柴油加氢精制催化剂的性能，九江石化公司于 2020 年 8 月对 1.20Mt/a 柴油加氢装置进行了标定，考察 RS-3100 催化剂生产国Ⅵ标准柴油时装置的反应条件、原料和产品性质、物料平衡和装置能耗情况，具体数据见表 4~表 7。

表4 标定期间主要操作条件

项目	08-18	08-19	08-20
进料量/(t/h)	142	142	142
原料组成/%			
焦化汽柴油	30.67	30.71	30.73
催化裂化柴油	18.13	18.09	18.07
直馏柴油	51.20	51.20	51.20
体积空速/h^{-1}	1.4	1.4	1.4
第一反应器			
入口温度/℃	310.6	310.2	310.3
出口温度/℃	362.2	361.9	362.9
床层总温升/℃	51.7	51.8	52.7
床层平均温度/℃	350.3	349.9	350.7
入口压力/MPa	7.17	7.10	7.11
出口压力/MPa	6.99	6.92	6.93
反应器入口氢分压/MPa	6.21	6.15	6.15
反应器床层压差/MPa	0.05	0.05	0.05
第二反应器			
入口温度/℃	345.2	346.7	346.2
出口温度/℃	349.4	351.5	350.4
床层总温升/℃	4.5	5.1	4.6
床层平均温度/℃	347.3	349.1	348.3
入口压力/MPa	6.96	6.90	6.91
出口压力/MPa	6.84	6.78	6.79
反应器入口氢分压/MPa	6.14	6.08	6.09
反应器床层压差/MPa	0.12	0.12	0.12
高压分离器压力	6.47	6.42	6.44
新氢流量(平均)/(m^3/h)	17311	17162	16923
新氢纯度(ϕ)/%	91.80	87.2	93.03
循环氢流量(入口)/(m^3/h)	84600	87000	83000
循环氢纯度(ϕ)/%	87.60	86.70	90.25
氢油体积比	462	477	454

表5 标定期间混合原料和精制柴油性质

项目	08-18	08-19	08-20
原料油			
密度(20℃)/(g/cm^3)	0.8408	0.8456	0.8446
硫质量分数/%	0.513	0.500	0.539
氮/(μg/g)	422.6	471.7	495.3
碱性氮/(μg/g)	173.3	189.3	199.7
十六烷值	46.2		46.4
溴价/(gBr/100g)	12.4	17.0	21.0

续表

项　　目	08-18	08-19	08-20
酸度/(mgKOH/100mL)	8.68	8.68	9.12
多环芳烃质量分数/%	15.3	18.1	16.5
色度	4.0	4.0	4.0
馏程(ASTM D86)/℃			
初馏点	76	62	63
10%	164	162	163
50%	270	271	272
90%	318	318	319
95%	326	326	325
精制柴油			
密度(20℃)/(g/cm^3)	0.8447	0.843	0.8401
硫/(μg/g)	4.3	5.7	8.6
氮/(μg/g)	0.35	1.04	0.58
十六烷值	51.5		51.8
溴价/(gBr/100g)	0.3	0.2	0.6
酸度/(mgKOH/100mL)	0.56	0.84	0.91
闪点/℃	78	79	74
多环芳烃质量分数/%	3.7	4.5	4.5
色度	<0.5	<0.5	<0.5
馏程(ASTM D86)/℃			
初馏点	193	189	184
10%	222	223	220
50%	275	274	272.5
90%	317	314	322
95%	333	326	335.5

表6　标定期间物料平衡数据

项　　目	瞬时流量/(t/h)	收率/%
入方		
混合原料	143.22	97.89
新氢	3.08	2.11
合计	146.30	100
出方		
精制柴油	128.09	87.5
石脑油	13.42	9.17
脱后干气	3.17	2.17
酸性气	1.55	1.06
污油	0	0
损失	0.07	0.05
合计	146.30	100

表7 标定期间装置能耗数据

项目	能耗/(MJ/t)	项目	能耗/(MJ/t)
新鲜水	0	燃料气	54.758
循环水	29.260	热输出	-48.070
除盐水	4.598	负荷	
电	179.740	能耗	413.402
1.0MPa 蒸汽	193.116		

由表4~表7可知，采用RS-3100催化剂加工含有50%左右二次加工油的混合原料，能够在反应器入口氢分压6.15~6.21MPa、氢油体积比454~477、体积空速1.4h^{-1}、平均反应温度349.9~350.7℃的条件下生产出平均硫含量为6.2μg/g、多环芳烃含量为4.2%的国Ⅵ柴油产品，柴油产品十六烷值较原料提高5.3~5.4。这说明RS-3100具有良好的脱硫反应活性，能够在较低的反应温度下生产国Ⅵ柴油产品，使得装置具备了较大的提温空间，为装置长周期运转提供了可能的条件，并且催化剂具有良好的加氢性能，能够较大幅度地提高柴油产品的十六烷值。

标定期间，装置累积加工原料油10312t；新氢累积流量1340238m^3，新氢平均氢体积分数90.7%；尾氢排放量约为108720m^3，尾氢平均氢纯度为88.18%，脱后干气排放量为163440m^3，干气平均氢体积分数为81.13%；由于装置加工的二次柴油比例高达50%，其中焦化汽油和催化柴油的氢耗极高，所以造成装置氢耗为0.843%。标定期间，总液体收率为96.72%左右，装置总能耗为413.402MJ/t。

4 结论

（1）九江石化公司1.20Mt/a柴油加氢装置使用石科院最新开发的高稳定性柴油加氢精制催化剂RS-3100，该催化剂装填堆密度与国内外的同类催化剂相比低20%以上，有利于降低整装催化剂的采购成本。

（2）装置生产运行4个月，除了第一个月处理量和二次加工油比例大幅提高，反应温度随之提高以外，此后的3个月内，反应温度随着原料的性质变化有小幅的波动，没有出现明显的提温，说明催化剂具有良好的稳定性。4个月加工原料的平均硫质量分数为0.507%，柴油产品平均硫含量仅为3.3μg/g，平均脱硫率高达99.93%，柴油产品多环芳烃质量分数平均值为4.7%，满足国Ⅵ柴油产品指标。

（3）装置加工含有50%左右二次加工油的混合原料，能够在反应器入口氢分压6.15~6.21MPa、氢油体积比454~477、体积空速1.4h^{-1}、平均反应温度349.9~350.7℃的条件下生产出硫含量为6.2μg/g，多环芳烃质量分数为4.2%的国Ⅵ柴油产品。这说明RS-3100具有良好的反应活性，能够在较低的反应温度下生产国Ⅵ柴油产品，使得装置具备了较大的提温空间，为装置长周期运转提供了可能的条件。

参 考 文 献

[1] ZhangJie, HeKebin, GeYunshan, et al. Influence of fuel sulfur on the characterization of PM10 from a diesel engine[J]. Fuel, 2009, 88 (3): 504-510.

[2] 中华人民共和国生态环境部. 中国机动车环境管理年报[R]. 2017.

[3] 陈勇, 刘学. FHUDS-6 超深度加氢脱硫催化剂在 3.0Mt/a 柴油加氢装置上的工业应用[J]. 石油炼制与化工, 2017, 48(5): 56-59.

[4] 夏银生. FHUDS-8/FHUDS-5 催化剂在金陵石化的工业应用[J]. 当代化工, 2017, 46(6): 1246-1250.

[5] 王建伟. CENTERA 催化剂在 3.0Mt/a 柴油加氢装置上的工业应用[J]. 石油炼制与化工, 2017, 48(3): 85-89.

[6] 叶立峰, 杨勇, 吴远明, 等. RS-2000 催化剂在中国石化镇海炼化分公司柴油加氢装置的工业应用[J]. 石油炼制与化工, 2013, 44(6): 49-52.

[7] 张乐, 李明丰, 聂红, 等. 高性能柴油超深度加氢脱硫催化剂 RS-2100 和 RS-2200 的开发及工业应用[J]. 石油炼制与化工, 2017, 48(6): 1-6.

国Ⅵ汽油质量升级技术分析及应对措施

张俊逸，王　伟，高　杰

（中国石化九江石化公司，九江　332004）

摘　要　国Ⅵ汽油标准下，汽油产品要求烯烃、芳烃含量进一步降低。为顺利完成国Ⅵ汽油质量升级，某炼厂对汽油产品及全厂汽油池组分进行技术剖析，提出汽油产品国Ⅵ升级思路，通过实施催化汽油降烯烃、重整增产二甲苯、加裂轻石进汽油池、增加 MTBE、烷基化油外购量等多项措施，全厂汽油的芳烃和烯烃得到了有效控制，在未进行装置改造情况下，依靠生产方案优化顺利实现了成品汽油国Ⅵ质量升级。

关键词　国Ⅵ汽油　质量升级　降低烯烃　降低芳烃　优化措施

国Ⅵ质量标准是全球最严排放标准之一，相较于国Ⅴ车用汽油标准，国Ⅵ汽油标准可进一步减少机动车一氧化碳（CO）、碳氢化合物（THC）、非甲烷总烃（NMHC）、氮氧化物（NO_x）、PM 颗粒等污染物排放，改善大气环境质量[1]。从质量控制指标来看，国Ⅵ和国Ⅴ汽油最大的区别是降低了汽油当中的烯烃、芳烃、苯含量，国Ⅵ汽油指标方面较国Ⅴ汽油具体变化为：50%蒸发温度由≯120℃调整为≯110℃；苯含量由≯1%（体积分数）调整为≯0.8%（体积分数），芳烃含量由≯40%（体积分数）调整为≯35%（体积分数）；烯烃含量由≯24%（体积分数）调整为≯18%（体积分数）。根据国家生态环境部发布的公告，自 2020 年 7 月 1 日起，在全国范围实施国ⅥA 汽油排放标准。

1　基本情况分析

1.1　国Ⅵ汽油升级指标差距分析

某 800 万 t/a 加工能力炼厂主要汽油生产装置有两套 100 万 t/a 催化裂化装置、120 万 t/a 连续重整装置及后续 S Zorb、轻汽油抽提等汽油精制装置，主要汽油调合组分有催化裂化汽油、重整汽油、重整非芳及外购 MTBE。为确保成品汽油质量稳定合格，针对国Ⅵ汽油质量指标，该炼厂通过制定较国标更为严格的内控指标来确保汽油产品质量合格，对应执行内控质量控制标准：烯烃、芳烃、苯含量分别按≯16.5%（体积分数）、≯33%（体积分数）、≯0.7%（体积分数）进行控制。

汽油国Ⅵ升级前，该炼厂调合的 92#、95#成品汽油质量状况及与国Ⅴ、国ⅥA 汽油指标详细对比情况见表 1：

表 1 国Ⅵ汽油升级前汽油产品调合情况

国家标准		国Ⅴ	国ⅥA	升级前现状
汽油牌号		92#/95#	92#/95#	92#/95#
研究法辛烷值/(RON)	≮	92/95	92/95	93.1/96.0
抗暴指数(RON+MON)/2	≮	87/90	87/90	87.2/90.1
铅含量/(g/L)	≯	0.005	0.005	0.005
10%蒸发温度/℃	≯	70	70	56/54.5
50%蒸发温度/℃	≯	120	110	109/106
90%蒸发温度/℃	≯	190	190	166/164
终馏点/℃	≯	205	205	203/199
残留物(体积分数)/%	≯	2	2	0.95/1.00
蒸气压(11月1日至4月30日)/kPa		45~85	45~85	72/78
蒸气压(5月1日至10月31日)/kPa		40~65	40~65	57/60
未洗胶质含量/(mg/100mL)	≯	30	30	2.1/2.2
诱导期/min	≮	480	480	623
硫含量(质量分数)/(mg/kg)	≯	10	10(内控8)	7.65/6.23
硫醇(博士实验)		通过	通过	通过
铜片腐蚀(50℃，3h)/级	≯	1	1	1
水溶性酸或碱		无	无	无
机械杂质及水分		无	无	无
苯含量(体积分数)/%	≯	1	0.8(内控0.7)	0.56/0.38
芳烃含量(体积分数)/%	≯	40	35(内控33)	36.6/37.6
烯烃含量(体积分数)/%	≯	24	18(内控16.5)	17.8/17.2
氧含量(质量分数)/%	≯	2.7	2.7(内控2.6)	0.17/1.44
密度(20℃)/(kg/m^3)		720~775	720~775	756/755.38

从表1可看出，国Ⅵ汽油升级前，该炼厂汽油芳烃含量约37%(体积分数)左右，烯烃含量约17.5%(体积分数)左右，苯含量约0.53%(体积分数)，相较于国Ⅵ汽油质量指标，主要超标项目为汽油的烯烃、芳烃含量超标。

1.2 汽油池构成分析

为进一步确定优化调整方向，对该炼厂汽油池构成进行分析。如表2所示，该公司汽油产量约为20万t/月(可生产92#汽油约14.5万t/月，95#汽油约5.5万t/月)，其中催化汽油占比约为57%，重整汽油占比约为39%，外购MTBE占比约为4%。主要汽油调合组分为催化汽油和重整汽油(合计占汽油池比例96%)，其中催化汽油烯烃含量较高，重整汽油芳烃含量高，而烯烃、芳烃含量高均为汽油国Ⅵ升级过程需攻关克服的瓶颈，因此尤其应重点优化催化、重整装置操作，降低它们所产汽油中烯烃、芳烃含量。

表2 升级前汽油池构成情况

汽油池构成	流量/(万 t/月)	占比/%	RON	苯/%(v)	烯烃/%(v)	芳烃/%(v)	蒸气压/Pa	氧含量/%
催化汽油(精制后)	11.5	57	88.5	0.26	28.6	18.2	72	0
碱液抽提轻汽油(精制后)	3.2	16	93	0.11	36.30	0.20	95.6	0
吸附脱硫重汽油(精制后)	8.3	41	86	0.35	25.8	24.7	36	0
重整汽油(含非芳)	7.8	39	100.6	0.2	0.0	69.3	22.2	0
重整 C_{7+}汽油	6.0	30	105	0.26	0.03	90.06	0.8	0
重整非芳	1.8	9	86	0.02	0.04	0.030	40	0
MTBE	0.8	4	115	0	0	0	66.9	18.2

1.3 汽油生产、调合过程

该炼厂汽油生产方式为石脑油资源(加氢石脑油、常减压初常顶石脑油、加氢裂化重石脑油及外购石脑油)进重整预加氢精制后，经重整装置进行重整反应，再经过芳烃抽提分离出苯、二甲苯后，其余重整 C_{7+}和重整非芳去调合汽油；另外催化装置加工加氢重油、加裂尾油，通过催化裂化生成的催化稳定汽油经过切割塔进行轻重汽油分离，轻汽油去碱液抽提装置脱硫醇精制，重汽油去吸附脱硫装置脱硫及发生部分烯烃饱和后，轻重汽油合流去调合汽油，简要生产流程见图1。

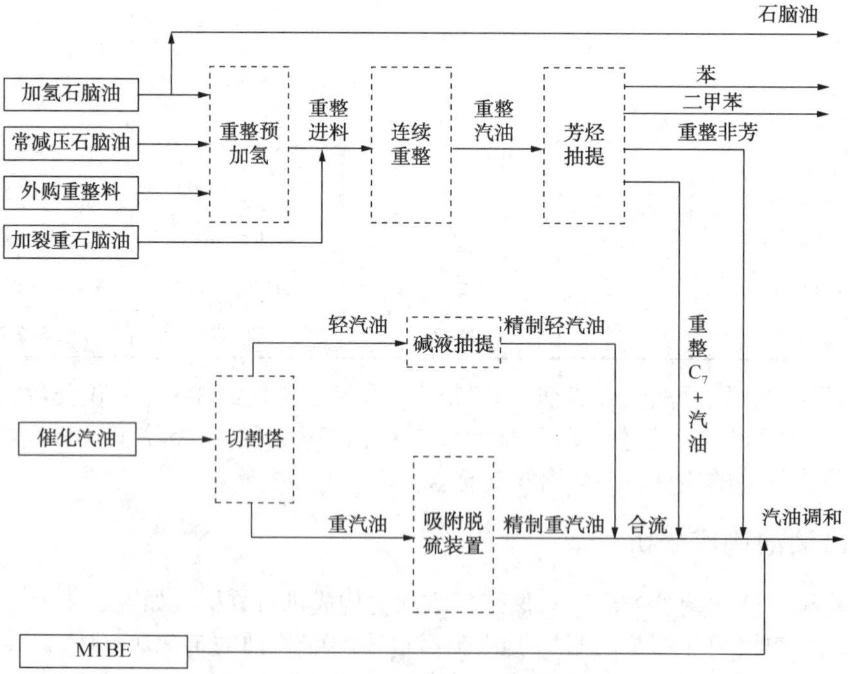

图1 汽油生产流程

该炼厂汽油调合方案为：生产92#车用汽油时，汽油调合组分为催化汽油、重整 C_{7+}汽油、重整非芳和 MTBE。生产的低辛烷值非芳通过中转罐区收储后全部调入92#汽油调合头，非芳送至调合头的输送泵能力约为35t/h，按1.8万t/月非芳产量计算每月安排生产92#汽油约514小时，92#汽油调合不足的辛烷值由外购MTBE补充；当月剩余约206小时用于生产95#汽油，调合组分为催化汽油、重整C_{7+}汽油和MTBE（低辛烷值重整非芳不调入95#汽油），调合比例和主要指标情况见表3和表4。

表3　92#汽油调合表

项　目	调合量/(t/月)	RON	烯烃/%(v)	苯/%(v)	芳烃/%(v)	氧含量/%(m)
碱液抽提轻汽油	23143	93	36	0.11	0.04	0
吸附脱硫重汽油	59143	87	26	0.35	23.03	0
重整汽油	42686	103	0	0.26	91	0
重整非芳	17951	86	0	0.02	0	0
MTBE	2057	115	0	0	0	18.2
合流汽油	145027	92.61	16.45	0.25	36.08	0.27

表4　95#汽油调合表

项　目	调合量/(t/月)	RON	烯烃/%(v)	苯/%(v)	芳烃/%(v)	氧含量/%(m)
碱液抽提轻汽油	9257	93	36	0.11	0.04	0
吸附脱硫重汽油	23657	87	26	0.35	23.03	0
重整汽油	17074	103	0	0.26	91	0
重整非芳	0	86	0	0.02	0	0
MTBE	5760	115	0	0	0	18.2
合流汽油	55749	95.8	17.01	0.246	37.65	1.880

2　应对思路

从基本情况分析可以看出，制约该炼厂国Ⅵ汽油升级的关键瓶颈在于汽油的烯烃和芳烃含量较高。因该炼厂配套国Ⅵ汽油质量升级新建的烷基化装置尚未开工，其汽油国Ⅵ升级技术难点在于只能通过对现有装置和调合方案进行优化来调整汽油池各组分组成和所占比例，以实现降低汽油池烯烃、芳烃含量，进而达到国Ⅵ汽油质量升级目标。对此，主要分析并制定措施如下：

（1）因为催化汽油、重整汽油占比大，且分别为烯烃、芳烃超标主要贡献者，需重点采取装置优化调整手段，降低催化汽油烯烃、重整汽油芳烃含量。

（2）可寻找无烯烃、低芳烃且辛烷值相对较高的石脑油作为调合组分加入汽油池，特别是富含异构烷烃的轻石脑油辛烷值高，可用作汽油调合组分以提升全厂汽油池辛烷值及改善辛烷值分布[2]，并进一步缓解烯烃、芳烃组分超标情况。

（3）催化汽油切割比例可进一步优化，将高烯烃含量轻汽油压入重汽油中，去后续吸附脱硫装置加氢饱和来降低烯烃，但此操作会增加汽油辛烷值损失，宜作为后备手段。

（4）烯烃、芳烃均具有较高辛烷值，降低调合组分烯烃、芳烃含量必然会导致调合汽油辛烷值下降，而增加外购MTBE来弥补辛烷值不足，可能会导致成品汽油氧含量卡边，此时可考虑在氧含量卡边时，外购烷基化油作调合组分，烷基化油具有辛烷值高、不含烯烃及芳烃特点，在汽油中调入烷基化油可以有效提升汽油整体辛烷值，有利于催化汽油中硫和烯烃以及重整汽油中的芳烃的优化调合[3]，在降低成品汽油烯烃、芳烃含量的同时不会导致其氧含量上升，可进一步满足调合95#高标号汽油时辛烷值需求。

3 措施实施

3.1 催化裂化降低汽油烯烃操作优化

催化汽油占该炼厂汽油组分比例为57%，烯烃含量较高，该炼厂主要通过优化催化裂化工艺操作条件和改善催化剂配方来降低催化汽油烯烃含量，具体如下：

（1）改善催化裂化原料。对同一类型原油，进料中掺渣量增加，将导致再生温度升高，剂油比减少，汽油烯烃含量增加[2]。该炼厂催化裂化装置原料主要为加氢重油和加裂尾油，实施催化原料优化，适当降低源头渣油加氢装置掺炼渣油比例，同时增加轻质加氢裂化尾油加工量来改善催化原料质量，降低催化汽油烯烃含量。

（2）增加剂油比。增加剂油比有利于提高烯烃氢转移反应，实施适当降低原料预热温度，增加外取热产汽量来优化装置热平衡，增加装置剂油比，同时辅助增加汽提蒸汽量，以减轻剂油比焦增加带来的负面影响。

（3）适当降低提升管出口温度。较低的反应温度有利于异构化、氢转移反应程度，抑制生成烯烃的裂化反应，有文献研究表明在剂油比不变的条件下，提升管出口温度每升高5.6℃，催化裂化油的烯烃含量将增加1%(体积分数)[4]。但降低提升管出口温度手段会影响汽油收率，减少装置经济效益，应优先采用其他手段来达到降低汽油烯烃含量的目的。

（4）改善催化剂配方，提高催化剂活性。与催化剂专利商联系，主要采取提高分子筛稀土含量，改进酸强度和酸密度等手段来提高分子筛催化剂氢转移、异构化、芳构化能力[5]，并适当加强催化剂置换力度，提高并保持平衡剂活性在63%(MA)左右，以实现降低催化汽油烯烃含量的同时基本维持其辛烷值的目的。

（5）适当降低进料负荷。催化裂化生成的汽油烯烃进行二次反应需要一定时间，延长反应时间是汽油烯烃组分发生氢转移反应的必要条件，根据生产平衡情况，必要时适当降低进料负荷来适当延长反应时间，降低汽油烯烃含量，同时也减少了催化汽油的产量，但该手段亦会亦会使催化汽油辛烷值桶值下降并影响全厂物料平衡，仅作为成品汽油烯烃含量超标情况下的应急手段。

（6）优化分馏稳定系统操作。如表5所示，根据催化汽油PONA分析数据，烯烃主要集中在C_4、C_5、C_6、C_7和C_8组分中，C_{9+}以上组分烯烃含量较少，因此适当提高催化汽油终馏点、降低稳定汽油蒸气压来降低催化汽油中C_4、C_5组分含量、增加C_{1+}以上组分含量以降低烯烃。

表5 催化汽油PONA分析

组分碳原子数	正构烷烃/%	异构烷烃/%	烯烃/%	环烷烃/%	芳烃/%
3	0.028	0	0	0	0
4	0.843	1.708	4.426	0	0
5	1.177	8.782	8.579	0.116	0
6	0.865	8.304	6.6	1.954	0.365
7	0.786	5.514	4.129	3.155	2.206
8	0.934	4.124	2.817	1.604	5.092
9	0.503	3.171	1.302	2.059	5.273
10	0.409	2.551	0.688	0.599	3.723
11	0.22	2.306	0	0.647	0.827
12	0.121	1.732	0	0	0
13	0.022	0.236	0	0	0
合计	5.91	38.43	28.54	10.13	17.49

通过实施上述措施后，催化汽油烯烃含量大幅度下降，由前期31%(体积分数)左右降至26%(体积分数)左右，调整前后主要操作参数及汽油烯烃含量对比见表6。

表6 催化装置降烯烃调整前后对比

主要项目	降烯烃调整前	降烯烃调整后
平衡剂活性/%	60.5	63
催化剂类型	ABC-1	ABC-1(增加稀土)
反应温度/℃	526	524
再生器二密温度/℃	703.7	695
原料油预热温度/℃	220	210
外取热产汽/(t/h)	23	35
稳定汽油蒸气压/kPa	78.42	65.28
稳定汽油烯烃含量/%(体)	31.6	25.9
稳定汽油辛烷值/RON	90.8	89.5
汽油收率/%(质)	51.37	48.63

3.2 实施加裂轻石调合汽油

石脑油组分几乎不含烯烃且芳烃含量也较低，可作为汽油调合组分来降低汽油池烯烃芳烃含量，但其辛烷值相对较低，同时可能出现腐蚀指标不合格。为筛选出辛烷值相对较高且腐蚀合格石脑油组分作为汽油池降烯烃、芳烃调合组分，该炼厂对各装置现有石脑油进行了摸查，具体情况见表7。

表7 石脑油组分摸查情况

项目	柴油加氢石脑油	重整轻石脑油	加裂航煤小于180℃馏分	加裂航煤180~200℃馏分	加裂航煤200~220℃馏分	加裂重石脑油	加裂重石10%馏出部分	加裂轻石脑油
辛烷值(RON)	58	61	56	52	46.5	66	83	86.4
铜片腐蚀	不合格	不合格	合格	合格	合格	合格	合格	合格

如表7所示，当前可供调合汽油的石脑油馏分中，加氢裂化轻石脑油RON最高，达到了86.4，其次是加氢裂化重石脑油10%馏出部分，RON达到了83，并且这两种组分的铜片腐蚀均是合格的，同时加裂轻石组成以异构烷烃(约占70%)为主，加裂重石10%馏出部分组成以环烷烃、异构烷烃(合计约占80%)为主，是较好的汽油调合组分。两组分为加裂分馏塔相邻馏分，加裂重石10%馏分对应蒸发温度约为87℃，可将轻石脑油的终馏点切割至87℃，增加轻石至汽油调合线流量，以提供足量的辛烷值相对较高的低烯烃、芳烃含量石脑油去调合汽油。

根据该方案实施简单技术动改，将加裂轻石原作戊烷油发泡剂管线前引一管线至汽油调合线，同时提高加裂轻石干点，将重石脑油10%馏出部分拔至轻石组分，增加了约10t/h轻石组分去汽油调合，可同时降低汽油池烯烃、芳烃含量，亦增加了全厂汽油产量。因该组分辛烷值相对其他调合组分来说仍较低，应优先安排去调合92#汽油。95#汽油生产调合时，因其调合头退出了重整非芳，易出现成品汽油芳烃含量卡边情况，可视情况安排轻石和MTBE按比例调入，保证高标号汽油生产辛烷值要求的同时降低其芳烃含量。

3.3 优化催化汽油切割比例

催化汽油经切割塔进行轻重组分分离，切割塔顶部抽出轻汽油主要为$C_4 \sim C_7$组分，烯烃含量相对较高，且不经吸附脱硫装置加氢脱硫和烯烃饱和，没有辛烷值损失，底部抽出重汽油进吸附脱硫装置加工，可发生烯烃饱和反应降低烯烃含量，但也会造成其辛烷值损失。可根据汽油调合指标富裕情况灵活调整催化汽油切割比例，在大罐汽油烯烃含量卡边时，通过适当降低轻汽油干点，将轻汽油尾端馏分压入重汽油组分，再至吸附脱硫装置进行烯烃加氢饱和，来降低催化轻重汽油精制后合流汽油的总烯烃含量，但该方法也会造成催化汽油辛烷值损失增大，应作为其他手段不能保证成品汽油烯烃合格情况下的备用手段。为确保国Ⅵ汽油调合一次成功，该炼厂适当降低轻汽油干点，将轻汽油干点从85℃降低至80℃，轻重汽油切割比由2.8∶7.2调整为2.6∶7.4，轻汽油抽出量降至40t/h(减少约5t/h)，轻重汽油精制后合流总烯烃含量约从25.1%(体积分数)降至24.5%(体积分数)。

3.4 增大芳烃抽提二甲苯抽出

成品汽油芳烃含量主要贡献者为重整汽油，降低芳烃可通过优化芳烃抽提单元操作来最大化抽出重整汽油中的二甲苯，但此手段也相当于降低了二甲苯调合汽油的量，会造成重整汽油辛烷值下降，为满足成品汽油辛烷值，而导致外购MTBE资源增加。应根据市场价格体系，对比二甲苯和外购MTBE调合成本来指导确定二甲苯抽出量，如二甲苯单位辛烷值价格高于MTBE时，可最大化抽出二甲苯，即可降低成品汽油芳烃含量，也可增加经济效益，如二甲苯单位辛烷值价格低于MTBE时，则二甲苯在满足成品汽油芳烃指标的前提下应尽量少抽出，以降低调合成本。该炼厂根据MTBE和二甲苯市场价格情况，对芳烃抽提装置采取最大化增产二甲苯方案组织操作调整，二甲苯抽出量由13t/h提至25t/h。

3.5 外购烷基化油作汽油调合组分

烯烃、芳烃均为高辛烷值组分，实施降低烯烃、芳烃措施后，不可避免会造成催化汽油、重整汽油辛烷值降低，此时调合高标号汽油易出现氧含量卡边情况。对此可外购烷基化油作为汽油调合组分，烷基化油成分主要是异辛烷，具备辛烷值高、不含烯烃、芳烃、硫含量、蒸气压低等优点，是理想的汽油调合组分，可在调合汽油时优先采用MTBE，当氧含量卡边时采用烷基化油补充。该炼厂结合汽油大罐调合总体情况，安排外购烷基化油约2000t/月。

4 调整效果

通过催化汽油降烯烃、重整增产二甲苯、加裂轻石进汽油、增加MTBE、烷基化油用量等多项措施的实施，该炼厂成品汽油的芳烃和烯烃得到了有效控制，成品汽油各项质量指标均达到国Ⅵ汽油质量标准，其汽油池构成及92#、95#汽油产品调合情况具体见表8、表9、表10。

表8 升级后汽油池构成情况

项目	流量/(万t/月)	比例/%	RON	苯/%(v)	烯烃/%(v)	芳烃/%(v)
催化汽油(精制后)	11.3	56	87.8	0.28	24.53	19.06
至碱液抽提轻汽油(精制后)	2.9	14	93	0.02	31.80	0.03
至S Zorb重汽油(精制后)	8.4	42	86	0.36	22.1	24.5
重整汽油	7	35	89.8	0.2	0.0	59.3
重整C_{7+}汽油	5.2	26	103	0.24	0.03	89
重整非芳	1.8	9	86	0.02	0.04	0.03
加裂轻石	0.7	4	85	0	0	0
烷基化油	0.3	1	96	0	0	0
MTBE	1.2	4	115	0	0	0

表9 92#汽油调合表

项目	调合量/(t/月)	RON	烯烃/%(v)	苯/%(v)	芳烃/%(v)	氧含量/%(m)
碱液抽提轻汽油	20426	93	31.8	0.02	0.03	0
吸附脱硫重汽油	59746	86.5	22.1	0.36	24.6	0
重整汽油	36767	103	0	0.24	89	0
重整非芳	17873	86	0	0.02	0	0
加裂轻石	6128	85	0	0	0	0
MTBE	4851	115	0	0	0	18.2
合流汽油	145791	92.6	13.51	0.21	32.53	0.61

表10 95#汽油调合表

项目	调合量/(t/月)	RON	烯烃/%(v)	苯/%(v)	芳烃/%(v)	氧含量/%(m)
碱液抽提轻汽油	8374	93	31.8	0.11	0.03	0
吸附脱硫重汽油	24494	86.5	22.1	0.35	24.6	0
重整汽油	15073	103	0	0.26	89	0
加裂轻石	837	85	0	0.02	0	0
烷基化油	2931	96	0	0	0	0
MTBE	7327	115	0	0	0	18.2
合流汽油	59037	95.7	13.68	0.24	32.91	2.26

5 质量升级成本

该炼厂在汽油质量升级技术改造所建烷基化装置未投入情况下，通过生产方案优化，成功使汽油质量从国Ⅴ标准升级至国Ⅵ标准。汽油质量升级后，因汽油池辛烷值总体下降，需要加大 MTBE 及烷基化油调入量，增加了车用汽油的生产成本。如表 11 所示，按照当时市场价格体系，根据外购高辛烷值组分和产品结构变化测算汽油国Ⅵ质量升级成本约为 68.68 万元/月，同时根据统计数据，装置助剂调整、操作优化等现金操作费用增加约 13.11 万元/月，升级总成本合计约 81.79 万元/月。

表 11 质量升级成本测算表

项目		市场价格/（元/t）	升级前/（t/月）	升级后/（t/月）	数量变化/（t/月）	变化/（万元/月）
外购高辛烷值组分量	外购 MTBE	4870	7817	12178	4361	-2124
	烷基化油	4935	0	2931	2931	-1446
主要产品产量变化	92#	4842	145027	145791	764	370
	95#	5250	55749	59037	3288	1726
	轻石（作戊烷油）	3982	4320	0	-4320	-1720
	重石 10%前馏分（作重整料）	3787	2880	0	-2880	-1091
	二甲苯	4880	9360	18000	8640	4216
构变化成本						68.68
现金操作费用						13.11
升级成本合计						81.79

参考文献

[1] 邓文文，谭雪棚．论汽油车国Ⅵ的实施对排放技术提升及汽车行业的影响[J]．时代汽车，2020，325(01)：17-18.
[2] 张瑞驰．催化裂化操作参数对降低汽油烯烃含量的影响[J]．石油炼制与化工，2001(06)：11-16.
[3] 曹东学，杨秀娜，曹国庆．碳四烷基化技术发展趋势[J]．当代石油石化，2020，28(08)：29-37.
[4] 苏文生．催化裂化汽油降烯烃技术及其工业应用[J]．石化技术，2009，16(01)：57-60.
[5] 刘从华，谷育生，高雄厚，等．降低汽油烯烃含量 FCC 催化剂技术进展[J]．石化技术与应用，2004(04)：244-248.

OCT-MF 满足国Ⅵ及以上标准清洁汽油技术

赵乐平[1]，尤百玲[1]，郭振东[1]，尹晓莹[1]，郭洪臣[2]

(1. 中国石化大连石油化工研究院，大连　116045；2. 大连理工大学，大连　116024)

摘　要　为了减少汽车尾气及有害物质的排放量，超清洁汽油品质发展趋势是降低硫含量和烯烃含量。目前，在低辛烷值损失下由 FCC 汽油生产硫含量≯10.0μg/g 的“无硫汽油”的 OCT-ME 加氢脱硫及 S Zorb 吸附脱硫等技术已经工业化，完全能够满足生产硫含量≯10.0μg/g 的“无硫汽油”的需求。但是现有选择性加氢脱硫或吸附脱硫技术的脱硫产物中烯烃含量的降低幅度是有限的，满足不了国Ⅵ(烯烃体积分数≯15.0%)及以上标准(预计烯烃体积分数≯10.0%)清洁汽油对烯烃含量提出的越来越严格的限制的要求。新开发的 MF-10 脱硫汽油降烯烃催化剂及流化/循环再生 OCT-MF 技术处理硫质量分数为 242μg/g、烯烃体积分数为 35.0%、苯体积分数为 0.7%的全馏分 FCC 汽油，产物硫质量分数 8.2μg/g、烯烃体积分数 5.8%、苯体积分数为 0.5%、RON 损失 1.1 个单位。因此，OCT-MF 技术可以在较低辛烷值损失的情况下、为 FCC 汽油直接生产国Ⅵ及以上标准清洁汽油提供技术方案。

关键词　催化汽油　清洁汽油　脱硫　降烯烃　工艺

车用汽油中硫化物对发动机尾气转化催化剂有显著的抑制作用，降低汽油中的硫含量可以大大降低汽车尾气中有害物质的排放量；烯烃是车用汽油重要高辛烷值组分之一，但是烯烃的不饱和性及活泼性容易导致其在发动机燃烧过程不完全燃烧形成胶质沉积，一方面增加废气颗粒物排放，另一方面也容易形成臭氧危害大气环境。因此，国内外清洁汽油新标准对车用汽油硫含量和烯烃含量提出了越来越严格的限制。

在我国汽油组分中，FCC 汽油占 70%左右，降低 FCC 汽油组分中的硫含量和烯烃含量是满足超清洁汽油新标准的关键。目前，在低辛烷值损失下由 FCC 汽油生产“无硫汽油”(ULSG，硫质量分数≯10.0μg/g)的 OCT-ME 选择性加氢脱硫技术[1]及 S Zorb 吸附脱硫技术[2]等已经工业化，完全能够满足生产无硫汽油的需要。

但是，现有选择性加氢脱硫或吸附脱硫技术为了控制因烯烃过度加氢饱和造成的辛烷值损失，导致脱硫产物中烯烃含量的降低幅度是有限的，满足不了清洁汽油新标准对车用汽油烯烃含量提出的越来越严格的要求。

本文介绍了大连石油化工研究院(FRIPP)为应对清洁汽油烯烃含量越来越严格的要求，在低辛烷值损失下大幅度降低汽油烯烃含量的 OCT-MF 技术开发研究取得的进展。

1　清洁汽油无硫、低烯烃的发展趋势

表 1 列出了世界各国清洁汽油中硫含量和烯烃含量的发展趋势。

表1 世界清洁汽油硫含量和烯烃含量

项目	硫/(μg/g)	烯烃/%(v)	芳烃/%(v)
世界燃油规范Ⅴ类	≯10.0	≯10.0	≯35.0
欧洲Ⅵ标准	≯10.0	3.0~13.0	29.0~35.0
美国 Tier Ⅱ-3 标准	≯30.0	≯14.0	≯30.0
中国国Ⅵ标准	≯10.0	≯15.0	≯35.0

由表1可以看出，2013年9月第五版世界燃油规范(Worldwide Fuel Charter)中，Ⅴ类汽油要求烯烃体积分数≯10.0%；在欧洲，2014年实施的欧Ⅵ标准要求超清洁汽油硫含量≯10.0μg/g，烯烃体积分数3.0%~13.0%；在美国，2006年实施的Tier Ⅱ-3新标准要求清洁汽油硫含量≯30.0μg/g，烯烃体积分数≯14.0%；在我国，2019年执行的《车用汽油有害物质控制标准》(简称国Ⅵ标准)要求硫含量≯10μg/g，烯烃体积分数≯15.0%。

可以看出，我国的超清洁汽油烯烃含量与欧美有一定差距，我国国Ⅵ标准(烯烃体积分数≯15.0%)及以上标准清洁汽油(预计烯烃体积分数≯10.0%)将会与世界接轨。

2 现有脱硫技术降低烯烃幅度的局限性

目前，在低辛烷值损失下、由FCC汽油生产无硫汽油的主流技术为OCT-ME、Prime-G⁺选择性加氢脱硫技术及S Zorb吸附脱硫技术。表2列出了OCT-ME、Prime-G⁺技术工业应用脱硫降烯烃的效果对比；表3列出了S Zorb脱硫降烯烃工业应用效果。

表2 OCT-ME与Prime-G⁺技术脱硫降烯烃对比

项目	OCT-ME技术[3]		Prime-G⁺技术[4]	
	FCC汽油	OCT-ME产物	FCC汽油	Prime-G⁺产物
硫/(μg/g)	475.0	9.4	160.9	≯10
烯烃/%(v)	30.5	21.0	31.3	—
辛烷值(RON)	93.5	91.9	90.2	88.8
RON损失		1.6		1.4
HDS/%		98.0		94.4

从表2可以看出，OCT-ME选择性加氢脱硫技术生产满足硫含量≯10μg/g的“无硫汽油”，在HDS率98.0%下，RON损失1.6个单位，烯烃含量降低9.5个百分点；Prime-G⁺选择性加氢脱硫技术生产满足硫含量≯10μg/g的清洁汽油，在HDS率94.4%下，RON损失1.4个单位。

表3 S Zorb技术脱硫降烯烃效果

项目	燕山S Zorb[5]		齐鲁S Zorb[6]	
	FCC汽油	S Zorb产物	FCC汽油	S Zorb产物
硫/(μg/g)	269.0	6.0	320.0	3.0
辛烷值(RON)	90.0	88.5	91.0	89.4
烯烃/%	31.0	25.8	26.6	20.4

从表3可以看出，S Zorb吸附脱硫技术生产满足硫含量≯10μg/g的“无硫汽油”，RON

损失 1.5~1.6 个单位，烯烃体积分数降低 5.2~6.2 个百分点。

总之，OCT-ME、Prime-G⁺选择性加氢脱硫技术及 S Zorb 吸附脱硫技术可以满足我国炼厂生产硫含量≯10μg/g 的“无硫汽油”的需要，但是，烯烃含量满足不了国Ⅵ标准及以上标准清洁汽油的要求。

3 OCT-MF 催化汽油脱硫降烯烃技术开发

为了应对国Ⅵ标准及以上标准清洁汽油的要求，FRIPP 在固定床全馏分 FCC 汽油芳构化降烯烃 OTA(Olefin To Aromatics)技术[7,8]的基础上，与大连理工大学合作对 FCC 汽油脱硫降烯烃进行了深入的研究，在大幅度降低汽油烯烃含量的技术开发研究中取得新进展，开发出了专利脱硫/降烯烃复合功能催化剂(简称 MF-10 催化剂)和新一代流化床/循环再生汽油脱硫降烯烃技术(简称 OCT-MF)。图 1 显示了实验室定型 MF-10 脱硫/降烯烃复合功能催化剂的形貌(SEM)；图 2 显示了 OCT-MF 汽油脱硫降烯烃技术原则流程。

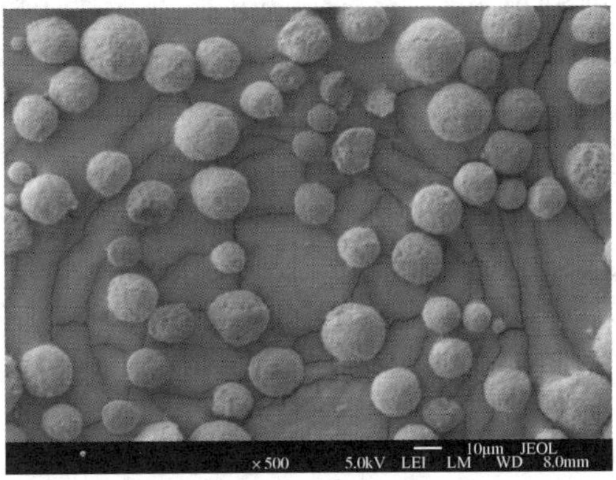

图 1 MF-10 脱硫降烯烃催化剂扫描电镜图(SEM)

从图 1 扫描电镜可以看出，MF-10 催化剂微球大小主要集中在 20~40μm，颗粒大小适中。

图 2 显示的 OCT-MF 脱硫降烯烃技术示意图主要包括：进料系统(包括氢气、氮气、空气和 FCC 汽油原料)、预热器系统、反应系统、冷凝及气液分离系统、液体产物/尾气采集系统和加剂/卸剂系统等六大部分组成。

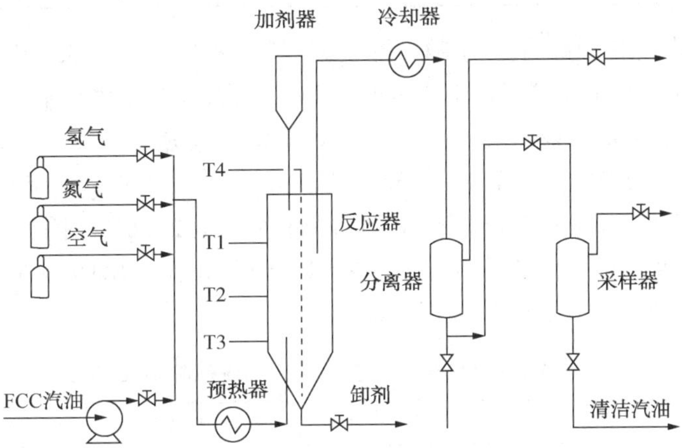

图 2 OCT-MF 全馏分 FCC 汽油脱硫降烯烃技术

其中流化床反应系统原则操作方案如下：微球 MF-10 催化剂先由加料器加入反应器，从反应器底部引入氢气；气密合格后，升温到还原温度下还原，还原结束后启动原料泵从反应器底部进 FCC 汽油原料进行流化反应；产物从反应器顶部排出经冷却、分离后在采样器采样，进行分析；反应结束后降温到室温，采用氮气置换氢气，然后换空气进行催化剂再生；再生结束后，进行氮气置换氧气、氢气置换氮气，随后催化剂进行下一次还原与反应。

表 4 列出了 MF-10 脱硫/降烯烃复合功能催化剂及再生脱硫降烯烃的效果；表 5 列出了处理一种典型 FCC 汽油，MF-10 脱硫/降烯烃复合功能催化剂与参比吸附剂脱硫降烯烃的效果。

从表 4 可以看出，处理硫质量分数为 242.0μg/g、烯烃体积分数为 35.0%、芳烃体积分数为 25.0%、研究法辛烷值(RON)为 90.4 的全馏分 FCC 汽油时：MF-10 脱硫降烯烃催化剂新剂、再生-1、再生-2 硫质量分数分别为 5.4μg/g、10.0μg/g、4.3μg/g；烯烃体积分数分别为 12.0%、12.1%、14.4%；芳烃体积分数分别为 30.2%、31.0%、31.0%；RON 损失分别为 0.4 个单位、0.4 个单位、0.9 个单位；C_{5+}收率分别为 98.0%、98.2%、98.2%；特别是 MF-10 催化剂可以降低苯含量 28.6%~43.0%。因此，MF-10 脱硫降烯烃催化剂可以在 RON 损失分别为 0.4~0.9 个单位下满足国Ⅵ标准的要求，且再生性能良好。

表 4　MF-10 催化剂脱硫降烯烃及再生性能

项　目	FCC 汽油	MF-10 新剂	MF-10 再生-1	MF-10 再生-2
高分压力/MPa		2.0	2.0	2.0
反应温度/℃		400	400	400
体积空速/h^{-1}		2.0	2.0	2.0
氢油体积比		150∶1	150∶1	150：1
硫/(μg/g)	242.0	5.4	10.0	4.3
烯烃/%(v)	35.0	12.0	12.1	14.4
芳烃/%(v)	25.0	30.2	31.0	31.0
苯/%(v)	0.7	0.4	0.5	0.5
辛烷值(RON)	90.4	90.0	90.0	89.5
C_{5+}收率/%		98.0	98.2	98.2

从表 5 可以看出，处理硫含量为 242.0μg/g、烯烃体积分数为 35.0%、芳烃体积分数为 25.0%、研究法辛烷值(RON)为 90.4 的全馏分 FCC 汽油时：参比吸附剂、MF-10 脱硫降烯烃催化剂硫含量分别为 4.2μg/g、8.2μg/g；烯烃体积分数分别为 23.4%、5.8%；芳烃体积分数分别为 25.7%、32.7%；RON 损失分别为 3.4 个单位、1.1 个单位；C_{5+}收率分别为 99.5%、98.5%；特别是，MF-10 催化剂可以降低苯含量 28.6%。因此，MF-10 脱硫降烯烃催化剂可以在 RON 损失为 1.1 个单位(与参比吸附剂相比，RON 少损失 2.3 个单位)下、满足生产国Ⅵ以上标准清洁汽油的要求。

表 5　MF-10 催化剂与参比吸附剂脱硫降烯烃对比

项　目	FCC 汽油	参比剂产物	MF-10 产物
高分压力/MPa		2.0	2.0
反应温度/℃		410	410
体积空速/h^{-1}		2.0	2.0
氢油体积比		150：1	150：1

续表

项　　目	FCC 汽油	参比剂产物	MF-10 产物
硫/(μg/g)	242.0	4.2	8.2
烯烃/%(v)	35.0	23.4	5.8
芳烃/%(v)	25.0	25.7	32.7
苯/%(v)	0.7	0.7	0.5
辛烷值(RON)	90.4	87.0	89.3
C_{5+}收率/%		99.5	98.5

4 结论

(1) MF-10 脱硫降烯烃催化剂表现出较好的脱硫能力、较强的降烯烃和辛烷值恢复能力。处理硫含量为 242.0μg/g、烯烃体积分数为 35.0%、芳烃体积分数为 25.0%、研究法辛烷值(RON)为 90.4 的全馏分 FCC 汽油时：在 RON 损失为 0.4~0.9 个单位下，产物硫含量≯10.0μg/g、烯烃体积分数≯15.0%；在产物 RON 损失为 1.1 个单位下，硫含量≯10.0μg/g、烯烃体积分数≯6.0%，与参比吸附剂相比，RON 少损失 2.3 个单位。

(2) MF-10 脱硫降烯烃催化剂具有较强的降低苯含量能力，可以降低 FCC 汽油的苯含量 28.6~43.0%。

(3) MF-10 脱硫降烯烃催化剂再生性能良好，再生后脱硫能力、降烯烃和辛烷值恢复能力等催化性能可以恢复。

(4) OCT-MF 全馏分 FCC 汽油流化反应/循环再生脱硫降烯烃技术，可以在较低辛烷值损失的情况下、为满足 FCC 汽油生产国Ⅵ汽油及以上标准(预计硫含量≯10μg/g、烯烃体积分数≯10.0%)的清洁汽油提供技术解决方案。

参 考 文 献

[1] 赵乐平，关明华，刘继华，等. OCT-ME 催化裂化汽油超深度加氢脱硫技术的开发[J]. 石油炼制与化工，2012，43(8)：13-16.

[2] 吴德飞，庄剑，袁忠勋，等. S Zorb 技术国产化改造及应用[J]. 石油炼制与化工，2012，43(7)：76-79.

[3] 吴潮汉，庄宇，于洪滨，等. OCT-ME 超深度加氢脱硫技术工业应用[J]. 炼油技术与工程，2014，44(1)：39-41.

[4] 乔景辉，李程飞，周雪梅. 吉化 Prime-G+装置生产国Ⅴ质量升级技术方案及运行分析[J]. 化工科技，2017，25(6)：62-66.

[5] 姚智，杨远行，王万新，等. 国产吸附剂在 S Zorb 汽油吸附脱硫装置上的工业应用[J]. 石油炼制与化工，2013，44(5)：43-46.

[6] 刘传勤. S Zorb 超低硫清洁生产新技术[J]. 炼油技术与工程，2013，43(4)：5-9.

[7] 赵乐平，胡永康，方向晨，等. FCC 汽油烃及硫化物在 OTA 催化剂上催化反应研究[J]. 石油炼制与化工，2007，38(6)：37-41.

[8] 胡永康，赵乐平，李扬，等. 全馏分催化劣化汽油芳构化降烯烃技术的开发[J]. 炼油技术与工程，2004，34(1)：1-4.

容器的疲劳危害分析与预防探讨

黄向阳

（中国石化广州石化公司，广州　510726）

摘　要　本文结合疲劳容器使用调查与往复压缩机段间缓冲罐疲劳失效案例分析，阐述了容器疲劳失效的危害与判断分析方法，从设备的设计制造与使用维护上，探讨了其预防措施。

关键词　容器　疲劳　失效　分析　预防

1　概述

容器是工业企业特别是石油化工企业最为常见的设备之一，疲劳失效是容器的一种破坏性的失效形式，其危害有时是灾难性的，因此必须做好预防。

随时间作周期性变化的应力称为交变应力。交变应力作用下，虽应力低于屈服极限，但长期反复之后，构件也会突然断裂，断裂前却无明显的塑性变形。这种现象称为疲劳失效。容器的疲劳失效，将会造成设备泄漏、着火爆炸、环境污染等事故。

2　容器应力的分类

为了更好地讨论疲劳，在这里着重区分一下以下几种应力：一次应力、二次应力与峰值应力。

一次应力是为平衡压力与其他机械载荷所必需的法向应力或剪应力。一次应力是由于外加载荷，如压力或重力等的作用而产生的应力，它是容器中的主要应力或基本应力。这类应力的特点是：满足外力的平衡关系，随外力的增加而增大，且无自限性；当其值超过材料的屈服极限时，容器将产生过度塑性变形而破坏。

二次应力是指为满足外部约束条件或结构自身变形连续要求所需的法向应力或剪应力。二次应力的基本特征是具有自限性，即局部屈服和小量变形就可以使约束条件或变形连续要求得到满足，从而变形不再继续增大。由于是受自身约束或相邻部件的约束而产生的应力，主要包括边缘应力和温差应力等。由于热胀冷缩、端点位移等位移荷载的作用而产生二次应力。

峰值应力是由于局部结构不连续（如开孔、小圆角半径、焊缝咬边等）或是局部热应力影响而引起的附加于一次或二次应力的应力增量。峰值应力的特征是同时具有自限性与局部性，它不会引起明显的变形；其危害性在于可能导致疲劳裂纹或脆性断裂，是疲劳破坏或脆性断裂的可能根源。

3 疲劳分析设计的判断

承受疲劳载荷的容器，是否要做疲劳分析设计，也是要看具体情况而定，并不是所有承受交变应力的容器都需按疲劳分析设计，因为做疲劳分析设计后，设备的制造使用维护成本也将更大，造成不必要的浪费。根据标准规定，容器是否需做疲劳分析设计，判断有 3 项相互独立的标准，其中 2 项如下：

一是看使用经验。标准讲到，当所设计的容器与已有成功使用经验的容器有可类比的形状与载荷条件，且根据其经验能证明不需要做疲劳分析者。

二是对常温抗拉强度 $\sigma_b \leqslant 550\text{MPa}$ 的钢材，下列各项循环次数的总和不超过 1000 次。

(1) 包括启动与停车在内的全范围压力循环的预计(设计)循环次数；

(2) 压力波动范围超过设计压力 20%的工作压力循环的预计(设计)次数。压力波动不超过设计压力 20%的循环不限次数。大气压波动的影响不需考虑；

(3) 包括接管在内的任意相邻两点之间金属温差波动的有效次数。这种有效次数是将金属温差的波动循环次数乘以相应系数，再将所得次数相加而得到总次数；

(4) 由热膨胀系数不同的材料组成的部件(包括焊缝)，当 $(\alpha_1-\alpha_2)\Delta T>0.00034$ 时的温度波动循环次数，其中 α_1 与 α_2 是两种材料的平均热膨胀系数，ΔT 为工作时温度总波动范围。但这不适用于复合材料的情况[1]。

根据以上判断标准，并不是所有承受交变载荷的容器都需按分析方法进行设计。

4 疲劳容器运行调查

笔者对本公司化工区的疲劳容器使用情况做了调查，特别注意这些设备所采取的设计制造标准，以及历史上是否发生过的失效故障情况，有没有发生裂纹失效故障等信息。汇总情况见表 1。

表 1 疲劳容器运行调查表

序号	装置	容器位号	容器名称	规格/mm	容器材质	温度/℃	压力变化范围/MPa	投用日期	设计制造标准	运行历史状况
1	聚乙烯	C4101G	产品出料罐	ϕ1500×26×3330	Q345R	88	2.41～0.8	2011.3	JB4732，整体热处理	完好、改造更换
2	聚乙烯	C4103G	产品吹出罐	ϕ1600×26×3569.5	Q345R	149/88	2.41～0.8	2011.3	JB4732，整体热处理	完好、改造更换
3	聚乙烯	C4106G	产品出料罐	ϕ1500×26×3330	Q345R	88	2.41～0.8	2011.3	JB4732，整体热处理	完好、改造更换
4	聚乙烯	C4108G	产品吹出罐	ϕ1600×26×3569.5	Q345R	149/88	2.41～0.8	2011.3	JB4732，整体热处理	完好、改造更换
5	聚乙烯	T0102A～E	吸附器	ϕ1200×12×7220	Q345R	40	0.6～0.3～0.08	2011.3	GB150，整体热处理	完好

续表

序号	装置	容器位号	容器名称	规格/mm	容器材质	温度/℃	压力变化范围/MPa	投用日期	设计制造标准	运行历史状况
6	苯乙烯	AS501A~G	吸附塔	ϕ1000×24×7795	20R	40	3.5~0.02	2003.4	GB150，整体热处理	完好
7	聚乙烯	C5009X	脱氢仓	4877×17×31323	16MnR	88	0.1248~0.009	2003.4	GB150、JB4732，下部分热处理	完好，顶部接管法兰焊缝因振动出现过裂纹
8	裂解	R1370A/B	裂解气干燥器	2000×32×7620	SA516 GR70	7~39	3.517~0.45	1997.9	GB 150，整体热处理	完好，2003年改造过
9	裂解	R1360A/B	凝液汽提塔底干燥器	1400×12×6200	16MnR	17~62	0.908~1.08	1997.9	GB 150，整体热处理	完好，2003年改造过
10	裂解	R1453	二段干燥器	1600×24×3800	SA516 GR70	-25~-20	2.117~2.33	1997.9	GB 150，整体热处理	完好，2003年改造过

从表1可看出，表中所列疲劳容器压力变化较大，在使用周期内，工作循环次数较多，但部分却并没有按疲劳分析方法进行设计，且部分是在1995年我国疲劳分析设计标准出台前就已完成设计。不过，虽然没有进行分析设计，但都做了整体热处理，这也是分析设计标准中采用的抗疲劳措施，在运行中基本上没有出现过疲劳失效现象，部分设备的寿命已超过其设计寿命。但在化工区，有较多的往复压缩机，都带有段间缓冲罐，查阅相关资料及现场铭牌，这些容器基本上是采用GB 150进行的常规设计，且其工作压力基本上稳定，即使有压力波动也很小，但受压缩机本身振动影响与工作气流脉动冲击影响，一般都存在不同程度的振动，这是对缓冲罐造成的二次交变应力，其中某装置循环尾气压缩机C301二级排气缓冲罐曾出现裂纹失效情况，在此也着重对此案例进行分析讨论，将从设备结构与制造、振动与应力状况、材质、裂纹微观与宏观特征等方面进行分析。

5 容器疲劳工况的产生原因

容器疲劳工况的产生，主要有两种方式，一是工艺本身的要求，由于工艺技术的特点，会使容器的操作温度、压力有大幅的交替变化，如变压吸附、催化剂再生等，基本属于一次应力范围；二是工作时受到非工艺需求的影响，如结构约束、外来振动冲击等，主要属于二次应力范围。由于这些应力交替变化，从而使容器承受交变载荷，产生疲劳应力。

不论是一次应力产生的疲劳应力，还是二次应力产生的疲劳应力，对设备都会造成不利的影响。

6 往复压缩机缓冲罐疲劳失效案例分析

6.1 往复压缩机缓冲罐裂纹情况

2019年6月，某装置循环尾气压缩机C301二级排气缓冲罐D314的F4测温口(DN40)处补强圈及母体上有约200mm长的裂纹，泄漏工艺气体，机组停车。尾气压缩机C301机组为二列三级立式迷宫压缩机，转速420r/min，2013年3月完成现场安装，2016年11月装置正式投产。各级进出口都设有进、排气缓冲罐(共计6台)。设计参数如下：各级吸气压力：0.02/0.313/1.082MPa(G)，各级排气压力0.313/1.082/2.7MPa(G)，各级吸气温度：45.2/50/50℃，各级排气温度：112/110/102℃。

进一步检查发现D314罐上有6条裂纹。入口管(DN250)补强圈2个筋板处有裂纹，未贯穿；F2测温口(DN40)补强圈3个筋板处有裂纹，未贯穿；F4测温口(DN40)补强圈1个筋板处有裂纹，长度200mm，已从补强圈延伸到筒体母材上，为贯穿性裂纹。其他缓冲罐上的同类位置也有个别表面裂纹。如图1、图2所示。

图1 D314罐F4测温口处裂纹

图2 D314罐F4测温口处裂纹局部

6.2 气流脉冲产生应力情况

该罐操作压力为1.082MPa，温度为110℃，介质为工艺尾气。本压缩机为往复压缩机，额定转速420r/min，电机功率1120kW，气流的脉动频率计算如下：

$$f=420/60=7\text{Hz}$$

气流的脉动使系统受到周期性的冲击而产生振动，缓冲罐受脉动气流影响，会产生较大的周期性脉冲应力。

经过厂家与现场专业人员实测，压缩机各处振动值见表2。

表2 处理前的振动测量值

序号	测量部位	振动值/(mm/s)
1	一级进气缓冲罐顶部	7~8
2	一级排气缓冲罐顶部	7~12
3	二级进气缓冲罐顶部	8~12.5
4	二级排气缓冲罐测温F4接管处	11
5	二级排气缓冲罐顶部	20~25
6	三级进气缓冲罐顶部	6~7
7	三级排气缓冲罐顶部	6~7
8	压缩机气缸最高点沿曲轴方向(东西向)	16
9	压缩机机身底部四角部位	4.5

由于机组本身振动较大，加上气流脉冲的影响，二级排气缓冲罐振动偏大，对罐的局部结构产生较大的激振疲劳应力。

6.3 结构设计与制造分析

缓冲罐除了进出口接管外，还有各种测温测振接管，各种接管开孔不是采用整体补强，特别是小接管还需有筋板支撑(本设备中每个接管有均匀分布的4块筋板)，而支撑不能直接焊在设备本体上，需有贴板补强圈，因此接管、补强圈、筋板的设计造成结构不连续，自身受到约束，多件构件焊接在一处，易产生焊接应力集中，在焊接制造与运行过程中，形成二次应力与峰值应力。

查设备设计与出厂资料，该罐制造后未做过热处理，焊接中产生的残余应力没有得到消除。

6.4 材质分析

D314罐设计材质为Q345R。

对裂纹及周边进行超声波测厚、硬度检测与材质光谱分析，未发现明显异常(厚度7.9~8.2mm、硬度110~120HB)，硬度见表3。

表3 硬度分析结果

检件编号	硬度值/HB	检件编号	硬度值/HB
D-314 1#焊缝	115、114、116	D-314 2#加强圈焊缝	119、127、127
D-314 1#筒体母材	120、122、121	D-314 2#筒体母材	163、164、163
D-314 1#加强圈母材	135、140、150	D-314 2#接管母材	107、109、110

6.5 裂纹宏观、微观检查

D314罐的6条裂纹形状基本一致，全部起源于补强圈与管线支撑筋板端部角焊缝热影响区，如图一、图二所示，该处裂纹表观形状光滑，具有典型的疲劳裂纹源头形貌，然后以45°角向两端扩展，当裂纹延伸到筒体母材上时(F4处裂纹)，导致母材开裂并贯穿；二是金相分析表明裂纹属于穿晶裂纹，见图3，具有疲劳裂纹特征。

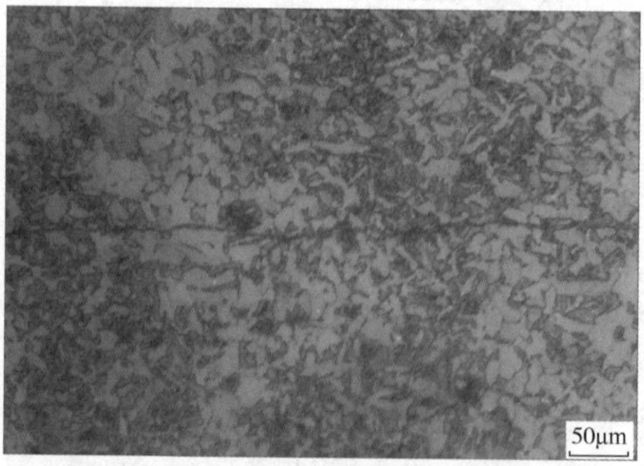

图3 金相照片

6.6 缓冲罐裂纹原因分析

综上所述，因压缩机组存在较大的振动，加上气流脉动冲击影响，缓冲罐承受较大的二次疲劳应力作用，由于筋板处结构设计不连续，设备制造后也没有进行消应力的热处理工作，抗疲劳强度较弱，经过较长时期运行后，在接管支撑筋板与加强圈焊缝处，产生较大的峰值应力，形成裂纹源，并向两端扩展，最终产生疲劳裂纹失效。

6.7 缓冲罐裂纹处理措施

（1）在对裂纹进行临时补焊后，立即对 D314 罐进行更新，增加设备壁厚，并做整体消应力热处理，提高设备抗疲劳应力能力。

（2）对机组进行检修，检查维修设备基础，减少机组本体振动对缓冲罐的影响。

（3）筋板与补强圈材质要统一，且将接管筋板的数量减少为 2 个，成 90°交叉分布，同时在气体进出口接管处不设置筋板，以减少约束。

（4）测温、测压等小接管处采用整体法兰；

（5）筋板两端焊接需采用全焊透形式，并要求进行超声波探伤；

（6）排气缓冲罐的进气口增加向下弯头，这样可减少工作气流对罐体侧面的冲击。

（7）由于工艺上存在压力波动，由压缩机厂家将根据现场提供的流量变化范围计算孔板，通过增加孔板来降低由压力波动引发的振动。

6.8 缓冲罐裂纹处理结果

2019 年 10 月装置消缺时，对机组进行了检修，维修加固了设备基础，更换了包括 D314 罐在内的 3 台缓冲罐，在管路上加装了 9 块限流孔板。

通过本次检修，C-301 机组整体振动有了明显下降，缸体部位振动烈度由原来最高的 16mm/s 下降到 2.6mm/s，地脚螺栓处振动烈度由 4.5mm/s 下降到 0.5mm/s，缓冲罐振动最高值都已小于 10mm/s。目前设备运行良好。

实测数据见表 4。

表 4　处理后的振动测量值

序号	测量部位	振动值/(mm/s)
1	一级进气缓冲罐顶部	2.1
2	一级排气缓冲罐顶部	5.2
3	二级进气缓冲罐顶部	4.1
4	二级排气缓冲罐振动测温 F4 接管处	6.2
5	二级排气缓冲罐顶部	9.5
6	三级进气缓冲罐顶部	1.2
7	三级排气缓冲罐顶部	2.2
8	压缩机气缸最高点振动沿曲轴方向(东西向)	2.6
9	压缩机机身底部四角部位	0.5

7 容器疲劳失效的预防

7.1 设计制造

当容器的工况要求是载荷的交替变化，且达到疲劳分析设计的界定标准时，设备就要按分析设计标准进行设计制造，国内的标准是JB4732，国外标准有ASME-Ⅷ-2、JISB 8281等。由于疲劳强度往往小于屈服强度，因此用疲劳分析方法设计的容器，壁厚往往会更厚，为消除峰值应力引发疲劳失效，设备的结构往往尽量是连续的，结构的过渡要平滑，焊缝全焊透且磨平，接管需采用整体加强的方式，制造完成后，根据标准确定是否要进行热处理。因此，采用分析设计制造的容器，其制造成本也会更高。

对于存在交变应力，但又达不到疲劳分析设计标准而免除分析设计的容器，可按常规设计去做，也可按分析设计去做。在按常规设计时，一些分析设计中用到的措施也可用于常规设计中，如焊接要求、热处理要求、结构连续性要求等。

往复压缩机的段间罐，一般其工艺介质的压力波动还是比较小，较为稳定，实践中一般采用常规设计，主要是要防止机组本身振动对段间罐的影响，上述案例中讲到的限流孔板与进口管的开口改为朝下，对减少脉动气流对设备、管路的冲击效果很好。在这此段间罐的采购设计中，要特别注意二次应力产生的疲劳应力对设备的影响，要从二次应力产生的源头以及抗疲劳两方面进行考虑防范。

7.2 使用维护

承受疲劳工况的容器，特别是按常规设计却又承受交变载荷的容器，相对而言，日常更应加强检查。如螺栓在每次停车时做无损检测、垫片与螺栓的定期更换、特殊部位如角焊缝、支撑板、结构突变等处要加强无损检测，日常巡检要特别注意。

对于需焊接维修的，焊后要将焊缝打磨光滑平整，必要时需进行热处理。[2]

8 结论

容器的疲劳失效，往往使构件产生疲劳裂纹，或者突然断裂，造成介质泄漏，甚至火灾、爆炸与环境污染，而疲劳分析设计，是针对疲劳失效而发展起来的打造设备本体安全的重要措施，是常规设计的进步与发展。只要我们对其工况做好的分析，并在设计制造与使用中采取针对性的措施，加强无损检测与日常检查，是可以预防疲劳失效的，是能够保障设备安全运行的。

参 考 文 献

[1] 机械工业部. JB 4732—95(R2005)钢制压力容器-分析设计标准[S]. 北京：新华出版社，2007.
[2] 蔡劲松。焊缝对压力容器疲劳强度的影响[J]. 石油化工设备技术，2014，35(5)：52-54.

逆流连续重整技术大型化应用

王　婷，许　伟，蔡建光

（中国石化工程建设有限公司，北京　100101）

摘　要　以某厂 260 万 t/a 连续重整装置设计为例，从装置节能降耗、设备、加热炉、平面布置及管道应力等方面对国产逆流连续重整技术在大型化方面进行了总结，为超大规模重整装置设计提供经验。

关键词　逆流　连续重整大型化　节能　低温热

1　前言

催化重整是石油炼制主要加工过程之一，是使石脑油转变成富含芳烃的重整生成油，并副产氢气的过程，是炼厂芳烃以及廉价氢气的重要来源[1]。21 世纪连续重整装置在国内迅猛发展，截至 2020 年 11 月，国内开工连续重整装置共 108 套，其中 200 万 t 以上装置有 14 套，且均采用国外技术。国内连续重整技术的大型化研究迫在眉睫。

2013 年，世界上首套采用中国石化开发的连续重整新工艺—逆流连续重整工艺—的装置成功投产。逆流连续重整工艺采用催化剂与反应物流逆向流动的创新理念，改善了反应条件，开发了新的操作简便的催化剂循环方法，为连续重整工艺增加了新的模式。2020 年 12 月采用逆流连续重整技术的 260 万 t/a 的连续重整装置成功投产，标志着国产重整技术大型化开发成功。

本文从节能优化、设备大型化设计、加热炉大型化设计、平面布置及管道应力设计等方面阐述了逆流重整技术大型化的研究结果，为超大规模逆流重整技术工程化研究提供参考。

2　装置概况

该 260 万 t/a 连续重整装置以直馏石脑油和加氢裂化石脑油为原料，采用逆流连续重整技术，包括预加氢装置、重整装置、抽提装置、PSA 装置，生产富含 C_8 及以上芳烃的重整生成油、苯、甲苯、氢气、戊烷、液化气及燃料气。由中国石化工程建设有限公司承担工艺包、工程设计及总承包。装置于 2019 年 4 月开始建设，2020 年 12 月 22 日，中化泉州石化 260 万 t/a 连续重整装置一次投料开车成功，产出合格产品。2021 年 1 月 8 日，催化剂再生顺利完成黑烧转白烧过程，催化剂再生性能良好，标志着装置进入正常生产阶段。重整反应器入口温度 536℃，平均反应压力 0.35MPag，年操作时间 8400h，C_{5+} 产品辛烷值 RON105，催化剂采用中国石化石油化工科学研究院 PS-Ⅵ 催化剂。

3 大型化节能技术

3.1 低温热利用

重整装置中存在较多精馏塔顶冷凝热，反应产物冷凝热等。在装置大型化后低温热数量更为可观。这些低温热一般在90~140℃，由于温位较低，难以在装置内部得到利用。以本装置进料为例，装置低温热情况见表1。

表1 重整装置低温热分布

位　置	塔顶油气温度/℃	冷却后油气温度/℃	热负荷/MW
蒸发塔顶	139	118	6.82
重整油塔顶	110	103	10.376

3.1.1 低温热直接利用

对于低温热利用，首先应在装置内寻找与之相匹配的低温热用户，进行热量直接利用，这样利用的效率最高。本设计中采用重整油塔顶油气加热脱烯烃反应器进料，节约1.0MPag蒸汽17t/h，折合4.2kg标油/t原料油。

3.1.2 低温热制冷

除了用于直接加热工艺物料，低温热还可以用于制冷，为装置提供冷源。本装置利用蒸发塔顶低温热量，将114.7t/h热媒水从70℃加热至121℃，送入制冷站，通过溴化锂制冷机组生产7℃冷冻水866t/h，供重整装置及芳烃装置使用。

重整装置中通常使用冷源降低再接触温度以增加液体产品收率及氢气纯度[1]。通过是否采用低温热制冷的对比，研究本设计低温热制冷的效果。目前炼厂中，通常采用氨或丙烷冷冻系统来实现较低再接触温度，再接触温度为4℃。本装置利用低温热得到7℃冷冻水用于再接触罐进料的冷却，再接触温度为10℃。以不使用低温热制冷，再接触温度4℃的流程作为基准，使用低温热制冷后，装置主要产品收率变化见表2；装置消耗变化见表3，效益比较见表4。

表2 主要产品收率比较

	再接触温度4℃	利用低温热制冷，再接触温度10℃
重整产氢(去PSA)摩尔纯度/%	基准	-0.3
PSA负荷/(kg/h)	基准	+1107
PSA氢气(纯氢)/(kg/h)	基准	+0.17
PSA尾气/(kg/h)	基准	+1107
液化石油气/(kg/h)	基准	-780
戊烷油/(kg/h)	基准	-149
重整脱戊烷油/(kg/h)	基准	-226
重整燃料气/(kg/h)	基准	-3

表 3 装置消耗比较

名　　称	再接触温度 4℃	利用低温热制冷，再接触温度 10℃
电/kW	基准	-1155
循环水/(t/h)	基准	-631
蒸汽/(t/h)	基准	-0.05
能耗/(kg 标油/t 重整进料)	基准	-0.96

注：电耗中包含了 PSA 尾气回收消耗。

表 4 经济效益比较

项　　目	再接触温度 4℃	利用低温热制冷，再接触温度 10℃
操作费用/(万元/a)	基准	-803
投资费用/万元	基准	-1351

从表 2 可以看出，采用低温热制冷再接触与未采用该技术的再接触相比，氢气纯度相当，纯氢产量相当；戊烷、液化气等液体产品产量有所下降；PSA 尾气量有所增加。这主要是由于再接触温度不同引起的烃类产品差异。由表 3 可以看出，低温热制冷再接触可以有效节约循环水和电能，一方面由制冷机组形式差异引起，另一方面由不同再接触后续分馏系统处理量不同引起。采用低温热再接触为装置减少 0.96kg 标油/t 重整进料的能耗。为实现物料利用最大化，大型炼厂通常都配备轻烃回收系统，或者 PSA 尾气作为化工装置原料，而不是作为燃料气烧掉。因此，采用低温热制冷再接触时，再接触损失的轻烃会进入 PSA 尾气得到回收，不会损失液体产品。考虑一次性投资少且每年可节省操作费用，在设置了尾气回收装置的情况下，采取低温热制冷却水进行再接触的流程经济性更好。

3.1.3 全厂低温热综合利用技术

本工厂除重整装置外，还同期建设一套芳烃装置。芳烃装置中抽余液和抽出液塔顶存在大量低温热。通过设置蒸汽发生器，利用塔顶低温热量，可提供 0.4MPag 蒸汽 202t/h。如何利用低温热产生的低低压蒸汽需要从全厂角度结合能量利用效率考虑，直接使用是最节能的利用方式。本装置重整循环氢压缩机和重整氢增压机均使用了芳烃装置发生的低低压蒸汽驱动，实现了能量利用最大化。

由于产生的低低压蒸汽全部外送，芳烃装置的能耗比较先进，仅为 118.359kg 标油/t 对二甲苯，与常规芳烃装置产生的低低压蒸汽用于发电相比，整个联合装置能耗减少 34.5kg 标油/t 对二甲苯。

3.2 重整进料换热器窄点优化

重整反应进出料换热器具有换热量大、温度交叉大、允许压降低、设备大型化等的特点，该换热器同时起到冷却反应产物和加热反应进料的作用，换热越充分(即其热端温差和冷端温差低)，则进料加热炉的热负荷将越小，冷却反应产物的空冷器的热负荷也将越小，燃料等能量消耗也相应下降。重整进料换热器工艺设计最关键的参数之一是窄点温度，选取合适的窄点温度，对热量回收、设备投资等非常重要。

表 5 列出了不同窄点温度的选取对于进料加热炉燃料气耗量以及设备投资的影响。从表中可以看出窄点温度从 8℃降到 5℃，燃料气每年可节约 2268t，折合人民币约 425 万元，增

加投资1.36年即可回收。设备尺寸增加有限，节能效益明显。

表5 不同窄点换热器比较

窄点温度/℃	热端温差/℃	回收热量/MW	燃料气用量/(t/h)	投资/万元
8	基准	基准	基准	基准
5	-5	2.2	-0.27	578

注：加热炉热效率按94%计。

3.3 加热炉热效率提高

重整装置中的加热炉是最重要的单体设备，也是能耗最大的设备。重整反应炉为纯辐射炉，烟气温度高。通常，为回收余热，在加热炉顶设计一套蒸汽发生系统，产生3.5MPa蒸汽；使重整反应加热炉高温烟气经余热回收后排烟温度在140~180℃，加热炉效率为90%~92%。本装置四合一重整炉对流段烟气经余热锅炉发生蒸汽后，再经空气预热器进一步回收烟气余热，使加热炉高温烟气温度进一步降低至85~100℃，加热炉效率提高至94%以上。按每吨燃料气1874元计，此项每年节省燃料气3000t，折合人民币约562万元。

4 设备大型化技术

4.1 反应器大型化技术

针对大型化装置，催化剂在重整反应器、再生器内部连续流动，改善催化剂流动状态、减少死区是反应器、再生器结构优化的主要方向。本次重整反应器底部结构采用锥形封头代替以往的椭圆或半球形封头，同样的装填体积下，锥形封头可减小催化剂无效体积、很好地改善催化剂流动状态、减少催化剂在封头内的死区，降低结焦的风险。

在长期高温操作下，由于生产波动或催化剂结焦，扇形筒、中心管内件损坏的案例时有发生，装置大型化后，内件结构设计是否合理成为装置是否稳定运行关键。各工艺包方从材料、强度和稳定设计、结构改进和制造要求等方面不断进行优化。本次设计结合实际工程案例，优化扇形筒结构，提高其整体强度，延长内构件的使用寿命；根据机械强度和稳定计算，增大筛条和支撑杆间的结合力，制造时控制焊接条形筛网的分段长度，优化制造工艺等。[2]

4.2 加热炉大型化技术

重整反应炉为纯辐射箱式炉，工艺介质仅在辐射室加热，对流室主要功能为回收高温烟气余热。

重整装置大型化后，原有的四合一炉型不能很好满足工艺传热和设备模块制造、运输的要求。为满足工艺过程的需要，大型重整炉设计为两台双辐射室单对流室并联炉型，四个辐射室内分别布置∩型辐射盘管以加热工艺物料，每组∩型辐射盘管通过进出口集合管与四台反应器一一对应。每个辐射室可独立精准调节燃烧供热以满足工艺过程的需要。经ANSYS研究分析及结合炉底设置热风道的实际情况，确定采用大半径的∩型辐射盘管结构及支管的有效安全高度；为改善炉管的受热不均匀情况同时提高炉管的传热能力，辐射炉管采用双面辐射形式。为满足工艺有效负荷及压力降等要求，优化∩型辐射盘管规格、长度及并联管程数量。本次大型化辐射盘管沿纵向具有较大扩展能力，对于更大规模装置具有良好的适应性。

5 设备布置及应力研究

针对装置大型化布置特点，对于进出加热炉、进出反应器的高温管道、进出汽轮机的蒸汽管道、进出离心压缩机、往复式压缩机的工艺管道布置需特别考虑管道柔性因素；反应炉与反应框架相对位置关系及反再框架的规划着重考虑重要管道应力计算结果进行合理布置；管道设计利用改变管道走向增加柔性，采取冷紧措施以减小管道对设备、法兰以及固定架的作用力和力矩，从而降低大型化风险。

本装置转油线为 DN1300，规格较大，重整反应进料炉集合管与转油线进行联合优化设计，加热炉各集合管采用不同程度的偏装等措施，合理解决大口径管线热膨胀带来的问题，大幅改善该部分的大口径管线应力水平，同时较大幅度降低了反应器的受力状况，提高了重整反应器、重整反应炉的运行安全性。如图 1，炉管集合管偏装安装，冷紧量由减少了 48%，冷紧的管道数量减少了 50%。

图 1　炉管集合管偏装安装现场

6 结论

随着装置规模增大，国产连续重整技术大型化开发越来越受到重视。本文以成功开车的 260 万 t/a 逆流连续重整装置为例，从节能降耗，设备、加热炉、平面布置等方面对大型化技术进行了总结，为超大规模的装置建设提供思路。

参 考 文 献

[1] 徐承恩．催化重整工艺与工程[M]．2 版．北京：中国石化出版社，2014.
[2] 李啸东．连续重整反应器中心管损坏原因分析及结构改进[J]．石油化工设备技术，2019，40(2).

中国石化逆流连续重整技术的开发及应用

姜晓花

（中国石化工程建设有限公司，北京　100101）

摘　要　中国石化逆流连续重整技术开发成功并首次在中国石化济南炼化公司 600kt/a 连续重整项目得到工业应用。与现有技术相比，中国石化逆流连续重整技术具有鲜明的技术特点，再生后的新鲜催化剂与反应物料逆向输送，优化了反应条件；取消了复杂的闭锁料斗系统，简化了催化剂输送过程，真正实现了催化剂无阀连续输送过程。

关键词　催化重整　逆流连续重整　逆向输送　逆差压　密封料腿　大型化

1　概述

催化重整是石油炼制的主要过程之一，是在催化剂的作用下，在一定的温度、压力、临氢条件下，使石脑油转化为富含芳烃的重整生成油和氢气的过程。重整生成油既可用作高辛烷值车用汽油调和组分，还可以用来制取苯、甲苯和二甲苯等芳烃产品。副产的氢气是炼油厂加氢装置用氢的重要来源之一。催化剂连续再生工艺是在重整反应的同时，有一部分催化剂在再生系统连续进行再生，使催化剂始终保持“新鲜”状态，从而允许反应在较苛刻的条件下(低压、低氢油比)进行，以充分发挥催化剂的活性及选择性。

中国石化工程建设公司(SEI)于 1997 年底提出了“逆流”连续重整工艺的设想，并申请了发明专利“多个反应器逆流移动床催化转化工艺”[2]。逆流连续重整技术设计理念完全不同于传统的连续重整技术，具有鲜明的技术特色和优势。催化剂与反应物流逆向流动，容易进行的反应在前面的低活性催化剂的反应器中进行，难进行的反应在后面的有高活性催化剂的反应器中进行，反应器中进行的反应难易程度与其中催化剂的活性状态匹配合理，改变了传统连续重整技术中积炭少、活性高的催化剂与新鲜物料接触完成容易进行的反应，而积炭多活性低的催化剂却要完成难于进行反应的不合理状态[1]。

此后，分别与清华大学、中国石油大学、中国石化石油化工科学研究院(RIPP)合作，开展了一系列的基础性研究工作，为该技术的开发提供了有力的理论依据和基础数据支撑。2010 年 8 月，完成了 600kt/a 逆流移动床连续重整工艺包的开发，并通过中国石化集团公司的鉴定，形成了具有鲜明特色的逆流连续重整国产化技术。

中国石化济南炼化公司 600kt/a 逆流连续重整装置是逆流连续重整技术的第一套工业应用装置，于 2013 年 9 月 21 日一次投料开工成功。装置投产后运行平稳，各项技术指标先进。此后，逆流连续重整技术又相继在中国石化、中国海油、中化集团成功转让了 6 套装置，其中已开工 4 套，已开工装置投产后装置均运行平稳，各项技术指标先进。

逆流连续重整工艺技术工业化应用的成功，标志着我国已经拥有完全自主知识产权的连续重整技术，使中国石化跻身于连续重整专利商的行列。

2 逆流连续重整工艺技术的开发

2.1 催化剂逆流提升试验的基础研究

催化剂在各反应器之间从低压向高压的输送，是逆流连续重整工艺技术在工程上得以实现的关键。SEI 与清华大学合作，开展了"级间逆流连续重整配套锁压系统的实验研究"工作，提出了催化剂"逆差压"输送的试验方案，开发了新型无阀锁压催化剂循环系统，形成了催化剂料腿锁压数学模型，该模型为催化剂在反应器之间的逆差压输送奠定了理论基础。

2.2 重整反应的模拟计算及试验研究

RIPP 通过实验验证了逆流重整工艺在理论上的合理性，在微反装置上用不同含碳量的工业连续重整催化剂进行了环己烷脱氢和正庚烷环化脱氢反应实验。实验结果表明，催化剂积炭对环己烷脱氢反应影响不显著，而积炭对正庚烷环化脱氢生成芳烃的产率和选择性有较明显的影响[3]。环己烷脱氢反应是较易进行的反应，基本在第二或第三反应器就能完全进行。而正庚烷脱氢环化反应是较难进行的反应，绝大部分在四反完成，积炭对一反进行的反应影响很小，对四反进行的反应影响很大。而逆流连续重整四反积炭少，一反积炭多，有利于改善重整反应。

表 1　催化剂积炭对环己烷反应影响

原　　料	环己烷(分析纯)	
试验编号	A	B
试验条件		
催化剂积炭量/%	3.0	4.3
反应温度/℃	500	500
LHSV/h^{-1}	15	15
主要试验结果		
环己烷转化率/%	96.6	94.4
芳烃产率/%	93.4	93.2

2.3 再生烧焦动力学模型及再生器结构试验研究

再生烧焦动力学模型是催化剂再生技术的理论基础，模型的准确与否直接影响催化剂烧焦过程的安全，以及催化剂再生的效果。SEI 与石油大学合作开展了再生烧焦动力学模型研究，提出了重整催化剂上三种形式积炭的燃烧理论，即Ⅰ型碳比较容易燃烧，而Ⅱ型和Ⅲ型碳则要在比较高的温度下才能燃烧[4]，研究形成了烧焦动力学方程，并开发了烧焦动力学计算软件，SEI 在此基础上开发了再生数值模拟软件，对于再生烧焦工艺及再生器的设计具有指导意义。

移动床内气固传递规律对于再生器的基础研究很重要。SEI 与石油大学合作开展了再生器床层内径向扩散规律的研究，研究表明表观操作气速和催化剂循环强度是影响床层内气体扩散规律的主要因素，随着催化剂循环强度增加，移动床与固定床在气体扩散规律上的偏离程度增大[5]。研究建立了二维扩散模型，在此基础上结合烧焦动力学软件和再生烧焦数值模拟软件，进行了再生器结构的试验研究，为再生器设计提供了多种方案和数据。

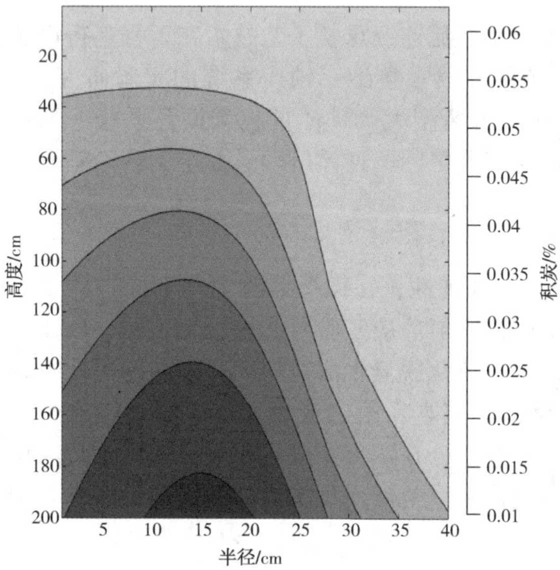

图1 再生器烧焦床层内催化剂上碳浓度分布

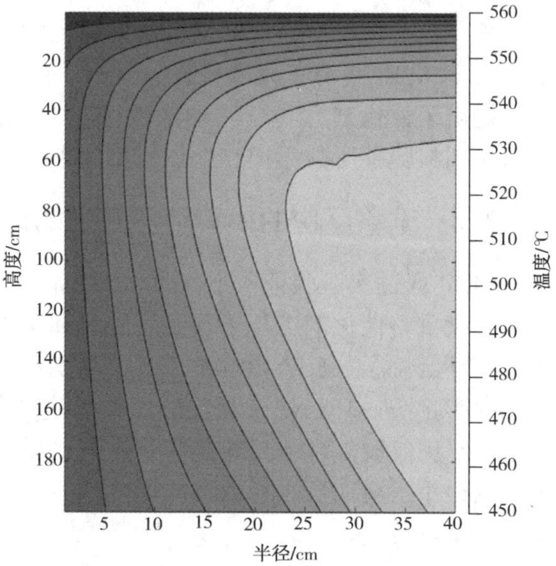

图2 烧焦床层内温度分布图

2.4 控制系统的开发等试验研究工作

催化剂再生控制系统是催化剂连续再生过程的控制中心，是逆流连续重整关键技术之一。SEI开发的逆流连续重整催化剂再生控制系统完全融入装置的DCS及SIS系统中，操作直观方便，流程画面关联性好，可操作性强，既有利于控制、调节、检测、软硬件更新和维护，又节省投资。

催化剂再生控制系统除了实现催化剂在反再之间的连续、稳定循环，和对催化剂烧焦过程精准、快速控制功能外，还要完成再生过程的联锁保护，防止氢/烃/氧/氮环境之间的密封差压消失导致的危险工况的发生，确保装置安全运行。此外，催化剂再生控制系统还具有催化剂黑白烧之间的切换、再生过程工艺数据的分析计算、催化剂循环速率标定等功能。

2.5 逆流连续重整技术工程开发及优化

2.5.1 催化剂逆压差输送的工程实施

实现催化剂的逆差压连续输送是逆流连续重整技术在工程实施上的关键。而逆差压输送的关键是催化剂上部密封料腿的设计。为了稳妥可靠，规避工程风险，在利用催化剂料腿锁压数学模型计算出催化剂密封料腿长度的基础上，适当留出余量。

2.5.2 进一步优化逆流连续重整的反应、再生等工艺技术条件

（1）优化催化剂装填比例

针对逆流反应的特点，突破传统技术中催化剂的装填比例，利用重整反应计算软件，配合反应温度、氢油比等反应条件的优化，采用了适合逆流重整反应的催化剂装填比例，使催化剂得以充分利用，得到更优化的反应结果，进一步体现逆流连续重整技术优势。

（2）优化再生条件

利用再生烧焦动力学软件，优化确定再生器两段烧焦比例、再生器入口温度和入口氧气浓度，在确保再生器烧焦床层不超温的前提下，使催化剂上积炭燃烧完全且减少无效烧焦体积，同时在确保催化剂再生后金属的分散、水氯平衡等方面也做了大量的研究工作，使催化剂再生后性能恢复到最佳状态。

2.5.3 关键设备的开发和优化

（1）优化、改进反应器和再生器的结构。

重整反应器为径向反应器，通过对径向反应器二维流场进行大量数值模拟研究，得出影响径向反应器轴向布气均匀度的主要因素为主流道的流动型式及其截面积分配比例。向心π型流动时两主流道之间的压力差分布要比向心z型时均匀得多，因此，反应器采用“上进上出”型式，可以使反应器内轴向布气均匀度更加优化。改进反应器下部催化剂收集器的结构，减少了无效催化剂的装填量，同时催化剂流动更加顺畅。再生器采用两段径向烧焦结构，利用再生烧焦动力学软件优化烧焦区高度、厚度以及中心管开孔率等关键结构参数，优化了气体分布，催化剂接近平推流流动，保证烧焦过程平稳、均匀、完全，既避免了烧焦峰温对于内构件的损坏，又减少了设备规格。

（2）优化重整加热炉设计。

综合考虑反应器排布方式、投资等因素后，四合一重整加热炉采用“∩”型多管程并联的辐射盘管加热炉炉型。炉管采用多管程布置方式可以降低反应系统压降。四炉共用同一辐射炉膛，各炉之间采用中间火墙分隔以减小相互之间的影响。反应炉辐射出口烟气排放温度高，为了回收余热，在加热炉对流段设计一套蒸汽发生系统以回收烟气余热，由对流段排出的烟气进入空气预热器进一步回收烟气余热，使加热炉的整体热效率达到94%以上。

（3）优化催化剂粉尘淘析及催化剂加料位置。

根据逆流连续重整技术催化剂磨损量少的特点，仅在分离料斗上部设置一套待生催化剂粉尘淘析系统，用于除去催化剂在反应器内部流动和提升时产生的粉尘，简化了流程及设备数量，节省了投资。

由于催化剂磨损量较少，正常操作时补充的少量催化剂从计量料斗上部加入系统，即使催化剂加料时带入少量的氧气和水分，也可以在再生器中得到处理，安全进入反应系统。

3 逆流连续重整技术在中国石化济南分公司重整装置上的应用

3.1 中国石化济南炼化公司连续重整装置基本情况

中国石化济南炼化公司建设的600kt/a连续重整装置为易地改造项目，采用逆流连续重整工艺技术，主要解决全厂汽油质量及氢气不平衡的问题。该装置以直馏石脑油和焦化加氢

石脑油为原料，通过预处理、重整反应、再接触、产物分离等工艺加工过程，生产稳定汽油、高纯氢、化工轻油、液化气、燃料气等产品。重整操作苛刻度 C_5^+辛烷值 RONC 为 103，采用石油化工科学研究院开发的 PS-Ⅵ 重整催化剂。装置于 2013 年 9 月投产，之后一直安全、平稳、满负荷运行，分别于 2017 年 4 月、2021 年 3 月进行两个周期的停工检修。

装置包括主要工艺设备 245 台(套)，除少数特殊钢材和管件、阀门、一台提升风机从国外引进外，所有设备都立足于国内设计制造。节省了工程投资，对于今后重整装置设备国产化具有一定的借鉴意义。

3.2 济南连续重整装置标定结果

济南连续重整装置于 2014 年 7 月进行了设计负荷下 48h 的考核标定。主要标定结果及与设计值的对比见表 2。从表 2 中的数据可以看出，在重整进料的环烷烃+芳烃值略低于设计值的情况下，C_5^+液体收率、C_5^+芳烃含量、纯氢产率均高于设计值，催化剂粉尘量仅为设计值的 18%，装置的综合能耗比设计值低 13%。

表 2 济南连续重整装置标定结果

项目	设计值	标定值
装置负荷(重整进料量)/(t/h)	71.4	71.4
原料中环烷烃+芳烃(N+A)/%	55	54
催化剂循环量/(kg/h)	500	600
再生催化剂碳含量/%	<0.1	0.06
催化剂粉尘量/(kg/d)	2.85	<0.5
C_5^+液收/%	89.14	89.70
C_5^+芳烃含量/%	79.79	81.62
纯氢产率(对重整进料)/%	3.54	3.99
能耗/(kg 标油/t 重整进料)	96.49	84.16

装置标定期间各设备运行情况良好。重整焊板式换热器热端温差仅为 25.3℃，低于设计值 34℃，节能效果明显；“四合一”重整反应加热炉平均热效率达 94%以上。

4 逆流连续重整技术推广应用

继首套工业应用装置成功投产之后，2016 年 9 月和 2020 年 3 月，采用逆流连续重整技术的 2 套 1000kt/a 工业化装置也相继顺利投产，并分别于 2016 年 12 月和 2020 年 4 月完成催化剂再生部分的开工。从两套装置设计负荷下 72h 的性能考核结果来看，各项指标均达到或超过设计值。

采用该技术的第三套工业化装置是在半再生重整装置基础上改造为连续重整装置，装置规模 400kt/a，为了充分利旧原装置反应器、压缩机等关键设备，反应部分未采用常规的超低压连续重整反应压力，平均反应压力 0.8MPag，并相应优化氢油比、反应温度等关键反应条件，以充分发挥催化剂的能力。该装置于 2019 年 3 月 17 日投料，18 日反应系统运转正常，此后由于原料不足装置一直保持在 70%负荷、500℃的反应温度下运行。2019 年 9 月 18

日~20日进行了满负荷标定，液收、氢产、催化剂磨损等标定结果均优于设计值。该装置的成功投产为半再生装置升级改造提供了新思路，为炼厂提质增效提供了新办法。

中化泉州逆流连续重整装置于2020年12月成功投产，2021年1月完成催化剂再生部分开工。包括预处理、连续重整、催化剂连续再生、芳烃抽提、PSA五个部分，装置规模2600kt/a，是我国迄今为止最大规模的逆流连续重整装置，也是采用国内连续重整技术投产的规模最大的装置，标志着逆流连续重整技术在大型化工业应用上取得了成功。装置创新利用芳烃装置发生的0.4MPag超低压蒸汽作为重整循环氢压缩机和增压机透平驱动蒸汽，大幅提高了芳烃装置发生的低品位蒸汽的使用效率，为在微利时代降低芳烃联合装置综合能耗、提高全厂经济效益，提供了很好的经验。

目前正在进行2套逆流连续重整装置的工程设计，装置规模分别为1500和2600kt/a，已经逐渐形成系列化装置规模。

5 结论

历经十多年的研究开发，中国石化逆流连续重整技术终于得以成功应用。该技术与现有技术不同，具有鲜明的技术独创性。其技术特点主要表现在如下两个方面：

（1）反应器间催化剂与反应物流逆向输送，反应难易程度与催化剂活性高低相匹配，从而改善了反应条件，有利于提高产品收率和延长催化剂寿命。

（2）催化剂由低压向高压的输送采取分散料封提升的方法，取消了复杂的闭锁料斗系统，使催化剂输送实现了真正的无阀、连续操作过程，操作简单、安全可靠，大幅降低了催化剂的磨损量。

逆流连续重整技术的主要设备全部实现了国产化，装置建设投资较现有技术有所降低。通过工业应用表明，采用该技术的装置开车容易、操作简单、运行平稳可靠，装置的液体收率和氢气产率等主要性能指标等同于或优于现有技术，催化剂磨损量比现有技术大幅降低。

参考文献

[1] 徐承恩. 催化重整工艺与工程[M]. 2版. 北京：中国石化出版社，2014：51；493.

[2] 多个反应器逆流移动床催化转化工艺，专利号ZL98117972.x.

[3] 逆流连续重整工艺的试验研究. 中国石化石油化工科学研究院，2003.

[4] 潘国庆，王虹，刘耀芳，等. 连续重整移动床径向再生器中烧炭的数学模型[J]. 炼油设计，1995，25(2)，37-39.

[5] 姜晓花. 催化重整再生器床层内径向扩散规律的研究[J]. 炼油设计，2003，35(2)：44.

我国生物基聚酰胺(BioPA)研究与开发进展

李　军

(中国石化经济技术研究院，北京　100029)

摘　要　“双碳”战略的提出为生物基材料的发展提供了广阔的发展前景。本文在分析全球生物基塑料市场环境的基础上，重点介绍了生物基聚酰胺的研究现状和工业化进展，特别对我国具有自主知识产权、处于世界领先水平的生物基聚酰胺 BioPA56 的研究现状和产业化进程进行了详细阐述，并对我国生物基聚酰胺发展提出建议。

关键词　生物基材料　生物基聚酰胺　BioPA56

1　前言

生物基材料具有绿色低碳、环境友好、节约资源等特点，在我国大力提倡和推动 2030 年实现“碳达峰”，2060 年实现“碳中和”和“绿水青山就是金山银山”的大背景下，研究和开发以可再生生物质资源为原料的生物基材料的合成合应用具有非常重要的现实意义[1]。

聚酰胺(PA)是用途广泛的五大工程塑料之一。目前合成聚酰胺单体的原料主要来自化石原料，随着化石资源的短缺以及环保压力的不断增加，由可再生生物基单体制备绿色、高效、新型生物基聚酰胺(BioPA)正逐渐成为相关领域的研究热点之一。

BioPA 是可再生生物质资源，通过生物、物理或者化学手段制造的一类新型聚合材料，在纺织、汽车、电子电器、包装、体育产品等方面具有广泛的应用前景。

BioPA 的商业开发以及工业化应用要早于其他生物基材料。在 1941 年，美国杜邦公司首先实现了 PA610 工业化生产，PA610 是一种部分生物基的 PA，标志着 BioPA 产品商业化的开始。BioPA11 由法国 Arkema 公司 1950 年以蓖麻油为原料合成并实现商品化生产，以 Rilsan®为商标，他是一种全生物基的 PA 产品。PA1010 是由我国上海赛璐珞厂在 1958 年研制成功，并与 1961 年完成工业化生产[2]。随着石油价格的上涨和石油化工研发技术和产业化水平的不断提高，PA 单体的生产成本不断降低，开发不同性能和应用范围的新型 PA 聚合材料成为可能。本文介绍了 BioPA 的研究和产业化进展。

2　全球生物塑料市场环境分析

欧洲生物塑料协会 2020 报告显示，2020 年全球生物塑料产能为 211.1 万 t，占塑料 3.68 亿 t 塑料总产能的 1%。随着需求的不断增长，生物塑料市场也将会不断增长。全球生物塑料生产能力到 2025 年将会达到 287 万 t 左右(图 1)。

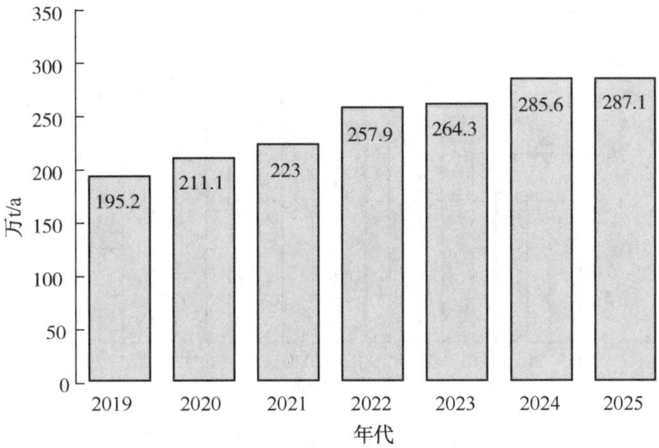

图 1　2019~2025 年全球生物塑料年产能及预测

数据来源：European Bioplastic，Nova-Institute(2020)。

生物基塑料按照其降解性能可以分为生物降解生物基塑料和非生物降解生物基塑料。生物降解生物基塑料包括聚乳酸(PLA)、聚羟基烷酸酯(PHA)、二氧化碳共聚物(PPC)、聚己内酯(PCL)、二元酸二元醇共聚酯和聚乙烯醇等。2020 年，包括 PLA、PHA、淀粉共混物等在内的可生物降解塑料占全球生物塑料生产能力的 58%(超过 120 万 t)。随着世界各国禁止一次性塑料使用政策和法规的实施，可降解塑料的需求将大幅增加，从而带动生物基可降解塑料产能的增加。预计到 2025 年生物降解塑料占比将增加到 62. 7%(超过 180 万 t)。

非生物降解生物基塑料主要包括聚乙烯(PE)、聚酰胺(PA)、聚氨酯(PET)和聚丙烯(PP)等多个品种。其中 PA 在非生物降解生物基塑料中占比较大，2020 年占全球生物塑料生产能力的 11. 9%(26 万 t)，2025 年占比略有下降，为 10. 6%(30. 4 万 t)(图 2、图 3)。

生物塑料的应用越来越广泛，从包装和消费品到电子、汽车和纺织品(图 4)。包装仍然是生物塑料最大的细分市场，2020 年占生物塑料市场的 47%(99 万 t)。

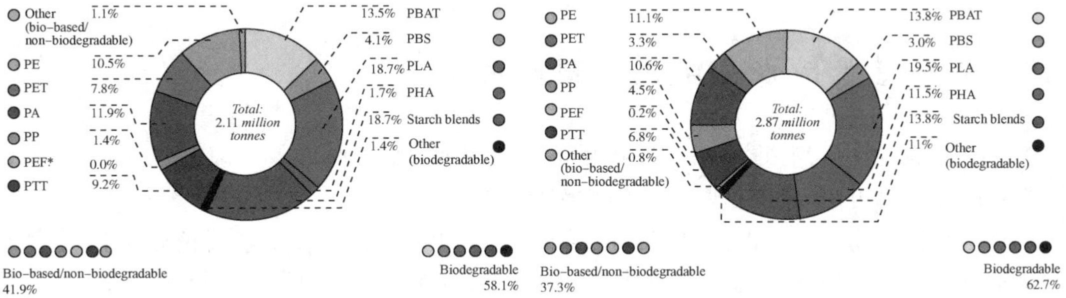

图 2　2020 年和 2025 年生物塑料的产能组成

数据来源：European Bioplastic，Nova-Institute(2020)。

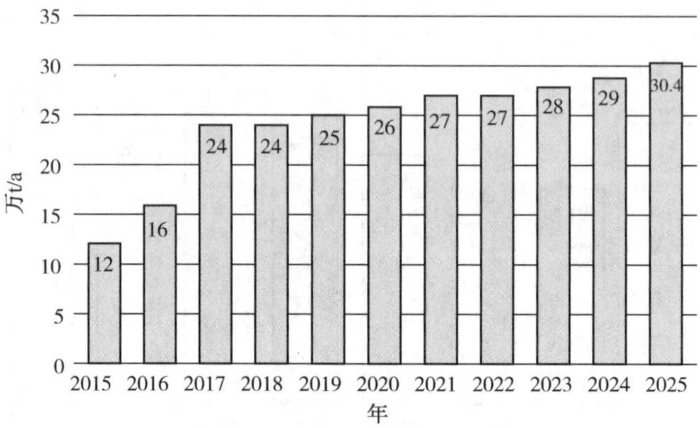

图3　2015~2025年生物基聚酰胺产能

数据来源：EDRI、European Bioplastic，Nova-Institute(2020)。

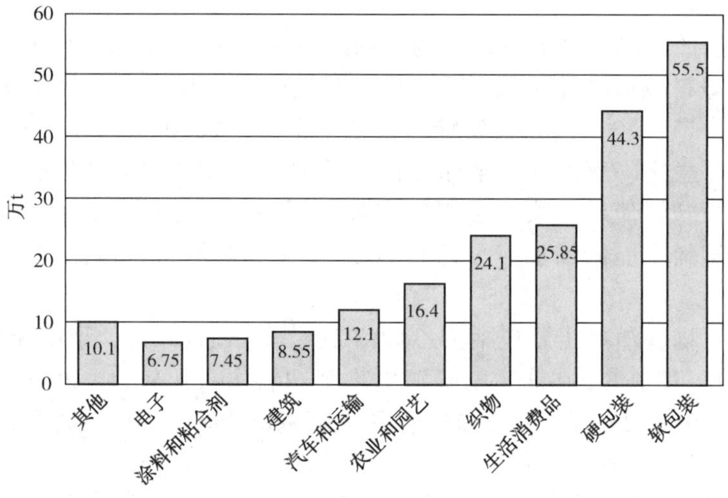

图4　2020年世界生物塑料细分市场

数据来源：European Bioplastic，Nova-Institute(2020)。

3　生物基聚酰胺(BioPA)研究进展

PA是分子主链上含有重复酰胺基团的热塑性树脂的总称。PA一般由二元胺和二元酸通过制备而成，也可由ω-氨基酸或环内酰胺来合成。

虽然现有的生物基塑料占世界塑料市场的份额不足1%，但在追求绿色低碳和环境友好的大背景下，全球诸如Arkema、巴斯夫、Evonik和DSM等国际著名企业在生物基材料领域投入了巨大的人力和财力，并在聚酰胺单体和聚合物的合成中取得了长足的进步。国内生产BioPA的企业主要有苏州翰普高分子材料有限公司(已被Arkema收购)、上海凯赛公司等(表1)。

表 1　生物基聚酰胺生产商情况

厂　　商	地　　址	产品名称
Arkema	中国常熟	PA11
	中国张家港	PA10
BASF	德国	PA610
BioAmber	美国	生物基己二酸
上海凯赛公司	中国	PA56
Celexion	美国	生物基己二酸
Draths/Amyris	美国	生物基己二酸
DSM	荷兰	PA46、生物基己二酸
Evonik	德国	PA610，612，1010、11
Genomatica	美国	生物基己二酸
INVISTA		PA610、612、1010
Mitsubishi Gas Chemical Company，Inc.	比利时	sebacic acid
Novozymes	美国	生物基己二酸
Rennovia	美国	生物基己二酸
Sebacic	阿曼	PA610、1010、611
Solvay	法国	PA610、1010、612
Toray	日本	PA6、66、69
Unitika Ltd.	日本	PA 树脂：XecoT
Verdezyne	美国	生物基己二酸

数据来源：HIS。

1950 年前后，法国 Arkema 公司以蓖麻油为原料，合成了全生物基聚酰胺 BioPA11(商品名为 Rilsan® nylon 11)。BioPA11 主要用于汽车行业、电子电器、耐压管道、运动器械、医药和食品包装、水处理等领域。目前，全球产业化生产 BioPA11 的企业仅有法国 Arkema。

BioPA1010 最早由中国上海赛璐铬厂于 1961 年开发投产成功。BioPA1010 可用于通用机械、农业机械、电器仪表，交通运输等。法国 Arkema 公司以蓖麻油为原料生产出 BioPA1010，经过一系列收购，Arkema 成为全球生物基 PA1010 的最大供应商。除了法国 Arkema 之外，Evonik、Dupont 等公司也具有 BioPA1010 生产能力。

BioPA46 是由荷兰 DSM 公司于 1984 年首先实现工业化。BioPA46 可用于汽车工业、机械工业、电子产品生产等。目前全球 BioPA46 的生产技术主要由 DSM 公司控制，通过与 DSM 合作，日本 JSR 公司、帝人公司和尤尼契卡公司也具备了 BioPA46 生产能力。

中国上海凯赛公司在 BioPA56 方面的生产技术领先于世界，具有自主的知识产权，是世界唯一实现 BioPA56 产业化的企业。

3.1　Bio PA 的合成方法

根据制备原料来源不同，BioPA 的制备方法分为油脂路线和多糖路线[3]。

油脂路线一般选用蓖麻油为原料。蓖麻油是蓖麻的种子经榨取并精制得到的植物油，主要成分为蓖麻油酸，其余为油酸与亚油酸等。以蓖麻油为原料生产 BioPA 主要是首先通过“蓖麻油-蓖麻油酸-单体”的路线来制备单体，然后再由单体通过聚合反应得到产物。例如在制备 BioPA11 时，首先蓖麻油通过热裂解生成的 1-十一烯酸，再通过溴化和胺解得到 1-氨基十一酸的单体，然后单体聚合得到产物。法国的 Arkema 是 BioPA11 的主要生产商。BioPA1010、BioPA1012、BioPA610、BioPA410、BioPA10T 都是由二元酸和二元胺发生聚合反应而合成的，他们的起始原料全部或部分是蓖麻油。以 BioPA610 为例，他的合成单体为己二胺和癸二酸，其中己二胺是以化石资源为原料采用石油化工方法合成的，而癸二酸是从蓖麻油的裂解转化获得，因而 BioPA610 中约有 60%的碳物种来自于生物质。目前多数企业采用油脂路线生产 BioPA。

多糖路线一般选用葡萄糖、纤维素等多糖为原料，其中葡萄糖为原料的制备路线较为成熟，且具有价廉易得等特点。PA66 和 PA46 的主要起始原料之一为己二酸，生物基己二酸可由葡萄糖通过生化方法制备。在重组大肠杆菌的作用下，葡萄糖首先被代谢为 3-脱氢莽草酸，然后转化为顺，顺-己二烯二酸，最后经高压氢化得到己二酸。如果与采用石油化工方法生产的己二胺或丁二胺聚合，可以得到部分生物基的 BioPA66 和 BioPA46。同时由于丁二酸同样可以由生物法合成，如果把生物基己二酸与丁二酸通过腈化和胺化等方法转化为生物基己二胺和丁二胺，最终通过二酸和二胺的聚合反应而得完全生物基的 BioPA66 和 BioPA46。美国 Rennovia2013 年宣布成功开发出 BioPA66 生产技术，宣称使用生物基原料生产的己二酸和己二胺成本比传统的石油化工方法低 20%~25%，同时与采用化石原料制备己二酸生产过程相比，采用生物质为原料方法生产己二酸可减少 85%的 CO_2 排放。

3.2 Bio PA56 产业化进展

BioPA56 具有奇碳结构，他的纤维具有吸湿优异、柔软舒适和低温可染等特性，适合用于高档面料的开发，具有广阔的应用前景。

在国外，日本东丽、三菱、德国巴斯夫以及罗地亚等跨国巨头从 21 世纪出就开始开展生物基 1,5-戊二胺和 BioPA56 的研究和开发，但到目前为止仍处于实验室开发阶段，还未见规模化生产的相关报道。

国内的研究机构和大学是从 2010 年前后开始 BioPA56 相关研究的。中国科学院微生物研究所、天津科技大学、南京工业大学等对 BioPA56 的制备单体 1，5-戊二胺的生物合成方法进行了系统的研究，虽然在微生物培养、基因工程和发酵等方面取得了一些进展，但他们的 1,5-戊二胺制备技术仍处于实验室研究阶段，没有实现工业化生产。另外，东华大学、总后军需装备研究所联合精细化工有限公司和优纤科技(丹东)有限公司在 BioPA56 的凝聚态演变、纺丝(低速纺、高速纺)、纤维的复合化和功能化、染色以及评价等方面进行了广泛和深入探索和研究。

通过对生物基 1,5-戊二胺和 BioPA56 的制备方法全面和系统的研发，凯赛生物公司率先在生物基 1,5-戊二胺的制备和精制领域取得了重大突破，于 2014 年实现了生物基戊二胺和 BioPA 千吨级产能生产线验证。在 1,5-戊二胺/己二酸成盐、BioPA56 聚合和纺丝、应用以及相关制造装备方面建立了完备的产业化研究平台，形成了系列专有技术以及知识产权体系。截止到 2020 年，凯赛生物在生物基戊二胺和 BioPA56 领域共公开专利 42 件[4]，占全球同期公开专利数的 31%。2019 年其在新疆乌苏生产基地的 5 万 t/a 生物基 1,5-戊二胺和 5

万 t/a BioPA56 生产装置建成投产。整体而言，凯赛生物公司在生物基 1，5-戊二胺及 BioPA56 的开发领域处于国际领先水平。凯赛生物的 BioPA 产品在纺织材料领域的注册商标为“泰纶®”，在工程材料领域注册商标为“ECOPENT®”。

2020 年 10 月 10 日，凯赛生物与山西综改示范区签署项目合作协议，计划总投资 250 亿元，分期建设山西合成生物产业生态园区。园区核心项目包括 240 万 t 玉米深加工项目、年产 50 万 t 生物基戊二胺项目、年产 90 万 t BioPA 项目和年产 8 万 t 生物法长链二元酸项目。

黑龙江伊品生物科技有限公司规划投资 33 亿元，分两期建设，一期建设 2 万 t 戊二胺及 BioPA 项目，二期规划建设 10 万 t BioPA 盐项目。至 2020 年 9 月，2 万 t/a BioPA 盐项目已基本建成。

2020 年 7 月 1 日，阳煤化工股份有限公司和河北美邦工程科技股份有限公司在山西省太原市签署了《生物酶法制备尼龙 56 技术开发合作框架协议》，开发以赖氨酸为原料的生物法生产戊二胺，使用戊二胺与已二酸直接合成 BioPA56 盐并聚合为 BioPA56 的技术。

4 结论和展望

虽然我国近年来在开发 BioPA 方面取得了长足的进步，尤其上海凯赛公司开发的 BioPA56 已实现产业化生产并且在该领域处于世界领先地位。但是其他 BioPA 系列产品的开发和产业化程度与国外的先进国家相比还有一定的差距，还存在产品单一的问题。

在国家大力提倡低碳绿色，碳达峰、碳中和的大背景下，生物基材料具有环境友好和低碳排放的优点，发展生物基材料是大势所趋。我国 PA 的相关企业应立足科技创新，加强 BioPA 的研究。政府部门要从政策层面和资金层面加大对生物基材料的研发支持力度，走“产学研用”道路，以促进我国 PA 行业的持续稳步发展。

参 考 文 献

[1] 刁晓倩，翁云宣，黄志刚，等．国内生物基材料产业发展现状[J]．生物工程学报，2016，32(6)：715-725.

[2] 张龙贵，计文希，李娟．生物基聚酰胺制备及应用研究进展[J]．合成树脂及塑料，2017，34(2)：86-91.

[3] 黄正强，崔喆，张鹤鸣，等．生物基聚酰胺研究进展[J]．生物工程学报，2016，32(6)：761-774.

[4] 董奎勇，杨婷婷，王学利，等．生物基聚酯与聚酰胺纤维的研发进展[J]．纺织学报，2020，41(1)：174-183.

FRG-M6 催化剂在车用汽油国Ⅵ质量升级中的应用

赵　悦[1]，苗艺瀚[2]，王宝成[1]，陈世安[1]

(1. 中国石油抚顺石化公司，抚顺　113001；2. 中国石油大学(华东)，青岛　266580)

摘　要　随着我国国Ⅵ汽油质量标准的实施，部分炼厂对催化汽油(FCC 汽油)降烯烃需求更加强烈。在国Ⅴ标准汽油质量升级过程中，针对催化汽油加氢改质降烯烃技术，中国石油抚顺石化公司研制了 FO-35M 催化汽油加氢改质催化剂，并与 PHG 工艺结合，取得规模化应用。在此基础上，针对国Ⅵ标准汽油需进一步降低烯烃含量的需求，进一步研发出降烯烃效果更好的 FRG-M6 催化剂，并与炼厂现有的 FCC 汽油选择性加氢脱硫工艺相结合，可满足炼厂生产国Ⅵ汽油调和组分对硫含量和烯烃含量的要求，具有烯烃降幅大、同时辛烷值损失小的特点，整体技术水平处于国内先进水平。

关键词　FRG-M6 催化剂　国Ⅵ标准车用汽油　M-PHG 技术　降烯烃保持辛烷值　工业应用

我国汽油组成以催化裂化(FCC)汽油为主，部分炼厂的 FCC 汽油存在硫含量和烯烃含量均较高，在常规的选择性加氢脱硫过程会出现辛烷值损失、同时烯烃降幅较小，难以满足国Ⅵ车用汽油调和组分的要求[1~12]。因此，中国石油抚顺石化公司从 2000 年开始开展 FCC 汽油加氢改质催化剂研究，2004 年在抚顺石化公司 0.15Mt/a 汽油加氢装置完成了 FCC 汽油加氢降烯烃工业试验、2009 年与中国石油石油化工研究院 DSO 脱硫剂组合(M-DSO 工艺技术)在大连石化 0.2Mt/a 汽油加氢改质装置上完成工业应用试验[13,14]。试验结果表明：FO-35M 催化剂突破了脱硫、降烯烃与保辛烷值这一制约催化裂化汽油加氢改质技术开发的瓶颈，将汽油中的烯烃组分转化为芳烃、异构烷烃等高辛烷值组分，实现了在大幅降低烯烃含量的同时，保证辛烷值不损失或略有提高的目标。

随着日益严苛的环保要求，国Ⅵ车用汽油标准继续向低烯烃方向发展，具体指标见表 1。汽油标准国Ⅵ(A)车用汽油标准已于 2019 年 1 月实施(烯烃 18%以下)、国Ⅵ(B)车用汽油标准将 2023 年 1 月全面实施(烯烃体积分数 15%以下)。中国石化根据其加工进口原油的特点解决国Ⅵ汽油质量升级的方法主要是：通过 MIP 降烯烃并结合 S Zorb 脱硫技术[17~19]。该组合技术对质量较好的进口原油适用性较好，但是对于中国石油国产石蜡基原油的适应性不太理想，主要表现在：①MIP 降烯烃工艺设备结构复杂、剂油比高；②深度脱硫、降烯烃的同时辛烷值损失较大；③中国石油部分炼厂仅采用 MIP/S Zorb 技术不能满足国Ⅵ标准降烯烃要求(如玉门炼化)。

表 1 清洁汽油质量标准

项 目	欧Ⅵ	国Ⅴ	国Ⅵ(A/B)
执行时间	2014.1	2017.1.1	2019.1.1(A)/2023.1.1(B)
研究法辛烷值下限	95	89，92，95	89，92，95
密度/(kg/m^3)	720~775	720~775	720~775
硫含量上限/(mg/kg)	10	10	10
蒸汽压/kPa 冬季/夏季		45~85/40~65	45~85/40~65
T_{50}上限/℃	—	120	110
烯烃上限/%(v)	—	24	18(A)/15(B)
芳烃含量上限/%(v)	35	40	35
苯含量上限/%(v)	1.0	1.0	0.8
其他有机含氧化合物含量/%	—	—	—

针对国Ⅵ汽油质量标准的要求，抚顺石化公司研究院从 2016 年开始进行催化剂改进升级研究，通过提高催化剂芳构化、异构化性能，将催化汽油中烯烃转化为高辛烷值的芳烃和异构烷烃，减小辛烷值的损失，成功的开发出了新一代 FRG-M6 深度加氢改质催化剂和工艺技术。并与中国石油石油化工研究院选择性加氢脱硫技术(PHG 技术)结合，形成了催化汽油加氢改质降烯烃技术(M-PHG 技术)，可满足国Ⅵ车用汽油质量升级的要求。

下面将重点介绍 FRG-M6 催化剂、与现有选择性加氢脱硫催化剂的组合技术实验室评价结果及 M-PHG 技术在国Ⅵ工况下的实际应用情况。

1 FRG-M6 催化剂简介

FRG-M6 催化剂是抚顺石化公司研究院为满足国Ⅵ标准汽油质量升级，自主研发的新一代适合于高烯烃含量催化重汽油的高选择性加氢改质催化剂。该催化剂以催化重汽油为原料，通过芳构化、异构化等反应在大幅降低重汽油烯烃(根据原料油的不同可降低 8~20 个百分点)的情况下，提高重汽油研究法辛烷值(根据原料油的不同辛烷值可提高 0.8~5.2 个单位)，同时还具有脱除汽油中的硫、氮等杂质的作用。

新一代催化汽油加氢改质催化剂(FRG-M6)获“中国石油天然气集团公司 2020 年度自主创新重要产品”称号。具有如下技术特点：

(1) 先进的纳米分子筛载体制备技术，确保催化剂长周期稳定运转；

(2) 优异的载体表面酸性调控技术，确保催化剂芳构化/异构化性能突出；

(3) 活性组分高度均匀分散技术，催化剂选择性显著提高；

(4) 可以提供不同形态的催化剂(氧化态或硫化态)，方便用户使用。

2 FRG-M6 催化剂针对不同炼厂原料国Ⅵ质量升级工艺研究

针对 2023 年即将实施的国ⅥB 标准，汽油烯烃从 24%(v)降至 18%(v)、最后降至 15%(v)的强制要求，对于 FCC 汽油烯烃含量高，并且采用选择性加氢脱硫技术的炼厂，催化汽油加氢改质降烯烃保辛烷值技术可为其提供重要的技术支撑。

2.1 FRG-M6催化剂参与的国Ⅵ汽油生产技术的原则流程

图1为FRG-M6催化剂与原国Ⅴ技术结合的原则流程，在原催化剂重汽油选择性加氢脱硫基础上，将加氢改质反应器放置选择性加氢脱硫反应器前。催化汽油预加氢脱除二烯烃后进分馏塔，轻汽油组分直接进产品调和罐、或经过醚化后再进行产品调和罐，重汽油加氢改质后，进行选择性加氢脱硫、加氢后处理反应器，经稳定塔后，进产品调和罐。

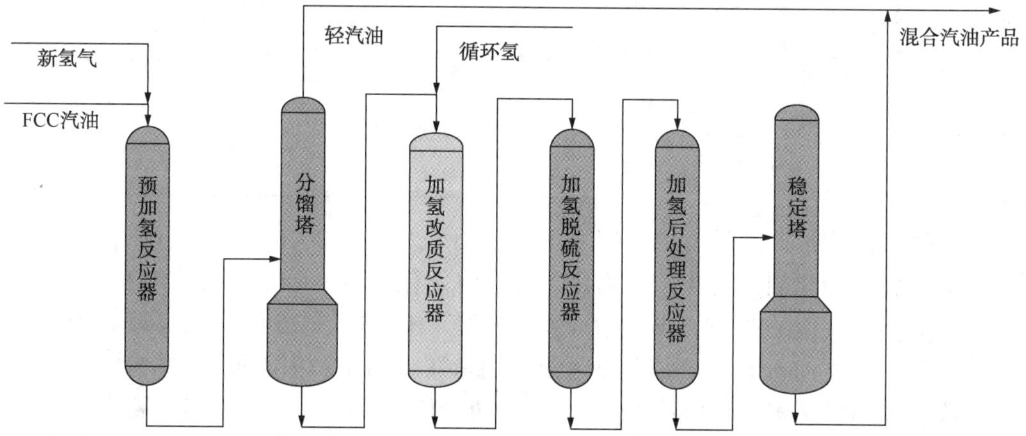

图1 FRG-M6催化剂与原国Ⅴ技术结合的原则流程

2.2 FRG-M6催化剂针对国Ⅵ汽油升级技术的中试研究

表2至表4为国内几家炼厂原有国Ⅴ工艺的运行数据，以及采用FRG-M6催化剂进行国Ⅵ质量升级工艺的中试评价数据。

表2 炼厂1国Ⅵ质量升级工艺研究

项目		原国Ⅴ工况		拟国Ⅵ工况	
油品名称		重汽油原料	重汽油产品	重汽油原料	重汽油产品
密度/(kg/m^3)		765.6	771.7	777.8	766.6
馏程/℃	初馏点	75.5	79.6	65	33
	10%	92.0	99.4	91	81
	50%	125.6	131.5	127	130
	90%	178.3	179.0	181	179
	95%	—	—	193	189
	终馏点	201.6	203.4	202	210
组成分析/%(v)	烯烃	23.1	11.6	19.11	8.0
	芳烃	29.1	31.8	32.07	31.05
RON		86.2	80.5	86.9	85.3
S/(mg/kg)		268.8	14.3	325	15.03
Δ烯烃		-11.5		-11.11	
ΔRON		-5.7		-1.6	

表 3　炼厂 2 国Ⅵ质量升级工艺研究

项　目		原国Ⅴ工况		拟国Ⅵ工况	
油品名称		重汽油原料	重汽油产品	重汽油原料	重汽油产品
密度/(kg/m^3)		757.7	761.5	758.4	753.4
馏程/℃	初馏点	74.0	75.0	74	40
	10%	92.0	92.0	88	71
	50%	121.0	123.0	123	121
	90%	178.0	180.0	178	180
	95%	—	—	189	193
	终馏点	203.0	203.0	202	211
组成分析/%(v)	烯烃	30.7	20.8	28.6	15.1
	芳烃	—	—	21.8	23.6
RON		83.5	82.4	85.2	84.5
S/(mg/kg)		153.15	4.63	97.5	9.25
Δ 烯烃		-9.9		-13.5	
ΔRON		-1.1		-0.7	

表 4　炼厂 3 国Ⅵ质量升级工艺研究

项　目		原国Ⅴ工况		拟国Ⅵ工况	
油品名称		重汽油	一段产品	重汽油	一段产品
密度/(kg/m^3)		752.4	751.5	754.0	748.6
馏程/℃	初馏点	67.5	65.5	69	36
	10%	85.0	80.0	83	71
	50%	112.0	110.0	113	122
	90%	168.5	169.0	171	181
	95%	181.5	182.5	182	199
	终馏点	202.5	202.5	211	215
组成分析/%(v)	烯烃	25.7	22.6	25.66	14.34
	芳烃	22.8	21.5	22.01	25.18
RON		85.3	83.8	86.8	85.8
S/(mg/kg)		320.8	39.2	304.21	≯30
Δ 烯烃		-3.1		-11.32	
ΔRON		-1.5		-1.0	

表 2 数据表明，针对炼厂 1 的重汽油原料，采用 FRG-M6 催化剂，在烯烃降幅基本相同的情况下，辛烷值损失可大幅度降低；表 3 和表 4 数据表明，针对炼厂 2、炼厂 3 重汽油原料，采用 FRG-M6 催化剂后，在烯烃降幅增大的情况下，辛烷值损失显著减少，充分体现出了 FRG-M6 催化剂降烯烃保辛烷值的优越性能。

3 FRG-M6催化剂在国Ⅵ汽油质量升级的工业应用

3.1 某炼厂4国Ⅵ汽油质量升级工艺改造流程

为验证FRG-M6新一代满足国Ⅵ标准的清洁汽油加氢改质催化剂的降烯烃效果，2018年在国内某炼厂4进行国Ⅵ工业试验，具体改造流程见图2。

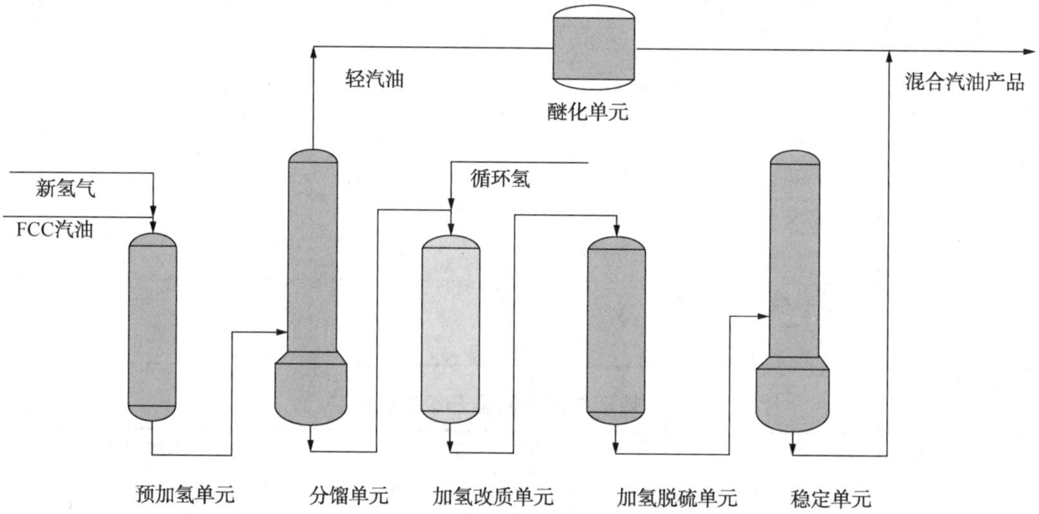

图2 某炼厂4国Ⅵ标准清洁汽油生产M-PHG技术工艺流程示意图

该装置于2013年建成投产，采用选择性加氢脱硫技术按照国Ⅲ标准设计建设，2016年改造后增加一台补充脱硫反应器，生产国Ⅴ标准汽油。

为应对即将实行的国Ⅵ标准汽油需要，2018年装置检修期间对装置进行了国Ⅵ技术改造升级，新增一台辛烷值恢复反应器，并对换热流程进行了适当调整。

3.2 装置开工

本次开工采用了中国石油自主知识产权的硫化态FRG-M6催化剂，装置开工过程用直馏汽油打通全流程并冲洗系统，升温到设计温度后开始换FCC汽油继续升温，36h后产品各项指标均达到指标要求，装置开始进入稳定运行状态。比用氧化态催化剂开工可节约催化剂的干燥、硫化、钝化等140h时间，而且减小了催化剂硫化过程中的各种风险。

3.3 装置运行及标定情况

3.3.1 开工初期标定

为考察装置运行情况及寻找最佳的操作条件，在开工一个月后对装置进行了初步标定，从标定结果来看产品各项指标均满足国Ⅵ标准调和汽油组分的要求。

表 5 某炼厂汽油加氢装置初期标定重汽油原料及产品性质

项目		重汽油原料	重汽油产品
馏程/℃	初馏点	76.7	56.7
	10%	94.5	74.5
	50%	123.3	123.3
	90%	166.8	166.8
	终馏点	189.4	193.8
密度(20℃)/(kg/m³)		759.10	719.1
总硫/(mg/kg)		161.1	10.7
硫醇/(mg/kg)		10.7	—
烯烃/%		40.47	20.47
研究法辛烷值		85.77	86.93
Δ 烯烃		-20	
ΔRON		+1.16	

表 6 某炼厂汽油加氢装置初期标定全馏分原料及产品性质

项目		催化(稳定)汽油原料	原料设计值	加氢汽油产品(混合汽油)	产品设计值
馏程/℃	初馏点	34.2	40	31.2	32.1
	10%	49.6	55	44.2	50.2
	50%	95.1	100	86.7	101
	90%	162.5	166	165.2	170.2
	终馏点	185.2	194	194.2	204.2
密度(20℃)/(kg/m³)		720.90	720	718.4	713
总硫/(mg/kg)		113.3	160	11.2	10
硫醇/(mg/kg)		22.7	24	4.67	
烯烃/%		41	43	30.34	31
研究法辛烷值		90	90.5	89.23	89.5
Δ 烯烃				-10.66	
ΔRON				-0.77	

表 6 初期标定的数据可以看出，在设计的操作条件下，FCC 全馏分汽油的硫含量由 113.3mg/kg 降至 11.2mg/kg 以下，烯烃降低 10.66 百分点，辛烷值损失 0.77 个单位，产品各项指标均满足该厂国ⅥA 标准调和汽油组分的要求。

3.3.2 该装置长周期运行情况介绍

(1) 加工负荷及轻汽油切割比例

该装置自 2018~2019 年之间，装置加工量保持在 83~105t/h，加工平均负荷 85%。轻重汽油切割比在 25%~26.5%之间，根据产品烯烃情况进行微调。

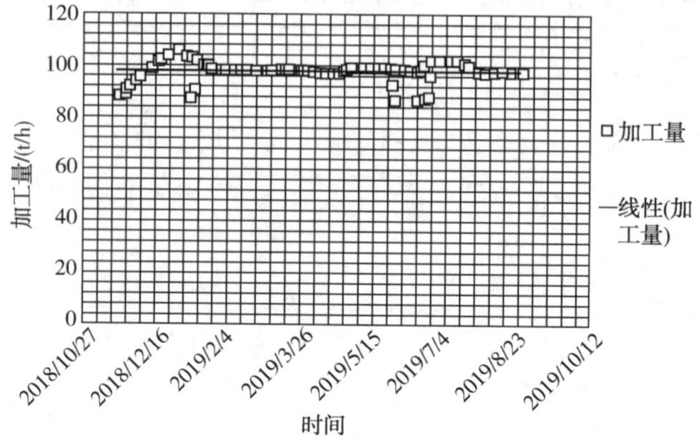

图3　加工负荷

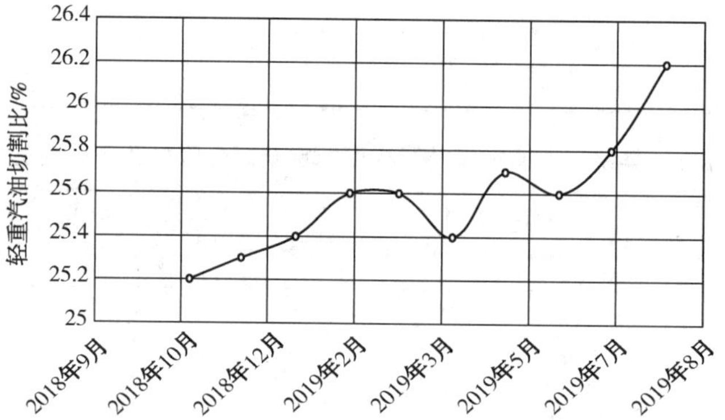

图4　轻汽油切割比例

（2）原料及产品硫含量

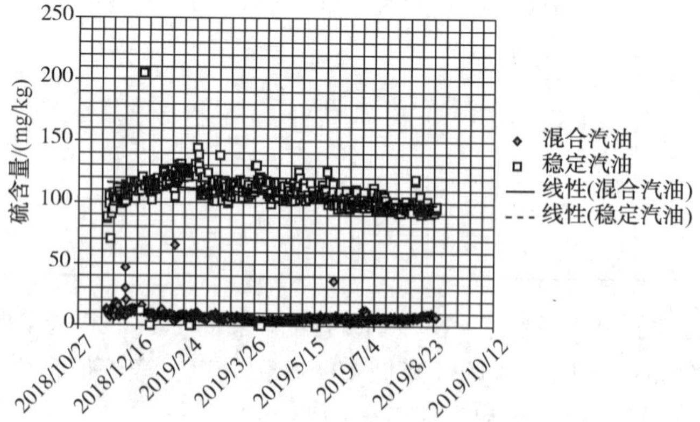

图5　原料及产品硫含量

装置自2018年11月13日投运以来，原料平均硫含量107.94mg/kg，产品平均硫含量7.14mg/kg。

(3) 原料及产品烯烃

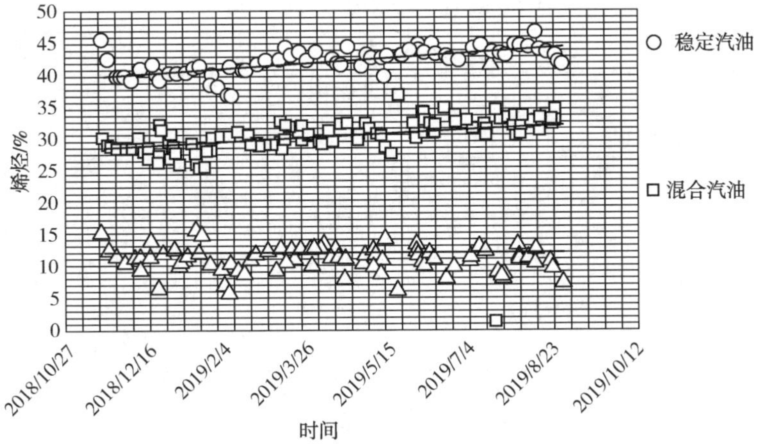

图 6 原料及产品烯烃

该装置 2018~2019 年原料烯烃含量平均值 42.35%(v)，产品烯烃含量平均值 30.30%(v)，烯烃平均降幅 12.05 个百分点。

(4) 原料及产品辛烷值

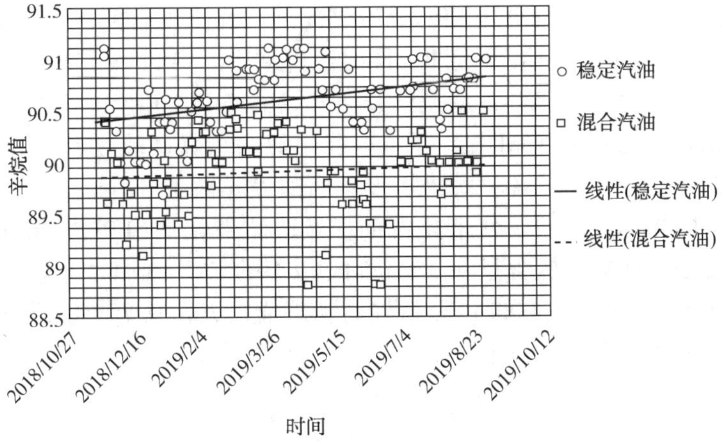

图 7 原料及产品辛烷值

该装置 2018~2019 年原料汽油 RON 平均值 90.61，产品汽油 RON 平均值 89.92，汽油产品 RON 损失 0.69 个单位。

图 3 至图 7 为该装置 2018~2019 年的运行数据。从整理的曲线图来看，加工负荷平均为 85%，原料性质基本稳定，硫含量平均在 120mg/kg、烯烃平均 42%(V)、辛烷值平均 90.61，经过加氢改质、脱硫后硫含量降至 10mg/kg 以下，烯烃降低 12 个百分点以上，辛烷值损失 0.69 个单位，与标定结果基本吻合。

3.3.3　国Ⅵ升级改造前后指标对比

表7　国Ⅵ工艺改造前后指标对比

工　艺	原国Ⅴ工况采用PHG工艺			国Ⅵ工况采用M-PHG工艺		
项目	原料	产品	考核指标	原料	产品	考核指标
硫含量/(mg/kg)	110.7	14.6	≤15	107.94	7.14	≤15
烯烃含量/%(v)	43.2	38.2	—	42.35	30.3	
RON损失	1.1		≤1.5	0.69		≤1.0
液收/%	99.85		≥99.5	99.33		≥98.5
能耗/(kgeo/t)	15.88		≤17.00	13.78		≤22.59
烯烃降幅	5个单位			12.05个单位		≥10个单位

4　结论

(1)为降低催化裂化汽油中的烯烃含量，抚顺石化公司在原FO-35M催化剂的基础上，研发出满足国Ⅵ标准的新一代催化汽油加氢改质催化剂(FRG-M6催化剂)，降烯烃性能得到进一步提升，可以生产符合国Ⅵ标准的汽油调和组分，为中国石油汽油质量升级提供有力的技术支持。

(2)将新一代催化汽油加氢改质FRG-M6催化剂与炼厂现有的国Ⅴ汽油生产技术结合，可生产满足国Ⅵ(B)标准的调和组分汽油，同时还可减少因烯烃降低造成的辛烷值损失。

(3)采用免活化硫化态催化剂，从换油升温开始，36h即可产出各项指标均达到指标要求的产品，与氧化态催化剂开工相比，可缩短催化剂的干燥、硫化、钝化等140h的时间，而且减小了催化剂硫化过程中的环境污染、设备腐蚀等各种风险。

(4)采用满足国Ⅵ标准的新一代催化汽油加氢改质催化剂(FRG-M6催化剂)，与现有国Ⅴ技术结合，能够保证加工硫含量在300mg/kg以上的FCC汽油时辛烷值损失在1.5个单位以内；硫含量在100mg/kg左右的FCC汽油时辛烷值损失在0.7个单位以内，较其他同类技术可减少辛烷值损失1个单位以上。

参　考　文　献

[1] 朱渝，王一冠，陈巨星，等．催化裂化汽油选择性加氢脱硫技术(RSDS)工业应用试验[J]．石油炼制与化工，2005，36(12)：6-10.

[2] 陈鑫，蔡卫，于向真，等．催化汽油加氢脱硫降烯烃系列催化剂工业试生产及应用[J]．工业催化，2005，13(6)：18-21.

[3] 段为宇，赵乐平，刘继华，等．催化裂化汽油选择性加氢脱硫技术OCT-M的工业应用[J]．炼油技术与工程，2006，36(5)：9-10.

[4] 高金森，徐春明，白跃华．催化裂化汽油改质降烯烃反应过程规律的研究[J]．石油炼制与化工，2004，35(8)：41-45.

[5] 胡永康，赵乐平，李扬，等．全馏分催化裂化汽油芳构化烷基化降烯烃技术的开发[J]．炼油技术与工程，2004，34(1)：1-4.

[6] 赵乐平，胡永康，李扬，等．FCC汽油加氢脱硫/降烯烃新技术的开发[J]．工业催化，2004，12(4)：

24-26.
[7] 石振东，崔德强，霍东亮，等．高硫 FCC 汽油加氢脱硫降烯烃 DSRA 技术开发[J]．工业催化，2008，16(4)：40-42.
[8] 兰玲，鞠雅娜．催化裂化汽油加氢脱硫(DSO)技术开发及工业试验[J]．石油炼制与化工，2010，41(11)：53-56.
[9] 张建忠．提高催化裂化汽油辛烷值的途径[J]．石油规划设计，2006，17(1)：5-8.
[10] 张国磊，高金森，梁咏梅，等．催化裂化汽油降烯烃技术研究进展[J]．化工纵横，2003，17(8)：1-4.
[11] 段为宇，姚运海，赵乐平，等．OCT-M 催化裂化汽油选择性加氢脱硫技术应用[J]．当代化工，2006，35(1)：34-36.
[12] 石冈，范煜，鲍晓军，等．催化裂化汽油加氢改质 GARDES 技术的开发及工业试验[J]．石油炼制与化工，2013，44(9)：66-72.
[13] 王晓，霍东亮，冯振学，等．FCC 汽油加氢改质 TMD 技术工业应用试验[J]．当代化工，2008，37(5)：490-493.
[14] 王宝成，霍东亮，崔德强，等．催化裂化汽油加氢改质催化剂 M2 工业再生及 TM2-DSO 技术工业应用[J]．现代化工，2010，30(8)：59-61.
[15] 赵悦．FO-35M 催化剂在乌石化 0.6Mt/a 汽油加氢工业装置应用[J]．石油化工，2017，46(9)：1203-1208.
[16] 张超群，崔昕宇，贺新．M+DSO 工艺在玉门催化汽油加氢改质装置的应用[J]．当代化工，2017，46(12)：2563-2565.
[17] 许友好．FCC 技术及其在车用汽油生产中的作用[DB/OL]．2018. https://wk.baidu.com/view/41037309fe4ffe4733687e21af45b307e871f92e? ivk_sa=1023194j
[18] 侯晓明，庄剑．S Zorb 催化汽油吸附脱硫装置技术手册[M]．北京：中国石化出版社，2012.
[19] 林伟，龙军．从反应化学原理到工业应用Ⅱ．S Zorb 催化剂设计开发及性能[J]．石油学报，2015，31(2)：453-458.

炼厂低压瓦斯气回收液化气的方案研究

胡志彦

（中国石化北京化工研究院，北京　100013）

摘　要　设计了一种用浅冷油吸收技术回收炼厂低压瓦斯气中液化气的方案（方案一），在方案一的基础上引入膜分离技术将吸收塔顶燃料气进一步分离得到一股氢气产品（方案二），以及利用膜分离技术预先分离出瓦斯气中的氢气再进行液化气的回收（方案三），考察了三种分离方案的产品产量、收率及操作条件和能耗对比。模拟结果表明，三种方案得到的产品液化气的纯度一致，收率相近。方案一和二在综合能耗上更高，吸收剂的用量更多。方案二和三多了一股氢气产品。综合投资、能耗、经济效益等方面，方案三优于方案一和二。

关键词　低压瓦斯气　液化气　分离工艺　浅冷油吸收技术　膜分离

炼油厂在日常生产过程中会产生大量的低压瓦斯气，主要来自生产时生产装置的可燃气体放空，安全阀和压控阀的泄放等[1]，其主要成分为氢气、C_1～C_5烃类、氮气等。由于受到炼油生产过程中原料组分变化和操作条件波动等诸多因素的影响，低压瓦斯气具有压力低、组成复杂、波动性大等特点，通常无法直接回收利用[2,3]。过去炼厂为了保证安全生产，将低压瓦斯气简单的经火炬燃烧后排放大气，不仅对周边环境造成了巨大的压力，也是对资源的一种浪费。因此建立低压瓦斯气的回收系统，也成为炼厂节能减排，提高经济效益的有效措施[4]。

目前，大部分的炼厂采用气柜—压缩机的组合方式回收低压瓦斯气，既先利用气柜收集各装置低压瓦斯气后再通过压缩机升压[5]。升压后的瓦斯气一般送往高压瓦斯管网作为燃料气使用。但对于其中经济价值高和流量大的部分低压瓦斯气，如常减压装置塔顶瓦斯气（含有大量C_3和C_4）等，进一步分质利用可以得到更高的经济回报。

本工作利用浅冷油吸收技术，引入膜分离装置，借助于VMGSim流程模拟，对于某炼厂低压瓦斯气的分离方案进行了研究，回收其中的液化气，对比了三种分离方案的产品产量、收率、操作条件和能耗。

1　低压瓦斯气回收液化气工艺流程

油吸收法技术是利用吸收剂对气体中各个组分的溶解度的差异来分离气体混合物[6~9]，根据吸收温度的不同，油吸收技术大致分为三种：深冷油吸收法（低于-80℃）、中冷油吸收法（一般为-40～-20℃，最低-80～-70℃）和浅冷油吸收法（高于0℃）。其中，深冷油吸收法和中冷油吸收法由于操作温度低，一般要求对原料中的H_2O、CO_2等杂质进行精制预处理，且需要配备低温制冷系统、能耗相对较高，同时部分设备和管线材质往往需要低温碳钢，投资较高。

为进一步提高吸收温度、节省低温冷量消耗和设备投资，中国石化北京化工研究院开发了浅冷油(10~15℃)吸收法回收炼厂干气的工艺[10~13]。浅冷油吸收技术具有回收率高、产品品质高、流程简单、操作简便、运转周期长、对原料适应性强、占地面积小、投资少、综合能耗相对较低等优点[14]，同样适用于一些富含碳三、碳四的炼厂低压瓦斯气的分离。目前影响炼厂低压瓦斯气直接回收利用的主要原因还是前文提到的组成复杂、组分波动大。一般回收装置很难承受原料气流量和组分较大的波动，而浅冷油吸收法回收炼厂干气技术根据实际操作经验可以适应负荷和组成与设计值较大的差异。

膜分离技术作为一种高新技术，与传统的分离技术相比，具有结构简单、设备体积小、不发生相变化、能耗低等特点。其中，氢气回收膜已广泛应用于回收炼厂气中的氢气[15,16]。氢气也是炼厂低压瓦斯气的主要组成部分，若直接作为燃料气使用，也是一种优质能源的浪费。因此考虑将膜分离装置引入低压瓦斯气回收液化气的工艺流程中。

本工作采用流程模拟软件 VMGSim 对低压瓦斯气回收液化气工艺流程进行了模拟计算。某炼厂低压瓦斯气(经压缩机升压至燃料气管网压力)的性质见表1，流程模拟中 C_1~C_5烃类均按烷烃计算。装置设计规模为 12000Nm³/h，设计年操作时间 8000h。C_5吸收剂采用纯的正戊烷。

表1　低压瓦斯气性质

项　目	数　值	项　目	数　值
温度/℃	40	C_3	3.1
压力/MPag	0.5	C_4	3.8
体积/(Nm³/h)	12000	C_5	0.5
组成/%(mol)		CO	0.3
H_2	69.8	H_2O	0.3
C_1	8.2	N_2	6.2
C_2	7.4	O_2	0.4

1.1　瓦斯气回收液化气方案一

方案一的工艺流程见图1。瓦斯气采用二段离心式压缩机压缩，逐段进行升压，最终压缩至约 2.10MPaG。段前均设置吸入罐，段后用循环水冷却至 40℃。二段出口反应气用循环水和冷媒水逐级冷至 15℃后送入吸收塔中下部，采用浅冷油吸收技术，以正戊烷作为吸收剂，将瓦斯气中的 C_3和 C_3以上重组分吸收下来，塔顶采出的未被吸收的 C_2、甲烷、氢气等轻组分，可作为燃料气使用。吸收塔釜采出的富吸收剂依靠压差进入解吸塔，解吸塔釜得到的贫吸收剂经冷却后送入吸收塔顶循环使用。经解吸后从塔顶全凝器得到富含碳三和碳四的液化气产品。

1.2　瓦斯气回收液化气方案二

方案二的工艺流程见图2。与方案一相比，方案二在吸收塔顶富含氢气的燃料气上增加了一套膜分离装置，膜分离装置的详细操作条件和数据参考文献[15~16]，并根据实际项目经验，氢气回收率设定为 88.72%。且根据现有膜分离技术，轻烃会有 2%~10%左右不同程度的损失，在模拟计算中分别设置了 C_1~C_5烃类的固定回收率。除了与方案一完全相同的

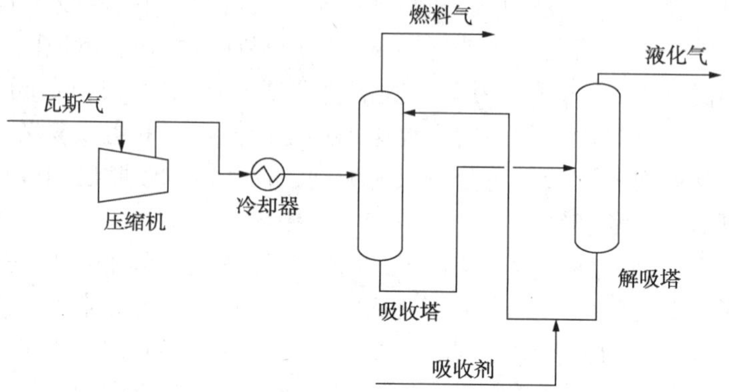

图1 方案一工艺流程

流程，吸收塔顶的轻组分不再直接作为燃料气，用装置内多余热量加热至40℃，较高的温度可使反应气远离露点，保证富烃非渗透气中不会因为轻烃含量升高冷凝形成液膜而影响膜分离性能。通过膜分离装置的渗透气氢气纯度在95%(mol)以上，对于氢气纯度要求不太高的装置(如汽、柴油加氢装置)，可作为氢气产品直接使用。也可以通过变压吸附(PSA)装置进一步提纯获得高纯氢产品。没有透过膜组件的富烃尾气直接送入燃料气管网。若瓦斯气含有氧气等轻组分杂质，最终由吸收塔顶经过膜分离后聚集在氢气产品中，如需进一步用PSA装置提纯，一般需要使用催化剂将氧气等杂质脱除。

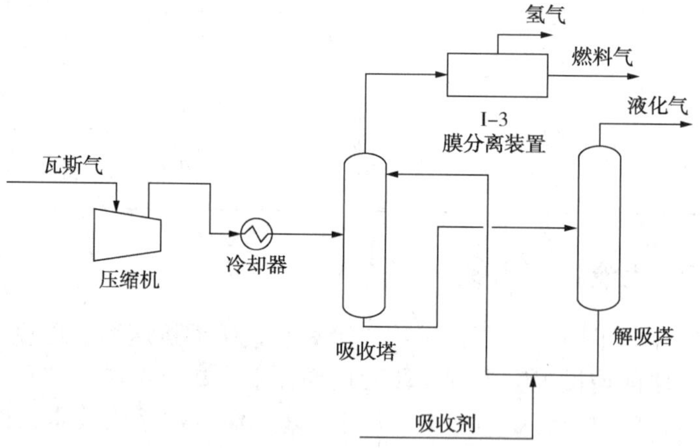

图2 方案二工艺流程

1.3 瓦斯气回收液化气方案三

方案三的工艺流程见图3。该方案将膜分离装置放到吸收塔之前，预先分离出瓦斯气中的粗氢气。膜分离装置的参数设定与方案二相同。瓦斯气采用两段离心式压缩机压缩，逐段进行升压，最终压缩至2.10MPaG。段前均设置吸入罐，一段压缩机段后用循环水冷却至40℃。二段出口反应气温度为101.3℃，用循环水冷却到83℃后送入膜分离装置，得到一股粗氢气产品。没有透过膜组件的富烃尾气冷却到15℃送入吸收塔中下部，后续流程和方案一相同。

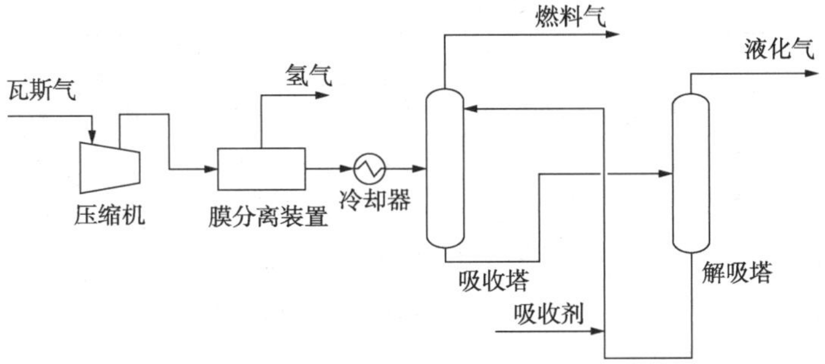

图3 方案三工艺流程

2 结果与讨论

通过上述三个分离方案，均可达到将瓦斯气分离得到液化气产品的目的。但由于膜分离装置的引入，造成了三个方案产品产量、组成、各塔的操作条件、公用工程及能耗方面存在差异。本工作在规定吸收塔循环吸收剂进料与干气进料质量比3∶1，吸收塔塔釜出料中C_2含量小于0.5%(mol)，液化气产品中C_3+C_4的纯度大于96%(mol)的前提下，对三个方案进行比较。

2.1 产品产量、收率及组成对比

以炼厂低压瓦斯气为原料，方案一可获得主产品液化气及副产品燃料气，方案二、三引入膜分离装置，相比方案一多了一种副产品氢气，表2和表3分别为三种方案获得的产品组成和产品收率对比。从表2和表3可知，方案一所得的液化气1.83t/h，C_3+C_4收率93.30%；燃料气5.11t/h。方案二所得的液化气产品流量、回收率与方案一相同，得到氢气1.06t/h，收率88.72%；燃料气4.05t/h。方案三所得的液化气1.86t/h，C_3+C_4收率94.02%，氢气1.11t/h，收率88.72%；燃料气3.31t/h。对比三个方案，液化气中C_3+C_4纯度根据规定均为96%。方案二将方案一的燃料气利用膜分离装置多分离出一股氢气产品，主流程不变，液化气产品的C_3+C_4回收率和流量完全相同。方案三通过膜分离装置预先分离了瓦斯气中的轻组分，得到一股氢气产品，主产品液化气产量和C_3+C_4收率也略有提高，但差别不大。

方案一和二需要补充碳五吸收剂1.13t/h，方案三需要补充碳五吸收剂0.44t/h。这是因为方案三瓦斯气先经过膜分离装置分离了大部分氢气等轻组分，降低了油吸收单元的处理量，减少了吸收塔顶燃料气夹带吸收塔的量，补充的新鲜吸收剂用量也相应减小。

总体来看，三种方案回收得到的主产品液化气中C_3+C_4的纯度高达96%，完全符合液化气的国家标准，可作为优质的液化石油气产品。方案二和三由于膜分离装置的引入多了一股优质的氢气产品，避免了大量氢气直接作为燃料气导致的资源浪费。方案三得到的液化气的产量和C_3+C_4收率较方案一和二均略有增加，这种微小的差别是由于瓦斯气通过膜分离装置分离了一股粗氢气，减少了油吸收的处理量，同时计算时规定两个方案液化气纯度一样而引起。

表2　产品规格表

方案	一		二			三		
产品	液化气	燃料气	液化气	氢气	燃料气	液化气	氢气	燃料气
流量/(t/h)	1.83	5.11	1.83	1.06	4.05	1.86	1.11	3.31
组成/%(mol)								
H_2	0.00	72.67	0.00	95.91	25.01	0.00	95.32	26.77
C1	0.00	8.54	0.00	1.47	23.05	0.00	1.46	24.67
C2	3.67	7.45	3.67	0.81	21.08	3.13	0.83	22.60
C3	40.87	0.39	40.87	0.03	1.13	43.21	0.28	0.00
C4	55.13	0.13	55.13	0.01	0.38	52.79	0.26	0.20
C5	0.33	3.54	0.33	0.28	10.23	0.87	0.04	5.28
CO	0.00	0.31	0.00	0.07	0.80	0.00	0.07	0.86
H_2O	0.00	0.09	0.00	0.13	0.00	0.00	0.46	0.01
N_2	0.00	6.46	0.00	1.08	17.49	0.00	1.07	18.72
O_2	0.00	0.42	0.00	0.21	0.83	0.00	0.21	0.89

表3　产品收率表

方案	一	二		三	
产品	液化气	液化气	氢气	液化气	氢气
流量/(t/h)	1.83	1.83	1.06	1.86	1.11
纯度/%(mol)	96.00	96.00	95.91	96.00	95.32
收率/(%)	93.30	93.30	88.72	94.02	88.72

2.2　各塔操作条件和热负荷对比

在理论板数相同的条件下，对三种方案中各塔的操作条件及所需的热负荷进行了比较，结果见表4。方案一和二的各塔操作条件相同。三种方案中压缩机出口压力均为2.10MPaG。对于方案一和二，没有在油吸收前引入膜分离装置，进入吸收塔的瓦斯气没有太大的压降，且组分较轻，吸收塔压力控制在比方案三更高的1.80MPaG左右，保证最终液化气产品中C_3+C_4组分较高的纯度和回收率。方案三中瓦斯气经过膜分离装置后压力有所下降，且已分离了大部分的轻组分，因此吸收塔压力控制在较低的1.50MPaG左右即可保证液化气产品中C_3+C_4组分的纯度和回收率与前两个方案相近。方案一和二中吸收塔塔釜温度为143.5℃，再沸器需要使用0.8MPaG的蒸汽。方案三中的吸收塔和两个方案的解吸塔塔釜温度均不超过135℃，用0.40MPaG的低压蒸汽加热完全可以满足。根据解吸塔塔顶温度40℃，冷凝器用循环水提供冷量既可。从热负荷来看，方案三中两个塔的再沸器和冷凝器所需的热负荷均低于方案一和二，因为两种方案各个塔的分离指标一致，方案二瓦斯气先通过了膜分离装置，分离出了一股氢气产品减小了油吸收单元的处理量，因此负荷和分离难度均有所下降。

表 4　塔设备工艺操作条件

方案	一				二				三			
	塔顶/塔釜操作压力/MPaG	塔顶/塔釜操作温度/℃	热负荷/MW	冷量/MW	塔顶/塔釜操作压力/MPaG	塔顶/塔釜操作温度/℃	热负荷/MW	冷量/MW	塔顶/塔釜操作压力/MPaG	塔顶/塔釜操作温度/℃	热负荷/MW	冷量/MW
吸收塔	1.77/1.80	20.8/143.5	1.78	—	1.77/1.80	20.8/143.5	1.78	—	1.47/1.50	26.2/130.1	1.38	—
解吸塔	0.80/0.83	40.0/118.8	1.68	1.15	0.80/0.83	40.0/118.8	1.68	1.15	0.80/0.83	40.0/118.7	1.33	1.04

2.3　公用工程及能耗对比

三种方案所需的主要公用工程耗量及相应的能耗折算值见表 5。从表 5 可看出，由于膜分离装置能耗相对很低，在模拟计算中忽略，因此前两个方案能耗相同。三种方案的主要差别在于 0.8MPaG 的蒸汽消耗，方案一和二吸收塔釜再沸器需要用到该温位蒸汽，而方案二中只需用到 0.4MPaG 的蒸汽。另外，由于方案三中引入膜分离装置，分离了部分气体减小了后续流程的处理量，各种公用工程消耗也较前两个方案有所降低。经过折算，方案一和二的综合能耗为 562.31kg 标油/h(合 96.4kg 标油/t 原料)，高于方案三的 475.42kg 标油/h(合 81.5kg 标油/t 原料)。

表 5　公用工程及能耗表

公用工程	方案一	方案二	方案三
电/kW	789	789	783
循环水/(t/h)	354	354	296
0.4MPaG 蒸汽/(t/h)	1.92	1.92	4.07
0.8MPaG 蒸汽/(t/h)	3.10	3.10	
7℃冷冻水/MJ	1757	1757	1648
能耗 (标油)/(kg/h)	562.31	562.31	475.42
(标油)/(kg/t)	96.4	96.4	81.5

3　结论

(1) 利用浅冷油吸收法设计了一种低压瓦斯气回收液化气的工艺方案(方案一)，在方案一的基础上引入膜分离技术将吸收塔顶燃料气进一步分离得到一股氢气产品(方案二)，以及利用膜分离技术预先分离出瓦斯气中的氢气再进行液化气的回收(方案三)，方案一和二所得的液化气 C_3+C_4纯度 96%，C_3+C_4收率 93.30%。方案三所得液化气 C_3+C_4纯度 96%，C_3+C_4收率 94.02%。方案二得到氢气的纯度 95.91%，方案三的氢气纯度 95.32%，氢气收率均为 88.72%。

（2）方案一和二的综合能耗较方案三高约20%，补充吸收剂的用量也更多。方案二和三引入膜分离装置，多了一股氢气产品。由于处理量近似，膜分离装置的规模和投资相差不大。综合投资、能耗、经济效益等方面，方案三明显优于方案一和二。

（3）本文结合了膜分离和浅冷油吸收两种技术的特点，经过几个方案的对比，找到了一种最优的回收炼厂低压瓦斯气中液化气的工艺流程，为炼厂节能降耗、挖潜增效提供了一种宝贵的思路。

参 考 文 献

[1] 赵风翔，李宗林．炼厂低压瓦斯气的回收和利用[J]．石油化工安全技术，2005，21(3)：20-21.

[2] 李晓东．炼厂低压瓦斯气回收技术分析与探讨[J]．广州化工，2012，40(15)：208-209.

[3] 王仕伟．炼油厂回收低压瓦斯气技术研究[J]．中国石油和化工标准与质量，2013，07：260.

[4] 孙久和．炼油厂低压瓦斯气的利用与回收[J]．科技传播，2012(1)：146，139.

[5] 郗宝珍．炼油厂低压瓦斯气回收流程的优化[J]．化学工程师，2005(9)：48-50.

[6] 张礼昌，李东风，杨元一．炼厂干气中乙烯回收和利用技术进展[J]．石油化工，2012，41(1)：103-110.

[7] 朱留琴．发挥南京地区炼油化工优势从炼厂干气回收乙烯和轻烃作乙烯原料的探讨[J]．广东化工，2012，39(10)：99-100.

[8] 周振启．从炼厂干气中回收乙烯技术的发展概述[J]．石油知识，2011(3)：24-25.

[9] 叶鹏程，方兆华，任其龙．从炼油厂干气中分离烯烃的技术[J]．石油学报：石油加工，2010，26(4)：642-647.

[10] 中国石油化工股份有限公司北京化工研究院．采用浅冷油吸收法分离炼厂催化干气的方法：101638584A[P]. 2010-2-3.

[11] 中国石油化工股份有限公司北京化工研究院．一种采用油吸收分离炼厂催化干气的方法：101759516A[P]. 2010-6-30.

[12] 中国石油化工股份有限公司北京化工研究院．采用油吸收分离炼厂催化干气的方法：101759518A[P]. 2010-6-30.

[13] 中国石油化工股份有限公司北京化工研究院．一种采用油吸收分离炼厂催化干气的方法：101812322A[P]. 2010-8-25.

[14] 张敬升．浅冷油吸收工艺回收炼油厂饱和干气的模拟[J]．石油化工，2014，43(9)：1069-1075.

[15] 刘天翼，朱先升，陈光．膜分离技术在回收炼厂气中氢气的应用[J]．当代化工，2016，45(8)：1907-1012.

[16] 秦孝良，王保有，顾岩松．膜分离技术在炼油厂氢气膜回收装置中的应用[J]．现代化工，2006(12)：46-49.

柴油改质降低柴汽比工艺研究及应用

李　静，李　辉，董跃辉，刘　钊

（中石油克拉玛依石化有限责任公司，克拉玛依　834000）

摘　要　以克拉玛依石化公司焦化柴油、催化柴油、直馏柴油的混合柴油为原料，对抚顺研究院柴油精制催化剂和裂化催化剂进行评价，考察了汽油、喷气燃料和柴油的主要性能变化。结果表明，在合适的反应条件下，石脑油的硫、氮含量低可以满足重整装置的进料要求；喷气燃料的芳烃含量在6%~10%之间，所有指标可以满足喷气燃料指标要求。工业化应用结果表明，该技术生产的各侧线组分均达到指标要求，柴油达到了国Ⅵ标准，且装置的柴汽比由原来的6.5∶1降至1.8∶1，大大降低了装置的柴汽比。

关键词　加氢精制　柴汽比　加氢裂化

柴汽比是指炼油生产过程中同期产出的柴油量与汽油量的比值，是炼油企业的重要技术经济指标，可用来衡量炼油厂的产品是否能够满足市场需求结构[1]。近年来，受经济增长减缓影响，柴油消费明显放缓，但汽油消费仍然呈现较快增长，据权威机构预测，2030年以前柴汽比将呈继续下降的趋势。对于炼厂而言，应根据市场需求结构的发展趋势及时调整生产方案，只有这样，才能顺应市场形势，获得最大的经济效益。

国内炼厂降低柴汽比主要从两方面着手：增产汽油和减产柴油。增产汽油措施包括提高石脑油切割点、提高催化裂化负荷、增加催化汽油产率、增设烷基化、异构化装置等；减产柴油措施包括提高柴油加氢装置石脑油产率、生产喷气燃料产品等[2]。其中，将柴油馏分加氢裂化生产重整原料或直接生产汽油，可增产石脑油的同时减产柴油，对降低柴汽比具有明显作用。在柴油馏分的选取方面，催化柴油属于劣质柴油，硫含量高、十六烷值低，使用专门的催化剂并采用加氢裂化工艺可直接生产高辛烷值汽油组分，具有较强的应用价值；而采用直馏柴油加氢裂化，虽然生产的石脑油需进一步加工，但氢耗低、反应苛刻度低，可生产喷气燃料产品。

由于公司没有加氢裂化装置，催化装置加工能力有限，公司的柴汽比为1.95∶1，远远高于其他炼厂。克拉玛依石化120万t/a柴油改质装置，目前柴油收率可以达到80%以上，为了平衡公司全厂的柴汽比，需要开发出一套完整的催化剂级配体系，提高重石脑油的收率，降低柴油的收率。本文通过对催化剂进行评价，确定了较好的工艺技术，满足公司的生产需求。

1　试验

1.1　原料的主要性质

试验采用的原料为120万t/a柴油改质装置上加工的原料，该原料是由焦化柴油、Ⅰ蒸馏常一线、常二线，Ⅱ蒸馏常一线、常二线按照一定比例混合的柴油，其中焦化柴油占

57%(质量比)，Ⅰ蒸馏常一线、常二线占30%(质量比)，Ⅱ蒸馏常一线、常二线占13%(质量比)。混合柴油的主要性质如表1所示。

表1 原料的主要性质

分析项目		混合柴油	试验方法
密度(20℃)/(kg/m^3)		854.7	SH/T 0604
硫/(μg/g)		1170	ASTM D5453
氮/(μg/g)		1790	ASTM D4629
凝点/℃		-26	GB/T 510
酸度/(mgKOH/100mL)		25.41	GB/T 258
闪点/℃		58.9	ASTM D93
组成/%	链烷烃	32.4	SH/T 0606
	总环烷烃	36.6	
	单环芳烃	12.8	
	双环芳烃	12.8	
	三环芳烃	3.6	
	总芳烃	29.2	
	胶质	1.8	
十六烷指数		42	GB/T 11139
馏程/℃	IBP	165.5	GB/T 6536
	10%	205.5	
	30%	234.5	
	50%	269.5	
	70%	307.5	
	90%	343.5	
	95%	357.5	
	终馏点	367.5	

由表1可以看出：从原料的分析上看，硫、氮含量比较高，硫含量1170μg/g，氮含量1790μg/g，芳烃含量高达29.2%，十六烷指数比较低只有42。

1.2 试验装置

本次试验采用的是100ml的加氢试验装置，该装置有两个反应器串联而成。能够自动控制反应压力、反应温度、进油量和进氢量，能够根据实验需求程序升温和降温。采用的催化剂为抚顺研究院提供的加氢精制催化剂和加氢改质催化剂。具体装置流程图如图1所示。

2 试验结果与讨论

2.1 各馏分段收率随反应温度的变化趋势

为了考察反应温度对生成油各馏分段的分布情况，实验室以表1中的混合柴油为原料，采用抚顺研究院研发的加氢精制催化剂和加氢裂化催化剂进行级配装填，开展试验，具体各馏分段收率变化情况如图2所示。

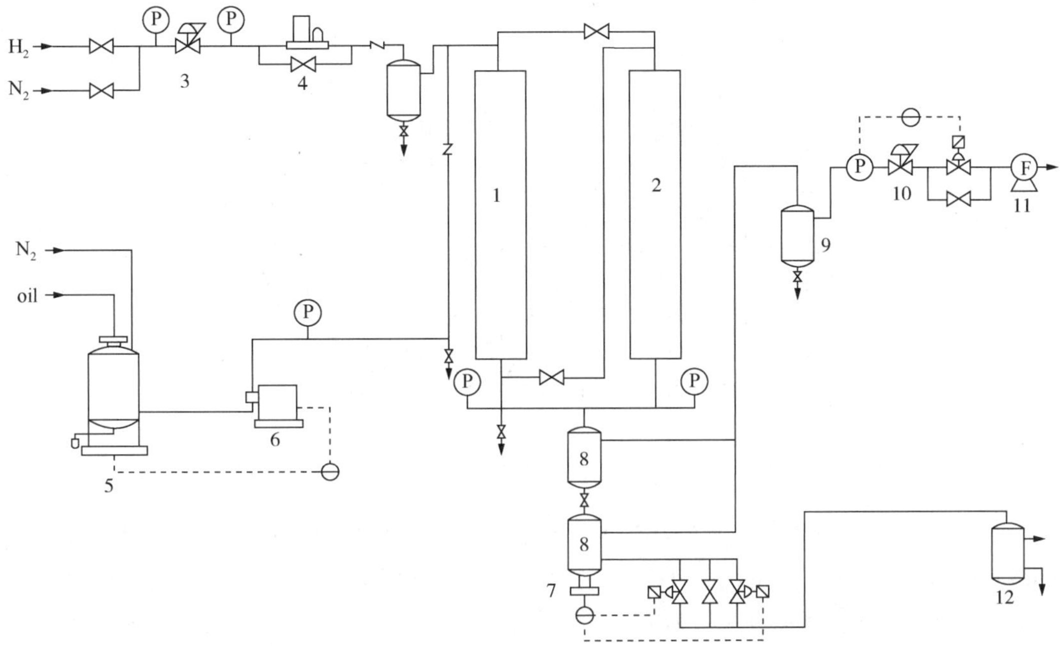

图 1 试验装置流程

1——一级反应器；2—二级反应器；3—定压阀；4—气体质量流量计；5—原料罐；6—原料泵；7—振动式液位计；8—高分罐；9—脱油罐；10—尾气减压阀；11—尾气表；12—产品罐

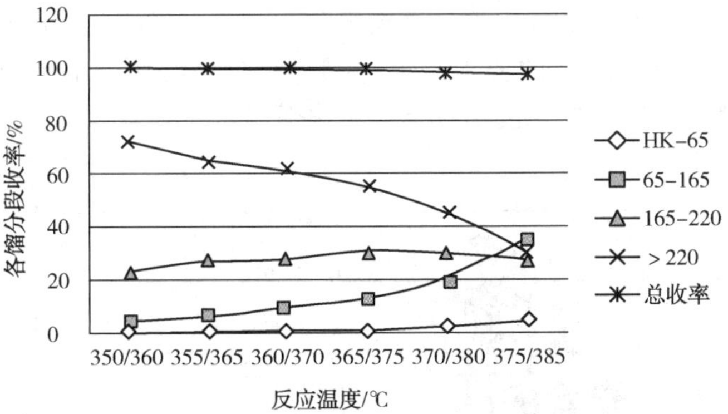

图 2 各侧线收率随反应温度的变化趋势

由图 2 可以看出，采用抚顺研究院催化剂级配体系，随着反应温度的升高，石脑油的收率逐渐增大；喷气燃料收率的也逐渐增大，但是增加幅度较小，柴油的收率逐渐降低。从各组分收率分布情况以看出，随着反应温度的升高，催化剂的裂化活性逐渐增强，部分柴油组分裂化成石脑油组分和少量的喷气燃料组分。

2.2 石脑油的硫氮含量随反应温度的变化趋势

由于该装置的石脑油组分(馏程在 65～165℃)将作为重整装置的原料，因此石脑油组分的硫、氮含量必须满足重整装置的进料要求，试验考察了石脑油硫、氮含量随反应温度的变化规律，具体情况如图3所示。

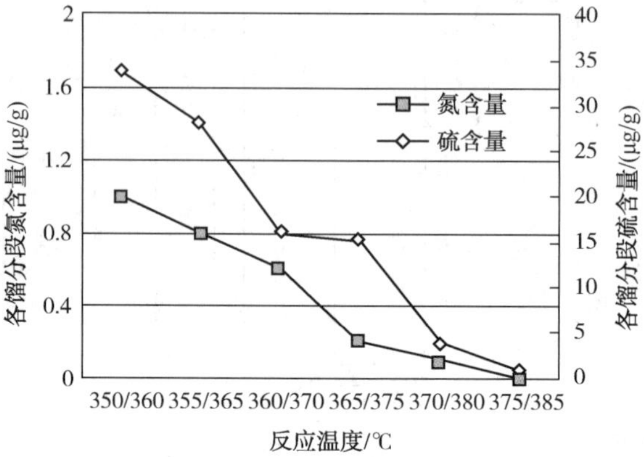

图3 汽油中硫、氮含量随反应温度的变化趋势

由图3以看出：随着反应温度的升高，石脑油中的硫氮含量逐渐降低，当精制反应温度在350℃时，石脑油的氮含量已经小于1μg/g。从反应机理上来说，原料中的各种含硫化合物中C—S键是很容易断裂的，因为C—S键的键能比C—N键和C—C键的键能小很多，因此在加氢过程中C—S键先断开生成烃和硫化氢。但在试验过程中由于装置没有在线汽提塔，导致硫化氢溶解在生成油中，硫含量偏大。

2.3 喷气燃料烃组成随反应温度的变化趋势

该装置馏程165~220℃的组分为喷气燃料组分，喷气燃料组分在满足喷气燃料指标的同时，按照喷气燃料认证时航天委的要求，喷气燃料组分中必须含有6%~10%的芳烃组分。因此在其他指标满足喷气燃料指标的情况下，考察芳烃含量随着反应温度的变化规律，具体如图4所示。

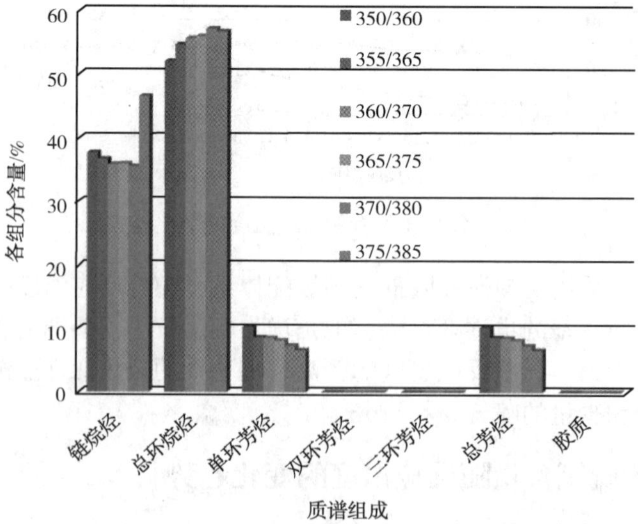

图4 不同反应温度喷气燃料烃组成的变化趋势

由图 4 可以看出，随着反应温度的升高，喷气燃料组分（168℃－220℃）的组成发生变化，即反应温度升高，喷气燃料组分中的链烷烃先略降低，当反应温度在 375℃/385℃时，链烷烃突然增大，而总环烷烃先逐渐增大而后降低，芳烃含量是逐渐降低的。从变化规律上看：随着反应温度的升高，芳烃不断加氢饱和转化为环烷烃，当反应温度达到 375℃/385℃时，环烷烃发生开环反应明显，导致链烷烃含量增大。但从喷气燃料的芳烃含量上看，加氢改质后的喷气燃料芳烃含量控制在 6%－10%之间，符合喷气燃料的使用要求。

2.4 柴油的主要性质随反应温度的变化趋势

柴油改质中大于 220℃的柴油组分达到国Ⅴ柴油标准，该过程中考察了柴油芳烃含量和十六烷指数随反应温度的变化情况，具体如图 5 和图 6 所示。

（1）柴油的芳烃含量随反应温度的变化

（2）柴油的十六烷指数随反应温度的变化趋势

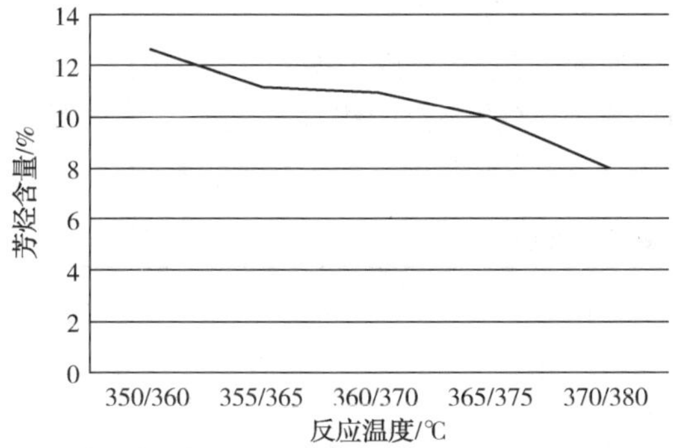

图 5 不同反应温度柴油芳烃含量的变化趋势

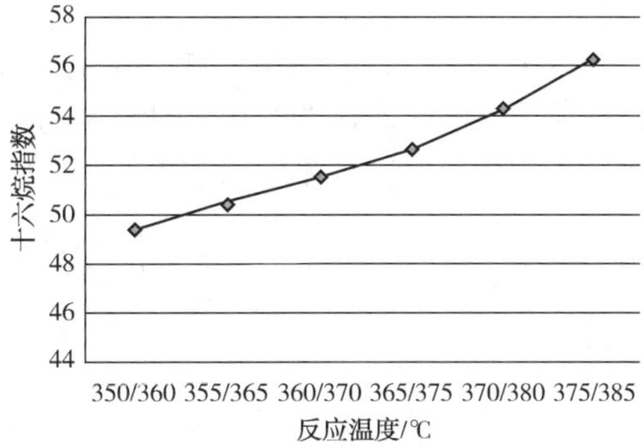

图 6 不同反应温度柴油的十六烷指数的变化趋势

由图 5、图 6 可以看出，随着反应温度的升高，柴油组分中芳烃含量不断降低，柴油的十六烷指数不断提高，当反应温度在 370/380℃时，各侧线收率达到设计目标值，柴油的十六烷指数上升到 55，提高了 12 个点。生成油中链烷烃含量的多少直接影响柴油的十六烷指数，链烷烃含量越高，十六烷指数越大。柴油加氢改质反应说明随着反应温度的升高，芳烃加氢饱和率增大，链烷烃开环率升高。

3 加氢精制与加氢改质催化剂反应机理探讨

十六烷值的变化与柴油中不同烃类的化学反应密切相关。在加氢改质的精制段，主要脱除原料中的硫、氮等杂质，并将烯烃和部分芳烃加氢饱和，这类反应对十六烷值有正向贡献；在改质段，发生多环芳烃、环烷烃的开环裂解，这类反应对十六烷值也有正向贡献，但同时伴有链烷烃、环烷烃侧链和芳烃侧链的断裂反应，这类反应对十六烷值则有负向贡献。

柴油加氢改质的反应机理：根据芳烃饱和开环反应机理，芳烃分子首先在改质催化剂的加氢活性中心上发生饱和反应，然后转移至酸性中心形成正碳离子，并很快形成异构体，发

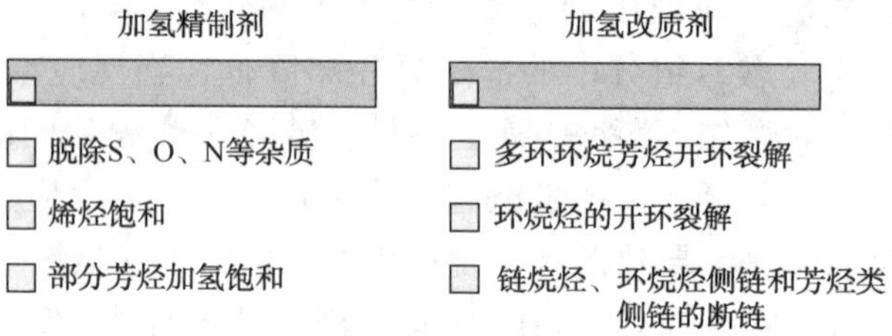

图7 加氢精制与加氢改质烃类化学反应

生环烷开环和烷基断链反应，因此加氢改质催化剂既要有催化剂的加氢功能，也要有裂化功能。催化剂裂化性能主要由分子筛提供，要保证十六烷值提高最大化以及柴油的收率多少，就要使柴油中的芳烃开环，这就要求催化剂的酸性及酸度适当。

4 工业化应用情况

2018年8月，克拉玛依石化公司120万/年柴油改质装置进行了改造，新增了一个反应器，并采用了实验室评选的抚顺研究院的催化剂，按照试验评价的级配方案进行了装填，并进行了工业化应用，具体应用结果如表2所示。

表2 工业化产品主要性质

分析项目	重石脑油	改质煤油	柴油	分析方法
收率/%	25	26	45	—
S/(μg/g)	0.28	0.59	0.87	ASTM D5453
N/(μg/g)	0.38	0.31	0.29	ASTM D4629
闪点/℃	—	44	82	ASTM D93
密度/(kg/m^3)	—	809.9	833.3	SH/T 0604
芳烃含量/%	—	8.2	—	SH/T 0606
烟点/mm	—	25	—	SH/T 0606
冰点/℃	—	<—60	—	ASTM D2386
十六烷指数	—	38	54.3	GB/T 11139
芳潜/%	53.9	—	—	气相色谱

由表2可以看出：工业装置采用了抚顺研究院催化剂体系后，从各组分的收率可以看出，汽油的收率由原来的10%升高至25%，柴油的收率由65%降至45%左右，装置柴汽比由6.5∶1降至1.8∶1，大大降低了装置的柴汽比；汽油的硫、氮含量很低，满足重整装置的进料要求；喷气燃料组分的性质也满足喷气燃料的指标要求，且芳烃含量控制较好在8%左右；柴油的质量也得到了大量的提升，十六烷指数可以达到54以上，柴油质量达到国Ⅵ柴油的指标要求。

5 结论

（1）通过对抚顺研究院加氢精制催化剂和加氢裂化催化剂进行级配评价，该体系具有较好的脱硫、脱氮能力，得到的石脑油组分可以满足重整装置的进料要求；该体系具有合适的裂化性能，喷气燃料组分在满足指标的情况下，芳烃含量在6%~10%之间，符合产品质量要求；柴油组分的十六烷指数提高比较明显，较原料提高了12个点，达到了国Ⅵ柴油的标准。

（2）该催化剂体系通过调节反应温度，柴汽比由6.5∶1降至1.8∶1，可以大大降低装置的柴汽比，满足装置改造设计的要求。

（3）该技术于2018年9月应用于克拉玛依石化公司改造后的150万t/a的装置上，应用结果表明：装置的石脑油收率10%提高至25%，大大降低了装置的柴汽比；另外喷气燃料组分可以达到喷气燃料的指标要求，柴油组分可以达到国Ⅵ柴油的指标要求。

参 考 文 献

[1] 徐凯勃．降低柴汽比潜力分析与措施[J]．石化技术与应用，2016，34(4)：332-335.
[2] 徐以泉，王振元．柴油加氢裂化降低柴汽比方案分析[J]．中外能源，2016，21(7)：85-89.

用于掺炼劣质FCC汽油的重整预加氢催化剂的研制及性能评价

张铁珍，贾云刚，王甫村，李海岩，谢方明，姜　维

（中国石油大庆化工研究中心，大庆　163714）

摘　要　通过载体改性技术、活性组分的选择及优化，研制出一种适用于掺炼劣质催化汽油的重整预加氢催化剂，该催化剂具有较高的低温脱硫、脱氮及烯烃饱和性能，原料适应性强、活性稳定性好，可用于掺炼劣质FCC汽油和大空速运转。

关键词　重整预加氢　FCC汽油　加氢脱硫　加氢脱氮　烯烃饱和　催化剂

1　简介

如何降低FCC汽油中的硫、氮和烯烃含量以及如何拓宽重整原料来源提高重整装置生产能力，是汽油生产所面临的两个主要问题。重整装置掺炼FCC汽油，可在一定程度上同时解决这两大难题，还可以余出部分直馏石脑油作为乙烯原料，具有良好的经济效益，是FCC汽油改质和重整装置扩能的主要技术选择方向之一。

催化重整对原料要求非常严格，硫、氮含量均要求小于0.5μg/g，砷含量要求小于1ng/g，因而掺炼较劣质的FCC汽油关键在于对原料进行深度加氢预处理，并根据生产需求调节原料馏分组成。国内外对于催化重整掺炼FCC汽油等二次加工汽油进行了广泛的研究，并取得了一定的成果。

国外各大加氢催化剂技术公司均有用于重整原料加氢预处理的催化剂，如IFP/Axens的HR 548、HR 406、HR 448、HR 945等，Criterion的DC-185、DN-140、DN-200等，Akzo Nobel的KF系列馏分油加氢精制催化剂一般也可用于重整原料加氢预处理。国内的科研机构也开展了相关催化剂及工艺的研究，主要有中国石化石油化工科学研究院（RIPP）和抚顺石油化工研究院等（FRIPP）、中国石油石油化工研究院等研究单位。华北石化公司的工业试验使用DN-200催化剂，催化汽油掺炼比例为21%，混合原料中硫含量为180~230μg/g，在高分压力2.2MPa、反应器入口温度280℃、体积空速2.9h^{-1}和氢油比225：1的条件下，生成油满足重整进料要求[1]。RIPP的研究认为，在掺炼比例不大于20%的情况下，RS-1催化剂在反应温度290~300℃、压力3.2MPa、空速2~3h^{-1}、氢油比300：1的工艺条件下，生成油可满足重整进料要求[2]。

本研究的重点是通过载体改性技术、活性组分的选择及优化，研制出一种适用于掺炼劣质催化汽油的重整预加氢催化剂，催化剂性能评价结果表明，本研究所开发的催化剂，具有较高的低温脱硫、脱氮及烯烃饱和性能，同时该催化剂的原料适应性、活性稳定性及抗中毒能力较强，可用于掺炼催化及焦化汽油和高空速运转。

2 试验部分

重整预加氢精制的目的主要是除去重整原料油中的含硫、氮、氧化合物和其他重整催化剂的毒物，如砷、铅、铜、汞、钠等，以保护重整催化剂。由于原料中含有一定量的烯烃及未完全脱除的砷等组分易使催化剂结焦失活，因此在开发该催化剂时，采取在载体成型时引入ⅣB族过渡金属，调节了载体的酸碱性，抑制催化剂的结焦失活速度，提高抗积炭性能。

2.1 载体及催化剂表征方法

(1) 比表面积及孔结构：使用美国Micromeritics ASAP2010型自动吸附仪进行测定，用氮气作为吸附质来测定催化剂的孔结构。

(2) B酸L酸分析：使用Newus(Nicolet, US)红外光谱仪，FT-IR分光计测定催化剂的酸性位。

(3) 催化剂组成分析：采用荷兰Philips公司Magix601型X射线荧光光谱仪测定催化剂的组成。

2.2 载体的制备及改性

将拟薄水铝石等固体材料破碎至一定目数，加入适量胶溶剂、助挤剂、黏合剂、去离子水等均匀混合，挤出成三叶草型。载体成型后经120℃干燥4h，500℃焙烧4h，制备成复合载体。

载体引入助剂进行改性的主要目的主要有：(1)调整表面化学性质，改变金属、载体间相互作用方式；(2)改变活性组分分散状态；(3)促进活性组分硫化；(4)改变活性中心类型及分布。

采用拟薄水铝石进行载体成形时，引入含有改性剂金属M的某种化合物作为改性剂，M金属不进入γ-Al_2O_3的晶格，从而不改变γ-Al_2O_3的结构，而是与γ-Al_2O_3之间形成强相互作用。由于改性剂与载体氧化铝之间具有较强的相互作用，削弱了金属与载体氧化铝间的作用，可使催化剂的反应温度降低，加氢脱硫性能提高。载体的物化性质见表1。

表1 载体物化性质分析数据

样品名称	比表面积/(m^2/g)	孔容积/(mL/g)	平均孔半径/nm	M金属/%	Al_2O_3/%
氧化铝载体	244	0.59	4.74	—	余量
M金属改性载体	277	0.65	4.62	20.00	余量

从表1的分析结果可见，加入M金属改性的载体的比表面积、孔容积都大于氧化铝载体的。

2.3 催化剂的制备及物化性质分析

W-Ni和Mo-Ni体系适用于中、高压条件下的深度加氢脱氮及芳烃饱和反应；Mo-Co体系适用低压下的加氢脱硫反应；在Mo-Co体系中引入金属Ni，可使催化剂具有较高加氢脱硫活性并兼顾烯烃饱和、加氢脱氮、脱砷反应，更适合于缓和工艺条件下的重整预加氢过程。

将钼酸铵、碱式碳酸钴和硝酸镍按一定比例配制成金属共浸液，通过饱和浸渍方式对M改性的三叶草形载体条进行一次共浸，浸渍后养生1h，120℃干燥4h，500℃焙烧4h，制备成催化剂。

对催化剂进行了组成、比表面积、孔结构、酸性及强度等物化性质分析，分析结果见表2。

表2 催化剂的物化性质

项　目	催化剂	项　目	催化剂
Al_2O_3/%	66.81	平均孔半径/nm	4.08
MoO_3/%	16.38	比表面积/(m^2/g)	197.8
Co_2O_3/%	2.88	B酸，(150℃/350℃)/(mmol/g)	0.032/0.000
NiO/%	1.95	L酸，(150℃/350℃)/(mmol/g)	0.468/0.167
M助剂/%	11.98	强度/(N/cm)	164
孔体积/(mL/g)	0.37		

2.4 催化剂的性能评价

评价用氢气为某石化公司的工业氢气，其组成见表3。

表3 评价用氢气组成分析

组成	H_2	CH_4	C_2H_6	CO	N_2	分析方法
含量/%(v)	96.300	1.909	0.002	0.002	1.787	气相色谱法

评价装置为100mL固定床加氢试验装置，如图1所示。采用原料、氢气一次通过的工艺流程，对研制的催化剂进行催化性能评价。

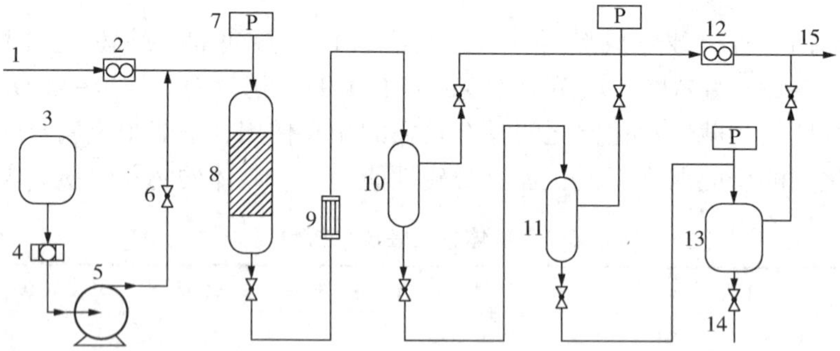

图1 100mL加氢评价装置流程示意图

1—氢气；2—氢气流量计；3—原料罐；4—过滤器；5—原料泵；6—球阀；7—压力表；8—反应器；9—冷却器；10—高压分离罐；11—低压分离罐；12—尾气流量计；13—产品罐；14—取样口；15—尾气

2.4.1 原料适应性评价试验

在反应压力2.0MPa，体积空速3.0h^{-1}，氢油体积比250:1的工艺条件下，进行了原料适应性试验，考察了直馏石脑油及掺炼不同比例(15%、30%)催化汽油原料达到重整原料要求所需的反应温度。试验原料的性质及原料适应性试验结果分别见表4、表5。

表4 试验原料的性质

项目		直馏石脑油	含催汽15%	含催汽30%
密度,(20℃)/(g/cm³)		0.7268	0.7278	0.7286
溴值/(gBr/100g)		1.54	8.27	14.81
硫含量/(μg/g)		372.45	473.03	571.81
氮含量/(μg/g)		12.23	19.21	26.83
金属含量/(ng/g)	Cu	136.18	116.64	100.75
	Pb	2.18	3.45	4.51
	As	25.86	80.32	134.64

由表4可知,随着催化汽油掺入比例的增加,原料油中的硫含量、氮含量以及金属铅、砷含量都随之增加,因此直馏石脑油中催化汽油掺炼比例的增大,必然会增加预加氢反应的难度。

表5 原料适应性评价结果

原料	加氢生成油分析数据							
	反应温度/℃	密度(20℃)/(g/cm³)	硫含量/(μg/g)	氮含量/(μg/g)	Cu/(ng/g)	Pb/(ng/g)	As/(ng/g)	溴值/(gBr/100g)
直馏石脑油	258	0.7260	0.38	0.18	0.35	0.20	0.38	0.004
含催汽15%	268	0.7269	0.45	0.24	0.34	0.31	0.42	0.005
含催汽30%	281	0.7275	0.43	0.32	0.31	0.33	0.45	0.005

由表5可以看出,直馏石脑油原料在258℃下的加氢产品就能够满足重整进料的要求,所研制的催化剂具有较好的低温加氢脱硫、脱氮及烯烃饱和性能。随着催化汽油掺入比例的增加,预加氢产品达到重整原料要求所需的反应温度也是逐渐升高,含催化汽油15%的原料在268℃下的加氢产品能够满足重整进料的要求,而含催化汽油30%的原料在281℃下的加氢产品才能够满足重整进料的要求。试验证明该催化剂原料适应性强,通过强化重整预加氢操作条件,在直馏石脑油中掺入劣质催化汽油来扩大重整原料来源是可行的。

2.4.2 大空速运转评价试验

采用含催汽15%原料进行了大空速条件试验。工艺条件为:反应压力2.0MPa,氢油体积比250:1,体积空速4.0~6.0h^{-1},试验结果见表6。

表6 大空速条件试验的结果

加氢工艺条件		加氢生成油分析数据			
体积空速/h^{-1}	反应温度/℃	砷含量/(μg/kg)	硫含量/(μg/g)	氮含量/(μg/g)	溴值/(gBr/100g)
4.0	273	0.68	0.43	0.35	0.007
5.0	279	0.73	0.47	0.39	0.007
6.0	288	0.81	0.45	0.44	0.008

从表6可知,所研制的催化剂完全能够满足大空速运转的要求,达到提高处理能力的目的。

2.4.3 催化剂的活性稳定性试验

以掺炼30%催化汽油为原料，在温度281℃、压力2.0MPa、氢油比250∶1、空速3.0h^{-1}的条件下，进行催化剂活性稳定性试验，试验结果见图2。

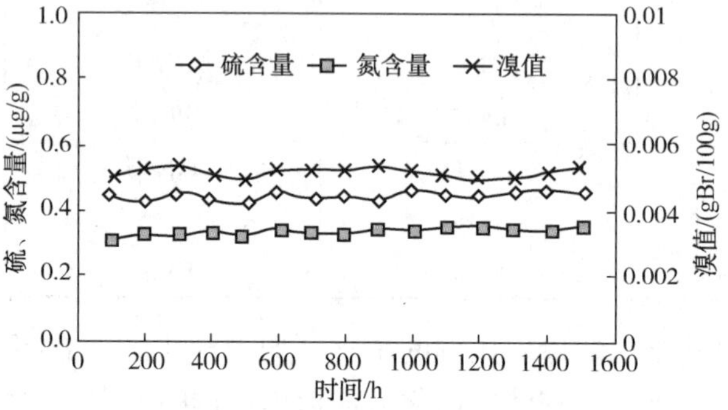

图2 1500h稳定性试验结果

由图2结果可以看出，在1500h活性稳定性试验过程中未提温的情况下，生成油硫、氮含量均小于0.5μg/g，溴值小于0.01gBr/100g油，产品性质在活性稳定性试验期间变化不大，说明催化剂具有良好的活性稳定性。

3 结论

（1）采用M金属对载体进行改性处理，成功研制出一种适用于掺炼劣质催化汽油的重整预加氢催化剂Mo-Co-Ni/Al_2O_3-M。

（2）重整预加氢催化剂Mo-Co-Ni/Al_2O_3-M具有较高的低温脱硫、脱氮及烯烃饱和性能，在压力2.0MPa、氢油体积比250∶1、体积空速3.0h^{-1}、反应温度268~281℃，能够加工掺炼催化汽油15~30%的重整预加氢原料，生成油可满足重整进料的要求。

（3）重整预加氢催化剂Mo-Co-Ni/Al_2O_3-M能够满足大空速加氢运转的要求，达到提高处理能力的目的。

（4）1500h活性稳定性试验结果表明，研制的催化剂具有良好的活性稳定性。

参 考 文 献

[1] 耿彦青，南晓钟，王志坤，等．半再生催化重整装置掺炼催化裂化汽油的工业应用[J]．当代化工，2005，34(4)：273-276.

[2] 戴立顺，屈锦华，董建伟，等．催化裂化汽油加氢生产重整原料油技术路线研究[J]．石化技术与应用，2005，23(4)：267-270.

石化企业副产氢高附加值利用方案经济性分析

张　伟

（中国石化大连石油化工研究院，大连　116045）

摘　要　作为主要的原料及能源载体，氢气广泛应用于各种工业领域，并已成为炼油厂原料成本中仅次于原油的第二大成本。石化企业副产氢资源丰富，但是未得到有效及高价值利用。从氢气提纯、氢气运输、氢气压缩灌装等方面开展工业副产氢提纯高纯氢外售的技术经济性分析，并进行了石化工业级高纯氢与燃料电池级氢气的经济性对比分析。结果表明，副产氢高附加值利用能获得较大利益；与外售工业装置用高纯氢方案相比，外售燃料电池级氢气具有更大经济效益；当外售 $5000Nm^3/h$ 氢气产品时，燃料电池级氢气比高纯氢方案可增加效益 10194.66 万元/a；企业外售高纯氢规模不超过 $5000Nm^3/h$，既能不投入过多一次投资，又能获得良好的经济效益。

关键词　炼化　副产氢　高价值　经济性

氢气是一种清洁高效的能源载体，在航天工业[1]、电子行业[2]、石油化工行业[3,4]、煤化工领域[5]、氢能交通领域等具有广泛的应用前景。近年来，氢能交通受到人们越来越多的重视，认为氢燃料电池是未来氢能终端利用的重要方向。中国电动汽车百人会预计，2025 年中国氢燃料电池汽车保有量可望达到 5 万～10 万辆，2030 年达到 100 万辆[6]。

目前国内氢气的生产主要来源于石化企业，其中煤气化制氢为 1000 万 t/a，天然气制氢为 300 万 t/a，石油制氢为 300 万 t/a，工业副产氢为 800 万 t/a[7]。中国石化、中国石油等炼化企业遍布全国，其副产氢除满足加氢装置利用外，还有大量副产氢资源直接作为瓦斯燃料，造成氢气资源浪费。如何利用好副产氢资源并获得更好经济效益，显得尤为重要意义。

1　石化企业副产氢资源特点

1.1　工艺装置副产氢

主要包括重整装置副产重整氢、乙烯装置副产乙烯氢、离子膜电解水产氢、丙烷脱氢装置等，特点是氢气不是该类工艺装置的目的产品，而是工艺副产获得。这类氢气纯度一般相对较高，例如连续重整氢一般氢纯度 90%～93%，其余杂质主要为各种轻烃，乙烯氢的氢纯度一般在 95%左右，其余杂质主要为 CH_4。

此外，催化装置由于催化剂的裂化活性，进料烃中部分 C—H 断裂，氢原子结合形成 H_2，这种副产氢纯度较低，不能直接作为临氢装置补充氢利用。

1.2　临氢装置排放尾气

临氢装置低分气、排放氢、干气等也是炼厂氢气资源的一个来源，其中低分气、排放废氢中氢纯度相对较高，一般在 60%以上，具有回收利用价值。干气中 H_2 含量较低，一般在

20%~50%，除 H_2 还含有大量轻烃资源。

2 石化企业副产氢高附加值利用方案设计

某石化企业拥有大量过剩氢气资源，包括连续重整富余氢、柴油加氢装置脱硫干气、催化干气等，总量约16538Nm³/h，目前直接排放至瓦斯系统，氢气资源没有得到有效利用。

根据不同市场用氢需求，设计了副产氢提纯石化工业级和燃料电池级高纯氢外售方案。

2.1 石化工业级高纯氢外售

以市场需求"<5000Nm³/h的高纯氢"为例，即市场纯氢需求0.45t/h时，需新建氢气提浓设施。如图1所示，富余重整氢经过PSA装置将氢气提至氢纯度99.9%以上，经过四级压缩机增压后进入氢气缓冲罐，再通过装气柱灌装进氢气运输设备。

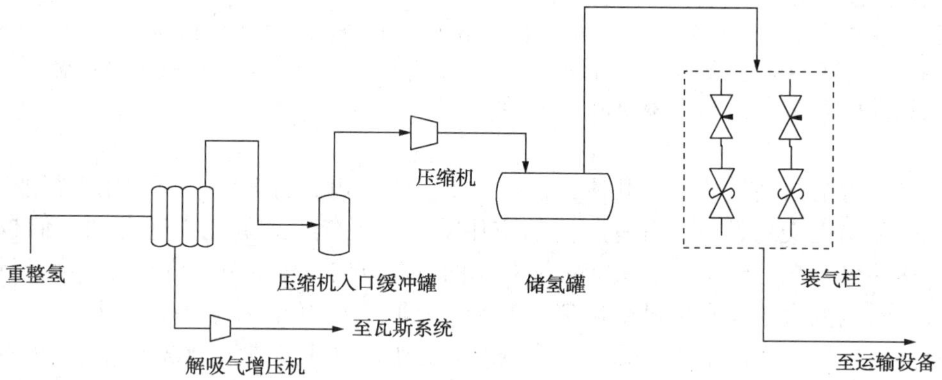

图1 高纯氢外售流程示意图

2.1.1 氢气提纯成本

通过PSA提纯重整氢至氢纯度99.9%以上的技术非常成熟，四川天一、成都华西等PSA专利商已有很多成功应用案例。如表1所示，常规PSA路线总投资2750万元。如表2所示，除人工成本、装置检维修费用外，氢气提纯系统的生产成本0.53元/Nm³。

表1 常规PSA建设投资

序号	项目	常规PSA
1	装置概况	
	工艺流程	6-1-2
	切换方式	程控阀
	吸附剂	硅胶、活性炭、各类分子筛吸附剂
2	占地/%	100
	氢气回收率/%	89
	投资测算	
	软件费用/万元	100
	吸附塔、吸附剂、程控阀等硬件费用/万元	700
	解吸气压缩机/万元	150×2
	设备总投资/万元	1100
	总建设投资/万元	2750

注：常规PSA总建设投资=设备总投资×2.5。

表 2　氢气提纯系统成本分析

序　　号	项　　目	常规 PSA
1	装置折旧/(元/Nm^3)	0.025
2	电耗/(元/Nm^3)	0.020
4	热值损失/(元/Nm^3)	0.481
3	成本合计/(元/Nm^3)	0.53

注：按 10 年平均折旧，残值率 4%；电费 0.68 元/kWh；解吸气压缩机 150kW。

2.1.2　氢气压缩灌装成本

氢气的运输方式可根据氢气状态不同分为气态氢气(GH2)输送、液态氢气(LH2)输送和固态氢气(SH2)输送。在用量小、用户分散的情况下，气态氢通常通过储氢容器装在车、船等运输工具上进行输送；用量大时一般采用管道输送；液氢运输多用车船等运输工具。鉴于能耗、投资及技术成熟度等考虑，本文主要考察氢气罐车运输、氢气管道运输的技术经济性。

如表 3 所示，当采用罐车输氢时，该系统需新建两台四列三级氢气压缩机及配套设施(一开一备)、储氢罐、灌装管线阀门系统，增压至 25～30MPa，并灌装进氢气运输设备(如长管拖车、集装格等)，总投资费用 1850 万元；采用新建氢气管线输送时，氢气灌装系统需新建两台两级氢气压缩机(1 开 1 备)增压至 4MPa 进氢气管线，总投资费用 900 万元。

表 3　系统运输投资费用

序　　号	项　　目	氢气罐车输送	氢气管输
1	压缩机		
	功率/kW	650	270
	单价/万元	250	180
	数量/台	2	2
	小计/万元	500	360
2	储氢罐/万元	120	—
3	装气柱		
	单价/万元	60	—
	数量/套	2	—
	小计/万元	120	—
4	总设备费用/万元	740	360
5	总建设投资费用/万元	1850	900

如表 4 所示，采用罐车输氢、管道输氢时，除人工成本、装置检维修费用外，氢气灌装系统的生产成本分别为 0.105 元/Nm^3、0.045 元/Nm^3。

表 4　氢气灌装系统成本分析

序　　号	项　　目	氢气罐车输送	氢气管输
1	装置折旧/(元/Nm^3)	0.017	0.008
2	电耗/(元/Nm^3)	0.088	0.037
3	成本合计/(元/Nm^3)	0.105	0.045

2.1.3 氢气运输成本分析

(1) 长管拖车运输

长管拖车输氢在技术上已经相当成熟，是最普遍的运氢方式，成本测算条件如下：用户规模为5000Nm^3/h(10680kg/天)的高纯氢(氢气纯度不低于99.99%)，距离氢源点60km；长管拖车满载氢气质量460kg，管束中氢气残余率20%，每日工作时间24h；拖车平均时速50km/h，百公里耗油量25升，柴油价格7元/升；动力车头价格40万元/台，以10年进行折旧；管束价格120万元/台，以20年进行折旧，折旧方式均为直线法；一台拖车充、卸氢气时长各需1h；每台拖车配备两名司机，灌装、卸气各配备一名操作人员，工资10万元/人·年；车辆保险费用1万元/年，保养费用0.3元/km，过路费0.6元/km。

表5 长管拖车运氢成本测算表

项目		数值/(元/kg)	一次投资成本/万元
固定成本	设备折旧	0.21	1280(仅考虑车和管束的设备费)
	人工费	0.51	
	车辆保险	0.05	
变动成本	油费	0.63	
	车辆保养	0.11	
	过路费	0.22	
合计成本		1.73	
运输价格(毛利率25%)		2.16	
运输价格/(元/Nm^3)		0.19	

(2) 管道运输

低压管道运氢适合大规模、长距离的运氢方式。由于氢气需在低压状态(工作压力1~4MPa)下运输，因此相比高压运氢能耗更低，但管道建设的初始投资较大。我国的输氢管道主要分布在环渤海湾、长三角等地，目前已知有一定规模的管道项目有两个：济源—洛阳(25km)及巴陵—长岭(42km)两个。

表6 国内两条氢气管网参数对比

管道名称	巴陵—长岭	济源—洛阳
建成时间	2014年4月20日	2015年8月31日
全长/km	42	25
设计管径/mm	350	508
年输氢量/万t	4.42	10.04
设计压力/MPa	4	4
投资额/亿元	1.90	1.46
单位投资额/(万元/km)	452.38	584.00

管道运氢成本测算条件如下：管道长度60km(参考上表，按照设计管径104mm、单位

长度投资额 140 万元/km 计算)，总投资额 8400 万元；输氢能力为 5000Nm³/h 的高纯氢(氢气纯度不低于 99.99%)，运输过程中氢气损耗率 8%；管线配气站的直接与间接维护费用以投资额的 15%计算；管道寿命 20 年，以直线法进行折旧。

计算得到长度 60km(DN104)、输氢能力为 5000Nm³/h 的氢气管道，运氢价格为 1.55 元/kg。

表 7 管道运氢成本测算表

项目		数值/(元/kg)	一次投资成本/万元
固定成本	管道折旧费	1.08	8400
	管线配气站的直接与间接维护费用	0.16	
合计成本		1.24	8400
运输价格(毛利率 25%)		1.55	
运输价格(元/Nm³)		0.14	

2.1.4 总成本及效益分析

如表 8 所示，当企业外卖氢气不超过 5000Nm³/h 时，采用氢气罐车运输时，氢气成本是 9.12 元/kg，当采用管道运输氢气时，氢气成本是 7.91 元/kg；单位氢气成本中，热值成本占比最大，其次是运输成本。

表 8 氢气外售成本汇总

项目	罐车输氢	管道输氢
提纯成本/(元/Nm³)		
装置折旧	0.025	
电耗	0.020	
热值损失	0.481	
灌装成本/(元/Nm³)		
装置折旧	0.017	0.008
电耗	0.088	0.037
运输成本/(元/Nm³)	0.19	0.14
合计		
元/Nm³	0.82	0.71
元/kg	9.12	7.91

如表 9 所示，本方案能外卖 5000Nm³/h 纯氢时(氢纯度>99.99%)，按照每吨纯氢 1.3 万元计算，扣除外卖氢气造成的瓦斯系统热值损失、压缩电耗等，采用氢气罐车运输时，年经济效益 1607.44 万元，最短需要 2.86 年才能回收相关硬件设备的建设投资；当采用氢气管道运输时，年经济效益 2643.01 万元，但一次性投入建设成本较高，最短需要 4.56 年才能回收成本。

表9 效益测算

项目	5000Nm³/h	
	罐车输氢	管道输氢
氢气收益		
流量/(Nm³/h)	5000	
收益/(万元/年)	4908.54	
补充热值损失		
热值损失/(MJ/h)	54103.45	
补充天然气价值/(万元/年)	2025.63	
电耗		
功率/kW	800	420
电费/(万元/年)	456.96	239.904
支付运输费用/(万元/年)	818.51	0
总效益/(万元/年)	1607.44	2643.01
投资核算		
氢提纯/万元	2750	2750
氢气灌装/万元	1850	900
长输管道/万元	0	8400
总投资合计/万元	4600	12050
投资回收期/a	2.86	4.56

注：氢气罐车输运时，长管拖车采用租赁物流公司的方式，因而不计入设备投资，但需支付运输费用。

2.2 燃料电池级用氢外售

相比石化工业用氢，燃料电池级氢气品质要求更高，如硫化物要求几乎为ppb级，其他杂质要求为ppm级，而目前炼厂常见的几种氢源(不做进一步提浓处理)均不能满足燃料电池用氢要求。因此，燃料电池级氢气需在原来生产高纯氢的基础上新建TSA脱重烃、和后精制系统。

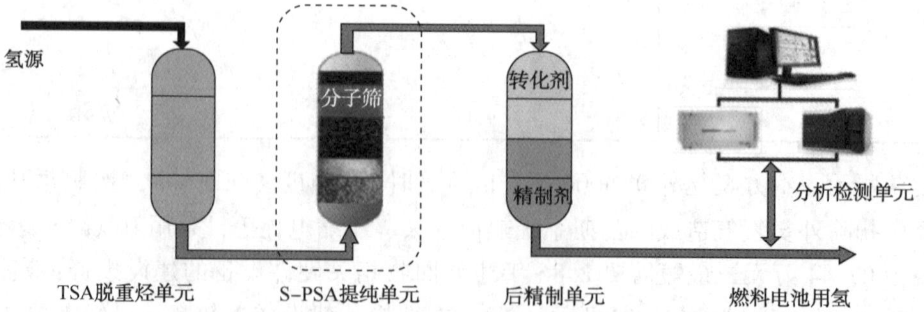

图2 氢提纯部分流程示意图

表 10　装置投资概况

项　　目	数　　值	项　　目	数　　值
TSA 装置/万元	300	设备总投资/万元	1600
常规 PSA 装置/万元	1100	总投资/万元	4000
后精制装置/万元	200		

如表 11 所示，除人工成本、装置检维修费用外，氢气提纯系统的生产成本为 0.54 元/Nm^3。

表 11　氢气提纯系统成本分析

项　　目	数　　值	项　　目	数　　值
装置折旧/(元/Nm^3)	0.037	热值损失/(元/Nm^3)	0.481
电耗/(元/Nm^3)	0.02	成本合计/(元/Nm^3)	0.54

国内媒体宣传的加氢站燃料电池级氢气价格在 55 元/kg~66 元/kg(也有报道国内氢气售价 70~80 元/kg；据报道美国加州某加氢站加氢的价格为售价 16.63 美元/kg，约人民币 115.46 元/kg；在日本某燃料电池网站上氢气价格为 150 日元/Nm^3，折合成人民币约 108.89 元/kg)，氢气母站(氢气生产企业)外卖氢价格一般在 30~40 元/kg。如表 12 所示，按照 40 元/kg 计算，扣除外卖氢气造成的瓦斯系统热值损失、压缩电耗等，采用氢气罐车运输时，年经济效益 11802.1 万元，仅需半年就能回收相关硬件设备的建设投资。

表 12　效益测算

项　　目	40 元外售	项　　目	40 元外售
氢气收益		电费/(万元/年)	456.96
流量/(Nm^3/h)	5000	支付运输费用/(万元/年)	818.51
收益/(万元/年)	15103.2	总效益/(万元/年)	11802.1
补充热值损失		投资核算	
热值损失/(MJ/h)	54103.45	氢提纯/万元	4000
补充天然气价值/(万元/年)	2025.63	氢气灌装/万元	1850
电耗		总投资合计/万元	5850
功率/kW	800	投资回收期/a	0.5

2.3　不同附加值高纯氢外售技术经济性对比

表 13　效益测算

项　　目	石化工业级高纯氢	燃料电池级高纯氢
氢气收益		
流量/(Nm^3/h)	5000	5000
收益/(万元/年)	4908.54	15103.2
补充热值损失		
热值损失/(MJ/h)	54103.45	54103.45
补充天然气价值/(万元/年)	2025.63	2025.63

续表

项　　目	石化工业级高纯氢	燃料电池级高纯氢
电耗		
功率/kW	800	800
电费/(万元/年)	456.96	456.96
支付运输费用/(万元/年)	818.51	818.51
总效益/(万元/年)	1607.44	11802.1
投资核算		
氢提纯/万元	2750	4000
氢气灌装/万元	1850	1850
总投资合计/万元	4600	5850
投资回收期/年	2.86	0.5

如表13所示，以外售氢40元/kg为例，建立5000Nm^3/h燃料电池氢提纯装置，年经济效益11802.1万元，投资回收期0.5年。相对外卖石化级产品氢而言，外售燃料电池级氢产品的附加值更高，投资相对较小，实施可行性更高，收益更加可观。

2.4 不同外售规模燃料电池级高纯氢经济性比较

通过2.3节可以看出，外售燃料电池级氢气产品经济附加值更高，所以本节以燃料电池级氢气为例，探讨不同外售规模下经济性高低。

表14 不同外售高纯氢规模效益测算

项　　目	40元外售	40元外售	40元外售
氢气收益			
流量/(Nm^3/h)	2000	5000	10000
收益/(万元/年)	6041.3	15103.2	30206.4
补充热值损失			
热值损失/(MJ/h)	21641.4	54103.45	108206.9
补充天然气价值/(万元/年)	810.3	2025.63	4051.26
电耗			
功率/kW	300	800	1600
电费/(万元/年)	171.36	456.96	913.92
支付运输费用/(万元/年)	395.61	818.51	1400.46
总效益/(万元/年)	4664	11802.1	23840.76
投资核算			
氢提纯/万元	2500	4000	6500
氢气灌装/万元	1075	1850	3700
总投资合计/万元	3575	5850	10200
投资回收期/年	0.8	0.5	0.4

从表14中可以看出，外售燃料电池级高纯氢规模越大，投资回收期越短，但是一次投

资成本显著增加，外售规模 10000Nm^3/h 一次投资成本超过一个亿。鉴于企业经济承受能力，建议外售高纯氢规模不超过 5000Nm^3/h，投资回收期半年，一次投资成本 5000 万左右，既没有特别大的一次投资压力，也能取得很好的经济效益。

3 结论

对某石化企业开展了石化企业副产氢高价值利用的经济性分析。

（1）外售 5000Nm^3/h 石化工业级高纯氢作为石化企业补充氢，采用氢气罐车输送或新建管道输送，企业售氢成本分别为 9.12 元/kg、7.91 元/kg，分别需投资 4600 万元、12050 万元，经济效益 1607.44 万元、2643.01 万元，投资回收期分别为 2.86 年、4.56 年。

（2）建设 5000Nm^3/h 燃料电池级用氢装置，采用氢气罐车的运输方式外卖加氢站，核算结果表明，企业外卖燃料电池级用氢需投资 5850 万元，按外卖氢气 40 元/kg 计算，经济效益 11802.1 万元/年，投资回收期 0.5 年。

（3）基于外售 5000Nm^3/h 高纯氢规模，相比外售石化工业级高纯氢而言，外售燃料电池级氢产品的附加值更高，每年多增加效益 10194.66 万元，而且投资相对不是很大，实施可行性更高，收益更加可观。

（4）根据不同外售规模燃料电池级氢气比较，建议企业外售规模在 5000Nm^3/h 以下，既能不需要过多的一次投资，又能获得很好的经济效益。

参考文献

[1] 杨曜光. 浅谈氢能及制氢的应用技术现状及发展趋势[J]. 新型工业化，2020，10(6)：127-128.
[2] 郗凌霄，姚立国. 氢气的来源及应用[J]. 精细与专用化学品，2017，25(10)：42-45.
[3] 侯芙生. 中国炼油技术[M]. 3 版. 北京：中国石化出版社，2011：69-70.
[4] 张龙，方向晨，张英等. 炼厂氢气系统与轻烃回收系统的集成优化[J]. 石油与天然气化工，2015，44(6)：43-49.
[5] 王泽洋，王龙延. 煤基燃料油品特性与煤制油产业发展分析[J]. 化工进展，2019，38(7)：3079-3087.
[6] 罗佐县，曹勇. 氢能产业发展前景及其在中国的发展路径研究[J]. 中外能源，2020，25(2)：9-15.
[7] 肖钢，于广欣. 石化企业发展氢能业务有独特优势[J]. 中国石化，2019，(5)：30-32.

MTBE 装置不同原料的技术经济分析

罗勤高[1]，张　松[2]，朱　青[2]

（1. 中国石化炼油销售有限公司，上海　200050；2. 中国石化咨询公司，北京　100029）

摘　要　醚前碳四主要用途是生产 MTBE，进而作为汽油高辛烷调和组分或裂解得到高纯异丁烯及其下游产品。中国石化有 45 套气分装置，2019 年总加工量为 13700kt，生产醚前碳四 8670kt，其异丁烯的含量在 6.52%～27.74%之间，异丁烯的含量的差异会影响到 MTBE 装置的产量及经济效益。通过 MTBE 装置不同原料的技术经济分析，推导出醚前碳四随异丁烯含量变化的回归公式，为醚前碳四的合理定价提供了理论依据。

关键词　MTBE 装置　不同原料　技术经济　分析

目前，我国异丁烯利用的主要产品为甲基叔丁基醚（MTBE），年产量约 19Mt，主要作为汽油高辛烷调和组分或裂解得到高纯异丁烯及其下游产品。国内异丁烯资源主要来自蒸汽裂解 C_4馏分抽提丁二烯后的抽余液（异丁烯含量为 45%～50%）、炼厂 C_4馏分（异丁烯含量为 8%～20%）和甲醇制烯烃 C_4馏分（异丁烯含量为 2%～4%），另有少量异丁烯来源于叔丁醇脱水、异丁烷催化脱氢或环氧丙烷生产的联产物。2020 年我国炼厂催化裂化能力已超过 2 亿 t/a，国内 MTBE 市场已进入完全竞争阶段，中国石化、中国石油两大集团依然占据市场主导地位，其产能份额合计约占 1/3，而地方炼厂和液化气深加工企业已占据近 2/3 的市场份额。

中国石化有 45 套气分装置，分布在 28 家炼油企业，装置加工总能力为 14890kt，2019 年总加工量为 13700kt，生产醚前碳四 8670kt，其异丁烯的含量在 6.52%～27.74%波动，由于醚前碳四异丁烯含量的差异会影响到 MTBE 装置产量及经济效益。为此，需开展 MTBE 装置开展不同原料的技术经济分析，为醚前碳四的合理定价提供了理论依据。

1　基础数据

1.1　液化气组分含量

异丁烯含量分别为 8.76%、13.76%、18.76%。根据不同含量的原料、产品量进行测算。

1.2　装置规模、投资

装置规模按 MTBE 产品量 7 万 t/a 考虑，装置建设投资约 7756 万元。

1.3　原料产品价格及测算参数

1.3.1　经济评价方法

采用单装置增量法进行效益测算分析

1.3.2　价格选取

主要原料、产品价格分别采用销售公司 A 时间、B 时间、C 时间实际采购及销售价格，A 时间、B 时间、C 时间布伦特原油均价分别为 45.13 美元/桶、51.75 美元/桶、57.12 美元/桶。本研究中价格选取与原油价格 45 美元/桶、50 美元/桶、60 美元/桶时的油品价格基本接近。原料、产品量及价格表详见表 1。

表 1　原料、产品量及价格表

项目名称	原料产品量/(万 t/a)(不同异丁烯含量)			测算价格/(元/t)			
	8.76%	13.76%	18.76%	A 时间	B 时间	C 时间	D 时间
原料							
醚前碳四	53.41	34.01	24.94	3863	4180	4741	4450
甲醇	2.54	2.54	2.54	2292	2359	2886	3060
产品							
MTBE	7.00	7.00	7.00	5364	5380	5375	6300
未反碳四	48.66	29.36	20.26	4001	4074	4763	4350
燃料气	0.29	0.19	0.14	1700	2000	2200	2800

公用工程价格参考华东地区炼油企业价格，公用工程消耗参考同类装置消耗。具体消耗及价格详见表 2。

表 2　公用工程消耗及价格表

项目名称	价　　格	消耗量
新鲜水	2.8 元/t	0.10 万 t/a
电	0.7 元/kWh	64.65 万 kWh/a
中压蒸汽	160 元/m^3	7.77 万 m^3/a
蒸汽凝液	8 元/m^3	7.77 万 m^3/a
循环冷却水	0.25 元/m^3	565.52 万 m^3/a
装置空气	0.15 元/m^3	48 万 m^3/a
仪表空气	0.15 元/m^3	96 万 m^3/a
氮气	0.5 元/m^3	0.30 万 m^3/a

1.3.3　其他测算参数

本项目经济评价计算期为 17 年(含建设期 2 年)。固定资产修理费按原有固定资产原值的 2.5%计取，固定资产残值率按 5%考虑，综合折旧年限 15 年。无形资产摊销年限为 10 年，递延资产摊销年限为 5 年。装置定员 30 人，人均年工资福利按 12 万元考虑。年其他制造费用为 3 万元/(人·年)，年其他管理费为 4.5 万元/(人·年)。

2　技术经济分析

根据测算结果可知，异丁烯含量越高，效益越好。根据 A 时间价格测算，当异丁烯含量分别为 8.76%、13.76%、18.76% 时，税后财务内部收益率分别为 14.35%、31.13%、38.43%。

当异丁烯含量为 13.76%时，采用 A 时间价格测算项目税后财务内部收益率为 31.13%，年均利润总额 4636 万元；采用 B 时间价格测算项目年均利润总额-4811 万元；采用 C 时间价格测算项目年均利润总额-6752 万元。

本装置效益取决于 MTBE 和醚前碳四、未反碳四的价差，A 时间、B 时间、C 时间 MTBE 与醚前碳四价差分别为 1500 元/t、1200 元/t、634 元/t，其中 C 时间价差较小，收益相对较低。

效益测算结果见表 3。

表 3　液化气组分效益测算结果

序号	项目名称	单位	异丁烯含量 8.76				异丁烯含量 13.76%				异丁烯含量 18.76%			
			A 时间	B 时间	C 时间	D 时间	A 时间	B 时间	C 时间	D 时间	A 时间	B 时间	C 时间	D 时间
1	总投资	万元	17090	17785	19103	18470	13936	14385	15238	14846	12463	12795	13433	13152
1.1	其中：建设投资	万元	7756	7756	7756	7756	7756	7756	7756	7756	7756	7756	7756	7756
1.2	建设期利息	万元	346	353	366	359	315	320	328	324	300	304	310	307
1.3	流动资金	万元	8988	9676	10981	10355	5865	6309	7154	6766	4407	4735	5367	5089
2	销售收入	万元/年	198914	202124	230814	219301	132769	134747	151957	147186	101577	102973	114908	113353
3	总成本	万元/年	196125	216061	244502	230073	127682	139190	158327	148095	95752	103455	118201	110774
4	流转税及附加	万元/年	5857	4537	5119	12813	4657	3799	3951	4489	4051	3410	3705	4078
6	利润总额	万元/年	2222	-14376	-14183	-12012	4636	-4811	-6752	-1343	5433	-812	-3620	2184
7	所得税	万元/年	555	0	0	0	1159	0	0	0	1358	0	0	546
8	税后利润	万元/年	1667	-14376	-14183	-12012	3477	-4811	-6752	-1343	4075	-812	-3620	1638
9	贷款偿还期	年	7	超过 17	超过 17	超过 17	4.24	超过 17	超过 17	超过 17	4	超过 17	超过 17	6.12
10	税后 FIRR	%	14.35	—	—	—	31.13	—	—		38.43	—	—	17.35
11	税后 NPV	万元	4241	-60949	-60731	-52285	17960	-23538	-31194	-10612	22693	-7836	-18677	5684

3 敏感性分析

以异丁烯含量为 13. 76%、A 时间价格为基准测算 MTBE 装置的敏感性分析。根据敏感性分析可知，本项目对产品价格变化最为敏感，若原料价不变，产品价格下降 3%，项目税后财务内部收益率将降至 6. 8%，下降 24. 33 个百分点；若产品价格上升 3%，内部收益率上升 22. 03 个百分点。除产品价格外原料价格变动最为敏感，若原料价格上升 3%，则内部收益率下降 22. 83 个百分点；若原料价格下降 3%，内部收益率上升 21. 15 个百分点。

表 4 MTBE 装置敏感性分析

项目名称	变化率	内部收益率/%	
		基值	增减值
基准状况		31. 13	
建设投资	10%	29. 09	-2. 03
	-10%	33. 45	2. 33
开工负荷	90%	28. 21	-2. 91
建设期延长	1	25. 28	-5. 85
原材料价格	3%	8. 29	-22. 83
	-3%	52. 28	21. 15
产品价格	3%	53. 15	22. 03
	-3%	6. 80	-24. 33
原材料及产品价格	10%	34. 62	3. 49
	-10%	26. 24	-4. 89

4 醚前碳四定价分析

4.1 醚前碳四价格与 MTBE 价格挂钩

本研究以税后财务内部收益率 10%倒算醚前碳四价格。

未反碳四按醚前碳四价格的 0. 98 计取。当税后 FIRR 为 10%时，随 MTBE 价格变化的回归公式：

(1) 异丁烯含量为 8. 76%

“醚前碳四(异丁烯 8. 76%)”价格(元/t)= MTBE 价格×1. 0054-1407

(2) 异丁烯含量为 13. 76%

“醚前碳四(异丁烯 13. 76%)”价格(元/t)= MTBE 价格×1. 1324-1589

(3) 异丁烯含量为 18. 76%

“醚前碳四(异丁烯 18. 76%)”价格(元/t)= MTBE 价格×1. 1966-1943

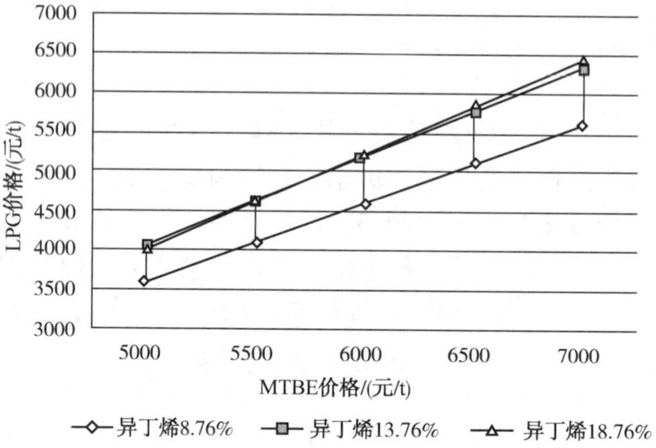

图1　醚前碳四价格与MTBE价格关联图

通过醚前碳四价格随MTBE价格变化的回归公式对醚前碳四销售价格进行分析，以A时间为例，醚前碳四实际销售价格为3863元/t，按回归公式计算醚前碳四价格分别为3986元/t、4485元/t、4476元/t，丙烷两种销售方式的价差分别为123元/t、622元/t、613元/t。两种销售方式价差分析一览表见表5。

表5　醚前碳四公式价与实价销售价分析一览表

项目	A时间	公式价-销售价	B时间	公式价-销售价	C时间	公式价-销售价
实际销售价	3863		4180		4741	
醚前碳四公式价(异丁烯8.76%)	3986	123	4002	-178	3997	-744
醚前碳四公式价(异丁烯13.76%)	4485	622	4503	323	4497	-244
醚前碳四公式价(异丁烯18.76%)	4476	613	4495	315	4489	-252

注：醚前碳四公式价是指通过回归公式得出理论上的价格。

4.2　醚前碳四价格与原油价格挂钩

以MTBE装置税后财务基准收益率为10%为基准，MTBE价格按95#汽油价格扣除汽油消费税(2110元/t)后的0.98计取，测算不同原油价格下醚前碳四价格，将原油和醚前碳四价格进行线性回归，得出价格公式如下：

当税后FIRR为10%时，随原油价格变化的回归公式：

(1) 异丁烯含量为8.76%

“醚前碳四(异丁烯8.76%)”价格(元/t)=原油价格(美元/桶)×70.55-701

(2) 异丁烯含量为13.76%

“醚前碳四(异丁烯13.76%)”价格(元/t)=原油价格(美元/桶)×79.32-784.6

(3) 异丁烯含量为18.76%

“醚前碳四(异丁烯18.76%)”价格(元/t)=原油价格(美元/桶)×83.8-1093.6

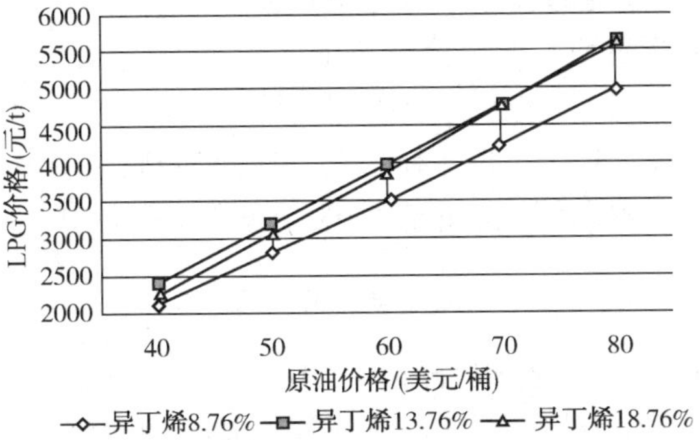

图 2　醚前碳四价格与原油价格关联图

通过醚前碳四价格随原油价格变化的回归公式对醚前碳四销售价格进行分析，以 A 时间为例，醚前碳四实际销售价格为 3863 元/t，按回归公式计算醚前碳四价格分别为 2483 元/t、2795 元/t、2688 元/t，丙烷两种销售方式的价差分别为 -1380 元/t、-1068 元/t、-1175 元/t。两种销售方式价差分析见表 6。

表 6　醚前碳四公式价与实价销售价分析一览表

项　　目	A 时间	公式价-销售价	B 时间	公式价-销售价	C 时间	公式价-销售价
实际销售价	3863		4180		4741	
醚前碳四公式价(异丁烯 8.76%)	2483	-1380	2827	-1353	3329	-1412
醚前碳四公式价(异丁烯 13.76%)	2795	-1068	3181	-999	3975	-766
醚前碳四公式价(异丁烯 18.76%)	2688	-1175	3096	-1084	3934	-807

注：醚前碳四公式价是指通过回归公式得出理论上的价格。

5　结论

(1) 通过醚前碳四价格与 MTBE 价格关联进行回归分析，表明醚前碳四价格与 MTBE 价格强关联，且醚前碳四公式价(异丁烯 13.76%)较醚前碳四公式价(异丁烯 8.76%)有 500 元/t 的经济效益；醚前碳四公式价(异丁烯 18.76%)与醚前碳四公式价(异丁烯 13.76%)效益相当。说明 MTBE 装置不同原料的经济性相差很大。应将异丁烯含量作为醚前碳四定价重要依据。

(2) 通过醚前碳四价格与原油价格关联进行回归分析，表明醚前碳四价格与原油价格强关联，且醚前碳四公式价(异丁烯 13.76%)较醚前碳四公式价(异丁烯 8.76%)有 300 元/t 以上的经济效益；醚前碳四公式价(异丁烯 18.76%)与醚前碳四公式价(异丁烯 13.76%)效益相当。反映出 MTBE 装置不同原料的经济性相差很大，也说明应将异丁烯含量作为醚前碳四定价重要依据。

(3) 根据敏感性分析可知，内部收益率对产品价格变化最为敏感，若原料价不变，产品价格下降3%，项目税后财务内部收益率将降至6.8%，醚前碳四价格与MTBE价格强关联，因此，应将MTBE价格作为醚前碳四定价重要依据。

（4）中国石化有45套气分装置，由于加工流程(轻重分离)及原料性质的不同，醚前碳四异丁烯含量在6.52%~27.74%之间。因此，需进一步开展“一企一策”醚前碳四利用研究，优化液化气加工流程，提升资源管理水平，实现资源合理配置。

参 考 文 献

[1] 王定博，刘红梅，刘晓玲．异丁烯资源的利用[J]．石油化工，2020，49(12)：1235-1240.

[2] 郭振宇，詹小燕，陈浩．炼厂碳四资源利用方案的探讨[J]．辽宁化工，2020，49(06)：663-665.

[3] 陈韶辉，李涛．甲基叔丁基醚装置技术现状及发展趋势分析[J]．石油化工技术与经，2020，36(02)：54-57.

[4] 李凯华，石丕星，丁苏苏，等．我国MTBE的生产使用现状及趋势分析[J]．化学工业，2020，38(01)：36-43.

低硫残渣型船用燃料油 RMG500 调合研究

徐爱莲，鲍　伟，吴　蒙，王玉玲

（中国石油抚顺石化公司研究院，抚顺　113004）

摘　要　随着船用燃料油限硫令的实施，对照 GB 17411—2015 船用燃料油标准，中国石油某公司积极开展残渣型船用燃料油的调合研究，对可能用于船用燃料油 RMG500 的调合组分如催化油浆、减压渣油、焦化蜡油、脱蜡油等馏分进行化验分析，筛选出符合要求的船用燃料油调合组分作为备选组分，同时根据各馏分的价格及资源情况，寻找公司内部条件下调合成本最低，且可行的船用燃料油调合方案，根据调合方案调合出满足残渣型船用燃料油标准 RMG500 指标要求的产品，为工业化生产提供可行的方案。

关键词　船用燃料油　调合　硫含量　研究

1　前言

随着全球环境问题不断加剧，国内外对船用燃料油的硫含量做了严格的限制，2016 年 10 月 27 日，国际海事组织(IMO)发布消息称，自 2020 年起，将全球范围内的船用燃料油的硫含量限制在 0.5%(质量分数)以下[1]，2020 年 3 月 1 日已经在全球全面生效，甚至在北海、波罗的海、北美和加勒比海欧盟各港口等的排放控制区要求燃油硫含量限制在 0.1%，并且有的地区还不接受闭式废气清洗系统、脱硫塔等替代方式，最终对硫含量控制的解决方案限制到燃料油上。我国先后于 2018 年 12 月、2019 年 10 月发布了船舶大气污染物排放控制区实施方案和 2020 年全球船用燃料限硫令实施方案，对船用燃料硫含量的要求完全与国际接轨。为了保证全球低硫船用燃料油的供应并抢占市场，中国石化、中国石油、中国海油等布局旗下多家炼油厂开展生产低硫船用燃料计划，2020 年低硫重质清洁船用燃料油产量达到 500 万 t，预计中石化低硫重质清洁船用燃料油 2023 年产能将超过 1500 万 t。中国石化某公司加工的原油以大庆原油为主，混合原油本身硫含量低，在 0.1%左右，重质馏分油中硫含量本身就不高，在低硫船用燃料油生产中具有得天独厚的优势，用这些硫含量不高的馏分油生产的船燃硫含量满足低硫指标的要求，因此积极投入低硫残渣型船用燃料油 RMG500 的研究。

2　实验部分

2.1　原料

中石油某公司原油加工能力为 10Mt/a，其中催化裂化能力 2.7Mt/a，延迟焦化能力 2.4Mt/a，酮苯脱蜡能力 1.9Mt/a，因此可以考虑用来生产残渣型低硫船用燃料油 RMG500 调合组分的馏分油有：催化柴油、催化油浆，焦化轻蜡油、焦化重蜡油、减压渣油，酮苯脱蜡油等。对各组分油调合的可行性进行化验分析和经济性评价，探索符合质量指标要求，并且生产成本较低的调合组分及配方，进行调合试验研究。

2.2 实验仪器设备及方法

实验所用仪器设备包括：旋片式真空泵(温岭市挺威真空设备有限公司)，JJ-1 增力电动搅拌器(北京市永光明医疗仪器公司有限公司)，HH-501 恒温水浴(山东菏泽正虹科教仪器有限公司)，可调式电热板(北京市永光明医疗仪器公司有限公司)，电子称(上海浦春计量仪器有限公司)，HX101A-2E 电热鼓风干燥箱(上海安泉气候试验设备有限公司)。

实验方法选用该公司现有馏分油，根据馏分油性质数据进行初步筛选，将选出馏分油进行分析，选出适宜组分进行调合实验，调合过程中本着调合组分少的原则，从二组分调合开始，样品关键指标合格后，调合大样，按照船用燃料油标准中的项目对油品性质进行全分析。

3 实验结果与讨论

3.1 调合组分筛选

对公司内部可能用于调合残渣型燃料油 RMG500 的调合组分进行采样，对样品部分性质进行化验分析，分析结果见表 1。由表 1 可知，催化柴油、催化油浆、减三线蜡油、减三线脱蜡油、减四线蜡油、减四线脱蜡油、焦化轻蜡油、焦化重蜡油、减压渣油都可以作为残渣型燃料油 RMG500 的调合组分。同时表中所有调合组分的硫含量都低于 GB 17411—2015 标准中残渣型船用燃料油 RMG500 要求 0.5%的指标，调合过程中可以不考虑硫含量的调合问题。

表 1 可能用于调合残渣型船用燃料油 RMG500 的组分性质分析

项目	催化油浆	催化柴油	减三线	减四线	减压渣油	减四脱蜡油	减三脱蜡油	焦化轻蜡油	焦化重重蜡	指标要求
密度(20℃)/(kg/m^3)	1015.7	917.7	853.7	863.4	926.9	891.6	883.3	855.0	870.6	≤987.6
闪点/℃	>120	82	215	230	>120	>120	>120	>120	>120	≤60
倾点/℃	31	-9	45	52	42	3	-4	24	25	≤30
运动黏度(50℃)/(mm^2/s)	615.7	2.45	11.79	13.34	964.45	42.61	17.84	6.44	9.37	≤500
残炭/%	11.1				7.82	0.01	0.02	0.01	0.02	≤18.00
灰分/%	0.15				0.0025					≤0.100
硫含量/%	0.31	0.15	0.10	0.11	0.21			0.15	0.17	≤0.50
酸值/(mgKOH/g)	0.059									

调合船用燃料油的关键指标是黏度、灰分、密度和倾点，针对船用燃料油标准与调合组分油性质进行分析，催化油浆和减压渣油运动黏度、倾点都高于指标要求，并且催化油浆密度也高于指标要求，只用催化油浆与减压渣油不能调合出满足指标要求的产品，其余几种组分油密度、运动黏度都低于指标要求，其中减压三线、减四线蜡油倾点都高于指标要求，可以考虑催化油浆与减压渣油与其余组分油进行调合，对比其余几种调合组分油的黏度、密度和倾点，优选考虑密度小、倾点低、黏度小的组分。

作为残渣型燃料油 RMG500 的备选的几种调合组分，都是炼油厂的中间馏分，都要进入下游装置进行再加工，减三线、减四线作为酮苯脱蜡装置原料进入石蜡生产线，焦化轻蜡油、焦化重蜡油、减三线脱蜡油、减四线脱蜡油以及部分减压渣油作为催化裂化原料，催化油浆及大部分减压渣油进入延迟焦化装置，催化柴油经过加氢精制后生产柴油。这就需要对几种组分油在加工物料流程的比重以及加工效益不同、加工成本等多方面进行测算。表 2 列出几种组分油在该公司的、加工方式及价格。选用成本最低、加工价值低的组分作为调合组分，可以降低调合成本，获取最大效益。

表 2　几种组分油产量、加工方式及价格

馏分油名称	加工方式	产量/(Mt/a)	价格①/(元/t)
催化柴油	加氢精制	54.7	2855
催化油浆	延迟焦化	9.5	1243
焦化轻蜡油	催化裂化	42.5	2344
焦化重蜡油	催化裂化	13.5	2344
减压渣油	催化裂化、延迟焦化	284.8	1500
减三线蜡油	酮苯脱蜡	80.1	3538
减四线蜡油	酮苯脱蜡	76.8	3538
减三线脱蜡油	催化裂化	48.1	2444
减四线脱蜡油	催化裂化	34.6	2444

① * 价格是 2019 年底该公司内部价格，不含税。

从价格上来说，调合组分成本由低到高的顺序是：催化油浆<减压渣油<焦化蜡油<脱蜡油(减四脱蜡油、减三脱蜡油)<催化柴油<减压蜡油(减四线、减三线)。调合成本高意味着调合后的产品效益低，因此，调合组分选择首先从调合成本最低的组分开始，对照指标要求，分析几种馏分油的性质，进行调合试验，对调合后产品性质化验分析，找出最佳调合配比方案。

综合考虑调合成本和调合组分油性质，优先考虑催化油浆、减压渣油、焦化蜡油和脱蜡油。

3.2　催化油浆净化处理

在表 1 列出数据中，催化油浆灰分为 0.15%，要以催化油浆为主要调合组分，首先要对催化油浆净化处理，脱除其中的催化剂粉末，降低其中的灰分含量。选用过滤的方式处理催化油浆，表 3 列出油浆处理前后的部分性质。

表 3　催化油浆净化试验结果

项　　目	原料	过滤方式Ⅰ	过滤方式Ⅱ
真空度/mmHg		常压	4
温度/℃		基准	基准-20
助滤剂/%		基准	基准+0.3
灰分/%	0.15	<0.0004	0.0128
速度/[kg/(m^2·h)]		13.2	130.1
运动黏度(50℃)/(mm^2/s)	615.7	782.7	772.6

由表3可以看出，从灰分大小看，催化油浆经过两种方式过滤后灰分都满足指标要求，过滤方式Ⅰ过滤效果优于过滤方式Ⅱ，加助滤剂后过滤速度快，与原料催化油浆相比，过滤后黏度增大。

3.3 调合小试实验

对比几种调合组分油性质数据，选取两种典型组分进行两组份小样调合试验，两种典型组分选取密度、黏度都较大的催化油浆与密度、黏度都较小的焦化重蜡油及催化柴油，调合试验过程中，控制密度与运动黏度接近残渣型船用燃料油RMG500牌号指标值，调合结果见表4。从调合结果可以看出：用催化油浆与焦化重蜡油两种组分进行调合，在密度接近指标值时，运动黏度(50℃)只有200mm^2/s左右，远低于500mm^2/s，也低于RMG380牌号的运动黏度指标380mm^2/s，在运动黏度合适的范围内，密度不能满足RMG500牌号要求的指标。用催化油浆与催化柴油两种组分进行调合，在密度接近指标值时，运动黏度(50℃)只有45mm^2/s左右，在运动黏度合适的范围内，密度不能满足RMG500牌号要求的指标。若想调合出密度、黏度都满足RMG500牌号要求的燃料油，需要在二组分调合基础上加入第三种黏度较大并且密度较小的组分。

表4 两组分小样调合结果

项目	样品Ⅰ	样品Ⅱ	样品Ⅲ	样品Ⅳ	样品Ⅴ	指标要求
调合组分	催化油浆、焦化重蜡油			催化油浆、催化柴油		
密度(20℃)/(kg/m^3)	0.9838	0.9881	1.001	0.9871	1.012	≤987.6
运动黏度(50℃)/(mm^2/s)	197.6	214.5	497.2	44.3	499.0	≤500

根据两组份调合试验结果，选取第三种组分减压渣油，进行三种组分油的调合试验。选用催化油浆与减压渣油分别与焦化重蜡油、脱蜡油进行三组分调合试验，调合过程中，以催化油浆为主要调合组分，调整减压渣油、焦化重蜡油、脱蜡油的调入比例，可以调合出运动黏度和密度都满足RMG500指标要求是样品，表5列出部分调合小样具体数据，对两个典型样品除分析运动黏度、密度外，还分析了部分指标。在确定催化油浆调入量为基准量的情况下，若要满足残渣型船用燃料油RMG500黏度指标要求，焦化重蜡油的调合量低于基准量35%，脱蜡油的调合量低于基准量45%。

表5 三组分小样调合结果

项目	样品Ⅰ	样品Ⅱ	样品Ⅲ	样品Ⅳ	样品Ⅴ	指标要求
调合组分	油浆、减渣、焦化重蜡油			油浆、减渣、脱蜡油		
密度(20℃)/(kg/m^3)	977.1	979.7	980.9	984.5	986.3	≤987.6
运动黏度(50℃)/(mm^2/s)	377.96	458.12	522.26	424.52	422.40	≤500
残炭/%		8.74		9.03		≤18.00
灰分/%		0.0185		0.0249		≤0.100
水分/%		痕迹		痕迹		≤0.5
酸值/(mgKOH/g)		0.11		0.17		≤.5
碳芳香度指数(CCAI)		844		839		≤870
硫含量/%		0.23		0.25		≤0.50

3.4 调合放大实验

通过小样调合数据确定调合方案，以净化后催化油浆为主要调合组分进行残渣型船用燃料油 RMG500 调合，需要进行三种调合组分进行调合，最终确定用净化后催化油浆、减压渣油分别与减三脱蜡油、焦化重蜡油进行调合大样试验，调合试验样品质量分析数据见表 6。

表 6　调合样品结果分析数据表

项　　目	产品Ⅰ	产品Ⅱ	指标要求
调合组分	油浆、减渣、脱蜡油	油浆、减渣、焦化重蜡油	
密度(20℃)/(kg/m^3)	980.4	982.4	≤987.6
运动黏度(50℃)/(mm^2/s)	450.02	460.18	≤500
残炭/%	8.74	9.03	≤18.00
灰分/%	0.0016	0.0022	≤0.100
水分/%	痕迹	痕迹	≤0.5
酸值/(mgKOH/g)	0.09	0.09	≤.5
碳芳香度指数(CCAI)	840	841	≤870
硫含量/%	0.23	0.25	≤0.50
总沉积物(1老化法)/%	0.03	0.02	≤0.10
硫化氢/(mg/kg)	<0.6	<0.6	≤2.0
钒/(mg/kg)	<1	<1	≤450
钠/(mg/kg)	16	18	≤00
铝+硅/(mg/kg)	4.2	8.6	≤60
钙/(mg/kg)	4	6	≤60
磷/(mg/kg)	2	2	≤15
锌/(mg/kg)	<1	<1	≤15
净热值/(MJ/kg)	41	41	≥39.8
倾点/℃	29	29	≤30
闪点(闭口)/℃	>120	>120	≥60

从表 6 数据可以看出，两个调合大样质量分析结果都满足 GB 17411—2015 标准中残渣型船用燃料油 RMG500 要求的指标。

综合分析调合各组分油性质、黏度调合、密度调合以及调合方案筛选结果，针对 GB 17411—2015 残渣型船用燃料油 RMG500 指标，初步确定以催化油浆为主要调合组分，调入部分减压渣油再调入焦化蜡油或者减三脱蜡油，考虑到调合成本和效益最大化原则，尽可能最大量的调合催化油浆，调入量在 60%以上。

4　结论

以催化油浆为主要调合组分进行调合低硫残渣型船用燃料油 RMG500，关键在于硫含量、黏度、倾点和灰分，因为调合组分油硫含量都低于指标值，调合过程中可以不考虑硫含量问题，黏度、倾点都可以通过调合比例达到指标要求，最终油品能否全面达标，起决定作用的是灰分，解决了催化油浆净化脱灰的问题，调合低硫残渣型船用燃料油 RMG500 完全可行。

调合低残渣型船用燃料油 RMG500，可用于调合资源包括催化柴油、脱蜡油、焦化蜡油、减压渣油等，就目前所取公司的几种调合组分油来说，因为原油硫含量低，调合组分硫含量低完全可以不考虑硫含量的问题，这是该公司生产低硫残渣型船用燃料油的优势，可根据市场需求及公司资源优化利用来确定最终的调合组分，生产低硫残渣型船用燃料油 RMG500。

参 考 文 献

[1] 刘初春，未来低硫船舶燃料油市场走势分析[J]. 国际石油经济，2020，28(2)，82-88.

双亚胺吡啶铁配合物催化丙交酯和环氧化物氧化还原开关聚合的理论研究

许小伟[1]，罗　一[1,2]，何盛宝[2]

(1. 大连理工大学化工学院，大连　116024；2. 中国石油石油化工研究院，北京　102200)

摘　要　氧化还原开关作为调控聚合反应的有效手段被广泛应用于环内酯或环氧化物的开环聚合反应。然而，开关聚合体系的催化活性物种因其稳定性低，不利于催化活性物种的分离与表征，仅通过实验手段难以探明相关开关机制。本工作运用密度泛函理论研究了双亚胺吡啶铁配合物(A)催化丙交酯和环氧化物氧化还原开关聚合的机制。结果表明，与还原型配合物相比，氧化型配合物在催化丙交酯聚合中发生较大的结构形变，致使其催化能垒过高，无法实现丙交酯聚合；然而，氧化型配合物与环氧环己烷有较强的相互作用，抵消了过多的结构形变能，从而可催化环氧环己烷的聚合。氧化型和还原型配合物对丙交酯和环氧环己烷表现出不同的开关特性，主要源于氧化型配合物对于金属中心与亲核性较强的单体(环氧环己烷)间的相互作用更敏感。有趣的是，理论设计的15种氧化型铁配合物的LUMO能级和环氧环己烷开环聚合的能垒呈正相关，即可通过在引发基团或骨架上引入吸电子基团，降低配合物的LUMO能级，进而降低环氧环己烷开环聚合的能垒，这为发展高活性的催化聚合体系提供了参考。

关键词　过渡金属配合物　氧化还原开关聚合　密度泛函理论　反应机理

1　简介

聚合物链中不同结构单元的连接方式对聚合物材料的微结构与物理性能起着重要作用[1]。因此，制备具有精确微观结构的聚合物材料是高分子合成领域备受关注的问题之一。其中，氧化还原开关催化聚合策略能够通过改变过渡金属配合物的氧化态调控不同单体的聚合活性，通过顺序切换氧化态合成特定的共聚物[2]。含二茂铁基的双金属配合物和单金属配合物都可以实现两种或多种单体的氧化还原开关共聚。前者主要通过改变二茂铁基的氧化态，进而改变中心金属的电子特征，实现不同单体的开关聚合；后者的金属中心既是氧化还原中心也是反应位点，方便研究其聚合反应机理。2016年，Byers课题组报道双亚胺吡啶铁配合物(A^{ox}/A^{red})可以实现丙交酯和环氧化物的嵌段共聚[3]。还原型铁配合物(A^{red})可以实现丙交酯的聚合，但是氧化型铁配合物(A^{ox})对丙交酯的聚合表现为惰性[4]。相反，氧化型铁配合物(A^{ox})可以催化环氧环己烷的聚合，但还原型铁配合物(A^{red})对环氧环己烷的聚合表现为惰性(图1)[3]。由此看来，该催化剂(A^{ox}/A^{red})对丙交酯和环氧环己烷的氧化还原开关聚合表现出相反的开关性能。显然，开关共聚的性能受催化剂结构和单体性质的影响。基于此，我们运用密度泛函理论探究了两种氧化态的铁配合物(A^{ox}和A^{red})分别催化丙交酯和环氧环己烷的聚合机理，进一步阐明了不同氧化态的催化剂对两种单体聚合表现出不同开关聚合性能的原因，揭示了环氧环己烷在氧化型催化聚合体系比还原型体系活性高的原因，为单金属铁配合物催化共聚体系的研发提供了一定的理论指导。

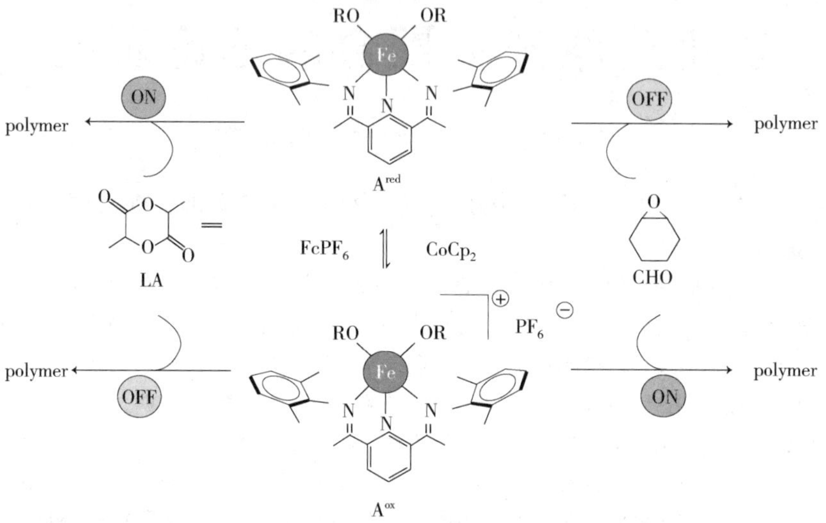

图1 双亚胺吡啶铁配合物(A^{ox}/A^{red})催化丙交酯和环氧环己烷氧化还原开关聚合示意图

2 计算方法

本工作中的所有理论计算均通过 Gaussian 16 程序完成，具体计算水准如下：(PCM, solvent=chlorobenzene) B3LYP-D3/Lanl2dz(metal atom)/6-311G**(non-metal atom)//B3LYP-D3/Lanl2dz(metal atom)/6-31G*(non-metal atom)。所有驻点均通过相应的频率计算证实，并通过振动模式分析确认了过渡态所连接的中间体。

3 结果与讨论

3.1 双亚胺吡啶铁配合物(A^{ox}/A^{red})催化丙交酯氧化还原开关聚合

首先，研究还原型活性种(A^{red})和氧化型活性种(A^{ox})分别催化丙交酯开环聚合的机理(图2)。A^{red}与丙交酯配位形成配位络合物1_{Lred}，该过程需要吸能5.1kcal/mol，随后经过亲核进攻过渡态$TS2_{Lred}$，生成中间体3_{Lred}，异构成4_{Lred}，经开环过渡态$TS5_{Lred}$，生成中间体6_{Lred}，异构成更加稳定的五元环螯合物7_{Lred}($d_{(Fe\cdots O2)}$=2.26Å)。与链引发不同的是，第二分子的丙交酯与7_{Lred}配位络合物未能成功优化得到，这可能是由于7_{Lred}螯合作用的存在导致的。类似的，依照7_{Lred}→$TS8_{Lred}$→10_{Lred}→$TS11_{Lred}$→13_{Lred}的路径完成链增长，第二分子丙交酯开环的活化能(27.1kcal/mol)高于迁移插入的能垒(24.6kcal/mol)，这种中等程度的能类表明，A^{red}可以在室温下催化LA聚合。然而，氧化态A^{ox}催化LA聚合的决速步骤能垒高达37.7kcal/mol，表明此反应在室温下难以发生，这与实验观察到A^{ox}对丙交酯聚合表现为惰性是一致的[4]。

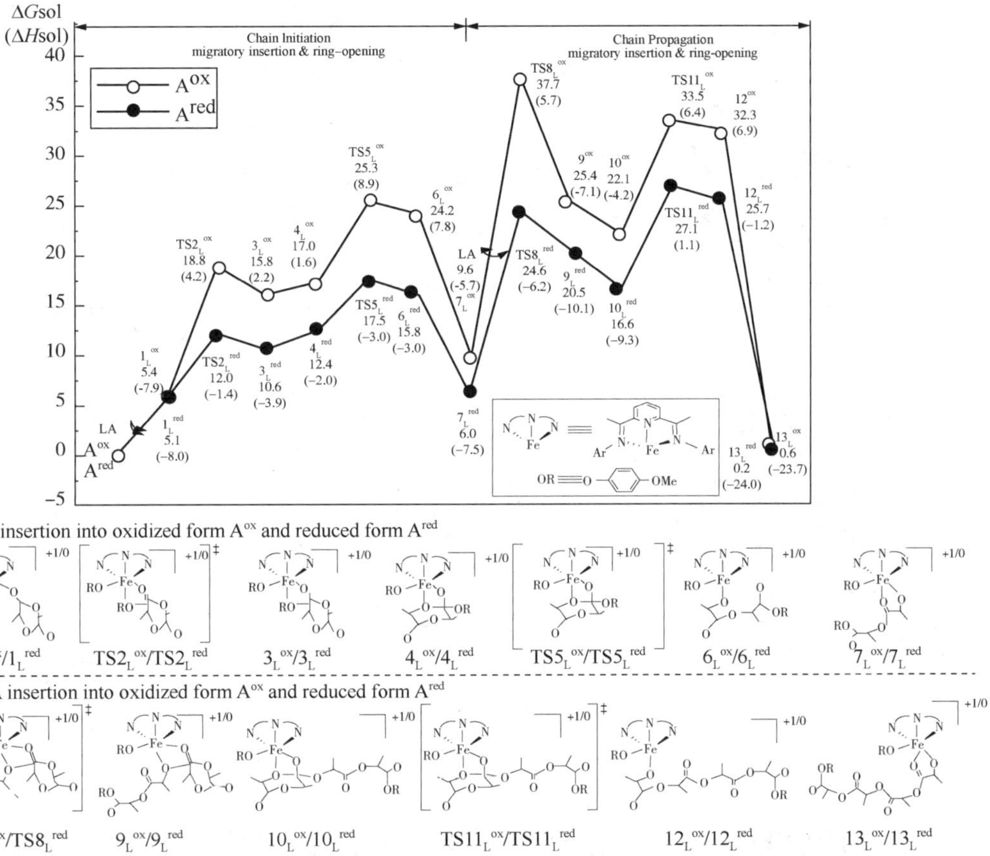

图 2　A^{red}和 A^{ox}催化丙交酯聚合的反应势能面(能量单位：kcal/mol)

为了探明 A^{red}和 A^{ox}对丙交酯催化聚合活性差异的原因，对关键过渡态 $TS8_{Lox}$/$TS8_{Lred}$进行形变/相互作用分析[5-8]。将每个过渡态分成相互独立的催化剂片段(A)和单体片段(B)，分别计算过渡态和独立片段(A 和 B)的单点能。两片段之间的相互作用能ΔE_{int}用过渡态与两片段的单点能差值来评估，两片段的形变能ΔE_{def}(A)、ΔE_{def}(B)可以用两片段的单点能与结构优化的两片段的能量差来评估。因此，过渡态的能量ΔE_{TS}等于两片段之间的相互作用能与两片段的形变能之和，即$\Delta E_{TS}=\Delta E_{int}+\Delta E_{def}(A)+\Delta E_{def}(B)$。$TS8_{Lox}$/$TS8_{Lred}$的形变/相互作用分析见图 3，$TS8_{Lox}$的形变能较 $TS8_{Lred}$更大(ΔE_{def}：25.4+11.1=36.5*vs.* 11.8+13.0=24.8kcal/mol)，$TS8_{Lox}$和 $TS8_{Lred}$中两片段间的相互作用能基本相同(−25.9*vs.* −24.7kcal/mol)，因此，$TS8_{Lox}$中较大的结构形变导致其较低的稳定性。与 $TS8_{Lred}$片段 A 相比，$TS8_{Lox}$中的片段 A 的 O3-Fe-N1 和 O3-Fe-N3 角度变化更大(31.0°vs. 23.2°；6.5°vs. 1.7°)，这主要归因于 7_{Lox}较 7_{Lred}铁中心与双亚胺吡啶配体之间的键长较短，(Fe－N：2.21*vs.* 2.31Å；Fe－O：2.17vs. 2.24Å)。同时，7_{Lred}和 7_{Lox}中芳基(O3)的 NBO 电荷分别为–0.86，–0.73，前者中 O3 含有较负的电荷，表明芳氧基的亲核性更强，更有利于单体的迁移插入。

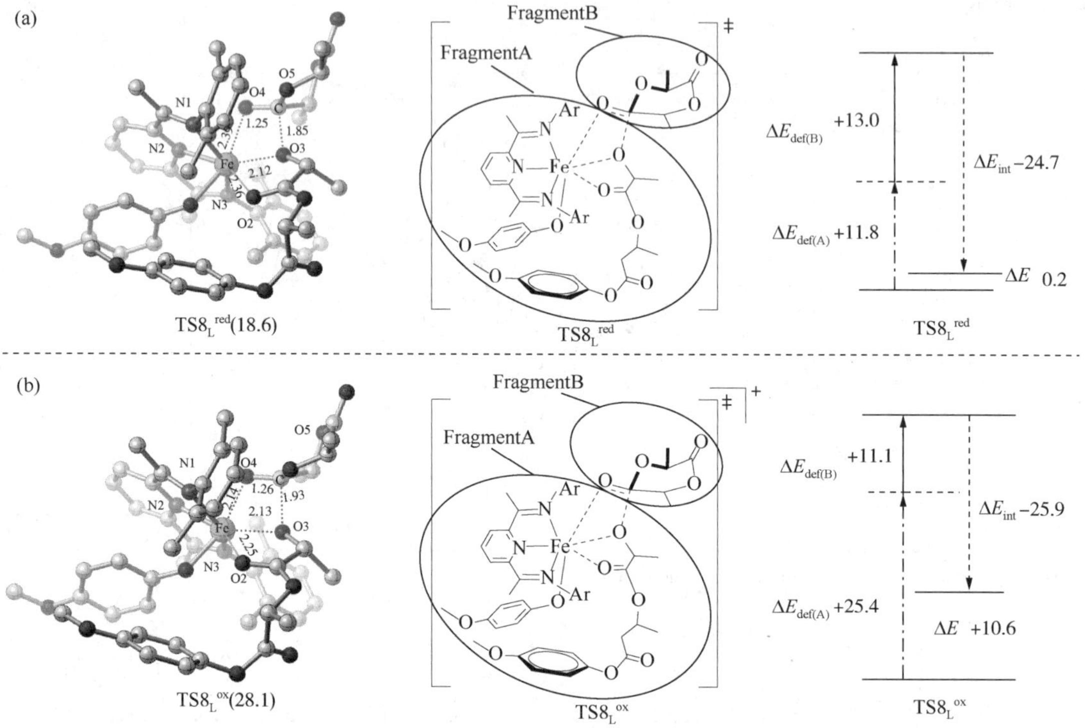

图 3 关键过渡态($TS8_{Lred}$和 $TS8_{Lox}$)的几何结构(键长单位：Å)和形变/相互作用分析。括号内为相对自由能(能量单位：kcal/mol)

3.2 双亚胺吡啶铁配合物(A^{ox}/A^{red})催化环氧环己烷氧化还原开关聚合

与丙交酯的聚合不同，催化剂(A^{ox}/A^{red})对环氧环己烷的聚合表现出相反的氧化还原开关特性，即氧化型活性种(A^{ox})可以催化环氧环己烷聚合，而还原型活性种(A^{red})对 CHO 的聚合表现为惰性[3]。金属配合物 A^{ox}/A^{red}催化环氧化物开环聚合的势能面见图 4。首先，A^{ox}与环氧环己烷配位形成 1_{Oox}的配合物，随后，经过开环过渡态 $TS2_{Oox}$得到第一分子插入的产物 3_{Oox}。该插入过程需要克服 33.6kcal/mol 的能垒，放能 5.5kcal/mol。但是，A^{red}催化环氧环己烷的插入需要克服 32.6kcal/mol 的能垒，放能 11.0kcal/mol。虽然，第一分子 CHO 的配合和插入能垒基本没有差异，但是还原型产物 3_{Ored}比氧化型产物 3_{Oox}能量低 5.5kcal/mol，前者更加稳定，这主要是前者较后者的电荷更分散。为探明氧化还原开关机制，我们继续研究了第二分子环氧环己烷分别插入中间体 3_{Ored}/3_{Oox}的 Fe–O 键中，氧化态下链增长的能垒是 29.8kcal/mol，放能 19.0kcal/mol；然而，还原型中间体 4_{Ored}经过 $TS5_{Ored}$得到产物 6_{Ored}，该过程活化能垒高达 38.2kcal/mol，表明 A^{red}在室温下无法实现环氧环己烷的聚合，这与实验报道一致[3]。

为了阐明在链增长阶段 A^{ox}较 A^{red}催化环氧环己烷在动力学占优势的原因，对关键过渡态($TS5_{Ored}$和 $TS5_{Oox}$)进行几何结构和形变/相互作用分析。由图 5 可知，$TS5_{Oox}$中 Fe–O2 和 Fe–O3 的键长分别为 1.85 和 2.01Å，比 $TS5_{Ored}$中相应的键长(1.94Å 和 2.12Å)短，这表明 $TS5_{Oox}$较 $TS5_{Ored}$中的中心铁原子与环氧环己烷的作用更强；同时，$TS5_{Oox}$较 $TS5_{Ored}$中环氧环

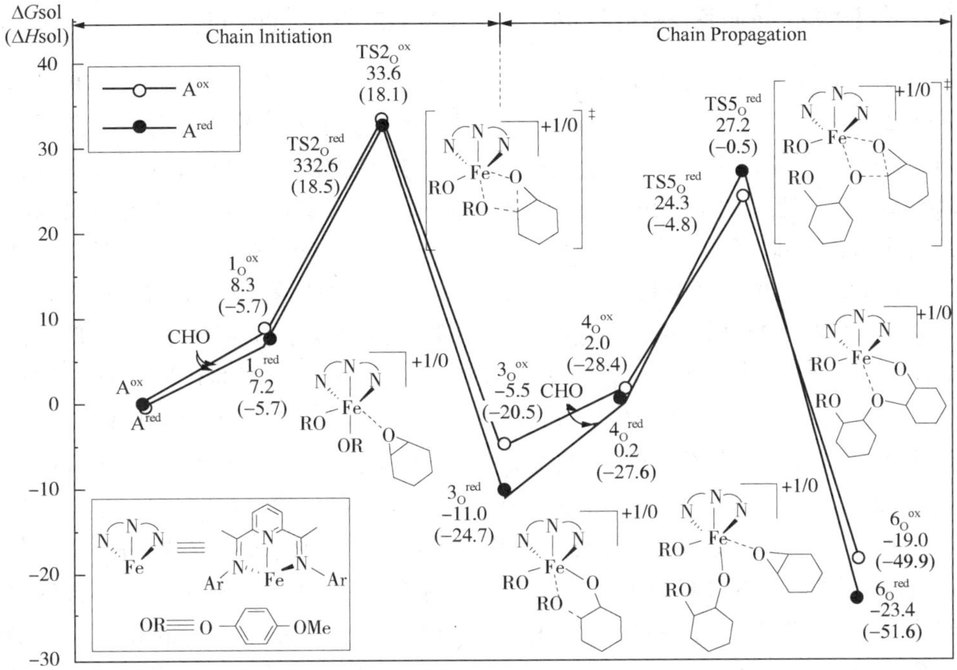

图 4　A^{red}和 A^{ox}催化环氧环己烷聚合的反应势能面(能量单位：kcal/mol)

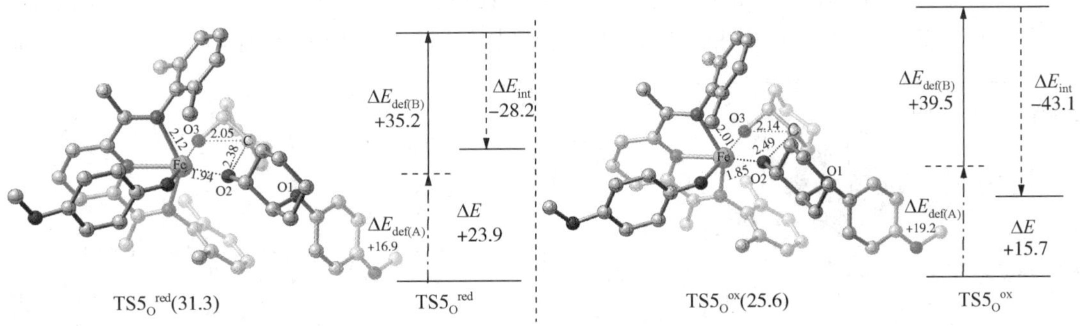

图 5　关键过渡态($TS5_{Ored}$和 $TS5_{Oox}$)的几何结构(键长单位：Å)和形变/相互作用分析
括号内为相对自由能(能量单位：kcal/mol)

己烷 C—O 的距离更长(2. 14*vs*. 2. 05Å)，表明前者中环氧环己烷活化程度更大。形变/相互作用对比分析发现，与 $TS5_{Ored}$相比，$TS5_{Oox}$中单体片段与金属中心间有较强的相互作用(−43. 1*vs*. −28. 2kcal/mol)，很大程度上抵消总形变能($TS5_{Oox}$：58. 7kcal/mol；$TS5_{Ored}$：52. 1kcal/mol)，因此，$TS5_{Oox}$的总电子能较 $TS5_{Ored}$更低(15. 6*vs*. 23. 9kcal/mol)。由此看来，$TS5_{Oox}$较 $TS5_{Ored}$更稳定的原因是催化剂金属中心和单体片段间较强的相互作用。同时发现，中间体 3_{Oox}较 3_{Ored}中铁原子的 NBO 电荷更正(1. 32vs. 1. 14)，中间体 3_{Oox}较 $3b^{red}$的 SOMO 轨道能与单体的 HOMO 轨道能更接近。综上，几何结构和电子特征可以解释 $TS5_{Oox}$较 $TS5_{Ored}$稳定，这一点不同于丙交酯聚合体系中 $TS8_{Lox}$不如 $TS8_{Lred}$稳定是由于前者过大的结构形变所致(图 3)。

3.3 基于双亚胺吡啶铁配合物(A^{ox}/A^{red})的催化剂改进

对比丙交酯和环氧环己烷的聚合体系，两种氧化态的配合物与环氧环己烷的相互作用能分别为-28.2和-43.1kcal/mol，两种氧化态的配合物与丙交酯的相互作用能分别为-24.7和-25.9kcal/mol，环氧化物较丙交酯与两种氧化态配合物的相互作用能差异更大，这是由于环氧环己烷的亲核性大于丙交酯(亲核指数：环氧环己烷是2.14；丙交酯是1.44)，前者对催化中心金属的Lewis酸性更敏感，从而导致单体与金属间较强的相互作用。A^{ox}催化丙交酯和环氧环己烷聚合的能垒分别为27.1和38.2kcal/mol，A^{red}催化丙交酯和环氧环己烷聚合的能垒分别为37.7和33.6kcal/mol，这与A^{red}可催化丙交酯聚合，而A^{ox}不能催化丙交酯聚合的实验结果一致[4]；也与A^{red}不能催化环氧环己烷聚合，A^{ox}可催化环氧环己烷聚合的结果一致[3]。由此看来，A^{ox}/A^{red}对丙交酯和环氧环己烷表现出相反的开关性能，可以通过“一锅法”实现丙交酯和环氧环己烷的共聚[3]。共聚决速步骤是环氧环己烷的开环聚合(33.6kcal/mol)，为此，我们从理论上设计了Lewis酸性更强的铁配合物旨在提高共聚活性。为此，通过改进芳氧基引发基团，设计配合物$A1^{ox}$→$A7^{ox}$；通过改变双亚胺吡啶骨架上的取代基，设计配合物$A8^{ox}$→$A14^{ox}$(图6)，计算了所有配合物($A1^{ox}$→$A14^{ox}$)与环氧环己烷形成的配位络合物1_{Oox}和开环过渡态$TS2_{Oox}$的相对自由能，配位络合物1_{Oox}的相对自由能均为正值，即配位均吸能。对比$TS2_{Oox}$的相对自由能，发现引入吸电子基团能降低环氧环己烷开环聚合的能垒。我们猜测当在引发基团或骨架上引入吸电子基团时，降低配合物的LUMO轨道能，使其更接近单体的HOMO轨道能，降低环氧环己烷开环聚合的能垒，提高催化活性，为进一步验证其合理性，同时在骨架上引入强吸电子基CN和引发基团NO_2，设计了配合物

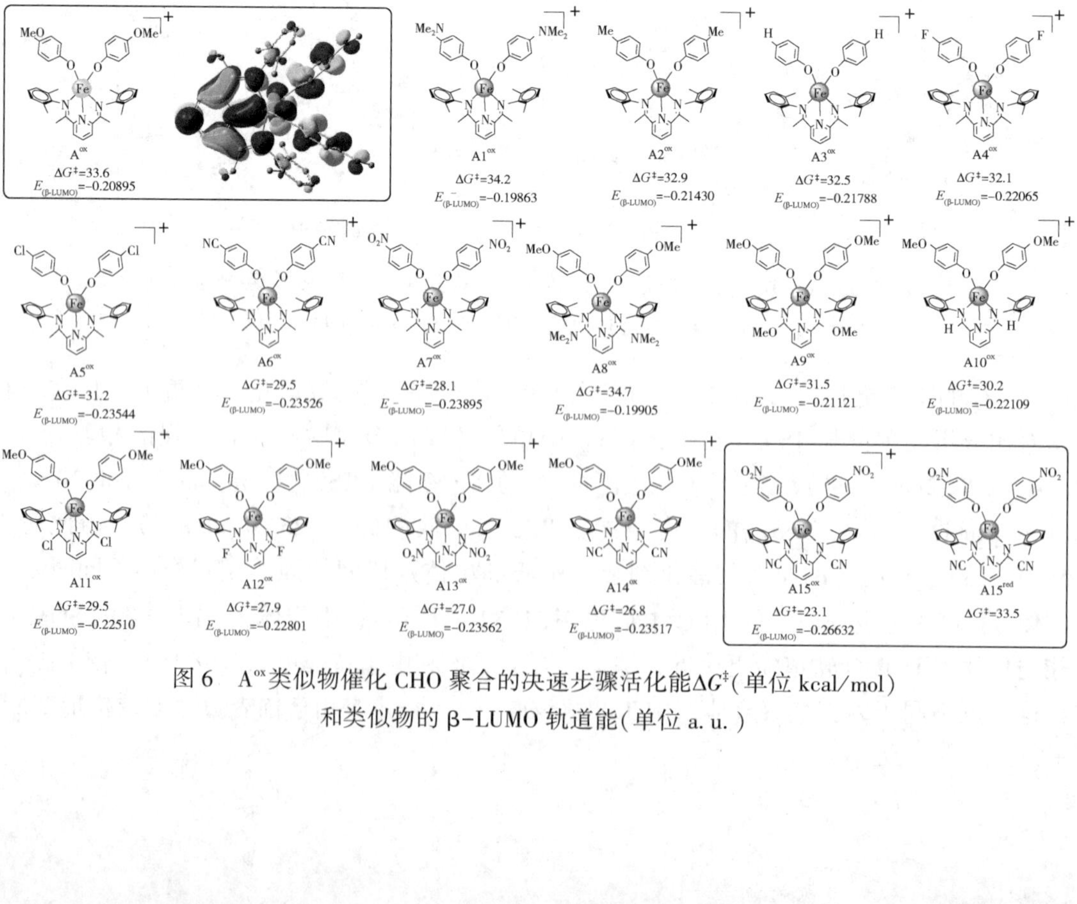

图6 A^{ox}类似物催化CHO聚合的决速步骤活化能$\Delta G^{\ddagger}$(单位kcal/mol)和类似物的β-LUMO轨道能(单位a.u.)

A15^{ox}，其催化聚合能垒降至 23.1kcal/mol。有趣的是，研究发现环氧化物开环的能垒与氧化型铁配合物的 β-LUMO 能级呈正相关关系（对于 A^{ox}、A15^{ox}和 A1^{ox}→A7^{ox}而言，相关系数 R^2 = 0.970；对于 A^{ox}和 A8^{ox}→A14^{ox}而言，相关系数 R^2 = 0.943，图 7a），且改变骨架上的取代基比改变引发基团更能显著的改变催化活性，这主要是由于前者可通过共轭效应和诱导效应共同影响中心金属的 Lewis 酸性，而后者仅能通过诱导效应影响中心金属的 Lewis 酸性。随后，测试发现环氧化物开环的能垒与所有配合物 A1^{ox}→A15^{ox}的 β-LUMO 轨道能相关系数 R^2是 0.891（图 7b），因此，β-LUMO 轨道能是一种很好的描述符，可用于评估环氧化物开环的能垒。该系列研究表明氧化型配合物与环氧环己烷之间的相互作用在环氧环己烷聚合中起重要作用。

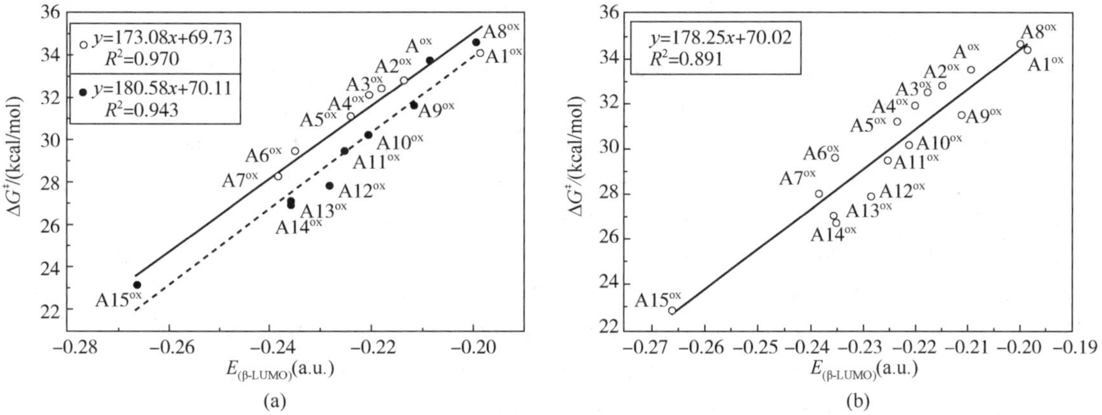

图 7　A^{ox}类似物催化 CHO 聚合的决速步骤活化能 $\Delta G^{\ddagger}$（单位 kcal/mol）与类似物的 β-LUMO 能级（单位 a.u.）之间的关系

（a）红色的点表示芳氧配体上不同取代基的配合物（A^{ox}，A1^{ox}→A7^{ox}和 A15^{ox}）；蓝色的点表示骨架上不同取代基的配合物（A8^{ox}→A15^{ox}和 A^{ox}）；（b）黑色的点表示所有的铁配合物（A1^{ox}→A15^{ox}和 A^{ox}）

考虑到在设计的 15 种氧化型配合物中，A15^{ox}对环氧环己烷的聚合活性最高，接下来，研究发现其还原型配合物 A15^{red}催化环氧环己烷聚合的活化能高达 33.5kcal/mol，两种氧化态下的能垒差是 10.4（33.5 –23.1）kcal/mol，表明 A15^{ox}/A15^{red}可以实现环氧环己烷的氧化还原开关聚合。然而，计算发现 A15^{ox}和 A15^{red}催化丙交酯聚合的能垒分别为 34.1 和 33.6kcal/mol，表明反应速率极慢，且基本无开关聚合性能。

4　结论

本文采用密度泛函理论对双亚胺吡啶铁配合物（A^{ox}/A^{red}）催化丙交酯和环氧环己烷的氧化还原开关聚合机理进行计算研究。在丙交酯聚合中，氧化型铁配合物（A^{ox}）较还原型铁配合物（A^{red}）发生较大的结构形变，导致 A^{ox}对丙交酯的聚合存在较高能垒，从而对丙交酯的聚合表现为惰性，这是导致二者活性差异的原因。然而，在环氧环己烷聚合中，虽然 A^{ox}较 A^{red}仍然产生较大的形变，但是 A^{ox}较 A^{red}与环氧环己烷具有较强的相互作用，很大程度上抵消了部分形变能，导致 A^{ox}可以催化环氧环己烷的聚合，而 A^{red}与单体间较弱的相互作用和较大的结构形变导致其对环氧环己烷的聚合表现为惰性。对比发现，A^{ox}/A^{red}对以上两种单体聚合表现出不同氧化还原开关特性的主要原因是，亲核性较强的单体(环氧环己烷)对催化中心金属的Lewis酸性更敏感，从而易产生单体与金属间较强的相互作用。基于此，理论上设计了15种氧化型铁配合物的β-LUMO能级与环氧环己烷开环聚合的能垒呈正相关关系，即可在催化剂骨架或引发基团中引入吸电子基，降低催化剂的LUMO能级，进而降低环氧环己烷开环聚合的能垒，提高聚合活性。

参考文献

[1] 周延川，庞烜，陈学思．选择性催化混合单体制备多组分聚酯的研究进展[J]. 中国科学：化学，2021，2，144-153.

[2] WeiJ，Diaconescu P L. Redox-Switchable Ring-Opening Polymerization with Ferrocene Derivatives [J]. Acc Chem Res，2019，52，415-424.

[3] Biernesser A B，DelleChiaie K R，Curley J B，et al. Block Copolymerization of Lactide and an Epoxide Facilitated by a Redox Switchable Iron-Based Catalyst[J]. Angew Chem Int Ed Engl，2016，55，5337-5340.

[4] Biernesser A B，Li B，Byers J A. Redox-Controlled Polymerization of Lactide Catalyzed by Bis(imino)pyridine Iron Bis(alkoxide) Cmplexes[J]. J Am Chem Soc，2013，135，16553-16560.

[5] Wolters L P，Bickelhaupt F M. The Activation Strain Model and Molecular Orbital Theory[J]. Wiley Interdiscip Rev Comput Mol Sci，2015，5，324-343.

[6] Liu F，LiangY，Houk K N. Bioorthogonal Cycloadditions：Computational Analysis with the Distortion/Interaction Model and Predictions of Reactivities[J]. Acc Chem Res，2017，50，2297-2308.

[7] Bickelhaupt F M，Houk K N. Analyzing Reaction Rates with the Distortion/Interaction-Activation Strain Model [J]. Angew Chem Int Ed Engl，2017，56，10070-10086.

[8] Kitaura K，MorokumaK. A New Energy Decomposition Scheme for Molecular Interactions within the Hartree -FockApproximation[J]. International Journal of Quantum Chemistry，1976，10，325-340.

[9] Flisak Z，Sun W-H. Progression of Diiminopyridines：From Single Application to Catalytic Versatility[J]. ACS Catalysis，2015，5，4713-4724.

[10] Liu H，Wang F，Liu L，et al. Synthesis，Characterization，and Ethylene Polymerization Behaviors of Late-Transition Metal Complexes Coordinated with Chlorinated Bis(arylimino)pyridine Ligand[J]. Polymer，2014，55，4611-4618.

[11] Smit T M，Tomov A K，Britovsek G J P，et al. The Effect of Imine-Carbon Substituents in Bis(imino)pyridine-Based Ethylene Polymerisation Catalysts across the Transition Series[J]. Catalysis Science & Technology，2012，2，643-655.

[12] Smit T M，Tomov A K，Vernon C Gibson，et al. Dramatic Effect of Heteroatom Backbone Substituents on the Ethylene Polymerization Behavior of Bis(imino)pyridine Iron Catalysts [J]. Inorg Chem，2004，43，6511-6512.

[13] Britovsek G J P，Mastroianni S，Solan G A，et al. Oligomerisation of Ethylene by Bis(imino)pyridyl iron and-Cobalt Complexes[J]. Chemistry-A European Journal，2000，6，2221-2231.

柴油加氢装置产品质量升级措施及效果

陈　强，姚　波

（中国石化天津石化公司，天津　300270）

摘　要　为了实现柴油质量升级，天津石化公司3.2Mt/a柴油加氢装置进行新增1台加氢精制反应器与原反应器串联、增加催化剂装填量、降低体积空速等升级改造。结果表明，升级改造后，该装置在满负荷条件下产出符合国Ⅵ排放标准清洁柴油。

关键词　柴油加氢　产品质量　升级改造

1　前言

随着柴油质量升级步伐的加快，2019年1月1日起，全国将开始执行质量更加严苛的国Ⅵ标准车用柴油[2]，中国石化天津石化公司在柴油质量升级方面面临着严峻挑战。公司3.2Mt/a柴油加氢装置(以下统称2#柴油加氢装置)原设计可生产满足欧Ⅲ EN590—1999质量标准精制柴油，装置主催化剂设计空速较高(2.5h^{-1})。2016年该装置改造前已生产满足国Ⅳ标准的精制柴油，但不具备长期生产国Ⅴ或国Ⅵ标准柴油的要求。该装置于2016年10月采用抚顺石油化工研究院(FRIPP)开发的S-RASSG柴油超深度脱硫技术[3]，新增1台加氢精制反应器与原反应器串联、增加催化剂装填量、降低体积空速等升级改造，同时采用FRIPP开发的FHUDS-5、FHUDS-8级配催化剂，至今已连续生产运行三年，产品质量升级后可满足国Ⅵ车用柴油排放标准。

2　装置概述

2#柴油加氢装置由洛阳设计院设计，原设计操作弹性为60%～110%，年开工时数8400小时，原设计可生产满足欧Ⅲ EN590—1999质量标准精制柴油，装置主催化剂设计空速较高(2.5h^{-1})。主要由反应部分(包括新氢压缩机、循环氢压缩机)、分馏部分和公用工程部分组成。该装置以重整氢气为氢源，混合原料油(焦化汽柴油和直馏柴油混合油)经过催化加氢反应进行脱硫、脱氮、烯烃饱和，用以生产精制石脑油和精制柴油，精制柴油作为产品直接出厂，精制石脑油作为乙烯料去中沙和烯烃部。

3　改造前装置标定及分析

为掌握2#柴油加氢装置运行能力，考察FHUDS-2/FHUDS-6级配装填催化剂性能[4]，2012年12月对该装置进行了标定，标定原油含26.32%焦化汽柴油，73.68%直馏柴油的混合油。标定工艺参数见表1，原料油与精制柴油性质见表2[5]，催化剂装填情况见表3。

表1 标定工艺参数

项目	数据	项目	数据
进料量/(t/h)	380	反应器入口压力/MPa	7.38
体积空速/h^{-1}	2.5	氢油体积比	300
反应器入口温度/℃	317		

表2 标定工艺参数

项目	混合原料油	精制柴油
密度/(kg/m^3)	0.8454	0.8307
干点/℃	357	358
硫/(μg/g)	982	30
氮/(μg/g)	177.7	<0.5
十六烷值	51	52.5

表3 催化剂装填情况

项目	高度/mm	体积/m^3	密度/(t/m^3)	重量/t
上床层				
FZC-105	100	1.647	0.534	0.85
FZC-106	360	5.93	0.484	2.87
FHRS-2	520	8.56	0.655	5.61
FHUDS-2催化剂(密相)	3480	57.32	1.26	71
FHUDS-6催化剂(密相)	660	10.87	1.09	12.7
Φ3 FHUDS-6催化剂	110	1.81	0.845	1.53
下床层				
FHUDS-6催化剂(自然)	410	6.75	0.755	5.1
FHUDS-6催化剂(密相)	6895	113.56	0.99	112.2
Φ3 FHUDS-6催化剂	105	1.73	0.965	1.67
FHUDS-2催化剂合计	3480	57.32	1.26	71
FHUDS-6催化剂合计	7965	131.18	0.99	130

此次标定结果表明，处理硫含量为0.982%、氮含量为177.7μg/g的直柴、焦化汽柴油混合油，采用FHUDS-2/FHUDS-6催化剂组合装填，在入口温度317℃，主催化剂体积空速2.5h^{-1}、反应器入口压力7.38MPa等条件下，柴油产品硫含量为30μg/g、十六烷值52.5、主要指标满足国Ⅳ排放标准清洁柴油质量要求。但是受设计条件影响，装置难以达到长期生产国Ⅴ或国Ⅵ标准柴油的要求，所以2016年11月装置趁大修机会，按照洛阳工程公司设计对装置进行了一系列改造，以到达长期生产国Ⅴ或国Ⅵ标准柴油的要求。

4 装置改造措施

4.1 装置规模

项　　目	改造前	改造后
实际处理量	320 万 t/a	60%～110%
操作弹性	260 万 t/a	74%～100%

4.2 对原装置的主要改造措施

(1) 新增一台加氢精制反应器 I(505-R-102)，串联在原反应器上游，同时改造反应器出入口相关管线；

(2) 更换原循环氢脱硫塔(505-C-101)的塔盘及紧固件；

(3) 新增两台冷氢阀，分别位于原反应器入口和原反应器一、二床层间；原冷氢阀(TV10510)利旧，移至新增反应器一、二床层间冷氢管线上。

(4) 装置改造后，原液力透平不能满足新的操作参数，更换原液力透平(505-HT-101)以充分回收热高分液的能量。

装置改造后流程见图 1。

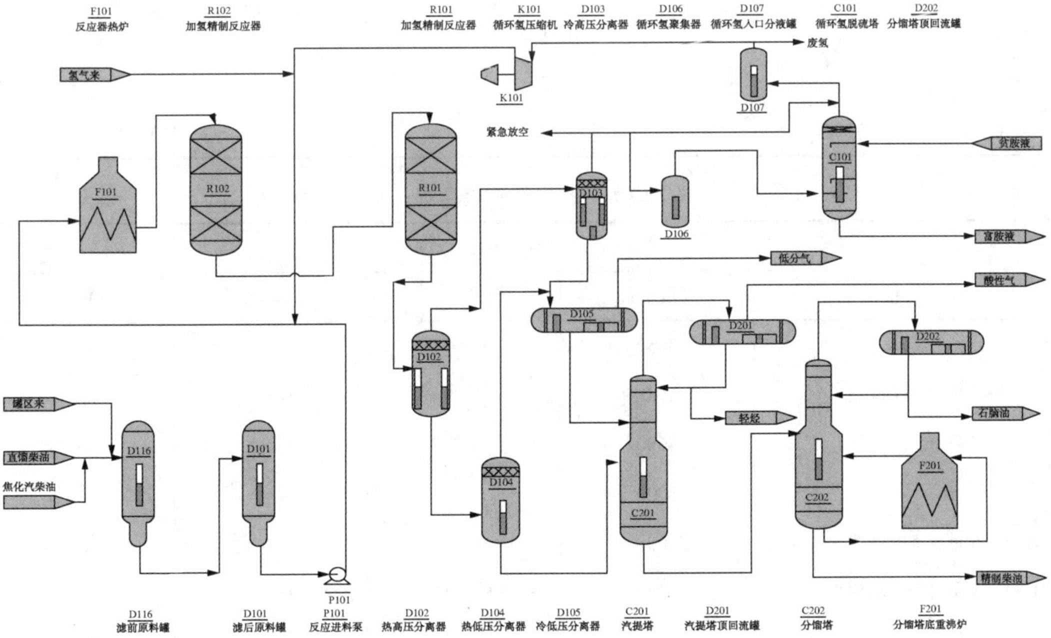

图 1　260 万 t/a 柴油加氢精制装置流程示意图

5 改造后装置标定及分析

为了考察 2#柴油加氢装置采用 S-RASSG 柴油超深度脱硫技术和一系列升级改造措施后生产国Ⅴ标准清洁柴油的可行性，2016 年 11 月对该装置进行了标定，标定原油含 32.26%焦化汽柴油，67.74%直馏柴油的混合油。标定工艺参数见表 4，原料油与精制柴油性质见表 5，催化剂装填情况见表 6。

表 4 标定工艺参数

项目	数据	项目	数据
进料量/(t/h)	310	反应器 R102/R101 入口压力/MPa	7.82/7.59
体积空速/h^{-1}	1.2	氢油体积比	300
反应器 R102/R101 入口温度/℃	310/346		

表 5 原料油与精制柴油性质

项目	混合原料油	精制柴油
密度/(kg/m^3)	0.831	0.8276
干点/℃	360	355
硫/%	1.341	2
氮/(μg/g)	190.2	1.1
十六烷值	52	55
多环芳烃		5.0

表 6 催化剂装填情况

反应器(R101)				
项目	高度/mm	体积/m^3	密度/(t/m^3)	重量/t
上床层	5450			
FHUDS-8 催化剂(自然)	240	3.99	0.63	2.52
FHUDS-8 催化剂(密相)	4680	77.73	0.84	65.52
下床层	8000			
FHUDS-5 催化剂(自然)	80	1.33	1.02	1.36
FHUDS-5 催化剂(密相)	7270	120.75	0.93	112.32
总计				
FHUDS-8 催化剂	4920	81.72	0.83	68.04
FHUDS-5 催化剂	7350	122.08	0.93	113.68

续表

反应器(R102)				
项　目	高度/mm	体积/m^3	密度/(t/m^3)	重量/t
上床层	5380			
HPT-01G	240	3.99	0.55	2.2
HPT-01H	340	5.65	0.53	3
HPS-02	4400	73.08	0.63	46
下床层	7950			
FHUDS-8 催化剂(自然、再生)	910	15.12	0.79	11.9
FHUDS-8 催化剂(密相、再生)	4980	82.72	1.03	85
FHUDS-8 催化剂(密相)	1140	18.94	0.88	16.66
FHUDS-5 催化剂(密相)	280	4.65	0.83	3.84
总计				
FHUDS-8 催化剂(再生)	5890	97.83	0.99	96.9
FHUDS-8 催化剂(新剂)	1140	18.94	0.88	16.66
FHUDS-5 催化剂(新剂)	280	4.65	0.83	3.84
HPT-01G(保护剂)	240	3.99	0.55	2.2
HPT-01H(保护剂)	340	5.65	0.53	3
HPS-02(捕硅剂)	4400	73.08	0.63	46

通过标定结果对比分析表明：处理硫含量为 1.341%、氮含量为 190.2μg/g 的直柴、焦化汽柴油混合油，采用 S-RASSG 柴油超深度脱硫技术和一系列升级改造措施后运用 FHUDS-5/FHUDS-8 级配催化剂，反应器 R102/R101 入口温度 310℃/346℃，反应器 R102/R101 入口压力 7.82MPa/7.59MPa，体积空速 1.2h^{-1}的操作条件下，柴油产品硫含量为 2μg/g、十六烷值 55、主要指标满足国Ⅵ排放标准清洁柴油质量要求。

6　结论

2#柴油加氢装置通过采用 S-RASSG 柴油超深度脱硫技术，新增 1 台加氢精制反应器、增加催化剂装填量、降低体积空速等升级改造措施，运用 FHUDS-5/FHUDS-8 级配催化剂组合在反应器 R102/R101 入口温度 310/346℃，反应器 R102/R101 入口压力 7.82MPa/7.59MPa，体积空速 1.2h^{-1}的操作条件下产出符合国Ⅵ排放标准清洁柴油，圆满完成中国石化天津石化公司柴油质量升级挑战任务。

参　考　文　献

[1] 张维燕，魏孔瑜.300 万 t/a 柴油加氢装置国Ⅴ质量升级改造技术应用[J]. 石化技术与应用，2017(04).

[2] 任妍妍，李文建.柴油加氢装置国Ⅵ柴油质量升级措施及效果分析[J]. 中外能源，2018(02).

[3] 王一冠，郭蓉.S-RASSG 级配技术生产国Ⅳ柴油工业应用[J]. 炼油技术与工程，2012，42(9)：4-7.

[4] 陈强.FHUDS-2/FHUDS-6 级配装填技术在 320 万 t/a 柴油加氢装置中的工业应用[J]. 石油化工化纤，2013(2)：41-44.

[5] 薛金召，马亚斌.300kt/a 柴油深度加氢装置的升级改造[J]. 石油炼制与化工，2013，44(12)：15-18.

FHUDS-8/FHUDS-5 催化剂组合在 200 万 t/a 柴油加氢装置上的应用

袁洪生

（中国石化天津石化公司炼油部联合二车间，天津 300270）

摘 要 为了满足炼油企业国Ⅵ标准清洁柴油的生产需要，抚顺石油化工研究院开发的 FHUDS-8 和 FHUDS-5 催化剂组合在中石化天津石化公司炼油部 200 万 t/a 柴油加氢装置进行了工业应用。应用情况表明：使用 FHUDS-8/FHUDS-5 催化剂组合装填，在正常空速条件下加工处理硫含量 1.2%左右的直馏柴油、焦化汽柴油长周期稳定生产符合质量标准要求的清洁柴油产品，并显示出 FHUDS-8/FHUDS-5 催化剂组合装填对原料油良好的适应性。

关键词 催化剂 柴油加氢装置 国Ⅵ清洁柴油

1 前言

随着国民经济的快速发展，市场对石油化工产品需求量不断增加，使得我国进口含硫原油加工量呈逐年上升的趋势。另一方面，随着环保法规的日趋严格，对汽柴油产品质量的要求越来越苛刻，尤其是对汽柴油中硫含量的要求更为严格。柴油的低硫化及大量进口高硫油，使得更多原来用于调和的直馏柴油需要进行加氢脱硫处理，才能满足柴油质量升级的要求。

随着柴油的低硫化，加氢精制技术显得越来越重要。尽管可以通过提高反应温度、降低反应空速、改建或新建装置增加反应器体积、增加脱循环氢中 H_2S 系统、降低馏分切割点及采用更高活性催化剂等方式来提高脱硫深度，但提高反应温度会增加能耗和缩短催化剂使用寿命，降低反应空速会降低处理量，2014 年天津石化炼油部新建了一套 200 万 t/a 柴油加氢装置，该装置由中国石化工程建设有限公司(SEI)设计，在 2018 年 5 月换剂，5 月 17 日生产出合格的国Ⅵ标准清洁柴油，达到柴油产品满足质量标准要求。

2 催化剂的物化性质及装置原料组成

200 万 t/a 柴油加氢精制装置设计原料由 3#蒸馏柴油和减一线柴油、2#常减压柴油、喷气燃料、催化柴油、1#焦化汽柴油构成，构成比例为直馏柴油 48.13%、焦化柴油 16.5%、焦化汽油 8.5%、催化柴油 6.25%，喷气燃料 20.62%。

FHUDS-8 及 FHUDS-5 催化剂的物化性质见表 1。

表 1 催化剂物化性质

项 目	FHUDS-8 指标	FHUDS-5 指标	分析方法
活性金属含量/%			
MoO_3	≮23.5	≮18.0	Q/SH 349 925
NiO	≮4.0	—	Q/SH 349 925
CoO	—	≮3.0	Q/SH 349 925
物理性质			
孔容/(mL/g)	≮0.33	≮0.33	Q/SH 361 913
比表面/(m^2/g)	≮160	≮180	GB/T5816
形状	三叶草	齿球	目测
颗粒直径/mm	1.1~1.3	2.0~3.0	Q/SH 361 933
堆积密度/(g/cm^3)	0.82~0.92	0.86~0.95	Q/SH 361 928
耐压强度/(N/cm)	≮150	≮30N/粒	Q/SH 361 926

3 催化剂应用情况

3.1 催化剂装填

200 万 t/a 柴油加氢装置采用热壁反应器，分上、下两个床层，中间设有冷氢箱。催化剂的装填由上海阳申石化设备安装公司完成，装填采用密相装填方法。催化剂装填数据见表 2。

表 2 反应器实际装填数据

位置	物料名称	高度/mm	体积/m^3	重量/t	装填密度/(t/m^3)
上床层	空高	60			
	ϕ13 瓷球	140			
	HPT-01G	220	3.05	1.04	0.34
	HPT-01H	210	2.91	2.07	0.71
	HPS-02	1820	25.21	15.46	0.61
	FHUDS-8(密相装填)	4360	60.39	50.45	0.84
	粗条 FHUDS-8	100	1.39	1.11	0.8
	ϕ6 瓷球	100	1.39	2	1.44
冷氢箱和分配盘					
下床层	空高	160			
	ϕ13 瓷球	100	1.39	2	1.44
	FHUDS-8(自然装填)	1260	17.45	11.9	0.68
	FHUDS-8(密相装填)	5440	75.34	63	0.84
	齿球 FHUDS-5	2620	36.29	34.13	0.94
	ϕ6 瓷球	100	1.39	1.625	
	ϕ13 瓷球	200		2.125	

注：(1)反应器内径按 4200mm 计算；(2)反应器下封头 ϕ13 瓷球装填至出口收集器平面上 200mm。

从表2可见，柴油加氢装置共计装填FHUDS-8催化剂126.46t，共计装填FHUDS-5催化剂34.13t。

3.2 装置开工

3.2.1 催化剂预硫化

本次装置开工采用常减压装置直馏柴油做硫化油，硫化剂为DMDS，具体硫化过程如下：

（1）氢气建立循环后，在操作压力6.5MPa、反应器入口温度140℃条件下，启动进料泵，按体积空速1.0~1.5h^{-1}向反应系统进硫化油，开路冲洗催化剂床层2h，然后进行硫化油闭路循环。

（2）以15℃/h将反应温度升至170℃，开始向硫化油中注入硫化剂，并恒温2h。然后按15℃/h升温速度将反应器入口温度升到230℃，H_2S穿透床层，床层温度稳定后，并恒温硫化8h。升温过程中，H_2S会穿透床层（循环氢中H_2S体积分数0.3%）。注意定时按要求分析H_2S浓度，以确保控制循环氢H_2S浓度在0.3%~0.8%（v）之间。反应器入口温度升至225℃时，如H_2S未穿透床层，保持225℃恒温。H_2S浓度>0.3%（v）后，将反应器入口温度升至230℃恒温。按15℃/h升温速度将反应器入口温度升到320℃，恒温硫化6h。320℃硫化结束后，维持循环氢中H_2S浓度在1.0%（v）以上，硫化油继续循环2h，硫化结束。

（3）硫化期间应密切观察催化剂床层温升情况，以床层最高点温度与反应器入口温度之间的差值（绝对温升）为基准，严格控制催化剂床层温升≯25℃。如温升>25℃，则应适当降低注硫速度、停止升温、打入冷氢降温；待温升下降至<10℃后再继续升温、注硫。

硫化温度及循环氢中H_2S含量控制要求见表3。

表3 催化剂硫化阶段温度要求

反应器入口温度/℃	升温速度/(℃/h)	升、恒温参考时间/h	循环氢H_2S控制/%(v)
140	—	2	无
140→170		2	无
170		2	无
170→230	15	4	0~0.3
230	—	8	0.3~0.8
230→320	15	6	1.0
320	—	6	1.0
320	—	2	>1.0

3.2.2 催化剂初活稳定

硫化结束后，调节反应加热炉，以10~15℃/h速度将反应器入口温度降低至280℃，改装置反应、分馏闭路循环，投用循环氢脱硫系统。装置循环2h后，采样分析油品各项指标，合格后联系调度及油品灌区，关闭不合格油线改正常开路出料，同时调节罐区进料，向装置引直馏柴油，进行24h初活稳定。

3.2.3 引进催化柴油与焦化汽柴油

初活稳定结束后，按比例逐步切换原料油，每次切换的时间间隔不小于8h。根据产品质量要求适当调整反应器入口温度，稳定各项操作参数，采样分析精制柴油硫含量为 5mg/kg，且其他指标全部满足柴油质量要求，进入正常生产，开车取得圆满成功。

3.3 FHUDS-8/FHUDS-5 催化剂组合应用结果

为了考察 200 万 t/a 柴油加氢装置采用 FHUDS-8/FHUDS-5 组合装填在正常空速条件下，生产低硫柴油时对原料油的适应性，装置稳定运转 1 个半月后，在 100%负荷及 110%负荷下，考察了装置生产满足质量标准清洁柴油的可行性，进行了产品质量、综合能耗及物料平衡等方面的技术标定。

3.3.1 技术标定情况

此次标定中原料主要由 2#常减压、3#常减压装置直馏柴油；2#常减压装置喷气燃料；1#焦化装置汽柴油；罐区柴油(常减压柴油)以及少量的催化柴油，原料组成见表 4、原料油性质见表 5、反应系统工艺条件见表 6。

表 4 原料组成

设计加氢原料油构成			实际加氢原料油构成 100%负荷			实际加氢原料油构成 110%负荷		
设计原料来源	比例/%	流量/(t/h)	标定原料来源	比例/%	流量/(t/h)	标定原料来源	比例/%	流量/(t/h)
3#减一线柴油	20.64	49.3	3#减一线柴油	12.6	30	3#减一线柴油	11.4	30
2#蒸馏柴油	22.43	53.6	2#蒸馏柴油	18.5	44	2#蒸馏柴油	16.8	44
喷气燃料	20.96	50.1	喷气燃料	16.8	40	喷气燃料	15.3	40
催化柴油	13.48	32.2	催化柴油	2.1	5	催化柴油	1.9	5
1#焦化石脑油	8.17	19.5	1#焦化石脑油	9.3	22	1#焦化石脑油	8.4	22
1#焦化柴油	11.08	26.5	1#焦化柴油	13	31	1#焦化柴油	11.8	31
脱硫抽提石脑油	3.24	7.7	罐区柴油	27.7	66	罐区柴油	34.4	90
合计	238.8t/h		合计	238t/h		合计	262t/h	

设计原料二次加工油比例为 32.7%，本次 100%负荷标定二次加工油比例为 24.4%，110%负荷标定二次加工油比例为 22.1%，二次加工有比例均小于设计值。

表 5 原料油性质

项　目	设计值	100%负荷标定值	110%负荷标定值
密度/(kg/m³)	829.8	821.2	820.4
馏程/℃			
初馏点	55	75	83
10%	162	167	173
50%	244	250	240
90%	335	315	303
95%	351	332	—
干点	368	345	349
硫/%	1.2178	1.198	1.143
氮/(mg/kg)	195	116.3	116.7

从表5中上可以看出，本次标定原料干点较低，较设计值和正常原料干点低23℃，硫含量氮含量与设计基本持平，氮含量低于设计值，由于柴油干点低，难脱硫的苯并噻吩和二苯并噻吩含量小，因此反应深度不需要太高。

表6　反应系统工艺条件

项　目	设计值	标定前	100%标定数据	110%标定数据
进料量/(t/h)	238	200	238	262
体积空速(主剂)/h^{-1}	1.7	1.27	1.52	1.67
冷高分入口压力/MPa	7	6.5	7	7
氢油比(v/v)	350	361	350	350
反应入口温度/℃	325	310	313	314
反应出口温度/℃	374	362	365	366
平均反应温度/℃	354	336	339	340
循环氢流量/(Nm^3/h)	120000	110000	127100	139800
循环氢中H_2S浓度(脱H_2S后)/(mL/m^3)	500	170	1000	260

由表3可见开工标定前反应器出口温度362℃，100%负荷标定反应器出口温度上升3℃，110%负荷标定反应器出口温度上升4℃，且体积空速有较大提升，高负荷生产运行会影响催化剂使用寿命。

3.3.2　产品性质

原料加氢后，经过汽提塔脱除H_2S后，再在分馏塔中分离出柴油主要性质表7和石脑油主要性质表8、表9。

表7　精制柴油产品主要性质

项　目	设计值	第一天	第二天	第三天
密度/(kg/m^3)	835.2	821.7	821.1	
馏程/℃				
初馏点	214	208	208	217
10%	227	224	224	228
30%			240	
50%	280	260	258	255
70%			280	
90%	328	308	315	310
95%	350	320	328	322
干点	366	338	336	346
总硫/(mg/kg)	8	5	5.7	6
氮/(mg/kg)		<0.5	<0.5	<0.5
铜片腐蚀级		1b	1b	1b
凝点/℃	-6	-18	-20	-22
闪点/℃		84.5	87.5	88
柴油指数(十六烷值)	54.6/52.5	56.2	56.1	55
黏度(20℃)/(mm^2/s)		4.166	3.942	
多环芳烃/%			3.2	2.7

表 8 石脑油产品主要性质

项目	设计值	第一天	第二天	第三天
密度/(kg/m^3)	758.2	758.2	757.6	758.9
馏程/℃				
初馏点	43	48	47	50
10%	97	106	103	105
30%		138	136	137
50%	167	160	158	159
90%	192	198	197	190
干点	202	220	218	210
全馏/%		97	97	97
硫/(mg/kg)	<5	31.8	37.8	34.8

表 9 石脑油产品 PONA 值

组成/%		第一天			第二天		
		P	N	A	P	N	A
C_5		4.332	0.225	0	4.119	0.245	0
C_6		3.764	1.355	0.18	3.897	1.471	0.196
C_7		4.513	3.0	1.157	4.947	3.251	1.367
C_8		6.309	3.658	2.525	6.812	3.874	2.749
C_9		8.873	6.847	4.67	8.478	6.139	4.365
C_{10}^+		30.178	6.001	12.411	29.346	5.427	13.317
合计		57.969	21.086	20.943	57.599	20.407	21.994
杂质	S	31.8			37.8		
	N	<0.5			<0.5		
	Cl	<0.5			<0.5		

从标定结果来看，精制柴油产品质量能够满足国Ⅵ标准要求；石脑油产品质量能够满足作为乙烯原料的需求。

4 正式生产国Ⅵ标准柴油情况

200 万 t/a 柴油加氢装置自 2018 年 5 月起，开始生产国Ⅳ标准柴油，在高分压力 7.0MPa、体积空速为 1.1~1.4h^{-1}、反应器入口温度 310~322℃、出口温度 365~372℃等条件下，加工直柴掺兑约 10%催柴及焦化汽柴油混合油，连续生产精制柴油均符合质量标准要求。

200 万 t/a 柴油加氢装置运转 15 个月后，长周期生产国Ⅵ标准清洁柴油的工业应用结果见表 10。

表10 200万t/a柴油加氢装置生产国Ⅵ标准清洁柴油期间典型工业数据

时间	反应器		体积空速/h^{-1}	原料油硫含量/%	精制柴油硫含量/(mg/kg)	多环芳烃/%(质量分数)
	入口温度/℃	出口温度/℃				
2018年5月	310	365	1.28	1.03	5.4	3.6
2018年6月	309	366	1.32	1.10	5.8	3.2
2018年7月	307	366	1.12	1.23	4.72	3.7
2018年8月	307	366	1.12	1.23	4.7	2.9
2018年9月	308	367	1.35	1.22	4.75	3.9
2018年10月	309	367	1.1	1.15	1.73	3.8
2018年11月	313	367	1.12	1.21	4.6	3.5
2018年12月	315	367	1.11	1.11	2.8	3.5
2019年1月	318	368	1.22	1.21	2.5	3.47
2019年2月	319	369	1.19	1.11	1.93	2.94
2019年3月	319	369	1.31	1.14	4.04	3.94
2019年4月	320	370	1.31	1.08	2.1	3.78
2019年5月	320	370	1.31	1.11	2.72	3.5
2019年6月	321	371	1.23	0.99	2.68	3.66
2019年7月	322	372	1.31	1.08	3.45	4.73

从表9可见，200万t/a柴油加氢装置开工15个月后，持续加工硫含量为0.99%~1.23%的直柴、催化柴油和焦化汽柴油的混合原料油，生产的精制柴油符合国Ⅵ标准柴油质量指标要求。采用FHUDS-8/FHUDS-5催化剂级配体系对原料油有良好的适应性和优异的活性稳定性，为今后柴油质量升级提供了有力的技术支撑，并为其他类似柴油加氢装置生产国Ⅵ标准柴油打下了良好的技术基础。

5 结论

（1）FHUDS-8/FHUDS-5催化剂在200万t/a柴油加氢装置的应用结果说明，FHUDS-8催化剂加氢活性好，装填在反应器上床层，充分发挥了FHUDS-8催化剂较低温度下芳烃饱和的优势，有利于多环芳烃的饱和；FHUDS-5催化剂装填在反应器下床层，充分发挥了Mo-Co型催化剂在正常空速条件下，在较高温度区域的超深度脱硫优势，有利于大分子硫化物的脱除。

（2）装置应用结果表明，使用FHUDS-8/FHUDS-5催化剂组合装填，在正常空速条件下加工处理硫含量1.2%左右的直馏柴油、焦化汽柴油、催化柴油及减压轻柴油混合原料油，可以长周期稳定生产符合质量标准要求的清洁柴油产品，FHUDS-8/FHUDS-5催化剂组合装填显示了对原料油有良好的适应性。

参考文献

[1] 郭蓉，方向晨，周勇．FRIPP柴油深度加氢脱硫催化剂的开发及工业应用．FRIPP清洁柴油生产技术，2009：11-12.

[2] 李大东．加氢处理工艺与工程[M]．北京：中国石化出版社，2004：1139-1153；1159-1166.

分子炼油为导向的催化裂化重柴油加工工艺研究

方　东[1]，何　怡[2]

（1. 中国石油华北石化公司，沧州　062550；
2. 中国石油渤海钻探工程公司井下作业分公司，沧州　062550）

摘　要　催化裂化重柴油富含多环芳烃——尤其是三、四环芳烃，在催化加工过程中倾向于发生脱氢缩合反应难以加工利用，是限制重油轻质化的关键因素。面对国内柴油产量过剩，汽油需求低迷新形势，降低柴汽比以及增产化工原料产品成为炼厂优选转型路线，而催化裂化柴油加工成为结构性难题。因此，根据华北石化拥有多套加氢及催化装置特点，本文以分子炼油为导向，区分原料和产品分子模块差异性，提出先将催化重柴油进行选择性加氢，将催化重柴油中难以催化加工的多环芳烃转化为可裂化结构，然后再进行催化裂化，并根据市场产品需求，灵活调节装置以多产轻质油或化工原料。

关键词　催化裂化　催化重柴油　多环芳烃　选择性加氢

1　前言

随着油气资源的不断开采消耗，石油资源趋向于重质化、劣质化，重质油的高效转化成为炼油厂面临的主要问题[1,2]。近年来，我国表观消费柴汽比呈现逐年降低的趋势，这给中国炼油结构调整带来挑战[3,4]。因此，我国炼油工业，迫切需要转型升级和调整结构以应对石化市场发生的巨大变化，加快汽柴油产品质量升级，提高重质油轻质化率，增产化工原料，做到对石油资源的充分利用以增强企业竞争力。

流化催化裂化(FCC)是我国炼油工业的核心工艺，是重质油轻质化的主要手段，生产了国内65%的商用汽油以及25%以上的商用柴油[5]，而催化裂化柴油中含有大量芳烃在催化加工过程中倾向于发生脱氢缩合反应，是限制重油轻质化的关键难题。研究表明，催化原料中的芳烃不仅会引起干气和焦炭产率的增加，而且还会导致原料中饱和烃分子转化率的下降[6-8]。富含芳烃的催化柴油，尤其是催化重柴油如何转化，成为炼厂转型的关键因素。

催化重柴油含有大量多环芳烃，传统回炼操作由于忽视催化原料和循环油分子结构组成的差异性，难以满足提高重油轻质化率以及降低柴汽比的要求。为此，炼油工作者提出组合工艺转化法，王刚[9]等提出采用溶剂萃取法，将可裂化的饱和烃组分采用糠醛溶剂抽提出来，然后再催化裂化，以提高轻质油产品的产量与质量。石科院也针对轻循环油和重循环油的高效转化，开发了LTAG和IHCC等加氢和催化裂化组合工艺[10,11]。

本文以分子炼油为导向，从分子层次认识催化柴油，区分不同分子结构模块催化转化的差异性，提出将催化重柴油中难以加工的多环芳烃先选择性加氢改质，使其转化为可裂化的环烷芳烃或环烷烃，然后再返回催化裂化装置开环裂化，从而解决循环油催化裂化生成轻质油转化率低，产品分布差的问题[12-14]。同时，也可针对多产化工原料目标，适当调控以提高三苯产率。

围绕这一加工路线，采用小型固定流化床催化裂化以及小型固定床加氢实验装置，在实验条件下，研究了催化重柴油中关键组分加氢产物结构，深入了解催化重柴油分子结构在加氢改质反应过程中的转化规律，揭示其分子结构单元转化与反应深度之间的关联性，确定加氢结构演化与其催化裂化反应性能之间的内在联系，最后得到催化重柴油转化工艺方法。

2 实验部分

2.1 实验原料

实验原料选取华北石化某催化装置催化重柴油(HCO)，其主要性质见表1。图1为催化重柴油烃组成。本装置分馏塔未进行抽出回炼油操作，催化重柴油密度较高，组成较为复杂，含有大量的2-4环芳烃，其含量占总组成的50%以上；芳烃中三、四环芳烃占比最高，可达总芳烃含量70%以上。实验所用加氢催化剂及催化裂化催化剂主要性质见表2。

表1 催化重柴油主要性质

Items	HCO	Items	HCO
Density(20℃)/(g/cm^3)	0.9798	H/C(atom ratio)	1.32
Average molecular weight	269.7	Formula	$C_{20.11}H_{27.13}$
Elemental composition/%		Distillation range/℃	
C	89.03	IBP/10%	190/322
H	9.83	30%/50%	366/393
S	0.62	70%/90%	410/441
N	0.52	FBP	558

表2 加氢及FCC催化剂性质

Hydrogenation catalyst		FCC catalyst	
Specificsurface area/(m^2/g)	145	Specific surface area/(m^2/g)	141
Porevolume/(cm^3/g)	0.40	Pore volume/(cm^3/g)	0.30
Average pore size/nm	10.92	Micro-activity	68
Active components/%		Stacking Density/(g/cm^3)	0.84
NiO	4.0~5.0	Size distribution/%	
MoO_3	16.0~20.0	0~40μm	7.30
WO_3	0.2~0.4	40~80μm	53.80
		>80μm	38.90
		Chemical components/%	
		Al_2O_3	45.0~50.0
		Re_2O_3	1.5~2.5

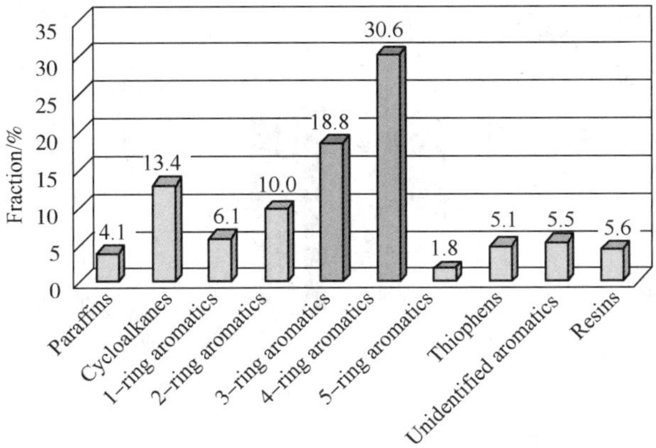

图 1 催化重柴油烃组成

2.2 实验装置

本研究 FCC 实验采用小型固定流化床实验装置，如图 2 所示。该装置在进料方式、反应器类型、加热方式以及剂油混合状态等方面与工业提升管反应器相比具有一定的差异，但其具有操作简单方便，实验快速准确，数据可靠且具有可重复性等优点。

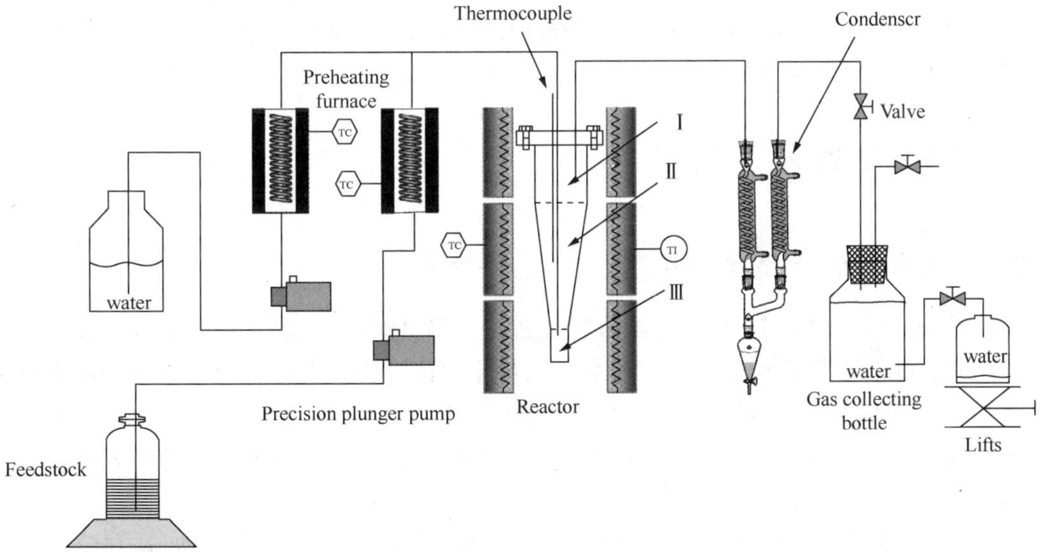

图 2 小型固定流化床实验装置示意图

小型固定床加氢实验装置如图 3 所示，该装置由油气输入系统、反应区、预热系统、产品分离收集系统、温度压力控制以及废气处理检测等六部分组成。

2.3 分析方法

油品密度采用 Anton Paar 公司的 DMA－4500M 型密度仪分析，分析方法为 ASTM D－4052。油品的 C、H、S、N 元素含量分析采用 Elementar vario EL Ⅲ型元素分析仪，分析方

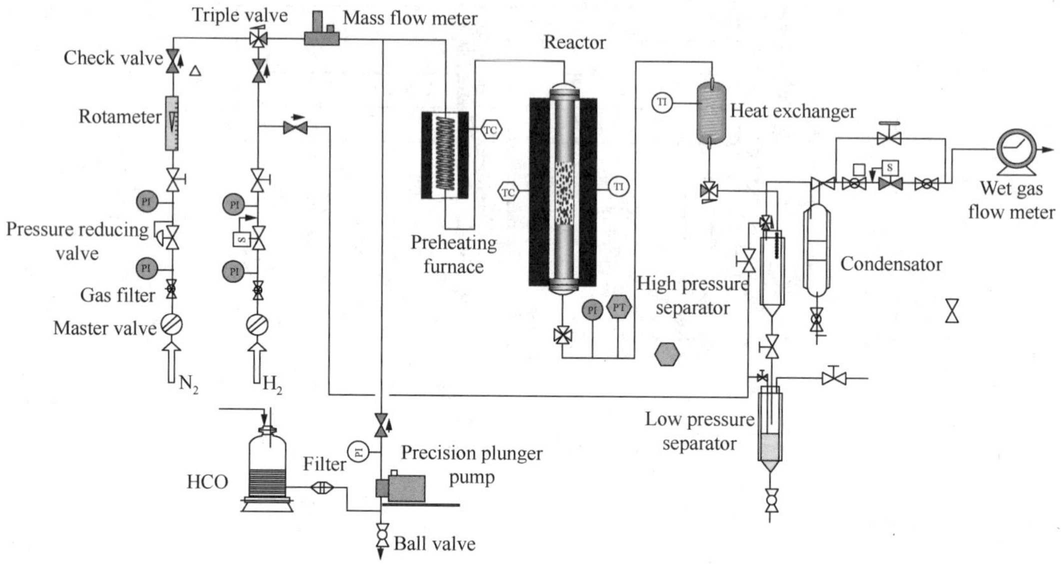

图3 小型固定床加氢实验装置示意图

法为JY/T 017—1996。采用Agilent 6890N模拟蒸馏气象色谱分析馏程，分析方法分为轻重两种，轻油采用ASTM D-2887方法，重油采用ASTM HT750a方法。催化重柴油和加氢油烃组成采用GC-MS(Thermo-Finnigan Trace 2000 GC and DSQ MS)分析仪分析，分析方法分别为D-2425和D-2786。

3 催化重柴油加氢研究

3.1 多环芳烃选择性加氢

催化重柴油富含多环芳烃(PAHs)在催化加工过程中倾向于缩合生焦，对于多环芳烃加氢饱和反应，随着多环芳烃氢化程度增加，氢耗也逐渐增加。鉴于催化重柴油中的多环芳烃主要为2-4环芳烃，其环饱和产物，即使分子直径最小的四氢萘也达到0.88~1.0nm[15,16]，仍大于Y分子筛十二元环0.74nm的孔道直径。所以这些加氢产物主要在基质表面以及非结构孔道B酸中心上进行催化裂化反应。

因此，需要从“分子模块”分析多环芳烃的加氢转化规律。多环芳烃随着氢化程度增加，加氢产物催化裂化转化率和开环裂化选择性逐渐增加[17-19]。依据模型化合物分析表明[20]，中间环加氢产物虽然需要氢气最少，但其催化裂化转化率低，氢转移反应严重，开环裂化选择性不足30%。当加氢产物为四氢萘型时，其催化裂化转化率和开环裂化选择性均得到有效提高，由于芳核的稳定性，随着环烷环的开环裂化，裂化产物中含有大量的单环芳烃，因而四氢萘型环烷芳烃是得到高辛烷值汽油或轻质芳烃的多环芳烃理想加氢产物。当多环芳烃全部饱和为十氢萘型环烷烃，其催化裂化转化率和开环裂化选择性最高，所以开环裂化产物的收率也最高，然而其氢耗也会明显上升。

显而易见，多环芳烃加氢深度过浅，芳香环饱和程度不足，影响再次催化裂化反应的转化效率；若加氢深度过深，则将环烷环部分裂化，生成低价值烷烃和增加氢气消耗。因此，加氢深度和产物结构的控制需要充分考察以确定最佳的加氢深度。

3.2 加氢深度对催化重柴油性质影响

实验进一步考察了成分更为复杂的催化重柴油随加氢深度增加其结构性质及烃组成的变化规律。选取不同条件，实验分别得到了5种加氢深度递增的加氢催化重柴油，分别命名为1~5号加氢重柴油，如图4所示。

图4　不同加氢深度催化重柴油变化实物图

分析5种加氢催化重柴油性质(见表3)可知，随着加氢深度增加，芳烃逐渐转化为密度更低的环烷烃以及链烷烃，所以其密度也呈现逐渐降低趋势，油品的折光率降低，色泽及流动性也逐渐变好。加氢深度的增加，导致氢含量及H/C原子比增大，S、N含量的逐渐降低也表明油品质量得到不断改善。加氢循环油平均分子量(M)的逐渐降低是由于加氢裂化引起的链的断裂所导致，这说明循环油加氢饱和反应中，加氢裂化不可避免，并且随着加氢深度的增加，裂化反应也逐渐增多。

表3　不同加氢深度催化重柴油性质

Items	1	2	3	4	5
Density(20℃)/(g/cm^3)	0.9589	0.9487	0.9424	0.9193	0.8821
Refractive index(20℃)	1.5535	1.5478	1.5320	1.5119	1.5022
Average molecular weight	266.3	264.1	262.8	254.8	229.3
Elemental composition/%					
C	87.85	87.63	87.47	87.39	87.28
H	11.36	11.63	11.93	12.25	12.71
S	0.37	0.27	0.11	0.10	0.10
N	0.22	0.15	0.11	0.09	0.05
H/C (atom ratio)	1.55	1.59	1.64	1.68	1.75

本工艺要求加氢过程中避免消耗氢气发生裂化反应，因此，实验进一步分析了不同加氢深度催化重柴油的分子结构，尤其是环结构的变化，以明确加氢深度对催化重柴油中芳烃环饱和与环裂化的影响。

为了更清晰地说明加氢深度对芳烃转化率以及环结构变化的影响，采用改进B-L法计

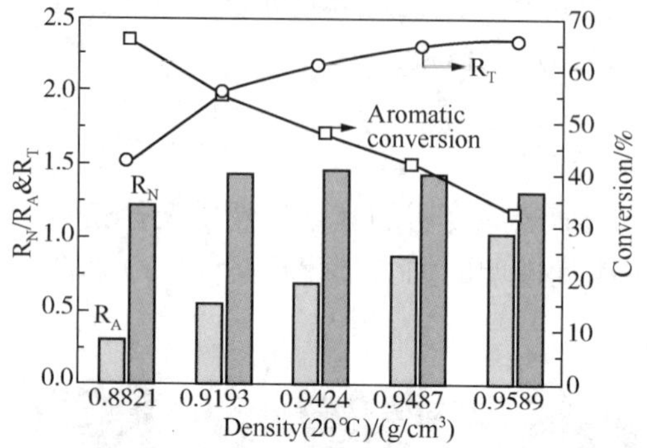

图5 R_N、R_A、R_T及芳烃转化率随密度变化趋势图

算得到不同加氢油的平均分子结构参数，得到芳烃转化率以及总环数(R_T)、芳环数(R_A)和环烷环数(R_N)随密度变化趋势图，如图5所示。平均分子结构参数表明随着加氢深度的增加芳烃转化率不断增加，芳环数不断降低。

总环数的降低表明加氢深度越深开环裂化反应越多，这也与多环芳烃转化规律一致。在加氢深度较浅时，环烷环数随加氢深度增加而增加。3号加氢油中环烷基苯含量最大，继续增大加氢深度，环烷环数开始缓慢降低，这是由于此时芳烃饱和趋近于平衡，开环裂化反应占比开始上升所引起。另外，还可以看出当加氢至4号加氢油时，此时环烷烃含量最多，继续加氢环烷环数迅速降低，这可能由于此时裂化反应占据主导地位。

综上所述，3号加氢重柴油中四氢萘型环烷芳烃产物收率最高，此时氢气利用效率最高，此目标加氢产物催化裂化可以得到高辛烷值汽油产物。此后，芳烃加氢饱和趋近平衡，裂化选择性迅速上升，氢气消耗进一步增加，氢气利用效率开始降低，但芳环饱和仍然增长。当达到4号加氢重柴油深度时，芳烃饱和达到最大值，加氢油中环烷烃最多，此时加氢重柴油催化裂化可以最大限度提高转化率。

4 加氢重柴油催化裂化结果分析

不同加氢深度催化重柴油的分子结构组成具有较大差异性，因而催化重柴油的加氢结构演变对催化裂化产物分布必然带来不同的结果。为了研究催化重柴油加氢结构演化与其催化裂化反应性能之间的联系，本研究以5种不同加氢深度的催化重柴油为原料，在小型固定流化床实验装置上进行催化裂化实验，在相同条件下，分别对蒸馏切除汽油馏分后加氢重柴油的催化裂化性能进行了研究，如图6所示。

图6中可以看出，加氢后催化重柴油的催化裂化性能得到明显改善。相比于加氢前，扣除加氢汽油部分后，加氢重柴油转化率仍可提升至60%以上，汽油和柴油收率分别提高了约12%和4%，重油和焦炭产率降低。催化重柴油在加氢初期主要发生三、四环芳烃转化为单、双环芳烃反应，这对其催化裂化重油收率的改善具有较大促进作用，图中也可以明显看出加氢重柴油催化裂化重油产率随着加氢深度的增加而急剧降低，而焦炭产率仅为6%左右。

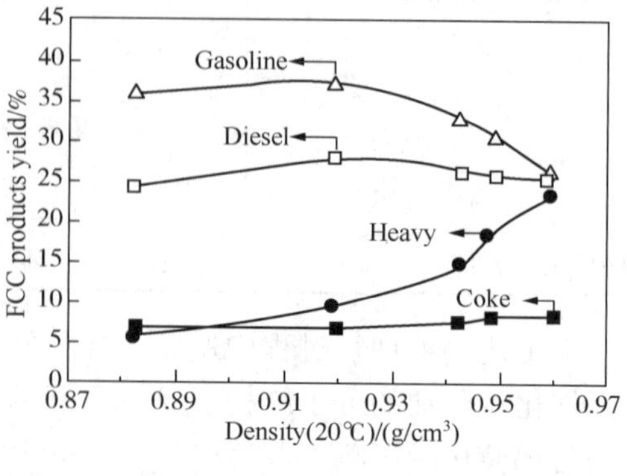

图6 加氢催化重柴油催化裂化产物分布

图7为转化率及汽油的研究法辛烷值(RON)随着加氢重柴油密度变化趋势图。图中可以看出，在密度为0.91g/cm³时转化率最高，加氢饱和最深；密度为0.91g/cm³时，汽油的

RON 达到最大值，根据前文加氢结构分析可知，这是由于此时加氢循环油中环烷芳烃含量最多。

通过分析汽油中总芳烃与三苯含量随催化重柴油加氢深度的变化趋势可以发现(图 8)，随着加氢深度的增加，加氢催化重柴油催化裂化汽油中三苯含量以及总芳烃含量均呈现先上升后降低的趋势，在 0.94g/cm^{3}处含量达到最大值。此时，加氢重柴油裂化汽油总芳烃含量达 56.8%，三苯含量为 21.3%。

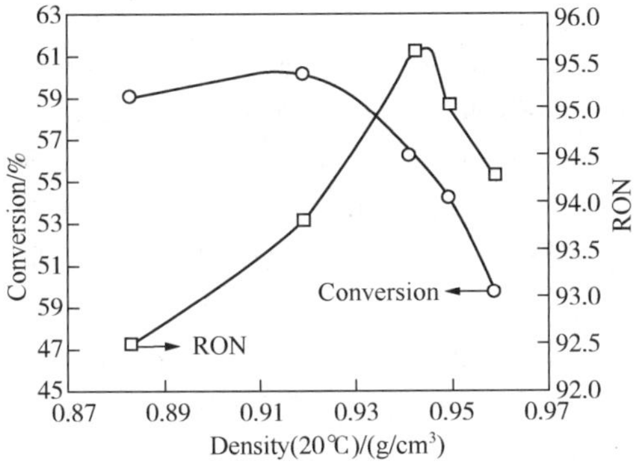

图 7　FCC 转化率及汽油 RON 随密度变化趋势图

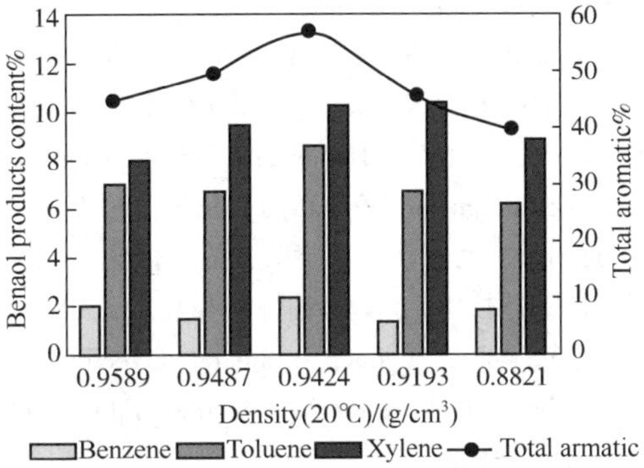

图 8　汽油中三苯及芳烃含量随密度变化示意图

综上所述，3 号催化加氢重柴油催化裂化汽油产物中三苯含量最高，同时汽油辛烷值也最大；而 4 号加氢重柴油催化裂化转化率最高，此时加氢重柴油催化裂化总液收率最高。实验通过对比催化重柴油直接催化裂化数据发现，加氢重柴油催化裂化的转化率和轻质油收率均得到极大提高，且重油和焦炭产率大幅降低，同时汽油产物中三苯选择性较高。

5　结论

(1) 以分子炼油为导向，区分催化重柴油组分中不可裂化的芳烃组分和可裂化的饱和组分，提出将难以转化的多环芳烃进行选择性加氢转化为可裂化组分，然后再催化裂化。

(2) 催化重柴油加氢时，其中的多环芳烃加氢深度过浅，则饱和程度不足，影响再次催化裂化反应的转化效率；若加氢深度过深，则将环烷环部分裂化，导致生成低价值烷烃以及氢耗增加。

(3) 催化重柴油加氢至密度 0.94g/cm^{3}时，催化裂化汽油产物中三苯含量最高，同时汽油辛烷值也最大；而加氢至 0.91g/cm^{3}点，催化裂化转化率最高。

(4) 相比催化重柴油直接催化裂化，加氢重柴油催化裂化转化率和轻质油收率得到极大提高，且重油和焦炭产率大幅降低，同时汽油产物中三苯选择性较高。

参 考 文 献

[1] Hoein R., Bertrand W. Dawe R. More than 1 billion bbl of heavy oil remain onshore [J]. Oil & Gas Journal, 2011, 109(16): 62-69.

[2]徐春明，史权．重质油国家重点实验室专刊：重质油化学［J］．中国科学：化学，2018，48(4)：317-318.

[3]罗佐县．新常态下炼油产业发展趋势及应对策略［J］. 当代石油石化，2017，25(10)：1-6.

[4]金云，朱和．调整结构 化解过剩 提质增效任重道远——2015年中国炼油行业回顾与“十三五”展望［J］. 国际石油经济，2016，24(5)：37-43.

[5] Xu Y. Advance in China fluid catalytic cracking(FCC) process [J]. Scientia Sinica，2014，44(1)：13-24.

[6] Lan X.，Xu C.，Wang G.，et al. Reaction performance of FCC slurry catalytic cracking [J]. Catalysis Today，2009，140(3-4)：174-178.

[7] 许友好，汪燮卿．石油重质烃高效利用的IHCC工艺理论基础与工业实践［J］. 石油学报（石油加工），2017，33(3)：395-402.

[8] Watson B. A.，Kiein M. T.，Harding R. H. Mechanistic modeling of a 1-phenyloctane/n-hexadecane mixture on rare earth Y zeolite [J]. Industrial & engineering chemistry research，1997，36(8)：2954-2963.

[9] Wang G.，Li Z.，Huang H.，et al. Synergistic process for coker gas oil and heavy cycle oil conversion for maximum light production [J]. Industrial & engineering chemistry research，2010，49(22)：11260-11268.

[10] 龚剑洪，毛安国，刘晓欣，等．催化裂化轻循环油加氢-催化裂化组合生产高辛烷值汽油或轻质芳烃(LTAG)技术［J］. 石油炼制与化工，2016，47(9)：1-5.

[11] Xu Y.，DaiL.，Long J. Integrated Technology (IHCC) of Hydrotreating FCC Gas Oil and Highly Selective Catalytic Cracking for Maximizing Liquid Yield [J]. Petroleum Processing and Petrochemicals，2011，42(3)：7-12.

[12] Zhao Y.，Liu Z.，Li W.，et al. Synthesis，characterization，and catalytic performance of high-silica Y zeolites with different crystallite size [J]. Microporous and Mesoporous Materials，2013，167(8)：102-108. 75-78.

[13] Xie M.，Li Y.，Etim U. J.，et al. Enhanced Catalytic Performance of the FCC Catalyst with an Alumina Matrix Modified by the Zeolite Y Structure-Directing Agent [J]. Industrial & engineering chemistry research，2019，58(3)：5455-5463.

[14] 李莉，谢朝钢，张久顺．催化裂化过程中过裂化反应行为的研究［J］. 石油炼制与化工，2000，21(9)：56-59.

[15] 唐津莲，许友好，汪燮卿，等．四氢萘在分子筛催化剂上环烷环开环反应的研究［J］. 石油炼制与化工，2012，43(1)：20-25..

[16] 唐津莲，许友好，汪燮卿，等．十氢萘在分子筛催化剂上的开环反应研究［J］. 燃料化学学报，2012，40(12)：1422-1428..

[17] Waterman，H. I.；Leendertse，J. J.；Cranendonk，A. C. The hydrogenation of anthracene and the investigation of some of the resultant products. Recl Trav Chim Pays-Bas 1939，58，(1)，83-92.

[18] Nishimura，S. Handbook of heterogeneous catalytic hydrogenation for organic synthesis. Wiley New York etc：2001.

[19] Kirumakki，S. R.；Shpeizer，B. G.；Sagar，G. V.；Chary，K. V.；Clearfield，A. Hydrogenation of naphthalene over $NiO/SiO_2-Al_2O_3$ catalysts：structure-activity correlation. J Catal 2006，242，(2)，319-331.

[20] Fang D.，Wang G.，Liu M.，Nan J.，et al. Combined Selective Hydrogenation and Catalytic Cracking Process for Efficient Conversion of Heavy Cycle Oil to High Octane Number Gasoline. Industrial & Engineering Chemistry Research. 2019，58：19752-19757.

蜡催烟气脱硫单元 EDV5000 升级 EDV6000 效果评价分析

李　勇　陈炳翰

（中国石油乌鲁木齐石化公司炼油厂，乌鲁木齐　830019）

摘　要　烟气脱硫单元是催化裂化再生烟气后期处理保证外排至大气烟气达到国家环保规范要求的重要环保单元，蜡催装置采用 EDV 湿法脱硫技术达到对再生烟气中的 SO_2 及颗粒物同时脱除的效果，通过对脱硫单元的升级改造，增大脱硫塔喷嘴循环量达到外排再生烟气的颗粒物达到国家规范要求。

关键词　烟气脱硫　颗粒物　EDV 湿法脱硫

1　概述

乌石化公司炼油厂蜡油催化裂化装置烟气脱硫设施建于 2013 年，脱硝设施建于 2015 年。脱硫设施建设时烟气排放标准执行《石油炼制工业污染物排放标准》征求意见稿（2014 年 1 月 24 日）中特别排放限值相关要求，即催化烟气中 SO_2、NO_x、颗粒物的排放浓度分别为 200、200、50mg/m^3，设计时 SO_2 排放浓度按 50mg/m^3 设计，已满足现行规范，投产后排放烟气 SO_2 和颗粒物浓度达标。脱硝设施建设时烟气排放标准执行现行规范《石油炼制工业污染物排放标准》（GB 31570—2015）中特别排放限值相关要求，即催化烟气中 SO_2、NO_x、颗粒物的排放浓度分别为 50、100、30mg/m^3，投产后排放烟气 NO_x 和 SO_2 达标。故根据现行《石油炼制工业污染物排放标准》中特别排放限值（SO_2、NO_x、颗粒物分别为 500、100、30mg/m^3）的要求，蜡催装置烟气排放指标中仅有颗粒物不符合规范要求，目前排放设计浓度为 50mg/m^3，规范要求为 30mg/m^3。

2　烟气脱离单元升级前后工况分析对比

催化装置余热锅炉来烟气以水平方式进入洗涤塔 C-801，进行烟气的洗涤脱硫过程。烟气水平进入到吸收塔（C-801）的急冷区（设有 1 个激冷喷嘴），在此部分由急冷喷嘴喷淋循环液，形成与烟气进入方向垂直的高密度水帘，烟气与循环液充分接触，大大降低烟气温度并使之饱和，同时脱除较大颗粒催化剂和大部分 SO_3。降温并饱和后的烟气上升到吸收区，吸收区有五层喷嘴，每层 1 台喷嘴，循环浆液通过浆液循环泵送入吸收区喷嘴进行喷淋，喷淋液与烟气充分混合，烟气中的 SO_2、SO_3、催化剂颗粒以及其他酸性气体被吸收，烟气得到净化。冷却后的烟气自洗涤塔（C-801）下部上升进入中部的滤清模块。滤清模块除去烟气中残余的细微颗粒和硫酸酸雾，过滤模块内的液体由滤清模块循环泵（P-802）循环使用。滤清模块后的烟气经由水珠分离器除去其中夹带的液滴后，经由塔顶部的烟囱高空排放，其流程图见图1，滤清模块文丘里管工作示意图见图2。

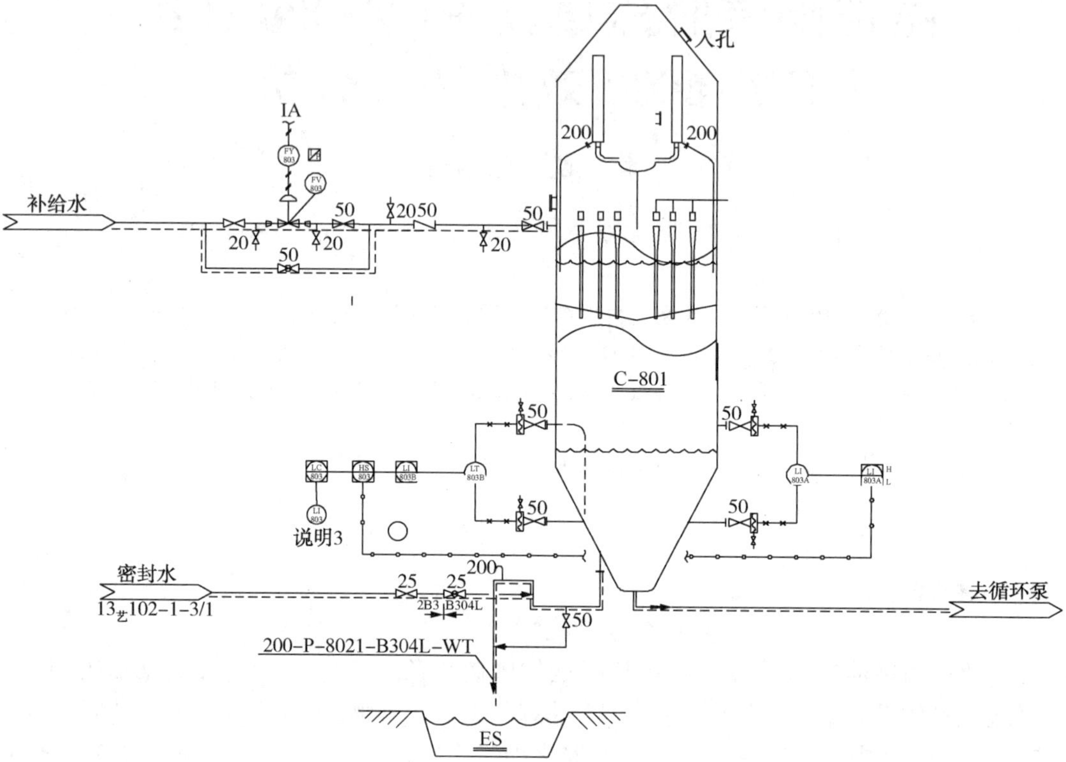

图1 烟气脱离流程

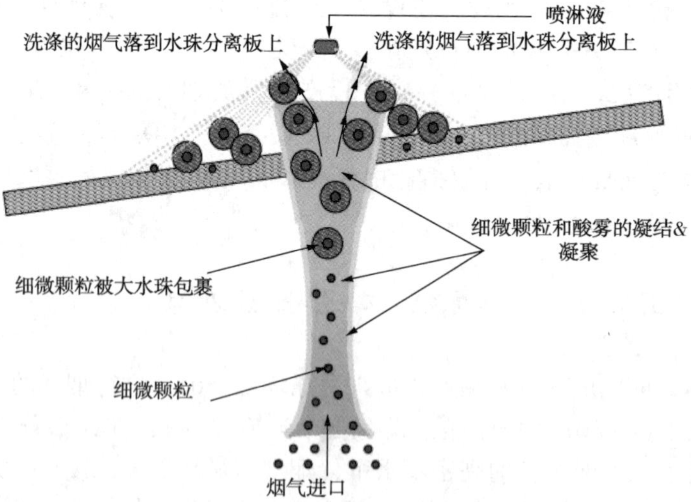

图2 文丘里管工作示意图

表1为2019年1月，2月蜡催装置运行加工负荷为78%、79%加工负荷较低，装置催化剂自然跑损单耗为0.3kg/t，入口的颗粒物为150mg/m^3左右，整体除尘效率在88%左右，外排烟气的情况可以看出装置运行颗粒物出口均值为18mg/m^3左右，虽然达到了设计50mg/m^3，

同时较设计值达到较优水平，但是较国家标准规范30mg/m^{3}接近，由于1，2月加工负荷较低，烟气量也随加工负荷属于低烟气量操作，如果后期加工负荷提高，或者装置催化剂自然跑损单耗变大及操作波动等影响及容易出现外排烟气颗粒物超标的情况。

表1　装置外排烟气情况

	烟气流量/(m^3/h)	烟气排放量/m^3	脱硫入口烟尘/(mg/m^3)	出口烟尘(折算)	除尘效率
1月	78045.97	58066201.68	156.2	18.83	87.94
2月	79548.70	53456726.4	153.8	17.84	88.40

通过表1数据可以计算出外排烟气颗粒物的量及减排量：

$$外排烟气排放量(t)=出口烟尘浓度\times烟气流量/1000000000$$
$$=18.83\times78045.97/1000000000=1.09t$$
$$外排烟气减排量(t)=脱硫烟气入口量-外排烟气排放量$$
$$=9.07t-1.09t=7.98t$$

改造后烟气脱硫洗涤塔流程：EDV6000较EDV5000在滤清模块每个文丘里管入口处增加了一个F130喷头(共计7个)，向上往滤清模块内部进行洗涤液喷淋，加大通过文丘里管烟气的含水量和实际流量，增加管内流速，能够更高效地对颗粒物进行捕捉，可以继续降低烟气中的颗粒物含量，增加循环液的量约为67m^3/h。自装置余热锅炉来的烟气通过进入原激冷吸收塔的激冷区，激冷区安装的专利G400喷嘴喷淋的大量液体，使烟气激冷并达饱和状态。在冷却气体的同时，一些三氧化硫和较大的颗粒(大于3μm)也被除去。饱和烟气离开激冷区后进入吸收区，在吸收区，G400喷嘴喷出的循环液与SO_2反应生成Na_2SO_3和$NaHSO_3$。碱液注入量由pH分析仪控制，使塔内液体保持在略酸性，最佳操作范围为(pH值为6.5~7)。饱和烟气离开吸收区域后进入滤清模块，先经新增F-130喷嘴脱除颗粒物和酸雾，再经文丘里管到达滤清模块上部喷嘴进行进一步脱除。滤清模块循环液经集液箱收集后，由滤清模块循环泵加压输送至滤清模块原有及新增喷嘴。改造后的流程图及工作示意图为图3、图4。

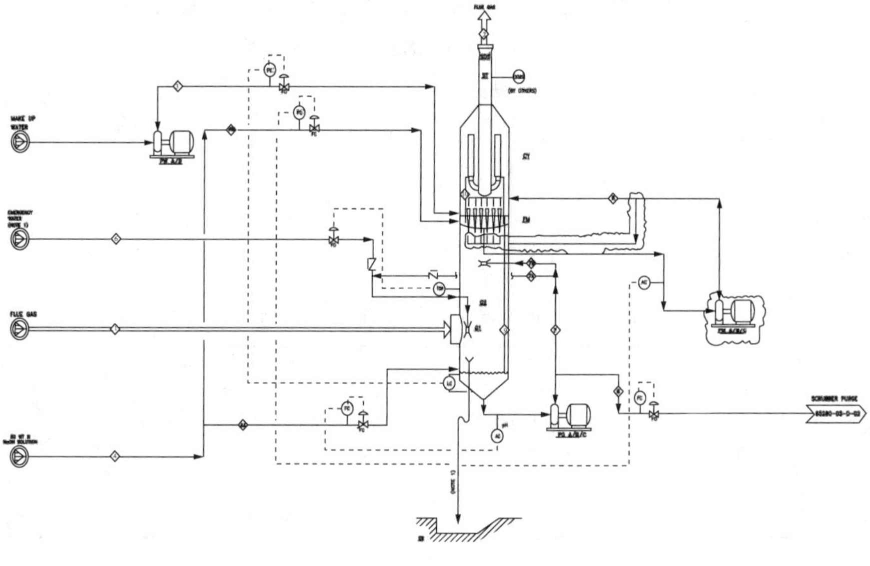

图3　改造后烟气脱离流程

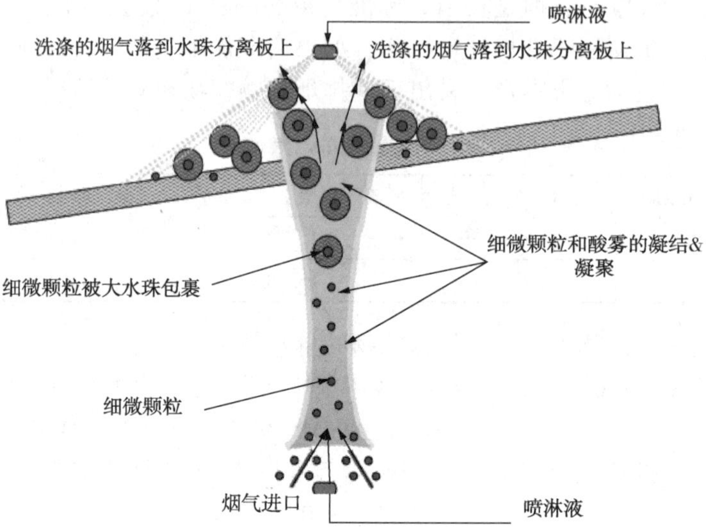

图4 改造后文丘里管工作示意图

本次改造仅增加了洗涤塔滤清模块的局部循环量，不改变烟气脱硫设施的总物料平衡，由于烟气中的颗粒物在洗涤塔内的脱除效率提升，PTU部分外排污泥量会增大。

装置检修后7月开工正常装置满负荷运行，烟气流量较1，2月明显增加，经过洗涤塔后的出口颗粒物均值为6.99mg/m^{3}下降明显，装置运行7月催化剂自然跑损单耗为0.3kg/t。

表2

	烟气流量/(m^3/h)	烟气排放量/m^3	脱硫入口烟尘/(mg/m^3)	出口烟尘(折算)	除尘效率
7月	85682.07	63747460.08	155	6.99	92.72

通过表2数据可以计算出外排烟气颗粒物的量及减排量：

外排烟气排放量(t)=出口烟尘浓度×烟气流量/1000000000
=6.99×85682.07/1000000000
=0.45t

外排烟气减排量(t)=脱硫烟气入口量-外排烟气排放量
=9.07t-1.09t
=9.43t

2020年催化剂平衡计算如表3所示。

表3 2020年蜡催装置催化剂平衡台账

年月	入方			出方						
	新催化剂/t	注助燃剂/t	入方总量/t	卸剂/t	含盐污水外排颗粒物/t	烟气外排颗粒物/t	催化剂浆泥(干)/t	取样催化剂/t	三旋、水封、余锅剂烟气管道积灰结垢	出方总量
	304.36	5.8	310.16	85	14.12	10.83	198.982	0.03	1.2	308.96

2018年催化剂平衡计算如表4所示。

表 4　2018 年蜡催装置催化剂平衡台账

年月	入方			出方						
	新催化剂/t	注助燃剂/t	入方总量/t	卸剂/t	含盐污水外排颗粒物/t	烟气外排颗粒物/t	催化剂浆泥(干)/t	取样催化剂/t	三旋、水封、余锅剂烟气管道积灰结垢	出方总量
	204	3. 4	207. 4	55	9. 3017184	16. 21	128. 5	0. 03	1. 2	209. 04

由表 4 可以看出 2020 年改造后全年外排烟气颗粒物较 2018 年全年减排 6. 21t，且 2018 年蜡催装置由于吹灰等操作原因造成蜡催装置全年外排烟气颗粒物共计超标 5 次，自 2019 年 7 月升级改造完毕后蜡催装置再无出现由于吹灰等操作原因的超标。

3　烟气脱硫单元 EDV5000 升级 EDV6000 分析总结

通过上述分析可以看出 EDV5000 工艺包在蜡催装置运行时外排烟气的情况可以看出装置运行入口的颗粒物为 150mg/m^3左右，整体除尘效率在 88%左右颗粒物出口均值为 18mg/m^3左右，虽然达到了设计 50mg/m^3，并且优于设计值，但是较国家标准规范 30mg/m^3接近，且如果加工负荷增大外排烟气的颗粒物值会达到 23mg/m^3左右，接近国家规范 30mg/m^3，容易出现超标等情况，2018 年蜡催装置由于吹灰等操作原因造成蜡催装置全年外排烟气颗粒物共计超标 5 次，经过工艺包升级改造后滤清模块每个文丘里管入口处增加了一个 F130 喷头极大地提高了洗涤塔对再生烟气颗粒物的脱除效果，脱除效率由 88%提高至 93%，出口烟气颗粒物折算值由平均 18mg/m^3下降至 7mg/m^3已经达到了低于 10mg/m^3的较低排放水平，平均每个月升级后较升级前可以多减排 0. 64t 颗粒物粉尘，每年就可以多减排约 7. 68t 的颗粒物粉尘，达到了很好的环保效果，同时再无出现超标情况。

炼化一体化与京Ⅶ汽油生产对策

齐建勋，赵志飞，李美美

（中国石油华北石化公司，沧州　062552）

摘　要　本文针对我国原油对外依存度高、炼油能力整体过剩、汽油质量升级加快、柴汽比需求下降、化工原料短缺的严峻形势，首先分析了世界原油资源分布以及主要原油性质，指出世界原油交易资源主要集中在中东与独联体地区，应用分子炼油的理念，从原油选择、原油资源的高效利用、炼化一体化以及京Ⅶ汽油生产等几方面提出加工这些原油的一揽子对策。

关键词　依存度　炼油过剩　化工原料　柴汽比　京Ⅶ汽油

1　我国炼油行业面临的形势

2020年我国原油对外依存度已达73%，同时炼油行业面临炼油能力整体过剩、汽油质量升级加快、柴汽比需求下降、化工原料严重短缺等问题，难以适应新形势下的发展要求。如何经济、合理地加工这些宝贵的原油资源，提高原油的利用率，减油增化是我国炼油行业当前和今后长期的重要工作。本文应用分子炼油的理念从原油资源的高效利用、炼化一体化以及京Ⅶ汽油的生产等几方面提出一揽子对策。

2　原油选择——原油资源分析

（1）原油资源分布及主要交易资源

表1为世界原油产需统计表(百万桶/日)，从表中可看出，世界原油资源主要分布在中东、北美、独联体地区，原油消耗主要在北美、亚洲、欧洲；世界原油交易量37.65万桶/日，中东与独联体地区原油交易量占世界原油交易量的89.38%，是主要原油交易资源，非洲原油交易量占世界原油交易量的8.79%，拉丁美洲占比较少。本文方案加工原油为中东、独联体地区原油。

表1　世界石油产需统计表(百万桶/日)

地区/国家	2017年需求	2017年非OPEC产量	2018.2 OPEC产量	需求-产量	交易量	交易占比
北美	24.88	21.47		3.41		
西欧	14.37	3.83		10.54		
OECD太平洋地区	8.16	0.39		7.77		

续表

地区/国家	2017 年需求	2017 年非 OPEC 产量	2018.2 OPEC 产量	需求-产量	交易量	交易占比
其他亚洲	13.16	3.60		9.56		
拉丁美洲	6.51	5.14	2.06	-0.69	0.69	1.83
委内瑞拉			1.55			
厄瓜多尔			0.51			
中东	8.17	1.24	24.32	-17.39	17.39	46.19
沙特			9.96			
伊朗			3.82			
伊拉克			4.46			
科威特			2.70			
阿联酋			2.80			
卡塔尔			0.58			
非洲	4.2	1.86	5.65	-3.31	3.31	8.79
阿尔及利亚			1.04			
利比亚			1.03			
尼日利亚			1.68			
安哥拉			1.57			
加蓬			0.20			
赤道几内亚			0.13			
OPEC 天然气液			6.9	-6.9	6.9	18.33
独联体	4.7	14.06		-9.36	9.36	24.86
其他欧洲	0.72	0.13		0.59		
中国	12.32	3.97		8.35		
加工盈余		2.21		-2.21		
总计	97.19	57.90	38.93	0.36	37.65	

（2）主要交易原油性质分析

表 2 为中东与独联体地区原油性质，从表中可看出，中东与独联体地区原油几乎全部为含硫原油，原油残炭在 0.7%~12.5%之间，V+Ni 金属含量较高，>550℃渣油收率较高，渣油性质较差，需要采用加氢技术加工。

表2 中东与独联体地区原油性质一览表

地区	原油名称	产地	中文名称	API	密度	硫含量/%	>550℃/%	残碳/%	V+Ni/ppm
中东	basrah heavy	伊拉克	巴士拉重	23.7	0.912	4.12	31	9.8	117
	basrah light		巴士拉轻	28.8	0.883	3.19	27	7.3	71
	Alshaheen	卡塔尔	埃尔沙辛	28.0	0.887	2.37	25	4.94	34
	Qatar Marine		卡塔尔海	32.7	0.862	1.85	21	4.96	30
	Qatar Land		卡塔尔陆	41.6	0.817	1.19	5	2.02	2.8
	Oman	阿曼	阿曼	31.1	0.870	1.40	28	5	21
	kec	科威特	科威特油	30.0	0.874	2.68	25	6.4	47
	SOROOSH	伊朗	索鲁士	18.9	0.941	3.88	43	12.5	106
	Iran heavy		伊朗重	29.3	0.880	1.90	34	6.2	128
	forozan		弗洛赞	29.7	0.870	2.34	25	5.7	53
	Bahregan			30.7	0.873	1.63	25	5.61	64
	SIRRI		希里	33.0	0.860	1.83	18	3.8	42
	Iran light		伊朗轻	33.6	0.860	1.50	20	4.5	51
	lavan		拉万	35.4	0.848	1.70	16	3.4	11
	south pars		南帕斯	58.0	0.742	0.21		0.02	
	arabian heavy	沙特	沙重	27.0	0.893	3.03	35	8.24	
	arabian medium		沙中	30.0	0.876	2.60	23	6.2	41
	arabian light		沙轻	33.0	0.860	1.90	16	4.1	15
	arabian extra light		沙超轻	39.3	0.829	0.81	9	2.2	
	Azeri Ceyhan	阿塞拜疆		36.6	0.842	0.15	12	1.4	5
	dubai	阿联酋	迪拜	30.4	0.874	2.13	20	5.08	77
	UPPER ZAKUM		上扎库姆	34.0	0.860	1.89	19	5.1	20.8
	das		达斯	38.8	0.831	1.14	13	1.74	18
	murban		穆尔班	40.0	0.825	0.74	10	1.29	4
	marib	也门	马里布	43.0	0.811	0.17	8		2.4
远东	URAl	俄罗斯	乌拉尔	31.5	0.860	1.40	20	3.7	71
	ESPO		艾斯坡	35.8	0.846	0.65	27	2.5	12.1
	sokol		索科尔	37.9	0.830	0.23	4		
	Sakhalin		萨哈林	44.7	0.800	0.14	7	0.7	

3 高轻收——原油资源的高效利用

(1) 渣油馏分加工

原油资源的高效利用，关键是渣油轻质化，提高渣油转化率。不同的渣油加工技术适用的渣油性质不同，见图1；反应器结构不同，见图2；渣油转化率不同，见图3；综合对比见表3。

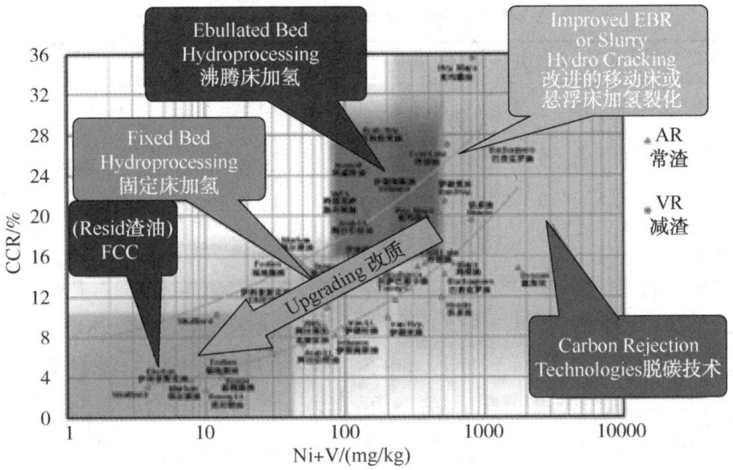

图1　各种渣油加氢技术原料适用范围

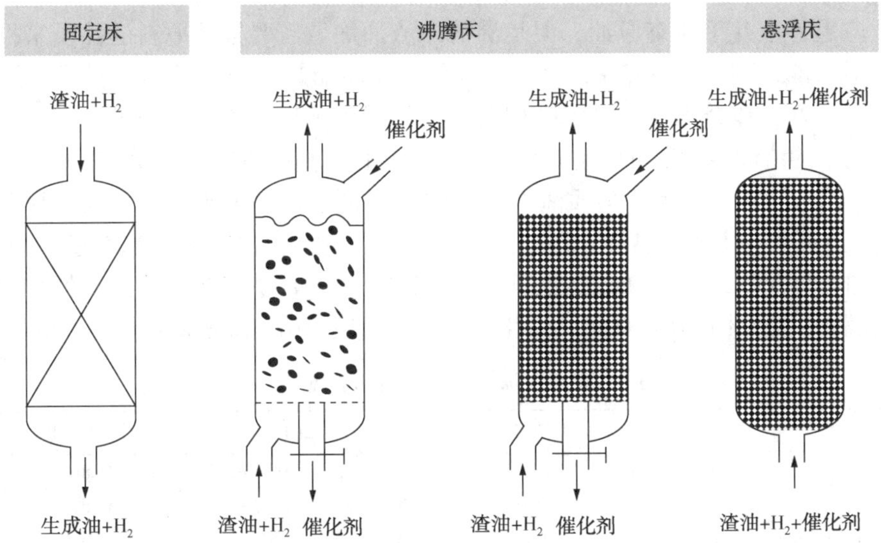

图2　各种渣油加氢技术反应器结构

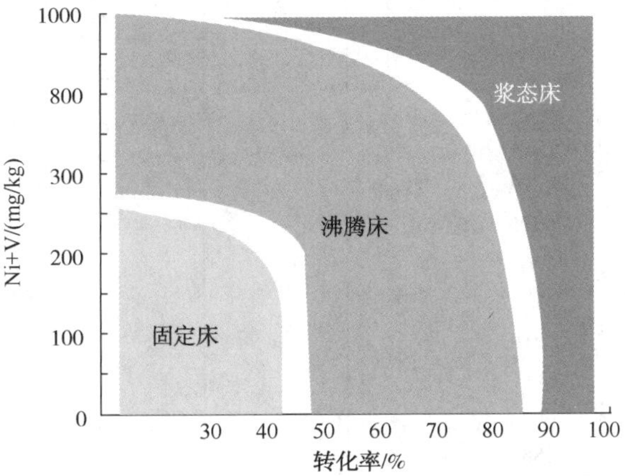

图3　各种渣油加氢技术转化率

表3 各种渣油加氢技术对比

技术	主要反应	反应器结构	原料适应性	转化率	组合技术
固定床	加氢精制	简单	蜡油+减渣	20%~40%	固定床渣油加氢-催化裂化
沸腾床	加氢裂化 热裂化	复杂	减渣	50%~85%	沸腾床渣油加氢-延迟焦化
浆态床	热裂化 自由基加氢	简单	劣质减渣	>90%	浆态床渣油加氢

固定床加氢技术最成熟，相对应用较多，目前，我国新建大型炼油企业已经普遍采用固定床渣油加氢技术，多以50%沙特轻质原油+50%沙特中质原油为设计点，由表2可计算出原油平均残炭5.15%，辅之原油调合，覆盖更多原油，该技术反应器结构简单；原料适应性差，通常原料掺渣比在70%左右，主要反应为加氢精制反应，渣油转化率通常在20%~40%，转化率较低，须配套催化裂化，渣油轻质化流程长。

沸腾床技术相对比较成熟，可加工残炭20%~40%、金属(Ni+V)200~800mg/kg的渣油原料，可适应世界上几乎所有原油，但是沸腾床渣油加氢需要根据原料的性质来控制反应总转化率，一般只能达到50%~85%，过高的转化率易使加氢渣油中的沥青质不稳定，造成减压塔的结焦和堵塞，该技术反应系统结构复杂，须配套延迟焦化，应用较少。

浆态床技术的渣油转化率可以达到90%以上，转化率高，渣油轻质化流程短；反应器为鼓泡床反应器，结构简单，被视为劣质渣油的高效利用途径，是未来发展方向，目前，意大利Eni公司EST渣油浆态床加氢热裂化技术已经工业化，茂名石化采用该技术建设的260万t/a浆态床渣油加氢装置于2020年12月31日投产，2021年1月9日转化率已达到92%，典型产品性质表见表4，该技术存在氢耗高、催化剂须回收循环利用，降低催化剂成本的问题。

表4 EST浆态床加氢热裂化技术典型产品性质表

项　目	尾渣	蜡油	减一线	预闪蒸塔顶油	重石脑油+柴油	轻石脑油
硫含量/%	2.61	1.41	1.31	0.614	0.86	0.05
氮含量/%	1.19	0.6	0.39	0.26	0.27	0.0078
密度(20℃)/(kg/m^3)	1129	960	913	824	839	634
馏程，5%/℃	454	363	269	135	108	25
馏程，95%/℃	685	472	334	294	344	70
单环芳烃/%			21.95	25.28	20.27	
双环芳烃/%			23.12	7.52	10.93	
多环芳烃/%			7.99	2.02	4.94	
芳烃/%	55.7		53.1	34.8	36.1	
饱和烃/%	7.88					
沥青质/%	20.76					
胶质/%	15.66					
钼含量/(mg/kg)	2478	<20				
钒含量/(mg/kg)	1504					
铁含量/(mg/kg)	59					
镍含量/(mg/kg)	462					
动力黏度(150℃)/(mPa·S)	188					
针入度(25℃，100g，5s)	14					

延迟焦化技术原料适应性最强，但生产过程非密闭，环保压力的增加必将极大限制延迟焦化装置的生产运行和高硫焦的出厂。

（2）EST浆态床加氢热裂化技术

浆态床技术源于德国煤制油技术，已经历三代，第一代天然矿物催化剂；第二代水基催化剂，如UOP技术焦炭+$FeSO_4$；第三代有机钼催化剂。早期浆态床技术存在反应器易结焦、设备易磨损、尾渣难以利用的问题。

意大利Eni公司的EST浆态床渣油加氢裂化技术，是世界上第一个实现工业化应用的浆态床加氢热裂化技术。主要反应：热裂化+自由基加氢饱和反应。

该技术催化剂MoS_2，前驱物为异辛酸钼，在临氢、H_2S环境下转化成催化剂MoS_2。特点如下：

（1）前驱物添加，异辛酸钼为液体有机物高级润滑油添加剂，与原料互溶，分散性好，添加容易，无须特殊设计。

（2）催化剂卸出，催化剂MoS_2为固体润滑剂，随尾渣排放而卸出，解决了减压阀等设备磨损问题，无须特殊设计。

（3）催化剂裂化性能，催化剂无载体，反应不受载体孔径影响，为热裂化反应；沸腾床技术采用传统的载体催化剂，大的沥青质分子难以进入催化剂内部孔道而不能转化，在分馏系统减压单元，油相分离后，稳定体系易被打破，沥青质易析出，在减压塔底及塔底换热系统结焦，为保证装置长周期运转，转化率通常控制在50%~85%；固定床技术为保证催化剂换剂周期，主要进行加氢精制反应，转化率通常为20%~40%。

（4）催化剂加氢性能，MoS_2为纳米级加氢催化剂，比表面积大，活性高，自由基加氢饱和反应迅速，渣油转化率94%（大的片状沥青质仍难以转化），催化剂不结焦、不失活、无须预硫化、随尾渣循环使用，也随尾渣排放而损耗。

反应器为均相等温绝热鼓泡床反应器，内部温度均匀，没有热点；不设置循环泵，物料循环靠反应器底部的气体分布器，结构简单；

反应温度400~430℃；

反应压力16MPa；

反应空速0.1~0.3h^{-1}；

催化剂添加（按Mo计）150mg/kg。

为了高效利用原油资源，本方案采用渣油转化率高、渣油轻质化流程短的EST浆态床加氢热裂化技术。

4 低氢耗——京Ⅶ汽油的生产

（1）蜡油馏分加工

直馏蜡油氢含量高，为了降低全厂氢耗，本方案不再采用加氢裂化加工，而采用深度MIP-CGP技术加工，将蜡油中的芳烃尽可能保留在汽油中，生产低烯烃的MIP汽油，同时多产高附加值的丙烯，减油增化。

渣油加氢热裂化生产的蜡油多环芳烃含量高，与同样富含多环芳烃的MIP柴油、MIP回炼油一起，经深度加氢改质，将双环以上的芳烃饱和开环，返回MIP再加工。MIP汽油经加氢脱硫精制后，典型性质为RON 90，烯烃含量17%，芳烃含量27%，苯含量0.6%。

（2）烷基化油生产

目前，硫酸法烷基化技术有四种，分别是兰州寰球烷基化技术、杜邦烷基化技术、Lummus烷基化技术和石科院Sinoalky烷基化技术，均能生产RON95的烷基化油；四种硫酸法烷基化技术的加工流程大致相同，都是由原料预处理单元、烷基化反应单元、制冷压缩单元、反应产物处理单元、分馏单元与废酸再生等几个单元组成，见图4。四种硫酸法烷基化技术的不同之处在于反应器结构与反应产物处理方式，Lummus烷基化技术与Sinoalky烷基化技术已经省略了反应产物的酸洗+碱洗+水洗流程，见表5，解决了酸碱废水处理的难题。

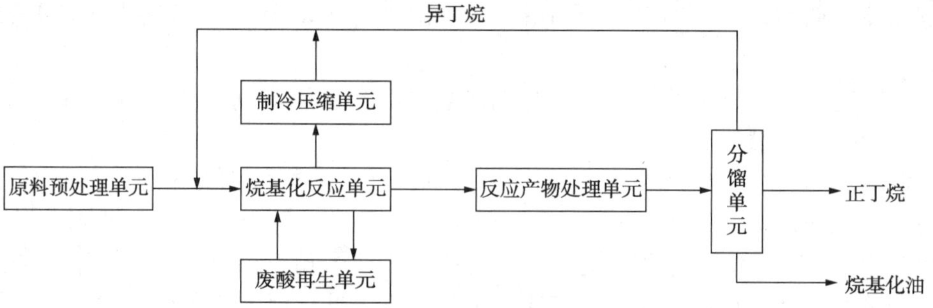

图4 硫酸法烷基化流程简图

表5 各种硫酸烷基化技术对比

技术来源	兰州寰球技术	杜邦技术	Lummus技术	石科院技术
使用单位	大庆炼化	天津石化	吉林石化	石家庄炼化
反应器型式	偏心卧式搅拌反应器	偏心卧式搅拌反应器	立式填料塔式反应器	N型3级静态混合反应器
反应产物处理	酸洗+碱洗+水洗流程	单级酸聚结器+碱洗+水洗流程	卧式酸烃分离罐+两级卧式聚结器分离	卧式酸烃分离罐+两级卧式聚结器分离

烷基化装置与硫黄装置布置在一起，废酸再生单元采用"湿式"再生技术，单级SO_2转化，转化率95%，尾气作为硫黄装置原料，解决废酸再生尾气排放问题。以酸性气作为补充燃料气，维持硫酸的物料平衡。

本方案采用石科院Sinoalky烷基化技术。

（3）京Ⅶ汽油的生产

本方案MTBE及烷基化汽油产量大，生产的MIP汽油、MTBE、烷基化汽油产量占MIP原料的比例分别为42%、7%、20%，以上汽油组分自然调合性质见表6，可以看出，满足京Ⅶ汽油标准。

表6 汽油池自然调合性质

名称	占MIP原料的比例/%	硫含量/(mg/kg)	烯烃含量/%(v)	芳烃含量/%(v)	苯含量/%(v)	氧含量/%	辛烷值RON
MIP汽油	42.00	10.00	17.00	27.00	0.60	0.00	90.00
石脑油	2.00	0.00	0.00	10.00	0.00	0.00	67.00
MTBE	7.00	0.00	0.00	0.00	0.00	18.18	118.00
烷基化油	20.00	0.00	0.00	0.00	0.00	0.00	95.00
合计	71.00	5.92	9.55	15.64	0.34	1.79	93.14

5 炼化一体——化工原料的生产

(1) 柴油馏分加工

渣油加氢热裂化生产的重石脑油+柴油、预闪蒸塔顶油、减一线油，属于柴油以轻馏分，芳烃含量较直馏柴油高，需要加氢改质，为降低柴汽比，与直馏柴油一起采用轻油型一次通过的加氢裂化模式，生产石脑油，作化工原料，尾油为优质柴油；MIP 柴油由蜡油加氢改质装置加工。

(2) 航煤馏分加工

直馏航煤馏分采用液相加氢技术，加工流程简单，投资少。

(3) 石脑油馏分加工

直馏石脑油与渣油加氢轻石脑油经加氢精制后做化工原料。

6 分子炼油——全厂总加工流程

本方案全厂总加工流程见图 5，主要产品有炼厂气、汽油(MIP 汽油、MTBE、烷基化油、石脑油)、航煤、柴油、燃料油(油浆、尾渣)、硫黄、化工原料(石脑油、丙烷、正丁烷、液化气)、聚丙烯等。

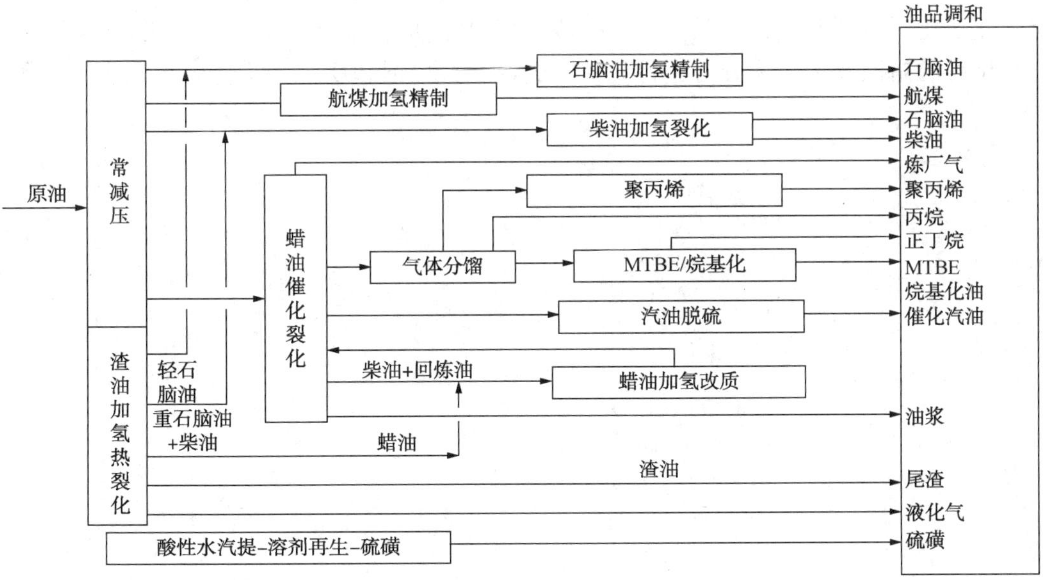

图 5 全厂总加工流程

本方案的特点是省略了蜡油加氢裂化与连续重整装置，避免了蜡油经加氢裂化生产石脑油，石脑油再经连续重整脱氢生成重整汽油，如此加氢-脱氢的过程，各馏分加工发生的主要反应见表 7，可以看出，整个炼制过程充分尊重原油原有的分子结构，反应中力求分子结构变化最小，先易后难，先裂化后精制改质，先发生渣油热裂化、蜡油催化裂化反应，将大分子裂化成小分子，裂化后的蜡油及柴油馏分再进行脱硫、脱氮、芳烃饱和反应，符合分子炼油的理念。

表7　各馏分加工主要反应

馏分	渣油	蜡油	柴油	航煤石脑油
反应	热裂化自由基加氢	催化裂化加氢改质	加氢裂化	加氢精制

7　结论

（1）我国原油对外依存度大、炼油能力整体过剩、柴汽比需求下降、汽油质量升级加快、化工原料短缺；世界原油交易资源主要集中在中东与独联体地区，原油交易量占世界原油交易量的89.38%，并且几乎全部为含硫原油，原油残炭高，质量差。

（2）为了高效利用原油资源，本方案渣油采用浆态床加氢热裂化技术加工，渣油转化率高、渣油轻质化流程短；直馏蜡油氢含量高，采用深度MIP-CGP技术加工，将蜡油中的单环芳烃尽可能保留在汽油中，生产低烯烃的MIP汽油，同时多产高附加值的丙烯，减油增化；MIP汽油、MTBE、烷基化汽油自然调合性质满足京Ⅶ汽油标准；渣油加氢生产的重石脑油+柴油与直馏柴油采用轻油型一次通过的加氢裂化模式，降低柴汽比，多产石脑油，用作化工原料；直馏航煤馏分与石脑油经加氢精制处理。

（3）整个炼制过程充分尊重原油原有的分子结构，反应中力求分子结构变化最小，先易后难，先裂化后精制改质，先发生渣油热裂化、蜡油催化裂化反应，将大分子裂化成小分子，裂化后的蜡油及柴油馏分再进行脱硫、脱氮、芳烃饱和反应，符合分子炼油的理念。

强化沸腾传热技术在大型芳烃联合装置中的应用

谢　萍，李红坤，潘　鹏

（中国昆仑工程有限公司，北京　100037）

摘　要　阐述了沸腾传热过程、沸腾传热机理及常用的强化沸腾传热手段，并以 200 万 t/a 大型芳烃联合装置为例，介绍了涉及沸腾传热过程的设备概况，比较了普通光管换热设备和使用强化沸腾传热技术的高通量换热设备的传热面积、设备重量。结果显示，通过采用强化沸腾传热的高通量换热设备，在相同的传热温差下，其传热面积、设备重量可以减少约 28%，同时设备占地、管道投资均会有所减少。

关键词　芳烃联合　强化沸腾　高通量

随着国民经济的快速发展，化工原料的需求日益旺盛，芳烃作为重要的化工原料，是承接上游炼化及下游化纤、化工行业的重要桥梁。大型芳烃联合装置[1]以连续重整装置的重整脱戊烷油、化工装置的加氢裂解汽油等为原料，主要产品为对二甲苯，同时副产苯、粗甲苯、抽余油、重芳烃、富氢气、富乙烷轻质气等，联合装置主要由二甲苯分馏、吸附分离、芳烃抽提、苯/甲苯分馏、歧化、异构化六套装置组成。其中，二甲苯分馏、吸附分离、芳烃抽提、苯/甲苯分馏、歧化汽提均以精馏分离过程为主，涉及塔釜再沸、塔顶冷凝、进出料换热、各装置间的热集成等多个传热过程，需要大量传热设备的参与，近年来各种强化传热技术也逐渐应用到芳烃联合装置中，其中强化沸腾传热技术的应用为芳烃装置的节能降耗，以及芳烃装置的大型化发展提供了有力保障。

1　沸腾传热

1.1　沸腾传热过程

沸腾传热是指热量从壁面传给液体，使液体沸腾汽化的对流传热过程。芳烃生产中常用的蒸发器、再沸器，均需要通过沸腾传热来产生蒸汽。

按液体所处的空间位置，沸腾可以分为：

（1）池内沸腾，又称大容器内沸腾。加热壁面沉浸在有自由表面液体中所发生的沸腾，依靠汽泡的扰动和自然对流而流动。如卧式再沸器壳程的沸腾。

（2）管内沸腾。液体在外力的作用下，以一定的流速流过壁面时所发生的沸腾换热。这时所生成的汽泡不能自由上浮，而是与液体一起流动，形成管内汽液两相流。如立式再沸器换热管内液体的沸腾。

按沸腾液体的主体温度，沸腾可以分为：

（1）过冷沸腾。从加热表面上所产生的气泡或未曾跃离壁面，或在脱离壁面之后又在低于饱和温度的液体中被重新凝结而消失，使沸腾只能局限于贴近加热表面且温度已超过饱和温度的一薄层过热液体之中。此时，由于气泡的不断产生又不断消失使液体不时受到很大的扰动，因而换热情况显著增强。过冷沸腾既可发生在大容器中，也可发生于管槽之内。

（2）饱和沸腾。液体的主体温度等于相应压力下饱和温度时的沸腾换热。从加热面产生的气泡在离开加热面上升的过程中不会再重新凝结。

1.2 沸腾传热机理

沸腾传热与汽泡的产生和脱离密切相关。而汽泡形成的条件是：①液体必须过热；②要有汽化核心，紧贴汽化核心的液体汽化后，形成汽泡并逐渐长大，然后脱离表面，接着又有新的汽泡形成。在汽泡形成与脱离表面时造成液体对壁面的强烈冲击和扰动，所以对同一种液体来说，沸腾传热的传热系数要比无相变时大得多。目前，用于沸腾传热表面热流密度及传热系数计算的理论公式主要为如下的罗森诺公式[2]。式中热流密度 q_{max} 不仅与物质物性相关，与壁面过热度 Δt 及加热表面常数 C_{wl} 相关。

$$St^{-1}=C_{wl}\cdot Re^{0.33}\cdot Pr_l^s$$

$$St=\frac{Nu}{Re\cdot Pr}=\frac{r}{C_{pl}\cdot\Delta t}\qquad Re=\frac{q}{\eta_l r}\sqrt{\frac{\sigma}{g(\rho_l-\rho_v)}}\qquad Pr_l=\frac{C_{pl}\eta_l}{\lambda_l}$$

$$q=\eta_l r\left[\frac{g(\rho_l-\rho_v)}{\sigma}\right]^{1/2}\left[\frac{C_{pl}\Delta t}{C_{wl}r\mathrm{Pr}_l^s}\right]^3$$

式中 r——汽化潜热；

C_{pl}——饱和液体的比定压热容；

g——重力加速度；

η_l——饱和液体的动力黏度；

C_{wl}——加热表面常数，

q——沸腾传热的热流密度；

s——经验指数，水 $s=1$，否则，$s=1.7$；

σ——汽液界面张力；

Δt——过热度，T_w-T_s。

式中热流密度 q_{max} 不仅与物质物性相关，与壁面过热度 Δt 及加热表面常数 C_{wl} 相关。图1所示为水的沸腾曲线，图2所示为不同过热度时对应的沸腾状态：

（1）自然对流。此阶段液体处于过冷状态，随着液体被加热，温度逐渐上升，上下存在温度差，发生自然对流现象。随着壁面温度的升高，自然对流逐渐增强，壁面的传热系数逐渐升高。一般认为壁面过热度小于4℃时加热面上无汽泡产生，换热形式为单相自然对流换热。

（2）核态沸腾区。随着温度进一步升高，液体靠近壁面的地方温度达到饱和温度，在壁面上逐渐产生汽化核心，并进一步扩大生成汽泡脱离壁面，在重力作用下上升。此过程为核态沸腾区域，壁面传热系数也大幅度提高。随着壁面的过热度进一步增加，汽化核心越来越多，沸腾越来越剧烈，因此核态沸腾的现象也越来越剧烈。

（3）过渡沸腾区。此时壁面上产生汽泡的速率高于汽泡脱离的速率，壁面上形成不稳定的汽膜。由于汽膜的热阻，使得该阶段的换热比核态沸腾阶段要弱。

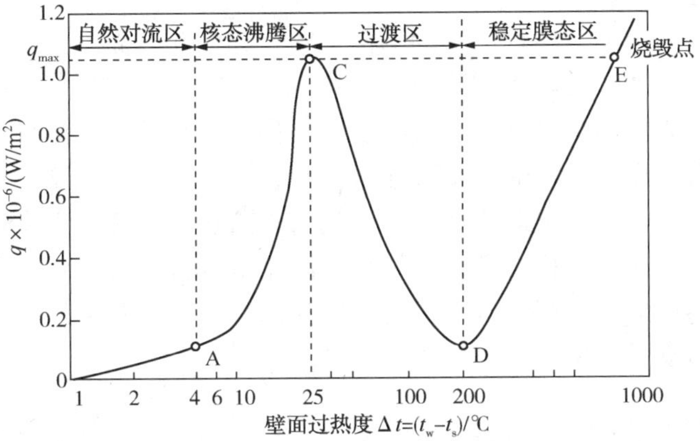

图 1 水的沸腾曲线

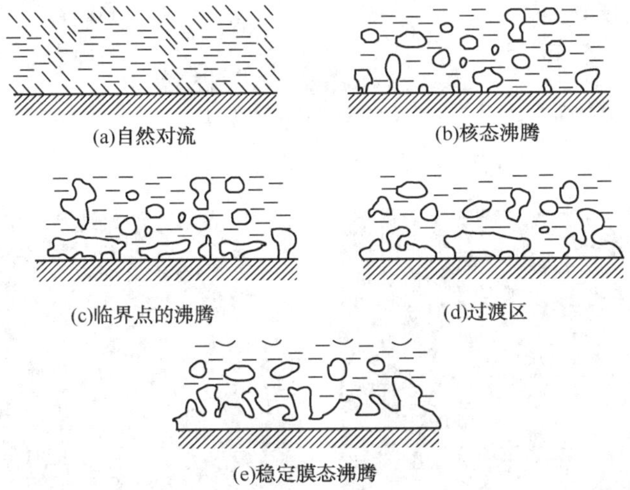

图 2 各种沸腾状态

（4）稳定膜态沸腾。随着过热度进一步增加，产生汽泡的速率更高，逐渐在壁面上形成稳定的汽膜，进入到稳定膜态沸腾阶段。此时的相变发生在汽膜与液体接触的相界面上，而不是在壁面上。由于蒸汽的导热系数远小于液体，表面传热系数大大降低。

（5）随着壁面温度的升高，壁面与液体的温差越来越大，辐射换热逐渐加强，壁面换热系数有一定程度的升高。

1.3 沸腾传热强化手段

现有池内沸腾传热强化方法主要从增加汽化核心数和提高汽泡脱离频率两方面来强化沸腾传热过程。研究的方法主要有表面粗糙法、表面特殊处理法、扩展表面法、添加剂法、机械搅拌法、振动法、静电场法和抽压法等。对于管道中的强制对流沸腾，由于强制对流和沸腾现象一起发生，使得其传热机理变得十分复杂。影响对流沸腾传热的主要因素有流速、热流密度及热力学干度，此外，换热面形状、几何结构尺寸、工质流动方式等也对传热系数有一定的影响。因此，其强化传热的处理与池沸腾的强化传热有不同的特点，常用的强化手段有换热面表面粗糙法等[3]。

常用的换热管表面结构有各种形状的沟槽、肋片和多孔表面。其中自20世纪60年代发展起来的多孔表面换热器以其高效沸腾换热、低温差沸腾、高临界热流密度和良好的反堵塞能力，已成为一种工业应用前景广泛的换热设备。如图3[4]所示为表面或者管道内壁进行了烧结处理的高通量管，图4[2]为高通量管与普通光管的汽化核心对比，图5[4]为普通换热管与高通量管传热系数及污垢热阻对比。使用强化沸腾给热后的高通量换热设备，能显著地强化沸腾给热，减少所需换热面积，可以在很小的温差下维持沸腾，对低品位能量的回收和低温沸腾换热有很大的价值，应用于再沸器时可以降低所需加热蒸汽的等级，临界热负荷比普通管高50%以上，具有良好的阻垢性能[4]。

(a)外表面铜基多孔层高通量管

(b)外表面铁基多孔层高通量管

(c)双面强化高通量换热管

图3 表面处理后的高通量换热管[5]

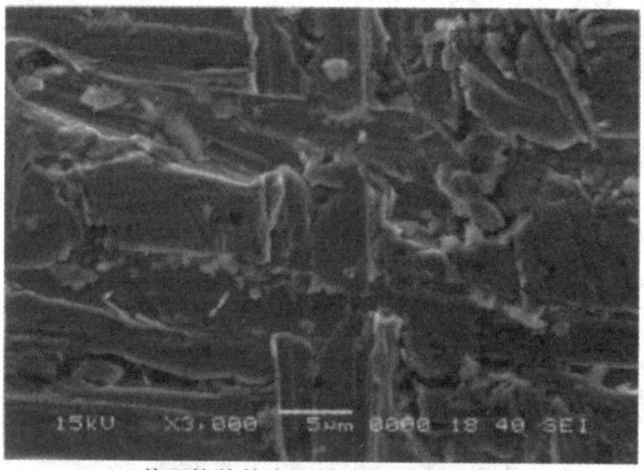

(a)普通换热管表面缺陷(固有汽化核心)

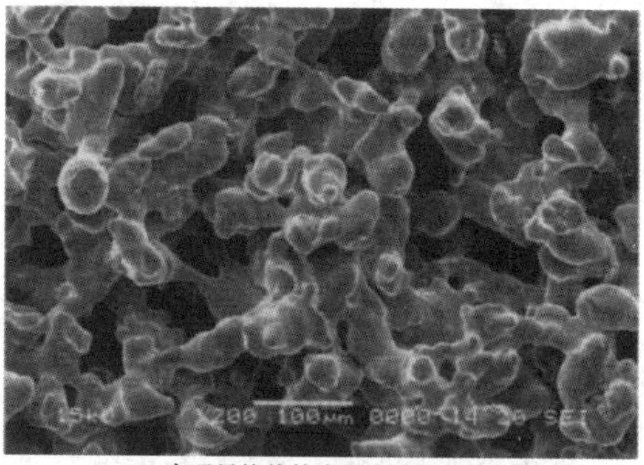

(b)高通量换热管表面人造汽化核心

图4 普通换热管与高通量换热管表面的汽化核心对比

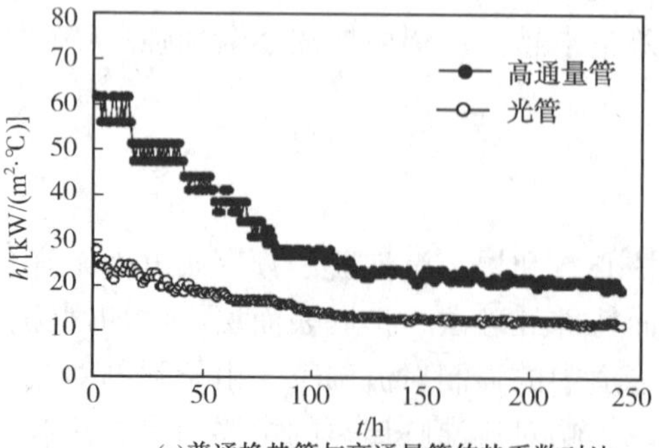

(a)普通换热管与高通量管传热系数对比

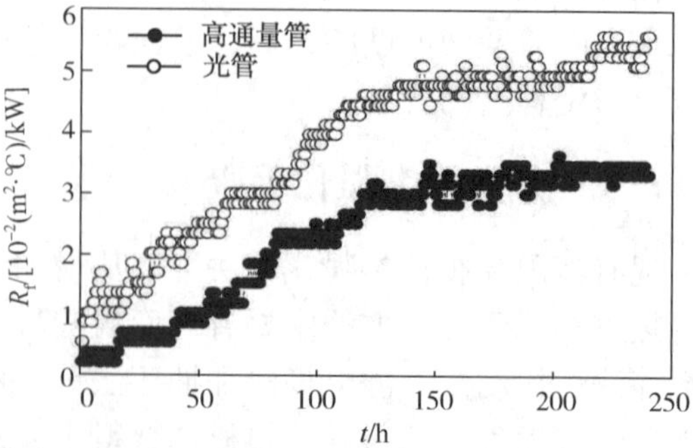

(a)普通换热管与高通量管热阻对比

图5 普通换热管与高通量管传热系数及污垢热阻对比[5]

2 大型芳烃联合装置沸腾传热设备

2.1 芳烃装置沸腾传热设备概况

在大型芳烃联合装置中，塔底再沸器、蒸汽发生器均属于沸腾传热设备，普通管壳式换热器传热效率低、所需传热面积大，设备庞大、笨重，对单套规模较大的装置就不得不采用两台或多台并联的方式，并需要采取一系列措施保持并联物流分配均匀，由于系统总压降较小，物料易偏流，多台设备并联运行难以实现热负荷及物流的均衡分配，且设备占地面积大，金属耗量多。以某单套200万t/a芳烃联合装置为例，典型的沸腾传热设备概况见表1。

表1 200万t/a芳烃联合装置沸腾传热设备概况

设备名称	介质		操作条件				设计条件				
			进出口温度		压力		进出口温度		压力		负荷/MW
	管程	壳程	管程/℃	壳程/℃	管程/MPaG	壳程/MPaG	管程/℃	壳程/℃	管程/MPaG	壳程/MPaG	
苯-甲苯塔再沸器	烃类	烃类	292/237	215/220	1.73	0.55	320	250	2.4/FV	0.8	36.2
苯-甲苯塔中部再沸器	烃类	烃类	184/187	229/219	0.157	1.122	220	260	0.5/FV	2.05/FV	53.3
歧化汽提塔再沸器	烃类	烃类	173/170	156/159	0.339	0.11	205	190	0.9/FV	0.5/FV	13.2
$1^{\#}$抽出液塔再沸器	烃类	烃类	150/152	173/164	0.141	0.342	210	250	0.55/FV	0.8/FV	113
$2^{\#}$抽出液塔再沸器	烃类	烃类	216/218	230/228	0.459	1.149	250	300	0.75/FV	1.35/FV	135
抽余液塔蒸汽发生器	烃类	蒸汽	229/219	120/203	1.1	1.579	285	235	1.5/FV	1.8/FV	58.5
重整油分离塔$1^{\#}$再沸器	烃类	烃类	181/184	211/196	0.141	0.409	215	240	0.5/FV	0.7/FV	38.4
A8汽提塔再沸器	烃类	烃类	194/199	228/219	0.159	1.114	230	260	0.5/FV	1.6/FV	34.15

2.2 普通光管换热器与强化传热高通量换热器对比

针对表1中200万t/a芳烃联合装置的沸腾传热设备，使用强化传热后的高通量换热器相比普通光管换热器，传热系数均有所提高，在传热温差相同的情况下，换热面积、相应设备金属总重量平均减少约28%，虽然单根高通量换热管的成本高于普通换热管，但换热面积大幅缩小后，设备投资降低，同时管道投资、设备占地等均可相应减少，见表2。

表2 200万 t/a 芳烃联合装置普通光管换热器与强化传热高通量换热器对比

设备名称	普通光管换热器		强化传热高通量换热器	
	总传热面积/m^2	设备总重/t	总传热面积/m^2	设备总重/t
苯-甲苯塔再沸器	1200	65	807	45
苯-甲苯塔中部再沸器	2013	105	1206	65
歧化汽提塔再沸器	2126	110	1712	90
1#抽出液塔再沸器	12063	620	8022	420
2#抽出液塔再沸器	15056	780	10034	520
抽余液塔蒸汽发生器	4209	220	3008	160
重整油分离塔 1#再沸器	2502	130	2003	105
A8 汽提塔再沸器	3216	165	2605	130

3 结论

（1）沸腾传热作为重要的传热过程，广泛存在于各种炼油及化工过程中，文章简要阐述了沸腾传热过程、传热机理及常用的强化沸腾传热手段。

（2）以200万 t/a 大型芳烃联合装置为例，涉及沸腾传热过程的设备有8台套，这些设备均为装置的供热中心，具备高负荷、高热通量及设备大型化等特点，通过采用强化沸腾传热的高通量换热设备，在相同的传热温差下，其传热面积、设备重量可以减少约28%，同时设备占地、管道投资均会有所减少。

参 考 文 献

[1] 姜晓花．大型芳烃联合装置的设计特点浅析[J]．石油规划设计，2017，28(4)：24-27.
[2] 罗森诺 W M. 传热学手册[M]．北京：科学出版社，1987.
[3] 程立新．沸腾传热强化技术及方法[J]．化工技术装备，1999，20(1)：30-33.
[4] 徐宏．高通量换热器研制及在大型石化装置中的节能应用[J]．太原理工大学学报．2010，41(5)：577-580.
[5] 刘京雷．高通量换热器研制开发及应用．全国第四届换热器学术会议论文．

新能源汽车发展对润滑油行业的影响

徐丽秋

（中国石油大连润滑油研究开发中心，大连　116032）

摘　要　经过十年的发展，在国家和地方出台多项资金补贴、税费减免、规划鼓励等政策的大力推动下，国内新能源汽车取得快速发展，产销量保有量占比逐年提高，性能不断提高，充电基础设施不断完善，具备一定的与传统燃油车市场竞争的实力。未来，随着技术进步和碳中和需求以及政策支持，将进入快速发展的轨道，对润滑油行业产生深刻的影响，其中对发动机油用量影响最大，对传动油、润滑脂、冷却液的指标需求和用量都有变化，包括电气性能、材料相容性、高低温稳定性等，同时在动力蓄电池制造和充电桩建设运维环节产生新的油品需求。新能源汽车作为新生事物技术更新迭代很快，需要润滑油相关企业配合，根据结构性能的需求开展相关油品的开发应用，提供系统解决方案。

关键词　新能源汽车　性能　动力电池　润滑油

电动化、共享和无人驾驶技术，以及信息化、网联化、智能化可能会让交通服务的模式发生重大改变，不但影响人们的出行方式，还会对汽车、能源、制造、节能环保以及等相关服务行业造成系统性巨大变化。为了应对这一局面，尤其是应对气候变化，减少排放，各国政府都在大力推进新能源汽车的发展。

2009 年起，我国启动新能源汽车发展战略的全面布局，自 2010 年的 1000 辆规模起步，2015 年开始连续六年新能源汽车产销量位居世界第一，占全球市场 50%以上，2020 年底保有量达到 492 万辆。无论是技术水平、产业体系、企业竞争力，还是基础设施建设，都处于世界前列。

1　发展新能源汽车的目的

打破西方汽车垄断，实现汽车强国目标。中国汽车产业“以市场换技术”30 多年，已连续十年成为世界最大的汽车生产国和汽车市场，但“大而不强”。中国在传统燃油车起步较晚，和国外一些大的主机厂还是有一定差距，尤其是发动机和变速箱两大核心产品上，短时间内很难有突破。发展新能源汽车，可以在相对差异不大的领域上和外企竞争，规避技术壁垒，转而向电池、电驱、电控等新能源汽车主要技术方面发展，是汽车产业转型升级，实现跨越发展的重要机遇。

减少排放，改善环境。中国加入巴黎气候协定，承诺减少碳排放，坚定不移推动节能减排，习主席出席第七十五届联合国大会上宣布中国将在 2030 年达到碳峰值，2060 年实现碳中和，向世界宣示中国在保护地球环境绿色发展的决心。截至 2020 年底，中国机动车保有量 3.7 亿辆，汽车保有量 2.8 亿辆，面临严峻的环境压力，尤其是大中型中心城区的环境压力。

减轻对石油天然气资源的依赖程度。2020年全国原油对外依存度上升至73%，其中汽车消耗占比接近70%，进口石油有70%到80%的进口量需经过马六甲海峡运输，一旦国际局势不稳将发生严重的能源危机。中国是多煤少油国家，面对错综复杂的贸易环境，降低对进口石油的依赖，对当下的中国有着特别重大的意义。

未来汽车自动驾驶、智能汽车、互联出行的需要。新一轮科技革命和产业变革蓬勃发展，汽车与能源、交通、信息通信等领域的技术加速融合，电动化、智能化、网联化成为汽车产业的发展潮流和趋势。智能互联是新能源汽车基本的产品特性和体验特征，未来出行方式促进新能源汽车与智慧能源、智能交通的融合。

2 国内新能源汽车相关重点政策分析

新能源汽车的发展离不开政策的支持，包括财政补贴、税费减免、发展规划、推广政策、技术方向、基础设施、标准建设等等。

2.1 财税政策

2009年《节能与新能源汽车示范推广财政补助资金管理暂行办法》开启十个城市新能源汽车补贴试点，逐步扩大到私人领域和全国范围，2013年开始补贴逐渐退坡，并对续航里程、电池能量密度、能耗、运营里程、动力来源、车辆用途、充电方式、价格等分别提出限制范围，推动新能源汽车性能和充电基础设施的发展。2020年4月最新通知将补贴实施期限延长至2022年底[1]。2014年7月，《国务院办公厅关于加快新能源汽车推广应用的指导意见》给予新能源汽车税收优惠：对纯电动汽车、插电式(含增程式)混合动力汽车和燃料电池汽车免征车辆购置税，并统一标准和目录秩序，2017年、2019年、2020年分别发文，税费减免延长到2022年12月31日。

2.2 双积分政策

2017年9月28日，工信部正式发布了《乘用车企业平均燃料消耗量与新能源汽车积分并行管理办法》，简称双积分，对国内销售乘用车企业平均燃料消耗量及新能源乘用车生产情况进行积分考核，对新能源汽车积分比例提出要求，引导汽车行业提高节能技术水平、促进新能源汽车产业发展，并经过多次反馈修改，2021年、2022年、2023年度新能源汽车积分比例要求分别增加到14%、16%、18%，同时逐步提高低油耗车型核算优惠力度，将油耗水平与新能源积分结转挂钩，倒逼车企改进传统能源汽车节能水平，以保障实现“到2025年乘用车平均燃油消耗达到4.0L/百公里，新能源汽车产销占比达到汽车总量20%”的规划目标[2]。

2.3 鼓励推动政策

鼓励柴油货车淘汰更新新能源车辆，实施差别化通行便利，推进公共领域及物流配送领域新能源汽车应用，加大对充电基础设施的补贴力度，推广落实各种形式的充电优惠政策。取消新能源汽车的限购、限行，鼓励国有企事业单位停车场地、路灯、加油站等开展充电设施建设和服务，新建居住社区100%停车位建设充电设施或者预留建设安装条件[3]。组织开展新能源汽车下乡活动，充分利用农村消费条件和认可度，从车型设计、维修服务方面满足消费者的需求，加大新能源汽车的补贴力度。

废除动力电池行业白名单，倒逼电池企业增加自身实力，促进动力电池的成本降低和质量提升，提高电动汽车的竞争优势。出台多项废旧动力蓄电池综合利用行业规范、单体拆解技术规范、梯次利用管理办法等政策措施，加强动力电池的全过程安全管理，降低污染，保护环境。

2.4 标准建设

在电动汽车标准方面，我国已经走在世界前列，发挥引领作用，目前已发布新能源汽车及充电基础设施的国家标准和行业标准100多项，涵盖基础定义、整车、关键系统和部件、充电接口和基础设施等领域。以主要牵头国的身份全程主导并深度参与完成制定全球汽车技术法规体系中第一个专门针对电动汽车的安全技术法规——电动汽车安全全球技术法规（EVS-GTR）。2018年、2019年、2020年分别发布各年度的《新能源汽车标准化工作要点》[4]，对基础通用领域、整车、关键系统部件、充换电基础设施、动力电池、燃料电池汽车安全、测试等领域的标准建设提出具体方向和要求，加强国际交流协调，推动多边合作机制，推动中国标准国际化。

2.5 发展规划

《中国制造2025》[5]提出“节能与新能源汽车”作为重点发展领域，支持电动汽车、燃料电池汽车发展，提升动力电池、驱动电机、轻量化材料、智能控制等核心技术和产业化能力，形成从关键零部件到整车的完整工业体系和创新体系。《新能源汽车产业发展规划》1.0版、2.0版[6]，对新能源汽车、节能汽车、智能网联、电池材料、充换电基础设施的研发、推广、建设、应用等方面提出具体目标和方案，明确新能源汽车在国家能源结构调整过程中的重要地位，力争经过十五年持续努力，使我国新能源汽车核心技术达到国际领先水平，纯电动汽车成为主流，燃料电池汽车实现商业化应用，公共领域用车全面电动化，高度自动驾驶智能网联汽车趋于普及。《节能与新能源汽车技术路线图》1.0版、2.0版，提出面向2035年我国汽车产业发展的目标，形成“总体技术路线图+节能汽车、纯电动和插电式混合动力汽车、氢燃料电池汽车、智能网联汽车、汽车动力电池、新能源汽车电驱动总成系统、充电基础设施、汽车轻量化、汽车智能制造与关键装备”的“1+9”研究布局。具体目标：2025年新能源汽车的渗透率20%，2035年销量占比达到50%以上，传统能源动力乘用车全部转变为混合动力，氢燃料电池汽车2030年到2035年争取100万辆的保有量并完全掌握核心关键技术，建立完备产业链[7]。

3 新能源汽车发展对润滑油的影响

新能源汽车的发展是一个系统工程，需要全产业链的共同发展，离不开强大的工业基础和上下游的工艺技术进步。近年来，新能源汽车的发展进入快车道，中国已成为世界最大的新能源汽车市场，转型的过程必然带来对原有技术、企业、供应链的冲击和改变，尤其是与之密切相关的能源行业，传统石油公司纷纷给予关注，采取前瞻的措施应对，通过参与投资和建设，投入基础设施相关项目，包括电动汽车充电站、加氢站的建设。

润滑油作为新能源汽车生产使用环节的重要组成部分，与新能源汽车的发展相互依存和制约，传统润滑油供应商主动适应改变，与车企和零部件企业合作，聚焦新能源汽车技术发展对润滑产品性能的核心需求，开展相关基础研究，设计开发新能源汽车润滑产品，包括传动油、冷却液、润滑脂和电池生产环节及充电基础设施所需的润滑产品，提供完整解决方案。

3.1 发动机油

包括电动汽车在内的新能源汽车没有传统的燃油发动机，不需要发动机油，因此随着新能源汽车的发展，势必会降低传统燃油车的产销和保有量增速，对发动机油需求量造成负面影响，但是目前新能源汽车的产销量及保有量占比很小，2020年新能源汽车产销量占比在5%，保有量不到2%。

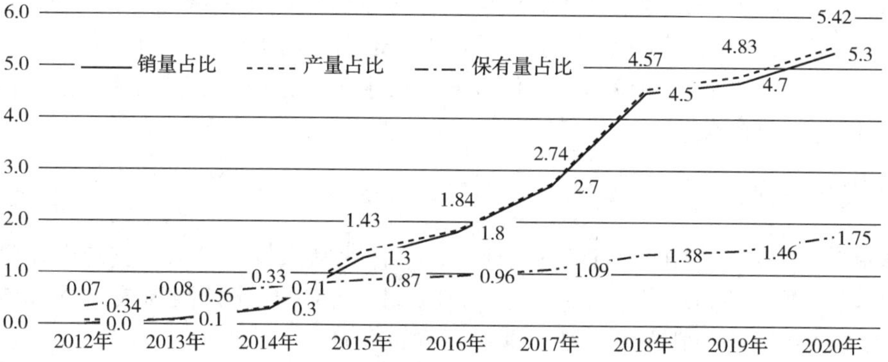

图1 近年来新能源汽车产销量保有量占比

未来短时间内并没有停售传统燃油车的计划，能源与交通创新中心(iCET)发布的《中国传统燃油车退出时间表研究》[8]和《中国传统燃油汽车退出进度研究与环境效益评估》[9]报告，认为中国2050年实现传统燃油汽车在新车市场上完全退出。因为传统燃油车的巨大基数，保有量占比增长更加缓慢，一般乘用车的使用周期至少10年以上，车辆的报废替换还需要时日，按现有规划和汽车年销量估算，到2035年，装载了燃油发动机的汽车保有量依然是纯电的2倍，见图2。新能源车的推出，短期内对发动机油的需求量影响较小，同时国Ⅵ排放标准的实施，燃油车在低排放、低能耗上做了很多工作，未来发动机油的长周期、低黏度发展趋势使车辆的保养频次降低，对发动机油需求的影响更大，总需求量降低、质量级别提高。

未来电动汽车的发展，需要在动力电池的能量密度、使用寿命、安全性等关键指标有技术性突破，才能真正与燃油车同台竞争。结合电动汽车环保性存在的争议以及传统燃油车对石油资源的依赖等各种影响因素，预测远期的汽车发展格局为各种动力车辆并行的局面，符合市场发展规律。所以我们认为，汽车保有量的增长仍是发动机润滑油需求增长的主要推动力。

3.2 传动油

包括电动汽车在内的新能源汽车与传统燃油车一样，有传动系统也需要传动油，随着电动汽车集成化、高转速多档化发展，电动汽车的传动油既有传统汽车传动油的特点，也增加

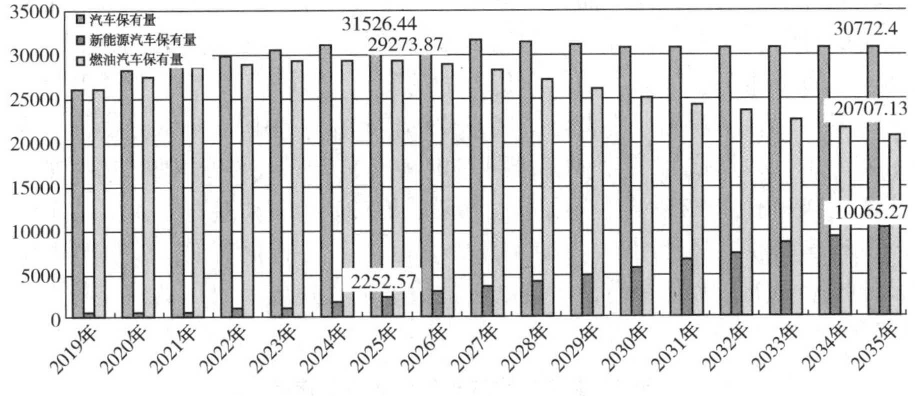

图 2　2019~2035 年新能源汽车保有量和趋势预测

注：以规划 2025 年新能源汽车销量占比 20%、2035 年纯电动销量占比 50%、汽车总销量保持 2500 万/年、汽车报废年限 12 年推算。

了更多不同的要求，主要表现在电气性能、热稳定性、铜等材料的兼容性等方面。

目前，电动汽车传动系统分为集成式和分体式两种，其中目前应用最多的分体式电驱动系统可以沿用原传动液，满足散热、抗泡、抗氧化、低温保护要求，而且有许多车型确实这样操作。未来发展趋势的集成式电驱动系统，加上电机后变速箱变成一种混合动力结构，润滑油会接触电机，在电气绝缘性和橡胶相容性、防腐蚀性方面提出更多要求，需要开发相关适用于电动汽车的传动液，保护驱动箱内的电路系统，兼具为电机散热以及确保电路中的铜制导线不被腐蚀等功效，当然还要考虑电动机高速高负荷的特点。主机厂希望开发专用的新型传动油以适应所有电动车传动系统，既适应于电机与变速箱分离的系统，也要适应于模块化构造--变速箱电机一体的情况，为设备提供更好的保护。

路博润公司在电动汽车传动液方面做了较多基础研究[10]。

（1）导电性及相关的安全问题。传统内燃机车的系统电压为 12V，混合动力汽车的系统电压为 48V 或更高。如果导电性太高，润滑油可能会让电流从电机的高压端泄漏至变速箱的外壳和整辆汽车。如果导电性太低，那么静电电荷可能积累，导致润滑油产生电弧，不仅会损害润滑油及其保护特性，电弧还可能损害轴承和密封件。因此，这种特性的最佳方式就是传动系润滑油成为“静电耗散型”绝缘体，电荷会缓慢通过油液。基础油本身导电性很低，通过选择并设计正确的复合添加剂，将导电性提高一点消除电荷积累的风险，使油品的导电性控制在一定范围内。同时还要考虑使用中油品氧化导致导电性的升高，全寿命周期内导电性在合适范围内。

（2）必须提升对润滑油接触金属部件的防腐蚀能力，尤其在高温条件下。

（3）润滑油的热稳定性。电动汽车电机转速高，温度高，需要润滑油对电机和电气设备降温的能力，特别是车辆使用年限增加，对润滑油导热性的要求更高，这就涉及热容量、流体密度和油品黏度，油泥沉积会降低润滑油对线圈降温的能力，油品需要保持足够低的黏度，保证良好的散热性，抗高温降解。

（4）由于其中使用了电气部件和绕组，因此传动液必须具备抑制铜腐蚀以及与其他材料的相容性，寄生电压或通电电线可能会促进腐蚀发生。

（5）测试实验标准。电动汽车的传动油需要应对更多的高温、导电、氧化、积炭、铜腐蚀和其他材料兼容性要求，因此，需要对适用于传统传动液的油品测试实验标准进行改造更新，如增减测试时间、温度等，开发新的测试方法，如导线测试、腐蚀测试。

国内外多数润滑油企业都在电动汽车传动油的研究方面做了大量工作，开发出适应高转速、集成化、多挡化、高效化、小型化、轻量化的传动油。中国石油大连润滑油研发中心已经开发出相关产品，并形成相关企业标准——电动车传动油 Q/SY RH2356—2019。纯电动汽车变速箱缓速器润滑油 ETF-6，应用于上汽荣威 EX21 电驱动变速箱，适用于使用自动传动液的新能源汽车缓速器配套用油。ETF-ULV 应用于上汽捷能汽车，满足国内所有新能源车缓速器设计技术要求，尤其是高极压抗磨性能设计的缓速器。具体的性能特点和典型数据见表1、表2。

表1 昆仑电动汽车传动油性能特点

技术性能	使用效果
优良的氧化安定性	防止漆膜、油泥及积炭形成，保证油品的使用寿命更为长久
良好的黏温性能	为齿轮提供最基本的保障
优秀的剪切稳定性	采用高黏度指数精炼基础油，有效地减低了在剪切过程中黏度指数改进剂和其他高分子化合物导致的黏度损失
优异的极压抗磨性	降低机械磨损、擦伤和胶合，保证缓速器运转顺畅
良好的抗泡沫性	提供有效油膜保护，起良好润滑和散热作用

表2 昆仑电动汽车传动油典型数据

分析项目	典型数据		检测方法
	ETF-6	ETF-ULV	
外观	清澈透明	清澈透明	目测
运动黏度(100℃)/(mm^2/s)	6.099	6.2	GB/T 265
黏度指数	165	171	GB/T 1995
闪点(开口)/℃	210	208	GB/T 3536
铜片腐蚀（150℃，3h)/级	1b	1b	GB/T 5096
布氏黏度(-40℃)/(mPa·s)	6710	8720	GB/T 11145
液相锈蚀(24h)	无锈	无锈	GB/T 11143(A法)
泡沫试验(泡沫倾向/泡沫稳定性)/(mL/mL)			GB/T 12579
前24℃	10/0	5/0	
93℃	25/0	10/0	
后24℃	10/0	0/0	

目前驱动系统的电机转速已达到16000r/min，集成电机+电控+减速器的“三合一”电桥已开始量产，将电力电子都集成进来的“多合一”已经在推动，两挡电桥在应用测试中，有预测未来高效电驱动系统的技术变革将会在未来5年发生。

目前主流纯电动汽车均采用电机匹配单级变速器的架构，即固定齿比的一级减速器，实际上这种设计无法同时满足动力性和经济性，动力性能完全取决于驱动电机，转速过低则无法输出转矩，转速过高则会处于一种低效的工作状态，为了满足车辆在高速或爬坡时的动力输出，需要配置更大功率的电机和电池，加大成本，降低电机效率，浪费车载电能。目前因为工艺设计方面的原因，缺乏精密机械制造能力，国内二级变速器的供应力量较弱，市场上还没有十分合格的产品。但兼顾动力性能和经济性的二级变速器是未来发展的趋势，在行业逐渐解决了续航里程、电池容量、充电时间、压缩成本等紧迫问题之后，关注点将转移到变速器上，越来越多的企业已经开始研发相关的产品。这些都需要润滑油企业跟踪，配合车企开发与之相适应的传动油产品。

3.3 冷却液

传统燃油车冷却系统主要是冷却发动机和传动系，在电动汽车中，冷却液则用于冷却电机、电池、电池管理系统等核心部件，一般分为两部分：一是对动力系统的驱动电机、车辆控制器和 DC/DC 等部件冷却，二是对供电系统的动力电池和车载充电器冷却，其中最主要的是动力电池冷却系统。冷却方案向液冷的方向发展，对冷却液的材料相容性和高低温性能要求更高，虽然目前大部分电动汽车还是采用传统冷却液，但电动汽车专用冷却液的研发已经开始，并有相关产品推出，未来将有更多的研发成果。没有了发动机油，传动油的用量和更换量更少，冷却液可能是电动汽车唯一需要经常更换保养的润滑油产品。

3.3.1 电池组冷却

电动汽车的动力来自车载动力电池，车辆装载空间有限，所需电池数目较大，电池均为紧密排列连接，由于电池通过电解等化学反应实现充电蓄能和放电提供动力的过程，这个过程会释放大量的热能，如果不及时散热会造成局部过热，影响电池的很多特性参数，如内阻、电压、可用容量、充放电效率等，进而对电池的使用寿命，以及稳定性和安全性都会造成严重的影响。而且车辆在高速、低速、加速、减速等交替变换的不同行驶状况下，电池会以不同倍率放电，以不同生热速率产生大量热量，加上时间累积以及空间影响会产生不均匀的热量聚集，从而导致电池组运行环境温度复杂多变。电池对于温度控制的要求十分精确，特别是目前应用最多的锂电池，对温度变化更加敏感，温度水平直接影响其使用中的能量与功率性能。温度较低时，电池的可用容量将迅速发生衰减，在过低温度下(如低于 0℃)对电池进行充电，则可能引发瞬间的电压过充现象，进而引发短路。其次，生产制造环节的缺陷或使用过程中的不当操作等可能造成电池局部过热，并进而引起连锁放热反应，最终造成冒烟、起火甚至爆炸等严重的热失控事件，威胁到车辆驾乘人员的生命安全。另外，锂离子电池的工作或存放温度影响其使用寿命。电池的适宜温度约在 10~30℃之间，过高或过低的温度都将引起电池寿命的较快衰减，缩短电池寿命，增加成本。

因此，电池热管理系统是应对电池的热相关问题，保证动力电池使用性能、安全性和寿命的关键技术之一。主要功能包括：①在电池温度较高时进行有效散热，防止产生热失控事故；②在电池温度较低时进行预热，提升电池温度，确保低温下的充电、放电性能和安全性；③减小电池组内的温度差异，抑制局部热区的形成，防止过快衰减而降低电池组整体寿命。

国内外电动汽车电池组的冷却方式主要有以下几种：空气冷却、液体冷却、直冷等。空气冷却方式即风冷，分为自然冷却和强制冷却，利用自然风或风机，配合汽车自带的蒸发器通过空气对流为电池降温，系统结构简单、便于维护，在早期的电动乘用车应用广泛，空气冷却虽然比较容易实现，但冷却能力有限，效果相对较差，应用占比逐渐降低。

随着高密度、大功率、快速充放电新能源汽车的发展，应用环境对电池的要求越来越高，原有的空冷式散热已经不能解决电池散热问题，液冷也成为车企的优选方案，我国主流电动乘用车企业也转向液冷系统。液体冷却技术通过液体对流换热，将电池产生的热量带走，降低电池温度。液体介质的换热系数高、热容量大、冷却速度快，更加可控均匀，便于自动管理，对降低高温度、提升电池组温度场一致性的效果显著，所需散热体积也相对较小。尽管会带来复杂结构、更大车重和更高成本，但依然被广泛采用，是目前许多电动乘用车的优选方案，是未来发展的主流方向。

液冷系统形式较为灵活：可将电池单体或模块沉浸在液体中，也可在电池模块间设置冷却通道，或在电池底部采用冷却板。常见的模式是在电池模组上盖和底盘以及单体电池间布置金属散热片，散热片上刻有流道槽，采用串并联的方式围绕每一节单体电池，冷却液在流道槽内循环流动带走热量(在低温环境下，加热线圈可以加热冷却液使电池升温)并通过车辆外部的热交换器散发热量，帮助电芯带走多余热量，将电池组之间的温度差控制在±2℃，保持电池温度的均衡，使放电速度尽可能达到一致，提高电芯的使用寿命和电池包的总体有效带电量，保证电池的安全和功率。电池与液体直接接触时，液体必须保证绝缘(如矿物油)，避免短路。

直冷(制冷剂直接冷却)：利用制冷剂(R134a 等)蒸发潜热的原理，将空调系统的蒸发器安装在电池系统中，制冷剂在蒸发器中蒸发并快速高效地将电池系统的热量带走，完成对电池系统冷却的作业，目前直冷方式基本用在电动乘用车上，应用比较少。

相变材料：相变材料(PCM，Phase Change Material)是指随温度变化而改变物质状态并能提供潜热的物质。在电池放电时，PCM 吸收热量，发生相变，并将能量以相变潜热的形式储存下来，在电池充电或不工作时，PCM 将热量排放到环境中去。相变材料热管理方式不需要复杂结构设计、不需要耗费额外能量，在寒冷天气下也可以为电池保温，具有良好的前景，但目前尚未实现产业化。

3.3.2　电动机/电控系统冷却

电机和电控系统冷却相对简单一些。对于电机与传动系集成化的结构，电机浸泡在传动油中，电机的冷却功能通过传动液的循环实现，因此传动油就需要兼具冷却液的功能，通过循环带走电机转动产生的热量。

目前最常见的分体式则需要专门的温度控制系统实现。电动机和控制器在工作时，总是有一部分损耗转变成热量，需要有效的冷却介质及冷却方式来带走热量，保证电动机在一个稳定的冷热循环平衡系统中安全可靠运行，电动机冷却系统的好坏将直接影响电动机的安全运行和使用寿命。

电动机/电控系统主要冷却方式也分为风冷、液冷和冷却剂三种，原理与电池温度管理基本一样，一般分别控制或通过串并联综合控制，更好地利用热量，其中液冷系统主要依靠冷却水泵带动冷却液在冷却管道中循环流动，利用传导原理，热量从逆变器/驱动电动机组件传递到冷却液中，然后通过散热器的蒸发管路由自然风或风扇强制通风系统将热量散发到空气中，完成热交换，冷却后的冷却液再通过冷却水泵进入冷却管道。使逆变器/驱动电动机组件保持在最佳的工作温度。

3.3.3　整车冷却方案

电动汽车的冷却系统既有电机/电控和电池分为 2 个独立的系统，也有二者合并热管理，通过各种串/并联方式控制各部分的冷却和加热过程，实现冷却和加热及余热资源合理利用。

电机冷却液的温度一般不超过 75℃，最佳工作温度在 65℃以下，温度控制相对比较宽松，而电池的适宜工作温度为 20℃~30℃，对温度的敏感性更高。

直冷方案的制冷剂一般为 R134a，空调系统制冷剂循环回路由两个并联支路构成，一个用于冷却车内空间，一个用于冷却动力电池单元，两个冷却系统相互独立。直冷的优点在于：冷却效率比液冷高出 3~4 倍，更能满足快充需求，结构紧凑，潜在的降低成本。

3.3.4 电动汽车冷却液的功能类型和维护保养

目前大部分国内厂家还是以传统燃油车所采用的冷却液为主，主要成分为“乙二醇”水基冷却液，也有的冷却液是 50%水和 50%有机酸技术（OAT）的混合物，这种溶液的通过性能良好，而且对于金属的腐蚀性较弱，抗挥发，但是沸点不高，因而会因负荷不够而出现所谓“开锅”现象。实际上，因为电池的特殊结构，其冷却水道结构比燃油汽车更复杂和狭小，热负荷更大，除了对冷却系统的密封性有更高的要求外，对冷却液的品质要求更高，要求防腐蚀性能和密封性能以及高低温稳定性更好，不能是电解液体，否则容易泄露造成短路，发生安全事故。

虽然电动汽车出现的时间短，目前大部分还是沿用传统燃油车的冷却液，但相关研究陆续展开。很多润滑油企业都在开展无水冷却液研发，和 OEM 合作开发新能源汽车热管理系统油冷技术和方案，低冰点，高沸点，金属材料的良好防腐蚀性能，和多种非金属材料的优秀兼容性能等等，这将是润滑油企业在电动车时代的一个全新应用场景。从沿用传统汽车防冻液，到单独研发适合电动汽车热管理系统的专用冷却液，从水冷到油冷，冷却液的发展肯定需要与整车制造商开展合作，满足主机厂在不同车型电动汽车的三电系统重点是电池系统的发展要求，是一个长期的过程。

中国汽车工程协会（CSAE）正在组织开发 CSAE 团体标准《电动车冷却液技术规范》，适用于动力电池、电机、控制器等需要液体冷却的纯电动汽车系统，2018 年立项，目前在研，《电动汽车冷却液》行业标准也在研发过程中。

冷却液要定期更换才能保持其最佳效率和耐腐蚀性，长期不更换冷却液变质，产生水垢腐蚀，散热器、管路损坏，一旦引起泄漏，造成电池短路起火，会危及人员安全。交通运输部公路科学研究院牵头起草的行业标准《纯电动汽车维护、检测、诊断技术规范》[11]，以及之前一些相关地方标准有日常检测更换的条款，包括动力电池、驱动电机。电动汽车冷却液使用目前还没有形成统一的国家标准要求，一般根据厂家维修保养规范的规定时间进行更换，周期为 2 年或 4 万 km，也有厂家建议每 4 年或每 8 万 km 更换一次。

3.4 润滑脂

润滑油与润滑脂的主要用途都是润滑，但润滑脂具有黏附性、防水性、密封性好的特点，更适合于高负荷、低转速、宽温度范围、苛刻环境、长换油周期等条件下的润滑。润滑脂的应用遍布汽车发动机、底盘、车身和电气的 100 多个部位，共 200 多个润滑点。其中，汽车底盘包括传动系、行驶系、转向系、制动系四大部分，是汽车应用润滑脂部位最多也是用量最大的地方，车轮轮毂轴承因对润滑脂的性能要求与底盘其他部位不同，润滑脂的耗量也很大，其次是汽车万向节尤其等速万向节的发展，对润滑脂性能提出了更高的要求。

电动汽车与传统燃油汽车相比，主要区别在于用电动机代替发动机提供运行动力，因此，润滑脂的应用除了上述部位以外，增加了电机、电控系统等，主要是电动机。目前电动汽车经常采用的驱动电机有直流电机、异步电机、永磁同步电机和开关磁阻电机四类，国内电动汽应用最多的是永磁同步电机，具有结构简单、可靠性好、成本易控、维修方便、转速范围广的优点，目前被各大新能源汽车品牌车型选用，2019年装机车辆中，永磁同步电机装机量占比达到97.51%，异步交流电机和其他类型电机装机量占比不到3%。

电动机不需要发动机油，需要少量的电机油一般在生产时加入，正常情况下不用换。而电动汽车的电动机转子运转是用滚动轴承来支承的，用高级润滑脂进行润滑，因此，随着电动汽车的产销和保有量增加，电动机装机量的大幅上升，润滑脂的品种和需求量会上升。一般电机轴承出厂前都已经加好的，因为是滚动摩擦运转时不大产生热量又没有机械垃圾产生且防尘措施好，如果经常在用，一般不用特别再加，长时间不用或超过5000小时，可以保养时添加，或是出现故障进行维修保养时按要求添加和更换。

电动汽车的电动机高转速、电流和磁场环境等特点，对润滑脂在热传递、密封性和材料兼容性方面提出更高要求。电动机相对静音的运行特点使电动车整体的驾驶体验更好，同时就增加了降低噪音润滑油脂的重要性，而且噪音也会影响与自动驾驶相关的车辆导航和安全相关的传感，因此未来电动汽车可能会逐步需要与现有产品不同的降噪型润滑脂。

3.5　电池、充电桩领域润滑油的需求

3.5.1　导热油

随着电动汽车的产销量大幅增加，电池的装机量也在大幅增加，因此，电池生产成为重要的生产环节，特别是锂电池的应用更是十分广泛。锂电池正负极材料干燥过程中，热负荷大、能耗高，企业对生产过程的节能减耗、降本增效、安全生产尤为关注，导热油加热替代传统的蒸汽加热，在锂电池行业得到广泛的应用。其优势在于：

（1）操作压力低，安全性高。导热油加热系统维持在0.4~0.5MPa的常压液相状态。

（2）运行成本低。导热油加热系统流程简单，无需水处理设备及辅助设备，设备均为低成本的常压设备。

（3）热效率高，进出口温差为20~30℃，且无跑、冒、滴、漏等热损失。

（4）控温精度高，特别适用于锂电池正负极材料等热敏性物料加热。

（5）系统操作便捷，无需人员长期值守，减少人力成本。

3.5.2　充电桩相关用油

未来大功率高速充电桩也是新能源汽车行业重点发展的技术，而大功率充电带来设备发热等效应同样需要冷却解决方案，因而散热效果好绝缘性高的冷却油液未来可能是充电设备的必备零部件。

随着纯电动和混合动力汽车产销量的快速增长，充电桩的保有数量也在提升，截止2020年末，国内充电桩数量已经达到168.1万台，车桩比2.9∶1[12]，按规划2025年新车销量中新能源汽车占比20%，充电桩发展的市场空间很大。国家和地方政府在税收补贴政策方面进一步向充电基础设施方面倾斜，鼓励各地充电设施的研发建设。伴随着充电桩建设的加速，保有量的增加，充电桩相关用油需求引起人们的重视，包括大功率充电桩电缆冷却油液、充电桩插头触点润滑剂等。

3.5.3　大功率充电桩电缆的冷却油液

充电桩通常分为快充与慢充两种，慢充多为应用在私人充电桩的车载交流充电桩，功率

通常只有几千瓦，充电时间长。快充多为直流公共充电桩，功率能够达到几十千瓦乃至上百千瓦，充电速度快，半小时可以充满 80%。大功率充电桩，一般定义≥350kW 的充电桩，充电时间约为 10~15min，续航里程可达 300km 公里，有效缩短充电时间，解决续航焦虑的问题，提高充电场站的运营效率和收益。

研发和普及高功率充电技术，已经成为推动行业进步与发展的重要因素之一。充电设施企业和新能源车企都在布局自己的超级充电站，120kW、150kW、180kW 甚至 250kW 的大功率充电桩已经纷纷投入运营，国家电网、北汽、星星充电、蔚来、特斯拉相继推出自己的超级充电桩。相关研发也取得了长足的进步，360kW、400kW、450kW、500kW 的快充产品已进入研发和测试验证阶段。大功率充电桩的逐步落地普及是发展趋势，对电网的负荷承载能力、电池安全和寿命、车辆的电池管理充电控制系统以及电压平台、高压器件和充电桩结构设计、充电系统与车辆的接口、充电协议等都提出了挑战。其中散热系统和密封技术是保证可靠性与安全性的关键，直接决定设备的使用寿命和稳定性。

充电桩散热系统分为充电桩模块、充电枪和电缆三个部分，动辄数百千瓦的充电功率，传统的风冷已无法满足散热需求，目前倾向于采用液冷工艺。液冷技术的原理并不复杂，即在电缆和充电枪之间设置一个专门的循环通道，通道内加入起散热作用的冷却液，通过动力泵推动液体循环，从而把热量带到冷却装置，循环使用。但液冷技术难度还是比较高的，在电流、电压非常大的情况下，系统非常容易发热，电损也会比较高，需要解决系统设计散热管道排布、冷却液的选择等问题。

市场上已经开始出现液冷线缆、液冷充电枪、液冷插座等产品，一体式液冷线缆与普通线缆相比，一边导电，一边用冷却液散热，有效降低充电温度，保证在更高的电流下不损害线缆稳定运行。目前应用最多的冷却液为复合型绝缘油，能耐高压、导热性好、且不易泄露，对密封技术要求低，便于实时监控等，有厂家采用的冷却液为含有丙二醇的类似于防冻液的物质，也有使用变压器油，看中的是低成本和大电压下的绝缘性能。国内专利中有采用是丙二醇丁二醇和硅油等组成混合物作为充电桩冷却液。随着大功率充电桩的保有量需求增加，功率进一步提高，对液冷系统和冷却油剂的性能需求将更加专业化和精细化。

3.5.4 充电桩插头触点润滑油脂

充电桩内的插入式触头和汽车中的插入式触头，一般用铜合金制成，镀金、银或锡的电接点能承受特别严酷的工作条件，特别是急速充电或长时间使用。但频繁的插拔周期、宽温度范围、高插入力，使电触点需要特殊的表面保护，保证在触点使用寿命内防止摩擦腐蚀、磨损、电阻上升，需要使用合适的润滑剂，并尽可能正确地控制润滑剂的涂布位置和涂布量，有效地维护设备运行状况。

触点润滑油脂产品应具有良好的抗磨性能，增强接点的灵敏性，有效减少积炭及电火花，防止金属表面的氧化。目前这方面研究应用比较少，市场上使用较多的接触开关润滑脂，采用低电阻的半合成油做基础油，主要是为各类微型马达电刷及换向器开发的，如家电行业。随着充电桩的保有量快速增长，充电使用场景和频率的增加，以及大功率快充桩的应用，未来对这类润滑脂的需求量将大幅增加，对产品性能的要求也将逐渐精细化，应关注相关需求，及时研究使用工况，配合用户开发相关产品，丰富新能源汽车领域用油的产品线。

4 结论及建议

新能源汽车相关的油品包括传动油、冷却液和润滑脂，以及动力电池制造环节和充电设备的生产维护中存在的润滑油相关需求，从结构和使用参数方面都有别于传统燃油车，如电气性能、材料兼容性、温度、速度等。新能源汽车属于新生事物，处于发展初期，与相对成熟的燃油车相比，技术材料结构相对复杂，采用很多新的技术和设备结构及材料，并且在不断的研发更新升级过程中，车企、主机厂、设备商都在探索中，需要润滑油行业整体解决方案和全产品线维护产品。

目前看，新能源汽车的维护保养周期远远长于传统燃油车，甚至是终身免维护，因此大部分润滑油产品都是在制造和维修环节，甚至是零部件制造环节，如电机电控制造商等，而不是普通用户的日常维护环节，因此润滑油行业的用户服务需要前移。

国内包括整车和电池生产都有比较可靠的自主技术，掌握了更多发言权，在新能源汽车技术标准上也有建树，润滑维护产品也应积极开展润滑油相关标准的制定，争取国际上的相关话语权。

参考文献

[1] 财政部，工业和信息化部，科技部，发展革委.《关于进一步完善新能源汽车推广应用补贴政策的通知》(财建[2020]593号)，2020年12月31日. http://www.gov.cn/zhengce/zhengceku/2020-12/31/content_5575906.htm.

[2] 工业和信息化部，财政部，商务部，海关总署，市场监管总局. 关于修改《乘用车企业平均燃料消耗量与新能源汽车积分并行管理办法》的决定. 中华人民共和国工业和信息化部 财政部 商务部 海关总署 国家市场监督管理总局令53号，2020年6月15日. http://www.gov.cn/zhengce/zhengceku/2020-06/22/content_5521144.htm.

[3] 住房和城乡建设部，教育部，工业和信息化部，等.《关于开展城市居住社区建设补短板行动的意见》建科规[2020]7号，2020年8月18日. http://www.gov.cn/zhengce/zhengceku/2020-09/05/content_5540862.htm.

[4] 工业和信息化部. 2020年新能源汽车标准化工作要点，2020年4月16日. https://www.miit.gov.cn/xwdt/gxdt/sjdt/art/2020/art_6b3143c8375341229ece2c37c65a5373.html.

[5] 国务院. 国务院关于印发《中国制造2025》的通知(国发[2015]28号)，2015年5月19日. http://www.gov.cn/zhengce/content/2015-05/19/content_9784.htm.

[6] 国务院办公厅.《国务院办公厅关于印发新能源汽车产业发展规划(2021—2035)的通知》(国办发[2020]39号)，2020年11月2日. http://www.gov.cn/zhengce/content/2020-11/02/content_5556716.htm.

[7] 中国汽车工程学会. 节能与新能源汽车技术路线图2.0. 2020-10-27.

[8] 能源与交通创新中心(iCET). 中国传统燃油车退出时间表研究. 2019-5-20.

[9] 能源与交通创新中心(iCET). 中国传统燃油汽车退出进度研究与环境效益评估. 2020-6-30.

[10] 王威. 为多样化的新能源车动力系统开发专用润滑油技术. 2020中国汽车动力总成电气化国际峰会. 上海嘉定. 2020年12月3-4日.

[11] 纯电动汽车维护、检测、诊断技术规范. 中华人民共和国交通运输行业标准. JT/T 344-2020，2020-10-30.

[12] 中国电动汽车充电基础设施促进联盟. 2020年全国充电基础设施累计数量达168.1万台. 人民网. 2021年1月14日. http://auto.people.com.cn/GB/n1/2021/0114/c1005-31999752.html.

航煤加氢装置氢气一次通过流程可行性方案研究

袁小彬，文　敏

（中国石化塔河炼化有限责任公司，新疆库车　842000）

摘　要　本文介绍某单位30万t/a航煤加氢装置的主要生产工艺参数，分析航煤加氢装置的能耗构成，同比其他炼化企业同类装置的能耗参数，提出了航煤加氢装置氢气一次通过的可行性方案。通过采用氢气一次通过流程方案前后装置能耗对比分析，论证氢气一次通过流程将降低装置整体能耗，提出了氢气一次通过流程方案实施后可能存在的问题与建议。

关键词　航煤加氢装置　氢气一次通过　能耗　对比分析

1　塔河航煤加氢装置介绍

塔河炼化30万t/a航煤加氢装置以直馏煤油为原料，生产满足GB 6537—2006标准的3#喷气燃料，产品的硫质量分数不大于50μg/g[1~5]。该航煤加氢装置采用中国石化石油化工科学研究院研发的航煤临氢脱硫醇RHSS专利技术[6,7]，由中国石化洛阳石化工程公司完成工程设计。航煤加氢装置主要包括反应部分、分馏部分，装置设计操作压力为3.5MPa，循环氢流量为4800Nm^3/h，设计能耗为9.27kgeo/t。反应部分使用了两台循环氢电动往复式压缩机，两台压缩机以“一开一备”模式运行，单台压缩机功率为110kW，装置反应部分的主要操作参数见表1。

表1　航煤加氢装置反应部分主要操作参数

项　　目	生产航煤	生产国Ⅳ柴油
反应器入口压力/MPa	3.8	3.8
反应器入口温度/℃	270	290
反应器出口温度/℃	272	298
反应器温升/℃	2	8
反应器入口氢油比(v/v)	140~160	140~160
化学氢耗(纯氢)/%	0.14	0.15
压缩机入口压力/MPa	3.5	3.5
压缩机出口压力/MPa	4.1	4.1
压缩机设计负荷/(Nm^3/h)	4800	4800
低压分离器压力/MPa	3.3	3.3
产品分馏塔回流量/(t/h)	1.2~1.5	2.5~3.0
塔底温度/℃	216~218	228~232
塔顶回流罐压力/MPa	0.14	0.14

2 装置运行与能耗情况

塔化航煤加氢装置2014年6月一次开车成功，运行至今总体情况平稳。受航煤产品消费市场需求量的制约，航煤产品月产量约在14000t左右。为提升航煤加氢装置的经济效益，航煤加氢装置采用间断切换的生产模式，即生产航煤产品的同时兼顾生产国Ⅳ柴油产品。国Ⅳ柴油产品生产期间，为保证国Ⅳ柴油产品的闪点及总硫指标，致使装置能耗大幅度提升。自装置开工以来塔河航煤加氢装置能耗情况如图1所示，装置能耗呈逐步下降过程。

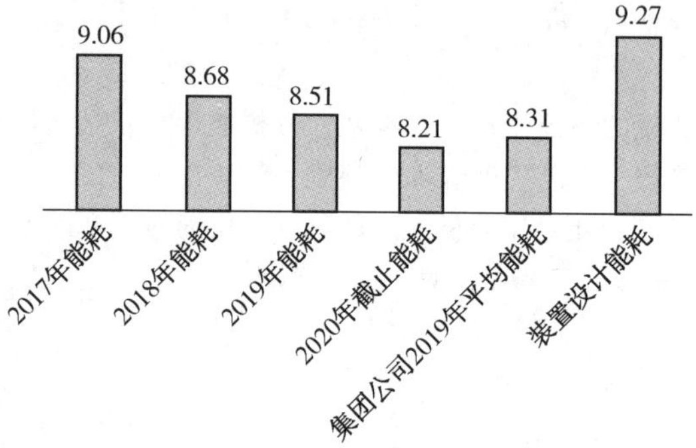

图1 2017~2020年塔河航煤加氢装置能耗情况(kgeo/t)

塔河航煤装置与集团公司其他企业航煤装置2019年平均能耗基本持平，但与天津石化等先进装置的能耗(4.57kgeo/t)对比相差较大，与同等规模的装置相比能耗方面也表现不佳，2019年在25套航煤加氢装置年能耗竞赛排名中该装置排名23名，装置有进一步挖潜增效的空间，航煤加氢装置能耗对比情况详见表2。

表2 2019年航煤加氢装置能耗情况

序号	装置名称	负荷率	能耗/(kgeo/t)
1	燕山	141.57	2.59
2	天津	123.51	4.57
3	石炼	108.48	3.97
4	洛阳	124.47	6.34
5	齐鲁	84.37	5.31
6	济南	73.01	27.01
7	安庆	118.16	13.3
8	九江	134.75	16.71
9	武汉1	115.8	4.78
10	武汉2	119.17	5.05
11	长岭2	127.61	9.93
12	长岭3	79.71	7.62
13	扬子1	108.21	7.12
14	高桥1	76.46	8.8
15	高桥2	92.88	11.66
16	上海1	108.73	6.22
17	上海2	96.53	14.48
18	镇海3	96.99	4.06
19	广州1	133.55	3.74
20	茂名1	90.86	8.87
21	海南1	123.99	4.36
22	海南2	118.06	7.91
23	塔化	87.73	8.51
24	青炼	125.39	3.35
25	福建	76.63	11.46

塔化航煤加氢装置的能耗主要包括燃料气和电能，具体能耗构成及占比情况见图2。根

据装置主要运行数据及主要经济指标，与武汉、茂名、镇海、青炼、长岭相比，该装置能耗偏高主要源于电耗及燃料耗量偏大，见表3。装置电单耗较高原因分析，一方面装置进料油性质导致电耗设计指标偏高，该航煤加氢装置原料油氮含量高达64μg/g[5]，生产合格产品所需的反应压力比常规航煤加氢高约2.0MPa，因此导致反应加氢进料泵电耗偏高；另一方面循环氢压缩机无流量调节系统，氢油比大，导致耗电较高。装置燃料偏大原因分析，装置流程设计根本上决定了航煤加氢装置的高燃料量，航煤加氢的原料油进装置没有设置换热器，加之航煤加氢装置间断切换式生产模式，生产航煤产品兼顾生产国Ⅳ柴油，同时该装置系统的燃料气源热值低，协同造成装置的燃料耗量增加。

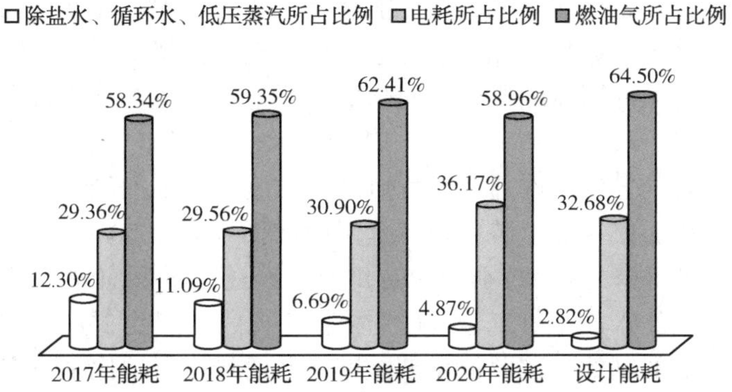

图2 塔化航煤装置能耗构成及占比情况

目前，玉门炼化、青岛炼化、长岭等炼化企业实现了航煤氢气一次通过设计流程。其中青岛炼化60万t/a航煤加氢，设计操作压力为2.1MPa(分离器)，运行氢油比约70(v/v)，航煤加氢所需一次通过氢气由柴油加氢新氢压缩机一级出口引出(压力4.2MPa)，经过航煤加氢装置反应后的富氢再返回至柴油加氢新氢压缩机一级进口缓冲罐(压力2.0MPa)作为柴油装置的补充氢，分馏系统没有设重沸炉，航煤加氢装置综合能耗为5.65kgeo/t，青岛炼化能耗指标远低于塔化航煤装置，能耗方面表现较好(见表3)。因此，氢气一次通过设计流程具有明显降低航煤加氢装置能耗的优势。

表3 航煤加氢装置主要经济技术指标(2016年)

炼厂	新鲜水/(t/t)	循环水/(t/t)	电/(kWh/t)	0.3MPa蒸汽/(t/t)	1.0MPa蒸汽/(t/t)	燃料/(kg/t)	综合能耗/(kgeo/t)
武汉	0	9.35	0.069	21.477	0.056	7.694	18.06
茂名	0.0014	6.3429	3.93	0	0.0045	2.8	4.7
镇海	0	1.09	9.21	0	0	4.1	6.42
青炼	0	1.584	3.228	0	0.0003	4.44	6.38
长岭	0.04	13.99	37.61	0	0.02	25.02	36.12
塔河	0	1.29	11.25	0	0.015	6.3882	10.42

目前，玉门炼化、青岛炼化、长岭等炼厂实现了航煤氢气一次通过设计流程。其中青岛炼化60万t/a航煤加氢，设计操作压力为2.1MPa(分离器)，运行氢油比约70v/v，航煤加氢所需一次通过氢气由柴油加氢新氢压缩机一级出口引出(压力4.2MPa)，经过航煤加氢装

置反应后的富氢再返回至柴油加氢新氢压缩机一级进口缓冲罐(压力2.0MPa)作为柴油装置的补充氢，分馏系统没有设重沸炉，航煤加氢装置综合能耗为5.65kgeo/t，青岛炼化能耗指标远低于塔河炼化，能耗方面表现较好。因此，氢气一次通过设计流程具有明显降低航煤加氢装置能耗的优势。

3 氢气一次通过可行性方案

塔化航煤加氢装置设计有循环氢压缩机系统和塔底重沸炉，其综合能耗虽已经降低到设计值以下，但与其他炼化企业航煤装置相比能耗差距相对较大，在不采取新技术改进措施的情况下，该航煤加氢装置能耗指标几乎没有进一步优化的空间。由于氢气一次通过流程可以避免航煤加氢装置运行循环氢压缩机，从而降低运行电能，故提出该航煤加氢装置的氢气一次通过流程可行性方案。

塔河航煤加氢装置的氢气一次通过流程可行性方案：航煤加氢装置改为氢气一次通过流程，停开循环氢压缩机，航煤加氢装置正常生产所需循环氢4000~5000Nm^3/h，氢气由邻近2#加氢装置增压机一级出口(压力约4.2MPa)供给，经过航煤反应器完成加氢反应后，通过高压分离器气液分离氢气排放至氢气管网(具体流程见图3)。受2#加氢增压机氢气上量指标及后路氢气品质两方面的制约，按照催化剂能够承受的最小氢油比来设定一次通过所需的最小氢气用量，以减小供氢量压力，同时保证后续加氢装置对新氢品质的要求。研究院提供的RSS-2催化剂所能允许的最小氢油比不能小于100(v/v)的指标，在满足最小氢油比指标的同时研究氢气一次通过方案的可行性，因此提出了满负荷时需要的最小氢气量为4000Nm^3/h。

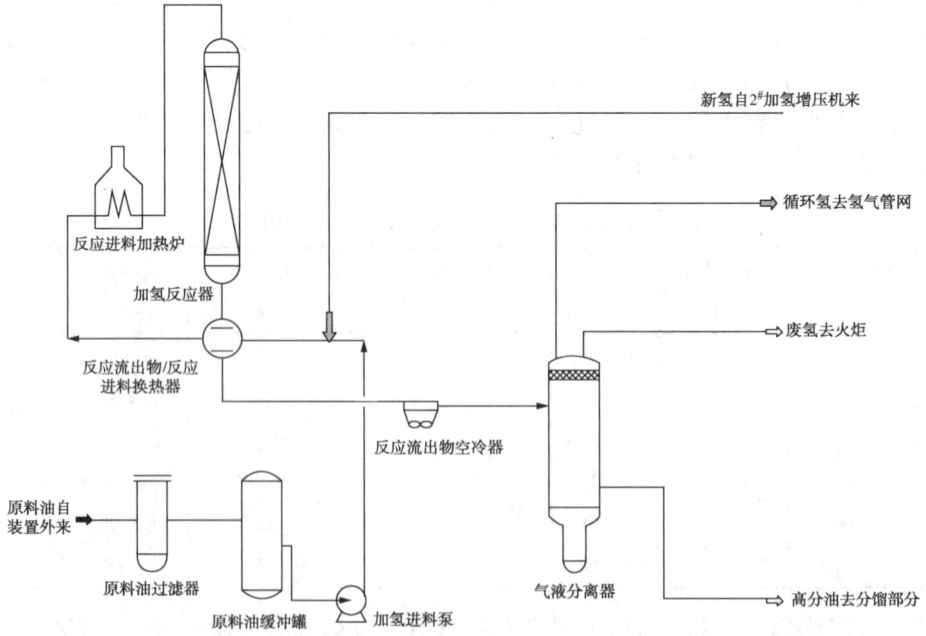

图3 航煤加氢装置氢气一次通过流程

4 可行性方案能耗分析

实施氢气一次通过流程方案，该航煤加氢装置在一定程度上可降低电耗量。航煤加氢装置临近的2#汽柴油加氢装置设有三台增压机，其中一台增压机为无级气量调节系统，增压机操作参数见表4。自2017年7月1日起装置全面升级至国V柴油标准，受柴油升级耗氢量增加因素的影响，三台增压机实行“两开一备”的运行模式。基于该2#加氢装置增压机长期“两开一备”模式运行特点，从系统能耗角度出发，氢气一次通过流程将导致航煤加氢装置的部分电耗转移至2#汽柴油加氢装置，即导致增压机做功量增加。经初步核算，正常生产过程中增压机压缩新氢量为21000Nm^3/h，当增加新氢量4000~5000Nm^3/h时，增压机耗电量增加20kW/h，而航煤加氢循环机正常运行所需总电量为75kW/h，涵盖主电机、水泵电机、润滑油泵冬季防冻运行的耗电量，综合加制氢增压机耗电增加量与停开航煤加氢循环机耗电节省量，氢气一次通过方案整体上节约装置电量约55kW/h，年节约电量46万度左右，节约电费23万元左右，航煤加氢装置总能耗预计下降约0.9~1.5kgeo/t。

表4 2#汽柴油加氢装置增压机操作参数

设备型号	2D45-17/23.5-87.5
结构型式	固定水冷对称平衡型，二列两级往复活塞式
标准流量/(Nm^3/h)	21000
按吸入状态/(m^3/min)	17
进气压力/MPa	一级2.35　　二级4.72
排气压力/MPa	一级4.72　　二级8.75
型号	TAW1350-18/2150
型式	增安型同步电动机
额定电压/V	10000
额定电流/A	76.4
功率/kW	1350

5 可行性方案相关问题分析

5.1 航煤循环氢对后续装置产品质量影响

在氢气一次通过流程方案中，航煤加氢装置高压分离器的顶端分离出的氢气会携带部分轻烃进入氢气管网，表5分析结果可知循环氢组分中含有部分轻烃，一方面可能会造成两套汽柴油加氢精制装置的反应器床层温升增大，另一方面氢气管网中轻烃组分的增多会使两套加氢装置新氢压缩机的级间分液罐凝液增加，增加了压缩机带液工作的风险。另外，氢气一次通过的循环量仅为4000~5000Nm3/h，氢气管网中连续重整产氢20000Nm^3/h，航煤加氢装置的氢气一次通过的循环量所占氢气管网比例仅为11%左右，改造后由于航煤加氢装置将连续有大量纯氢进装置，航煤加氢装置循环氢的氢气纯度更高，因此，后续装置柴油升级受到的影响是有限的。

表5 航煤加氢装置的循环氢组成分析

组分	所占比例/%	组分	所占比例/%
甲烷	0.56	氮气	3.3
乙烷	0.12	硫化氢	0.2
丙烷	0.03	氢气	95.29
氧气	0.5		

5.2 可行性方案对装置操作影响

首先氢气一次通过流程较易受2#加氢装置影响。塔河航煤加氢装置氢气一次通过流程所用氢源由塔河2#加氢装置增压机一级出口提供，当塔河2#加氢装置操作异常时，需要重新启动航煤循环机维持正常生产；当航煤装置开停工时，需重新启动航煤循环机，待正常运行后再切换至航煤加氢装置氢气一次通过流程。因此，建议保留塔化航煤装置原有氢气流程；其次氢气一次通过流程导致2#加氢增压机的一、二级做功存在不平衡问题。2#加氢装置增压机一级出口直接供给航煤装置氢气，将导致加氢增压机的一级与二级做功不平衡，建议使用2#加氢无级气量调节系统作为主调节手段，操作经验尚需后期不断摸索总结。

6 结论

该航煤加氢装置生产航煤产品的同时兼顾生产国Ⅳ柴油，导致装置能耗较高，特别是当油品升级后，生产国Ⅴ柴油还将进一步提升装置能耗。如何降低装置能耗实现低碳运行，成为了摆在塔河航煤加氢装置面前的头等大事，通过调查研究同类航煤装置的运行情况，经过技术研究分析，该航煤加氢装置实行氢气一次流程方案具备可行性条件，建议实施。

参考文献

[1] 李大东. 加氢处理工艺与工程[M]. 北京：中国石化出版社，2004.
[2] 杜岳红. 航煤加氢装置工艺设计[D]. 天津：天津大学，2005：14-20.
[3] 吕娜. 航空煤油加氢精制装置工艺设计[D]. 上海：华东理工大学，2015.
[4] 周礼俊，宋永一. 液相加氢工艺在航空煤油生产上的工业应用[J]. 当代化工，2014(01)：111-113.
[5] 梁瑜. 加工塔河油技术分析与优化[D]. 天津：天津大学，2012：11-18.
[6] 夏国富，朱玫，聂红，等. 喷气燃料临氢脱硫醇RHSS技术的开发[J]. 石油炼制与化工，2001(01)：12-15.
[7] 褚阳，夏国富，刘锋，等. 高处理量喷气燃料加氢催化剂RSS-2的开发及其工业应用[J]. 石油炼制与化工，2014(8)：6-10.

C-NUM 液相加氢技术开发与应用

王德会，赵秀文，赵宇哲，相春娥，张　靖

（中石油华东设计院有限公司，青岛　266071）

摘　要　C-NUM 液相加氢工艺充分利用液相加氢技术氢气快速溶解、液相停留时间长等优点，采用上流式反应器、多点注氢流程解决了液相加氢化学氢与溶解氢的矛盾，具有既无气相循环也无液相循环、流程简单、易于操作、装置能耗低、占地省、投资少等特点。应用该技术的庆阳石化 40 万 t/a 航煤液相加氢装置于 2018 年 12 月一次开车成功，填补了中石油在液相加氢领域的空白。与常规滴流床技术相比，投资节省 15%，能耗降低 50%，工艺上有重大突破，整体技术指标达到国际先进水平。

关键词　C-NUM 液相加氢技术　无循环泵　航煤液相加氢

1　前言

庆阳石化 40 万 t/a 航煤液相加氢装置为中石油重大技术现场试验项目无循环上流式液相加氢生产航煤技术工业试验装置。

新建航煤液相加氢装置采用中国石油自主开发的 C-NUM 液相加氢成套技术，该技术在工艺上有重大突破，具有无循环泵、流程简单、易于操作、装置能耗低等优点。

C-NUM 液相加氢成套技术是中石油华东设计院有限公司联合中国石油大学（华东）、浙江大学历时六年共同开发的成果，在庆阳石化 40 万 t/a 航煤液相加氢装置上获得工业验证。

2018 年 12 月 7 日装置一次开车成功，至 2019 年 1 月 22 日共生产航煤 1600t，分别送至石科院和空军油料研究所进行分析检测，检测合格后申请航煤鉴定认证。

2019 年 2 月 21 日，由中央军委后勤保障部军需能源局、中国人民解放军空军研究院航空兵研究所、中国石油质量安全环保部、中国石油炼油与化工分公司和中国石化石油化工科学研究院等单位六名专家组成的国产航空（舰艇）油料鉴定委员会联合化验专家组进行现场联合化验。专家组认为：庆阳石化航煤加氢产品的生产组织制度和现场设施措施符合国产喷气燃料鉴定程序要求，3 号喷气燃料质量符合 GB 6537—2018 规格指标要求，一致同意通过庆阳石化航煤产品认证请求，庆阳石化航煤液相加氢装置可以正式开工生产并销售航煤产品。

2　液相加氢原理及分析

2.1　原理

在传统滴流床反应器中，加氢反应仅发生在被烃类物流润湿的催化剂表面上。为了发生加氢反应，氢气必须扩散并溶解在液态烃类物流的液膜中，所以氢气向液相中扩散速率成为加氢反应过程总动力学的重要因素，是加氢反应的控制因素。

为了提高加氢反应速率和催化剂利用率，加速氢气扩散、溶解，就需要：

① 催化剂完全润湿；

② 气液两相物流均匀分布、充分混合，确保液体物流进入催化剂床层前就被氢气饱和；

③ 为了克服扩散限制，需要数倍化学氢耗的氢气循环，并使反应系统中的氢分压尽量高。

而液相加氢不受氢气传质的影响，反应器中的烃类物流呈液态。由于加氢反应所需的氢是通过溶解在液相中的氢气供给，所有的加氢反应均受本征反应速率(催化剂效率和实际反应速率)控制，也就是说受反应动力学控制，反应速度与溶解氢和原料中杂质浓度有关。

所以，氢气在油中的溶解度与化学氢耗是选择液相加氢技术的关键因素。

可供选择的供氢措施有：

① 提高反应压力，氢气在油相中的溶解度随之增高而增加。

② 提高反应温度，氢气在油相中的溶解度随之增高而增加。

③ 提高循环比，增加溶解氢气的液体量。

④ 增加反应床层数，增加补气点，增加混合器。

⑤ 其他措施。

2.2 操作条件的选择

应根据原料性质、产品质量指标要求、催化剂活性、化学氢耗和运转周期等因素确定反应条件。

如果为了“溶氢”而提高反应压力，将会增加装置投资和操作费用。

原则上应保证在末期反应温度条件下，反应压力应保证反应生成物基本为全液相或连续液相。

2.3 循环泵的设置

为了增加反应进料中的氢气溶解度，以满足反应所需化学氢耗的要求，国内外现有液相加氢技术均采用循环反应流出物的方案(可称之为“热循环”)，循环量与新鲜进料的比值称之为循环比。

采用此方案存在下列问题：

① 液相加氢所采用的循环泵处于高温高压条件下，处理气液固三相介质，多选用屏蔽泵，价格十分昂贵。

② 缩短新鲜原料在催化剂床层中停留时间。

③ 为增加溶解氢而提高循环比，增加的循环油会稀释反应器进料中的杂质浓度，从而降低反应推动力。

④ 因循环油是反应流出物，经循环泵返回反应器入口，反应流出物未经过(降压)闪蒸和脱气，循环油中所含的硫化氢和氨很快就会达到“平衡浓度”。

针对加氢脱硫反应而言，硫化氢和氨的存在均会对脱硫反应具有抑制作用，进而影响脱硫、脱氮效果，尤其是加工高硫原料和深度脱硫时。

但多环芳烃在系统中累积有利于提高加氢脱芳烃的反应速度，有利于改善柴油十六烷值。

2.4 反应器型式的选择

与上流式反应器相比，采用下流式反应器存在下列问题：

① 床层需设置“排气”措施来维持液相稳定。因为“排气”物流组成复杂(可称之为“冷循环”)，为避免影响产品质量，该物流不能排放至分馏部分。需换热冷却后经气液分离分出气体，凝液返回原料缓冲罐重新加工。该流程复杂且占用一定的装置工程能力。

② 随着反应的进行，氢气浓度沿反应器轴向逐步降低，会出现浓度梯度影响反应效果，或催化剂可能因为“贫氢”而结焦，出现热点。氢气的利用率低。

③ 反应器控制系统复杂。

④ 反应器容积利用率低。

3 C-NUM 液相加氢技术的特点

3.1 满足国Ⅵ车用柴油生产需求

以生产国Ⅵ车用柴油为目标，分别加工中东直馏柴油、国内直馏柴油及国内直馏柴油+催化柴油的混合油，结果及对比见表1。

表1 C-NUM 工艺生产国Ⅵ柴油产品质量对比

项目	工艺 A(下行式反应器)		工艺 B(上流式反应器)		C-NUM 工艺(上流式反应器)		
	工厂 A		工厂 B				
	催柴：直柴=1：1.3	直柴	焦柴(8%)：直柴		中东直柴	国内直柴	国内催柴：直柴=1：4
床层入口温度/℃	358	345	平均温度		平均温度		
床层出口温度/℃	371	350	360	370	370	350	360
床层温升/℃	13						
总压/MPa	6.4	6.4	9	9	8	7	8
空速/h^{-1}	1.55	1.55	1.5	1.4	1.2	1.5	1.5
混合柴油性质							
硫含量/(μg/g)	870	455	3570		15464	539	757
氮含量/(μg/g)	720	98	290		244	133	375
精制柴油性质							
硫含量/(μg/g)	35	7	25	8.5	9.5	7.8	7.6
脱硫率/%	95.98	98.46	99.3	99.76	99.94	98.55	99

由表1可见，C-NUM 液相加氢工艺采用多点注氢的方式完全可以满足国Ⅵ车用柴油生产，满足加氢反应所需要的氢气，专利反应器内件使反应器内氢气处于“微过量、微鼓泡”和“边溶解、边反应”的状态，从而可以减弱因液相中氢气浓度梯度带来的供氢不足的问题。

3.2 上流式反应器和高效反应器内件

采用多床层、分段多点供氢的上流式反应器和专利反应器内件有如下特点：

① 反应物流的气、液两相自下而上流过催化剂床层，介质流动方向与气体扩散方向一致，最大限度地减少了气体在反应器内局部积累的可能性，有利于将少量氢气分布均匀。

② 上流式反应器内构件少，尺寸小，结构简单、高效，内构件占用空间小，催化剂装填率高，反应器空间利用率高，检修工作量小，反应器压降小，简化反应器设计，降低投资。

③ 没有“冷循环”系统，简化了反应器控制方案，且不占用装置的工程设计能力。

④ 为了使催化剂得到充分利用，催化剂床层数的设置、供氢的分配和各床层的催化剂比例，是液相加氢技术需要进一步研究和优化的关键问题，通过优化各床层催化剂的比例、氢气分配等控制床层温升，使各床层催化剂的平均温升接近，处于“更稳定状态”。

3.3 不设置反应流出物循环泵，取消“热循环”系统

不设置高温、高压、价格昂贵的反应流出物循环泵，不仅可以提高化学反应推动力和提高脱硫、脱氮、脱芳烃的反应速度，还可以节省投资，简化流程和提高装置操作的安全性。

目前国内外的液相加氢技术均采用循环油循环流程，取消循环泵的工艺技术可以成为真正有特色的、彻底解决传统液相加氢技术本身存在固有问题的、全新理念的自主技术。

3.4 工艺流程设计

C-NUM液相加氢技术的工艺流程设计非常灵活，可以根据装置的加工目的、操作条件和建设单位的依托条件进行工艺流程优化设计。

C-NUM液相加氢技术的基础流程示意图见图1。

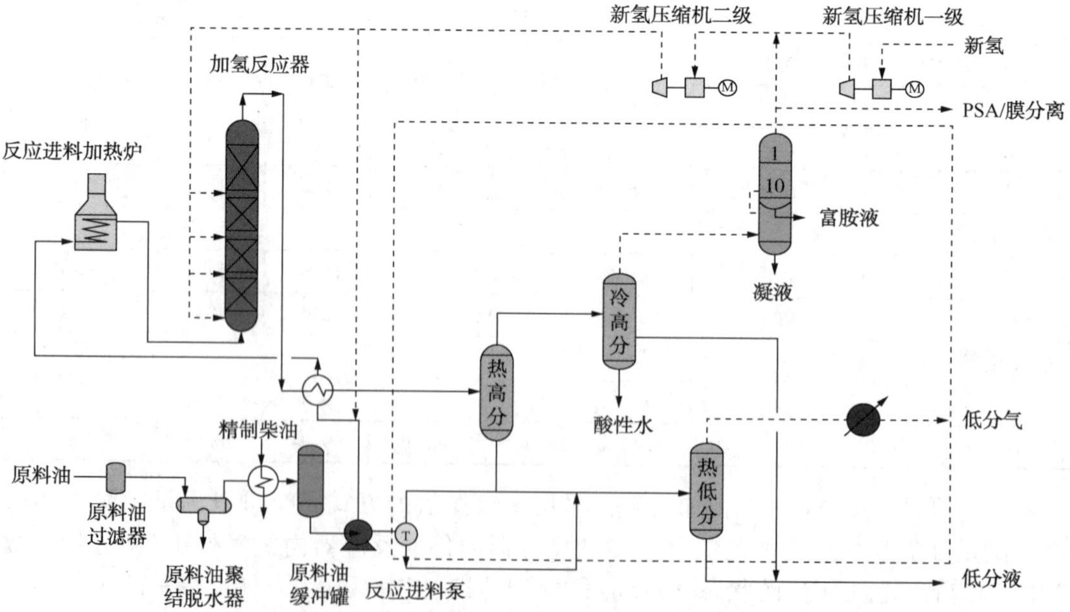

图1 C-NUM液相加氢技术流程示意图(一)

C-NUM 液相加氢技术不设置液力透平流程示意图见图 2。

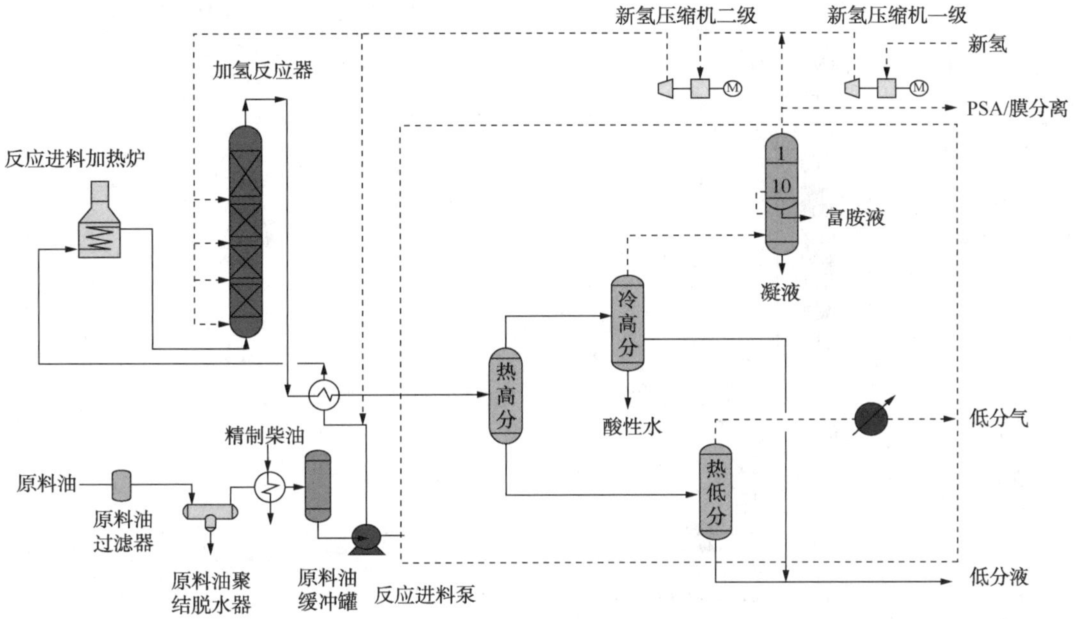

图 2　C-NUM 液相加氢技术流程示意图(二)

C-NUM 液相加氢技术不设置废氢回收设施的流程示意图见图 3。

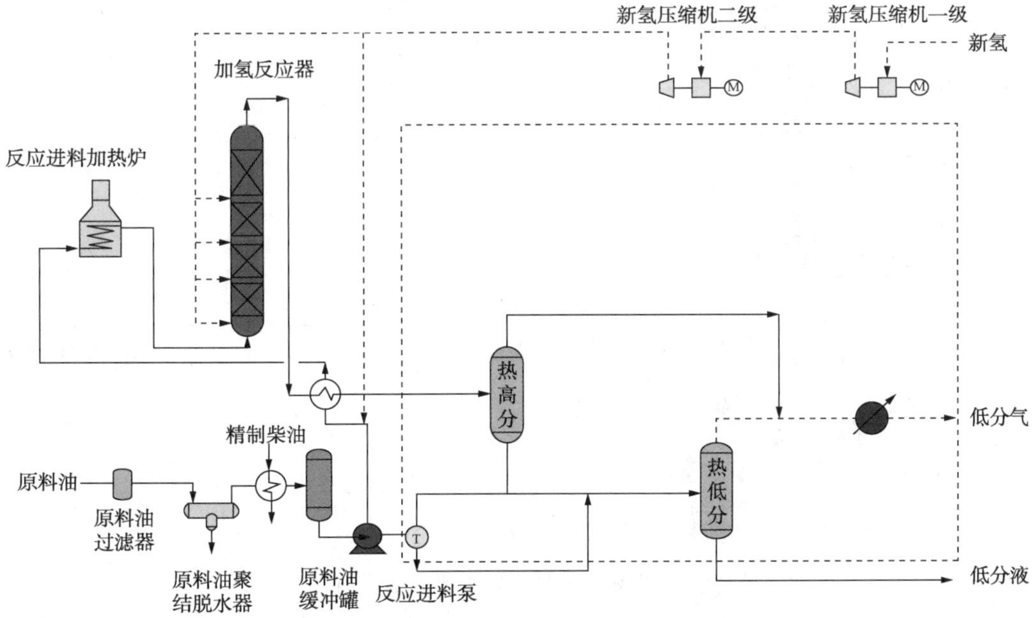

图 3　C-NUM 液相加氢技术流程示意图(三)

C-NUM 液相加氢技术不设置废氢回收设施、不设置液力透平、取消反应流出物气液分离系统的流程示意图见图 4。

C-NUM 液相加氢技术不设置废氢回收设施、不设置液力透平、取消反应流出物气液分离系统和新氢压缩机系统的流程示意图见图 5。

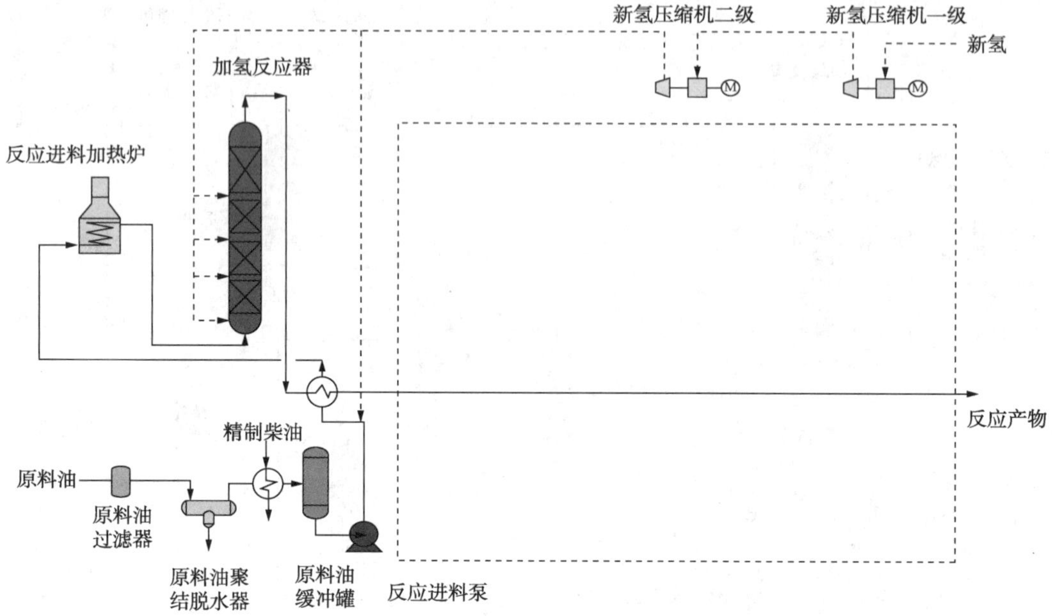

图 4　C-NUM 液相加氢技术流程示意图(四)

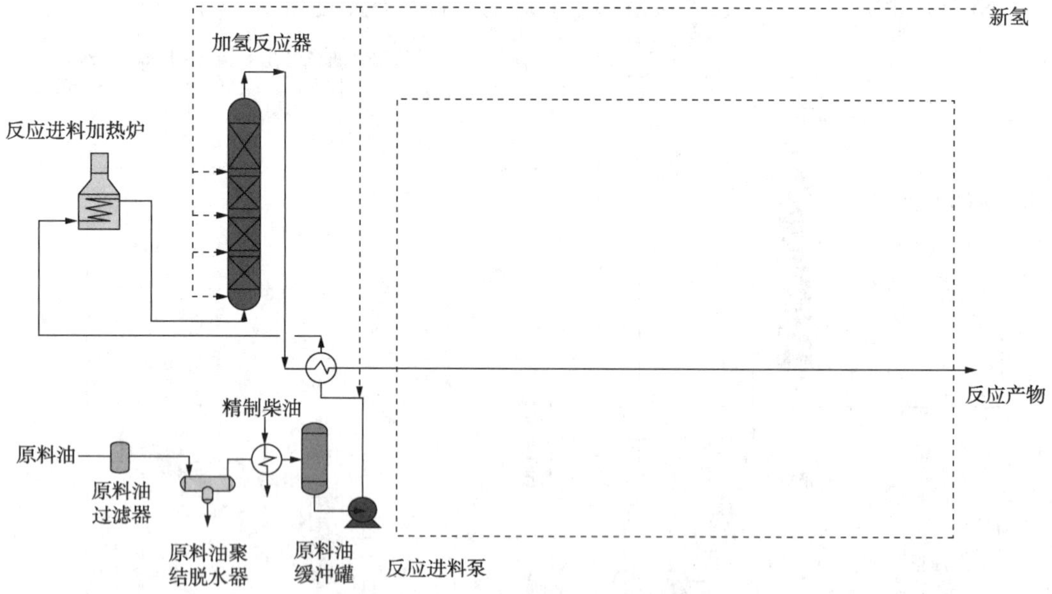

图 5　C-NUM 液相加氢技术流程示意图(五)

如根据装置规模、操作条件等因素确定设置液力透平具有经济性(见图 1 和图 3)，为避免反应流出物(含有溶解氢、过量氢和轻烃等)闪蒸汽化，影响液力透平正常运转，需设置反应流出物气-液分离系统，如不同时设置废氢回收设施，则该设施可以简化。但建议增加的分离系统计入方案评估。

如根据装置规模、氢耗、废氢排放量及氢气含量等因素确定回收废气和富氢气体则需设置反应流出物气-液分离系统，但建议增加的分离系统计入方案评估(见图2)。

还可以根据建设单位的依托条件，如联合装置热联合，可进一步取消加热炉；有新氢来源的也可以取消新氢压缩机等系统(如图5)。

C-NUM 液相加氢工艺与现有液相加氢工艺主要设备对比见表2。

表2　液相加氢技术主要设备对比

项目	常规工艺	液相加氢技术 A	液相加氢技术 B	液相加氢技术 C	C-NUM 液相加氢技术	备注
热高分	有	无	有	无	无/有	为设置液力透平设，可选
冷高分	有	无	无	无	无/有	为废氢回收而设
循环氢压缩机	有	无	无	无	无	
冷高分气空冷	有	无	无	无	无	
热低分空冷	有	无	有	无	无	以汽提塔代替，与塔顶回流空冷器共用，或为富氢气体回收氢气而设。
热低压分离器	有	有	有	有	无	
冷低压分离器	有	有(冷循环)	有	有(冷循环)	无	
新氢压缩机	有	有	有	有	无/有	根据供氢条件选择
循环氢脱硫塔	有	无	无	无	无	
反应器循环泵	无	有	有	有	无	
热氢汽提塔	无	无	有	无	无	
液力透平	可选择	无	有	无	可选	
反应器型式	下流式	下流式	上流式	下流式	上流式	取消“冷循环”系统。

C-NUM 液相加氢工艺成套技术主要技术内容见图6。

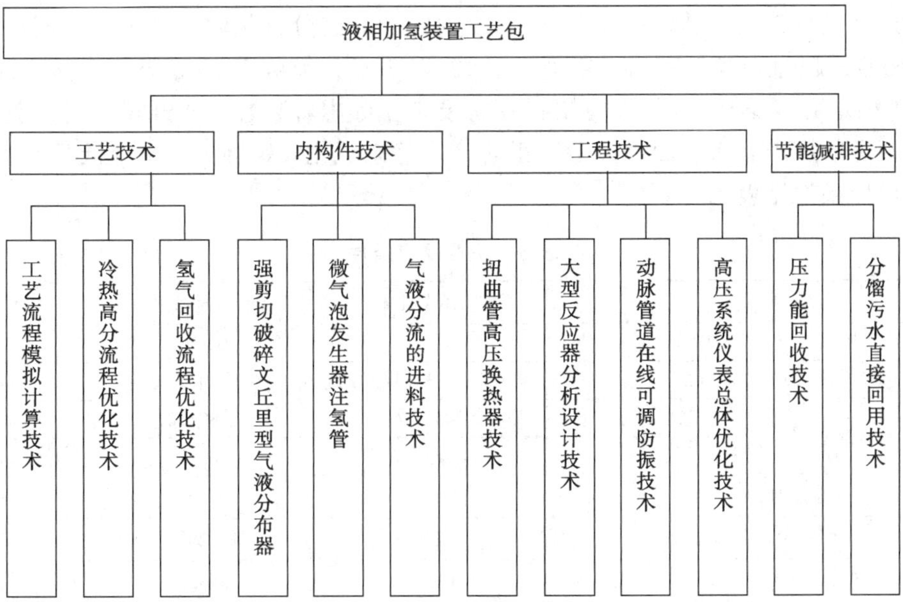

图6　C-NUM 液相加氢成套技术主要内容

4　开工小结

庆阳石化40万t/a航煤液相加氢装置工艺流程示意图见图7。反应部分采用C-NUM液相加氢技术流程示意图(五)，分馏部分采用单塔-重沸炉方案。具体流程图见图7。

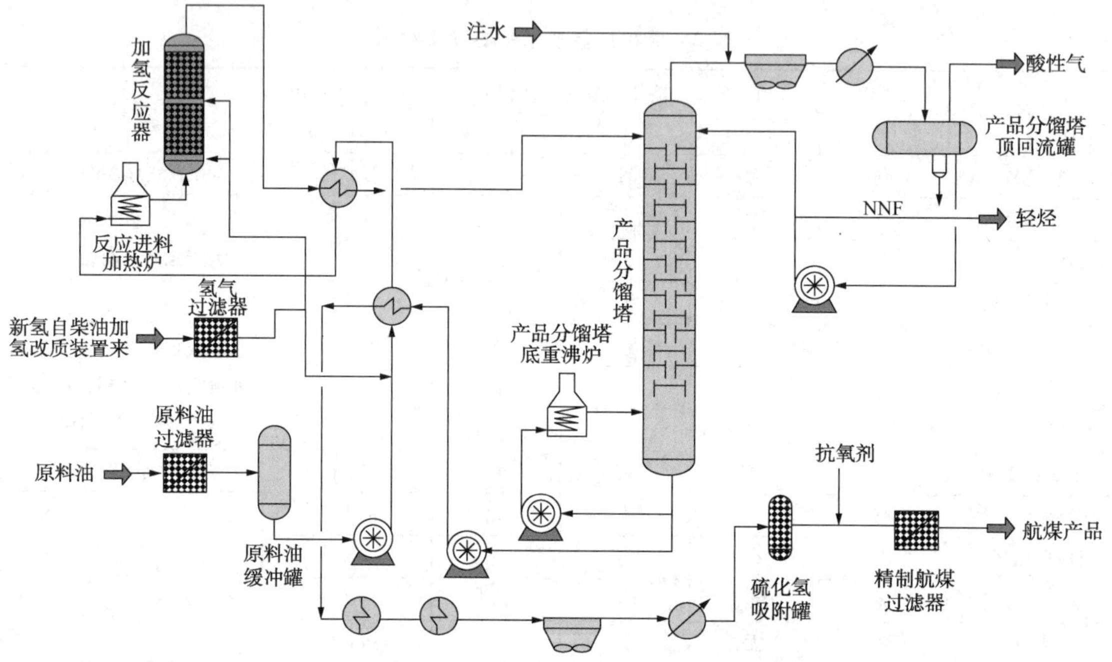

图7　庆阳石化40万t/a航煤加氢装置流程示意图

2018年12月6日凌晨2时，庆阳40万t/a航煤液相加氢装置产品硫含量小于10μg/g，航煤产品送至低凝柴油产品罐；12月6日12时，产品经分析化验，动态氧化安定性破点温度达到310℃，超过航鉴委要求(280℃)；12月7日，航煤产品静态氧化安定性测定为5.8mg/L，满足航鉴委要求的≯6mg/L的指标要求，标志着装置一次开车成功，航煤产品合格，产品改送航煤产品罐。12月9日，航煤产品静态氧化安定性进一步降低至1.2mg/L。

主要反应条件见表3。

表3　主要反应条件

项　目		初期(设计值)	末期(设计值)	开工条件
反应器入口压力/MPa		3.5		
体积空速(液时空速)/h^{-1}		30(保护剂)/4(主催化剂)		—/3.0
床层入口/出口温度/℃	第一床层	245/246	280/281	244/245
	第二床层	246/247	281/282	242/243
总温升/℃		2	2	2
平均反应温度/℃		246	281	242.5
注氢量(纯氢)/(Nm^3/Nm^3原料油)	第一床层入口	5	5.5	8
	第二床层入口	2	2.5	4

催化剂装填图见表4。

表4 催化剂装填表

	催化剂装填	装填高度/mm		装填体积/m^3		装填重量/t		装填密度/(t/m^3)	
		设计	实际	设计	实际	设计	实际	设计	实际
第二床层（装填高度6370mm）	多孔惰性支撑剂 φ13	150	150	0.30			0.3		
	φ6	150	160	0.30			0.372		
	φ3	150	90	0.30			0.153		
	催化剂 FDS-103	5320	5410	10.69	10.872	7.70	7.61	0.720	0.700
	瓷球 φ3	200	190	0.40			0.5		
	φ6	200	190	0.40			0.6		
	φ13	200	180	0.40			0.5		
反应器内构件									
第一床层（装填高度4380mm）	多孔惰性支撑剂 φ13	150	按 140	0.30			0.28		
	φ6	150	130	0.30			0.29		
	φ3	150	130	0.30			0.31		
	催化剂 FDS-103	2280	2270	4.58	4.562	3.30	3.12	0.721	0.684
	保护剂 FDS-233	650	730	1.31	1.467	0.85	0.9	0.649	0.613
	FDS-231	400	380	0.80	0.764	1.09	1.12	1.363	1.467
	瓷球 φ3	200	190	0.40			0.5		
	φ6	200	140	0.40			0.5		
	φ13	200	270	0.40			0.75		

装置物料平衡见表5。

表5 装置物料平衡表

序号	物料名称	数值					
		质量分数/%		kg/h		万t/a	
		标定值	设计值	标定值	设计值	标定值	设计值
一	原料						
1	直馏煤油	100.00	100.00	35417	47619	29.75	40
2	重整氢	0.28	0.16	99	75	0.08	0.06
	合计	100.28	100.16	35516	47694	29.83	40.06
二	产品						
1	航煤产品	98.82	99.88	35000	47562	29.40	39.95
2	酸性石脑油	0.98	—	346	—	0.29	—
3	酸性气	0.48	0.28	170	132	0.14	0.11
	合计	100.28	100.16	35516	47694	29.83	40.06

注：开工过程中，为兼顾生产硫含量低于10μg/g的低凝柴油，操作温度和氢油比等操作条件均比设计工况苛刻，重整氢消耗量大；为提高塔底产品的闪点，塔顶外送部分酸性石脑油。

装置开工期间能耗见表6。

表6 装置开工期间能耗计算表

序号	项目	小时耗量		原料单耗		耗能指标		单位能耗
		单位	数量	单位	数量	单位	数量	MJ/t
1	燃料	kg/h	290	kg/t	8.188	MJ/t	32836	268.869
2	电	kWh/h	180	kWh/t	5.082	MJ/kWh	9.211	46.814
3	净化风	Nm^3/h	73.8	Nm^3/t	2.084	MJ/Nm^3	1.59	3.313
4	循环水	t/h	121.7	t/t	3.436	MJ/t	2.51	8.625
5	进料热	kWh/h	246					25.005
6	低温热	kWh/h	-1507					-153.182
	合计							199.444
						4.76	kg标准油/t原料	

注：总能耗低于设计值4.86kg标准油/t原料。

原料性质见表7。

表7 原料性质

项目	直馏煤油	项目	直馏煤油
密度(20℃)/(kg/m^3)	784.3	硫醇硫含量/(μg/g)	90
馏程(ASTM D86)/℃		总酸值/(mgKOH/g)	0.005
初馏点/10%	151.9/162.7	氮含量/(μg/g)	1
30%/50%	169.5/177.5	烟点(ASTM)/mm	28.6
70%/90%	188.4/205.0	闭口闪点/℃	44
终馏点	216.9	冰点/℃	-59.1
硫含量/(μg/g)	186		

航煤产品性质分析见表8。

表8 航煤产品性质

分析项目	分析数据	分析方法
黏度/(mm^2/s) 20℃	1.475	GB/T 265—1988(2004)
-20℃	3.295	
净热值/(MJ/kg)	43.24	GB/T 384—1981(2004)
烟点/mm	28.6	GB/T 382—2017
铜片腐蚀(100℃，2h)/级	1a	GB/T 5096—1985(2004)
银片腐蚀(50℃，4h)/级	0	SH/T 0023—1990(2006)
热安定性(300℃，2.5h)		GB/T 9169—2010
压力降/kPa	0	
管壁评级/级	0	
实际胶质/(mg/100mL)	<1	GB/T 8019—2008
水反应		GB/T 1793—2008

续表

分析项目	分析数据	分析方法
界面情况/级	1b	
分离程度/级	2	
固体颗粒污染物/(mg/L)	0.16	SH/T 0093—1991
电导率(20℃)/(pS/m)	310	GB/T 6539—1997(2004)
水分离指数	99	SH/T 0616—1995(2004)
磨痕直径/mm	0.66	SH/T 0687—2000(2007)

注：庆阳石化航煤产品油样，石油化工科学研究院分析报告单。

5 结论

(1) 通过工业试验装置验证，该技术的流程简单、灵活、能耗低，可以根据业主的要求和依托条件优化流程设计。

(2) 庆阳石化 40 万 t/a 航煤液相加氢装置通过改变操作条件可以作为低凝柴油生产装置。

(3) 采用液相加氢技术，由于硫化氢溶解于油相中，更易于与催化剂中的氧化态活性金属反应。与大量循环氢存在的固定床加氢技术相比，硫化时间更短，硫化完成度更高。自催化剂预硫化至生产 2 合格产品仅用时 35h。

(4) 上流式液相加氢反应器及成套反应器内件性能优良，物流分布均匀，各床层径向温差 1℃左右。

(5) 尚需进一步优化及设计注意事项

① 液相加氢技术固有的问题和特点是系统中气体流量小，如不设置新氢压缩机则在开工阶段系统干燥时应有应对措施，需依托现场条件制订技术可行、可靠的技术方案。

② 根据液相加氢技术的特点进一步优化预硫化升温曲线，有效匹配注硫温度与注硫量的关系。

用于生产清洁汽油调合组分的碳四选择性叠合技术及优化

刘成军，周　璇，郭佳林，李倞琛

（中石油华东设计院有限公司，青岛　266071）

摘　要　本文探讨了一种用于生产清洁汽油调合组分的碳四选择性叠合技术及优化措施，该技术包括在混相床与固定床串级组合反应器内进行叠合反应，再将反应产物送入异辛烯分离塔进行分离，得到叠合油和剩余 C_4 产品；叠合油进入异辛烷分离塔进行加氢饱和反应并进行气体组分、异辛烷、重烷烃油的分离，并将部分异辛烷、重烷烃油循环至叠合反应部分。采用水与异丁烯水合生成的 TBA 做叠合反应的抑制剂，抑制剂在加氢反应器内又被加氢裂解为水和异丁烷。本技术将碳四叠合和异辛烯加氢有效地结合为一个整体，可减少三聚物、四聚物等副产物的生成量，可取消抑制剂回收所需的复杂流程，可避免产品终馏点温度过高，且具有操作灵活、设备和操作费用低、流程简单的特点。

关键词　选择性叠合　加氢　反应器温升　叔丁醇　异辛烷　重烷烃油　优化

1　前言

我国 C_4 资源丰富，催化裂化、催化裂解、甲醇制烯烃等都会副产大量 C_4，如何最大限度地利用这些 C_4 资源生产高附加值的炼油或化工产品，已成为目前研究和开发的重点，其中碳四选择性叠合工艺就是对 C_4 资源综合利用的有效途径之一，该工艺又称间接烷基化工艺，其生产过程主要分为两步：第一步，对异丁烯进行选择性叠合生成主要组分为异辛烯的叠合油；第二步，对叠合油进行加氢生成主要组分为 2，4，4-三甲基戊烷的异辛烷油。异辛烷油辛烷值高、饱和蒸气压低、无苯、无芳烃、低烯烃、无硫或低硫，是理想的清洁汽油调合组分[1~4]。

与直接烷基化相比，碳四选择性叠合具有以下特点：

（1）原料范围宽，无论异丁烷含量多少，几乎所有含有异丁烯的 C_4 烯烃（不含有丁二烯）均可作为其原料；

（2）可以对现有生产 MTBE 的装置进行简单改造，即可用于碳四叠合技术；

（3）产品质量高，由于所生产的异辛烷油中 2，2，4-三甲基戊烷含量高，其辛烷值较直接烷基化油高 2~3 个单位；

（4）生产过程环境更友好。

在 2017 年国家质监总局联合标准化管理委员会发布并同步实施 GB 18351—2017《车用乙醇汽油（E10）》与 GB 22030—2017《车用乙醇汽油调和组分油》两个标准后，该工艺又重新受到广泛的关注。本文拟对碳四选择性叠合工艺中抑制剂选择、叠合反应温升、叠合油加氢、碳四叠合和异辛烯加氢耦合等方面的问题进行探讨。

2 需要解决的关键技术问题

2.1 反应器温升

2.1.1 叠合反应

异丁烯二聚生成异辛烯的标准反应热为-82.8 kJ/mol，在生产过程中常因较强的反应放热造成催化剂床层超温，导致催化剂高温失活。如某碳四叠合装置以 FCC 混合 C_4 为原料，反应器入口温度和入口压力分别为 55℃和 2200kPa。在异丁烯转化率相同时，反应器出口温度和反应器温升随进料中异丁烯含量变化的情况见图 1。

由图 1 可见，反应器出口温度和反应器温升随着混合 C_4 原料中异丁烯含量增加而增加，当进料中异丁烯质量分数为 30%时，反应器温升为 65℃，反应器出口温度为 120℃。由于酸性阳离子交换树脂催化剂在温度超过 120℃时因聚合链断裂而引起的失活相当严重，因此必须采取一定的措施来降低反应器的温升以防止催化剂失活。

目前，广泛采用的控制反应器温升的措施是外部循环冷却方法，图 2 为一种固定床外循环技术工艺流程示意图，该技术将部分反应器出口物料升压、冷却后再循环至反应器入口，因循环物料中异丁烯含量低，与原料混合后可大幅度降低反应器进料中的异丁烯含量，从而可控制整个床层绝热温升不会超高。但由于循环物料中含有大量二聚物，当返回反应器入口时会造成二聚物返混，不但降低了异丁烯二聚反应的推动力，还会增加二聚物与异丁烯反应生成三聚物、三聚物再与异丁烯反应生成四聚物的量，使二聚物选择性下降，严重时会造成叠合物终馏点温度超出 GB 17930—2016《车用汽油标准》所要求的最高终馏点温度 205℃；另外，在处理量和原料组成相同的情况下，反应器需要装填更多的催化剂，催化剂利用率低。

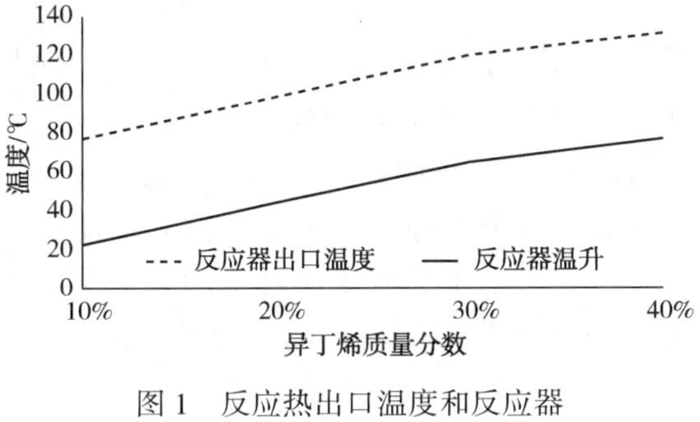

图 1　反应热出口温度和反应器温升随异丁烯含量变化

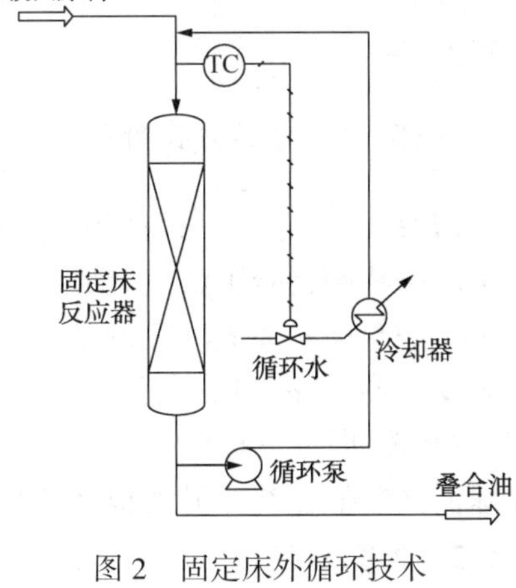

图 2　固定床外循环技术工艺流程示意图

采用列管式反应器可避免上述缺陷，该反应器结构如图3所示[5,6]。

列管式反应器类似于列管式冷却器，管程装催化剂，含异丁烯的混合C_4走管程，在催化剂的作用下发生叠合反应并放出热量。壳程介质一般为循环水，用于移走反应热。由于叠合反应与传热同时进行，故要求反应放热速率与传热速率尽量匹配，以便将反应放出的热量及时移出，但由于开工初期临近反应器入口端的列管内催化剂活性高，碳四叠合反应速度很快，混合C_4原料一旦进入反应器，便在此段催化剂的作用下基本完成反应，同时放出大量的热，而此段的传热面积不足以将反应热完全传递给冷却介质，这样催化剂床层温度便快速上升，造成该反应段出现热点[7]。如图4所示，该反应器轴向温度分布范围较宽，初始阶段床层温度最高点即热点温度可设计在距入口端1/3处附近，随着催化剂活性的下降温度最高点逐渐上移，当移到入口约3/4高度时，催化剂的活性不能满足设计要求，需考虑更换催化剂[8]。尽管列管式反应器克服了外循环型反应器的一些缺点，但该反应器仍存在：①结构较复杂，反应器投资高；②催化剂装填工作量大；③反应器维护困难，一旦反应管泄漏，寻找和堵漏较困难等缺点。

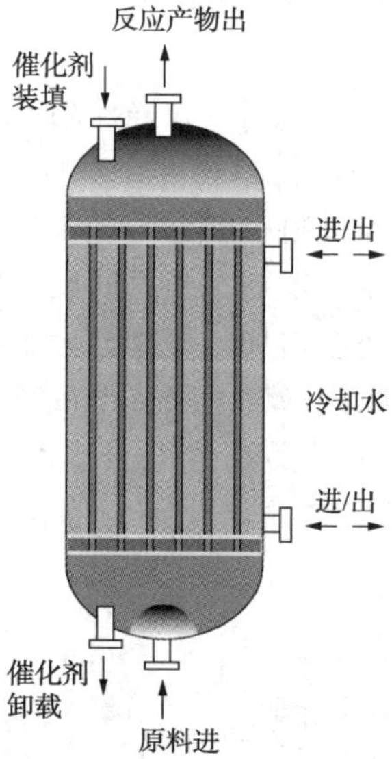

图3 列管式反应器结构示意图

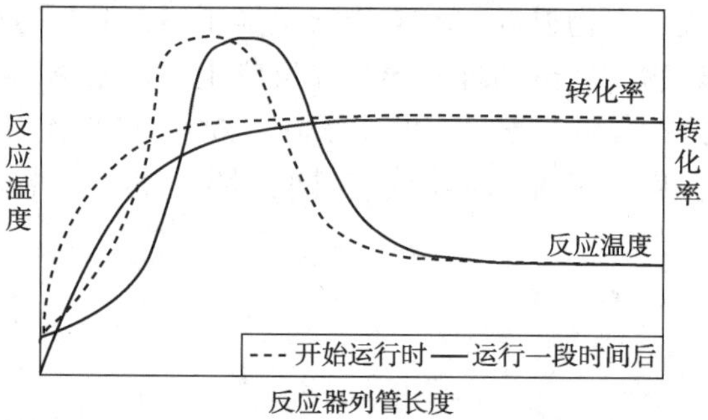

图4 叠合反应温度及转化率沿列管长度变化情况

尤其需要注意的是，在装填催化剂时应保证每根列管中催化剂装填量相同、反应物料通过时产生压降相同，否则就会造成各列管进料量、温度分布和热点位置不同，给操作带来极大的困难。如某碳二加氢反应器采用列管反应器，开工过程中反应器出口乙炔浓度一直无法达到工艺要求的≤2mg/L，甚至一度达到1617mg/L而被迫停工。为了查清问题原因，对反应器内1700根列管进行逐根检查，发现有3根列管的催化剂装填出现了问题，其中1根只装了瓷球而漏装催化剂，另两根装填量少，最终导致了反应器出口乙炔含量过高[9]。

2.1.2 加氢反应

表1为典型的碳四选择性叠合油组成。

从表1中可以看出，叠合油主要成分为C_8烯烃，其次为C_{12}烯烃，另外还有少量的C_{16}烯烃。由于叠合油加氢饱和反应为强放热反应，如不采取措施，这些反应热将导致反应温度上升，反应温度的上升又会进一步加剧烯烃饱和及聚合等反应，这又促使反应温度急剧上升，严重时会造成反应器床层飞温，导致催化剂活性降低和产品质量不合格，甚至会危及操作人员生命安全，故必须采用一定的措施来限制加氢催化剂床层温升。

表1 典型的叠合油组成[10]

组分	质量组成/%	组分	质量组成/%
C_8 烯烃	80.0~95.0	C_{16}烯烃	0.1~2.0
C_{12}烯烃	5.0~20.0		

2.2 抑制剂与异辛烯共沸物的分离

在磺酸型阳离子交换树脂等酸性催化剂的作用下，异丁烯间发生叠合反应且反应速率较快，如反应不加控制，会有大量副反应产物生成。表2反映了在不同进料和操作条件下某装置异丁烯转化率及叠合油组成情况[11~15]。

表2 不同进料和操作条件下异丁烯转化率及产品组成

项目	工况1	工况2	工况3
异丁烯质量分数/%	53.0	30.0	45.4
反应温度/℃	40~100	60	100
液时空速/h^{-1}	5.5	1.0	
催化剂	Amberlyst 15	Amberlyst 15	酸性浆液
异丁烯转化率/%	85.6	58.0	~99.0
产品质量分数/%			
C_8	54.2	52.0	58.0
C_{12}	40.0	40.0	38.3
C_{16}	5.8	8.0	3.7

由表2可见，在不加控制的情况下，叠合油产品中三聚物、四聚物质量分数分别高达38.3%~40.0%、3.7%~8.0%。为避免多聚物含量过高时造成产品质量下降或不合格，必须采取一定的措施降低叠合反应过程中多聚物的生成量。

在原料中加入甲醇、乙醇、异丙醇、叔丁醇(TBA)等极性组分可有效地降低多聚物的生成。醇类的极性很强，易吸附在催化剂的活性中心上，与磺酸基团进行以下反应：

$$SO_3^-H^+ + ROH \rightleftharpoons SO_3^-ROH_2^+ \quad (1)$$

由于 $SO_3^-MeOH_2^+$ 的酸性比 H+弱，从而降低了树脂催化剂的活性及聚合反应速率，有利于抑制三聚物、四聚物的生成。另外，由于异丁烯还同时与甲醇、乙醇等非叔基醇进行醚化反应，且醚化反应速度比异丁烯二聚反应速度快，这又进一步降低了多聚物的生成，使最终叠合产物中二聚物的质量分数提高至85%~90%，四聚物的质量分数降低至小于0.1%，产品的质量得到显著提高。

目前主要的碳四选择性叠合工艺及所采用的催化剂和抑制剂类型见表3[11~16]。

表3 主要碳四选择性叠合工艺及所采用的催化剂和抑制剂

专利商	技术名称	催化剂	抑制剂
CDTECH及Snamprogetti公司	CDIsoether	酸性树脂	水/TBA或甲醇/MTBE
Neste Oil及Kellogg Brown & Root公司	NE_xOCTANE	酸性树脂	水/TBA
Lyondell公司	Alkylate 100	酸性树脂	水/TBA
Axens公司	Selectopol	酸性硅铝	—
UOP公司	InAlk	固体磷酸或酸性树脂	水/TBA

由表3可见，大多数工艺采用酸性离子交换树脂催化剂，只有Axens公司的Selectopol工艺采用酸性硅铝催化剂且在反应物料中不添加抑制剂，另外InAlk工艺除酸性离子交换树脂外也可选用固体磷酸做催化剂；在CDTECH及Snamprogetti公司联合开发的CDIsother工艺中，抑制剂除采用TBA外，还可以选用甲醇，而其他工艺均选用TBA做抑制剂来控制叠合反应的转化率和选择性。

采用TBA做抑制剂的主要优点有：①反应生成的叠合油中不含醚等氧化物，满足GB 22030《车用乙醇汽油调合组分油》等标准规定的除乙醇外其他有机含氧化合物含量(质量分数)不大于0.5%且不得人为加入的指标要求，可用作车用乙醇汽油调合组分油；②抑制剂用量少，TBA与混合C_4原料中异丁烯的摩尔比为(0.05~0.10)：1时可满足转化率和选择性的要求；③异丁烯、水还会发生水合反应生成TBA，该反应为可逆反应，当因剩余C_4或叠合油产品出装置携带出TBA等原因造成反应系统中TBA损失时，可通过补水的方式来维持整个反应系统循环的TBA含量不变。TBA作为抑制剂已在国内工业装置获得成功应用，效果良好，故碳四选择性叠合应优先选用TBA做反应抑制剂。

但在生产过程中TBA与反应产物存在共沸，利用ASPEN PLUS的UNIFAC物性模型，对不同操作压力下TBA与叠合油(以2，4，4-三甲基戊烯为代表)共沸物的共沸组成、共沸温度及异辛烯沸点进行了计算，结果见表4。

表4 不同压力下TBA与异辛烯共沸物的共沸组成及组分沸点

序号	压力/MPaA	共沸组成(摩尔分数)		共沸组成(质量分数)		共沸温度/℃	异辛烯沸点/℃
		TBA	异辛烯	TBA	异辛烯		
1	0.10	0.6499	0.3501	0.5508	0.4492	77.63	101.06
2	0.15	0.6811	0.3189	0.5852	0.4148	88.84	116.22
3	0.20	0.7018	0.2982	0.6086	0.3914	97.34	127.90
4	0.60	0.7628	0.2372	0.6799	0.3201	134.88	181.04
5	0.70	0.7677	0.2323	0.6858	0.3142	140.90	189.72
6	0.80	0.7708	0.2292	0.6896	0.3104	146.28	197.50
7	0.90	0.7725	0.2275	0.6916	0.3084	151.16	204.55
8	1.00	0.7731	0.2269	0.6924	0.3076	155.61	211.01

采用常规工艺分离TBA时只能得到TBA与异辛烯共沸物，如将该共沸物送至反应部分循环利用，共沸物中过多的异辛烯易与原料中异丁烯反应生成多聚物，会造成产品辛烷值下

降、终馏点超标，故应将 TBA 从共沸物中分离出去后再循环至反应部分，但由于共沸物中各组分的相对挥发度为 1，采用常规精馏方法难以进行有效分离。

2.3 异辛烷油终馏点超标

碳四选择性叠合油中 C_{12}烯烃、C_{16}烯烃的常压沸点分别为 180~210℃、230~260℃，当叠合油中 C_{12}烯烃或 C_{16}烯烃过高时，会造成加氢产品的 C_{12}烷烃或 C_{16}烷烃含量过高，使加氢产品的终馏点温度提高，甚至超出车用汽油标准(GB 17930—2016)所要求的最高终馏点温度 205℃，造成产品质量不合格，因此生产过程需配套相应的措施以防止异辛烷油终馏点温度超标。

3 总体优化方案

根据碳四叠合和异辛烯加氢的工艺特点，提出了一种将碳四叠合和异辛烯加氢进行高度耦合的总体优化方案，可同时解决上述生产过程中的技术难点。该工艺的流程见图 5，源于催化裂化等装置的异丁烯质量分数为 10~60%的混合 C_4 原料，与来自异辛烷泵的循环异辛烷、来自重烷烃油泵的循环重烷烃油、来自装置外的少量脱氧水混合。混合 C_4 原料、循环异辛烷、循环重烷烃油、脱氧水的温度分别为 25~45℃、90~110℃、180~240℃、100~160℃，温度较高的循环异辛烷用于加热温度较低的混合 C_4 原料，四股物料混合后的温度在 50~80℃之间，与叠合反应进料温度相匹配，从而可省掉常规流程所设置的叠合反应器进料预热器，有利于简化流程、降低投资。混合原料进入混相床与固定床串级组合反应器进行叠合反应，反应产物进入异辛烯分离塔；当不过度追求异丁烯转化率时，异辛烯分离塔可采用常规的共沸塔，反之，则采用催化蒸馏塔；在异辛烯分离塔顶得到作为轻组分的剩余 C_4 产品；在塔底得到叠合油，其主要成分为 C_8 烯烃、惰性组分异辛烷及惰性 C_{12}烷烃、C_{16} 烷烃，另外还含有少量 C_{12}烯烃、C_{16}烯烃及 TBA 等，这部分叠合油送至异辛烷分离塔，异辛烷分离塔为加氢蒸馏塔，在塔顶得到主要组分为氢气并含有少量 C_4 烷烃的气体组分，绝大部分气体组分作为循环氢经循环氢压缩机压缩后与新氢混合，再返回异辛烷分离塔循环利用，少部分作为气体组分出装置；异辛烷从异辛烷分离塔侧线抽出以尽量降低所溶解的氢气、小分子烃类等杂质含量，保证异辛烷产品的闪点合格，然后经异辛烷泵升压后分为两路，一路作为循环异辛烷循环至叠合反应部分，另一路经异辛烷冷却器冷却后作为异辛烷产品出装置；重烷烃油从异辛烷分离塔底出料，经重烷烃油泵升压后分为两路，一路作为循环重烷烃油循环至叠合反应部分，另一路经重烷烃油冷却器冷却后作为重烷烃油产品出装置。

设置脱氧水进料的目的在于水与异丁烯在叠合催化剂的作用下可生成反应所需要的抑制剂 TBA，并弥补产品出装置所携带出的 TBA，使整个系统循环的抑制剂保持不变。脱氧水可以连续或间断进料。

3.1 反应器温升控制措施

3.1.1 叠合反应

采用混相床与固定床组合+惰性组分循环可有效控制叠合反应温升。首先混合原料进入混相床与固定床组合的混相床反应器，异丁烯在催化剂的作用下进行叠合反应，随之放出反

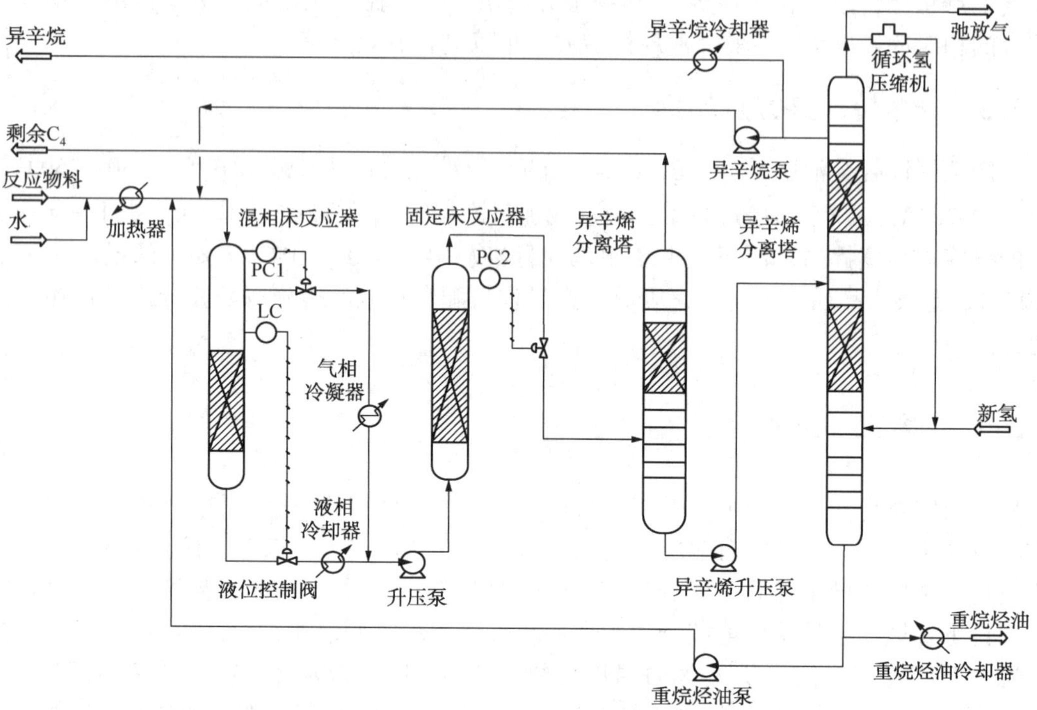

图5 碳四叠合和异辛烯加氢高度耦合生产异辛烷工艺流程示意图

应热，使床层温度升高，温度升高使叠合反应速度加快，使床层温度进一步升高，反应物料的饱和蒸气压也进一步提高，当饱和蒸气压达到设定的反应器操作压力时，反应物料开始汽化，反应越多，放热越多，反应物料汽化量越多，但床层温度基本上维持不变。由于混相床反应器内存在气、液两相，因此分别在反应器上部和底部设气相和液相出料，其中气相出料含有大量未反应的异丁烯，液相出料中也有少量未反应的异丁烯，将这两股出料冷凝或冷却至45~60℃后进行混合，再由升压泵升压至1.6~2.1MPa后进入固定床反应器。由于原料中大部分异丁烯在混相床反应器中被反应掉，在固定床反应器内异丁烯质量分数一般小于20%且反应压力较高，因而反应热只会造成反应物料升温而不能使其汽化。

另外，在异丁烯含量较高的原料中加入异辛烷、重烷烃油，这些异辛烷、重烷烃油作为惰性组分稀释了叠合反应进料中异丁烯浓度，缓和了反应强度，并降低了反应器温升；这些惰性组分没有活性较强的双键，性质稳定，不与异丁烯等发生反应，避免了上述循环的二聚物等反应产物经外部冷却取走反应热再返回反应器时所造成的三聚物、四聚物等副反应产物增多问题，也避免了采用分离后的剩余C_4返回反应器入口所造成的2，5-二甲基己烯、5，5-二甲基己烯等副反应产物增多问题。

可见，采用上述混相床与固定床串级组合反应技术，并将加氢生成的惰性异辛烷、重烷烃油循环至叠合反应器入口，可有效地控制叠合反应器温升，并使产品质量明显提高。

3.1.2 加氢反应

催化蒸馏是将反应与分馏高度耦合的技术。尽管人们在20世纪20年代就已经知道了催化蒸馏的概念，但只有到了20世纪70年代末美国的C. R. &L(化学研究与特许)公司开发了一种催化剂的包装结构，较好地解决了物料与致密催化剂接触及塔内汽液流通问题之后，催化蒸馏技术才获得了生机[17,18]。目前催化蒸馏技术已在 MTBE 合成与分解、催化轻汽油醚化、乙苯合成、异丙苯合成、催化汽油加氢脱硫等方面获得工业应用。从表 1 中可以看出，叠合油中 C_8 烯烃的含量占 80%(质量)以上，其加氢饱和的反应温度、反应压力、氢油比等操作条件远比 C_{12}烯烃、C_{16}烯烃缓和，故为降低设备和操作费用，可采用催化蒸馏加氢流程分别对叠合油中较轻组分 C_8 烯烃和较重组分 C_{12}烯烃、C_{16}烯烃分别进行加氢处理。

如图 5 所示，异辛烷分离塔由精馏段、第一反应段、第二反应段以及提馏段组成。叠合油、新氢等物料进入异辛烷分离塔，在分馏的作用下，C_8 烯烃、氢气等向塔的上部流动，当流动至第一反应段加氢催化剂床层时，在加氢催化剂作用下，C_8 烯烃与 H_2 反应生成异辛烷；生成的异辛烷从加氢塔侧线抽出以尽量降低所溶解的氢气、小分子烃类等杂质含量，保证产品的闪点合格。塔内其余的 H_2 等轻组分离开塔顶并经冷凝器冷凝后进入回流罐进行气液分离，其中气相部分可用作循环氢等；而液相部分经回流泵升压后全部作为回流返回塔内。异辛烷分离塔内 C_{12}烯烃、C_{16}烯烃向塔的下部流动，当流动至第二反应段加氢催化剂床层时，在加氢催化剂作用下分别与 H_2 反应生成 C_{12}及 C_{16}烷烃。C_{12}及 C_{16}烷烃混合物(以下简称重烷烃油)从塔底抽出并与从侧线抽出的异辛烷混合后作为产品出装置。

采用催化蒸馏加氢流程的主要优点是：在一个设备内同时完成分离和加氢两个工艺过程，可简化工艺流程，节省投资；利用加氢塔内存在一定温度、浓度分布的特点，可在塔内不同的部位设置不同类型的催化剂，如贵金属催化剂和双金属催化剂，进行不同的反应；利用蒸馏将 C_8 烯烃与 C_{12}烯烃、C_{16}烯烃分离后单独进行加氢反应，大大降低了 C_8 烯烃反应的苛刻度。另外，更为重要的是，在塔内组成相同的情况下，反应温度仅与催化蒸馏塔的操作压力有关，烯烃加氢饱和放出的反应热被塔内液体中轻组分汽化所吸收，从而可保持反应温度不变并使反应段没有明显的热点，从而避免了常规固定床加氢反应器采用将冷氢或冷油注入相邻两床层之间以控制反应温升的复杂流程，降低了设备和操作费用。

另外，由于惰性异辛烷、重烷烃油的加入，不但有效地控制叠合反应的温升，也使后续的加氢反应进料中的烯烃含量大幅度降低。由于烯烃饱和反应为放热反应，其标准反应热 ΔH 约为-125.2 kJ/mol 烯烃，加氢反应进料中的烯烃含量降低，意味着反应热导致的温升降低，有利于降低催化蒸馏加氢反应的苛刻度[19]。

3.2 抑制剂加氢裂解

叠合油进入异辛烷分离塔后，在加氢催化剂的作用下主要进行 C_8 烯烃、C_{12}烯烃、C_{16}烯烃加氢饱和为 C_8 烷烃、C_{12}烷烃、C_{16}烷烃的反应，同时还进行 C_8 烷烃、C_{12}烷烃、C_{16}烷烃的裂解反应及 TBA 加氢裂解为水和异丁烷的反应。在缓和的加氢条件下，C_8 烷烃基本不发生裂解反应，C_{12}烷烃裂解率一般低于 2%，C_{16}烷烃裂解率一般为 20%~60%；由于 C_{16}烷烃占异辛烷油量一般小于 2%(质量)，其裂解反应不会对加氢反应造成不利影响，反而有利于加氢后异辛烷油收率提高。

TBA 在树脂或活性氧化铝等催化剂的作用下极易发生裂解反应生成异丁烯和水，如在操作温度 95~105℃、操作压力 0.29~0.39MPa 时即可裂解，TBA 单程转化率为 84%~92%，生成的异丁烯纯度为 99.9%[20]，然后异丁烯在进行加氢饱和反应生成异辛烷。由于 TBA 仅占异辛烷油量的 0.05%~0.10%(质量)，其裂解反应对加氢反应造成的影响很小，基本上可忽略不计。

由于在对叠合油进行加氢饱和的同时也将TBA加氢裂解为水和异丁烷，避免了采用恒沸精馏、萃取精馏、变压精馏、反应精馏等特殊分离方式对TBA共沸物进行分离，这无疑简化了工艺流程并降低了设备和操作费用。

3.3 重组分单独出料解决异辛烷油终馏点超标问题

当叠合油中C_{12}烯烃、C_{16}烯烃过高，造成加氢产品的终馏点温度超标时，可采用两种措施解决：一种是将异辛烷塔底的重烷烃油全部或部分单独出料，另一种是加大重烷烃油循环比即加大循环重烷烃油流量，以增加C_{12}烷烃、C_{16}烷烃的加氢裂解量。这两种措施都可降低异辛烷油中的重组分含量，确保异辛烷油终馏点合格。

4 结论

本文探讨了一种用于生产清洁汽油调合组分的碳四选择性叠合技术及优化措施。在该工艺中，源于混合C_4的异丁烯在混相床与固定床串级组合反应器进行叠合反应生成主要组分为异辛烯的叠合油；叠合油进入异辛烯分离塔分离出剩余C_4，再进入异辛烷分离塔进行加氢饱和反应并进行气体组分、异辛烷、重烷烃油的分离，并将部分异辛烷、重烷烃油循环至叠合反应部分。与常规工艺相比，本工艺将碳四叠合及异辛烯加氢有机地结合在一起，可省掉对抑制剂与异辛烯共沸物进行分离的复杂流程，可降低三聚物、四聚物等副反应产物生产量，也避免了加氢后的异辛烷产品的终馏点温度超出车用汽油标准所要求的终馏点温度，具有操作灵活、流程简单的特点，所生产的异辛烷产品可用作优质清洁汽油调合组分，也可用作化工原料。

参 考 文 献

[1] 张祥剑，王伟，郝兴仁，等．混合碳四烯烃叠合利用工艺技术研究[J]．齐鲁石油化工，2004，32(4)：255-258.

[2] 刘成军，李胜山．国外清洁汽油生产工艺[J]．石油与天然气化工，2001，30(6)：298-301.

[3] Tsai M J, Kolodzie J R, Ching D. Consider new technologies to replace MTBE[J]. Hydrocarbon Processing, 2002, (2): 81-87.

[4] Marchionna M, Girolamo M D, Patrini R. Light olefins dimerization to high quality gasoline components [J]. CatalysisToday. 2001, 65: 397-403.

[5] Miracca I, Tagliabue L, Trotta R. Multitubular reactors for etherifications[J]. Chemical Engineering Science, 1996, 51(10): 2349-2358.

[6] Mario Marchionna，颜廷昭．用水冷管式反应器的醚化工艺[J]．国外油田工程，1999(07)：43-46.

[7] 王艳丽．环氧乙烷催化水合反应器热点温度控制方法分析[J]．石油化工设计，2020，37(03)：4-8.

[8] Brockwell H L, Sarathy P R, Trotta R. Synthesize ethers[J]. Hydrocarbon Processing, 1991, 70(9): 133-141.

[9] 王明臣，安吉洪，袁欣，等．列管式恒温碳二加氢反应器开车调整及相关问题探讨[J]．乙烯工业，2007(04)：51-54.

[10] Amarjit S. Bakshi. Isooctene/isooctane process: USA, US 8188327 B1[P]. 2012-5-29.

[11] 赵燕，王景政，李琰，等．国内C_4烃叠合-加氢工艺制异辛烷技术进展及应用前景分析[J]．化工进

展，2019，38(12)：5314-5321.

[12] Hunszinger P，Jarvelin H，Purola V M，et al. Start-up and operation of the first on-purpose isooctane unit at Alberta Envirofuels Inc.，Edmonton，Canada[C]. National Petrochemical&Refiners Association Annual Meeting. SanAntonio，2003.

[13] Sahay N，McGuirk T，Marchionna M，et al. Low cost conversion of MTBE units to alternative gasoline blending components production[C]. National Petrochemical&Refiners Association Annual Meeting，Washington D. C.，2002.

[14] Chauvin Y，Olivier H，Wyrvalski C N，et al. Oligomerization of n-butenes catalyzed by nickel complexes dissolved in organochloroaluminate ionic liquids[J]. J. Catal，1997，165(2)：275-278.

[15] Girolamo M D，Marchionna M. Acidic and basic ion exchange resins for industrial applications[J]. Journal of Molecular Catalysis A：Chemical，2001，177(1)：33-40.

[16] Honkela M L，Root A，Lindblad M，et al. Comparison of ion-exchange resin catalysts in the dimerization of isobutene[J]. Applied Catalysis A：General，2005，295(2)：216-223.

[17] 高鸿顺，高步良，付静. 催化蒸馏技术在石油化工过程中的应用[J]. 化工进展，1999(04)：46-48.

[18] 方志平. 催化精馏技术在石油化工中的应用[J]. 石油化工，2004，33(2)：170-176.

[19] 刘成军. 异丁烯叠合油加氢方案的研究与探讨[J]. 中外能源，2020，25(11)：73-79.

[20] 黄燕青，陈辉. 混合 C_4 叔丁醇法生产高纯度异丁烯工艺对比[J]. 山东化工，2019，48(16)：55-58.

中小型炼化企业竞争力提升的技术路线探讨

张　珂，张泽忠

（中石油华东设计院有限公司，青岛　266000）

摘　要　通过分析中小型炼油企业面临的挑战，结合行业面临形势、市场发展趋势及政策环境等相关要求，研究并提出了中小型炼油企业竞争力提升的基本思路及方向，即在保持并优化现有炼油主业的前提下，探寻炼油特色产品，适度延伸产业链，重点提升终端产品价值，或可通过区域整合实现小油头支撑大化尾，提高综合竞争力。

关键词　竞争力提升　炼油改造　炼化转型　区域整合

1　前言

从近年来投产和新建的炼化项目来看，炼化一体化已经向纵深发展，呈现减油增化、化主油辅、加速向化工产品链转移的特征，已成为炼油业务可持续发展的必然趋势。中国炼油工业目前进入转型升级的关键时期，将通过清洁化、规模化、一体化、智能化等方式实现高质量发展[1]。国家同时要求新建炼油项目要按照炼化一体化配置建设，并严格控制新增炼油能力、推进落后和低效炼油产能退出，鼓励企业大力发展化工新材料、专用化学品。

因此，在炼化一体化、大型化、快速发展等形势的当下，中小型炼化企业想要在严峻的竞争环境中立足生存，必须在保证油品质量的前提下采取降低成品油比重、增产特色产品、适度延伸下游产业链等措施，并向高端化、差异化等方向发展，全面提升竞争力。

2　炼油行业形势及挑战

2.1　炼油产能过剩加剧行业竞争

“十三五”期间，中国原油一次加工能力持续上涨，2020年产能较2016年增长17278万t，增幅达到22.03%。“十四五”期间，1600万t/a盛虹石化和1500万t/a古雷石化即将在2021年投产，山东裕龙石化一期2000万t/a预计2022年投产，据统计，到2025年，中国尚有约1.28亿t/a的扩建及筹建计划，若产能全部投用，中国一次加工能力将超过10.85亿t/a，成为炼油规模全球第一的国家。随着炼油能力的巨幅攀升，产能过剩问题也愈演愈烈，尤其是低端产能过剩问题。

2.2　国内成品油消费结构正在发生重大变化

从宏观发展趋势上来看，柴油消费量已达峰值，开始呈现下降的趋势，预测汽油消费量将在2025年左右达到峰值[2]，由于替代能源持续增长，天然气汽车和新能源汽车发展迅速，有关机构预测2025年替代量将占汽柴油需求的15%。航煤和化工轻油需求受人民生活水平提高的影响持续增长，预测2025年化工轻油需求近1.5亿t，航煤需求近6000万t。

在国内经济复苏大背景下，综合消费需求提振、产业升级力度加大、新能源替代效用增强、碳减排和环保要求提升以及航空业回暖等因素影响，预计我国成品油需求将回升，但市场结构性供应过剩依然难以扭转。

2.3 碳达峰及碳中和对炼油行业提出新的挑战

近年来，碳减排已成为世界共识，我国政府做出2030年实现碳达峰、2060年实现碳中和的承诺，炼油及石化行业作为二氧化碳排放的主要行业，减排压力和挑战迫在眉睫。在碳减排的进程中，氢能、新能源新材料、生物燃料及绿电行业将会加速发展，传统油气业务将会进一步缩减。

2.4 新能源及塑料循环经济下挑战与机遇

随着绿色低碳理念的深入，新能源汽车等力量将不断增强，新能源汽车的快速发展虽然挤压了成品油的消费空间，但也使得高刚性高抗冲聚丙烯、聚烯烃热塑性弹性体等汽车轻量化的新材料的需求增加，促进了新材料的消费需求。

近年我国不断出台的《禁塑令》，将2020年到2025年底分为三个节点，国家依次扩大禁用范围，到2025年底国内将几乎全面禁止使用一次性的塑料制品。目前国内可降解塑料用量仅不到10万t/a，塑料循环经济存在巨大的发展空间。

3 中小型企业竞争力提升技术路线分析

大多数中小型炼厂不仅面临着产业规模小、能耗水平偏低等问题，同时还存在炼厂成品油产品比重大、下游高端石化产品严重短缺、技术及旧设备升级难度大等问题，受原料、资金、产业政策、发展空间等多方面限制，在炼化一体化发展过程中举步维艰，市场抗风险能力较差。

在此背景下，中小型炼油企业在竞争力提升中更应理性，避免在大环境裹挟下过渡的进行油转化转型，秉承能够实现低成本生产的产品都是具有竞争力的产品，首先调整炼油生产，在保障成品油质量生产的基础上，发展炼厂特色产品，在此基础上再考虑合适的化工发展方向、增产化工产品。

3.1 炼油改造技术路线

炼油改造的基本原则是通过调整装置构成、装置技术方案，提升炼厂成品油质量，首先实现成品油清洁化，做强炼油主业，结合原料特性，以分子炼油的视角对不同炼厂物料采用适合的加工方式及产品方案，寻求适合炼厂的特种或特色产品，适度拓展化工下游产业链。在此基础上充分利用、依托现有装置增产化工原料，降低化工原料的生产成本[3]。

3.1.1 催化裂化装置改造

常见中小型炼厂典型的加工路线为常减压-延迟焦化-催化裂化-连续重整-柴油加氢-汽

油加氢-MTBE-烷基化路线。以典型炼厂的加工流程为例分析，其成品油比例过大(81%)而化工原料比例过低(4.6%)，对比我国正在建设的盛虹炼化项目，该项目成品油收率为31%，乙烯、芳烃等基础化工原料收率50%以上。影响产品结构的关键装置为催化裂化装置，催化装置改造可考虑以下两个方案——MIP-CGP改造方案及高丙烯技术改造方案，同时对比新建催化裂解方案。

MIP-CGP改造方案能够一定程度提高丙烯收率，由5%左右提高到10%，同时降低汽油烯烃含量，优化汽油池性质，或可部分置换出重整汽油；高丙烯技术改造方案可将现有催化丙烯收率由5%左右提高到15%，所产汽油烯烃含量低，芳烃含量高，辛烷值高，可进一步提高汽油池RON，或可在置换出重整汽油的基础上减少其他高辛烷值汽油组分比例。对于新建催化裂解方案，该装置可最大化生产丙烯产品(20%收率)，但该技术对原料要求较高，一般适合加工石蜡基的蜡油、常压渣油，或需原料预处理，且新建催化裂解装置需要对全厂装置结构进行较大调整，以适应多产化工产品。

表1 催化装置改造前后产品构成

序号	项目	常规催化裂化方案	MIP-CGP方案	高丙烯催化裂化方案	催化裂解方案
一	成品油	87.1%	52.3%	53.9%	34.2%
1	汽油	51.1%	17.7%	20.6%	0.0%
2	柴油	36.1%	34.6%	33.3%	34.2%
	柴汽比	0.71	1.95	1.61	
二	化工原料	4.9%	39.0%	37.2%	57.1%
3	液化气	0.7%	1.1%	1.1%	1.1%
4	丙烷	0.7%	1.3%	0.8%	2.2%
5	丙烯	2.1%	4.3%	6.2%	9.1%
6	混合碳四	0.0%	5.7%	4.3%	7.6%
7	苯	1.4%	4.4%	4.7%	6.3%
8	混合二甲苯	0.0%	15.0%	16.1%	21.7%
9	石脑油	0.0%	7.2%	4.2%	9.2%

从产品结构上看，仅改造一套催化装置即能够很大程度上改善成品油及化工原料产品比例，化工原料中丙烯产品收率有了明显提升，在成品油方面，改造催化裂化装置对汽油产品影响较大。催化改造不仅能够在很大程度上降低催化汽油的产量，更多的是改造后的催化汽油其烯烃含量和辛烷值有了很大的改善。对于中小型炼化企业而言，催化汽油是汽油池的主要成分，同时调入了重整汽油、芳烃(甲苯、二甲苯)、MTBE、轻石脑油、烷基化油、抽余油等组分，调节汽油池烯烃、芳烃及辛烷值，改善后的催化汽油进入汽油池后，可降低汽油池中其他调和组分，为重整汽油、醚后碳四提供了新的处理方案。

3.1.2 炼厂各馏分优化利用

(1) 液化气优化利用

对全厂液化气按照组成分质处理，将异丁烷含量高的加氢裂化、柴油加氢裂化液化气进行液化气分离，分出异丁烷作为烷基化装置原料。其他异丁烷含量较低，不适宜进行异丁烷分离的饱和液化气(常压液化气、重整液化气)直接作乙烯裂解料。

(2) 石脑油优化利用

炼厂石脑油，包括直馏石脑油、重整戊烷油等石脑油，可通过吸附分离技术分离出正构、异构烷烃，提高石脑油的利用效率，其中异构烷烃可作为汽油调和组分或重整原料，正构烷烃可作为乙烯裂解原料。

(3) 柴油馏分优化利用

催化裂化改造后，汽油池不再需要(或需求量减少)重整油、轻石脑油等组分作为调和组分，汽油的量减少，为了降低柴汽比，柴油的转化压力更大。

可考虑利用柴油馏分增产航煤，如常二线油(230~315℃)加氢改质生产航煤，具有投资低、氢耗低、能耗低的优势；MIP 柴油或催化裂解装置柴油性质较差，可轻重分离后，重柴油作为船用燃料油调和组分；若加工原油为中间基，柴油加氢改质后可作为乙烯原料，提供给下游化工或周边乙烯企业。

3.1.3 增产高附加值或特色产品路线

(1) 高品质针状焦生产

可根据炼厂情况，考虑高品质针状焦的生产，炼厂向产品差异化、高端化发展，如生产大口径超高功率石墨电极和石墨电极接头。需要注意的是其原料要求低硫、多芳、少杂质，技术关键在于油浆馏分的萃取分离和加氢精制处理。

(2) 低硫船用燃料油

低硫船用燃料油生产及调和的竞争力在于低成本，主要问题是降硫，难度在保持油品黏度。多组分调和才能创造更大价值，如催化油浆、加氢蜡油和低硫常渣。

(3) 高档润滑油

通过加氢异构脱蜡可生产高档润滑油基础油，以高黏度、高凝点、低黏指超稠油为原料，可考虑丙烷脱沥青、润滑油高压加氢等工艺生产高档润滑油方案。

(4) 白油

以加氢尾油、润滑油馏分油、合成油等为原料经过异构脱蜡、补充精制工艺生产各牌号白油。二段加氢可生产工业级白油，三段加氢可生产医药、食品级白油。

3.2 炼化转型技术路线

炼油向化工转型的方向可聚焦于烯烃及芳烃化工原料的生产，即通过调整炼厂流程、装置构成、装置技术方案等措施，提高烯烃及芳烃基础化工原料的产率，为下游化工产业链延伸提供原料保障。其重点在于如何实现低成本生产化工原料，提高中、高端石化产品比例，形成规模化、差异化产业链。对于中小型炼厂建议不考虑全产业链化工品生产，而是以高端化、差异化的终端化工品为着力点。

3.2.1 多产低碳烯烃路线

中小型炼化企业多产低碳烯烃技术可考虑催化裂化/催化裂解多产烯烃方案、轻烃深度催化裂解方案、碳四烯烃制丙烯、丙烷或混合烷烃脱氢等方案，以此为基础进一步发展 C_2、C_3、C_4 烯烃下游化工。

3.2.2 多产芳烃路线

中小型企业很难实现规模化芳烃生产，但可通过相关技术处理炼厂富含芳烃的馏分，提高芳烃收率，如催柴制芳烃技术，处理芳烃含量高但十六烷值低的催化柴油调和组分。或考虑采用轻烃芳构化技术，对炼厂包括轻烯烃及碳三以上烷烃、混合碳四、裂解碳五、轻石脑油等轻烃组分进行芳构化以多产芳烃。另外一个低成本生产芳烃产品的方案为甲苯甲醇烷基化技术，其对二甲苯收率比传统的甲苯择形歧化工艺高一倍，并可根据市场调节对二甲苯和苯的产量。

3.2.3 中小型炼厂区域整合

中小型企业装置规模小、装置结构不尽合理，可利用的化工原料资源有限，化工产业链很难延伸，亦难成规模，发展化工投资高，油转化成本高，很难形成有效竞争力，应对风险能力差，很难在产能淘汰、转油增化大趋势下站稳脚跟。但对于可依托区域优势，集合周边资源，合力形成既能独立生产汽柴油产品、又具有一定产业规模的化工品生产企业群，才有利于进一步发展。

集聚发展、区域整合有利于集中各炼厂“边角料”，作为优质化工原料发展烯烃产业链，如相当数量的乙烷、轻石脑油、抽余油等均为优质乙烯料；有利于实现小油头合力支撑大化尾，提升产业规模，形成区域石化产业布局，避免小规模重复项目、重复投资、同质竞争。

3.2.4 差异化、特色化、高端化化工品

对于生产运行良好的中小型炼油企业，需结合企业自身产业基础条件和发展特点，适度拓展多元化原料来源，在特种工程塑料、高性能纤维、特种橡胶弹性体或电子化学品等领域，通过发展终端高价值产品，延伸拓展高端化、精细化、特色化产品。

4 结论

成品油需求的增长速度减缓，目前柴油基本达峰，汽油接近达峰，航煤暂未达峰，清洁燃料型炼厂依然会存在，但是比例会降低。近年来已投产或正在规划中的大型炼化一体化项目，虽然大型炼化企业具备明显的规模效应及成本优势，但其重点均在下游化工产业链，因此，对于中小型而言，低成本生产汽柴油等常规炼油产品，深度完善其采购-储运-炼制-销售产业链，做强炼厂炼油主业，仍然有利于中小型炼油企业提高企业竞争力。

另外，中小型炼化企业转型升级的主要思路还应以市场和技术为导向，充分发挥中小型企业运行机制灵活、市场响应迅速等多方面的优势，适度拓展炼油高附加值产品、或通过外外购中间料直接生产高端化工品，以末端增值发展为重点，向高端化、差异化方向发展。或通过区域整合，尤其是整合区域内的高价值化工轻油资源，发展建设规模化的乙烯、芳烃生产装置，实现从低端散乱到高端集聚的转变。

参考文献

[1] 马安．中国炼油行业转型升级趋势[J]．国际石油经济，2019，27(05)：16-22.
[2] 何盛宝．关于我国炼化产业结构转型升级的思考[J]．国际石油经济，2018，26(05)：20-26.
[3] 吴文龙，白雪松，张海桐，等．“十四五”时期我国炼化产业高质量发展模式研究[J]．化学工业，2020，38(2)：1-9.

费托合成蜡生产润滑油基础油研究现状分析

陈　琳

（中国石化经济技术研究院，北京　100029）

摘　要　费托合成蜡适宜生产Ⅲ$^+$类基础油，大力发展费托合成基础油有助于我国减少Ⅲ/Ⅲ$^+$类基础油进口依赖。本文通过梳理国内外知名石油公司费托合成蜡生产基础油工艺技术研究的进展情况，并将费托合成基础油与石油基基础油工艺技术和产品特性进行对比研究，分析了费托合成基础油产品的优缺点，同时指出费托合成蜡生产润滑油基础油需要做好副产品加工利用方案。

关键词　费托合成　基础油　加氢异构　Ⅲ$^+$类

1　前言

2020年我国基础油产能已达到1233万t/a，其中新增Ⅲ类基础油产能32万t/a[1]。尽管我国基础油产能已经趋于饱和，但是Ⅲ类基础油需求量仍远大于供应量，缺口预计在70万t/a左右。

“十四五”时期随着产业更新换代和车用燃料质量升级，润滑油基础油将向高端化方向发展，润滑油成品将实现高环保、长寿命的升级调整。而随着碳减排与节能要求的不断提高，具体到轿车用润滑油还面临低黏化的压力。目前丰田、奔驰、福特等十多家汽车公司均联合知名润滑油公司同步开发黏度级别为0W-8、0W-16和0W-20等的新一代发动机油，需要使用Ⅲ类基础油(特别是黏度指数大于130的Ⅲ$^+$类基础油)作调合组分。

石油基原料生产Ⅲ/Ⅲ$^+$类基础油对原油性质和操作条件有较为严苛的要求。费托合成蜡及衍生物以长直链烃为主，适宜通过加氢转化和加氢异构生产Ⅲ$^+$类基础油，产品基本无芳烃、氮、硫等。2019年，山西潞安集团建成35万t/a煤基合成Ⅲ$^+$类基础油装置，将煤制费托蜡加氢异构生产出了煤基Ⅲ$^+$类基础油。

2　费托合成蜡生产基础油工艺技术研究进展

我国煤制油生产已经得到大力发展，诸多煤制油企业开始考虑向煤制基础油等下游方向延伸产业链。煤基基础油原料通常采用煤间接液化技术生产而来。煤间接液化是指以煤经气化反应产生一氧化碳和氢气为主的合成气，经催化剂作用合成为液体产物的工艺技术，技术关键在于费托合成工艺。费托合成反应生成的中间馏分和重尾馏分经过包括加氢脱蜡和加氢异构在内的一系列工序，制取高黏度指数的润滑油基础油。国内外知名石油公司都已具备了费托合成基础油技术。

2.1 壳牌(Shell)

壳牌公司于20世纪70年代初期开始深入研究费托合成技术，并于20世纪80年代发展出其自有的费托合成技术Shell Middle Distillate Synthesis Process(简称SMDS)[2,3]。壳牌SMDS技术采用合成气为原料，产品为天然气合成油(Gas-to-Liquid，简称GTL)。壳牌采用SMDS技术的GTL装置于1993年在马来西亚Bintulu建立，产量为62.5万t/a(1.25万桶/日)，2006年产量开始达到73.5万t/a(1.47万桶/日)[4]。该工厂所产生的费托蜡产品运往日本Yokkaichi和法国Petit-Couronne的基础油加工装置，经过加氢裂解和加氢异构，制备适宜的含蜡油基础油组分，再经过简单的溶剂脱蜡工艺制备GTL基础油[5]。

壳牌公司对外公布了由费托合成蜡进料制备黏度指数为至少150的润滑基础油的方法[6]。在加氢转化条件下，费托合成蜡进料与加氢转化催化剂接触，分离出占比85%以上切割点在325~450℃的重质馏分，脱蜡得到基础油。该方法的费托合成蜡进料冻凝点为55~150℃，T_{90}~T_{10}的沸点温度差值需在50~130℃范围内。该方法重质馏分脱蜡，可以使用常规的溶剂脱蜡，也可以使用催化脱蜡方法，同等操作条件下催化脱蜡较溶剂脱蜡所获得基础油总收率高20%以上，达到62.4%。

壳牌公司还公布了将费托衍生原料和石油衍生原料混合物进行催化倾点降低处理制备链烷烃质量含量为75%~95%基础油的方法[7]。费托衍生原料是加氢裂化/加氢异构化的费托原料经分离而得的馏分，具有较高沸点且C_{30}以上化合物占比不低于30%。石油衍生原料可以是燃料型加氢裂化尾油，基础油型加氢处理-加氢裂化馏分，或者溶剂脱蜡/催化脱蜡的脱蜡油。采用80%费托蜡萃余液混合20%燃料型加裂尾油制取的基础油黏度指数在130左右。该方法费托-石油衍生原料按80%和20%共混并与纯费托原料对比，基于原料400~460℃间基础油收率，共混原料制备基础油收率在40%以上，纯费托原料制备基础油收率不足40%。

2.2 雪佛龙(Chevron)

雪佛龙公司在世界上第一个采用包括润滑油加氢异构裂化(或加氢处理)-加氢异构脱蜡和加氢后精制的三段全氢型润滑油加工技术，其加氢异构脱蜡(IDW)技术已经进行工业化，在国内炼化企业已得到了应用[8]。雪佛龙公司也在研究费托蜡的异构化技术，采用高凝点的蜡原料生产低凝、高黏度指数基础油是其改进的方向之一。山西潞安集团所建成35万t/a煤基合成Ⅲ$^+$类基础油装置，就采用了雪佛龙公司IDW技术。

加氢基础油特别是Ⅲ/Ⅲ$^+$类基础油芳烃和环烷烃含量极低，直链烷烃较多，与添加剂等组分调合时相容性相对要差。雪佛龙公司开发了采用费托蜡制备单环烷烃含量高和多环烷烃含量低的润滑油基础油方法[9]，所含至少一个芳族官能团分子重量小于0.3%，单环烷烃分子重量大于10%且多环烷烃分子重量小于0.1%。芳烃含量低可提高基础油氧化稳定性和黏度指数，含至少一个环烷烃官能团分子含量高可改善添加剂稳定性和弹性体相容性。该方法费托蜡加氢异构制备基础油时，其装置压力6.9MPa左右，较生产石油基基础油反应压力要小。这主要也是由于费托蜡原料中主要为长链烷烃，芳烃和环烷烃的含量低，加氢异构反应过程期望更多发生异构化，而更少发生裂化反应。雪佛龙公司采用费托蜡原料制备的Ⅲ$^+$类基础油链烷烃含量通常在80%以上，相比蜡状石油原料制备的Ⅲ$^+$类基础油链烷烃含量则在

25%左右。

雪佛龙公司在加氢异构分层催化剂体系上也有研究，其对外公布了“由重质原料生产基础油的催化方法和系统”[10]，重质原料可以是费托衍生的蜡，反应区分为第一加氢异构化区和第二加氢异构化区，同时还可以在第一加氢异构化区上游增加加氢处理催化剂用作保护层或保护床。

2.3 埃克森美孚(ExxonMobil)

1989年以来，埃克森美孚公司已经投资4.5亿美元用于开发天然气合成油技术，技术名称为ACG-21，该技术包括三部分[11]：(1)甲烷在催化反应器中与水蒸气和少量氧气接触转化为合成气；(2)在悬浮床反应器中通过钴基催化剂使合成气转化成合成油，组分主要是正构烷烃，熔点在121℃以上，室温下是固体，含有大量343℃以上的蜡；(3)固定床反应器中使用特定催化剂把蜡转化为液体燃料和石化原料，该部分实际是一种缓和异构化过程，蜡分子重排变为短侧链的多种产品，低温流动性得到改善。

埃克森美孚公司与卡塔尔国家石油公司原计划在卡塔尔投资接近70亿美元，建设770万t/a(1.25万桶/日)产能的GTL装置。该装置将采用埃克森美孚公司的AGC-21专利技术，其总产能的20%将用来生产高性能的基础油，基础油生产计划采用埃克森美孚专有的MWI(蜡异构化工艺)技术，将含蜡油、软蜡等蜡含量高的原料送进装填择型分子筛的固定床反应器，转变成高黏度指数基础油[5]。由于难以控制成本，埃克森美孚公司在2008年将该项目改成液化天然气项目。

埃克森美孚公司也对外公布了通过费托蜡制备润滑油基础油的方法[12]。该方法通过天然气在钴基催化剂条件制备合成气后，所分离的含蜡烃经过Pt/ZSM-48加氢异构催化剂进行加氢脱蜡制备基础油。含蜡烃馏分初馏点在221℃，终馏点在566℃。分馏含蜡烃组分中371℃以上馏分经过加氢脱蜡可制备黏度指数150以上的润滑油基础料。所制备润滑油基础料经过常减压蒸馏分离出4cst、6cst和16cst的轻中重质基础油，黏度指数也不低于140，基础油收率总计30%~52%。埃克森美孚公司还采用一步法和两步法制备重质基础油，获得相同目标浊点，采用两步法制备的重质基础油产率更大，并且无黏指损失[13]。

2.4 中国石化(SINOPEC)

(1)大连石油化工研究院(FRIPP)

中国石化大连(抚顺)石油化工研究院(FRIPP)于20世纪90年代末开始石油馏分油、费托合成馏分油加氢生产特种油品工艺技术的研究，开发了应用于轻质白油、白油和润滑油基础油等特种油品技术。为了增大Ⅲ$^+$类润滑油基础油的原料来源和提高油品质量，FRIPP在原有天然油生产特种产品的基础上，还研究开发出费托合成油生产Ⅲ$^+$类基础油等特种油品的加工利用技术[14]。FRIPP费托合成油生产特种产品技术流程见图1。

费托合成油先经过加氢精制，脱除原料中的含氧化合物及烯烃，精制后重馏分采用加氢异构-补充精制一段串联加氢工艺生产高黏度指数的API Ⅲ$^+$类润滑油基础油。FRIPP所合成润滑油基础油黏度指数大于130，倾点可在-18℃以下。

FRIPP还对外公布了以费托合成油为原料，采用加氢精制-加氢改质-加氢异构的两段工艺生产API Ⅲ$^+$类基础油的方法[15-17]。该方法仅需在常规的加氢裂化装置后增设加氢脱

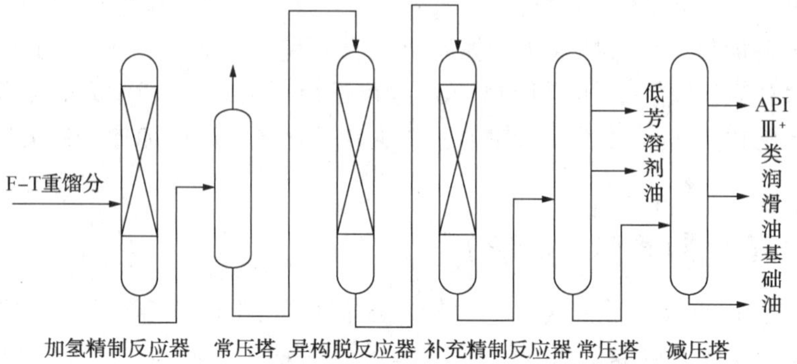

图1 FRIPP费托合成油加氢工艺流程示意图

蜡反应系统。由于将加氢精制-加氢改质-加氢异构等工艺装置组合，具有节省设备(循环氢稳定罐和压缩机)、操作费用低等特点。

(2) 石油化工科学研究院(RIPP)

石油化工科学研究院(RIPP)开发了RIW(润滑油加氢异构脱蜡)技术，可用于费托合成蜡的加工生产UHVI基础油。RIW技术采用加氢处理-加氢异构-加氢补充精制的工艺流程，由不同润滑油原料生产API Ⅱ/Ⅲ类高品质基础油产品，在大幅度降低基础油倾点的同时能够保持较高收率。RIW技术在中国石化茂名石化公司40万t/a润滑油加氢异构装置工业应用成功，结束了中国润滑油Ⅲ类基础油生产技术完全依赖进口的历史，实现了高端润滑油基础油生产技术的国产化。RIW技术也在山东清河化工高端特种油加氢装置成功应用，生产出6cst、8cst、10cst和12cst等牌号的Ⅲ⁺类润滑油基础油。

RIPP还开发了费托合成蜡加氢提质生产高档润滑油基础油和特种蜡技术，并在中国石化南阳精蜡厂3000t/a加氢装置上开展了工业应用[18]。该项技术包括两种工艺方案。方案一是生产基础油与特种蜡方案，可同时生产2cst和4cst等牌号高档基础油和特种蜡产品，工艺流程见图2。费托合成蜡首先进入稳定加氢反应器进行烯烃饱和、脱氧和脱酸等反应，再经过常减压蒸馏切割出特种蜡产品，中间含蜡润滑油馏分则进一步经过加氢异构和加氢后精制生产高档基础油。

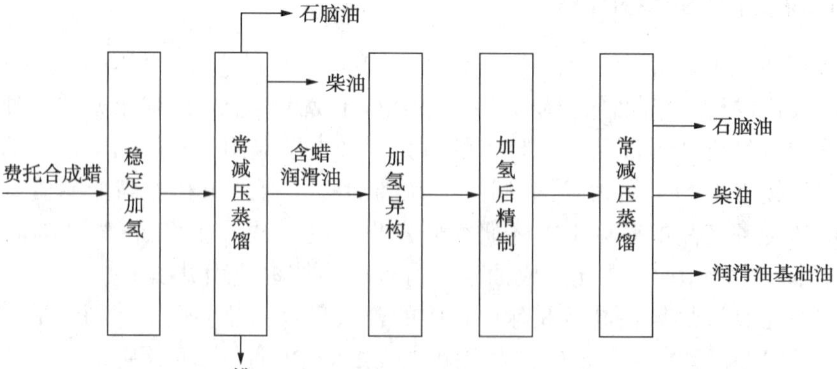

图2 RIPP费托合成基础油和特种蜡方案工艺流程示意图

方案二是生产基础油方案，可生产 2cst 和 6cst 等牌号高档基础油，工艺流程见图 3。费托合成蜡首先通过稳定加氢进行脱氧、烯烃饱和，再经常减压蒸馏获取含蜡润滑油馏分，在一定条件下与加氢异构催化剂反应，使其中的正构烃进行充分异构化，从而降低产品的倾点。经过异构化的物流进入后精制反应器，进一步进行烯烃加氢饱和，从而改善产品的稳定性和颜色，得到终端产品。

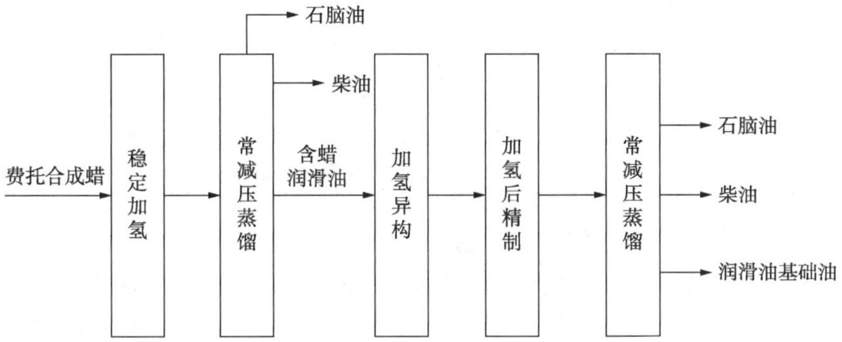

图 3 RIPP 费托合成基础油方案工艺流程示意图

RIPP 费托合成蜡加氢提质生产高档润滑油基础油和特种蜡技术蜡制备的润滑油基础油黏度指数不低于 130，甚至可达到 140 以上，倾点可在-30℃以下。该技术还能同时生产符合 ASTM D7566 指标要求的喷气燃料馏分，凝点小于-30℃的柴油馏分以及滴熔点达到 90℃以上的特种蜡。

3 费托合成基础油与石油基基础油对比分析

费托合成基础油和石油基基础油通过加氢异构生产Ⅲ/Ⅲ$^+$类基础油的加工路线对比如下。

费托合成基础油：合成重油(煤/天然气→气化-造气装置→费托合成→蒸馏)→蜡油加氢预处理生成蜡→加氢异构→补充精制→减压分馏

石油基基础油：减压蜡油(轻脱油)→润滑油加氢裂化→常减压分馏→加氢异构→加氢补充精制→减压分馏

与石油基基础油相比，费托合成基础油工艺技术和产品性能具有如下特点。

(1) 费托合成基础油较石油基基础油更易获取高黏指性能

石油基Ⅲ/Ⅲ$^+$类基础油的生产，对于原油品种、润滑油型加氢裂化装置压力以及加氢异构装置进料的链烷烃含量等有诸多要求。比如，石油基Ⅲ/Ⅲ$^+$类基础油生产过程，原油适宜选择石蜡基或中间偏石蜡基组成；原料加氢裂化过程既要考虑芳烃和环烷烃等开环又要尽量避免长直链烃的过度裂解；加氢异构装置进料的加氢尾油组分链烷烃含量适宜在 70%以上，黏度指数在 140 以上，芳烃含量不高于 0.5%。

费托合成蜡及其衍生物，链烷烃含量较高通常在 80%以上，基本不含芳烃，可以通过加氢异构相对容易制取黏度指数高于 130 的优质基础油。费托合成蜡改质生产的费托合成基础油几乎可媲美 PAO 性质，具有高黏度指数、低蒸发损失特性。表 1 是费托合成基础油与常规基础油的典型值[18]。

表1 费托合成基础油和常规基础油典型值

项目	费托合成基础油1	费托合成基础油2	Ⅲ类加氢基础油	PAO
运动黏度(100℃)/(mm^2/s)	4.050	6.220	5.634	5.812
运动黏度(40℃)/(mm^2/s)	17.02	31.19	29.71	31.20
黏度指数	142	154	132	138
倾点/℃	<-34	<-30	-18	-57
闪点(开口)/℃	216	225	222	246
蒸发损失(Noack法)/%	7.5	6.0	8.1	6.0

(2)费托合成基础油需解决浊点过高问题

费托合成基础油存在浊点过高的问题，其较石油基基础油更容易使所调合的润滑油产品在储存和运输过程中出现沉淀和分层。费托合成蜡及其衍生物含有大量直链烷烃，包括带支链的长链烷烃以及支链数量少或不带支链的低支化度链烷烃。较高支化度的链烷烃有利于基础油黏度指数提高，而低支化度链烷烃是引起浊点上升的主要组分。由于低支化度链烷烃与高支化度链烷烃分子直径较为接近，难以被选择性脱除。

(3) 费托合成基础油收率偏低

由于费托合成蜡原料主要是长链烷烃，加工过程更容易发生裂解反应，同时基于保证所生产基础油浊点指标要求，操作条件相对苛刻，因而费托合成基础油收率偏低。费托合成基础油收率通常在40%~70%范围，相较而言石油基基础油收率能够达到70%以上。石油基基础油收率尽管相对要高，即转化成液化气、石脑油和柴油等其他组分的占比相对要小，但是也面临基础油黏度指数低的问题。费托合成蜡生产基础油的催化剂和加工工艺还需进行深入研究，继而持续提高费托合成基础油的产品收率。

(4) 费托原料生产基础油需注意副产品利用

煤制油装置相比炼油化工装置投资要大，分摊到单位产品的成本相对较高。蜡产品免交消费税，基础油则会附加消费税，将费托蜡转化加工成基础油是否具有效益，关键在于如何合理利用费托合成加工工艺过程低附加值的中间组分。费托合成蜡较石油基原料生产基础油过程中副产品分布范围更广，生产装置需要配套更多的侧线数。因此，费托合成基础油生产过程还需充分做好副产品利用方案。

4 结论

费托合成蜡生产Ⅲ/Ⅲ+类基础油是我国减少和摆脱高端润滑油基础油进口依赖的有效途径。国内外诸多公司都已拥有费托合成蜡生产高端加氢基础油工艺技术，煤基费托合成Ⅲ+类基础油装置也已开展了工业实践。相信随着碳排放限制与节能要求的不断提高，下游用户特别是汽车制造商等对于Ⅲ/Ⅲ+类基础油需求日益增长，我国费托合成蜡生产高端基础油还将会得到持续发展。

参 考 文 献

[1] 杨晨．"十四五"我国润滑油市场供需将进入平台期[J]．当代石油石化，2021，29(4)：29-33.
[2] Overtoom R，Fabricius N，Leenhouts W. Shell GTL，from Bench scale to World scale [C]//Proceedings of the 1st Annual Gas Processing Symposium. Amsterdam：Elsevier，2009：378-386.
[3] Eilers J，Posthuma S A，Sie S T. The shell middle distillate synthesis process(SMDS)[J]. Catalysis Letters，1990(7)：253-270.
[4] 齐铁健．壳牌 GTL 独秀全球[J]．中国石油石化，2007(13)：46-47.
[5] 申宝武．新一代基础油——GTL 基础油[J]．国际石油经济，2005，13(8)：25-29.
[6] 国际壳牌研究有限公司．制备基础油的方法：中国，CN1167811A[P]. 1997-12-17.
[7] 国际壳牌研究有限公司．制备润滑基础油的方法：中国，CN1813044A[P]. 2006-08-02.
[8] 王鲁强，郭庆洲，康小洪，等．润滑油基础油生产技术现状及发展趋势[J]．石油商技，2011，(1)：6-12.
[9] 切夫里昂美国公司．单环烷烃含量高和多环烷烃含量低的润滑油基础油：中国，CN1906277A[P]. 2007-01-31.
[10] 雪佛龙美国公司．由重质原料生产基础油的催化方法和系统：中国，CN102869753A[P]. 2013-01-09.
[11] 佚名．埃克森美孚公司的天然气合成油技术[J]．当代石油石化，2004，12(1)：15.
[12] 埃克森美孚研究工程公司．从费托蜡制备燃料和润滑油的方法：中国，CN1703488A[P]. 2005-11-30.
[13] 埃克森美孚研究工程公司．源自费托合成蜡的重质润滑油：中国，CN1688674A[P]. 2005-10-26.
[14] 姚春雷，孙国权，全辉，等．费托合成油异构降凝生产 API Ⅲ+类润滑油基础油技术开发[J]．当代化工，2019，48(10)：2374-2381.
[15] 中国石油化工股份有限公司．一种费托合成油生产 API Ⅲ+ 基础油的加氢工艺：中国，CN111378493A[P]. 2020-07-07.
[16] 中国石油化工股份有限公司．一种费托合成油的加工方法：中国，CN111378494A[P]. 2020-07-07.
[17] 中国石油化工股份有限公司．一种费托合成油生产 API Ⅲ+ 基础油的加氢方法：中国，CN111378495A[P]. 2020-07-07.
[18] 王鲁强，李国红，郭庆洲，等．费-托合成蜡加氢提质生产基础油和特种蜡技术的工业应用[J]．石油炼制与化工，2016，47(6)：5-9.

RIPP 第四代蜡油加氢处理催化剂 RN-518 的开发

刘清河，梁家林，张璠玢，杨清河，任　亮，聂　红

（中国石化石油化工科学研究院，北京　100083）

摘　要　基于反应分子与活性相最优匹配技术平台，通过对载体制备及活性金属高分散制备技术等多方面进行优化和改进，开发了 Mo-Ni 型高稳定活性高性价比蜡油加氢处理催化剂 RN-518。催化剂 RN-518 的加氢活性较催化剂 RN-32V 大幅提升，同时催化剂的稳定性更优，催化剂的装填密度降低约 39%，为炼油企业长周期稳定生产国六清洁油品提供强有力的技术支撑。

关键词　高稳定性　高性价比　蜡油加氢催化剂　RN-518　催化剂

1　前言

蜡油原料是催化裂化装置的最主要原料之一。蜡油原料经加氢处理后，相比未加氢处理直接作为催化裂化装置进料，可提高催化裂化单元的汽油收率 4 个百分点左右，同时降低油浆和焦炭的产率，并能大幅度降低烟气中的 SO_x 和 NO_x 含量，催化汽柴油产品中的硫含量也大幅度降低。通过蜡油加氢预处理，解决催化裂化装置进料劣质化问题的同时，能够生产更多、更清洁的汽油产品。因此，蜡油加氢处理技术是现代炼厂的主要加氢技术之一，在国内外得到了广泛应用。

石科院基于新型催化剂制备技术平台—反应分子与活性相最优匹配技术(Reactant-active phase Optimization & Cost-effective Key Technology，ROCKET$^+$)[1]开发了新一代高性价比蜡油加氢处理催化剂 RN-518。该催化剂具有通畅的扩散孔道及稳定性更优的活性相结构，具有较高的加氢脱硫、脱氮活性，以及稳定性好的特性。RN-518 催化剂的装填堆密度较 RN-32V 降低约 39%，工业装填堆密度预估约为 0.60～0.62g/mL，同时催化剂的脱硫活性提高 36%～54%，表现出良好的性能。由于 RN-518 催化剂有堆密度低和性能高的特点，将为炼油企业低成本、长周期稳定生产国Ⅵ清洁车用燃料提供了强有力的技术支撑。

2　催化剂的研制

分别考察了载体性质、金属负载量、金属原子比以及制备方法等因素对催化剂加氢活性的影响，对催化剂物化性质和加氢性能进行了优化。

通过改变工艺条件及添加调节剂制备了新型载体材料。与参比载体材料相比，新型载体材料的微观粒子变得更细更长，从而优化了二次粒子的堆积结构，而载体孔道结构则起源于

该堆积结构。与参比载体相比，由新型载体材料制备的新型载体，其比表面积相当，但孔体积提高了 13%，且孔分布明显向大孔方向移动，因此具有更加畅通的扩散通道。而且，新型载体的堆密度较参比载体的堆密度降低了 25%，使得由其制备的催化剂具有更低的堆密度和更高的性价比。

为实现更高的脱硫活性和芳烃饱和的双重目的，选择了具有高加氢饱和性能且更具价格优势的 NiMo 双金属体系。考察了制备方法、总金属含量和金属分布等因素对催化剂活性和稳定性的影响。研究发现[2]，采用低温络合方法制备的催化剂的金属载体相互作用(MSI)较弱，具有较高的 HDS 活性，但稳定性较差。而采用高温焙烧法制备的催化剂的 MSI 则较强，虽其稳定性较高，但 HDS 活性又较差。采用 ROCKET$^+$平台中的稳定活性相的金属负载技术制备的催化剂，不仅具有适宜的 MSI，还具有较高的 HDS 活性，同时其稳定性也大幅提高。在此基础上还考察了总金属负载量和金属原子比对催化剂活性和稳定性的影响，确定了合适的金属含量和组成，优化后的催化剂兼具较高的 HDS 活性和稳定性。

基于对上述关键因素的系统研究，开发了具有适宜 MSI 和优良扩散孔道的载体，然后基于载体表面结构性质改进了的高分散催化剂制备方法，同时优化了催化剂中的金属含量及金属比例，最终成功开发了新一代高稳定性高加氢脱硫活性的蜡油加氢处理催化剂RN-518。

3 RN-518 催化剂的性能

以青岛炼化 VGO 为原料，性质见表 1，在氢分压 8.0MPa 的中等压力条件下和氢分压 13.0MPa 的较高压力条件下，在中型装置上进行了 RN-518 与工业参比剂 RN-32V 的性能对比评价试验，催化剂的装填堆密度及评价结果分别见表 2、表 3。

表 1 评价原料油性质

原料油	青岛炼化 VGO	原料油	青岛炼化 VGO
密度(20℃)/(g/cm^3)	0.9383	初馏点	228
硫含量/%	2.77	10%	372
氮含量/(μg/g)	1700	50%	442
馏程(ASTM D-86)/℃		95%	545

表 2 催化剂堆密度比较

	装填堆密度 /(g/mL)	相对堆密度 /%
RN-32V	1.190	100
RN-518	0.726	61

表 3 RN-518 与 RN-32V 的中型对比评价结果

原料油	青岛炼化 VGO				
氢分压 /MPa	8.0	8.0	8.0	13.0	8.0
体积空速 /h^{-1}	1.4	1.4	1.4	1.0	1.4

续表

反应温度/℃	基准	基准+10	基准+20	基准+20	基准+10*
精制蜡油硫含量/(μg/g)					
RN-32V	4750	3070	1910	466	3480
RN-518	3350	1970	1050	283	2290
精制蜡油氮含量/(μg/g)					
RN-32V	895	695	474	88	822
RN-518	842	691	513	97	762
相对脱硫活性/%					
RN-32V	100	100	100	100	100
RN-518	136	142	154	138	140
相对脱氮活性/%					
RN-32V	100	100	100	100	100
RN-518	110	101	94	97	110

* 回温试验，考察催化剂稳定性。

由表2可知，RN-518催化剂的装填堆密度较RN-32V降低了39%，预估工业装填堆密度约0.60 g/mL ~0.62 g/mL。在氢分压8.0MPa及13.0MPa的压力条件下，RN-518的相对脱硫活性比RN-32V高36%~54%，展现出更高的加氢脱硫活性。在基准温度下，RN-518催化剂的相对脱氮活性比RN-32V高10%，在较高温度下，RN-518催化剂的相对脱氮活性与RN-32V略低或相当。另外，从回温试验结果看出，RN-518催化剂的相对脱硫活性较RN-32V高40%，相对脱氮活性高10%，表明RN-518催化剂具有更高的活性稳定性。

RN-518催化剂的堆密度大幅降低，意味着在工业应用中相同的反应器采用RN-518催化剂后可以降低催化剂的采购费用，在不降低性能的情况下降低了催化剂费用就是提高了催化剂的性价比，因此，RN-518催化剂具有广阔的应用前景。

为了考察催化剂的活性稳定性，进行了1500多小时的稳定性试验，试验结果见图1。在1512h催化剂运转稳定性试验研究过程中，在维持工艺参数固定的条件下，精制蜡油硫含量、氮含量等基本性质均保持稳定，表明RN-518催化剂活性稳定性良好，可以满足工业装置长周期稳定运转的要求。

4 结论

基于反应分子与活性相最优匹配技术平台，成功开发了Mo-Ni型高稳定活性的蜡油加氢处理催化剂RN-518。由于采用扩散通道畅通的载体及高分散制备技术，催化剂RN-518的装填密度降低39%的情况下，催化剂的加氢脱硫活性提高36%~54%。RN-518催化剂具有更高的加氢活性及活性稳定性，为炼油企业长周期稳定生产国六清洁油品提供强有力的技术支撑。

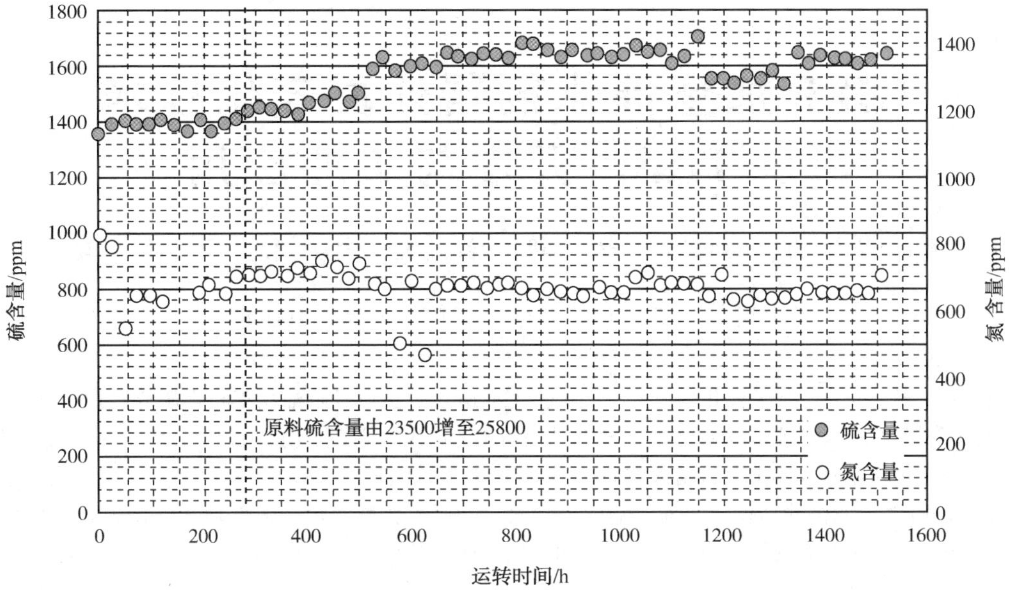

图 1 精制油硫含量随时间变化

参 考 文 献

[1] 张乐，李明丰，聂红，等. 高性能柴油超深度加氢脱硫催化剂 RS-2100 和 RS-2200 的开发及工业应用[J]. 石油炼制与化工. 2017，48(6)：1-6.

[2] Topsøe H，Clausen B S，Massoth F E. Hydrotreating Catalysis[M]. Berlin：Springer-Vertag，1996：3.

RIPP加氢催化剂器外真硫化技术(e-Trust)开发与工业应用

刘 锋，翟维明，秦晗淞，晋 超，张 锐，赵广乐，习远兵，李明丰

(中国石化石油化工科学研究院，北京 100083)

摘 要 介绍了加氢催化剂三种不同类型工业硫化方法以及石油化工科学研究院(RIPP)加氢催化剂器外真硫化技术(e-Trust)的开发过程与工业应用效果。采用C-S和XPS分析手段分别对器内硫化和器外真硫化方法制备的硫化态催化剂进行表征，并进行活性评价。结果表明，采用e-Trust技术的器外真硫化态催化剂的硫含量、金属硫化度和加氢活性均优于器内硫化催化剂；采用真硫化态加氢催化剂开工的工业加氢装置应用结果表明，e-Trust技术对不同类型加氢催化剂的普适性强，采用真硫化态催化剂开工可为企业节省开工时间、简化开工流程、减轻环保压力、降低安全风险、减少开工费用，并提高企业经济效益。

关键词 硫化方法 加氢催化剂 器外真硫化 开工 安全环保

随着原油不断向重质化、劣质化的趋势发展与清洁油品质量标准更加严格的矛盾日益突出，能够有效脱除油品中的硫、氮和氧等杂原子的加氢技术成为炼油企业提高油品质量、减小环境污染的有效措施之一。加氢催化剂是加氢装置的核心，近几年，炼化企业对加氢催化剂的需求量不断增加，国内加氢催化剂的置换量达到30000~35000t/a，并保持持续增长。

加氢催化剂大多采用Co、Mo、Ni、W等金属元素作为活性组分，并以金属氧化物的形式分散在载体上。研究和工业实践证明，活性组分只有以硫化态的形式存在时，催化剂才具有较高的活性、稳定性和抗毒性，才能满足装置的长周期运行要求，因此为了保证催化剂的使用效果，开工前需要对新鲜或再生后氧化态加氢催化剂进行硫化处理[1]。

1 技术开发背景

根据实际工业应用情况，加氢催化剂的硫化形式可以分为器内硫化和器外硫化两大类。器内硫化指催化剂与硫化剂、氢气在加氢反应器内进行原位硫化反应的过程，经过多年的发展和应用，器内硫化已成为目前使用较多的一种硫化方式，但是其存在一定的缺点。首先现场需要建设专门的硫化装备和设施，但只有在开工期间短时间使用，造成装置长期闲置；其次硫化期间需要使用到毒性较大的硫化剂(CS_2或DMDS)，硫化剂的存储和使用均会一定程度的危害操作人员健康和造成环境污染，硫化过程中产生的高浓度H_2S造成装置周围味道恶臭；同时器内硫化过程繁琐，所需时间较长，占用生产时间，硫化期间产生大量的酸性水，硫化过程会产生大量甲烷导致循环氢的氢分压下降，从而需要采取氢气置换和酸性气排放等操作，如果硫化剂注入速度和升温速度不匹配，容易造成催化剂硫化不完全或催化剂床层飞温，影响其活性，开工风险较大。

为了克服器内硫化的缺点，简化装置开工过程，降低注硫过程的风险，从20世纪80年代开始，国内外开始在器外硫化技术的开发和应用上进行尝试，器外硫化技术根据活性金属与硫结合形式的不同，具体分为器外预硫化技术和器外真硫化技术。器外预硫化技术主要是在加氢反应器外，有机硫化剂以一定形式负载于加氢催化剂孔道中，得到器外预硫化态催化剂，然后将其置于加氢装置中使用氢气活化，在反应器内有机硫化剂与氢气反应生成的 H_2S 使活性金属由氧化态转变为硫化态，催化剂具备活性后再切换原料油进行反应。具有代表性的技术分别是国内的石油化工科学研究院的 RPS 技术[2]、抚顺石油化工研究院的 EPRES 技术[3]，国外的 EURECAT 公司的 EasyActive 技术[4]、CRITERION 公司的 actiCAT 技术[5]以及 Akzo 公司的水溶性硫化剂预硫化技术[6]。器外预硫化态催化剂的开工虽然去掉了器内注硫化剂的过程，减少了硫化剂带来的危害，但是由于在器外将硫化剂一次性全部负载到氧化态催化剂上，导致催化剂在器内活化过程中有机硫化剂分解带来了显著集中耗氢、集中放热现象，集中耗氢可能造成反应系统的压力骤降，导致装置的压力不稳定，集中放热会造成床层飞温，严重时会造成催化剂失活，而且活化时集中生成的水对催化剂的活性也会带来一定不利的影响，高浓度 H_2S 的产生会带来设备腐蚀和安全、环保等新问题；另外催化剂孔道中的硫化剂容易流失，硫保留度较低也是器外预硫化态催化剂需要面对的问题。器外真硫化技术在催化剂装入加氢反应器前，氧化态催化剂在器外直接使用硫化氢和氢气对催化剂进行硫化和钝化处理，已经是真正具有活性的硫化态催化剂，装填到加氢装置后可直接进原料油反应。

2 RIPP 加氢催化剂器外真硫化技术(e-Trust)的开发

2.1 技术特点

面对常规器内硫化技术和器外预硫化技术存在的不足，石油化工科学研究院通过对加氢催化剂硫化过程进行系统深入的研究，成功开发了加氢催化剂器外真硫化(e-Trust)技术(ex-situ truly sulfiding technology for hydrotreating catalyst)。e-Trust 技术是在加氢反应器外将氧化态加氢催化剂进行完全硫化，使之具备加氢活性，装填到反应器后，可直接进油开工，无需采购硫化剂，从源头上避免了开工阶段含 H_2S 废气和酸性废水的产生，极大减轻了炼油企业在开工过程中的安全环保压力，实现开工过程绿色化；开工过程中不存在集中放热导致床层飞温的风险，没有高浓度 H_2S 的集中产生；省去了催化剂干燥和器内硫化环节，缩短开工时间，无需再对注硫系统进行维护和更换，不仅节省了人力物力，也大幅度的节省了成本开支，增加企业经济效益。该技术普适性好，可将各种不同制备方法、不同活性金属类型及形状的加氢催化剂制备成真硫化态催化剂。由于真硫化态催化剂在开工便利方面具有较大优势，不仅适用于加氢装置的正常换剂开工，还适用于装置撇头临时快速换剂和在线补剂等多种场合。e-Trust 技术成功解决了完全硫化后催化剂在空气中易自热的难题，所生产的真硫化态催化剂可以在空气中稳定放置，完全满足催化剂运输和装填的要求，并且根据催化剂的不同特点，可以灵活调整硫化工艺条件，使其在最佳条件下完成硫化反应，保证催化剂获得最高的活性，装填到反应器后发挥出最理想的级配效果，有效解决了器内硫化或器外预硫化器内活化时所有催化剂只能在相同条件下进行硫化，难以根据各自催化剂的特点获得最理想硫化条件的难题，相比器内硫化和器外预硫化技术具有显著的优势[7]。

2.2 催化剂性能

加氢催化剂上的活性金属只有以硫化态的形式存在时，助剂金属尽可能多的以Co-Mo-S类活性相形式存在的情况下催化剂才具有较高的活性[8]，大量研究结果表明，通过对硫化态催化剂的C-S含量和金属硫化度分析，可以有效预测出催化剂的活性。

表1为典型器外真硫化态催化剂和器内硫化催化剂的C—S分析结果。由表1可知，器外真硫化态催化剂相对器内硫化催化剂的硫含量更高，说明有更多的活性金属由氧化态转变成为具有活性的硫化态，相较器内硫化，催化剂经过e-Trust技术处理后硫化得更加彻底。催化剂经过器内硫化后，催化剂上的碳含量较器外真硫化态催化剂偏高，主要是由于在器内湿法硫化温度较高时，部分硫化油发生脱氢反应导致催化剂微量生焦，致使表面会形成少量的积炭。

表1 不同硫化方式催化剂的碳硫分析

催化剂	C含量/%	S含量/%
器内硫化	1.52	12.5
器外真硫化	0.48	13.2

为了对器内硫化和器外真硫化态催化剂的活性相有清晰的认识，对催化剂进行了XPS表征，结果如表2所示。由表2可知，器外真硫化态催化剂的活性金属相对硫化度高于器内硫化的催化剂，说明e-Trust技术可以使催化剂获得更高的硫化度，将活性金属更多的转变为活性中心，有助于催化剂发挥更高的加氢活性。

表2 不同硫化方式催化剂的XPS分析

催化剂	活性金属相对硫化度	
	$n(\mathrm{NiMoS})/n(\mathrm{Ni_{Total}})$	$n(\mathrm{Mo^{4+}})/n(\mathrm{Mo_{Total}})$
器内硫化	100	100
器外真硫化	109	113

器外真硫化态催化剂装入反应器，气密合格以后可以直接升温进原料油开工，与氧化态催化剂和器外预硫化态催化剂相比，器外真硫化态催化剂开工过程明显简化。利用混合柴油作为原料油进行活性评价，所用原料油的性质见表3，活性结果见表4。可以看出，由e-Trust技术制备的器外真硫化态催化剂脱硫活性略高于器内硫化催化剂活性，与C-S和XPS分析结果一致。

表3 原料油的性质

项目	混合柴油	项目	混合柴油
20℃密度/(g/cm³)	880.5	硫含量/(μg/g)	10300
氮含量/(μg/g)	278	20℃折射率	1.4992

表 4 不同硫化方式催化剂的活性比较

催化剂	相对脱硫活性/%	催化剂	相对脱硫活性/%
器内硫化	100	器外真硫化	104

反应压力 6.4MPa，反应温度 350℃，体积空速 1.5h^{-1}，氢油体积比 300

3 工业应用

2018 年器外真硫化态加氢催化剂在中国石化某炼化公司 220 万 t/a 柴油加氢装置首次工业应用，取得非常好的应用效果。由于开工时不需要催化剂干燥和硫化过程，相对上周期氧化态催化剂开工节省开工时间 121 小时(约 5 天)，氧化态催化剂开工和真硫化态催化剂开工过程比较如图 1 所示。开工过程的简化，带来了开工期间燃气、电、水、氢气等公用工程消耗量的降低，节省能耗、物耗费用 300 多万元，避免了具有恶臭气味的硫化剂 DMDS 的存储和使用，不产生含硫污水和没有酸性气的排放，同时真硫化态催化剂的反应温度相对上周期器内硫化时降低 5℃，真硫化态催化剂在节省开工时间、简化开工流程，减轻环保压力和降低开工费用方面的优势得到了充分体现和验证。

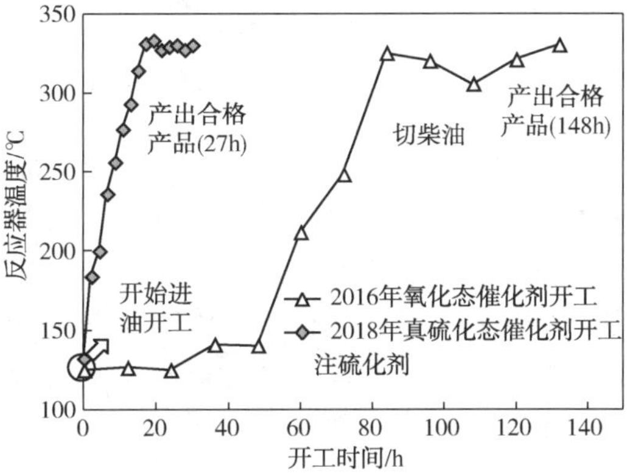

图 1 两周期开工过程比较

中国石油某石化公司 100 万 t/a 柴油加氢装置使用器外真硫化态催化剂开工，在氢气气密阶段循环氢中的 H_2S 含量相对上周期使用器外预硫化态催化剂开工时明显降低，氢气气密时 H_2S 浓度变化曲线如图 2 所示。器外预硫化态催化剂上负载的硫化剂随着床层温度的升高持续分解，进开工油前最高浓度达到 20000μg/g 左右，高浓度 H_2S 导致装置存在较大安全和环保风险，一旦装置气密测试不通过，装置泄压又面临着硫流失，需要继续补充硫化剂的问题。使用器外真硫化态催化剂时，气密阶段没有 H_2S 产生，避免了 H_2S 泄漏带来的安全、环保风险和需要补硫的担忧。80 万 t/a 加氢裂化装置使用器外真硫化态催化剂开工时，明显缩短开工时间、简化开工流程，从开始进油润湿床层到产出合格产品耗时 26 小时，装置进油后升温曲线如图 3 所示，器外真硫化态加氢裂化催化剂活性高、开工升温过程平稳，没有出现床层急速升温或集中放热的现象。

e-Trust 技术不但可以将新鲜剂在器外转变成高活性的真硫化态催化剂，对再生剂同样适用。中国石化某炼化公司 60 万 t/a 航煤加氢装置运行 5.5 年后，卸剂经过常规再生、重生后，又利用 e-Trust 技术将再生剂加工成器外真硫化态催化剂回装到反应器后开工，由于航煤加氢反应温度低，器内硫化温度高，以前器内硫化完成后需要对反应器进行降温处理后再切原料油进行反应，使用器外真硫化态催化剂开工后，较上周期减少了催化剂干燥、硫化、降温等待的过程，从开始引航煤原料到产品合格用时仅 20 小时，较上周期使用氧化态催化剂开工缩短开工时间 63 小时，再生后的航煤催化剂经过器外真硫化处理后，活性达到了新鲜剂的活性水平。该企业经过详细的开工过程经济效益核算，采用真硫化态催化剂开工，相比氧化态催化剂开工过程节省开工费用2.6万元/t催化剂，经济效益显著。

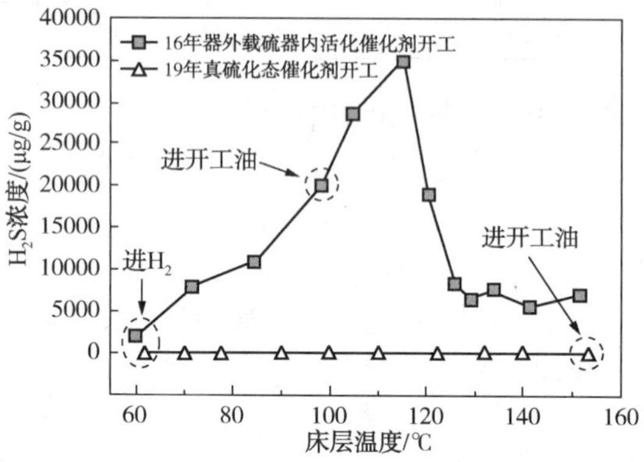

图2 氢气气密时H_2S浓度变化曲线

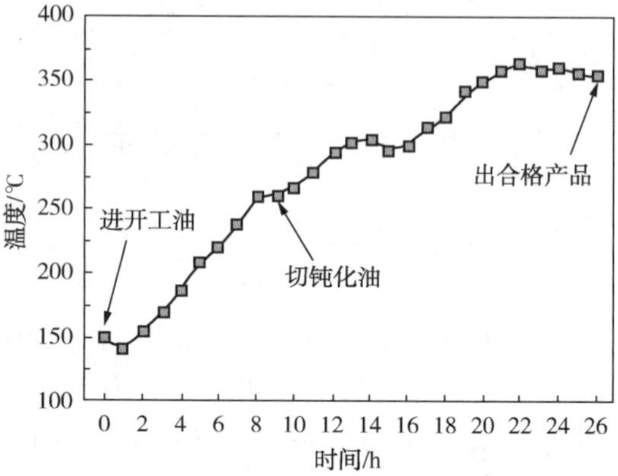

图3 装置进油后床层升温曲线

目前，石油化工科学研究院开发的加氢催化剂器外真硫化(e-Trust)技术已在十余套加氢装置工业应用，且均一次开车成功并平稳运行至今，在石脑油加氢、航煤加氢、柴油加氢、加氢裂化、润滑油加氢和煤焦油加氢等领域均有应用，由于其在加氢装置开工过程具有的显著优势，该技术得到了炼厂用户的一致认可，获得了良好的用户口碑，其必将成为未来硫化技术发展的方向，同时该技术契合以技术创新驱动加氢技术持续发展，以技术应用践行“节能、减排、创效”的绿色发展理念，助力建设清洁、高效、低碳、循环的绿色炼化企业发展之路。

4 结论

(1) 通过e-Trust技术生产的器外真硫化态催化剂，活性金属已经在器外转变成具有高加氢活性的硫化态，相对器内硫化催化剂和器外预硫化态催化剂具有明显的优势。

(2) 器外真硫化态催化剂的硫含量和金属硫化度高于器内硫化催化剂，同时催化剂脱硫活性也略高于器内硫化催化剂活性。

(3) e-Trust技术的工业应用表明，该技术的普适性强，适用于各种类型加氢催化剂的加工；使用器外真硫化态催化剂开工节省开工时间，简化开工流程，开工过程无废水、废气的产生，减轻环保压力，气密阶段无H_2S产生，降低安全风险，减少开工费用，提高企业经济效益。

参考文献

[1] Roberts C D W M. Catalyst sulfiding agents[J]. Hydrocarbon Engineering. 2004, 9: 29-32.

[2] 赵新强，于守智，高晓冬，等．加氢催化剂器外预硫化技术的开发应用[J]．石化技术．2005(02): 14-16.

[3] 高玉兰，王安杰，方向晨，等．EPRES器外预硫化技术的研究及其工业应用[J]．工业催化．2007(02): 33-35.

[4] Berrebi G. Process for presulfurizing with phosphorous and/or halogen additive[P]. US4983559.

[5] Seamans J D, Adams C T, Dominguez W B, et al. Method of presulfurizing a hydrotreating, hydrocracking or tail gas treating catalyst[P]. US5215954.
[6] Eijsbouts S. Two-step process for sulfiding a catalyst containing an S-containing additive[P]. US6492296.
[7] 马成功，董晓猛. 器外真硫化态加氢催化剂在柴油液相加氢装置上的首次工业应用[J]. 石油炼制与化工. 2019，50(06)：46-50.
[8] Henrik, Topsøe, And, et al. In situ Mössbauer emission spectroscopy studies of unsupported and supported sulfided Co Mo hydrodesulfurization catalysts: Evidence for and nature of a Co Mo S phase[J]. Journal of Catalysis. 1981.

柴油产品质量升级与清洁柴油生产技术应用进展

王　哲，张　乐，葛泮珠，刘清河

（中国石化石油化工科学研究院，北京　100086）

摘　要　首先介绍了我国柴油产品质量升级的历程及柴油产品指标的变化。随后详细介绍了在应对柴油产品质量快速升级的过程中，国内外柴油加氢精制催化剂及工艺技术的开发进展，以及典型催化剂和工艺技术的工业应用情况。本文旨在通过对各种催化剂和工艺技术的介绍与分析，帮助用户在应对柴油产品质量升级时作出合理的技术选择。

关键词　柴油产品　质量升级　加氢　技术进展

随着人们环保意识的逐渐增强，世界各国政府对车用燃料的质量要求越来越严格。对柴油产品而言，低硫化和低芳烃化成为其质量升级的主要趋势。我国从21世纪初开始执行国Ⅲ车用柴油标准(GB/T 19147—2003)，历经20年发展，目前已经全面实施国Ⅵ柴油标准，该标准将硫含量全面限定在10μg/g以下，要求多环芳烃含量不大于7%。

如何在相对较低的成本下实现超低硫、低芳烃清洁柴油的生产，已成为炼油企业面临的主要问题之一。为应对柴油产品质量标准升级带来的挑战，世界各国的催化剂供应商和研究机构陆续开发了一系列清洁柴油生产技术及催化剂。截至目前，我国柴油产品质量升级的改造和建设已趋完成，绝大多数新建装置和改造装置的性能均已达到预期水平。

1　国内柴油产品质量标准的更迭

与发达国家相比，我国的柴油产品质量升级起步较晚。从GB 252—2000《轻柴油》强制性国家标准和GB/T 19147—2003《车用柴油》推荐性国家标准开始，我国逐步对车用柴油产品的质量标准提出了越来越高的要求[1,2]。其中，GB/T 19147—2003车用柴油指标(国Ⅱ)是我国首个车用柴油的国家标准(参照EN590-1998制订)。此后的国Ⅲ标准在降低硫含量的同时，对车用柴油中的多环芳烃以及润滑性等主要指标进行了严格控制，并且将该标准修订为强制性国家标准。该标准于2011年6月在全国范围内执行。

随后，GB/T 19147-2013和GB/T 19147—2016标准的制定，加速了我国柴油产品质量升级的步伐[3,4]：分别于2015年1月1日、2017年7月1日和2019年1月1日实施国Ⅳ、国Ⅴ和国Ⅵ柴油标准。表1描述了国Ⅳ柴油质量升级以来的产品指标变化。由表可见，从国Ⅳ标准升级到目前的国Ⅵ标准，柴油产品指标的变化主要体现在：硫含量由50mg/kg降低至10mg/kg以下，多环芳烃含量由11%降低至7%以下。上述指标变化趋势表明，我国对柴油车尾气的排放要求越来越严。

表 1 国家车用柴油产品指标变化

项目		质量指标			试验方法
标准		国Ⅳ	国Ⅴ	国Ⅵ	
开始实施日期		2015. 1. 1	2017. 1. 1	2019. 1. 1	
氧化安定性/(mg/100mL)	不大于	2. 5			SH/T 0175
硫含量/(mg/kg)	不大于	50	10	10	SH/T 0689
酸度/(mgKOH/100mL)	不大于	7			GB/T 258
10%蒸余物残炭(质量分数)/%	不大于	0. 3			GB/T 17144
灰分(质量分数)/%	不大于	0. 01			GB/T 508
铜片腐蚀(50℃, 3h)/级	不大于	1			GB/T 5096
水含量(体积分数)/%	不大于	痕迹			GB/T 260
机械杂质		无			GB/T 511
润滑性 校正磨痕直径(60℃)/μm	不大于	460			SH/T 0765
多环芳烃含量(质量分数)/%	不大于	11	11	7	SH/T 0806
闪点(闭口)/℃	不低于	60			GB/T 261
十六烷值	不小于	49	51	51	GB/T 386
十六烷指数	不小于	46			SH/T 0694
馏程/℃					GB/T 6536
50%馏出温度	不高于	300			
90%馏出温度	不高于	355			
95%馏出温度	不高于	365			
密度/(20℃)/(kg/m^3)		810~850			GB/T 1884、1885
脂肪酸甲酯含量(体积分数)/%	不大于	1. 0			NB/SH/T 0916

2 加氢催化剂的开发及应用

为应对柴油产品质量升级的需要，国内外研究机构陆续加大科研投入，从催化剂和工艺两个方面推动了清洁柴油生产技术的快速进步。作为加氢技术的核心，加氢催化剂性能的提升是支撑柴油产品质量升级的关键技术。根据市场需求，国内外主要研发机构推出了一系列新牌号催化剂或新型催化剂组合技术。

2.1 国外加氢催化剂及应用

国外催化剂供应商主要包括 Axens、Topsøe、Criterion(Shell)、Albemarle(Akzo)等。由于国外柴油升级起步较早，上述供应商开发的催化剂在生产超低硫柴油方面的应用业绩已超过 100 套次装置以上。但主要应用在欧美等国的炼油企业，在我国的应用业绩与公开报道则比较少。为满足超低硫柴油产品的生产要求，上述供应商会根据操作环境及原料的不同，向用户提供相应的催化剂[5-8]。表2列出了国外比较具有代表性的柴油超深度脱硫催化剂。

表2　国外柴油超深度脱硫催化剂

公司名称	Albemarle	Criterion	Topsøe	Axens
技术平台	STARS®	CENTINEL GOLD 和 ASCENT	BRIM™ 和 HySwell™	ACE™ 和 Impulse™
Co-Mo	KF-757 KF-767 KF-770 KF-771 KF-772	DC-2118 DC-2318 DC-2531	TK-570 TK-578	HR-626 HR-1246
Ni-Mo	KF-848 KF-860 KF-868 KF-870 KF-880	DN-3310 DN-3330 DN-3636	TK-569 TK-602 TK-609 TK-611 TK-6001	HR-648 HR-1248

表3给出了标准催化剂公司开发的催化剂DN3636在镇海炼化的应用结果[9]。结果表明，采用该催化剂加工含有30%二次加工柴油(其中催化柴油12.9%，焦化柴油18.2%)时，可以在平均反应温度358℃下生产满足国Ⅳ柴油标准的柴油产品；当将平均反应温度提高至367.1℃时，可以将产品硫含量由1%左右降低至10μg/g以下，此时可满足国Ⅴ柴油标准要求。值得注意的是，若要生产国Ⅵ标准柴油，则需进一步降低产品中的多环芳烃含量。

表3　国外催化剂DN-3636在国内柴油加氢装置上的应用结果

主要操作参数	单位	数值	
氢分压	MPa	5.36	
平均反应温度	℃	367	
体积空速	h^{-1}	1.74	
氢油体积比		292	
主要性质	单位	原料	柴油产品
20℃密度	kg/m^3	861.8	841.5
硫含量	μg/g	10800	8
氮含量	μg/g	493	2
芳烃含量	%	36.3	
多环芳烃含量	%	18.1	9.3
溴价	gBr/100g	16.12	
十六烷值		46.6	50.4

续表

主要性质	单位	原料	柴油产品
馏程(ASTM D-86)	℃		
初馏点		205	
50%		292	280
95%		363	355

2.2 国内加氢催化剂及应用

国内催化剂供应商以石油化工科学研究院(RIPP)和抚顺(大连)石化研究院(FRIPP)为代表，开发了多种适用于清洁柴油生产的催化剂体系。其中，RIPP 基于反应分子与活性相最优匹配技术理念(ROCKET)开发了超深度脱硫催化剂 RS-2100 和 RS-2200，前者为 NiMo 双金属体系，后者为 CoMo 双金属体系，可根据原料类型和操作条件选择使用[10]。工业应用结果表明[10,11]，RS-2100 催化剂加工 0.9%~1.0%的劣质混合柴油原料时，可在反应器入口压力为 8.8MPa、体积空速 1.7h^{-1}、床层平均反应温度为 367℃的条件下，生产硫含量低于 10μg/g 的柴油产品，满足国Ⅵ标准要求；长周期运行数据表明，RS-2100 催化剂在上述条件下生产国Ⅵ标准柴油调和组分的失活速率小于 1℃/月。RS-2200 催化剂在加工硫质量分数为 0.3%~0.4%的直馏柴油时，可在反应器入口压力为 4.6MPa、体积空速 1.8h^{-1}、床层平均反应温度为 360℃左右的条件下，生产硫质量分数低于 10μg/g 的柴油产品，满足国Ⅵ标准要求；长周期运行结果表明，RS-2200 催化剂具有优异的活性稳定性，在上述操作条件下可以确保装置的运行周期。

FRIPP 采用反应活性位协同作用技术(RASS 技术)开发了 FHUDS 系列催化剂及 FTX 等催化剂，并应用于柴油产品质量升级过程中[12-14]。应用结果表明，采用 FHUDS-6 催化剂在加工硫质量分数大于 1%的混合原料(直馏柴油 80%，催化柴油和焦化柴油各 10%)时，可在反应器入口压力为 8.6MPa、质量空速 1.5h^{-1}、催化剂床层最高温度为 381℃(反应温升 53℃)的条件下，生产硫含量低于 10μg/g 的柴油产品。

近年来中国石油石油化工研究院也针对其系统内的装置和原料特点，开发了 PHF 系列加氢精制催化剂，并将其应用于中国石油天然气股份公司下属炼油企业的柴油加氢装置上[15-17]。整体来讲，这些装置加工的原料性质普遍较好，硫含量基本不高于 0.5%，因此实现超深度脱硫的难度并不大。

2.3 催化剂组合技术应用

为满足不同装置的加工需求，同时更好地发挥催化剂的性能，近些年国外加氢催化剂供应商还针对反应器内不同反应区域的条件特点，开发了一系列催化剂级配技术，并获得了工业应用。其中先进炼油技术公司(ART)开发了 SmART Catalyst SystemTM 级配技术，可以在相对低的氢耗下实现超深度脱硫目标[18,19]。Albemarle 公司开发的 STAX 级配装填技术[20~22]，通过在不同压力下对 Nebula 催化剂和 Mo-Co 型 KF-7XX 及 Mo-Ni 型 KF-8XX 等催化剂组合的考察，系统分析了装填在反应器内不同区域的催化剂体系对柴油产品硫含量的影响时发现，在不同压力等级的加氢装置中，具有高加氢活性的 Nebula 催化剂装填位置若不同，对柴油脱硫反应效果影响就相同。通过对几种催化剂进行合理的级配装填，可以在实现超深度脱硫的同时，降低装置氢耗和催化剂费用。国内装置的应用结果表明，采用 Albemarle 公司 KF-767/KF-860 和 NEBULA 催化剂组合技术可以在反应器入口氢分压 6.95MPa，体积空速为 1.9h^{-1}和平均反应温度为 331℃条件下，加工"9.5%催化柴油、47.6%焦化柴油、19%直馏柴油和 23.8%焦化汽油"的混合原料，生产硫质量分数小于 10μg/g 的超低硫柴油产品。

国内 FRIPP 也开展了类似的研究并成功实现工业应用。其中，生产超低硫柴油的 S-RASSG 催化剂级配技术，就是根据加氢反应器内催化剂床层不同位置的工况条件和反应特点，结合不同类型催化剂的脱硫反应机理，级配了不同活性金属类型的 FHUDS 系列催化剂：将加氢活性高的 NiMo 催化剂装在反应器上床层，而直接脱硫活性或烷基转移活性高的催化剂装填在反应器下床层。这有利于充分发挥不同类型催化剂的优势，并有效降低因高温热力学限制带来的超深度脱硫难度[23]，最终实现超低硫柴油的生产。标定结果表明[24]，采用 S-RASSG 技术可在加工焦化柴油+催化柴油比例大于 35%的混合原料(焦化柴油比例大于 20%)时，在体积空速 1.5h^{-1}，氢分压 8.2MPa，氢油体积比 673，平均反应温度 362℃的条件下，生产出满足国Ⅴ质量标准的柴油产品。

2.4 小结

在柴油产品质量升级过程中，催化剂起到关键作用，为此国内外各大研究机构也都开发了各具特点的高性能加氢精制催化剂，并提供了可用来生产国Ⅴ/国Ⅵ超低硫清洁柴油的技术方案。其中，充分发挥催化剂性能始终是确保装置运行安、稳、长、满、优的关键前提。

为更好地发挥催化剂的性能，同时为拓展装置的原料和工艺条件的适用性，国内外主要催化剂供应商还开发了催化剂级配技术。采用合理的级配技术，有利于充分发挥各种催化剂在不同反应气氛中的性能优势，降低氢耗，提高装置经济效益。需要注意的是，由于不同类型催化剂对再生过程的要求有所不同，因此，级配方案的设计需要考虑到催化剂卸剂、再生过程的损失和操作难度。

3 柴油超深度加氢工艺开发与应用

3.1 液相加氢技术

在工艺开发方面，随着柴油产品指标的提高，国内外涌现出了多种新工艺技术并获得工业应用。其中，具有代表性的包括杜邦公司收购的液相加氢技术，中国石化开发的两种连续液相加氢技术、RTS 技术等。

液相加氢技术(IsoTherming)最早由 Process Dynamics 公司开发[27]，被杜邦公司收购并推广。据介绍，与传统滴流床工艺相比，采用纯液相加氢技术反应器中的物料以纯液相状态存在，反应系统无需氢气循环。在国内，IsoTherming 技术在中化泉州石化等柴油加氢装置上获得了应用。从应用结果来看[28-30]，对硫含量为 1~1.5%的混合原料，采用 IsoTherming 技术可以在反应器入口压力 8.0~9.2MPa、床层加权平均温度 371~376℃、循环比 0.86~1.25 的工艺条件下生产满足国Ⅴ标准的清洁柴油且装置能耗较低。

国内 RIPP 和 FRIPP 也开发了具有独自特点的液相加氢技术并获得了工业应用。RIPP 和 SEI 共同开发的连续液相柴油加氢(SLHT)技术[31~33]，采用饱和溶解氢气的液体原料(新鲜料+循环精制油)由反应器底部自下而上通过反应器，确保反应器内液相是连续相；通过向反应器补入适度过量的氢气，在反应器内以气泡的形式自下而上通过反应器；过量氢不断由高压分离器排出系统。采用该技术可以加工含有 10%二次加工柴油的混合原料，在体积空速为 1.5h^{-1}的条件下生产硫含量小于 50μg/g 的国Ⅳ柴油产品；在原料硫含量较低时可以生产满足国Ⅴ标准的柴油产品。在国Ⅴ柴油质量升级过程中，可以采用 SLHT 技术和滴流床反应器组合，对装置进行改造。改造后的装置能够稳定生产出符合国Ⅴ标准的柴油产品，且具备长周期稳定生产国Ⅴ柴油的能力。

FRIPP 和 LPEC 合作开发了依靠液相产品循环携带溶解氢进反应系统的 SRH 相循环加氢技术并工业应用[34~36]。结果表明，采用该技术可以在新鲜原料体积空速 1.4~2.0h^{-1}、循环比 1.5~2.0、反应器入口温度 350~370℃的条件下，加工二次柴油比例不大于 15%的混合原料，生产满足国Ⅳ或国Ⅴ标准的清洁柴油产品。但工业应用装置的原料硫含量普遍偏低(小于 0.5%)且反应器入口温度较高。在国Ⅴ质量升级过程中，需要增加反应体积，进一步降低体积空速。

此外，中国石化长岭炼化公司在对现有液相加氢工艺进行深入研究的基础上，开发了管式液相加氢的技术[37,38]。该技术采用高效陶瓷膜气-液混合器，结合管式反应器体系，实现液相连续加氢的操作。目前已经在航煤和直馏柴油加氢装置上实现工业应用。

对比上述技术的应用结果可以发现，液相加氢技术具有高压设备少、装置投资小、床层温度分布均匀，装置能耗低等优点。但是对加氢过程氢耗高的原料，液相加氢技术的适应性相对较差，需要增加反应体积，同时加大循环量，才能实现国Ⅵ柴油的生产。此外，由于取消了传统工艺的氢气循环系统，装置开停工过程(尤其是停工降温)用新氢压缩机带温速度慢，需要的时间相对延长。

3.2 RTS 技术

RIPP 通过对超深度加氢脱硫过程中氮化物和多环芳烃的影响研究，针对性地开发了在不同区域脱除不同类型硫化物的柴油超深度加氢脱硫 RTS 技术[39]。其特点是将柴油的超深度加氢脱硫反应分为两个反应区域完成。先在高温、高空速反应区，脱除大部分硫化物和几乎全部的氮化物；在消除了氮化物的影响后，在相对低的反应温度下，完成剩余硫化物的深度脱除并进一步完成多环芳烃的饱和反应。

工业应用结果表明[40,41]，采用 RTS 工艺可以加工直馏柴油为主的原料，在空速接近 2.0h^{-1}的条件下生产硫含量满足国Ⅴ标准的柴油产品；对二次原料比例较高的原料，RTS 工艺具有较好的适应性，能够在较缓和的工艺条件下生产硫含量和芳烃含量均满足国六标准的清洁柴油，且催化剂失活速率低。

4 结论

(1) 在柴油产品质量升级的过程中，催化剂性能是影响应用效果的关键。对不同的加氢装置，在需要催化剂具有较高活性的同时，还要具有较好的活性稳定性，才能保证装置长周期稳定运行。

（2）催化剂级配技术可以充分发挥各种催化剂在反应器不同位置下的性能优势，具有氢耗低等优点，但需要考虑催化剂卸剂、再生操作的难度和损失。

（3）液相加氢工艺技术具有装置投资低，运行能耗低等优点，适用于加工氢耗相对较低的原料。加工高硫原料时，需要大幅增加催化剂的装填量。

（4）RTS工艺技术可以在较高空速下实现国Ⅴ柴油的生产，为保证装置长周期运行，需要控制原料中的二次加工柴油比例，或控制原料的终馏点。

综上所述，在产品升级过程中根据现有条件选择适宜的工艺和催化剂，是确保装置长周期平稳运行的关键。未来柴油产品指标有待进一步提高，需要对原料构成及性质进行优化，以保证装置长周期稳定运行。

参 考 文 献

[1] GB 252—2000 轻柴油[S]. 北京：中国标准出版社，2000.
[2] GB19147—2003 车用柴油[S]. 北京：中国标准出版社，2003.
[3] GB19147—2013 车用柴油[S]. 北京：中国标准出版社，2013.
[4] GB19147—2016 车用柴油[S]. 北京：中国标准出版社，2016.
[5] https：//www. shell. com/business-customers/catalysts-technologies/catalysts/refining-catalysts. html
[6] https：//www. topsoe. com/zh/processes/hydrotreating/diesel-hydrotreating
[7] https：//www. axens. net/our-offer/product-selector. html
[8] https：//albemarle. com/businesses/catalysts/hydroprocessing-catalysts
[9] 郭守权 . DN-3636 催化剂在柴油加氢装置上的工业应用[J]. 石油炼制与化工，2016，47(5)：41-45.
[10] 张乐，李明丰，聂红，等 . 高性能柴油超深度加氢脱硫催化剂 RS-2100 和 RS-2200 的开发和工业应用[J]. 石油炼制与化工，2017，48(6)：6-9.
[11] 王哲，张乐 . RS-2100 催化剂在扬子石化柴油加氢装置的工业应用[J]. 石油石化绿色低碳，2018，3(4)：21-24.
[12] 陈勇，刘学 . FHUDS-6 超深度加氢脱硫催化剂在 3. 0Mt/a 柴油加氢装置上的工业应用[J]. 石油炼制与化工，2017，48(5)：56-59.
[13] 姚波 . FHUDS 系列催化剂在 3. 2Mt/a 柴油加氢装置的工业应用[J]. 当代化工，2016，45(4)：564-566.
[14] 刘丽，杨成敏，姚运海，等 . FHUDS-7 柴油加氢催化剂开发及工业应用[J]. 炼油技术与工程，2020，50(5)：30-33.
[15] 王丹，郭金涛 . PHF-101 柴油加氢精制催化剂的工业应用[J]. 石油炼制与化工，2014，45(6)：44-47.
[16] 冯连坤 . PHF 柴油加氢催化剂加工高硫直馏柴油的工业应用[J]. 石油炼制与化工，2018，49(7)：54-57.
[17] 赵纯革，张英华，王昆鹏 . PHF-102 与 KF-757/767 催化剂的应用情况分析[J]. 炼油与化工，2016，(2)：21-23.
[18] Charles W，Olsen Ph D，David K. Custom catalyst systems for meeting ULSD regulations [C]. NPRA Annual Meeting，AM-05-17，San Francisco，USA，2005.
[19] Charles W O，Gerianne D' Angelo. No need to trade ULSD catalyst performance for hydrogen limits：SmART approaches [C] NPRA Annual Meeting，AM-06-06，Salt Lake City，USA，2006.
[20] Mayo S，Leliveld B. Experiences in maximizing performance of ULSD units [C]. NPRA Annual Meeting，

AM-09-14, San Antonio, USA, 2009.
[21] Mayo S, Vogt K, Leliveld B, et al. Crossing frontiers in the performance and economic return of ULSD units [C]. NPRA Annual Meeting, AM-10-170, Phoenix, Arizona, USA, 2010.
[22] 胡勇，王自顺，王艳雄，等．Nebula 20 催化剂在柴油升级中的应用[J]．石化技术与应用，2018，36(1)：40-42.
[23] 宋永一，方向晨，郭蓉，等．生产超低硫柴油的 S-RASSG 技术新进展及工业应用[J]．当代化工，2013，42(2)：208-211.
[24] 刘丽，汪捷，段为宇，等．FHUDS-8 催化剂在金陵石化柴油加氢装置的工业应用[J]．炼油技术与工程，2018，48(6)：57-59.
[25] 周桦，王海涛，徐学军．FTX 催化剂在柴油加氢精制装置上的工业应用[J]．催化剂与助剂，2016，46(4)：47-50.
[26] 赵书娟，张锋．FTX 体相催化剂级配技术在柴油加氢装置上的工业应用[J]．石化技术与应用，2018，36(1)：32-36.
[27] Michael Ackerson, Process Dynamics, Inc. Revamping Diesel Hydrotreaters for Ultra-Low Sulfur Using Iso-Therming Technology [C]. NPRA Annual Meeting, AM-04-40, San Antonio, USA, 2004.
[28] 邱开辉．液相加氢装置再生催化剂的工业应用[J]．石化技术与应用，2020，38(2)：118-121.
[29] 赵旺华，王延君，杨帆，等．杜邦 IsoTherming 液相加氢技术在 3.75Mt /a 柴油加氢装置的工业应用[J]．炼油技术与工程，2020，50(5)：7-10.
[30] 姜龙雨，李义禄，张盛．杜邦 IsoTherming 全液相加氢技术在惠州石化国Ⅴ柴油生产中的工业应用[J]．当代化工，2018，47(11)：2450-2452.
[31] 刘凯祥，阮宇红，李浩．连续液相加氢技术在柴油加氢精制装置的应用[J]．石油化工设计，2022，29(2)：26-29.
[32] 蔡建崇，邓杨清，李强，等．SLHT 连续液相加氢技术的工业应用[J]．石油炼制与化工，2018，49(2)：40-44.
[33] 李桂军，袁德明．浅析连续液相柴油加氢技术[J]．广州化工，2012，40(18)：125-127.
[34] 宋永一，李韬，牛世坤．生产清洁柴油的液相循环加氢技术的工业应用[J]．当代化工，2014，43(12)：2582-2585.
[35] 于宵宵．液相加氢技术在国Ⅴ柴油质量升级中的工业应用[J]．炼油技术与工程，2017，47(8)：21-23.
[36] 李振华，韩振强，李第．柴油液相循环加氢技术的工业应用[J]．炼油技术与工程，2017，47(6)：21-23.
[37] 李华，汤云超，曾志煜 等．催化裂化柴油管式液相加氢的实验研究[J]．石油学报(石油加工)，2016，32(1)：7-13.
[38] 李华，贺晓军，江磊．炼油与石化工业技术进展[M]．北京：中国石化出版社，2016：204-206.
[39] 丁石，高晓冬，聂红，等．柴油超深度加氢脱硫(RTS)技术开发[J]．石油炼制与化工，2011，42(6)：23-28.
[40] 张辉，杨友亮，宋以常．柴油超深度加氢脱硫 RTS 技术的工业应用[J]．石油炼制与化工，2015，46(6)：48-51.
[41] 范强．柴油超深度加氢脱硫技术长周期生产国Ⅴ柴油的工业应用[J]．当代石油石化，2016，24(12)：21-25

RIPP 第三代润滑油加氢异构降凝催化剂 RIW-30 的研制

毕云飞，杨清河，郭庆洲，李洪辉

（中国石化石油化工科学研究院，北京　100083）

摘　要　针对现有催化剂异构降凝过程中黏指损失大、石脑油产率高等不足，重点分析了现有催化剂加工加氢裂化尾油时的产物分布特点。在问题分析的基础上，明确了新一代关键材料和催化剂应具有较大的孔径和较好的扩散性。基于新材料开发了第三代异构催化剂 RIW-30。中型评价结果表明，与二代剂 RIW-2 相比，催化剂 RIW-30 加工加氢裂化尾油时，黏指损失减少 3~4 个单位，产品收率高 4~5 个百分点。

关键词　润滑油　加氢裂化尾油　异构降凝　RIW-30

1　背景

异构降凝是将长链正构烷烃转化为异构烷烃的反应过程。随着汽车工业的发展，异构降凝已经成为生产高档润滑油基础油的一个重要单元[1,2]。相对于催化脱蜡等其他润滑油基础油生产技术，异构降凝技术有较大优势，表现为基础油收率较高，副产品附加值高，操作费用低等。在异构降凝技术中异构降凝催化剂是核心。

目前，世界各大石油公司均开发了自己的异构降凝催化剂及配套工艺，如 Exxon Mobil 公司的 MSDW-2 催化剂和 MSDW 技术，Chevron 公司的 ICR 系列催化剂和 IDW 技术。中国石化石油化工科学研究院于 2010 年开发了拥有自主知识产权的异构降凝催化剂 RIW-2 及 RIW 技术。截至目前，该催化剂已经应用于多套工业装置，表现出良好的活性和选择性，取得了良好的工业应用业绩。

另一方面，国内润滑油基础油市场已经发生明显变化，如润滑油基础油生产企业迫切希望能够低成本生产高档基础油，这需要异构降凝催化剂进一步减少黏指损失从而拓宽原料油的选择范围。此外，F-T 蜡基高档基础油的生产已经越来越受到润滑油基础油生产企业的关注。为提高整个 F-T 蜡改质过程的经济性，异构降凝催化剂不仅需要提高润滑油产品收率，同时还要降低石脑油等低价值副产物的产率。

石油化工科学研究院依据市场的变化，为满足炼厂的需求，在广泛调研、深入研究的基础上开发了第三代高效异构降凝催化剂 RIW-30。该催化剂与市场上现有催化剂相比具有活性高、黏指损失低、产品收率高、副产物价值高等特点。下面具体介绍该催化剂的研发思路及性能等信息。

2 异构降凝催化剂 RIW-30 研发思路

2.1 现有问题分析

如前所述，现有异构降凝催化剂主要问题是加工加氢裂化尾油时黏指损失较大，加工 F-T 蜡时石脑油收率高、产品分布不合理。从表观上看，造成两者不同反应行为的原因是降凝幅度的差异，如典型尾油降凝幅度为 50℃～70℃，而 F-T 蜡降凝幅度为 90℃～120℃。但从反应分子的结构与所用材料的结构特点上看，有其深层次原因。

图 1 为某商业异构催化剂的加氢裂化尾油评价结果。由图 1(a)可知，随着润滑油主产品(>420℃)倾点的降低，相应润滑油(>420℃)产率也降低，石脑油(<140℃)产率上升。由图 1(b)可知，随着润滑油主产品(>420℃)倾点降低，石脑油(<140℃)产率升高，中间馏分油(140℃～420℃)产率却降低。

对于图 1 所展示的现象，可以用正构烷烃分子的反应过程来解释。为了保证润滑油产品收率，现有异构催化剂通常采用小孔材料[3~6]。由图 2 可知，当长链正构烷烃(如正三十烷)与小孔材料相遇时，根据孔口催化原理，在长链烷烃的端部会形成一个支链。由于异构材料的弱酸性以及异构分子的大尺寸(无法扩散进孔道内)，异构烷烃将优先脱离反应位。但一旦异构烷烃没有及时脱离反应位，将在支链位置附近断裂，从而形成一个次长链产物(如正二十六烷)和一个小分子产物即气体/轻石脑油产物。

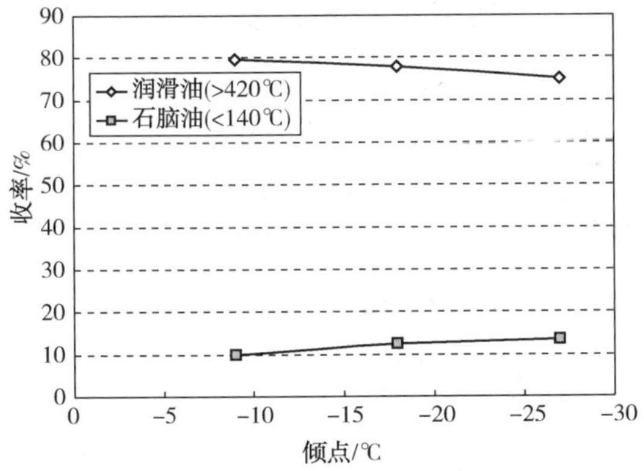

(a)润滑油主产品和石脑油产品

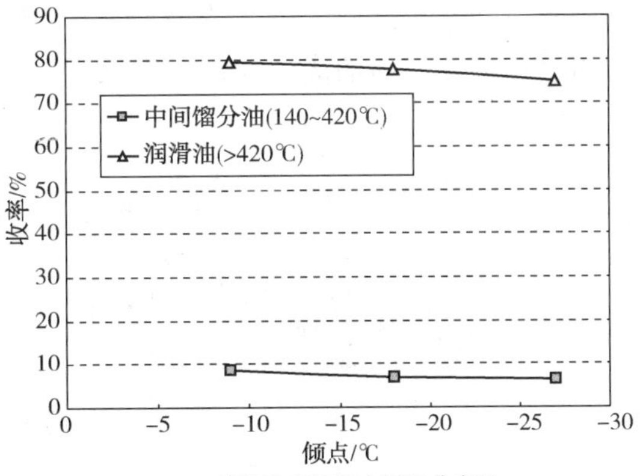

(b)石脑油产品和中间馏分产品

图 1 某异构催化剂加工加氢裂化尾油产品分布

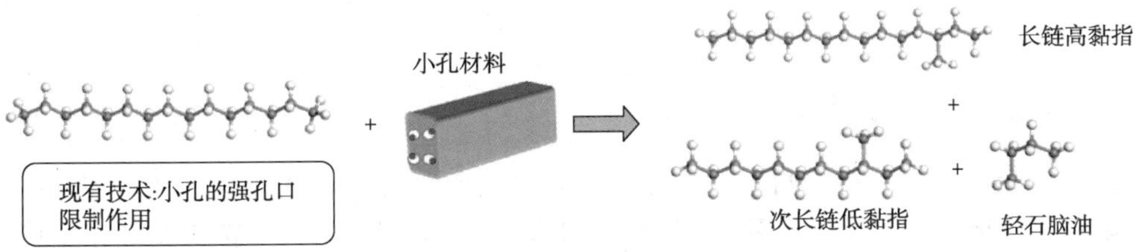

图 2 现有催化剂反应行为示意图

次长链产物(如正二十六烷)由于碳数较多，因而仍然能够保存在润滑油馏分段。但相比原分子，此时碳链已经变短，其黏度指数必然降低，这是现有异构催化剂生产润滑油基础油产品时黏指低的根本原因，具体数据对比可以参见表1。

表1 正三十烷和正二十六烷性质对比

项目	正三十烷	正二十六烷
沸点/℃	449	412
黏度指数	195	188

另一方面，如果反应深度进一步加深即降凝幅度进一步增大，次长链产物也可依据孔口催化原理在端部形成支链，进而再次在孔口处断裂形成气体/轻石脑油产物。降凝幅度越大，次长链产物发生二次裂化的概率越大，从而表观上看，产物中气体/轻石脑油收率大幅增加，具体到F-T蜡改质这种现象更为明显。

2.2 问题解决思路

认识到上述问题的本质后，如何改进现有催化剂是需要思考的问题。一个解决办法是用大孔材料替换现有催化剂中的小孔材料。当长链烷烃与较大孔径材料相遇时，由于孔口的限制作用减弱，长链烷烃能够更多地进入材料孔道内部，从而形成多个支链。形成多个支链后，链烷烃的自扩散系数将进一步降低[7]，如果想更进一步进入孔道内部将变得较为困难，此时他将优先从孔道内扩散出来从而形成异构产物。相反，如果多支链异构烷烃不能扩散出来，则将发生裂化反应。由于支链较多，因而裂化产物既不在石脑油馏分也不在润滑油馏分，而是在柴油和白油馏分段，详细反应过程如图3所示。

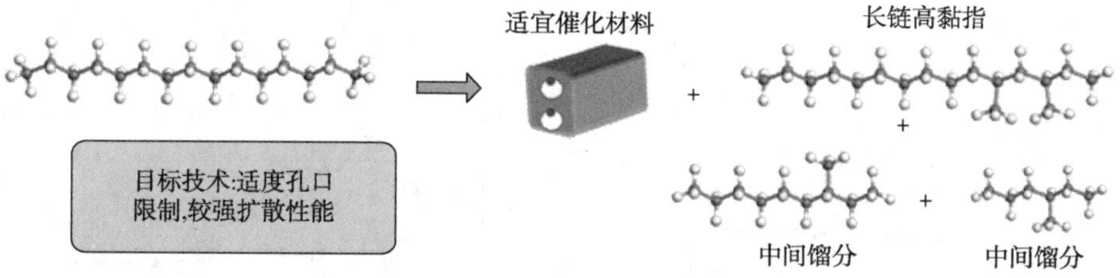

图3 目标催化剂反应行为示意图

基于上述认识，新异构催化剂的设计关键是合成新材料。依据分子反应过程特点，该材料从不仅应具有较大的孔口尺寸能够形成多支链产物，而且应具有较好的异构产物扩散性能；从产物收率和分布来看，不仅应具有较高的产品收率，而且副产物应多产白油和柴油馏分。

2.3 关键材料的选择

明确了目标材料为大孔材料后，还需确定材料的类型及材料的孔径尺寸达到何种尺寸为宜。图4研究结果表明，长链正构烷烃异构过程为一个连续反应，即正构烷烃先是形成一个单支链异构产物，进而形成双支链和三支链异构产物[5,6]。异构材料的孔口尺寸越大越有利于连续反应的发生，即容易形成多支链产物。但另一方面，在连续异构过程中每一个反应步骤均会发生裂化反应且裂化速率将大幅增加。因此，为了保证异构产品收率，目标产物中多支链的比例也不应过多，否则产品收率不容易控制。

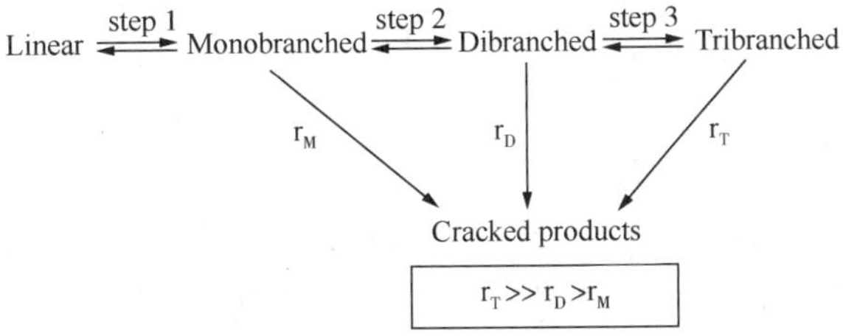

图 4　正构烷烃反应过程示意图

2.4　关键材料的合成策略

确定关键材料的孔径后，还需确定材料的形貌特点。表 2 为同一催化剂上不同链长烷烃异构产物分布列表。由表 2 可知，尽管碳链长度有变化，在 2 位和 3 位形成的端甲基支链产物都是主要产物，即大部分异构反应是发生在材料孔口处。但另一方面，表 2 也表明：随着碳链的增长，相应烷烃分子进入材料孔道内部越深，形成异构产物种类越丰富，因此为了保留这一部分异构产物，需要关键材料具有良好的扩散性。为了提高分子筛的扩散性，小晶粒无疑是一种有效的解决办法[8,9]。

表 2　同一催化剂(RIW-2)上不同链长烷烃异构产物分布

烷烃	2-甲基/%	3-甲/%	4-甲/%	5-甲基/%	其他单支/%
C_{10}	47	28	16	3	—
C_{16}	40	21	14	8	12
C_{20}	37	19	12	6	19

2.5　催化剂的制备策略

确定关键材料后，催化剂制备过程重点是平衡催化剂的活性、选择性和强度。由文献可知[10]，分子筛含量越高，相应催化剂活性越高，但催化的径向强度越低，因此需要优化催化剂中分子筛的含量。另一反面，现有研究结果也表明催化剂中金属质量分数也与异构催化剂选择性有着密切关系[11]。因此，在催化剂制备过程也需考察金属质量分数对催化剂性能的影响。

综合以上信息，确定在催化剂制备阶段重点任务是保证催化剂具有适宜的活性、选择性与强度。

3　催化剂表征与评价

3.1　催化剂表征

在美国 Micromeritics 仪器公司 ASAP 2400 型自动吸附仪上采用 N_2 静态低温吸附容量法

测定载体和催化剂的比表面积和孔结构。测试前，样品在250℃、1.33 Pa下抽真空脱气4 h，以N_2为吸附质，在-196℃下与吸附质接触，静态达到吸附平衡。由N_2进气量与吸附后残存于气相中的差值计算出样品吸附N_2的量，用BET公式计算比表面积。

采用吡啶吸附-红外光谱对材料进行酸性表征。吡啶吸附-红外光谱酸性表征是在美国BIO-RAD公司FT3000型傅立叶变换红外光谱仪上进行。把样品粉末压成直径为15 mm的自支撑片，重约10~20mg。升温到350℃，并抽真空至10^{-3} Pa，保持1 h，脱除样品中的气体分子。降至室温，吸附吡啶0.5h，吸附平衡后分别升温到200℃、350℃，脱附0.5h，冷却至室温后扫描1400 ~1700cm^{-1}波数范围，获得样品经过200℃、350℃脱附的吡啶吸附红外光谱图。扣除本底后，得到不同温度下的吡啶吸附红外谱图，根据谱图中1543cm^{-1}和1456cm^{-1}特征吸附峰的峰面积以及校正因子得到Brönsted酸(简称B酸)酸量和Lewis酸(简称L酸)。

3.2 催化剂评价

正癸烷临氢异构反应规律探索实验是在双反应器固定床高压微反-色谱系统上进行。实验中首先将40~60目的催化剂装入固定床微反装置的恒温区中，反应器两端装填石英砂，程序升温至反应温度后，进正癸烷，稳定1.5h后取样分析。采用Agilent7890气相色谱仪对产物进行定量分析。色谱柱选用HP-1毛细管柱，固定相为二甲基聚硅氧烷，柱长30m，内径0.32mm，液膜厚度0.25μm。色谱条件：初始温度50℃，以5℃/min的速率升温至180℃，并保持2min。转化率(x)与异构烃收率(y)定义为：

$$x=已转化正癸烷量/进料中正癸烷的量\times100\%$$

$$y\ 构烃收率=异构癸烷的量/产物的量\times100\%$$

其中，正癸烷、异构癸烷量是根据色谱峰面积来计算，已转化正癸烷量包括异构癸烷和裂化产物。

催化剂油品评价在200 mL中型加氢装置上进行，原料为加氢裂化尾油，其性质见表3。评价过程中体积空速为1.0h^{-1}，氢气压力为15.0MPa。

表3 中型评价原料油性质

项目	加氢裂化尾油	项目	加氢裂化尾油
黏度(80℃)/(mm^2/s)	9.513	5%	427
黏度(100℃)/(mm^2/s)	6.170	10%	434
VI	141	30%	452
凝点/℃	45	50%	467
S/(μg/g)	6.5	70%	484
N/(μg/g)	<1	90%	510
模拟蒸馏(D2887)/℃		95%	521
初馏点	411		

4 异构降凝催化剂RIW-30的性能

表4为第三代异构催化剂RIW-30和第二代异构催化剂RIW-2关键物化性质列表。由

表 4 可知，RIW-30 的比表面积和孔容均比 RIW-2 要大，表明该催化剂具有更好的扩散性质，这有利于异构中间体可以快速脱离反应位置，从而提高产品收率。此外，RIW-30 的径向压碎强度也进一步提升，表明该催化剂生产过程可以有更少的物料损耗，同时实际应用过程也可以有更小的压降。

表 4　催化剂关键物化性质

催化剂	径向压碎强度/(N/mm)	比表面积/(m^2/g)	孔容/(mL/g)
RIW-2	16	226	0.41
RIW-30	20	242	0.46

表 5 为 RIW-30 和 RIW-2 吡啶吸附-脱附结果。由表 5 可知，RIW-30 具有更少的 B 酸，因而在该催化剂中酸性中心密度更低。按照文献报道，较低的酸性密度有利于提高异构产品收率[6]。

表 5　不同催化剂吡啶吸附红外光谱结果

催化剂	L/(μmol/g)		B/(μmol/g)	
	200℃	350℃	200℃	350℃
RIW-2	80.22	61.61	73.54	67.73
RIW-30	100.45	78.64	25.98	18.97

为了验证新异构催化剂是否达到设计目的，首先用正癸烷微反评价来检验催化剂 RIW-30 的性能，结果见图 5。由图 5 可知，当以正癸烷为模型化合物时，在相同转化率下 RIW-30 的异构癸烷产物比 RIW-30 高约 6~7 个百分点，表明该催化剂具有更好的异构选择性。

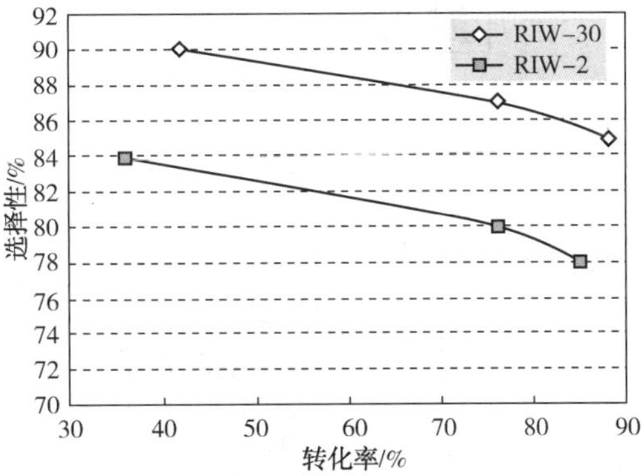

图 5　正癸烷微反评价结果对比

表 6 为在相同转化率(约 80%)下两种催化剂异构产物的对比。由表 6 可知，在相同转化率下，RIW-30 的异构产物中 2-甲基和 3-甲基产物明显减少，多支链产物增加。这一结果表明该催化剂 RIW-30 达到了减少端甲基支链产物，多产多支链的目的。

表 6　相同转化率下(80%)下正癸烷异构产物分布对比

催化剂	2-甲基/%	3-甲基/%	4-甲基/%	5-甲基/%	多支/%
RIW-2	47	28	16	3	5
RIW-30	36	24	17	2	21

加氢裂化尾油中型评价结果如图 6 所示。由图 6(a)可知，当加工加氢裂化尾油时，新异构剂 RIW-30 的主产品(>420℃馏分)黏度指数比 RIW-2 高约 3~4 单位。由图 6(b)可知，由新异构剂 RIW-30 所得润滑油产品(>420℃馏分)收率比 RIW-2 高 4~5 个百分点。这一结

果说明按照新理念设计的 RIW-30 加工实际油品时也具有较好的异构选择性。

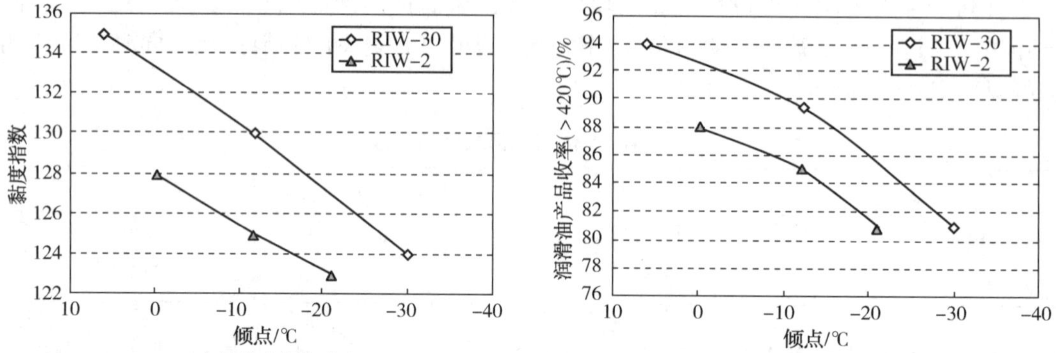

(a)产品黏度指数对比　(b)产品收率对比

图 6　RIW-30 加氢裂化尾油评价结果

图 7 为 RIW-30 和 RIW-2 加工加氢裂化尾油时产物分布对比图。由图 7(a)可知，随着润滑油主产品(>420℃)倾点的降低，两个催化剂反应产物中石脑油(<140℃)产品产率均上升，但 RIW-30 的石脑油上升斜率明显要低于 RIW-2。由图 7(b)可知，随着润滑油主产品(>420℃)倾点降低，RIW-30 的中间馏分油产品收率小幅度上升，而 RIW-2 的中间馏分油产品收率却降低。这一结果表明，与 RIW-2 相比 RIW-30 明显抑制了中间馏分产品的二次裂化。

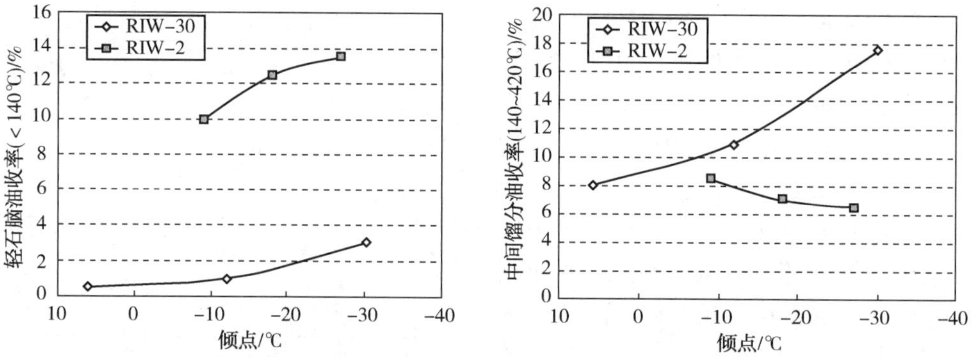

(a)石脑油产品　(b)中间馏分油产品

图 7　两种异构催化剂加工加氢裂化尾油产物分布对比

综合以上数据，可以认为 RIW-30 具有良好的活性、异构选择性和二次裂化抑制性，加工加氢裂化尾油表现出良好的性能。

5　结论

(1) 在深入分析的基础上找到现有催化剂黏指损失过多，产物分布不合理的原因。

(2) 明确新新材料和异构催化剂应多产多支链且应具有更好扩散性能。

(3) RIW-30 加工加氢裂化尾油时，与 RIW-2 相比黏指减少 3~4 个单位，产品收率提高 4~5 个百分点。

参 考 文 献

[1] 张翠侦，焦祖凯，祝长申等．重质润滑油基础油的原料制备及加工工艺的研究[J]，润滑油，2019，34(02)：31-35.

[2] H Deldari. Suitable catalysts for hydroisomerization of long-chain normal paraffins[J]. Applied Catalysis A：General，2005，293(28)：1-10

[3] Cloaude M C，Martens J A. Monomethyl-branching of Long n-alkanes in the range from decane to tetracosane on Pt/H-ZSM-22 bifunctional catalyst[J]. Journal of Catalysis，2000，190(1)：39-48.

[4] Martens J A，Vanbutsele G，Jacobs P A，et al. Evidences for pore mouth and key-lock catalysis in hydroisomerization of long n-alkanes over 10-ring tubular pore bifunctional zeolites[J]. Catalysis Today，2001，65(2-4)：111-116.

[5] J A Martens，G Vanbutsele，P A Jacobs，et al. Evidences for pore mouth and key-lock catalysis inhydroisomerization of long n-alkanes over 10-ring tubular pore bifunctional zeolites[J]. Catalysis Today，2001，65：111-116.

[6] ACorma，A Martinez，S Pergher，et al. Hydrocracking-hydroisomerization of n-decaneon amorphous silica-alumina with uniform pore diameter[J]. Applied Catalysis A：General，1997，152(1)：107-125.

[7] G Sastre，A Chica，A Corma. On the Mechanism of Alkane Isomerisation(Isodewaxing) with Unidirectional 10-Member Ring Zeolites. A Molecular Dynamics and Catalytic Study[J]. Journal of Catalysis，2000，195(2)：227-236.

[8] Choi M，Srivastava R，Ryoo R. Organosilane surfactant-directed synthesis of mesoporous aluminophosphate constructed with crystalline microporous frameworks[J]. Chem. Commun.，2006，42：4380-4382.

[9] 张胜振，陈胜利，董鹏等．小晶粒 SAPO-11 分子筛的合成及其催化异构化性能[J]，催化学报，2007，10：857-864.

[10] Yunfei Bi，Guofu Xia，Weiguo Huang，et al. Hydroisomerization of long chain n-paraffins：the role of the acidity of the zeolite[J]. RSC Advances，2015，5：99201-99206.

[11] 毕云飞，夏国富，黄卫国，等．加氢异构化催化剂的研究-加氢功能的影响[J]．石油学报(石油加工)，2018，01：64-67.

大比例增产喷气燃料兼产优质尾油加氢裂化技术的开发与应用

董松涛，赵广乐，胡志海，赵　阳，龙湘云，梁家林，
毛以朝，莫昌艺，刘清河

（中国石化石油化工科学研究院，北京市　100083）

摘　要　石油化工科学研究院（RIPP）推出了新一代的加氢裂化催化剂 RHC-131 和加氢裂化精制段催化剂 RN-410，基于新的催化剂和工艺研究，开发成功了大比例增产喷气燃料兼产优质尾油加氢裂化技术，燕山石化公司 200 万 t/a 的高压加氢裂化装置的应用结果表明，可大幅度提高喷气燃料收率，降低尾油 BMCI 值，装置的经济效益得到了显著提升；通过馏分切割的变化还可以多产柴油，适应市场需求的变化。

关键词　加氢裂化　催化剂　喷气燃料　尾油

1　前言

目前中国是仅次于美国的第二大喷气燃料消费国。为了鼓励企业多产喷气燃料，现行政策中，对喷气燃料产品进行了部分税收免除的政策，这使得喷气燃料产品具有较高的经济效益。从区域分布看，中国最大的喷气燃料消费地区在东部（包括上海）、北部（包括北京）和南部（包括广州、深圳），占全国消费总量的 80%。因此在国内增加喷气燃料产量，尤其是北京地区，具有重要的现实意义。

随着中国国民经济的增长，我国乙烯产业一直保持快速发展，加氢裂化产品尾油馏分具有链烷烃含量高、BMCI 值低的特点，是优质的蒸汽裂解制乙烯原料；随着乙烯需求量的提高，加氢裂化尾油在我国乙烯原料构成中的作用日益重要[1,2]。

石科院采用新开发的加氢裂化催化剂 RHC-131 和加氢裂化精制段催化剂 RN-410，通过 RHC-3（再生）/RHC-133/RHC-131 催化剂的组合，针对北京燕山石化公司 200 万 t/a 加氢裂化装置，开发出大比例增产喷气燃料兼产优质尾油加氢裂化技术。

2　催化剂的设计和特点

2.1　新一代加氢裂化催化剂 RHC-131 的开发

通过优化载体孔道结构以及酸性组分的性质，强化环烷烃的开环；调节加氢和酸性中心的匹配关系，强化原料油重质部分的二次裂解，控制轻质部分仅一次裂解，调节一次裂解和二次裂解合适的比例，开发成功具有高的喷气燃料收率，且尾油 BMCI 值更低的新一代加氢

裂化催化剂 RHC-131。

2.2 新一代加氢裂化精制段催化剂 RN-410 的开发

采用高分散制备技术、优选载体分散平台和优化金属协同作用，强化催化剂的加氢功能并匹配适度的酸性，成功开发了新型加氢裂化精制段催化剂 RN-410。

2.3 催化剂活性梯度匹配技术

对催化剂的级配进行了深入研究，采用 RHC-3(再生)/RHC-133/RHC-131 三种不同裂化活性、加氢活性及产品选择性的催化剂梯级活性体系，使床层温升与所需裂化反应温度达到最佳匹配。采用该级配技术，可弥补单一催化剂性能不足，使不同类型催化剂发挥各自性能优势，在满足催化剂活性、保证长周期运转的同时，兼顾喷气燃料馏分选择性及尾油质量。

2.4 转化深度和切割方案的研究

基于转化深度与切割方案对喷气燃料及尾油收率及性质的影响规律的认识，提出兼顾喷气燃料馏分收率以及产品性质的优化切割方案。在控制石脑油馏分收率适当，并将柴油并入尾油的前提下，拓宽喷气燃料馏分的馏程，通过切割方案对喷气燃料馏分性质影响规律的研究，确定适宜多产喷气燃料的切割方案，可以实现最大量增产喷气燃料并改善尾油收率及质量的双重目标。

3 催化剂性能及工业应用效果

3.1 RHC-131 催化剂的性能特点

RHC-131 催化剂是石科院开发的新一代多产喷气燃料和优质尾油型加氢裂化催化剂，采用相同的原料油，和国外同类型的先进催化剂进行对比，结果如表 1 所示。

表 1 RHC-131 与国外催化剂的比较

催化剂	RHC-131	国外同类先进参比剂
精制催化剂	一致	
原料油	中东 VGO-B	
>350℃馏分转化率/%	60.0	60.0
裂化反应温度/℃	基准-4	基准
液体产品分布/%		
<132℃石脑油	14.46	13.20
132~260℃喷气燃料	31.59	29.90
260~370℃柴油	23.03	23.68
>370℃尾油	30.92	32.81

续表

催化剂	RHC-131	国外同类先进参比剂
喷气燃料烟点/mm	28.8	27.4
>370℃尾油		
BMCI值	9.1	10.7
链烷烃质量分数/%	61.2	58.4

由表1可见，和国外同类型先进参比剂，RHC-131催化剂达到相同转化率，活性高4℃，喷气燃料收率高1.69个百分点，产品喷气燃料烟点更高，尾油BMCI值低1.6个单位，链烷烃质量分数高2.8个百分点。

与国外同类型先进参比剂相比，RHC-131保持了较高的中间馏分油选择性，特别是喷气燃料收率更高，尾油质量优，在兼产喷气燃料和优质尾油方面具有明显优势。

3.2 工业应用效果

基于燕山石化200万t/a加氢裂化装置，对催化剂进行了合理级配，前一周期和新周期的级配方式如表2所示。

表2 催化剂级配方式

项 目	前一周期	新周期
催化剂	RN-32V/RHC-3	RN-410/RHC-3(再生)/RHC-133/RHC-131
裂化剂占比/%	100	27/24/49
催化剂类型	灵活型	灵活型/兼顾型/中间馏分油型
特点	增产喷气燃料和优质尾油	大比例增产喷气燃料和改善尾油质量

2016年7月，组织了对该装置的标定，结果表明换剂后，重石脑油、喷气燃料、尾油收率均高于设计值。标定期间的物料平衡如表3所示。

表3 标定期间详细物料平衡

项 目	计量/(t/h)	质量百分比/%
入方：		
原料油	208.54	100.00
化学氢耗	4.28	2.05
合计	212.82	102.05
出方：		
H_2S+NH_3	3.96	1.90
C_1+C_2	0.87	0.42
C_3+C_4	5.15	2.47
C_5~轻石脑油	8.35	4.00

续表

项　目	计量/(t/h)	质量百分比/%
重石脑油	38.04	18.24
喷气燃料	85.17	40.84
柴油	10.17	4.88
尾油	60.75	29.13
损失	0.35	0.17
合计	212.82	102.05

喷气燃料表观产率为40.84%。原设计方案无柴油抽出，而装置实际运行有柴油抽出，根据喷气燃料干点275.8℃及柴油50%馏出点温度266℃可知，柴油中50%的组分可并入喷气燃料组分，即在无柴油抽出时，喷气燃料产率可达43.28%，达到了喷气燃料收率不低于42%预期，喷气燃料收率较上一周期大幅提高13.06个百分点。

标定期间，产品重石脑油馏分硫质量分数为0.6μg/g，氮质量分数为0.4μg/g，芳烃潜含量为55%，是优质的重整装置原料。产品喷气燃料烟点可以达到26.6mm，闪点42.5℃，冰点-51.5℃，终馏点275℃，产品各项指标均符合3号喷气燃料要求。从闪点和冰点分析数据看，喷气燃料馏分切割范围控制较好。产品尾油20℃密度为0.815g/cm^3，硫质量分数5.0μg/g，氮质量分数0.9μg/g，其BMCI值仅为8.7，是优质的蒸汽裂解制乙烯原料。

2016年换剂后的喷气燃料冰点和尾油BMCI值均优于换剂前，达到了多产喷气燃料和优质尾油的目标和要求。由于采用了催化剂梯级活性级配技术，反应器各床层的温度得到了很好的衔接，通过控制各床层合理的温升，使得每个床层的温度与催化剂的最佳使用温度都得到了很好的匹配，装置冷氢的需要量几乎降低到零。

3.3　适应性和灵活性

2020年新冠疫情期间，喷气燃料需求明显下降。随疫情逐步缓解，市场柴油需求率先恢复。考虑全厂物料平衡、产品质量以及装置操作稳定性，燕山石化加氢裂化装置2020年4月份通过压减喷气燃料、增产柴油，柴油组分收率达到39.74%，创造历史最好水平。

加氢裂化尾油除了用于蒸汽裂解制乙烯外，还可以作为润滑油基础油原料，生产黏度指数超过125的HVI Ⅲ类高档润滑油基础油。

4　经济效益和社会效益

经济效益：2016年7月~2018年12月北京燕山石化公司高压加氢裂化装置，实现产品效益3.87亿元，相比上周期，因增产喷气燃料新增经济效益2860.7万元。

通过催化剂级配，实现了床层间几乎不打冷氢，减少循环氢量，降低了循环氢压缩机的负荷；催化剂活性梯度级配，二反出口温度高，这部分热量的有效利用可以降低加热炉负荷，实现了装置提质、增效和降成本多重收益。

大比例增产喷气燃料兼产优质尾油加氢裂化技术在北京燕山石化公司的成功工业应用，为炼厂在掺炼多种二次加工油等劣质原料情况下，长周期稳定生产40%左右喷气燃料和

BMCI值10以下尾油，积累了丰富的工业实践经验。为炼厂增产喷气燃料、压减柴油、炼油企业向油化结合方向转型提供了有力的技术支撑。

5 结论

（1）石科院开发成功了新一代的加氢裂化催化剂RHC-131和加氢裂化精制段催化剂RN-410。基于新的催化剂及工艺技术研究成果，成功开发出了大比例增产喷气燃料兼产优质尾油加氢裂化技术，并成功在燕山石化公司的200万t/a高压加氢裂化装置上得到了应用。

（2）工业应用结果表明，喷气燃料产率达到43.28%，尾油BMCI值达到8.7，均较上一周期均有显著提升。如果市场需求发生变化，可以通过切割方案的优化，实现压减喷气燃料增产柴油，柴油组分的收率可达到39.74%，灵活适应市场的变化。

（3）新技术对提升产品质量、拓展产品品种和进一步提高装置效益具有重要支撑作用，对未来炼厂化工转型具有重要的意义。

参考文献

[1] 胡志海，熊震霖，聂红，等．生产蒸汽裂解原料的中压加氢裂化工业-RMC[J]. 石油炼制与化工，2005，36(1)：1-5.

[2] 崔德春，胡志海，王子军，等．加氢裂化尾油做蒸汽裂解工艺原料的研究和工业实践[J]. 乙烯工业，2008，20(1)：18-24.

近十年欧美炼油技术发展趋势分析

黄丽敏

（中国石化石油化工科学研究院，北京　100083）

摘　要　根据2009—2019年美国燃料和石化生产商组织年会（AFPM）及2014—2019年欧洲炼油技术会议年会（ERTC）会议论文内容，分阶段对近十年来美国和欧洲炼油行业面临的形势和相关炼油技术发展重点进行梳理，分析炼油行业未来发展趋势。

关键词　AFPM　ERTC　炼油技术　炼油行业　趋势

炼化行业正在进入一个快速变革、充满竞争的时代。IMO 2020法规及履约措施成为炼油行业关注的热点；安全环保形势严峻，新技术、新体系不断发展；燃料需求增速放缓，石化产品需求旺盛，炼油厂向石化转型成为重要方向；生物燃料及废塑料循环强制性法规不断推出，推动相关生产技术不断提高；数字化和人工智能等技术在炼油领域的应用越来越多；碳减排等气候政策对炼化行业的影响不断加深，炼油行业充满挑战和机遇。美国燃料和石化生产商组织年会（AFPM）和欧洲炼油技术会议（ERTC）是全球炼油行业中很重要的两个会议，每年举行一次。会议关注美国、欧洲乃至全球炼化行业及炼化技术的现状和发展趋势、分析炼化行业面临的挑战和相应的对策、介绍炼油行业各领域最新技术进展，是全球炼化行业政策、法规及技术发展的风向标。跟踪AFPM和ERTC年会，提炼并分析炼化行业和炼化技术的发展动向和趋势，可为中国石化炼化产业及技术布局提供参考信息。

1　2009—2019年欧美及全球炼油行业发展演变

2009—2019年，全球经济发展形势变化、原油供应情况变化、油价变化、环保标准不断严格、燃料经济性标准不断提升、低碳政策不断推出以及替代等其他原材料的供应变化等因素推动着燃料标准、炼油厂结构、燃料调和组分以及贸易流向等发生相应的改变。

在近十年来，油价受供应紧张、金融危机、美国页岩革命以及疫情等突发事件影响。EIA网站给出的2000—2020年原油价格变化见图1。

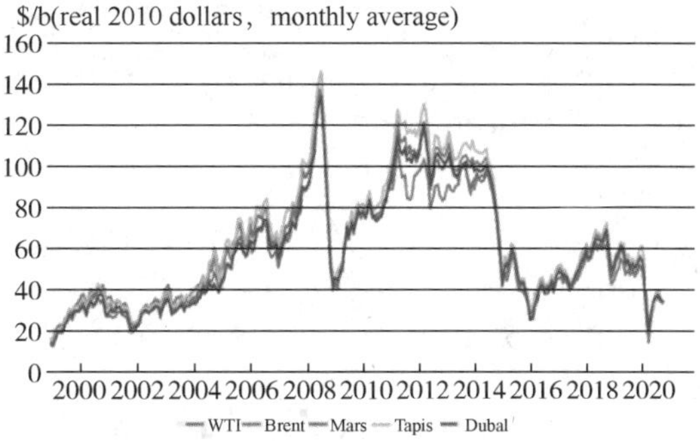

图1　美国原油价格变化

全球原油价格自2002年以来一直处于增长趋势，2008年由于两大石油供给国减少石油供给，导致7月14日纽约商品交易所原油期货价格创出147.27美元/桶的历史高点，造成了类似1973年能源危机时的恐慌。随后受金融危机冲击，2009年1月21日国际原油期货价格跌至33.20美元。2010年以后主要国家和地区逐渐从危机中复苏，石油需求也加快增长，价格逐渐恢复增长，在2014年以后由于美国页岩革命导致油气供应过剩，油气价格大幅下跌，在2016年达到最低点，刺激了美国炼化行业的发展，油价逐渐增长，而后于2020年因疫情导致需求放缓，油价再次降低。

从全球看，金融危机导致2009年全球石油需求短暂降低后，于2010年后逐渐增长，但发达国家如欧洲和美国的石油需求总量仍未恢复到危机前的水平，而亚太地区需求增长尤为明显。2007—2019年全球及主要地区石油消费情况见图2[1]。

从全球看，金融危机导致石油需求短暂降低后，于2010年后逐渐增长，2019年比2007年增长约610Mt。亚太地区需求增长尤为明显，亚太地区2019年比2007年增加了500Mt/a。美国石油需求在2012年降到最低，随后因页岩革命刺激消费，石油需求逐渐回升，但到2019年也还没有恢复到2007年的水平，比2007年水平降低约40Mt/a。而欧洲2014年需求达到最低水平，之后缓慢上升，仍未恢复到危机前水平，到2019年比2007年降低约80Mt/a。

2007—2019年，全球炼油能力处于增长趋势。部分主要国家和地区呈现了不同的趋势。亚太地区炼油产能增长，欧洲炼油厂产能下降趋势，美国小幅增长。2007—2019年全球及主要地区炼油能力情况件图3[1]。

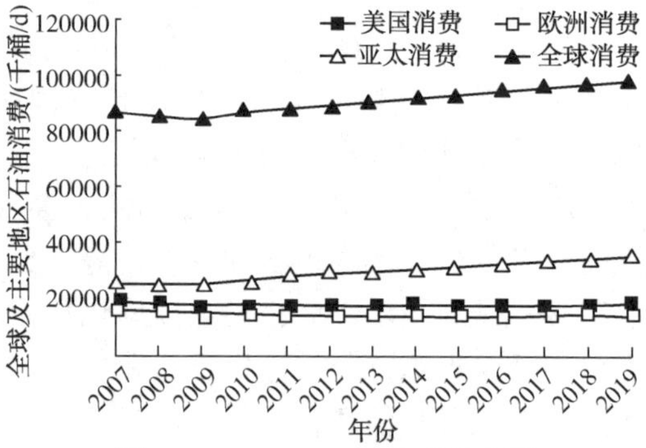

图2　2007—2019年全球及主要地区石油消费情况

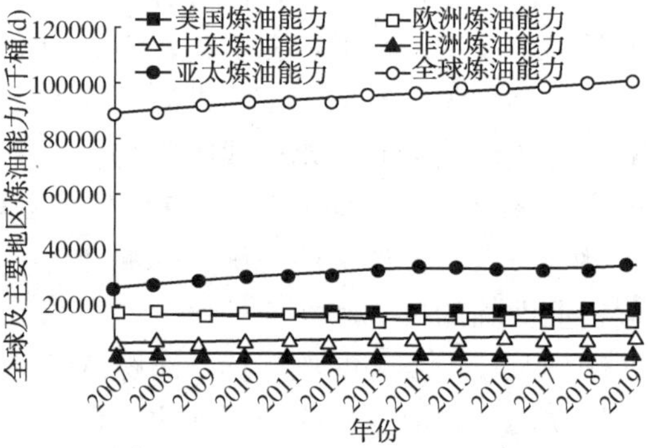

图3　2007—2019年全球及主要地区炼油能力情况

美国自危机开始后产能有小幅降低，而后因2012年页岩油气革命带来的廉价页岩油气优势，炼油产能逐渐增加，在2016年接近1980年的产能峰值，在2018年产能达到历史新高，到2019年产能接近950Mt/a，比2007年炼油能力增加67Mt/a。欧洲炼油厂产能也曾在1980年达到最高值1156Mt/a，之后产能呈现逐渐下降趋势，而在2008年金融危机以后则呈快速下降趋势，从2007年到2019年，关停总产能接近100Mt/a。而亚太地区炼油产能一直增长，2019年比2007年总产能增加约440Mt/a。

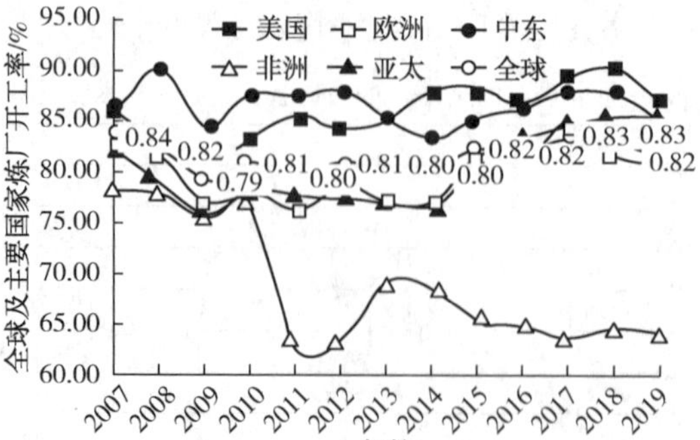

图4　2009—2019年全球及主要地区炼油厂开工率情况

2009—2019年，全球炼油厂开工率在79%~84%之间波动，具有资源优势的美国和中东开工率较高，欧洲和亚洲开工率近几年有上升趋势，但非洲地区炼油厂开工率始终处于较低水平。2009—2019年，全球及主要地区炼油厂开工率情况件图4[1]。

自2007年以来，因金融危机的发生，开工率均有所降低，在2010年开是逐渐恢复，因具有资源优势，美国和中东地区的炼油厂开工率一直高于全球炼厂平均值，而亚太和欧洲地区炼油厂开工率较低，亚太地区自2016年以后有所改善，而欧洲炼油行业开工率处于较低水平，非洲地区则因地缘政治因素，开工率处于最低水平。

2 炼油技术发展演变情况

（1）第一阶段（2008—2011年）：应对全球金融危机，提高能源安全

金融危机后，全球经济发展整体放缓，导致全球石油产品需求增速放缓，炼厂利润降低，炼厂复杂程度较高的炼油厂得以幸存，而盈利能力较弱的炼油产能则被大量关停，这一趋势在欧洲和日本尤为明显，而美国在2009—2011年炼油产能小幅调整。炼厂优化、提高盈利能力成为这一时期全球炼厂行业追逐的主要目标。

同时，主要出于能源安全的考虑，也有降低碳排放延缓气候变暖的考虑，美国和欧盟等国更为关注生物燃料政策和碳减排政策的推出。美国分别在2005年和2010年实施第一阶段和第二阶段可再生燃料标准（RFS）。2007年12月推出《2007能源独立和安全法案》，旨在推动美国降低能源对外依赖度，实现能源安全，规定美国政府对替代燃料的采购限制在那些生命周期内温室气体排放量相当于或低于来自传统石油来源燃料的燃料类别。此外，2010年4月1日，美国推出燃料经济性标准（CAFÉ），要求轻型汽车燃油效率提升2%/a，到2025年，要求汽车生产商将汽油燃料效率提升至4.32L/100 km。燃料经济性标准的提高以及乙醇汽油的推广，导致炼油厂从原油生产的汽油需求量下降。炼油厂不得不调整产品结构，如增加柴油和/或生物燃料比例来满足市场需求，此外在汽油池中添加更多的乙醇也导致烷基化汽油需求的增加，以满足蒸气压等指标要求。推动了多产柴油技术和烷基化等技术的快速发展。

2009年，美国众议院通过美国清洁能源和安全法案（ACES，H. R. 2454，即Waxman-Markey法案），提出了碳排放总量控制及交易体系，炼油工业所有排放源都要受到监管。尽管该项法案最终没有通过，但EPA还是对炼厂碳排放进行了规定：要求炼油厂自2010年1月1日起报告GHG排放情况；要求大幅增加温室气体排放的新建或扩建项目从2011年起必须获得空气许可证。在州层面，加州于2009年4月通过了《低碳燃料标准》（LCFS），要求到2020年在加州销售的汽车燃料整个生命周期内碳排放强度降低10%。2010年，美国东北部12个州和大西洋沿岸地区合作发表了运输与气候倡议（WCI），旨在发展清洁能源经济，减少运输部门的温室气体排放。受上述政策影响，在2010年左右AFPM的年会上出现了许多关于生物燃料政策和碳减排政策解读及履约方案的报告，其中制氢装置的碳减排方案一度受到关注，解决方案集中在氢气管网的优化，甚至是建议制氢装置采用碳捕集技术。

此外，2011年1月1日，EPA出台的“有毒空气移动污染源”计划生效，要求美国炼油厂生产的汽油中苯体积分数降至0.62%。汽油降苯技术有所发展，ExxonMobil[2,3]和Axens[4]都开发了降低苯含量的技术。

欧盟在2005年便开始实施碳排放与交易体系（ETS），其中包含对炼油行业碳排放进行监管，2009年推出可再生燃料指令（Directive 2009/28/EC），要求2020年底欧盟能源消费中20%来自可再生能源，要求，每个成员国的运输部门可再生能源占比达10%。碳减排政策及

可再生能源指令在推动炼油行业碳减排及生物燃料技术的发展中起到了积极作用。Shell、BP、ExxonMobil、Chevron、Dow 和 UOP 等公司在藻类生物燃料方面进行了尝试。Topsøe 公司的催化剂用于美国第一家独立生产再生柴油的装置，UOP 和 Eni 在 2007 年推出 Ecofining 技术，Ensyn 公司开发了 RTP 技术等。

此外，由于中国 2010 年限制稀土出口，导致价格升高，FCC 催化剂供应商开始开发低稀土或无稀土催化剂。FCC 催化剂中的稀土质量分数从 2002 年的 2.6%下降到了 2016 年的 2.2%。Albemarle 公司开发了 LRT 系列低稀土含量催化剂和助剂[5]，BASF 公司推出了低稀土含量催化剂 CORE 和 PHINESSE，其中 PHINESSE 催化剂采用磷元素对分子筛进行改性，既改变了酸性中心的种类和强度，又稳定了分子筛结构，稀土质量分数从 2.0%降到 1.0%，而性质没有影响[6]。Grace 公司还开发出了无稀土的 REMEDY™催化剂[7]。

2010 年以后，以中国、印度为代表的发展中国家快速从金融危机中走出来，引领石油需求快速增长。美国也在缓慢复苏，由于炼厂汽油需求变化不大，炼油装置的开工率持续下降，2009 年降至 85%以下。已不能通过增加原油加工量来增加利润，炼油商主要通过优化操作、关闭装置、延长运营周期、减少炼油能力等战略应对低的炼油负荷率。而欧盟则是很长时间都在受到金融危机的影响，石油需求增速放缓，部分地区甚至为负增长。炼油行业受到需求减少的压力较大，各种监管更多，盈利能力最差，导致大量产能关停，更为关注炼厂优化，而低碳政策的频繁加码使得欧盟的生物燃料不断发展。

(2) 第二阶段(2012—2016 年)：美国页岩油气革命，低油气价格优势提振美国炼油行业，欧盟炼油行业面临法规监管和激烈的国外竞争而继续处境艰难。

2012 年以来美国页岩革命导致石油供应大幅增加，美国致密油和加拿大油砂的产量统领了非 OPEC 国家的石油供应增长，弥补了其他国家和地区石油产出的减量。从 2005 年开始，美国页岩油气工业急剧增长，页岩油气产量占比从 2005 年的不足 1%增加到 2012 年的 25%。2014 年，美国原油产量增加占全球石油需求增量的 94%。持续供过于求，导致 2014 年夏季以来油价下降了 70%，使美国炼油工业受益。页岩油气的发展，使得美国油品供应模式也随之发生变化，美国逐渐成为汽柴油净出口国，随着页岩油气的进一步发展，2015 年，美国解除原油出口禁令，允许 40 万桶/d 的原油出口量。2009—2020 年美国石油产品净进口情况见图 5[1]。

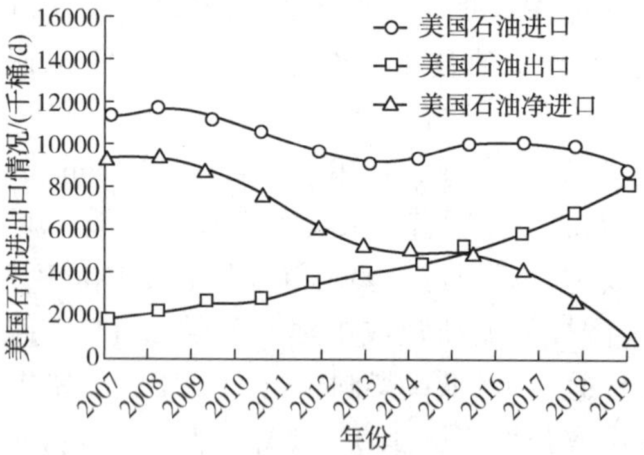

图 5 2009—2020 年美国汽油和柴油净进口情况

急剧上升的页岩油气产量使得美国能源与化工行业得以复苏，对于美国制造业和经济走强起着至关重要的作用。相对于全球其他地区的炼油厂，低油气价格给美国炼油业提供了巨大优势。具体来讲，美国原油价格优势约为 4 美元/桶，加上利用天然气的价格优势约为 1.75 美元/桶，两者相加接近使得美国炼油行业的成本优势高达 6 美元/桶。原油、天然气原料优势使美国炼厂维持了较高的开工率和盈利水平。

随着美国致密油产量的突飞猛进，美国中部和海湾地区的炼厂开始从加工重质原油转向增加轻质原油加工。其独特的油品性质对现有炼厂加工产生了一定的影响，因此如何加工致密油成为这一阶段备受关注的主题。

一直以来，美国炼厂追求高转化率，因此复杂系数较高。原来由于重质和含酸原油价格比轻质低硫原油便宜，炼厂投资主要用于升级和加氢处理以便处理重质和含酸原油。致密油的发展导致炼厂投资方向变化。大多数炼油厂均可以通过掺炼的形式，或多或少地加工一些致密油。致密油具有更高的 API 度，本身含有更多的铁、钙、钠、铅等金属杂质，含硫低，富含链烷烃组分。除去各种杂质保护下游加工装置主要催化剂免于中毒是加工致密油的关键。此外，由于金属杂质含量高且与其他品种原油含蜡量不同，会在电脱盐环节产生更多的盐堆积或者结垢。在常减压蒸馏上，轻馏分增加，需要扩大轻馏分的分馏能力。减压塔进料量会降低，要考虑调整塔底加热器的运行方式。FCC 装置需要对热平衡进行考虑，加氢装置加工致密油获取的柴油加氢原料需要脱蜡来改善其流动性。

对于页岩油的加工，多家公司给出了解决方案。UOP 公司为解决页岩油(致密油)带来的碳差挑战，建议采用第二代 RxCat™催化裂化组合工艺技术。德西尼布为解决页岩气的开发造成的化工产品产量不平衡问题，建议 FCC 与化工装置深度集成，如 DCC+乙烷裂解+烷基化、DCC+FlexEne+ERU、R2P+ERU+C4 等。在催化裂化催化剂方面，BASF 开发了应对页岩油的系列催化剂，如 NaphthaMax 系列、HDXtra™、Endurance®、Stamina™、Flex-Tec®和 Fortress™等催化剂，可根据不同装置的情况，选择合适催化剂。Grace 公司的 ACHIEVE 400 催化剂可有效提高页岩油生产的汽油辛烷值以及 C_4 烯烃产率。在加氢催化剂方面，ART 公司采用 NiMo 型加氢精制催化剂 545DX 研究加工致密油资源对超低硫柴油加氢精制过程带来的影响。UOP 对于石脑油联合装置，建议石脑油加氢处理装置采用加氢处理催化剂 HYT-1119，连续重整采用 R 334，异构化采用异构化催化剂 I-82 催化剂。

同时，由于拥有低价的天然气资源，北美和中东地区大量利用乙烷生产乙烯，使得从蒸汽裂解生产的丙烯不能满足需求。就北美来讲，乙烯原料转向乙烷使丙烯产量降低了 30%，这就为丙烷脱氢制丙烯以及 FCC 增产丙烯带来了机会。此外，由于北美天然气和轻质油以及天然气液产量的快速上升，导致丁烷过剩。而蒸气压规定又限制了丁烷调合汽油的使用，因此许多炼油厂考虑用烷基化的方法将混合丁烷转化成烷基化油。此外，丰富便宜的天然气资源使得甲醇制烯烃技术(MTO)、天然气制油(GTL)以及甲醇制汽油(MTG)等技术得以发展。

另一方面，从 2005 年起，国际石油价格快速上涨，大量资本涌入油砂开采行业，让加拿大油砂成为了最有竞争力的能源领域。而 2014 年原油价格下跌，油砂开采成本较高的缺点逐步显现，使 2016 年以来油砂开采行业逐步衰落，产量自 2016 年以来明显下降，从 2015 年的 2631 千桶/d 下降到 2019 年的 918 千桶/d。但咨询公司 IHS 公司认为油砂仍然是未来北美能源的重要来源，未来全球原油将向超轻质和超重质两个方向转变，这就对原油加工灵活性提出了挑战。

这一阶段，美国炼油厂面临着日益严格的排放标准，推动着炼油技术不断推出。美国不断推出更为严格的环保法规和燃料标准，早在 2009 年前便要求降低 SO_2、汞等的排放。2014 年美国 EPA 发布了“炼油行业风险与技术评估及新源性能标准”提案，要求炼厂监测炼油厂周边的苯浓度。要求 2015 年 10 月 1 日起臭氧浓度要控制在 0.07μg/g。2015 年还推出了炼油行业规章(RTR)，要求监测炼厂周边污染物浓度、要求焦化装置除焦操作降压，并对火炬排放有新要求。这些环保标准和要求推动着降低 SO_x、NO_x 排放以及火炬排放技术和助剂的不断出现。

2014年，美国对汽油标准提出了更高的要求，要求自2020年1月1日起，美国炼油厂必须将汽油硫含量从30μg/g降低到10μg/g，给了炼油厂6 a的准备期来生产Tier 3汽油，这就需要扩大现有加氢处理、重整、异构化和烷基化装置产能，生产超低硫汽油的技术和催化剂也成为这一阶段的重点。

在欧洲，2008年左右运输燃料需求便已达到峰值，石油需求不断下降。炼油能力过剩，利润率下降，既缺少资源，也缺少市场，同时还面临来自美国、中东和俄罗斯等地区炼油行业的竞争。欧盟炼油厂面临的主要问题是能源价格高、操作费用高，同时欧洲也面临着燃料标准升级压力，欧盟要求其成员国生产近零硫含量的汽油。俄罗斯要求自2015年末起需满足硫含量低于10μg/g的超低硫汽柴油标准，并采用消费税减免政策予以支持。

欧洲法规更是增加了炼厂成本负担，影响产品需求。对欧洲炼油行业监管的法规众多，如：①影响产品需求的政策：各种强制性或补贴性的石油替代政策，刺激生物燃料和电力的使用。税收政策鼓励柴油消费，打压汽油消费，如能源税收指令(ETD)。②影响欧盟炼油成本的政策：碳定价以及欧盟碳交易体系(EU ETS)，将会进一步降低欧盟能源密集型行业的竞争力。③影响炼油商投资的政策：苛刻的工业排放新标准(工业排放指令)；船用燃料硫含量限值低于国际海事组织(IMO)标准(船用燃料硫含量指令)。④控制炼油商获得优势原材料的政策：一系列阻止欧盟炼油厂获得具有竞争性的能源和原料的政策(TTIP/FQD)。2015年欧盟委员会、欧洲石油工业协会分析了欧洲法规政策对炼油行业和炼厂竞争力的影响，约使每桶原油的成本上升0.47欧元。

(3)第三阶段(2017—2019年)：IMO船用燃料标准、替代能源及低碳政策发展，石油需求增速放缓、化工产品需求持续增长，促进炼油厂向炼化一体化转型。

这一阶段最为热点的议题是IMO 2020法规及履约以及炼化一体化和向化工转型。2016年10月国际海事组织(IMO)决定，从2020年1月1日起实施船用燃料硫质量分数降低到0.5%的标准，即IMO 2020法规。此外，替代能源及低碳政策不断发展，多家机构对燃料需求增长预测持悲观态度，而对化工原料需求增速则持乐观态度，也促使炼油向化工转型。

IMO 2020不仅要求低硫燃料油硫含量低于0.5%，而且对固体含量进行了严格限制，要求催化剂粉末含量小于50μg/g，以免对机器造成磨损和污染。新政实施后，考虑到采用减渣等组分成本偏高，催化油浆可能会成为生产船燃的低成本组分，但需要脱除催化剂粉末，最好的技术是静电分离方法。对于小规模炼油厂，只能等待船舶尾气脱硫设施的普及，仍按现有高硫燃料油标准生产；对于中等规模炼油厂，可能考虑对调合与脱硫设施进行投资，从长远看不可能进行更大的投资；对于大规模炼油厂，只要进行较小的投资就能生产出符合IMO 2020的低硫船燃。

关于向化工转型，主要技术有UOP的PetroFCC、沙特阿美的HS-FCC(从VGO到重质渣油)、Total、Axens和Technip的R2P(适合加工渣油)、Ripp的DCC(VGO和轻渣油)技术等，大多数FCC装置可以生产35%~50%的烯烃。若采用LTO(轻致密油)为原料，则最多可生产62%的烯烃和BTX，以及最多38%质量分数的副产汽油[8]。其中高苛刻度催化裂化(HS-FCC)的工业化是近几年最引人瞩目的催化裂化技术。HS-FCC技术由JX Nippon、Aramco、KFUPM联合开发，可使重质烃类裂解为低碳烯烃和汽油。技术采用下行式反应器，催化剂在反应器中自上而下流动，抑制了返混，反应器出口温度高达580~620℃、停留时间短(0.5~1 s)、剂油比高(25~30)、丙烯质量分数可达15%~20%。S-Oil公司采用HS-FCC技术的3.8Mt/a工业装置于2018年投产[9]。此外，UOP公司多产丙烯的重油催化裂化工艺(RxPro)，当原料特性因素 K 值为12.5时，丙烯产率最高可达24%[10]。Axens公司的FlexEne™技术，通过煤油和喷气燃料聚合物再循环回FCC装置，实现选择性转化为丙烯的目标，也是炼油厂最大量生产丙烯的选择方案之一[11]。

安全生产也成为这一时期民众关注的热点。由于多次发生安全环保事件，民众对炼油行业的容忍度越来越低。关于安全和可靠性的会议报告非常多。美国石油协会(API)颁布了一系列安全生产相关的文件和导则，还与AFPM和炼油行业共同推进过程安全现场评估项目，旨在提高生产过程的安全性能，以预防安全事故在炼油厂和化工厂中发生。该评估包括：过程安全领导力、操作实践、机械完整性、固定设备、安全工作实践、变更管理、过程危害分析、设施选址、HF影响等8个方面共42项评估，取得了较好的效果。

美国和欧洲都推出了绿色新政提案，要求全面消除化石燃料行业，大力推广可再生能源、能效项目和零排放汽车(ZEV)。在2018—2019年，AFPM年会已经与以往不同，炼油技术介绍较少，更多转向对其他问题的关注，如公共政策问题，包括贸易和关税、IMO 2020法规、化学品法规、产品禁令、可再生燃料标准、燃料经济性标准、碳税以及电动汽车补贴政策等。欧盟RED II从2018年12月24日开始生效，要求在2030年前交通运输行业可再生能源占比达到32%，从2021年其将逐步淘汰基于粮食作物的生物燃料。

近些年来，碳减排形势日益严峻，巴黎协议于2016年11月4日生效，全球主要国家和地区均已出台了碳减排相关政策。所有巴黎协议签约国或批准国都有至少一项关于气候变化的法律或政策，全球有1500多项气候方面的法律和政策，有1000多个气候变化案例。欧盟碳排放交易机制第4阶段要求2021—2030年每年碳配额减少2.2%/a。在可再生燃料标准及碳减排的大趋势影响下，欧盟更加关注可再生能源及生物燃料的发展。欧洲炼油厂一如既往的不拥有资源和市场优势，竭力通过炼化一体化、生物燃料生产等维持利润。

此外，在最近两年的年会上，智能化技术在炼厂的应用逐渐增多，这也是优化操作、提高能效的措施之一。KBC公司的Co-Pilot Program™计划，结合KBC的Petro-SIM™模拟技术，可与云端工业物联网数据连接，用于远程监控和帮助改善客户的过程操作。UOP的CPS工艺模型优化顾问，利用云计算提升联合装置盈利能力。借助于Honeywell的能力，UOP现在能够创制出实际装置的数字化双胞胎，利用数字化双胞胎，可以对装置进行全天候的监控和研究。可使用大数据分析系统来提升连续重整装置和FCC装置的工艺可靠性。Aspen Technology公司采用Hysys软件来进行石油性质的估算和预测，可以提供各种模型用于优化炼厂操作。此外，一些无人机、机器人、可穿戴智能设备等也在炼厂开始使用。

3 未来发展趋势

从未来石油需求预测来看，多家机构给出了预测。据国际能源署IEA预计，到2024年底前全球石油需求仍会增长。IEA预计电动汽车不会使石油需求达到峰值，认为石化产品和喷气燃料需求的增长将推动全球石油需求的增长，美国和亚洲地区尤为明显。这些产品的需求增长会远远抵消汽油需求降低和电动汽车带来的影响。据2019年AFPM年报中预测数据显示，2050年75%的新售车辆仍为内燃机车，预计在21世纪中期石油产品在运输部门用能中仍将保持90%。Wood公司预测到2040年，化石燃料仍是全球最主要的一次能源，石油需求增速放缓，在2036年达到峰值。麦肯锡公司预测石油需求2032年达峰，为1.07亿桶/d，道路运输中石油需求在2026年达峰。OPEC给出的全球石油产品需求预测见表1[12]。

表1 2016—2040年全球石油产品需求预测

产品需求/(百万桶/d)	2016	2020	2025	2030	2035	2040	2016—2040增速/%
乙烷和LPG	10.7	11.3	12.1	12.6	13.2	13.6	2.9
石脑油	6.1	6.5	7.0	7.4	8.0	8.4	2.3
汽油	25.1	27.0	27.8	28.1	28.3	28.4	3.3
轻质产品	41.9	44.9	46.8	48.2	49.5	50.4	8.5
喷气燃料和煤油	7.0	7.5	8.1	8.7	9.3	9.7	2.7
瓦斯油和柴油	28.5	30.2	31.0	31.8	32.3	32.6	4.1
中间馏分油	35.5	37.7	39.1	40.5	41.6	42.3	6.8
渣油燃料	7.0	6.9	7.0	7.0	6.9	6.9	-0.2
其他产品	10.9	11.3	11.5	11.7	11.7	11.6	0.7
重质产品	18.0	18.2	18.5	18.7	18.6	18.4	0.5
全球总需求	95.4	100.7	104.3	107.4	109.7	111.1	15.8

从汽柴油规格现状及未来预测看，除西欧和美国外，全球大部分地区的汽柴油的硫含量和芳烃含量都会进一步降低，烷基化油不含烯烃和芳烃，在汽油池中的使用会越来越多。2035年前全球各主要国家和地区的燃油标准见表2[13]。

表2 2035年前全球各主要国家和地区的燃油标准

Region	Gasoline/diesel sulfur, ppm			
	2020	2025	2030	2035
US and Canada	10/15	10/10	10/10	10/10
Latin America	130/185	45/40	30/35	20/20
Europe	10/10	10/10	10/10	10/10
Middle East	75/155	25/70	16/20	10/10
FSU	35/60	20/15	12/10	10/10
Africa	245/930	165/420	95/175	65/95
Asia-Pacific	65/100	35/45	20/25	15/15

此外，持续应对缓解交通运输的空气污染和温室气体排放的挑战将继续推动世界各国采取低碳燃料汽车政策，包括生物燃料计划，燃料经济性标准、ZEV以及激励机制等。

4 启示和建议

近十年来炼油行业经历了金融危机导致的需求增速放缓、燃料规格不断提高、页岩油气革命带来轻质油供应增加和天然气价格降低、环保法规加严、低硫船燃标准及履约、碳减排政策压力、生物燃料政策压力等阶段，其年会中炼化技术也围绕解决这些相应的问题开展，因此在清洁燃料生产、页岩油加工、流程优化、清洁生产技术、碳减排和生物燃料政策及履约等方面的技术都有较为系统的介绍。

从近十年的年会论文来看，原油供应、油价变化、环保标准、燃料经济性标准、低碳政策、其他原材料的供应变化等情况，推动着燃料标准、炼油厂结构、燃料调和组成以及贸易流向发生相应的改变。而上述因素也在推动着炼油技术不断改进和发展。

随着美国致密油产量的突飞猛进，美国中部和海湾地区的炼厂开始从加工重质原油转向增加处理轻质原油的能力。加工致密油一度成为备受关注的主题。EPA 要求汽油中苯体积分数降至 0.62%，要求汽油池的硫含量从 30μg/g 降至 10μg/g，推动了超低硫汽油和超低硫柴油技术的发展。IMO 要求船用燃料硫质量分数降低到 0.5%，推动了低硫燃油加工技术的发展。环保法规要求降低 SO_2、汞、臭氧等的排放，推进了环保技术的发展；轻型汽车 CAFÉ 标准日益严格推动了电动汽车等新能源汽车的发展。此外，乙烯生产原料转向低价乙烷导致石脑油产的丙烯和芳烃产量下降，为催化裂化多产丙烯和丙烷脱氢等多产化工料技术提供了机会。此外，美国致密油和加拿大油砂的产量增长，使得全球原油向超轻质和超重质两个方向转变，对原油加工灵活性提出了挑战。可再生燃料标准推动了可再生燃料技术的发展以及可再生原料与炼厂原料共炼技术的发展。

欧盟运输燃料需求达峰后不断降低，炼油能力相对过剩，多数炼厂利润偏低，面临关停风险。欧盟国家不具备油气资源优势，成本较高。且环保法规要求日益严格，面临着生物燃料标准和降低碳排放的挑战。欧洲汽车保有量已趋饱和，且欧洲多地计划禁用或禁销燃油车。欧洲炼油市场的处境维艰，还面临这来自俄罗斯、中东、亚洲的竞争压力。因此欧盟重视炼厂优化、生物燃料技术、碳减排技术以及向化工转型等技术的发展。

炼油行业受到诸多来自安全、环保和碳减排方面的挑战，外界对炼油行业的容忍度也越来越低。国外一些先进的安全生产监管体系和理念以及知识传承和人员可持续发展战略等对我国石化行业安全生产和可持续发展也具有很好的借鉴意义。当前，美国炼油行业越来越关注公共政策问题，包括贸易和关税、IMO 2020 法规、化学品法规、产品禁令、可再生燃料标准、燃料经济性标准、碳税以及电动汽车补贴政策等。

炼油行业需要树立积极履行社会责任、关注安全环保和可持续发展的正面形象。生物燃料及替代能源技术不断发展。鉴于化石燃料仍将在较长时期内存在，为满足日益严苛的温室气体减排要求，顺应低碳经济发展的需要，应该研究并实施多种降低化石燃料碳强度的解决方案。

参 考 文 献

[1] Statistical Review of World Energy 2020. BP.

[2] Clark Michael C, El-Malki El-Mekki. Gasoline Benzene Reduction through ExxonMobil Research and Engineering Company's Reformate Alkylation Catalytic Technology: BenzOUT™[C](AM-10-147). NPRA Annual Meeting. Phoenix, AZ, US. 2010.

[3] Terry Helton. BenzOUT™ Technology A Cost Effective Process for Octane Increase, Not Just Benzene Compliance(AM-17-79)[C]. AFPM Annual Meeting. San Antonio, Texas. US. 2017.

[4] Ross Jay, Largeteau Delphine, Bouzet Bertrand, et al. Advances in Naphtha Processing for Reformulated Fuels Production(AM-10-148)[C]. NPRA Annual Meeting, Phoenix, AZ. US. 2010.

[5] Adkins Bruce D, Gavalda Sandra. Commercialization of GO-ULTRA: Optimization of Kinetic Model and Review of FCCU Trials(AM-10-175) [C]. NPRA Annual Meeting, Phoenix, AZ, US. 2010.

[6] Joseph McLean. Optimizing FCC Catalyst Formulation in a High Rare Earth Cost Environment (AM-12-44)[C]. AFPM Annual Meeting. San Diego, CA, US. 2012.

[7] Ron Colwell, Doug Jergenson and Sudhakar Jale. Alternatives to rare earth - Commercial evaluation of REpLaCeR™ FCC catalysts at Montana refining company (AM-12-29) [C]. AFPM Annual Meeting. San Diego, CA, US. 2012.

[8] John J. Murphy, Clyde F. Payn, Mark V. Wiley. Oil to chemicals Advanced technologies process configurations address fuels chemicals imbalance. 116th American Fuel & Petrochemical ManufacturersAnnual Meeting Conference Daily. 2018-03-14(10).

[9] Raj Singh Dilip Dharia (TechnipFMC). ERTC-18-33-Crude to Chemicals-from Refiner´s Perspective [C]. ERTC 23rd Annual Meeting. Cannes, France. 2018.

[10] Jeff Knight, Robert Mehlberg. Creating opportunities from challenges: maximizing propylene yields from your FCC(AM-11-06)[C]. NPRA Annual Meeting. San Antonio, TX, US. 2011.

[11] Mcquiston Harvey, Shimoda Steve. The Greener FCC-Moving from Fuels to Petrochemicals [C]. GPS 13 th Annual Meeting. Lisbon, Portugal. 2016.

[12] Worldwide refinery processing review. Hydrocarbon Processing. 2020 4q: 8.

[13] Worldwide refinery processing review. Hydrocarbon Processing. 2020 4q: 23.

满足汽油质量升级的 S Zorb 汽油脱硫吸附剂的开发及应用

林　伟[1]，宋　烨[1]，徐　莉[1]，张　胜[2]，郭政坤[3]，黄喜阳[4]

（1. 中国石化石油化工科学研究院，北京　100083；2. 中国石化金陵石化公司；
3. 中国石化沧州炼化公司；4. 中国石化长岭炼化公司）

摘　要　中国石化通过自主研发，开发出高性能 FCAS 系列吸附剂，并实现工艺及工程技术全面创新，形成节能高效汽油吸附脱硫成套技术。通过应用基础研究认识并揭示了 Ni^0-ZnO“反应接力”脱硫机理和吸附剂失活机理并形成新的认识和对策，进而实现三项技术创新：构建了具有最小可及距离的 Ni^0-ZnO 耦合活性中心，其技术关键是微球瞬时均匀浸渍和有序组装控制，从而实现了超深度脱硫及保留辛烷值的目标；设计合成高稳定性铝柱撑层状结构组元，成功解决 Ni^0-ZnO 脱硫体系中 ZnO 与基质发生副反应导致吸附剂失活的问题，使失活速率降低 50%；构建具有高异构化选择性的 Ni^0-酸活性中心，利用异构化弥补降烯烃导致的辛烷值损失，研究法辛烷值(RON)损失可减少 0.3 个单位以上。基于上述创新点开发出原料适应性强、产品组成可调节、辛烷值损失小、稳定性高的 FCAS 系列工业吸附剂。

关键词　S Zorb　吸附剂　脱硫活性　稳定性　辛烷值改善

1　前言

自 2000 年以来，国内汽车保有量随着经济发展持续增长，预计到 2030 年、2040 年将分别达到 3.8 亿~4.0 亿辆和 4.8 亿~5.0 亿辆。峰值在 2040 年前后，国内千人汽车保有量的峰值在 350 辆左右，远低于发达国家千人汽车保有量 500~800 辆的水平。即使电动车、燃料电池车等新能源汽车的保有量会逐步增长，但预计到 2040 年，90%的汽车动力仍将依靠汽油；到 2050 年，汽车动力对汽油燃料的依赖程度还会在 60%以上。与此同时，汽油消费量也迅速增加，2019 年已达 1.25 亿 t，预计在 2025 年前后会达到 1.70 亿 t 左右的峰值。

随着人们对环境保护的日益重视以及环保法规的日益严格，对汽油质量的要求也更为苛刻，我国车用汽油标准也在不断升级。2016 年 12 月 27 日环境保护部、国家质检总局联合发布《轻型汽车污染物排放限值及测量方法(中国第六阶段)》即轻型车“国六”标准，新的汽油标准要求大幅度降低硫以及烯烃含量，而我国高辛烷值汽油资源不足，需要在实现超深度脱硫的同时改善产品汽油辛烷值。中国石化的催化裂化汽油吸附脱硫(S Zorb)技术是目前国内汽油质量升级的关键技术之一[1,2]，该技术具有脱硫深度高、辛烷值损失低的特点[3~5]，国内已建成 38 套工业装置，总加工能力超过 40Mt/a，是中国汽油质量升级的关键技术之一。

在吸附剂的工业运转过程中，吸附剂中的活性组元氧化锌容易与氧化硅组元发生反应生成硅酸锌，使氧化锌含量降低，从而导致吸附剂的硫储运能力下降，吸附剂活性降低，使得汽油脱硫效率下降，产品中硫含量超标的现象[6,7]。此外随着汽油质量标准的提高，为了防止意外生成的高硫汽油对汽油调合造成巨大的不利影响，提高汽油吸附脱硫吸附剂的平衡活性并减少辛烷值损失是汽油吸附脱硫吸附剂面临的新挑战。这就要求平衡吸附剂上的活性组元要尽可能保留，因此减少汽油吸附脱硫吸附剂使用过程中硅酸锌的生成也成为一个非常关键的因素。特别是在某些高硫含量的原料油中，由于操作条件较为苛刻，更加容易生成硅酸锌，从而导致生产波动。

S Zorb 技术脱硫过程需要在临氢状态下进行，在脱硫的同时原料汽油中的烯烃会不可避免地发生加氢反应，使产品汽油的辛烷值降低。我国成品汽油组成与欧美发达国家不同，催化裂化汽油约占成品汽油总量的2/3左右，缺少高辛烷值的重整汽油和烷基化汽油，因此我国对提高产品汽油辛烷值的需求非常迫切。汽油组成分为芳烃、烯烃和饱和烃，其中，饱和烃又分为异构烷烃、正构烷烃和环烷烃，烃类辛烷值顺序为：芳烃>烯烃>异构烷烃>环烷烃>正构烷烃。因此，要提高汽油辛烷值，需要提高汽油中芳烃、烯烃和异构烷烃含量，减少环烷烃和正构烷烃含量。脱硫过程中将烯烃或者烷烃转化为异构烃或者芳烃是改善产品汽油辛烷值的较好途径。目前普遍接受的烷烃异构化和芳构化反应机理是 Mills 等提出的双功能反应机理。双功能催化剂需要具有两种不同的催化性能，包括酸性和金属性能，分别起异构化和加氢脱氢作用，常用的金属有贵金属、Ni 等。贵金属 Pt 具有较强的脱氢活性，将 Pt 负载在具有一定量强酸中心和合适孔道结构的分子筛上制得的催化剂具有较好的正构烷烃异构化反应性能[8,9]。

为实现节能高效汽油吸附脱硫成套技术的开发，通过对反应化学、催化材料、工艺原理的研究，需要解决以下三个技术难题：(1)如何实现超深度脱硫，并减少辛烷值损失；(2)如何在满足流化床工艺对吸附剂物化性质要求的同时提高吸附剂活性稳定性；(3)如何满足国Ⅵ汽油质量升级，兼顾降烯烃和改善辛烷值的要求。本项目通过对脱硫反应机理和吸附剂失活机理的深入研究，开发出原料适应强、产品组成可调节、辛烷值损失小、稳定性高的 FCAS 系列吸附剂，并获得广泛的工业应用。

2 Ni^0-ZnO 耦合活性中心反应接力脱硫机理

汽油吸附脱硫(S Zorb)技术是基于化学吸附作用原理对汽油进行脱硫，通过吸附剂选择性地吸附含硫化合物中的硫原子而达到脱硫目的[10~12]。适用于高效脱除催化裂化汽油及其他汽油调和物中的硫，使之符合最新的中国乃至世界最严格的汽油硫含量标准，并可一步到位满足未来无硫汽油的要求。

催化汽油吸附脱硫技术采用全馏分催化汽油一次通过脱硫工艺，包括进料与脱硫反应、吸附剂再生、吸附剂循环和产品稳定四个部分。原料汽油中的硫经过反应和再生部分后，从再生烟气以二氧化硫方式排出；反应器内发生流化床吸附脱硫反应；再生器发生流化床氧化反应；反应部分为中压临氢环境，再生部分为低压含氧环境，由闭锁料斗步序控制实现氢氧环境的隔离和吸附剂的输送。

汽油吸附脱硫工艺采用专利吸附剂实现深度脱硫及保留辛烷值的目标[10,13]，吸附剂中的主要活性组元为镍和氧化锌。通过理论计算和原位实验相结合，本项目发现吸附剂的活性中心以零价镍存在时，具有脱硫率高、辛烷值损失低的特点。通过量子化学计算，获得了汽油中典型的烯烃、芳烃和噻吩三类化合物的电子结构信息，考察了这些分子在不同化学态镍表面的吸附选择性(如图 1 所示)结果表明，零价镍对汽油中最难脱除的含硫化合物-噻吩类化合物具有最优的吸附选择性，为优选吸附剂的活性组元、合理控制活性组元的化学态提供了理论依据。

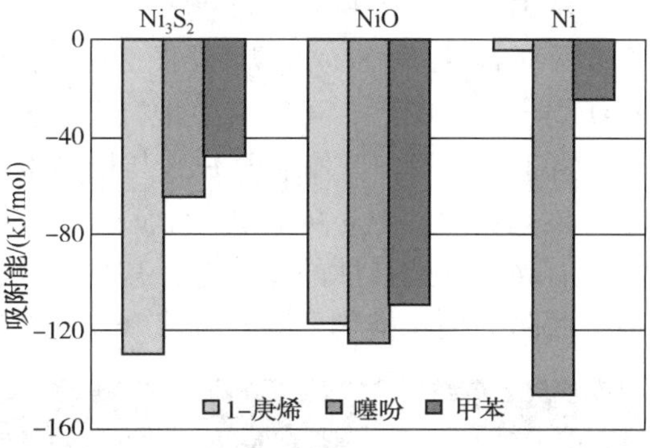

图 1　不同化学态的镍对 1-庚烯、噻吩和甲苯的吸附能

通过原位表征技术揭示了汽油吸附脱硫工艺中“Ni^0-ZnO“反应接力”的脱硫机理[14]，如图 2 所示，噻吩分子在气相中自由运动，向吸附剂表面靠近，以 π 络合吸附为主，通过化学作用力被化学吸附到吸附剂表面；在金属镍的作用下，吸附在镍表面的氢分子发生解离，生成活泼氢原子；噻吩在吸附剂表面活性位上脱硫反应，在活泼氢原子的作用下，金属 Ni 进一步弱化噻吩的 C—S 键，导致 C—S 键断裂使被 Ni 硫化成 Ni_xS_y，与此同时噻吩另一个硫-镍键在氢的作用下更容易发生断裂，从而生成出 C_4 物种。在氢气气氛中，生产的 C_4 双烯在金属表面发生加氢反应，最终生成丁烯脱附出去。

Ni_xS_y 在氢气的作用下再次被还原成具有活性的单质 Ni，生成 H_2S 与吸附剂中 ZnO 组分反应生成 ZnS，将系统中的 S 储存至 ZnO 中。生成的 H_2S 若没有从金属表面脱附，则其直接与和金属紧密接触的 ZnO 反应；若生成的 H_2S 分子能从金属 Ni 吸附位上脱附，生成的 H_2S 分子进入反应器气相空间，进一步吸附到吸附剂的 ZnO 表面，最终生成 ZnS。无论 H_2S 分子是否从吸附剂表面脱附，ZnO 都是用于吸收转移反应生成的硫($ZnO+H_2S═ZnS+H_2S$)，有利于催化剂上活性金属 Ni 活性位的在线及时恢复，同时也有效抑制了反应器内 H_2S 与原料中烯烃生成硫醇的副反应。

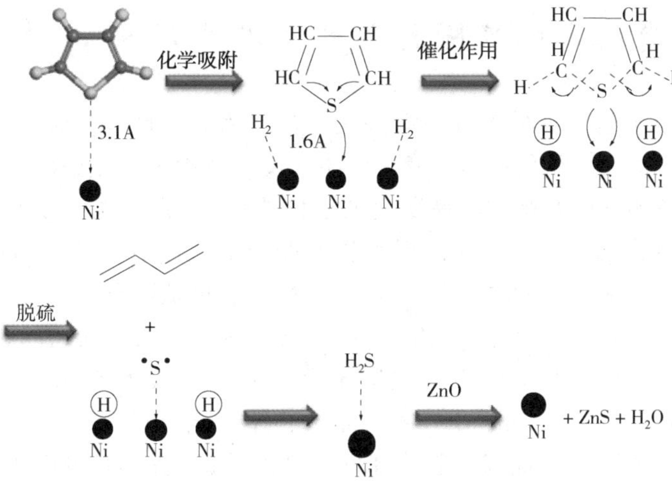

图 2　Ni^0-ZnO 耦合活性中心“反应接力”脱硫机理

本项目结合晶相转变过程及其元素微观分布规律研究，发现脱硫过程中吸附剂上S元素主要分布在Ni和ZnO交界处(图3)。首次指出当Ni^0和ZnO处于最小可及距离时形成Ni^0-ZnO耦合活性中心，可以有效地降低S从Ni_3S_2向ZnO的传质障碍，ZnO能够瞬时吸收Ni_xS_y加氢生成的H_2S，杜绝了H_2S与烯烃生成硫醇的副反应，提高了噻吩脱硫反应的平衡转化率。该耦合活性中心可通过“反应接力”在较低氢分压下实现超深度脱硫，使镍保持在对噻吩具有高吸附选择性的零价态，减少烯烃在吸附剂表面吸附、发生加氢反应的概率。提高了最难脱除的噻吩类化合物的脱硫率，更好地解决了高效脱硫和保持辛烷值的矛盾。

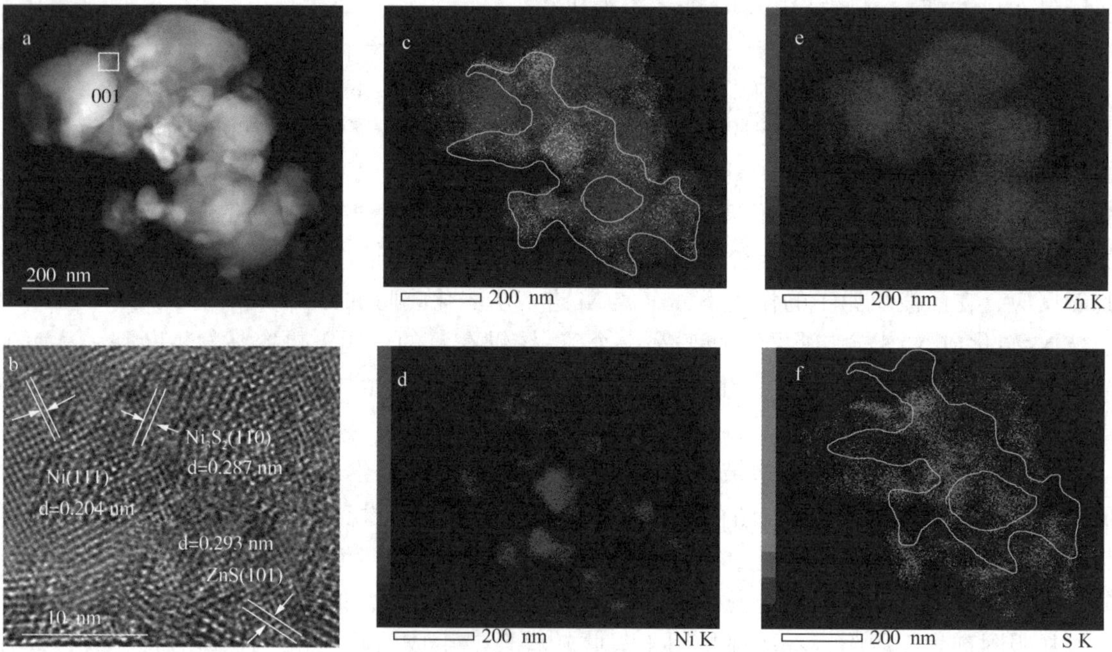

图3 反应后吸附剂上的S在微观尺度的空间位置分布

3 高活性高稳定性吸附剂的开发与应用

基于Ni^0-ZnO“反应接力”脱硫机理的深入揭示，为高活性吸附剂的开发提供了技术思路。本项目开发出微球瞬时均匀浸渍技术，解决了浸渍过程中氧化锌易与酸性浸渍液发生胶溶反应导致载体颗粒团聚以及微球容易发生机械磨损破碎这两个关键技术难题，在工业吸附剂上构建了Ni^0-ZnO耦合活性中心，实现了超深度脱硫及保留辛烷值的目标。工业应用结果表明，该吸附剂在脱硫率为99%的情况下，RON损失可低至0.28。

针对ZnO与硅铝基质中SiO_2生成Zn_2SiO_4导致吸附剂永久失活的问题[15~17]，原位表征技术结合动力学研究发现，ZnO和SiO_2之间不等量的互扩散使ZnO-SiO_2界面上产生缺陷位，进一步发生固相反应生成Zn_2SiO_4。本技术的再生工艺条件为酸性水热环境，该环境下硅铝基质表面产生大量活泼硅羟基，显著降低了ZnO-SiO_2界面扩散阻力，加速Zn_2SiO_4生成。通过对系列硅铝基质材料进行羟基结构分析，发现具有片层结构的天然矿物S具有适宜的羟基结构；进一步针对该天然矿物中存在的ⅠA和ⅡA族元素影响稳定性的问题，开发了铝离子定向交换技术，实现层状矿物片层间 IA 和 IIA 族元素的高效交换，合成了低羟基活性的铝柱撑层状结构组元。基于此开发出高活性稳定性吸附剂 FCAS-II，具有更高的平衡活性及更低的硅酸锌生成速率，可加工硫含量高、波动大的原料汽油，保持产品汽油硫质量分数稳定在 10μg/g 以下，避免因精制汽油产品硫含量超标需要进一步打循环回炼加工，实现高硫原料长周期稳定生产清洁汽油。

同时开发出高稳定性吸附剂的工业制备流程，改进了 FCAS-II 吸附剂的工艺制备技术，采用新型吸附剂制备技术生产的 FCAS-II 吸附剂，其堆密度、孔体积、磨损指数等物化指标均与对比剂 FCAS-R09 相似，且粒度分布在一定范围内可控，较好地完成了预期目标。高稳性 S Zorb 吸附剂 FCAS-II 进一步提高了吸附剂强度，减少工业运转过程中装置细粉含量，提高吸附剂的活性稳定性，实现装置长周期稳定运行，尤其适用于加工超高硫原料汽油。

中国石化某分公司 90 万 t/a 汽油吸附脱硫装置由中国石化工程建设公司设计，建成并投产的装置。设计处理量为 90 万 t/a，年开工时间为 8400 小时，原料主要为催化裂化装置的稳定汽油，产品为低硫精制汽油。该公司 S Zorb 装置原使用 FCAS-R09 吸附剂，装置原料汽油硫含量较高(600~800μg/g)，且波动较大，经常出现因精制汽油产品硫含量超标需要进一步打循环回炼加工，影响装置经济效益。为提高吸附剂脱硫效率，装置需要加大再生强度，造成硅酸锌适宜生成的水热环境，导致硅酸锌质量分数高，同时为提高吸附剂脱硫效率，吸附剂循环量高，因而吸附剂磨损大，会产生大量细粉，所以会导致过滤器压差过高，影响装置长周期运行。目前装置原料汽油硫质量分数进一步提高，需加工超高硫汽油(800~1200μg/g)，于 2017 年 8 月开始使用高稳性 S Zorb 吸附剂 FCAS-II。

图 4 中列出了高稳定性 S Zorb 吸附剂工业应用期间该 S Zorb 装置原料硫质量分数的变化情况，同时将工业应用前 2017 年 3 月 14 日至 2017 年 5 月 13 日装置原料汽油硫质量分数情况同时列在图 2 中。

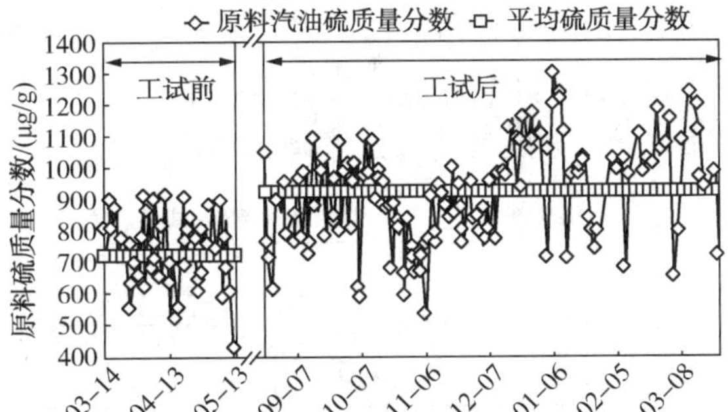

图 4　FCAS-II 吸附剂工业试验前后原料硫质量分数

由于该 S Zorb 装置原料油为催化装置汽油直接进料，原料性质随催化装置加工原油情况及装置操作变化情况而变化较大，图中该 S Zorb 装置原料硫含量数据波动较大，高稳定性吸附剂工业应用过程中，装置原料油中硫质量分数的平均值为 924μg/g；统计在高稳定性吸附剂加入装置前 60 天该 S Zorb 装置运行情况，其原料油中硫质量分数的平均值为 723μg/g。

图 5 中列出了 2017 年 3 月 14 日至 2017 年 5 月 13 日，2017 年 8 月 22 日至 2018 年 3 月 23 日该 S Zorb 装置产品硫质量分数的变化情况，基本上装置产品硫质量分数平均值在 5μg/g 左右。同时统计了 2017 年 3 月 14 日至 2017 年 5 月 13 日，2017 年 8 月 22 日至 2018 年 3 月 23 日该 S Zorb 装置运行过程中得到的产品硫质量分数小于 5μg/g 的数据点，总结发现在高稳性吸附剂加入前运行过程中，在每天取样分析得到的数据结果中，产品硫质量分数大于 10μg/g 的点占总数据量的 1%，而高稳性吸附剂加入装置后，在每天取样分析得到的数据结

果中，产品硫质量分数出现超标(>10μg/g)的次数为0。

图6为2017年3月14日至2017年5月13日，2017年8月22日至2018年3月23日该S Zorb装置脱硫率曲线，在高稳定性吸附剂加入装置前运行过程中平均脱硫率为99.24%，而高稳定性吸附剂加入装置后平均脱硫率为99.43%。

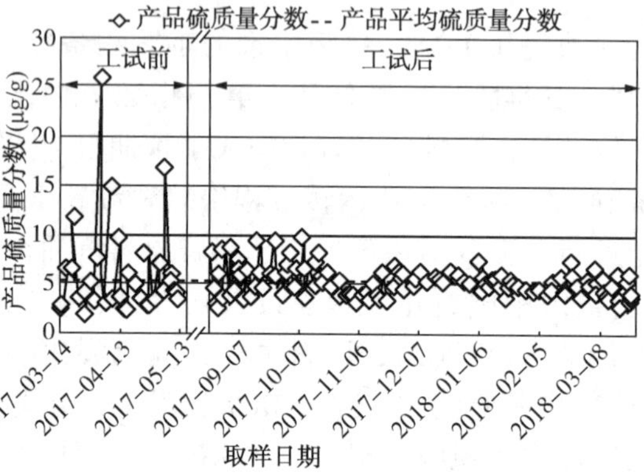

图5　FCAS-II吸附剂工业应用前后产品硫质量分数情况

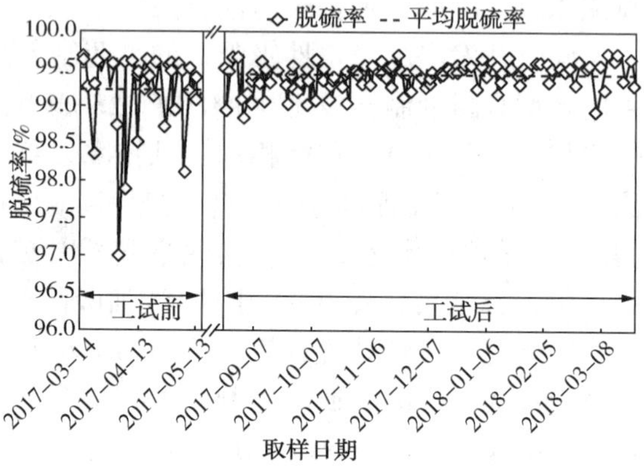

图6　FCAS-II吸附剂工业应用前后脱硫率曲线

高稳定性吸附剂工业应用前后对取得的吸附剂样品进行了硅酸锌质量分数的表征，见图7和图8。置换FCAS-II前装置硅酸锌质量分数高达30%以上，硅酸锌生成速率约为1.83kg硅酸锌/1吨吸附剂/1天，硅酸锌生成速率高，有效ZnO质量分数低，再生苛刻度需提高，影响装置稳定性。置换高稳定性吸附剂后，装置吸附剂硅酸锌质量分数明显下降，运行稳定后，硅酸锌质量分数维持稳定在20%，硅酸锌生成速率约为1.1kg硅酸锌/1吨吸附剂/1天，硅酸锌生成速率降低40%。

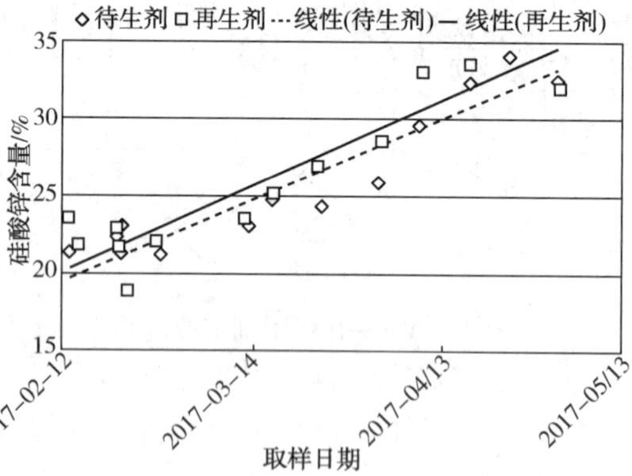

图7　工业应用前吸附剂上硅酸锌质量分数

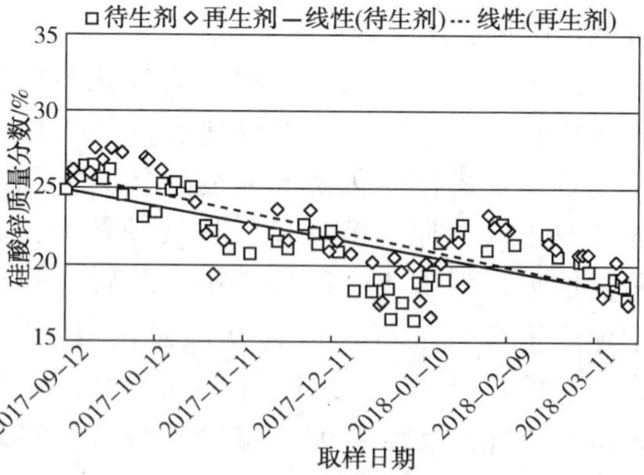

图8　工业应用期间吸附剂上硅酸锌质量分数

工业应用结果表明：(1)精制产品汽油硫质量分数都在10μg/g以下，平均值为4.0μg/g。催化裂化汽油经过深度脱硫后，RON损失平均值为1.46。(2)FCAS-II吸附剂具有较高的活性稳定性和较低的硅酸锌生成速率，在工业应用过程中，硅酸锌质量分数开始呈明显下降趋势，与目前工业剂FCAS-R09相比，硅酸锌生成速率降低40%。平衡剂的活性一直维持在90以上，且辛烷值保留能力与目前工业剂相近。(3)高稳定性吸附剂FCAS-II在加工超高硫原料汽油时，精制汽油硫质量分数都在 10μg/g 以下，基本稳定在 5μg/g。解决了因产品汽油硫含量超标需回炼的问题；且在异常工况下，高稳定性吸附剂有一定的调节能力，减少整个装置更换吸附剂的需求，实现了超高硫原料长周期稳定生产清洁汽油。

综上所述，高稳定性吸附剂 FCAS-II 具有更高的吸附脱硫反应活性和稳定性，具有良好的辛烷值保留性能和耐磨性能，有良好的应用前景和工业推广价值。

4 多功能 S Zorb 吸附剂的开发与应用

针对国 VI 汽油质量升级过程中部分企业降烯烃的需求，创新提出在超深度脱硫过程中促进临氢异构化的反应思路[18~21]。采用基于密度泛函理论的量子化学方法，对临氢异构化反应化学进行深入研究，揭示了异构化和裂化反应的本质差异，发现提高临氢异构化选择性的关键在于优化正碳离子中心碳原子的缺电子特性和其 β 位碳原子的电子偏离程度。通过对不同过渡金属的电子性质分析，结合沸石材料的结构特点，设计合成出封装金属 M 的沸石材料，精细调控弱酸中心/强酸中心比例，促进异构化反应发生的同时抑制裂化反应的发生。

（1）构建新催化材料与 S Zorb 活性组元的协同作用，通过对各活性中心的精准控制，解决脱硫过程中降烯烃和提高辛烷值的矛盾。

（2）开发具有稳定层状结构的基质和复合氧化物黏结剂，保证吸附剂反应性能的同时，提升吸附剂活性稳定性及磨损强度。

开发出的多功能 S Zorb 吸附剂 FCAS-MF 可同时实现超深度脱硫、降烯烃、改善辛烷值，提供符合国 VI 标准的高品质汽油。同时该吸附剂还采用了石科院新开发出的工业制备流程，改进了吸附剂的工艺制备技术。采用新制备技术生产的 FCAS-MF 吸附剂，其磨损指数等物化指标均与现用工业吸附剂 FCAS-R09 相似，且粒度分布更集中，更好地满足流化床工艺对吸附剂物化性质的要求。本次工业应用所用吸附剂均由催化剂南京分公司生产，各批次均经石科院检测符合 S Zorb 吸附剂出厂质量指标要求。

中国石化某分公司 120 万 t/a 汽油吸附脱硫装置于 2016 年 10 月 16 日建成投产，目前装置运行良好，可稳定生产硫质量分数小于 10μg/g 的产品汽油。多功能 S Zorb 吸附剂 FCAS-MF 的工业应用该装置上进行。工业试验前后该装置原料及产品汽油中硫质量分数的变化情况见图 1。原料性质随催化装置加工原油情况及装置操作变化情况而变化较大，导致产品汽油硫质量分数存在一定的波动。而且 S Zorb 装置调整需要一定的时间，有时遇到原料汽油硫质量分数突变的情况时，导致产品汽油硫质量分数也会产生波动。

由图 9 中曲线可以看出，自 2019 年 11 月 1 日至 2020 年 2 月 14 日该装置原料汽油硫质量分数变化区间为 150μg/g~200μg/g，统计这 3 个月装置原料汽油硫质量分数平均值为 193μg/g，产品汽油中硫质量分数的平均值为 6.7μg/g。而在 2020 年 3 月 23 日至 2020 年 6 月 14 日多功能产吸附剂工业应用过程中，装置原料汽油中硫质量分数的平均值为 172 μg/g，产品汽油中硫质量分数的平均值为 5.8μg/g。可见，多功能吸附剂加入后未影响装置脱硫能力，装置可稳定生产硫质量分数小于 10μg/g 的产品汽油。

2019 年 11 月 1 日至 2020 年 6 月 11 日期间该装置产品汽油辛烷值损失情况见图 10。随着原料波动及装置操作参数调整等，装置得到的产品汽油辛烷值损失数据也有一定的波动。

自2019年11月1日至2020年2月14日该装置运行过程中得到的产品汽油RON平均损失值为0.96。2020年3月23日至2020年6月14日多功能吸附剂工业应用过程中产品汽油的RON平均损失值为0.61。可见，使用多功能S Zorb吸附剂后，装置RON损失得到明显的改善，RON平均损失减少了0.35个单位。

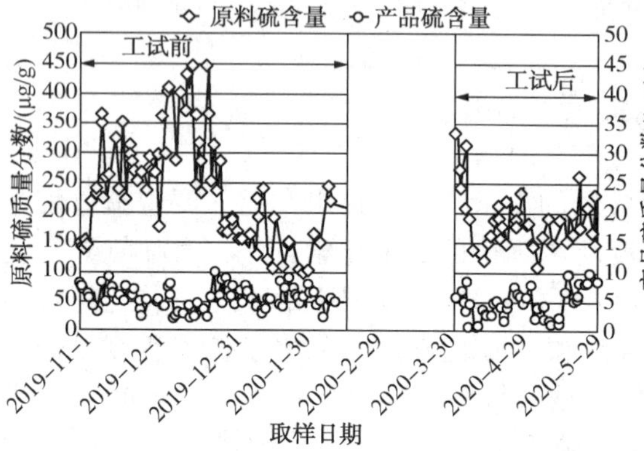

图9　工业试验前后原料及产品汽油硫质量分数

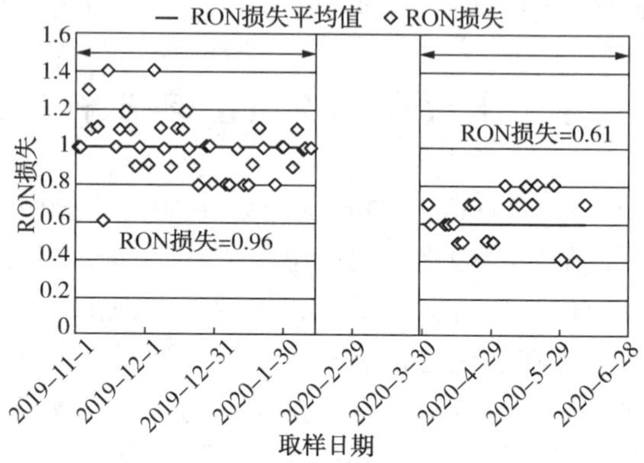

图10　工业试验前后产品汽油辛烷值损失情况

多功能S Zorb吸附剂FCAS-MF在保证吸附剂具有高脱硫活性的情况下，优化吸附剂的结构组成，在S Zorb过程中可促进汽油烯烃和烷烃的异构化反应，在满足脱硫率的同时，可进一步降低烯烃体积分数，满足国VI标准汽油的调和需求，具有很好的经济效益。

多功能S Zorb吸附剂FCAS-MF在工业应用期间，生产装置运行稳定，产品汽油质量合格，辛烷值损失明显降低，多功能吸附剂的主要性能得到了充分的肯定。工业应用结果表明，在装置工况相近的情况下多功能吸附剂FCAS-MF与现用吸附剂FCAS-R09具有相当的脱硫反应活性及稳定性，流化性能更优，更好地满足工业装置生产需要。与现用吸附剂FCAS-R09相比，多功能吸附剂FCAS-MF具有更好的降烯烃性能及辛烷值保留能力，在S Zorb工艺条件下，产品汽油硫质量分数小于10μg/g时，烯烃体积分数可进一步降低2%~3%，RON损失可减少0.3~0.6个单位。

5　结论

针对催化裂化汽油在超深度脱硫时烯烃饱和导致辛烷值损失大的共性问题，基于分子尺度表征和理论计算，揭示了NiO-ZnO“反应接力”脱硫机理。针对NiO-ZnO脱硫体系中ZnO与硅铝基质发生副反应导致吸附剂失活的问题，设计合成出低羟基活性的铝柱撑层状结构组元，实现对ZnO-硅铝基质固相界面的结构优化，开发出高活性稳定性吸附剂FCAS-II，失活速率降低50%。针对国Ⅵ汽油质量升级过程中部分企业降烯烃的需求，提出了利用烯烃加氢异构化弥补降烯烃导致的辛烷值损失的技术思路，设计了封装金属的沸石材料，通过对酸中心的精细调控成功构建了NiO-酸活性中心，开发出降烯烃吸附剂FCAS-MF，汽油烯烃进一步降低2-3个百分点的情况下，RON损失可减少0.3个单位以上。

参考文献

[1] 孙丽丽，汽油吸附脱硫工艺与工程技术[M]. 北京：中国石化出版社，2019：3-5.

[2] 吴德飞，孙丽丽 . S Zorb 技术进展与工程应用[J]. 炼油技术与工程，2014，44(10)：1-4.
[3] 毛安国 . S Zorb 工艺过程反应规律分析[J]. 石油炼制与化工，2017，48(6)：30-34.
[4] 龙军，林伟，代振宇 . 从反应化学原理到工业应用 I S Zorb 技术特点及优势[J]. 石油学报(石油加工)，2015，31(1)：1-6.
[5] 林伟，龙军 . 从反应化学原理到工业应用 II S Zorb 催化剂设计开发及性能[J]. 石油学报(石油加工)，2015，31：(2)419-425.
[6] 徐广通，刁玉霞，邹亢，等 . S Zorb 装置汽油脱硫过程中吸附剂失活原因分析[J]. 石油炼制与化工，2011，42(12)：1-6.
[7] 张欣，徐广通，黄南贵 . S Zorb 吸附剂中硅酸锌的生成条件[J]. 石油学报(石油加工)，2013，29(4)：619-625.
[8] 张春勇，刘靖，王祥生 . 分子筛催化剂在异构化反应中的研究进展[J]. 工业催化，2004，12(6)：1-5.
[9] Chica A，Corma A. Hydroisomerization of pentane，hexane，and heptane for improving the octane number of gasoline[J]. Journal of catalysis，1999，187(1)：167-176.
[10] 龙军，林伟，代振宇 . 从反应化学原理到工业应用 I S Zorb 技术特点及优势[J]. 石油学报(石油加工)，2015，31(1)：1-6.
[11] 李鹏，田健辉 . 汽油吸附脱硫 S Zorb 技术进展综述[J]. 炼油技术与工程，2014，44(1)：1-6.
[12] 吴德飞，孙丽丽，黄泽川，等 . S Zorb 技术进展与工程应用[J]. 炼油技术与工程，2014，44(10)：1-4.
[13] 姜秋桥，王鹏，林伟，等 . 噻吩在 Ni/ Al2O3 催化剂上的原位吸附红外光谱研究[J]. 石油炼制与化工，2019(2019 年 03)：19-23.
[14] Song Y，Peng B，Yang X，et al. Trail of Sulfur during the Desulfurization via Reactive Adsorption on Ni/ZnO[J]. Green Energy & Environment，2020.
[15] 林伟 . 氧化硅源和氧化锌颗粒大小 S Zorb 吸附剂脱硫活性的影响[J]. 石油学报(石油加工)，2012，28(5)：739-743.
[16] 邹亢，林伟，田辉平，等 . 脱硫吸附剂中硅酸锌形成动力学及脱硫活性和稳定性研究[J]. 中国炼油与石油化工，2015，17(1)：6-15.
[17] Peng B，Zou K，Song Y，et al. Development of Ni/ZnO desulfurization adsorbent with high stability：Formation of Zn_2SiO_4 and the impact from substrate[J]. Chemical Engineering Journal，2021，409：127374.
[18] 宋烨，林伟，龙军，等 . 不同改性 ZSM-5 分子筛负载 Ni 催化剂上的正辛烷芳构化和异构化催化性能[J]. 石油学报(石油加工)，2016，32(4)：659-665.
[19] 宋烨，林伟，田辉平，等 . 不同改性 ZSM-5 分子筛负载 Ni 催化剂上 1-庚烯芳构化和异构化性能研究[J]. 石油炼制与化工，2016(2016 年 08)：1-6.
[20] Song Y，Lin W，Guo X，et al. Aromatization and isomerization of methylcyclohexane over Ni catalysts supported on different supports[J]. Green Energy & Environment，2019，4(1)：75-82.
[21] Lin W，Song Y，Han L，et al. Dehydrogenative aromatization of 1-octene over multifunctional Ni/ZSM-5-P-Fe catalyst[J]. Fuel，2021，299：120890.

高通量技术在汽油加氢脱硫催化剂评价中的应用

孙洪磊，张振莉，冯 琪，康宏敏，李 阳，姜增琨

（中国石油石油化工研究院，北京 102206）

摘　要　以 FCC 重汽油为原料，选用相同的国 V 汽油加氢脱硫催化剂，在 4 个典型实验条件下，对 FCC 汽油加氢脱硫效果进行系统评价，考察高通量技术在汽油加氢脱硫催化剂评价中的应用效果。本文分别对 16 通道高通量催化剂评价系统的温度控制、压力控制、液体原料分配以及产品脱硫率情况进行了考察。实验结果表明，16 通道各反应器恒温段温度控制平稳准确，压力控制可以做到设定压力±5kPa 范围，液体原料分配可达到 16 通道物料的平均分配，16 个通道的脱硫率数据相对标准偏差均小于 1%，将高通量技术应用于汽油加氢脱硫催化剂的评价和筛选工作，可以实现评价条件系统设置，评价结果数据可靠的应用效果。

关键词　高通量　汽油加氢脱硫　催化剂评价

高通量技术平台是一种高度自动化的高效实验研发平台，可通过多个平行通道实现系统性制备催化剂及评价催化剂的效果[1]。由于高通量实验技术集成了组合化学、机器人技术、自控技术、先进精密仪器、反应器、现代计算机信息处理技术和分析工具以及人工智能等众多前沿科技[2]，使得研发人员能够同时进行几十甚至上百组的实验，在提高新催化剂筛选速度、降低开发成本上有显著成效[3]。通过高通量技术可将实验误差大大减小，同时实验结果的平行性和可靠性显著提高，这些特点使得高通量技术在引领高科技创新成果的实现过程中必将发挥重要作用[4]。

中国石油石油化工研究院引入荷兰 Avantium 公司生产的 16 通道高通量催化剂评价系统。其独特的液体分配技术、气体分配技术和反应器压力控制技术受到多家国内外能源、化工公司青睐。虽然该系统在体积上比其他高通量设备更小，但其评价数据能够很好地与中试装置评价数据相吻合和匹配。同时实验条件的设计更加宽泛，且无人为因素影响，这些特点也使实验结果更加真实、可靠，数据可信度大大提升。采用这套系统，可同时进行 16 个不同催化剂的筛选评价工作，相比于常规微反评价装置，16 通道高通量催化剂评价系统将传统评价时间缩短了 16 倍，评价效率大幅提升。此外，16 通道高通量催化剂评价系统产生的实验数据精确可靠，并且具有良好的工业相关性，这将有利于得到高效准确的高质量催化剂筛选结果，并有效指导催化剂小试—放大的工业生产过程。

为更加有效地研究 16 通道高通量催化剂评价系统对汽油加氢催化剂的评价适用性，选用同一种原料和相同的工业用汽油加氢脱硫催化剂，在 16 通道高通量催化剂评价系统上，考察汽油加氢脱硫催化剂在相同实验条件下的各通道实验结果稳定性和重复性，同时考察在线采样对产品中硫含量进行色谱分析的操作可行性。

1 实验部分

1.1 实验原料

选用 FCC 重汽油为原料，馏程 83.3~166.9℃，硫含量 153.1ppm。选用工业生产的国 V 汽油加氢脱硫催化剂为评价催化剂，催化剂尺寸为 30~40 目粒径。

1.2 评价装置

采用荷兰 Avantium 公司的 16 通道高通量催化剂评价系统进行相同汽油原料和催化剂的加氢脱硫实验，考察在相同实验条件下各通道催化剂加氢脱硫实验结果的稳定性和重复性。16 通道高通量催化剂评价系统带有产品加热系统，可对汽油产品进行 180℃加热，确保汽油产品在进入分析装置前不会出现冷凝液滴，造成分析结果不准确。

1.3 分析装置

采用 16 通道高通量催化剂评价系统，在线连接 SCD 气相色谱，用于分析汽油产品的硫含量。其中 SCD 气相色谱可实现产品中 H_2S 检测峰不计入产品硫含量，因此可得到真实、准确的汽油产品硫含量分析数据。

1.4 硫化条件

汽油加氢脱硫催化剂硫化过程，采用掺入 2.5%CS2 的精制石脑油作为硫化油，压力 2.0MPa，空速 2.0h^{-1}，氢油比 200∶1，通入 H_2，温度从室温开始，以 30℃/h 升温速率升至 120℃保持 2h，结束后通入硫化油，升温速率 30℃/h 升温至 230℃保持 8h，然后 30℃/h 升温至 280℃保持 10h，最后降温至评价实验温度。

1.5 评价实验条件

汽油加氢脱硫催化剂经过硫化后，进入评价实验阶段。汽油加氢脱硫催化剂高通量评价实验选用 4 组平行评价条件，均为该工业国 V 汽油加氢脱硫催化剂的典型工业应用条件。

表 1 汽油加氢脱硫催化剂高通量评价实验条件

条件	温度/℃	压力/MPa	体积空速/h^{-1}	氢油比(v/v)
1	240	2.0	2.5	300
2	260	2.0	2.5	300
3	240	2.0	3	300
4	260	2.0	3	300

1.6 脱硫率计算

评价实验各通道产品用脱硫率进行评价，脱硫率用公式(1)计算。

$$\text{脱硫率}=1-\frac{SCD\text{ 色谱产品硫含量}}{FCC\text{ 重汽油原料硫含量}}\times 100\% \tag{1}$$

2 结果与讨论

2.1 催化剂装填

汽油加氢脱硫催化剂计划装填量为0.462g，0.6mL。催化剂床层上下用30-40目石英砂作为惰性填充物。根据反应器等温床层的温度分布，选取催化剂床层起始位置为12cm左右，最后装填数据如表2所示，确保催化剂装填在恒温区内，催化剂高度和位置统一，催化剂装填量非常均一。

表2 汽油加氢脱硫催化剂装填情况

反应器	催化剂质量/g	下层惰性剂床层高度/cm	催化剂床层高度/cm
1	0.4623	12.3	17.9
2	0.4623	12.2	17.9
3	0.4623	12.2	17.5
4	0.4623	12.5	17.8
5	0.4620	12.5	17.9
6	0.4621	12.2	17.6
7	0.4621	12.0	17.6
8	0.4621	12.6	17.4
9	0.4621	12.2	17.6
10	0.4621	12.1	17.2
11	0.4621	12.1	17.7
12	0.4620	12.2	17.6
13	0.4620	12.1	17.9
14	0.4622	12.0	17.4
15	0.4621	12.3	17.5
16	0.4620	12.0	17.6

2.2 运行温度情况

从图1的运行温度情况可以看出，反应器内测量温度与评价条件设定温度一致，温度变化在0.1℃以内。催化剂全部处于反应器恒温区，且从运行情况看，未发生因反应放热飞温的情况。

2.3 运行压力情况

16 通道高通量催化剂评价系统采用 Reactor Pressure Controller(RPC)控制各个反应器压力。RPC 有 16 路并行的压力控制管线，分别控制相应反应器中的压力。每路压力控制管线有一路高压氮气进气和一路低压氮气出气，通过两个可加热温度的玻璃芯片控制反应器压力的升降，如果反应器压力比设定压力高，则给进气侧玻璃芯片加热，如果反应器压力比设定压力低，则给出气侧玻璃芯片加热。通过每一路通道压力的控制，能够给整个系统提供精确、一致的反应压力。

从图 2 的运行压力情况可以看出，条件 1-4 的压力均设定在 20bar($1bar=10^5Pa$)，而实际各通道压力在 20±0.05bar 范围内。由于 FCC 汽油在反应条件下已完全气化，因此可以认为 16 通道高通量催化剂评价系统对于气态反应物具有非常精准的反应压力控制效果，可以保证各个通道在完全一致的反应压力下进行评价筛选。

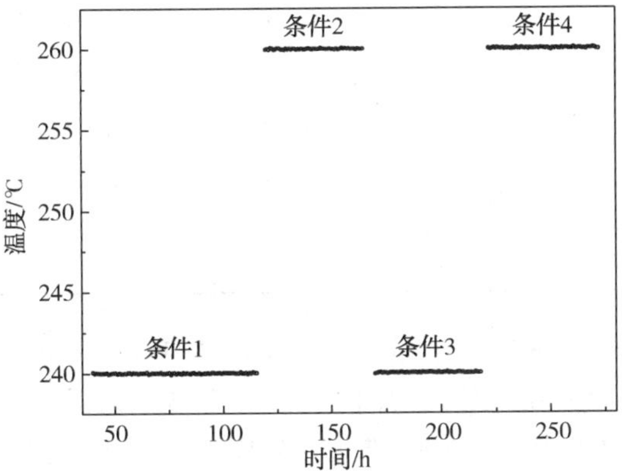

图 1 16 通道高通量催化剂评价系统的运行温度情况

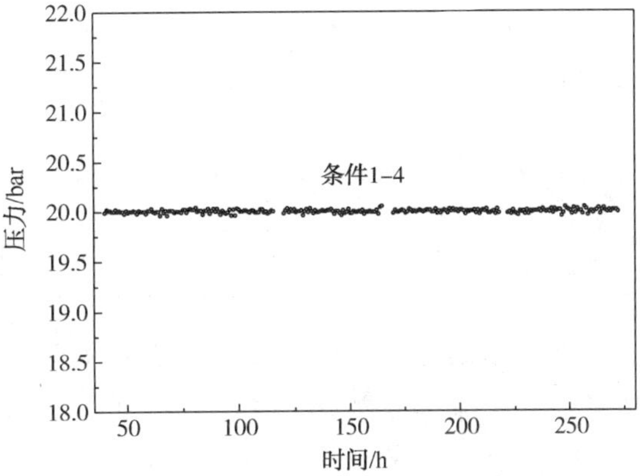

图 2 16 通道高通量催化剂评价系统的运行压力情况

2.4 液体原料分配情况

为更清晰的测试液体原料分配情况，将采样方式从在线模式切换为离线模式，在实验条件 1 下进行离线采样，采样时间为 2h，共进行两次采样。为实际测量离线分配效果，通过称量空瓶及空瓶+样品的重量，计算得到样品重量后，进行样品平均重量和相对标准偏差的计算。从表 3 的实验结果和计算结果可以看出，两组测试结果相对标准偏差均小于 0.5%，达到了非常理想的液体原料分配效果。

表 3 液体原料分配情况

反应器	离线采样 1			离线采样 2		
	空瓶/g	空瓶+样品/g	样品/g	空瓶/g	空瓶+样品/g	样品/g
R1	8.6986	11.0945	2.3959	8.7301	11.1332	2.4031
R2	8.6907	11.0915	2.4008	8.7184	11.1249	2.4065
R3	8.7015	11.1011	2.3996	8.7170	11.1128	2.3958

续表

反应器	离线采样 1			离线采样 2		
	空瓶/g	空瓶+样品/g	样品/g	空瓶/g	空瓶+样品/g	样品/g
R4	8. 6741	11. 0839	2. 4098	8. 7105	11. 1182	2. 4077
R5	8. 7467	11. 1458	2. 3991	8. 7332	11. 1292	2. 3960
R6	8. 7239	11. 1189	2. 3905	8. 6913	11. 0828	2. 3915
R7	8. 7232	11. 1193	2. 3961	8. 7221	11. 1338	2. 4117
R8	8. 6990	11. 0730	2. 3740	8. 6723	11. 0445	2. 3722
R9	8. 7306	11. 1316	2. 4010	8. 7620	11. 1623	2. 4003
R10	8. 7217	11. 1164	2. 3947	8. 7500	11. 1495	2. 3995
R11	8. 7039	11. 0860	2. 3821	8. 7067	11. 0951	2. 3884
R12	8. 6848	11. 0768	2. 3920	8. 7115	11. 0989	2. 3874
R13	8. 7220	11. 1093	2. 3873	8. 7087	11. 1036	2. 3949
R14	8. 7464	11. 1249	2. 3785	8. 7373	11. 1142	2. 3769
R15	8. 7519	11. 1345	2. 3826	8. 7436	11. 1302	2. 3866
R16	8. 7007	11. 0881	2. 3874	8. 7068	11. 1045	2. 3977
平均值			2. 3922			2. 3948
相对标准偏差(%)			0. 40			0. 45

16 通道高通量催化剂评价系统采用 Automatic Liquid Distribution System(ALD)进行液体分配。ALD 由一个圆形底盘和 16 个同于分配液体的微型玻璃芯片构成，每个玻璃芯片内嵌了可供加热的金属片，用于改变液体的运动黏度，进而调节液体流量。从表 3 的结果可以看出 ALD 的液体分配效果非常精确。

2.5 评价实验结果

16 通道高通量催化剂评价系统对汽油加氢催化剂的脱硫评价实验结果如图 3 所示，每个条件的数据点都是按照通道 1~通道 16 的产品顺序，从得出的脱硫率结果分布情况可以看出，在每个实验条件下，通道 1~通道 16 的产品脱硫率都非常均一和稳定。

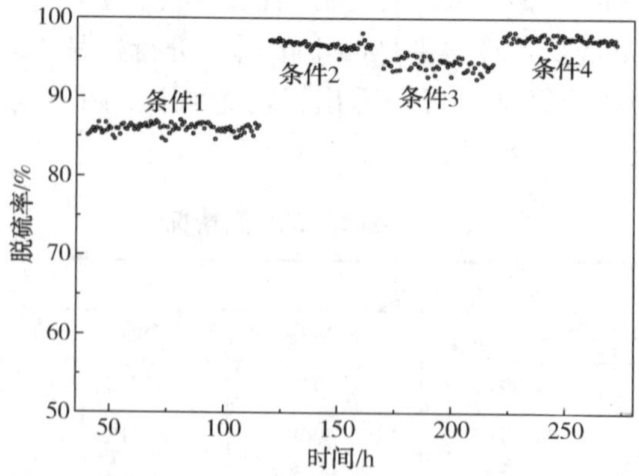

图 3　16 通道高通量催化剂评价系统的评价实验结果

经过计算，每个条件下16通道的脱硫率相对标准偏差如表4所示，均小于1%。

表4 各条件脱硫率的相对标准偏差

	条件1	条件2	条件3	条件4
相对标准偏差/%	0.57	0.40	0.78	0.41

3 结论

（1）高通量技术应用到汽油加氢脱硫催化剂的评价中，实验结果非常理想，各反应器恒温段温度控制平稳、准确，压力控制可以做到设定压力±0.05bar范围内，液体原料的分配控制十分精确，可以做到16通道物料的平均分配，能够实现催化剂反应条件一致。

（2）采用产品全部气化后，通过在线方式进行SCD气相色谱分析方法测定产品的硫含量，产品中的H_2S峰不计入产品的硫含量，可得到真实、准确的汽油产品硫含量，并且避免了常规汽油产品测试硫含量时需要硫酸镉洗油脱除H_2S的繁琐步骤，极大提高了实验效率，提升数据准确性。

（3）完成了4个典型工艺条件的评价，从实验结果看，采用相同原料和工业用汽油加氢脱硫催化剂，16个通道反应的产品脱硫率相对标准偏差均小于1%，16个通道的运行平行性和稳定性非常高，可提供准确可靠的实验数据，以支撑后续催化剂定型及放大生产过程。综上，高通量技术完全可以高效应用于汽油加氢脱硫催化剂的评价和筛选工作，可极大提高评价工作的效率和实验数据的精确度及可靠性。

参 考 文 献

[1] Tzu-Chi K, Niranjan A M, Ray D, et al. High-Throughput Industrial Coatings Research at The Dow Chemical Company[J]. ACS Comb Sci, 2016, 18(9): 507-526.

[2] Zhinian L, Lei H, Shenliang W, et al. Fast Optimization of LiMgMnOx/La_2O_3 Catalysts for the Oxidative Coupling of Methane[J]. ACS Combinatorial Science, 2017, 19: 15-24.

[3] Indira T, Brian M, Ammar S, et al. Efficient green catalysis for the conversion of fructose tolevulinic acid. Applied Catalysis A[J]: General, 2017, 539: 70-79.

[4] Joshua A S, Daniel R, Victor R, et al. Development of a Highly Automated Workflow for Investigating Polymorphism and Assessing Risk of Forming Undesired Crystal Forms within a Crystallization Design Space [J]. Org. Process Res. Dev., 2016, 20(1): 70-75.

绿色低碳

燕山 1# S Zorb 装置热备运行实践

刘 雨

(中国石化燕山石化公司，北京 102500)

摘 要 燕山 1#S Zorb 装置在处理量较低的情况下，进行了热备运行的实践。本文介绍了热备运行的必要性、停开工方案以及存在的风险，从生产质量和经济效益的角度分析了热备运行的特点。实践证明，热备运行兼顾生产质量和经济效益，是一个相对可行的运行方案，对拥有两套以上 S Zorb 装置且汽油处理负荷长期较低的炼油系统有一定的借鉴意义。

关键词 S Zorb 汽油脱硫 热备运行

1 背景

中国石化燕山石化公司 1#S Zorb 装置于 2007 年 6 月投产，设计能力为 120 万 t/a，原料为炼油厂二、三催化裂化汽油，产品为硫含量低于 10mg/kg 的脱硫汽油[1]。自 2013 年 9 月，炼油厂 120 万 t/a2#S Zorb 装置投产以来，由于催化汽油总产量的限制，1#S Zorb 装置处理量降低。近年来，装置处理负荷不足 40%，更是常有无新鲜进料，产品全循环维持生产的工况。同时，为了兼顾 1#S Zorb 装置的负荷，2#S Zorb 装置也无法做到长期满负荷生产。这对两套装置的能耗和运行成本都造成了较大的影响。

2 热备运行的必要性

炼油厂两套催化裂化装置负荷分别为 80 万 t/a 和 200 万 t/a，按催化汽油 50%收率计算，则正常运行时，仅需 140 万 t/a 的 S Zorb 负荷，即能满足生产脱硫汽油的需求。按照发展计划，可针对 2#S Zorb 进行 150 万 t 扩量改造。改造后，正常情况下 2#S Zorb 具备单独运行，处理全厂催化汽油的能力。

但 S Zorb 装置在运行中存在很多非计划因素，会导致装置降量、产品超标甚至停工，这些因素包括但不限于程控阀故障、过滤器压差高、换热器结焦、吸附剂循环不畅、设备管线泄漏等[2]。单套运行的 S Zorb 装置产生波动，势必会引发催化裂化乃至常减压蒸馏的联锁调整。而此时，若是能将 1#S Zorb 快速开工，便可大大缓解生产的压力。常规的开工，需要遵照严格的升温曲线，一般需要三天时间，若罐区存储能力不足，催化汽油便会面临无处可存的窘境。

热备运行，即保持装置在热态环境下空负荷运行以备用，主要原理是停催化汽油进料，保持热氢循环，在需要开工运行时，只需稍作调整，便可恢复进料。与传统的停开工相比，热备运行虽然增加了不少运行费用，但却节约了大量的时间；而与装置全循环生产相比，由于停用部分设备，降低了瓦斯、蒸汽、循环水等公用工程的消耗，节约了大量的运行费用。所以热备运行作为一种相对折中的方案，在能对冲生产质量风险的前提下，又使运行费用得以降低，在降本减费和生产质量需求都愈为迫切的今天，不失为一次颇具意义的实践。

3 停工热备方案

根据装置自身情况，以及环境温度等因素的影响，停工热备方案应不尽相同。本文列举2021年2月5日燕山1#S Zorb停工热备之方案。

3.1 汽油停止进料

（1）联系调度停止接收催化来的原料。

（2）以每小时60t的速度降量，保持循环氢的正常流量。随着进入装置进料的减少，进入热分离器、冷分离器以及稳定塔的流量也相应降低。

（3）在降量的同时，调整好加热炉出口温度，并维持反应的操作参数不变。

（4）提前摘除进料低流量联锁及原料泵停机状态联锁，反应器进料降至30t/h，关闭至混氢点的汽油手阀，停泵，反应器停止进料。

（5）继续使循环氢按正常流量循环，保持反应器温度。

（6）根据稳定塔液位相应调整产品出装置量。

3.2 反应器循环氢带油

（1）保持下列流速正常：还原器底的还原气流量1100Nm^3/h；反应器接收器底的流化介质气流量640Nm^3/h；仪表反吹气流量正常，确保测量仪表不被吸附剂颗粒堵塞。

（2）反应器停进料后，反应器床层温度由420℃逐步降温到320℃，降幅为20℃/h。

（3）当反应器床层温度保持300℃恒定后，循环氢流量保持6000~10000Nm^3/h。

（4）保持反应压力≮1.5MPa，低于此压力适当补充新氢。

（5）加热炉运行稳定后停鼓引风机。

3.3 再生器300℃恒温

（1）反应停止进料后，降低主风量，将再生器温度降低至约300℃；再增加主风量，关闭流化氮气，全部改为空气流化，用电加热器加热保持再生器床层温度约300℃恒温。

（2）根据实际情况降低再生取热水量，保持少量取热水循环防冻。

3.4 稳定塔的处理

（1）稳定塔底蒸汽降低，维持蒸汽消耗≮0.5t/h，防止E203冻凝。

（2）稳定塔停进料后，塔底液位维持，关闭出装置阀门，通知调度外线做防涨压冻凝处理。

（3）维持顶回流罐D201液位。

3.5 闭锁料斗处理

（1）手动停闭锁料斗。

（2）每日 10：00、16：00、22：00、4：00 重启闭锁料斗循环 1-2 圈，其余时间停止循环。

4 热备状态开工方案

热备状态运行时，控制反应温度在 300℃左右，加热炉出口温度一般在 320℃以上。在该压力条件下，炉出口温度高于汽油的露点温度，只需稍作调整便可恢复进料。2021 年 2 月 18 日燕山 1#S Zorb 热备状态开工方案如下：

（1）调整加热炉，将加热炉出口温度控制至 360℃以上。

（2）调整电加热器负荷，将再生温度控制在 300℃。

（3）保持循环氢 8000Nm^3/h，控制反应压力在 2.0MPa 左右，提高反吹氢压力至 5MPa 左右。

（4）闭锁料斗投用正常循环模式。

（5）确认 D104、D121 有液位，打开 D104、D121 去稳定塔手阀，关闭控制阀，投用所有水冷器。

（6）启动进料泵。

（7）打开至混氢点的汽油手阀。

（8）调节加热炉，控制反应温度稳定在 400℃左右。

（9）根据反应温度不高于 430℃，缓慢提升进料量，防止发生反应飞温。

（10）稳定塔液位高于 70%，增大塔底重沸器蒸汽量，建立塔底虹吸循环，同时投用装置循环线，装置全循环。

（11）进料量提升至正常量后，调整反应操作。

（12）再生器升温至 316℃以上，提高再生空气比例，再生点火升温，升温至 500℃，同时增大 P105 出口取热水流量。

（13）调整反应再生及稳定塔操作，按工艺卡片进行调整，联系加产品分析，等待合格后改至成品罐区。

（14）控制加热炉温度稳定在 400～410℃，反应温度稳定在 420℃左右，反应压力 2.4MPa 左右，反应器过滤器压差<15kPa。

（15）运行稳定后投用鼓引风机，投用装置所有联锁。

5 风险分析

热备运行分为停工阶段、热备运行阶段和开工阶段。停工阶段的主要风险为联锁的误操作、温度变化引起的设备损坏；热备运行阶段主要风险为反应系统和稳定系统、反应系统和原料系统的隔离不佳造成高低压互串；开工阶段的主要风险是提量速度未能有效控制造成反应器飞温，以及温度变化引起的设备损坏。

联锁误操作的风险，通过现有系统，落实联锁审批制度，严格遵守操作方法，可以有效降低；温度变化引起设备损坏的风险，需要组织人员现场加强检查，提高巡检频次，加强参数监控，从而降低；高低压互串的风险，需要冷热高分保持一定的液位，同时做好双阀隔离，在阀门不严时做好撤压加盲板的准备；反应器飞温的风险，则需要操作人员具备相应的技能，同时严格遵照开工方案进行。

综上所述，热备运行的风险相对可控。

6 效益分析

2021年2月5日，燕山1#S Zorb装置停工进入热备状态，2月18日装置重新进料恢复生产。停工调整用时5小时，开工用时6小时。从开工过程来看，由于装置处于热态，炉出口温度可以快速调整至进料所需温度，在接到开工指令后的半小时后，便可开启原料泵进料，与传统开工相比，节约了约70个小时。本次开工由于添加了部分新鲜吸附剂，导致开工初期温升较高，对开工时间造成了一定程度的影响，所以可以认为，热备状态的开工时间能够进一步缩减，这对保障汽油生产是极具战略意义的。但相较于传统停工，需要增加部分燃动费用。

在需要能够快速开工，为汽油生产备用的情况下，选择热备运行，相较于全循环运行，虽然增加了数小时的开工时间，但在节约运行费用方面的贡献则更加突出。表1列出了2月5日至2月18日燕山1#S Zorb装置热备运行期间，各能源消耗的小时均值。

表1 热备与正常生产能源消耗对比

消耗项目	单位	正常/全循环	热备
瓦斯	t/h	0.255	0.085
1.0MPa蒸汽	t/h	1.6	0
氮气	m^3/h	620	530
循环水	t/h	300	156
新氢	t/h	0.3	0
电	kW	720	442

7 结论

热备运行作为一种创新的运行方案，相较于传统开停工，具有开工时间极短的特点。在作为备用装置时，一旦主要运行装置有波动，可以快速开工补足生产缺口，有效降低了其他装置联锁波动的风险，但增加了部分运行费用。而相比于全循环生产，热备运行牺牲了数个小时的开工调整时间，却大大降低了装置的运行费用。综上所述，在处理负荷较低，且两套S Zorb装置需要相互备用的情况下，热备运行不失为一种优秀的选择方案。

参考文献

[1] 李辉，姚智. S Zorb装置生产京V汽油实践[J]. 炼油技术与工程，2013，43(2)：11-15.
[2] 段玉亮，刘峰，尹威威. S Zorb长周期运行分析[J]. 石油炼制与化工，2015，46(11)：46-50.

基于 SWOT 分析大型石化企业发展氢能的策略与路径选择

易铁虎

（石油化工管理干部学院，北京 100020）

摘 要 发展氢能是能源转型的重要方向，有助于传统石化企业实现产业创新和升级。通过 SWOT 分析，认为大型石化企业发展氢能应当发挥资产、资本、技术、管理上的产业基础优势，策略上做好整体布局、研发关键技术装备、加强国际合作等工作，路径上可以选择低成本、高效、低污染制氢技术；运氢、加油/加气/充电/加氢一体化运营网络；与氢能产业链相关领域新材料开发等五个方向，多措并举、分步推进，实现石化企业氢能产业链顺利打造。

关键词 氢能 石化企业 SWOT 分析 发展策略 路径选择

经历了 30 余年的快速经济增长之后，我国能源发展面临一系列新问题与新挑战。在能源安全上，近 10 年来，中国油气对外依存度不断攀升，2019 年已分别接近 70%与 45%。随着逆全球化潮流涌起，地缘政治更加复杂，能源安全形势愈发严峻；在消费结构上，长期保持以煤为主的能源格局，尽管 2013 年之后我国煤炭消费量出现下降，在一次能源消费结构中占比接近六成，面临较大调整压力；在应对气候变化上，我国是世界温室气体排放最大的国家，也是受气候变化影响最显著的国家。随着 2015 年巴黎协定的签署，我国已向世界做出减排承诺，未来面临着较大的温室气体减排压力；在环境保护上，我国已进入累积性污染危害的显现期和环境事件的爆发期。2013 年以来，全国空气污染“红色预警”频发，多地遭遇雾霾天气，大气污染成为心痛民患。

应对挑战，绿色低碳成为我国构建新能源体系的必然选择，也是全球能源发展大势所趋。作为目前最具潜力的二次清洁能源—氢能，受到全球范围的高度重视，欧美日韩等发达国家先后制订了氢能战略，将氢能基础设施建设、可再生能源制氢、燃料电池技术开发、氢能社会化应用落实到政策层面。认识到氢能在我国能源转型中的重要地位，自 2016 年以来，国务院及发改委、能源局等先后在年度工作报告、2016—2030 年能源革命创新行动计划中明确提出发展氢能，推动充电、加氢等设施建设。国内地方也预见发展氢能带来的产业创新升级的效应，已有 20 余个省市出台了氢能产业、氢燃料电池应用的发展规划。以“高效低碳的二次能源，灵活智慧的能源载体，绿色清洁的工业原料”突出优势，氢能潜力较大，符合发展需要，着手氢能产业布局当下恰逢其时。作为国有大型能源化工企业，中国石化在推动绿色发展上重任在肩。发展氢能产业是中国石化践行绿色发展、履行社会责任的重要举措。本文借助 SWOT 工具，从优势和劣势，机遇和挑战四个方面开展分析，试图发现传统石化产业发展氢能策略和适合路径。

1 大型石化企业发展氢能的SWOT分析

以中国石化为例，作为一体化的能源化工公司，中国石化供应了全国60%的油品需求，1/3的化工产品，是国内最大的炼化产品生产商和销售商，具备从油气勘探开发到炼化产品销售的全产业链。长期以来，氢资源在炼化和煤化工广泛应用，拥有制/用氢方面丰富经验。此外，中国石化在低温LNG储运、天然气管网建设运营、加气站设计建设、运营等方面具备人员、资产、技术、管理、规范等优势，因此大型石化企业发展氢能产业具有先天基础优势。

1.1 优势分析

(1) 强大的氢源供应能力

大型石化企业普遍具有规模化制氢能力，以中国石化为例，其氢气年产量在250万t左右，其中重整装置副产氢/化工装置副产氢约161万t，约占64%；炼厂煤制氢/天然气制氢/干气制氢93万t，约占36%，约占中国氢气总产量十分之一；大型石化企业制氢技术手段多样、原料来源广泛，副产氢成本低廉，可为氢能产业发展初期提供低成本氢源；石化基地遍布全国，地域优势明显，集中制氢辐射面积大[1]。

(2) 成熟的危化品安全运营经验

由于氢气性质活泼，易燃易爆，长期以来，国内一直将氢气作为危化品管理。虽然氢能作为能源管理还是危化品管理还存在争议，但安全第一风险可控是产业规模化发展的前提。氢能作为新能源，与传统能源存在较大差异。氢能产业在设计建设、生产、运输、存储有危化品一般特点。石化企业可以凭借长期积累的安全生产和运行管理经验和技术，为氢能产业生产运行提供保障。如中国石化具有丰富的危化品设计、建设、安全、管理经验和技术，在LNG储运、工程建设和装备制造方面经验丰富。由于液氢储运与LNG储运有相似之处，在氢气液化、液化槽车管理、大型液化船建造运营等方面已有研究基础，具备快速切入液氢储运领域的技术实力。中国石化青岛安全工程研究院作为应急管理部化学品登记中心是国内危险化学品领域唯一从事安全研究的国家重点实验室，具有完善的危化品安全制度体系和保障措施[2]。

(3) 发达的终端销售网络

国内大型石化央企拥有遍布全国的加油站网络，能够快速布局加氢站。在全国有7万多座加油站，并有相应的物流配送体系布局，可以发挥加油/加气站成熟网络优势。以现有加油站网络为基础，快速布局加氢站，在加油站增设加氢功能，建设油氢合建站，节约建站成本。尝试油/氢(气/氢)合建站模式，有利于降低布站难度，减少投资。

1.2 劣势分析

首先，介入氢能业务较晚，缺乏相关技术积累和应用研究，不掌握先发优势。由于过去长期从事传统石油化工业务，石化企业进入可再生能源制氢、氢燃料电池和氢能应用业务较晚，缺乏技术积累和支撑，目前还未形成关键技术优势。如对石化企业而言，目前在低碳化石能源制氢技术、规模化CCUS技术、高效电解水制氢技术、多孔材料固态储氢技术、家庭用燃料电池技术、重载交通用燃料电池技术等的研究与开发缺乏经验。

外国公司存在技术和市场的垄断。目前，国际上专业公司如日本岩谷公司、美国 Air Products 公司、德国 Linde 公司、法国 Air Liquide 公司等，都致力于氢能基础设施建设和技术研发，积极开展技术输出和市场抢占。据不完全统计，截至 2018 年底，全球加氢站达到 369 座，其中上述公司建设的加氢站占全球加氢站总量的 60%左右，是当前氢能基础设施建设的主力军。未来这些国外公司将是石化企业在氢能业务合作者也是竞争者。

1.3 机会分析

（1）能源转型大势所趋

我国能源发展正面临着严重的能源安全、环境污染和温室气体排放问题。能源安全方面，目前我国油气对外依存度一直居高不下，国际地缘政治日趋复杂化，油气能源价格持续震荡成为常态，对国家经济稳定运行造成冲击；环境污染方面，各种主要污染物排放总量远远高于其他国家，如二氧化碳、二氧化硫、氮氧化物，以及可吸入颗粒物高居第一，远超过环境容量，环境质量总体处于历史上差的时期；应对气候变化方面，我国作为世界第一温室气体排放大国，排放总量接近美国及欧盟排放总和，屡被国际社会所诟病。综上所述，为了保障能源安全、减少环境污染和应对气候变化，以低碳、清洁、多元为特点的能源转型已迫在眉睫。

（2）氢能热度持续升温

作为能源行业“新宠儿”，氢能产业的热度持续升温，吸引多家企业蓄力投入。当前国内开始掀起一股氢能和燃料电池汽车产业的投资“热潮”。2018 年以前涉足氢能及燃料电池产业的主要以民营企业为代表，而现在以国家能源集团、中国石化、国电投、潍柴动力等为代表的大型国企成为推动发展的主力军。同时地方政府布局和支持产业的积极性也非常高，到目前已经至少有 20 个地市出台氢能相关政策或规划，另有十几个省市正在前期研究。在国家层面，自 2019 年两会“推动加氢设施建设”写入《政府工作报告》之后，氢能产业布局在国内呈明显加快态势，并率先在长三角、珠三角和环渤海等经济发达地区落地。特别是公布的《中华人民共和国能源法(征求意见稿)》，历史性地将“氢能”纳入其中，为行业发展注入新动力。

（3）作为消纳弃风弃光的可选方案

由于新能源接入带来的间歇性问题，特别是西部地区弃风弃光问题，最直接有效的手段是采用储能技术，氢储能在技术具有可行性。作为含能的二次能源，具有发电过程零排放、实现能源网络互联和可大容量储能等特点，特别是实现氢能电能的直接可逆转化，有望成为应对新能源大规模接入的终极解决方案。

1.4 挑战分析

从来源和成本角度，未来较长时间内，氢气的来源仍将主要依靠化石能源，其中 CO_2 的出路是不可逾越的问题。除了副产氢，化石能源普遍的制氢方式是煤气化制氢或天然气制氢。因为生产过程中没有 CO_2 的捕集、利用和封存技术，因此在伴随氢气产出的同时有大量的二氧化碳排放。因此基于长远考虑，虽然化石能源制氢技术成熟，但此路径并不可持续。

产业链发展面临的不确定性和风险较高。作为一种处于新兴阶段的高新技术，氢能产业目前还尚未成熟，其发展前景也存在着较大的不确定性，缺少足够体量的技术研发及商业模式的积累，氢能无法做到真正的应用。跟风逐热、一哄而上的现象不断在各地呈现，从而造成产业与市场的实际需求发生脱节；各地产业规划虽然在加氢站建设、燃料电池车研发投产等方向上有一致性，但是产业格局差异性突出。从而使得产业的统筹规划上既“百花齐放”，又“缺乏重点”。

目前氢能产业处于起步期，产业上中下游发展不充分和不均衡的现象不可避免。如终端应用技术开发进程影响上游资源供应，提供氢气和加氢服务的石化企业难以把握[3]，产业经济性回报难以预估，需要依靠国家和地方的补贴。大范围的高额投资，如果没有优质的顶层设计和循序渐进的统筹规划，眼高手低，很容易形成一种恶性循环。

再次，供给侧竞争不可忽视。据统计，单从供氢方面，目前我国年产氢气超过2000万t，从产能上已经满足2050氢能需求规划。作为煤的清洁化利用途径，当前我国煤化工工业制氢产能已经过剩，这些企业均有可能与石化行业供氢业务形成竞争关系。

2 策略建议与路径选择

虽然中国氢能能否像电能一样成为广泛适用的二次能源载体尚有很大的不确定性，但作为无污染和高效灵活的能源媒介、融合分布式能源供应转换，其市场潜力和未来贡献却是毋庸置疑的。大型石化企业发展氢能应从全产业链视角审视，从角色、技术、资本、市场等方面整体规划。

2.1 策略建议

(1) 做好前瞻性布局

由政府主导，依托中国石油、中国石化等氢能产业基础好、科研实力强的大型企业，联合科研机构及交通、电力等应用方成立国家级氢能产业规划平台。大型石化企业具有宽广的行业发展视野和良好抗风险能力，具有较强发展氢能转型动力，可以支持氢能技术基础研究及基础设施建设，有实力吸引国际领先的氢能企业作为战略投资者，联合打造氢能产业链和氢能经济生态圈，力争成为国际国内主要的氢能供应商和服务商。

(2) 加强关键技术和装备研发[4]

作为新能源，氢能在生产、储运、终端设施以及应用领域产品开发等都需要有关键技术和装备作为支撑和引领。目前都集中关注到燃料电池系统本身，但与氢相关的技术和关键环节发展还未引起足够关注，比如制取、运输、储存、压缩等环节。虽然氢能产业的发展不是一蹴而就的，但在关键技术开发上，我国企业要不断加快发展速度。

(3) 开展氢能资本运作

从目前看，氢能是未来潜力巨大的清洁能源，在应用场景和需求数量上难以估量，产业前景十分广阔，同时也要看到氢能产业链复杂，基础设施投资和运营成本高，需要持续的资本支持。虽然目前产业处于培育期，但通过财务投资发现和培育战略投资机会的成本低，如利用雄厚资金实力，以合理的价格收购核心技术和公司，抓住产业链整合的先机。

2.2 路径选择

石化企业可发挥主业依托优势，顺应氢能发展趋势，将炼油、储运、油品销售融合制氢、储氢、加氢。石化企业要在转型中获得新生，重点可以选择以下方向。

（1）积极参与产业标准制定，主导产业发展方向。未来，氢能作为清洁能源潜力巨大，但氢能产业链长，涉及面广，吸引了众多投资者和从业者，长期以来公众对氢能安全认知水平低，一直以来氢能作为危化品管理，增加了氢能产业发展和基础设施建设难度。同时，市场投资主体存在各自为政的情况，特别在国家层面缺少规范标准指导，不利于我国氢能产业的持续健康稳定发展。作为一个政策导向型产业，阻碍氢能源发展的最大困难在于行业标准的滞后甚至缺失。主要表现在氢气运输、加氢站建设、产品设计检测等几个方面。有了技术标准和检测体系，才能放下包袱，明确职责，快速推进产业发展，依托标准的力量才能推动行业的规范发展。作为大型石化企业应依靠自身研发、设计、建设、运营的实力优势和快速产业经验积累，以及庞大的国内市场机遇，积极参与氢能相关标准的制定，主动抢占制氢和用氢国内和国际标准制定先机，通过标准和规范发挥对降低氢能使用成本、推动技术进步的深远影响，有助于把握技术发展方向，掌握市场竞争的主动权。建议依托国家能源集团、中石油、中石化等制/用氢产业基础好、科研实力强的大型能源企业，在规模化制氢、提纯、液化、大规模储运、氢质量检测、加氢站建设等标准规范方面已有成果的基础上，借鉴国外的规范标准，联合高校和科研院所，开展国家级和行业级的氢能技术标准研发和推广，建立高效开发安全利用的氢能国家标准体系。

（2）开发新技术实现大规模、低成本、高效、低污染制氢。未来中短期大规模低碳氢方面可以选择 CCUS+天然气制氢技术。最终还是要拓展绿氢来源，比如在降低可再生能源发电成本的基础上，提高电解水制氢效率，以及生物质制氢等超前制备技术。中石油、中石化等大型能源央企，作为国内主要天然气生产商，天然气制氢规模大，成本低；同时还具有其他工业化制氢手段，并有大量的副产氢，都可为氢能产业发展初期提供低成本氢源；同时积极配套开发高效碳捕捉技术，加快 CCS 或 CCUS 的研发和产业化。利用油气田大多分布在东北和西北等太阳能、风能丰富地区，在上述地区 开展可再生能源分布式制氢用氢试点，可为氢能产业提供灵活的产销方式示范。

（3）建设油/电/气/氢一体化综合能源合建站，加快布局终端供应市场。目前氢燃料汽车推广的障碍在于加氢站不足。石化企业可利用现有油气管网和加油/加氢站等储运和终端设施，快速布局终端消费市场。一方面，利用现有天然气管网混合输氢，降低长距离运输成本；另一方面可以依托现有加油站建立多功能油、电、气、氢综合能源合建站，以减少投资和建设周期，降低站点建设总体成本，特别是降低征地和行政审批难度；同时发挥油气站点的网络覆盖优势，根据市场发展情况，快速形成氢气加注能力，提高市场占有率，既满足氢能发展需要，又可扩大销售站点业务范围，降低油品单一销售的不利影响。

（4）加强与氢能应用侧关键技术与产品开发，加快消费市场培育与开拓。未来随着氢在制备、储运、加注方面的逐渐成熟，氢能应用也将拓展到更多领域。在氢能应用方面，目前国内研发主要集中在氢燃料电池汽车的关键部件和材料，以及终端环节的加氢设备等，未来在分布式家庭能源站、小型化储氢、工业级应急电源、氢能列车以及其他应用领域都具有开发前景。大型石化企业可发挥资源整合优势，采用联合研发和资本投资的形式，吸引社会化和商业化开发，石化行业本身也可为新技术新产品的推广应用提供成熟的产业依托和试用平台。

（5）加强氢能产业链相关基础研究，加快关键核心技术突破。产业发展是系统工程，必须有完整系统的技术支持，在氢能产业上，要针对我国存在的短板，以自主研发、技术合作或投资入股等形式加大攻关，形成支持氢能开发利用的系列技术。在与氢能产业相关的基础研究工作方面，石化企业应站在全局角度，主动参与与推动，不能置身事外。基础研究重点涉及氢气的压缩、液化、储存及运输过程，加氢站氢气接卸、压缩、氢气加注过程、不同场景下的氢燃料电池技术等。如在储氢方面，重点是承压70MPa和90MPa的高压瓶用的碳纤维材料生产和气瓶制造技术，高压气瓶及液氢储罐寿命检测评估；在氢燃料电池方面，重点是廉价催化剂的高功率密度燃料电池研究，低造价燃料电池整车集成技术，争取在关键技术上取得突破，实现产业化。

（6）积极开展国际合作，加快产业进步。加强与日美法德等发达国家氢能利用方面的合作。目前日本氢能产业发展走在世界前列，大力推动氢能及燃料电池汽车研发与示范，其在燃料电池各主要技术领域处于绝对的领先地位，而且技术全面，在引领氢燃料电池技术国际标准和产业化进程中取得先机，如日本丰田和本田已基本掌握氢燃料电池核心技术，东丽等则主导全球膜、碳纸和碳纤维等关键材料生产。美国率先在燃料电池技术方面进行了研究并成功应用，从专利技术来看，美国的专利数量排名第二。德国则在产业政策制定和顶层设计方面更具科学性和前瞻性。在产业相关理念、政策、技术、规范方面，我国要正视内外差距。大型石化企业与日美欧等先进企业开展深入交流合作，积极借鉴国外的技术和产业发展经验，推动氢能产业化进程，确保技术竞争力。

3 结论

中国的环境压力远远大于其他国家，同时中国现行体制又适合高效的基础设施建设和政府推动的产业发展。在中国经济增速放缓，传统经济投资发力的市场环境下，氢能产业在中国无疑具有天时地利与人和的优势，氢能产业已经进入发展的关键时期。充分认识发展氢能将会给传统能源产业带来冲击，同时带来产业转型和创新的机遇，应未雨绸缪，从源头上谋篇布局，做好产业发展战略支撑，积极参与创新，走科学化、清洁化和可持续化的道路，适时实施转型把我国的氢能产业打造成一流产业。

参考文献

[1] 符冠云．氢能在我国能源转型中的地位和作用[J]．中国煤炭，2019(10)．
[2] 赵永志，蒙波．新氢能源的利用现状分析[J]．化工进展，2015(9)．
[3] 凌文，刘玮．中国氢能基础设施产业发展战略研究[J]．中国工程科学，2019(3)．
[4] 曹湘洪．氢能开发与利用中的关键问题[J]．石油炼制与化工，2017(9)．
[5] 程之星．氢能源的生产储备及国内外氢经济的发展对比和前景[J]．科学管理，2017(5)．

炼化企业低碳转型战略与管理的思考及建议

蔡　慧

（中国石化南京工程有限公司，南京　211100）

摘　要　随着全球气候变暖及环境污染的日趋严重，低碳、绿色、节能已成为当今世界经济发展的必然趋势。炼化企业是我国国民经济的支柱产业，同时也是传统的高能耗、高污染产业，如何顺应潮流，实施低碳转型战略与管理，为企业发展注入新的活力，本文对此谈些粗浅的认识。

关键词　炼化企业　低碳转型　战略与管理

随着全球气候变暖及环境污染的日趋严重，低碳、绿色、节能已成为当今世界经济发展的必然趋势。炼化企业是我国国民经济的支柱产业，同时也是传统的高能耗、高污染产业，如何顺应潮流，实施低碳转型战略与管理，为企业发展注入新的活力，本文拟对此谈些粗浅的认识。

1　炼化企业的低碳内涵

当前“碳达峰”、“碳中和”已得到了全球各国的普遍关注及高度重视。“碳达峰”就是在某个时间点，二氧化碳的排放不再增长达到峰值，之后逐步回落；“碳中和”就是排出的二氧化碳或温室气体被植树造林、节能减排等形式抵消。2020 年 9 月 22 日在第 75 届联合国大会上，习近平主席向国际社会做出庄严承诺：中国力争二氧化碳排放 2030 年前达到峰值、2060 年前实现碳中和。低碳作为全球集体行动的目标，正深刻地影响着世界经济大势和产业走向。

对于炼化企业而言，低碳是指在可持续发展理念指导下，通过技术创新、制度创新、新能源开发等多种手段，尽可能地减少煤炭、石油等高碳能源的消耗，以减少温室气体排放，达到经济发展与生态环境保护双赢的一种发展形态。最直接的表现就是生产过程中降低能源消耗和减少污染物排放，实现三低：低能耗、低排放、低污染；即提高能源利用效率，减少三废的排放，经济增长与能源消费、含碳气体（主要指二氧化碳）排放脱钩，不保持同步增长，具体表现为三种模式：产出一定，能耗最少；能耗不变，产出最多；能耗增加，产出增加，但前者增幅小于后者增幅；最直接的就是技术及产业链对原材料经济利用和过程的绿色加工制造等。

2　炼化企业低碳转型的必要性及实施方向

近年来，低碳生产已经成为全球企业的主流，西方发达国家已通过技术、信息、制度等创新将低碳理念落实到生产中。当前严峻的经济形势、激烈的市场竞争、迫切的环境危机以及国家环保战略的约束等，对各行各业的低碳转型战略与管理提出了全新的挑战。炼化企业作为国民经济的支柱型产业，为生产生活中各个行业的发展提供动力，具有举足轻重的地位，其产品结构、经济成本等对社会整体经济有着重要影响，生产过程中的高能耗、高污染的特征，要求必须实施低碳转型战略与管理，可从以下四方面实施：

（1）明确战略投资方向。现阶段新能源、清洁能源、新技术的不断涌现及推广，对炼化企业的正常发展带来巨大挑战的同时，也是契机。投资于新能源、清洁能源、新技术等是炼化企业实现可持续发展目标的保证。

（2）加快产业升级。我国日益严重的环境危机要求炼化企业必须放弃过去的粗放生产，淘汰落后产品和生产能力过剩产品，以技术、设备的更新及管理的提升来促进发展，从劳动密集型转变为技术密集型，从过去单纯地追求经济增长调整为低碳、可持续发展，加快产业升级。

（3）提高经济效益。国内外对于炼化产品的需求量一直很大，实施低碳转型战略与管理，可降低成本，提高质量，保证产品的安全可靠性，对产品出口突破西方国家的绿色贸易壁垒具有推动作用，扩大产品的销售范围，提高经济效益。

（4）保护环境。改变传统的生产方式，采用新能源、清洁能源，进一步降低能耗，减少污染，保护环境，实现科学的可持续发展。

3　炼化企业的低碳现状

总体而言，经过几十年的发展，我国炼化企业取得了长足的进步，但与国外同行业相比，还存在着较大差距，主要问题是技术水平不高、管理效率较低和竞争力不强等，在低碳方面主要表现为以下几点：

3.1　低碳概念模糊

我国“十二五”规划虽然明确提出了低碳的理念，但是仅停留在描述上，并未形成一整套推行低碳的系统方法。许多炼化企业对于低碳的概念大多一知半解，对于与低碳相关的指标以及操作方式的实施并没有准确的认知，低碳概念模糊是我国炼化企业中普遍存在的问题之一。

3.2　结构不合理

我国炼化企业大多集中在东部沿海地区，经过近几年的大发展，已经形成了炼化企业群。虽然东部沿海地区具有资金、技术、海运原料、产品及市场的优势，但是原材料和能源相对匮乏，这在很大程度上制约着我国炼化企业的发展。

3.3　管理体系缺乏系统性

炼化企业的生产规模往往较大，不同的生产流程又较为复杂。为了规范生产过程中相关工作者的具体行为，必须要有完善的管理体系。现阶段较多炼化企业的管理体系缺乏系统性，主要体现在生产效率评价指标不明确、职能部门的工作范围不清晰、信息传递不及时、动态控制无法达到预期的效果等，这些均客观地反映了管理体系不完善所造成的影响。

3.4 节能减排指标落实不到位

炼化企业的投资成本较高，日均产量直接关系着企业整体的利润。为了扩大产量，不计成本，生产效益无法达到预期的效果。相对于西方发达国家的同类企业而言，我国炼化企业的能源消耗较大，并且节能减排指标落实不到位，制约着企业的长远发展。

3.5 信息化技术应用较少

不少炼化企业的员工信息化技术掌握程度较低、应用较少、信息传递不及时，致使管理效率低、工作质量不高，加大了成本支出，增加市场投资风险，对企业整体经济效益更是有着直接的不利影响。

4 炼化企业低碳转型战略与管理的思考及建议

炼化企业的低碳转型战略与管理涉及面广、政策性强、敏感度高，应依法合规地从低碳概念、制度完善、技术创新、规范支持、职责明晰，辅以考核和责任追究，以形成长效机制，实现可持续发展，具体可从国家及地方政府、企业两个层面考虑：

4.1 国家及地方政府

4.1.1 完善环境法规及地方政府系统性政策

炼化企业实施低碳转型战略与管理需要国家及地方政府系统性政策的引导、支持和促进。我国的经济法以及环境保护法等对低碳的相关规定不完善；除了法律以外，政策方面对低碳发展也缺乏体系化的制度。因此，完善的环境法规及地方政府系统性政策是推动我国炼化企业低碳转型战略与管理的保障。

4.1.2 调整结构

我国中西部地区炼化企业的数量相对较少，并且生产水平较低。但是，中西部地区能源丰富，具有人力资源优势及广阔的市场。为此，只有将我国东部炼化企业的技术优势与中西部地区的资源相结合，才能从根本上解决我国炼化企业总体结构不合理的问题。

4.1.3 鼓励技术创新

低碳转型战略与管理的实施最终要依靠加强核心技术的研发，提升自主创新能力来实现，为此，技术创新是炼化企业发展低碳转型战略的直接手段，要在安全性能、节能减排和环保等方面，不断创新，大力发展自主知识产权；遵从开发与保护并重、发展与管好同步的原则，推进生产的机械化、集约化和效益化，对资源进行综合与深化利用，提高资源利用率与回收率；开发与利用新型清洁的可再生能源替代目前使用的高能耗不可再生能源，通过产业的更新换代与科学技术的投入发展洁净技术，以资源的优化合理利用来促进经济的增长，实现经济与环境的协调发展。

4.2 企业层面

4.2.1 倡导低碳内涵的企业文化

企业文化是企业发展的软实力，是企业精神的集中体现。优秀的企业文化将引领员工增强团队意识和集体观念，形成强大的凝聚力。

炼化企业必须强化低碳理念的宣传与教育，营造低碳氛围。以部门、班组、个人三个层次为核心，健全完善教育培训体制，提高全体员工的低碳意识，引导职工投身低碳，使其在工作中能够主动配合、积极参与管理，由要我低碳变为我要低碳，形成人人支持、配合的低碳管控模式。

4.2.2 重视并培养人才

人才是企业的第一资源，人才的培养是在当今激烈的竞争中赢得主动权的重大战略举措。要坚持“以人为本”的管理理念，加强员工技能和职业道德教育。良好的知识储备是低碳的基础，要强化全员学习、终身学习理念。企业应提供交流和学习平台，努力培养高素质、具有创新精神、热爱炼化事业的优秀人才；激励职工通过参加教育培训和自我学习，更新专业知识，积极学习新技术，学习其他企业的先进经验和具体做法，努力提高业务水平和操作能力，不断提升自身素质，为低碳提供知识积累。由此建立起门类齐全、梯队合理、素质优良、新老衔接的人才队伍，以人才队伍的壮大带动企业实施低碳转型战略与管理。

4.2.3 建立健全的管理制度

管理工作从来都不是独立的，需要各个部门的密切配合，相互支持，才能发挥整体功能。健全的管理体系明确了不同部门的工作范围及工作内容，为实际工作的开展提供必要的指导。一方面可以提高管理的整体水平，从根本上减少不合理的工作现象，管理人员可以通过观察生产活动中的动态变化情况，对其中存在的问题及时解决，间接地减少了工作失误；另一方面规范的生产管理控制流程，能够客观地反映真实的信息，为工作部署的制定和完善提供了可靠的参考依据。

企业可经过实践与探索，对相关管理制度进行梳理、修改、补充，使之更加完善，更易于操作和执行。同时也要积极学习、借鉴先进企业的管理制度、考核标准、考核方式等，结合自身特点进行调整、优化，针对不同的生产过程制定不同的管理制度、考核指标、考核方式，达到预期的控制目标。只有逐步完善管理制度，才能更好地为企业谋求更加长远的发展。

4.2.4 加大技术创新力度

技术创新是企业发展的不竭动力，炼化企业应将经济活动高效有序地组织成一个“资源开发→资源利用→资源再生”的近乎封闭型物质能源循环的流程，保持经济增长总体的低消耗、高质量、低废弃，从而将经济活动对自然环境的影响和破坏减少到最低程度。因此，要大力推行清洁生产，发展循环经济，实施综合利用，开展创建节约型企业活动，提升循环经济的规模和档次，形成“低能耗、高产出、少排放、能循环、可持续”的经济增长模式。

新技术的开发与应用应以市场为导向，优化工艺、优化操作，提高设备效率，降低能耗，进而提升企业的整体竞争力。因此，企业要积极加大技术创新力度，积极创造和引进先进适用技术，组织流程和环节改造，实现低碳生产与运作，进而促进企业管理方法、管理模式的创新。

4.2.5 节能减排指标落实到位

由于传统观念，对节能减排的管理重视程度较低，没有按生产过程设置合理可控的指标体系，生产者没有压力，缺乏节能减排的主动性。节能减排指标管理是项系统工程，企业可通过实施建标、对标、追标、创标来确保这项工作的常态化。具体做法如下：首先，构建节能减排指标体系，指标的设定自上而下实行，使企业的发展战略与员工的工作目标密切结合，有的放矢；其次，签订节能减排责任书，有关责任人履行相关职责，奖罚分明；再次，加强分析，从结果分析延伸到过程分析，从数据指标分析延伸到生产行为分析，引导和激励全体员工向指标找差距，发现管理中的薄弱环节，制定措施，落实改进，促进节能减排指标不断提升；最后，深入实际，总结经验，建立长效管控机制，不断优化，推动节能减排管理水平的持续提高。

4.2.6 注重信息化建设

现代社会已步入了信息时代，信息化主要表现在原材料、生产过程、库存、营销等各方面信息存贮的数字化和业务数据的共享化等。

炼化企业业务范围广，任何一个生产阶段、经营环节都要进行数据的采集、整理、加工与分析，生产经营活动的顺利开展需要高效的信息传递。信息化技术不仅有利于提高信息传递效率，也为市场风险的降低提供了可靠的参考依据。

要积极创建现代化、高效、完善的信息网络系统，形成对低碳控制的智能化、科学化管理。可以开发或引入最新的数据信息软件，依靠数据处理软件来辅助管理，积极整合生产、加工与销售环节的数据，打造一个健全完善的综合数据库，不断完善信息系统，使数据交流更加方便和畅通，实现信息的共享，加强各部门之间的联系，进行及时、准确的互动交流与管理。

4.2.7 积极推行激励机制

炼化企业要积极推行激励机制，首先，改革传统的报酬体系，建立短期激励与长期激励相结合、精神激励与物质激励相结合的一套激励机制；其次，改善工作环境，增强员工的认同感、归属感，给员工创造一个良好、舒心的工作环境，从而提高其工作效率和对企业的忠诚度，形成吸引人才、留住人才、调动人才积极性的有效机制；再次，建立和完善长效激励机制、分配机制、绩效考核办法、职位升调和薪酬福利制度，切实提高员工的福利待遇和进升空间。

5 结论

环境问题的有效解决是可持续发展的重点。低碳转型的经济发展方式是我国当前的一项重要任务和热点话题，是关系国家经济持续健康发展的一个全局性问题。炼化企业应当高度重视低碳转型战略与管理，在发展中审视问题、拓展思路，提高创新能力和管理水平，更好地适应市场的激烈竞争，确保实现经济价值和应承担的环保责任。

金属有机骨架吸附二氧化碳的研究进展

周　蕾

（中国石化扬子石化公司研究院，南京　210048）

摘　要　随着社会和工业化的发展，煤炭及其他化石能源的燃烧造成了严重的环境问题，其中二氧化碳（CO_2）温室气体的排放威胁着生态可持续发展。CO_2 的捕集与分离技术被公认为减少碳排放的最有效途径之一。金属-有机骨架（MOF）材料是一类相对较新的具有独特结构特征，高比表面积、孔结构可调和稳定的多孔材料。与活性炭和沸石分子筛等传统吸附剂材料相比，MOFs 拥有更高的吸附量，并且能够通过合理的设计和合成，调整结构有效地提升 CO_2 的吸附和分离效果。文章全面介绍了 MOF 材料在设计和合成方面取得的重大进展以及它们在碳捕集中的应用，讨论了基于 MOF 材料的 CO_2 捕集性能与结构之间的关系。

关键词　碳中和　吸附剂　二氧化碳捕集

随着社会的快速发展，化石燃料能源的消耗急剧增加，导致环境污染与温室效应日益严重。中国自 2009 年超过美国，成为世界上最大的碳排放国。在 2015 年，中国的 CO_2 排放量已达到了 104 亿 t，占全球 CO_2 总排放量的 29%[1]。为了减缓全球变暖的速度，达到节能减排的环保要求，中国一直加快推动绿色低碳发展，降低碳排放强度，力争于 2030 年前碳排放达峰，2060 年前实现碳中和。石化行业作为中国经济的核心产业之一，是 CO_2 排放的大户，预计 2020 年排放量占比达到工业排放量总和的 20%[2]。因此，对 CO_2 进行有效捕集及存储迫在眉睫。由于传统化学溶剂吸收法在吸收/解吸过程中存在能耗高、吸收剂损耗严重、再生过程会对环境有二次污染等问题[3]，利用固体吸附材料受到了广泛的关注。

金属-有机骨架（MOFs）材料[4]是由含氧、氮等的多齿有机配体与金属离子自组装而成的具有超分子微孔网络结构的配位聚合物。由于其比表面积大、孔道结构可调控、配体易修饰等优点，MOFs 在吸附分离小分子气体方面具有潜在的应用价值。因此，MOFs 被认为是迄今为止最具前景的 CO_2 吸附材料之一[5,6]。相较于沸石分子筛、活性炭、碳纳米材料等多孔固体材料吸附剂，MOFs 具有更高的吸附能力和选择性，对 CO_2 的吸附效果更优。

目前，对于 MOFs 的开发和性质的研究虽然较多，但是在其吸附 CO_2 方面的系统性综述还非常有限。本文将从 MOFs 的结构极合成方法、MOFs 的 CO_2 吸附能力及机理和提高 MOFs 吸附 CO_2 能力的策略三个方面对 MOFs 的 CO_2 吸附进行总结，为未来 MOFs 吸附 CO_2 的成功应用指明可能的发展方向。

1　MOFs 的结构

几乎所有的金属和各类有机物都可以用来制造 MOFs，因此，具有不同结构和性能的 MOFs 材料种类繁多。按结构不同，MOFs 可划分为诸多系列，如 ZIF、MIL、PCN 等系列。

现将一些对 CO_2 具备较高吸附性能的经典 MOFs 的结构和吸附能力介绍如下。

1.1 HKUST-1

HKUST-1(又名 Cu-BTC)由 Chui 等首次报道[7]。是一类具有独特孔笼-孔道结构的 MOF 材料。该 MOF 由双核铜与均苯三甲酸(H_3BTC)自组装而成，它的主要结构特点是：具备类似桨轮结构的次级结构单元(SBU)；每个均苯甲酸配体和 3 个 SBUs 相连，构成含有近八面体结构的孔笼；每个孔笼有 4 个窗口孔道，连接到三维正交孔道；正交孔道间也相互连接，形成类似正方形的接口。最初报道的 HKUST-1 孔径大小约为 9Å×9Å，BET 比表面积为 920~1507m^2/g。

1.2 MIL 系列

MIL 系列材料可分为两类[8]：一类为镧系和过渡金属元素与戊二酸、琥珀酸等二元羧酸合成；另一类则是由三价的铬、铁、铝或钒等金属与对苯二甲酸或者均苯三甲酸等羧酸合成。MIL 系列中，MIL-53、MIL-100 和 MIL-101 最为典型。

MIL-53 由八面体的 $MP_4(OH)_2$(M 为金属中心)SBUs 构成，每个 SBU 由羟基氧连接，最后与有机配体相互连接形成一维菱形孔道[9]。MIL-53 的孔径大小会随温度的变化而变化，即"呼吸现象"，高温下约为 8.5Å×8.5Å，低温下约为 2.6 Å×13.6Å。而在 MIL-100/101 中，带有金属离子的无机基团与二羧酸配体形成超四面体 SBU([$M_3O(F/OH)(H_2O)$])，这些 SBUs 又通过与氧原子间的共价键相连在三维空间上形成更大的拓扑结构[9]，形成由 29~34Å 的六边形孔面形成的介孔和 25~29Å 的五边形孔面形成的微孔。

1.3 MOF-74 系列

MOF-74 的结构是由二维六方孔道构成的三维类蜂巢状骨架，孔径为 1.1~1.2nm，在蜂巢交叉口是由八面体配位的金属与氧缩合形成的螺旋链，其中一个金属原子与来自溶剂水分子中的 6 个氧原子配位形成金字塔构形的六环螯合物，其中金属中心占据顶点[9]。在 MOF-74 系列中由于金属离子的不同，其如孔隙率、比表面积、孔容等结构性能参数也不同。

1.4 PCN 系列

PCN 也是一类具有孔笼-孔道结构的 MOFs，其中 PCN-16 、PCN-88、PCN-305 的研究较多。由于 PCN-88 具有高密度的铜金属不饱和位点，对 CO_2 气体具有特殊的选择性。在该结构中每两个铜离子与 4 个 α-羧酸中的氧原子相连，形成灯笼形的四面体，然后由附加的 β-羧酸相连形成四棱柱形的 SBU。每个 SBU 再通过金属与氧原子相连形成三维构型[10]。

2 MOFs 的 CO_2 吸附能力及机理

自 MOFs 问世以来，由于其高孔隙率和配位能力，一直是吸附和捕集 CO_2 的潜在应用对象。到目前为止，许多 MOFs 研究都报道了对 CO_2 的吸附，汇总如表 1 所示。

表1 MOF吸附剂材料 CO_2 捕集能力汇总

吸附剂材料	吸附压力/bar	温度/K	吸附能力/(mmol/g)
HKUST-1	1	298	4.1
MIL-96	10	303	4.4
Mg-MOF-74	1	296	8
Zn-MOF-74	1	296	5.5
Ni-MOF-74	1	296	5.8
Co-MOF-74	1	296	7
PCN-88	1	273	7.1
NH_2-MIL-125	1	273	4.0
NH_2-MIL-125	1	273	4
FJI-H14	1	195	12.5
NU-1000	40	298	46.4
Mg_2(dobpdc)	1	298	6.4
CAU-1	1	273	7.2
Cu-TDPAT	1	298	5.9
CPF-6	1	273	4.4
ZJNU-43	1	296	4.6
TiO_2/GO纳米复合材料	1	298	1.9
沸石分子筛13X	1	301	3.2
活性炭H-600	1	298	1.73

CO_2 在MOFs材料上的吸附机理主要是通过静电吸附作用、氢键作用及与金属配位等，主要取决于吸附材料的金属中心、孔表面的官能团及孔径大小。华中科技大学煤燃烧国家重点实验室研究了M-MOF-74材料的吸附机理，结果显示M-MOF-74能有效地吸附 CO_2 分子，吸附能可达-44.38 kJ/mol，CO_2 的吸附作用主要来自范德华力和静电力[11]。总而言之，框架和 CO_2 吸附剂分子之间的相互作用起着关键作用，增加这种相互作用的强度可以增强 CO_2 的吸附能力。

3 提高MOFs吸附 CO_2 能力的策略

MOFs材料对 CO_2 的吸附量屡创新高，这是今人在前人的基础上不断创新，但也仍然有可以改进的空间。遵循MOFs吸附 CO_2 的机理，提升其 CO_2 吸附能力一般有以下策略。

3.1 利用开放金属位点

在MOFs的SBUs上接入开放金属位点(OMSs)是改善其 CO_2 吸附性能的最广泛使用策略之一。一般来说，通过真空、加热方法去除MOF中SBU上的端基配体(例如水、DMF和甲醇)，可以得到 OMSs 并保留 MOFs 的整体结构。这些 OMS 通常作为路易斯酸位点(LASs)，可以与 CO_2 配位。特别是在低吸附分压下，Lewis 酸性 OMSs 的这种特性可以提升许多 MOFs 对 CO_2 的亲和力。

3.2 利用 Lewis 碱位点

除了利用基于 SBUs 的 OMSs 的策略，同样可以从 MOFs 的另一组成部分，即有机配体入手。将带有 Lewis 碱位点(LBSs)的有机配体加入 MOFs 中，可以大大增强其与 CO_2 的结合力。这种策略的灵感来自胺类水溶液出色的 CO_2 吸收能力。除了胺官能化的配体，其他包括嘧啶、三嗪和唑等含氮配体，也被用来合成带有 LBSs 的 MOFs。为了提升 MOFs 对 CO_2 的结合力、选择性和吸附可逆性，通常将 MOFs 的孔中修饰有多个 LBSs。LBSs 的数量和可利用率同样对 MOFs 的 CO_2 吸附能力有着重要影响。

3.3 利用极性官能团

并非所有 MOFs 的有机配体都含有 LBSs，作为替代的一种策略是引入极性官能团，包括-F、-Br、-Cl、-OH、-COOH、$-NO_2$、$-SO_3$ 等。这是基于极性官能团的偶极矩和 CO_2 的四极矩之间的相互作用。一般来说，有两种方法已经被用于合成这种带有极性官能团的 MOFs。第一种是使用官能化的配体直接合成 MOFs；另一种方法是通过在合成 MOF 中选择非常见的金属—羧酸基在孔道中引入极性官能基团。向 MOFs 的孔中引入极性官能团。研究表明，这些极性官能团的引入很好地增强了 MOFs 的 CO_2 吸附能力。

3.4 调控孔尺寸

由于 CO_2 的分子动力学直径相对较小(3.3Å)，微孔通常比中孔和/或大孔更有利于增强 MOFs 的 CO_2 吸附能力和选择性。选择合适的金属盐和有机配体的可以制备各种孔径的 MOFs。除此之外，通过孔隙分割(PSP)，即通过插入额外的有机配体或其他客体将孔笼或孔道分割成较小的片段，也可以减小 MOFs 的孔径尺寸，从而提升对 CO_2 吸附能力。

3.5 利用柔性骨架

在暴露于外部刺激(如压力和/或温度)时，某些 MOFs 会发生结构变化，导致"门控(gated)"的 CO2 吸附。例如，这些 MOFs 的 CO_2 吸附能力在一个确定的相对压力下(称为门压)突然急剧增加。一般认为，这种 MOFs 的结构柔性主要与所谓的具有"呼吸效应"的软多孔晶体有关。特异性的"门控(gate-opening)"可以赋予柔性 MOFs 高效的 CO_2 吸附和分离性能。

3.6 利用疏水性骨架

考虑到几乎所有实际 MOFs 的 CO_2 吸附是在有水的条件下进行，因此，疏水性骨架更适合在实际条件下捕集二氧化碳。就大多数骨架的相互作用而言，虽然水的大偶极矩使其比 CO_2 更强，但疏水性的 MOFs 能够抑制水的竞争性吸附。通过引入疏水性有机配体等方法，可以有效降低 MOFs 的吸水性，从而将更多的吸附空间留给 CO_2。

4 结论

与其他多孔固体材料相比，MOFs 在混合气体的情况下，对 CO_2 既具有较高的吸附量，又具有出色的选择性。这源于 MOFs 的独特特性，包括结构的柔韧性、骨架合成后改性的潜力以及相对简单的复合材料制备。然而，仍然有一些挑战需要解决。例如，许多 MOFs 在水、水蒸气和酸性气体同时存在的情况下仍然具有较低的 CO_2 选择性。此外，一些性能优异的 MOFs 缺乏实际应用的必要稳定性。虽然已经有一些策略被报道以改善 MOFs 的水和酸稳定性，但可能会伴随着新的问题，如显著减少的比表面积和/或孔体积。面对如今吸附 CO_2 技术的挑战，新型的 MOFs 材料将有广阔的发展前景。

参 考 文 献

[1] Zhang L, Shen Q, Wang M, et al. Driving factors and predictions of CO_2 emission in China′s coal chemical industry[J]. Journal of Cleaner Production, 2019, 210: 1131-1140.

[2] 张瑞波，杨玉敏，何庆生，等．石化企业 CO_2 排放量估算与排放特征分析[J]．能源环境保护，2019，33(2)：37-40.

[3] Ghanbari T, Abnisa F, Daud W M A W. A review on production of metal organic frameworks(MOF)for CO_2 adsorption[J]. Science of The Total Environment, 2020, 707: 135090.

[4] Millward A R, Yaghi O M. Metal-organic frameworks with exceptionally high capacity for storage of carbon dioxide at room temperature[J]. Journal of the American Chemical Society, 2005, 127(51): 17998-17999.

[5] Kenji Sumida, David L. Jeffrey R. Long, et al. Carbon Dioxide Capture in Metal-Organic Frameworks[J]. Chemical Reviews. 2012, 112(2): 724-781.

[6] 何炽，陈长伟，马牧笛，等．一种钴镍双金属有机框架二氧化碳吸附材料及其制备方法与应用[P]．中国专利：CN201910652086.9，2020-01-06.

[7] Chui S S Y, Lo S M F, Charmant J P H, et al. A chemically functionalizable nanoporous material $[Cu_3(TMA)_2(H_2O)_3]_n$[J]. Science, 1999, 283(5405): 1148-1150.

[8] 吴事剑，王荷英，李晗，等．MIL 系列 MOFs 材料的合成及应用研究进展[J]．广东化工，2012，39(15)：3-4，6.

[9] 赵倩，冯东，汪洋，等．配位不饱和金属-有机骨架材料吸附 CO_2 的研究进展[J]．化工进展，2017，36(05)：1771-1781.

[10] Ding M, Jiang H L, Yaghi O M, et al. Carbon capture and conversion using metal-organic frameworks and MOF-based materials[J]. Chemical Society Reviews, 2019, 48(10): 2783-2828.

[11] 张丙凯，刘晶，王敏俊，等．CO_2 在金属有机骨架材料 M-MOF-74 的吸附机理[J]．燃烧科学与技术，2014，20(3)：252-256.

炼化装置薄板式空冷器失效分析与防护

张学恒

（中国石化青岛炼化公司设备处，青岛　266500）

摘　要　薄板式空冷器一般应用于炼化企业常减压装置、气分装置等，一般采用表面蒸发湿空冷的设计形式，根据工艺介质不同，板片主要材料有2205双相钢、316L不锈钢等材质。本文对2205双相钢、316L不锈钢两种材质的薄板湿空冷运行失效进行分析。结果表明，失效的形式与板片材质、焊接工艺、工艺运行有较大关系，并提出防控措施，以保证设备长周期运行。

关键词　表面蒸发薄板式空冷器　2205　316L

表面蒸发板式空冷器是一种将水冷与空冷，传热与传质过程融为一体且兼两者之长的新型空冷器，具有优良的传热性能，它是一种传热效率高、投资省、操作费用低、结构紧凑、节能、节水的高效冷凝冷却设备。表面蒸发板式空冷器一般由板束、构架水箱、喷淋水系统等构件组成，板束板片一般为厚度0.6~1mm的薄板，经过模压成LT波纹板型，根据工艺介质不同，主要有2205双相钢、316L不锈钢等材质。常减压装置稳定塔顶物料为液化气和少量干气，介质中氯化物和硫化物含量较高，一般选择2205双相不锈钢材质，催化气分装置由于塔顶介质不含氯，一般选择316L不锈钢材质。

1　情况简介

炼化企业的薄板式空冷器多次出现过失效泄漏，部分装置新投用的表面蒸发板式空冷器运行不到1年，相继发现多台空冷器板片出现泄漏。失效部位和形式多样，2205双相钢、316L不锈钢等均出现过失效泄漏。

气分装置丙烯塔顶板式空冷器材质多为316L，某公司投用后一年时间内并列布置的316L管束多台相继发生泄漏，设备运行可靠性大大降低。丙烯塔顶流程见图1。

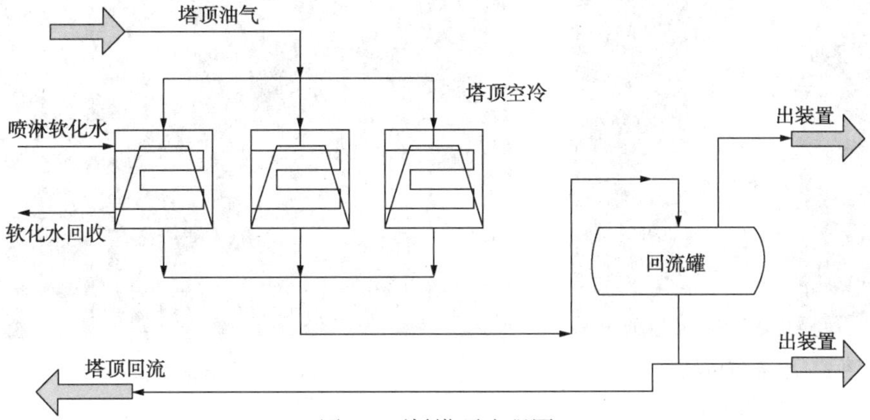

图1　丙烯塔顶流程图

常减压蒸馏装置稳定塔顶板式空冷器材质多为2205双相钢，新空冷器投用后，一年时间内也相继发生泄露。稳定塔顶气相流程见图2。

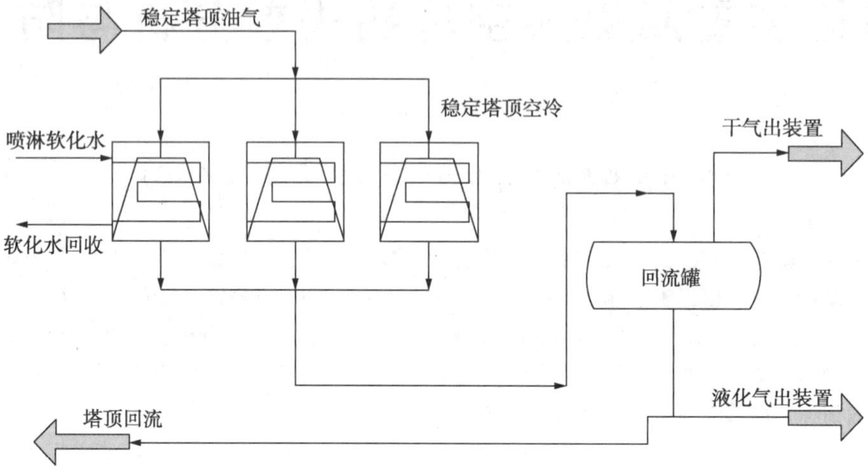

图2 稳定塔顶气相流程图

2 失效分析

2.1 失效部位

空冷器板束结构为薄板片压制成型，两边薄板组焊并与夹持镶块焊接固定后，再与管箱端板焊接构成，图3为空冷板束的基本结构。

对于板式空冷，失效部位较多位于两片薄板的长条焊缝和夹持镶块与管板的焊缝处，如常减压2205空冷器失效部位均集中位于2205双相不锈钢两板片贴合处和管箱镶块夹持的边缘焊缝部位，泄漏部位见图4。

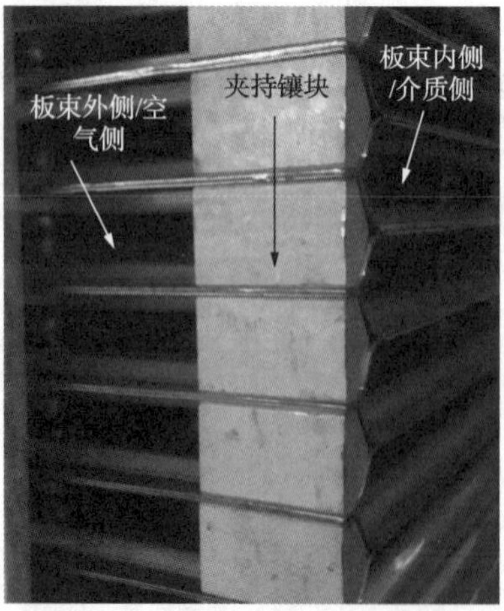

图3 空冷板束结构

图4 空冷器泄漏部位

但也有失效部位并不在焊缝和热影响区，而位于板片中间，如气分 316L 空冷失效部位均集中位于 316L 不锈钢板束中间压泡部位，泄漏部位见图 5。

图 5　气分空冷器泄漏部位

2.2　运行分析

气分丙烯塔顶空冷器管程介质主要为液化气组分，不含氯，含微少量硫化氢，工艺介质腐蚀性较低。常减压稳定塔顶空冷器管程介质主要为含硫、氯离子污水、液化气和少量不凝气，腐蚀性杂质主要包括硫化氢和氯离子溶液。

从失效部位来看，气分空冷器失效部位位于薄板压泡凸起部位，表面有结垢现象，分析为外部介质腐蚀失效可能性。而常减压空冷器失效部位位于两板片贴合焊缝和管箱夹持镶块的边缘焊缝结合部位，分析为内部介质腐蚀+焊接应力双重影响。

2.3　失效分析

2.3.1　失效部位形貌

截取失效的 316L 板片和 2205 板片进行分析，其中 2205 板片分析了母材和焊缝及热影响区。

图 6 为 316L 板片失效部位的宏观形貌，可见穿孔部位蚀孔的外壁侧孔径达到 2. 15mm，较内壁侧孔径 1. 24mm 大，且在外壁侧蚀孔周围可见大小不一的点蚀坑，而内壁蚀孔周围未见其他腐蚀坑，说明腐蚀起源于外壁。

图 7 为 2205 板片失效情况，板片母材良好无裂纹，失效裂纹位于电阻焊焊缝内部且扩展方向平行于焊接方向，裂纹的一端与镶块的边缘位置在纵向位置上接近。

2.3.2　腐蚀成分分析

对 316L 不锈钢材料分析符合 316L 金属材质，对失效部位的腐蚀产物进行 EDS 分析(图 8)，表明点蚀部位表面除含有材料金属中的元素外，还含有 O、Ti、Si、Al、K、Ca、Na、Mg、S、Cl 元素。其中 Cl 元素含量为 0. 2%(质量分数)。

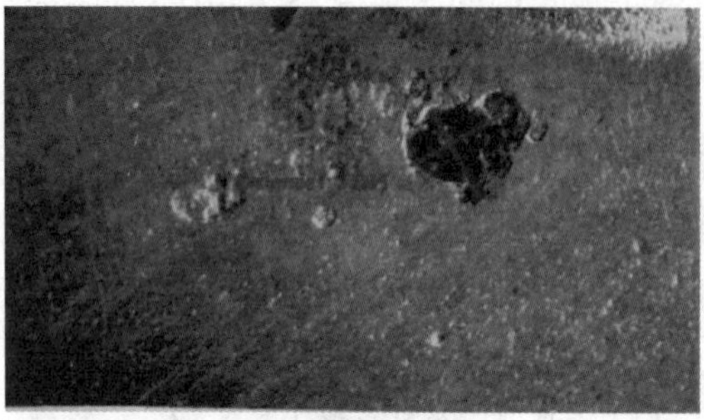

(a)穿孔部位外壁

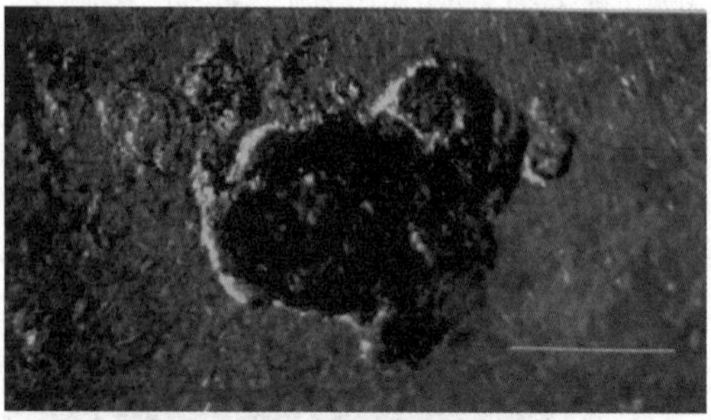

(b)穿孔部位外壁放大

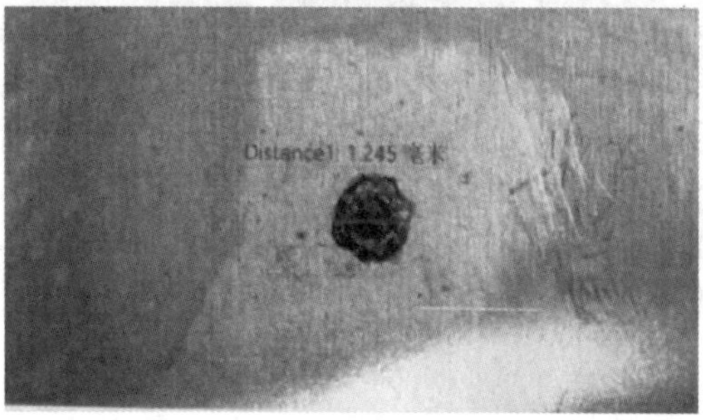

(c)穿孔部位内壁

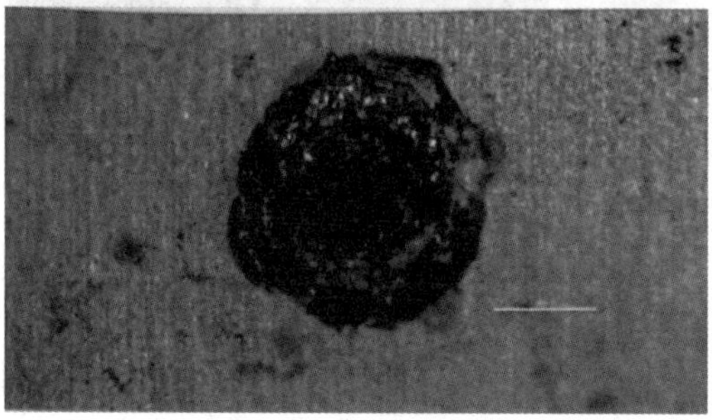

(d)穿孔部位内壁放大

图 6　失效部位宏观形貌

图 7　试样宏观形貌

图 8　试样宏观形貌

通过对316L板片外表面的泥垢样分析，发现其中Ca离子含量高，这些Ca离子分析认为是由喷淋水系统和大气微尘带来，表1为表面泥垢样分析组成。

表1　表面泥垢样分析

泥垢样组成	含量/(mg/kg)	泥垢样组成	含量/(mg/kg)
铁含量	30.8	镁含量	30.1
钠含量	81.3	硅含量	532
钙含量	28700		

对2205试样板片材料分析，发现母材材料化学成分满足ASTM A240标准要求，但Cr含量22.27(标准22~23)、Mo含量3.1(标准3~3.5)，均靠近标准下限，对内表面的腐蚀产物进行EDS成分分析，同样发现腐蚀产物中含有较高的硫化物和氯化物。

2.3.3　金相分析

对316L板片和2205板片失效部位金相进行分析，发现316L母材组织中为常规奥氏体，点蚀部位金相组织并无明显异常，说明板片并无材质缺陷，腐蚀穿孔并非材料劣质化导致。

(a)板片外壁侧金相组织　　(b)板片蚀孔部位金相

图9　失效部位金相组织

而2205板片焊缝和母材区呈现不同的金相组织。母材组织细小致密，组织为铁素体加奥氏体，比例满足40%~60%标准要求；焊缝区晶粒组织比母材粗大，金相组织以铁素体为主，尤其是电阻焊部位，铁素体含量超过90%，已经失去双相钢的原有金属组织特性。

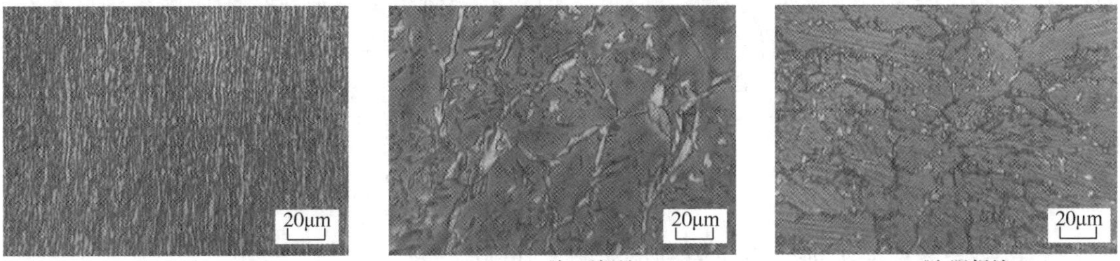

(a)1#母材　　(b)1#氩弧焊缝　　(c)1#电阻焊缝

图10　2205金相组织

3 失效原因综合分析

3.1 腐蚀因素

实验表明，当 Cl^- 浓度大于 300mg/L 时，316L 不锈钢板片的腐蚀电位下降明显[1]。316L 金属表面本来处于钝化状态的金属膜，溶解和再钝化处于平衡状态，当介质中含有一定浓度的 Cl^- 时，平衡会受到破坏，处于金属表面的金属原子有进入溶液的倾向，表现出富余的成键能力，吸附溶液中的 Cl^-，Cl^- 又能优先的选择吸附在钝化膜上，把其中的氧原子替代，结合成新的可溶氯化物，结果在金属表面钝化膜薄弱的地方上形成腐蚀坑。

气分空冷工艺介质中并不含氯，通过腐蚀形貌判断腐蚀产物中的氯来自喷淋水系统中的浓缩氯。喷淋水的 Cl^- 一般为除盐水，正常指标控制在 50mg/L 以下，但由于蒸发浓缩，若没有及时的置换调整，一段时间内 Cl^- 浓度大幅上升，导致腐蚀速度加剧。另外除盐水系统引入城市中水或其他水源时，Cl^- 含量控制不稳定，容易破坏表面钝化平衡，导致氯离子点蚀。

3.2 焊接工艺

双相不锈钢焊接接头当铁素体和奥氏体量各接近 50%时，双相不锈钢焊接接头性能较好，接近母材的性能。改变这个比例关系，将使双相不锈钢焊接接头的耐蚀性能和力学性能(尤其是韧性)下降[2]。在 2205 双相不锈钢焊接过程中，受热循环作用，焊缝金属从高温冷却时铁素体向奥氏体的转变极不平衡，该转变和焊缝的成分、冷却速度有关[3]。在凝固点至 1200℃，所有双相不锈钢的金相组织全部由铁素体组成，奥氏体是在 1200℃～800℃冷却过程中从铁素体析出的，而奥氏体析出的多少受诸多因素的影响。过低的焊接线能量，尤其是板片与端板焊接部位，由于热扩散较为迅速，快速冷却导致热影响区和焊缝组织奥氏体来不及析出，铁素体含量过高，大大降低了耐腐蚀性能和力学性能，而且由于焊接热循环的作用，在焊接时相当于对焊缝及热影响区进行局部热处理，焊缝金属处于热力不平衡状态，采用同质焊接材料和填丝焊材料或者焊丝填充量不足时，会导致焊缝金属的铁素体含量大大增加，甚至出现纯铁素体，使得机械性能和耐腐蚀性能下降[4]。

从结构上分析，由于板片上镶块夹持的边缘部位结构不连续，成型焊道后续又经过多次焊接，造成 2205 双相钢焊缝处金属组织热输入不平衡，局部有 δ 相析出[5]，在周围形成贫铬区，材质劣化严重，抗腐蚀能力大大降低。焊缝处金属组织不连续成为应力集中区，在工艺介质中硫、氯等腐蚀元素的作用下，发生板片焊缝组织的应力腐蚀开裂，断裂机理为解理断裂。

4 结论

(1) 板式空冷器的失效主要受腐蚀的影响，Cl^- 和 S^- 是主要腐蚀元素；

(2) 316L 板片主要受 Cl^- 点蚀影响；

(3) 2205 双相钢主要受介质腐蚀和应力腐蚀开裂共同作用造成的。

5 控制措施

5.1 材料控制

316L 和 2205 板片用材的牌号和化学成分应满足相关标准，且 Cr、Mo 含量应在标准范围内含量靠上限，尽量降低材料杂质含量，提高抗点蚀能力。

5.2 工艺控制

（1）2205 板片应调整焊接工序，降低板片夹持镶块部位的焊接次数，降低焊缝部位的应力。控制焊接电流，维持合适的焊接线能量输入，控制层间温度小于 150℃，保护气体选 98%Ar+2%N，既要避免降温过快奥氏体含量过低，又要避免温度过高导致金属组织 δ 相析出，应保持板片母材区域奥氏体含量应为 40%~60%，焊缝及热影响区、焊接接头进行奥氏体含量检测，含量控制在 30%~70%。

（2）喷淋水系统应用的喷淋水应严格控制 Cl^- 和钙、镁、硅等指标，对喷淋水质增加实时监控系统，分析指标引入 DCS 监控，避免超标对设备造成损坏。

（3）表面蒸发板式湿空冷的板片应定期采用高压除盐水冲洗，尤其注意冲洗压泡部位的结垢，避免大量垢类堆积引起垢下腐蚀。

6 结语

316L 和 2205 双相钢薄板空冷都出现过失效泄漏，主要由于材料、制造工艺和介质腐蚀导致。应从材料来源加强控制，应用杂质含量低的优质进口板片，2205 双相钢应制定合适的焊接工艺，确保焊缝部位和热影响区的铁素体和奥氏体含量比例合适，避免有害中间相的析出，保证材料本身的抗腐蚀性不受影响。并应加强运行管理，着重控制介质中硫、氯含量不超标，应严格控制喷淋水系统中的 Cl^- 和钙、镁、硅等含量，应增上实时监控系统，加强工艺管理，提升管控措施，确保设备长周期运行。

参 考 文 献

[1] 刘桢，何刚．浅析 316L 板壳式换热器耐蚀性机理[J]．纯碱工业，2011(3)：11-15.
[2] 岳斌，马鹏举．2205 双相不锈钢的焊接工艺研究[J]．化工机械，2009(1)：5-8.
[3] 刘廷材．铁素体-奥氏体双相不锈钢的焊接性能[J]．焊接学报，1988(4)：213-221.
[4] 胡红芳．双相不锈钢 2205 焊接工艺研究[J]．工艺与设备，2011(11)：274-275.
[5] 刘雄，丁秀平，何燕霖，等．2205 双相不锈钢高温下 δ 相析出的原位观察[J]．上海金属，2010(3)：8-10.

高效单旋式换热器在大型连续重整装置的替换应用

肖建韩

（中石油云南石化有限公司，昆明 650300）

摘　要　重整进料换热器是确保装置平稳、高效运行的关键设备，直接影响装置综合能耗水平。云南石化公司2.4Mt/a连续重整装置采用高效单旋式换热器替换焊接板式换热器，消除原焊接板式换热器板/壳程总压降高的瓶颈问题，解决原焊接板式换热器板程内漏的重大生产隐患，充分发挥出高效单旋式换热器换热效率高效稳定、管/壳程总压降低等优点。在装置满负荷工艺操作条件下，高效单旋式换热器管壳程总压降87.86kPa，装置综合能耗54.79kgeo/t，低于原焊接板式换热器正常运行能耗超过7 kgeo/t。

关键词　高效单旋式换热器　运行瓶颈　总压降　综合能耗

云南石化公司2.4Mt/a连续重整装置采用UOP连续重整工艺技术，以上游轻烃回收装置稳定石脑油为主要原料，掺炼加裂重石、汽柴油改质石脑油。该装置重整进料换热器原设计采用焊接板式换热器。生产运行过程中原焊接板式换热器内漏导致装置运行经济效益受损、产品质量下降。调研同类装置进料换热器运行效果，公司决策选用高效单旋式换热器替代原焊接板式换热器。该台高效单旋式换热器投用后，消除原焊接板式换热器板/壳程总压降高，高负荷运行氢油比控制困难的运行瓶颈；解决原换热器板程内漏的重大生产隐患，使重整反应产物分布得到明显改善，混苯质量平稳受控；同时装置运行综合能耗显著降低。

1　高效单旋式换热器结构及特点

1.1　结构

高效单旋式换热器主要由绕管芯体、壳体组成。其中，绕管芯体结构较复杂，由中心筒、换热管、垫条及管卡等组成，换热管紧密地绕在中心筒上，用平垫条及异形垫条分隔，以保证管子之间的横向和纵向间距，垫条与管子之间用管卡固定连接，换热管与管板采用强度焊加贴胀的连接结构，中心筒在制造中起支承作用，要求有一定的强度和刚度。壳体由筒体和封头等组成。氢气由循环氢入口进入换热器，原料重石脑油自油入口进入换热器后与氢气混合，通过分配盘使油气得到充分的混合后进入换热管[1]。

1.2　特点

高效单旋式换热器设计采用U型管，将有限空间内的换热管增长，并将对应的换热构件进行高效单旋式处理，借助结构改变，提升传热效果[2]。高效单旋式换热器对比传统板式换热器有以下特点：

（1）高效单旋式换热器热补偿性好且抗波动能力强。采用超长换热管螺旋绕管束，两端均有自由段，实现热膨胀自行补偿，大大减少换热器壳体与管束之间因热膨胀差而产生的热应力，可减少管板的厚度；具有较高的抗内外压差和温差性能[3]，不容易发生泄漏，操作可靠性更高。

（2）高效单旋式换热器的换热管采用层间反向螺旋缠绕的结构，极大地改变流体流动状态，实现强烈的湍流效果，提高换热效率。因此，高效单旋式换热器可保证与板壳式换热器相同或相近的换热效率。

（3）高效单旋式换热器特殊结构对升降温速度并非十分敏感，使得设备在开停工过程中的操作弹性及安全性大大增加。

（4）若换热器内部出现积垢现象，高效单旋式换热器可以实现管程侧机械清洗以及管、壳程两侧的化学清洗，而板壳式换热器仅能选择化学清洗，效果不及高效单旋式换热器。

2 高效单旋式换热器替换应用

2.1 焊接板式换热器运行情况

重整进料换热器原设计采用焊接板式结构，投用初期换热效果较好、热端温差小，但换热器板程、壳程压降总和达到147kPa，超过设计值86kPa。在运行过程中，通过四反出口反应产物与产物分离罐反应产物样品分析，判断进料换热器内漏，初始泄漏率在5%以上(以总环烷烃为基准)。伴随运行时间延长，泄漏量逐步扩大，混合二甲苯产品质量下降，影响装置运行效益。装置曾两次停工抢修处理，因受焊接板式换热器结构限制，抢修后效果不明显，更高的反应温度脱戊烷油中芳烃含量、辛烷值均下降，且 C_8、C_9 环烷烃含量增加明显，且混合二甲苯质量不可控。

原焊接板式进料换热器运行数据见表 1。

表 1 原焊接板式进料换热器更换前运行数据

项目			2017.8.21	2018.6.4	2018.12.7	2019.7.13
操作参数	重整进料量/(t/h)		175.2	179.6	219.3	232.7
	WAIT/℃		515.6	519.9	516.5	523.8
进料换热器	板换进料温度/℃		86.1	92.72	90.4	99.4
	板程压差/kPa		53.8	56.8	61.9	70.0
	壳程压差/kPa		93.0	91.6	103.8	100.4
	板壳程总压降/kPa		146.8	148.4	165.7	170.4
产品性质	脱戊烷油	N/%	1.34	1.67	2.97	6.37
		A/%	73.09	70.13	67.41	58.95
		C_8N/%	0.14	0.22	0.57	1.59
		C_9N/%	0.03	0.15	0.48	1.52
		RON/%	99.5	98.6	98.3	89.6

2.2 高效单旋式换热器设计制造

为彻底解决重整进料换热器内漏带来一系列生产运行瓶颈问题，公司经过充分调研论证，决策用高效单旋式换热器替换焊接板式换热器。在高效单旋式换热器设计制造阶段提出以下要求：

（1）裙座基础标高及地脚螺栓安装尺寸与原设备保持一致，利用原设备的基础和构架，减少施工工作量。

（2）设备接管法兰的设计应与原设备相应的接管法兰尺寸一致，确保热端进出口工艺管线不作调整。

（3）高效单旋式换热器各项性能达到原设计指标要求。

2.3 高效单旋式换热器现场安装

因受运输条件限制，该高效单旋式换热器采用分体运输，现场组装的形式进行安装。首次实现高效单旋式换热器厂外组装调试的工作。新换热器吊装就位后，完全符合原设计标高尺寸，为同类设备替换、厂外组装积累宝贵经验。

3 高效单旋式换热器应用效果

3.1 更换前后设备参数分析

更换前后进料换热器操作参数对比见表2。

表2 更换前后进料换热器操作参数对比

项目	原焊接板式换热器		高效单旋式换热器	
	2017.8.16（投用初期）	2019.10.20（投用末期）	2019.11.9（投用初期）	2020.8.20（100%负荷）
加工量/(t/h)	190	214	240	285
管程压差/kPa	58.15	99.41	37.78	47.96
壳程压差/kPa	100.41	81.19	28.97	39.9
总压差/kPa	158.56	180.6	66.75	87.86
热端温差/℃	16.35	76.46	22.15	32.3
循环氢量/(Nm^3/h)	157896	126358	130234	140708

通过表2实际运行数据，高效单旋式换热器与焊接板式换热器操作参数对比分析如下：

（1）高效单旋式换热器管/壳程压降均比焊接板式换热器板/壳程检修前后压降低。满负荷工况条件下总压降87.86kPa，远低于焊接板式热器66%负荷总压降158.56kPa，体现高效单旋式换热器结构优点。

(2) 高效单旋式换热器热端温差随加工负荷而变化不明显，100%负荷条件下热端温差满足设计要求，焊接板式换热器热端温差初期控制较低，但在内部结构修复后热端温差变化明显。体现高效单旋式换热器换热效率高效稳定的特点。

3.2 更换前后综合能耗对比

高效单旋式换热器投用后，满负荷工况总压降远低于焊接板式换热器低负荷总压降。系统总压降改善，使循环氢压缩机出口压力发生明显变化，中压蒸汽单耗降低；因高负荷条件下，换热效果稳定，燃料气单耗明显改善。装置综合能耗对比分析见表3内容。

表3 进料换热器更换前后能耗对比

项目	原焊接板式换热器		高效单旋式	
	2017.8.16（投用初期）	2019.10.26（投用末期）	2019.11.9（投用初期）	2020.8.20（100%负荷）
重整进料量/(t/h)	193.7	214	240	285
燃料气流量/(Nm^3/h)	9545	10805	10479	14039
循环机蒸汽消耗/(t/h)	75	66	66	90
燃料气单耗/(kgeo/t)	43.84	43.81	40.73	42.54
中压蒸汽单耗/(kgeo/t)	35.05	28.28	27.11	26.54
综合能耗/(kgeo/t)	62.12	60.45	57.53	54.79

从表3数据可以看出，更换高效单旋式换热器后能耗变化情况：

(1) 高效单旋式换热器换热效果稳定高效，受加热炉操作条件、原料性质等综合因素影响，综合能耗明显改善。新换热器投用初期，燃料气单耗降到新低，比原焊接板式换热器正常运行期间最好指标低近3 kgeo/t，满负荷工况条件燃料气单耗也低于原焊接板式换热器正常运行单耗。

(2) 高效单旋式换热器管/壳程总压降降低，反应系统总压降随之改善，循环氢压缩机中压蒸汽用量明显减少，中压蒸汽单耗比原焊接板式换热器换热器正常运行期间下降近8 kgeo/t。

(3) 低负荷工况下，装置综合能耗总体下降接近5 kgeo/t；满负荷工况装置综合能耗下降超过7 kgeo/t。

(4) 两台换热器投用初期，低负荷工况下，重整循环压缩机中压蒸汽节约平均用量15t/h，蒸汽以238元/t计算，仅蒸汽消耗一项年节约成本：15×8400×238＝2998.8万元。

3.3 关键工艺参数运行分析

高效单旋式换热器更换前后，反应、再生系统压力和压差有明显变化，数据统计见表4内容。

表4 关键工艺参数对比统计表

名称	更换前	更换后
	2019-10-20	2019-11-11
E0203产物与循环氢压差/kPa	256.18	210.8
混合进料E0203出口压力/MPa	0.41	0.42
反应产物E0203出口压力/MPa	0.33	0.28
E0203石脑油入口压力/MPa	0.55	0.49
E0203反应物出口压力/MPa	0.25	0.25
E0203循环氢入口压力/MPa	0.5	0.46
二反入口压力/MPa	0.38	0.37
四反入口压力/MPa	0.34	0.31
还原段高/反应器低压差/kPa	156.51	129.02
器间提升线压差/kPa	15.52	14.87
待生催化剂提升线压差/kPa	18.71	17.06
再生催化剂提升管压差/kPa	16.66	11.43
再生催化剂一次提升气压力/MPa	0.58	0.56
待生催化剂提升线压差/kPa	18.53	16.94
待生二次提升气压力/MPa	0.35	0.3
淘析气压力/MPa	0.33	0.28

从表4数据变化分析，更换高效单旋式换热器关键工艺参数有以下影响：

（1）更换高效单旋式换热器后，系统压降明显降低，有利于装置节能工作的开展，降低运行成本。

（2）更换高效单旋式换热器后，反应系统压力降低，有利于重整芳烃转化率的提升。

（3）更换高效单旋式换热器后，再生系统提升线压差降低，有利于改善催化剂提升，减少催化剂磨损。

（4）更换高效单旋式换热器后，反应系统压力降低，也会加快催化剂积炭速度。日常操作过程中要加强再生器烧焦的监控和催化剂碳含量分析，严控重整进料中C11+以上组分，管控重整进料终馏点。

4 结论

（1）高效单旋式换热器在某石化2.4Mt/a连续重整装置应用近一年来，装置不同负荷条件下换热效率高效稳定，满负荷工况下热端温差满足设计要求。

（2）高效单旋式换热器投用后，消除原焊接板式换热器板/壳程总压降高的瓶颈问题，满负荷运行工况下氢油比控制稳定，有利于装置高负荷平稳生产。

（3）高效单旋式换热器投用后，解决原焊接板式换热器板程内漏的重大生产隐患，使重整反应产物分布得到明显改善，混合二甲苯质量平稳受控。

（4）高效单旋式换热器投用后，反应系统压降明显降低，工艺参数控制稳定，装置运行综合能耗显著降低，满负荷工况条件综合能耗低于原焊接板式换热器正常运行能耗超过7kgeo/t。

参考文献

[1] 陈崇刚. 连续重整缠高效单旋式换热器的研制及工业应用[J]. 制造与安装，2011(6)：41-47.
[2] 刘松波. 高效单旋式换热器的研究现状分析[J]. 内燃机与配件，2018(11)：222-223.
[3] 孙秋荣. 3.2Mt/a 连续重整装置混合进料换热器更换[J]. 石油化工设备技术，2019(4)：64-65.

石化企业生产低碳排放产品的实践

简建超，陈　刚，王　军，喻　晖

（中国石化青岛炼化公司，青岛　266500）

摘　要　以某石化企业喷气燃料产品为例，对产品生产过程的碳足迹进行核算，得到其碳足迹为112.52kgCO_2/t。对碳足迹结果进行分析，制定了降低碳足迹的方案，结合机理模型测算，通过优化工艺路线和操作参数，提高喷气燃料产品中直馏喷气燃料的比例3.5个百分点，并通过实施一系列措施降低相关装置的能耗和氢耗，减少喷气燃料产品生产过程中的碳排放。喷气燃料产品的碳足迹降低了10.22kgCO_2/t，每年减少碳排放量1.5万t左右。

关键词　石化企业　喷气燃料　产品　碳足迹　碳排放

应对气候变化是全球共同的责任，在全球变暖问题日趋严重的背景下，碳减排工作越来越受到重视。石化企业为碳排放大户，因此对石化产品的碳足迹进行研究，制定措施降低产品碳足迹，有助于企业的绿色化转型升级，为社会的可持续发展作出应有的贡献[1]，具有较重要意义。一些学者开展了部分石化产品的碳足迹评价，田涛[2]、马玉莲[3]、孙潇磊[4]等分别对己内酰胺、PVC、沥青等产品的碳足迹进行了核算，但企业如何降低产品碳足迹，目前鲜有报道。喷气燃料是一种国际化大宗石化产品，国际航运已被证实会显著和持续地加剧气候变化[5]，本文以某企业喷气燃料产品为例，对其碳足迹进行核算，在此基础上分析制定降低碳足迹的方案并组织实施，实现生产低碳排放产品的目的。

1　石化产品碳足迹分析

碳足迹是指产品在生命周期各阶段累积的二氧化碳排放总量，包括原料获取、生产加工、储存运输、废弃物处理、产品使用、回收等环节产生的二氧化碳排放量[6]。石化企业主要加工的原料为原油，对于原料的获取、运输过程以及产品在最终销售和使用环节中的碳排放，不受本企业控制，且此过程中的碳排放相对比较固定，而不同企业在产品生产过程中的碳排放相差较大，因此石化企业应重点关注产品生产环节所产生的碳排放，分析影响生产过程中碳排放的因素，努力降低产品生产阶段的碳足迹。

以某企业喷气燃料产品为例，其生产工艺流程如图1所示，原油在1200万t/a常减压装置分离出喷气燃料原料和蜡油原料，分别进60万t/a喷气燃料加氢装置和200万t/a加氢裂化装置生产喷气燃料组分，经调和后作为喷气燃料产品。

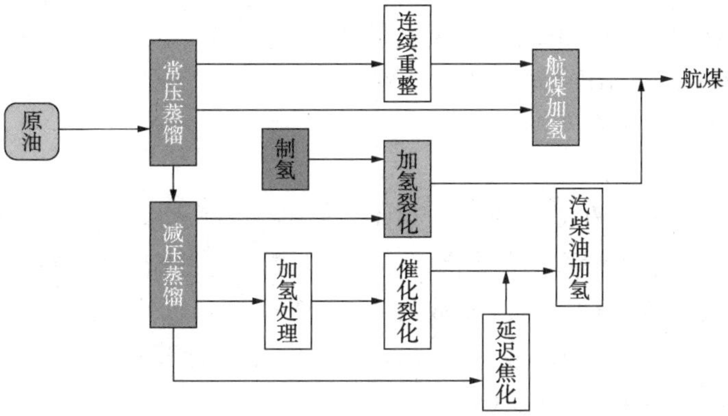

图 1 喷气燃料产品生产工艺流程

2 喷气燃料生产过程碳排放核算

2.1 常减压装置

装置生产过程中，化石能源消耗是碳排放的主要原因[7]，常减压装置使用燃料气、电力、水、蒸汽等会造成能源消耗从而产生碳排放，计算年度碳排放数据如表 1 所示。

表 1 常减压装置碳排量计算

能源介质		消耗量/t	排放因子①/($kgCO_2$/t)	碳排放量/($kgCO_2$)
一	水			
	其中：新鲜水	346	0.45	155
	循环水	28481983	0.30	8500505
	除氧水	63558	27.46	1745149
	除盐水	0	6.86	0
二	电/kWh	61841856	1.04	64315530
三	蒸汽			
	其中：输入 10kg	129534	226.82	29381358
	输入 3.5kg	8135	196.98	1602419
四	工艺炉燃料	82545	2649.48	218701723
五	热出料/kg 标油	-7660845	3.64	-27885476
合计				296361363

① 排放因子参考《石油化工生产企业 CO_2 排放量计算方法》(SH/T 5000—2011)确定。

常减压装置的碳排放总量为296361.363t，生产石脑油组分、喷气燃料组分、蜡油组分等侧线产品，产品总量为9741085t，按照重量分配法计算得出每吨侧线产品的 CO_2 排放系数为 $296361.363/9741085\times10^3=30.42kgCO_2/t$。

2.2 重整装置

重整装置的碳排放包括生产过程中使用能源介质的排放以及重整装置原料携带的碳排放。参照表1计算得出重整装置消耗能源介质的碳排放量为657757.771t，按重量分配法计算得出每吨重整氢气产品的 CO_2 排放系数为439.19 $kgCO_2/t$。另外，重整装置原料即常减压装置石脑油组分携带的碳排放30.42 $kgCO_2/t$。综合起来，计算每生产1t重整氢气的 CO_2 排放系数为 $439.19+30.42=469.61kgCO_2/t$。

2.3 喷气燃料加氢装置

根据喷气燃料加氢装置消耗的各种能源介质的量计算出碳排放总量为11330.975t，加工原料1038055t，按照重量分配法计算得出吨喷气燃料产品的 CO_2 排放系数为10.92 $kgCO_2/t$。

喷气燃料加氢工艺路线生产喷气燃料产品过程的碳足迹包括常减压装置生产喷气燃料原料、喷气燃料加氢装置加工、生产过程所需重整氢气等方面，如表2所示，合计42.58 $kgCO_2/t$。

表2 喷气燃料加氢生产喷气燃料产品过程的碳足迹计算

单元过程	数量/t	排放系数/($kgCO_2/t$)	排放量/($kgCO_2$)
常减压装置	1	30.42	30.42
喷气燃料加氢装置	1	10.92	10.92
重整氢气	0.00264	469.61	1.24
合计	1		42.58

2.4 制氢装置

制氢装置的碳排放包括使用燃料、蒸汽、电等能源排放，以及天然气制氢反应过程产生的工艺排放，计算得出制氢装置消耗能源介质的碳排放量为116650.38t。另外，制氢装置产生的工艺过程排放可以由装置碳平衡数据计算，排放量为232067.283t。制氢装置的加工量为78289t，计算每生产1t氢气的 CO_2 排放系数为 $(116650.38+232067.283)/78289\times10^3=4454.25kgCO_2/t$。

2.5 加氢裂化装置

根据加氢裂化装置消耗的各种能源介质的量计算出碳排放总量为166827.315t，加工原料1059686t，按照重量分配法计算得出吨喷气燃料产品的 CO_2 排放系数为157.43 $kgCO_2/t$。

加氢裂化工艺路线生产喷气燃料产品过程的碳足迹包括常减压装置生产蜡油原料、加氢裂化装置加工、生产过程所需制氢氢气等方面，如表3所示，合计为290.74 $kgCO_2/t$。

表 3　加氢裂化生产喷气燃料产品过程的碳足迹计算

单元过程	数量/t	排放系数/($kgCO_2$/t)	排放量/($kgCO_2$)
常减压装置	1	30.42	30.42
加氢裂化装置	1	157.43	157.43
制氢氢气	0.0231	4454.25	102.89
合计	1		290.74

2.6　生产过程碳足迹汇总计算

由产品喷气燃料的来源比例及中间物流碳足迹，可以计算喷气燃料产品生产过程的碳足迹排放量为 112.52$kgCO_2$/t，如表 4 所示。

表 4　产品喷气燃料碳足迹计算

工艺名称	数量/t	排放系数/($kgCO_2$/t)
直馏喷气燃料加氢	1028636	42.58
加氢裂化喷气燃料	403648	290.74
合计	1432284	112.52

2.7　碳足迹评价结果分析

（1）喷气燃料产品的组成和生产路线对生产过程的碳足迹排放影响较大，加氢裂化喷气燃料碳排放较高，达到 290.74$kgCO_2$/t，直馏喷气燃料经加氢精制过程的碳排放仅 42.58$kgCO_2$/t，因此炼厂通过提高喷气燃料产品中直馏喷气燃料的比例可以降低喷气燃料生产过程碳排放。目前企业喷气燃料产品中直馏喷气燃料的比例约占 71.8%，根据喷气燃料产品碳足迹结果计算，当其比例每提高 1 个百分点，喷气燃料产品的碳足迹将减少 2.48 $kgCO_2$/t。

（2）能源介质消耗是装置生产喷气燃料产品过程中产生碳排放的主要来源，因此可以通过实施节能降耗措施，提高装置能源利用效率，减少装置能源介质消耗，降低喷气燃料产品的碳足迹。

（3）喷气燃料加氢和加氢裂化装置生产喷气燃料过程中均需要消耗氢气，重整氢气和制氢氢气的碳足迹分别为 469.61$kgCO_2$/t 和 4454.25$kgCO_2$/t，因此减少装置氢耗是降低喷气燃料产品碳足迹的主要措施之一。

3　降低喷气燃料产品碳足迹的方案

3.1　提高直馏喷气燃料比例

喷气燃料加氢装置的最大加工能力可以达到 155t/h，但目前常一线喷气燃料原料的拔出量基本在 140~145 t/h 之间，喷气燃料原料加工能力还有一定富余。目前常一线终馏点已达到255~260℃，继续拔重会造成冰点不合格，但常一线与常二线之间的重叠度约有16℃，从提高分离精度方面还有一定潜力。可考虑结合流程模拟模型的测算分析[8]，从常减压装置初馏塔侧线抽出、常压塔操作、流程改造等几个方面进行优化，以进一步提高常一线喷气燃料原料的拔出率。

通过优化常压塔中断回流取热、适当调整常二线与常三线的抽出比例、增加常四线抽出等措施，将常一线与常二线之间的重叠度降低至10.2℃，提高喷气燃料原料量10t/h左右，如表5所示。

表5 优化操作提高常一线喷气燃料原料量

项目		目前工况	优化措施1	优化措施2	优化措施3
常一线	流量/(t/h)	145.29	148.51	152.11	155.71
	D86馏程/℃				
	1%	153.57	155.21	155.71	156.19
	5%	175.50	176.97	177.32	178.04
	95%	245.42	245.70	246.01	245.53
	终馏点	259.09	259.21	259.05	259.10
常二线	流量/(t/h)	78.27	77.45	56.97	20.00
	D86馏程/℃				
	1%	207.17	210.76	213.08	216.76
	5%	229.22	232.69	233.38	235.32
	95%	287.70	289.30	284.65	282.77
	终馏点	301.95	303.26	296.72	296.07
常三线	流量/(t/h)	162.57	160.16	180.00	180.00
	D86馏程/℃				
	1%	224.94	224.87	225.03	225.39
	5%	265.22	265.69	263.94	264.43
	95%	375.30	375.30	376.26	380.54

3.2 降低装置能耗

常减压装置对常压塔进行改造，增加一条常四线抽出，减少减压炉进料40t/h，同时减压塔负荷降低，在相同减压深拔程度下降低减压炉出口温度8℃左右，装置能耗降低了0.23kgeo/t；重整装置四合一炉增加余热回收系统，将加热炉排烟温度降低至90℃以下，加热炉热效率提高了4个百分点；喷气燃料加氢装置原料全部改为由常减压装置热料直供，并提高进料温度至8℃左右，减少加热炉瓦斯消耗，装置能耗降低0.3kgEO/t；加氢裂化装置液力透平运行率100%，尽量提高热高分油进液力透平流量，同时新氢压缩机增上无极调量系统，降低装置电耗。

3.3 降低装置氢耗

通过流程改造，将加氢裂化装置的低分气改进喷气燃料加氢装置代替部分氢气，喷气燃料加氢装置的氢耗降低 0.15 个百分点；减少氢耗较高的催化柴油组分进加氢裂化装置加工，同时优化加氢裂化装置产品结构，生产尾油和白油产品，装置的氢耗降低 0.36 个百分点。

4 降低碳排放的效果

根据喷气燃料产品生产过程碳足迹核算分析结果，通过优化模型对生产方案进行测算分析并组织实施，公司喷气燃料产品中直馏喷气燃料占比提高了 3.5 个百分点；同时，通过实施一系列措施，降低常减压、连续重整、喷气燃料加氢、加氢裂化等相关装置的能耗和氢耗，减少喷气燃料产品生产过程中的碳排放。喷气燃料产品的碳足迹由 112.52kgCO_2/t 降低至 102.30kgCO_2/t，生产优化后的喷气燃料产品碳足迹核算结果见图 2。公司全年生产喷气燃料产品约 150 万 t，相当于减少碳排放量 1.5 万 t 左右，取得了较好效果。

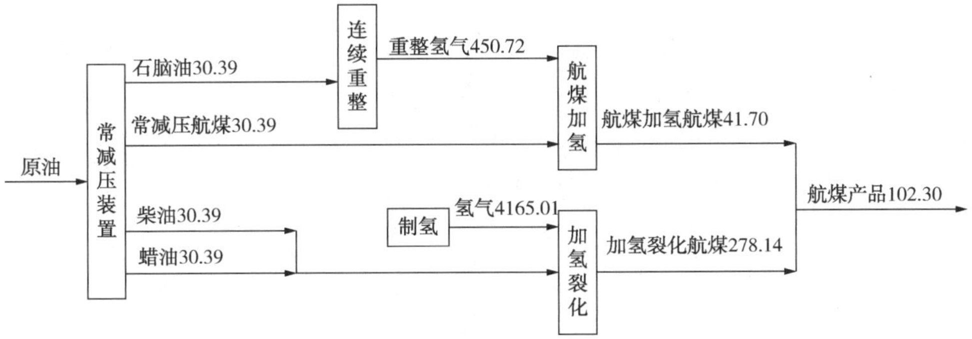

图 2 生产优化后的喷气燃料产品碳足迹核算结果

5 结论

（1）对某企业喷气燃料产品生产阶段的碳足迹进行核算，得到其碳足迹为 112.52kgCO_2/t。根据核算结果分析，加氢裂化的喷气燃料碳排放达到 290.74kgCO_2/t，直馏喷气燃料的碳排放仅 42.58kgCO_2/t，直馏喷气燃料的比例每提高 1 个百分点，喷气燃料产品的碳足迹减少 2.48 kgCO_2/t。

（2）结合流程模拟软件对装置的生产工况进行模拟测算，通过优化工艺流程和操作参数，喷气燃料产品中直馏喷气燃料占比提高了 3.5 个百分点；同时通过实施一系列措施降低相关装置的能耗和氢耗，减少喷气燃料产品生产过程中的碳排放。喷气燃料产品的碳足迹降低了 10.22kgCO_2/t，每年减少碳排放量 1.5 万 t 左右。

参 考 文 献

[1] 孙丽文，王丹涪，杜娟等. 基于 LMDI 的中国工业能源碳足迹生态压力因素分解研究[J]. 生态经济，2019，35(1)：13-18.

[2] 田涛，韦桃平，王北星．石化产品全生命周期碳足迹评价研究[J]．石油石化绿色低碳，2016，1(2)：12-18.
[3] 马玉莲，忻仕海．碳足迹评价方法学在PVC产品中的应用[J]．氯碱工业，2011，47(1)：1-6.
[4] 孙潇磊，张志智，尹泽群．沥青产品的碳足迹研究[J]．石油炼制与化工，2017，48(12)：88-92.
[5] 张晏瑲．论国际航运温室气体排放的法律属性[J]．北方法学，2019，75(3)：86-96.
[6] 田涛，王之茵，杜永鑫．原油输送过程碳足迹核算与评价研究[J]．中外能源，2020，25(6)：83-89.
[7] 郑德凤，刘晓星，王燕燕，等．中国省际碳足迹广度、深度评价及时空格局[J]．生态学报，2020，40(2)：447-458.
[8] 简建超，孙浩，冯海春．S Zorb装置在炼油厂国V排放标准汽油生产方案中的优化[J]．石油炼制与化工，2017，48(6)：62-65.

羰基硫催化水解脱除技术研究进展

卞伯同

（中国石化扬子石化公司南京研究院，南京　210048）

摘　要　综述了COS水解催化剂的发展状况，羰基硫水解催化剂在载体和活性组分方面的研究进展，以及一些新型羰基硫水解催化剂和羰基硫水解反应体系，提出未来多组分混合载体、抗毒型羰基硫水解催化剂是该领域的研究方向。

关键词　COS　催化剂　水解　载体

在以煤或石油制取化工原料气的过程中，羰基硫(COS)是原料气中最主要的有机硫成分，存在于许多与煤化工、石油化工有关的工业气体中，如焦炉气、水煤气、硫黄回收尾气、油制气、天然气等，不仅会腐蚀生产设备，而且是许多催化剂的毒物。随着国家环保要求日趋严格，对硫排放的要求越来越高，很多化工装置都有脱除COS的需求。

COS脱除技术大致可分为干法和湿法两大类[1]，常见的干法脱除技术包括吸附法、水解法、加氢转化法和氧化法，主要是利用催化剂的催化转化作用或吸附剂的吸附作用将COS脱除的过程，具有脱硫精度高、操作简单等优点；而常见的湿法脱除技术有有机胺类吸收法、氢氧化钾法和液相催化水解法等，主要先进行分离和富集，然后对其进行氧化，最终生成单质S或者H_2SO_4，具有处理气体流量大的优点，但有机硫脱除率低。催化水解法是目前脱除COS的主要方法，具有温度低、不消耗氢源、副反应少等优点，成为国内外研究十分活跃的领域[2]。

对COS的研究最早可以追溯到20世纪50年代，早期对COS水解的研究主要是处理200℃以上的Claus尾气。从20世纪80年代中期，国内开始研究COS水解技术，太原理工大学和湖北省化学研究所均做了大量工作，其中COS水解催化剂的研制与开发是主要研究方向之一。本文从催化剂的载体、活性组分、类型和反应体系，综述COS催化水解脱除技术的发展状况。

1　水解催化剂反应机理

有关COS催化水解反应机理的报道有很多，一般认为水优先在活性中心上 吸附，水解是在COS表面与吸附态的水之间进行的。根据COS水解催化剂反应路径可以分为碱催化机理、Eley-Kideal模型机理、硫代碳酸乙酯中间体机理等三种。COS催化水解反应的动力学方程式为：$COS+H_2O = H_2S+CO_2$。

1.1　碱催化机理

碱催化机理研究认为，羰基硫水解反应的活性中心是碱性中心，其过程首先在催化剂表面吸收水，部分转化为OH^-并在催化剂表面覆盖，与吸附在催化剂表面的COS反应。George提出了“协调机理”理论(如图1)，通过研究认为，在COS水解催化剂表面覆盖有水和OH^-，COS因离子偶极作用吸附在催化剂表面[3]。后来这种理论逐渐被越来越多的研究者所接受。

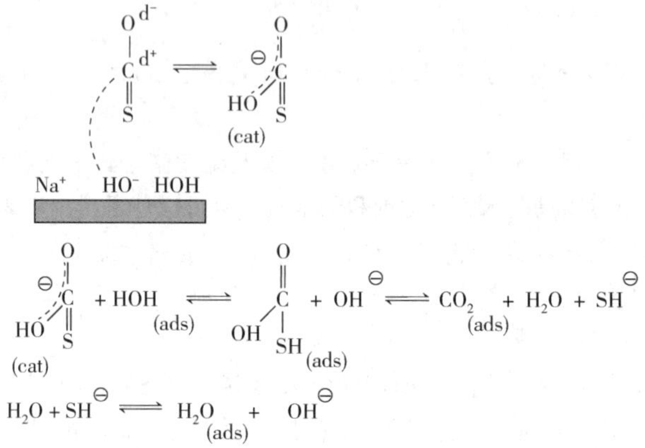

图1 George“协调机理”理论

1.2 Eley-Kideal模型机理

Eley-Kideal模型机理研究认为，COS水解反应中，COS先吸附在催化剂表面的活性中心，再与吸附在催化剂活性中心上的H_2O反应。Fiedorow等通过实验结合Eley-Kideal模型认为，水在碱性位被吸附形成活性中间体，与COS反应生成H_2S和CO_2，H_2S和CO_2在表面快速脱附[4]。

对于COS水解反应机理，王会娜进行了COS在复合金属氧化物上的催化水解反应研究，并认为，COS首先吸附在活性位点上并形成中间体，吸附态的水与吸附态的COS反应[5]。

1.3 硫代碳酸乙酯中间体机理

Huisman等用红外光谱分析研究COS水解反应表明，COS在氧化铝表面被OH^-吸附，形成硫代羰基氢，最终分解成H_2S和CO_2[5]。他们还指出在催化水解反应中碱性中心起关键作用，气态的COS与吸附态的水反应是COS水解反应的速度控制步骤。

2 催化剂载体

COS水解催化剂通常采用γ-Al_2O_3为载体，后来出现了以TiO_2、活性炭为载体的催化剂和纯相稀土氧硫化物催化剂等新型催化剂。

2.1 γ-Al_2O_3载体

γ-Al_2O_3是多孔性物质，具有表面积大、吸附性强、表面活性高、热稳定性好等特点，还拥有良好的机械性能、再生性能，基于这些特点，常被用作催化剂的载体或助剂。Hong Mei Huang[6]等以纯 $\gamma-Al_2O_3$ 做催化剂进行 COS 水解反应研究，发现高温时对 COS 的水解转化有一定的效果。王国兴等[7]研究以纯 $\gamma-Al_2O_3$ 做催化剂 COS 水解反应时，COS 水解转化率仅可达到 51.2%，但总体来说 COS 水解转化率不高。

通常以 $\gamma-Al_2O_3$ 做载体时，需加入其他活性组分，来改善催化剂的催化活性，提高 COS 的水解速率。John 等[8]以 $\gamma-Al_2O_3$ 为载体加入 Ni^{2+} 和 Zn^{2+} 为活性组分制备 COS 水解催化剂，研究发现，催化活性要高于纯 Al_2O_3。以 $\gamma-Al_2O_3$ 为载体的催化剂通常活性较好，容易失活，抗硫酸盐能力和抗氧能力有待提高。

2.2 TiO_2 载体

二氧化钛作为一种新型的催化剂载体，具有与金属产生“强相互作用”的独特性能，以该载体开发的催化剂具有活性高、热稳定性佳、抗中毒性强、耐酸碱等特点。TiO_2 本身对 COS 水解有催化作用，以 TiO_2 为载体的催化剂具有较强的抗硫酸盐能力，但 TiO_2 却有比表面低、价格高等不足。有研究表明，以 TiO_2 为载体的催化剂中加入 ZrO_2 助剂，作为有机硫水解催化剂，可以提高催化活性[9]。

2.3 活性炭载体

活性炭是一种特殊的载体，具有丰富的微孔结构和良好的电子传导性。廖欣峰[10]利用活性炭作为载体，研究不同含量、不同组分的添加剂对活性炭脱有机硫活性的影响，筛选出在活性炭上最佳活性组分，即负载 5%CuO 和 10%K_2CO_3 时脱除有机硫效果较好。

在使用活性炭作为载体，还可以通过改变活化温度、物理处理以及化学改性方法，来增强活性炭的吸附和催化活性，改性后活性炭催化剂能够显著提高脱硫精度等[11]。刘强等[12]以椰壳活性炭为载体制备负载型活性炭催化剂。王红妍等[13]用浸渍法制备改性活性炭催化剂，适用于低温(40~70℃)脱硫。对于活性炭基催化剂失活再生方面，方磊等[14]研究显示，溶剂再生和气体热再生都有效果，其中，溶剂法中用水再生的效果较好；气体热再生中用 N_2 再生的效果较好。

2.4 蜂窝状堇青石载体

堇青石是一种硅酸盐矿物，具有耐火性好、受热膨胀率低，通常采用蜂窝状堇青石作为催化剂载体。严明佳等[15]利用蜂窝状堇青石为载体制备 La-Al/堇青石蜂窝状催化剂，具有较好的抗氧性能，适用于低温脱硫，COS 水解活性随 $\gamma-Al_2O_3$ 和 $La(OH)_3$ 负载量增大而逐渐提高。

2.5 硅胶载体

硅胶是一种高活性吸附材料，主要成分是二氧化硅，比表面大，具有开放的多孔结构，能吸附许多物质，同时也是一种很好的催化剂载体。硅胶也可以作为羰基硫水解催化剂的载体，专利 US4968502 很早就进行了这方面的研究[15]。

2.6 复合载体

因为$\gamma-Al_2O_3$为载体的催化剂抗毒能力较差，有研究者采用复合载体$Al_2O_3-TiO_2$制备COS水解催化剂，这种催化剂表现出了很强的抗氧能力，被认为是最具有发展前景的催化剂。陈亚宾等[17]采用TiO_2及$\gamma-Al_2O_3$制备的催化剂对COS、CS_2、硫醇、硫醚等有机硫均具有很好的水解作用，同时能使水解产生的H_2S进一步转化为单质硫。

3 活性组分

对于催化剂来说，除了载体之外，活性组分也是不可忽视的关键因素。目前，对于COS水解催化剂来说，在载体上负载的活性组分主要有碱金属、碱土金属、过渡金属氧化物、稀土氧硫化物等。

3.1 碱金属和碱土金属氧化物

碱金属和碱土金属氧化物作为活性组分，能提高催化剂水解活性。谈世韶等[18]用碱金属和碱土金属氧化物作为催化剂活性组分，研究发现活性顺序：$CS_2O/\gamma-Al_2O_3>K_2O/\gamma-Al_2O_3$，$BaO/\gamma-Al_2O_3>Na_2O/\gamma-Al_2O_3$，$CaO/\gamma-Al_2O_3>MgO/\gamma-Al_2O_3$。表1列出了部分常用羰基硫水解催化剂的活性组分、使用温度和转化率。

表1 常用羰基硫水解催化剂的性能

载体	活性成分	温度/℃	转化率/%	专利
$\gamma-Al_2O_3$	K_2CO_3	30~150	>95	CN1069673
$\gamma-Al_2O_3$、TiO_2	KOH	50~80	95	CN1095309
$\gamma-Al_2O_3$	BaO	90~200	—	Je61259755
$\gamma-Al_2O_3$	$(NH_4)_6Mo_7O_{24}$、K_2CO_3 室温	100	98	CN1080584
$\gamma-Al_2O_3$	Ca，Sr，Ba，Mg，CdZn，Mo	100~400	—	FR2126257
$\gamma-Al_2O_3$	K_2CO_3、Na_2CO_3	<200	—	JP2002224572
$\gamma-Al_2O_3$	K_2O、BaO	80~150	>95	CN1304781

李春虎[19]通过使用碱性金属化合物和碱土金属化合物制备了碱改性COS水解催化剂，证实COS催化水解反应具有碱催化特征，并得到催化剂碱性中心的碱含量范围。

3.2 过渡金属氧化物

过渡金属氧化物具有一定的脱硫活性和催化活性，有研究表明，过渡金属脱硫活性顺序Fe>Co>Cu>Ni>Mn。钱红辉等[20]用碳酸盐浸渍的改性氧化铁所制备的脱硫剂对COS的硫容可达3%，并提高了H_2S和CS_2的脱除能力，但也容易因为生成硫酸盐而快速失活。

3.3 稀土氧硫化物

稀土氧硫化物是一种新型羰基硫水解催化剂，具有较高的活性，并且无需负载在其他载体上。张益群等[21]通过考察稀土系列氧化物硫化后的水解活性，发现其活性顺序为 La≈Pr≈Nd≈Sm> Eu> Ce> Gd≈Ho> Dy> Er。马建新等[22]研发了一种稀土氧硫化物催化剂，研究表面，该催化剂具有耐硫酸盐和抗氧中毒能力。

3.4 其他活性组分

有研究表明，以 Ni^{2+} 和 Zn^{2+} 为活性组分制备负载型催化剂时有稳定的催化性能，催化效果明显高于纯 Al_2O_3，适用于低温（10~80℃）下脱除 COS。刘强等[23]以椰壳活性炭为载体，采用浸渍法制备 ZrO_2 负载型活性炭催化剂，对有机硫具有较高的水解活性。王红妍等[24]用浸渍法，以锰金属氧化物为活性组分制备脱硫催化剂，具有较高的脱硫精度。

4 其他类型水解催化剂

4.1 类水滑石

王红妍[25]研究了以 NiMgAl、CoNiAl、NiMgFe、CoMgAl 和 CuMgAl 等类水滑石为前驱体制备的复合氧化物催化剂，该类催化剂适用于 COS 催化水解，具有活性高、稳定性好、选择性好等特点。

4.2 液相水解催化剂

奚强等[26]研究采用金属酞菁钴液相催化脱除 COS，发现酞菁钴的催化活性明显高于其他金属酞菁，在催化水解过程中，COS 先被水解成 HS^-，而后被氧化成 S。李秀平等[27]研究液相催化剂对高浓度 COS 的水解过程，表明 COS 水解转化率与气液比和催化剂浓度相关，随气液比增大而降低，随催化剂浓度增大而升高。

5 催化水解反应体系

除了对催化剂进行研究外，还出现了针对羰基硫水解催化反应体系的研究。针对羰基硫水解催化反应，一般都是采用固定床反应体系，后来逐渐出现了浆态床反应体系、新型湿法催化反应体系等。

李秀平等[28]研究了浆态床反应体系，以高活性的纳米氧化铝粉体与有机碱液形成，可适用于高浓度 CO 气氛中的高浓度 COS 的水解反应，COS 水解转化率最高达 99.69%。

刘雪珂等[29]依托配方型溶剂脱硫工艺，以聚乙二醇二甲醚（NHD）、*N*-甲基二乙醇胺（MDEA）和水为原料构建新型湿法催化水解羰基硫（COS）脱硫体系，在低温（298.15~343.15K）、常压条件下对 COS 的脱除效率达 80%以上；复配溶液将吸收后的 COS 催化水解为 H_2S 和 CO_2，该脱硫液中有机溶剂含量占 85%以上，可解决脱硫副产物产生多和碱耗大的问题，是一种新型有机介质脱硫工艺。

表 2 反应体系优缺点

反应体系	优点	缺点
固定床反应体系	气相流动接近平推流，有利于实现较高的转化率和选择性，操作方便。	催化剂颗粒较大，有效系数较低；床层传热系数较小，容易局部过热。
浆态床反应体系	温度比较均匀，催化剂颗粒细，内表面利用较充分，催化剂排出再生比较方便。	连续操作返混严重，有副反应时选择性较低，细颗粒分离不容易。
湿法催化反应体系	处理效率较高，解决脱硫副产物产生多和碱耗大的问题	设备要求高，要耐腐蚀，设备投资要求高。

6 开发应用进展

羰基硫是一种化学性能比较稳定的物质，常规的脱硫方法难以将羰基硫脱除干净，采用催化水解脱除技术是目前羰基硫脱除的主要方法。其中湖北省化学研究院(华烁科技股份有限公司)开发的水解催化剂 T504 在常温(30℃)下，COS 转化率高达 99.9%[30]。目前，国内使用较为广泛的羰基硫水解催化剂(如表 3)。

表 3 国内部分使用广泛的羰基硫水解催化剂

COS 水解催化剂	852	ET-4	T504	EH-4
温度/℃	10~120	10~120	常温~100	10~100
压力/MPa	常压~8	≤10.0	常压~8	常压~15
空速/h^{-1}	气相 1000~2000 液相 1~5	液相 5~15	气相 2000~3000	液相 3~15
转化率/%	≥90	99.9	>90	—
工业应用	应用	应用	应用	应用
开发公司	昆山市精细化工有限公司	湖北华邦化学有限公司	华烁科技股份有限公司	华烁科技股份有限公司

7 结论

COS 水解催化剂在载体和活性组分方面都已取得了很大进展，但随着技术的发展，对脱硫精度的要求会越来越高。未来对于催化水解催化剂来说，应致力于研发多组分混合载体、利用改性载体或添加抗中毒助剂制备活性高、抗中毒能力强的羰基硫水解催化剂，以适应未来发展的需求。

参 考 文 献

[1] 上官炬 . COS、CS_2催化水解基础和工艺开发的研究[D]. 太原：太原理工大学，1995.

[2] 李新学，刘迎新，魏雄辉，等 . 羰基硫脱除技术[J]. 现代化工，2004，8：19-22.

[3] George Z M. Kinetics of cobalt-molybdate-catalyzed reactions of SO_2 with H_2S and the hydrolysis of COS [J]. Journal of Catalysis，1974，32(2)：449-458.

[4] 肖建华，彭勇，肖安陆，等 . COS、CS_2 低、常温水解脱除技术进展[J]. 湖北化工，2003，20(3)：7-9.

[5] Huisman H M，Vanderberg P，Mos R，et a1. Hydrolysis of COS on titania catalysts-mechanism and influence of oxygen[J]. Environmental Catalysis，1994，25(32)：393-404.

[6] Hongmei Huang，Nicola Young，B Peter Williams，et al. High temperature COS hydrolysis catalysed by γ-Al_2O_3[J]. Catalysis Letters，2006，110(3-4)：243-246.

[7] 王国兴，孔渝华，王俊士，等 . 常温有机硫水解催化剂及其制备：中国，1069673[P]. 1993.

[8] JohnWest，Peter Williams，Nicola Young，et al. Low temperature hydrolysis of carbonyl sulfide usingγ-alumina Catalysts. Catalysis Letters，2001，74：111-114.

[9] 黄鎔 . LYT-511 氧化钛基中温有机硫水解剂的开发与应用[J]. 中氮肥，2006，11：28-30.

[10] 廖欣峰 . 负载添加剂型活性炭脱有机硫的评价[J]. 环境污染与防治，1999，21(增刊)：34-35.

[11] 江霞，蒋文举，朱晓帆，等 . 改性活性炭脱硫剂的研究进展[J]. 环境污染治理技术与设备，2003，4(11)：12-15.

[12] 刘强，柯明，于沛，等 . 氧化锆负载型活性炭催化水解 COS 和 CS_2[J]，石油化工，2016，45(5)：552-558.

[13] 王红妍，易红宏，唐晓龙，等 . 改性活性炭催化水解羰基硫[J]. 中南大学学报：自然科学版，2011，42(3)：848-852.

[14] 方磊，张永春，周锦霞，等 . 改性活性炭纤维脱除低浓度 COS 后的再生研究[J]，广州化学，2008(9)：23-27.

[15] 严明佳，肖忠斌，张益群，等 . La-Al/堇青石蜂窝状催化剂上 COS 的水解反应[J]，华东理工大学学报(自然科学版)，2005，2；130-132.

[16] Palilia. Removal of sulfides from gas steams with low cost catalyst[P]，US：4968502，1990.

[17] 陈亚宾，王富绩，俞伟民，等 . 有机硫水解催化剂及制备 . 中国，CNl134312A，1996.

[18] 谈世韶，李春虎，梁生兆，等 . Compensation effect in catalytic hydrolysis of carbonyl sulfide at lower temperature[J]. Catal Lett，1991(8)：155.

[19] 李春虎，郭汉贤，谈世韶 . 碱改性 γ-Al_2O_3催化剂表面碱强度分布与 COS 水解活性的研究[J]. 分子催化，1994，8(4)：305-311.

[20] 钱红辉，曾丹林，王光辉，等 . 改性氧化铁脱硫剂脱除羰基硫性能的研究[J]. 化学与生物工程，2008，25(9)：16-19.

[21] 张益群，肖忠斌，马建新，等 . 稀土氧硫化物上的羰基硫水解反应[J]. 高等学校化学学报，2004，4：721-724.

[22] 马建新，张益群，肖忠斌，等 . 用于羰基硫水解的稀土硫化物催化剂及其制备方法 . 中国，CNl151882C，2004.

[23] 刘强，柯明，于沛，等 . 氧化锆负载型活性炭催化水解 COS 和 CS_2[J]. 石油化工，2016，45(5)：552-558.

[24] 王红妍，易红宏，唐晓龙，等 . 改性活性炭催化水解羰基硫[J]. 中南大学学报：自然科学版，2011，

42(3)：848-852.
[25] 王红妍. 类水滑石衍生复合氧化物催化水解羰基硫研究[D]，环境工程学报，2012，6(2)：545-549.
[26] 奚强，刘常坤，赵春芳，等. 酞菁钴液相催化剂氧化羰基硫的研究[J]. 离子交换与吸附，1997，13(6)：603-607.
[27] 李秀平，李春虎，杨林，等. CO气氛中液相催化COS水解活性的研究[J]. 工业催化，2007，15(3)：23-26.
[28] 李秀平，李春虎等. 浆态床反应体系中高浓度COS水解反应的研究[J]，精细石油化工进展，2007，4：26-28.
[29] 刘雪珂，NHD/MDEA/H2O复合脱硫液催化水解羰基硫[J]. 化工学报，2020，74(11)：5286-5293.
[30] 肖建华，彭勇，肖安陆，等. COS、CS_2低、常温水解脱除技术进展[J]，湖北化工，2003，3：7-9.

液氨中杂质对 SCR 装置的影响及措施

孙金梅，代　敏，马忠庭

（中石油克拉玛依石化有限责任公司炼油化工研究院，克拉玛依　834000）

摘　要　含杂质液氨进入 SCR 脱硝系统后，液氨管线和氨喷射器发生堵塞、催化剂活性下降、SCR 出口 NO_x 超标、氨逃逸超标，脱硝副反应增加，生成硫酸氢氨，硫酸氢氨因其低温吸湿性和黏附性，进入引风机、空预器低温区域后，产生积灰、发生低温露点腐蚀。公司结合堵塞物质元素分析和氨精制工艺流程，调整氨精制工艺，提高液氨质量，从根本上消除对脱硝装置的影响。

关键词　氨逃逸　低温露点腐蚀　积灰

某热电厂 1#～4#锅炉烟气脱硝系统是针对燃煤锅炉产生的氮氧化物进行减排控制，由低氮燃烧器改造、选择性催化还原脱硝（SCR）单元及相关设备分组成。在锅炉炉膛尾部烟道脱硝催化剂的入口处喷射过量的氨气从而实现 SCR 反应，氨气在 SCR 催化剂的作用下，使 NO_x 排放浓度最终降至 100mg/Nm^3（标准状态下）以下，从而达到国家环保的 NO_x 排放标准。

脱硝原理：在一定温度下，NH_3 与 NO_x 在 SCR 反应器内，在催化剂的作用下反应性生成 N_2 和 H_2O。主反应为：$4NO+4NH_3+O_2 \rightarrow 4N_2+6H_2O$

$NO+NO_2+2NH_3 \rightarrow 4N_2+3H_2O$

副反应为：$SO_2+1/2O_2 \rightarrow SO_2$

$NH_3+SO_2+H_2O \rightarrow NH_4HSO_4$

该 SCR 脱硝装置中液氨产品来源于污水汽提装置的氨精制系统，氨精制是采用结晶-吸附法制取纯度较高氨气的新工艺，使氨气纯度达到 99.6%以上，H_2S 含量小于 10μg/g，其他杂质均得到脱除。结晶-吸附法的工业方法是将三级分凝后含少量 H_2S 的氨气在结晶器内形成 NH_4HS 结晶析出，提纯氨气，经结晶后未被除去的 H_2S 杂质，经活性炭吸附剂吸附而除去，使氨气得到进一步提纯，达到使用要求，但在检测范围外的杂质依然会对装置产生很大影响。

1　液氨中杂质对 SCR 装置的直接影响

2018 年 10 月至 2019 年 4 月，SCR 装置工艺参数频繁波动，整个脱硝系统液氨管线多处堵塞，设备出现明显腐蚀现象，究其原因液氨的质量问题。

1.1　液氨喷射器堵塞

影响催化剂活性，氨耗量增加，氨逃逸超标，出口 NO_x 含量超标，液氨喷射器堵塞。

2018年9月16日1#炉点炉，至9月21日1#炉SCR系统运行正常。22日开始1#炉日耗氨量逐步增加，10月2日1#炉出口NO_x频繁出现超过100mg/Nm³，氨逃逸大于工艺指标3μg/g无法控制的情况，从工艺上进行调整，但1#炉出口NO_x仍超标，无有效解决手段。对1#炉9月19日至10月10日的日耗氨量统计如表1，由表中数据可见，10月2日氨用量相对于9月20日的氨用量增大近1倍。

表1 氨耗量

日期	9.19	9.20	9.21	9.22	9.23	9.24	9.25	9.26	9.27	9.28	9.29
氨耗量/kg	528	508	558	658	645	617	692	739	707	737	842
日期	9.30	10.1	10.2	10.3	10.4	10.5	10.6	10.7	10.8	10.9	10.10
氨耗量/kg	890	930	1032	1199	1076	1219	1191	707	872	711	998

10月下旬，对1#炉SCR氨喷射器进行检查，发现28个喷口中有13个喷口堵塞，3个喷口结焦重，造成喷氨不均，反应不完全，1#炉SCR出口NO_x持续超100mg/Nm³无法有效控制。图1为喷口堵塞状况。

1.2 输送液氨管线堵塞

2019年1月，装置针对喷氨量增加、NO_x超标、按逃逸率超标等问题进行检查，发现液氨管线充满黑色油泥状物质，如图2。对其进行溶解性试验，部分水溶、部分油溶，对无水乙醇几乎全溶，说明油泥由无机物和有机物组成，对其进行金属、非金属元素、灰分分析，见表2。

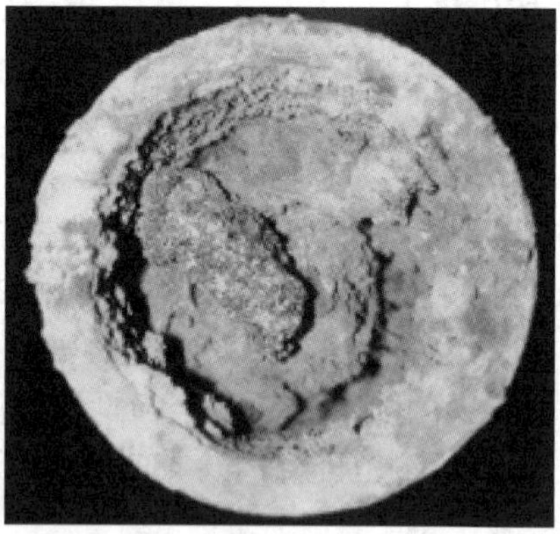

图1 氨喷射器喷口堵塞情况

图2 液氨输送管线堵塞情况

表2 金属、非金属、灰分分析

金属含量/(μg/g)					非金属含量/%					灰分/%
Fe	Mg	Na	Ca	V	C	H	O	S	N	
1620	222	1440	1170	2.65	55.1	8.45	19.5	3.69	9.4	1.98
RIPP124—1990					SH/T 0656—1998					GB/T 508—1985(1991)

通过实验室对 SCR 炉前空气混合器液氨管线内物质进行金属和非金属分析，金属元素含量大小依次为 Fe、Ca 和 Na，还含有少量的 Cu、V 和 Ni 元素。其中，Fe 含量占总金属 36%，Na 含量约为 32%，Ca 含量约为 26%。非金属元素中碳含量高达 55%左右，但氢含量并不高(7%~8%)，其中 C/H 比为 6.5，C/O 比为 2.8。对应的灰分值为 1.98%。

分析数据显示 C 含量超过了 C 在化合物中的百分比，尽管液氨管线内堵塞物中含油，但脱硝工艺操作温度 300℃不足以引起液氨中的烃类发生缩合结焦，所以该组分最有可能是单质碳，即液氨中存在碳、铁、钙、钠的单质或化合物等多种非理想组分。

2 液氨中杂质对 SCR 装置的间接影响

2.1 空预器积灰、腐蚀

2019 年 5 月停炉检修，空预器发生积灰和腐蚀。主要原因是由于氨逃逸增加，生成较多的硫酸氢氨，在通常脱硝运行温度下，硫酸氢铵在 150~230℃温区，由液态转变为固态，液态的硫酸氢铵是一种黏性很强的物质，在转变阶段，以液滴形式分散于烟气的硫酸氢铵具有极强的吸附性，烟气中会黏附大量飞灰并附着在金属表面；烟气中已生成的气态硫酸氢铵会在空预器冷段的烟气中黏结飞灰，这一温度段正好在空气预热器的低温段，因此造成空预器冷端积灰严重，从而减小烟气流通截面，增大了阻力，同时伴随着硫酸氢氨低温结露腐蚀，进而影响空预器的正常运行。见图 3、图 4。

图 3 空预器积灰情况

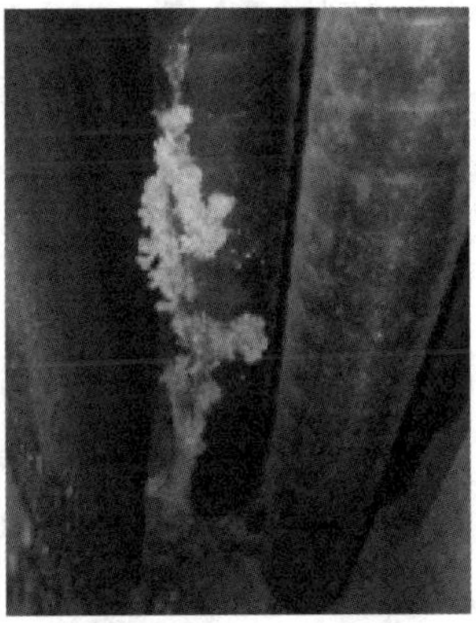

图 4 空预器腐蚀情况

2.2 氨逃逸增加使引风机发生低温腐蚀加剧

2019 年 8 月份 3#炉两台引风机在维修后仅运行一年再次振动异常，最大到 19.5mm/s 左右。当锅炉高负荷工况下，引风机无法正常运行。经检查发现引风机的蜗壳内有大量粉末结块后的垢样，叶轮上有不规则细小沟槽，通过对引风机出口烟道、风挡板、烟道检查发现引风机出口烟道有严重的腐蚀现象。对引风机内的杂质进行分析，表 3 为蜗壳内灰样金属非金属检测分析、表 4 灰样溶于水滤液金属阴离子检测分析。

表3　金属和非金属元素

金属含量/(μg/g)							非金属含量/%			灰分/%
Fe	Ca	Al	Mg	Na	V	Si	O	S	N	
122000	32400	15200	6410	2280	74.8	620	2.12	3.12	1.32	91.873
RIPP124—1990							SH/T 0656—1998			GB/T 508—1985(1991)

表4　水溶后滤液金属和阴离子

金属含量/(μg/g)						阴离子浓度/(mg/L)		
Al	Si	Na	Fe	Mg	Ca	F^-	Cl^-	SO_3^{2-}/SO_4^{2-}
33.3	4.95	87.2	15.9	29.2	303	16.81	35.26	1702.2
RIPP124—1990						Q/LHY 036—2011		

通过实验数据分析，引风机发生的低温结露腐蚀。当引风机的出口挡板、出口放空阀、蜗壳放空阀等密闭不严时，烟气反串、局部低温使烟气中硫酸氢铵和硫酸铵阀发生低温结露，腐蚀叶轮，叶轮质量不均，轴承磨损加剧，引风机振动加强。

3　整改措施

从2018年12月到2019年4月，因液氨杂质问题引起的氨系统堵塞累计12次，如表5。装置针对堵塞是屡吹屡堵，但一直无法从根本上解决。公司根据脱硝装置连续堵塞现象的反馈，同时结合实验数据分析，得出液氨内杂质引起脱硝装置发生了一系列的堵塞。经公司协调，2019年4月，污水汽提装置对这一问题进行操作上的调整，将氨精制器切换至另外一组，从采用活性炭吸附改为CT8-6D吸附，液氨的质量得到明显提升。截止到目前，热电厂液氨堵塞问题未再发生。

表5　SCR系统堵塞记录

时间	堵塞位置	时间	堵塞位置
20181210	氨区A蒸发器	20190219	3#炉SCR管线
20181211	3#、4#炉SCR管线	20190221	3#炉SCR管线堵塞
20181229	氨区A、B蒸发器	20190312	氨区两台蒸发器
20190130	氨区两台蒸发器	20190321	B蒸发器
20190211	3#炉SCR管线	20190401	A蒸发器
20190216	氨区两台蒸发器	20190403	4#炉SCR

4　建议

4.1　提高液氨质量

（1）减少粗氨气中携带FeS量，保证液氨质量合格。合格液氨应为无色透明液体，从对液氨罐内物料现场取样观察，当液氨挥发后，残留物含油量较多，呈棕黑色。对管线内堵塞物成分金属元素的分析结果及 FeS 物性分析，认为影响液氨颜色的杂质是以游离态形式存在于液氨中的 FeS。

（2）控制含硫污水中轻质油含量。液氨中含油是氨压机滑油跑损和含硫污水汽提系统侧线产品粗氨气携带轻质油所致。严格控制原料水中油含量的变化，减少对汽提操作影响，降低粗氨气携带的轻质油含量，提高液氨的质量。

（3）建议污水汽提装置在没有解决活性炭流失问题前，不应使用活性炭吸附。以免杂质随液氨进入下游装置，影响装置的平稳运行。

4.2 健全液氨分析项目

从 2018 年底至 2019 年初，热电厂脱硝系统出现一系列问题期间，液氨的质量分析显示为合格，分析指标包括氨浓度和 H_2S 含量两项，缺乏其中的含油量、铁含量及残留物等分析项目。建议在液氨质量分析过程中，结合脱硝装置实际运行情况，制定分析项目，健全对液氨罐内产品质量分析的配置手段。

5 结论

含单质碳、烃类、金属化合物等杂质的液氨进入脱硝系统管线后，因其黏稠杂质附着在管壁上。氨喷射器喷嘴直径小，所以氨喷射器最先发生堵塞，造成脱硝系统喷氨不均，当黏稠杂质附着在催化剂表面时，催化剂表面积灰加剧，甚至导致催化剂坍塌，使催化剂活性下降，脱硝反应不完全，NO_x 含量超标。为降低 NO_x 含量，工艺上通过提高喷氨量进行调整，使氨逃逸量随之增加，氨逃逸增加又促进脱硝副反应的发生，生成硫酸氢氨，硫酸氢氨因其吸湿性和黏附性在流经低温区域时，设备发生低温露点腐蚀、积灰。提高液氨质量，健全液氨分析项目，从根本上避免同类问题再次发生。

参 考 文 献

[1] 蔡晓晨，林文慰．引风机出口烟道低温腐蚀分析及措施[J]. 电力与能源，2013，34(5)：497-499.
[2] 张铁栋，引风机的振动故障分析及处理[J]. 集成电路应用，2019，36(03)：42-43.
[3] 陈建江，童家麟．发电厂电动引风机及其烟道低温腐蚀分析与控制[J]. 浙江电力，2019，38(2)：94-97.
[4] 赵国威，赵忠琳，王峰．锅炉烟道腐蚀的影响因素及防范措施[J]. 河北电力技术，2010，29(2)：43-45.
[5] 张基标，郝卫，赵志军，等．锅炉烟气低温腐蚀的理论研究和工程实践[J]. 动力工程学报，2011，31(10)：730-733.
[6] 路辉．分析火电厂脱硝技术及脱硫脱硝发展的研究[J]. 科技创新与应用，2019，31：114-115.
[7] 孙辽东，龚贤忠．脱硫脱硝液氨储罐泄漏的风险评估及控制[J]. 云南化工，2018，45(2)：185-186.
[8] 丁开瑞，马更生，郭玉安．某电厂 600MW 脱硝机组空气预热器堵塞处置措施[J]. 山西电力，2016，19(1)：52-55.
[9] 苗长青，徐言彪．氨精制产品质量影响因素及改进措施[J]. 石油化工环境保护，2001，28(3)：43-46.
[10] 林霄红．酸性水汽提回收液氨质量问题的探讨[J]. 石油化工环境保护，1998，16(1)：10-15.
[11] 李强．酸性水汽提装置操作改进与技术改造[J]. 石油化工技术与经济，2014，30(4)：26-29.

常减压装置石脑油直供重整装置节能工艺技术应用

张文龙，柳艳青，王贤山，陈红宇，王春光

（正和集团股份有限公司，东营 257342）

摘　要　文中分析了常减压装置石脑油直供重整装置预处理单元的工艺技术可行性及在实践中的应用。该工艺的实施不仅降低了储运罐容，减少油品挥发造成的损失，同时减少了罐区原料泵电耗、原料储存与转运的热量损失和反应加热炉燃料气的使用量，从而达到节能降耗的目的，为公司降本增效提供了一种方法。

关键词　直供料　石脑油　重整　节能降耗

随着炼化企业的标准化、规模化及一体化的高速发展，企业上下游生产装置的产品与原料产能衔接的匹配度是发挥装置最大生产加工能力的体现，并且是减少能源浪费的重要举措之一。如今国内大型炼厂原料性质变化平稳，随着设备材料标准升级化、仪表控制自动化、管理精细化、操作智能化、指标规范化及人员技能素质的全面提升，为炼厂作为一个联合整体，相关装置前后衔接提供了安全平稳运行的保障。打破原有各装置管理自成体系的生产方式，突破装置界限，发挥联合装置优势，是我们日后攻关的重点。任何装置的节能技改，都需要根据企业发展统一规划为依据，避免能量反复降温后升温造成能耗损失，使得此处节能另处增能的不良局面得到改善。在连续重整装置中，安全平稳运行作为前提，最大的节能潜能是全厂能量的综合利用和再平衡。

1　装置原有工艺流程简述

某公司连续重整装置预加氢单元作为重整装置原料的制备装置，生产精制石脑油作为重整装置的原料。预加氢单元的原料主要来源有上游常减压装置产直馏石脑油、柴油加氢改质装置产改质石脑油、焦化汽油加氢石脑油和外购石脑油。原工艺流程为三种石脑油原料存储至三个5000m^{3}原料储罐，三个储罐原料指标合格的前提下互相切换为重整装置预加氢单元供料，自罐区原料泵输送至预加氢单元装置原料罐使用，经过加氢反应系统脱除杂质和分馏系统切割馏分后为重整供给合格原料。按照能量结构三环节理论进行分析，常减压装置石脑油、柴油加氢改质石脑油和重整装置存在着节能挖潜的项目措施，所以我们从以下进行分析。

2　装置潜能分析

分析三种原料：

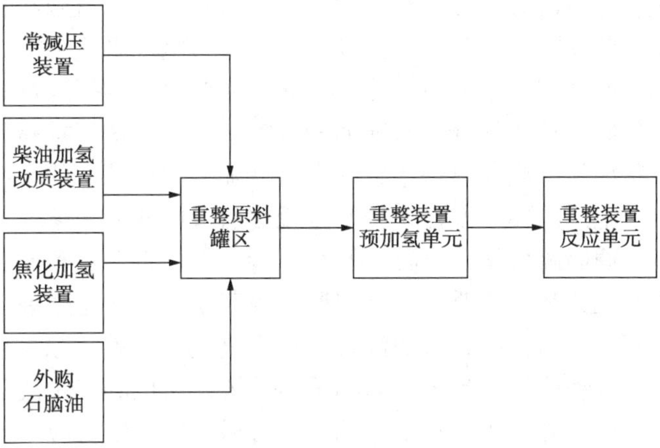

图 1　原有装置部分工艺流程简图

(1) 直馏石脑油是自常减压装置初馏塔顶和常压塔顶石脑油混合后作为重整预加氢单元，重整装置原料大部分来自于此，产量大，馏程范围、族组成和杂质含量符合要求。目前储存至重整原料罐区，外送温度一般在 40℃左右，原理上原料温度越高，对预加氢装置越节能燃料气。因在储罐储存，故温度随大气温度影响较大，尤其是冬季低温，再有就是早晚温差较大，对预加氢反应加热炉的燃料气使用量有较大影响，从而影响全厂燃料气管网压力。与其他两种原料混合后经罐区机泵送至重整预加氢单元，因其产量大，具有挖掘潜能，所以可作为重点研究对象。

(2) 柴油加氢改质装置产石脑油中硫、氮、金属等杂质含量低，原设计与其他原料直馏石脑油和焦化加氢石脑油在罐区混合送至原料罐，因其产品芳潜含量高，馏程及品质基本符合精制石脑油要求，是一种优质的重整原料，这部分高品质石脑油进预加氢单元换热器、加热炉、反应器等重新走一变流程，占用加工负荷，徒增能耗。所以作为优质原料，这部分流程优化措施较多，实施方便可行。

(3) 焦化汽柴油加氢来的焦化石脑油品质较差，烯烃和稠环含量高生焦率高。

三种原料自原料罐区混合后，经机泵输送至预加氢单元，此部分量较少，所以节能效益不明显，优化措施较少。

3　装置优化措施

综合分析三种原料优化措施：

(1) 常减压装置直馏石脑油

常减压装置石脑油作为重整装置的主要来源，大部分设计常减压外送石脑油送至罐区，再经罐区原料泵送至重整预加氢单元，占用罐区储存，另外原料泵增加了电耗，罐区储存造成热损失，至重整预加氢单元再进行升温，造成能量的浪费。所以重点在以上几方面可以减小优化。直供料就是一个不错的选择，预加氢原料有严格的指标要求，原设计没有直供料流程，主要顾虑到直供料石脑油带水和石脑油馏程问题。所以我们重点考虑解决以上问题，综合分析评定，在常减压石脑油外送再增加一个脱水罐，通过自压可以直供重整装置，同时保留至罐区流程，这样非正常情况下可按原流程生产，防止常减压石脑油波动影响重整装置正常生产，这样提供了一个保障。同时在重整预加氢单元石脑油管线增设在线水分析仪和在线色度分析仪，从而双重保障解决了原料问题。因此按照此流程进行改造具备常减压石脑油直供重整预加氢单元的条件，从而降低了石脑油输送罐区后再转送至重整预加氢单元的送转原料泵电耗。而且减少预加氢反应加热炉燃料的消耗。随着现代炼厂的大型化和各装置之间的关联，直供料是节能措施的重要手段之一，而且投用后节能效果明显。

（2）柴油改质石脑油因硫含量、氮含量及金属含量低，符合重整原料指标要求，所以优化措施主要是流程的改变，其一是改造前保留原流程至罐区，防止柴油改质装置波动或产品质量影响重整装置。其二是与精制石脑油混合后作为重整反应单元原料直供，可以实现，但存在柴油加氢改质装置波动或原料带水，影响重整装置，所以其三是流程进行优化至重整预加氢单元汽提塔入口，后至分馏塔与精制石脑油混合后直供重整反应单元。从而降低空跑龙套反应系统，同时兼顾初馏点低轻组分的分割。

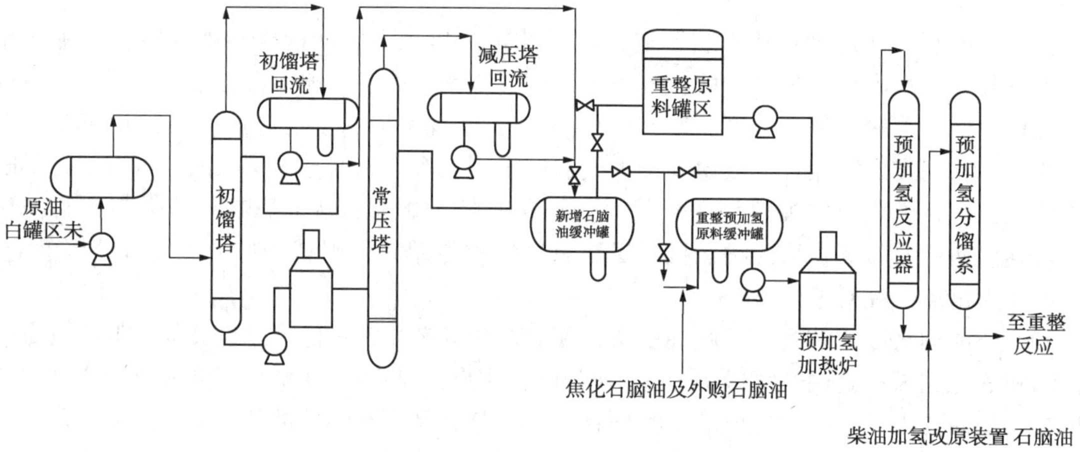

图2　装置优化工艺流程图

（3）焦化加氢石脑油因品质低和产量低单独储存，根据预加氢负荷进行掺炼，如果此部分不够，与外购石脑油混合后送至重整预加氢单元，这部分优化措施可对罐区原料泵增加变频器，重整装置预加氢单元原料罐液位可对罐区原料泵进行变频控制，从而维持恒定液位。

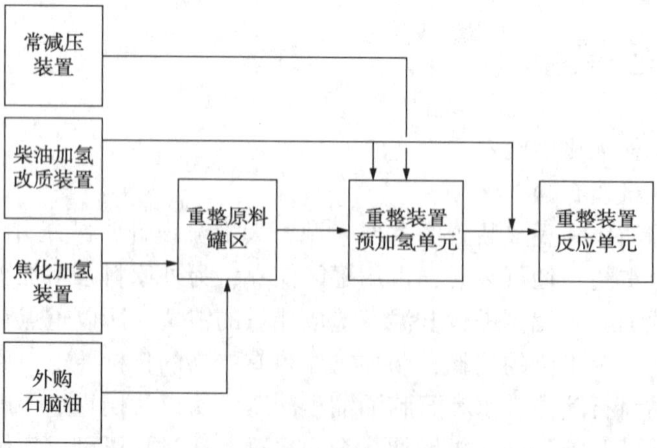

图3　装置新增工艺流程简图

4 装置节能对比与经济性分析

采用直供料节能措施后，降低成本主要体现在燃料气、电、设备损耗及人工劳动力等方面，经过前后对比可以看出节能效果明显，见表1、图4。

表1 直供料改造前后对比数据

项目	改造前	改造后
温度	大气温度	40℃
燃料气单耗	3. 49kgoe/t	2. 96kgoe/t
原料泵电耗	45kWh	22kWh

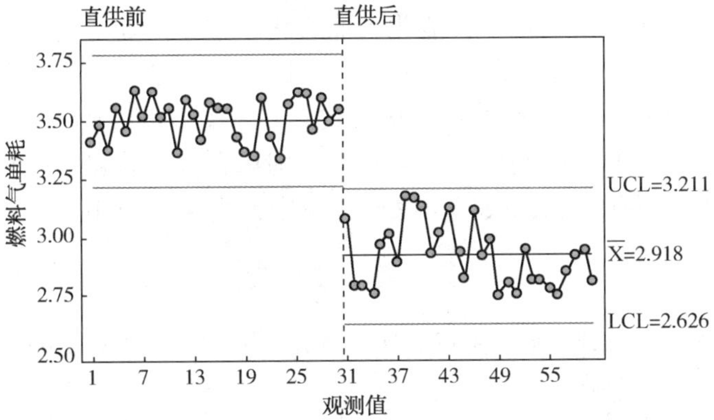

图4 燃料气单耗前后对比图

直供料的实施，首先减少了罐区的罐容，原设计重整原料罐区为6个5000m³原料罐，其中3个石脑油罐，1个精制石脑油罐，2个高标号汽油成品罐。实施石脑油直供后，保留2个石脑油罐，防止常减压装置石脑油产品质量波动改至罐区单独储存，待将来进行掺炼，1个精制石脑油罐作为开停工和预加氢单元出现问题可对重整装置进行供料的重整原料储罐，为最低配比，这样节约出一个5000m³石脑油罐可以作为第3个高标号汽油成品罐使用，增加了库容弹性，而且减少了储运操作人员劳动量。采用直供料后，燃料气单耗与原料泵电耗效益最为明显，见表2。

表2 直供料改造后效益表

项目	平均节约能耗	效益
燃料气单耗	0. 58kgoe/t	172. 31 万元/a
原料泵电耗	23kWh	13. 14 万元/a
合计		185. 45 万元/a

此项技术改造建设投资包括在线水分析仪、在线色度分析仪、机泵变频器、工艺材料管道管件、阀门等配套设施。项目经济性分析回收期见表3。

表3 静态回收期表

项目		数量	备注
建设投资/万元		103.5	
收益/(万元/a)		185.45	
总成本费用/(万元/a)	动力	0.34	
	维修费	3.1	选取的大修费率3%~5%，本项目选3%
投资回收期(静态)①/a		0.57	

① 投资回收期(静态)=投资费用/(收益-总成本费用)。

5 结论

在炼油装置的大型化、系统化，智能化、油头化尾整个产业链的一体化装置中，采用直供料工艺技术能充分提升对上下游装置规模大小的匹配度，省去中间环节各种能耗损失，避免物料的反复降升温，明显的达到了降本增效的目的，该工艺技术成功的应用在此类装置中，截至目前运行稳定，产品质量合格，得到多方炼化企业的认可，项目实施后，可为企业带来经济效益约为185万元/a，此技术可在同行业中大力推广应用。

参考文献

[1] 华赍. 炼油厂能量系统优化技术研究与应用[M]. 北京：中国石化出版社，2009.
[2] 徐承恩. 催化重整工艺与工程[M]. 北京：中国石化出版社，2014.
[3] 徐跃华. 化工装置节能技术实例分析[M]. 北京：中国石化出版社，2009.

降低轻催装置外排烟气氮氧化物浓度研究

项　梦

（中国石化广州石化公司，广州　510726）

摘　要　广州石化蜡油催化裂化装置掺炼减压渣油后，烟脱出口氮氧化物浓度升高，波动加剧。为了降低外排烟气氮氧化物浓度，减少波动，轻催装置进行技术攻关。通过调节催化剂性质、提高反应温度、控制再生氧浓度、增加催化剂藏量、更换脱硝助燃剂配方等方法，将外排烟气中氮氧化物小时均值由 74mg/Nm^3 降到 62mg/Nm^3，瞬时值由超 120mg/Nm^3 降为低于 80mg/Nm^3，分公司级预警频率由 140 次/天降到 0 次/天。

关键词　催化裂化　掺炼渣油　氮氧化物　预警频率

氮氧化物（NO_x）是主要的大气污染物，对环境的损坏极大，既是形成酸雨的主要物质之一，也是形成大气中光化学烟雾的重要物质和破坏臭氧的重要因子，世界各国都对 NO_x 排放作出限制。广州石化蜡油催化裂化装置（简称轻催装置）自 2018 年 9 月 21 日掺炼减压渣油后，外排烟气中的 NO_x 浓度升高，波动加剧，瞬时值超 120mg/Nm^3，分公司级预警频率（≥90mg/Nm^3）最高达到 140 次/天。

为了解决 NO_x 浓度高和波动大的问题，轻催装置采取了调节催化剂性质、提高反应温度、控制再生氧浓度、增加催化剂藏量、更换脱硝助燃剂配方等一系列措施，NO_x 浓度小时均值和瞬时值都降到 80mg/Nm^3 以下，分公司级预警消除，保证了装置安全、平稳、环保、可持续运行。

1　氮氧化物浓度高的原因分析

1.1　原料性质

从表 1 中可以看到掺炼渣油后，进料性质明显变差。渣油饱和烃较蜡油降低，而芳烃、胶质和沥青质等难裂解物质明显升高，另外，残炭、硫含量和氮含量也显著高于蜡油，进料性质变差是造成外排烟气 NO_x 浓度高和波动的主要原因。为了量化渣油中的含氮物质对外排烟气中 NO_x 浓度的影响，需要进行 N 平衡计算，但是缺少本装置液体产物中的氮含量分析数据，只能根据相关资料中的介绍进行粗略计算[1,2]。平均进料量 235t/h，其中渣油 15t/h，由表 1 选取渣油的氮含量 1248mg/kg，蜡油氮含量 905mg/kg，计算如下：

掺渣前烟气中含氮：$235 \times 0.905 \times 40\% \times 20\% = 17.0$（kg/h）

掺渣后进料中含氮：$(235-15) \times 0.905 + 15 \times 1.248 = 217.9$（kg/h）

掺渣后焦炭中含氮：$(235-15) \times 0.905 \times 40\% + 15 \times 1.248 \times 95\% = 97.5$（kg/h）

掺渣后再生器中的氮增加量：$97.5 \times 20\% - 17.0 = 2.5$（kg/h）

掺渣后再生器中的氮氧化物增加量(主要为一氧化氮)：2.5×1000/14×30=5.36(kg/h)

以平均烟气流量 165000 Nm^3/h 计，烟气中的 NO_x 浓度增加量为(主要为 NO)：5.36×10^6/165000=32.5mg/Nm^3。

表1 渣油和混合进料分析数据

油种	采样时间	饱和烃/%	芳烃/%	胶质/%	沥青质/%	残炭/%	硫含量/%	氮含量/(mg/kg)
渣油	2018.10	38.03	31.62	7.5	22.83	15.69	1.44	1248
混合进料	2018.8	80.91	8.26	8.02	2.81	0.15	0.26	905
混合进料	2018.11	80.34	15.38	2.76	1.52	0.77	0.34	999
混合进料	2019.6	85.92	12.12	1.59	0.37	0.71	0.30	1022
混合进料	2020.4	85.89	6.98	6.64	0.59	1.01	0.34	1016

注：混合进料为渣油和蜡油的混合物。

以上分析说明，在现有条件下，掺炼 15t/h 的渣油，外排烟气中的 NO_x 浓度增加 32.5mg/Nm^3，小时均值大约上升到 75.5mg/Nm^3(掺渣前烟气中 NO_x 浓度小时均值约为 43mg/Nm^3)，仍然低于国家控制指标(≯100mg/Nm^3)和部门预警值(≯80mg/Nm^3)，所以通过操作参数和工艺条件调整，在掺炼渣油 15t/h 时保证外排烟气 NO_x 合格时是可行的。

1.2 催化剂中毒严重

从表2中可以看到，由于渣油中的重金属含量高，造成掺渣后催化剂表面重金属含量明显增多。而重金属的毒化作用，导致催化剂活性降低。Na、V 破坏催化剂结构，以及掺渣后雾化蒸汽和汽提蒸汽量增多，造成催化剂热崩，使其比表面积增大。催化剂活性降低和比表面积增大都不利于渣油的催化裂化，造成较多含氮物质结焦进入再生器[3,4]。

表2 掺渣前后催化剂性质变化

采样时间	镍/(μg/g)	钠/(μg/g)	钒/(μg/g)	锑/(μg/g)	比表面积/(m^2/g)	微反活性
2018.09	594.5	631.5	644.5	–	95.5	58.9
2018.11	3189.4	1008.2	1805.8	672.4	100.8	57.8

注：锑(Sb)主要来自钝化剂。

1.3 操作参数对 NO_x 浓度影响

1.3.1 反应温度低不利于降低 NO_x 浓度

从图1中可以看到反应温度与 NO_x 浓度有着明显的关联，外排烟气 NO_x 浓度随着反应温度降低而升高，反应温度从 522 ℃降到 514 ℃，NO_x 浓度从大约 30mg/Nm^3 上升到 55mg/Nm^3。这主要是因为较高的反应温度有利于沥青质等含氮物质分解[5]，减少了含氮物质因结焦进入再生器。

1.3.2 烟气中 CO 浓度低和波动均不利于 NO_x 浓度控制

从图2中可以看到，NO_x 浓度和 CO 浓度有明显的联系，CO 浓度上升，NO_x 浓度下降。CO 浓度大幅波动时候，NO_x 浓度也波动剧烈。这主要是由于 CO 可以将 NO_x 还原为 N_2，CO

的量变化直接影响 NO_x浓度。

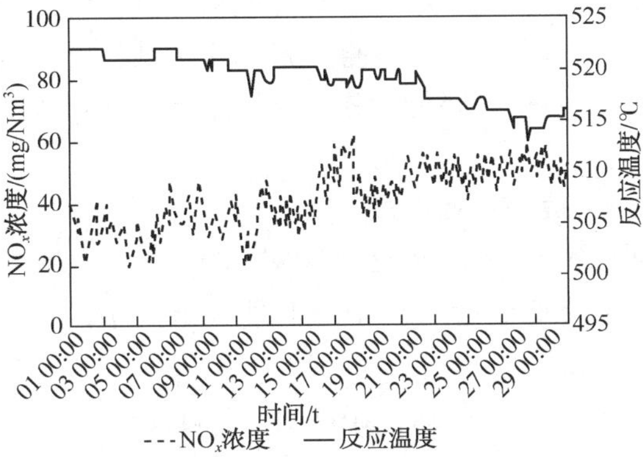

图 1 2018 年 10 月 NO_x浓度与反应温度变化

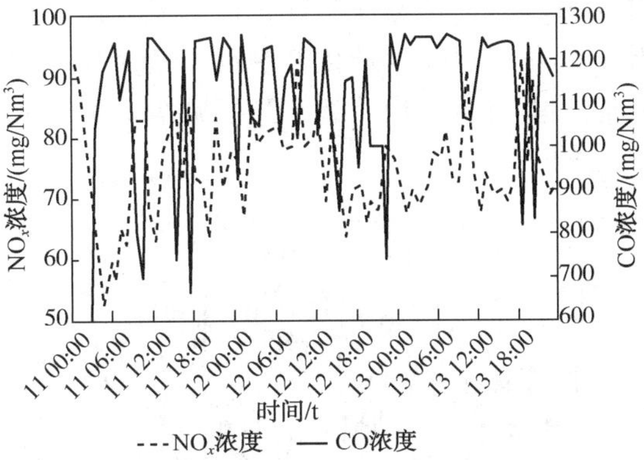

图 2 2019 年 6 月 NO_x浓度与 CO 浓度变化

从以上氮氧化物浓度高的原因分析可以看出，渣油的高氮含量、催化剂因中毒活性降低，都使得含氮物质进入再生器的量增加。另外，掺渣后装置操作参数发生改变(反应温度、CO 浓度等)，也对外排烟气中 NO_x浓度的升高和波动造成影响。为了降低 NO_x浓度，现从再生器发生脱硝反应的机理进行分析和调整[6]。

$$NO_x+CO \xrightarrow{\text{脱硝助燃剂}} N_2+CO_2$$

2 降低氮氧化物浓度的调节方法

2.1 减少含氮物质进入再生器

2.1.1 调节催化剂物理结构和微反活性

一般来说，高表面积的催化剂是抗金属能力低的催化剂，因此要求渣油催化裂化催化剂比表面积小，通过减少表面积，使金属在担体上分布不均而降低金属的污染作用，提高催化剂的抗金属能力[5]。从表 3 中可以看到，2018 年 11 月，催化剂比表面积达到最大值，微反活性降低，孔径减小，这些因素都造成了催化剂对含氮物质(胶质、沥青质等)的裂解效果降低，含氮物质因结焦被带入再生器。

表 3 再生催化剂物理结构及微反活性

	比表面/(m^2/g)	孔体积/(mL/g)	平均孔径/(nm)	碳含量/%	微反活性
2018.9	95.5	0.34	0.356	0.115	58.9
2018.11	100.8	0.34	0.337	0.11	57.8
2019.6	88.5	0.33	0.373	0.136	64.3
2020.4	86	0.33	0.384	0.097	60.8

注：平均孔径=孔体积/比表面积。

2018 年 11 以后，开始降低催化剂比表面积，提高微反活性和孔径，以提升催化剂对含氮物质的裂解能力。有文献报道[7]，催化剂活性越高，转化率就越高，但随着转化率升高，汽油的选择性急剧下降，而生成了大量的气体和焦炭，故催化剂活性并非越高越好。2020年2月以来，仍然保持催化剂较低的比表面积、较大的孔径，但是适当降低催化剂活性。低比表面积可以减少催化剂中毒，较大孔径有利于沥青质分解、减少催化剂积炭失活，合适的活性既能将含氮物质裂解又能减少该类物质结焦，从而达到降低含氮物质因结焦进入再生器的目的。

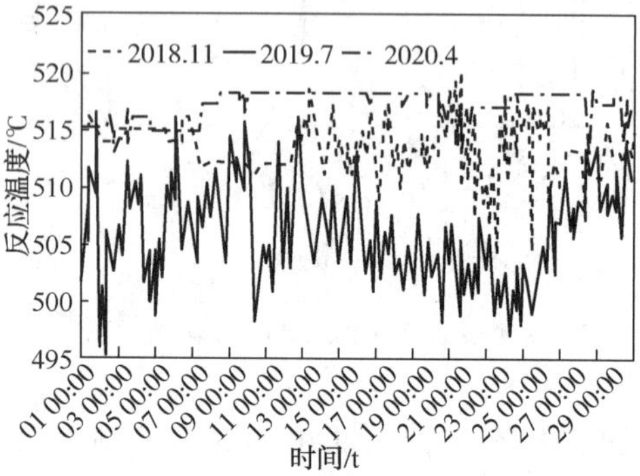

图3　不同时期反应温度变化

2.1.2　提高反应温度

前面分析得到，反应温度对 NO_x 浓度影响较大，较高的反应温度有利于降低外排烟气中的 NO_x 浓度。

从图3中可以看到，2018年11月反应温度约为512℃，而且波动较大，2019年7月反应温度约为505℃，波动更加剧烈。2020年4月提高反应温度到约为518℃，维持稳定。

提高反应温度，可以维持较高的苛刻度，特别是渣油与催化剂接触瞬间的较高温度，有利于部分沥青质裂解，减少生焦。另外，较高的反应温度也可以弥补由于催化剂受金属污染和水蒸气作用而失去的活性，反应温度升高，在转化率不变时，汽油产率降低，气体产率增加，焦炭产率下降，所以较高的反应温度有利于含氮物质的裂解，减少含氮物质进入再生器。

2.2　调整再生器烧焦

前面分析得到，CO浓度对 NO_x 浓度有着显著的影响，较高的CO浓度并维持稳定释放，有利于降低外排烟气 NO_x 浓度并减少波动。

2.2.1　控制合适的再生烟气氧含量

再生器氧含量主要通过调节主风机静叶开度，控制进入再生器的风量来调节。从图4中可以看到，2018年11月氧含量从2%降低到0.5%过程中，CO浓度从稳定的200mg/Nm³上升到1200mg/Nm³，而且出现0~1200mg/Nm³之间的剧烈波动。2019年7月，氧含量控制在0.3%，CO浓度同样在0~1200mg/Nm³之间波动，但是频率较2018年11月有所降低。2020年4月控再生器氧含量1.0%~1.2%，CO释放量相对稳定在300mg/Nm³，而且波动明显降低。

合适的氧含量一方面可以稳定产生一定量的CO，用于 NO_x 的还原，另一方面可以避免因贫氧生成氰化物、氨气等还原性含氮物质，这些物质不但无法在再生器被还原为 N_2，而且会在外排烟气检测设备被转化为 NO_x，显示出假性的 NO_x 浓度升高和波动[8,9]。

2.2.2　调节再生器催化剂藏量

从图5中可以看到，CO浓度随着催化剂藏量上升而升高。2018年11月，由于掺渣后催化剂活性下降，进行了三次大型卸剂和装剂，催化剂藏量从135t上升到约140t，CO浓度也随之从稳定的200mg/Nm³上升到1200mg/Nm³，并出现0~1200mg/Nm³之间的剧烈波动。2019年7年，采用小型加料器定期注入新鲜催化剂，7月1日到30日，催化剂藏量缓慢上升，CO释放量也随之上升，波动幅度有所减少。2020年4月，催化剂藏量从15日开始缓慢上升并稳定在135t，CO释放量从稳定的200mg/Nm³上升到约400mg/Nm³。

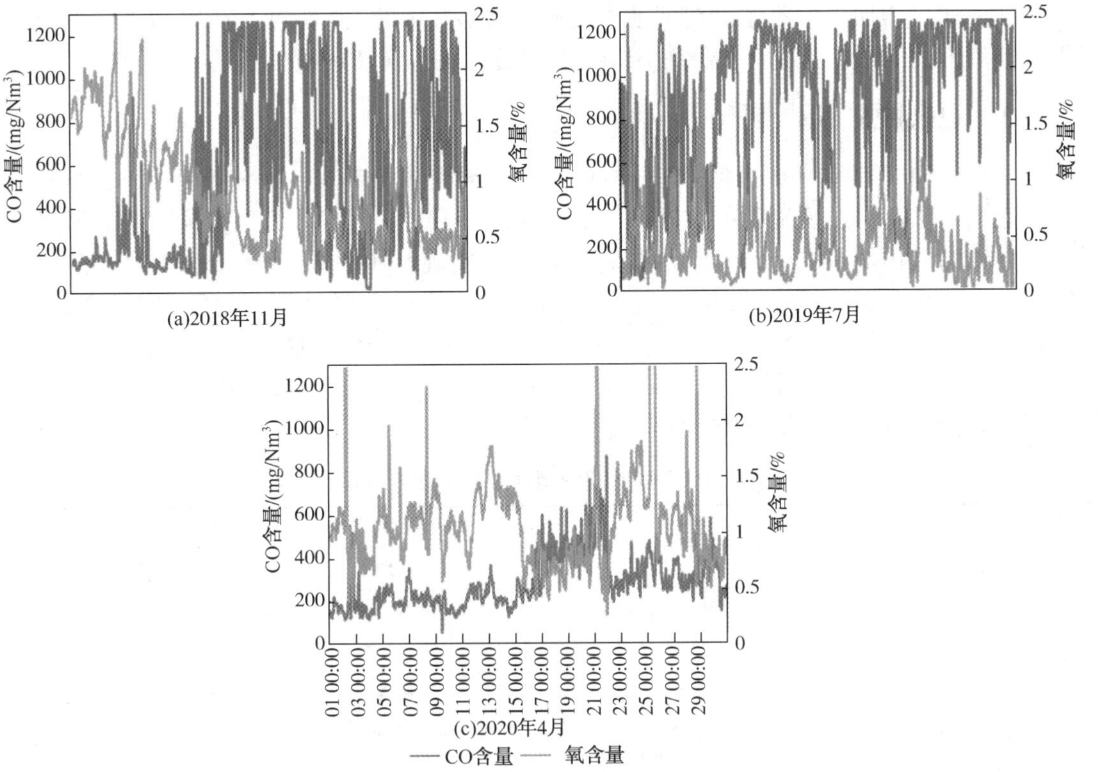

图 4　不同时期 CO 浓度和氧含量变化

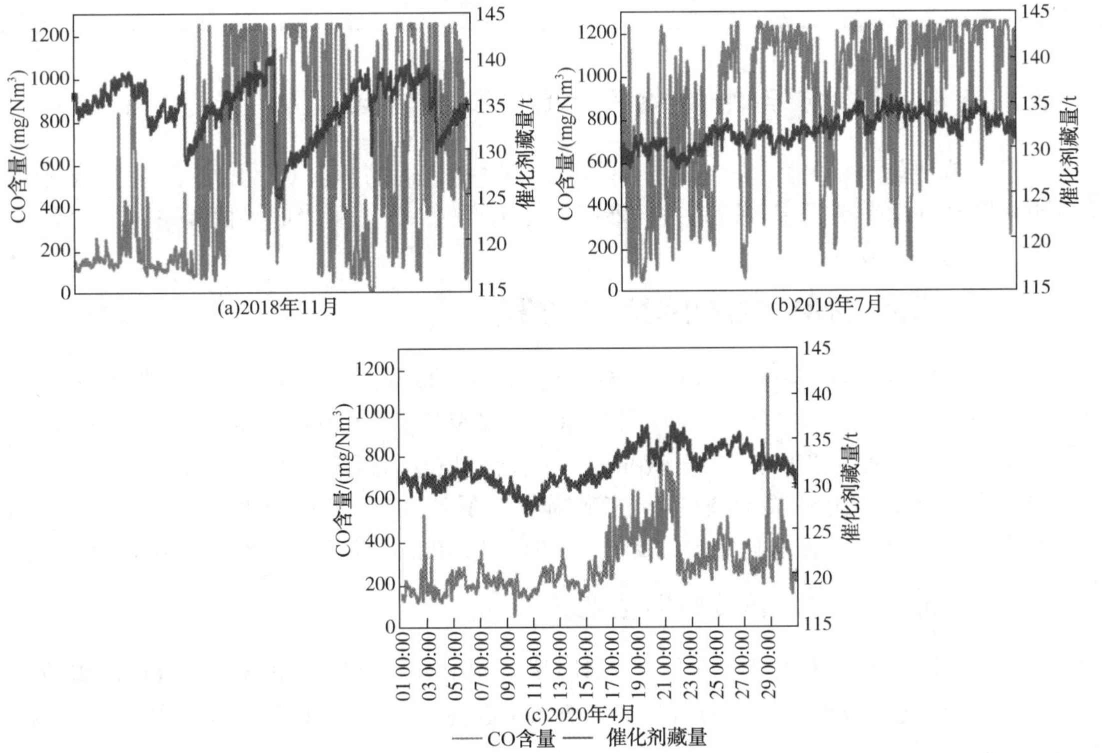

图 5　不同时期 CO 浓度和催化剂藏量变化

因此，通过增加再生器催化剂藏量，能够提高烟气中的CO浓度，而采用小型加料器定时加入新鲜剂的方法，有利于催化剂床层保持稳定，减少CO释放量波动。

2.3 更换脱硝助燃剂配方

表4是不同时期脱硝助燃剂配方分析单。催化剂主要由载体、助剂和活性组分组成，活性组分起主要作用，在脱硝剂中，Pt或Pd组分是活性组分，虽然因为商业保密的因素我们得不到详细的催化剂组成信息，但是我们可以明显发现，2020年2月前后使用的催化剂在活性组分上存在明显的不同，2020年2月之前采用的是Pt为活性组分的催化剂，2020年之后采用的是Pd为活性组分的催化剂。在相同的条件下，使用Pd脱硝助燃剂时烟气中的NO_x浓度要比使用Pt助燃剂时低20%左右。所以在2020年2月之后，采用的Pd族贵金属脱硝助燃剂更有利于降低再生烟气中NO_x浓度。

表4 不同时期脱硝助燃剂配方分析单

2020年2月之前脱硝助燃剂配方		2020年2月之后脱硝助燃剂配方	
组分	组成/%(m)	组分	组成/%(m)
活性氧化铝	30~45	活性氧化铝	40~60
稀土盐类	5~15	氧化铈	5~10
钒酸盐	~5	氧化镁	30~50
铝溶胶	10~25	改性钯族贵金属(商秘)	~0.5
改性金属	~0.5		
镁铝尖晶石	10~20		
商业技术配方(含铂)	~2.0		

3 采取措施前后外排烟气NO_x浓度对比

通过调节催化剂相关性质、提高反应温度、控制合适的氧含量、增加再生器催化剂藏量、更换脱硝剂助燃剂配方等措施，轻催装置外排烟气NO_x浓度小时均值和瞬时值均有了明显下降，波动显著减少。

3.1 外排烟气NO_x浓度小时均值变化

从图6中可以看到，2018年11月NO_x浓度小时均值在80mg/Nm^{3}上下剧烈波动，并有少数超100mg/Nm^{3}的数据。2019年7月，NO_x浓度基本位于80mg/Nm^{3}以下，波动幅度减小。2020年4月，NO_x浓度基本小于70mg/Nm^3，波动进一步降低，趋于平稳。

以上结果说明，文中提高的调整对策能够显著降低外排烟气NO_x浓度小时均值，由74mg/Nm^{3}下降到62mg/Nm^3，而且波动大幅降低，由时有超100mg/Nm^{3}减少到基本不超80mg/Nm^3。

3.2 外排烟气NO_x浓度瞬时值变化

由图7可以看到，2018年11月NO_x瞬时值波动很大，较多值超100mg/Nm^3，2019年7月，NO_x瞬时值波动减小，但是仍然有部分值超100mg/Nm^3，2020年4月，NO_x瞬时值趋于平稳，基本不超过80mg/Nm^3。

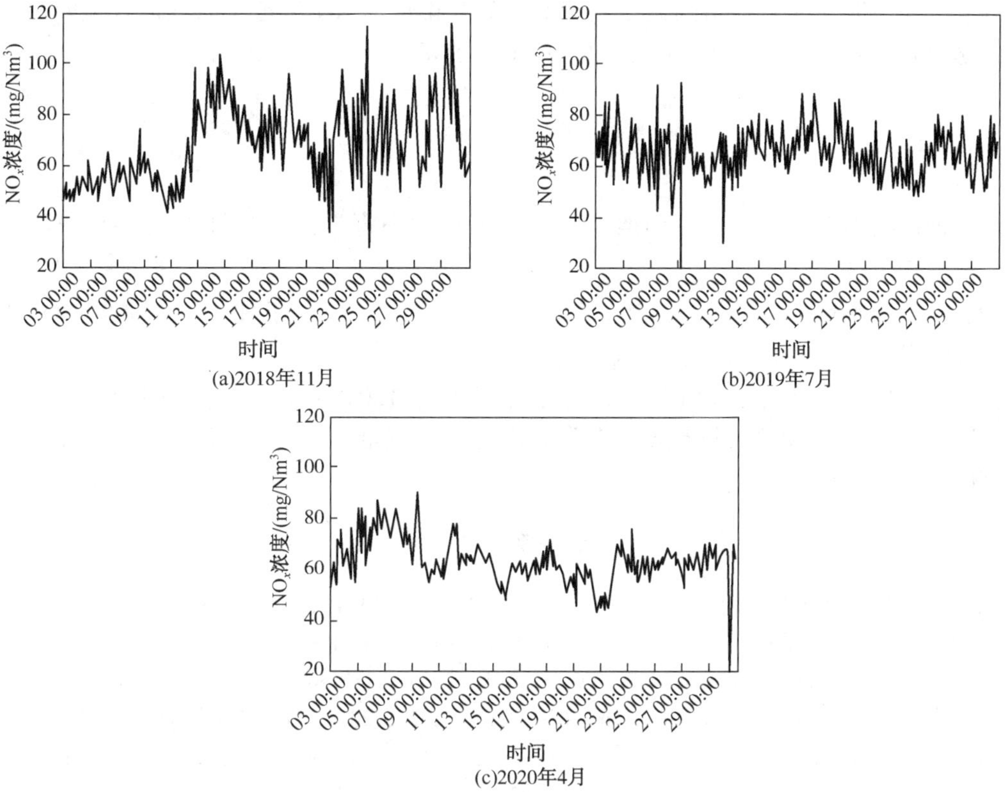

图 6　不同时期 NO_x 浓度小时均值变化

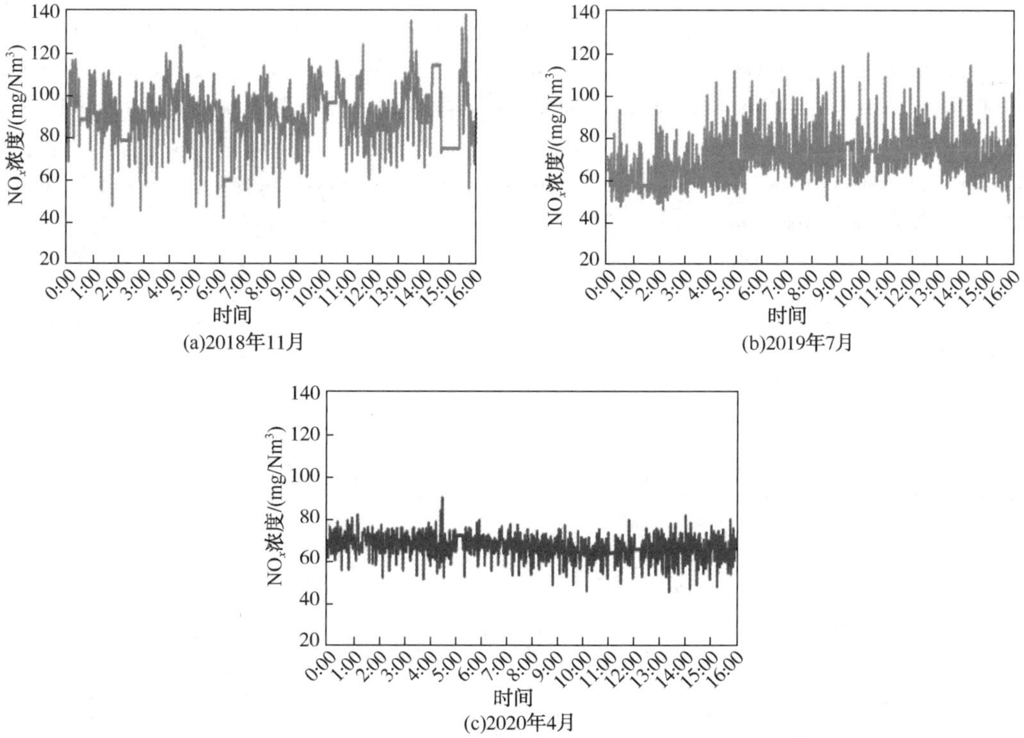

图 7　不同时期 NO_x 瞬时值变化

以上结果说明，文中提出的调整对策对降低外排烟气 NO_x 浓度小时均值效果明显，由开始的较多值超 100mg/Nm³ 下降到基本低于 80mg/Nm³。

4 结论

（1）掺炼渣油会引起进料性质改变，造成催化剂中毒失活、外排烟气 NO_x 浓度上升和波动等一系列改变；

（2）低反应温度（约 505℃）、贫氧（氧含量<0.5%）等操作条件，可以降低 NO_x 浓度小时均值，但是 NO_x 浓度瞬时值波动较大；

（3）较高的反应温度（约 518℃）、合适的氧含量（1.0%~1.2%）、较高的再生器催化剂藏量（约 135t），更换脱硝助燃剂配方（活性组分为 Pd）能够降低外排烟气 NO_x 浓度小时均值和瞬时值，且维持稳定。

参 考 文 献

[1] 马伯文．催化裂化装置技术问答[M]. 2 版．北京：中国石化出版社，2013：68-69.

[2] 王文婷．FCC 原料中氮的影响和对策[J]. 催化裂化，1998，6：42-45.

[3] B Bouyssiere. Understanding the removal of V，Ni and S in crude oil atmospheric residue hydrodemetallization and hydrodesulfurization[J]. Fuel Processing Technology，2020，201：106341-106346.

[4] Marafi A. Deactivation patterns of Mo/Al_2O_3，Ni-Mo/Al2O3 and Ni-MoP/Al_2O_3 catalysts in atmospheric residue hydrodesulphurization[J]. Catalysis Today，2007，125(3-4)：192-202.

[5] 马伯文．催化裂化装置技术问答[M]. 2 版．北京：中国石化出版社，2013：81-93.

[6] 龚望欣．催化裂化烟气脱硫除尘脱硝技术问答[M]. 北京：中国石化出版社，2015：28-29.

[7] 孙昱东．原料组成对渣油加氢转化性能及催化剂性质的影响[D]. 上海：华东理工大学，2011：16-18.

[8] Han Y. Collaborative optimization of energy conversion and NO_x removal in boiler cold-end of coal-fired power plants based on waste heat recovery of flue gas and sensible heat utilization of extraction steam[J]. Energy，2020，207.

[9] Muhammad. Effects of Urea Injection Timing on Predicting No X Conversion In SCR Systems[J]. International Journal of Automotive Technology，2020，21(1)：137-145.

含钙原油电脱盐废水的小试处理技术

代　敏，孙金梅，马忠庭

（中石油克拉玛依石化有限责任公司炼油化工研究院，克拉玛依　834000）

摘　要　文中主要是针对含钙原油实施电脱盐脱钙加工处理过程中产生的高钙、高 COD 废水处理技术进行介绍，即是对脱钙后产生的高 COD 废水进行预处理和有机酸萃取处理，实现对高钙有机废水中脱钙剂的回收和再利用，最终实现无害化处理。在实施过程中，首先对原油电脱盐脱钙过程中的排水进行固化除渣，形成含有一定浓度有机酸的废水，废水中含有的脱钙剂乙酸的浓度约为 1%~3%。随后，采用小型的多级萃取机开展了萃取效果考察。考察结果显示：以 3%浓度的乙酸为研究对象，萃取剂为乙酸异丙酯，萃取相比适宜为 3∶1，萃取级数为六级。对废水进行萃取处理后，萃后水中酸浓度小于 0.2%。经过处理后的水质可以排放至后续的污水处理单元，实现了对电脱盐脱钙废水的有效处理。

关键词　电脱盐　溶剂萃取　有机废水

随着新疆油田开采的稠油中金属离子的含量，尤其是钙含量不断增加，其中风城超稠油钙含量达 265μg/g，这些金属钙盐在延迟焦化工艺中容易残留在焦炭中，造成克石化焦炭灰分偏高质量、等级下降。为了提高焦炭质量及等级，充分实现效益最大化，采用有机酸对高钙稠油实施脱钙[1-2]。

延迟焦化电脱盐、脱钙工艺实施过程中排出的有机废水中主要成分是有机羧酸钙，还含有一部分的氯化钙、氯化钠等无机盐类。该水质中属于高钙、高 COD 废水。若废水直接外排，会冲击炼厂的污水处理装置，导致外排水不合格，甚至会造成环境污染。国内针对含有机酸废水处理技术已有研究报道[3,4]，但是针对电脱盐脱钙后水质的处理技术的研究报道较少。为了降低吨油脱钙的能量消耗，也可使经处理后脱钙污水能够满足克石化公司现有污水处理装置的进水水质要求，且可将废水中的乙酸进行回收利用，提高公司的经济效益。在实际的工业生产中，对该种水质的处理过程包括采取预处理工艺过程和有机酸萃取处理工艺过程相结合的方式进行，文中主要是针对试验室内有机废水处理的技术进行介绍。

1　预处理工艺过程

从一级电脱盐排出的 120~125℃的废水，经换热后与硫酸在反应罐内进行固化除渣，温度降为 80~85℃，固化除渣后的含有机酸废水进入后续的有机酸萃取工艺过程。电脱盐脱钙排水预处理前后的水质主要组成及性质见表 1。

公司已有针对该部分工艺的预处理工业装置，预处理后的有机酸废水组成见表 1。

其中含有的脱钙剂乙酸的浓度约为 1%~3%，其 COD 值较高，不宜排放至下游污水处理装置。为了实现脱钙工艺的顺利实施，同时要满足处理后的水质满足进入污水处理装置的水质要求，对含有机酸的废水萃取处理后，废水中残留的乙酸浓度要求小于 0.2%。

表1 排水性质及组成

组成	常规电脱盐一级排水	脱钙后一级排水	预处理后排水
温度/℃	120~125	120~125	80~85
乙酸/%	0	0.01~0.2	1~3
乙酸钙/%	0	0.3~0.5	—
无机盐/%	0.1~0.5	0.1~0.5	0.1~0.5
COD/(mg/L)	2000~3000	3000~20000	3000~30000
pH值	7	5~6	1~2
固含量	—	—	0.05%
含油量/(mg/L)	< 200	< 200	< 200

2 废水萃取处理小试过程

2.1 萃取工艺过程

对电脱盐脱钙过程中产生的废水首先采用装置已有的生产工艺对废水进行预处理，随后采用有机酸萃取技术，实现对高钙有机废水中脱钙剂的回收、再利用，最终实现无害化处理。针对含有机酸废水的萃取处理主要是在小型的多级萃取试验装置内完成，该装置是由多台萃取机串联而成，实现轻重两相的混合传质和相分离过程。

废水处理的萃取试验装置由萃取段和水洗段两部分组成，原则工艺流程如图1所示：

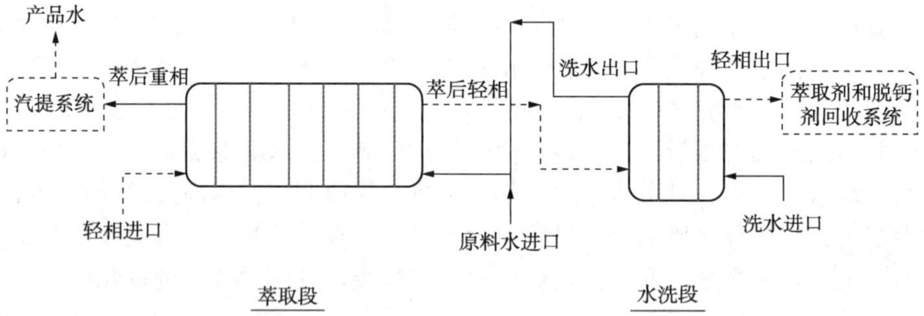

图1 工艺流程简图

将含有乙酸的重相原料废水装入多级萃取装置内，轻相萃取剂乙酸异丙酯在多级萃取装置内与原料水中酸进行两相的混合传质和分离。分离后的上层萃取相进入水洗段，与新水再次进行逆流接触混合和分离，经水洗后的萃取相收集备用。洗水返回至萃取段作为萃取段进料，萃取后的重相和轻相由多级萃取装置排出，收集后分别进入萃取剂和脱钙剂回收系统、汽提系统，进一步处理。

2.2 萃取工艺条件

在小型萃取试验装置上，根据有机废水的组成特点，将电脱盐脱钙预处理后废水加入试验装置后，随后加入萃取剂，进行萃取试验。试验过程中间断取样，分析萃取后水相的酸浓度动态变化情况，判断萃取试验体系内的萃取平衡时间，稳定一段时间后，经物料衡算分析萃取剂对废水中乙酸的萃取效果。

对含有机酸的萃取工艺过程中，选择了市面上应用比较广泛的有机胺、酯类等物质作为废水处理的萃取剂。经过充分的资料检索、应用案例调研和数据考察[5-7]，采用了乙酸异丙酯萃取剂对废水中的有机酸进行萃取。在萃取试验过程中，改变操作条件如相比、萃取级数、萃取温度等都会影响萃取试验的效果，试验中对操作条件进行了详细的考察和优化，形成了对电脱盐脱钙后的有机废水萃取的优化工艺条件和具体参数，见表2。

表2　萃取工艺优化的条件及参数

萃取过程	具体参数	萃取过程	具体参数
废水中的酸浓度/%	3	萃取级数/级	六级
萃取剂	乙酸异丙酯	萃取和水洗温度/℃	18~40
相比(油水体积比)	3:1		

结合萃取工艺过程和萃取实施效果，对含乙酸的有机废水萃取工艺中，确定了萃取处理的优化工艺条件，萃取剂的种类为乙酸异丙酯，采用萃取比为3:1，萃取级数为六级。

2.3　萃取试验效果考察

脱钙工艺实施过程中，原油中钙含量会随着公司加工方案的变更而变化，其中脱钙后的废水经预处理后，其酸浓度会有一定的波动，为了充分获取试验数据，选取了两种典型的酸浓度废水作为考察对象。

试验中选取废水中的乙酸浓度分别为1.5%和3.0%，作为试验的重相，流量1L/h。萃取剂为乙酸异丙酯，作为试验的轻相。设定试验中的相比(油水体积比)为3:1，采用六级萃取，萃取试验中实时取样进行动态分析，监测萃取过程中塔内油相和水相的酸浓度动态变化过程。图2中给出了水相酸浓度的动态变化曲线。

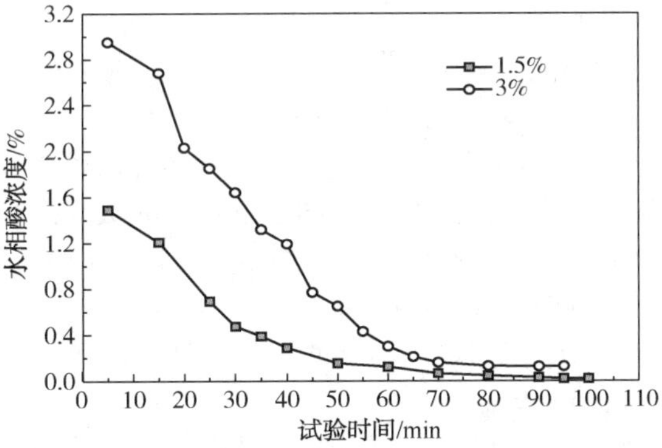

图2　萃取试验过程中水相酸浓度的动态变化曲线

图2中的曲线显示，在对酸浓度为1.5%废水的处理过程中，随着萃取试验时间的延续，萃取装置内水相中的酸浓度逐渐降低。轻相物料和重相物料刚出料时，重相水中酸浓度大约为1.5%和3.0%。随着时间的进行，在萃取机的离心场中，萃取剂与原水充分混合，使得水中的乙酸在萃取剂中的溶解度逐渐增大。当萃取剂中乙酸已经接近或达到其最大饱和度，继续延长时间却不能使乙酸继续向萃取剂中溶解，此时达到了萃取平衡状态。低浓度乙酸的萃取在75~90min左右时，检测其水中酸浓度为0.019%。随后，萃取体系内的物料中的酸浓度基本稳定，达到了萃取平衡。

图2中的另一曲线是对酸浓度为3.0%废水萃取监测数据，为萃取水中的酸浓度与试验时间的动态变化情况。酸浓度为3.0%废水，在萃取时间大约70~90min时，萃取体系内的物料酸浓度接近稳定，检测其水相中酸浓度为0.163%。随着试验时间的延长，萃取体系内的重相和轻相物料逆流萃取过程达到了平衡状态。

相比两种不同酸浓度的废水，在相同的进料速度下，其萃取平衡所需的时间相差不大。含较低浓度乙酸的废水在相同的萃取级数下，萃取后水相酸浓度更低。根据体系内的物料平衡及监测的实时数据，废水中乙酸浓度1.5%和3.0%对应的萃取效率分别为：98.7%和94.6%。在酸浓度设计值为3%，萃取体系的平衡时间为70~90min，萃后的水中酸浓度满足小于0.2%的要求，达到了预期的萃取效果。

3 结论

对原油实施脱钙的过程中，排放的电脱盐废水可以采用考虑固化除渣和有机酸萃取相结合技术方案实施，固化除渣的工艺过程可以有效降低排水中的钙离子浓度，后续进一步选用合适的萃取工艺路线，实现对废水的有效处理。对电脱盐脱钙过程中废水的有效处理，不仅可以降低吨油脱钙的能量消耗，也可使经处理后脱钙污水能够满足克石化公司现有污水处理装置的进水水质要求。根据公司目前的生产情况，可考虑增设处理量为4m^3/h废水处理装置，在此处理规模的基础上，对整个经济效益进行估算，每年乙酸回收利用的收益为300~400万元。

参考文献

[1] 罗来龙，于曙艳，马忠庭．原油脱钙技术研究与工业应用[J]．石油炼制与化工，2005，36(4)：39-43.

[2] 代敏，马忠庭，李欣，等．作为焦化原料的风城超稠油电脱盐、脱钙工业试验[J]．石油炼制与化工，2017，48(11)：64-67.

[3] 陈永强，龚小艺，陈发．旋流萃取分离技术处理石化电脱盐废水，化工环保，2015，35(3)：297-299.

[4] 邱延省，房艳霞．醋酸废水络合萃取处理技术研究[J]．江西理工大学学报，2008，29(3)：17-19.

[5] 陈魁，管国锋，万辉．络合萃取回收PTA溶剂脱水塔塔顶废水中的醋酸[J]．南京工业大学学报，2005，27(6)：41-45.

[6] 熊祥祖，张林锋，魏世辕．固液反萃湿法磷酸生产磷铵的工艺研究[J]．无机盐工业，2011，43(1)：36-39.

[7] 王晓，胡国强．溶剂萃取法对甲酸废水的处理研究[J]．辽宁石油化工大学学报，2009，29(3)：15-18.

炼厂酸性水汽提和净化水回用系统优化研究

文增坤

（中海油石化工程有限公司，青岛　266101）

摘　要　目前，大、中型炼厂通常设置两套酸性水汽提装置，以分别处理加氢型和非加氢型酸性水，并回收利用所产生的净化水，以提高净化水回用率，降低吨油耗水量。本文首次采用图示法优化酸性水汽提和净化水回用系统，考虑三种典型的限制回用的指标——氨氮、硫化氢浓度和 pH 值，以国内某炼厂酸性水汽提和净化水回用系统为案例，经优化分析，除盐水的用量可减少 217.05t/h，表明该方法的可行性和实用性。

关键词　酸性水汽提　净化水回用　水系统集成　图示法

炼厂加工含硫原油时，一次加工装置和大部分二次加工装置都会产生并排出酸性水，酸性水中不仅含有较多硫化物和氨氮，同时含有酚、氰化物和油等污染物，不能直接排至污水处理场[1]。目前大多数炼厂采用汽提法处理酸性水，而且越来越多的炼厂采取“分质处理，分质回用”的原则，将酸性水分为非加氢型酸性水和加氢型酸性水。因两类酸性水水质不同[2]，部分炼厂引入两套酸性水汽提装置分别处理这两种类型的酸性水。此外，部分炼油厂已将非加氢型净化水回用至电脱盐，常减压注水等，以及回用加氢型净化水至空冷前注水等。净化水的回收利用，不但可节约大量新鲜水和化学水，降低污水处理场的负荷，在解决环保问题的同时也为企业创造了可观的经济效益。然而，酸性水汽提和净化水的回收利用多依赖于工程经验，缺乏系统集成的依据。

近年来，日益严厉的环保法规、高昂的新鲜水成本和废水处理费用，迫使各炼厂越来越重视节水减排。要深入做好节水减排的工作，就应该从系统工程的角度出发，考虑水的有效利用。水系统集成技术把企业的整个用水系统作为一个有机的整体来对待，考虑如何合理分配各用水单元的水量和水质，并取得最大的节水效果。经过几十年的研究，水系统集成主要形成了概念法和数学规划法两大类别。概念法主要有 Wang and Smith[3]提出的图示法合成固定杂质负荷水网络；Castro[4]提出的问题表法；Feng[5]的改进问题表法；Hallale[6]提出的剩余图法和 Foo[7]提出的级联法等。数学规划法最初是由 Takama[8]提出的，随后研究者提出了多种超结构模型，典型的有 Huang[9]的普遍化用水模型；Bagajewicz and Savelski[10]的线性模型；Gunaratnam[11]的总水网络模型；Feng[12]的再生循环模型；Hu[13]的多杂质再生回用水网络的优化模型等。针对炼厂的水系统，国外也有文献研究的记载，特别是针对酸性水汽提和净化水回用系统，Alva-Argáez[14]提出了一种夹点分解法来改造炼油厂水网络，但只涉及了三种杂质的浓度；Daniel Sujo-Nava[15]则提出一种“工程诊断”模型来改造炼厂酸性水网络的问题，但只考虑了氨氮和硫化氢的浓度问题；最近，Deng[16]提出了一种考虑过程模型的数学规划法优化炼厂水网络，但是无法摆脱数学规划法黑箱模型的根本缺陷，无法直观体现水网络匹配合成过程。

本文采用图示法确定酸性水汽提和净化水回用系统的目标值，同时设计出满足目标值的水源、水阱匹配网络。以国内某炼厂为具体实例，进行详细的分析与优化，以验证所提出方法的实用性和可行性。

1 问题描述

该优化问题描述如下：给定一系列过程水源(N_{SR})和过程水阱(N_{SK})，每一个过程水源都有各自的出口性质值($P_{SR_{i,p}}$)和极限出口流率($F_{SR_i}^{\lim}$)，这些水源可以被直接回用到过程水阱或在达到环境要求的前提下排放。针对每一个水阱，都会给定一个极限进口流率($F_{SK_j}^{\lim}$)，并且它的入口性质必须满足以下要求：

$$P_{SK_{j,p}}^{\min} \leqslant P_{SK_{j,p}} \leqslant P_{SK_{j,p}}^{\max} \tag{1}$$

$P_{SK_{j,p}}^{\min}$和$P_{SK_{j,p}}^{\max}$分别表示过程水阱j允许的最小和最大性质值。为了避免性质混合的非线性，引入性质算子以满足性质混合的线性特点：

$$\psi(\overline{P}_p) = \sum_i x_{SR_i} \cdot \psi(P_{SR_{i,p}}) \tag{2}$$

$\psi(P_{SR_{i,p}})$和$\psi(\overline{P}_p)$分别表示水源i关于性质p的性质算子和混合水源的性质算子。x_{SR_i}表示过程水源SR_i与混合水源的流率比。这样便可得到用性质算子表达的关于方程的变形：

$$\psi^{\min}(P_{SK_{j,p}}) \leqslant \psi(P_{SK_{j,p}}) \leqslant \psi^{\max}(P_{SK_{j,p}}) \tag{3}$$

$\psi^{\min}(P_{SK_{j,p}})$和$\psi^{\max}(P_{SK_{j,p}})$分别表示水阱$SK_j$关于性质$p$的最小和最大性质算子值。

此外，我们还可以利用新鲜水源(N_{FR})来补充过程水阱对水量的需求。目标旨在确定废水回用/再生水回用水网络目标值，并设计出满足目标的水网络。

2 图示法优化酸性水汽提和净化水回用系统

以国内某炼厂酸性水汽提和净化水回用系统为具体实例，详细说明利用图示法确定最优目标值和设计水源水阱匹配网络的步骤，并针对两种优化模式——废水回用和再生水回用进行水网络优化验证。

2.1 废水回用

以废水回用为例，详述图示法优化水源水阱匹配网络的具体步骤。

步骤一：选取关键性质并提取水源和水阱数据。

炼厂酸性水汽提装置主要控制指标为硫化氢含量(w_{H_2S}/ppm)、氨氮含量($w_{NH_3\text{-}N}$/ppm)，而回用净化水过程的设备对净化水的 pH 值有一定的要求，因此选取硫化氢含量(w_{H_2S}/ppm)、氨氮含量($w_{NH_3\text{-}N}$/ppm)和 pH 作为三种主要性质。提取的各水源水质和流率数据如表 1所示。提取水阱的流率数据如表 2 中第二列所示，此外，基于历史运行水质数据，通过假设和对比分析，确定水阱的水质约束条件如表 2 所示。

表 1 水源流率值及各性质值

水源	H_2S/(mg/kg)	NH_3-N/(mg/kg)	pH	流率/(t/h)
常减压酸性水/SR1	750	600	7.27	50.6
催化裂化酸性水/SR2	3560	2080	9.16	13.6
延迟焦化酸性水/SR3	3640	1870	9.12	78.5
蜡油加氢酸性水/SR4	6800	5850	9.23	53.4
煤柴油加氢酸性水/SR5	8740	6305	9.51	17.9
汽柴油加氢酸性水/SR6	5590	4530	9.37	23
除盐水/DW	4	12	7.4	∞

表 2 水阱流率及各性质上下限值

水阱	流率/(t/h)	下限 H_2S/(mg/kg)	上限 H_2S/(mg/kg)	下限 NH_3-N/(mg/kg)	上限 NH_3-N/(mg/kg)	下限 pH	上限 pH
常减压塔顶注水/SK1	38	0	80	0	100	7.4	7.8
常减压电脱盐注水/SK2	120	0	35	0	70	7.3	8.3
焦化焦炭塔补水/SK3	8.5	0	50	0	80	7.4	8.2
蜡油加氢反应注水/SK4	12	0	25	0	85	7.4	8.3
煤油加氢反应注水/SK5	23	0	27	0	80	7.4	8.2
汽油加氢空冷前注水/SK6	45	0	50	0	90	7.4	8.0
重整预加氢注水/SK7	14	0	25	0	80	7.4	8.4

步骤二：确定水阱的优先匹配次序。

考虑该炼厂实际，只有水阱 SK1 存在酸性水回用的情况，因此废水回用模式下不存在水阱匹配次序的问题。

步骤三：确定各主要性质的性质算子。

三种性质作为控制酸性水回用的关键性质，相应的混合规则为：

$$\overline{w_{H_2S}} = \sum_i x_i w_{H_2Si}；\ \overline{w_{NH_3-N}} = \sum_i x_i w_{NH_3-Ni}；\ \overline{10^{pH-14}} = \sum_i x_i\ 10^{pH_i-14}$$

因此，w_{H_2S}、w_{NH_3-N}和 pH 的性质算子 ψ_i 分别为：

$$\psi(w_{H_2S}) = w_{H_2Si}；\ \psi(w_{NH_3-N}) = w_{NH_3-Ni}；\ \psi(pH) = 10^{pH-14}$$

步骤四：确定各水源、水阱的性质聚类值。

对于水阱 SK1 的匹配而言，过程水源 SR1、新鲜水源 DW(即除盐水)和水阱 SK1 的性质值的极值数据如表 3 所示。

表 3 过程水源 SR1、新鲜水源 DW 和水阱 SK1 的性质极值数据

水源与水阱	最小 H_2S/(mg/kg)	最大 H_2S/(mg/kg)	最小 NH_3-N/(mg/kg)	最大 NH_3-N/(mg/kg)	最小 pH	最大 pH
SR1、DW 和 SK1	0	750	0	600	7.27	7.8

从表3可知，过程水源SR1的三种原性质值分别为：

$$w_{H_2S}^{SR1}=750;\ w_{NH_3-N}^{SR1}=600;\ pH^{SR1}=7.27$$

则其性质算子值分别为：

$$\psi_{H_2S}^{SR1}=750;\ \psi_{NH_3-N}^{SR1}=600;\ \psi_{pH}^{SR1}=10^{7.27-14}$$

依据上述性质算子值计算新鲜水源和过程水源的无因次量纲值和增广性质值，得到水源的性质聚类值，如表4所示。

表4　新鲜水源FW和过程水源SR1的性质聚类值

新鲜源和过程源	性质	性质值	性质算子	无因次量	增广性质	性质聚类值
DW	H_2S	4	4	0.005	0.590	0.009
	NH_3-N	12	12	0.020		0.034
	pH	7.4	$10^{7.4-14}$	0.565		0.957
SR1	H_2S	750	750	1.000	2.419	0.413
	NH_3-N	600	600	1.000		0.413
	pH	7.27	$10^{7.27-14}$	0.419		0.173

对每一个水阱而言，其性质并不是特定值，而是存在上下界，满足其所有性质上下界约束的区域即构成了该水阱的可行域。该区域可由一个六个顶点的多边形所构成。水阱SK1的可行域的六个顶点的性质聚类值如表5所示。

表5　水阱SK1的可行域各顶点的聚类值

SK1	性质	性质值	性质算子	无因次量	增广性质	性质聚类值
$(\Omega_{H_2S}^{min},\ \Omega_{NH_3-N}^{min},\ \Omega_{pH}^{max})$	H_2S	0	0	0.000	1.419	0.000
	NH_3-N	0	0	0.000		0.000
	pH	7.8	$10^{7.8-14}$	1.419		1.000
$(\Omega_{H_2S}^{min},\ \Omega_{NH_3-N}^{max},\ \Omega_{pH}^{max})$	H_2S	0	0	0.000	1.585	0.000
	NH_3-N	100	100	0.167		0.105
	pH	7.8	$10^{7.8-14}$	1.419		0.3895
$(\Omega_{H_2S}^{min},\ \Omega_{NH_3-N}^{max},\ \Omega_{pH}^{min})$	H_2S	0	0	0.000	0.731	0.000
	NH_3-N	100	100	0.167		0.228
	pH	7.4	$10^{7.4-14}$	0.565		0.772
$(\Omega_{H_2S}^{max},\ \Omega_{NH_3-N}^{max},\ \Omega_{pH}^{min})$	H_2S	80	80	0.107	0.838	0.127
	NH_3-N	100	100	0.167		0.199
	pH	7.4	$10^{7.4-14}$	0.565		0.674
$(\Omega_{H_2S}^{max},\ \Omega_{NH_3-N}^{min},\ \Omega_{pH}^{min})$	H_2S	80	80	0.107	0.671	0.159
	NH_3-N	0	0	0.000		0.000
	pH	7.4	$10^{7.4-14}$	0.565		0.841
$(\Omega_{H_2S}^{max},\ \Omega_{NH_3-N}^{min},\ \Omega_{pH}^{max})$	H_2S	80	80	0.107	1.525	0.070
	NH_3-N	0	0	0.000		0.000
	pH	7.8	$10^{7.8-14}$	1.149		0.930

步骤五：绘制性质三角图，确定水源的存在域、水阱的可行域以及可行解域。

将水阱 SK1 的可行域各顶点的聚类值和各水源的聚类值分别绘制在三角图中，如图 1(a)所示。其中两个水源可以任何比例混合，构成水源的存在域，即水源 SR1 和 DW 两点之间的连线，水源的存在域与水阱的可行域所构成的交集，即为可行解域，表明新鲜水源与过程水源以一定的流率比例混合而得到的混合水源位于该交集的部分，都可以满足水阱 SK1 的约束。

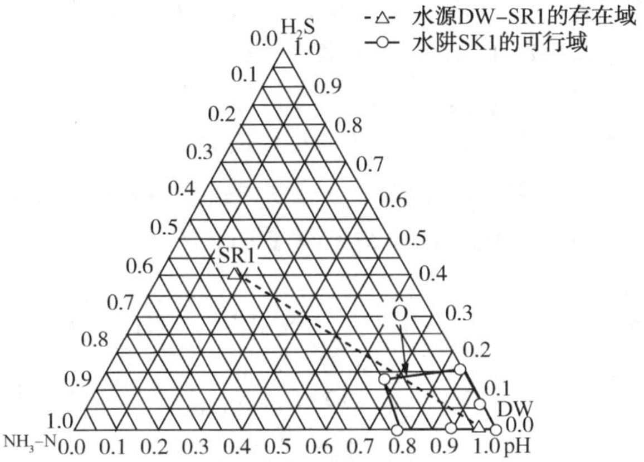

(a)性质三角图

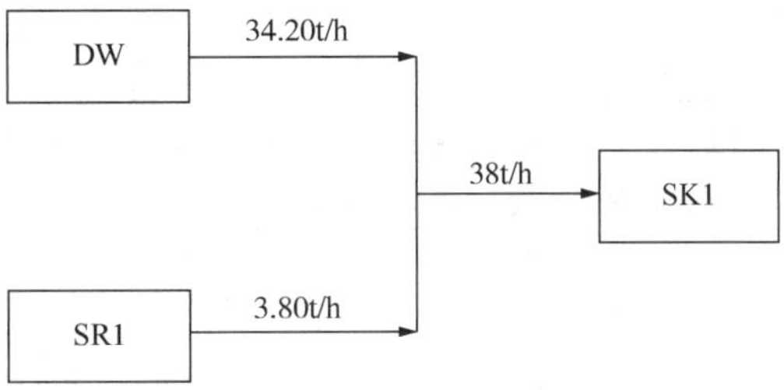

(b)流率匹配关系图

图 1　水阱 SK1 流率匹配

步骤六：根据杠杆规则在三角图的可行解域中选择最优的源阱匹配点，确定各源分配流率的同时，得到源和阱的匹配关系。

为了减少新鲜水源 DW 的用量，则需要增加 DW 的臂长，从而确定可行解域与水阱 SK1 的可行域边界相交的点(图 1(a)中的点 O 为最优匹配点)，此时过程水源 SR1 的直接回用量最大，相应的除盐水的使用量就最小。根据 O 点的坐标值(0.713，0.135，0.152)，采用公式(5)求得混合流股中新鲜水源流率分率 $x_{DW}=0.90$。那么，依据水阱 SK1 的流率总需求，便得到混合需要的除盐水量为 34.20t/h，过程水源 SR1 的水量为 3.80t/h。相应的流率匹配图如图 1(b)所示。

$$\begin{cases}\overline{AUP}=x_{DW}AUP_{DW}+(1-x_{DW})\cdot AUP_{SR1}\\ \beta_{DW}=\dfrac{AUP_{DW}}{\overline{AUP}}\cdot x_{DW}\end{cases} \tag{4}$$

其中，$\overline{AUP}$为混合水源的 AUP(增广性质，为所有无因次性质算子之和)值。

至此，通过详细的步骤描述，完成酸性水直接回用模式的最优水源水阱流率匹配。

2.2　净化水回用

在炼厂实际生产过程中，酸性水直接回用模式并不普遍，多用于注水程序中，更为普遍的模式是净化水回用模式。为遵循“分质处理，分质回用”的原则，将表 1 中的酸性水分为非加氢型酸性水(SR1、SR2 和 SR3)和加氢型酸性水(SR4、SR5 和 SR6)，表 2 中的水阱分为非加氢型水阱(SK1、SK2 和 SK3)和加氢型水阱(SK4、SK5、SK6 和 SK7)。其中非加氢型酸性水可通过汽提产生非加氢型净化水(NSWH)并回用到非加氢型水阱，以构成非加氢水网络；加氢型酸性水通过汽提产生加氢型净化水(SWH)并回用到加氢型水阱，以合成加氢型水网络。下面分别对非加氢型和加氢型的净化水回用系统进行分析与优化。

针对非加氢型水阱匹配，重复步骤一～步骤五，得到源阱匹配图2，从而可以看出，三个非加氢型酸性水水源均落在两个非加氢型水阱的可行域之外，说明无论过程水源怎样混合，非加氢型水源的存在域与水阱的可行域都不会构成可行解域，即通过酸性水直接回用到水阱是不可行的，需要性质调节器——非加氢酸性水汽提装置对酸性水进行处理以改善水质的性质指标，达到能够回用的目的。表6为该炼厂的非加氢型净化水三种主要性质的水质指标。将此点根据步骤一——步骤五描绘于图3中，可见通过非加氢酸性水汽提装置处理后的非加氢型净化水的点落在了两个非加氢型水阱的可行域内，说明该非加氢型净化水可以直接回用到两个非加氢型水阱。由于两个非加氢型水阱需求的水源流率分别为120t/h和8.5t/h，那么非加氢型净化水回用后的剩余流率为6.5t/h，可送至污水处理装置处理达标后外排。

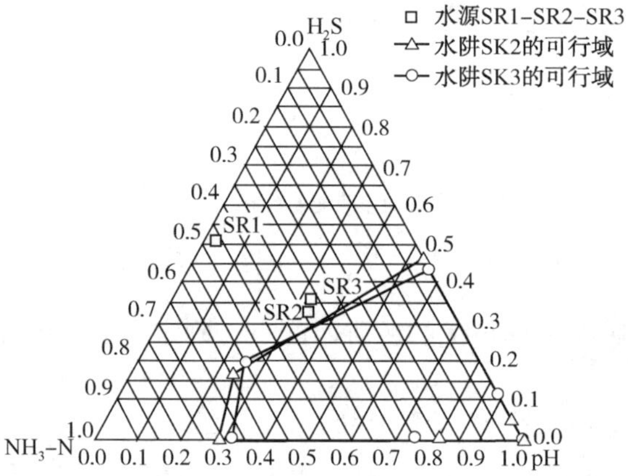

图2 非加氢型水源与非加氢型水阱表示

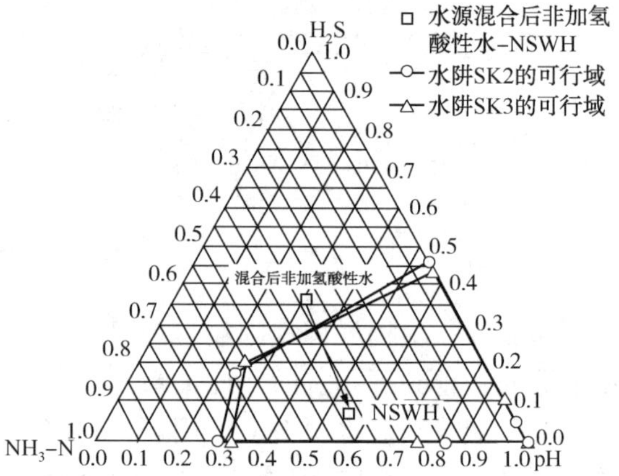

图3 性质调节器进出口水源与非加氢型水阱匹配

表6 非加氢型净化水(NSWH)水质数据

水源	H_2S/(mg/kg)	NH_3-N/(mg/kg)	pH	流率/(t/h)
非加氢型净化水/SWNH	12	40	7.2	135

加氢型的匹配可仿照非加氢型水阱，图4也同样验证了加氢型酸性水不可直接回用到加氢型水阱。于是，将加氢型酸性水导入加氢型酸性水汽提塔以调节其性质。通过表7给出的该炼厂加氢型净化水水质数据，重复步骤一～步骤五，得到图5，可见加氢型净化水可直接回用到加氢型水阱SK6，并不能回用到另外三个加氢型水阱(SK4、SK5和SK7)。此时，可考虑将加氢型净化水与新鲜水源混合以达到三个加氢型水阱的匹配要求。

表7 加氢型净化水(SWH)水质数据

水源	H_2S/(mg/kg)	NH_3-N/(mg/kg)	pH	流率/(t/h)
加氢型净化水/SWH	30	70	7.4	93

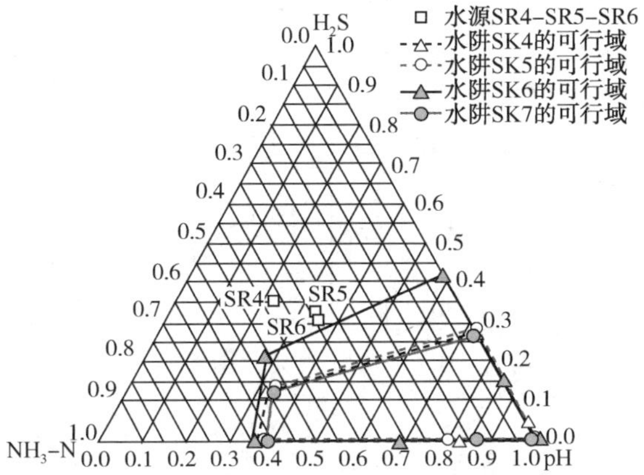

图 4　加氢型水源与加氢型水阱表示

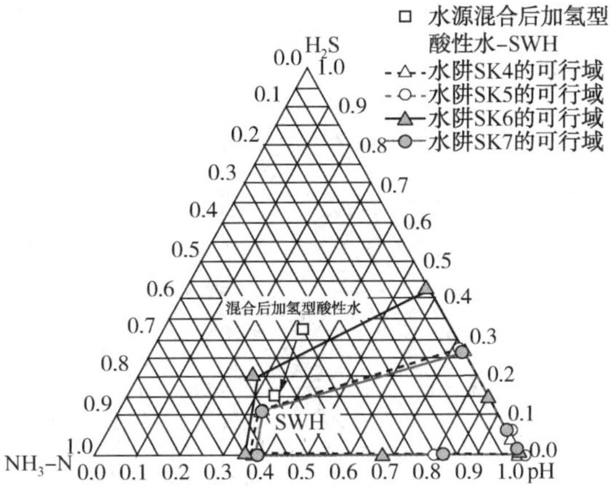

图 5　性质调节器进出口水源与加氢型水阱匹配

采用层次分析法确定剩余三个水阱的匹配次序为 SK5、SH4 和 SK7，并结合步骤一——步骤六，依次完成三个加氢型水阱的匹配。如图 6~图 8 所示。

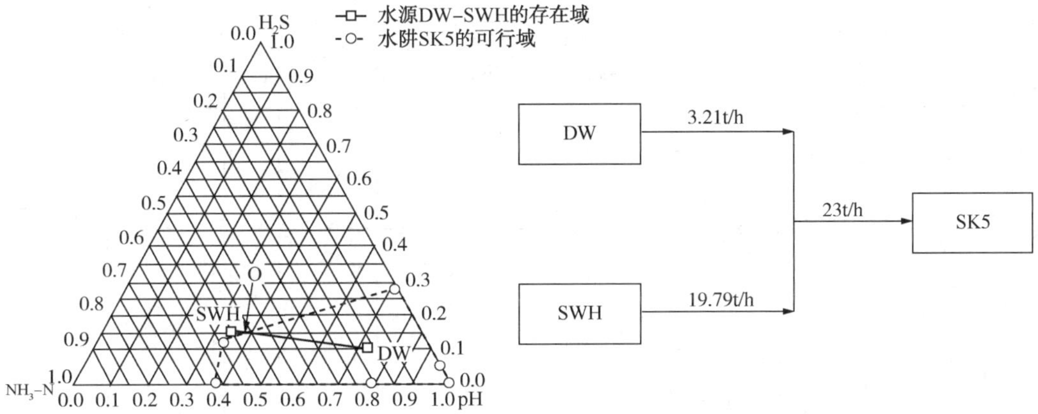

(a)性质三角图　　(b)流率匹配关系图

图 6　加氢型水阱 SK5 的匹配

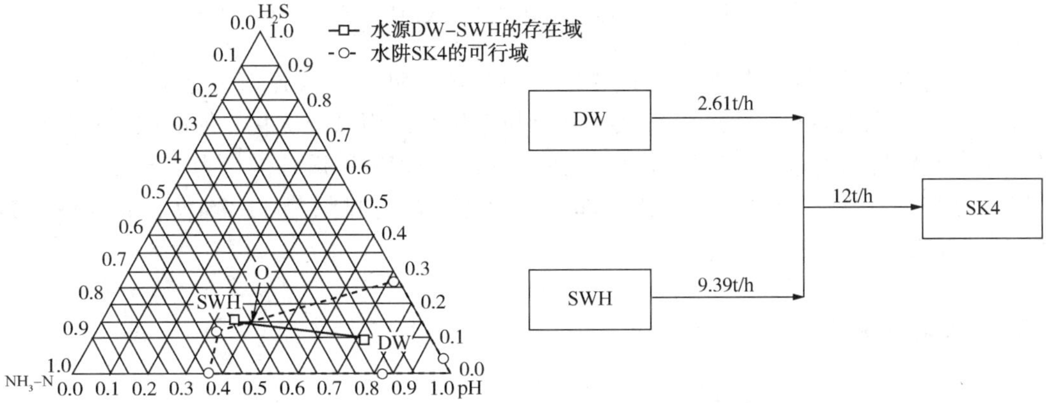

(a)性质三角图　　(b)流率匹配关系图

图 7　加氢型水阱 SK4 的匹配

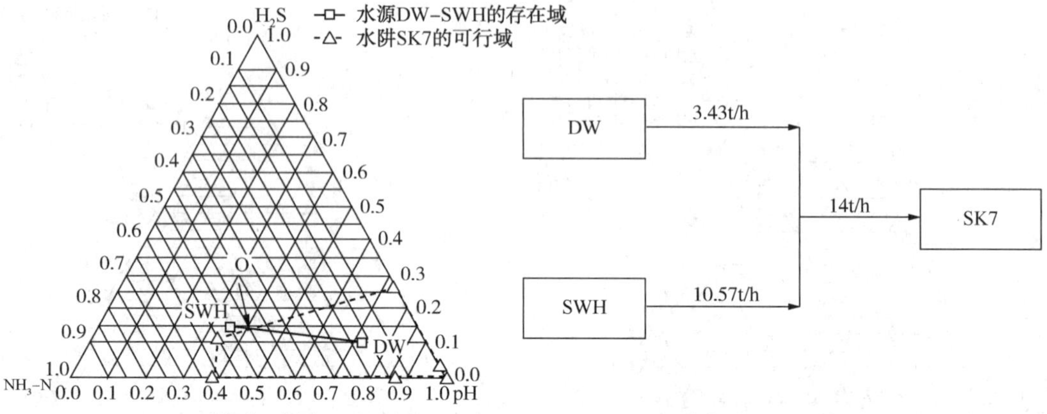

(a)性质三角图　　(b)流率匹配关系图

图8　加氢型水阱SK7的匹配

当七个水阱的匹配全部完成，相应的全厂优化酸性水汽提和净化水回用系统水网络可自动合成，如图9所示。

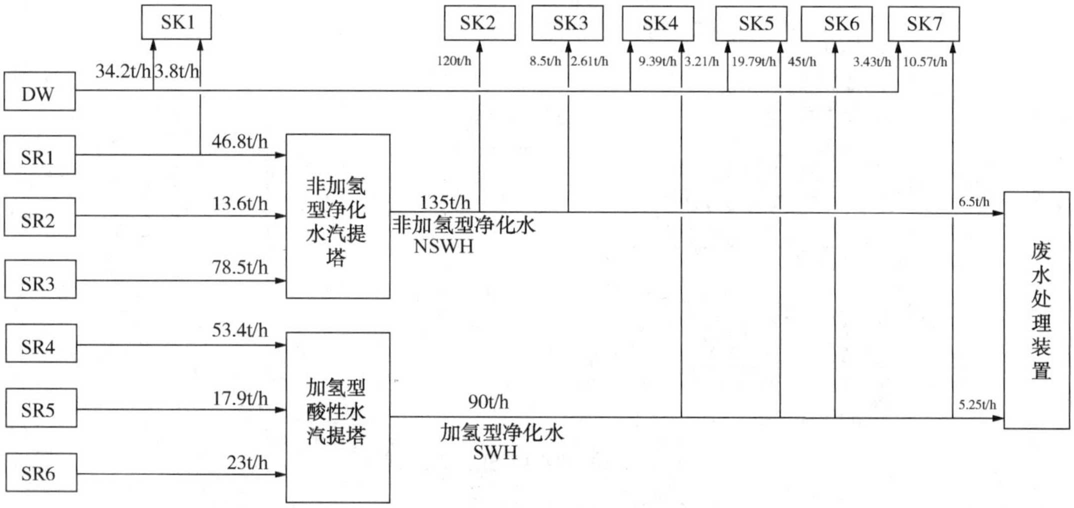

图9　优化后的酸性水汽提和净化水回用系统水网络

对比优化前净化水全部排污水处理装置，同时各水阱所需水源均为除盐水，如图10所示，可知应用水系统集成方法进行酸性水汽提和净化水回用系统优化，能够取得较好的优化效果：优化前除盐水用量为260.5t/h，净化水送污水处理装置后外排量为225t/h；优化后除盐水用量为43.45t/h，节约除盐水217.05t/h，净化水的外排量为11.75t/h，相应废水减排量为213.25t/h。

3　结论和展望

本文利用图示法优化酸性水汽提和净化水回用系统，考虑了两种关键杂质浓度(硫化氢和氨氮)以及一种性质pH值。该方法不仅可以确定最优的新鲜水源流率目标值，同时设计

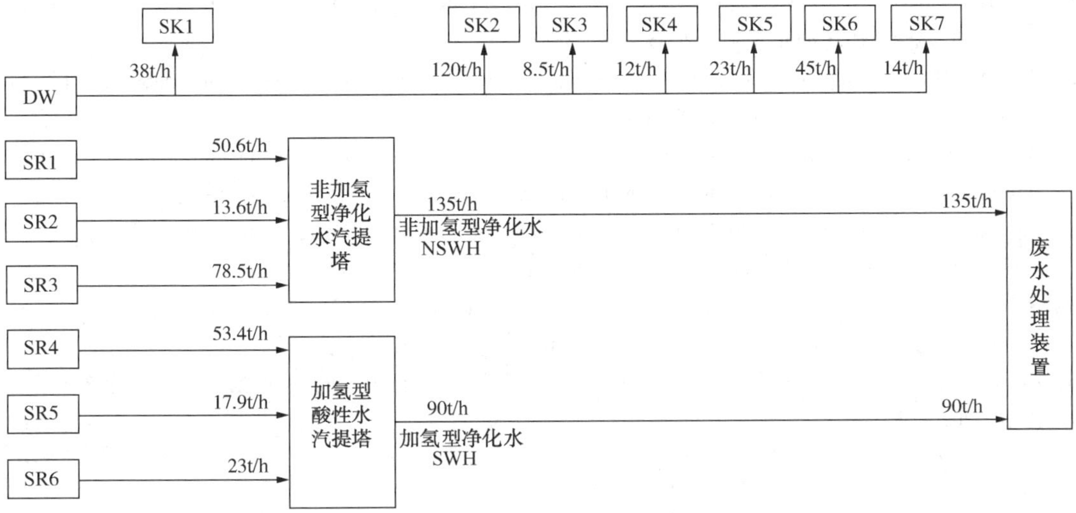

图 10　优化前的酸性水汽提系统水网络

出相应的水源水阱匹配网络。本文以国内某炼厂实际的酸性水汽提和净化水回用系统为具体实例，进行详细的分析与优化步骤，分别采用酸性水回用(废水回用)和净化水回用(再生水回用)两种模式，经优化后，除盐水的节约量可达 217.05t/h，经济和环保效益显著验证了所提出方法的实用性和可行性。下一步将引入温度这一重要性质，实现能量耦合的水网络优化设计。

参 考 文 献

[1] 刘忠生，方向晨．炼油厂酸性水处理技术的应用和研究发展[J]. 当代化工，2006(02)：134-138.

[2] 苏德海．酸性水汽提装置节能优化概述[J]. 科学与信息化，2018，000(026)：95-95.

[3] WANG Y P, SMITH R. Wastewater minimisation [J]. Chemical Engineering Science, 1994, 49 (7): 981-1006.

[4] Castro P M, Teles J P, Novais A Q. Linear program-based algorithm for the optimal design of wastewater treatment system [J]. Clean Technologies and Environmental Plicy, 2009, 11(1): 83-93.

[5] Feng C, Feng X. Targeting for conventional and property-based water network with multiple resources. Industrial & Engineering Chemistry Research, 2011, 50(7): 3722-3737.

[6] Hallale N. A new graphical targeting method for water minimization[J]. Advance in Environmental Research, 2002, 6(3): 377-390.

[7] Foo D C Y, Kazantzi V, El-Halwagi M M, et al. Surplus diagram and cascade analysis technique for targeting property-based material reuse network. Chemical Engineering Science, 2006, 61(8): 2626-2642.

[8] Takama N, Kuriyama T, Shiroko K, et al. Optimal water allocation in a petroleum refinery[J]. Computers and Chemical Engineering, 1980, 4(4); 251-258.

[9] Huang C H, Chang C T, Ling H C, Chang C C. A mathematical programming model for water usage and treatment network design[J]. Ind. Eng. Chem. Res., 1999, 38: 2666-2679.

[10] Bagajewicz M J, Rivas M J. A new approach to the design of water utilization system with multiple contaminants in process plant//Annual American Institute of Chemical Engineering Meeting[C]. Dallas, USA: Computers and Chemical Engineering, 1999.

[11] Gunaratnam M, Alva - Argaez A, Kokossis A, Kim J K, Smith R. Automated design of total water systems[J]. Ind. Eng. Chem. Res., 2005, 44: 588-599.

[12] Feng X, Bai J, Wang H, Zheng X S. Grass-roots design of regeneration recycling water networks[J]. Computs & Chem. Eng., 2008, 32: 1892-1907.

[13] Hu Yangdong, Xu Dongmei, Hua Ben, Han Fangyu. Step by step linear programming method for wastewater minimization [J]. Journal o f Chemical Industry and Engineering, 2002, 53(1): 66-71.

[14] Alva-Argaez A, Kokossis A, Smith R. Wastewater minimization of industrial system using an in tegrated approach [J]. Computers and Chemistry Engineering, 1998(22): 741-747.

[15] Daniel, Sujo - Nava, et al. Retrofit of sour water networks in oil refineries: A case study. Chemical Engineering and Processing, 2009, 48.4: 892-901.

[16] 邓春，史春峰，陈杰，等．耦合多个废水处理过程的再生再利用水网络优化设计[J]．计算机与应用化学，2016，33(3).

ICP-OES 法测定脱硫灰中钙含量测定方法建立

于会杰

（中国石化荆门石化公司，荆门　448039）

摘　要　荆门石化公司 280 万 t/a 催化装置烟气脱硫采用生石灰为脱硫剂，其副产物脱硫灰中主要成分为硫酸钙和副反应产物碳酸钙、亚硫酸钙、氧化钙等。本文用稀盐酸溶解脱硫灰试样，电感耦合等离子体发生光谱法(ICP-OES)测定样品中的钙含量，对分析谱线干扰、方法精密度、准确度等进行了考察，结果表明分析结果准确可靠，满足生产和中控的需要。

关键词　ICP-OES　脱硫灰　钙含量

1　前言

荆门石化公司 280 万 t/a 催化装置烟气脱硫采用生石灰作为脱硫剂，其副产物脱硫灰中含有硫酸钙和副反应产物碳酸钙、亚硫酸钙等化合物及生石灰其他金属元素的氧合物和反应产物。根据 JC/T 479—2013《建筑生石灰》质量指标，牌号 CL-90-QP/CJ/T479—2013 的生石灰中氧化钙+氧化镁含量不小于 90%(质量分数)，氧化镁含量不大于 5%(质量分数)；查阅相关资料，生石灰中其余主要为氧化铁、氧化铝等组分。在烟气脱硫过程中理想的反应为烟气中硫的氧化物和生石灰中的氧化钙反应生成硫酸钙，副反应产物有亚硫酸钙、碳酸钙、生石灰中其他金属氧化物及反应产物等。脱硫灰中钙为主量金属元素。

钙含量测定常见的分析方法为 EDTA 滴定法[1~3]，本文利用盐酸加热溶解试样，电感耦合等离子体发射光谱(ICP-OES)法测定试样溶液钙浓度，建立了脱硫灰中钙含量的测定方法。

2　试验部分

2.1　仪器及试剂

电感耦合等离子体发生光谱仪，iCAP7400，美国赛默飞公司；

天平：分度值 0. 1mg；

加热板：220V，1kW，可调；

石英烧杯、吸量管、容量瓶等若干；

盐酸：优级纯；

1：1 盐酸：1 体积盐酸和 1 体积水混合；

碳酸钙：分析纯；

氩气：纯度 99. 999%(体积分数)；

ICP分析用多元素标准溶液：GNM-M211998—2013，标称值：100μg/mL；

水：二级水，符合GB/T 6682—2008《分析实验室用水规格和实验方法》。

2.2 样品分析

2.2.1 样品溶液的配置

用100mL石英烧杯称取0.1g~0.14g(精确值0.0001g)脱硫灰样品，用少量水润湿，加入30mL水，缓缓加入20mL1：1盐酸，放到电炉上缓慢加热(控制溶液温度在65℃以下)使样品完全溶解。取下烧杯自然冷却至室温。转移到100mL容量瓶中稀释并定容得母液A，用移液管量取母液A 1mL，定容到100mL得待测溶液B。

2.2.2 空白溶液的配置

按2.2.1步骤在配置样品溶液的同时不称取脱硫灰试样其余操作相同制备空白溶液。

2.2.3 校正用标准溶液的配置

用移液管分别吸取0.5mL、5mL钙离子浓度标称值100μg/mL的ICP分析用多元素标准溶液于100mL容量瓶中，用水稀释定容得到浓度0.5μg/mL、5.0μg/mL的校正用标准溶液。

2.2.4 试样溶液测定

开机，按测定条件(见表1)绘制校准曲线、测定待测溶液B，仪器自动给出溶液中钙元素的浓度。读数超出校准曲线浓度点是按比例稀释待测溶液，使读数在校准曲线浓度范围内并尽量靠近中部，记录稀释倍数。

表1 ICP-OES定条件

仪器条件	设定值	仪器条件	设定值
高频功率	1150W	辅助气流量	0.5 L/min
高频发生器	40.68MHz	蠕动泵转速	50mL/min
雾化器气体流量	0.5 L/min	石英矩管	中心通道2mm

2.2.5 脱硫灰中钙含量的计算

脱硫灰试样中钙元素浓度按下式计算：

$$X_{Ca}=\frac{C\times f}{W} \tag{1}$$

式中 X_{Ca}——脱硫灰样品中钙的含量，%(质量分数)；

C——测试溶液中钙元素的浓度，μg/mL；

W——称取样品重量，g；

f——测试溶液稀释倍数。

3 结果及讨论

3.1 脱硫灰的溶解

脱硫灰的主要组分为硫酸钙及少量的亚硫酸钙、碳酸钙。硫酸钙微溶于水和酸，18℃时在水中的溶解度为0.255g/100g，亚硫酸钙、碳酸钙均可以溶解在盐酸中。称取0.1063g脱硫灰，加入 100mL 石英烧杯中，先用少量水润湿，再加入 30mL 水，缓缓加入 20mL1：1 盐酸，放到电炉上缓慢加热(控制溶液温度在 65℃以下)使样品完全溶解。取下烧杯自然冷却至室温，样品溶液无沉淀或浑浊现象。

3.2 分析谱线及校正曲线浓度的选择

电感耦合等离子体发生钙元素的分析谱线较多各发射谱线的灵敏度不同，根据元素的浓度范围、干扰元素、样品基体等条件选取合适的分析谱线。在方法建立过程中利用现有的钙元素分析有证标准物质，选用分析谱线 Ca422.673nm，校正溶液中钙元素浓度分别为 0.0μg/mL、0.5μg/mL、5.0μg/mL。

钙是脱硫灰中主量金属元素，在实验过程中对校正溶液、测定样品溶液的分析谱线 Ca422.673nm 进行检查峰形好、本底平稳谱线平滑(图 1 为 Ca422.673nm 分析谱线子阵列图的截屏)没有干扰现象发生。

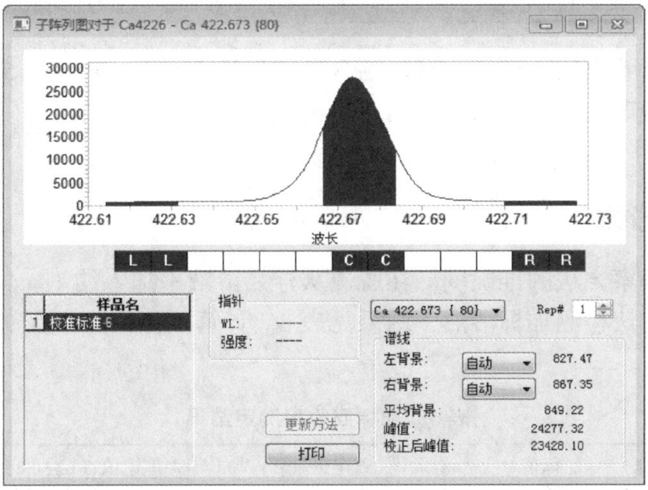

图 1 样品溶液 Ca422.673nm 分析谱线子阵列图

3.3 精密度考察

称取 0.1g 脱硫灰样品，根据溶液中钙元素的浓度按比例稀释，使测定溶液的钙元素的浓度在校准曲线的工作区间内。测定结果见表 2。

表 2 取样量对精密度影响考察数据

脱硫灰重/g		0.1006	0.1052	0.1018
测定结果/(μg/mL)	第一次	3.155	3.342	3.202
	第二次	3.171	3.326	3.253
	第三次	3.193	3.358	3.228
	第四次	3.139	3.363	3.219
	第五次	3.188	3.358	3.204
	第六次	3.183	3.355	3.207

续表

脱硫灰重/g		0.1006	0.1052	0.1018
样品中钙含量/%（质量分数）	第一次	31.36	31.77	31.45
	第二次	31.52	31.62	31.95
	第三次	31.74	31.92	31.71
	第四次	31.20	31.97	31.62
	第五次	31.69	31.92	31.47
	第六次	31.64	31.89	31.50
	平均值	31.53	31.85	31.62
	极　差	0.54	0.35	0.50
	标准偏差	0.21	0.13	0.19
	相对标准偏差	0.66	0.41	0.60

表2的数据可以看出同一样品脱硫灰钙含量结果极差在0.24%~0.54%之间，同一样品溶液连续几次测定脱硫灰钙含量结果的相对标准偏差小于1%，结果的复性好，满足分析的需要。

3.4 准确度考察

用加标回收率考察方法的准确度。在脱硫灰样品溶液中加入约1μg/mL的钙元素标准溶液，按照样品测定方法检测加标溶液，结果见表3。计算加标回收率在95%~104%之间，满足分析需要。

表3 加标回收率测定结果

序号	样品浓度/(μg/mL)	加标值/(μg/mL)	测定值/(μ)g/mL	理论值/(μg/mL)	加标回收率/%
1	2.165	1.651	3.654	3.816	95.8
2	3.468	1.401	4.861	4.869	99.8
3	3.265	1.346	4.762	4.611	103.3
4	4.216	1.002	5.155	5.218	98.8

4 结论

选择用盐酸加热溶解试样，电感耦合等离子体发射光谱(ICP-OES)法测定试样溶液中钙浓度，建立了脱硫灰中钙含量的测定方法。通过考察发射光谱钙元素的谱线形状、基线本底等排除基体及干扰元素对待测元素钙的影响；同一样品溶液的连续几次测定结果的相对标准偏差小于1%；加标回收率法考察了方法的准确性。结果证明，利用ICP-OES法测定脱硫灰中钙含量方法具有操作简单、使用试剂少等特点，可以满足生产及中控需要。

参 考 文 献

[1] 中华人民共和国工业和信息化部. HG/T 5346—2018 化学试剂　二水合硫酸钙[S].
[2] 中华人民共和国工业和信息化部. JC/T 479—2013 建筑生石灰[S]. 北京：中国建材工业出版社.
[3] 中华人民共和国工业和信息化部. JC/T 478. 2—2013 建筑石灰试验方法　第 2 部分：化学分析方法[S]. 北京：中国建材工业出版社.
[4] 国家能源局. DL/T 1370—2014 石灰石元素的测定　微波消解-等离子体发生光谱法[S]. 北京：中国电力出版.
[5] 王树英，左文权. 电感耦合等离子体发射光谱(ICP-OES)法测定石灰石中 5 种氧化物含量[J]. 中国无机分析化学，2019，9(3)：17-22.

炼化企业典型火炬源排放的大气预测与控制探讨

王　琦

（中国石化安庆石化公司，安庆　246000）

摘　要　针对炼化企业典型火炬源非正常工况排放的环境影响，通过模型预测高架酸性气火炬源在事故状态下污染物扩散情况并进行验证，结合厂区周围环境敏感目标分布，提出改进措施，减少污染物排放，降低环境风险。

关键词　火炬源　酸性气　扩散

火炬系统主要由火炬气回收系统（气柜）和燃烧系统组成，是炼化企业生产装置重要的安全和环保设施，主要用于焚烧生产装置非正常工况下排放的气体，排入火炬系统的烃类气体正常情况下由火炬系统的气柜回收，经脱硫后返回燃料气管网；只有当多套装置同时发生事故，火炬气回收系统超负荷时，才点燃火炬，将回收不了的气体转化成无毒或危害性小、无恶臭的气体后直接排入大气。火炬系统是炼化企业的最后一道安全环保屏障，本文利用《环境影响评价技术导则 大气环境》（HJ 2.2—2018）推荐方法，对炼化企业典型的酸性气火炬源在非正常工况下排放的污染物扩散情况进行预测和验证，并对可能出现的问题提出改进建议。

1　火炬污染源

火炬一般分为地面火炬和高空火炬，其中高空火炬因造价低且处理气量大而占主体地位，大型炼化企业都配套设置多座火炬，主要用于以下三种非正常工况的紧急处置：一是当发生突发性的停电、停水或事故而造成装置全面停车或局部停车时，装置进行放空；第二种情况是装置正常开停车时的置换气体和放空气体；第三种情况是由于装置运行不稳定，为避免某些设备压力过高而造成事故，通过预设的安全阀或爆破膜泄压放空。每个主要生产装置都设有火炬放空线，一般根据泄放气的特点设置有高压火炬、低压火炬、酸性气火炬等。正常生产时，火炬仅保留长明灯处于点火燃烧待命状态，图 1 为某炼化企业装置放空系统工艺流程图。

在以上各类火炬中，高压火炬和低压火炬等一般用来焚烧生产装置紧急排放的气体，这些气体大多数为烃类物质，经焚烧后，对大气环境影响相对较小，酸性气火炬主要用于焚烧硫回收装置紧急排放的酸性气，需设置专用火炬[1]，因酸性气中含有大量的硫化氢，不仅属于危险化学品，同时也属于恶臭气体，经火炬燃烧后会产生 SO_2，仍属于比较重要的污染物，是炼化企业最为典型的火炬源，本文主要探讨高空酸性气火炬污染物排放扩散情况。

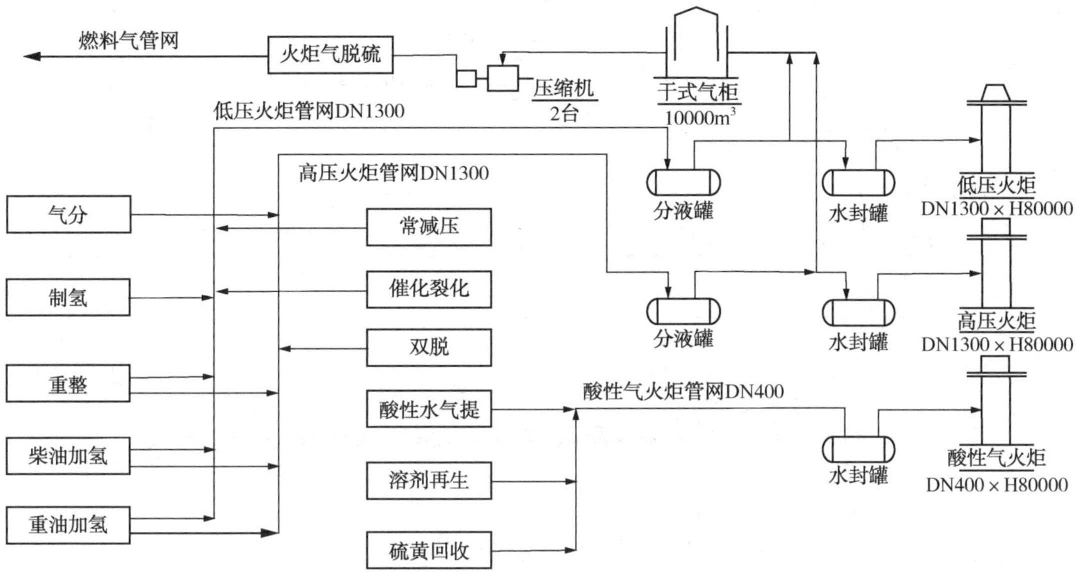

图1　为某炼化企业装置放空系统工艺流程图

2　案例分析

某企业现有2套4万t/a的硫黄回收装置，当1套硫黄回收装置突发性停工时，其酸性气需要通过酸性气火炬燃烧排放。酸性气火炬距离厂界约960m，距离最近环境敏感点约1100m。

2.1　酸性气的组成

硫黄回收装置酸性气主要来源于污水汽提酸性气，溶剂再生酸性气和煤制氢酸性气等，主要含有H_2S、NH_3、CO_2、烃类气体等，其中H_2S约占73%，CO_2约占24%，NH_3及烃类约占3%。

2.2　主要参数确定

火炬高度/m	H_2S流量/(kg/h)	SO_2流量/(kg/h)	燃烧去除率/%	H_2S排放标准/(mg/m^3)	SO_2排放标准/(mg/m^3)
100	50.6	9140	99	0.03	0.5

备注：H_2S参照《恶臭污染物排放标准》(GB14554—93)表1厂界标准为0.03mg/m^3，SO_2参照《环境空气质量标准》(GB 3095—2012)二级标准为0.5mg/m^3。

2.3　预测结果

根据《环境影响评价技术导则 大气环境》(HJ 2.2—2018)推荐的AERSCREEN模型进行预测，其污染物扩散趋势估算结果见图2。

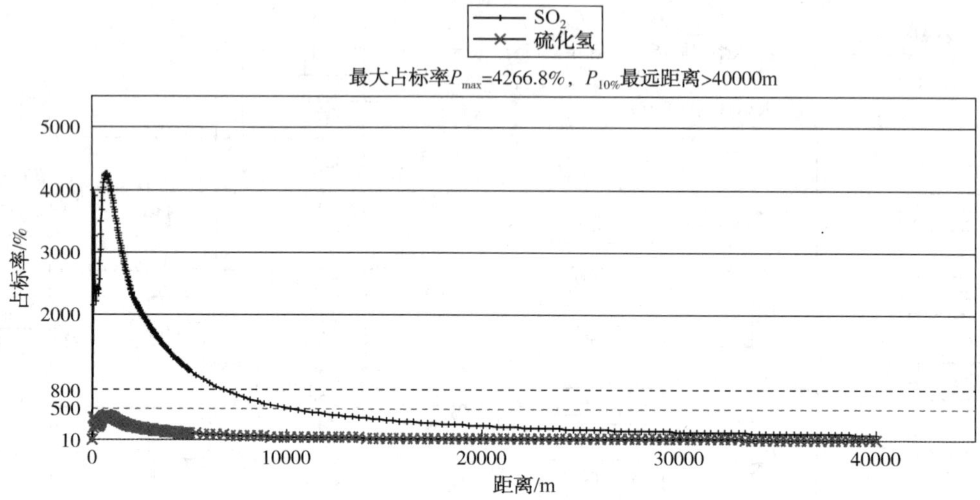

图2　酸性气火炬占标率-距离曲线

通过估算，H_2S 1h落地浓度峰值出现在730m处，浓度值为3.57mg/m³，超出《恶臭污染物排放标准》3.8倍，在5000m处达标，SO_2 1h落地浓度峰值出现在733m，超出《环境空气质量标准》42.66倍，在36.5km处达标。厂界及敏感点处H_2S和SO_2的1h落地浓度均超标。

2.4　紧急处置措施后预测结果

当1套硫黄装置出现故障，及时采取应急措施，在10min内将尾气切入备用硫黄回收装置，酸性气排空时间约10min，火炬污染物扩散趋势预测和估算结果见图3。

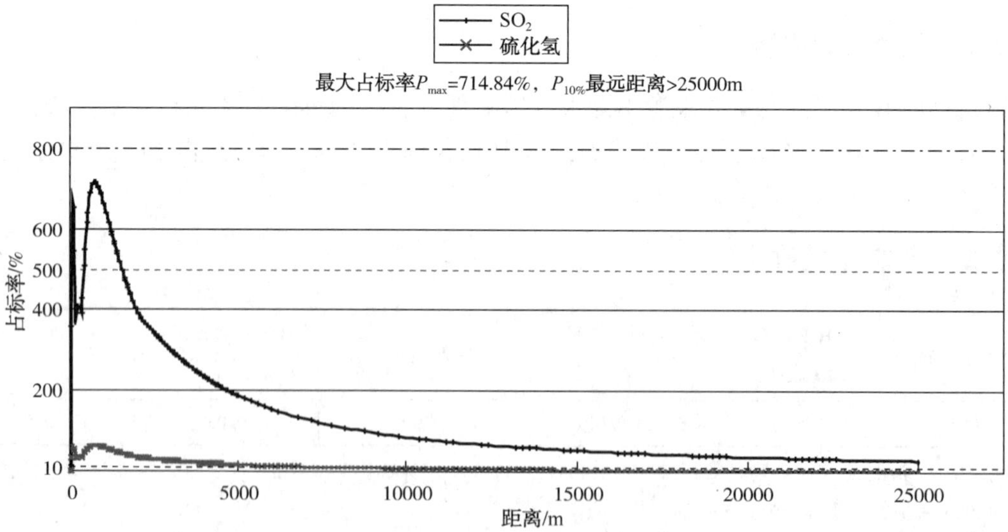

图3　紧急处置后的酸性气火炬占标率-距离曲线

H_2S 1h落地浓度实现达标排放，落地浓度峰值出现在730m，其1h浓度占标率为63.8%，1730m小时浓度占标率为10%，SO_2 1h落地浓度峰值出现在733m，超标7.14倍，在 8.5km 处达标。厂界及环境敏感点污染物 H_2S 达标，SO_2 超标，主要原因是硫化物在通过火炬焚烧时生成了 SO_2 导致 SO_2 排放量增大。

3 结论与建议

本文通过模型预测硫黄回收装置非正常停车时，采取两种不同的方法处置，酸性气火炬污染物扩散结果不尽相同，在硫黄回收装置出现异常工况时连续排放酸性气到火炬燃烧，其厂界 H_2S 和 SO_2 均不达标，且影响范围非常广，如果采取紧急措施，及时进行调整，影响范围明显缩小。由于 H_2S 的嗅阈值为 0.0005mg/m^3，远低于环境空气质量标准，硫黄回收装置排放酸性气仍具有较高的环境敏感性，属于炼化企业典型的火炬源排放。因此，《石油炼制工业污染物排放标准》(GB 31570—2015)明确要求硫黄回收装置的加工能力应保证在加工最大硫含量原油及加工装置最大负荷情况下，能完全处理产生的酸性气，溶剂再生系统、酸性水处理系统和硫黄回收装置的能力配置应保证在一套硫黄装置出现故障时不向酸性气火炬排放酸性气。

由于火炬源不同于常规有组织排放的点源，其污染物扩散受非正常排放工况、燃烧释放热量、热辐射、燃烧温度、燃烧效率等不确定因素影响很大[2]，目前尚无较为适用的火炬源大气扩散模式，导则推荐的方法预测结果虽与实际情况会有较大的偏差，但能够通过估算预测污染物的扩散趋势，对炼化企业在火炬平面布置、火炬参数设计[3]、强化运行管理、完善风险防范措施，降低环境风险，具有一定的指导作用。

由于高架火炬源污染物扩散主要与污染物排放速率直接相关，同时与火炬高度、火炬燃烧效率、企业地理位置以及气象条件有关[4]，首先企业需从源头统筹治理，企业在紧急处置火炬排放时，首先需要控制排放速率，随着科学技术的发展，火炬燃烧的气体大多能被回收利用，并且有很高的经济价值，需配套设置较大容量的火炬气回收设施并严格控制运行参数，尽最大可能减少火炬燃烧，增加有机气体的回收利用，提高经济效益和环境效益。

硫黄回收装置配置在满足最大负荷生产条件要求的同时，兼顾应急措施能力，严格按照中国石化集团公司的要求，硫黄回收装置能力和数量按照 N+1 配置，即 N 套正常生产，另外配置 1 套处于热备用状态，一旦有 1 套硫黄回收装置出现故障，能够及时将酸性气引入热备用硫黄回收装置处理，确保非必要情况下不向酸性气火炬排放酸性气。

参 考 文 献

[1] 俞龙．石油化工企业火炬及油田站火炬热辐射强度与水平距离的关系[J]．石油规划设计，2011，22(3)；39-41.

[2]王栋成，林国栋，王静．火炬源大气环境影响评价技术方法研究及应用[J]．环境工程，2010，28(S)；322-325.

[3]刘元琴．火炬高度设计及环保达标核算[J]．广州化工，2011，39(3)：147-149.

[4]马卫东，李冰晶．高架火炬污染源事故状态预测模式的参数确定及应用[J]．工业安全与环保，2013，39(3)；73-75.

提高硫回收尾气排放气合格率的工业实践分析

郭向营

（福建古雷石化有限公司，漳州　363200）

摘　要　本文通过对某公司硫回收装置开工以来遇到的二氧化硫含量高的原因分析，从工艺、操作、仪表等角度分析了二氧化硫含量影响要素，指出了提高硫回收排放气合格率的措施，并根据工业实践提出了改进办法，达到了降低硫回收尾气硫含量提高排放气合格率的目的，对于同类装置操作具有一定的参考意义。

关键词　硫黄回收　达标　降低　优化

某公司作为一个重要的煤炭深加工示范项目建设了硫黄回收联合装置，该装置2016年10月建成并投产，主要处理来自低温甲醇洗装置来的酸性气、CO变换单元来的酸性气及气化单元来的酸性气，最终回收绿色产品硫黄，作为能源资源化利用的重要环保装置。该装置单元由两个系列组成，制硫部分采用二级CLAUS制硫工艺，尾气处理部分还原-吸收工艺，处理后的净化尾气进行热焚烧，焚烧后的烟气经热量回收后高空排放，液体硫黄采用空气汽提脱气工艺。硫回收装置在2016年一系列开车时，由于负荷低，用空气燃烧，基本上能满足生产和环保的要求。到2017年2月时，随着负荷的增加，空气不能满足生产需要，改成纯氧燃烧，由于前期设计的酸性气浓度为37%，而实际酸性气浓度大于50%，设备及催化剂、胺液的量是按低硫煤设计的，而在线仪表也存在故障，导致排放量经常超标。通过不断的优化工艺和技术改造，让H_2S尽可能多的转化成硫黄，从而降低尾气中的硫含量，减少后工序环保处理的负荷。

1　硫回收工艺特点

本装置将制硫部分、尾气处理部分、酸性水汽提和溶剂再生与硫黄成型联合布置。

1.1　克劳斯制硫部分

低甲、气化来的酸性气分别进入分液罐，进入两个系列。两路酸性气混合进入制硫炉，在反应炉内，根据反应需氧量，通过比值（H_2S/SO_2）在线分析仪严格控制氧气量。经燃烧，将酸性气中烃类等有机物全部分解，在炉内约62%（v）的H_2S进行高温克劳斯反应转化为硫，余下的H_2S中有1/3转化为SO_2。

过程气通过余热锅炉降温后回收余热，产出中压蒸汽，一级冷却器出来的过程气经高温掺和阀与制硫燃烧炉中的一部分高温气流混合升温，进入一级转化器，在催化剂的作用下，过程气中的H_2S和SO_2进行制硫反应，转化为元素硫，然后再进入二级冷凝冷却器、二级转化器，将过程气中剩余的H_2S和SO_2进一步发生催化反应，各冷凝冷却器产生低压饱和蒸汽，使元素硫凝为液态，液硫被捕集分离进入液硫池；三级冷凝冷却器出来的制硫尾气进入尾气处理部分。

各硫冷凝器产出的液体硫黄流入液硫池后，经液硫脱气泵提升至液硫脱气塔，与工业风相互接触，在催化剂的作用下，将液硫中的 H_2S 氧化、吹脱进入气相，进入制硫炉燃烧。脱气后的液硫经液硫提升泵送至出硫黄包装。

1.2 尾气处理部分

由分液罐来的尾气，经加热器后进入加氢反应器，在低温加氢催化剂的作用下 SO_2 及 COS 等被加氢水解，还原为 H_2S。加氢反应器后设有在线氢分析仪，在线监测尾气中残留的 H_2 浓度。在正常操作工况下，本装置不需要额外补充氢气，尾气中含有的氢气和反应生成的氢气，足够 SO_2、有机硫水解加氢使用。若出现特殊工况，在线氢分析仪检测氢气浓度低于 2%(v)，则需要额外补充氢气，补充量根据氢分析调节。

从加氢反应器出来的尾气进入急冷塔，冷却至 40℃ 循环使用，凝析下来的急冷水送至酸性水汽提装置处理。为了防止非正常工况下设备腐蚀，设置了 pH 值在线检测，一旦 pH 值下降便注入 NH_3，调节 pH 值在 6~8。降温后的尾气进入尾气吸收塔，与再生塔送来的贫胺液逆流接触，尾气中的 H_2S 被吸收。吸收了 H_2S 的富胺液返回溶剂再生塔。吸收塔顶出来的净化气，进入尾气焚烧炉，在 650℃ 高温下，将尾气中的硫化物焚烧生成 SO_2，将 H_2 和烃类燃烧成 H_2O 和 CO_2，焚烧后的烟气经过热器和尾气废热锅炉回收热量后由烟囱排入大气。

1.3 溶剂再生部分

进入再生塔的富胺液，经过贫/富胺换热器，在再生塔底换热后进入再生塔上部，经过塔板自上而下的热交换和质交换，塔底的贫胺液经过泵送至贫液储罐，经过滤后送返尾气吸收塔循环使用。再生塔顶部的含 H_2S 蒸汽降温后进入塔顶回流罐，凝液返回再生塔顶作回流；塔顶的再生酸性气送制硫炉燃烧。

1.4 液硫成型部分

液态硫黄经冷却造粒产出的合格半球状固体硫黄输送到硫黄下料仓，通过全自动包装码垛生产线，包装成袋送到仓库码垛存放及销售。

2 影响硫回收排放气的因素分析

2.1 尾气中二氧化硫排放超标

表 1 尾气中二氧化硫含量高

时间/h	工业数据/(mg/Nm³)	时间/h	工业数据/(mg/Nm³)
12 月 29 日 5：00	370.16	12 月 29 日 9：00	187.41
12 月 29 日 6：00	414.30	12 月 29 日 10：00	264.79
12 月 29 日 7：00	341.51	12 月 29 日 11：00	764.12
12 月 29 日 8：00	334.54		

2.2 酸性气流量波动大

对于有尾气处理(采用还原-吸收工艺)的硫黄回收装置而言，系统压降一般在0.05~0.06MPa之间，溶剂分散再生，酸性气在输送过程中，由于上游各分散排放点的酸性气操作条件不同，带液量无法控制，而且系统管道存在多个低点，造成积液，使酸性气流动不畅，无法保证硫黄回收对酸性气压力的要求。

3 原因分析

结合装置实践并采用ProMax模拟程序进行分析，结合实际工况，分析原因主要在以下几个方面：

3.1 制硫炉炉后蝶阀开度太小

在1月投纯氧初期，因负荷低，空速小，为了增长过程气的滞留时间，将制硫炉炉后蝶阀开度关小至30%，但高掺阀的开度相对开大了，导致一级反应器的温度反应温度超温，也可能导致积硫的产生。

3.2 仪表原因

装置对主要仪表的工况进行排查对照分析，并进行手动测试发现如表2，这些仪表出现问题。

表2 仪表数据问题

时间	状态(2017年12月)	时间	状态(2017年12月)
AIC001 比值分析仪	坏	TI020A 一级反应器上层温度	不准
AIC002 氢分析仪	不准	TI038A 加氢反应器上层温度	坏
AIC003 pH分析仪	不准	FIC005 烟气排放流量	不准
AIC005 烟气排放	不准	FI063 中压蒸汽产汽量	不准

3.3 硫化氢与二氧化硫比值调节不准

据分析在装置生产中，应尽量按照H_2S/SO_2=2∶1的比例关系进行操作，这是获得高硫黄回收率的关键。

经过统计发现，装置实际操作中该比值控制均未达到2∶1。

3.4 反应活性低

气相单质硫进一级反应器时温度低(202℃)，通过观察反应炉温升，发现一级反应器入口温度与床层温度分别为表3。

由上表可见一级反应器上层无温差，催化剂几乎无反应；二级反应器几乎都在上层反应了，中下层几乎无反应。

表 3 反应温度及温差

项目	位号	温度	温差
一级反应器入口	TI018	202℃	—
一级反应器上层	TI020A	208℃	7℃
一级反应器中层	TI020B	313℃	105℃
一级反应器下层	TI020C	380℃	67℃
二级反应器上层	TI024A	250℃	—
二级反应器中层	TI024B	257℃	7℃
二级反应器下层	TI024C	259℃	2℃

3.5 硫黄捕集器损坏

硫黄捕集器是采用丝网结构，将封头拆开观察发现，丝网部分堵塞，还有部分腐蚀严重。

3.6 配风影响

$$气风比=Q 酸/Q 风=\{1/2\times H_2S\%+[(3n+1)/2]\times CnH_2n\}/O_2\%$$

据调查气风比控制在(1.8~2.4)间硫回收率最高。

硫回收装置的比值分析仪显示从投氧后一直偏离 1.8~2.4，通常都是过氧状态操作见表 4，才能实现达标排放。

表 4 氧含量分析

时间	工业数据/(mg/Nm^3)	时间	工业数据/(mg/Nm^3)
12 月 29 日 5：00	6.17	12 月 29 日 9：00	7.54
12 月 29 日 6：00	6.06	12 月 29 日 10：00	6.89
12 月 29 日 7：00	6.07	12 月 29 日 11：00	-0.10
12 月 29 日 8：00	6.89		

4 优化改进

根据以上原因分析，装置进行了针对性改造和检修及操作优化：

4.1 调整制硫炉炉后蝶阀开度

由于从 2017 年的 1 月 11 日开始一系列制硫炉的炉后蝶阀开度一直在 30%~50%之间，3 月 12 日二系列开车制硫炉的炉后蝶阀开度一直在 30%，导致一级反应器和加氢反应器的床层温度一直偏高，所以开氮气或蒸汽对反应器的床层进行降温。直到 6 月 7 日将制硫炉的炉后蝶阀逐渐全部打开，情况逐渐好转，流量及空速到达一定的量能把反应器中的热量带走，使反应器的床层温度达到合适的温度。

4.2 调校仪表

4.2.1 烟气分析仪校正

烟气分析仪是通过抽取烟道中的气体到传感器，通过电化学转换得到测试结果。如果在监测中仪器泵的流量较小，烟道负压大于泵的抽力时，会使测量结果数值偏低，这与采样泵有很直接的关系，在烟气采样时要随时掌握采样泵的运行情况。通过实践，同时在实验室以 SO_2 标气浓度 500ppm 对不同泵的流量进行测试，采样泵流量在不同范围内对数据误差变化较大。

表5 泵流量测试表

泵流量/(L/min)	测量值/ppm			平均值
	1	2	3	
0.5	402	406	401	403
0.8	454	451	451	452
1.0	495	496	497	496

通过用标准物质对仪器进行测定，同时调节泵运转，当采样泵运转在 1.0L/min 时，对测量浓度影响不大。同时也对湿度仪等相关设备进行了调校。

4.2.2 其他仪表比对和更换

校准更换流量及热偶，消除偏差及漂移。

4.3 硫化氢与二氧化硫比值仪

召开专题会进行会诊，该问题没有根本好转，工艺上通过监测反应温度及尾气分析进行后反馈调整。

4.4 调整反应活性

反应活性低，可能是催化剂失活的原因可能有：热老化、机械磨损、硫沉积、炭沉积、硫酸盐化。

通过检修发现，一级反应器上层积硫，造成硫沉积，导致催化剂临时失活。经过调整和检修，反应活性提高。

表6 反应温度及温差

项目	位号	温度	温差
一级反应器入口	TI018	202℃	—
一级反应器上层	TI020A	212℃	10℃
一级反应器中层	TI020B	313℃	101℃
一级反应器下层	TI020C	367℃	54℃
二级反应器上层	TI024A	251℃	—
二级反应器中层	TI024B	256℃	5℃
二级反应器下层	TI024C	258℃	2℃

4.5 维修更换铺集器

丝网是起阻挡和吸附作用，将过程气中雾状硫充分回收下来，降低硫分压，提高硫回收率。捕集器的效果直接影响硫黄回收率。通过更换维修铺集器实现提高硫回收率的目的。

4.6 优化配风

通过模拟优化实现配风合理搭配。

表 7 氧含量分析

时间	工业数据/(mg/Nm^3)	时间	工业数据/(mg/Nm^3)
1月12日5：00	3.00	1月12日9：00	3.92
1月12日6：00	3.24	1月12日10：00	3.57
1月12日7：00	3.04	1月12日11：00	3.59
1月12日8：00	3.39		

5 经济效益

通过调整工艺及优化操作参数后，硫回收排放气中二氧化硫有明显降低，最低达239.96mg/m^3，一般稳定在300mg/m^{3}左右，与之前经常超400mg/m^{3}相比，排放烟气得到了极大的改善。

表 8 效果统计

时间	工业数据均值/(mg/Nm^3)	时间	工业数据均值/(mg/Nm^3)
1月	332.67	3月	257.47
2月	284.51		

经济效益初步测算：

1h 增产的硫黄质量为 $S=V$(酸性气)×a%(酸性气中硫化氢含量)×32/22.4

=4300×55%×32/22.4=3378.571kg/h=3.378t/h

年增产=3.378×8000=27028.57t=2.7万t/a(8000h/年计)

硫回收的在设计工况下的硫黄产量是2.217万t，硫黄按价格600元/t计算

年收益=(2.7−2.217)×600=290万元

6 结论

通过以上调整和优化，硫回收装置排放气合格率得到明显提高，由原来的93%提高到99.7%，基本上没有出现超标的现象，并实现绿色产品硫黄回收的最大化。但调整优化过程中也发现，纯氧处理工艺对于在线仪表的要求更高，操作条件更苛刻，需要加强纯氧工况下仪表的维护和管理，进而实现装置的安稳长运行。

烟气四旋工艺流程的优化设计

余龙红，江盛阳

（中国石化工程建设有限公司，北京　100101）

摘　要　针对当前两种典型的烟气四旋工艺流程设计：一种是四旋正压排料，四旋本体由筒体和锥段构成，当收集罐向储罐排料时，储罐卸压压差大，易造成压力平衡管道磨损，储罐压送细粉不能直接回再生器利用；另一种是四旋负压排料，四旋本体由筒体、锥段、灰斗、料腿及翼阀组成，气体吸入进四旋，收集罐与储罐合而为一，缺少压送工序，回收下来的细粉也无直接送至再生器回收利用。本文分别提出相应的优化设计方案，在工艺理念、操作控制、降低投资、完善细粉回收直接利用等方面进行优化改善，实施简单，并能降低生产成本。

关键词　烟气四旋　细粉收集　细粉储(压送)罐　细粉回收利用

1　前言

在早期的设计中，由于烟气烟囱排放对细粉浓度要求不高，没有设置烟气四旋，自烟气第三级旋风分离器底部来的烟气切向进入收集罐，依靠切向离心力对烟气中高浓度细粉进行粗分离，烟气自收集罐顶部排出经临界流速喷嘴降压后，排入余热锅炉。随着环保要求的提高，自烟气第三级旋风分离器底部来的高催化剂细粉浓度(～10000mg/m^3)的高温烟气，进入烟气四旋，烟气四旋比一次切向离心分离效率高得多，一方面降低此股烟气中的催化剂细粉量，以降低最终排放烟气的粉尘浓度，另一方面，回收催化剂细粉(主要为<40μm)送出装置填埋或返回至再生器直接利用。烟气第三级旋风分离器(包括BSX型大处理量单管、立式单管、卧式单管)料腿是正压排料，进入四旋的烟气量是由临界流速喷嘴的直径决定的，一般取装置总烟气量的3%～5%。

2　现有工艺流程

2.1　四旋正压排料

如图1所示，烟气四旋本体由筒体和锥段构成，催化剂细粉由锥段下部周边正压排出，经锥段旋流的烟气在锥段高度内由中心向上经芯管排出，收集罐过渡段的松动气体经锥段中心向上排出，烟气自四旋顶部排出进入临界流速喷嘴降压，经锥段排出的催化剂细粉落入细粉收集罐底部，当料位高至设定值时，定期(比如一周)经细粉收集罐底单动滑阀自动放至细粉储罐，在排放时，需要手动现场打开压力平衡线的闸阀，由于压力平衡线接至临界流速之后，此阀承受的压差大，操作人员在现场对阀门的开度不易把握，即使打开一个很小的开度，也会有大量的烟气排出，使得收集罐积攒的催化剂细粉很快放空，细粉收集罐底单动滑阀即使全关，也会有漏量造成大量的烟气自此压力平衡线排出，压力平衡线弯头处易磨损，而且对烟气四旋的下部锥段也易造成磨损。因此，此种工艺流程和操作模式的设计，使得细粉收集罐料位的定期自动控制与现场开关压力平衡线的手阀操作不易匹配好。当细粉储罐储存更长时间(比如一个月或两个月)后，需要压送装袋或输送至废催化剂罐时，开充压线阀引三旋后烟气对细粉储罐充压。本工艺流程能独立完成对分离出的催化剂细粉进行收集-放料至储罐、充压-储罐外送的操作过程。

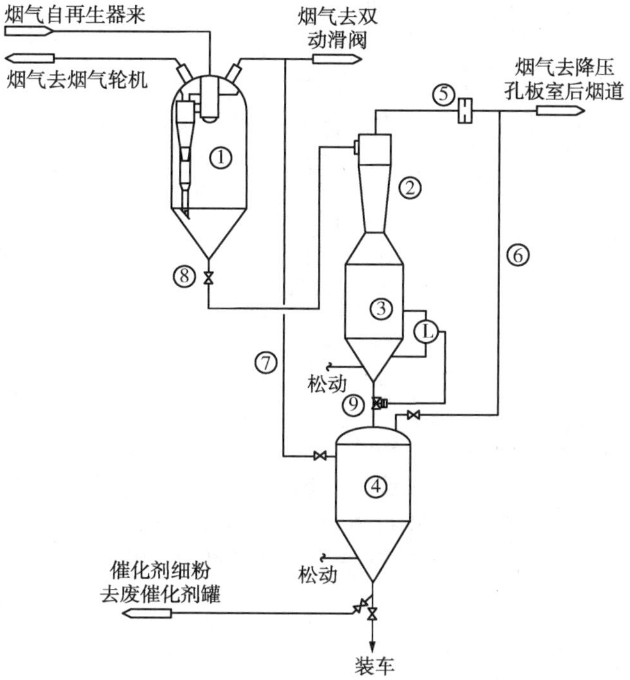

图 1　四旋正压排料现有工艺流程

1—烟气第三级旋风分离器；2—烟气四旋；3—细粉收集罐；4—细粉储(压送)罐；5—临界流速喷嘴；6—压力平衡线；7—充压线；8—三旋底部出口高温闸阀；9—细粉收集罐底单动滑阀

2.2　四旋负压排料

如图 2 所示，四旋本体由筒体、锥段、灰斗、料腿及翼阀组成，烟气进入细粉收集罐后，经烟气四旋吸入，其入口与料腿重锤式翼阀排出处压力是一样的，因此，烟气四旋料腿是负压排料，依靠料腿内攒料达到一定的料位后，克服其背压，翼阀打开，排入细粉收集罐，结粉收集罐上部的中间锥形隔板将上部的气相氛围与下部的催化剂细粉的密相氛围隔开。回收下来的催化剂细粉收集与储存-外送均在一个容器里完成，同一个操作压力，操作不独立，易造成干扰，如需要压送外输时，压送的压力即为烟气四旋的入口压力，由于烟气第三级旋风分离器的入口与底流的压差大于其入口与顶流的压差，因此，此压送压力是比较低的。四旋的本体结构虽然与反应器的单级旋风分离器相似，由于入口烟气的细粉粒径小，需要较高的入口线速以提高其分离效率，相应地，烟气四旋的压差要比同样为负压排料的反应单级旋风分离器大得多，因此，料腿内的催化剂细粉料位较高，停留时间长，而且，烟气四旋分出的细粉流动及流化性能差，易造成料腿末端堵塞而失去作用。

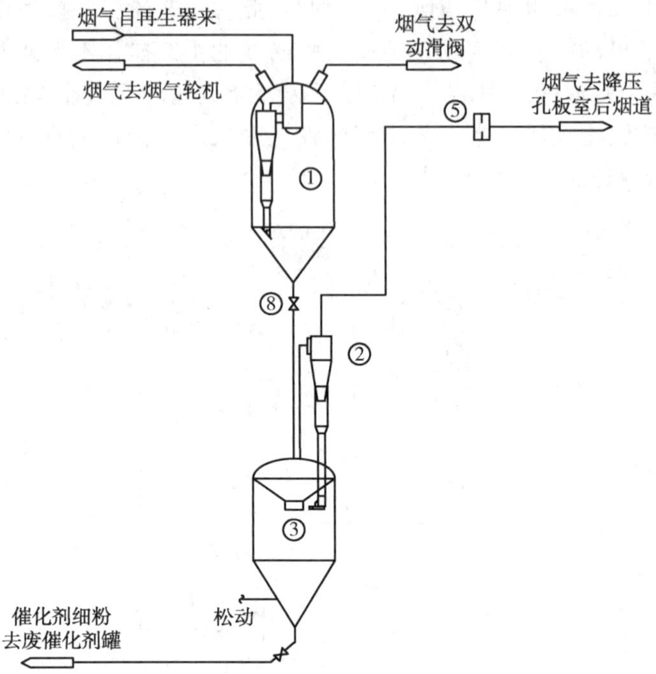

图2 四旋负压排料现有工艺流程

1—烟气第三级旋风分离器；2—烟气四旋；3—细粉收集罐；

5—临界流速喷嘴；8—三旋底部出口高温闸阀

3 优化后工艺流程

对于四旋正压排料工艺，由收集罐向细粉储(压送)罐放料的压力平衡线扣接于收集罐上部，可保持于常开状态，当收集罐料位高时，依靠细粉料位自身的压差缓和地自流至细粉储(压送)罐，压力平衡线承担的压差小，只有很少的烟气通过，不会造成磨损，放料阀由单动滑阀改为球阀，密封性好，放至低料位(或者零料位)关阀时，实际仍保留一定的料封。放料操作完全自动控制，不需要人工现场开阀，设置收集罐的容积、直径与操作频率(如一周放一次)、控制料位(压差)有关。增设净化风充压线，当需要将细粉储罐压送排料时，现场关压力平衡线阀，开充压阀，当达到一定压力时，可将催化剂细粉集中装袋或压送至再生器直接回收利用，此项操作可以一月或两月人工操作一次，不需要设置自动控制。对于寒冷地区，由于催化剂细粉在储罐内长期储存，为防止结块，可在设备外壁设置电伴热或蒸汽伴热，维持器壁温度一般不低于105~150℃。增设将催化剂细粉压送至再生器直接回用线，可定期排往再生器，增加细粉在两器系统-烟气-四旋回收-两器系统之间循环通量，两器系统内20~40μm细粉量的增加，能大大改善流化效果。同时，对于再生器两级旋风分离器操作的末期因效率降低时，或因再生器操故障短期跑剂时，分下来的细粉中>40μm的颗粒得以回收利用，减少剂耗。只有设置净化风压送，才能保证足够的压头压送至再生器加以利用。另外，三旋底部出口高温闸阀可以取消。优化后工艺流程见图3。

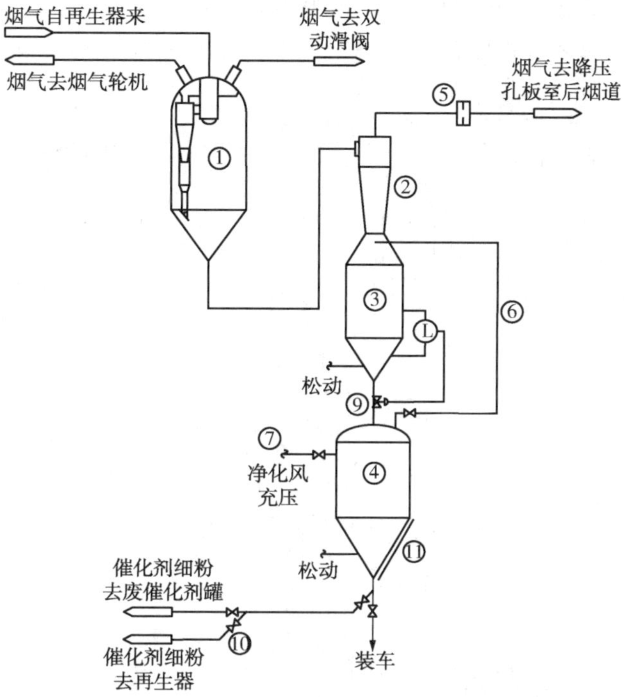

图 3　四旋正压排料优化工艺流程

1—烟气第三级旋风分离器；2—烟气四旋；3—细粉收集罐；4—细粉储(压送)罐；
5—临界流速喷嘴；6—压力平衡线；7—充压线；9—细粉收集罐底球阀；
10—催化剂细粉回收利用去再生器线；11—电伴热(适用于寒冷地区，可选)

对于四旋负压排料工艺，需增加细粉储(压送)罐，使得由收集罐向细粉储(压送)罐放料的操作与由细粉储(压送)罐排料的操作相互独立，且操作周期和目的不同，自烟气第三级旋风分离器的烟气进入收集罐改为切向进入，进行预分离，其他的工艺理念与操作控制与正压排料工艺相同。优化后工艺流程见图 4。

4　结论

正压、负压排料的烟气四旋工艺流程优化设计主要包括：

(1) 压力平衡线扣接点调整，以减少排料时因排气的压差大造成管线磨损；

(2) 细粉储(压送)罐充压改为净化风，增加充压推动力；

(3) 增加接至再生器排料线，使回收下来的催化剂细粉直接在线回收利用；

(4) 在寒冷地区，细粉储(压送)罐壁外最好设置电伴热或蒸汽伴热；

(5) 取消三旋底部出口高温闸阀；控制细粉收集罐料位的阀门由单动滑阀改为球阀；

(6) 对负压排料的工艺流程，需增设细粉储(压送)罐，进收集罐的烟气切向进入。

(7) 在细粉收集罐、细粉储(压送)罐停留时间确定的情况下，需根据此部分设备布置的标高以得到最优的罐直径和切线高度。

由于烟气四旋工艺处于催化裂化装置的“边缘”，可能在初次开发应用时考虑欠周全且后期没有引起充分地重视，随着催化裂化装置的大型化、超大型化的应用及多产气体、低压的流化工艺(如 DCC、DCC-Plus、CPP 工艺等)因单位剂耗的增加，优化烟气四旋(正压、负压排料)的工艺流程对装置稳定操作、降低生产成本具有积极的意义。

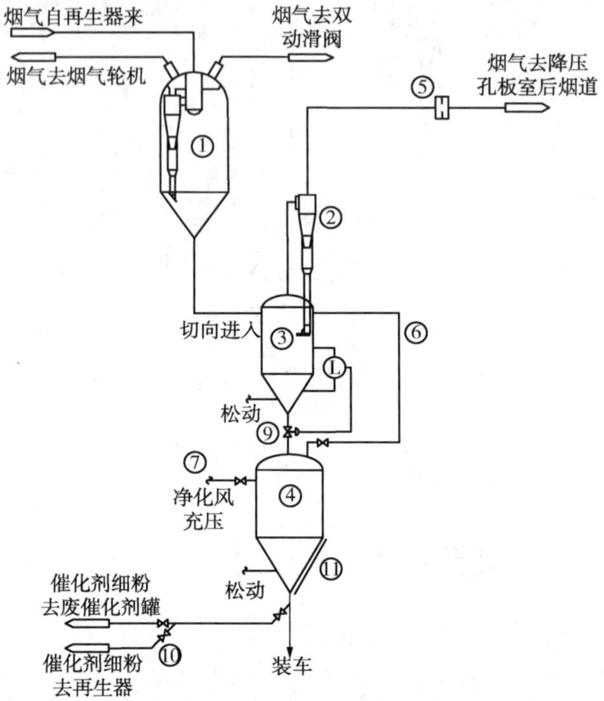

图4 四旋负压排料优化工艺流程

1—烟气第三级旋风分离器；2—烟气四旋；3—细粉收集罐；4—细粉储(压送)罐；5—临界流速喷嘴；6—压力平衡线；7—充压线；9—细粉收集罐底球阀；10—催化剂细粉回收利用去再生器线；11—电伴热(适用于寒冷地区，可选)

急冷水系统设备腐蚀和急冷水乳化原因分析

贾庆龙，郭岩锋，朱相春

（中国石化齐鲁石化公司研究院，淄博　255400）

摘　要　烯烃厂裂解气含有部分酸性气，需要水洗除去，经过水洗后，急冷水中存在着具有酸性的硫、氯离子，造成急冷水系统设备的腐蚀。为解决存在问题，本文开展了急冷水系统设备腐蚀和急冷水乳化原因分析及试验研究，首先采取注碱、注中和剂等调节 pH 值的防腐措施，效果不理想。进一步采用加注化学处理剂的方法开展了试验，结果表明，添加化学处理剂可以有效抑制设备腐蚀。

关键词　裂解气　腐蚀　急冷水　乳化

裂解气中含有硫化氢、氯化氢等酸性气体，在水洗塔中水洗时，这些酸性气体与急冷水形成腐蚀性的水溶液。这些急冷水溶液在换热系统循环时，会导致换热器的严重腐蚀。另外急冷水与油接触容易乳化[1,2]，会导致汽油槽油水分离效果差，造成汽油带水和工艺水中含油量较高，含油量高的工艺水进入稀释蒸汽发生系统后导致换热器蒸汽侧结垢。在此产生的稀释蒸汽夹带油气，进入烧焦状态的裂解炉，因炉管内通入大量的空气，在高温下稀释蒸汽中的油迅速燃烧，造成炉管的损坏，影响了装置的正常运行。针对上述问题，开展了急冷水系统腐蚀和乳化原因的分析及初步研究。

1　试验部分

1.1　挂片腐蚀试验

试验条件：试验挂片所用材质是 A3 碳钢，是标准Ⅰ型片（长×宽×厚 50.0mm±0.1mm×25.0mm±0.1mm×2.0mm±0.1mm，光洁度全部▽7，挂孔 ϕ4.0mm±0.1mm，光洁度全部▽4）；挂片的总表面积 28cm^2；搅拌转速 100r/min；试验温度 160±2℃；试验压力 0.55MPa；时间 72h。

试验方法：挂片经过除油、醇洗处理，放置干燥器 4h 以上。用精确度万分之一克的电子天平称量，用不锈钢丝挂在反应釜（体积 1L）中。向反应釜中加入 1L 的急冷水溶液，将反应釜密封，通 N_2 置换出釜中的空气后，关闭各进出口阀。用反应釜控制仪控制加热升温和搅拌，待反应釜升至设定温度，开始计时，运转一定的时间后停止加热。冷却后取出挂片，处理挂片，干燥后称量，计算前后质量差，求出腐蚀速率。

急冷水腐蚀试验装置如图 1 所示。

1.2　急冷水乳化试验

图 2 为急冷水乳化与 pH 值和温度关联测试的装置简图。

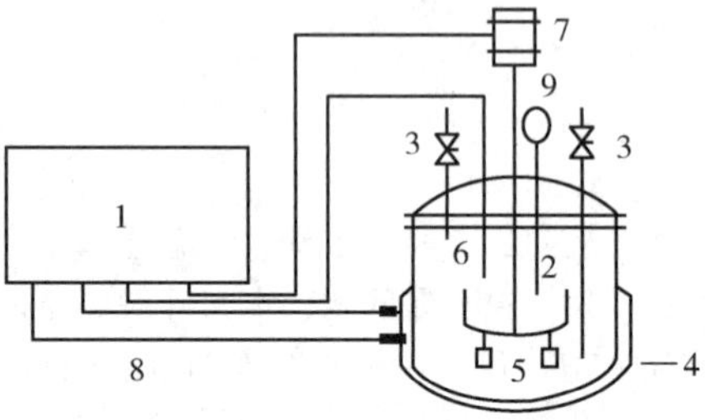

图1 急冷水腐蚀试验挂片模拟测试装置

1—反应釜控制仪；2—反应釜；3—控制阀；
4—加热套；5—挂片；6—热电偶；
7—搅拌电机；8—电源线；9—压力表

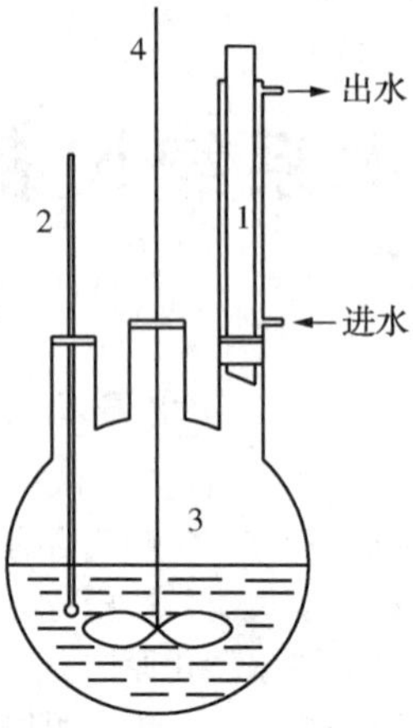

图2 急冷水乳化考察装置

1—冷凝管；2—温度计；
3—烧瓶；4—搅拌机

试验方法：取自烯烃厂的急冷水和裂解汽油按一定的比例(质量比16∶1)混合，调节pH值，通过恒温水浴加热，水和油在85℃高速搅拌后，静置。观察是否乳化或有分层现象。

2 分析方法

水样分析：硫含量按HJ/T60—2000方法测试；

氯含量按GB/T 15453—2018方法测试；

电导率按GB/T 6908—2018方法测试；

Fe离子按HG/T 3539—2012方法测试；

pH值按GB/T 27756—2011测试。

计算方法： 腐蚀速率 $X_1=87600\times(m-m_0)/(s\cdot\rho\cdot t)$

式中 X_1——试片的腐蚀速率，mm/a；

m——试片试验前质量，g；

m_0——试片试验后质量，g；

s——试片的表面积，cm^2；

t——试验时间，h；

ρ——试片的密度，g/cm^3。

3 试验结果与讨论

3.1 排污水和急冷水的分析

烯烃厂裂解车间急冷水装置存在着排污水对稀释蒸汽发生系统的腐蚀和注碱急冷水经常

出现乳化现象，因此对排污水和注碱急冷水进行了取样分析。

3.1.1 排污水的分析

对排污水进行了 4 次采样，并进行了 pH 值、Cl^-、S^{2-}、总铁和电导率的检测，其结果如表 1 所示。

表 1 排污水取样分析结果

pH 值	Cl^-/(mg/L)	S^{2-}/(mg/L)	总铁/(mg/L)	电导率/(μS/cm)
5.5	7.15	8.31	5.53	116
7.00	14.3	2.66	0.833	218
6.67	8.58	23.3	2.88	237
5.88	11.4	3.32	1.04	204

通过表 1 可以看出，排污水酸性较强时，Fe 离子浓度较高；在酸性相近的条件下，S^{2-}的含量较高时，铁离子的浓度增大；而 Cl^-的含量对铁离子的浓度影响不明显。

3.1.2 注碱急冷水的分析

对急冷水进行了 4 次采样，并进行了 pH 值、Cl^-、S^{2-}、总铁和电导率的检测，同时观察了水的状态，其结果如表 2 所示。

表 2 注碱急冷水取样分析结果

pH 值	Cl^{-1}/(mg/L)	S^{2-}/(mg/L)	总铁/(mg/L)	电导率/(μS/cm)	乳化状态
5.66	14.3	21.6	0.12	113	透明
9.06	14.3	16.6	0.042	167	乳化
9.61	35.7	86.4	0.14	146	乳化
8.98	14.3	39.2	0.17	114	轻微乳化

通过表 2 可以看出，急冷水 pH 值在大于 9 时出现乳化现象。

3.1.3 工业装置急冷水与排污水的 pH 值检测情况

图 3 给出了 720h 装置运行过程中注碱急冷水和排污水的检测情况。

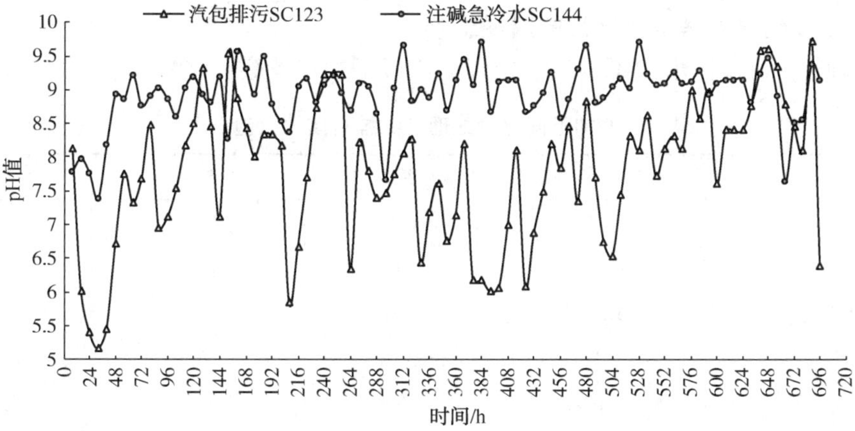

图 3 急冷水和排污水的 pH 值检测情况

从图3可以看出，汽包排污水的pH值相比注碱急冷水变化幅度大而且波动频繁，汽包排污水pH值有相当长的时间在7以下。根据表1、表2和图3情况分析，可以看出在急冷水溶液中存在着硫离子等酸性腐蚀体系，从而造成碳钢设备的腐蚀。

3.2 实验室挂片试验

根据取样分析结果，在实验室针对烯烃厂急冷水进行了挂片试验，在装置工艺温度下考察了不同pH值及添加化学处理剂情况下排污水对挂片腐蚀的影响。

3.2.1 不同pH值对挂片腐蚀的影响

在实验室中模拟装置工艺条件，考察了在不同pH值情况下，挂片的腐蚀情况，其结果如表3所示。

表3 不同pH值对挂片的腐蚀试验结果

项目	1组	2组	3组
试液pH	6.67	8.38	5.61
试液外观	颜色变黑	颜色较黑	颜色变黑
试验结束挂片清洗前外观	表面均匀破坏	表面均匀破坏	表面均匀破坏
试验结束挂片清洗后外观	腐蚀发暗	腐蚀发暗	腐蚀发暗
挂片1腐蚀速率/(mm/a)	0.6609	0.4334	0.7921
挂片2腐蚀速率/(mm/a)	0.6587	0.4733	0.7655
平均腐蚀速率/(mm/a)	0.6598	0.4533	0.7788

注：排污水略带淡黄色。每个条件做两个平行试验，腐蚀速率为挂片1和2腐蚀速率的平均值。

由表3可以看出，排污水作为工艺水，在温度150~160℃时，其平均腐蚀速率在0.6mm/a以上。排污水在pH=5.61时的腐蚀速率比pH=8.38时的腐蚀速率提高了71.81%，说明pH值对设备的腐蚀有一定影响。但即使在碱性条件下，排污水对设备的腐蚀速率仍然远远大于0.075mm/a的国家标准。这是由于急冷水中含硫离子，在高温下其水解加剧，可形成腐蚀的酸性体系。根据取样分析和表3的数据，可以看出，排污水在高温下一定范围内随着pH值变化，腐蚀速率有所变化，但仍存在较明显的腐蚀问题。

3.2.2 添加化学处理剂对挂片的腐蚀影响

在此基础上，对排污水中添加化学处理剂进行了初步考察，结果见表4。

表4 添加不同化学处理剂的挂片腐蚀试验结果

项目	1组	4组	5组	6组
化学处理剂型号	—	SH-1	SH-2	SH-2
化学处理剂浓度/(μg/g)	0	100	100	50
试液pH	6.67	6.31	8.94	7.62
试液外观	颜色变黑	无变化	无变化	无变化
挂片清洗前外观	表面均匀破坏	表面有膜	表面有膜	表面有膜
挂片清洗后外观	腐蚀发暗	保持原貌	保持原貌	保持原貌

续表

项目	1组	4组	5组	6组
挂片1腐蚀速率/(mm/a)	0.6609	0.0503	0.0631	0.0542
挂片2腐蚀速率/(mm/a)	0.6587	0.0526	0.0714	0.0487
平均腐蚀速率/(mm/a)	0.6598	0.0515	0.0673	0.0514

由表4可以看出，排污水中添加100μg/g的SH-1化学处理剂，其腐蚀速率与不加化学处理剂相比降低了92.2%；排污水中添加100μg/g的SH-2化学处理剂，其腐蚀速率与不加化学处理剂相比降低了89.8%；排污水中添加50μg/g的SH-2化学处理剂，其腐蚀速率与不加化学处理剂相比降低了92.2%。通过添加化学处理剂的初步试验表明，添加化学处理剂可以有效抑制稀释蒸汽发生系统的设备腐蚀[3,4]。

由于化学处理剂的添加量少，并且在急冷水系统运行的操作条件化学处理剂不会分解或汽化，因此添加化学处理剂对乙烯装置的急冷水系统正常运行不会带来不利影响。

3.3 裂解急冷水乳化状态考察及原因分析

3.3.1 不同pH值条件下对裂解急冷水的乳化考察

由于pH值对急冷水的乳化有着直接的影响，因此考察了不同pH值条件下急冷水的乳化情况，其试验结果如图4所示。

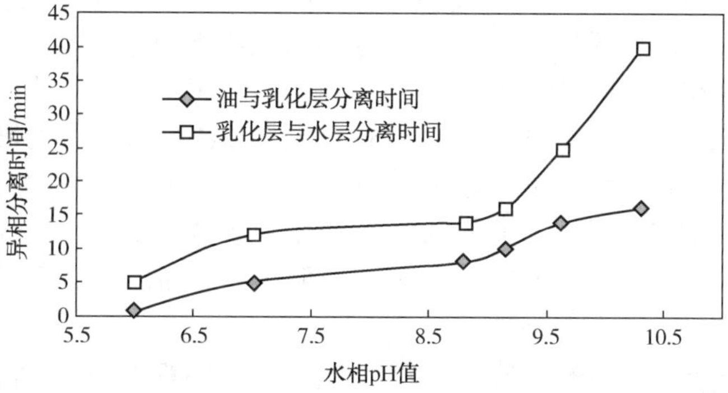

图4 分离时间随水相pH变化趋势

由图4可以看出，急冷水在水洗塔正常操作情况下，如pH=6~9条件下，并没有明显的乳化现象，少许乳化层与油层能够较快分离，时间小于8分钟，油水有足够的时间分离；当pH达到9时，急冷水的乳化明显加剧，乳化水层与水的分离时间延长，此时油与乳化层的分离时间也延长，这将直接导致水洗塔釜的油水界面模糊，油水分离效果变差，部分油来不及分层就随着急冷水进入后续循环系统，给下游装置带来不利影响。

目前装置急冷水的pH值取决于注碱量的大小，当上游裂解原料变化或裂解炉负荷变化时，注碱量不能在线自动调节，由于烧碱溶液浓度较高(18%~20%)，注入的烧碱量与实际所需碱量有一定偏差，导致pH的波动。由图3急冷水pH值检测图可看出，装置急冷水pH值有半数左右的时间达到9以上，较高的pH值促进了急冷水的乳化。因此，改善注碱系统，控制水洗塔的注碱量维持pH值6~9的目标是十分必要的。

3.3.2 操作温度对急冷水乳化的影响

装置高负荷运行时，急冷水塔热负荷增加，水洗塔整体热分布升高，长期在高釜温情况下，急冷水容易发生乳化。

3.3.3 汽油组分变重对乳化的影响

油洗塔操作不好时，柴油等重组分上移。汽柴油中挟带的酸性物质与烧碱溶液作用，生成石油酸盐、酚盐等，此类物质为表面活性组分，对油水乳化有很大促进作用。因此，对于裂解原料和裂解气中酸性物质的含量应进行跟踪分析，采取脱酸或破乳等措施，尽可能减少此类物质对装置的影响。

3.3.4 裂解炉开停车对乳化的影响

当裂解炉投油过程中，由于生产负荷突然增加，极易发生急冷水塔塔釜温度升高，若不能及时调节急冷水系统，也容易发生急冷水乳化。

4 小结

急冷水中存在着硫、氯离子的酸性腐蚀体系，造成急冷水系统设备的腐蚀。采取注碱、注中和剂等调节pH值的防腐措施，效果不理想，而且pH值不易控制，波动较大；即使在碱性条件下(pH值8.38)，腐蚀速率仍高达0.453mm/a，远高于0.075mm/a的国家标准。因此采用加注化学处理剂的试验处理，结果表明：

(1) 在操作条件不变的情况下，pH值是急冷水乳化的主要影响因素。pH值大于9，急冷水极易乳化。通过注碱控制急冷水pH值可以改善急冷水的乳化现象。

(2) 化学处理剂SH-1具有成膜缓蚀功能，但不具备中和功能；加注量在100μg/g，排污水pH值基本不变，但腐蚀速率降至0.0515mm/a，比空白试验的腐蚀速率降低了92.2%。

(3) 化学处理剂SH-2兼有成膜缓蚀、中和功能，加注量在50μg/g，排污水pH值达到7.62(空白6.67)，腐蚀速率降至0.0514mm/a，加注量在100μg/g，排污水pH值达到8.94，腐蚀速率增加0.0159mm/a达到0.0673mm/a，说明SH-2加注量有一最佳的范围，加注量过高效果反而降低。

(4) 加注化学处理剂SH-1、SH-2，急冷水pH值不需控制过高(推荐pH值控制在6~9)，可有效解决急冷水的乳化问题。

参 考 文 献

[1] 高云忠，袁琳．急冷水乳化原因分析与预防措施[J]．乙烯工业，2004，16(1)：54-56.

[2] 智瑞，丁文瑶，苏爱成．煤基石脑油裂解装置急冷水乳化原因分析及防治措施[J]．2019，48(11)：1122-1124.

[3] 裴伟，王树众，佟振霞．锅炉管内腐蚀结垢过程的实验研究[J]．热能动力工程，2011，26(5)：561-565.

[4] 白振敏，刘慧宏，赵之斌．中高压锅炉水处理剂的研究进展[J]．热能动力工程，2011，26(5)：561-565.

高氨氮污水短程硝化反硝化处理工程生产启动

胡威夷，耿海燕，陶卫克，姜　磊

（1. 中国昆仑工程有限公司，北京　100037；2. 中国石油宁夏石化公司，银川　750026）

摘　要　介绍了宁夏石化 45 万 t 合成氨、80 万 t 尿素项目生产污水的水质特点、提出了利用 SBR 反应池短程硝化反硝化处理高氨氮污水的点源处理工艺，通过控制运行参数，筛选出亚硝酸细菌(AOB)，并利用 PLC 进行自动化控制，成功实现了工程的生产启动。结果表明：该套工艺处理流程通过调控不同运行条件可以实现短程和全程脱氮的转换，处理后的污水均达标排放，在国内石化行业尚属首次。

关键词　高氨氮污水　SBR 反应池　短程硝化反硝化 全程硝化反硝化 亚硝酸细菌(AOB)硝酸细菌(NOB)可编程控制器(PLC)

1　概况

本工程是为宁夏石化 45 万 t 合成氨、80 万 t 尿素项目配套的污水处理站(见图 1)。

图 1　污水处理站

1.1　工程规模

设计污水处理总规模：30m^3/h。

本污水处理场由主要调节池、SBR 反应池、污泥处理系统(依托)、辅助装置、中控系统等组成。

1.2　进水水质

COD_{Cr}：450mg/L；BOD_5：200mg/L；NH_3-N：200mg/L；TN：250mg/L；pH：6~9。

1.3 出水水质

COD_{Cr}：<100mg/L；BOD_5：20mg/L；NH_3-N：5mg/L；TN：25mg/L；pH：6~9。

2 工艺流程

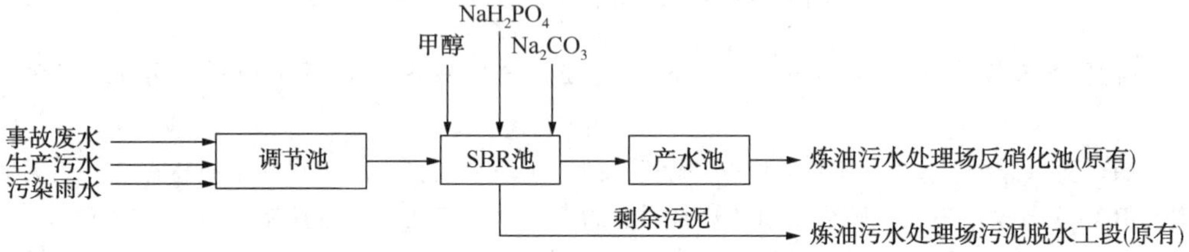

3 主要设备及构筑物设计参数

3.1 污水调节池 CT-101

数量：1座；单座外形尺寸：18×10×4.5m(H)
有效水深：4m；结构形式：钢砼结构

3.2 SBR 反应池 CT-102A/B

数量：2座；单座外形尺寸：8×10×5.5m(H)
有效水深：5m；结构形式：钢砼结构

3.3 SBR 反应池 CT-102C

数量：1座；单座外形尺寸：16×10×5.5m(H)
有效水深：5m；结构形式：钢砼结构

3.4 曝气风机

Q=20Nm^3/min，H=58.8kPa，N=37kW，3台，2用1备，变频

3.5 碳酸钠储存投加装置

碳酸钠储罐 ϕ2×2.5m，V=8m^3；碳酸钠投加泵：Q=800L/h，H=35m，N=0.55kW，3用1冷备。

3.6 甲醇投加装置：

甲醇储罐 V=25m^3，ϕ2.4×4.7m(L)SS304；甲醇投加泵：Q=300L/h，H=40m，N=0.55kW，防爆等级 ExdⅡAT2，3用1冷备。

4 调试、运行及处理效果

4.1 短程硝化反硝化处理技术原理

短程硝化反硝化技术是将氨氮氧化控制在 NO_2^- 阶段，NH_4+→NO_2^-→N_2，直接进行反硝化去除总氮。短程硝化的实现主要通过调控不同运行条件，如温度、溶解氧、pH 值等，利用亚硝酸细菌(AOB)及硝酸细菌(NOB)生长速率及生物特性的差别，逐渐将 NOB 淘汰出运行系统来实现。

4.2 调试运行参数的控制

整套处理技术的自动控制过程可分为进水、硝化、反硝化、沉淀、排水和闲置 6 个步骤，每周期 12h，即启动 SBR 池进水提升泵后 12h(运行时间累计值)自动开始下一周期，每周期内不足 12h 的时间为闲置阶段。

根据生化处理的需要和化肥污水的特性，在污水处理开车调试前需配制与所处理的污水基本相近的污水，对投到处理系统的微生物进行培养和驯化，使其达到能处理所排污水的能力和规模。该项目的调试污水先期采用尿素配水，后期采用装置试车时事故污水，对其稀释满足进水的指标要求，污泥由宁夏石化的一、二化肥污水处理站的脱水污泥接种，污泥接种量为 $2kgVSS/m^3$。污泥驯化期内采用间歇进水，把总氮的去除率、亚硝酸细菌(AOB)的累积率作为监测指标，当总氮降至其进水的 90%时再增加进水时间和负荷。

(1) 温度控制：不同温度下 SBR 池的氨氮去除率变化不大。监测数据表明：33℃、30℃及 28℃时反应器的容积负荷分别为 0.237kg NH_4^+-N/(m^3·d)、0.213kg NH_4^+-N/(m^3·d)及 0.201kg NH_4^+-N/(m^3·d)，在较高温度条件下更有利于生化反应的进行。

(2) DO 的控制：不同溶解氧对 SBR 池的容积负荷产生显著影响。DO=1.5mg/L 时，反应池的氨氮去除速率明显高于 DO=1.0mg/L 及 DO=0.5mg/L。当溶解氧为 0.5mg/L 时，反应池的氨氮去除率及容积负荷相差不大，低溶解氧条件下反应池的效能未受到明显抑制；此时反应池内活性污泥的体积指数明显高于其他条件，但仍处于较小范围，并未发生污泥膨胀现象。温度 30℃、DO=1.5mg/L，反应池出现亚硝积累现象，但亚硝积累率仅为 60%~80%；温度 35℃、DO=1.0mg/L，可在短时间内达将亚硝积累率稳定保持在 90%以上，逐渐将 NOB 淘汰出运行系统，实现了 SBR 反应池短程硝化反硝化成功运行。

(3) pH 值控制：pH 值的改变亚硝酸盐氧化细菌影响相当明显。亚硝酸盐氧化细菌适宜生长的 pH 值为 7.2~7.6。在硝化阶段投加 Na_2CO_3，来保证碱度和 pH 值。

(4) 其他参数的控制：在短程硝化反硝化反应过程中的 pH 值、ORP 变化规律趋势一致，结合生物脱氮过程中 pH 值及 ORP 变化规律，用 ORP 和 pH 值的一阶导数能准确反映出反应池内 COD 的降解和硝化反硝化情况(见图 2)，并可根据这些信号编制程序输入 PLC 来实现曝气时间和搅拌时间的自动调控(见图 3)。既可降低曝气能耗、反硝化搅拌动力消耗、碳源投加量等运行费用，也可最大限度避免短程硝化向全程硝化转变，保证短程硝化的稳定运行。

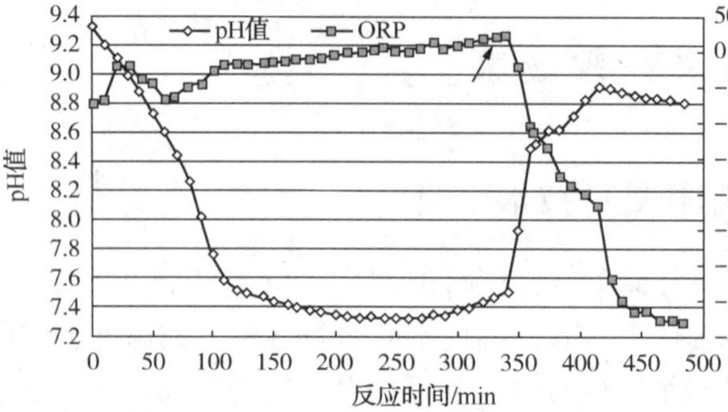

图2　短程硝化实时监控ORP及pH值变化规律

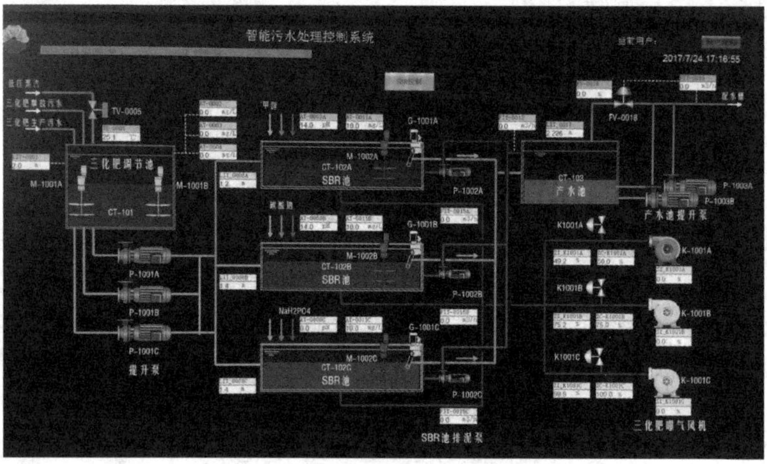

图3　短程硝化反硝化系统控制画面

4.3　处理效果

指标 日期	实际进水量/(m^3/h)	pH	SBR反应池(A池)								
			进水COD/(mg/L)	出水COD/(mg/L)	进水NH_3-N/(mg/L)	出水NH_3-N/(mg/L)	进水TN/(mg/L)	出水TN/(mg/L)	亚硝积累率/%	Na_2CO_3加药量/(kg/周期)	曝气量/(m^3/min)
2019.7.12	25.6	6.5	440	120	198	1.5	247	15.0	89.9	28	9
2019.7.13	29.8	6.7	454	119	187	0.8	232	14.5	92.0	27	9
2019.7.14	27.5	7.1	560	134	165	3.5	252	13.5	91.5	25	12
2019.7.15	26.5	7.2	434	105	175	2.5	230	17	93.5	26	9
2019.7.16	26.2	6.2	425	95	171	2.1	241	17.5	94.5	26	10
2019.7.17	28.6	6.5	431	98	156	1.9	239	18.0	90.1	25	10
2019.7.18	29.0	6.7	435	101	188	3.2	242	18.2	93.0	27	10
2019.7.19	28.1	6.7	441	103	179	1.7	231	21.0	92.5	26	9
2019.7.20	38.5	7.1	390	82	165	2.1	230	22.0	91.0	25	7
2019.7.21	27.0	7.5	435	105	188	2.2	235	22.5	92.5	27	7

系统运行以来，处理效果一直比较稳定，运行控制参数为 DO = 1mg/L，温度 = 25 ~ 35℃，pH = 7.5 ~ 8.5，污泥龄 = 30d。

5 结论和建议

（1）该套工艺将短程硝化反硝化应用于高氨氮污水的处理并实行了工程的 PLC 自动化控制，在国内石化行业尚属首次，运行结果表明工程处理稳定可靠。

（2）在满足脱总氮效果的基础上，硝化阶段减少 20%左右的需氧量，反硝化阶段减少 30%左右的有机碳源，同时缩短反应时间，大大减小反应池容积，提高反硝化速率，降低污泥产量，节省运行费用。不仅使高氨氮废水难以处理的问题得到解决，也具有巨大的社会、经济效益和广阔的发展空间，具有明显的市场竞争力。

（3）由于反硝化阶段投加了过量的碳源，造成了 COD 升高，增加了后续工艺的处理负荷。

高密度聚乙烯 5000S 气味级别与 VOC 关联探索研究

彭仁苹，柳彩霞，杜新胜，焦宏宇，刘志琴，毛　兵，
张春梅，席永盛

（中国石油兰州石化公司研究院，兰州　730060）

摘　要　为了提高中国石油兰州石化公司高密度聚乙烯 5000S 产品质量，降低产品气味级别，建立了人工气味评价法和 GC-MS 联用法两种气味评价方法，通过引入气体嗅阈值和活度系数等参数，对人工气味等级不同的样品与 GC-MS 检测结果进行关联对比分析。结果表明：人工气味等级不同的 5000S 产品中有机气体挥发物（VOC）组成基本相同，均为 2-甲基戊烷、3-甲基戊烷、正己烷、甲基环戊烷、辛烷、癸烷和十二烷，且各组分的浓度基本大于其嗅阈值，说明 5000S 的气味是由各组分共同贡献的结果；VOC 中主要组分的气味活度值（样品中个别物质的浓度与这种物质的嗅阈值浓度的比值，若比值高，则气味活度值大，在整体气味中贡献大。）由大到小依次为：正己烷>甲基环戊烷>3-甲基戊烷>癸烷>2-甲基戊烷>辛烷，正己烷、甲基环戊烷和 3-甲基戊烷对气味的贡献比较大；这 7 种组分中，2-甲基戊烷、3-甲基戊烷、正己烷和甲基环戊烷的气味活度值随气味等级增加呈波折状上升趋势，辛烷和癸烷的气味活度值与气味等级变化趋势不明显，总的气味活度值随气味等级的升高而增加。依据气味级别与 VOC 组成和含量的对应关系，结合高密度聚乙烯装置工艺流程及各单元作用，进行产品气味问题排查，制定减小气味的措施并实施，实施效果较好，2018 年产品气味等级<3.5 的占 91.9%（2017 年产品气味等级<3.5 的占 74.61%）。

关键词　5000S　人工气味评价法　气质联用法　气味活度值　关联对比分析

中国石油兰州石化公司 17 万 t/a 高密度聚乙烯装置采用日本三井油化淤浆法及 CX 新工艺乙烯聚合生产工艺，本装置由催化剂配制单元、聚合单元、分离干燥单元、溶剂回收单元、挤压造粒单元、包装单元组成，5000S 为该装置的主要牌号产品。5000S 产品具有较好的加工性和机械强度，用于包装膜、绳和渔网等，由于其优异的加工性能，用户逐步扩大使用范围，现在已经开始用来生产医用和食品等卫生标准要求高的产品，进而对 5000S 的气味要求逐渐提高，客户在使用过程中，发现个别批次 5000S 产品存在气味，极大地降低了 5000S 制品的安全性和广泛适用性。为了去除 5000S 制品的气味，提高产品品质，找出气味的主要影响因素，并采取有效的控制措施将变得至关重要。针对兰州石化公司 5000S 产品气味问题，通过文献[1~6]调研，结合产品特性，建立了两种评价 5000S 产品气味的方法，即人工气味评价法和 GC-MS 联用法。人工气味评价法对生产装置 5000S 产品气味级别进行实时监控；GC-MS 联用法确定引起 5000S 产品气味物质组成及含量。通过气体的嗅阈值、密度、活度系数等建立了产品的气味级别和 VOC 之间的对应关系，结合生产装置工艺流程，为减少 5000S 气味级别提供数据支撑。

1 实验部分

1.1 人工气味评价法

采用人工嗅觉对高密度聚乙烯5000S进行气味评价，由评价员对参比样品和待测样品进行嗅辨，按评价结果进行统计，确定待测样品的气味是否满足要求。

将需要评价的样品和参比样品(用户可接受的高密度聚乙烯树脂产品)各称取20±2g，装入已备好的125mL的广口瓶中，盖上盖子。将装有试样的广口瓶放入烘箱，在80℃±2℃下烘120min±5min。烘料时间到后，取出广口瓶，在室温下冷却至60℃±5℃，6名气味评价员进行气味评价，并依据人工气味评价标准填写结果，保留小数点后一位，取6人平均值为气味强度评价结果。

1.2 气质联用法

分别称取待测样品2份，每份重量为4g±0.01g，将每份样品装入已准备好的顶空瓶中，其中一份不盖盖子，另外一份盖上盖子，目的是进行加热减量对比。将装有样品的顶空瓶放入80℃±2℃烘箱，样品烘120min±10min。烘料时间到后，取出不带盖子的顶空瓶，称重，并记录数据，另外一个带盖子的顶空瓶进行有机挥发物测试。将GC-MS联用仪打开，设置测试条件，测试条件见表1，待仪器各参数设置好且稳定后，用密封针取出2mL的挥发性的气体注入GC-MS联用仪进行分析。分析出的质谱图与美国NIST2011.L标准谱库中的谱图进行对照、解析、确定高密度聚乙烯5000S树脂产品挥发性气体中的每个组分及含量，高密度聚乙烯5000S标准质谱图见图1。

表1 GC-MS联用仪测试条件

参数	设置值	参数	设置值
载气流量	0.5mL/min	离子源温度	230℃
柱箱初始温度	45℃	四极杆温度	150℃
保留时间	15min	离子源电离能	70 eV
升温速率	3℃/min	质核比扫描范围	40~550
分流比	5：1	接口温度	280℃

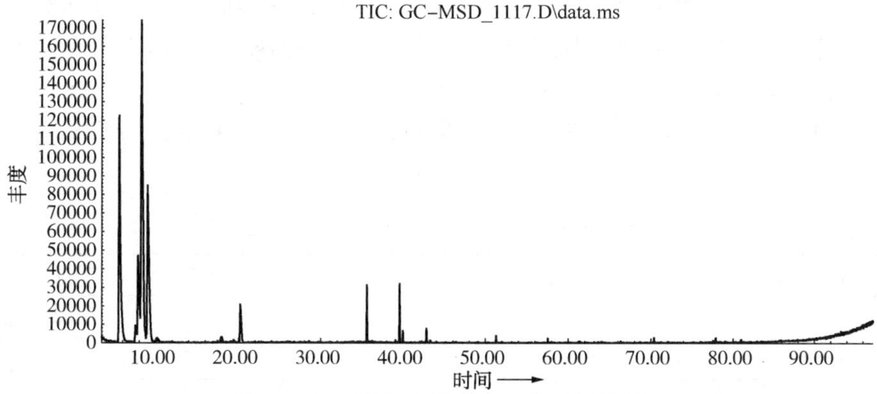

图1 高密度聚乙烯5000S典型质谱图

1.3 两种检测方法的关联

选择不同人工气味等级的5000S产品，在前处理条件为80℃，2hr(与人工气味法条件相同)，GC-MS测试条件相同的情况下，进行VOC组成和含量检测。通过气体的嗅阈值、密度、气味活度值、顶空瓶(约4g，20ml)和气味评价广口瓶(约20g，125ml)间的体积换算，计算出5000S产品人工气味级别与对应产品中VOC组成和含量的关系。

2 结果与讨论

选择不同人工气味等级的5000S产品，在前处理条件为80℃，2hr(与人工气味法条件相同)，GC-MS分析条件相同的情况下，进行VOC组成和含量分析，分析结果见表2。

表2 不同气味等级的5000S产品VOC组成和含量分析结果

批号	二氧化碳/%	2-甲基戊烷/%	3-甲基戊烷/%	正己烷/%	甲基环戊烷/%	辛烷/%	癸烷/%	十二烷/%
1#	53.26	1.8	10.65	17.44	14.98	0.88	0.82	0.07
2#	40.56	1.66	9.81	32.81	14.13	0.35	0.68	
3#	29.34	1.94	13.40	21.65	28.64	2.69	1.93	0.40
4#	38.98	0.92	8.75	8.82	15.51	8.74	16.03	2.00
5#	23.19	1.18	7.46	57.01	10.82	0.02	0.33	
6#	22.36	2.34	14.75	31.04	24.20	3.04	1.87	0.42
7#	19.65	0.53	5.74	55.3	15.12	0.98	2.69	
8#	17.73	0.58	8.49	44.11	23.84	2.09	3.17	
9#	16.67	1.68	8.60	57.59	14.16	1.09	0.21	
10#	15.25	1.31	7.72	58.15	16.99	0.34	0.24	
11#	10.23	1.72	9.03	62.87	15.20	0.73	0.22	

从表2中可以看出，5000S产品的人工气味等级不同，但VOC的组成基本相同，均为2-甲基戊烷、3-甲基戊烷、正己烷、甲基环戊烷、辛烷和癸烷。

气味活度值(OVA)是样品中个别物质的浓度与这种物质的阈值浓度的比率。若比值高，则气味活度值大，在整体气味中贡献大，若比值低，则气味活度值小，在整体气味重贡献小。故若知道样品中各化合物的含量，通过“恶臭物质及其嗅阈值”数据库可得此化合物的气味阈值，经过计算即可知该化合物的气味活度值(气味贡献值)，借助此数值可以对样品气味的调整及气味溯源具有指向性意义。

通过“恶臭物质及其嗅阈值”数据库可得知5000S产品中VOC各组成的气味阈值，结果见表3。

表3 5000S产品中VOC各组成的气味阈值[7-8] μL/L

组分	2-甲基戊烷	3-甲基戊烷	正己烷	甲基环戊烷	环己烷	辛烷	癸烷	十二烷
嗅阈值	1.3	1.3	1.5	1.7	0.48	1.7	0.62	0.11
密度	0.65	0.66	0.66	0.75	0.78	0.7	0.73	0.75

通过各批次中二氧化碳的质量百分含量、VOC 中各组分的密度、人工气味评价所用样品的量和广口瓶的体积(约 20g，125ml)，换算所得的广口瓶中 VOC 各组分的浓度见表 4。

表 4 广口瓶中 5000S 产品 VOC 各组分的浓度值 μL/L

批号	2-甲基戊烷	3-甲基戊烷	正己烷	甲基环戊烷	辛烷	癸烷	十二烷
1#	31.19	181.79	297.62	225.02	14.13	12.59	1.11
2#	37.87	219.80	735.44	278.66	7.42	13.68	0
3#	60.90	415.22	670.83	780.88	78.67	54.15	10.99
4#	21.88	204.13	205.71	318.30	192.26	337.96	41.13
5#	46.81	292.39	2234.91	373.44	0.74	11.77	
6#	96.40	599.83	1262.2	865.77	116.51	68.56	14.85
7#	24.90	265.50	2558.73	615.53	42.80	112.45	
8#	33.74	568.12	4249.08	1062.37	204.07	136.80	
9#	92.95	468.98	3139.94	679.18	56.19	10.10	
10#	79.23	460.14	3466.60	891.63	19.22	12.67	
11#	155.22	801.90	5584.41	1188.02	60.80	17.75	

表 4 和表 3 比较可知，5000S 产品中 VOC 各组成的浓度基本大于各自的嗅阈值，说明 5000S 产品的气味是 VOC 各组分共同贡献的结果，通过 VOC 各组分的浓度和对应的嗅阈值换算得各组分的气味活度值，见表 5。

表 5 广口瓶中 5000S 产品 VOC 各组分的气味活度值

批号	2-甲基戊烷	3-甲基戊烷	正己烷	甲基环戊烷	辛烷	癸烷	十二烷	总活度值	气味等级
1#	23.99	139.84	198.42	132.37	8.31	20.31	10.10	533.34	2.5
2#	29.13	169.07	490.29	163.92	4.363	22.06		878.833	2.8
3#	46.85	319.40	447.22	459.34	46.27	87.33	99.89	1506.3	3
4#	16.83	157.02	137.14	187.24	113.10	545.10	373.88	1530.31	3
5#	36.01	224.92	1489.94	219.67	0.43	18.98		1989.95	3.2
6#	74.16	461.41	841.47	509.28	68.53	110.58	134.99	2200.42	3.3
7#	19.15	204.23	1705.82	362.07	25.17	181.37		2497.81	3.3
8#	23.11	334.77	1507.66	632.74	59.41	236.94		2794.63	3.5
9#	71.50	360.76	2093.29	399.52	33.05	16.30		2974.42	3.6
10#	60.95	353.96	2311.07	524.49	11.31	20.43		3282.21	3.7
11#	119.40	616.84	3722.94	698.84	35.77	28.63		5222.42	4

从表 5 和图 2~图 8 可以看出，5000S 产品中 VOC 各组分的气味活度值不同，除个别批次以外，VOC 中主要组分的气味活度值由大到小依次为：正己烷>甲基环戊烷>3-甲基戊烷>癸烷>2-甲基戊烷>辛烷，正己烷、甲基环戊烷和 3-甲基戊烷对气味的贡献比较大，这 7

种组分中，2-甲基戊烷、3-甲基戊烷、正己烷和甲基环戊烷的气味活度值随气味等级增加呈锯齿状上升趋势，辛烷和癸烷的气味活度值与气味等级变化趋势不明显，总的气味活度值随气味等级的升高而增加。其中正己烷、甲基环戊烷和3-甲基戊烷来自溶剂或母液，癸烷为低聚物。

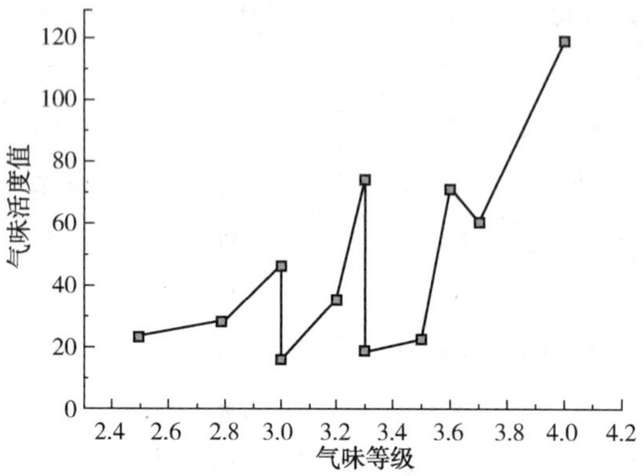

图2 2-甲基戊烷气味活度值与人工气味等级关系图

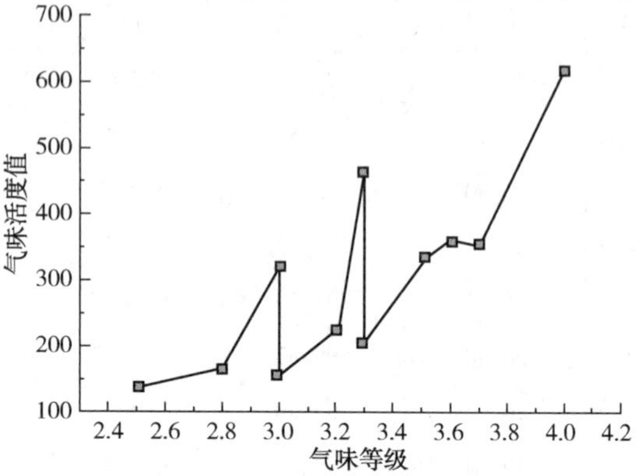

图3 3-甲基戊烷气味活度值与人工气味等级关系图

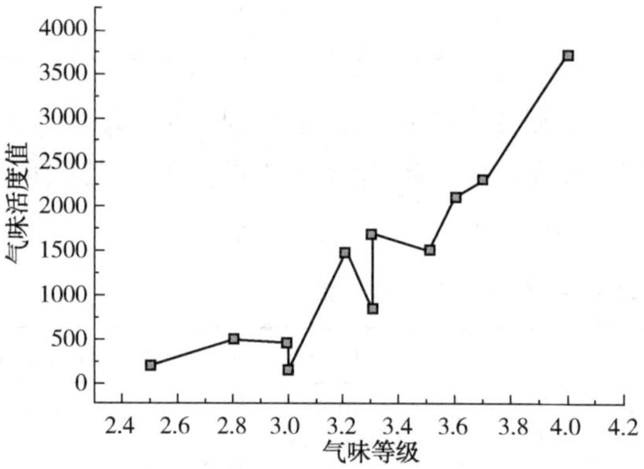

图4 正己烷气味活度值与人工气味等级关系图

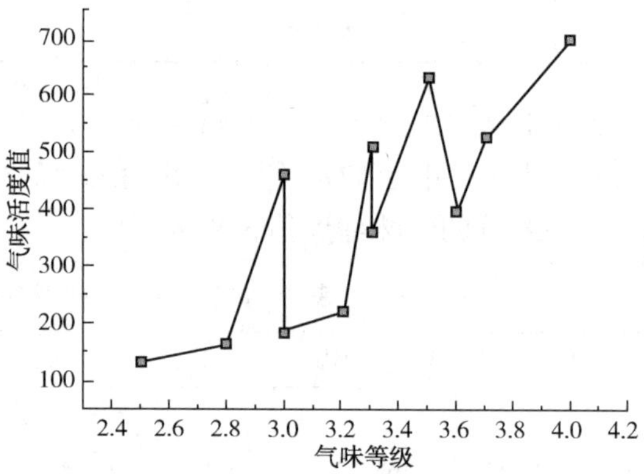

图5 甲基环戊烷气味活度值与人工气味等级关系图

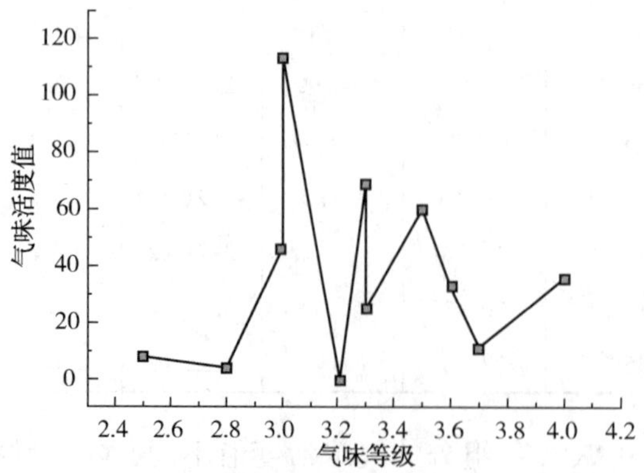

图6 辛烷气味活度值与人工气味等级关系图

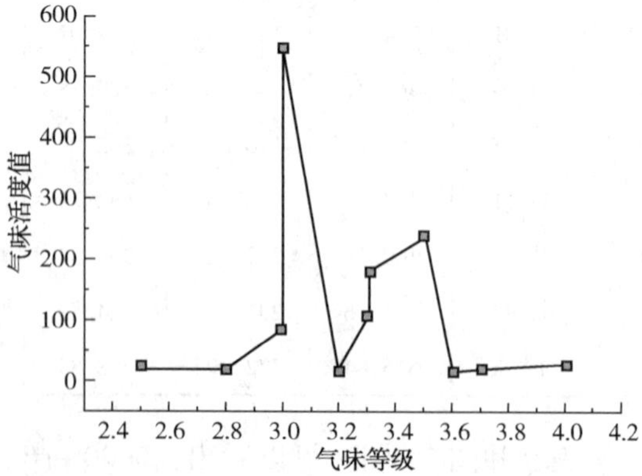

图7 癸烷气味活度值与人工气味等级关系图

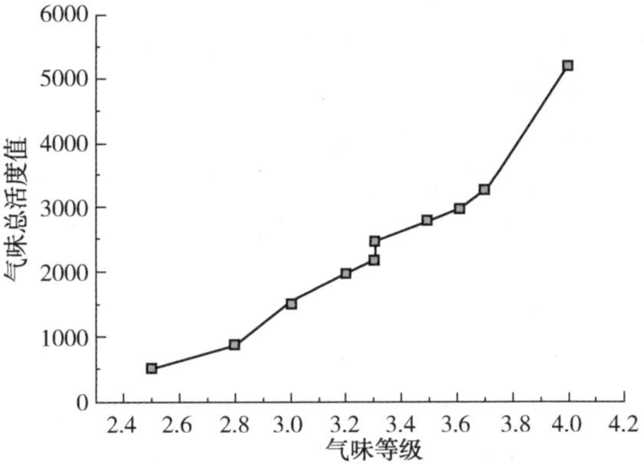

图 8　总气味活度值与人工气味等级关系图

3　结论

(1) 不同气味级别的 5000S 产品中 VOC 的主要组成基本相同，均为 2-甲基戊烷、3-甲基戊烷、正己烷、甲基环戊烷、辛烷、癸烷和十二烷，其中以 C6(2-甲基戊烷、3-甲基戊烷、正己烷和甲基环戊烷)为主，C6 占 VOC 组成的 90%左右，大部分样品接近 95%，5000S 产品中 VOC 各组成的浓度基本大于各自的嗅阈值，说明 5000S 产品的气味是 VOC 各组分共同贡献的结果。

(2) VOC 中主要组分的气味活度值(样品中个别物质的浓度与这种物质的嗅阈值浓度的比值，若比值高，则气味活度值大，在整体气味中贡献大。)由大到小依次为：正己烷>甲基环戊烷>3-甲基戊烷>癸烷>2-甲基戊烷>辛烷，正己烷、甲基环戊烷和 3-甲基戊烷对气味的贡献比较大。

(3) VOC 的 7 种组分中，2-甲基戊烷、3-甲基戊烷、正己烷和甲基环戊烷的气味活度值随气味等级增加呈锯齿状上升趋势，辛烷和癸烷的气味活度值与气味等级变化趋势不明显，总的气味活度值随气味等级的升高而增加。

(4) 依据气味级别与 VOC 组成和含量的对应关系，结合高密度聚乙烯装置工艺流程及各单元作用，高效地进行产品气味问题排查，制定减小气味的措施并实施，实施效果较好。

参　考　文　献

[1] 秦鹏，薛慧峰，耿占杰，等 顶空气相色谱法测定 HDPE 瓶盖专用料中的残留溶剂[J]. 塑料科技，2010，38(8)：76-78.

[2] 李瑛，姜丽瑛，郭鑫. 顶空气相色谱技术测定聚乙烯中挥发性经类[J]. 齐齐哈尔大学学报，2007，23(5)：11-13.

[3] 薛山，姜平，莱雪梅，等. 聚烯经气味的来源、检测及消除[J]. 石化技术与应用，2013，31(2)：165-168.

[4] Kirsi V，Anja V，Irma G，et al. Analysis of odour，andtaste problems in high-density polyethene[J]. Journal of Chromatography A，1997，791(1/2)：213-219.

[5] Hodgson R，Steven C，John C，et al. Review of volatile organie compounds derived from polyethylene

[J]. Polym-Plast Technol Eng, 2000, 39(5): 845-874.

[6] Yam K L, Ho Y C, Youngb S S, et al. Effect of resin types and antioxidants on release off-flavor from HDPE bottles[J]. Poly-mer-Plastics Technology and Engineering, 1996, 35(5): 727-755.

[7] JON H. RUTH, Odor Thresholds and Irritation Levels of Several Chemical Substances: A Review[J]. American Industrial Hygiene Association warch 1986 J(47): 142-151.

[8] 王亘，翟增秀，耿静，等.40种典型恶臭物质嗅阈值测定[J]. 安全与环境学报，2015，015(6)：348-351.

炼化企业低碳发展思路研究

张　钺

（中国石油吉林石化公司研究院，吉林　132021）

摘　要　介绍双碳目标给我国炼化企业带来的影响，分析国外主流炼化企业的低碳发展战略和碳减排措施，并提出炼化企业低碳发展对策建议，可为有关研究提供参考。

关键词　炼化企业　低碳发展　战略思路　企业管理

当前，全球气候变化是人类共同面临的严峻挑战，关系到人类生存和各国共同利益。2020年9月，国家主席习近平向世界承诺，中国二氧化碳排放力争于2030年前达到峰值，努力争取2060年前实现碳中和。国家就“碳达峰、碳中和”高亮发声，充分彰显其推动低碳零碳发展的决心与力度。可以预见，未来十年将是我国实现能源、经济领域低碳转型的关键期。而炼化行业，作为我国重要的二氧化碳排放源之一，低碳转型迫在眉睫。

1　双碳目标对我国炼化行业的影响

1.1　实现双碳目标，炼化行业面临巨大压力

炼化行业作为以化石能源加工为主的传统行业，产品贯穿于社会生活的方方面面，产生的碳排放不可小觑。近五年，炼化行业在高质量发展框架下的绿色发展取得阶段性进步，但要在2030年实现碳达峰，并在其后的30年时间内实现碳中和，任重道远[1]。

我国碳排放来源包括煤炭、石油、天然气与工业过程，这些与炼化行业息息相关。从我国的碳排放分布上看，煤炭、石油、天然气等化石能源在能源总消耗结构中占到85%，其中石油占据碳排放源头的19%。据统计，炼化行业碳排放占全国碳排放比重约13%，占工业领域碳排放比重约17%[2]。除此之外，基于化石原料生产出的产品又将碳足迹延伸到终端消费领域。

炼化行业碳排放源主要是燃料燃烧排放，占比达50%以上；其次是过程排放和间接排放。其中燃料燃烧排放主要是自备电厂和工艺加热炉燃烧排放。炼厂的主要碳排放源包括常减压装置的常/减压加热炉、石脑油催化重整装置、汽柴油加氢处理装置、催化裂化装置等。化工产业链主要排放二氧化碳装置是乙烯、合成氨、硝酸等。产品结构对炼化企业的碳排放量影响较大。同时，与传统型炼厂相比，炼化一体化企业碳排放强度略低。炼厂规模扩大使能源综合利用水平提升，节能减碳双重效果显著，更具低碳竞争力。从原油对应终端使用的碳排放角度来看，2020年国内传统型炼厂成品油收率约67.2%，而大型炼化一体化的成品油收率不到40%，以吨汽、柴、煤油终端燃烧排放3t二氧化碳成品油排放后，如同等级别2000万t的炼厂，传统型炼厂的二氧化碳排放将比大型炼化一体化增加700万t以上[3]。因

此，在双碳目标下，炼厂向化工型炼厂转向趋势加剧。

为实现双碳目标，短期内炼化企业将主要面临三方面压力。一是成本困扰。目前，大多数炼化企业能耗水平较高，通过使用清洁能源减排，会进一步增加成本；而通过改进生产技术、缩短流程减排则更为困难，存在沉重资金压力。二是过程减排。炼化装置生产过程也有二氧化碳排放，增加减排措施将会给企业带来一定压力。三是激烈竞争。目前炼化行业产能相对过剩，在竞争激烈的市场环境下，助力达成双碳目标，各企业需要实现科技进步、管理进步和商业模式全面转型。此外，炼化企业除了需要做好自身的碳减排工作，还将面对化石能源逐渐被新能源替代的挑战。

1.2 我国炼化龙头企业低碳发展摸索与实践

随着我国双碳目标的提出，“三桶油”不约而同聚焦低碳转型，但各有侧重，分别呈上了“量身定制”的发展方案。

中国石油计划由油气公司向“油气热电氢”综合能源公司转型。力争2025年实现碳达峰，2035年外供绿色零碳能源超过自身消耗的化石能源，2050年实现近零排放。将发展新能源和替代能源视为推动绿色低碳转型发展的新动能，推动地热能、生物燃料、太阳能、充(换)电站等新能源和替代能源技术及业务。在炼化板块实施“达标减排、绿色炼化”治理工程，积极创建绿色企业，推动碳汇林建设。

中国石化锚定建设中国第一大氢能公司，向“油气氢电非”综合能源公司转型。提出以净零排放为终极目标，力争比国家目标提前10年实现碳中和。将“洁净”纳入公司愿景目标，加大天然气、电替代步伐，大力发展绿氢炼化，不断提高原料低碳化比例。培育发展循环经济，减少产品全生命周期碳足迹。建成百万吨级CCUS示范项目，开发碳中和林、碳中和加油站等各具特色的碳中和模式。

中国海油重点发展海上风电，挖掘油气电氢等综合加注业务潜力。在炼化板块，建立能源管理中心，对能源生产、输配和消耗情况实施动态监控管理，提升能源管理水平，推进企业节能降耗工作；深入挖掘节能减排和治污潜力，实施重整加热炉改造和烟气余热利用、减压装置抽真空改造、催化再生烟气脱硫脱硝和加热炉烟气脱硫等技改项目，有效降低生产过程中污染排放[4]。此外，还积极参与碳交易市场建设，着力提升公司碳资产管理能力，尝试开展碳中和LNG交易。

2 国外主流炼化企业低碳转型战略举措

2.1 国外石油龙头企业积极布局低碳转型

2020年，BP、壳牌、道达尔等欧洲公司纷纷宣布将由国际石油公司(IDC)转变为国际综合能源公司(IEC)，将投资低碳能源、可再生电力等作为发展方向。而埃克森美孚、雪佛龙等美国公司仍坚定看好油气产业，更青睐于直接投资研发碳捕捉与封存技术[5]。

BP宣布将在2030年前将油气产量削减40%，2050年前实现“净零排放”目标。该公司于2020年全面剥离化工业务，并抛弃沿袭百年的“上下游和其他业务板块”结构，创建了十几个平行业务板块，侧重生产与运营、客户与产品、天然气与低碳能源、创新与工程这4个核心价值，用以取代之前以油气生产、炼化、营销和贸易为主导的传统结构[6]。承诺每年投资约 50 亿美元，用于可再生能源、氢能、生物能源及碳捕捉、利用、封存等技术研究，加速向低碳能源企业转型。

壳牌的目标是在 2050 年或更早成为净零排放的能源企业。该公司基于全球能源转型情景分析以及油价和碳价压力测试结果，确定上游、一体化天然气和下游等不同业务的中长期发展策略[7]，积极发展生物燃料、氢能、风能、太阳能等新能源业务。制定短期温室气体减排措施。即，通过安装高效能设备、尾气回收利用，减少天然气火炬燃烧等方式减少生产过程中碳排放；通过开发利用碳捕捉与封存技术、植树造林等方式向客户提供低碳能源产品。

道达尔表示将在 2050 年或更早实现全球业务的碳中和目标，最终成为一家泛能源公司，业务范围不仅涵盖油气，还包括低碳电力和碳中和解决方案。截至 2021 年，其太阳能发电业务已覆盖全球近 40 个国家。同时，该公司拟投资 5 亿欧元将其法国 Grandpuits 炼油厂改造成生物燃料和生物塑料零原油平台[8]。预计 2030 年，生物燃料将占其燃料销售的 10%~15%。

埃克森美孚提出到 2025 年，实现上游运营温室气体排放强度较 2016 年下降 15%~20%的目标。该公司聚焦强度减排而非绝对减排，早在 2005 年就已制定完整的低碳实施路径。即，短期，致力于提高自身的能源利用效率；中期，积极推动可行减排技术应用；长期，开发具有突破性、可改变行业格局的技术[9]。此外，该公司很少涉足可再生能源领域，而是专注于投资低碳技术及生物燃料来限制排放。到 2025 年，计划投资 30 亿美元用于推进未来几年全球碳捕集与封存项目。

雪佛龙与埃克森美孚一样，并未设立碳中和目标，而是以每 5 年设置一次减碳目标的方式来推进低碳转型。该公司减排目标要比竞争对手更温和，坚持在扩大油气产量，保持资本开支不显著增加的基础上，控制碳排放增长速度。此外，该公司还通过寻找减少化石燃料碳排放方法、提高能源利用效率以及扩展新能源和可再生能源等措施来解决碳排放问题。

2.2 国外基础化工龙头持续研发低碳技术和产品

杜邦、巴斯夫、陶氏等化工企业在自身清洁生产、节能减排、回收利用二氧化碳的同时，积极探索绿色低碳、安全环保的技术，开发环保型产品，建立低碳经营模式，为客户提供低碳技术产品及解决方案。

杜邦提出在 2050 年前实现自身碳中和，并在行动上支持全球的碳达峰和碳中和。在杜邦的 2030 年可持续发展目标中，包含了减少 30%的温室气体排放，使 60%的电力来自可再生能源等路径。此外，该公司还通过运用清洁燃料，使用生物基成分人造皮草等环保纺织品，捐赠可持续建筑材料实现碳中和。

巴斯夫的目标是到 2030 年，每生产 1t 产品，二氧化碳排放量将减少三分之一。该公司专注于基础化工领域的气候友好型化学品生产创新，集中研究电加热的蒸汽裂解炉，无二氧化碳排放的甲烷热解制氢技术及利用二氧化碳生产可用作尿布等产品原料的丙烯酸钠。

陶氏化学计划于 2050 年实现碳中和。至 2030 年，每年减少 500 万 t 碳排放净额，即在 2020 年的基础上总体减少 15%。同时，该公司致力于利用和推动低碳技术发展，使用更少、更环保的原料制造产品，帮助客户减少碳足迹。与生产商芬欧汇川生物燃料公司合作，将可再生石脑油作为原料，量产可应用于食品包装领域的生物基聚乙烯[10]。

LG化学宣布到2050年，将碳排放量控制在2019年的排放水平(1000万t)。为此，该公司提出将在全球所有工厂推进可再生能源100%使用，使2050年碳排放量预期值减少60%以上。同时，该公司构建从产品到工厂废弃物再利用的循环经济体系，开发绿色亲环境PCR塑料和生物可降解塑料产品。此外，该公司还通过提高工艺与设备能效，开发并引进碳捕集、封存与利用技术等多种方式，减少碳排放量[11]。

沙特基础工业公司计划在2025年之前为其全球工厂部署容量达4GW的风能或太阳能发电设施，并于2030年将这一数字提升至12GW。该公司重磅推出TRUCIRCLE™循环解决方案产品系列，涵盖SABIC已获认证的由废弃塑料通过化学回收法制成的循环聚合物和生物基可再生聚合物等所有可循环材料和技术[12]。此外，该公司还实现二氧化碳回收利用，将二氧化碳废气净化后，生成甲醇、尿素等高附加值产品，以及气泡水、碳酸饮料和啤酒。

3 我国炼化企业低碳发展路径建议

3.1 坚持目标导向，制定低碳发展战略

炼化企业要实现低碳发展，关键是从“目标口号”转变为“实际行动”实现这种转变的核心是制定符合实际、科学可行的低碳发展战略。低碳发展战略应将国家、行业的方针政策和企业自身发展规划紧密结合在一起，通过明确的生产、管理及经营方式的路径调整，实现企业创效与降低碳排的统筹协调，促进企业的高质量可持续发展。

低碳发展战略制定的实施程序应包括五个步骤：第一步是通过编制温室气体排放清单明确企业碳排放的结构及存在的主要问题，即“找问题”；第二步是选择合适的低碳减排目标，即“定方向”；第三步是编制低碳发展方案，即“选路径”；第四步是组织实施低碳发展方案，即“见行动”；第五步则是监测评估低碳发展方案的实施进程，即“明绩效”，对方案修正提出建议，为下一轮低碳发展方案的制定奠定基础[13]。

3.2 坚持问题导向 制定精准减排措施

摸清排放底数。根据国家炼化行业温室气体核算方法，摸清燃料燃烧、生产过程、间接排放、回收利用等环节的温室气体排放数据，分析炼油、乙烯等重点业务碳排放强度及变化趋势，深挖存在的主要问题，找出企业低碳发展潜力。

引领能源优化。将优化能源结构作为转变能源发展方式，降低二氧化碳排放的关键举措。产生相同热值时，天然气燃烧碳排放仅为煤炭的59%，应推动煤改气等能源替代发展。同时，积极开发利用风电、光伏发电。通过多源发展，逐步提高新能源利用比重，为企业健康发展提供可持续新动能。

深化节能降耗。将节能作为减排常态化工作。积极开展能效对标，加强能源利用状况的监测、诊断，全面掌握本企业能效水平的基本情况，查找存在问题，挖掘节能潜力，明确能效提升目标，有针对性地节能攻关，进一步推动企业优化生产工艺，调整产品结构，实现产业优化升级。

提高能源利用与原油加工转化效率。实施炼化一体化、基地化；改进燃料系统，提高加

热炉利用效率；改进工艺，优化工艺流程，发展重质油深度加工技术；提高设备性能，改进操作方法，进行热电联产[14]，有效减少温室气体排放。

降低过程排放。组织开展绿色低碳技术攻关和催化剂开发，从技术源头降低碳排。结合流程特点和产品结构，围绕节能降耗和提升产业价值链，坚持能源消耗总量和用能强度严格管控，做好用能结构和排放管控协同优化。

推动碳回收利用。积极研发碳捕捉利用技术，深度开发二氧化碳的应用范围，建立二氧化碳回收环保装置，回收利用高浓度二氧化碳尾气变废为宝，为低碳清洁发展开辟广阔空间，助力企业绿色发展。

参与碳交易市场。积极参与全国碳市场建设，充分挖掘碳减排(CCER)资产，建立企业碳排放管理体系。把握碳市场政策，开展碳排放权交易跟踪，掌握碳市场变化趋势，研判企业参与碳交易策略，促使企业实现环保与盈利双赢。

探索低碳商业模式。运用高新技术和先进适用技术改造传统产业，延伸产业链、提高附加值。发展绿色低碳产业，以优化碳足迹为基础，开展价值链低碳化改造，增加适当减排投入，发掘其中减排收入。树立绿色低碳品牌形象，在绿色低碳产品的蓝海中抢占先机，形成持续性的产品收入来源[15]。

参 考 文 献

[1] 常纪文. 在“碳中和”目标态势下推动石化行业绿色转型[N]. 中国石化报，2021-01-26.

[2] 赵晓飞. 碳中和框架之下，能化行业的机遇与变革[J]. 中国石油和化工，2021(2)：12-15.

[3] 申万宏源. 碳中和对石化行业影响深度报告[M]. 申万宏源研究，2021-04-27.

[4] 张俊峰，李强. 中国海油构建绿色低碳产业链[J]. 企业管理，2020(5)：73-76.

[5] 胡文娟. 国际石油公司低碳转型探索与实践[J]. 可持续发展经济导刊，2021(3).

[6] 王林. BP“低碳转型”迈出坚实一步[N]. 中国能源报，2020-07-08.

[7] 曹勇. 壳牌公司低碳能源转型战略解读[J]. 石油石化绿色低碳，2018，3(4)：1-7.

[8] 李峻. 道达尔将把法国 Grandpuits 炼油厂改造成生物塑料厂[N]. 石化新闻，2020-09-22.

[9] 赵华，刘荣. 国外石化巨头碳减排做法之鉴[J]. 环境保护与循环经济，2012，32(2)：26-28.

[10] 陈启德. 致力于在可持续发展上领先—陶氏公司高管一席谈[N]. 中国化工报，2020-06-29.

[11] 辛学喆. LG 化学发布可持续发展新战略宣布 2050 年实现碳中和增长[EB/OL]. LG 化学，2020-07-06.

[12] 彭强. SABIC 将打造全球首座完全使用可再生能源的大型化工生产基地[EB/OL]. 界面新闻，2020-07-29.

[13] 丁晓莉，卞靖. 低碳发展方案编制原理与方法[M]. 北京：中国经济出版社，2012：32-33.

[14] 张永宁，曲燕. 我国炼化企业低碳技术创新的战略选择和政策建议[C]. 第九届中国科技政策与管理学术年会，2013：1-8.

[15] 涂建明，石羽珊. 积极塑造绿色低碳发展的商业模式[N]. 中国环境报，2017-09-05.

可降解材料成为炼化企业低碳转型重要方向

李　岳

（中国昆仑工程有限公司，北京　100037）

摘　要　本文对国内外可降解材料的市场供需状况、国内政策进行了总结，并讨论了可降解材料PBAT技术现存的问题及未来发展方向。可降解材料市场在未来十年将迎来发展的黄金时期。以石化基原料生产的可降解材料PBAT市场应用前景广阔，可以作为炼化企业低碳转型、向下游聚合材料延长产业链的新方向。

关键词　可降解塑料　聚对苯二甲酸己二酸丁二酯　碳排放

1　研究背景

2020年我国提出“2030年前碳达峰、2060年前碳中和”目标，目前煤炭、石油、天然气等化石能源在能源总消耗中仍占到85%，是碳排放最主要的源头。“十四五”期间，我国进入碳排放达峰的关键时期，“碳达峰、碳中和”将对我国石油化工行业的中长期发展产生重要影响。

石油相比煤炭、天然气和生物质具有更好的碳氢比、碳链长度及更低的氮、氧含量，一直是最佳的化工品生产原料。随着我国炼油行业在资本和市场逐步开放的环境下加速发展，国营、民营和合资炼厂的炼制规模不断扩大和加工一体化趋势日益加深，市场竞争进入白热化阶段。相比于燃料型炼厂，主要产品是化工原料和化工产品的化工型炼厂经济效益更为显著[1]。然而随着化工品的生产，也相应产生了碳排放足迹。化工品废弃物如果以填埋的形式处理，虽然短期不会直接产生碳排放，但会占用有限的土地资源。如果以焚烧的形式处理则会直接产生实际的碳排放。

可降解塑料通过堆肥处理能够转化为肥料、二氧化碳和水，种植出含糖或淀粉的作物后，通过发酵或者化工加工就能转化成用于生产高分子材料的有机分子。这样的可降解循环与再生循环一样，可以大幅减少废塑料回收过程的碳排放。可降解塑料根据原料可以分为生物基和石化基，如聚乳酸(PLA)、聚羟基脂肪酸酯类聚合物(PHAs)、全淀粉基、纤维素等主要原料是农作物；聚对苯二甲酸-己二酸丁二酯(PBAT)、聚丁二酸丁二酯(PBS)、PCL等主要原料是原油。石化原料生产可降解塑料进入可降解循环就不会产生二氧化碳排放[2]。发展可降解塑料聚合技术，即可以将炼化企业芳烃产业链向下游拓展，链接高分子材料产业，也可以将已有化工品纳入可降解循环中以减少生产过程中的二氧化碳排放，是未来炼化企业实现碳减排的重要发展方向。

2 可降解材料市场分析

2.1 国际市场

根据欧洲生物塑料协会(European Bioplastics)发布数据，2020年世界生物塑料产能约211.1万t，分为以生物材料为原料的不可降解塑料(包括PE、PET、PA、PP、PTT等)和生物可降解塑料(包括PBAT、PBS、PLA、PHA、淀粉基降解塑料和其他生物降解塑料)两大类。其中生物基不可降解塑料产能为88.4万t，占比41.9%，生物可降解塑料产能为122.7万t，占比58.1%。预计到2025年，世界生物塑料产能有望达到287万t。亚洲是生物塑料最大生产地区，占世界总产能46%，欧洲位居第二，占26%[3]。

2019年以前欧洲是全球生物降解塑料市场的主力，占全球生物降解塑料市场份额的55%。其次是亚太地区，占比25%。在欧盟推出"禁塑令"的带动下，2019年下半年至2020年初，全球新增多个国家颁布了限塑政策，包括中国、巴基斯坦、印度、菲律宾、泰国、阿尔及利亚等国家。中国塑料产量约占全球的20%，消费量占全球的15%，体量庞大，其生物降解塑料需求市场将会带动全球市场加速增长。未来一段时期，亚洲地区生物降解塑料需求量将快速增长，有望取代欧洲成为生物降解塑料最大消费市场。

2.2 国内市场

2020年国家发展改革委发布的《关于进一步加强塑料污染治理的意见》中，传统塑料主要在四个重点领域被限制和替代，分别是不可降解塑料袋、一次性塑料餐具、宾馆酒店一次性用品、快速塑料包装。基于此分析，可降解塑料具有可替代性的领域主要是餐饮(打包和外卖)、商超、集贸市场等领域的塑料购物袋，以及一次性塑料餐具和快递塑料包装，此外，农用地膜也是可降解塑料的重点替代领域。根据国信证券研报测算，国内一次性餐具、一次性塑料袋、农用地膜和包装用塑料薄膜四大重点应用领域合计约有1017万t的潜在需求空间。在目前可降解塑料市场中，淀粉复合塑料、PLA、PBAT占比近90%。PBAT因其原料相对易得、生产技术比较成熟、单价相对便宜而受到众多企业青睐。

国内中科院理化所、中科院化学所、清华大学等机构在2000年左右投入到PBAT工业化的研究之中。随着中科院理化所率先突破，2010年左右国内自主技术的PBAT工业化装置开始涌现。2019年底，我国PBAT产能达到13万t。2020年，我国PBAT产能达到32.6万t。我国主要PBAT生产企业统计见表1。

表1 2020年我国主要PBAT生产企业统计 万t/a

序号	公司名称	所在地	区域	产能	备注
1	珠海万通/金发科技	广东	华南	6	
2	蓝山屯河	新疆	西北	12.8	含8000tPBS
3	金晖兆隆	山西	华北	3	
4	康辉石化/恒力石化	辽宁	东北	3.3	

续表

序号	公司名称	所在地	区域	产能	备注
5	莫高聚合环保新材料	甘肃	西北	2	
6	悦泰生物新材料	山东	华东	2.5	已停产
7	鑫富科技	浙江	华东	1	
8	安庆和兴化工	安徽	华东	1	
9	南通龙达	江苏	华东	1	
合计				32.6	

2020年国内受“新版限塑令”及各地区政府“限塑禁塑”政策对可降解材料的利好影响，PBAT规划建设产能呈爆发式增长。大量企业宣布布局PBAT产业，除传统PBAT生产企业扩大产能外，其他高分子材料企业也计划进入可降解材料行业。恒力石化子公司营口康辉石化计划建设60万tPBAT/PBS生物降解塑料项目。新疆望京龙新材料有限公司计划建设130万tPBAT项目，其中一期建设10万tPBAT项目2020年4月进入环评阶段。阳煤集团于2020年7月宣布以其现有己二酸和BDO产业为基础，布局50万t/年PBAT项目。宁波长鸿生物材料有限公司2020年11月与中科启程签订技术许可合同，计划建设60万t/年PBAT项目。

3 我国可降解塑料产业相关政策

2004年，全国人大通过了《可再生能源法(草案)》和《固体废物污染环境防治法(修订)》，鼓励再生生物质能的利用和降解塑料推广应用。

2017年10月，国家邮政总局、国家发改委、科技部等十部门联合发布《关于协同推进快递业绿色包装工作的指导意见》，从国家层面提出了推进快递行业资源节约以及废弃物污染防治的多项措施，提出“到2020年，可降解的绿色包装材料应用比例将提高到50%”。

2017年11月，工信部发布《农用薄膜行业规范条件(2017年本)》，鼓励研发生产使用生物降解地膜。

2018年2月，国家质检总局、国家标准委发布新修行的《快递封装用品》系列国家标准，要求快递包装袋宜采用生物降解塑料，减少白色污染；并相应增加了生物分解性能要求。

2020年1月19日，国家发展改革委、生态环境部发布《关于进一步加强塑料污染治理的意见》，明确限塑范围：禁止生产和销售厚度小于0.025毫米的超薄塑料购物袋；厚度小于0.01毫米的聚乙烯农用地膜；一次性塑料餐具；宾馆、酒店一次性塑料用品；快递塑料包装等。提出积极应对塑料污染，有序禁止、限制部分塑料制品的生产、销售和使用，积极推广可循环易回收可降解替代产品，增加绿色产品供给，规范塑料废弃物回收利用，建立健全各环节管理制度，有力有序有效治理塑料污染的一系列政策措施。

2020年7月10日，国家发展改革委等九部委联合印发《关于扎实推进塑料污染治理工作的通知》，统筹各地各领域做好疫情防控和塑料污染治理工作，要求各省市于2020年8月中旬前出台省级实施方案，细化分解任务，层层压实责任。确保如期完成2020年底塑料污染治理各项阶段性目标任务提出了具体部署。

2020年9月11日，国家发展改革委等十部门召开全国塑料污染治理工作电视电话会议，深入贯彻落实习近平总书记关于塑料污染治理的重要指示批示精神，对塑料污染治理工作进行再动员、再部署、再落实，要求全面系统加强塑料污染全链条治理。

2020年7月3日，农业农村部、工业和信息化部、生态环境部、市场监管总局联合印发了《农用薄膜管理办法》，对农用薄膜生产、销售、使用环节提出了具体部署。《办法》于2020年9月1日起开始实施。

2020年8月31日，商务部发布《关于进一步加强商务领域塑料污染治理工作的通知》，明确了商务领域推进禁塑限塑的时间表和实施地区。对商场、超市、集贸市场、餐饮、住宿、展会、电子商务等重点领域提出了具体的禁塑限塑要求。

2020年8月7日，市场监管总局等八部门联合印发《关于加强快递绿色包装标准化工作的指导意见》，对未来三年我国快递绿色包装标准化工作作出全面部署。

2020年9月22日，国家邮政局召开邮政业塑料污染治理工作推进会，会议强调，北京、上海、江苏、浙江、福建、广东六省(市)邮政快递网点要在2022年年底前禁止使用不可降解的塑料包装袋、一次性塑料编织袋等，降低不可降解的塑料胶带使用量，2025年年底前在全行业实施。

2020年11月25日，国家发展改革印发《国家生态文明试验区改革举措和经验做法推广清单》，要求各地区学习借鉴福建、江西、贵州、海南四省在推进国家生态文明试验区改革探索中形成的共90项可复制可推广的改革举措和经验做法，其中包括海南省《塑料污染系统治理机制》。

各省积极响应中央，省级方案陆续出台。截至目前，已有30个省在中央文件的指导下，下发了关于治理塑料污染实施方案。各省的禁塑时间节点类似，均为2020年在几个主要城市试点，2022年推广全省，2025年达成全省禁塑的目标。各省实施方案的主旨与中央一致，主要是关于减少塑料制品在餐饮、宾馆、酒店、邮政快递等重点领域的使用与销售，以及探索绿色产品的替代。各省政策存在共性，责任主体划分到位。各省一般会明确先推广政策的重点市级地区，再将范围逐步扩大。

4 PBAT技术发展方向

PBAT是以精对苯二甲酸(PTA)、己二酸(AA)和1，4-丁二醇(BDO)为原料，经直接酯化连续缩聚工艺生成。生产所用原料均为炼油企业现有产业链的产品或延伸产品。其中PTA来源于芳烃-对二甲苯-PTA产业链，AA来源于苯-环己醇-己二酸产业链，BDO来源于正丁烷-顺酐-BDO产业链。PBAT技术有助于炼化企业补充、延长和强化产业链，实现从“油”向“化”的转变，从生产“基础化学原料”向生产特色“化工新材料”方向转型。

国内PBAT已建或规划装置多数的工艺技术是以中科院理化所2000年左右推出的第一代PBAT工艺技术为基础。受限于增黏反应器的生产能力，多数装置的生产能力为2.5或3万t/a，以及在此基础上衍生出的产能为5万或6万t/a的“一头两尾”生产装置。在技术方面，现有装置技术均为10余年前的生产工艺，产品质量不易控制。生产线不论从工艺流程上，还是物耗能耗上均明显落后，目前之所以没有体现出来，主要原因在于此前的数年中，该领域没有政策支撑，并未被业内大企业所关注。在当前国家环保政策的带动下，市场热度较高，在资本逐利刺激之下，各地纷纷抛出大规模建设PBAT项目的意愿。因小规模PBAT生产技术已有建成装置，所以有利于企业快速上马项目进入PBAT市场。很多企业急于进入可降解材料市场，但其本身并不是化工或聚酯行业的公司，没有聚合材料生产经验，不具备上下游产业链优势。市场上某些企业现在动辄百万吨级的规划，对应现有技术水平，至少需要建设15~20套PBAT装置，真正能够实施落地的产能尚待商榷。待市场"高烧褪去"，PBAT产能集中投产之时，生产技术的规模性和先进性将是企业在可降解材料市场中的核心竞争力，为实现PBAT连续稳定规模化生产，实现关键设备大型化，应加强工程开发力度，尽快建成10万t级以上的PBAT生产装置[4]。

中国昆仑工程有限公司PBAT工艺技术，是全球第一批单线10万t级PBAT生产技术。该技术是昆仑公司与中科院理化所在第一代PBAT工艺技术基础上，合作开发的新一代工艺包并由昆仑公司完成工程化设计。

昆仑公司PBAT工艺技术中，应用了中科院理化所最新代催化剂体系，该体系具有良好的耐水解性，催化效率高，副反应少。在核心设备方面，针对第一代PBAT技术受限于增黏反应器处理能力的状况，昆仑公司结合自身在聚碳酸酯(PC)、聚对苯二甲酸丁二酯(PBT)等高黏聚合材料项目中的实际应用经验，开发设计了新型高黏高真空反应器，单台增黏反应器处理能力达到5万~6.5万t/a，PBAT动力黏度达到1000~1600Pa·s，处于行业领先水平。在装置能量优化方面，昆仑公司针对己二酸和1，4-丁二醇反应体系特点，采用分段酯化工艺流程。PTA与BDO酯化反应温度为190~220℃，己二酸与BDO酯化反应温度为140~180℃，根据酯化温度的区别，分别设置两个酯化反应器。在节约能量，工艺条件易于控制的同时，由于降低了酯化温度，能有效地降低副产物四氢呋喃的生成。该工艺技术还综合了昆仑公司在熔体输送、真空喷淋以及四氢呋喃精馏回收等方面的技术成果和工程经验。吨产品能耗170~200kg标油。相比于第一代PBAT生产技术，在工艺技术、核心装备的规模性、先进性、节能性等方面具备优良的竞争优势。

参 考 文 献

[1] 李明丰．我国炼油厂转型发展的方向和路径[J]．中国石化，2020(06)：30-33.
[2] 赵辰，倪吉．可降解塑料进入行业快速增长期[J]．中国石油和化工，2020(07)：28-31.
[3] Oliver Buchholz：Dynamic growth：global production capacities of bioplastics 2020-2025[EB/OL]. Berlin. European Bioplastics，2020. http：//www. european-bioplastics. org.
[4] 赵凌云．我国生物降解塑料PBAT产业化现状与建议[J]．聚酯工业，2018，31(05)：9-11.

炼化企业苯系物污染土壤改良型芬顿氧化反应的中试研究

王利刚[1]，李璐璐[1]，李洋铭[2]，翟　勇[1]，王文文[1]，杨慧萍[1]

（1. 中国昆仑工程有限公司吉林分公司，吉林　132000；
2. 中国石油吉林石化公司乙二醇厂，吉林　132000）

摘　要　本文以东北某石化企业为主要研究对象，并以苯系物污染场地为前提，对该场地进行了改良型芬顿氧化反应的中试研究。中试结果如下：中试地块的改良型芬顿氧化反应采用分阶段注入氧化药剂的方式，药剂注入速度为100L/min，日注入量约为48t，单管注入量约为28t，能够将污染物浓度降低至《土壤环境质量 建设用地土壤污染风险管控标准(试行)》(GB 36600—2018)中第二类用地的风险管控值以下。

关键词　苯系物　改良　芬顿氧化反应

1　引言

污染场地已经成为世界范围内普遍关注的环境问题，根据近年来我国环保、国土、水利等相关部门开展的污染调查、监测表明，我国土壤、地下水的污染比较严重。废水的排放、工业废渣和城市垃圾填埋场的泄漏，石油和化工原料的传输管线、储存罐的破损，农药和化肥的过量施加等都可能造成土壤和地下水的污染[1]。尤其是我国东北地区，是我国的老工业生产基地，在发展一批优势产业和举足轻重骨干企业的同时，由于设备老化、年久失修、不当操作、监管不力等因素，突发偶然污染环境事件也时有发生。此外，东北的西部地区土地盐碱化等问题较为严重，土壤生态系统较为脆弱，已列入《土壤污染防止行动计划》(简称“土十条”)，亟须进行防控、治理与修复。

作为国民经济重要支柱产业，炼化化工行业发展稳定持续增长，炼化企业占地面积大、分布广，使用的生产原料和生产产品种类繁多，导致场地土壤和地下水环境污染问题也十分复杂突出。苯系物作为一种重要的化工原料，是一类易挥发的单环芳香烃化合物，包括苯、甲苯、乙苯、二甲苯和氯苯等，是土壤和地下水中常见的石油污染物，通常通过柴油或汽油运输过程中的意外泄漏以及地下储罐和管道的泄漏释放到环境中[2-3]，研究发现，汽油泄露污染物总量的59%都属于苯系物组成成分[4]。随着经济的发展，苯的年均生产量和消费量正分别以9.82%和7%的速率递增[5]，苯系物引起的地下污染越来越严重，而一旦被释放到环境中，会给人体健康及环境生态安全带来极大风险。因此，如何有效治理部分化工企业地下环境中的苯系物污染物，成为当前需要解决的关键问题。

2 现场中试实验

2.1 实验场地概况

该典型污染场地位于东北某石化企业内，前期正在该地块进行污水提标改造工程，污水处理厂改造工程在实施过程中，需要把地基以上部分的土壤开挖并对土壤进行转运及处理，期间发现该区域土壤开挖后存在一定的刺激性气味。经现场调查发现，该区域内污染土壤苯系物浓度较高，部分已超国家现行标准《土壤环境质量 建设用地土壤污染风险管控标准(试行)》(GB 36600—2018)中第二类用地管控值，需要进行修复。

污染土壤拟采用原地异位修复方式，将污染土壤进行开挖后，选取若干污染土壤堆体整形后进行本次中试。本次中试实验规模为50m×50m×2.5m地块，体积约为5500m^3。拟采用改良型芬顿氧化技术，对芬顿技术进行改良，研究适用于本场地的芬顿试剂配比，以及该技术针对本场地污染物的去除效果。

2.1.1 水文地质条件

区域水文地质条件比较复杂，主要分布有第四系中更新统砂砾石孔隙潜水，第三系大安组碎屑岩类孔隙裂隙水和白垩系明水组碎屑岩类孔隙裂隙承压水。本区域地层岩性从地表向下依次为：杂填土、粉质黏土、细砂、粉质黏土、黏土和中砂。

第四系中更新统砂砾石孔隙潜水含水层上覆黄土状粉质黏土，顶板埋深10~25m，含水层岩性为砂砾石、中粗砂、粉细砂，在本地区范围内基本连续分布，厚度变化较大，一般3~10m，承压水位埋深5~10m；补给来源主要有大气降水渗入补给和底部前第四系含水层高水头越流补给。

前期透水试验结果表明，中试规模地块的透水系数在(6~8)×10^{-5}cm/s的范围内，属于粉土/黏土类。且土壤呈碱性，pH值在8.0~8.8之间。

2.1.2 场地污染现状

前期场地调查结果显示，地下水样品各项指标均未超过《地下水质量标准》(GB/T 14848—2017)中Ⅲ类标准限值，这可能是由于本区域内存在的黏土隔水层对污染物向地下水中的迁移起到了很好的阻隔作用。

通过对本场地土壤样品浓度分析，检测项目包括总石油烃、单环芳烃、多环芳烃等。超标点位检测结果统计如表1所示。

表1 场地调查超标点位结果统计表

采样点	超标项目	取样深度/m	检测值/(mg/kg)
1	苯	1.5	13.9
2	苯	1.5	23.4
		3.5	48.2
	二苯并(a，h)蒽	0.5	0.671
		1.5	0.663

续表

采样点	超标项目	取样深度/m	检测值/(mg/kg)
3	苯	0.5	34.8
		1.5	106
		3	29.7
	二甲苯	0.5	595
4	苯	0.5	476
		1.5	62.2
		3.5	14.8
5	苯	0.5	119
	乙苯	0.5	423
	二甲苯	0.5	384
	苯乙烯	0.5	294
6	苯	0.5	347
		1.5	14.5
7	苯	3	50.3
		5	14.2
	二甲苯	3	163
	苯乙烯	3	108
8	苯	1.5	386
9	苯	表层土	14.7
10	萘	表层土	1670
	苯并(a)蒽	表层土	6.38
	二甲苯	表层土	301
11	苯	3.5	13.9

如表1所示，苯浓度最高为476mg/kg，二甲苯为595mg/kg，乙苯为423mg/kg，萘为1670mg/kg。污染较严重。

2.2 注药井布设

在污染土壤中分层铺设复合土工排水网，排水网的层位为良好导流层。在铺设排水网的同时，在其上部分层布设注药管，注药管规格为20×2.3mmPN1.6，分层布设示意图如图1所示，共布置4层。

2.3 药剂配置

考虑本次土壤属于碱性，pH值在8.0~8.8之间。改善土壤碱性后注入氧化药剂效果更佳。因此采用分阶段注入的工艺，先注入催化药剂为主的药剂A改善土壤环境，之后注入

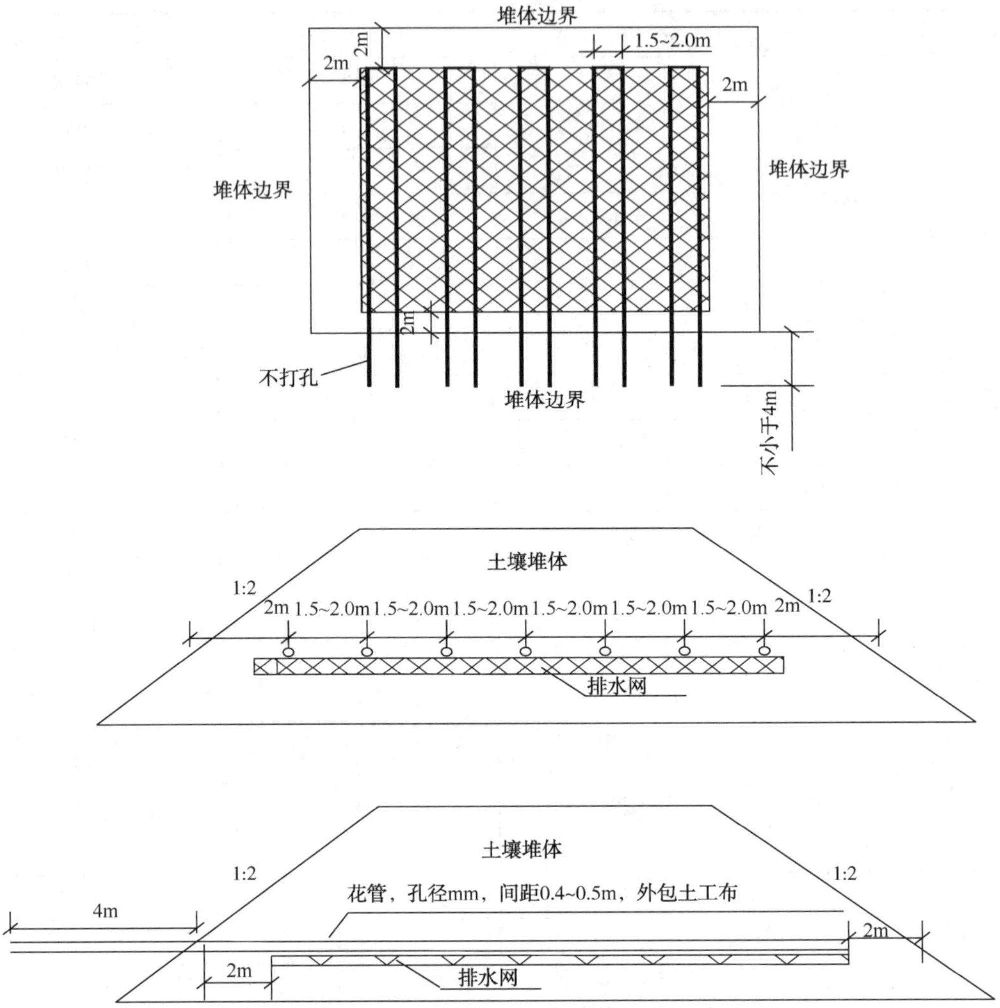

图1　复合排水网和注药管设置图

氧化药剂。由于采用注入工艺需要根据药剂扩散过程后的效果，再在氧化药剂中添加适量的缓冲药剂。根据过程中的效果监测结果，氧化药剂可以追加注入。

（1）药剂A的原液配制方法

配制1t药剂需要：清水1000L、七水硫酸亚铁105kg、柠檬酸256kg。充分搅拌使药剂完全溶解后使用。

（2）缓冲药剂B的原液配制方法

配制1t药剂需要：清水1000L、七水硫酸亚铁105kg、柠檬酸85kg、调节剂110kg。充分搅拌使药剂完全溶解后使用。

2.4　药剂注入

本次中试分别采用低速和高速两种注药压力进行。

3 实验结果与分析

3.1 注药速度

分别采用低速(1 挡, 100L/min)和高速(2 挡, 150L/min)进行试验。现场观察发现：高速注入时管道振动幅度大，长期承受高压可能造成管路接口松动，发生泄露以及爆管等安全方面的风险大。此外多管同时注入会发生压力不均，影响药剂注入效果。具体试验结论如表 2所示。

表 2 注入压力与注入速度试验结果

活塞泵速	机械端压力	管道处压力	备注
低速(1 挡)	0.5MPa	0.13MPa	单管
高速(2 挡)	2MPa	0.5MPa	5 根管
高速(2 挡)	2MPa	0.1MPa	13 根管

试验确定的注药速度参数如下：

采用低速(1 挡)单管注入。保持活塞泵压力在 1MPa 以下。注入速度设为 100L/min。每天注药时间为 8h，连续注入，日注入速度约为 48t。

3.2 注入方式

本次改良型芬顿氧化试剂采用分阶段注入的方式。即首先注入改善土壤理化性质的药剂 A，然后再注入氧化药剂。

两种药剂均采用间隔注入，即缓冲药剂 A 首先注入 No. 1，达到设计注入量后，注入 No. 3、No. 5……依次类推，然后以同样方式注入氧化药剂，完成后注入 No. 2、No. 4……直到同一土层注入完毕。

为防止上层土壤注入药剂后的渗滤液影响下层土壤的性质，进而影响药剂效果，各土层注入顺序为自下而上，注入方法如图 2 所示。

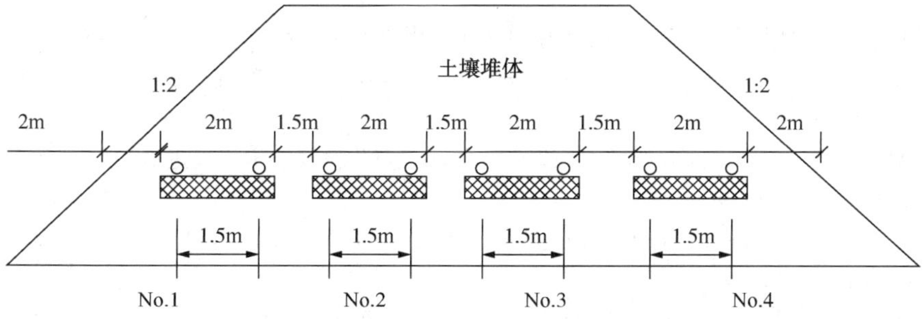

图 2 药剂注入方式说明图(土层为自下而上)

3.3 药剂注入量

根据污染土壤的中试规模及污染程度，本次中试按 0.5%药剂比率计算注入量。

(1) 药剂 A 配制和注入量：

① 原液配制方法

配制 1t 药剂需要：清水 1000L、七水硫酸亚铁 105kg、柠檬酸 256kg。充分搅拌使药剂完全溶解后使用。

② 注入用的药剂配制方法

配制 1t 药剂的使用量：清水 900L、缓冲药剂 A 原液 100L。搅拌均匀后

注入。

③ 注入量

单管注入量 8t。

(2) 氧化药剂配制和注入量：

① 缓冲药剂 B 的原液配制方法：

配制 1t 药剂需要：清水 1000L、七水硫酸亚铁 105kg、柠檬酸 85kg、调节剂 110kg。充分搅拌使药剂完全溶解后使用。

② 注入用的氧化药剂配制方法：

配制 1t 药剂的顺序和使用量：首先添加缓冲药剂 B 原液 5L，然后添加清水 880L。充分搅拌均匀后加入过氧化氢 115L(27.5%)。

③ 注入量

单管注入量为 28t。

4 结论

本次苯系物污染土壤改良型芬顿氧化反应的中试研究，确定了分阶段注入氧化药剂的方式，药剂注入速度为 100L/min，日注入量约为 48t，单管注入量约为 28t，能够将污染物浓度降低至《土壤环境质量 建设用地土壤污染风险管控标准(试行)》(GB 36600—2018)中第二类用地的风险管控值以下。

参 考 文 献

[1] 史俊祥. 基于 SVE 的土壤苯系物优化去除研究[D]. 南昌大学，2020.

[2] NAGARAJAN K, LOH KC. Formulation of microbial cocktails for BTEX biodegradation[J]. Biodegradation, 2015, (26): 51-63.

[3] 李倩，杨璐，姜越，等. 农药生产场地污染土壤的化学氧化修复技术研究进展[J]. 生态与农村环境学报，2021，37(01)：19-29.

[4] GAMPO, PIERRE. Toluene-induced hearing loss in phenobarbital treated rats[J]. Neurotoxicology and Teratology, 2008, 30(1): 46-54.

[5] 夏昭林，孙品，张忠彬，等. 苯的职业健康危害研究的回顾与展望[J]. 中华劳动卫生职业病杂志，2005，(4)：241-243.

炼化企业含油污泥焚烧烟气治理

李广生

（中国昆仑工程有限公司，北京 100037）

摘　要　某炼化企业设置固体废弃物处理装置，采用回转窑+二燃室焚烧工艺对含油污泥进行处理。烟气净化系统主要包括急冷塔、中和反应器、布袋除尘器、引风机及烟囱。为满足地方环保要求，需要对现有装置进行改造。通过新增SNCR脱硝装置和湿法烟气脱硫装置，以及对原有的急冷塔和布袋除尘器进行改造，使焚烧装置外排烟气满足当地环保部门要求的《危险废物焚烧污染控制标准》（GB 18484—2020）和《上海市危险废物焚烧大气污染物排放标准》（DB31/767—2013）的部分指标要求，即 SO_2 浓度 ≤ 50mg/Nm^3、NO_x 浓度 ≤ 250mg/Nm^3 及烟尘浓度≤20mg/Nm^3。改造完成后，焚烧烟气 SO_2 浓度、NO_x浓度及烟尘浓度指标满足环保要求。

关键词　含油污泥　回转窑　焚烧　烟气　脱硝　脱硫

炼化污水处理产生的含油污泥含有高致病菌、重金属和各种有害物质，简称“炼化油泥”[1]。焚烧可将炼化油泥中的有机物碳化，消灭病原物，极大地减少污泥体积[2,3]。焚烧能够处理各种形态的污泥与废物，对物料的适用范围相对较广，设备运行稳定性高，焚烧污泥停留时间长，能够保障废物燃尽率在99.99%以上。回转窑焚烧技术愈加成熟，已经成为污泥干化焚烧处理中的首选设备[4,5]。

焚烧烟气中含有 SO_2、NO_x和重金属在燃烧温度下的挥发物，如Hg、Cd、Cu、Pd、Ni、As、Zn和Cr等[6]。焚烧烟气组成非常复杂，如不对其进行处理而直接排放，会对大气环境造成二次污染[7]。

某炼化企业设置焚烧装置炼化装置产生的固体废物和废液进行焚烧。随着当地环保部门要求提高，烟气排放指标参考《上海市危险废物焚烧大气污染物排放标准》（DB 31/767—2013）执行。因此，需要对系统进行改造。

1　工艺方案

1.1　工艺概述

改造内容包括新增SNCR脱硝、急冷系统改造、除尘系统改造和湿法脱硫。工艺流程如图1所示：

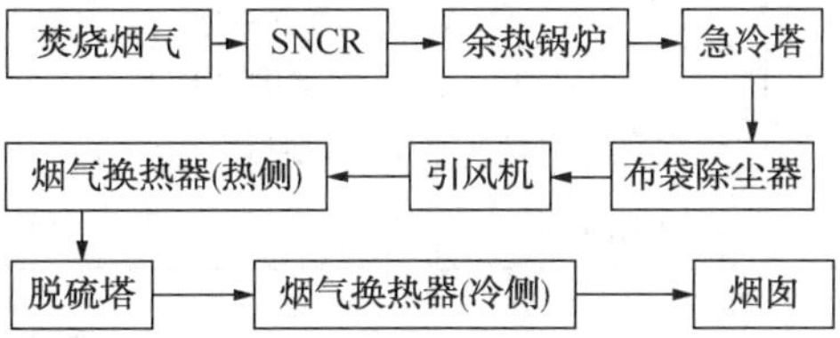

图1　焚烧装置烟气处理系统工艺流程图

焚烧装置改造前烟气量及组成见表1。

表1 焚烧装置改造前烟气量及组成

序号	项目	单位	数值	序号	项目	单位	数值
1	烟气量(湿基)	Nm^3/h	28000	7	CO	%	10
2	温度	℃	200	8	O_2	%	15
3	压力	Pa	3000	9	H_2O	%	39
4	二氧化硫(SO_2)	mg/Nm^3	600	10	氟化氢	mg/Nm^3	<20
5	氮氧化物(以 NO_2 计)	mg/Nm^3	300	11	氯化氢	mg/Nm^3	<150
6	烟尘	mg/Nm^3	100				

改造后大气污染物的排放限值见表2。

表2 危险废物焚烧炉大气污染物排放限值

序号	污染物项目	限值/(mg/Nm^3)	序号	污染物项目	限值/(mg/Nm^3)
1	烟尘	20	5	氯化氢	10
2	一氧化碳	50	6	氮氧化物(以 NO_2 计)	250
3	二氧化硫(SO_2)	50	7	二噁英类	0.1TEQng/m^3
4	氟化氢	2.0			

注：以标准状态下含11%O_2的干烟气作为参考值换算。

1.2 烟气脱硝系统

1.2.1 SNCR脱硝工艺及还原剂选择

污泥焚烧过程产生的NO_x，其平均产生量471.6mg/m^3[8]。综合考虑固体焚烧装置的工艺特点，本项目选用SNCR法进行烟气脱硝。

工程上有两种基本的SNCR系统设计：一种是基于NH_3的系统；另一种是基于尿素的系统。注射氨经常被用来控制焚烧炉中氮氧化物的排放[9]。氨作为还原气时能够得到的NO_x脱除效率最高，液氨的投资、运输和使用成本最低，但液氨属于易燃易爆物品，必须有严格的安全保证和防火措施，其运输、存储需严格执行相关法规和劳动卫生标准。尿素是颗粒状固体，安全无害，运输、储存和使用比较简单安全，但其制氨系统较复杂，设备初期投资及运行费用较高。SNCR脱硝工艺还原剂宜采用尿素溶液[10]。根据现场条件，采用尿素作为还原剂，将尿素溶液喷入高温烟气中，尿素热解产生NH_3，NH_3在反应温度在850~1100℃范围内，发生气相还原反应，把NO还原成N_2。

SNCR系统主要工艺设备见表3。

表3 SNCR脱硝系统主要设备表

设备名称	数量	备注	设备名称	数量	备注
尿素溶液配制罐	1		尿素供给泵	2	1用1备
尿素溶液储存罐	1		尿素喷射系统	1	
尿素输送泵	2	1用1备			

SNCR 工艺流程如图 2 所示：

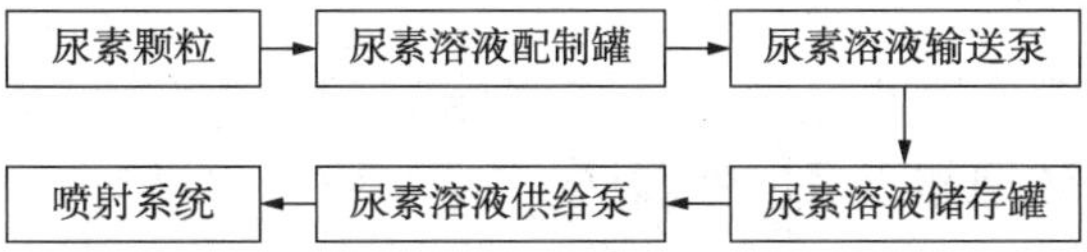

图 2　烟气脱硝系统工艺流程图

1.2.2　还原剂的配制、存储系统

尿素溶液配制及存储系统主要设备包括：尿素溶液配制罐、尿素溶液储存罐、尿素溶液输送泵等。

尿素储存罐的容量应不少于焚烧装置在额定工况下 7d 的尿素溶液消耗量。尿素的溶解过程是吸收热量的，为了防止尿素溶液结晶，其溶解过程需要加热。尿素配制罐设置加热盘管，采用蒸汽加热。配制完的 20% 尿素溶液经尿素溶液输送泵送入尿素溶液储存罐中。配制罐和储存罐材质选用 S30408。罐体外部要保温。SNCR 系统采用除盐水作为工艺水。

1.2.3　还原剂供给系统

尿素溶液通过尿素溶液供给泵输送到混合器中，并与工艺水进行混合稀释至 10% 后送至喷枪。脱硝控制系统将控制尿素溶液喷入喷枪的流量，使其满足焚烧系统脱除 NO_x 的需求量。控制系统通过实测 SNCR 出口 NO_x 数值，并将计算结果反馈给尿素流量调节阀以控制尿素溶液的供给量。

1.2.4　还原剂喷射系统

尿素喷射系统采用枪式喷射器，用于在脱硝反应区内扩散尿素溶液，使其与烟气充分混合。喷枪设置于余热锅炉入口烟道处（烟温 850~950℃）。

喷枪采用压缩空气雾化方式将尿素溶液喷入反应区，尿素进入炉膛后被迅速加热、分解，形成氨气，与烟气中的 NO_x 发生反应。

SNCR 系统出口烟气中氨逃逸 $<8mg/Nm^3$，$NO_x \leq 250mg/Nm^3$，脱硝效率不低于 30%。

1.3　烟气急冷系统

为了避免二噁英的大量生成，污泥焚烧可采用骤冷技术[11]。在美、欧等国家已发布的技术报告显示，污泥焚烧二噁英的产生浓度不经处理直接排放浓度便已在 0.1TEQng/m^3 以下[12]。焚烧过程中的二噁英主要是焚烧烟气离开高温燃烧段后的重新合成，包括余热锅炉、热交换器等温度在 500~200℃的区域。因此在区域内防治二噁英的产生是较为关键的控制生成技术[13]。为此，需在余热锅炉后设置烟气急冷系统。

本焚烧装置满负荷运行时，急冷系统无法将余热锅炉排出的烟气自 600℃降至 200℃以下。现有急冷塔冷却水供水泵额定流量 5t/h，扬程为 50m。但依据目前运行工况计算的急冷水量为 7t/h，现有冷却水供给系统及喷枪不能满足使用要求。需更换冷却水供水泵、急冷塔喷枪，其设备清单见表 4。

表 4　烟气急冷系统改造设备表

设备名称	主要参数	数量	设备名称	主要参数	数量
冷却水供水泵	8m^3/h 80m	2	急冷塔喷枪	1750kg/h	6

1.4 烟气除尘系统

焚烧系统设置布袋除尘器，经过急冷塔降温后的烟气进入袋式除尘器，烟气温度为200℃，可以保证滤袋不致结露以及酸性腐蚀。含尘烟气由布袋式集尘器下部进风口进入后，在挡风板的作用下，气流向上流动，流速降低，部分大颗粒粉尘由于惯性力的作用被分离出来落入灰斗。含尘烟气进入箱体经滤袋的过滤净化，粉尘被阻留在滤袋的外表面，净化后的气体经滤袋口进入上箱体，由出风口排出。低压脉冲袋式除尘器具有较高的除尘效率，布袋式集尘器过滤效率大于99.99%，通过更换新的滤袋，可以使出口烟气的含尘浓度达到30mg/Nm^3 的排放标准。

滤袋采用100% PTFE材质，滤袋尺寸：Φ160mm ×5000mm，数量400条。滤袋打折角度2.5°~3°，打折滤袋增加了通风面积，提高粉尘过滤效率。

1.5 烟气脱硫系统

1.5.1 烟气脱硫工艺及脱硫剂选择

焚烧装置湿法烟气脱硫系统工艺流程见图3。

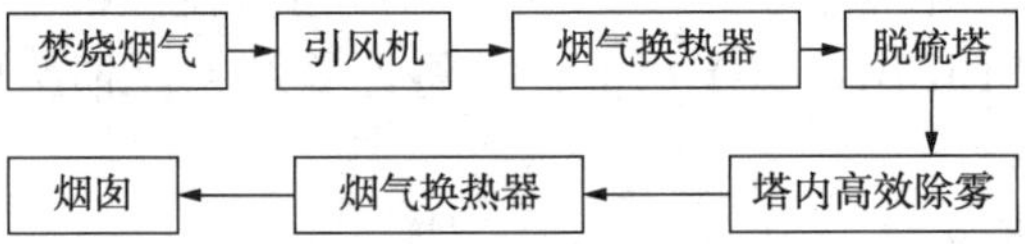

图3 烟气湿法脱硫系统工艺流程图

烟气湿法脱硫系统主要设备见表5。

表5 烟气脱硫系统主要设备

名称	主要参数	数量	备注
脱硫塔	Φ3×18m	1	
废液箱	8m^3	1	
烟气换热器	600m^2	1	
引风机	20000Nm^3/h 12kPa	2	
废液排出泵	5m^3/h 0.02MPa	2	1用1备
浆液循环泵	100m^3/h 0.3MPa	3	
碱液供给泵	0.25m^3/h 0.3MPa	2	1用1备
喷淋层	100m^3/h	3	

脱硫剂选用20%氢氧化钠。其品质符合国家标准GB/T 209—2018《工业用氢氧化钠》的要求。氢氧化钠是强碱，与SO_2反应速度快，吸收能力强。Na_2SO_3、Na_2SO_4都有较大的溶解度，脱硫循环液是溶液，不易结垢堵塞，脱硫液气比一般为3~4，Na/S比可取1。

1.5.2 烟气换热系统

烟气脱硫系统选用的板式烟气换热器具有高效传热、结构紧凑、尺寸小、重量轻、不易结垢、具有一定的自清洗能力、安装维护方便、可靠性高、投资维护费用低等特点。

脱硫塔进、出口烟气进行换热，有效防止了脱硫塔后烟气温度较低、湿度大而形成“白烟”现象。

1.5.3 脱硫剂供给系统

利用碱液供给泵输送碱液，碱液自储罐直接送入吸收塔底部。碱液补充量与烟气量、进出口 SO_2 浓度和循环液的 pH 值等进行联锁控制。

1.5.4 脱硫塔系统

脱硫塔系统由浆液循环系统和除雾系统组成。

脱硫塔底部吸收液由浆液循环泵送至喷淋层，再由喷淋层上的喷嘴喷出。原烟气进入脱硫塔后，与含有脱硫吸收剂的循环浆液逆向接触，气、液、固三相充分接触，烟气中的 SO_2 被浆液中的碱性成分吸收，烟气得到充分净化。通过喷淋层的烟气，SO_2、HCl、HF 等污染物得到了有效地去除。

循环喷淋系统配置 3 台循环泵和 3 层喷淋层，1 台循环泵对应 1 层喷淋层。正常运行时开启 2 层喷淋层，烟气中 SO_2 浓度较高时，开启 3 层喷淋层。

脱硫后的净烟气通过喷淋层上方设置的双层平板式除雾器，分离净烟气中夹带的液滴，使净烟气的雾滴含量不超过 75mg/Nm^3。

1.5.5 副产物处理

脱硫后产生的废水，从塔底排到吸收塔区地下罐，之后由废水泵通过排水管线排至污水处理厂。

烟气湿法脱硫系统废水排放量及组成见表 6。

表 6 烟气脱硫系统废水排放量及组成

项目	单位	数值	项目	单位	数值
废水排放量	m^3/h	2.5	Na_2SO_3 浓度	%	0.04
废水 pH 值	—	6.5	NaCl 浓度	%	0.25
$NaHSO_4$ 浓度	%	3.6×10^{-6}	不溶固体含量	%	0.02
Na_2SO_4 浓度	%	1.5	Cl^-浓度	mg/L	1500
$NaHSO_3$ 浓度	%	0.1			

2 运行效果

本项目建成投用以来，烟气排放稳定达标。烟气中 $SO_2 \leq 50$mg/Nm^3、$NO_x \leq 250$mg/Nm^3、烟尘≤20mg/Nm^3，满足相关环保指标要求。

急冷塔在焚烧装置满负荷状态下，出口烟气温度<190℃，满足工艺要求。急冷系统运行稳定。

烟气换热器出口烟气温度>90℃，运行参数均满足设计指标要求。经过一年的运行，检修过程中发现，板式换热器表面积灰不严重，未出现明显腐蚀。烟气换热器运行 1 年后检修情况见图 4。

经过烟气换热后，“白烟”现象得到有效改善，装置运行状况见图 5。

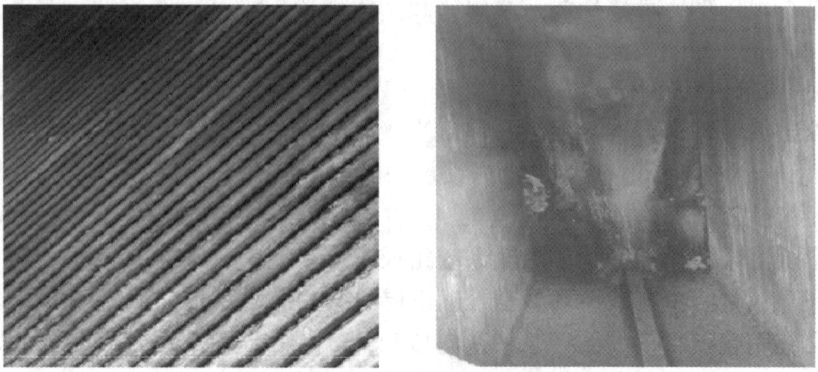

图4 烟气换热器检修情况

图5 烟气脱硫装置运行状况图

焚烧装置系统运行主要技术经济指标见表7。

表7 主要技术经济指标

项目	单位	数值	项目	单位	数值
设计烟气量	Nm^3/h	28000	仪表空气	Nm^3/a	400000
20%氢氧化钠	t/a	568	工厂空气	Nm^3/a	480000
尿素	t/a	12.8	外排废水	m^3/h	2.5
回用水(生产水)	t/a	20000	外排烟气	Nm^3/h	31000
电	$10^4kW\cdot h/a$	122			

3 结论

目前，本工程已经通过了竣工验收。装置经过一年多的运行，系统稳定，状态良好。经过烟气治理，该炼化企业含油污泥焚烧装置外排烟气达到《危险废物焚烧污染控制标准》(GB 18484—2020)和《上海市危险废物焚烧大气污染物排放标准》(DB 31/767—2013)部分指标的排放要求。改造后，每年可减少烟尘排放量 17.9t/a、硫氧化物 123.2t/a、氮氧化物 11.2t/a、氟化氢 4.0t/a、氯化氢 31.4t/a(按年运行时间 8000h 计算)，大大减轻了对企业周边空气的污染。

经过工程验证，SNCR+急冷塔+布袋除尘+湿法脱硫+烟气换热工艺流程，适用于炼化企业含油污泥焚烧烟气处理。处理后的烟气满足国家和地方环保标准要求。

目前，脱硫塔补碱量与脱硫浆液 pH 值进行关联控制。但运行过程中，由于焚烧污泥的组分变化，烟气中 SO_2 含量变化较大，造成脱硫浆液 pH 值波动较大，导致补碱量频繁变化，控制不稳定。在今后的焚烧装置湿法烟气脱硫系统设计时，需对碱液补给量的控制进行优化，提高系统自动化运行水平。

参 考 文 献

[1] 陈汝超. 化工区危废污泥干化焚烧项目的工艺设计与运行[J]. 中国给水排水，2017，33(20)：50-52.

[2] 袁言言，黄瑛，张冬，等. 污泥焚烧能量利用与污染物排放特性研究[J]. 动力工程学报，2016，36(11)：934-940.

[3] 徐晓波，孙卫东，吕金明，等. 日本的典型污泥焚烧工程案例及启示[J]. 中国给水排水，2017，33(12)：135-138.

[4] 纪伟勇，项乐群，姬志国. 分析回转窑焚烧技术在污泥干化焚烧处理中的应用与思考[J]. 绿色环保建材，2017，12：15-16.

[5] 周玲，廖传华. 污泥焚烧设备的比较与选择[J]. 中国化工装备，2018，2：13-22.

[6] YAO H，NARUSE I. Combustion characteristics of dried sewage sludge and control of trace-metal e-mission[J]. Energy & Fuels，2005，19(6)：2298-2303.

[7] 周玲，廖传华. 污泥焚烧烟气的污染物控制[J]. 中国化工装备，2018，5：12-16.

[8] 代永涛. 深圳污水处理厂污泥的干化与焚烧特性研究[D]. 杭州：浙江大学，2011.

[9] Deuster E V. Cleaning of Flue Gas From Solid Waste Incinerator Plants by Wet/semi-dry Process[J]. Environmental Progress，2006，13(2)：149-153.

[10] 周晓猛. 烟气脱硫脱硝工艺手册[M]. 北京：化学工业出版社，2016.

[11] Lin X，Yan M，Dai A，et al. Simultaneous suppression of PCDD/F and NO_x during municipal solid waste incineration[J]. Chemosphere，2015，126：60-66.

[12] 郝晓地，陈奇，李季，等. 污泥焚烧无须顾虑尾气污染物[J]. 中国给水排水，2019，35(10)：8-15.

[13] George Tchobanog Frank Kreith. Handbook of solid waste management[M]. New York：McGraw-Hill，1994.

某加油站遗留场地电催化水异位淋洗修复石油类污染土壤的效果研究

翟　勇，杨慧萍，王文文，李璐璐，徐文博

（中国昆仑工程有限公司吉林分公司，吉林　132000）

摘　要　本项目采用电催化水作为土壤淋洗剂，对污染土壤进行异位淋洗，通过小试，说明电催化水技术适用于土壤污染治理，且无二次污染。中试试验处理污染土体积 $100m^3$，石油烃（C_{10}~C_{40}）平均浓度从 1617.7mg/kg 下降至 44.4mg/kg，浓度远低于建设用地土壤污染风险筛选值第一类用地中石油烃（C_{10}~C_{40}）浓度 826mg/kg，平均去除率达 97.3%。初步估算修复污染土壤为 479 元/m^3。

关键词　电催化水　异位淋洗　石油类

1　前言

淋洗修复技术主要采用淋洗剂清洗土壤，使土壤中污染物从土壤介质转移到淋洗剂中，随淋洗剂流出，然后对淋洗剂及土壤进行后续无害化处理，从而实现污染土壤的修复。土壤淋洗修复技术适合治理重度污染土壤，治理周期短、治理效果明显，可以将土壤中的污染物彻底清除。[1~3]土壤淋洗技术运用的关键是针对特定污染土壤，筛选出淋洗效率高、环境友好的淋洗剂。目前淋洗技术还存在的问题[4~6]有：（1）淋洗剂效率低，普适性差，修复费用昂贵，易造成二次污染；（2）淋洗剂回收效率低，污染物安全化处理集成设备欠缺。污染物安全化处理流程复杂，配套集成设备不足，回收浓缩的污染物难以彻底消除，易导致污染物再次进入环境系统，造成二次污染。

电催化水具有强氧化性、强还原性，氧化还原电位的可调节性，并喷洒、浇灌或注入到受污染土壤或者含水层中，经电催化水的氧化还原反应，将介质中的有机物进行改性、分解或是氧化，使土壤中或含水层残留污染物被分解、降解。将电催化水产生的功能性水依一定方式灌注于污染的土壤或含水层中，这些功能水因为经过高压放电+电催化+电解作用，可快速产生大量的碱性还原水、酸性氧化水与中性水，水中包含大量瞬时自由基流进入介质中，其将有机污染物氧化分解，而没有被分解的有机物亦可以通过水泵带入电催化水设备中进行强力分解，如此可形成多次分解[7,8]。

由于本项目场地周围存在敏感对象，需寻找一种无二次污染的修复方式对污染土壤进行修复治理，电催化水由于其具有氧化性，且原料仅为水，本项目利用电催化水作为淋洗剂对污染土壤进行异位淋洗，试验其对石油类污染土壤修复效果。

2 技术原理

电催化水设备中的电极间有高电压电场，溶于水中的有机物因电场放电的冲击而分解，同时高电压放电的过程能产生大量的 OH-自由基，水中有机物因自由基的氧化作用而破坏。

同时在电催化过程中所产生的大量微气泡亦有助于生成氢氧自由基，水中的微气泡因时间而缩小的特性，气泡粒径于水中逐渐缩小的同时因绝热压缩过程（Adiabatic Compression Processes）使得气泡内部压力极大并改变气泡表面之介达电位，而这些带电微气泡逐渐于水中瓦解所释出之能量与水分子作用产生瞬时的氢氧自由基[7-9]。

因此电催化水处理有机物无有毒中间产物产生，最终有机物被分解为二氧化碳和水。其氧化的具体原理如下：

（1）强电场电离（ionization）放电产生 OH·

O_2 解离（电离）生成羟基（又称氢氧基，化学式-OH）自由基的等离子体反应过程

在强电离放电中，放电电场中被加速的电子具有的平均能量大于 10 eV，当电子能 量达到 12.5 eV 后，与 O_2分子反应产生 OH·的等离子体反应过程如下：

O_2 分子发生解离（电离）反应：

$$O_2+e^-\rightarrow O_2{}^++2e^- \quad O_2+e^-\rightarrow O^++O+2e^-$$

在电场的作用下，O_2^+ 与 H_2O 分子形成水合离子[O_2+(H_2O)]其反应式如下：

$$O_2^++H_2O+M\rightarrow O_2+(H_2O)+M$$

产生羟基自由基的主要途径是水合离子分解，其反应式如下：

$$O_2+(H_2O)+H_2O\rightarrow H_3O^++O_2+OH\cdot \quad O_2+(H_2O)+H_2O\rightarrow H_3O+(OH)+O_2$$

$$H_3O+(OH)+H_2O\rightarrow H_3O^++H_2O+OH\cdot$$

（2）电解氧化水

在电催化水系统中，水分子因电催化分解为氢离子与氢氧离子，如下列方程式所示：

$$H_2O\rightarrow H^++OH^-$$

$$2OH^-\rightarrow[O]+H_2O\rightarrow H_2O_2$$

$$M^{(n-1)+}+H_2O_2\rightarrow M^{n+}+OH^-+OH\cdot$$

在水中氢氧离子受到电子催化作用后产生过氧化氢，而过氧化氢与水中微量的金属离子（如铝、钙、镁等）形成 fenton-like 反应，进而产生氢氧自由基。

水中余氯与水分子交互作用形成共存在的次氯酸与盐酸，因此自来水呈现弱酸，如下列方程式所示：

$$Cl_2+H_2O\rightarrow HOCl+HCl$$

次氯酸在电催化系统中产生氯自由基与氢氧自由基，而自由基本身亦会结合形成一个循环如下：

$$HOCl\rightarrow Cl\cdot+OH\cdot$$

$$Cl\cdot+OH\cdot\rightarrow HOCl$$

（3）微气泡效应

电催化水系统中因产生大量气体气泡，使得水中具有许多微小的气泡，，微气泡在水中

消失的过程因绝热压缩而使得水分子与气泡界面层产生能量，进而使得气泡表面水分子分解为氢氧自由基[9,10]。

3 小试试验

3.1 试验方法

将污染土壤样品置于反应容器中，模拟现场实际情况进行小试设计。反应容器结构如图1所示。

图1 小试试验反应容器实物

反应容器由上至下带有密封盖、排水口、排水蓄水槽。使用中性电催化水设备制备所需的电催化水。将电催化水按照间歇浇灌方式加入污染土壤样品中。收集处理后的试验废水并检测处理后的土壤样品。

3.2 试验步骤

将水通入中性电催化水设备循环25min制备中性电催化水，取10kg污染土壤样品检测后置于反应容器。将电催化水喷淋到土壤样品中，每天喷淋12h，每4h间歇一次，分3次喷淋完毕，共加入12L电催化水，淋洗产生废液从排水口排出并收集。

重复操作持续运行20天，取处理后土壤样品检测。同时收集废水，进行后续处理循环使用；收集的废水将其通入中性电催化水设备循环治理，以达到无二次污染循环利用水资源的目的。

3.3 试验结果

表1 试验结果

样品	初始值	治理二周	治理三周
石油烃/(mg/kg)	5277.11	4310.14	2150

3.4 试验结论

通过小试试验说明电催化水技术适用于土壤污染治理，在限定的时间周期内石油烃去除率达到60%，无二次污染，操作流程简便；不添加化学药剂不会导致外源物质进入土壤；无二次污染，减少环境负担。

4 中试试验

4.1 工作区域工艺布置及说明

将 100m^3 污染土壤放入带有防渗功能的试验区域，在土壤中埋设多孔注药管。利用电催化水制备系统，通过高能量场的超气态电素流生产电催化水，将电催化水通过土壤上方布设的72根注药管线和注药泵注入到污染土壤中，通过催化水中的羟基自由基氧化分解污染土壤中的污染物，从而达到修复土壤的目的。

土壤电催化水淋洗修复的工艺布置图如图2、图3。

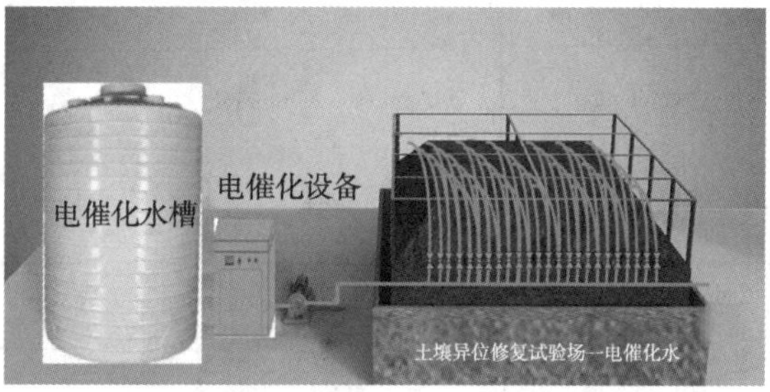

图2 回注电催化水平面示意图

图3 土壤异位淋洗现场展示

4.2 中试试验开展情况

抽取地下水首先经过电催化水设备进行初步处理与沉淀后进行纳米气泡处理，而后进入电催化程序2h，同时增加 MAGE 机工作 2h，最后通过水泵把电催化水注入到需要修复土堆中。

4.3 中试处理效果及结论

现场采用自来水或抽出临近场地污染地下水经电催化水处理后的水(COD 小于 15，石油类小于10mg/L)作为土壤淋洗治理电催化水来源，对上述水源进行电催化处理后，对污染土壤进行淋洗治理。处理效果见表2、表3、图4。

表2 试验区域土壤初始值

堆体层位	石油烃(C_{10}~C_{40})/(mg/kg)	堆体层位	石油烃(C_{10}~C_{40})/(mg/kg)
土堆-0.5m	1643	土堆-1.4m	1767
土堆-1.0m	1443		

表3 试验区域土壤经电催化水淋洗后检测值

	石油烃(C_{10}~C_{40})/(mg/kg)		石油烃(C_{10}~C_{40})/(mg/kg)
注入后第10天		土堆-1.0m	654
土堆-0.5m	739	土堆-1.4m	759
土堆-1.0m	941	注入后30天	
土堆-1.4m	918	土堆-0.5m	60.1
注入后15天		土堆-1.0m	43.5
土堆-0.5m	645	土堆-1.4m	29.6

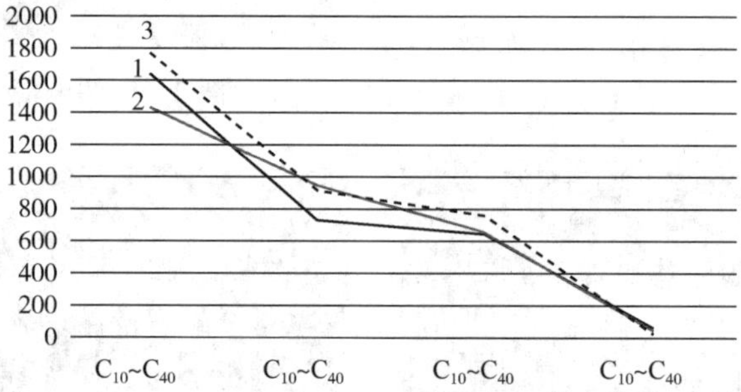

图4 石油烃C_{10}~C_{40}浓度变化图

1—土堆0.5m；2—土堆1.0m；3—土堆1.4m

通过分析土堆进行电催水化注入后的数据发现，土堆0.5m中石油烃(C_{10}~C_{40})去除率为96.34%，土堆1.0m中石油烃(C_{10}~C_{40})去除率为96.98%，土堆1.4m中石油烃(C_{10}~C_{40})去除率为98.32%。且修复后的石油烃(C_{10}~C_{40})浓度远小于建设用地土壤污染风险筛选值第一类用地中石油烃(C_{10}~C_{40})浓度826mg/kg。在修复治理运行过程中电催化水淋洗形成的渗沥液进行收集，重新进行电催化处理回用，整个修复治理过程中不产生二次污染，该方法用于土壤异位修复适用于本场地。

5 结论

中试阶段处理污染土壤约为100m^3，处理时间30d，电催化水设备运行功率16kW，按每天运行4小时，每天耗电量为64度，电费0.79元/度，运行费50.56元/d，小计1516.8元；设备运行维护人员1人，800元/工日，小计12000元；电催化水设备运行台班2292元/

台班，小计 34380 元；在不考虑土壤开挖、修复场地修复及管线材料使用等情况下，合计费用 47896 元，总处理污染土体积 100m^3，修复污染土壤为 479 元/m^3。

本研究说明电催化水技术适用于土壤污染治理，且无二次污染。通过中试试验可以看出，石油烃(C_{10}~C_{40})平均浓度从 1617. 7mg/kg 下降至 44. 4mg/kg，浓度远低于建设用地土壤污染风险筛选值第一类用地中石油烃(C_{10}~C_{40})浓度 826mg/kg，平均去除率达 97. 3%。在石油类污染场地，且要求短期修复的场地有较好的应用前景。

参 考 文 献

[1] 李玉双，胡晓钧，孙铁珩，等．污染土壤淋洗修复技术研究进展[J]. 生态学杂志，2011.

[2] 巩宗强，李培军，台培东，等．污染土壤的淋洗法修复研究进展[J]. 环境污染治理技术与设备，2002.

[3] 刘磊，胡少平，陈英旭，等．淋洗法修复化工厂遗留地重金属污染土壤的可行性[J]. 应用生态学报，2010.

[4] 叶茂，杨兴伦，魏海江，等．持久性有机污染场地土壤淋洗法修复研究进展[J]. 土壤学报，2012.

[5] 籍国东，周国辉．异位化学淋洗修复石油类污染土壤[J]. 北京大学学报(自然科学版)，2007.

[6] 张海林，刘甜甜，等．异位土壤淋洗修复技术应用进展分析[J]. 环境保护科学，2014.

[7] Hideaki Takahashi, Akihiro Morita. A molecular dynamics study on inner pressure of microbubbles in liquid argon and water[J]. Chemical Physics Letters, 2013.

[8] 李云竹，庞月森，朱建华．强化氧化+电催化联用制药废水处理实验研究[J]. 能源与节能，2021.

[9] I. Machado, et al. Disinfection with neutral electrolyzed oxidizing water to reduce microbial load and to prevent biofilm regrowth in the processing of fresh-cut vegetables[J]. Food and Bioproducts Processing, 2016.

[10] MasahikoTakahashi, Kanta Kido, Atsuko Aoi, Hiroshi Furukawa, Masao Ono, Tetsuya Kodama. Spinal gene transfer using ultrasound and microbubbles[J]. Journal of Controlled Release, 2006.

浓水回收+臭气催化氧化工艺在炼化企业高盐废水处理中的应用

王浩英

（中国石油庆阳石化公司动力运行部，庆阳　745002）

摘　要　庆阳石化公司位于水资源严重不足和生态环境十分脆弱的西北地区，随着新《环境保护法》和《石油炼制污染物排放标准》的实施，国家对污水排放指标要求日趋严格；同时集团公司要求炼油吨油新鲜水单耗 0.47t、吨油排污 0.35t、外排污水 COD 排放总量指标要求逐年降低。为进一步降低水耗，达到节水减排的目的，确保完成炼化板块下达节能节水目标任务，庆阳石化公司采用某环保科技公司“双膜浓水回收+臭氧催化氧化”的工艺包，将化水站浓水回收利用并解决由此产生外排污水连续稳定达标问题，节水减排效果显著。

关键词　浓水回收　浓浓水　臭氧催化氧化　高盐废水

1　引言

庆阳石化公司化水装置采用多介质过滤+超滤+一二级反渗透+混床，生产的除盐水主要用于锅炉及其他工艺用水；在实际运行过程中，化水综合产水率只能达到 65%，与其他同类炼厂对标比较低 10%，分析原因为化水一级反渗透产生的浓水直接排放。为了节水减排，提高化水综合产水率，需将一级反渗透产生的浓水经浓水反渗透二次脱盐后回用；外排污水为回用水装置反渗透产生的浓水及化水站反渗透产生的浓水组成；污水回用装置反渗透产生的浓水 COD、总磷接近外排指标运行；如果将化水站一级反渗透产生浓水经过深度脱盐后回用，其排放高盐水 COD、总磷就会超标，影响公司外排污水连续稳定达标排放。

因此，为了提高化水综合产水率及解决浓盐水的稳定达标排放问题，庆阳石化公司新建 $100m^3/h$ 浓水回收+臭氧催化氧化装置；将化水一级反渗透产生的电导为 5000～6000μS/cm 浓水，经反渗透脱盐后产水回用于原水补水；浓浓水与回用水站反渗透产生的浓水混合，经臭氧催化氧化工艺处理后达标排放。此套装置于 2019 年 4 月建成投运，经过两年多的运行，效果良好，化水综合产水率由 65%提高到了 75%，产生的高含盐污水经过臭氧催化处理后达到《石油炼制工业污染物排放标准》（GB 31570—2015）表 1 中直接排放限值的要求，实现了连续稳定达标排放。

2　浓水回收+臭氧催化氧化工艺介绍

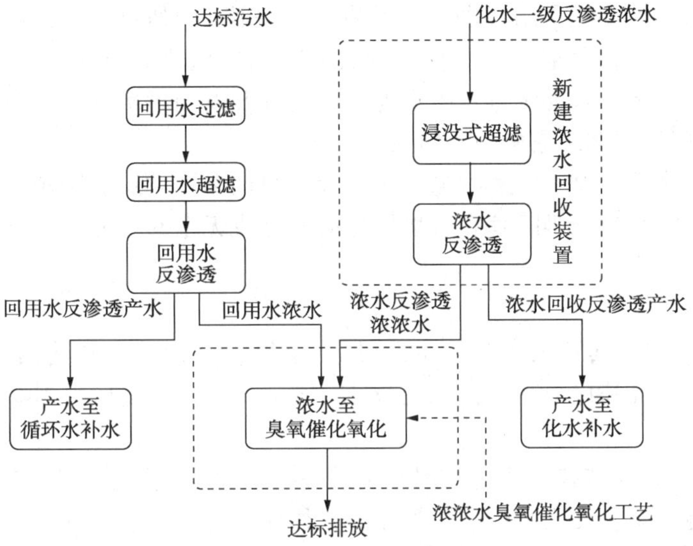

图 1　浓水回收+臭氧催化氧化工艺流程

2.1　浓水回收工艺及机理

2.1.1　浓水回收工艺流程

针对化水一级反渗透产生的浓水水质以及考虑引入部分达标污水混合处理的水质特点，因其含盐量高，有机物含量偏高，本工艺采用浸没式超滤+保安过滤器+浓水反渗透的处理工艺。化水一级反渗透浓水产水线增加杀菌剂投加，浓水反渗透前增加浸没式超滤和保安过滤器，避免浓水中微生物等污染反渗透膜表面；在浓水反渗透系统前添加非氧化性杀菌剂和阻垢剂，更好的保护反渗透膜不被氧化和防止膜结垢，保证系统的稳定运行。浓水经反渗透脱盐后，产水电导小于250μS/cm，作为化水原水补水，浓浓水与回用水装置反渗透产生的浓水混合后排至臭氧催化氧化段继续处理。

2.1.2　浓水回收工艺机理

本项目选用浸没式 UF 膜作为 RO 膜的前处理技术，用以保护 RO 膜长期稳定运行，UF 膜的作用是阻截浓水及初级再生水中存在的微量大分子有机物、胶体、蛋白质、细菌等杂质，确保出水水质 SDI≤3，浊度<1.0mg/L，符合 RO 膜的安全进水水质指标。

本项目选用日本东丽反渗透膜技术，它的作用是阻止水中 Ca^{2+}、Na^{+}、Cl^{-}、Mg^{2+}等离子以及有机物通过，只让水分子通过，从而达到深度脱盐的目的。

2.2　臭氧催化氧化工艺及机理

2.2.1　臭氧催化氧化工艺流程

浓水反渗透产生的浓浓水与回用水站的反渗透浓水混合后排至臭氧催化氧化池，与来自臭氧发生器的臭氧接触，溶解于水中的臭氧在催化剂作用下产生羟基自由基与水中有机物反应，对有机物进行氧化或部分氧化，将 COD_{Cr}降到45mg/L以下，然后自流进入尾水池，达标排放。臭氧催化氧化池(共分4组，并联运行，HRT=120min，臭氧正常投加量为40~50gO_3/t水；当进水水质改变时，可适当调整投加量。臭氧催化氧化池定期反清洗，排除臭氧杀菌产生的黏泥；反冲洗采用气水联动反冲洗，采用工业风(0.2~0.4MPa)对床层进行松动，然后采用监控池达标污水进行反洗，每次每间催化氧化池反冲洗排水50~60m^3，反冲洗排出的高悬浮物出水排入反洗排水出水池，然后提升返回污水场调节罐处理。

2.2.2 臭氧催化氧化工艺机理及特点

利用臭氧在催化反应过程产生的强氧化性羟基自由基(·HO)中间体来氧化分解水中的有机物，将水体中的大分子难降解有机物氧化成低毒或无毒的小分子物质，甚至直接降解成为 CO_2 和 H_2O。

其反应特点：

羟基自由基·HO，其氧化能力(2.80v)仅次于氟(2.87)，它作为反应的中间产物，可诱发后面的链反应。羟基自由基氧化无选择性，不会出现一种物质得到降解而另一种物质基本不变的情况；

羟基自由基·HO无选择地直接与废水中的污染物反应，不会产生二次污染。普通化学氧化法由于氧化能力差、反应有选择性等原因，往往不能直接达到氧化有机物的目的；

同普通的化学氧化法相比，高级氧化法的反应速度很快，能在很短时间内达到处理要求。

3 浓水回收及臭氧催化氧化装置进、出水指标

3.1 浓水回收装置进、出水指标

表1 浓水回收进水水质(平均工况)

序号	名称	数值	序号	名称	数值
1	水温/℃	24.5	8	总碱度/(mg/L)	921.3
2	pH	7.84	9	酚酞碱度/(mg/L)	<0.01
3	电导率/(μS/cm)	7583	10	总硬度/(mg/L)	2054.1
4	浊度/NTU	1.39	11	悬浮物/(mg/L)	7.4
5	色度/度	14	12	COD_{Cr}/(mg/L)	15.4
6	氯离子/(mg/L)	977	13	总铁/(mg/L)	<0.01
7	磷酸根/(mg/L)	<0.05	14	挥发酚/(mg/L)	<0.001

表2 浓水回收出水水质指标

序号	名称	数值	序号	名称	数值
1	pH	5~8	6	氯离子/(mg/L)	≤50
2	电导率/(μS/cm)	≤250	7	浸没式超滤产水率/%	≥95
3	浊度/NTU	≤0.01	8	反渗透脱盐率(三年内)/%	≥95
4	总硬度/(mg/L)	≤90	10	反渗透回收率/%	≥60
5	COD_{Mn}/(mg/L)	≤5			

3.2 臭氧催化氧化装置进、出水指标

表 3 臭氧催化氧化处理装置设计进出水指标

序号	项目	进水指标	出水指标
1	水量/(m^3/h)	100	100
2	pH	6~9	6~9
3	COD_{Cr}/(mg/L)	≤80	≤45
4	悬浮物/(mg/L)	≤15	≤15
5	电导率(μS/cm)	≤10000	≤10000
6	石油类/(mg/L)	≤3	≤2

注：未列出指标已经满足《石油炼制工业污染物排放标准》GB 31570—2015 表 1 中直接排放限值的要求。

4 主要设备、结构及作用

4.1 主要设备

表 4 浓水回收升级改造主要设备

序号	设备名称及材质	型号、规格	单位	数量	备注
1	CMBR 膜组器	UHS-620A，PVDF 处理量 100m^3/h	50	支	
		膜池及抽吸单元	1	个	
		底座管阀件(UPVC/304)	1	批	
2	保安过滤器	100m^3/h，ϕ600，不锈钢	台	1	
	滤芯	5μm，大流量滤芯	支	4	
3	浓水反渗透装置	Q=100m^3/h，Y：60%，设计水温 25℃	套	1	
4	配套泵				
5	配套加药设施				
6	配套电气、仪表				

表 5 浓水回收升级改造臭氧催化氧化部分

序号	名称	规格	单位	数量	备注
1	静止设备				
	臭氧发生器	5kgO_3/h，（含冷干及制氧机等）	套	2	1 用 1 备
	非净化缓冲罐	0.7MPa，15m^3压缩空气	座	1	
	臭氧尾气破坏器	与臭氧发生器匹配	套	1	

续表

序号	名称	规格	单位	数量	备注
2	水处理设备				
	催化氧化单元				
	臭氧催化氧化池内构件	不锈钢+钛钢组合件	套	4	
	臭氧催化剂	金属离子负载型臭氧催化剂	m^3	200	
	臭氧催化剂垫层	氧化铝瓷球	m^3	24	
3	配套泵				
4	配套加药设施		批	1	
5	配套电气、仪表	D371X-10CB，D7A1X-10CB	批	1	

4.2 主要设备结构、作用及技术优点

4.2.1 浓水回收装置

（1）浸没式超滤

超滤采用旭化成浸没式超滤 UNA-620A，单只膜有效面积 $50m^2$，膜公称孔径 0.1μm，进水压力 300KPa，最大跨膜压差 300kPa，设计共5组产水管，每组产水安装10支膜元件。

（2）反渗透

浓水反渗透设计进水量 $100m^3/h$，系统产水率设计 60%，反渗透膜采用东丽 TML20D-400 8英寸高化学耐久性抗污染反渗透膜元件，标准脱盐率 99.8%。

反渗透系统为一级两段设计，一段设12支膜壳，每支6个膜元件，共72支膜元件；二段设6支膜壳，每支6个膜元件，共36支膜元件，产水量 $60m^3/h$；

采用反渗透对浓盐水进行脱盐，为了防止膜污堵，设计中选用浸没式超滤膜作为RO膜前的保护处理工艺，可以将浓盐水中粒径大于0.04μm的悬浮颗粒物全部滤掉，避免RO膜的污堵现象，并通过定点定量投加酸剂、阻垢剂、还原剂等工序，有效降低RO膜表面结垢及氧化问题。

4.2.2 臭氧催化氧化反应池(图2)

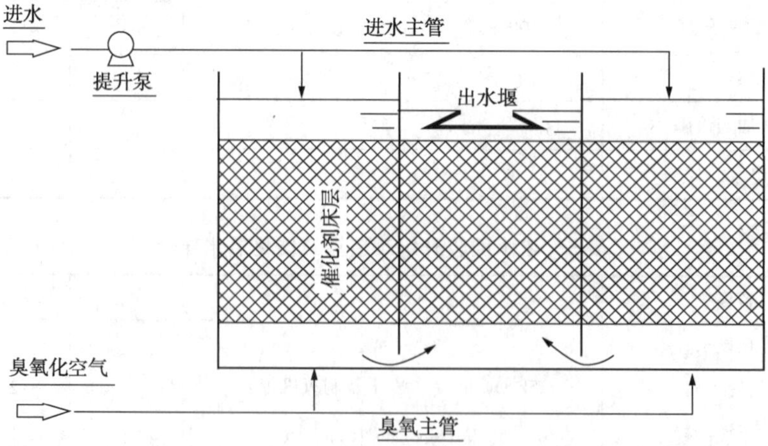

图2 臭氧催化氧化反应池

(1) 结构说明

① 臭氧催化氧化池设计为3间一组，左右两间为一段，中间为二段；

② 二段采用折流方式联通，顶部进水、底部进气，气水逆向接触。

(2) 工艺优点

① 传质效果：进水与臭氧逆向混合接触，传质效率高；

② 催化剂为活性氧化铝为载体，具有高比表面积，大孔体积，分散均匀，催化性能好，性价比高的特点。

③ 利用臭氧催化氧化工艺解决了高盐水中COD等污染物难以用传统的生物法处理的问题，解决了高盐达标排放技术难点。

5 运行效果

5.1 实际运行数据

2019年4月浓水回收+臭氧催化氧化装置投运至8月的监测数据见表6、表7。

表6 浓水回收装置进、出水水质监测结果

名称	进水				产水	
	pH	电导率/(μS/cm)	浊度/NTU	SDI	电导率/(μS/cm)	脱盐率
平均值	6.5-8	6000	<5	<3	48	99.2%

表7 臭氧催化进、出水水质监测结果

名称	进水						出水					
	pH值 6~9	COD≤ 60mg/L	氨氮≤ 8mg/L	浊度/ NTU	总磷≤ 1mg/L	电导率/ (μS/cm)	pH值 6~9	COD≤ 60mg/L	氨氮≤ 8mg/L	浊度/ NTU	总磷≤ 1mg/L	电导率/ (μS/cm)
平均值	8.25	46.60	0.35	3.09	0.81	6000	8.41	18.57	0.17	2.48	0.25	6120
最高值	8.62	52.70	4.05	15.40	0.93	6640	8.64	26.2	0.35	8.98	0.33	6360
最低值	7.77	40.93	0.06	0.73	0.68	5360	8.23	11.2	0.03	1.04	0.17	5880

5.2 运行分析

(1) 浸没式超滤进水水质：水温25~30℃；浊度小于5NTU；电导率6000μS/cm；pH值6.5~8；压力0~0.08MPa；出水水质：SDI小于3；浊度小于0.2NTU，实际运行时超滤产水量110m^3/h(设计处理能力100m^3/h)，达到设计指标。化水综合产水率由65%提高到了75%，节水成效显著。

(2) 浓水反渗透进水电导率为5565μS/cm时，产水电导48μS/cm，反渗透脱盐率在98.1%~99.2%；实际产水量在55~61m^3/h，产水率60.5%，达到设计指标。

(3) 臭氧催化氧化装置投运后，外排量降低了40m^3/h，出水COD降低至18.51mg/L，总磷降低至小于0.25mg/L，解决了高盐浓水反渗透投运后外排COD、总磷超标的风险，实现了连续稳定达标排放，节水减排效果显著。

6 在生产中遇到的问题及解决方法

（1）化水一级反渗透产生的浓水电导在5500~7000μS/cm，硬度在2000mg/L，因此膜元件易结垢。需控制双膜进水pH值调在6.5~7，使其产生与膜材料相同的电荷，使水中的溶质与膜互相排斥，大大减少溶质在膜表面的吸附，较好地防止膜污染的产生，同时还可起到预先减少水中钙盐结垢的作用，避免在膜表面产生沉析。

（2）强化UF膜的反冲洗和化学清洗，其中反冲洗采用表面气水擦洗，增大反冲洗强度，并在反冲洗时调节pH值，保证清洗效果。增大化学清洗的频率，可以有效控制UF膜表面污堵和污垢，确保UF膜的使用寿命。

（3）臭氧催化氧化工艺采用的催化剂，其活性受进水悬浮物影响较大，进水悬浮物≤15mg/L，硬度≤800mg/L。但进水悬浮物、硬度超标时，催化剂微孔易堵塞或结垢，造成催化剂失活，污染物去除率降低。因此，建议采用臭氧催化氧化工艺时，可在前段增设预处理设施纤维束过滤和软化除硬技术。

（4）臭氧催化氧化池顶盖密封不严，易造成现场臭氧异味严重。解决方法是对池顶盖密封严实，防止臭氧溢出池体；同时严格控制臭氧投加量，加强臭氧余气吸收破坏器运行管理，防止异味产生。

7 结论

（1）浓水回收装置超滤+反渗透工艺可有效回收化水装置产生的高盐浓水，提高化水装置的产水率及降低排污量，节水减排效果显著。

（2）臭氧催化氧化工艺解决了高盐水中难降解的COD、总磷达标问题，值得在高盐水回收处理及达标排放中推广应用。

参考文献

[1] 邵佳，单立军．臭氧高级氧化技术在水处理领域的应用[J]．水利水电建设，2018-4-17.

[2] 代蓓蓓．臭氧催化氧化处理石化二级出水的试验研究[J]．石油化工安全环保技术，2017，33(5)：63-66.

[3] 聂艳秋．炼油废水处理设施的工艺改进[J]．环境污染设备技术与设备，2003，4(3)：85-87.

浅析润滑油颗粒污染物及清洁度标准

杨惠云，孙大新

（中国石油大连润滑油研究开发中心，大连 116031）

摘 要 本文介绍了润滑油产品的基本情况，分析了各行各业的油品使用过程中出现的共性问题—颗粒污染度引起的清洁度的问题，简要论述了颗粒污染物的检测方法及相关标准，又进一步列举了目前对油品清洁度的要求及其相关标准，其中较为详细的解读了 SAE AS 4059E-2005 标准。

关键词 润滑油 清洁度 颗粒计数器 标准

1 前言

随着科技的进步和社会工业的发展，种类多样的机械设备广泛应用于能源、石油、电力化工、汽车、航空航天等领域，其设备系统庞大复杂，组成结构中包括液压设备、发电设备、汽轮机组设备等。作为工业设备的“血液”，合理有效的润滑既可以延长机械和运动设备的使用寿命，节约维护成本，又可以促进节能减排、提高效率。据统计，全球能量的一半左右时消耗在摩擦损失上，并且 4/5 的机械故障和零件损坏是由磨损引起的[1]。可以说，润滑油的降低摩擦、减少磨损、冷却、传递动力等多重作用使其成为机械设备不可或缺的“伴侣”[2]。但这些机械设备在长时间的使用过程中，由于设备内部产生一些金属磨粒随油品在系统中运转从而加剧机械摩擦副表面的磨损、系统工况有水蒸气的混入导致油品发生乳化、补加润滑油时未对原有系统进行彻底清理、新旧油混兑导致一些微小沉淀的产生等情况都会导致其润滑系统性能下降、油品中混入污染颗粒物，清洁度变差。对于这些造价高昂的机械设备来说，润滑油品中的污染颗粒物如不及时清理可能引起严重的后果、造成巨大的经济损失。

对于大型液压设备来说，液压油中出现较大的颗粒会直接影响液压部件的灵活性，甚至在一些液压系统中卡塞伺服阀或使危急保安器件失灵；而小颗粒则会造成液压元件磨损加剧[3]。对于电厂使用的汽轮机系统来说，颗粒污染物会使汽轮机轴颈划伤、乌金磨损、影响调速系统特性，颗粒物的存在还会减少油品的使用寿命[4]。在 GB/T 14541—2017 中也指出，对于电力行业系统来说，其新机组在安装完成后、投运之前应进行油系统的冲洗，新机组应强调系统设备在制造、贮运和安装过程中进入污染物的清除[5]。2020 年我国电力行业新增装机中清洁电力比重超过 70%；从中国核能行业协会发布的《中国核能发展报告 2021》蓝皮书来看，截至 2020 年 12 月底我国大陆地区商运核电机组达到 48 台。这些新增的各类电力机组其相应配套机械设备工艺也随之更新换代，对油品的清洁度有着更加严格的要求，为了预测机械磨损的发展趋势、控制和避免出现机械故障，及时监测设备的油品润滑情况，在设备安装时也应按照标准对机组冲洗，要求系统冲洗有的颗粒污染度达到 SAE 分级标准的 7 级[5]。

油品污染物颗粒度的问题已引人关注，市场上对油品清洁度也愈发重视，但对于油液颗粒度污染的检测技术和行为仍不够普及[6]，对于相关理论认识也不够深刻，由此本文介绍了润滑油品的颗粒物检测方法、标准及清洁度相关标准。

2 润滑油颗粒物检测方法及其标准

润滑油中的固体颗粒含量可以用质量或颗粒数来表示，相对应的评价方法分别称为质量分析法和颗粒分析法[7]。所以常见检测方法有：重量法、显微镜颗粒计数法及自动颗粒计数法。

通常，对于设备中运行的油品进行监测和分析，除了要分析其自身理化性质及必要添加剂含量外，更重要的是油品清洁度的分析。在润滑油的生产、储存及使用过程中由于外界污染或系统内部磨损导致的砂石、铁屑、尘土等，以及由添加剂产生的少量难溶的有机金属盐类会影响油品的纯净性，这些粒子尺寸相对较大，通常用 GB/T 511—2010 的方法对油品机械杂质进行测定，机械杂质即“重量法”的一种，它的结果只能粗略反应油液中颗粒污染物的总重量。标准中要求机械杂质应该控制在 0. 005%(质量分数)以下，则可认为无机械杂质[8]。但对于一些含有大量添加剂的油品来说，机械杂质指标较高，但其中含有一些胶状的金属有机物并不影响使用效果，也不应简单的利用机械杂质结果来衡量油品的好坏程度，还应综合考量[9]。

图 1 FX-157 型号颗粒计数仪

在重量法之后出现的光学显微镜计数法，是通过在显微镜下的观察，将一定量的油液过滤后收集到的颗粒污染物集中在滤膜表面，观察尺寸进行计数，再结合计算方法得出有效过滤面积上的颗粒数[10]。其优点是可以直观看到颗粒污染物的实际形貌与尺寸，设备简单，但由于其需要耗费大量人工操作的时间，操作繁琐，且检测结果会受到检测人员经验的影响[11]，随着科技的发展，目前自动颗粒计数法被广泛使用，如图 1 展示了由美国斯派超科技有限公司开发的 FX-157 型号颗粒计数仪。

自动颗粒计数的分析结果不仅包含颗粒大小、尺寸分布及数量的测定，而且具有计数速度快、可重复性良好及操作便捷等特点。自动颗粒计数器有遮光型、光散射型等，但唯一被 ISO 所使用的方法只有遮光型自动颗粒计数器。利用颗粒计数法原理测量油液颗粒污染度也为相关油液标准的制定提供了科学的依据，例如《ISO 11500—2008：液压流体动力使用消光原理自动颗粒计数测定液体样品的颗粒污染等级》、《DL/T 432—2007：电力用油中颗粒污染度测量方法》等。尽管自动颗粒计数器有着许多优点，但其结果和仪器的使用也需要定期校准以保证测量结果的准确性，这就需要制定相关的校准标准来统一油液固体颗粒污染度测试技术，如 ISO 11943—2000《液压流体动力 在线液体自动颗粒计数系统 校准和验证的方法》、GB/T 18854—2002《液压传动液体自动颗粒计数器的校准》等。值得一提的是，ISO 11171—2000《液压流体动力　液体自动颗粒计数器的校准》是经过多年验证后，确定了利用 ISO MTD(国际标准中等粉尘)的颗粒尺寸分布而编制的，它取代了早年的 ISO 4402 中使用的 ACFTD 方法(空气滤清器细实验粉尘)，利用这种方式确定的颗粒尺寸分布的数值更为准确，更具有权威性[10]。

3　润滑油清洁度等级及标准

对于市场上现存的大量液压油、汽轮机油系统来说，为了能够定量地描述和评定油液的清洁度，国内外相关领域依据颗粒技术的发展，也制定了油液清洁度不同的等级指标。被广泛参考使用的有两个，一个是美国航天学会标准 NAS 1638，另一个是国际标准 ISO 4406 标准。在我国，根据 ISO 4406—1987 的内容，修改采用并建立起我国油液清洁度标准的里程碑：GB/T 14039—1993。而后，在 2002 年参考 ISO 4406—1999，修改采用，颁布了 GB/T 14039—2002《液压传动 油液 固体颗粒污染等级代号》标准[12]。

但近年来，航空航天标准《SAE AS 4059E-2005》定义了液压油颗粒污染的清洁度等级，它在 NAS 1638 的基础上进行的清洁度等级制定，分类等级依然是从 00，0，1-12 共 14 个级别，污染颗粒数的范围为 5 个[13]。许多相关技术人员认为 SAE AS 4059 可以替代 NAS 1638[14]。此标准中，列出两个表格，一个为差分颗粒计数的清洁度等级，另一个为累积颗粒计数的清洁度等级，并且每个表格都将 ISO 4402 和 ISO 11171 中的颗粒尺寸范围分布同时列出，以便于更好的理解和对照参考。这也是目前被大家所逐渐接受和使用 SAE AS 4059 的原因。如下，表 1、表 2 为 SAE AS 4059E 原版中的分级代码表[13]。

表 1　差分颗粒计数清洁度等级(particles/100mL)(3)

Classes	(1)	5～15μm	15～25μm	25～50μm	50～100μm	>100μm
	(2)	6～14μm(c)	14～21μm(c)	21～38μm(c)	38～70μm(c)	>70μm(c)
00		125	22	4	1	0
0		250	44	8	2	0
1		500	89	16	3	1
2		1 000	178	32	6	1
3		2 000	356	63	11	2
4		4 000	712	126	22	4
5		8 000	1 425	253	45	8
6		16 000	2 850	506	90	16
7		32 000	5 700	1 012	180	32
8		64 000	11 400	2 025	360	64
9		128 000	22 800	4 050	720	128
10		256 000	45 600	8 100	1 440	256
11		512 000	91 200	16 200	2 880	512
12		1 024 000	182 400	32 400	5 760	1 024

表2 累积颗粒计数清洁度等级(particles/100mL)

Classes	(1)	>1μm	>5μm	>15μm	>25μm	>50μm	>100μm
	(2)	>4μm(c)	>6μm(c)	>14μm(c)	>21μm(c)	>38μm(c)	>70μm(c)
	Size Code	A	B	C	D	E	F
000		195	76	14	3	1	0
00		390	152	27	5	1	0
0		780	304	54	10	2	0
1		1 560	609	109	20	4	1
2		3 120	1 217	217	39	7	1
3		6 250	2 432	432	76	13	2
4		12 500	4 864	864	152	26	4
5		25 000	9 731	1 731	306	53	8
6		50 000	19 462	3 462	612	106	16
7		100 000	38 924	6 924	1 224	212	32
8		200 000	77 849	13 849	2 449	424	64
9		400 000	155 698	27 698	4 898	848	128
10		800 000	311 396	55 396	9 796	1 696	256
11		1 600 000	622 792	110 792	19 592	3 392	512
12		3 200 000	1 245 584	221 584	39 184	6 784	1 024

在表1、表2中：

(1) 该尺寸范围是在光学显微镜下，根据ARP 598(是由SAE颁布的流体动力系统的航空航天微观尺寸计算和微粒污染计数方法)所测量到的最大颗粒尺寸或ISO 4402：1991中的APC(automatic particle counters自动颗粒计数)方法确定的。

(2) 该尺寸范围，是由ISO 11171中的APC方法或在电子显微镜下根据颗粒投影面积的等效直径得出。

在表1中：(3)分类等级和颗粒污染度与NAS 1638相同。

在表2中：Size Code(尺寸代码)：颗粒尺寸是依据不同的校准和测试方法所决定的，因此用字母A，B，C，D，E和F来表示相应的尺寸。在使用此标准进行数据报告时，应使用等级数字与字母代码相结合的形式[13]。

随着清洁度标准的制定，许多油品标准中也增加了油品清洁度的指标，例如，GB/T 7596—2017《电厂运行中汽轮机油质量》；GB/T 7596—2017《运行中变压器油质量》等标准，军队因其自身特殊性，各国军方也有相应的润滑油清洁度标准[2]。

4 结论

高精尖设备及日渐更替的新能源机组逐渐走上当前的历史舞台，润滑油在各领域的使用越来越广泛，其清洁度也越来越受到重视。因此，这就对相关从业人员提出了更高的要求，要结合国内外标准及测试方法，在后期对油品清洁度监测维护上下功夫，合理利用润滑油资源，为使用者带来更多便利。通过本文对理论知识及油液颗粒度检测方法的简要介绍，希望能促进国内工业设备市场对油液污染检测的发展。

参 考 文 献

[1] 汪德涛. 润滑油技术手册[M]. 北京：机械工业出版社，1996.
[2] 王剑松. 润滑油清洁度标准及颗粒物污染检测[J]. 计量与测试技术，2015，42(5)：21-22.
[3] 陈杰. 设备液压油固体颗粒度超标问题处理[J]. 润滑与密封，2012，6：54-55.
[4] 孟祥煜. 汽轮机油颗粒度检测的重要性及控制措施[J]. 内燃机与配件，2016，12：61-62.
[5] GB/T 14541—2005 电厂用运行矿物汽轮机油维护管理导则[S].
[6] 孟祥群. 油液颗粒度检测技术的发展进程[J]. 科技与企业，2015.
[7] 杨明，熊春华. 油液污染度测定：颗粒计数法与自动颗粒计数器[J]. 液压气动与密封，2011，4：1-3.
[8] GB/T 511—2010 石油和石油产品及添加剂机械杂质测定法[S].
[9] 杨俊杰. 润滑脂分析评定与监测[M]. 北京：石油工业出版社，2020.
[10] 李永娟. 油液污染度测试技术与发展[J]. 航空计测技术，2002，22(2)：13-15.
[11] 程健云. 油液污染度检测技术现状及面临的变化[J]. 液压与气动，2007，10：36-39.
[12] 周亚斌，焦丽菲. 油液清洁度标准及测定方法[J]. 润滑油，2008，23(1)：62-64.
[13] SAE AS 4059E-2005，Aerospace Fluid Power-Cleanliness Classification for Hydraulic Fluids[S].
[14] Mike Day，PallEurop，Et al. What happened to NAS 1638[J]. Practicing Oil Analysis Magazine，2002(11).

氢能产业的发展现状及瓶颈

陈冬梅[1]，李大林[2]

（1. 中国石油大连润滑油研究开发中心，大连　116021；
2. 中国石油大连石化公司，大连　116031）

摘　要　氢能是一种来源广、无污染、热值高、能量密度大的绿色能源，在降低二氧化碳的排放量和能源的储存等方面发挥着重要的作用。美国、欧盟、日本和韩国等国将氢能列为国家能源结构的重要组成部分，近年来中国也积极布局氢能发展战略，制定了氢能发展计划，并将氢能的发展写进国家政府报告。国内氢能发展加速进入产业化阶段，目前中国已经成为世界最大的制氢国，在氢能的储运和氢燃料电池的利用方面也取得了显著的成绩。文章针对制氢成本高、储运氢技术不完善、加注站及氢燃料电池关键设备依靠进口的现状，提出进一步加大对氢能产业的政策支持，利用弃风、弃光、弃水发电进行电解水制氢，将风电能与太阳能与氢储能结合起来，实现关键技术的国产化，打造多位一体的"中国氢谷"的建议。

关键词　氢能　制氢　储运　加注站　氢燃料电池

2020 年中央经济工作会议将"做好碳达峰、碳中和工作"作为 2021 年的重要任务，并提出"二氧化碳排放力争于 2030 年前达到峰值，努力争取 2060 年前实现碳中和"的总目标。

实现达峰乃至碳中和的目标，不仅需要大幅降低二氧化碳的排放量，还要对能源结构不断地进行优化和调整。氢能是一种来源广、无污染、热值高、能量密度大的绿色能源，在降低二氧化碳排放量和能源结构的调整方面起着举足轻重的作用。美国、欧盟、日本和韩国等国已制定相关政策，将氢能列为国家能源结构的重要组成部分，我国也在积极布局氢能发展战略，逐步完善氢能政策体系[1]。

随着政策的引导、技术的突破和产业链的完善，我国在制氢、储氢和燃料电池技术方面已经取得了一定的成就，但仍存在很多问题，例如基础建设不完善、核心技术依赖进口等问题。本文分析了制氢、储氢、用氢技术的发展现状，提出了制、储、用技术环节未来的发展思路。

1　氢能发展现状

1.1　氢能计划及发展路线图

氢能作为重要的二次能源，是解决未来能源危机的最有潜力的能源之一，近年来，世界各国将氢能的发展上升为国家层面的战略，制定行动计划，绘制发展路线图，积极探索前进的路径[2]。

1.1.1　全球氢能计划及发展路线图

2002 年，美国能源部（DOE）就制定和颁布了"国家氢能路线图"[3]，2014 年，美国制定了《全面能源战略》，指出氢能作为能源的重要作用[4]。2019 年，美国能源部提出了《国家氢能发展路线图》，重点开展燃料电池系统研发和加氢站建设。1998 年，欧盟制定了氢能路线图，2011 年，欧盟制定《2050 能源技术路线图》，将氢能作为能源系统的重要能源。2002 年，日本政府推出了氢与燃料电池示范项目计划(JHFC)，投资 25 亿美元用于氢能和氢燃料电池汽车的技术研究以及氢气加注站等基础设施的建设[5]。2016 年，日本制定《面向 2050 能源环境创新战略的计划》，指出氢能的发展领域，推动氢能制、储、用各环节的发展，构建“氢能社会”[2]。2019 年，日本提出了《氢能与燃料电池战略路线图》，到 2025 年加速推广和普及氢能交通、民用市场，2030 年实现氢燃料发电和通过扩大氢能进口解决大规模供给，2040 年建立起零碳排放的供氢体系，使氢加入传统的“电、热”系统构建全新的二次能源结构。韩国政府 2019 年初发布《氢能经济发展路线图》，计划到 2040 年，氢气供应量达到 526 万 t，累计生产氢燃料电池汽车 620 万辆，建设 1200 座加氢站。2020 年俄罗斯联邦能源部公布了本国第一份氢能战略发展路线图，计划 2024 年前在俄罗斯境内建立一个全面涉及上下游的氢能产业链。

1.1.2 中国氢能发展计划及政策

中国氢能产业相对于欧美、韩国和日本起步较晚，目前也在积极布局氢能发展战略，逐步完善氢能政策体系。

2016 年，国家发展改革委、国家能源局印发《能源技术革命创新行动计划(2016—2030 年)》，把可再生能源制氢、氢能与燃料电池技术创新作为重点任务[6]。同年，印发《“十三五”国家科技创新规划》，重点发展氢能创新技术。使用弃风、弃光、弃水等可再生能源电解水制氢是氢能产业新的发展趋势，可最大程度避免能源浪费，提高电解水制氢的经济性，符合绿色能源的可持续发展需求[7]。

2019 年，“氢能”首次写入国家政府报告，2020 年 4 月，国家能源局发布《关于做好可再生能源发展十四五规划工作有关事项的通知》，氢能发展被列入十四五规划编制重点任务。2020 年 5 月，中共中央颁布《2020 年政府工作报告》，提出引导加大氢燃料电池基础科研投入，鼓励能源企业建立稳定、便利、低成本的氢能供应体系，制定国家顶层氢能规划。2020 年 9 月，国家发展改革委、科技部、工业和信息化部、财政部 4 部委联合印发《关于扩大战略性新兴产业投资培育壮大新增长点增长极的指导意见》，意见指出，加快新能源发展，加快制氢加氢设施建设[8]。

1.2 氢能的产业链

氢能的产业链包括富氢材料及制氢设备的研制、氢能的制造和储运、加氢站建设和运营、氢燃料电池及核心部件的生产以及氢能产业相关的检验检测、标准制定等。随着氢能相关政策的颁布和完善、氢能项目落地和实施，氢能技术突破、氢能产业体系完善，我国氢能发展已加速进入产业化阶段。

1.2.1 氢能的制取

氢能作为一种无污染、应用领域特别广泛的能源，在制取环节受到高度重视，各地也出台了相关的政策，产业发展形势良好。我国是煤炭资源较为发达的国家，目前使用的氢能一半以上来自于煤、天然气和甲烷[9]。山东作为化工大省，具有丰富的氢气资源，以兖矿集团为代表的龙头企业具有一流的煤制氢技术，可实现低成本、规模化制氢，打造氢能源制备、纯化、储运氢能源供给端产业体系。目前青岛市氢气资源以化工副产氢为主，金能科技集团、青岛海湾化学有限公司、青岛海晶化工等企业的化工企业都可以副产氢气。据统计年产副产氢大约8.5万t[10]。国内在可再生能源制氢方面也取得了显著的成绩。使用弃风、弃光、弃水能源水解制氢，是实现"绿氢"生产的重要技术，风光电水电制氢产业快速发展。2016年，大连建成了我国首个集制氢、储氢和氢能的加注为一体的风光互补发电制氢站；2019年，河北省张家口沽源县建成全球最大的风电制氢项目，每年的产氢能力达1752万m^3(标准)，与燃料电池等资源整合，解决当地的弃风、弃光问题。2019年底在甘肃酒泉开工建设的风、光、水、储多能互补示范基地，该项目的建成不仅能够提高当地的风光消纳问题，还增加了制氢来源的多样性[11]。

目前中国已经是世界最大的制氢国，氢能市场潜力巨大。初步评估现有工业制氢产能为2500万t/年，可为氢能及燃料电池产业化发展初期阶段提供低成本的氢源。富集的煤炭资源辅之以二氧化碳捕捉与封存技术可提供稳定、大规模、低成本的氢源供给。同时，中国是全球第一大可再生能源发电国，每年仅风电、光伏、水电等可再生能源弃电约1000kW·h，可用于电解水制氢约200万t，未来随着可再生能源规模的不断壮大，可再生能源制氢有望成为中国氢源供给的主要来源[12]。

1.2.2 氢气的储运和加注

氢气的储运是氢能源产业发展的重要环节，对氢气储运技术的研究是现阶段氢能发展的重点。目前氢能的储存主要有气态、液态和固态三种方式。气态储氢，技术成熟，但是密度低，安全系数小；液态储氢，密度高，储运简单，成本高，易挥发。气态、液态和固态储存氢能的优缺点见表1[13]。

表1 不同氢储运技术的对比

项目	气态储氢	液态储氢	固态储氢
质量储氢密度/%	1~1.5(高压)	7~8	1.86~7.6
体积储氢密度/(kgH_2/m^3)	(40MPa，20℃)26.35 (70MPa，20℃)39.75	70.6	70~150
优点	技术成熟，小规模、短距离运输成本低，充放气速度快	体积储氢密度大，储存容器体积小，长距离运输成本低、安全性好	体积储氢密度高，无需高压及隔热容器，安全性好、氢气纯度高
缺点	储氢密度小，需厚重的耐高压容器，消耗较大的氢气压缩功，存在氢气泄露和容器爆破等安全风险	液化能耗高，需高性能绝热装置来隔热防止液态氢沸腾汽化挥发	技术复杂、投资大、运行成本高

氢气的运输方式有气态、液态、有机液态和固态，气态和液态是目前主要的运输方式，气态氢气主要使用长管拖车和低压管道运输，液态氢气主要使用液氢槽罐运输。

在加氢站的建造方面，近年来，随着补贴政策的出台、技术的突破和产业构建的完善，截至2020年12月底，我国累计建成118座加氢站，建成加氢站已投入运营的共计101座[14]。2017~2020年建成和运营的加氢站见图1。2020年以来，中国石化、国家能源集团、国家电力投资集团、上海电力等央企或地方国企，加速在加氢站方面的投资布局，2021 年是“十四五”规划的开局之年，多重因素叠加之下，2021 年全年突破 200 座是大概率事件[15]。

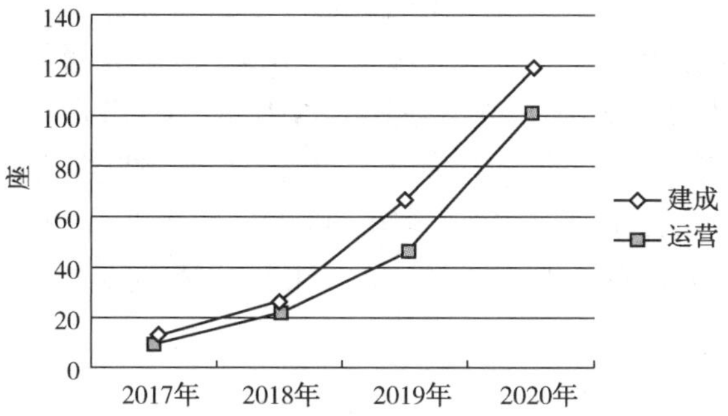

图 1　2017~2020 年国内建成和运营加氢站数量

1.2.3　氢能的利用

氢能具有热值高、能量密度大、污染小等特点，使其在提供清洁能源方面有着巨大的发展前景，在航天、潜水、公交和重卡等很多重要领域都得到广泛应用。奔驰、丰田、现代、本田等企业都已推出氢燃料动力电池乘用车，并已量产。韩国和日本在燃料电池汽车的开发和设备制造方面取得了骄人的成绩。国内在氢燃料重卡和公交方面出台了相关的政策，也取得了一定的成绩。2020 年 11 月，国务院办公厅正式发布《新能源汽车产业发展规划(2021~2035 年)》，氢燃料电池汽车产业被重点提及，成为各地方政府和产业资本争相拥抱的“风口”。氢能具有可实现不连续生产及可大规模储存的特点，容易与电能、热能等能源耦合，可显著增加电力网络的灵活性，这也是氢能的一个特别重要的应用。

2　氢能产业链发展的瓶颈及发展建议

氢能及相关的产业虽然取得了显著进展，但氢能产业链特别长，产业涉及制造、储存、运输等多个环节，氢能大规模推广应用仍面临着制氢成本高、储运技术有待进步、加氢站关键设备依赖进口、氢燃料电池制造成本高等瓶颈。

2.1　制氢方式的选择

化石能源制氢包括水煤气制氢、天然气重整制氢等，技术比较成熟，但能量转换效率低，经济性差，碳排放量大，违背了氢能作为清洁能源的本质，因此传统能源制氢并非理想的制氢技术[16]。

可再生能源(光伏、风电等新能源)电解水制氢具有环保性好、近零碳排放，但是其制氢成本较高，可以考虑采取“三弃”(弃风、弃光、弃水)能源制氢，可以幅降低制氢成本。是实现“绿氢”生产的重要技术环节，也是氢能领域投资的重点领域[17-18]。

从制氢产业的发展来看，短期优先选用工业副产氢，中期采用化石能源制氢(结合碳捕捉技术)与多能(风能、太阳能、水能)互补电解水制氢相结合的办法，长期采用可再生能源电解水制氢。

2.2 储运方式的选择

氢能目前的三种储存方式各有优缺点，固态储存虽然技术复杂、运行成本高，但是它具有安全性好、氢气纯度高的优点，随着技术的成熟，储氢成本的下降，固态储氢的发展潜力巨大。随着氢能储存方式研究的进步，出现了无机物储氢和有机物储氢等新型了储氢方式[19-20]，无机物储氢以形成 $NaBH_4$、NH_3BH_4 类络合金属氢化物的方式进行氢能的储存，在加热的状态下可以将氢气释放出来；有机物储氢是苯或甲苯与氢反应生成环乙烷，氢气以环乙烷储存起来，可在催化剂的作用下进行脱氢，从而将氢释放出来。作为新的储能方式，无机物和有机物储氢安全性好、储运方便，未来也应是一项备受关注的储氢技术。

2.3 氢气加注

加氢站的建设与运营面临产业发展初期的困难。新建加氢站建设标准主要采用《GB50516—2010 加氢站技术规范》，加油加氢合建站设计要符合《GB50156 汽车加油加气站设计与施工规范》，《GB50516—2010 加氢站技术规范》对加氢站的氢气工艺设施与站外建筑物、构筑物的防火距离、储运安全和建站选址条件的要求都特别高。在大城市、人口密集地区新建和对现有加油站改造困难重重。

目前加氢站关键设备如氢气压缩机、加注机仍以进口为主。深化技术的研发、加快关键设备的国产化和批量化是降低氢能加注成本的关键点。

2.4 燃料电池降本建议

氢燃料电池的构成见图2，其核心组件是燃料电池堆，电堆成本占氢燃料电池系统总成本60%左右[21]。电堆以膜电极(MEA)、双极板为主。膜电极是燃料电池的技术和成本中枢，占系统成本的36%。膜电极由扩散层、质子交换膜和催化剂等几部分组成，商用的催化剂为铂，是膜电极成本的主要来源。质子交换膜、碳纸材料国内主要依靠进口，成本也较高。

目前国产供应链的逐步构建推动系统、电堆成本下行，2020年采用鸿基创能 MEA 的国鸿新一代“鸿芯”电堆成本已降至 1.99 元/W[22]。短期内国产化、规模化将是氢燃料电池降本的主要推动力。远期国产化膜电极产品规模化应用，大批量采购情况下上游原材料成本有望大幅下降，氢燃料电池系统成本将持续下降，除车用外将逐步打开轨交、船舶、储能、发电等应用市场，进入平价阶段。

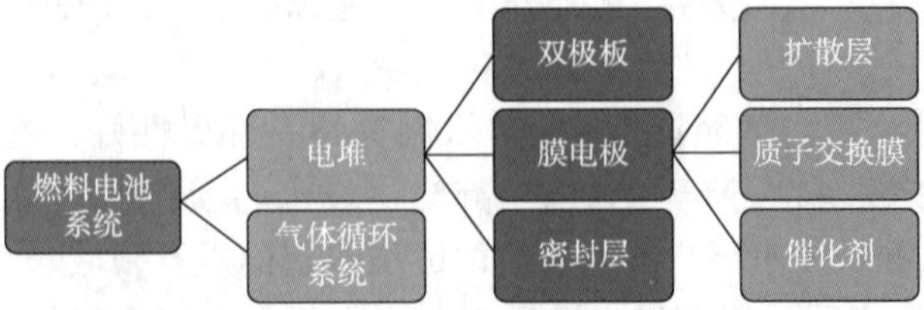

图2 燃料电池系统的构成

3 结论

氢能是21世纪最具潜力的“绿色”能源。目前，制氢原料以化石燃料为主，大部分副产氢资源并未形成规模化供应，造氢气成本偏高，碳排放造成环境污染等问题。从储运、加注及运用环节看，技术都有待进一步的提高。围绕目前氢能发展的现状，提出以下建议：

（1）明确氢能发展定位，加大对氢能产业的政策支持；

（2）围绕氢能的制造、储运、加注、运用等环节，加大对相关环节关键技术的激励和扶持，实现关键技术的国产化、关键设备的批量化，建设完善的氢能源体系；

（3）大力发展电解水制氢技术，利用弃风、弃光、弃水资源制取“绿氢”，解决电解水制氢经济性难题及能源浪费问题；

（4）将可再生能源(如风电和太阳能)与氢气储能结合，并将氢与燃料电池结合发电，多能互补协调运营，促进氢能在储能领域的发展；

（5）打造氢能经济圈，建设氢能科技园、产业园等多位一体的“中国氢谷”。

参考文献

[1] 李建林，李光辉，马速良，等．碳中和目标下制氢关键技术进展及发展前景综述[J]．热力发电．https：//doi. org/10. 19666/j. rlfd. 202101002.

[2] 李争，张蕊，孙鹤旭，等．可再生能源多能互补制-储-运氢关键技术综述[J]．电工技术学报，2021，36(3)：446-462.

[3] 储鑫，周劲松，刘东华，等．国内外氢燃料电池汽车发展状况与未来展望[J]．汽车实用技术，2019(4)：8-10.

[4] 何芳．解读美国《全面能源战略》[J]. WTO经济导刊，2015(2)：65-66.

[5] 陈虹港．70MPa复合材料氢气瓶液压疲劳试验装置及压力和温度控制方法研究[D]．杭州：浙江大学，2014.

[6] 国家发展改革委，国家能源局．能源技术革命创新行动计划(2016-2030年)[J]．中国产经，2016，37(03)：85-97.

[7] 陈建明，肖佳璇．基于弃风弃光问题的氢储能可行性研究[J]．技术与市场，2019，26(11)：23-25.

[8] 国家发展改革委，科技部，工业和信息化部，等．关于扩大战略性新兴产业投资、培育壮大新增长点增长极的指导意见[J]．电子政务，2020(10)：2.

[9] 罗佐县，曹勇．氢能产业发展前景及其在中国的发展路径研究[J]．中外能源，2020，25(2)：9-15.

[10] 刘振宇，刘瑾．关于加快青岛市氢能产业发展的建议[J]．中国市场，2021(7)：56-57.

[11] 陈嘉鹏，汤乃云，汤华．考虑可再生能源利用率的风-光-气-储微能源网经济调度研究[J]．可再生能源，2020，38(1)：70-75.

[12] 中国氢能联盟．中国氢能源及燃料电池产业白皮书[R/OL]．(2019-06-29)[2020-05-23]. http：//www. h2cn. org/publicati/215. html.

[13] 于广欣，纪钦洪，刘强，等．氢能及燃料电池产业瓶颈分析与思考[J]．现代化工，2021，41(4)：1-4.

[14] 牛秀芳．2020年中国累计建成118座加氢站 分布在20个省市[EB/OL]．[2021-01-06]. https：//chuneng. bjx. com. cn/news/20210106/1127505. shtml.

[15] 司玉国．2021年加氢站有望突破200座 油氢合建站是主流[EB/OL]．[2021-01-25]. https：//

chuneng. bjx. com. cn/news/20210125/1132065. shtml.

[16] 王涵，李世安，杨发财，等．氢气制取技术应用现状及发展趋势分析[J]．现代化工，2021，41(2)：23-27.

[17] MATUTE G，YUSTA J M，BEYZA J，et al. Multi-state techno-economic model for optimal dispatch of grid connected hydrogen electrolysis systems operating under dynamic conditions[J]. International Journal of Hydrogen Energy，2020，46(2)：1449-1460.

[18] 孙鹤旭，李争，陈爱兵，等．风电制氢技术现状及发展趋势[J]．电工技术学报，2019，34(19)：4071-4083.

[19] 王学磊，马国民．氢气储存方法及发展[J]．科技经济导刊，2018，26(20)：137.

[20] 王丹，王成山，雷杨，等．新型城市综合能源系统关键技术展望[J]．全球能源互联网(英文)，2019，2(5)：403-413.

[21] Dimitrios Papageorgopoulos. 2012 Annual merit review and peer evaluation meeting：Fuel cells [EB/OL].（2012-5-14）. http：//www. hydrogen. energy. gov/pdfs/review12/fc_ plenary_ papageorgopoulos_ 2012_ o. pdf.

[22] 国鸿氢能新品发布！燃料电池电堆进入 1 元/W 时代[EB/OL].[2020-10-20]. https：//www. tyncar. com/nevs/hy/805455. html.

绿氢制取成本预测及对比

蒋 珊

（中国石化经济技术研究院，北京 100029）

摘 要 全球碳中和为氢能产业发展创造了重大机遇，氢能逐步成为能源技术革命和产业转型升级的重要方向。度电成本是影响绿氢成本的重要因素。现阶段光伏、陆上风电、海上风电的度电成本约 0.21 元、0.29 元和 0.55 元(未考虑电网输配电费用)，对应的制氢成本分别为 15 元/kg、19 元/kg 和 33 元/kg。灰氢的高碳排和绿氢的高成本是制约氢能健康可持续发展最重要的因素。2030 年前，灰氢是最经济的氢气生产方式，但在碳价上升和可再生能源度电成本下降的叠加影响下，2030 年以后，绿氢逐步成为最佳选择。当绿电度电成本由目前的 0.5 元降低至 0.2 元时，氢气成本可下降为约 16 元/kg；当绿电度电成本降至 0.1 元，可与灰氢展开竞争。2030 年，当碳价高于 0.5 元/kgCO_2时，各制氢成本之间存在如下关系：灰氢>蓝氢(煤制氢+CCUS)>绿氢。

关键词 氢能 绿氢 灰氢 蓝氢 成本 碳价

1 引言

《巴黎协定》提出 2℃温升控制目标，力争达成 1.5℃温控目标。欧美主要工业国家提出 2050 年实现碳中和，中国提出了 2030 年前碳达峰、2060 年实现碳中和的“30·60”目标，工业、交通、发电、建筑等部门都面临巨大的碳减排压力。发展氢能有利于能源生产消费环节的高碳排领域加速向绿色化、低碳化方向转型。氢能产业链较长，涵盖氢气制取、储存、运输和应用等环节。从制氢环节看，氢气可直接利用化石能源制氢得到灰氢，成本较低，但碳排放强度大；或利用化石能源制氢加碳捕捉利用封存(CCS)技术组合得到蓝氢；还可利用可再生能源制氢得到绿氢，制备环节无碳排放，但成本较高。中国氢能联盟运用生命周期评价方法建立了低碳氢、清洁氢和可再生氢的量化标准及评价体系❶。

当前全球生产氢气的 96%来自化石能源，仅 4%来自电解氢或化工、冶金等工业副产氢，可再生能源制氢尚未规模化应用。全球氢气年消费量约 1 亿 t。从消费领域看，61%用于炼油和合成氨等，39%用于生产甲醇和其他化学品。2019 年，中国氢气年消费量约 3342 万 t，主要用于炼油和化工领域。灰氢的高碳排和绿氢的高成本是制约氢能健康可持续发展最重要的因素。目前，国内氢气制取环节的煤制氢路线成本最低，低于 11 元/kg H_2，但碳排放强度最高；电解水制氢成本最高，为 34~45 元/kg H_2，工业副产氢成本在 13~23 元/kg H_2[1~9]。

---

❶ 低碳氢的阈值为 14.51kgCO_2/kgH_2，清洁氢和可再生氢的阈值为 4.9kgCO_2/kgH_2，可再生氢同时要求制氢能源为可再生能源。

在全球碳中和共识和我国“双碳”目标指导下，能源体系在加速向清洁化转型，绿氢将成为未来氢能的主要来源。鉴于目前网电主要为火电，网电制氢只是将CO_2排放转移到了发电侧，其真实碳排放甚至远高于煤制氢产生的碳排放，因此可再生能源发电(绿电)在网电中占比大幅提高前，只有建立可再生能源发电+电解水制氢一体化项目，才能制取真正的绿氢。基于此，本文重点研究绿电+电解水制氢的绿氢发展模式。

2 电解水制氢成本分析

以制氢规模1000Nm³/h电解水制氢为例，制氢装置采用电解槽技术及三塔流程纯化工艺，测算假设如表1所示[8,10]。

表1 水电解制氢的成本情况表

	项目	数值/万元	测算假设
初始投资	设备成本	1200	
	设备安装费用	48	按设备价格的4%
	土建工程	162	
	总投资	1410	
成本估算	用电费用	2150	按照生产1Nm³氢气需要消耗4.8kWh电来计算，电价取0.56元/kWh
	用水费用	2.56	按照生产1Nm³氢气需要消耗0.8kg水来计算，水价格取4元/t
	设备及土建折旧	132.9	设备折旧按10年折旧，土建按20年折旧
	维修费	24.9	按设备成本+安装费的2%计算
	人工及管理费	60	按5个工作人员计算
	财务费用	33	按总投资70%贷款，年利率6%，等额本息法10年还贷计算
	合计	2403.76	
	对应氢气成本	3元/Nm³	

注：电解槽使用碱性水电解技术。

电解水制氢设备、安装、土建及其他总投资1410万元，以用电价格为0.56元/kWh时，每年用电等费用为2150万元，每年成本合计2404万元，对应氢气成本3元/Nm³(合34元/kg)。电解水制氢成本中用电成本占比超过80%，因此电解水制氢对电价十分敏感，度电成本是影响绿氢成本的重要因素。若采用自建光伏、陆上风电和海上风电项目制氢，光伏、陆上风电、海上风电的度电成本0.21元/kWh、0.29元/kWh和0.55元/kWh时(未考虑电网输配电费用)，则对应的制氢成本分别为1.3元/Nm³(15元/kg)、1.7元/Nm³(19元/kg)和2.9元/Nm³(33元/kg)，若光伏和风电成本降至0.1元/kWh和0.15元/kWh，则对应的制氢成本降至0.8元/Nm³(9元/kg)和1.0元/Nm³(12元/kg)，如表2所示。

表 2　光伏和风力发电对应氢气成本表

	度电成本/(元/kWh)	氢气成本/(元/kg)	氢气成本/(元/Nm^3)
光伏	0.21	15	1.3
陆上风电	0.29	19	1.7
海上风电	0.55	33	2.9
光伏风电成本进一步下降	0.10	9	0.8
	0.15	12	1.0

注：度电成本数据来源彭博新能源财经(BNEF)。

3　灰氢、蓝氢和绿氢制取成本预测

在不考虑碳价和CCUS技术的情况下，假定煤制氢成本在5~15元/kg，天然气制氢成本为9~18元/kg，甲醇制氢成本约21元/kg。工业副产氢综合成本在13~23元/kg H_2(包括提纯成本)。

度电成本是影响电解水制氢成本最关键的因素，电解水制氢成本随着绿电成本变化而变化。2030年以后，大部分地区光伏发电度电成本将从目前的0.3元/kWh降至0.2元/kWh以下[10]，对应的制氢成本降至14元/kg，可与多数灰氢展开竞争(图1)。2050年，光伏度电成本有望降至0.08元/kWh[11]，光伏发电-电解水制氢成本可降至7元/kg，低于甲醇制氢、天然气制氢和工业副产氢成本。

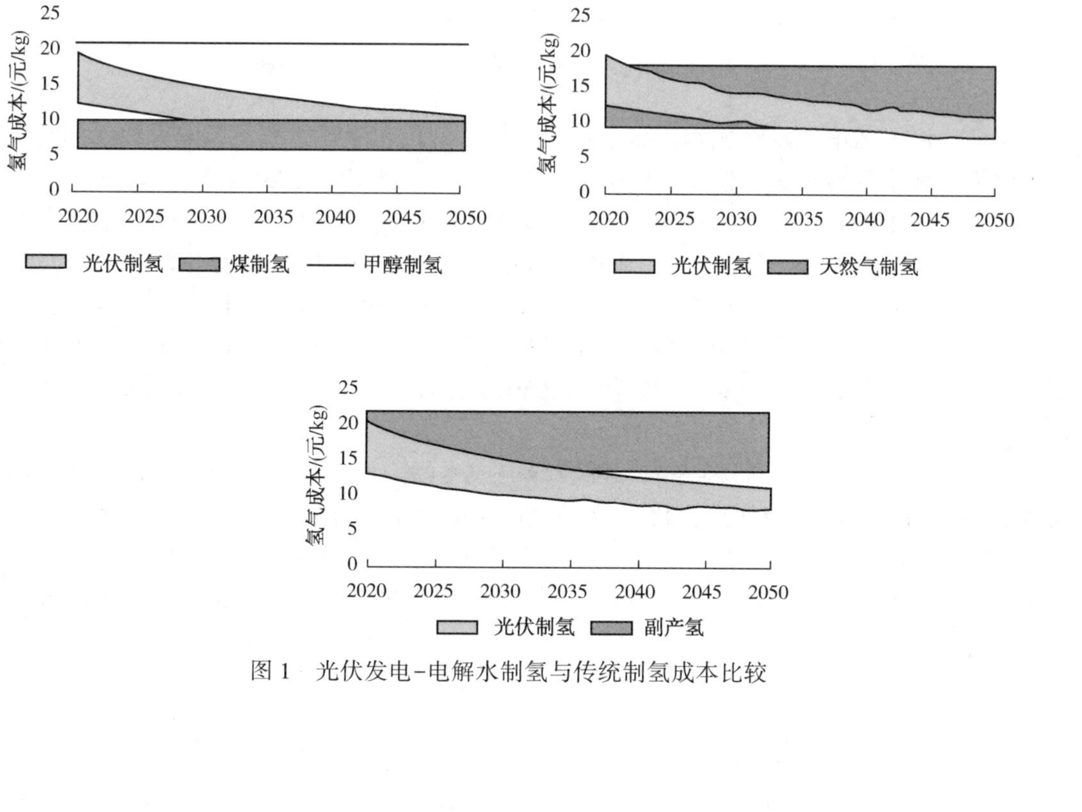

图1　光伏发电-电解水制氢与传统制氢成本比较

陆上风电的发电成本稍高于光伏发电成本，2020年到2050年，随着陆上风电的度电成本从0.21~0.34元/kWh降至0.11~0.17元/kWh[11]，陆上风电-电解水制氢成本将由14~22元/kg降至9~13元/kg。如图2所示，目前，陆上风电-电解水制氢成本与工业副产氢成本相当，低于甲醇制氢成本(21元/kg)，但仅在风能资源最好的地区，陆上风电-电解水制氢成本低于天然气制氢成本。2035年，陆上风电度电成本降至0.2元/kWh，制氢成本将低于工业副产氢成本，也可与天然气制氢成本竞争。如果不考虑碳价和碳排放约束，未来30年内陆上风电-电解水制氢与煤制氢相比，在多数地区都不具有竞争优势。

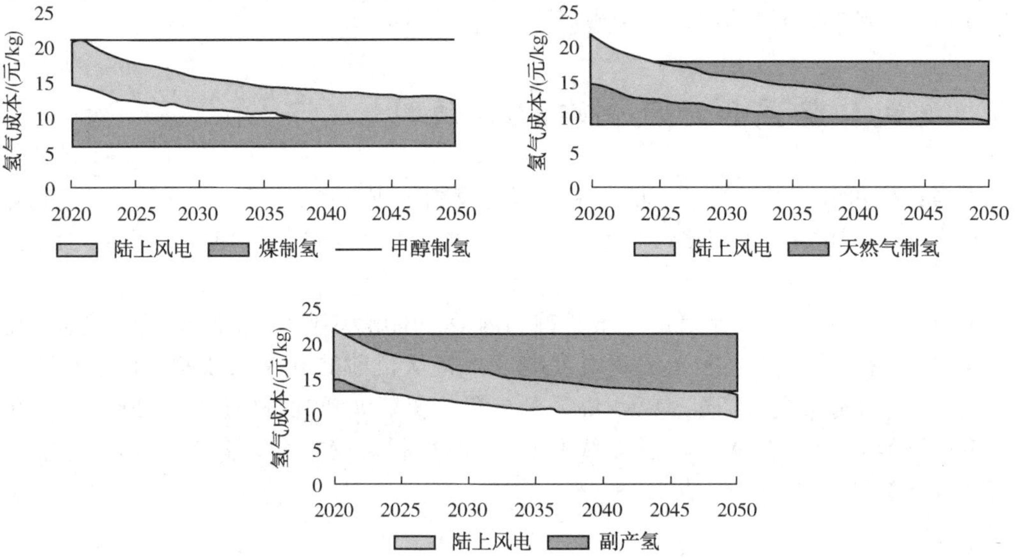

图2 陆上风电-电解水制氢与传统制氢成本比较

目前，海上风电的发电成本较高，随着风机大型化和漂浮式海上风电等技术的突破，海上风电未来成本降幅较大，但成本依然高于陆上风电和光伏。2020年到2050年，随着海上风电的度电成本从0.43~0.66元/kWh降至0.2~0.33元/kWh[11]，陆上风电-电解水制氢成本将由26~39元/kg降至14~21元/kg(图3)。由于海上风电度电成本高企，目前海上风电-电解水制氢成本完全高于灰氢成本，到2025~2030年，随着海上风电成本降至0.25~0.47元/kWh[11]，在部分风资源条件好的地区，海上风电-电解水制氢成本将略低于甲醇制氢、工业副产氢和天然气制氢。但即使到2050年，海上风电-电解水制氢的成本依然高于煤制氢成本。

综上所述，预计到2035年左右，随着绿电成本的降低，绿氢与灰氢和蓝氢相比都将具备竞争力，如果碳价同步快速上涨，这一时间节点还将提前。绿电的度电成本每降低0.1元/kWh，氢气成本将降低约5元/kg。当绿电度电成本由目前的0.5元/kWh降低至0.2元/kWh时，氢气成本可下降约16元/kg；当绿电度电成本降至0.1元/kWh，可与灰氢展开竞争。

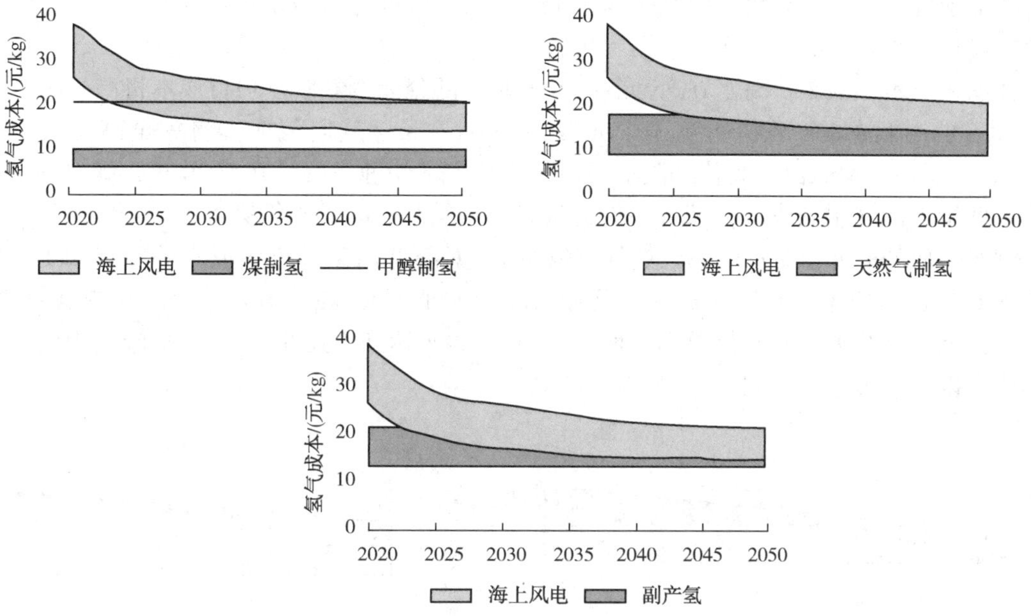

图 3　海上风电-电解水制氢与传统制氢成本比较

4　碳价对灰氢-蓝氢-绿氢制氢环节成本的影响

目前，灰氢在工业用氢中成本最低，蓝氢与绿氢相对灰氢竞争力不足。但是，未来当绿电成本走低，碳价格走高后，灰氢-蓝氢-绿氢的成本将发生变化。

2030 年[1]，以光伏发电和陆上风电作为电力来源的绿氢成本约 10~16 元/kg。煤制氢产生的 CO_2 为 11~25kg CO_2/kgH_2，结合 CCS 技术后，碳排降低至 2~7kg CO_2/kgH_2。计算可得，碳价每增加 0.1 元/kg CO_2，煤制氢成本将增加 1~2.5 元/kg。2030 年，CCUS 成本约为 0.21 元/kg CO_2，假定碳价为 0 时，煤制氢成本为 10 元/kg，碳价每增加 0.1 元/kgCO_2，煤制氢的成本增加约 2 元/kg。

如图 4 所示，当碳价高于 0.4 元/kgCO_2时，煤制氢成本开始高于绿电制氢成本，当碳价高于 0.5 元/kg CO_2时，煤制氢将高于煤制氢+CCS 的制氢成本。即在 2030 年，当碳价低于 0.2 元/kg CO_2时，直接煤制氢的成本最低，当碳价处于 0.2~0.4 元/kg CO_2时，煤制氢成本与绿电制氢成本相当，部分煤制氢项目成本低于煤制氢+CCS 制氢项目成本，当碳价处于 0.4~0.5 元/kg CO_2时，煤制氢成本高于绿电制氢成本，但仍低于部分煤制氢+CCS 制氢项目成本，当碳价高于 0.5 元/kg CO_2时，不采取任何措施的煤制氢成本与绿电制氢和煤制氢+CCS 相比，都不再具有经济性。

天然气制氢产生的 CO_2 为 8~16kg CO_2/kgH_2，结合 CCS 技术后，碳排降低至 1~6kg CO_2/kgH_2。计算可得，碳价每增加 0.1 元/kgCO_2，天然气制氢的成本增加约 0.8~1.6 元/

[1] 到 2030 年左右，在多数地区，绿电（光伏和陆上风电）制氢的成本与灰氢相比将具有竞争力。鉴于 CCS 技术尚未规模化发展，仍然面临着高风险、高成本、高耗能的挑战，商业化应用尚需时间，因此选用 2030 年作为时间节点，对比灰氢-蓝氢-绿氢成本。由于海上风电度电成本高，绿氢主要选取光伏发电和陆上风电制氢模式。

kg。假定碳价为0时，天然气制氢成本为17元/kg，碳价每增加0.1元/kgCO_2，天然气制氢的成本增加约1元/kg。

如图5所示，当碳价高于0.25元/kg CO_2时，部分天然气制氢项目成本将高于天然气制氢+CCUS的制氢成本，当碳价高于1元/kg CO_2时，天然气制氢成本将完全高于天然气制氢+CCS的制氢成本。由于光伏和陆上风电度电成本的快速下降，在2030年，绿电制氢成本已完全低于天然气制氢成本，随着碳价的升高，绿电制氢的成本优势将进一步凸显。由于天然气制氢排放的CO_2相对较少，天然气制氢+CCS对降低由碳排产生成本的贡献较小，反而会增加CCS技术成本，经济性较差。只有当碳价大于1元/kg CO_2时，天然气制氢+CCS的成本才会低于直接天然气制氢成本，而在2030年碳价达到1元/kg CO_2是很难实现的，因此短期内可以不考虑天然气制氢+CCS制氢模式。

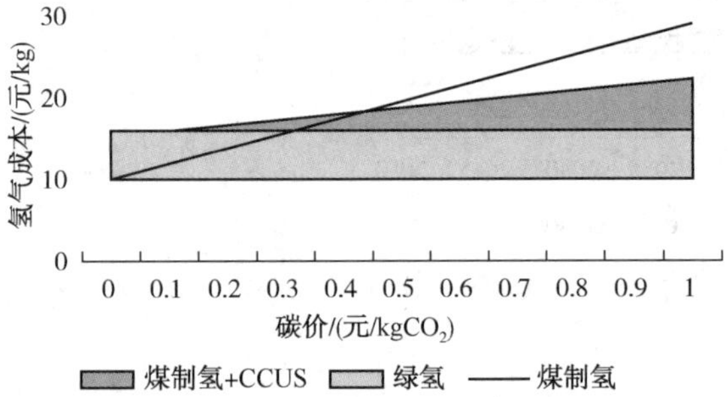

图4 2030年灰氢-蓝氢-绿氢成本比较(煤制氢)

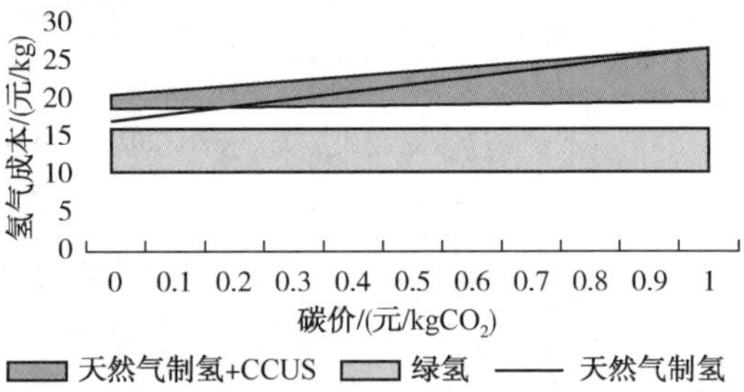

图5 2030年灰氢-蓝氢-绿氢成本比较(天然气制氢)

因此，如果对制氢环节实施内部碳价格，将增加灰氢和蓝氢成本。碳价每增加0.1元/kg CO_2，煤制氢成本将增加1~2.5元/kg，天然气制氢成本将增加0.8~1.6元/kg。2030年，当碳价高于0.5元/kg CO_2时，各制氢成本之间存在如下关系：灰氢>蓝氢(煤制氢+CCUS)>绿氢。

5 结论

(1) 电解水制氢成本中用电成本占比超过80%，度电成本成为影响绿氢成本的重要因素。鉴于目前网电以火电为主，为控制CO_2排放，若采用自建光伏、陆上风电和海上风电项目制氢，现阶段光伏、陆上风电、海上风电的度电成本为0.21元/kWh、0.29元/kWh和0.55元/kWh(未考虑电网输配电费用)，对应的制氢成本分别为15元/kg、19元/kg和33元/kg，若光伏和风电成本降至0.1kWh和0.15元/kWh，对应的制氢成本降至9元/kg和12元/kg。

(2) 目前，灰氢在工业用氢中成本最低，蓝氢与绿氢相对灰氢竞争力不足。当绿电度电成本由目前的0.5元/kWh降低至0.2元/kWh时，氢气成本可下降约16元/kg；当绿电度电成本降至0.1元/kWh，可与灰氢展开竞争。因此，预计到2035年左右，随着绿电成本的降低，绿氢与灰氢和蓝氢相比都将具备竞争力。

(3) 碳价每增加0.1元/kg CO_2，煤制氢成本将增加1~2.5元/kg，天然气制氢成本将增加 0.8~1.6 元/kg。2030 年，当碳价高于 0.5 元/kg CO_2时，各制氢成本之间存在如下关系：灰氢>蓝氢(煤制氢+CCUS)>绿氢。

以上测算仅用于估算终端加氢站用氢场景(日用氢量在 1t 左右)，在生产端使用绿氢、蓝氢与灰氢的成本竞争力，未考虑储存和运输环节成本。如果是工业规模用氢，还需考虑新能源年发电小时数(全国平均：风电 2000 多小时，光伏 1100 多小时)、电解水制氢装置年利用小时数与工业规模用氢年利用小时数(7200h 以上)的差异，以及由此带来的制氢与用氢环节供需匹配，如何通过工业储氢技术加以解决等问题。

参 考 文 献

[1] 程一步等．中国石化氢能发展及产业示范研究报告[R]．中国石化集团公司经济技术研究院有限公司，2021.

[2] 彭博新能源财经．氢能系列报告：氢能经济展望[R]. 2020 年 3 月．

[3] 蒋珊等．中国石化介入新能源汽车不同发展路线竞争力分析专题研究-氢能部分报告[R]．中国石化集团公司经济技术研究院有限公司，2021.

[4] 张彩丽．煤制氢与天然气制氢成本分析及发展建议[J]．石油炼制与化工，2018，49(01)：94-98.

[5] 单彤文，宋鹏飞，李又武，等．制氢、储运和加注全产业链氢气成本分析[J]．天然气化工(C1 化学与化工)，2020，45(01)：85-90.

[6] 李庆勋，刘晓彤，刘克峰，等．大规模工业制氢工艺技术及其经济性比较[J]．天然气化工(C1 化学与化工)，2015，40(01)：78-82.

[7] 邓甜音，何广利，缪平．不同应用场景的电解水制氢成本分析[J]．能源化工，2020，41(06)：1-5.

[8] 王周．天然气制氢、甲醇制氢与水电解制氢的经济性对比探讨[J]．天然气技术与经济，2016，10(06)：47-49.

[9] 张永伟．中国氢能产业发展报告 2020[R]．中国电动汽车百人会，2020.

[10] 袁季，赵巧敏，温朝会，等．氢气成本能降到几何？——制氢篇[R]．广证恒生，2019 年 7 月．

[11] 彭博新能源财经. 2020 年新能源市场长期展望[R]. 2020 年 10 月．

石油炼制电脱盐废水电化学处理技术研究

张　华[1,2]，张晓飞[1,2]，王玉希[1,2]，王　珏[2,3]

（1. 中国石油安全环保技术研究院，北京　102206；2. 石油石化污染物控制与处理国家重点实验室，北京　102206；3. 中国石油大学（北京），北京　102249）

摘　要　以石油炼制电脱盐废水为研究对象，对比了电絮凝和化学混凝对废水中 COD 与 DOC 的去除效果，分析了不同电极材料和电流密度的影响，揭示了电场破乳与溶解性电极原位絮凝协同机制在含油乳化废液处理中的优势。实验结果表明，铁电极在电流密度为 $2mA/cm^2$、反应时间为 20min 时，电脱盐废水 COD 与 DOC 去除率达到最高，分别为 82.3%和 39.8%。

关键词　电脱盐废水　电絮凝　破乳除油

原油劣质化、重质化比例增加，给原油开采与炼制带来的影响日益凸显[1,2]，不仅影响原油脱水脱盐效率，同时产生的含油废水乳化特性增强，污水污泥破乳难度加大。其中，电脱盐废水的影响尤为突出，是炼厂需要控制的主要特征污染物质（油与脂、酚类、硫化物、氨氮和总悬浮颗粒物（TSS））的主要来源。电脱盐装置正常运行废水含油 150mg/L，装置反冲洗期间出水含油达到 5000mg/L，甚至更高。通常，含油废水的一级处理基于油水比重差去除浮油，如重力分离、气浮等[3]。一级处理后，废水中仍存在大量的乳化油，这类 O/W 乳化液需要进行二级处理破乳除油。现有污水处理工艺难以解决含油废水乳化问题，时常造成污水处理系统出水超标[4]，迫切需要开展相关强化破乳除油技术及装备研发。

近年来，大量的废水处理研究表明人们越来越重视电化学处理技术，包括电氧化、电絮凝、电气浮等，所使用的电极涉及不锈钢、铝、铁、铂等常用金属材料[5-7]。表 1 摘选了部分电极材料处理工业废水的实验效果对比。通常，铁、铝电极用于电絮凝工艺。当废水中所含污染物不断增加体系的电导率时，常规物理化学技术难以发挥正常作用，而此时电絮凝技术优势突显[8]。电絮凝过程中，废水中的污染物通过化学反应、沉淀或者与胶体物质的物理化学附着而被去除[9]。溶解的金属离子形成多种带电的羟基化形态，并吸附于 $Al(OH)_3(s)$ 或 $Fe(OH)_3(s)$ 等表面，起到混凝剂作用，废水中的污染物更容易被去除[5,9]。阴极电极产生的氢气促进了气浮作用，加强了污染物的分离[7,9]。电絮凝与化学混凝反应机理相似，在电絮凝过程中，连续发生污染物脱稳、颗粒物悬浮以及乳液破乳等反应[10]。

电絮凝处理工艺的运行成本主要包括电极材料、电耗、人工、设备维护、污泥处理等费用，其中电耗和电极材料损耗成本最高[14]。Sharma 等[15]在电絮凝处理电镀废水时发现，pH 降低使得阳极消耗增加，而 pH 升高则导致能耗提高。在采用电絮凝技术处理机械工业废水时，在达到相同 COD 去除率 95%的条件下，铁电极与铝电极的成本分别为 2.54 €/m^3 和 7.16 €/m^3，前者仅为后者的 35%[5]。在电絮凝过程中，阳极氧化形成的金属阳离子与 OH^- 反应生成金属氢氧化物胶体，这类物质的胶体性状使得氢氧化物吸附于电极表面如膜一样阻止反应发生，即电极钝化[14]。当反应温度较高时，电极表面的氧化膜被破坏，钝化减弱，反应活性从而提高[16]。此时，电流效率也随之升高。由于电脱盐废水通常高于60℃，因此在采用电化学处理技术时，能够有效减缓极板钝化。此外，利用脉冲电场也可有效控制极板钝化与极化，提高处理效率并降低运行成本[6]。

表1 不同电极材料处理工业废水效果调研

研究者	电极	污水类型	初始浓度/(mg/L)	去除率
Oden 等[5]	Fe-Fe	计算机行业生产废水	COD/32350	95.72%
Escobar 等[9]	Fe-Fe	印刷废水	TOC/18400	65%
Orkun 和 Kuleyin[11]	Fe-Fe	垃圾渗滤液	COD/11000	65.85%
Srilatha[10]	Fe-Fe	含氯农药生产废水	COD/90000 氯离子/34450	COD，52%； 氯离子，30%
	不锈钢-不锈钢	含氯农药生产废水	COD/90000 氯离子/34450	COD，16%； 氯离子，26%
Priya 和 Jeyanthi[12]	Cu-Al	汽车冲洗废水	COD/320-1019 油与脂/180-200 浊度/118-380NTU	COD，95.1%； 油与脂，92.5%； 浊度，99%
Rincón 和 Motta[13]	碳钢-Al	模拟压舱水	油与脂/5000	>99%

因此，为解决石油石化含油废液破乳难的问题，本研究以电脱盐废水为研究对象，利用脉冲电场，考察了不同电极材料对电脱盐废水的处理效果，并与化学混凝进行对比，分析电脱盐废水的破乳过程，提出作用机制，为电化学技术高效处理石油石化含油废液提供技术支持。

1 实验材料和方法

1.1 实验试剂与材料

选择典型炼化企业电脱盐废水进行电化学处理实验，其 pH 约 6.86，ORP 为-78.8mV，COD 与 TOC 分别为 2140mg/L 和 692.4mg/L；平均粒径中值为 18.5 μm，ζ 电位为-18mV。

实验中所用混凝剂 PAC 和 PAM 为市售产品(陕西净水剂厂)。

1.2 实验方法

(1) 化学混凝方法

以 PAC 与助凝剂 PAM 进行化学混凝，采用六联搅拌仪处理电脱盐废水，每组水样 500mL。PAM 投加量均为 1mg/L，考察 PAC 投加量 100mg/L、200mg/L、300mg/L、400mg/L 和 500mg/L 对电脱盐废水 COD 与 DOC 的去除效率。

(2) 单电极电化学处理方法

本研究选用板式电化学反应器，极板面积 10.5cm×14cm，极板间距 3cm，试验装置流程如图 1 所示。每组实验废水 500mL，考察不同极板材料与电流密度时电化学处理电脱盐废水的效果。极板使用前，利用丙酮清洗表面[5]。

(3) 多电极电化学处理方法

采用以上铁电极搭建多电极反应器，极板间距1.5cm，极板的连接方式分别如图2(a)和图2(b)所示。

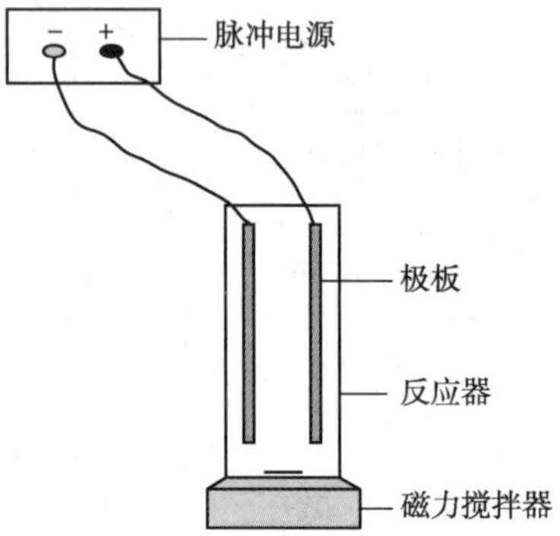

图1 试验流程图

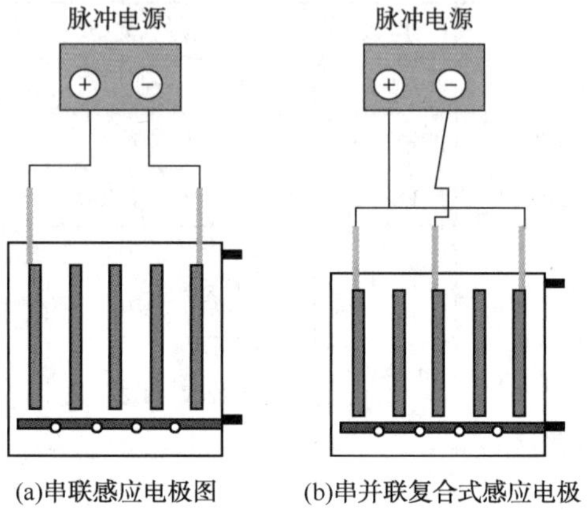

图2 多电极电化学处理小试系统

1.3 分析方法

1.3.1 基本水质分析

采用化学需氧量(COD)仪(DR/2400型，美国哈希公司)测定COD；水样经0.45 μm醋酸纤维膜滤后利用总有机碳分析仪(multi N/C 2100 S，德国耶拿)测定溶解性有机碳(DOC)；采用水质多参数分析仪(美国哈希公司)测定pH值；采用Zeta电位仪(英国Malvern Zeta电位仪)测定ζ电位；采用离子色谱仪(岛津)测定Cl^-。

1.3.2 紫外可见光谱(UV-Vis)分析

电脱盐废水处理前后，经0.45 μm醋酸纤维膜滤后，利用U-3010紫外分光光度计(日本日立)进行紫外-可见光谱分析，扫描范围200~500nm。

2 实验结果与讨论

2.1 电脱盐废水混凝脱稳性分析

图3为电脱盐废水化学混凝处理时，PAC投加量与COD去除率、DOC去除率、电导率与ζ电位的关系。可见，投加量为200mg/L时COD与DOC去除率分别达到78%和37%，继续增加PAC投加量增幅较小，至PAC为500mg/L时，COD与DOC去除率分别为81%和40%。电脱盐废水的电导率和ζ电位则随着PAC投加量增加呈现显著的升高趋势，其中ζ电位在PAC投加量500mg/L时为-0.553mV，接近等电点。即，通过化学混凝可在PAC为500mg/L时达到最高的COD与DOC去除率，但从经济性考虑，建议选择PAC为200mg/L。而且过量PAC也加大了废水中的盐含量，导致后续处理系统中盐的负荷，影响双膜脱盐回用处理系统运行。

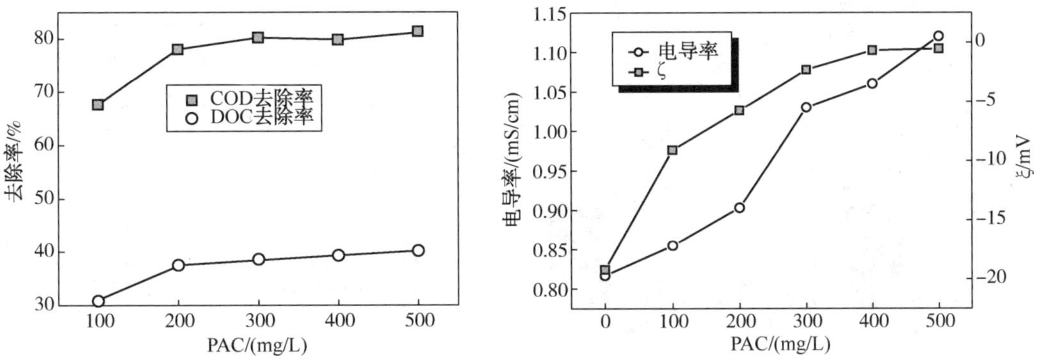

图 3 电脱盐反冲洗废水化学混凝时 PAC 投加量与 COD 去除率、DOC 去除率、电导率与 ζ 电位的关系

从图 3 还可以看出，电脱盐废水 COD 与 DOC 去除率变化趋势基本一致。但前者明显高于后者，这主要是因为电脱盐废水为含油、含颗粒物的废液体系，其中溶解性机物中极性物质含量较高，化学混凝具有除油、除浊等功能，对于其中的极性有机物去除作用并不显著。

2.2 电化学处理方法优选

对比电脱盐废水化学混凝处理方法，分别选择铁板(Fe-Fe)、钛板(Ti-Ti)与不锈钢极板(S-S)构建电化学反应系统，考察电流密度 $2mA/cm^2$、反应时间 20min 时电脱盐废水的处理效果。根据法拉第定律式(1)，该反应装置在 $2mA/cm^2$ 时 Fe^{2+} 的浓度近似为 208mg/L，以 60%的利用率估算(废水中残留 Fe^{2+})，参与絮凝反应的 Fe^{2+} 约 125mg/L。

$$M_{理论}=\frac{M_w \cdot I \cdot t}{n \cdot F} \tag{1}$$

(1) COD 与 DOC 去除

图 4(a)为电流密度 $2mA/cm^2$、反应时间 20min 时，不同极板材料处理电脱盐废水后 COD 与 DOC 的变化趋势。可见，3 种电极材料中，铁电极表现出最高的 COD 和 DOC 去除率，分别为 82.3%和 39.8%；其次是不锈钢电极，COD 和 DOC 去除率分别为 77.2%和 29.4%；钛电极对 COD 与 DOC 的去除率最低。可以推断，溶解性电极(Fe)与部分溶解性电极(不锈钢)较纯粹电解作用，去除有机物的作用更为显著。

图 4(b)为不同电极材料随反应时间的电压变化。可见，铁电极的电压最低，且相对平稳，而钛电极的电压显著高于铁与不锈钢电极，且 10min 前随反应时间增加而升高。相同电流时，电压越高，能耗越大。从图 4 可以看出，铁电极去除 COD 和 DOC 的效率最高，其能耗也最低。这与铁电极处理其他废水的结论一致[5,9~11]。

如图 3 所示，化学混凝时，PAC 投加量 200mg/L，COD 与 DOC 去除率分别为 78%和 37%，而铁电极的絮凝剂当量为 125mg/L，COD 和 DOC 去除率分别为 82.3%和 39.8%，高于 PAC 处理效率。因此，电絮凝过程中，除了絮凝剂的作用外，电场对电脱盐废水脱稳分离也很重要，如非溶解性钛电极也可以使得电脱盐废水去除 50%以上的 COD。

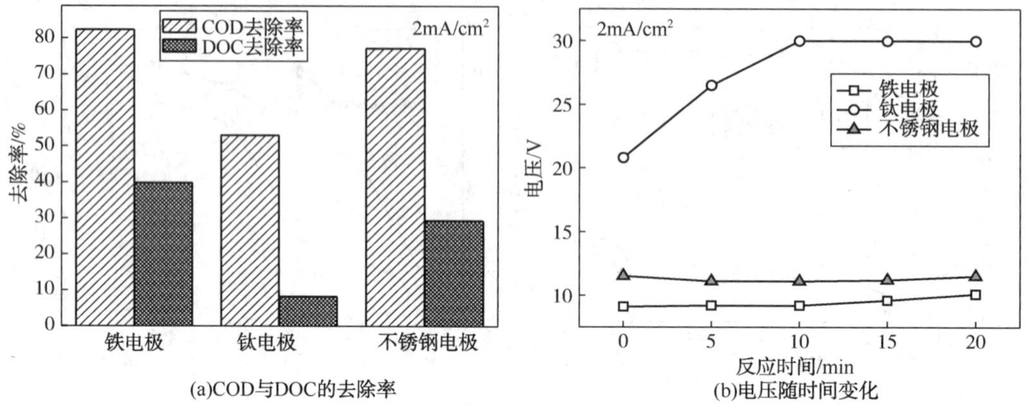

图4　不同电极处理电脱盐废水

（2）紫外-可见光谱分析与ζ电位

图5为不同电极材料处理电脱盐废水后出水的UV-Vis谱图。可见，铁电极处理后出水的紫外吸光度值最低，这与COD去除率最高相一致。图6为出水的ζ电位与DOC。在3种电极中，铁电极处理后废水的ζ电位绝对值最小，最接近等电点，这与化学混凝的ζ电位绝对值越小、COD去除率越高的趋势一致；其次是不锈钢电极；钛电极的ζ电位绝对值最大，COD与DOC去除率最低。

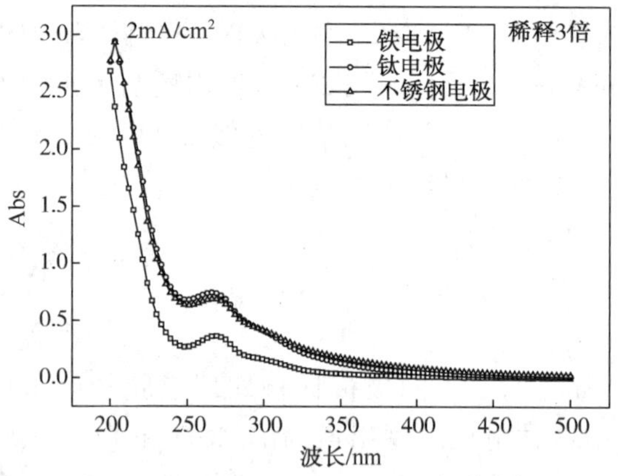

图5　不同电极材料处理电脱盐后出水的UV-Vis光谱图

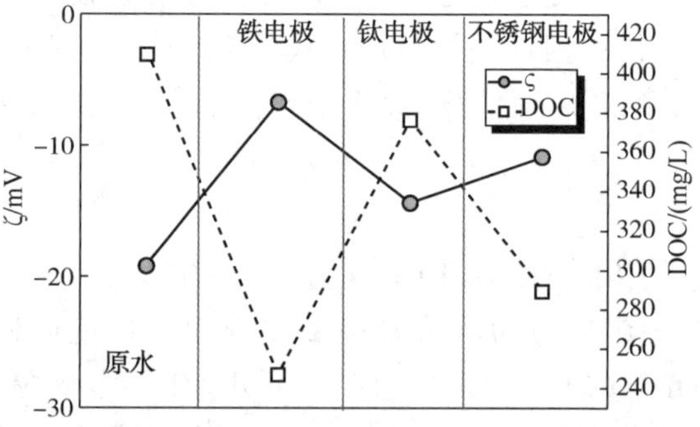

图6　电流密度为2mA/cm²，反应时间20min，不同电极处理出水的ζ电位与DOC

溶解性电极在反应过程中原位产生活性絮凝剂[7]，与钛电极相比，显著增加了絮凝剂的作用，表现为ζ电位绝对值趋于零，且有机物去除率高。不锈钢电极在反应过程中仅有部分金属离子溶出，絮凝作用较弱。因此，优选溶解性电极Fe电极处理电脱盐废水，其次是不锈钢电极。

2.3　电化学过程分析

电流密度和反应时间是电絮凝处理过程中的重要影响因素[12]。Chen[7]指出电流密度高，原位絮凝剂产生量大，处理效果好，装置规模就可以缩小。图7(a)为铁电极与不锈钢电极在不同电流密度时DOC去除率与电压变化。可以看出，对不锈钢电极来说，电流密度由$2mA/cm^2$升高至$4mA/cm^2$时，其DOC去除效率显著提升，这也表明絮凝剂产生量增加使得污染物聚结分离作用增强。相比不锈钢电极，铁电极对DOC的去除率明显偏高，且随着电流密度升高，DOC去除率也有所增加，但提升幅度略小。

一方面，电流密度增加有利于污染物去除；另一方面，较高的电流密度使得处理能耗升高，电流效率反而降低[7]。图7(b)为不同电流密度时，电压随反应时间的变化。可以看出，当电流密度升高至$4mA/cm^2$时，采用铁电极和不锈钢电极的电压均呈现明显的增加趋势。虽然$4mA/cm^2$时，铁电极反应至15min时电压又有所回落，但仍明显高于$2mA/cm^2$时的电压，而此时DOC去除率仅由37.8%升高至39.8%。因此，基于处理成本控制，建议采用铁电极处理电脱盐废水时电流密度为$2mA/cm^2$。

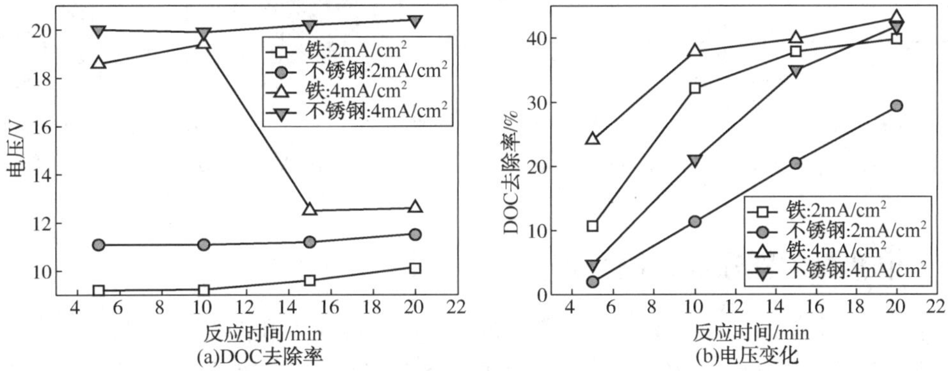

图7 不同电流密度时铁电极与不锈钢电极

从图7(a)还可以看出，铁电极在不同的电流密度时，DOC去除率均在反应10min后趋缓。而不锈钢电极则在电流密度$4mA/cm^2$、反应20min时，对DOC的去除率达到41.7%，略低于铁电极对DOC的去除率43.1%。这表明不锈钢电极在较高电流密度时，对电脱盐废水的处理过程与铁电极有所差异，主要在于电场对电脱盐废水产生的作用，如图7(b)所示的较高电压，在某种程度上有利于电脱盐废水中有机物的去除。从图7(b)还可以看出，在较高电流密度时，随着反应时间增加，体系温度有所升高，电压降低，减少了能耗，但由于传质效率提升，处理效率得到保障。

为进一步分析电场与化学混凝的作用，考察了非溶性钛电极与PAC混凝的对比、组合。在电流密度为$2mA/cm^2$时，采用钛电极处理电脱盐废水，反应10min时投加PAC，浓度为100mg/L，对比未投加PAC时DOC浓度变化，如图8所示。可见，单纯采用钛电极时，反应20min，DOC去除率仅为8%，而在10min时投加PAC，出水DOC去除率提升至37%，与单独投加PAC量200mg/L的去除率一致。这表明电场作用后可显著降低混凝剂的投加量。

分别对比Ti电极、Ti+PAC、PAC与铁电极在$2mA/cm^2$时COD与DOC的去除效率，如图9所示。可见，铁电极代表的电絮凝在同等电流密度时COD与DOC的去除率最高，随后依次是，Ti+PAC>PAC>Ti电极。PAC对电脱盐废水中乳化胶团的电中和与压缩双电层作用显著，Ti电极在结合PAC混凝后对电脱盐废水的处理效率明显升高，并优于PAC的处理效果。由此可以推断，电场破乳与混凝是处理电脱盐废水的主要作用方式。而且从Ti+PAC的处理效率不仅高于单独 Ti 电极，也明显高于 PAC 作用的结果来看，电场耦合絮凝作用显著。此外，铁电极电絮凝处理电脱盐废水的效率高于 PAC 及 Ti+PAC，这也表明电絮凝原位产生了更高活性的絮凝剂。

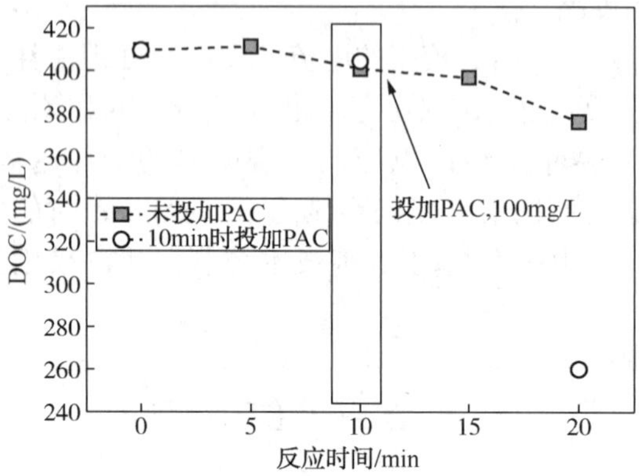

图 8　Ti 电极电流密度为 2mA/cm²，10min 时投加 PAC 为 100mg/L 与未投加 PAC，反应时间 20min

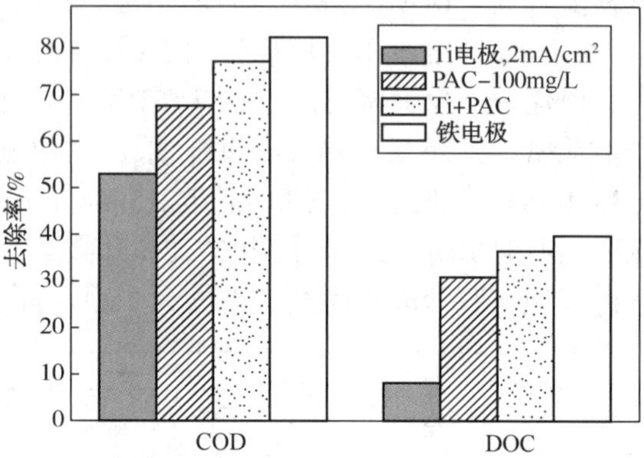

图 9　Ti、Ti+PAC、PAC 与铁电极在 2mA/cm² 时去除 COD 与 DOC 效率

2.4　电絮凝破乳除油机制分析

进一步，采用改变多组极板连接方式，如图 2-(a)模式 1 和图 2-(b)模式 2，其电压与电流分别为 15V/0.11A 和 7V/0.25A，功率为 1.65~1.75W。在该相近功率下考察两种模式的 COD 和溶解性 COD 的去除效率，如图 10 所示。

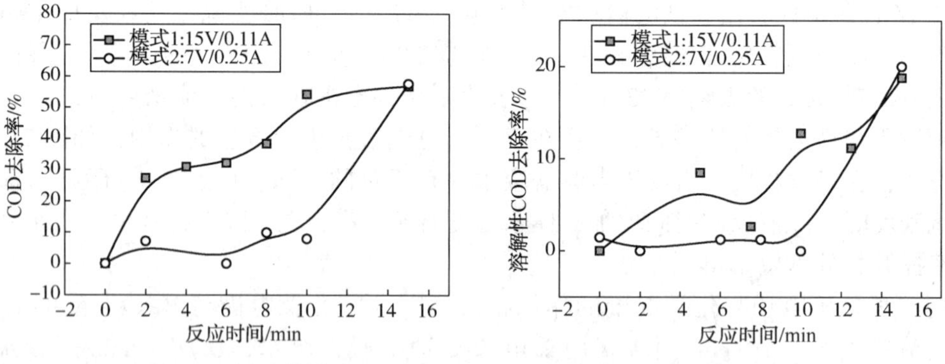

图 10　不同连接模式、相近功率时 COD 与溶解性 COD 的去除率

由于极板连接方式不同，在相近功率下，模式 1 的电压(15V)为模式 2 电压(7V)的 2.1 倍，而模式 2 的电流(0.25A)则为模式 1 电流(0.11A)的 2.2 倍。由图 10 可见，模式 1 在反应 10min 内，COD 和溶解性 COD 去除率明显比模式 2 高，但在反应 15min 时处理效果相近。可以推断，电压较高时，有利于乳化油分离，但随着反应时间的增加，原位絮凝作用逐渐显现，进一步促进了油滴、颗粒物的聚结，并随着原位气浮，分离作用进一步加强。综上分析，在电絮凝处理电脱盐废水时，电场破乳是关键作用，絮凝作用第二，气浮作用辅助分离。

此外，电脱盐废水中含有氯化钠盐，电絮凝作用时，废水中的Cl^-不仅是电荷载体，还能减弱HCO_3^-和SO_4^{2-}的成垢副作用，因为这些离子易与Ca_{2+}和Mg^{2+}等在电极表面沉淀形成不导电膜，增加电极间的电位，降低电流效率。通常，建议电絮凝处理废水中的Cl^-占总阴离子的20%以上。此外，Cl^-在电絮凝过程产生氯气，具有消毒及氧化降解污染物的作用，如式(2)和式(3)所示。氧化剂氯气的生成在一定程度上可导致有机物结构变化，甚至矿化，从而使得TOC降低，如式(4)所示，而此过程中又会增加Cl^-浓度。

$$2H_2O_{(l)} \rightarrow 4H^+_{(aq)} + O_{2(g)} + 4e^- \tag{2}$$

$$2Cl^- \rightarrow Cl_2 + 2e \tag{3}$$

$$Cl_2 + RH + H_2O \text{ ® } Cl^- + R'H + CO_2 \tag{4}$$

图11为铁电极在不同电流密度时随反应时间的Cl^-浓度变化趋势。可见，反应15min时，Cl^-浓度相对较低，但反应20min结束时，Cl^-浓度又呈现升高趋势，甚至高于原水中的浓度。这也说明反应过程中Cl^-在电场作用下发生迁移与转化作用，但当电场停止时，这种作用消失。这也说明，氯氧化剂在电絮凝过程中又重新回到溶液体系，而未逸散至大气中。还可以看出，电流密度较高的$4mA/cm^2$和$6mA/cm^2$表现出相对较低的Cl^-浓度，即氯氧作用更为显著。

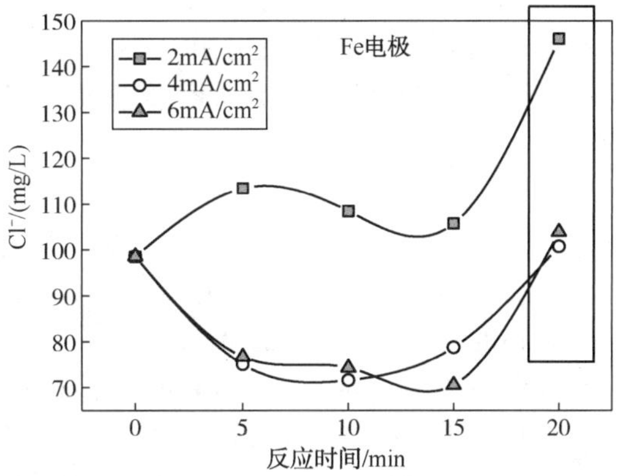

图11 铁电极在不同电流密度时随反应时间的Cl^-浓度变化趋势

综上分析，电脱盐废水在电絮凝处理过程中，电场破乳与原位絮凝分离作用显著，如图12所示。电脱盐废水中的乳化物在电场中发生极化作用，表面电荷平衡被破坏，体系脱稳，在水力作用及静电吸引作用下持续破乳融合，小油滴增长为大油滴；溶解性电极则在反应过程中生成高效的絮凝活性物种，协同电场破乳与油滴聚结作用，在相同絮凝剂投加当量下，对电脱盐废水的破乳分离效果远高于化学混凝。此外，电场作用下氯离子转化带来的氧化降解作用也是电絮凝优于化学混凝的重要因素。

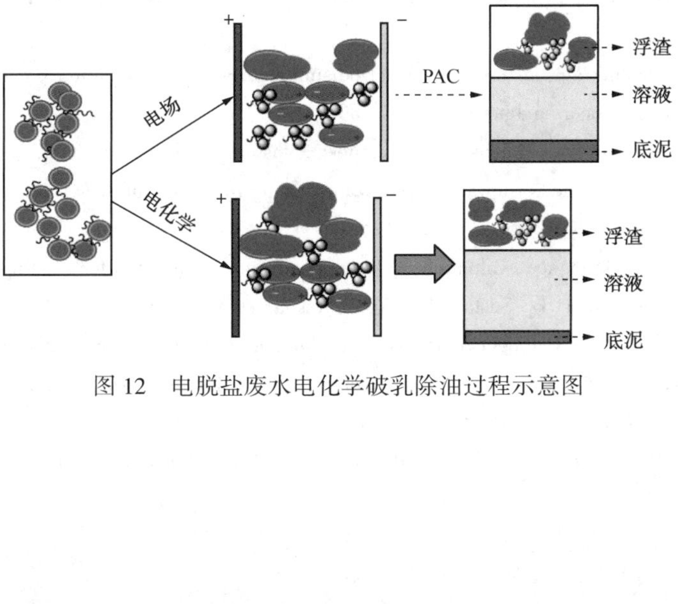

图12 电脱盐废水电化学破乳除油过程示意图

3 结论

（1）电脱盐废水含油含固，乳化程度高。化学混凝可通过压缩双电层等作用使得电脱盐废水破乳，但混凝剂投加量大，在最经济投加量 200mg/L 时，COD 与 DOC 去除率分别为 78%和 37%。

（2）对比不同的电极材料，以铁电极为代表的电絮凝在同等电流密度时对电脱盐废水 COD 与 DOC 的去除率最高，其最佳反应条件为电流密度 $2mA/cm^2$，反应时间 20min，COD 与 DOC 去除率分别为 82.3%和 39.8%，此时絮凝剂当量为最佳 PAC 投加量的 63%。

（3）电脱盐废水在电絮凝处理过程中，电场破乳与原位絮凝分离作用显著。电脱盐废水中的乳化物在电场中发生极化、脱稳，溶解性电极则提供高效的絮凝活性物种，协同电场破乳与油滴聚结作用，在相同絮凝剂投加当量下，对电脱盐废水的破乳分离效果远高于化学混凝。

参 考 文 献

[1] Basu S. Impact of opportunity crudes on refinery desalter and wastewater treatment performance - Part 1. Hydrocarbon Processing[M], 2018: p. 85-89.

[2] Basu S. Impact of opportunity crudes on refinery desalter and wastewater treatment performance - Part 2. Hydrocarbon Processing[M], 2018: 97-100.

[3] Zhang H, Bukosky S C, Ristenpart W D. Low-Voltage Electrical Demulsification of Oily Wastewater[J]. Industrial & Engineering Chemistry Research, 2018. 57(24): p. 8341-8347.

[4] Jenkins D. Manual on the causes and control of activated sludge bulking, foaming, and other solids separation problems. 3rd ed[M]. 2004.

[5] Oden M K. Treatment of CNC industry wastewater by electrocoagulation technology: an application through response surface methodology[J]. International Journal of Environmental Analytical Chemistry, 2020. 100(1): 1-19.

[6] Ozyonar F and Karagozoglu B. Treatment of pretreated coke wastewater by electrocoagulation and electrochemical peroxidation processes[J]. Separation and purification technology, 2015. 150: 268-277.

[7] Chen G. Electrochemical technologies in wastewater treatment[J]. Separation and Purification Technology, 2004. 38(1): 11-41.

[8] Cotillas S, et al., Scaling-up an integrated electrodisinfection-electrocoagulation process for wastewater reclamation[J]. Chemical Engineering Journal, 2020. 380.

[9] Suárez-Escobar A, Pataquiva-Mateus A, and López-Vasquez A. Electrocoagulation—photocatalytic process for the treatment of lithographic wastewater. Optimization using response surface methodology (RSM) and kinetic study[J]. Catalysis today, 2016. 266: p. 120-125.

[10] Srilatha K, et al., Performance evaluation of different advanced processes for treating chloro-pesticide intermediate industrial wastewater[J]. Sustainable Water Resources Management, 2019. 5(4): 1833-1846.

[11] Orkun M O and Kuleyin A. Treatment performance evaluation of chemical oxygen demand from landfill leachate by electro - coagulation and electro - Fenton technique[J]. Environmental Progress & Sustainable Energy, 2012. 31(1): p. 59-67.

[12] Priya M and Jeyanthi J. Removal of COD, oil and grease from automobile wash water effluent using electro-

coagulation technique[J]. Microchemical Journal, 2019. 150: 104070.

[13] Rincón G J and La Motta E J. Simultaneous removal of oil and grease, and heavy metals from artificial bilge water using electro-coagulation/flotation[J]. Journal of environmental management, 2014. 144: 42-50.

[14] Ghosh D, Medhi C R, Purkait M K. Treatment of fluoride containing drinking water by electrocoagulation using monopolar and bipolar electrode connections[J]. Chemosphere, 2008. 73(9): 1393-1400.

[15] Sharma D, Chaudhari P K, Prajapati A K. Removal of chromium(VI) and lead from electroplating effluent using electrocoagulation[J]. Separation Science and Technology, 2020. 55(2): 321-331.

[16] Kuokkanen V. Water Treatment by Electrocoagulation[M]. 2016.

石油石化企业用地土壤环境调查关键问题探讨

梁　莉[1,2,3]，杜显元[1,2]，谢加才[1,2]，陈宏坤[1,2]，田佩婷[1,2,3]，
郭　栋[1,2,3]，孙继平[1,2,3]

（1. 石油石化污染物控制与处理国家重点实验室，北京　102206；
2. 中国石油安全环保技术研究院，北京　102206；
3. 大庆油田水务公司水务研究设计院，大庆　163458）

摘　要　土十条后，国家加快了土壤环境管理相关标准的制定，先后出台了土壤环境质量农用地、建设用地土壤污染风险管控试行标准，完善修订了 HJ 25 系列标准。我国土壤环境标准体系逐步健全，较好规范和指导土壤环境调查、风险评估及修复等工作。通过梳理国家土壤环境调查相关政策法规标准，结合石油石化企业用地土壤环境调查工作的应用实际，重点对地块调查尺度的要求、在产企业布点特点、特征污染筛选等关键问题进行探讨，并结合实际调查应用中存在的问题，提出石油石化企业用地土壤环境调查建议。

关键词　土壤环境调查　石油石化企业　调查尺度　管控原则

由于土壤污染的隐蔽性、污染物的迁移性、土壤自净的缓慢性、有害物质的生物累积性等，公众、企业及各级环保主管部门对土壤污染的关注度用远不及对大气和水资源的关注程度。随着 2016 年 5 月 28 日国务院印发《土壤污染防治行动计划》(以下简称“土十条”)、2016 年 12 月 27 日五部委联合印发了《全国土壤污染状况详查总体方案》、2018 年 8 月 31 日颁布《中华人民共和国土壤污染防治法》(以下简称“《土壤法》”)等国家土壤污染防治工作相关政策法规要求的出台以及污染地块对人体健康影响事件的发生，国家及公众对土壤污染的关注度不断提升。

1　我国土壤法规标准体系建设及土壤调查工作开展情况

1.1　土壤法律法规及标准体系

2016 年“土十条”发布，成为我国土壤污染防治工作纲领性的文件，其中要求推进土壤污染防治立法，建立健全法规标准体系，加快推进立法进程。2016 年原环境保护部发布《污染地块土壤环境管理办法(试行)》、2017 年原环境保护部和农业部联合发布《农用地土壤环境管理办法(试行)》、2018 年生态环境部发布《工矿用地土壤环境管理办法(试行)》，2018 年 8 月 31 日《土壤法》正式出台，是我国首次出台关于土壤污染防治的环境保护单行法，第一次从立法角度明确了土壤污染防治、风险管控和修复的责任和要求。这些法律规章的出台，推进我国土壤环境管理法律法规体系的建立和完善。

为了规范地块环境调查，2014 年原环境保护部制定了 HJ 25 系列标准，替代了《工业企业土壤环境质量风险评价基准》(HJ/T 25—1999)。HJ/T 25—1999 中明确标准适用于工业企业选址阶段及工业企业生产活动后界区内土壤的环境质量风险评价，但并不适用于采矿、农田和居住地。2019 年 12 月结合国家土壤污染防控相关政策法规及土壤质量标准，发布了修订后的 HJ 25.1、HJ 25.2、HJ 25.3、HJ 25.4，新标准适用于建设用地土壤污染状况的调查、风险评估、风险管控及修复监测工作。与此前发布的《污染地块风险管控与土壤修复效果评估技术导则》(HJ 25.5—2018)、《污染地块地下水修复和风险管控技术导则》(HJ 25.6—2019)，逐步完善了土壤环境调查及修复系列工作的要求。

1.2 我国土壤调查工作开展历程和现状

2005 年 4 月至 2013 年 12 月根据国务院决定由环境保护部、国土资源部组织我国开展了首次全国土壤污染状况调查。2014 年 4 月 17 日发布的《全国土壤污染状况调查公报》中“全国土壤环境状况总体不容乐观，部分地区土壤污染较重，耕地土壤环境质量堪忧，工矿业废弃地土壤环境问题突出。” 2016 年 5 月 28 日国务院印发 “土十条”，制定了土壤环境质量全面改善，生态系统实现良性循环的工作目标。其中“土十条”的第一条就是“开展土壤污染调查，掌握土壤环境质量状况”，深入开展土壤环境质量调查。按照“土十条”要求，2016 年 12 月环境保护部联合财政部、国土资源部、农业部及国家卫生和计划生育委员会联合印发了《全国土壤污染状况详查总体方案》，推进农用地及重点行业企业用地污染状况详查工作。2018 年底已完成农用地调查工作，当前正积极推进企业用地调查工作。

2 石油石化企业土壤环境调查工作开展情况

2018 年生态环境部发布的《工矿用地土壤环境管理办法(试行)》中将石油加工、石油开采行业规模以上企业列入土壤环境污染重点监管单位，承担工矿用地土壤和地下水污染防控、治理与修复的主体责任。按要求开展环境影响评价、土壤和地下水监测调查、风险评估、风险管控、治理和修复等活动。

在全国土壤污染状况详查开展前，石油石化行业土壤环境调查工作主要是履行建设项目环境影响评价、环境影响后评价制度的过程中土壤环境的影响分析和预测、竣工环境保护验收监测等工作，以及 2017 年原环境保护部发布的《排污单位自行监测技术指南 总则》(HJ 819—2017)中规定“污染物排放标准、环境影响评价文件及其批复或其他环境管理有明确要求的，排污单位应按照要求对其周边响应的空气、地表水、地下水、土壤等环境质量开展检测。”《排污单位自行监测技术指南 石油炼制工业》(HJ 880—2017)、《排污单位自行监测技术指南 石油化学工业》(HJ 947—2018)中规定“其他环境管理政策，或环境影响评价文件及其批复[仅限 2015 年 1 月 1 日(含)后取得环境影响评价批复的排污单位]有明确要求的，按要求执行。无明确要求的，若排污单位认为有必要的，可对周边水、土壤、环境空气质量开展检测。”同时规定了土壤监测指标及最低监测频次。监测最低频次为年，项目为 pH、硫化物、苯并(a)芘、总铅、总镉、总砷、总镍、总汞、烷基汞、总铬、六价铬等。《石油炼制工业污染物排放标准》(GB 31570—2015)、《石油化学工业污染物排放标准》(GB 31571—2015)中只规定了企业排放的废水和废气的污染排放管控要求，并未规定土壤及地下水污染物的管控要求。

但是建设项目环境影响评中的土壤环境影响评价是针对该新改扩建设项目的土壤特征污染物及环境影响开展，环境影响批复文件中也按照评价结果进行提出土壤污染防治的管控要求，并未系统的对该地块开展调查。其他相关标准中也较少提及石油石化行业开展土壤调查活动，石油石化行业开展系统的土壤环境调查活动较少。

3 石油石化企业土壤环境调查工作关键点及建议

3.1 调查尺度

石油石化企业地面工程主要包括采油井场、计量站、转接站、集中处理站、炼厂、化工厂、原油、成品油罐区等。地面工程有具有一定规模的炼厂、化工厂和集中处理站等，也有面积小且分散的采油井场、计量站等，以及占地狭长的地埋或地上油水输送管线等。同时，还存在钻井、测井等临时生产作业的地面设施。我国油田分布较广，各油田生产区域或同一油田的不同区块可能均处于不同生态系统中，有荒漠、草原、湿地等自然生产系统中，也有处于农田、城市等人工生态系统中。所以，开展的基于人体健康风险的土壤环境调查活动，应首先明确调查尺度，调查尺度决定了调查活动需的时间、费用及调查方法。如位于荒漠地区的在产场站，人类及动物活动较少、地表植被稀少、地下水资源匮乏，可通过简化调查来判断该地块是否存在污染，如缩小调查范围、减少布设点位、控制检测项目数量等，或设置固定的土壤或地下水监控点位，纳入企业日常土壤地下水环境管理工作，根据污染区可能的环境影响范围及程度优化监控点位及频次。当存在污染时应首先查找污染的原因及污染物来源，优先采取控制措施，切断污染源头控制污染物扩散，长期监控。对不同的污染地块区别对待，不需要“一刀切式”的投入大量财力对所有污染地块开展修复工作。所以，调查活动应首先应明确调查目的，按照区域土地利用规划要求，制定科学性与经济性相统一的调查方法。

3.2 调查范围与布点

地块污染状况调查范围通常情况下是以一个地块作为调查对象开展调查工作。但由于采油井场面积小且相对分散且地面设施占地与地下设施范围存在差异，管线地块狭长跨度大等特点导致调查工作量大、周期长。所以，如当井场处于相同地形地貌范围内，同时该区域水文地质条件相同时，可将该区域作为一个整体地块开展调查，单个井场作为该地块重点区域；退役井场或周边存在敏感目标的井场开展调查时，依据调查尺度要求，以单个井场为地块开展调查，如多个退役井场或多个周边存在敏感目标的井场也可合并作为一个地块。还应考虑井场钻井、试油、修井、压裂等作业时期地块情况。管线应以管段划分调查地块，如调查地块范围仍然较大，可以将该管线所经过的地形地貌相同、区域水文地质条件相同的管段将现场踏勘区域划分成相对较小地块开展调查；管线跨省、市(县)时应依据地方行政管理要求划分地块开展调查。

土壤污染状况相关调查标准中，布点方案主要是在疑似污染区域设置采样点位，但是对于垂直方向上的深度要求至未污染深度为止，或者地下水隔水层之上。杨明星等人通过淋滤实验研究石油有机组分在包气带水土中的迁移，污染物的迁移与污染的渗透性有关，链状烷烃和环烷烃在淋滤作用下随水运移能力强，残留在土壤中的量占总污染量较少，芳香烃由于较强的挥发性，深层土壤浓度很低，非烃类物质因较强的黏滞性，在土壤中运移慢[1]。参考相关研究成果对已基本掌握其迁移转化规律的污染物，可按污染物进入环境的时间大致确定样品采集深度。除通过管道等方式直接将污染物排放至地下水中，污染物基本上是通过土壤的迁移转化进入地下水中，所以通过土壤和地下水协同调查的方式确定污染范围，如在调查地块内采用浅层土壤布点+地下水布点、深层土壤布点+地下水布点或地下水单独布点等多种模式，在可能存在污染的区域内，综合土壤质地、水文地质条件、与污染源的距离等多种因素在不同的点位选择地下水和土壤协同布点的不同深度要求。

石油石化行业的固定站场，在工程防渗、环境保护设计规范等的要求下，需要在重点污染防治区域采取防渗措施，如在产企业的地块内直接进行钻孔取样可能会破坏防渗层，会造成污染的潜在风险。对于石油石化行业的在产企业，可通过确认地块外是否被污染来确定该地块是否为污染地块，确定污染范围。通过建立地块周边污染模型，污染物指纹图谱分析，反推地块内的污染状况。其他退役、关闭地块按照地块调查技术规范的要求，在保障调查人员健康安全的前提下开展地块内外的布点采样工作。

3.3 特征污染物筛选及测试项目确定

石油石化企业原料、产品和中间产物中可能的污染物种类多，多为有机污染物，包括饱和烃、芳香烃等，以及不同生产历史时期添加使用不同的添加剂、催化剂等化学物质。这些潜在的污染物在不同的土壤类型或地下水中吸附性、迁移性存在差异，污染物自然降解速率存在差异，在土壤地下水中存在的形态或降解后形态的毒性差异等。

《中华人民共和国土壤污染防治法》第十二条中明确了“土壤污染风险管控标准是强制性标准。”2018 年首次发布的《土壤环境质量 建设用地土壤污染风险管控标准(试行)》(GB 36600—2018)，标准中给出了基于保护人体健康的建设用地土壤污染风险筛选值和管制值，其中 45 项基本项目为初步调查阶段建设用地土壤污染风险筛选的必测项目，40 项其他项目。地下水质量评估参照《地下水质量标准》(GB/T 14848—2017)地下水质量常规指标 39 项，包括色度、嗅和味、浑浊度、菌落总数、亚硝酸盐、苯、总 α 放射性等感官性状及一般化学指标、微生物指标、毒理学指标及放射性指标，非常规指标 54 项毒理学指标。同时在 2 个标准中都测定的项目共 45 项(以地下水标准数量为基准)，也就是土壤及地下水污染物中可进行比较的测试项目。

土壤和地下水标准中项目数量比对情况见表 1。2 个标准中还存在污染物名称相同，但实际测试目标存在差异现象，如多氯联苯(总量)土壤标准中为 12 种物质含量总和，地下水标准中为 9 种多氯联苯单体加和。如检测标准中所有的项目，1 个土壤样品和 1 个地下水样品共需检测 178 项，检测项目数量较大，导致检测工作量大。

生产历史长或进行过工艺改造等地块污染物的识别和筛选，还应考虑其历史生产中存在的特征污染物，同时还应考虑这些污染物迁移转化的特性。如在炼化行业中曾经使用的 MT-BE，具有高水溶性、低土壤吸附的特性，应综合考虑企业 MTBE 的使用年限等信息，选择性的将 MTBE 同时作为土壤和地下水中的特征污染物进行检测，或者只作为地下水中特征污染物开展检测工作。污染物在土壤、水、气的介质中存在状态的差异性，在不同外界条件下(如土壤地或下水酸碱性的不同)的环境风险和生物毒性的差异性。所以识别筛选需开展调查的特征污染物应综合考虑污染物组分构成及其性质、地块土壤性质类型、孔隙结构、地下水流速等信息[2]。同时应参考国内外的研究成果，确定为影响污染物迁移转化规律的参数如土壤 pH、氧化还原电位、有机碳等也应考虑进行分析测试[3]。还应该考虑不同历史时期，由于生产技术不同，使用的添加剂催化剂的不同，或存在持久性的、迁移转化缓慢的污染物。

表1　土壤环境质量 建设用地土壤污染风险管控标准(试行)和地下水质量标准项目数量比对表

标准名称	项 目	数量(项)	2标准中所有项目中共同项目数量(项)	备注
土壤环境质量 建设用地土壤污染风险管控标准(试行)(GB36600—2018)	表1 建设用地土壤污染风险筛选值和管制值(基本项目)	45	32	土壤标准中的顺-1，2-二氯乙烯、反-1，2-二氯乙烯2项，地下水标准中为1，2-二氯乙烯；土壤标准中间二甲苯+对二甲苯、邻二甲苯2项，地下水中为二甲苯(总量)
	表2 建设用地土壤污染风险筛选值和管制值(其他项目)	40	17	土壤标准中滴滴涕(o，p′-滴滴涕、p，p′-滴滴涕两种物质含量总和)、p，p′-滴滴伊、p，p′-滴滴滴3个项目项；地下水标准中滴滴涕为o，p′-滴滴涕、p，p′-滴滴伊、p，p′-滴滴滴、p，p′-滴滴涕4种异构体加和
地下水质量标准(GB/T 14848—2017)	表1 地下水质量常规指标及限值	39	11	—
	表2 地下水非常规指标及限值	54	34	—
合计		178	45	—

3.4 风险筛选值及管控值

《土壤环境质量 建设用地土壤污染风险管控标准(试行)》(GB 36600—2018)，标准中给出85项建设用地土壤污染风险筛选值和管制值。但标准中给出的项目不能完全满足石油石化行业特征污染物风险评估要求，一些特征污染物也没有分析测试标准方法。在缺少相关标准时，行业应推荐其他可参考的标准或要求，并明确各标准选择的优先顺序。确保调查单位选择参考标准的一致，使调查结论具有可比性，为风险评估提供可用于评估的有效数据。

4 结论

开展土壤环境调查工作应充分考虑行业的特殊性、区域土壤性质的差异性、土壤测试项目与地下水测试项目的对照性。可参照国家排污许可证申请与核发工作的开展，逐步制定发布针对不同行业地块污染状况调查技术规范，并按照在产、退役、关闭等不同阶段的开展要求，规范指导不同类型地块调查工作。大力开展特征污染物迁移转化规律及检测方法研究，建立行业特征污染物清单、管控要求，并根据生产技术水平及要求等动态更新。地块污染状况调查工作也可以促进企业环境管理的提升。国家应推动发展地块污染状况调查评估服务产业，培养具有一定专业能力的地块调查评估人员，提升地块污染状况调查及修复技术的水平。

参 考 文 献

[1] 杨明星，冶雪艳，杨悦锁，等．石油有机组分在包气带水土中残留和迁移差异[J]．化工学报，2013，64(11)：4231-4239.

[2] 陈捷石．油烃组分在土壤和地下水环境中的分布规律与迁移特征研究[D]．广州：华南理工大学，2018：Ⅰ-Ⅱ.

[3] 杨再福．污染场地调查评价与修复[M]．北京：化学工业出版社，2017：44-48.

降低液化气脱硫醇系统碱渣排放量措施

吴云鹏

（中国石油兰州石化公司炼油厂，兰州　730060）

摘　要　石油炼制生产过程中，为控制液化气中的硫化物，通常采用 MEROX 碱洗抽提和碱液空气氧化再生循环工艺。该工艺产生大量高浓度、难降解的废碱渣，由于受碱渣处理装置规模的限制，绝大分碱渣需进行填埋处理。随着国家清洁生产和环保形势、环保标准的日益严格，从 2020 年 6 月 1 日起，碱渣不能进行填埋。为保证装置的平稳运行，炼油厂立足于自身，通过采用新技术进行生产优化，液化气碱渣减量 90%以上，取得了良好的效果。

关键词　气体精制　碱渣　脱硫醇溶剂

随着经济发展，环境问题日渐突出，环保标准日益严苛，环保治理已由污染物产生后处理，减小对环境的危害，转变为把污染物消除在产生之前。根据国家生态环境部与国家市场监督管理总局联合发布的《危险废物填埋污染控制标准》GB18598—2019 对固废填埋要求：从 2020 年 6 月 1 日起，废碱渣不得入渣场填埋处理。废碱渣将成为影响装置正常生产的瓶颈，成为企业急需解决的重大生产问题。

1　装置简介

某石化公司现有两套液化气脱硫醇系统：二套气体精制液化气脱硫醇（以下简称“二套脱硫醇”）系统设计处理量为 30 万 t/a，采用传统的 Merox 工艺，采用预碱洗与一级抽提进行脱硫。一级抽提由静态混合器加沉降罐组成，碱液再生采用传统的氧化塔，二硫化物与再生碱液通过沉降分离；三套气体精制液化气脱硫醇（以下简称“三套脱硫醇”）系统设计处理量为 55 万 t/a，采用两级纤维膜抽提+氧化塔碱液再生及轻油反抽提分离二硫化物的工艺。

2　碱渣产生原因

液化气脱硫醇系统产生碱渣的主要原因是，系统使用 MDEA 溶液洗涤液化气，胺洗后液化气中夹带的溶剂、未脱除的硫化氢及少量二氧化碳等，与 NaOH 反应，造成碱液的消耗。碱液中富集的有害物质达到一定浓度后，会使碱液脱硫醇效果减弱。为保证碱液脱硫醇效果，必须定期向系统中加注一定量的新鲜碱液（浓度约 18%），同时退出一定量的旧碱液，这部分碱液即为碱渣[2]。两套气体精制装置 2019 年共产生碱渣 5236.38t，全部进入渣场进行填埋处理。

3　工艺技术路线

为解决脱硫醇系统的碱渣问题，该石化公司通过前期技术调研、交流及实地考察，初步选定环保型超重力液化气深度脱硫(LDS)成套技术和液化气脱硫醇碱渣尾气零排放技术。

3.1 环保型超重力液化气深度脱硫(LDS)成套技术

环保型超重力液化气深度脱硫(LDS)成套技术是国内外唯一采用超重力法解决液化气深度脱硫与碱渣大量排放矛盾的技术。该技术从源头大幅减少了碱渣的产生，优化取消了溶剂油反抽提和碱渣后处理工艺，在提高脱硫产品质量、合格率和操作平稳率，降低装置物耗能耗，消除碱渣储存运输风险和节约环境成本上具有明显领先优势。该工艺碱液氧化再生产生硫化物由氧化尾气带出，可至催化装置的烟气脱硫系统余热锅炉或者 CO 燃烧炉实现高温氧化分解，分解产生的 SO_2 经烟气脱硫后达标排放，解决了现装置碱再生氧化尾气达标排放的难题。

该技术可有效降低碱液消耗，少量置换碱液可以在厂内实现利用消耗，降低碱渣产生量，可降低碱渣量 80%以上。

3.2 脱硫醇碱渣尾气零排放技术

脱硫醇反应是依据硫醇的弱酸性和硫醇负离子易被氧化生成二硫化合物这两个特性，首先硫醇与剂/碱反应，生成溶于碱相的硫醇钠，携带硫醇钠的循环剂送入再生工序，在催化剂作用下硫醇钠被氧化生成不溶于碱的二硫化物，进而脱除，碱液再生后循环使用，实现了含硫化合物的合理转移。两步反应都进行的彻底，可大大提高脱硫效率，避免产生大量碱渣。

$$\underset{\text{油相}}{RSH} + NaOH \rightleftharpoons \underset{\text{水相}}{RSNa} + H_2O \quad \text{（从油品中脱除硫醇硫）} \qquad 1$$

$$\underset{\text{水相}}{2RSNa} + 1/2\ O_2 + H_2O \longrightarrow \underset{\text{油相}}{RSSR} + 2NaOH \quad \text{（从碱中脱硫醇负离子）} \qquad 2$$

碱液中富集有害物(包括有机物和无机盐)的浓度达到一定值后，碱液有效碱浓度不足，会导致碱液脱硫醇效果下降失效。而普通抽提碱液中可容纳的盐含量非常有限，盐析效应明显，随着盐的不断形成和积累，盐析效应突出，再生困难，碱液会逐渐失去抽提活性，为了弥补再生效果的下降，维持脱硫醇活性，需要定期置换系统碱液，以降低系统中累积形成的盐。

本技术通过对脱硫醇溶剂配方升级，提升其抽提性能及再生性能、纳污能力(对盐和杂质的溶解能力)等，可大大延长溶剂的使用寿命和利用率，降低消耗及碱渣排量。该剂具有在线净化复活的功能，溶剂中积累的盐可通过离子交换吸附的方式脱除。

3.3 技术路线选择

3.3.1 费用对比

由表 1 可以看出，脱硫醇碱渣零排放技术每年加工成本要比碱液超重力氧化再生技术节约 71.54 万元。

表1 费用对比

序号	名称	单价/(万元/t)	脱硫醇碱渣尾气零排放		碱液超重力氧化再生	
			年用量/t	年费用/万元	年用量/t	年费用/万元
1	折旧费	—	—	—	—	205.8
2	修理费	—	—	—	—	86.4
3	公用工程消耗	—	—	—	—	197.9
4	GL脱硫醇溶剂消耗	2.2	170	374	0	0
5	GL除臭精制液消耗	2	0	0	17.5	35
6	烧碱消耗	0.2815	0	0	240	67.56
7	废碱渣填埋处置	0.0185	482.12	8.91922	800	14.8
8	GL脱硫醇溶剂再生	0.9	170	153	0	0
成本合计/万元			—	535.92	—	607.46

3.3.2 实施难易程度

脱硫醇碱渣零排放技术，不需对现有纤维膜抽提及碱液再生工艺流程进行改动，只需要采用专用脱硫醇溶剂替代普通抽提碱液和除臭精制液，难度较小。

碱液超重力氧化再生技术，装置需停工进行工艺流程改造，改造完成后要对操作员工进行相应的培训，难度较大。

3.3.3 碱渣产生量

脱硫醇碱渣零排放技术碱渣量可降低90%以上，碱液超重力氧化再生技术碱渣量可降低80%以上。

3.3.4 路线选择

综合以上各方面的对比，公司决定在气体精制装置使用脱硫醇碱渣零排放技术。

4 应用效果

4.1 产品质量

表2 实施前原料及产品质量

项目	原料液态烃硫化氢含量/(mg/m^3)	原料液态烃总硫含量/(mg/m^3)
实施前	0.34	3574.8
实施后	0.43	3996.6

由表2可知，使用脱硫醇溶剂前装置液态烃硫化氢含量为0.34mg/m^3、总硫为3574.8mg/m^3。使用脱硫醇溶剂后装置液态烃硫化氢含量为0.43mg/m^3、总硫为3996.9mg/m^3，说明原料性质基本稳定。

表 3　实施后原料及产品质量

项目	脱硫后液态烃硫化氢含量/(mg/m³)	脱硫后液态烃硫含量/(mg/m³)
实施前	<0.71	111.8
实施后	<0.71	77.1

由表 3 可知，实施前装置脱硫后液态烃硫化氢含量为<0.71mg/m³、总硫为 111.8mg/m³。实施后装置液态烃硫化氢含量为<0.71mg/m³、总硫为 77.1mg/m³。说明使用脱硫醇溶剂后液态烃脱硫醇系统运行稳定，无较大变化，液态烃质量控制良好。

4.2　碱渣排放量

在使用脱硫醇溶剂后，脱硫醇系统在正常生产情况下没有使用碱液，也无碱渣产生。只有预碱洗系统产生少量碱渣，全年共计 482.12t。较 2019 年的 5236.38t 下降 90.79%。

4.3　效益测算

4.3.1　经济效益

由表 4 可知使用脱硫醇溶剂后每年可节约成本 137.46 万元。

表 4　经济效益测算

序号	名称	单价/(万元/t)	实施前		实施后	
			年用量/t	年费用/万元	年用量/t	年费用/万元
1	脱硫醇溶剂消耗	2.2	0	0	170	374
2	除臭精制液消耗	2	100	200	0	0
3	烧碱消耗(纯碱)	0.2815	1380	388.47	42.5	11.96
4	废碱渣填埋处置	0.0185	5236.38	96.87	482.12	8.92
4	脱硫醇溶剂再生	0.9	0	0	170	153
成本合计(万元)			—	685.34	—	547.88

4.3.2　环保效益

(1) 气体精制装置在使用碱液进行液态烃脱硫醇的过程中，2019 年碱渣产生量为 5236.38t。2020 年更换 GL 脱硫醇溶剂后碱渣产生量为 482.12t，相较于更换前碱渣排放量下降 90.79%。

(2) 同时降低了装置新鲜碱消耗量，由 2019 年的 1380t 下降至 2020 年 42.5t，减少了 96.9%。

(3) 碱渣拉运次数由 1 次/日下降至 2~3 次/月，减少了员工劳动强度；随着频次下降，装车点周边异味气体排放情况改善明显。

5　结论

“液化气脱硫醇碱渣尾气零排放技术”对降低气体精制装置碱渣排放量有很好的效果，

可大幅度降低装置的碱渣产生量，减量可达90%以上。同时操作简便，不需对气体精制装置工艺流程进行任何变动，减少投资。经过换剂后两套气体精制装置碱渣量大幅下降，现场异味改善明显。为公司的清洁生产、环保达标排放做出了重要贡献，具有较好的社会效益。

参考文献

[1] 宫少卿. 降低液化气碱渣排放量措施及回收处理工艺[J]. 石油与化工，2019，30(1)：64-67.

[2] 倪前银. 催化裂化液化气脱硫醇系统节能减排工艺改造及效果分析[J]. 石油炼制与化工，2019，50(12)：79-83.

基于碳减排的废塑料化学回收加工路线研究

蔡立乐，解增忠，刘必心

（中国石化石油化工科学研究院，北京 100083）

摘　要　化学法回收废塑料可实现资源的有效及循环利用，为考察化学回收过程的碳排放水平和经济效益，设计了三种废塑料深加工路线，包括热解-催化裂化多产油品方案、热解-蒸汽裂解多产聚烯烃化学品方案、热解-催化裂解兼产油品和化学品方案。探究了废塑料加工相对于炼厂原油加工的碳减排效应与万元产值碳排放。结果表明，废塑料加工方案的全生命周期碳排放总量均低于石油加工过程，蒸汽裂解方案吨原料的全流程碳排放最低，是原油加工方案的21.3%。在60美元价格体系下，蒸汽裂解方案与催化裂解方案的万元产值碳减排比例分别为35%和10.2%，碳减排效应明显。

关键词　废塑料　化学回收　加工路线　碳排放　碳减排

1　前言

塑料（聚乙烯、聚丙烯、聚氯乙烯等）具有成本相对较低和加工过程简单的优点，广泛应用于各个生产和生活领域。塑料作为石化行业下游产品，为人们的生活提供了极大的便利，但塑料制品的广泛使用也对世界环境和生态造成了巨大危害和经济损失[1]。资料显示[2]，2019年我国塑料品产量8184.17万t，其中产生的废旧塑料制品中有高达3848.25万t无法降解。塑料每年对世界海洋生态系统造成的经济损失至少达130亿美元（890亿元人民币）[3]。

废塑料处理或循环利用产业近年来迅猛发展，其中典型的手段有填埋法、焚烧法和利用热解油化的化学回收法[4]。废塑料热解油化技术不仅避免了传统处理方法产生的污染，同时可以将其转化为有机烃类等高价值产品[5,6]，实现塑料制品再生和资源的循环利用。废塑料油的后续加工作为产业链中的重要环节，其过程环保性与经济性很大程度上影响着产业链的发展方向。

为考察废塑料不同深加工过程的碳排放及经济效益，本课题研究废塑料燃烧发电过程和三种化学回收加工方案的碳排放，并进一步探索废塑料加工方案的经济效益以及万元产值碳排放，为废塑料的后加工流程和技术方案选择提供碳减排和效益增值方案借鉴。

2　废塑料化学回收方案碳排放分析

2.1　方案设计

为充分提高废塑料及裂解油的利用价值，以10万t废塑料为原料，设计了三种废塑料深加工路线：

方案A(生产油品)：废塑料化学法多产油品路线。如图1中流程所示，废塑料热解→热解油预加氢→加氢精制油催化裂化(FCC)→汽油加氢精制→油品调合→油品。通过以热解-催化裂化(FCC)为核心的工艺路线，实现多产油品的目的。

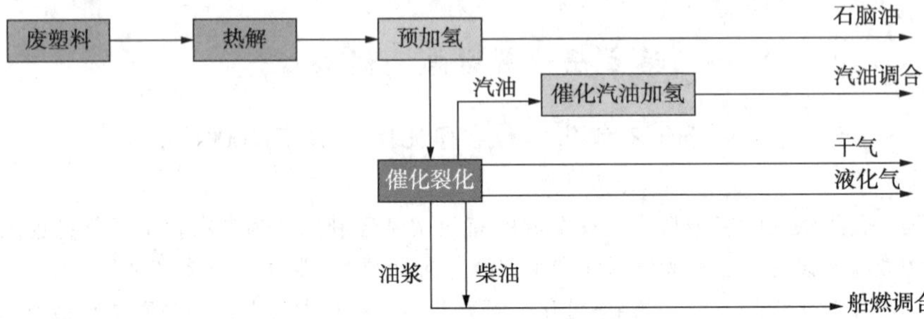

图1 废塑料热解-预加氢-催化裂化生产油品方案

方案B(多产化学品路线)：如图2中流程所示，废塑料热解→热解油预加氢→加氢精制油蒸汽裂解→聚乙烯、聚丙烯装置→聚烯烃+油品。通过以热解-蒸汽裂解为核心的工艺路线，实现多产化学品(聚烯烃)，废塑料热解油经预加氢分馏切割为石脑油、加氢重油分别进入蒸汽裂解装置，最大化生产乙烯和丙烯。

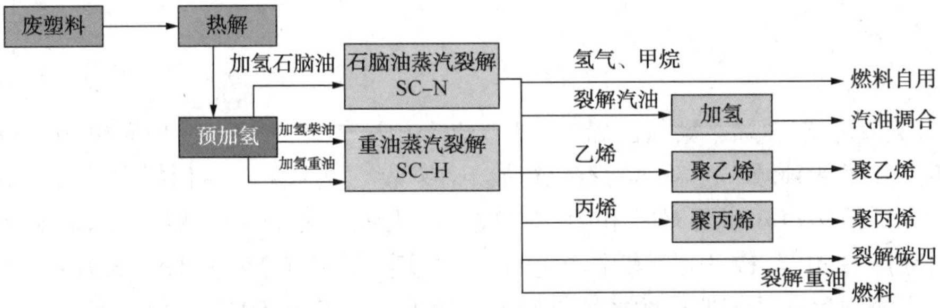

图2 废塑料热解-预加氢-蒸汽裂解多产化学品方案

方案C(兼产油品和化学品路线)：如图3中流程所示，废塑料热解→热解油预加氢→加氢精制油催化裂解(DCC)→汽油加氢+液化气气分产丙烯→聚丙烯装置→聚烯烃。通过以热解-催化裂解(DCC)为核心的工艺路线，废塑料油经预加氢后进入DCC装置，在该装置中将废塑料油转化为裂解汽油、裂解柴油和液化气，液化气经气体分离后得到丙烯，实现油品和化学品的兼产。

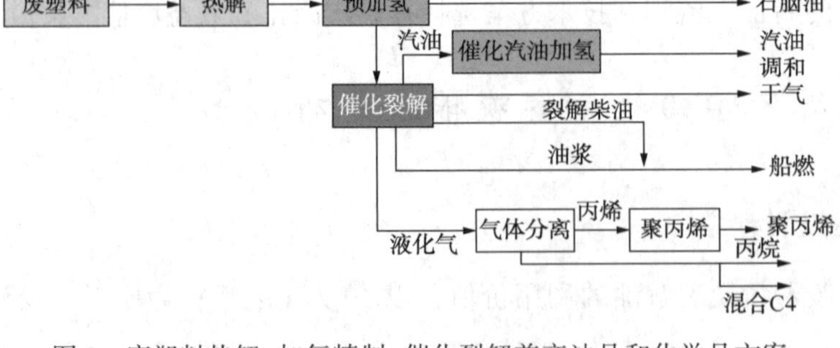

图3 废塑料热解-加氢精制-催化裂解兼产油品和化学品方案

2.2 不同方案的碳排放分析

本文中燃料燃烧碳排放和间接能源碳排放采用碳排放因子法计算，不同燃料燃烧的排放因子数据来源于SH/T5000—2011《石油化工生产企业 CO_2 排放量计算方法》，其中废塑料热解装置能耗参考焦化装置能耗。工艺排放考虑了催化装置催化剂再生烧焦、加氢装置所需 H_2 导致的碳排放等。

各装置碳排放及生产得到的成品油燃烧后的碳排放计算结果列于表1中。10万t废塑料在三种加工方案中的生命周期碳排放数据对比分析，其中方案A总碳排放为279428.8t，合2.8tCO_2/t废塑料原料，方案B总碳排放为242957.5t，合2.4tCO_2/t废塑料原料，方案C总碳排放为250137.3t，合2.5tCO_2/t废塑料原料。

表1 废塑料加工全流程各单元装置碳排放

装置碳排放/t CO_2	方案A	方案B	方案C
热解装置	15185	15185	15185
预加氢	21033.7	21033.7	21033.7
催化裂化	22363.8	—	—
蒸汽裂解	—	61065.6	—
催化裂解	—	—	32281.6
汽油加氢	1064.8	444.7	2871.6
气体分离	—	—	3844.4
聚丙烯	—	5154	5856.4
聚乙烯	—	21068.5	—
油品与干气燃烧	219781.5	119006	169064.6
总碳排放	279428.8	242957.5	250137.3
吨原料生命周期碳排放	2.8	2.4	2.5

在40美元、60美元及80美元/桶原油价格体系下，对不同方案的10万t废塑料加工最终产品产值测算，获得各方案的总产值和万元产值碳排放水平，列于表2中。可以看出，在不同的价格体系下多产油品的方案A产值最低，单位产值碳排放水平最高；多产聚烯烃的方案B产值最高，单位产值碳排放水平最低；兼产化学品聚烯烃和部分油品的方案C单位产值碳排放水平居中。

表2 废塑料化学回收方案的总产值和万元产值碳排放

价格体系		方案A	方案B	方案C
总产值/万元	40美元	18643.7	34972.8	23572.7
	60美元	26558.4	43239.1	33188.0
	80美元	34331.7	49544.8	40036.3
万元产值碳排放/t CO_2	40美元	15.1	6.8	10.7
	60美元	10.6	5.5	7.6
	80美元	8.2	4.8	6.3

3 与石油基炼厂碳排放对比分析

为分析废塑料化学回收在油品与化学品生产过程中的碳减排效应，将废塑料化学回收路线与生产油品和化工品的炼化一体化炼厂做对比分析。本文设计1000万t/a的炼化一体化炼厂，其中包含1000万t/a炼油系列装置+100万t/a聚烯烃装置，加工流程如图4所示。炼厂全生命周期碳排放的计算起点为原油开采。各装置碳排放量核算结果列于表3中，石油开采过程碳排放以332kg CO_2/t原油计[7]。考虑原油开采及成品油燃烧碳排放在内，本方案全生命周期碳排放为3.05tCO_2/t原油。

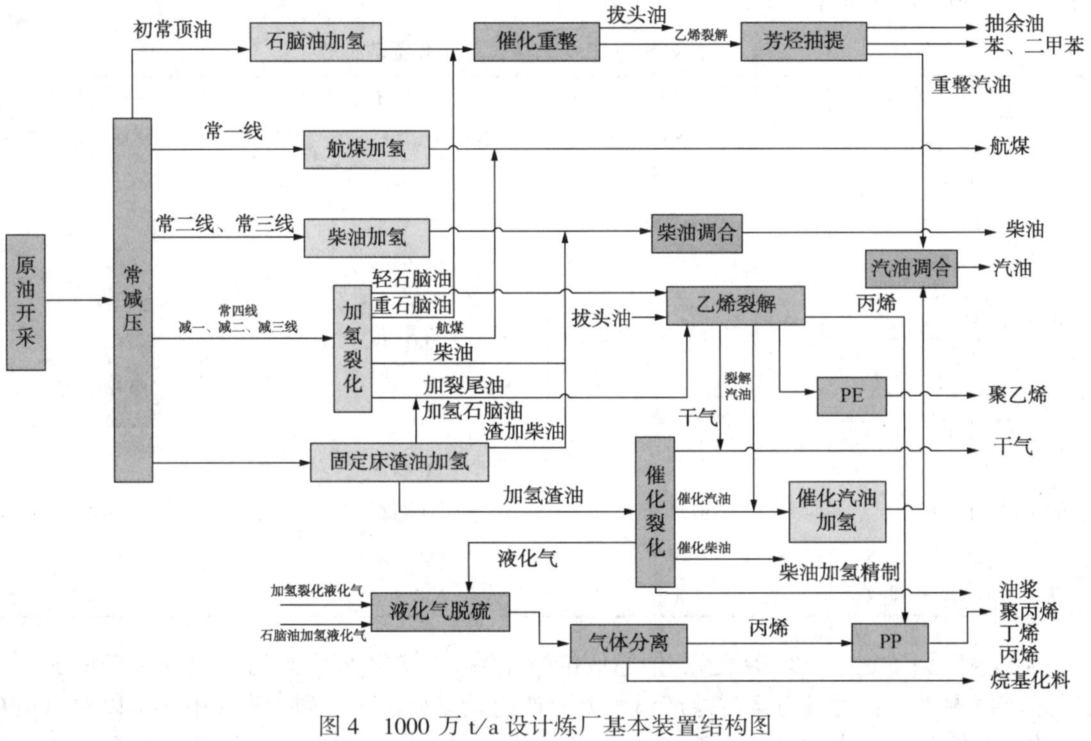

图4 1000万t/a设计炼厂基本装置结构图

表3 1000万t炼厂生产过程和单元碳排放

装置	开采	常减压	预加氢与重整	渣油加氢	航煤加氢	柴油加氢	加氢裂化	液化气脱硫	气体分离	催化裂化	汽油加氢	蒸汽裂解	聚乙烯	聚丙烯	油品燃烧
加工量/万t	1000	1000	201.7	318.4	95.7	285.6	229.5	67.6	66.4	283.2	143.2	118.2	38.8	40.6	696.9
碳排放/万t	332	44.0	58.5	57.3	1.63	34.2	58.7	6.4	7.8	62.0	4.7	328.1	35.1	14.7	2217.1

将本石油基炼化一体化炼厂全生命周期碳排放与前述废塑料化学法回收路线的碳排放进行对比分析发现，废塑料三种化学法加工方案吨原料碳排放均低于石油基炼厂。如图5所

示，在 40 美元、60 美元及 80 美元/桶原油价格体系下，对废塑料化学回收不同加工方案与石油基炼厂进行万元产值碳排放分析，可以看出方案 B 和方案 C 的万元产值碳排放均低于原油加工。

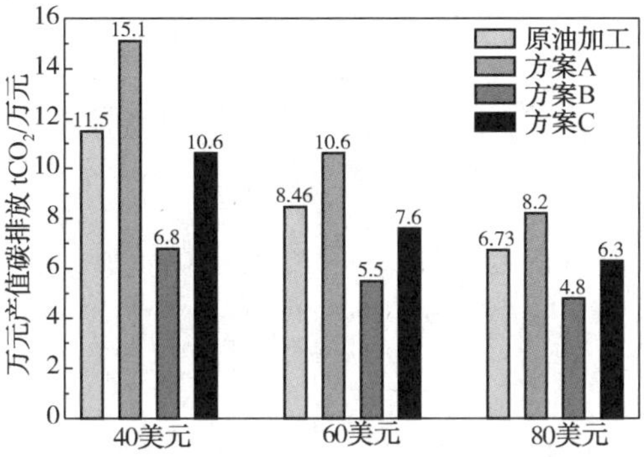

图 5　原油加工与废塑料不同加工方案万元产值碳排放对比

4　结论

与石油基炼厂相比，废塑料加工方案的全生命周期碳排放总量均低于石油加工过程。其中方案 B 和方案 C 万元产值碳排放均显著降低。方案 B 每吨原料的全流程碳排放最低，是原油加工方案的 21.3%，因此从碳排放总量和万元产值碳排放的角度选择方案 B，即采用热解-蒸汽裂解为核心的工艺路线，实现塑料的循环利用。

聚烯烃的加工生产是市场刚需，与炼厂原油加工对比，生产化学品方案 B、C 均大幅减低碳排放，在 40 美元价格体系下，两种方案的万元产值碳减排比例分别为 41% 和 8%；在 60 美元价格体系下，两种方案的碳减排比例分别为 35% 和 10.2%；在 80 美元的价格体系下，两种方案的碳减排比例分别为 28.7% 和 6.4%，碳减排效应明显。

参考文献

[1] 徐双庆，戚永颖．浅议能源发展趋势和石油石化企业转型[J]．国际石油经济，2019，(4)：54-65.
[2] 马占峰，姜宛君，杨森．中国塑料加工工业(2019)[J]．中国塑料，2020，34(5)：102-106.
[3] Tang，Shaolong，Wang，et al. Reducing emissions in transportation and inventory management：(R，Q) Policy with considerations of carbon reduction[J]. European Journal of Operational Research，2018.
[4] 魏鑫嘉，刘博洋，王鸣等．废塑料裂解及塑料油精制研究进展[J]．工业催化，2019，27(2)：31-34.
[5] Kumar S，Prakash R，Murugan S，et al. Performance and emission analysis of blends of waste plastic oil obtained by catalytic pyrolysis of waste HDPE with diesel in a CI engine[J]. Energy Conversion & Management，2013，(74)：323-331.
[6] 方胜杰．中国塑料再生行业发展现状及未来展望[J]．中国石油和化工经济分析，2019，256(4)：30-34.
[7] 吴明，姜国强，贾冯睿，等．基于物质流和生命周期分析的石油行业碳排放[J]．资源科学，2018，40(6)：1287-1296.

信息化与智能化

炼油装置腐蚀根原因智能分析的思考与构想

李松泰

（中国石化燕山石化公司炼油厂，北京　102500）

摘　要　本文介绍了炼油行业防腐智能化技术进展，立足某石化炼油装置腐蚀现状及需求，提出了“腐蚀根原因智能分析”的思考与构想。基于腐蚀大数据及防腐专家分析经验，运用协同分析思维模型模拟人脑分析腐蚀原因的过程，开发腐蚀根原因分析系统，实现对不同程度腐蚀关键数据抓取、基于协同思维的根原因分析方法做出有效防控决策和合理预测，最大程度提高防腐效率，保证设备在服役期内的完整性和安全可靠性。对防腐信息化智能化发展进行了探索和尝试，为后续腐蚀智能化研究和企业应用提供一些参考思路。

关键词　根原因　数据分析　腐蚀回路　协同分析　智能化

1　炼油防腐智能化技术进展与需求

1.1　炼油行业防腐智能化技术进展

实现设备本质安全是如今炼化行业的一项长期工作重点，腐蚀泄漏是炼油装置设备故障、失效的主要表现形式。面对当今石化行业新形势和新局面，原油劣质化、油品性质多变复杂，炼油装置设备数量众多，随着装置运行时间加长，腐蚀等问题的积累和叠加，造成设备带病运行，腐蚀不确定性增加，传统的防腐技术和管理方法早已不满足炼油装置长周期安全运行需求。在安全环保理念日益加深的情况下，企业全力推进降本增效，腐蚀成本、防腐效率也需要重新定义[1]。

人工智能、大数据、物联网为标杆的信息技术正在纵深发展并深刻改变人类的生产及生活方式。随着腐蚀理论、机理日趋完善，在防腐蚀技术与研究方法与持续地迭代过程中涌现许多防腐蚀先进新技术，腐蚀监检测、专家系统腐蚀分析[2,3]、预知维修等模式逐步朝着智能化方向发展并取得显著成效，显示出强大的应用发展潜力[4]。李启瑞等[5]设计了“腐蚀信息综合分析系统”，模型涵盖了设备资料、检修、工艺流程图、测厚数据等方面；刘斌[6]阐述了专家系统在腐蚀与防腐领域应用的通用性较弱，推理机制较为落后，专家系统的难点为失效模式的故障诊断；白宏鹏等[7]介绍了腐蚀领域内基于规则、基于案例、基于神经网络的专家系统的特点和不足；许述剑、刘小辉[8]分析了石化腐蚀技术现状与需求，提出腐蚀监检测急需解决的问题是腐蚀数据挖掘和传感器的智能化、低成本化，建立智慧防腐分为“数字化、智能化、智慧化”三个阶段；2015 年北京科技大学李晓刚[9]教授团队发表在《Nature》杂志的论文中提出了腐蚀大数据概念，建立腐蚀基因工程组的构想，从而更加精确和准确地分析与评价腐蚀过程。

智能化系统和设备在炼油行业的应用日趋广泛[10]。行业内走在智能化前端的有沈鼓集团测控有限公司开发的“基于工业物联网动静设备一体化监测平台”，特别是旋转机泵群在线监测和故障诊断，杭州原创开发的常减压注剂精准加注系统和阴极保护领域的智能调节设计，以及特定领域的专家系统等。炼油装置的腐蚀控制领域中，武汉石化的腐蚀监检测与管理决策平台分为5个子模块，可集中实时显示腐蚀监测数据、定点测厚数据、pH监测数据等。某石化预知维修系统也集成了定点测厚数据管理平台、腐蚀风险管理、小接管管理、腐蚀案例，并与腐蚀在线监测系统、水冷器泄漏检测系统等进行接口链接。

1.2 炼油防腐智能化发展的现实需求

根据智能化设备实际使用情况来看，腐蚀控制领域的智能化发展较为缓慢，目前仍在数字化阶段。各类智能化系统采集并存储的海量腐蚀数据，核心功能依然停留在数据采集、储存、筛选、统计、趋势分析，报警等层面。

绝大部分炼厂配备了完善的工艺防腐设施及腐蚀监检测系统。但在实际防腐蚀工作过程中，不断更新积累的海量腐蚀数据往往不能被准确地综合运用，防腐管理依然表现为单一、割裂、滞后的，仍无法较为准确评估腐蚀状态识别腐蚀隐患。大多数炼厂也难以针对具体工况建立腐蚀分析模型，仅依靠人工分析相关腐蚀数据得出经验结论，不能对腐蚀规律进行合理预测。目前腐蚀根原因分析依然需要以人工判断、经验为主导分析不同种类的腐蚀数据，依靠专家经验指导日常防腐工作的开展，不能对关键腐蚀数据形成有机统一的分析，及时得出一个准确的结果。

处于快速发展中的炼化企业，如何提高现有腐蚀数据的利用率来提高经济效益，是切实需要思考的问题。在新时代和新形势下，防腐蚀工作应该立足于实际条件，继承和发扬腐蚀专家分析经验[11]，积极结合信息化发展趋势，注重新技术的实用性和适用性，从腐蚀根原因分析及防腐管理过程寻求突破，最大程度提高防腐效率，保证设备在服役期内的完整性和安全可靠性[12]。

本文在以上背景和条件下，提出开发“基于协同分析思维的腐蚀根原因智能分析系统”的构想。即立足于炼厂现有系统平台，基于腐蚀大数据及防腐专家分析经验，建立生产过程中的工艺防腐与设备腐蚀监测协同分析模式[13]，运用协同分析思维模型模拟人脑分析腐蚀原因的过程，实现对不同程度腐蚀关键数据抓取，进行腐蚀根原因分析，从而做出有效防控决策和合理预测。

2 腐蚀根原因智能分析系统思考

2.1 整合生产数据，实现关键腐蚀数据抓取

某石化在用的与腐蚀相关系统如图1所示。主要分为设备系统(ERP系统、修理费系统，预知维修平台、腐蚀在线监检测系统等)，工艺系统(生产实时数据库，LIMS系统等)数据。基于协同分析思维的腐蚀根原因智能分析系统将以炼油24套生产装置腐蚀回路为最

小单元，从腐蚀监测系统中筛选出腐蚀减薄程度大和腐蚀速率高的部位，在上7个系统中实时抓取腐蚀关键数据，为腐蚀根原因分析与决策提供最新数据支持，提高腐蚀分析效率和准确性。

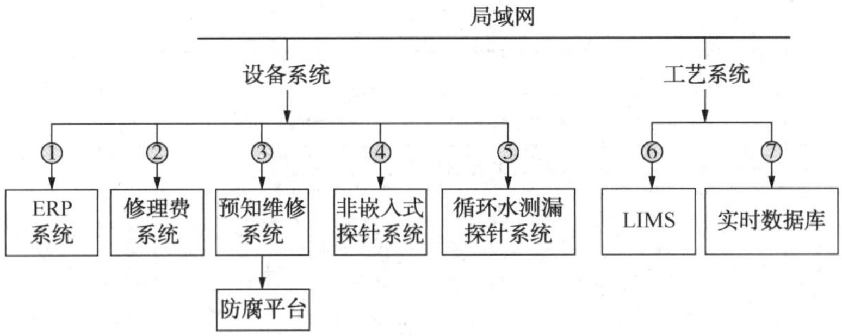

图1 腐蚀数据相关系统

2.2 建立带有“知识推理”的协同思维分析模型

基于腐蚀机理、腐蚀大数据、腐蚀案例及防腐专家分析经验，建立生产过程中的工艺防腐与设备腐蚀监测协同分析模式，对重点部位开展腐蚀根原因分析。利用推理机制将这一分析过程思维模型化、程序化，实现模拟人脑对腐蚀根原因分析的过程。

2.3 实现腐蚀防控决策和合理预测

在整合系统、抓取腐蚀关键数据，得出腐蚀根原因结论后，综合分析腐蚀重点部位的效能(结合修理费)、能耗和防腐效率(结合腐蚀成本)。对生产过程中腐蚀情况做出有效防控决策和反馈，优化生产参数调控。对腐蚀发展趋势进行合理预测、评估，提供解决方案，实现提前预防与设备前期管理。

3 腐蚀根原因智能分析系统技术构想

3.1 腐蚀根原因智能分析系统技术路线

腐蚀根原因智能分析系统技术构想最终目标是基于炼油厂预知维修平台等7个腐蚀相关系统，开发基于协同分析思维的腐蚀根原因智能分析系统，具体的技术路线如图2所示。包含知识库模块、数据库模块、协同分析思维模型和决策与预测模块四个部分，这种分层架构设计从技术上实现防腐蚀工程各个阶段数据的互通和集中管理[10]。

3.2 腐蚀根原因智能分析系统技术架构

3.2.1 数据库

整合某石化在用腐蚀数据相关系统，建立腐蚀数据库，对特定腐蚀部位实现关键腐蚀数据准确识别、抓取，传递给协同分析思维模型进行根原因分析、决策和预测。腐蚀根原因分析关键数据类别，如表1所示。

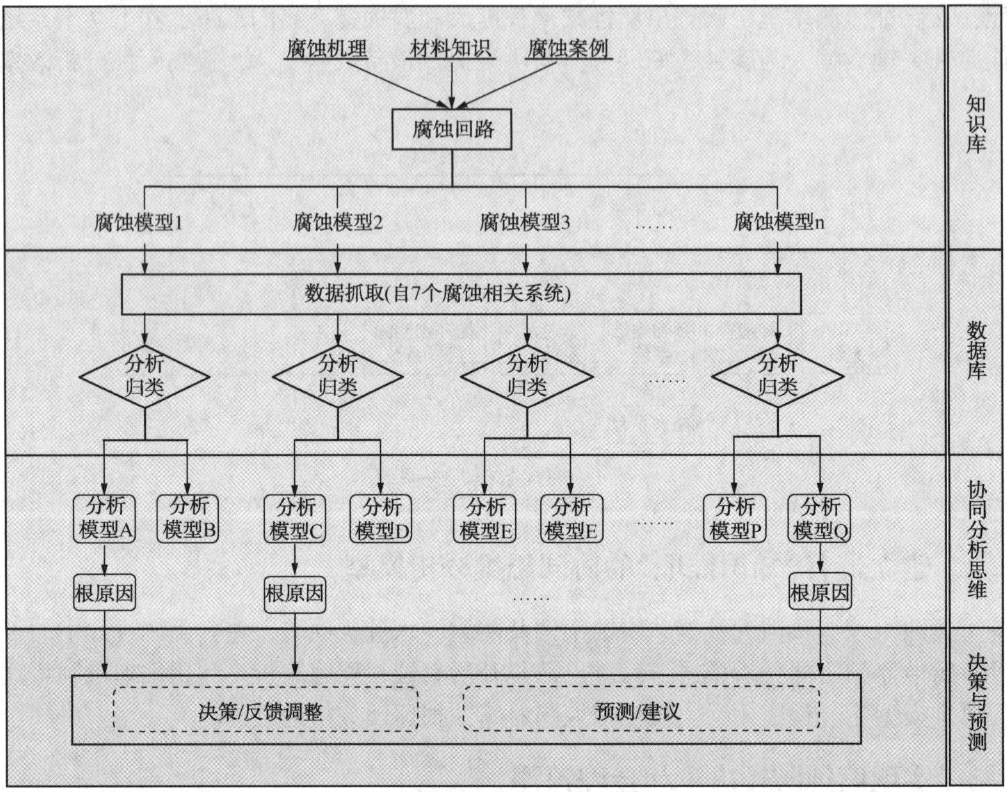

图2 技术路线示意图

表1 腐蚀根原因分析关键数据

设备基础数据	腐蚀监检测数据	修理费数据	工艺生产数据
规格参数	非嵌入式探针数据	维修情况	防腐分析指标
原始壁厚	日常检测数据	修理费用	流量
材质	pH值		原料硫含量
设备变更	流速		温度
规格参数	腐蚀调查数据		压力
	水中油含量		
	历史腐蚀案例		

3.2.2 知识库

知识库作为分析基础，以腐蚀回路为载体，“腐蚀机理+材料知识”为知识数据，对大量“腐蚀案例”进行学习与拆分，建立相应逻辑关系。知识库可以进行不断扩充与更新，为分析模型后续扩展做储备。将带有逻辑关系知识数据-腐蚀案例特征提取为腐蚀元数据(为根原因分析关键判断依据)，为后续根原因分析、决策与预测提供判据。根原因分析即建立“腐蚀数据→腐蚀回路→腐蚀机理+材料知识~腐蚀案例→腐蚀元数据”腐蚀分析模型的过程。

3.2.3 协同分析思维模型

(1)“工艺防腐+设备腐蚀监测”管理模式

打破工艺和设备防腐断层、分离管理，建立生产过程中的工艺防腐与设备腐蚀监测协同分析模式，见图3。将工艺生产与设备运行在防腐管理节点进行有效衔接[13]，从工艺防腐和设备防腐工程两个维度开展，推进工艺防腐调控与腐蚀状态监测有机结合，可最大化提高设备防腐管理效果。

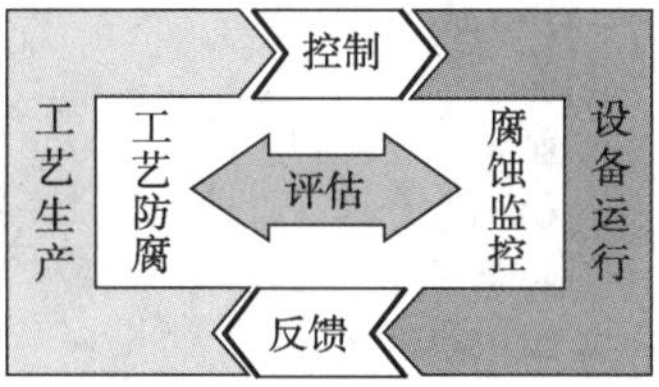

图3　工艺防腐与设备腐蚀监测协同分析模式

（2）"腐蚀机理+腐蚀数据"协同分析思维

协同分析思维即结合工艺防腐理论和设备防腐工程，以"工艺防腐与设备腐蚀监测协同分析模式"（图3）为原型，通过工艺生产控制设备运行，由设备运行状态反馈工艺调整，工艺防腐和腐蚀监控互相作为防腐效果评估的检验方式。整体上拟采用理论分析与推理计算方法，专家经验公式等手段进行根原因分析模型设计，建立相应数学模型和程序框图，编制相应软件模块。协同分析思维以炼油装置腐蚀回路为载体，将特定部位抓取的关键腐蚀数据（材质、原料、工艺操作、化验防腐指标、工艺生产数据、腐蚀监检测数据等）进行数据分析归类，匹配相对应的分析模型A/B/C……进行腐蚀数据一次分析，同时部分腐蚀模型需抓取历史数据二次分析，最终得出腐蚀根原因。

3.2.4　"决策和预测"智能分析模块

基于数据库、知识库及协同思维分析模型，分析推理得出腐蚀根原因后，下一步开发带有决策和预测功能的分析模块。实现腐蚀根原因中的强相关性操作参数的反馈调节，对重点部位后续腐蚀趋势进行合理预测与防腐建议，最终实现"腐蚀预警-腐蚀根原因分析-反馈调控/防控决策-合理预测"功能的智能分析系统开发。

3.3　前期工作及应用效果

近几年某石化炼油系统防腐蚀数字化智能化发展做出的基础工作主要有：引进非嵌入式在线探针、实时监测循环水水中油泄漏、脉冲涡流高效扫查等先进技术建立腐蚀状态实时监测网络；借助预知维修平台强化预知维修腐蚀管理；划分24套炼油装置腐蚀回路，指导工艺与设备防腐；优化工艺防腐，控制设备腐蚀速率；设备流场分析，反馈工艺防腐效果等。

协同分析工艺防腐指标和设备腐蚀状态，即工艺设备一体腐蚀全面监测，如表2所示。同时辅助定点测厚、涡流扫查等方式对装置腐蚀回路腐蚀风险部位进行监测，丰富炼油部各装置腐蚀监测数据库，将完整腐蚀数据库分级管理，采取相应措施防控。

表2　腐蚀全面监测

种类	范围	种类	范围
在线测厚探针	11套装置176处监测点	循环水泄漏监测	6套装置10处监测点
非嵌入式在线测厚	4套装置147处监测点	工艺防腐	96个防腐指标管理

静设备故障率降低，隐患治理见成效。静设备故障大部分是由于腐蚀、泄漏等原因造成，分析2017年和2018年1~11月某石化炼油厂静设备故障数量见图4。2017年静设备总故障551台次，2018年435台次，同比下降26.7%。

精细管控工艺防腐，超标数量明显下降，某石化26套装置工艺防腐指标共四大类96项，通过加强工艺防腐精细管理、调控，工艺防腐超标数量明显下降，对比2017年和2018年1~11月超标次数统计见图5。

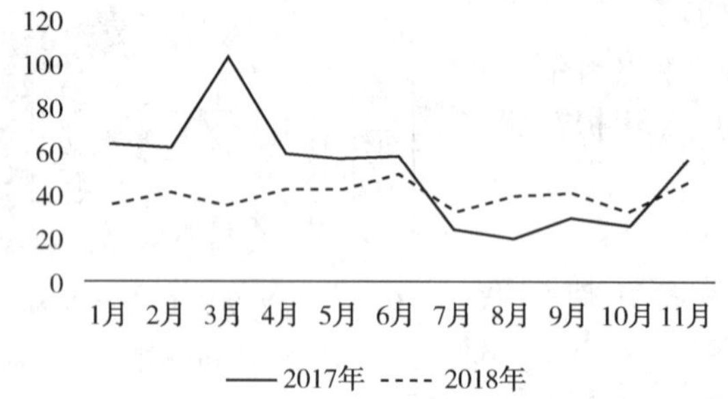

图4　2017、2018年静设备故障数量

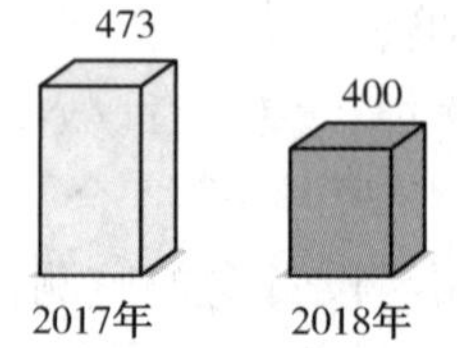

图5　工艺防腐超标次数统计对比

4　结论

在人工智能、大数据飞速发展趋势下，通过不断更新和完善腐蚀理论分析方法，同步研发智能化系统和设备，把经验和理论转化成实际解决方案，才能在工程应用中体现出重大价值。本文提出"腐蚀根原因智能分析系统"构想是对防腐信息化智能化发展的探索和尝试，为后续腐蚀智能化研究和企业应用提供一些参考思路。继承和发扬腐蚀专家分析经验，从腐蚀根原因分析及防腐管理过程寻求突破，提高现有腐蚀数据利用率，建立生产过程中的工艺防腐与设备腐蚀监测协同分析模式与腐蚀根原因分析模型，推进腐蚀分析和防腐管理向智能化智慧化方向发展。

参　考　文　献

[1] 廖钦，李文．2001年世界能源市场综述——来自BP公司的最新报告[J]．国际石油经济，2002，10(7)：51-54.

[2] 张远声．腐蚀数据库和腐蚀专家系统[J]．化工腐蚀与防护，1997(3)：14-20.

[3] 王德胜，梁成浩．专家系统技术在腐蚀科学中的应用[J]．四川化工，1996(3)：45-47.

[4] 刘晓方，黄淑菊，王汉功，等．计算机在腐蚀与防护领域中的应用[J]．腐蚀科学与防护技术，1998，10(4)：37-44.

[5] 李启锐，邱波，彭志平，等．炼化装置腐蚀信息综合分析系统的设计与实现[J]．计算机技术与发展，2015，25(12)：156-160.

[6] 刘斌．专家系统在腐蚀与防护领域的应用[J]．上海涂料，2014(04)：34-37.

[7] 白宏鹏，任帅，陈旭，等．腐蚀科学领域内专家系统的应用[J]．当代化工，2016，45(1).

[8] 许述剑，刘小辉．炼化企业防腐蚀信息化管理系统的研发与展望[J]．腐蚀与防护，2010，31(3)：188-192.

[9] Xiaogang Li，Dawei Zhi，Zhiyong Liu，et al. Materials science：Share corrosion data[J]. Nature，2015，527：441-442

[10] 王勋龙，王恩生，李传增，等．基于大数据的腐蚀控制工程全生命周期智能化建设[J]．全面腐蚀控制，2018，32(09)：21-24.

[11] 佚名．腐蚀与防护手册(第1卷)--腐蚀理论．试验及监测(第2版)(精)[M]，2009.

[12] 曾成才，王美丽，石春生．炼油企业生产规划研究[J]．中国市场，2008(10)：96-97.

[13] 黄皓，杨毅博．台山核电CEPR工程生产防腐一体化管理[J]．全面腐蚀控制，2016，30(1)：1-4.

风量调节测定柴油十六烷值的方法研究

张会成[1]，付　伟[2]，高　波[1]

（1. 中国石化大连石油化工研究院，大连　116045；
2. 中国石油化工股份有限公司科技部，北京　100728）

摘　要　利用FCD-Ⅱ柴油十六烷值测定机进行了风量调节法测定十六烷值的方法研究，简述了风量调节法测定十六烷值的方法原理，拟合了风量与十六烷值的关系，重复测定了8个不同十六烷值样品，并与压缩比法测定结果进行了对比，试验结果表明，风量与十六烷值呈非线性关系，通过参比燃料利用内插方法可以精确计算十六烷值。该方法十六烷值在25~75范围内重复性小于1.0个单位，与压缩比法对比，测定结果有很好的一致性。风量调节法可以作为燃料十六烷值的测定方法。

关键词　十六烷值　风量调节　压缩比　柴油

柴油的发火性表示柴油的自燃能力，即柴油经高压压缩后着火的难易程度，是柴油重要的使用指标之一，柴油发火性用十六烷指数[1,2]、衍生十六烷值[3]和十六烷值法[4]表征。十六烷指数在GB/T 11139、SH/T 0694中由物性关联参数计算[5,6]，由于组成结构信息变化大，计算结果存在较大误差，特别是对添加剂柴油不适用。等容燃烧法测定衍生十六烷值采用模拟发动机，以正庚烷阿作为校正样品，而且对温度、压力等参数精确度要求高，需要多次预试验满足要求后，再进行多次统计试验，条件要求苛刻，其最终结果与GB/T 386比较而得出。一直以来，十六烷值的测定采用GB/T 386《柴油十六烷值测定法》，是一种压缩比调节方法，该方法使用专用测试仪器，仪器费用昂贵，操作难度大，而且耗时长，样品用量大，维修维护困难。作者开发了一种新的测定柴油十六烷值的方法——风量调节法[7]，对燃烧气缸内风量与温度流场、压力流场、空气速度流场做了大量模拟研究，在理论上证实了其方法科学性。本文用实际柴油样品测定十六烷值，研究十六烷值与风量的关系、测定结果的重复性，以及与压缩比法测定结果的一致性。

1　试验部分

1.1　试验设备

FCD-Ⅱ柴油十六烷值测定机：单缸四冲程，缸径×行程为90mm×90mm，转速为1000r/min±10r/min，压缩比为21，进油量10mL/(90s±1.5s)，喷油提前角20°，发火延迟角，喷油压力12.75MPa±0.5MPa，等容可变压缩力调节范围0~20 kPa，风量表读数0~1000。

ASTM CFR十六烷值测定机，适用于GB/T 386标准(压缩比法)，缸径×行程为82.5mm

×114.3mm，转速为900r/min±9r/min，进油量13.0mL/min±0.2mL/min，喷油提前角13°，发火延迟角，喷油压力10.30MPa±0.34MPa。

1.2 试验燃料

柴油样品由燃料调合而成，十六烷值约30、38、42、48、55、63、68、72。

检验燃料，十六烷值分别为42.0和53.0，美国菲利普斯石油公司生产。

2 方法原理和性质关系

2.1 方法原理

该方法采用固定“着火滞后期”（燃料喷射开始和燃烧开始之间的时间间隔）法测定柴油十六烷值。气缸容积为固定值，燃烧室体积和工作体积都为恒定值，压缩比固定在21，通过调节控制进入气缸的空气量，即风量（以风量表读数表示），达到调节压缩冲程终了时燃烧室内的压力和温度。将试样的着火性质与已知十六烷值的参比燃料的着火性质相比较，选择差值不大于5个十六烷值单位的两种参比燃料，以同样方法获得精确着火滞后期，当试样的风量处于两种参比燃料风量之间时，用内插法计算出试样十六烷值。风量大，压缩冲程终了时燃烧室内的压力和温度高，所测定的柴油十六烷值就低；反之，风量小，压缩冲程终了时燃烧室内的压力和温度低，所测定的柴油样品十六烷值就高。风量调节方法工作原理与柴油发动机工作实际工况更为接近，所测定的十六烷值结果更有实际意义。

$$CN=L+(H-L)(a_i-a_L)/(a_H-a_L) \tag{1}$$

式中 CN——试样十六烷值；

H——高参比燃料十六烷值；

L——低参比燃料十六烷值；

a_H——高参比燃料风量表读数；

a_L——低参比燃料风量表读数；

a_i——试样燃料风量表读数。

2.2 十六烷值与自燃点的关系

十六烷值与分子结构有关，见表1。对于纯化合物而言，碳数多的直链烷烃，其十六烷值大于碳数少的直链烷烃；含支链的烷烃十六烷值较低，支链越多，十六烷值越低；芳烃的十六烷值最低，并且芳环越多，十六烷值越低，芳环上含有烷烃取代基可提高十六烷值，取代基越长十六烷值越高。化合物自燃点与分子结构的特点[8]见表2，碳数多的直链烷烃，其自燃点低于碳数少的直链烷烃；含支链的烷烃自燃点较高，支链越多，自燃点越高；芳烃的自燃点最高，并且芳环越多，自燃点越高，芳环上含有烷烃取代基可降低自燃点，取代基越长自燃点越低。

表 1　十六烷值与分子结构关系

烃类名称	十六烷值	烃类名称	十六烷值
正庚烷	55	正庚基苯	36
正十二烷	72	正十二烷基苯	58
正十六烷	100	甲基萘	0
七甲基壬烷	15		

表 2　自燃点与分子结构关系

烃类名称	自燃点/℃	烃类名称	自燃点/℃
正庚烷	242	2，2，3-甲基戊烷	400
正十六烷	235	甲基萘	528

通过上述表说明十六烷值与自燃点有一定关联性，见图 1。十六烷值越高，自燃点越低。在风量调节测定柴油十六烷值研究中发现，燃料的起始燃烧温度可以通过风量调节控制，在气缸压缩比固定的条件下，加大进入气缸的空气量(即增加风量)，到达压缩终了时的压缩温度增高，可以使高自燃点(低十六烷值)的燃料燃烧，减少进入气缸的空气量(即减小风量)，到达压缩终了时的压缩温度降低，可以使低自燃点(高十六烷值)的燃料燃烧。

3　结果与讨论

3.1　风量与十六烷值的关系

12 种不同十六烷值的调和燃料，利用 FCD-Ⅱ柴油十六烷值测定机，采用风量调节法测定十六烷值，风量与十六烷值的关系见图 2。随着十六烷值增加，风量表读数降低，即进入发动机气缸的空气量减少。图 2 中曲线说明风量与十六烷值呈非线性关系，所以在方法原理中用两个差值不超过 5 个十六烷值单位的参比燃料，试验燃料的十六烷值应在参比燃料十六烷值之间，它们的风量表读数也有同样的关系，在有限范围内把曲线近似成直线简化计算具有合理性。

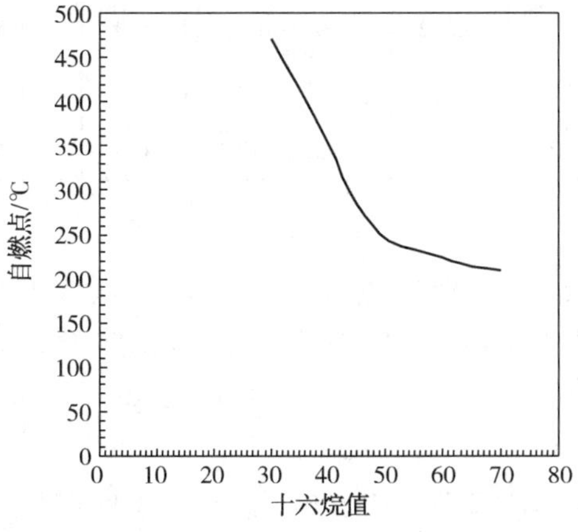

图 1　十六烷值与自燃点的关系

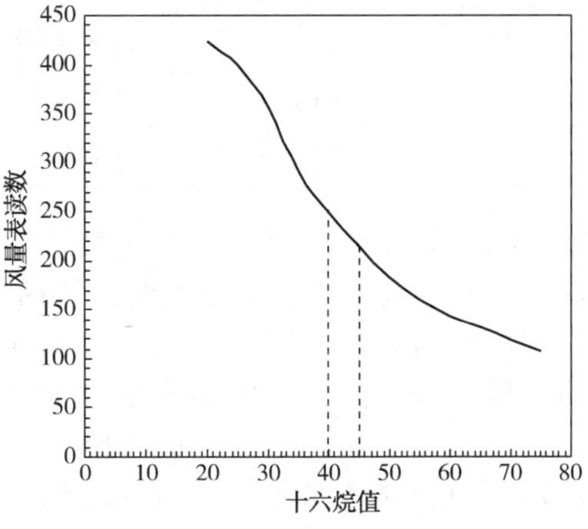

图 2　风量与十六烷值的关系

3.2 风量调节测定十六烷值的试验验证

3.2.1 检验燃料的验证

用两种进口检验燃料，十六烷值赋值分别为42.0和53.0，分别测定9次，结果见表3，实测十六烷值平均值分别为41.9和53.2，与赋值偏差分别只有0.1和0.2个单位，说明风量调节测定十六烷值具有很好的准确性。

表3 检验燃料验证数据

检验燃料赋值	检验燃料测定次数									极差	均值	偏差
	1	2	3	4	5	6	7	8	9			
42.0	41.8	41.6	41.5	41.6	41.7	42.2	42.4	42.3	41.6	0.8	41.9	0.1
53.0	53.6	52.8	52.9	53.3	53.0	53.5	53.7	52.8	53.4	0.9	53.2	-0.2

3.2.2 重复性实验

本试验使用了不同十六烷值的8个柴油样品，十六烷值范围25-75以风量调节法十六烷值机为检测设备进行重复性检测，考察其重复性。每个样品进行9次重复性测量，试验结果见表4，数据显示该仪器的相对标准偏差最大只有1.7%，说明重复性良好。

表4 十六烷值测定重复性考察

样品	测定次数									平均值	极差	相对标准偏差
	1	2	3	4	5	6	7	8	9			
A	28.0	26.9	27.6	27.2	27.8	28.1	27.0	27.8	28.1	27.6	1.2	1.69
B	37.5	38.0	37.2	38.0	37.7	38.2	37.3	37.5	37.7	37.7	1.0	0.90
C	42.3	43.0	43.0	42.4	42.5	42.6	42.4	42.8	42.5	42.6	0.6	0.61
D	48.0	47.6	48.2	47.8	48.4	48.0	47.9	47.6	48.4	48.0	0.8	0.63
E	54.9	54.8	55.3	55.6	55.7	55.2	55.6	55.2	55.3	55.3	0.9	0.56
F	62.5	61.9	62.4	61.9	62.8	62.5	62.6	62.2	62.9	62.4	1.0	0.57
G	67.5	67.2	68.2	67.2	67.5	67.6	68.3	67.8	68.1	67.7	1.1	0.61
H	71.9	72.3	72.2	72.8	73.0	73.4	72.8	73.0	73.2	72.7	1.5	0.68

3.2.3 风量调节法与压缩比法的结果比较

表5列出了风量调节法与压缩比法的测定结果比对数据(参照表4)，从表5中可见，对相同样品采用不同方法进行柴油十六烷值测定，其平均值基本相吻合。对每个样品，风量调节法数据的最大值A或最小值B减去压缩比法测定值C可以看出，在十六烷值28到74范围内，最大偏差小于2.0个单位，在GB/T 386—2010精密度规定的范围内，这种偏差小于再现性误差，因此风量调节法与压缩比法有很好的一致性。

表 5　FCD 与 ASTM CFR 十六烷值机测试结果

样　品	A	B	C	D	E	F	G	H
风量调节法测定最大值 M	28. 1	38. 2	43. 0	48. 4	55. 7	62. 9	68. 3	73. 4
风量调节法测定最小值 N	26. 9	37. 2	42. 4	47. 6	54. 8	61. 9	67. 2	71. 9
压缩比法测定值 P	26. 8	38. 2	43. 2	49. 2	56. 2	61. 9	68. 9	73. 8
$M-P$	1. 3	0. 0	−0. 2	−0. 8	−0. 5	1. 0	−0. 6	−0. 4
$N-P$	0. 1	−1. 0	−0. 8	−1. 6	−1. 4	0. 0	−1. 7	−1. 9

注：根据 GB/T 386 精密度要求，在十六烷值 40～56 范围内，用内插法计算再现性误差：十六烷值 43. 0 的误差为 2. 8，十六烷值 48. 4 的误差为 3. 8，十六烷值 55. 7 的误差为 4. 8(十六烷值<40 和>56 未给出精密度)。

4　结论

利用风量调节法测定柴油十六烷值，得出如下结论：

(1) 通过风量调节可以测定十六烷值，随燃料十六烷值增大，风量降低。风量与十六烷值呈非线性关系，采用两个参比燃料，利用内插方法可准确计算十六烷值。

(2) 风量调节法测定燃料十六烷值具有很好的准确性和重复性，与传统压缩比法比较，有很好的一致性，风量调节法可以作为燃料十六烷值的标准方法，而且方法具有油品适用范围广、十六烷值测定范围宽、稳定性好、节省标准燃料和试样，操作简单的优点。

参　考　文　献

[1] GB/T 11139 馏分燃料十六烷指数计算法[S]//石油和石油产品试验方法国家标准汇编(中). 北京：中国标准出版社，2016：573-576.

[2] SH/T 0694 中间馏分油燃料十六烷指数计算法　四变量公式法[S]//石油和石油产品试验方法行业标准汇编(第三分册). 北京：中国标准出版社，2010：30-34.

[3] ASTM D6890，Standard Test Method for Determination of Ignition Delay and Derived Cetane Number(DCN) of Diesel Fuel Oils by Combustion in a Constant Volume.

[4] GB/T 386 柴油十六烷值测定法[S]//石油和石油产品试验方法国家标准汇编(上). 北京：中国标准出版社，2016：121-155.

[5] 任连岭，张越鹏. 柴油发火性评价方法及其相关性研究[J]. 石油商技，2010(3)：78-81.

[6] 李虎，十六烷值关联方法综述[J]. 炼油与化工，2012，23(6)：4-7.

[7] GB/T 33298 柴油十六烷值得测定　风量调节法[S]. 北京：中国标准出版社.

[8] 陈波水，严正泽，朱钟敏，等. 柴油自燃点与十六烷值对应关系[J]. 石油炼制，1990(5)：50-53.

高压液体进样阀在分析烷基化原料混合碳四中的创新应用

桂玉英

（中国石化九江石化公司质量管理中心，九江　332004）

摘　要　Agilent SP1 7890-0689 是在 Agilent 7890B 气相色谱平台上开发的含氧化物液化石油气组成专用分析仪。仪器包含一个分流进样口、两个 FID 和两根 PLOT 柱，并且采用了一套带四通阀的高压液体注射装置进样，在炼化行业当属首例。此种进样方式，在实践分析操作中，遇到了各种意想不到的难题，本文针对进样方式进行不断的改进、优化，摸索出了切实可行的方法，快速、准确地为烷基化装置提供了可靠的分析数据，并且各组分的相对标准偏差都不超过 3%。

关键词　高压液体进样阀　含氧化合物　烃类组成

1　引言

九江石化 30 万 t/a 烷基化装置是“十三五”汽油产品质量升级重点建设项目，该套装置离子液催化剂工艺技术在国内应用尚属首次，它是公司炼油产品结构调整及提升汽柴油品质升级项目的重要组成部分，对公司实现提质增效意义重大。烷基化油具有辛烷值高、不含烯烃及芳烃、调和性好、挥发性好和燃烧清洁等优点，无论是生产高标号汽油，还是航空汽油，烷基化油都是理想的调和组分。新建烷基化装置是为了充分利用公司轻烃资源，解决辛烷值不足、芳烃烯烃含量偏高，调整汽油产品结构，增产高标号汽油，进一步提高企业的经济效益。本装置原料主要来自 MTBE 装置的醚后碳四、酯后碳四、催化液化气经气体分馏后的碳四馏分。由于原料中的二甲醚、甲醇、MTBE、叔丁醇、丁二烯等杂质都是烷基化过程中耗酸的主要杂质，并且会降低烷基化油的收率和辛烷值。为保证本装置的稳定操作，降低催化剂消耗，因此对进入本装置原料中的含氧化合物及烃组成的指标有着严格的控制。混合碳四如果采用加装闪蒸仪进样方式，在样品汽化过程中，由于主要控制组分碳三，碳四、碳五、甲醇等各组分之间沸点差异较大，存在汽化歧视现象，一般无法获得良好的分析重现性。并且含有微量含氧化物的混合碳四，通过闪蒸仪时，容易被吸附，从而不易被检测出来。因此我们采用高压液体进样阀来分析混合碳四，确定分析结果的准确性，助力装置顺利开工。

2　实验部分

2.1　仪器及试剂

（1）Agilent 7890B 气相色谱仪：分流/不分流毛细柱进样口；两个 FID 检测器；一套带

四通阀的高压注射装置；一个六通阀；hp Chemstation 工作站。

(2) 色谱柱 1：Lowox 柱(10m×0.53mm×10um)。

(3) 色谱柱 2：GS-Alumina 柱(30m×0.53mm)。

(4) 载气：高纯氮，纯度>99.99%。

(5) 液体混合标样：按照九江石化公司 30 万 t/a 烷基化装置工艺包定制如下组分，大连大特气体有限公司生产：

含氧化合物(mg/kg)：二甲醚 19.1；甲基叔丁基醚 19.5；甲醇 19.5；丙酮 19.2；丁酮 19.3；乙醇 19.4；异丙醇 19.1；叔丁醇 19.0。

烃组成标样：丙烷 2.04%；丙烯 1.22%；异丁烷 29.79%；1-丁烯 9.98%；异丁烯 14.86%；顺-2-丁烯 9.95%；反-2-丁烯 10.27%；异戊烷 0.957%；正戊烷 0.978%；1-戊烯 0.992%；1，3 丁二烯 150mg/kg；其余正丁烷。

2.2 方法概要

样品通过高压液体进样阀进入 Lowox 柱，利用 Lowox 柱对烃类组分保留较弱而对氧化物保留较强的选择特性将两类组分分开，而烃类通过其柱后在 Al2O3 PLOT 柱上进一步分离，在后部 FID 检测出来。然后通过六通阀的切换，剩余的含氧化物部分通过 Lowox 柱分离，在前部 FID 检测出来。根据色谱峰的峰面积数据，利用已知浓度的混合标样来制作校正曲线，用校正归一化法计算出各组分的质量百分数。本系统采用配置了双阀双柱双检测器色谱分析，通过一次进样完成液化石油气中二甲醚、甲基叔丁基醚、甲醇、丙酮等含氧化合物和 $C_1 \sim C_5$ 烃类组分的全分析。原理阀图见图 1。

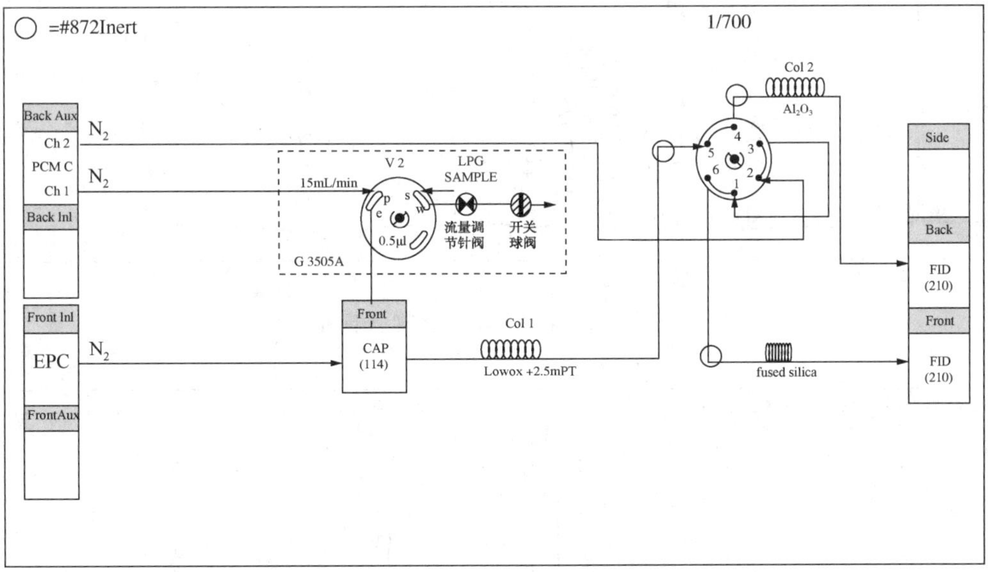

图 1　混合碳四中烃组成与含氧化合物分析阀图

2.3 仪器条件与参数

柱箱：60℃保持 3min，以 15℃/min 升至 190℃保持 13min。

进样口：温度200℃；压力：39 kPa；隔垫吹扫：3mL/min；分流比10∶1。

PCM C(通道1)氮气流速：15mL/min；AUX PCM C(通道2)氮气压力：20 kPa。

前检测器：温度200℃；氢气流量：30mL/min，空气流量：350mL/min；尾吹：25mL/min。

后检测器：温度200℃；氢气流量：30mL/min，空气流量：350mL/min；尾吹：25mL/min。

进样量：0.5μL。

表1 阀事件

时间/min	事件类型	位置	设定值
0.001	阀	阀1	关闭
0.1	阀	阀2	打开
0.2	阀样口隔垫吹扫	阀进样口	15mL/min
1	阀	阀2	关闭
2	阀	阀1	打开

2.4 钢瓶标液分析

用液标对仪器进行调试，该标液钢瓶带有内插管，并充有1.0MPa的氮气。

用液体标样进行了六次平行测定，分析试验的图谱与数据见图2、图3。

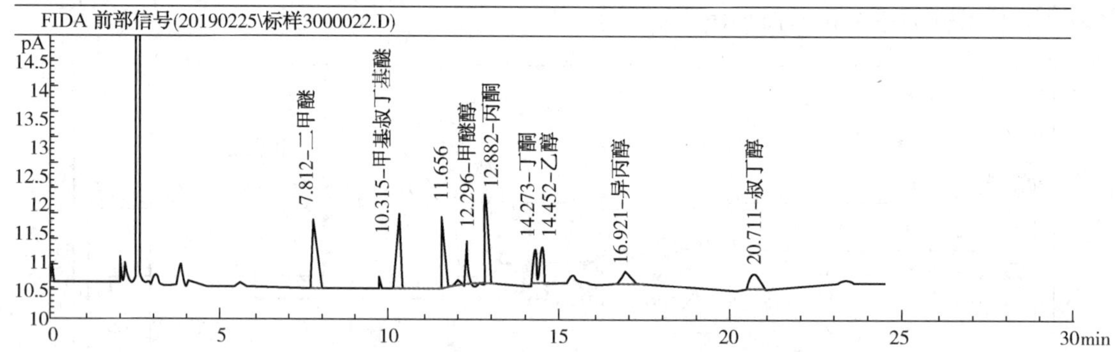

图2 前部通道含氧化合物色谱图

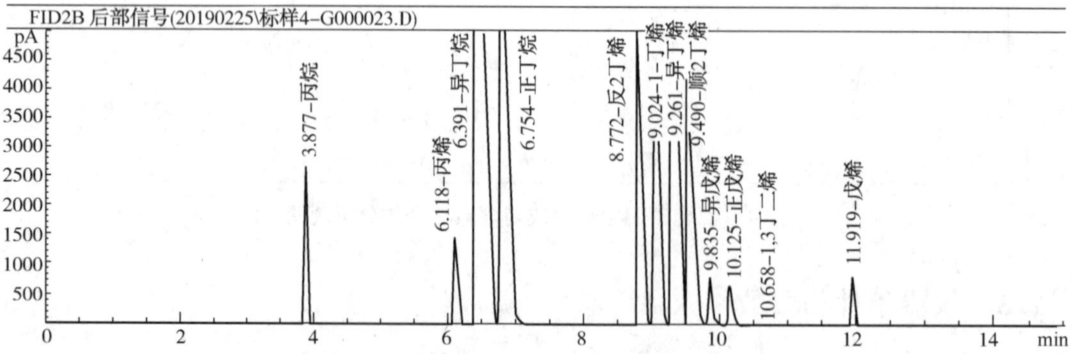

图3 后部通道烃类组成色谱图

从表 2 中六次的分析测定结果显示，样品中各组分相对标准偏差均不超过 3%，符合分析方法规定的范围指标要求，说明该方法具有很好的重复性与准确性，意味着仪器方法已调试成功，完全能满足混合碳四中烃组成与含氧化合物的检测要求。

表 2　精密度实验

组　分	单位	1	2	3	4	5	6	平均值	标准偏差	RSD(%)
二甲醚	mg/kg	19.3	19.4	19.5	19.3	19.4	19.3	19.4	0.082	0.42
甲基叔丁基醚	mg/kg	19.5	19.5	19.4	19.3	19.4	19.5	19.4	0.082	0.42
甲醇	mg/kg	19.4	19.5	19.3	19.4	19.3	19.4	19.4	0.075	0.39
丙酮	mg/kg	19.2	19.2	19.3	19.3	19.4	19.5	19.3	0.117	0.61
丁醇	mg/kg	19.3	19.3	19.2	19.4	19.3	19.4	19.3	0.075	0.39
异丙醇	mg/kg	19.6	19.7	19.6	19.7	19.6	19.7	19.7	0.055	0.28
叔丁醇	mg/kg	19.2	19.3	19.4	19.3	19.5	19.4	19.4	0.105	0.54
丙烷	%	2.04	2.05	2.04	2.03	2.03	2	2	0.017	0.85
丙烯	%	1.22	1.23	1.24	1.23	1.24	1.22	1.2	0.009	0.73
异丁烷	%	29.79	29.71	29.75	29.77	29.77	29.78	29.8	0.029	0.1
正丁烷	%	18.96	18.91	18.92	18.93	18.92	18.93	18.9	0.017	0.09
反-2-丁烯	%	10.27	10.27	10.26	10.27	10.25	10.26	10.3	0.008	0.08
1-丁烯	%	9.97	10.01	9.99	9.99	10.02	9.97	10	0.02	0.2
异丁烯	%	14.86	14.87	14.85	14.82	14.83	14.85	14.8	0.019	0.13
顺-2-丁烯	%	9.95	10.02	9.96	9.99	9.96	10.03	10	0.034	0.34
异戊烷	%	0.95	0.94	0.96	0.96	0.97	0.98	1	0.014	1.47
正戊烷	%	0.98	0.97	0.98	0.95	0.96	0.97	1	0.012	1.21
1，3-丁二烯	mg/kg	150	151	151.1	151.2	150.7	150.6	150.8	0.441	0.29
戊烯	%	0.99	1	1.02	1.03	1.03	0.98	1	0.021	2.12

2.5　实际样品分析

在装置开工前期，用 300mL 钢瓶装的烷基化原料混合碳四进行实测分析，但在进样过程中发现，由于钢瓶压力不够，仪器球阀出口，不见有液体出来，色谱图显示峰形矮小，峰信号值才高达 600PA 左右，还有部分组分没有出峰，平行两次进样，重复性不好，如图 4 所示。

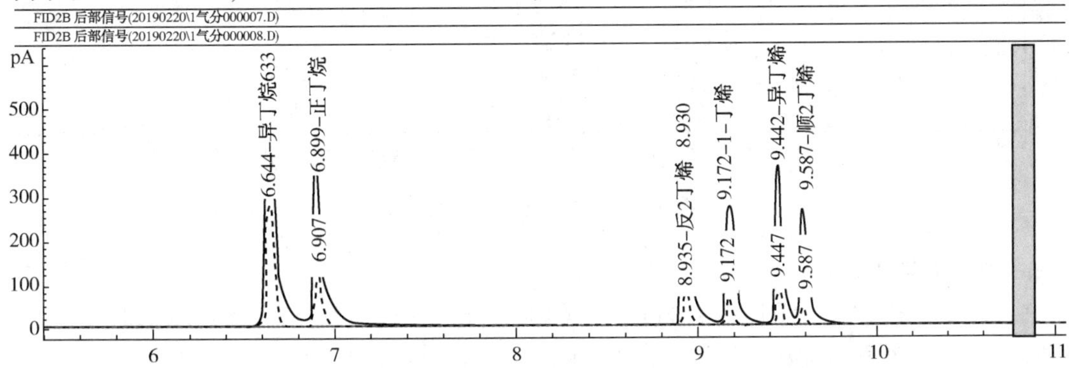

图 4　烷基化原料色谱叠加图

图5　挂起钢瓶进样

很明显，这样的分析结果是无法为装置提供可靠准确的分析数据，于是对进样系统采取改进措施，进行优化。

2.5.1　措施1

（1）制作木架，把钢瓶挂着竖起来进样，增加势能，提高钢瓶内液体的压强，见图5。

（2）为了便于观察钢瓶内是否有液体出来，在针形阀与球阀之间由原来的不锈钢管线改透明塑料管线，见图6、图7。

经过多次实验，发现采取将钢瓶挂起来这种进样方式，对于有些样品适用(如醚后碳四)，但对有些样品(特别是烷基化装置样品)在试验过程中还是会存在峰形矮小，重复性不好的现象，难以为装置提供准确的分析数据，见图8。

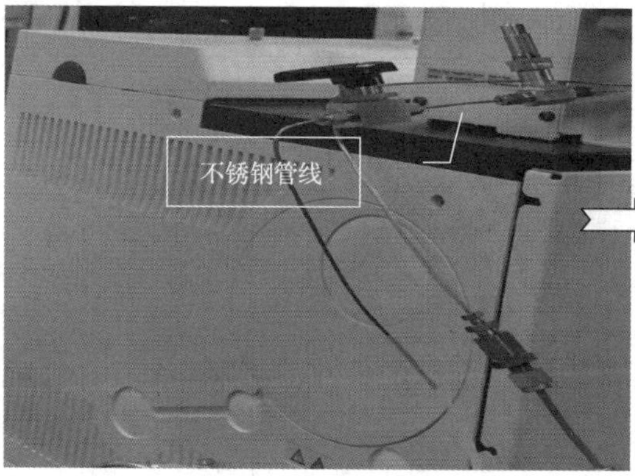

图6　针形阀与球阀之间的不锈钢管线

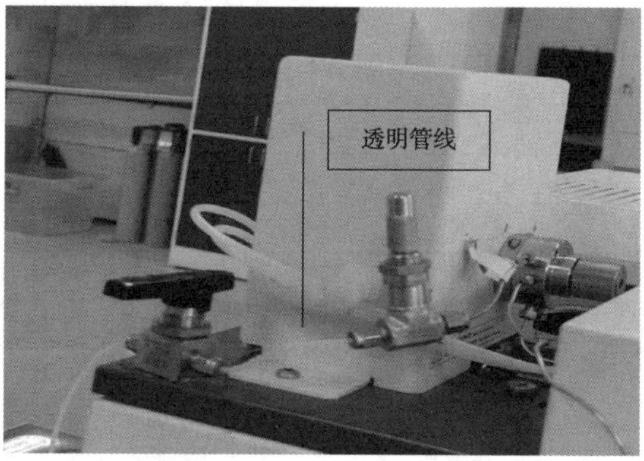

图7　便于观察的透明管线

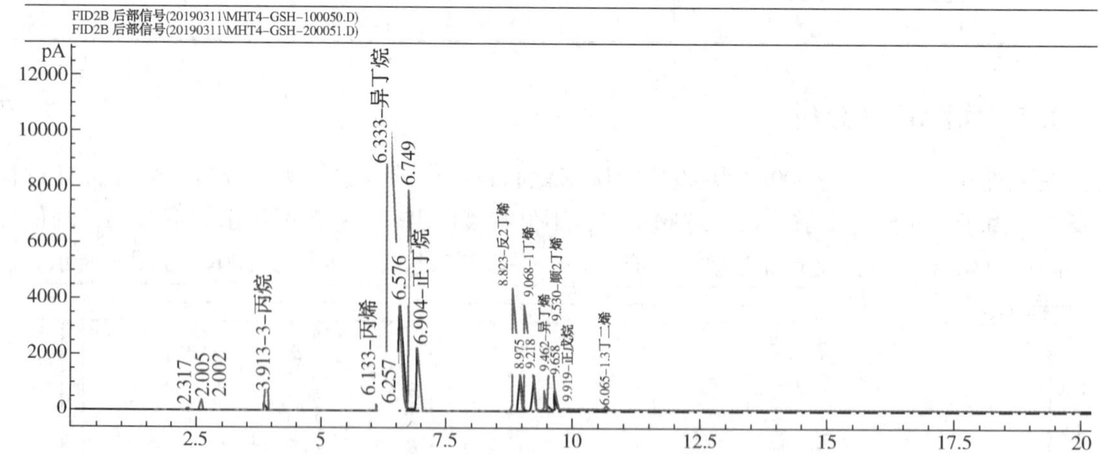

图8　重复性进样叠加色谱图

2.5.2　措施2

继续改变进样方式，采用人为的方式给钢瓶加压。从连接载气的管线上，接上三通，引一路管线，方便为钢瓶加压，见图9、图10。

图 9　用高纯氮气加压进样

图 10　用高纯氮气加压进样

采用这种进样方式之后，在实际操作中，没有再出现进不到样，峰形矮小的现象。但是新的问题出现了，由于有时分析人员操作不当，易导致钢瓶内的混合碳四反窜，污染了载气，引起仪器信号值增大，FID 熄火，无法分析，见图 11。

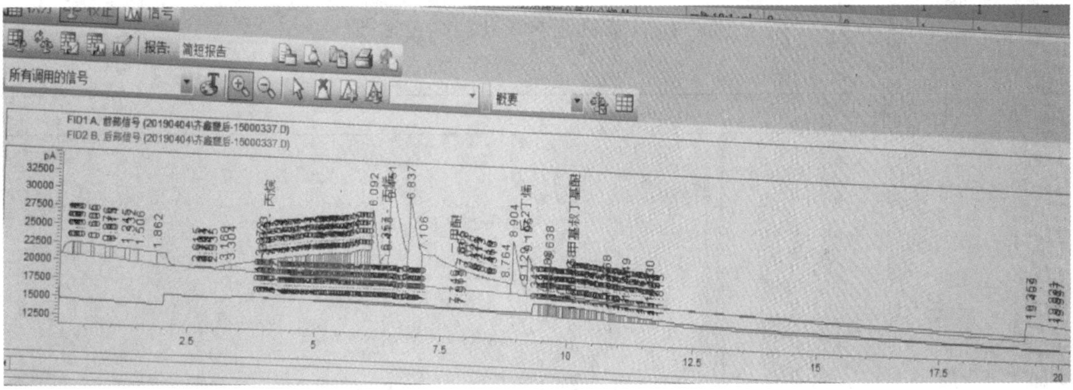

图 11　载气被污染色谱图

2.5.3　措施 3

(1) 另接一路管线，并接上气体净化器，专门为钢瓶加压，见图 12、图 13。

图 12　另接一路氮气为钢瓶加压

图 13　另接一路氮气为钢瓶加压

（2）严格规范进样步骤，在施压状态下 进行进样，仪器运行之后，先关闭充氮气阀门。经过反复多次的分析实践，采用这种进样方式没有再出现进不到样的现象了。连续分析烷基化装置碳四原料泵 p101 出口组成六次，分析图谱与数据图 14、图 15。

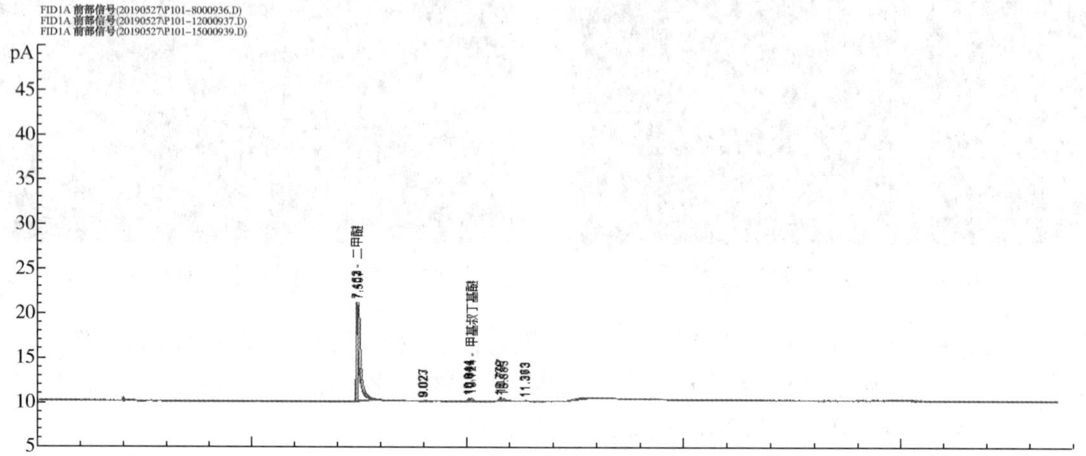

图 14　前部通道含氧化合物色谱图

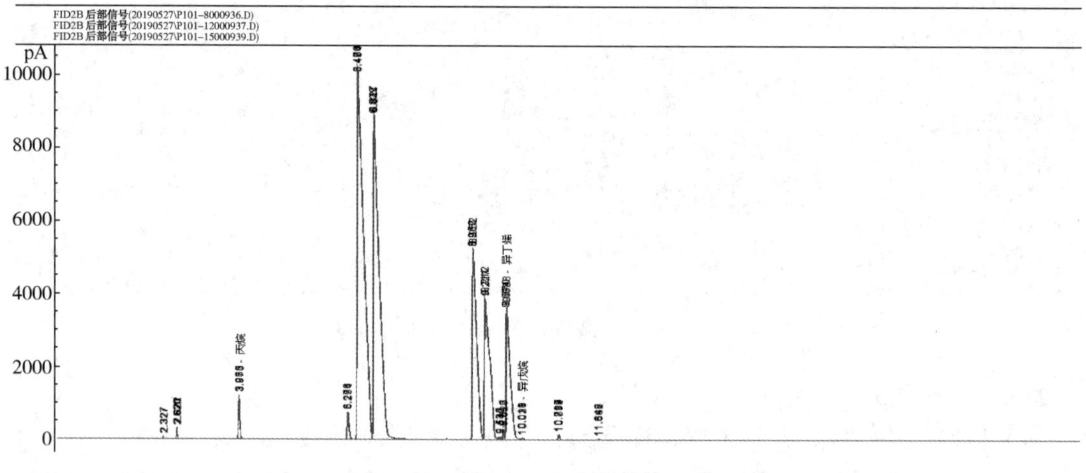

图 15　后部通道烃类组成色谱图

表 3　精密度实验

组分	单位	1	2	3	4	5	6	平均值	标准偏差	相对标准偏差
二甲醚	mg/kg	350	346	347	340	339	348	345	4.47	1.30
甲基叔丁基醚	mg/kg	85	86	87	84	86	89	86	1.72	2.00
丙烷	%	0.92	0.91	0.89	0.91	0.90	0.92	0.90	0.012	1.29
丙烯	%	0.72	0.69	0.73	0.71	0.72	0.69	0.70	0.017	2.36
异丁烷	%	37.50	37.41	37.69	37.42	37.59	37.75	37.60	0.141	0.38
正丁烷	%	28.73	28.81	28.54	28.71	28.56	28.43	28.60	0.143	0.50

续表

组分	单位	1	2	3	4	5	6	平均值	标准偏差	相对标准偏差
反-2-丁烯	%	12.36	12.41	12.26	12.43	12.41	12.33	12.40	0.064	0.52
1-丁烯	%	10.39	10.36	10.35	10.42	10.41	10.41	10.40	0.029	0.28
异丁烯	%	0.15	0.15	0.16	0.15	0.15	0.15	0.15	0.004	2.69
顺-2-丁烯	%	8.24	8.28	8.36	8.25	8.27	8.31	8.29	0.044	0.53
正戊烷	%	0.98	0.97	0.98	0.95	0.96	0.97	0.97	0.012	1.21
1，3-丁二烯	mg/kg	1165	1165	1163	1182	1172	1168	1169	7.026	0.60

从表3结果看出，样品中各组分的相对标准偏差不超过3%，符合分析方法要求，说明该种进样方式具有很好的重复性，完全能够满足烷基化装置混合碳四的中烃组成与含氧化合物的分析。

3 结论

九江石化30万t/a烷基化装置，采用离子液催化剂工艺技术在国内应用尚属首次，安捷伦高压液体进样阀也是首次应用在石化企业。而我们采用高压液体进样阀，可很好地适用于高挥发性液化烃类进样。并且该种进样方式，有效避开闪蒸汽化这一段，使液态样品的全部组分在仪器汽化室内迅速汽化，呈均相气体状态，大大减小了样品的汽化进样歧视，使得测定结果准确可靠，改进效果显著。该种方法分析时间21min，完成了一次进样即分析了微量含氧化合物也分析了 $C_1 \sim C_5$ 烃类组分，大大解放了劳动力，快速、准确为烷基化装置提供了可靠的分析数据，对烷基化装置的顺利开工起到了保驾护航作用。

参考文献

[1] GB/T 12701—2014 工业用乙烯、丙烯中微量含氧化合物的测定 气相色谱法[S].
[2] 王亚敏，杨婷婷. NB/SH/T 0230—2019 液化石油气组成的测定 气相色谱法[S].
[3] SH/T 1141—2015 工业用裂解碳四的烃类组成测定 气相色谱法[S].

柴油十六烷值测定压缩比法技术应用

王海青

（中国石化九江石化公司质管中心，九江　332004）

摘　要　九江石化在“柴油十六烷值的测定——风量调节法（简称，FCD-内插法）”的基础上研发出“柴油十六烷值测定 FCD——压缩比法”，并对“柴油十六烷值 FCD 机组”设备（风量系统）技术创新改造，与原机组（设备技术创新改造前）相比机组稳定性大幅提升。

关键词　柴油　十六烷值　压缩比法　风量　ASTM　幂曲线　内插

GB/T 33298—2016《柴油十六烷值的测定　风量调节法》[1] 与 GB/T 386—2010《柴油十六烷值测定法》[2] 方法测定均采用内插式方法，即选用两个相差不大于 5 个十六烷值单位，且能够覆盖试样十六烷值范围的标准燃料，测量其气量或气缸压缩量，通过计算得到试样十六烷值。

在工作实践中，九江石化公司质管中心，探索出一个崭新的检测方法：柴油十六烷值测定 FCD——压缩比法[3]，此方法为柴油十六烷值检测技术自动化、装置生产在线分析仪表化，提供技术理论支持。本文针对柴油十六烷值测定压缩比法技术进行阐述及探讨。

1　实验部分

1.1　仪器与试剂

FCD-Ⅱ型十六烷值机（抚顺（大连）石油化工研究院/上海沪顺石化装备有限公司）；CFR-F5 型十六烷值机（美国试验与材料协会/Waukesha 公司）；LD301-IV 型辛烷值及十六烷值参比燃料混合配样机（上海沪顺石化装备有限公司）。

副标准燃料：T-26（75.2 CN）；U-19（19.4 CN）。

1.2　压缩比测试方法

1.2.1　FCD-Ⅱ型十六烷值机的工作原理[4]（内插法）

（1）FCD-Ⅱ型十六烷值机是采用固定着火滞后期法测定柴油十六烷值的。该方法的实质是在标准操作条件下，将试样的着火性质与已知十六烷值的标准燃料（正十六烷与七甲基壬烷按一定体积比的混合物）的着火性质相比较来测定的。其具体方法是改变燃料燃烧时所需的进气量，以此来获得确定的着火滞后（延迟）期，即燃料喷射开始和燃烧（发火）开始之间的时间间隔。无论是试样或是标准燃料在燃烧过程中，这个时间间隔都要固定在 20 度（以发电机曲轴转角计），但不同的燃料在燃烧时所需的进气量不同，也就是压缩冲程终了时的温度和压力不同。

（2）根据试样的气量表读数选择不大于 5 个十六烷值单位的两种标准燃料，以同样的方法得到的确定的着火滞后期。当试样的气量表读数处于两种标准燃料的气量表读数之间时，用内插法算出试样的十六烷值。

（3）2020 年 12 月 7 日九江石化质管中心成功对 FCD-Ⅱ型十六烷值机组风量系统进行技术创新改造，本次试验采用机组风量系统进行技术创新改造后的设备进行试样十六烷值检测。

1.2.2　FCD-压缩比法测试方法原理

（1）按照 1.2.1 中(1)测定试样风量。

（2）选择一标准燃料，按照 1.2.1 中(1)测定标准燃料风量。

（3）查阅风量-十六烷值表(表 2)，依据风量查出相对应的十六烷值(自动仪器可自带校准，仪器直接显示测定样品十六烷值)。

（4）十六烷值计算修正(自动仪器免计算修正)。

$$\text{修正公式：} CNi = (CNs/CNs') \times CNi' \tag{1}$$

式中　CNi——柴油试样的十六烷值；

CNi′——柴油试样的十六烷值测定值；

CNs——标准燃料的十六烷值；

CNs′——标准燃料的十六烷值测定值。

1.2.3　CFR 十六烷值机的工作原理[2]

CFR 十六烷值测试方法原理同 1.2.1(1)，使用同一标准溶液，采用内插法计算试样的十六烷值；CFR 十六烷值测试过程不同于 1.2.1(1)，区别在于，CFR 测试方法是通过手轮转动改变气缸容积压缩比获得柴油着火滞后期，而 FCD 则是通过风量调整获得柴油着火滞后期。

2　结果与讨论

2.1　风量-十六烷值表制作方式

（1）配制系列标准燃料(采用参比燃料混合配样机)，测量相应风量，见表 1。

表 1　试样风量与十六烷值关系

十六烷值	23.0	28.0	33.0	38.0	43.0	48.0	53.0	58.0	63.0	68.0	73.0
风量	3459	3220	2477	1977	1623	1361	1162	1006	882	780	697

(2)建立曲线模型及运算式：

$$\text{十六烷值} = 4396 \times (\text{风量})^{-0.626} \tag{2}$$

（3）依据公式(2)建立风量-十六烷值表，见表 2。

表 2　风量-十六烷值[3]

十六烷值	0.0	0.1	0.2	0.3	0.4	0.5	0.6	0.7	0.8	0.9	十六烷值
	压缩比(风量)										
25.0	3859	3834	3810	3786	3762	3739	3715	3692	3669	3647	25.0

续表

十六烷值	0.0	0.1	0.2	0.3	0.4	0.5	0.6	0.7	0.8	0.9	十六烷值
	压缩比(风量)										
26.0 …	3624	3602	3580	3559	3537	3516	3495	3474	3453	3433	26.0 …
72.0	712	711	709	707	706	704	703	701	700	698	72.0
73.0	697	695	694	692	691	689	688	686	685	683	73.0

2.2 改进FCD-Ⅱ型十六烷值机组稳定性

2020年12月7日九江石化质管中心成功对FCD-Ⅱ型十六烷值机组风量系统进行技术创新改造，改造后的系统稳定性，见表3。

表3 十六烷值机组稳定性

2020年12月25日热机40分钟后检测，每个样检测5~10分钟					
序号	检测时间	样	风量	结果，CN	修正结果
1.1	0min	51.3/CN	987	50.7	51.3
1.2	8min	12月25日6时Z401	1015	49.7	50.3
1.3	16min	51.3/CN	987	50.7	51.3
1.4	24min	12月25日6时Z401	1015	49.7	50.3
1.5	40min	51.3/CN	987	50.7	51.3
2021年1月5日热机40分钟后检测，每个样检测5~10分钟					
序号	检测时间	样	风量	结果，CN	修正结果
2.1	0min	51.0/CN	1073	47.8	51.0
2.2	8min	焦化柴油	1100	47.0	50.1
	…	…	…	…	…
2.6	40min	51.0/CN	1078	47.7	50.9

表4 重复性(依据表3)

样	测定次数	序号	平均值	极差	重复性[2]
51.3/CN	3	1.1；1.3；1.5	51.3	0	0.9
Z401	2	1.2；1.4	50.3	0	0.9
51.0/CN	2	2.1；2.6	51.0	0.1	0.9

表4中，样“51.3/CN”、“Z401”、“51.0/CN”反复测试，测试结果重复性差异最大为“0.1 CN”，方法GB/T 386—2010《柴油十六烷值测定法》重复性要求“0.9 CN”，重复性得到极大提高。系统的高稳定性为进一步缩小检测偏差、提高分析精度打下坚实的技术基础；同时，也为后续柴油十六烷值测试自动化进程提供技术保障。

2.3 柴油十六烷值测定 FCD-压缩比法和 CFR-ASTM 法的差异性

FCD-压缩比法测定十六烷值通过与 CFR-ASTM 法测定十六烷值机方法差异性比对(见表 5)，考察其准确性及应用价值。

表 5 FCD-压缩比法和 CFR-ASTM 法测试试样十六烷值数据差异性　　单位，CN

试样名称	FCD 压缩比法	CFR ASTM	偏离 FCD-CFR	重复性[2] S_r	再现性[2] S_R	中间值[5] S_{Zi}
201208-Z404	47.1	47.3	-0.2	0.9	3.8	2.8
201209-G413	49.4	49.7	-0.3	0.9	3.8	2.8
201209-2 加氢	45.6	45.2	0.4	0.9	3.8	2.8
201210-G412	49.9	50.3	-0.4	0.9	3.8	2.8
201223-G412	51.4	51.6	-0.2	0.9	4.3	3.1
201223-G404	51.6	51.6	0	0.9	4.3	3.1
210106-Z402	50.2	50.2	0	0.9	4.3	3.1
210310-Z401	51.1	51.0	0.1	0.9	4.3	3.1
210310-2 加氢	49.8	49.6	0.2	0.9	3.8	2.8
210312-G411	51.3	51.7	-0.4	0.9	4.3	3.1
210312-Z403	51.2	51.5	-0.3	0.9	4.3	3.1
平均值	49.9	50.0				
标准偏差 S[6]	$S_1=1.921$	$S_2=2.048$	$S_w=1.986$			
t 检验[6]	0.113	显著性水平 α=0.05，查表得 $t_{(0.05,11)}=1.80$，$t_{(0.05,45)}=1.68$				

中间值即中间精密度，计算公式：

$$S_{Zi}=\sqrt{\frac{S_r^2+S_R^2}{2}} \tag{3}$$

式中，S_{Zi}为中间值即中间精密度，S_r为重复性标准偏差，S_R为再现性标准偏差。

$$t\text{ 检验公式：}t=\frac{|\overline{X}_1-\overline{X}_2|}{S_w\sqrt{\frac{1}{n_1}+\frac{1}{n_2}}} \tag{4}$$

$$S_w=\sqrt{\frac{(n_1-1)S_1^2+(n_2-1)S_2^2}{n_1+n_2-2}} \tag{5}$$

式中，$\overline{X}_1$ 为 FCD-压缩比法平均测定值；X_{1i}为 FCD-压缩比法测定值；n_1 为 FCD-压缩比法测定次数；$\overline{X}_2$ 为 CFR-ASTM 法平均测定值；X_{2i}为 CFR-ASTM 法测定值；n_2 为 CFR-ASTM 法测定次数；S 为标准偏差[6]。

（1）表5中FCD-压缩比法测定柴油十六烷值和CFR-ASTM法测定柴油十六烷值，方法结果差异偏离在重复性范围内，都满足中间精密度和再现性要求，由此判断两个机组测定方法无显著性差异。

（2）采用配对 t 检验方法判断FCD-压缩比法和CFR-ASTM法是否存在显著性差异，给定显著性水平 $\alpha=0.05$，查表得 $t_{(0.05,11)}=1.80$，$t_{(0.05,45)}=1.68$ 由表5可看出，t 检验结果 $|t|$ 小于1.68，说明这2种分析方法测定结果是一致的，即用FCD-压缩比法测定柴油十六烷值方法代替CFR-ASTM法测定柴油十六烷值方法是可行的。

2.4 柴油十六烷值测定FCD-压缩比法和FCD-内插法（传统）的差异性

（1）表6中FCD-压缩比法测定柴油十六烷值和FCD-内插法测定柴油十六烷值，方法结果差异偏离在重复性范围内，都满足中间精密度和再现性要求，由此判断两个机组测定方法无显著性差异。

表6 FCD-压缩比法和FCD内插法（传统）测试试样十六烷值数据差异性 单位，CN

试样名称	FCD 压缩比法	FCD 内插法	偏离 压缩比-内插	重复性[2] S_r	再现性[2] S_R	中间值[5] S_{Zi}
201208-Z404	47.1	47.0	0.1	0.9	3.8	2.8
201209-G413	49.4	49.5	-0.1	0.9	3.8	2.8
201209-2加氢	45.6	45.6	0	0.9	3.8	2.8
201210-G412	49.9	50.1	-0.2	0.9	3.8	2.8
201223-G412	51.4	51.4	0	0.9	4.3	3.1
201223-G404	51.6	51.5	0.1	0.9	4.3	3.1
210106-Z402	50.2	50.2	0	0.9	4.3	3.1
210310-Z401	51.1	51.0	0.1	0.9	4.3	3.1
210310-2加氢	49.8	49.6	0.2	0.9	3.8	2.8
210312-G411	51.3	51.5	-0.2	0.9	4.3	3.1
210312-Z403	51.2	51.3	-0.1	0.9	4.3	3.1
平均值	49.87	49.88				
标准偏差 s[6]	$S_1=1.921$	$S_3=1.926$	$S_w=1.924$			
t 检验[6]	0.012	显著性水平 $\alpha=0.05$，查表得 $t_{(0.05,11)}=1.80$，$t_{(0.05,45)}=1.68$				

注：中间值即中间精密度以及 t 检验等的计算，同2.3。

（2）采用配对 t 检验方法判断FCD-压缩比法和CFR-ASTM法是否存在显著性差异，给定显著性水平 $\alpha=0.05$，查表得 $t_{(0.05,11)}=1.80$，$t_{(0.05,45)}=1.68$ 由表5可看出，t 检验结果 $|t|$ 小于1.68，判断这2种分析方法测定结果是一致的，即用FCD-压缩比法测定柴油十六烷值方法代替FCD-内插法测定柴油十六烷值方法是可行的。

2.5 柴油十六烷值测定FCD-压缩比法在十六烷值改进剂质量性能上的应用

柴油中不同浓度的"十六烷值改进剂"对柴油十六烷值的贡献（见表7、图1）。

表 7　十六烷值感受性试验

十六烷值改进剂含量/(mg/kg)	0	200	400	600	800
十六烷值/CN	49.0	51.2	51.8	52.2	52.5

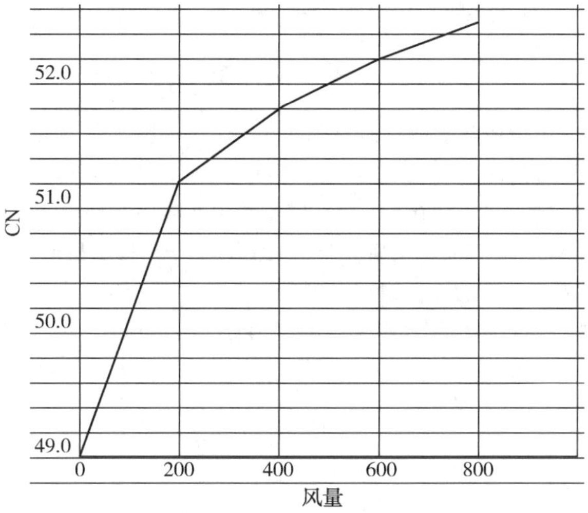

图 1　十六烷值改进剂含量—柴油十六烷值关系图

图 1 中，十六烷值改进剂在初次加入时十六烷值增加显著，伴随着加入量的增加，十六烷值的增加在逐步降低。

十六烷值改进剂的原理，十六烷值改进剂的有效成分为硝基酯类化合物，在柴油中添加改进剂有效的增加了混合燃料的自由基浓度，改进剂的分子爆炸式裂解能产生链式反应，促使柴油着火链式反应的发生缩短滞燃期。

由十六烷值改进剂的原理，得知改进剂的初始加入应当改善最为明显，伴随着量的增加改善效果应当逐步降低。图 1 关系图与理论推导相吻合。柴油十六烷值测定 FCD-压缩比法在十六烷值改进剂质量性能上的应用效果明显。

3　结论

九江石化研发出的柴油十六烷值测定 FCD-压缩比方法，具有精密度高(表 5、表 6)，重复性好(表 4)特性。FCD-压缩比法和 CFR-ASTM 法无显著性差异(2.3)，FCD-压缩比法和 FCD-内插法无显著性差异(2.4)；用 FCD-压缩比法代替 CFR-ASTM 法和 FCD-内插法测定柴油十六烷值方法是可行的。

风量系统改进后的 FCD 机组(2.2)，测试结果重复性差异最大为“0.1 CN”小于“0.9 CN”重复性[2]方法要求。系统的高稳定性为进一步缩小检测偏差、提高分析精度打下坚实的技术基础；同时，也为后续柴油十六烷值测试自动化进程提供技术保障。

FCD-压缩比法在柴油产品、柴油生产过程控制、十六烷值改进剂评价方面(2.5)，表现优异。

FCD-压缩比法测试柴油试样十六烷值技术，与 CFR-ASTM 法相比较 FCD 方法实现了风量调整双向自由化(CFR-ASTM法，基于机械原因只能朝一个方向压缩)；与FCD-内插法(内插法只能够利用人力资源，不能够实现自动化操作)相比较，FCD-压缩比法摆脱了内插法的断续十六烷值计算基础；FCD-压缩比法的后续发展可在IC技术配合下(幂函数方程式与十六烷值机组合成一体，机组直接显示测试中的试样的十六烷值)，通过电阻电桥等元件的应用实现自动化操作，在防爆技术配合下实现装置在线分析仪表化。

参考文献

[1] GB/T 33298—2016 柴油十六烷值的测定　风量调节法[S].

[2] GB/T 386—2010 柴油十六烷值测定法[S].

[3] ZL 2015 1 0387599.3 一种测定十六烷值的方法，国家知识产权局.

[4] 中国石油化工股份有限公司抚顺石油化工研究院.FCD-II型十六烷值机使用说明书.

[5] CNAS-GL06 化学分析中不确定度的评估指南：P10.

[6] 质量专业理论与实务[M].北京：中国人事出版社，2001：245-389.

基于4G网络的智能化巡检在炼厂的应用

王　伟，王　冠，张俊逸

（中国石化九江石化公司，九江　332004）

摘　要　本文介绍某炼厂基于4G网络建设的智能巡检系统。以4G专网作为数据平台，以LTE手持终端为基础设备，集成了GPS定位、GPS轨迹、测温测振等多项功能，提高智能巡检的实时性和安全性。该系统解决传统电子点检巡检结果缺乏数据分析，巡检效果难以评估，巡检人员缺乏联动等诸多问题。在某炼厂全面推广后，提升了操作人员巡检到位率，延长了操作人员巡检时长，及时发现生产和设备运行安全隐患，为企业安全生产提供有力保障。

关键词　4G　巡检　智能化　炼油

炼化企业装置普遍存在高温高压易燃易爆的特点，巡回检查一直以来是有效保障企业安全生产的一项重要基础工作。由于炼化企业一般选择不间断的生产模式，因此巡检工作必须24h持续不间断。巡检人员需按规定路线、站(点)、检查内容和检查频率进行认真检查，查找不安全因素和不安全行为，及时消除安全隐患或提出控制不安全因素的方法和纠正不安全行为的措施，确保生产过程中各类相关法规、制度得到切实执行，确保装置长周期安全稳定运行。

1　巡检管理要素

当巡检管理模式过于简单，且缺乏监控手段时，将难以对巡检质量进行评估。实现巡检工作的量化，是做好日常巡检基础工作的重点和难点。在选择不合适考核尺度，很容易异化成“为巡检而巡检”的模式，浪费大量的人力物力却无法达到良好的巡检效果，为此必须要选择通过合适的方式来解决日常巡检工作中面临的问题。

1.1　巡检时长

根据2019年新颁布的《危险化学品企业安全风险隐患排查治理导则》，其中的3.2.1条：装置操作人员现场巡检间隔不得大于2h，涉及“两重点一重大”的生产、储存装置和部位的操作人员现场巡检间隔不得大于1h。根据该导则，一般要求重大危险源区域需24h有人不间断巡检，运行装置区域需要间隔2h确保有人巡检，对于辅助装置则可适当放缓巡检间隔时长。因此需要对巡检频次进行合理设置，确保巡检时间间隔和巡检时长符合该导则。在常见的巡检系统通过设置巡检任务生成频次控制巡检时间间隔，无法度量巡检人员的现场巡检时间。

1.2　巡检内容

巡检内容一般根据安全生产需求设置，巡检记录内容以数据类为主，观察类为辅。其中主要有工艺运行参数与DCS数据进行比对核对，检查设备运行状况、安全方面等工作内容。常见的做法是将巡检内容篆刻在巡检牌上，提示巡检人员，同时要求巡检人员背诵巡检要求，掌握各巡检点的巡检要求。但是个体素质存在差异，所以很难确保巡检人员完全按照巡检要求实现巡检内容的全覆盖，使得巡检工作的质量不能得到保证，也造成收集的信息和数据不真实，导致巡检效果不理想。

1.3 巡检记录

国内大部分炼化企业使用的巡检系统无法对各巡检点周边设备温度、压力、振动、液位等运行情况进行统计。需要操作人员现场检查情况，依靠纸质版台账进行记录。由于携带不便，造成大部分记录未在现场完成，使得部分记录与现场存在偏差。同时当巡检人员工作懈怠时，将出现“假记录”的现象。纸质档案的保存效果不理想，容易导致数据信息不完整。

2 智能巡检系统

结合以上巡检中常见的问题，好的巡检系统需要实现巡检区域划分、巡检路线制定、巡检方法指导、巡检操作简单、巡检全程在线跟踪、巡检数据实时上传分析、巡检问题智能报警等特点，核心是巡检实时、在线、智能及全程跟踪，实现巡检过程全程安全管控、信息实时上传及智能分析，全面确保巡检工作安全到位，及时发现设备存在的问题和隐患，从而确保企业生产平稳运行。[1]

近几年来，随着通信技术的发展，巡检管理系统推陈出新，相继出现了一批以新技术为基础的先进巡检管理系统。某炼厂基于企业4G专网开发智能防爆终端(防爆等级ExibIIC T4)，该终端支持定位功能，能随时定位现场人员的位置信息，可以结合GIS地图可以规范巡检流程，在紧急情况下能够快速找到现场人员。利用4G专网的搭建，除了保证巡检的稳定性和安全性以外，智能防爆终端APP还支持测温、测振、照明、通话、录像、RFID等功能。[2]

图1 4G巡检系统架构

通过建立厂区4G专用无线网络，实现实时通讯、视频监控、设备巡检、操作规程电子化等各项功能，最终实现巡检管理的数字化、可视化、透明化、流程化、智能化。根据实际情况，将管理区域分为厂区和码头区，根据实际管理面积安装4G基站，其中厂区安装3个4G基站，码头区安装2个4G基站。由于4G信号的传输受装置、建筑、地形所影响存在一定程度衰减，在装置建筑密集区和低洼区域增设对应的信号放大器，共计20个。使得厂用4G网络能够覆盖全厂作业现场和巡检现场区域，满足对作业人员和巡检人员的需求，实现对现场的管控。[3]

基于LTE手持终端的智能巡检系统，将传统的巡检业务与4G通信相结合，实现了语音点呼、组呼、视频点呼、监控等多媒体实时通信功能，并能与企业传统的电话、手机、对讲机等各类通信终端互联互通；系统将GPS定位技术与传统巡检业务相结合，为巡检管理的及时、准确、直观提供了更好的技术支撑。管理人员通过本系统能够远程查看和调用巡检人员所处环境的实时图像，巡检人员所在地点位置信息以及巡检线路等。也为外操人员在意外紧急情况下发出报警信息并对其施救提供了通信、定位协助；终端还为测温、测振、有毒气体检测、转速检测等工作提供了更多丰富的传感器。

3 智能巡检应用

3.1 智能巡检系统建设

为提高全厂巡检效率，智能巡检系统结合12个运行部管辖情况，将厂区划分为14个区块，设置了138条巡检路线和1152个巡检点，系统内部设置880个用户，配置172台智能防爆巡检终端及温振传感器。由于实现巡检的智能化，绘制了全厂巡检GPS地图，根据该地图，取消11处外操现场休息室，减少了21条巡检路线，在建设过程中优化巡检路线和现场巡检人员操作室。在巡检内容全覆盖的要求下，避免了重复的巡检工作，减少了冗余的内容。

3.2 智能巡检管理

4G智能巡检系统主要包含：防爆型多媒体巡检终端、巡检管理软件、多媒体通信软件及后台巡检管理系统，系统集成了GPS定位、GPS轨迹、语音对讲、视频对讲、测温测振等功能，后台系统各巡检点巡检情况实时展示，系统还应用于现场安全监管；4G智能巡检后台系统能够实现公司级、运行部级，各装置、运行班组、操作人员的巡检路线、巡检点、巡检内容、巡检时间间隔等详细统计，并自动生成巡检月报；对相邻点平均净耗时、及巡检路线总耗时和时间间隔进行统计考核。

通过该系统，能够制定严密的巡检计划、规定周详的巡检(点)线、巡检次序、配备恰当的巡检人员和班次，保证巡检人员按照预定计划、规定线路，按时、按线、按序完成巡检工作任务；当巡检人员巡检时，能将巡检时采集的数据以及视频实时传输到指挥中心服务器；各级管理人员均可及时掌握巡检区域内各设备的运行状态、生产状态、现场实况以及巡检人员的工作状况，并可以随时查询、多维展示各类数据及统计结果；当巡检人员发现事故时，管理人员可以通过现场视频和语音通信系统远程指挥现场的巡检人员及时采取科学有效的处置措施。

建立智能巡检终端与温振传感器关联，可将蓝牙振动传感器吸附在机泵的外壳上，采集现场机泵的振动加速度、速度、位移等信息。同时在终端上可将实时时域波形转换成频域波形，通过分析振动频率的基频及倍频偏移情况，达到分析机泵类设备的综合工况的目的，提升了振动分析的准确性。

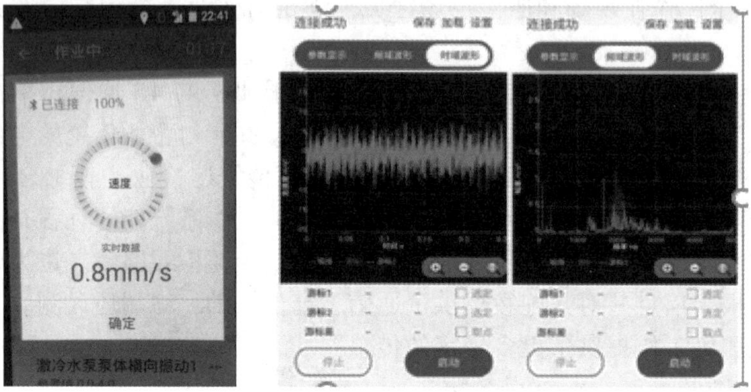

图2 4G巡检测振功能示意图

红外测温仪能够完成对发热、运动、带电、难以接近物体的测量，可用来检查电机、绝缘、断路器、辐射热、管道等的温度。配合巡检系统使用时，通过蓝牙通信把测温数据实时上传至移动终端，然后通过4G网络上传至巡检管理系统，提高测温的准确性。

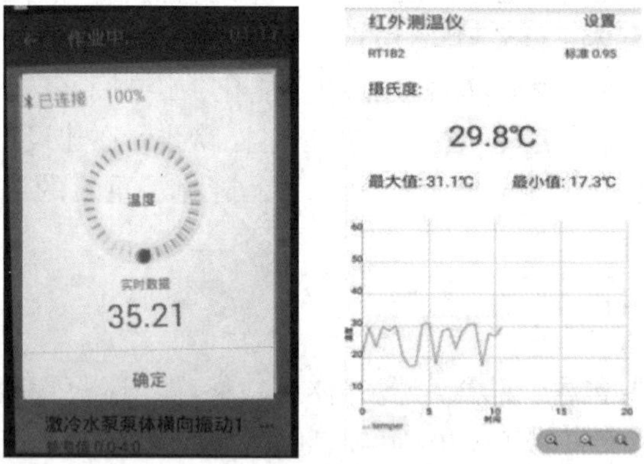

图3 4G巡检测温功能示意图

通过智能巡检系统，科学的管理和安排巡检人员的巡检工作，从而最大程度提高工作效率，可实现巡检工作在工业现场无纸化数据采集，同时运行部门和设备管理部门能够有效地监督巡检人员的工作情况，保证装置的安全平稳运行。

同时4G智能巡检系统实现对现场巡检各要素的管控，进行智能分析、优化、反馈，并生成数据和趋势图等上传至工艺管理系统和ODC数据中心。

3.3 智能巡检成效

智能巡检系统2015年5月开始上线运行，至2018年4月实现整体应用。在运行中经过不断修改和完善，系统运行质量逐步提高，应用效果显著。系统自动生成不同维度的按时、漏检等统计报表，实现对巡检人员量化考评。随着2015年逐步推广4G巡检，全厂平均巡检到位率逐步提高，现基本稳定在99.90%左右。

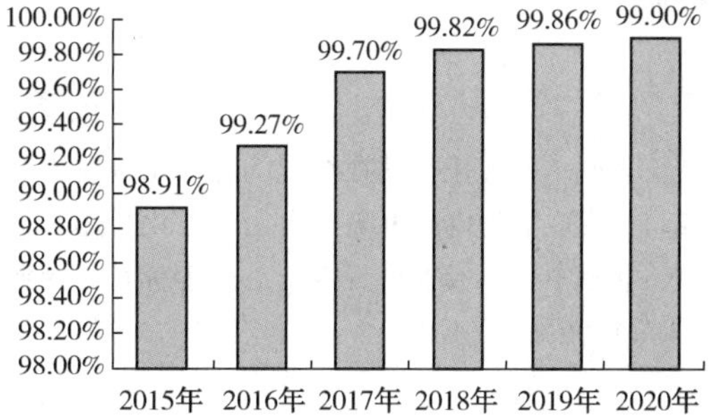

图4　自2015年以来全厂巡检到位率情况

2015年开始逐步推广4G巡检后，操作人员在每个巡检点的巡检耗时也逐步上升。在2018年的单点巡检时长为5分57秒，至2020年单点巡检时长上升至7分38秒，上升幅度28%。

表1　自2018年以来单点巡检平均时长情况

		2018年	2019年	2020年
1	动力运行部	0：18：33	0：24：17	0：24：34
2	水务运行部	0：05：33	0：07：26	0：09：26
3	煤制氢运行部	0：06：33	0：06：45	0：07：18
4	油品储运运行部	0：03：57	0：05：58	0：07：11
5	炼油运行五部	0：05：42	0：06：26	0：06：28
6	炼油运行六部	0：04：50	0：04：55	0：05：57
7	炼油运行三部	0：04：40	0：05：25	0：05：28
8	炼油运行四部	0：04：11	0：04：23	0：05：23
9	炼油运行一部	0：04：28	0：04：28	0：04：24
10	化工运行部	0：03：48	0：03：48	0：04：07
11	炼油运行二部	0：03：11	0：03：07	0：03：43
	平均	0：05：57	0：07：00	0：07：38

人员在现场停留时间延长，发现的隐患和异常也明显增加。根据近五年的突发性泄漏事故(件)数据比较，其中8起较大的突发性泄漏均在人员巡检过程中发现。根据163起泄漏事件的统计情况，巡检发现占比达到70%以上。根据海恩法则，在巡检过程中发现的163起未遂先兆对应14起轻微事故。推断出人员巡检是有效的发现突发性泄漏事故(件)的手段。

4　结论

4G巡检系统利用移动互联网与物联网技术、云计算、大数据等最新信息技术，结合石化企业现场巡检、作业特点，提供了一整套生产辅助管控解决方案，提高了企业安全生产管理效率与水平，强化了安全生产管理的科学性与联动性。应用物联网智能防爆终端代替普通巡检仪，实现对巡检员工的实时定位，对未按时和未按规定巡检的情况进行报警提示和考核，实现巡检点数据实时上传和数据分析，及时发现生产和设备运行安全隐患，为企业安全生产提供有力保障。实现安全管理由事后管理向事前预测、事中控制转变，进一步提升企业本质安全水平。

参 考 文 献

[1] 梁杰．可视化移动在线智能巡检系统研究与设计[J]．无线互联科技，2015(04)：41-43.
[2] 王博．华为创新 ICT 助力九江石化智能制造[J]．中国石化，2016(11)：53.
[3] 覃伟中．积极推进智能制造是传统石化企业提质增效转型升级的有效途径[J]．当代石油石化，2016，24(06)：1-4.

基于 RTO 的常四线对常减压装置影响模拟分析

张　伟，韩跃辉

（中国石化九江石化公司，九江　332004）

摘　要　中国石化某公司常减压装置的 RTO 是一套基于装置严格机理模型，可以实时取数进行模拟计算，并将优化结果以外部目标值传递给装置的先进控制系统进行优化。利用 RTO 机理模型，建立常四线进入原油换热网络中末级高温位换热器的目标流程，分析了模拟流程改动前后对装置主要操作参数、主要侧线产品质量、能耗等的影响。

关键词　RTO　常减压　常四线　优化

中国石化某公司常减压蒸馏装置设计规模为 5Mt/a，常四线从常压塔第 49 层塔盘抽出，经泵加压后直接进入蜡油系统，与减压侧线蜡油合流后出装置。该常减压蒸馏装置建设的实时优化系统(Real Time Optimization System，简称 RTO)，是基于装置的严格机理模型，可实时取数进行优化计算，并将优化结果以外部目标值传递给装置的先进控制系统(Advanced Process Control System，简称 APC)进行优化控制的系统。利用该 RTO，可灵活设定优化目标，将优化模型的测算结果直接智能指导装置优化调整。

1　RTO 简介

常减压蒸馏装置是原油深加工的基础装置，其生产过程的模拟优化一直是人们研究的重要课题[1]。而实时优化(Real Time Optimization System，简称 RTO)控制方法是将回路控制与过程运行优化相结合，采用两层结构，上层通过计划调度优化经济性能指标，产生底层控制回路的设定值；底层通过控制器使被控变量跟踪设定值，从而尽可能使过程运行在经济优化状态，是生产过程模拟优化的一个方向[2]。

现场的工艺数据与核磁分析数据由 DCS 系统传递到 RTO 实时优化平台上。核磁分析数据进一步经原油分子数据库传递给分子机理模型，并由分子机理模型生成相应的原油分子数据[3]。价值体系通过外部文件传递到平台上。机理模型调用以上所有数据进行优化计算，优化结果传递到实时数据库中进行保存。装置的侧线模拟结果会传递回分子机理模型进行拓展，并做出分子结构展示。优化结果中的变量会作为外部目标值传递到 APC 系统，令 APC 按照指定的优化方向进行控制。

RTO 运行过程主要包括稳态监测、数据整定、优化计算、过程控制等[4]。优化过程需要在装置平稳控制时期进行。如果装置不处于稳态，在优化计算完成以后，装置工况与计算时所处的工况会有差别，优化结果有可能不适合变化后的工况。为检测常减压装置稳态，主要考虑的范围包括三个塔和两个炉。数据整定的过程是为了更新模型数据，提高模型与装置当前数据的匹配程度。数据整定计算完成后，优化计算自动开始。优化计算主要是基于优化目标函数进行的。优化计算完成以后，系统会根据配置的外部目标信息，对指定的位号数据进行更新。

2 装置模型

该装置常四线从常压塔第49层塔盘抽出，抽出温度为330~345 ℃，流量为9~16t/h，直接去减二线液控阀后与蜡油汇合后出装置，常四线介质热量未利用。

该装置E1026ABCD为原油换热网络中的末级高温位换热器，高温位介质入口温度在320℃左右，原油经此换热器后进入常压炉。

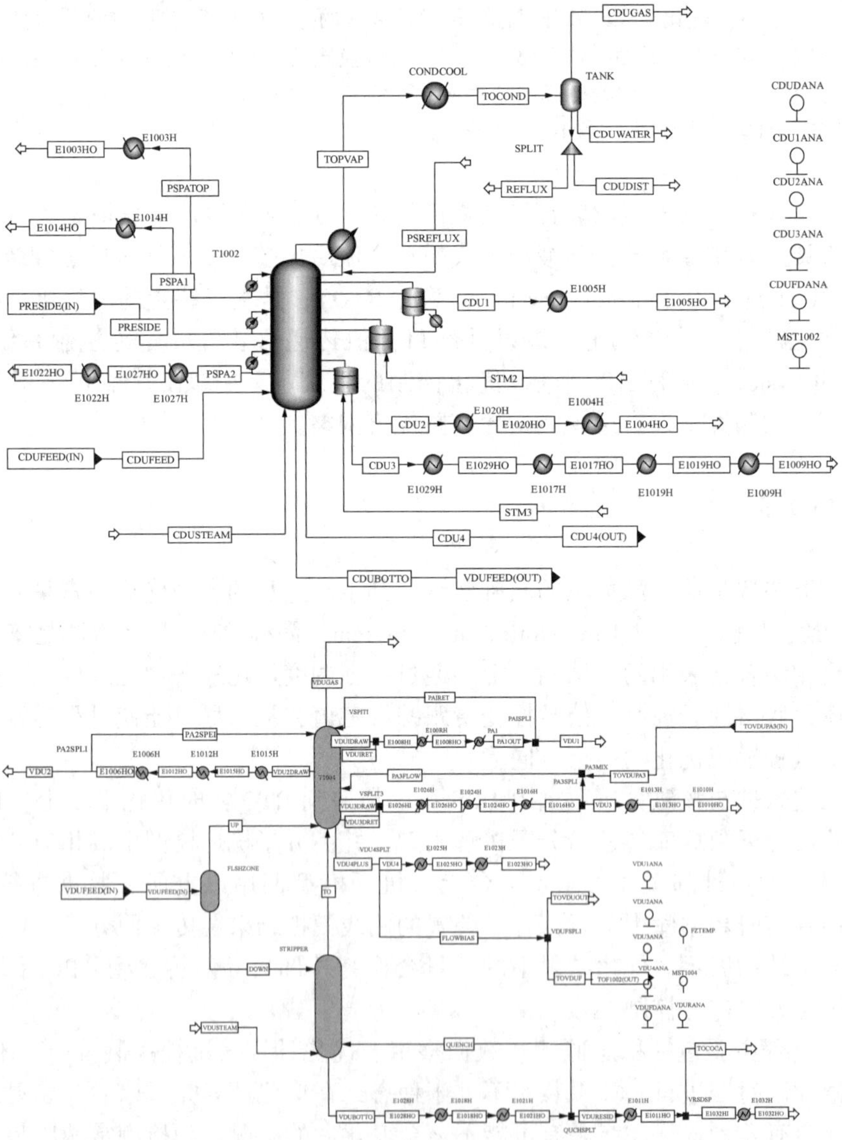

图1 常压塔与减压塔RTO模型

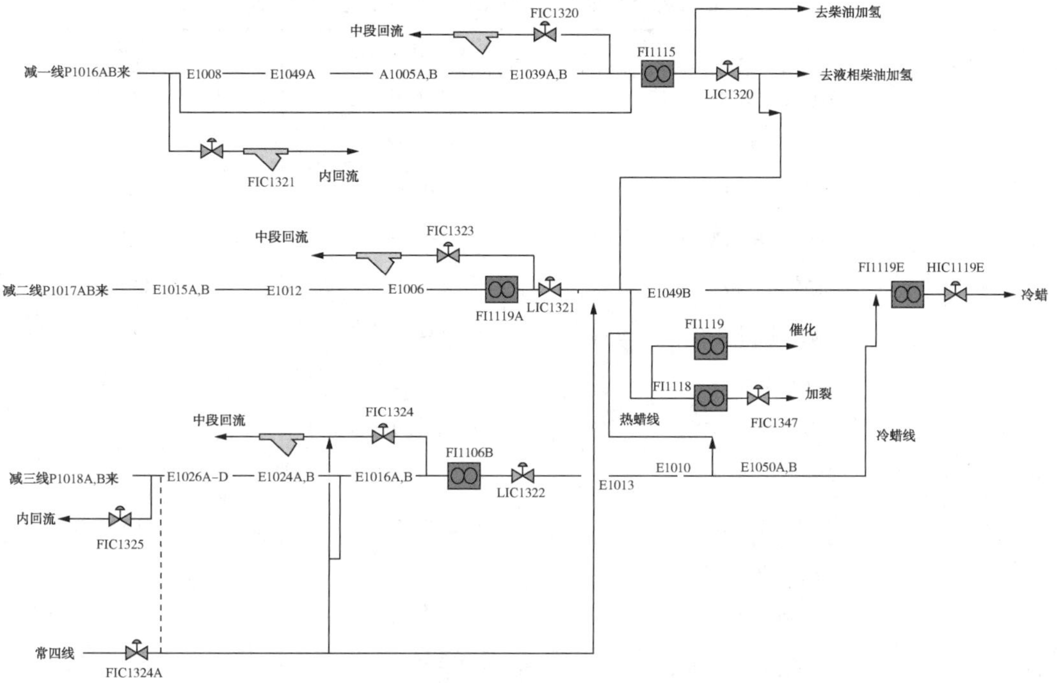

图 2 常四线与减压侧线流程 RTO 详细模型

若将常四线改进 E1026ABCD 之前进行换热，能够有效地提高原油换热终温，降低加热炉燃料气消耗。

利用 RTO 机理模型，建立常四线进入 E1026 的目标流程，模拟流程改动前后对装置的影响。

3 优化约束

按照实际控制指标，修正 RTO 模型中初馏塔、常压塔对应重整料、航煤原料、加氢料等产品质量控制指标，同时固定三塔的各中段回流流量和常压炉、减压炉总出口温度。

在 RTO 中分别建立常四线直接做蜡油和进换热网络两种工况，模拟工况变化对电脱盐罐、初馏塔、常压塔、减压塔及加热炉等的影响。

4 模型模拟结果

结合生产实际，在 RTO 模型中模拟常四线流量为 9t/h、16t/h 时分别做热蜡、进 E1026 的工况变化。

4.1 常四线流量为 9t/h 时模拟结果

常四线流量为 9t/h 时，RTO 模型中分别做热蜡、进 E1026 时，其主要参数模拟结果如表 1 所示。

表1 常四线流量为9t/h时工况变化前后主要参数

序号	主要参数	进E1026	做热蜡
1	初馏塔进料温度/℃	229.07	227.60
2	常顶温度/℃	113.63	114.67
3	减顶温度/℃	80.20	79.00
4	减三回流返塔温度/℃	222.28	215.40
5	脱前换热一路/℃	136.05	136.61
6	脱前换热二路/℃	124.68	125.11
7	初顶终馏点/℃	163.5	162.4
8	常顶终馏点/℃	162.9	163.4
9	常一线闪点/℃	40.2	39.6
10	常三线95%馏出温度/℃	350.0	350.3
11	减一中流量/(t/h)	48.33	48.33
12	减一线流量/(t/h)	11.88	11.78
13	减二线流量/(t/h)	37.21	37.00
14	减三线流量/(t/h)	101.83	100.66
15	减四线流量/(t/h)	8.7	8.7
16	急冷油流量/(t/h)	7.00	7.00
17	渣油流量/(t/h)	108.64	108.76
18	常一线抽出温度/℃	182.84	182.33
19	常二线抽出温度/℃	224.25	223.55
20	常三线抽出温度/℃	303.18	304.10
21	常四线抽出温度/℃	336.7	337.2
22	减一线抽出温度/℃	138.00	136.91
23	减二线抽出温度/℃	234.95	237.79
24	减三线抽出温度/℃	317.99	321.97
25	减四线抽出温度/℃	371.64	371.65
26	原油换热终温/℃	300.0	297.8
27	常压炉能耗/kW	27887.9	28932.9
28	减压炉能耗/kW	15534.4	15484.4

4.2 常四线流量为16t/h时模拟结果

常四线流量为16t/h时，RTO模型中分别做热蜡、进E1026时，其主要参数模拟结果如表2所示。

表 2 常四线流量为 16t/h 时工况变化前后主要参数

序号	主要参数	进 E1026	做热蜡
1	初馏塔进料温度/℃	227.28	226.49
2	常顶温度/℃	116.00	116.68
3	减顶温度/℃	85.30	85.00
4	减三回流返塔温度/℃	212.50	209.73
5	脱前换热一路/℃	142.86	143.65
6	脱前换热二路/℃	123.05	124.07
7	初顶终馏点/℃	165.5	164.3
8	常顶终馏点/℃	163.8	164.2
9	常一线闪点/℃	40.8	40.3
10	常三线 95%馏出温度/℃	350.4	351.3
11	减一中流量/(t/h)	61.45	61.12
12	减一线流量/(t/h)	17.83	17.68
13	减二线流量/(t/h)	60.21	59.73
14	减三线流量/(t/h)	115.34	113.64
15	减四线流量/(t/h)	15	15
16	急冷油流量/(t/h)	7.00	7.00
17	渣油流量/(t/h)	121.84	122.03
18	常一线抽出温度/℃	181.99	180.99
19	常二线抽出温度/℃	234.45	234.03
20	常三线抽出温度/℃	305.18	306.10
21	常四线抽出温度/℃	340.1	340.5
22	减一线抽出温度/℃	138.00	136.91
23	减二线抽出温度/℃	234.95	237.79
24	减三线抽出温度/℃	317.99	321.97
25	减四线抽出温度/℃	371.64	371.65
26	原油换热终温/℃	302.91	301.63
27	常压炉能耗/kW	27164.2	28932.9
28	减压炉能耗/kW	17921.6	17825.9

4.3 模拟结果分析

将常四线改进原油换热网络后，在主要操作参数方面：原油进电脱盐罐温度下降 0.50~1.0℃，初馏塔进料温度上升 0.8~1.5℃，原油换热终温上升 1.3~2.2℃，常压塔顶温度下降 0.7~1.0℃，常一线抽出温度上升 0.5~1.0℃，常二线抽出温度上升 0.4~0.7℃，常三线抽出温度下降 0.9℃，减压塔顶温度上升 0.3~1.2℃，减一线抽出温度上升 1.1℃，减二线抽出温度下降 2.8℃，减三线抽出温度下降 4.0℃，减四线抽出温度基本不变，渣油流量下降 0.2~0.2t/h。

将常四线改进原油换热网络后，在主要侧线产品质量方面：初顶油终馏点上升1.1~1.2℃、常一线闪点上升0.5~0.6℃，常顶油终馏点下降0.4~0.5℃、常三线95%馏出温度下降0.3~0.9℃。

将常四线改进换热网络后，常压炉能耗降低明显、减压炉能耗小幅度上升。在常四线抽出流量为9t/h时，降低加热炉能耗995kW，对应燃料气减少60Nm^3/h；在常四线抽出流量为16t/h时，装置能耗合计降低1673 kW，对应燃料气减少135Nm^3/h。

5 结论

利用RTO，建立常四线进入原油换热网络的目标流程。从模拟结果可见，将常四线改进原油换热网络后，在产品质量满足要求的前提下，主要操作参数变化不大且在可控范围内，但装置加热炉直接能耗下降、渣油收率下降，有利于提高装置整体运行效益。

参考文献

[1] 李旦杰，王健红．常减压过程实时动态模拟[J]．北京化工大学学报．2001，28(1)：81.
[2] 王琳．大型流程系统的双层结构预测控制与动态实时优化[D]．上海：上海交通大学，2019：4-7.
[3] 杨俊，陈夕松，罗凡．“过程控制”课程RTO技术教学案例[J]．电气电子教学学报，2008，40(2)：54-55.
[4] 谢道雄，唐全红，罗重春．石油化工核磁技术应用[M]．北京：中国石化出版社，2019：65-66.

S Zorb 装置 PV-2401A1 压控阀故障分析与应用改进

蔡炜鑫

（中国石化广州石化公司，广州　510000）

摘　要 介绍广州石化 S Zorb 装置 PV-2401A1 压力控制阀在实际应用中存在的问题，并做了详细的故障分析，提出了针对性的应用改进方案；以期通过应用改进，减少压控阀的故障，延长其使用寿命，保障 S Zorb 装置的安稳运行。

关键词　S Zorb 压控阀　故障分析　应用改进

1　引言

S Zorb 催化汽油吸附脱硫装置，是由 ConocoPhillips（COP）公司在 Z Sorb（气相脱硫化氢）技术的基础上最新研究开发的一种先进的汽油脱硫工艺技术。广州石化 S Zorb 催化汽油吸附脱硫装置于 2010 年 1 月成功投产，加工能力为 150 万 t/a。在该装置的闭锁料斗系统中，工艺介质为粉末状、硬度较大的吸附剂，由于吸附剂窜入后续流程，会造成闭锁料斗 D-7106 的分程压控阀 PV-2401A1 冲刷磨损内漏，导致程序无法继续运行。这给装置的正常运行和仪表的日常维护造成了很大的困扰，同时也极大地提高了仪表的维护成本。因此，对 S Zorb 装置分程压控阀 PV-2401A1 在实际应用中存在的问题进行分析，提出针对性的应用改进方案，具有现实的意义。

2　压控阀的故障情况与原因分析

2.1　压控阀故障情况

广州石化 S Zorb 装置分程压控阀 PV-2401A1，在前四年的运行周期里，运行状况一直良好。从 2014 年初开始，故障开始频繁出现，多次进行检修。最严重的一次是投用两小时左右，泄漏量就开始增大，程序无法运行。主要出现的故障有：

（1）阀芯（图 1）、阀座等内件冲蚀损坏，导致阀门出现内漏、压力不好控等问题。这是最突出、最常见的故障。

（2）阀体与阀座密封面、阀体上阀盖密封面、阀体流道等冲蚀损坏（图 2），导致出现内漏、阀门外漏等问题。

虽然通过系列攻关，将阀芯、阀座材质由 316+司太莱堆焊升级为 410 热处理，甚至 316+碳化钨喷涂；阀体材质为 WC6 加流道硬化处理，但只能尽可能地延长阀门使用周期，并不能从根本上解决频发的故障。

图1 阀芯损坏情况

图2 阀座及阀体损坏情况

2.2 原因分析

由工艺参数表(图3)得知，压控阀的工艺介质为循环气/N_2，使用工况尚好。按照设计时的原厂阀门选型材质配置(图4)，足以满足现场压控阀的使用要求。但多次出现阀芯、阀座及阀体等冲蚀损坏严重，甚至原厂全新阀门备件投用两个小时左右就出现内漏严重。

* 工艺参数 *	流体名称	循环气/N2		气体
	单位	MIN	NOR	MAX
流　　量	NM ^ 3/H	225(RG)	451(RG)	21(N2)
阀前压力	MPA G	3.145	3.145	0.201
阀后压力	MPA G	0.415	0.415	0.070
关闭压差	MPA			
温　　度	℃		426.700	
密　　度	KG/NM ^ 3	0.3002	0.3002	1.2504
CAL. Cv		0.384	0.787	0.853
相对开度	%	52.110	70.450	72.510

图3 工艺参数表

经过反复核实工艺参数、原厂阀门材质光谱分析、检修过程及安装维护等多个方面着手分析，都未能找到根本原因。从阀门冲蚀损坏的情况来看，与闭锁料斗上其他程控阀的冲蚀损坏现象、相关工艺管道流道冲蚀情况有类似之处，是否压控阀里窜入了吸附剂导致阀门冲刷严重，我们决定对相关工艺流程进行分析。

材质/处理		
阀体	:	A217-WC6
阀芯	:	SUS316/全部堆焊司太莱合金
阀座	:	SUS316/全部堆焊司太莱合金
导向套.阀杆	:	A182-F11/堆焊司太莱合金.SUS316
填料	:	柔性石墨(P6315CL)
垫圈	:	碳钢齿形垫(T/#1890-S)

图4 原厂阀门材质配置

根据工艺流程判断(图5、图6)，闭锁料斗D-7106的压力PIC2401A是分程控制(对应控制调节阀PV-2401A1和PV-2401A2)，来调节闭锁料斗压力以便进行顺控程序。闭锁料斗侧上部安装过滤器ME-7102，气体通过PV-2401A1和PV-2401A2调节排放。从该压力控制的分程作用原理得知(图7)，先开PV-2401A1调节，再开PV-2401A2；关阀过程恰好与开阀过程相反。理论上来说，PV-2401A1和PV-2401A2是调节闭锁料斗气体压力的，中间有过滤器，吸附剂会被过滤器滤除，不会进入后续流程，对这两台调节阀不应造成磨损。

但是从实际使用来看，过滤器后面的这两台调节阀和球阀都不同程度地受到磨损，这说明 ME-7102 过滤器不能完全过滤掉吸附剂，吸附剂通过气体带入后路。从工艺流程图看可知，压控阀 PV-2401A1 首当其冲，所以它受冲刷最严重。S Zorb 吸附剂(图 8)，主要组分是钴、镍、铜，颗粒度是 65～75μm，其载体成分是氧化锌、硅石和氧化铝混合物，重度是 1.906g/cm^3。吸附剂及其载体的主要成分都是微小金属颗粒，且硬度非常高(HRC 达到 68)。因此，造成压控阀 PV-2401A1 故障的主要原因是，实际工艺工况与设计工况(纯工艺气)有出入，由于过滤器滤芯功能下降或失效等原因，导致吸附剂窜入后路系统。因气体流速过快，且吸附剂硬度高，气体吹动吸附剂对阀内件及阀体内腔造成冲刷，加剧了阀门内漏、外漏故障的频繁出现。

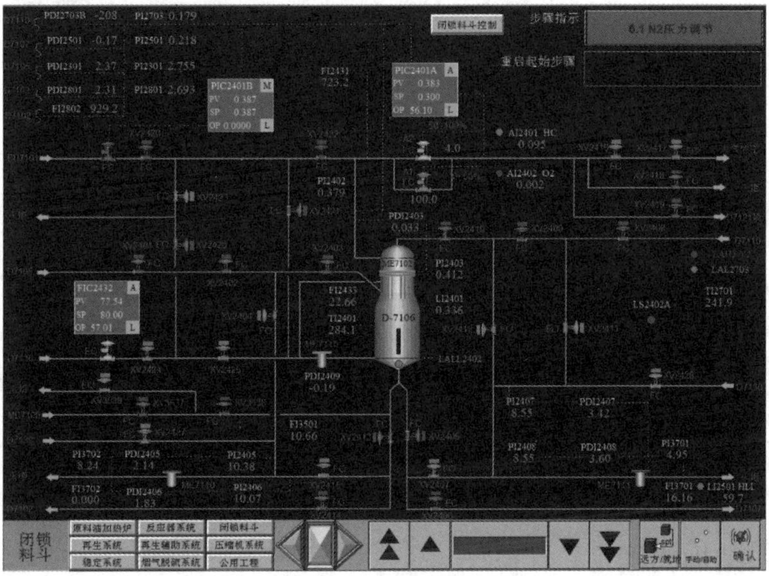

图 5　工艺流程图一

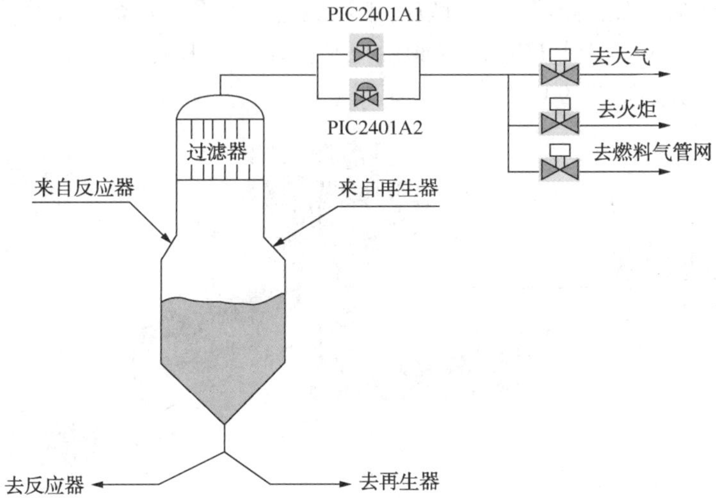

图 6　工艺流程图二

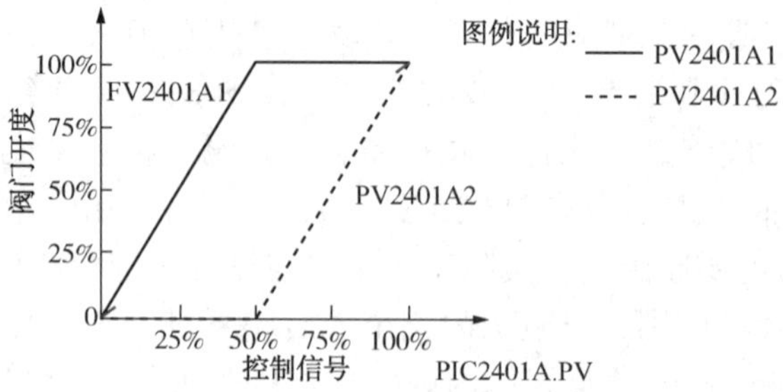

图7 D-7106压力分程控制原理图

吸附剂名称	S Zorb SRT sorbent
载体	氧化锌、硅石和氧化铝混合物
组分	钴、镍/镍、铜
颜色	灰绿色粉末
粒度	65～75μm
重度	1.906g/cm^3
装填密度	1.001g/cm^3

图8 吸附剂参数

3 应用改进方案

对过滤器进行维修，确保吸附剂不窜入后路系统，是解决问题的办法之一。但在无法确保过滤器完好运行的情况下，如何提高压控阀的使用寿命，延长其完好运行周期变得至关重要。

针对上述原因分析，原压控阀的结构形式及阀内件选材都不能完全满足现场工况的使用要求。导致了阀门使用寿命短、控制不稳定等问题，严重影响了S Zorb装置的正常运行。而且原厂阀门备件费用高、货期长，装置的日常维护成本非常大。因此，对压控阀进行应用改进已迫在眉睫。

广州石化仪控中心与国内专业调节阀生产厂家进行合作，针对S Zorb装置PV-2401A1的实际运行情况进行了详细的分析研究和计算，提出了如下应用方案。

3.1 阀门结构的确定

由现场工艺参数可知，阀门前后压差≥2.7MPa，即压降过大，导致气体流速过高。采用套筒降压降噪结构，布置降噪孔，可以有效解决这一问题，但需保证降噪孔面积之和大于1.05倍的阀门流通面积。因此确定压控阀由原来的单座减压结构改为二级减压，即柱塞式阀芯+特殊多孔套筒形式(图9)。

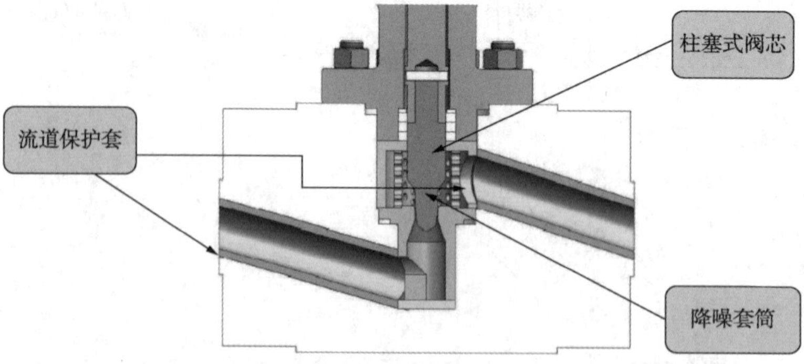

图9 阀门结构图

3.2 阀门材质的选择

若是干净气体则只考虑降压降噪处理，但介质中含有吸附剂颗粒，在高速流动中，会对阀内件、阀体腔内所有接触面进行冲刷，故需提高阀内件及阀体材质硬度，提高抗吸附剂冲刷能力。阀门材质选用需符合有关 ASTM 材料的规定，各种材料的温度-压力等级应符合 ASTM/ANSI B16.5—2013 的规定。经反复核算比较，确定阀体材质采用锻件材质 A182-F11；阀芯、阀座、套筒材质选用 YG11。YG11 是模具钢中的一种，属于碳化钨类的硬质合金，不经热处理，内、外硬度均匀一致。硬度远超过司太莱合金堆焊硬度，达到 HRA85.6（HRC68）以上，提高抗冲刷性能。

3.3 阀体内腔和流道的保护

阀体内腔热装硬质合金保护套，材质为 YG11，避免介质直接作用于阀体。同时，在满足 CV 值的前提下，尽量减小阀体上腔、下腔的多余空间，避免产生涡流造成局部冲刷。

3.4 上阀盖密封结构改进

上阀盖下端面增加石墨盘根，防止吸附剂进入阀杆与上阀盖导向间隙。

4 改进后压控阀运行情况

对此应用改进方案，相关技术人员进行了详细研讨，认为该方案切实可行，可以解决长期困扰 S Zorb 装置 PV-2401A1 压控阀正常运行的难题。由于 S Zorb 装置长期满负荷运行，新阀安装不允许涉及动火更改管道，也不允许更改相关控制程序。因此，方案决定新改进的阀门虽然整阀更换，但与工艺管道连接法兰间距及形式不改变，相关控制附件利旧使用。

2015 年 12 月立项，2016 年 4 月 27 日改进的新阀现场安装使用(图 10)。10 月 24 日第一次预防性拆检，阀芯、阀座及流道未发现磨损(图 11、图 12)，试压泄漏量满足出厂设计要求。使用至今，也未出现内漏、外漏等故障。压控阀运行稳定，阀门改进效果良好，达到了改进要求。

图 10 现场安装图

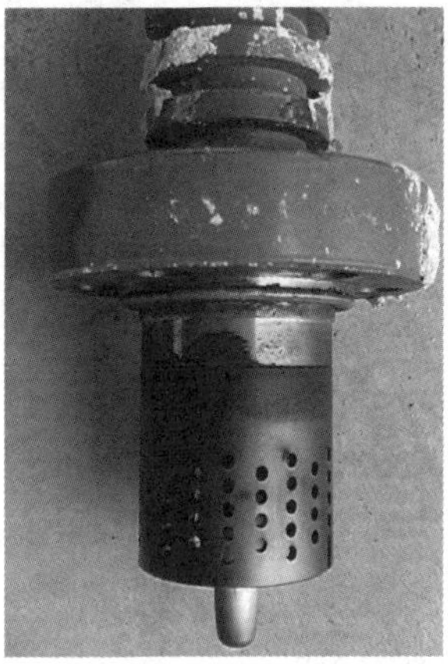

图 11 改进阀芯使用情况

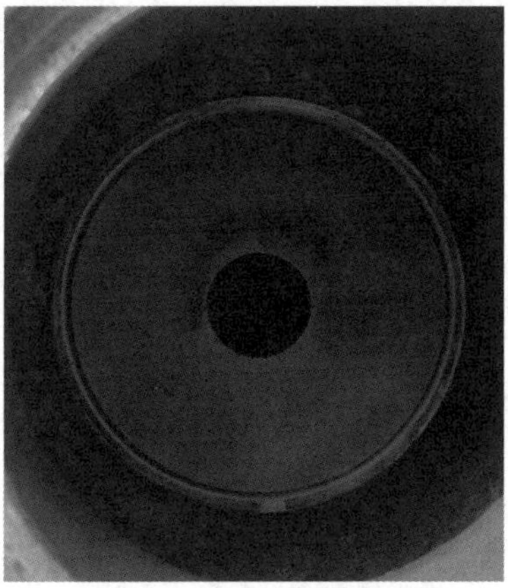

图 12 改进阀座使用情况

5 结论

本次 S Zorb 装置 PV-2401A1 压控阀应用改进取得了圆满成功，一方面降低压控阀的故障率，解决阀门内件及阀体冲刷损坏严重的问题；另一方面延长了阀门的使用周期，减少订购备件的维修费用，确保装置安全和平稳运行，达到了预期成效。为广州石化 S Zorb 装置长周期稳定运行做出了贡献，值得同行业使用单位的借鉴和参考。

参 考 文 献

[1] 吴国熙 . 调节阀使用与维修[M]. 北京：化学工业出版社，2006：57-60；137-139.
[2] ASTM/ANSI B16. 5—2013 管法兰和法兰管件 . 北京：中国石化出版社 . 2014：29.
[3] ASTM E140-05e1 金属标准硬度换算表 .

基于实时数据库的日效益测算系统开发

黄亨蓉

（中国石化燕山石化公司炼油厂，北京　102500）

摘　要　以催化裂化装置为切入点，北京示艺工软实时数据库为平台，开发了生产日效益测算系统。实现了装置效益静态分析向动态、实时、连续分析，经济效益线下分析向线上分析的转变，替代了业务人员使用EXCEL线下处理数据的过程，提高生产运营管理效果及科学决策水平。该方法可操作性和灵活性较强，可根据需要进行调整，并推广到炼油化工全流程各装置中。

关键词　实时数据　效益测算　日累积　生产优化

有人说，未来数据就是生产资料，区块链就是生产关系，人工智能就是生产力。处在石油化工生产第一线，发现未来已至，现场每天产生海量的生产数据，可以挖掘出很多有价值的信息，对生产经营决策意义重大。实时数据库是一个大宝藏，存储着生产过程中的各种一手数据，其数据真实详尽，且随生产活动即时更新，做一些信息化开发和处理，即可获得生产经营决策所需的数据信息。

传统的效益测算方法主要以数据表手动计算为主，工作量较大，很难实现分装置以日为单位的测算。但站在经营决策人员的角度，效益测算周期越短，越能及时优化生产方案，实现效益最大化，因此决策者有开发以日为单位的效益测算系统的需求。以炼油效益核心装置，催化裂化为试点，经过一段时间的摸索开发，在实时数据库平台上实现了装置效益的自动化测算，并以表格形式展示给各层级人员。经过一段时间的调试及观察，计算结果基本可与全月的效益对应。

1　日效益测算系统搭建目的

为解决炼油化工生产数据无法直接转换为战略层面上的经营数据信息、易导致优化决策滞后的问题，多家炼化企业开始寻求信息化手段开发效益监控系统，以实现对各装置的投入、成本和产品产出的日测算，从而及时根据市场变化情况对装置进行日优化、日调整。

DCS集成的企业现场仪表数据早已能通过实时数据库实现自动化采集存储和远程展示，从生产一线至公司决策人员，均需通过实时数据库查看生产情况。若能借实时数据库平台进行效益测算开发，则生产数据的实时采集和跟踪计算将不成问题，且效益结果直接体现在实时数据库平台上，方便查看，降低了系统学习成本，保证了信息传递范围和质量。本次开发基于北京示艺工软的实时数据库软件进行，该软件与传统实时数据库采集系统最大的差别，就是用户参与度高，有专属的组态及虚拟仪表构建界面，可实现高度个性化的数据定制。

2 系统搭建过程

系统搭建的整体思路是：从实时数据库中获取各装置物料平衡及能耗数据，导入装置进料、产品及公用工程的价格体系，根据经济效益公式计算出装置每日效益。

经济效益一般按式(1)所示进行计算：

经济效益 =产品收入-原料成本-生产费用

=产品数量×价格-原料数量×价格-(水电气风消耗数量×价格+三剂消耗+固定费用) (1)

效益测算系统搭建的关键点，在数量数据的获取及价格数据的导入，数量数据将通过脚本开发日累积变量，由实时数据库自动获取；而价格、三剂消耗和固定费用数据可开发外接模块定期导入。

2.1 物料每日累积变量生成

由于 MES 系统未对本次所用实时数据库软件放开读取权限，因此无法直接使用 MES 结算数据作为效益测算用变量。搭建系统时采用了折中的方法，即根据 MES 结算各装置投入产出时所用计量仪表，新建数据变量，存储每日生产数据。

仪表数据一般为瞬时量或累计量，MES 物料核算的逻辑是从实时数据库中读取前后两个时间点的仪表累计数据，并做差值，算出某一时间段的物料流量。根据本企业日核算习惯，以每日 8：00 作为核算起止时间对物料数据进行截取。具体过程为：

(1) 根据经济效益测算需求，梳理装置原料投入、生产消耗、产品产量的计量仪表位号，同一物料多个仪表计量的，整理出仪表间计算公式；

(2) 新建“日累积”变量，编写脚本，脚本规则为：某流量计每日 8：00 累积量减去前一日 8：00 累积量，并将计算结果存入对应“日累积”变量；

(3) 与 MES 物料平衡结算数据对比，校验“日累积”数据是否与统计数据一致，出现问题及时调整。

2.2 价格数据导入

价格数据无法通过实时数据库自动获取，需单独导入。在实时数据库中新建“成本管理模块”，根据装置实际，参考 PIMS 模型编码规则，对物料及公用工程进行编码，将价格导入模板固定。价格体系的具体确定方案将在后文简要介绍，价格数据根据市场情况进行调整，修改时可通过公式链接自动更新，方便维护。

三剂及其他辅材、固定费用在同一生产方案条件下变动不大，可与价格数据一起编码，取月度平均值定期手动更新。

2.3 效益计算变量建立及可视化展示

计算效益时，为确保每个子项目效益均可追溯，方便发现问题，也方便观察不同项目对效益的贡献情况，可进一步在虚拟仪表中新建效益计算变量，用于存储物料日累积变量与对应价格乘积(即发生费用)的结果。同时根据催化裂化装置特点，可以设置掺渣比计算变量，方便观察原料劣质化与效益变化之间的关系。可视化展示结果如图 1 所示，双击绿色实时数据，可弹出对应数据的趋势线，方便对效益变化量进行追踪并复盘分析。

项目		价格/吨油效益	日累积量	金额（万元）
日效益		吨原料效益 496.30		268.88
1. 原料			5417.73	1761.54
冷热料线		2870.67	2835.91	814.10
热渣油线	掺渣比 47.29%	2671.04	2562.01	684.32
重整来反抽提油		3698.50	22.67	8.38
外来干气（MES）		2949.34	95.00	28.02
外来轻油回炼（MES）		3698.50	613.00	226.72
2. 生产费用				-8.92
2.1燃料及动力				-48.36
除盐水|吨		12.69	2635.04	3.34
循环水|吨		0.34	94713.65	3.22
电|千瓦时（MES）		0.75	359375.00	26.95
蒸汽3.5Mpa|吨		270.00	3962.07	106.98
蒸汽1.0Mpa|吨		255.00	2004.51	51.12
净化风|立方米		0.23	99976.57	2.30
非净化风|立方米		0.12	120050.47	1.44
氮气99.999/1.3Mpa|立方米		0.87		
电|千瓦时（自产）（MES）		-0.75	306495.00	-22.99
蒸汽3.5Mpa|吨（自产）		-270.00	4386.59	-118.44
蒸汽1.0Mpa|吨（自产）		-255.00	4011.13	-102.28
2.2辅助材料（手输：2020年发生费用日平均）				16.00
2.3固定费用（手输：2020年发生费用日平均）				23.44
3.产品收入				2021.50
干气		2949.34	292.22	86.19
液化气		3961.30	1316.24	521.40
汽油		4186.69	2550.70	1067.90
柴油		2463.00	1173.54	289.04
油浆		1993.00	285.81	56.96
烧焦		0.00	0.00	0.00

图 1　催化裂化装置日效益展示界面

3　中间物料价格体系

价格是效益测算中最关键的指标，它必须真实反映当下市场情况，以确保所测算的效益能指出正确的优化方向，指导生产，提高效益。催化裂化装置进料及产品均属中间物料，均无法直接使用市场价格，经与财务、计划、产品调和、销售等专业人员多次商讨，最终确定了中间价格制定规则。主要考虑上下游工艺流程、与原油和最终产品的关联、物料性质，并给中游装置设置恰当利润。对于催化裂化装置来说，为反应装置不同操作方案对产品性质的贡献，如油转化的增产丙烯方案，在计算液化气价格时，考虑了丙烯收率，具体计算过程介绍如下。

催化液化气送气体分馏装置后产出丙烯、丙烷和民用液化气，这三种产品均有市场价格，可直接将气分装置产品收率与对应产品价格相乘后相加，减去气分装置吨液化气操作费用，即可得出催化液化气价格。

4 实时数据库日效益测算优势

全自动，受众广，数据自动采集，自动计算，实现了效益静态分析向动态、实时、连续分析转变；实现了经济效益线下分析向线上分析的转变，清晰测算装置效益情况。各层面人员可直观看到炼油各装置盈利情况，及时指挥装置调整操作，可加强计划执行力。

开发灵活性强，方便推广至炼油厂各装置，实现全厂分装置日效益监控。目前原油及产品市场波动较大，本系统可为各层面人员实时提供全方位的生产经营效益数据，有利于及时根据市场指导优化方向，为炼油优化打下坚实基础。

有利于开展比学赶帮超。通过系统可每日展示同类装置不同生产方案之间的效益对比，及时反映各装置运行水平，查找原因，提升效益，促进增效。同时，对抢料装置，如催化裂化和加氢裂化，可通过效益测算，将稀缺物料优先送效益靠前装置，提升效益。

5 存在问题及措施

首先，价格对效益结果的影响很大，定价规则是否科学，决定了效益测算结果是否具有参考价值。若定价不合理，则效益测算结果指示的方向就不正确，可能催生局部优化甚至南辕北辙的错误决策。建议定期组织财务、计划、生产等相关专业人员对中间物料价格进行评估，确保价格体系科学合理，决策人员以日效益测算结果为参考，综合考虑炼油整体情况，及时修正优化方向。

其次，MES系统每日有物料结算数据，若能开放接口，则可直接获取经校验后的实际生产数据，做日效益监控会更快捷准确。虽然以单装置为黑盒子，进料和出料均有用于最终物料结算的仪表，可以如上文所述，直接用该仪表做日累计计算装置物料消耗及产品产出情况。但原油及成品油的调和过程涉及储罐的容量及物料组分的变化，由于无法直接读取MES数据，罐容及组分变化情况无法从实时数据库自动获取。在将效益监控系统推广至炼油系统整体时，仍需手动从MES系统获取相关数据再上传，不够方便；同时目前装置电耗数据也无法通过实时数据库自动获取，需每日手动更新。建议部分开放MES数据接口，尽可能减少系统已有数据的手动转移，提高效益监控系统可用性。

此外，效益测算涉及财务、生产、销售等专业内容，各专业人员共同维护和完善，才能让系统展示的结果更具参考价值。为确保测算系统能够得到持续维护和使用，应将系统开发及数据维护过程标准化，并建立相关运维制度，保障系统能够长期有效运行。

6 结果与展望

实时数据库是每个生产人员都会看的信息平台，在此基础上做日效益开发，既可以实现数据的自动采集和更新，也可以降低系统学习成本，用户在查看生产信息的同时顺带就能看到前一个工作日生产效益情况，对自身的生产决策和盈亏情况能有一个量化认知，能更好地指导生产。本文以北京示艺工软实时数据库软件为平台，提供了一种日效益自动测算系统的开发方案。数据自动采集，自动计算，实现了效益静态分析向动态、实时、连续分析转变；实现了经济效益线下分析向线上分析的转变，替代了业务人员使用EXCEL线下处理数据的过程，大幅提高工作效率。该方案简单便捷，灵活性较强，可根据需要进行调整推广。

参 考 文 献

[1] 喻冬凯．数据采集与监控系统在石油化工企业中的应用分析[J]．化工管理，2017(24)：72.
[2] 张志檩．实时数据库原理及应用[M]．北京：中国石化出版社，2001.

加热炉组合式水热媒余热回收技术选择和应用

姚　庆，黄晓飞，徐宏伟

（中国石油大连石化公司，大连　116032）

摘　要　为了解决三蒸馏装置常减压炉排烟温度高的问题，通过技术比选，采用组合式水热媒空气换热器，既解决空气预热器露点腐蚀问题，同时有效地回收烟气余热，降低了排烟温度，提高了加热炉热效率，降低能源消耗。

关键词　加热炉　水热媒技术　空气预热器　节能

在石化企业生产装置的加热炉是重要耗能设备，约占全厂能耗的30%~50%，提高加热炉的效率一直是石化企业节能工作的重点，其中采用余热回收设备回收烟气低温余热，降低加热炉排烟温度是最有效的节能手段。由于受低温露点腐蚀问题影响，烟气余热回收设备难以满足设备长周期、安全运行的要求，造成加热炉排烟温度高，烟气热损失大问题。因此，选择烟气余热回收设备必须有效解决低温段烟气露点腐蚀问题，适应加热炉燃料组分、负荷等参数变化，同时回收烟气余热，达到加热炉安全平稳，节能高效运行。

1　原常减压炉余热回收系统存在的问题

三蒸馏装置常压加热炉、减压加热炉计负荷为104MW和80MW，采用前置蒸汽加热式空气预热器和管式空气预热器回收对流室出口高温烟气余热，经空气预热器换热后的空气分别供两台炉燃烧用，换热后的烟气由引风机引出，经加热炉烟道排空，具体流程见图1。

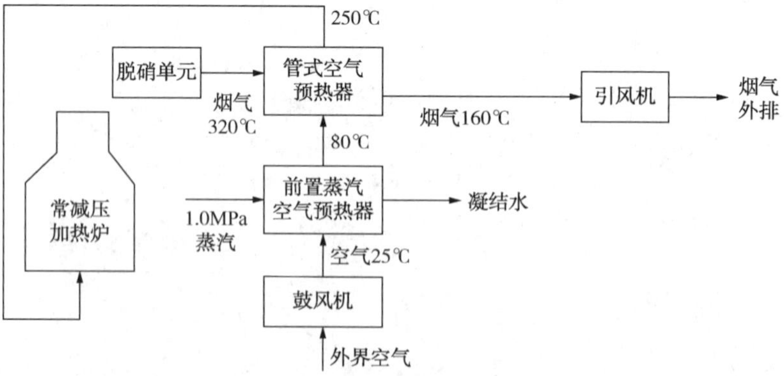

图1　原常减压加热炉余热回收流程图

上述预热回收系统，加热炉烟气排烟温度160~170℃，常减压炉热效率90.5%，由于排烟温度高，热损失大，加热炉燃料消耗较高。为了进一步降低燃料消耗，需要对常压加热炉、减压加热炉的空气预热器系统进行改造，进一步降低排烟温度，提高热效率，同时避免发生烟气露点腐蚀，保证装置长周期、高效运行。

2 技术选择

2.1 管式空气预热器

原系统采用前置蒸汽加热式空预器和管式空预器组合形式，见图1，空气由鼓风机引入，在前置蒸汽加热器加热到70~80℃，再进入管式空气预热器与烟气换热，烟气出口温度为160~170℃，两者的平均值120℃，高于露点温度115℃，但是空气入口处风温70~80℃，局部存在低于露点温度的情况，烟气侧管壁因结露造成腐蚀，停检管式空气预热器打开后，腐蚀出现在烟气侧的供风入口部位，见图2，换热管束翅片已腐蚀掉，部分换热管有腐蚀穿孔现象。

图2 原空预器腐蚀情况

前置蒸汽预热器采用蒸汽加热空气，随着环境空气温度和瓦斯硫含量变化，调节加热蒸汽量，控制加热后的空气温度70~80℃，蒸汽消耗量8~10t/h，增加了装置能耗。由于空气预热器运行中存在腐蚀泄漏、能耗高等缺陷，因此本次改造不选择这种类型预热器。

2.2 热管式空气预热器

热管式空气预热器采用烟气和空气通过热管间接接触的换热设备，对烟气侧的温度要求苛刻，一般控制在350℃以下，在开停工或装置操作异常情况下，烟气温度容易高出此限定值，引起热管爆管或失效。当燃料气中硫化氢含量变化大时，热管式换热器的低温换热面也容易出现低于露点的运行工况，使热管换热管壁出现腐蚀，甚至失效。

鉴于上述缺陷，本次改造不采用这种形式预热器。

2.3 水热媒空气预热器

水热媒空气换热器的烟气余热回收技术是利用带压的除氧水作为热媒(中间热载体)，在一个封闭或开放式热交换系统中，吸收烟气中余热，用于预热加热炉助燃空气或工艺介质，往复循环。期间“热媒水”只是热载体，通过一套简单的调节控制手段，设置旁路阀，控制空气预热器换热量，使与烟气换热的热水进口温度控制在烟气露点温度之上，确保换热管管壁温度高于露点温度，避免低温段露点腐蚀发生在适应加热炉燃料变化、加热炉负荷、工艺参数变化等复杂操作条件，烟气余热回收设备均能高效、长周期、安全运行，水热媒系统原则流程图见图3，该系统加热炉烟气排烟温度为120~130℃，比管式预热器排烟温度降低20~30℃，有效回收烟气余热。

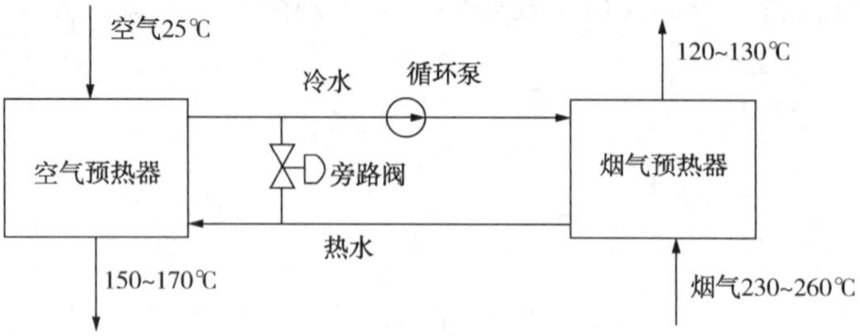

图3 水热媒系统原则流程图

2.4 组合式水热媒空预器

组合式水热媒换热系统由扰流子管式空预器和水热媒空预器组成，扰流子管式空预器应用在烟气高温区域(190~320℃)，使用寿命长，性能稳定，传热效果好，不存在低温露点腐蚀；水热媒换热系统应用在烟气低温区域(130~190℃)，操作调节灵活，避免露点腐蚀，排烟温度降低到130℃，二者结合既解决了烟气低温区域出现的烟气露点腐蚀和排烟温度高的问题，又解决了高温区域设备庞大和投资高的问题，确保设备长周期、高效运行。

通过比选，三蒸馏常减压炉改造采用组合式水热媒空预器。

3 技术改造措施

2020年5~6月利用停检，采用组合式水热媒空气预热器对三蒸馏常减压炉进行了改造。

3.1 工艺流程

组合式水热媒空预器由高温空预器和水热媒空预器构成，高温空预器为扰流子空预器，低温段为水热媒空预器。热媒水经热水循环泵加压后进入烟气换热器，在烟气换热器吸收烟气的高温余热，温升至150℃左右后进入空气换热器，加热炉所需的助燃空气，经换热后的热媒水返回热水循环泵入口，如此循环，源源不断将烟气中的热量传给助燃空气，工艺流程见图4。

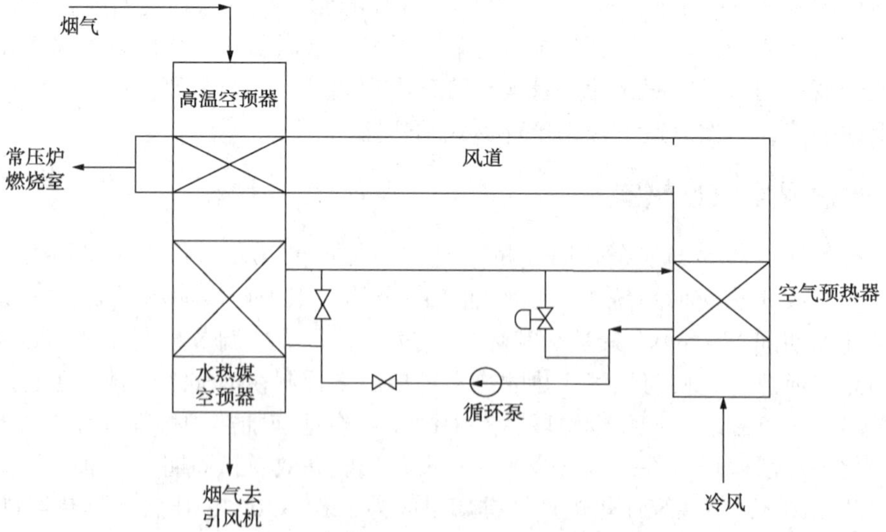

图4 常压炉组合式水热媒空预器换热系统流程图

在空气换热器进、出口热媒水之间设置一套旁路调节副线，通过控制进入空气换热器的热媒水流量，来控制空气换热器的取热量，进而控制进入烟气换热器的热媒水温度，避免烟气换热器发生低温酸露点腐蚀。具体进烟气换热器热媒水温度控制点与燃料总含硫量和酸露点温度关系见表1。

表1　烟气换热器热媒水温度控制点与燃料总含硫量和酸露点温度关系

项目	酸露点温度	热媒水温度控制点	备注
燃料总硫含量0.3%	106℃	120℃	燃料气+燃料油
燃料总硫含量0.5%	122℃	132℃	燃料气+燃料油

空预器冷风旁路系统利旧，在冬季和低负荷工况下，可打开冷风旁路蝶阀，使部分助燃空气绕过空预器直接进入热风道，防止冬组合式空预器发生露点腐蚀。

3.2　性能参数

水热媒空预器系统设计运行参数满足表2指标要求，控制热媒水与烟气的换热的入口温度在120℃以上，从而保证烟气换热器在露点温度以上运行。

表2　加热炉空气预热器设计数据

名　称	高温段空预器（扰流子空预器）	低温段空预器（水热媒空预器）
烟气流量/(kg/h)	150450	150450
烟气入口温度/℃	359	215
烟气出口温度/℃	215	135
热媒水流量/(t/h)	无	~107
热媒水进口温度/℃	无	120
热媒水出口温度/℃	无	148
空气入口温度/℃	106	20
空气出口温度/℃	267	106
换热面积/m^2	4320	7200+3010
换热量/kW	6622	3566
总换热量/kW	10188	

3.3　组合式水热媒空预器的设备安装

组合式水热媒空预器主要换热设备分成高温段空预器(两个模块)、烟气换热器(二个模块)、空气换热器三大部分。将原前置式蒸汽空气预热器、原三组管式空预器管束及护板全部拆除，保留原空预器钢架和主体钢结构，保留原空预器钢架和主体钢结构，在其位置和空预器出口垂直烟道上布置二组新设计的扰流子空预器和二组水热媒烟气换热器，二组扰流子空预器和二组水热媒烟气换热器，均支撑在原空预器主体钢结构上，烟道走向不做任何改动，见图5空气预热器现场安装图。

烟气换热器(分上、下两个模块)和空气换热器均采用蛇形翅片管为换热元件，顺列布置，烟气换热器和空气换热器均设计为一整体箱式结构，承压部件的所有焊缝均安排在夹层内，检查、维修时只需打开由外护板组成的检修门即可，十分方便。

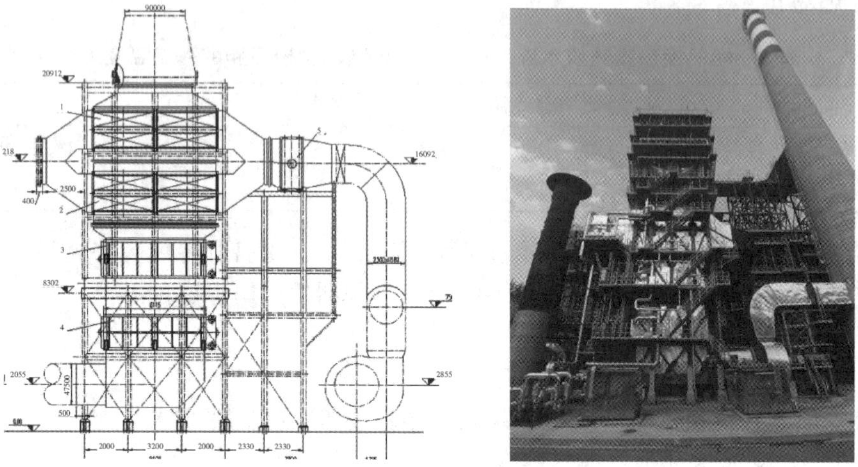

图5 空气预热器现场安装图

4 应用效果

该系统投用后，热媒水入口温度130℃，热媒水出口温度160℃，高于露点温度运行，加热炉燃烧情况良好，烟气温度125~130℃左右，比改造前降低40~60℃，常减压炉加热炉效率分别提高3.18%和2.38%，具体见表3。

表3 加热炉F-1001、F1101改造前后运行参数对比

	F-1001(改造前)	F-1001(改造后)	F-1101(改造前)	F-1101(改造后)
总负荷/MW	104	104	80	80
工艺介质	初底油	初底油	常渣	常渣
原料流量/(t/h)	678	675	649	646
烟气进口温度/℃	302	274	326	292
烟气出口温度/℃	185	127	174	130
前置预热器加热蒸汽消耗量/(t/h)	4	0	3	0
燃料气流量/(t/h)	2.5	3.37	3.47	3.81
燃料油流量/(t/h)	4.46	3.27	3.27	2.44
氧含量/%	3.33	2.48	2.81	2.33
热效率/%	89.53	92.71	90.23	92.61

备注：装置进料量为18500t/d。

5 效益分析

5.1 能耗降低部分

（1）节约燃料情况

增上热媒水系统后，常压炉 F1001 热效率由 89.53%提高到 92.71%，减压炉 F1101 热效率由 90.23%提高到 92.61%，按照三蒸馏运行负荷 18500t/d，燃料消耗量降低 0.61t/h（见表 3），年节约燃料量 5124t，混合燃料（瓦斯：燃料油 = 1：1）价格为 1500 元/t，年增加经济效益：769 万元。

（2）节约蒸汽情况

取消蒸汽加热的前置预热器，节约蒸汽 7t/h，按照蒸汽 150 元/t，年创经济效益：7×150×8400 = 882 万元，综合起来增加效益 769+882 = 1651 万元。

5.2 能耗增加部分

增上热媒水系统后，能耗增加量为两部分，一次加入除盐水 200t，热水循环泵和仪电系统，电耗为 49.7 万度/a，合计增加水电费用 25 万元/a。

综合上述因素，年创经济效益 1626 万元，项目总投资 2900 万元，回收期 1.8 年。

6 水热媒空气预热器技术特点

与列管和热管式换热器相比，水热媒空气预热器具有以下优点。

一是解决烟气余热回收设备中的露点腐蚀问题。设定进烟气换热器的热媒水温度，高于露点温度，控制烟气侧管壁温度高于热媒水温度，从而避免露点腐蚀。

二是随燃料组成和炉子负荷变化调节热媒水温度。在水热媒空预器设置了旁路系统，控制进烟气换热器的热媒水温度，使烟气侧最低管壁温度高于露点温度，达到燃料硫化氢和加热炉负荷运行要求。

三是随环境温度变化调节加热炉运行。加热炉入炉空气温度变化时，通过调节，控制水热媒空预器进烟气换热器的热媒水温度在露点温度以上，防止腐蚀。

四是确保设备长周期运行。水热媒系统解决了烟气回收设备的露点腐蚀问题，减少设备泄漏，达到长周期运行要求。

7 结论

在三蒸馏常减压炉上应用组合式水热媒空预热系统，使烟气余热回收系统烟气侧设备运行在露点温度以上，减少露点腐蚀，回收了烟气余热，常减压炉加热炉效率分别提高 3.18%和 2.38%，节约前置预热器加热蒸汽 7t/h，达到节能增效目的，为装置的长周期运行提供保障。

船用燃料油调合方案快速建立方法研究

刘　杨，王晓斌，李大凯，刘　川，牛玉龙

（中国石油锦州石化公司研究院，锦州　121001）

摘　要　船用燃料油，尤其是低硫船用燃料油的生产是近期石化行业关注的热点。船用燃料油的生产本质上是各炼厂利用自身可参与调合油品资源，进行优化配比，寻找出符合低硫船用燃料新标准，兼顾产量和成本控制的调合方案。本文尝试利用支持向量机智能算法来提高船用燃料油调合方案研究的效率，编制程序并建立了一系列调合方案，取得了良好的效果。

关键词　船用燃料油 低硫船燃 智能算法 非线性指标 支持向量机

1　船用燃料油行业发展趋势

1.1　新标准下船用燃料油行业现状

据国际海事组织（IMO）《国际防止船舶造成污染公约》规定，自 2020 年 1 月 1 日起，全球船舶必须使用硫含量不高于 0.5%的船用燃料油。这对中国业内企业来说，在应对全球船用燃料油低硫化挑战的同时，更要做好产品对接需求[1]。1979 年，英国标准协会拟定了船用燃料油规格标准的草案，国际标准化组织（ISO）以此参考对船用燃料油的标准进行了探讨。ISO 于 1987 年形成了 ISO8217 标准稿。针对当时船用燃料油的劣质趋向，此标准对相关指标提出了标准化的规定，同时对未来的油品指标特性做出限制。由于燃料油的黏度并不是唯一可靠的质量指标，所以在 ISO 8217—1996 标准中，对船用燃料油的质量特性评价包括了黏度、密度、灰分、倾点、残炭、硫含量、钒含量等多项参数。ISO 8217 系列发布之后，有效控制了船用燃料油品质的劣质化情况。经过不断修订，ISO 于 2012 年颁布了 ISO 8217—2012 标准，ISO 船用燃料油标准第五版替代 ISO 8217—2010。我国船用燃料油国家标准 GB/T17411 是按照国际标准 ISO8217 执行的，是强制性国家标准[2]。据 IMO 统计，目前全球船用油年消费量 2 亿 t 以上；到 2020 年，全球航运业年消耗燃料将达 3.2 亿 t。其中亚太市场增长尤快，船用油占比超过 45%，已成为全球最大的船用油消费市场。作为全球海运大国之一，中国船用低硫燃油供应能力严重滞后。业内人士指出，其中一个原因是退税政策等相关配套政策不到位，导致企业不生产保税船用燃料油。低硫燃油的生产需要改造原有的炼油加工工艺，既需要投入大量的技术改造资金，也要大幅提高燃油供应价格，即使两个条件都具备，能否调动炼厂的积极性也存在变数。炼厂更愿意加工汽、煤、柴等油品，并全力提高产出率，不愿意生产低附加值的燃料油。

中国石油炼化板块从 2018 年 10 月开始，有序组织相关 8+1 家炼厂进行产品低硫化升级工作。2019 年 6 月 21 日，全国首单不同税号油品调合成低硫燃料油业务在舟山自贸区内实现。辽河石化生产的低硫调合料与大连西太生产的含硫深加工调合料进行混兑调合，此举打通了国内炼厂的原料进入保税船供油市场的调兑渠道。同时中国船燃与这些炼厂从原料、生产、调合等各环节开展大量工作，为船用低硫燃油进入市场奠定基础。辽河石化、大连西太、大连石化、锦西石化生产的低硫资源已经或正在进入市场，提升了中国船燃资源的保障能力。在此背景下，锦州石化公司将于 2020 年 3 月开始生产船用燃油。

重质船用燃料油包括残渣燃料油 RMD80、RME180、RMG380 等。主要用于低速柴油机，或者与馏分型燃料混合后用于低速柴油机。船用燃料油根据 50℃时运动黏度的差异，通常分为 180CST、380CST、500CST 等，主要用在国际运输船舶，以及在沿海、沿江运输的较大船型上，发动机马力大的要求的黏度高，最高可达到 700CST。180CST、380CST 是市场上的主流品种[3]。

1.2 船用燃料油调方案的常规建立方法

生产船用燃料油的主要方式是根据每个炼厂自身情况进行油品调合，满足船用燃料油各项指标后作为产品出售[4]。这种调合燃料油的产品性质主要取决于调合方案，因此计算调合方案时对调合产品的指标预测就显得尤为重要。目前探索、建立船用燃料油调合方案的流程是：

(1)拟定、采集调合组分来源油品，例如来自各车间的渣油、蜡油、柴油、油浆等。

(2)拟定一个调合范围，采用经验公式估算非线性指标，设计几种调合比例，分别采样调合，然后进行船用燃料油关键指标分析(或全指标分析)。

(3)根据检测结果筛选指标符合程度最好的调合比例，改进比例再次配比，再次进行指标分析。

(4)设计比例-调合-分析的工作循环多次后，确定全部符合指标的调合方案。

这种方式有一定的缺陷，例如调合组分来源因调度原因改变、因工艺条件的变化导致组分的性质发生变化等情况发生时，以上工作循环还要再次进行。

2 船用燃料油调合方案快速建立方法研究

2.1 船用燃料油调合方案快速建立方法思路

船用燃料油调合方案建立的难点在于非线性指标的预测，以黏度、倾点、闪点为代表的一些非线性指标无法直接计算获得。虽然有经验公式可以借鉴，但是误差太大，黏度大的组分提高 1%可能会导致调合产品组分黏度上升 10%～20%，很容易超过国家标准。因此，探索新的非线性指标计算方法是解决问题的关键。

最小二乘支持向量机(LSSVM)作为一种新颖的人工智能技术，已越来越广泛地运用于各个学科领域。在解决小样本、非线性及高维模式识别中表现出许多特有的优势，可用于分类和回归分析。它是一种不依赖具体函数形式的通用拟合方法，具有建模效率高、预测精度高、自适应能力强等特点。文献表明，利用 LSSVM 模型对重质船用燃料油调合各指标进行预测，准确性高，应用前景可观[5,6]。学习、研究这种计算方法，编写程序，建立船用燃油非线性指标预测模型。该模型可以缩短调合样品-分析指标的周期，并可以尝试寻找最经济调合方案。

利用支持向量机算法建立船燃调合方案的工作流程可设计如下：

(1)确定炼厂各车间可用于参与船用燃油调合的组分种类。

(2)确定船燃调合的非线性性质种类和控制指标(包括黏度、倾点、闪点等)。

(3)按设计比例配制调合样品，分析指标，将分配比例和分析结果作为学习样本。

(4)将学习样本输入到支持向量机程序中，获得输入参数和输出参数的精确映射关系，建立非线性指标模型。

(5)通过建好的模型计算所有符合非线性指标条件的调合方案。

(6)在计算出的调合方案中选择经济效益较好的方案，进行调合实验，全指标分析。

2.2 支持向量机基本概念

支持向量机(Support Vector Machine，SVM)是一类按监督学习(supervised learning)方式对数据进行二元分类的广义线性分类器(generalized linear classifier)，其决策边界是对学习样本求解的最大边距超平面(maximum-margin hyperplane)。

SVM 使用铰链损失函数(hinge loss)计算经验风险(empirical risk)并在求解系统中加入了正则化项以优化结构风险(structural risk)，是一个具有稀疏性和稳健性的分类器 。SVM 可以通过核方法(kernel method)进行非线性分类，是常见的核学习(kernel learning)方法之一 。

SVM 被提出于 1964 年，在 20 世纪 90 年代后得到快速发展并衍生出一系列改进和扩展算法，在人像识别、文本分类等模式识别(pattern recognition)问题中有得到应用。

2.3 支持向量机算法的 Matlab 编程实现

首先，根据前述的理论，本文设计了一个“类”，称为船用燃料油非线性指标预测模型类。这个类有 5 个属性，分别代表船燃的“指标名称”，“比例”，“指标值”，“归一化系数”和“向量机参数”。前三个属性比较好理解，代表某一种调合船燃方案的指标要求与调合比例。后两个属性属于数学范畴，可以理解为模型运行需要的参数。

```
classdef Property_SVM_Model_Class < handle
  % 将一个属性预测模型作为一个类
  properties
    Property_Name = '黏度';
    Property_Data;
    Percentage_Label;
    normalization_coefficient = 0.01; %归一化系数，重要参数，
    SVM_Options = [ '-s 3 -p 0.3']; %默认的一些参数，其中如含
  end
```

图 1　船用燃料油非线性指标预测模型类代码示例

然后本文参考前述支持向量机的数学原理，编写算法程序。程序的功能是先读取预先设计的“比例值”和按照比例值调合的船燃的指标分析结果。然后把这些数据用支持向量机的算法进行回归，生成一个模型。

模型算法建立好之后，可以对模型进行各种操作，例如计算符合用户要求的所有比例值，预测计算任一比例的指标值等。因此需要开发用户功能和界面。

```
% Button pushed function: Button_6
function Button_6Pushed(app, event)
    data1 = cell2mat([app.Unit_1_Data.Data(:,1)]);                %生成一个性质列表，位置4列
    data2 = cell2mat([app.Unit_1_Data.Data(:,2:4)]);

    obj = Property_SVM_Model_Class ( data1,data2,app.EditField_16.Value );
    [model,C,G,O]=Property_SVM_Model_Create(obj)
    [predict_p,accuracy,dv] = libsvmpredict(data1*obj.normalization_coefficient,data2,model);
    figure(1)
    plot(data1*obj.normalization_coefficient,'o')
    hold on
    plot(predict_p,'.')
    test_percentage = [app.EditField_12.Value app.EditField_13.Value app.EditField_14.Value]
    test_property = 0 %这个随便给不影响预测的数值，但是会基于这个值计算预测准确率。
    [predict_t,accuracy_t,dv_t] = libsvmpredict(test_property,test_percentage,model);
    hold on
    plot(predict_t,'*')
    legend('原始黏度','回归黏度','新数据预测黏度');
    app.EditField_15.Value = predict_t/obj.normalization_coefficient;
    app.EditField_6.Value = 0;
end

% Button pushed function: Button_7
function Button_7Pushed(app, event)
    data1 = cell2mat([app.Unit_1_Data.Data(:,1)]);                %生成一个性质列表，位置4列
    data2 = cell2mat([app.Unit_1_Data.Data(:,2:4)]);
    obj = Property_SVM_Model_Class ( data1,data2,app.EditField_16.Value );
    test_percentage = [app.EditField_12.Value app.EditField_13.Value app.EditField_14.Value]
    test_property = 0 %这个随便给不影响预测的数值，但是会基于这个值计算预测准确率。
    [model,C,G,O]=Property_SVM_Model_Create(obj)
    [predict_p,accuracy,dv] = libsvmpredict(data1*obj.normalization_coefficient,data2,model);
```

图 2　支持向量机代码示例

2.4　功能和界面的开发

为方便建立和使用模型，在算法编制好的基础上开发了用户界面，并实现一定功能，见图 3。

软件第一步先使用导入功能，将调合比例和分析结果数据导入电脑。该功能可以直接读取 excel 表格，见图 4。

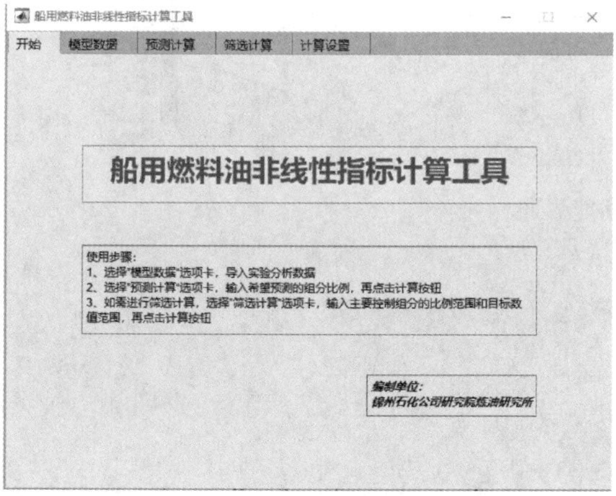

图 3　计算工具启动界面

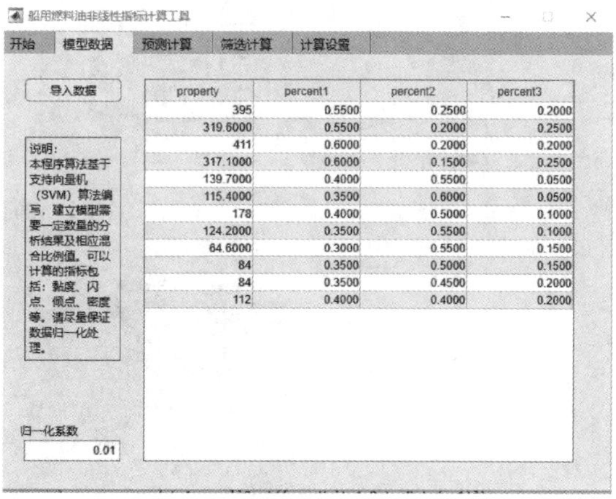

图 4　数据导入界面

第二步，导入完成后可以根据需要进行预测计算。在界面上输入任意比例值，点击“计算”可以得到指标预测值；点击“三维图展示”可以得到分析结果在三维空间上的分布图；点击“模型图展示”可以展示模型在三维空间(需要说明，模型一般是四维或更高维的)上的数学图像，见图 5。

如果有需要，可以进行第三步筛选计算。该功能可以在模型基础上按用户要求，反向计算特定指标范围内的所有比例值，并以图形方式展示，见图 6。

考虑到数学模型的适用性和复杂性，为某些特殊指标和特殊用途工作，我们还设计了参数设置功能，方便有一定数学知识的用户修改模型参数，建立更准确的模型，见图7。（该功能非必要可不使用，采用默认参数）。

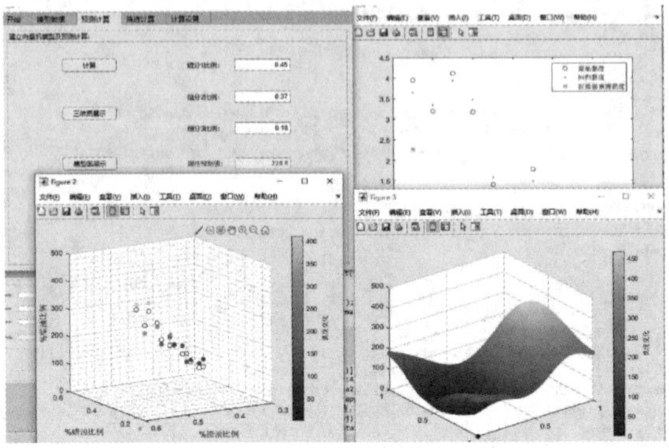

图5 直接计算功能界面

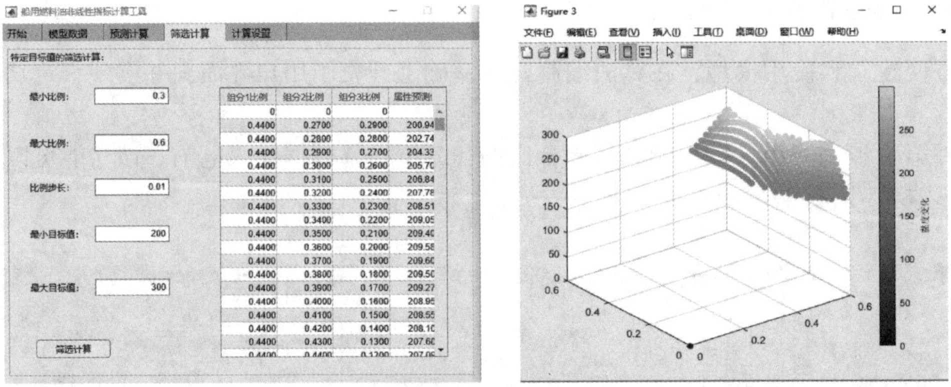

图6 筛选功能界面

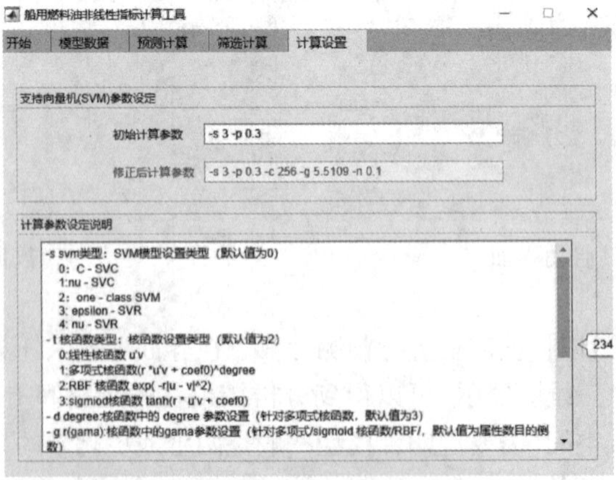

图7 参数设置功能界面

3 船用燃料油调合方案快速建立方法举例

根据前期调研，可以进行船用燃料油调合的组分包括催化柴油、减压渣油、焦化蜡油、催化油浆、加氢裂化尾油。这些组分在船用燃料油调合中有不同的特点和作用，比例过高还对指标有负面影响，汇总见表 1。

表 1　船燃调合组分性质特点汇总

种类\ 性质特点	调合作用	对调合指标负面影响	估算成本/(元/t)
减压渣油	增加黏度	黏度过大、灰分	2200
焦化蜡油	降低密度	倾点过高	2750
催化柴油	降低密度	黏度过低	2900
加裂尾油	降低密度	无	2700
催化油浆	降低成本	密度高、灰分、硫、金属	1500

以采用三种组分调合船燃举例，三种油的比例混合方案排列组合有上千种(以 2%步长计算)。但可以先排除一些过低和过高的比例，然后把采样比例尽量均匀分散在数据空间内(四组分同理)。

设计比例举例见表 2。

表 2　调合比例设计

组分比例 1	0. 2	0. 3	0. 35	0. 4	0. 45	0. 5	0. 55	0. 6	0. 7
组分比例 2	0. 65	0. 55	0. 5	0. 55	0. 35	0. 3	0. 25	0. 2	0
组分比例 3	0. 15	0. 15	0. 15	0. 15	0. 2	0. 2	0. 2	0. 2	0. 3

然后根据比例表格，调合船用燃料油，分析黏度、倾点、闪点指标，返回分析结果后用上述工具软件进行非线性建模。

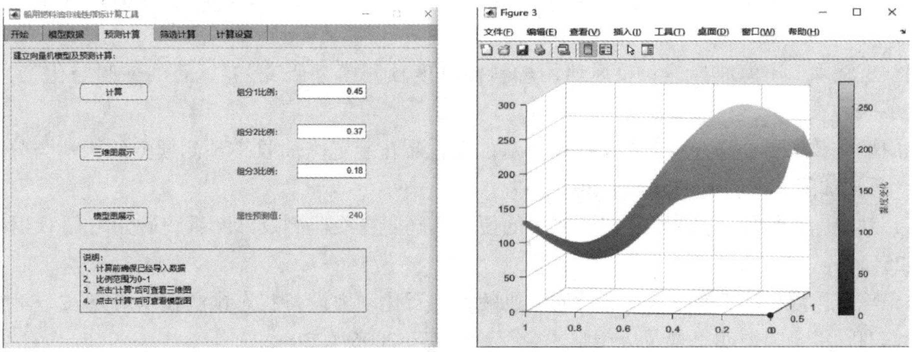

图 8　非线性指标建模示例

然后使用筛选功能将所有符合非线性指标范围内的组合计算出来，再结合成本核算价格整理成系列调合方案。调合方案再以某年某月生产成本价格估算，举例见表3，数据经过处理。

表3 船用燃料油调合方案列表举例

方案编号	比例	核算价格(估算)
方案1	渣油45/蜡油37/柴油18	2500元/t
方案2	渣油45/油浆15/柴油40	2400元/t
方案3	渣油40/油浆20/柴油40	2300元/t
方案4	渣油38/油浆15/蜡油31/柴油15	2300元/t
方案5	渣油23/油浆40/加裂尾油37	2400元/t

对上述方案进行船用燃料油全指标分析，确保没有超标项目后可作为调合方案应用。

4 总结和展望

智能化是石化产业正在经历的一场变革。支持向量机是“智能算法”中的一种，在其他行业中已经广泛研究和应用。前文提及的研究尝试应用这一智能算法提高船用燃料油调合方案研究的效率，对于智能算法在石化行业的广阔应用前景来说仅是冰山一角。在相关文献中，还有利用智能算法建立催化汽油收率模型[7]，利用神经网络在线诊断阀门故障[8]，利用支持向量机进行大型石化动力设备状态预测[9]和芳烃抽提装置优化[10]等等案例，都取得了不错的成果。本文认为石化企业从机械化、电气化、自动化跨越到了数字化阶段，智能算法乃至人工智能可以为石油和化工行业改造提升带来机遇。石化工作者应勇于接受挑战，自我提高，不断学习，将智能算法理论应用于更多生产实践中。

参考文献

[1] 王金兰．低硫重质船用燃料油生产方案研究[J]．炼油技术与工程，2021，51(2)：10-13.
[2] 颜世闯，吴越，祁兴国，等．低硫船用燃料油调合工艺和稳定性研究[J]．炼油技术与工程，2021，51(3)：5-8.
[3] 郭洪涛．关于船用燃料油调合方案的分析与讨论[J]．当代化工研究，2020(23)：71-72.
[4] 孔令健．低硫残渣型船用燃料油RMG380调合方案研究及实施[J]．中外能源，2020，25(6)：69-72.
[5] 刘名瑞，肖文涛，张雨，等．最小二乘支持向量机在重质燃料油调合中的应用[J]．石油化工自动化，2017，53(1)：33-36.
[6] 刘名瑞，王晓霖，王海波，等．重质船用燃料油黏度预测模型研究[J]．石油炼制与化工，2019，50(3)：29-35.
[7] 杨帆，周敏，戴超男，等．基于人工智能算法的催化裂化装置汽油收率预测模型的构建与分析[J]．石油学报(石油加工)，2019，35(4)：807-817.
[8] 陶长兴，刘岩，肖付伟．基于BP神经网络的便携式阀门在线监测及诊断系统研究[J]．仪器仪表用户，2018，25(12)：17-19.
[9] 徐小力，陈涛，温后珍，等．基于支持向量机的大型石化动力设备状态预测技术研究[C]//中国振动工程学会．2006年全国振动工程及应用学术会议论文集，2006：220-222.
[10] 杨善升，陆文聪，陆治荣，等．基于支持向量机算法的芳烃抽提装置优化模型研究[J]．石油炼制与化工，2011，42(2)：65-68.

城市型炼厂双重预防机制构建研究

柏海见，李　蕊，李晓红

（中国石油兰州石化公司研究院，兰州　730060）

摘　要　阐述了城市型炼厂定义及其成因，对双重预防机制工作现状进行了分析，提出了城市型炼厂双重预防机制的构建要点，包括与风险可接受标准相结合、风险分级与管控级别相互匹配、风险辨识结果与隐患排查相结合、推进风险数据信息化管理等。

关键词　城市型炼厂　双重预防机制　构建

随着城市的发展，原来处于市区远郊的一些炼厂逐渐被城市所包围，形成了城市型炼厂[1]，城市型炼厂由于地理位置的特殊性，其安全问题一直是舆论的焦点，同时也成为近年来安全风险管控研究的热点。双重预防机制的提出，是国家遏制重特大事故发生的有效措施，同时也为城市型炼厂的安全管理提供了很好的思路[2,3]。

1　城市型炼厂定义及其现状

城市型炼厂是指在人居城市中正在生产建设或者运行的炼油化工厂，城市型炼厂并不是先有城再有炼厂，而是由于城市的发展，加之规划考虑不足，炼厂周围建起了公共居住区、医院、学校等人员集中的城市区域，逐渐形成了“城围企业”的困境，炼厂的生产经营给这些人居环境带来了安全影响，“城围炼厂”已经是我国建设美丽中国进程中亟待解决的问题。

国外文献中没有明确提出城市型炼厂这一概念，但从实际情况来看，国内外均有城市型炼厂这一实际情况，国外如路德维希港的巴斯夫公司、韩国 SK 公司等均已形成实际的城市型炼厂，国内如九江石化、兰州石化、长庆石化等均已形成城围工厂的城市型炼厂现状。

城市型炼厂对周边人居环境的影响主要表现在三个方面[4]，一是外部风险的影响，炼厂周边的经济、政治和文化等活动与炼厂的正常生产交叉，如周边的市政施工对炼厂管线破坏等，给炼厂带来了安全隐患，也给周边的人居环境带来风险；二是固有风险的影响，炼厂的储罐、反应器和危化品储存区等均会对周边的人居环境产生安全影响，如爆炸、泄漏等安全风险均会给周边的居民带来严重的后果；三是延伸风险，城市型炼厂的道路运输，可能会通过车流、人流密度高的城市道路，形成一个移动的危险源，都在客观上增加了道路事故的概率，如浙江温岭槽罐车爆炸事故等。

面对这些问题，国内外均采取了一定的措施，巴斯夫公司对工艺流程和技术进行革新，提高本质安全，对反应装置、管线材质等进行严格设计，提高设备的可靠性；韩国 SK 公司积极推进“绿色能源计划”，通过各种技术手段降低对周边居民的影响。国内，唐安中[5]以九江石化为代表，提出城市型炼厂绿色低碳实践的具体做法；路念明[6]等人探讨了城市型炼厂应对风险与挑战的解决途径；王正魁[7]等提出了城市型炼厂整体搬迁和就地提升两种发展模式。

2 双重预防机制工作现状

2016年，《国务院安委会办公室关于实施遏制重特大事故工作指南构建双重预防机制的意见》明确指出：构建安全风险分级管控和隐患排查治理双重预防机制，是遏制重特大事故的重要举措。之后，双重预防机制在煤矿、化工、电力等行业逐步推进应用。双重预防机制是“构建风险分级管控与隐患排查治理双重预防机制”的简称，该机制的提出，要求企业按照相应的标准开展风险辨识工作，确定风险等级，对风险进行有效管控，同时加大隐患排查力度，形成风险与隐患共同管理的安全风险管理体系。

在炼油化工领域，双重预防机制的构建和研究也成为系统安全研究的方向，牛清波[8]从标准、组织架构、能力提升及经验总结等方面研究了石化企业使用双重预防机制的措施；赵金萍[9]等人从基础知识体系、流程模式等方面提出了化工企业建立双重预防机制的举措；辛盼盼[10]从固有风险和现实风险角度研究双重预防机制的科学机理，并基于系统建模理论和方法，分析归纳了企业双重预防机制体系设计的七大要素，利用霍尔三维模型及RBS理论与方法，构建了企业双重预防机制体系模型。

3 构建城市型炼厂双重预防机制要点

双重预防机制的定义和做法在国内前期的研究和实践工作中已经比较明确，针对城市型炼厂，双重预防机制必然要与实际相结合，在前期研究的基础上，主要有以下几个要点。

3.1 与可接受风险标准相结合

可接受风险指的是预期的事故风险最大损失程度在单位、个人或社会的经济能力、心理承受能力和环境承载力的最大限度之内。而可接受风险标准是量化社会公众、法律法规、企业等相关要求和因素，人为制定的一个风险程度，用于评判何种程度的风险属于可接受的范畴[4]，通俗地说，可接受风险标准是用来回答“多安全才够安全”这一问题的，属于定量风险评估的范畴，2014年，我国颁布了《危险化学品生产、储存装置个人可接受风险标准和社会可接受风险标准(试行)》，为企业制定自身可接受风险标准提供了参考。

对于城市型炼厂，可接受风险标准主要用于指导炼厂周边的安全距离，包括涉及爆炸品的危化装置、重点监管的危化装置与周边人居环境的距离等，通过安全距离的确定选取最为严格的事故后果确定外部安全防护距离。在安全距离已无法改变的情况下，也可用于指导炼厂风险防控措施的落实和加固，比如为风险点增加更多的独立保护层等，以将安全风险控制在一定的空间或时间范围内，防止其向非预期的后果发展。

在城市型炼厂构建双重预防机制过程中，要制定企业可接受风险标准，用标准来衡量“多安全才够安全”，用可接受风险标准来指导企业的风险辨识，充分考虑周边的安全防护距离或者危险源防护措施，达不到安全防护距离或者危险源防护措施满足不了标准要求的应当按照隐患进行处理。

3.2 风险分级与管控级别相互匹配

对于城市型炼化企业，其管理层级一般都比较复杂，以兰州石化为例，从纵向来看，基本都包括了公司主要领导级、公司分管领导级、公司职能部门级、分厂级、车间级以及班组级等，从横向来看，工艺风险分析一般在生产技术部门，设备风险和作业风险分析一般在机动设备部门，环境风险在环保部门，安全管理部门则对安全工作总牵头。

目前，风险分级有重大风险、较大风险、一般风险以及低风险，这四个风险等级与企业的管控级别不能很好地匹配，造成了风险管控的责任落实不到位，风险管控措施检查落实不到具体部门或者个人，往往会出现推诿扯皮的现象，给双重预防机制的构建带来了负面的影响。

因此，企业应结合自身的实际管控级别，细化风险分级，使风险分级与管控级别相互匹配。在纵向上，构建更加完善的企业风险分级体系，以四个分级为基础，与企业的管理层级相结合，使每一个风险等级均有相应管控级别，并将每一项风险都落实到具体个人上，使风险措施准确落实到具体工作中。在横向上，应强化风险管控责任的落实和提升风险辨识水平，要从责任意识方面开展工作，彻底摆脱安全是安全部门工作的现状，提升责任部门人员的风险辨识水平，通过标准培训、交流共享等方法，使企业的风险辨识水平逐步提升。

3.3 风险辨识结果与隐患排查相结合

在构建城市型炼厂双重预防机制的过程中，要厘清风险和隐患的关系，在定义上，风险是危害事件发生的可能性和损失后果严重程度的综合评价，具有客观性、可识别性、可控性和不确定性，隐患是生产经营活动中存在的可能导致安全生产事故的人的行为、物的状态、环境因素或管理缺陷，隐患是可以消除的；在主客观上，风险是对客观的可能性进行主观的评价，隐患是客观存在的；在相互联系上，风险管控失效会形成隐患，隐患不及时治理会导致事故，风险是抽象的，可通过辨识分析得出，隐患是具体的，能够排查发现，隐患是风险演变到事故的中间环节，在风险管控措施失效后就会形成隐患。

因此，风险分级管控与隐患排查治理并不是两个独立运行的工作，两者既有区别又有联系，风险辨识到位，分级管控合理，控制措施落实，风险演变成隐患的可能性就小。提高风险辨识水平和能力，对并对其进行合理的分级管控，落实各项控制措施，防止风险向隐患演变，是隐患排查治理的重要内容。

在构建城市型炼厂双重预防机制的过程中，要将风险辨识结果和隐患排查治理相互结合，采用分级管控的手段，落实具体人员，结合城市型炼厂风险可接受标准，分析风险防控措施是否到位，是否达到标准要求的可控范围，没有达到则构成隐患。在隐患排查治理中，也要应用风险辨识的技术，分析隐患的消除措施是否到位，是否产生新的风险等。

3.4 推进双重预防机制的信息化

推进双重预防机制信息化，是城市型炼厂构建双重预防机制的关键环节，也是实现管理机制落地执行的有效措施，双重预防机制的信息化，应该从数据层、采集层、传输层、落实层、应用层、服务层等六个逻辑层次分布来构建信息系统。

数据层主要包括工艺风险数据、工艺操作风险数据、作业风险数据、设备风险数据、环境风险数据以及管理风险数据等，分别针对不同的数据类型建立风险数据库；采集层主要包括人工风险辨识及隐患排查采集、历史事件数据采集、同类企业共享数据采集等；传输层包括互联网、公司内网、物联网及移动设备等；落实层包括风险及隐患排查结果的分级、责任落实、检查通知及结果考核追溯等；应用层包括数据分析评价、预警、信息实时发布等；服务层包括数据共享、决策服务等。

推进双重预防机制的信息化，不能仅仅局限于将线下的工作搬到线上，实现一个简单的管理功能，应当在具备管理功能的基础上，实现"专家系统"的功能，比如为风险辨识及隐患排查提供技术支持与指导，比如通过数据的共享实现风险辨识和隐患排查治理的线上交流等，为提升辨识和治理水平提供数据支撑。

4 结论与展望

本文通过对城市型炼厂及双重预防机制现状进行分析，在国家要求和前期研究的基础上，提出了城市型炼厂双重预防机制构建的几个关键点，包括与可接受风险标准相结合，企业内部细化风险分级，风险辨识结果要与隐患排查治理相结合，同时提出了双重预防机制信息化平台的六个逻辑层，为城市型炼厂双重预防机制的构建提供了思路参考。最后，风险和隐患管理数据作为企业的一种数据资源，在对这些数据的应用研究方面要加快进度，特别是风险数据与事海因里希法则等理论结合的研究，通过数据的研究，为城市型炼厂事故事件的预测、在役装置安全水平评估等提供理论基础。

参 考 文 献

[1] 林文枪．城市型炼厂的困局及对策[J]．石油化工管理干部学院学报，2013(4)：9-12.
[2] 王海腾，马旺．石化企业构建双重预防机制的必要性和实践探讨[J]．中国石化，2018，44(4).
[3] 刘佳兵．"双重预防机制"在基层安全管理上的应用[J]．石油化工安全环保技术，2018，34(05).
[4] 吴增光．城市型炼厂风险评估技术研究[D]．山东：中国石油大学，2017.
[5] 唐安中．绿色低碳实践与城市炼厂构建[J]．石油化工安全环保技术，2016，32(4).
[6] 路念明，吴增光，赵东风．城市型炼厂的问题来源和解决思路探讨[J]．当代化工，2016，45(12).
[7] 王正魁，殷涛，杨军，等．关于中国城市型炼厂发展模式分析与选择的探讨[J]．当代化工，2018，47(4).
[8] 牛清波．双重预防机制在石化行业基层安全管理上的应用[J]．科学管理，2020(3).
[9] 赵金萍．化工企业建立双重预防体系存在的问题及建议[J]．华北理工大学学报，2020，20(1).
[10] 辛盼盼．企业风险分级管控和隐患排查治理双重预防体系构建研究[J]．安全，2020，41(1).

雷达液位计在催化剂生产中的应用

李　峰，程　刚

（中国石油兰州石化检维修中心，兰州　730060）

摘　要　针对雷达液位计在催化剂生产中的使用现状，对雷达液位计产生的故障进行分析找到故障原因，解决问题。降低了雷达液位计的故障率，满足了工艺的生产需求。

关键词　雷达液位计　故障分析　故障处理

雷达液位计是一种常见的液位测量仪表，其具有连续性测、量精度高、非接触式以及测量范围大、耐高温、耐高压等特点，适用于大型储罐，腐蚀性液体、高黏度液体的液位测量。由于催化剂生产工艺过程涉及酸、碱、粉尘、浆液等对人体有损害的和复杂的介质，因此作为典型的非接触式仪表的雷达液位计在催化剂使用甚广。但是在生产催化剂的过程中存在高温、高腐蚀、蒸汽、泡沫、搅拌等诸多对液位测量产生影响的因素，导致雷达液位计故障率高、维护量大，使用周期短。本文针对催化剂生产中影响雷达液位计稳定运行的因素进行分析，提出相应的解决措施，满足工艺生产的需要。

1　雷达液位计在催化剂生产中的使用现状

在催化剂生产中的过程储罐内介质大多为浆液，普遍存在高温、强腐蚀性、蒸汽多、易冷凝等特点。按照生产过程工况环境，储罐可分为：高温粉尘浆料搅拌罐，如炉子的下料打浆罐、布袋的下料打浆罐；高温蒸汽浆料搅拌罐，如晶化罐；常温液体罐，如水罐或常温浆液转料罐。这些类型的储罐中，高温粉尘浆料搅拌罐和高温蒸汽浆料搅拌罐，因需要不停地搅拌、加热和循环，以避免浆料沉淀，所以搅拌引起物料飞溅，蒸汽遇冷变成水珠，造成“挂料”的现象影响雷达液位计的测量，导致雷达液位计经常会出现死机、雷达波丢失、干扰波等各种故障导致的雷达检测失灵，故障率高、维护难度大。而水罐和常温浆液转料罐上的雷达液位计测量准确，运行平稳。

2　雷达液位计在催化剂生产应用中的故障分析与处理

非接触式雷达液位计又分为脉冲雷达液位计和连续调频波雷达液位计，催化剂厂使用的多为罗斯蒙特 5400 系列的脉冲雷达液位计，此系列分为 5401 和 5402 两种类型，5401 型为频率 6GHz 的低频雷达液位计，而 5402 型为频率 26GHz 的高频雷达液位计。因 5402 型雷达液位计具有较窄的雷达波束宽度，对安装位置的要求较低，使用简单，从而降低了储罐改型的潜在高成本。所以在催化剂生产中使用最多的为 5402 型雷达液位计。

在日常的使用中我们发现 5402 型雷达液位计在高温粉尘浆料搅拌罐和高温蒸汽浆料搅

拌罐的液位测量的使用上效果并不理想。由于生产的连续性，操作人员需要随时掌握储罐液位的数据，液位测量的不准确容易影响到生产的稳定性，进而影响产品的产量与质量。针对5402型雷达液位计在使用中出现的故障，进行如下的总结、分析与处理。

2.1 雷达液位计频繁自动重启故障

2.1.1 故障原因分析

重启故障是在旧仪表更新为雷达液位计时出现的，该回路接入艾默生 DCS 中，由两线制 AI 卡件提供供电。雷达液位计供电显示窗点亮显示一段时候后突然黑屏然后重启。重启完成后，雷达液位计显示窗显示液位计处于液位测量中，3~5s 后显示窗显示液位值高报警，雷达液位计显示窗突然黑屏，然后重复此过程。我们怀疑该雷达液位计出现故障，更换一台新的雷达液位计后，此问题并未解决，排除了仪表的问题，进而进行细致的检查。在检查过程中，我们发现仪表的信号线路无破损接地良好，摇表检测正常；AI 卡件输出电压测量为 DC23.8V 左右；雷达液位计在控制室直接接入后使用正常。在雷达液位计重启过程中，发现仪表供电在液位计高报警时为 DC15V 左右，低于雷达液位计正常供电的最低要求 DC16V。由于该雷达液位计安装位置离 DCS 机柜间大概有 100m 左右，因此我们判断为 DCS 两线制 AI 卡件出现带负载能力不够造成的。

2.1.2 故障处理

在回路中将 DC24V 电源和雷达液位计串接接入 DCS 四线制 AI 中构成回路。改进后经过半年的使用，雷达液位计频繁重启现象得到彻底解决。

2.2 高温蒸汽浆料搅拌罐上应用故障

在高温蒸汽浆料搅拌罐的使用过程中，产生“挂料”或者物料甩起堵塞液位测量孔(见图1和图2)；液位上升过高进入雷达测量盲区，引起雷达液位计经常高报进入报警保持状态，都会影响液位计的测量，造成液位计测量不准。

图1 雷达液位计测量隔离窗“挂料”

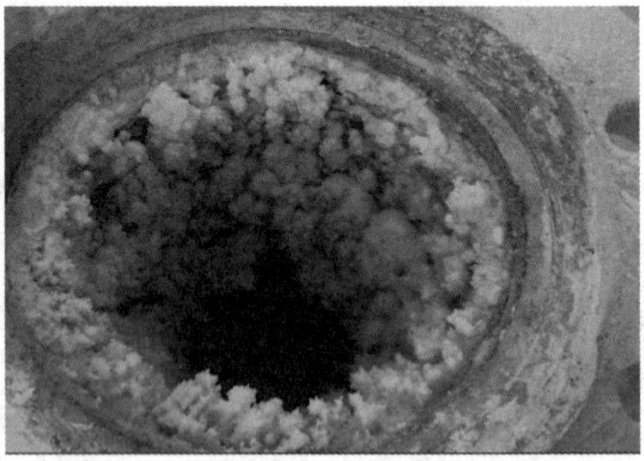

图2 雷达液位计测量孔被物料堵塞

2.2.1 原因分析

罐内的搅拌使浆液(黏度高)产生“挂料”影响雷达液位计正常发射微波或微波打到搅拌器上造成虚假波导致液位测量不准确。

2.2.2 故障处理

雷达液位计“挂料”的现象，在测量孔上增加一定高度的短接来解决隔离窗上有物料的问题和液位过高进入测量盲区的问题，并且利用工业风来吹掉隔离窗上面的冷凝水，同时向下回流的气流也吹掉了安装孔上面黏结的浆料，杜绝了冷凝水在隔离窗上面的附着，延长物料堵塞测量孔的时间。

对虚假波我们采用调整雷达液位计回波响应门限电压的方法进行滤波处理。门限电压其实就是一个触发电平，回波产生的电压只有超过触发电平的信号，才认为是真实信号。而搅拌桨叶等干扰源产生的回波就是属于虚假回波的范畴。当雷达液位计显示虚高、误差大等故障发生时，维护人员在排出硬件故障的前提下，应用上位机液位显示系统软件对回波进行调试。在调试过程中针对消除杂波、屏蔽错误信号归纳出一套方法，具体如下：

（1）右键点击发生错误的雷达液位计序列号，点击 properties 属性现象；

（2）选择属性中的 configuration 组态项，点击 tankScan 雷达扫描，等待历史数据读取完毕；

（3）点击右键 new amplitude threshold point，在反射峰处建立新的阈值点；

（4）在新阈值点处按住鼠标左键，拉出选择框放大调整区的波形图，进行标记点微调修正回波，点击 OK 保存并重启该雷达。

（5）当以上步骤对干扰回波处理失效时我们采用修改门槛电压，手动干扰回波。重复步骤 1 和步骤 2 设置门限值约为表面回波幅值的 20%，以过滤、去除掉干扰回波。

采用以上步骤的目的是对回波调试和调整门限电压，抑制虚假回波，当变送器检测到此信号时，不予理睬。

2.3 高温粉尘浆料搅拌罐上应用故障

催化剂的成品下料罐内储存布袋除尘器出来的粉状物料，通过加水将其变成浆液输送出去，使用雷达液位计测量该打浆罐液位。在生产过程中高温物料和水在罐内打浆时，蒸汽和粉尘弥漫整个储罐，雷达液位计常出现液位检测失灵，当蒸汽和粉尘较少时液位计自动恢复准确测量。

2.3.1 故障分析

罐内蒸汽或粉尘较多造成雷达液位计回波丢失，影响雷达液位计反射波的接收。

2.3.2 故障处理

粉尘较多的储罐，从工艺操作上着手。原来粉料进罐后，管线直接加水，现在将加水的管线改成盘绕罐，做成喷洒的形式降尘。经过一段时间的使用观察后，发现这种处理过程并未对故障的减少产生较大作用。

查阅相关资料，5402 型雷达液位计特别适合于具有窄小喷嘴开口的储罐，待测储罐物料具有平静表面或略微湍流的表面和在配备导波套管的储罐中进行液位测量。当液面出现波动、泡沫和大量粉尘或蒸汽时，罐内情况就变得更复杂，信号散射脱离传播途径或吸收大部分能量，从而使返回到雷达液位计天线接受的信号更加弱小或无信号返回，5402 型雷达就会出现“假死”，或者无法测量。

因此，在高粉尘、蒸汽、搅拌工况下的液位测量 5402 型雷达液位计不太适用，也即是说高温蒸汽浆料搅拌罐和高温粉尘浆料搅拌罐上要使用雷达液位计测量液位需要重新进行选型。

2.3.3 雷达液位计的选型分析

在催化剂装置选择合适的雷达液位计，主要有两个考虑的方面，即介质特性(物料黏稠浆液或者粉尘）和环境条件（罐内蒸汽；搅拌；罐壁、罐顶及罐底引起的多次反射），所以我们针对这两方面来选择：

（1）高频雷达液位计。高频雷达液位计中水滴形天线的高频雷达液位计。水滴形天线的结构，就适合于在蒸汽大，结露厉害的场合，他能够在蒸汽大的场合很好地工作。

因为天线的发射角：$a=\frac{光速}{有效天线截面积\times 频率}$，当天线直径一定时，频率越高聚焦效果越好。同理当天线发射角一定时，频率越高天线越小。

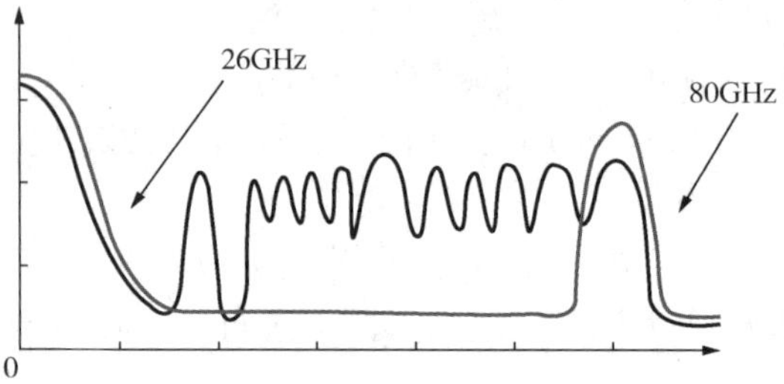

图3　26GHz和80GHz雷达液位计在同一搅拌罐上波形比较

我们在同一含有蒸汽和粉尘的搅拌罐上面分别使用26GHz和80GHz的两款雷达液位计测量，观察波形的变化，得出图3波形。

由图3可以看出80GHz的雷达波比26GHz的雷达波抗环境干扰能力更强，在环境复杂的工况下雷达的频率越高使用越平稳。

（2）低频雷达液位计。低频雷达频率低，它对蒸汽的穿透性能要好于高频雷达。经过在蒸发罐、蒸汽加热罐内多次应用低频雷达来测量试验，效果较好。但是由于罐内有搅拌，物料浆液黏稠，低频雷达也不适用。即使加装导波管，雷达装在导波管内，通过导波管来测量罐内液体的高度，物料也会堵塞导波管。

（3）导波雷达液位计。导波雷达液位计是接触式测量，用缆绳或者金属杆跟被测量液体直接接触，电磁波是在缆绳上传播，蒸汽对测量不产生影响，黏稠的浆液和粉尘的物料会“挂料”测量元件，显然导波雷达液位计不适用。

综合以上分析，高频雷达相对在催化剂生产工况应用测量时有优势。经过查询资料我们选择了适用于温度、压力变化大，测量范围大、聚焦性能好，也可用于测量反射性性能较差的固料介质的VEGA高频雷达液位计在三套微球V3601罐试用，经过一年的使用，效果良好，该罐雷达液位计的故障频次由试用前的平均3次/班降到试用后的平均0.5次/月，降低了维护工作量、满足了生产需求。

3　结束语

雷达液位计是一种高可靠高性能仪表，在实际运用中，仪表本体的故障率极低，但是由于仪表选型有误或者安装不适合该工况的仪表造成了雷达液位计的高频故障，在催化剂生产中成为维护难点。所以，根据工况规范雷达液位计的选型将会很大程度降低雷达液位计使用中的不必要的故障，提高仪表运行的平稳率，也会降低维护人员的劳动强度，减少维护材料费用。

参考文献

[1] 武平丽．仪表选用及DCS组态[M]，北京：化学工业出版社，2019.
[2]马志荣．雷达液位计显示系统故障分析与解决措施[J]，化工自动化及仪表，2020，47：71-79.
[3]吉宁，雷剑锋，宋凯．雷达液位计的故障分析与处理[J]．甘肃科技纵横，2012，41：45-46.
[4]许宁．雷达液位计设计中应注意的问题[J]．仪表与自动化，1999，4.

聚丙烯树脂乙烯含量快速分析方法

李　延，崔　琳

（中国石油兰州石化公司，兰州　730060）

摘　要　利用近红外光谱分析技术快速分析聚丙烯树脂的乙烯含量。通过采集聚丙烯树脂的近红外光谱，利用偏最小二乘法建立乙烯含量的近红外光谱分析模型，实现了5min内获得乙烯含量。将化验值和近红外分析值对比，并对光谱的重复性进行了考察。结果表明，近红外光谱法具有简单快捷无需预处理等特点。

关键词　近红外光谱　聚丙烯　乙烯含量

共聚聚丙烯中乙烯含量是生产过程控制的重要指标。对于无规共聚聚丙烯，随着乙烯含量的增加，树脂拉伸屈服强度、维卡软化点、挠曲模量均随着乙烯含量的增加而降低；断裂伸长率、冲击强度随着乙烯含量的增加而提高。对于抗冲共聚聚丙烯，共聚物的抗冲性能主要随共聚物中乙烯含量的增加而下降。

实际生产中，聚丙烯树脂乙烯含量往往采用定期采样、化验分析(中红外光谱法，耗时1h)、上报数据的传统模式，大大削弱了分析数据对装置生产的指导意义[1]。近红外光谱分析技术是一种分析能力很强、先进的高新技术，结合了化学计量学、计算机科学等学科，具有无损样本、测量速度快、且一台设备可同时测量多种物料和性质指标的优势特点。在国际上，近红外光谱分析技术经过半个世纪的发展，已进入稳步发展的平台期。三十年来的应用实践证明，以近红外光谱为主力军之一的现代过程分析技术为发达国家的工业信息化和自动化的深度融合起到了决定性作用[2]。

1　实验部分

1.1　仪器及材料

美国Thermofisher傅里叶变换近红外光谱分析仪Antaris II；积分球漫反射检测模块。

美国Nicolet傅里叶变换红外光谱仪。

聚丙烯样本取自本公司聚丙烯装置。

1.2　乙烯含量基础数据测定

采用中红外法Q/SY LS1528-2018测定聚丙烯树脂中的乙烯含量[3]。

1.3 聚丙烯样本的光谱测量

光谱测量参数：波数范围：12000~4000cm^{-1}；分辨率：8cm^{-1}；增益：8；扫描128次取

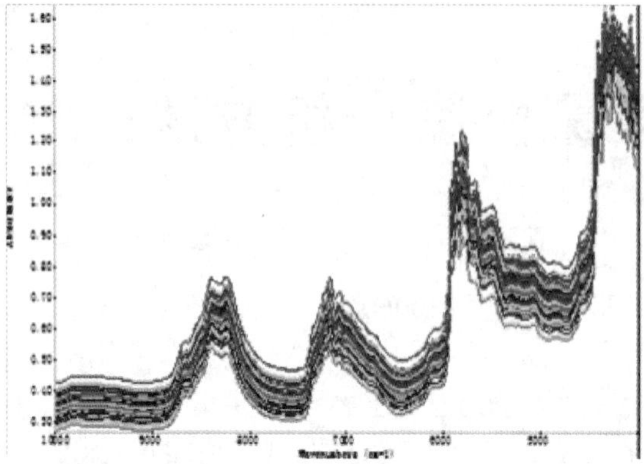

图 1 聚丙烯树脂颗粒料近红外漫反射光谱

平均光谱数据进行化学计量学计算。将 3/4 左右杯容量的样本置于旋转样本杯中，放在旋转器进行光谱扫描。为消除样本粒度大小不均一等因素对光谱的影响，每个样本扫描 3 次。采集到的近红外漫反射光谱见图 1。

1.4 建立分析模型

采用 TQ Analyst 化学计量学软件对聚丙烯树脂颗粒料的近红外光谱进行一阶导数和平滑处理，采用偏最小二乘法(PLS)回归建立乙烯基含量的定量分析模型。用交互验证均方差 RMSECV、校正集标准误差 SEC、验证集标准误差 SEP 及相关系数 R 来考察模型的可靠性。

2 建立模型

2.1 建立模型

收集到的聚丙烯树脂的乙烯含量范围较广(0.1~15)，为确保小浓度样本的预测准确度，进行分段建立分析模型。见表 1、图 2、图 3。

表 1 聚丙烯树脂颗粒料乙烯含量近红外校正模型及验证的统计结果

模型名称	校正集样本个数	R	SEP	SECV	PC
乙烯含量模型 1(6-14)	77	0.9976	0.196	0.145	5
乙烯含量模型 2(0-3)	172	0.9962	0.127	0.0739	8

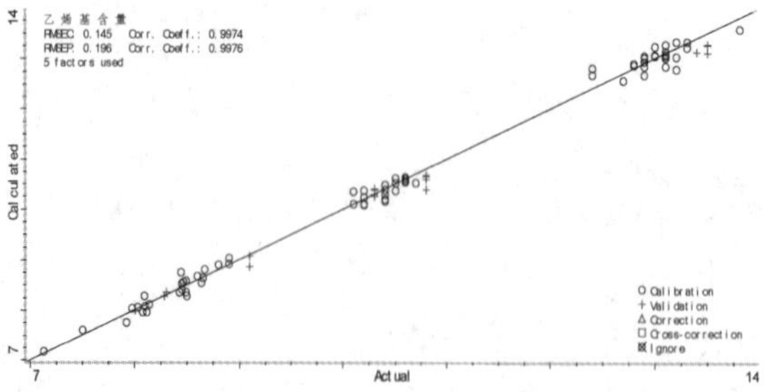

图 2 乙烯基含量分析模型 1

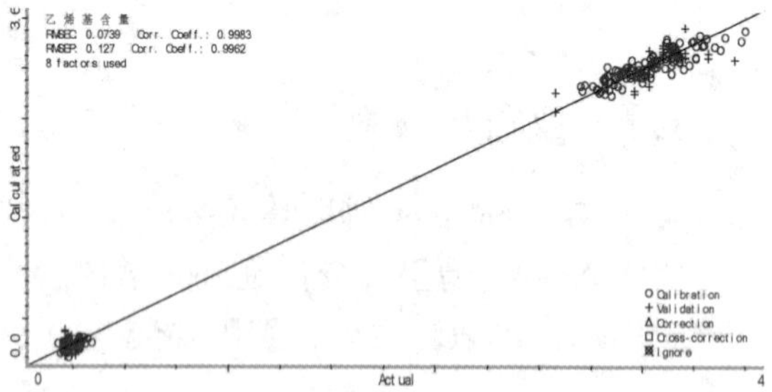

图 3 乙烯基含量分析模型 2

2.2 重复性考察

对主要生产牌号的颗粒料分别进行 7~9 次连续重复装样检测，计算每个样品的乙烯基含量的平均值、相对标准偏差。结果见表 2。RSD 结果表明，采用近红外漫反射法测定聚丙烯树脂乙烯含量的方法重复性好。

表 2 验证数据 %

样本编号	乙烯基含量分析模型重复性考察	平均值	RSD
1	10.16、10.13、10.2、10.24、10.08、10.17、10.22、10.25	10.18	0.63
2	12.93、13.05、12.93、13.05、12.92、12.9、12.88、12.96、12.74	12.91	0.01
3	13.95、13.63、13.76、13.68、13.88、13.62、13.64、13.74	13.74	0.01
4	7.98、8.01、7.98、8.03、8.01、7.81、8.03、8.03	7.99	0.01
5	0.33、0.36、0.3、0.29、0.27、0.29、0.32、0.3	0.31	0.09
6	2.92、2.95、2.99、2.84、2.93	2.93	0.02
7	3.23、3.22、3.28、3.21、3.23、3.18、3.28、3.17、3.17、3.19	3.22	0.01

2.3 准确度

对主要生产牌号的颗粒料随机选取进行化验值(Q/SY LS1528-2018)和近红外分析值的残差对比，见表3、表4。对比数据结果表明，近红外漫反射法分析聚丙烯树脂的乙烯含量准确度较好。

表 3 乙烯基含量化验值与近红外分析值对比数据-1

序号	化验值	预测值	残差
1	8.9	8.91	0.01
2	8.5	8.28	-0.22
3	8.45	8.53	0.08
4	8.6	8.68	0.08
5	8.3	8.35	0.05
6	8.45	8.4	-0.05
7	8.43	8.36	-0.07
8	8.47	8.56	0.09
9	8.49	8.58	0.09
10	8.67	8.81	0.14
11	8.65	8.65	0
12	8.64	8.54	-0.1
13	7.98	8.03	0.05
14	8.1	8.07	-0.03
15	7.92	7.75	-0.17
16	8.08	7.95	-0.13

续表

序号	化验值	预测值	残差
17	8. 14	8. 12	-0. 02
18	8. 01	8	-0. 01
19	8. 12	7. 97	-0. 15
20	8. 03	8. 06	0. 03
21	8. 28	8. 29	0. 01
22	8. 49	8. 35	-0. 14
23	8. 09	8. 27	0. 18
24	12. 9	13. 05	0. 15

表4　乙烯基含量化验值与近红外分析值对比数据-2

化验值	预测值	残差	
1	2. 82	2. 88	0. 06
2	2. 92	3. 02	0. 1
3	3. 05	3. 05	0
4	2. 93	3. 02	0. 09
5	3. 14	3. 11	-0. 03
6	2. 95	2. 99	0. 04
7	3. 18	3. 07	-0. 11
8	3. 04	2. 97	-0. 07
9	2. 98	2. 97	-0. 01
10	3. 17	3. 17	0
11	3. 14	2. 96	-0. 18
12	3. 12	3. 3	0. 18
13	3. 21	3. 41	0. 2
14	3. 14	3. 23	0. 09
15	3. 18	3. 27	0. 09
16	3. 26	3. 24	-0. 02
17	3. 5	3. 38	-0. 12
18	3. 15	3. 23	0. 08
19	3. 4	3. 32	-0. 08
20	3. 13	3. 22	0. 09
21	3. 24	3. 27	0. 03
22	3. 12	3. 27	0. 15
23	3. 06	3. 08	0. 02
24	3. 1	3. 24	0. 14

3 结论

采用近红外光谱漫反射法快速分析聚丙烯树脂乙烯含量，根据样本乙烯含量范围较宽的特点，采取分段建模的方式，确保小浓度样本的乙烯含量数据准确性。通过重复性和准确性的考察，结果表明分段建模的准确性较好，可以满足实际生产需求。

参 考 文 献

[1] 陆婉珍等．现代近红外光谱分析技术[M]．北京：中国石油出版社，2000.
[2] 褚小立．用于近红外光谱分析的化学计量学方法研究与应用进展[J]．分析化学，2008，36(5)：702-709.
[3] Q/SY LS1528-2018 乙烯-丙烯共聚物中聚合乙烯含量的测定　红外光谱法[S].

基于层次分析–模糊评价的炼化企业应急能力评估

甘亦凡[1]，储胜利[1]，李　娜[1]，栾国华[1]，绪　军[2]，谢永刚[3]

（1. 中国石油安全环保技术研究院，北京　102206；
2. 中国石油炼油与化工分公司，北京　100010；
3. 中国石油独山子石化公司，克拉玛依　833600）

摘　要　为实现炼化企业应急能力的科学合理评估，将应急能力所涉及的所有因素凝练划分为六个分项能力，给出了相应的评估要素，构建了炼化企业应急能力评估层次分析模型，通过数值求解，确定了各级指标的权重分布；在此基础上，基于模糊综合评价理论，建立了应急能力评估模型，将专家评估结果中模糊性的程度语言概念进行量化处理，实现了多因素多层次的评估问题从定性研判向定量分析的转换。以 A 企业作为试点企业，对应急能力模糊综合评价向量和评估分值进行求解确定，分析归纳所存在的突出问题，并提出了与之匹配的应急能力提升建议。

关键词　应急能力评估　层次分析　模糊综合评价　方法体系　试点应用

1　引言

炼化行业是国民经济的支柱产业，对我国国民经济发展具有重大影响，根据“中策大数据”查询结果，仅 2021 年 1 月份，就先后有 6 个省的 37 个大型石化项目投入了规划和建设[1-3]。炼油化工为高危行业，其所使用的油气原料、生产过程中所产生的中间体和产出物大多为危险化学品，生产经营活动固有风险高，重特大事故时有发生。炼化企业灾害事故突发性强、破坏性大、环境污染严重，对应急救援的专业能力和响应能力要求较高[4-7]。为有效应对各类突发事件，有必要提升炼化企业应急管理水平、完善和加强企业安全事故应急能力。

开展炼化企业应急能力评估将有助于发现应急管理中的薄弱环节，进而有针对性的完善应急管理体系、提升应急能力，研究者们也针对此项课题开展了一系列关键课题研究。赵永华[8]等提出了包括应急准备评估和重大事故情景应对能力评估在内的炼化企业应急能力定性评估方法，并在某天然气生产企业进行了试点应用；杨振宏[9]等在所建立化工园区应急管理能力评估指标体系的基础上，引进可拓理论，采用关联函数确定评估指标可拓权重系数，减少了专家主观评价的影响；袁斐[10]等引入诱导矩阵对层次分析法进行改进，据此计算出化工园区应急能力各因素的权重，最后结合专家打分法，确定化工园区的应急能力等级。

综上，研究者们根据炼化企业应急特点和救援程序，构建了相应的应急能力评估指标体系，并求解确定了指标权重和应急能力分值，但部分研究所确定的应急能力分值尚依赖于专家的主观定性评价。对于复杂的炼化企业应急体系，基于主观评价的应急能力分值是一模糊概念，相关研究亦未对所涉及的模糊概念进行数学规律提炼，导致评估结果客观性不足、边界不清和无法定量化分析等问题。针对以上问题，本文构建了炼化企业应急能力评估指标体系，并基于层次分析法(AHP)，计算了各级指标的权重分布；在此基础上，建立了基于模糊综合评价的应急能力评估模型，将专家评估结果中模糊性的程度语言概念进行量化处理，将定性研判转换为定量分析，研究成果可为炼化企业应急能力评估提供一定理论实践依据。

2 炼化企业应急能力评估指标体系与权重确定

由于炼化企业各项应急能力及与之匹配的能力要点对炼化企业总体应急能力的影响程度各不相同，为实现针对企业总体应急能力的科学合理评价，本文采用层次分析法(AHP)，确定各分项能力和二级评估要素的指标权重，其基本步骤如下[11,12]：

(1) 建立应急能力评估指标体系

以炼油化工企业总体应急能力作为目标层T，提出了六个分项能力作为I级指标层 U_i。同时对六个分项能力指标进行要素梳理，明确各分项能力指标的评价要点，作为与I级指标层相匹配的Ⅱ级指标层 U_{ij}。在此基础上，构建了炼化企业应急能力评估指标体系，如图1所示。

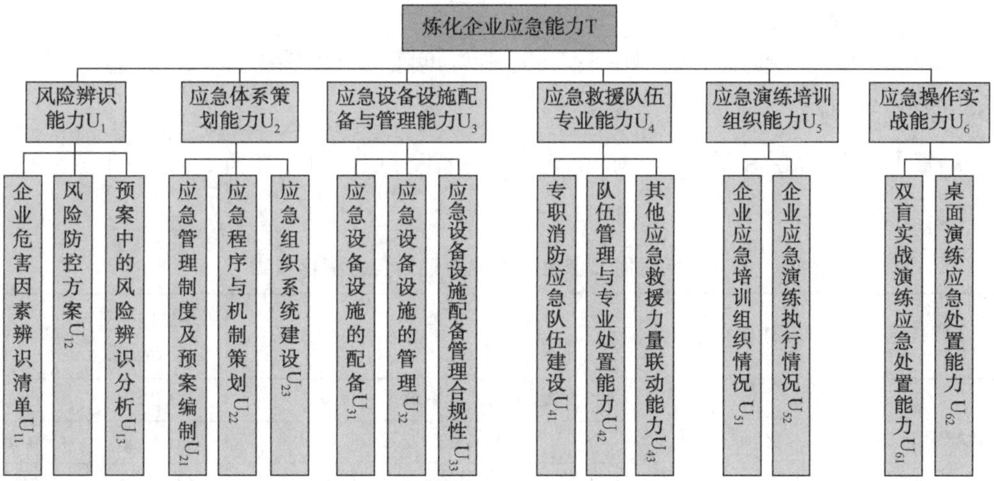

图1 炼油化工企业应急能力评估指标体系

(2)构造判断矩阵

根据炼化企业应急救援程序和特点，经专家组研讨，确定 Ⅰ 级指标层六个能力指标相较于目标层T的两两相对重要程度，并基于1~9标度法构造了判断矩阵T-U(表1)。

(3)计算指标权重系数

① 按列对判断矩阵T-U进行规范化：

$$\overline{z_{ij}} = \frac{z_{ij}}{\sum_{k=1}^{m} z_{kj}}, \quad (i,\ j = 1,\ 2,\ \cdots m) \tag{1}$$

② 正规化后的判断矩阵按行相加：

$$\overline{W_i} = \sum_{j=1}^{m} \overline{z_{ij}},\ (i,\ j = 1,\ 2,\ \cdots m) \tag{2}$$

③ 将按行相加得到的向量 $\bar{W} = (\overline{W_1},\ \overline{W_2},\ \cdots\ \overline{W_m})^T$ 进行正规化：

$$W_i = \frac{\overline{W_j}}{\sum_{j=1}^{m} \overline{W_j}},\ (i = 1,\ 2,\ L,\ m) \tag{3}$$

计算所得到的特征向量 $W = (w_1,\ w_2,\ \cdots w_m)^T$ 即为权重向量。

④根据方程 $T - U\ W = \lambda_{\max} W$，计算矩阵 T-U 的最大特征根 $\lambda_{\max}$：

$$\lambda_{\max} = \sum_{i=1}^{m} \frac{(ZW)_i}{mw_i} = \frac{1}{m}\sum_{i=1}^{m} \frac{(ZW)_i}{w_i} \tag{4}$$

（4）一致性检验

① 判断矩阵偏离的一致性指标 *C. I.*：

$$C.I. = \frac{\lambda_{\max} - n}{n - 1} \tag{5}$$

② 随机一致性比率 *C. R.*：

$$C.R. = \frac{C.I.}{R.I.} \tag{6}$$

其中，*R. I.* 为平均随机一致性比率，可通过查询随机一致性指标值表确定。

（5）层次总排序

计算各 Ⅰ 级指标层和 Ⅱ 级指标相较于 Ⅰ 级指标层的判断矩阵，计算相应的权重系数和总权重，如表1所示。

表1 炼油化工企业应急能力评估各级指标权重

Ⅰ级指标	Ⅰ级指标权重	Ⅱ级指标	Ⅱ级指标对Ⅰ级指标权重	总权重
风险辨识能力 U_1	0.1060	企业危害因素辨识清单 U_{11}	0.2970	0.03148
		风险防控方案 U_{12}	0.5396	0.05720
		预案中的风险辨识分析 U_{13}	0.1634	0.01732
应急体系策划能力 U_2	0.3716	应急管理制度及预案编制 U_{21}	0.5396	0.20052
		应急程序与机制策划 U_{22}	0.2970	0.11037
		应急组织系统建设 U_{23}	0.1634	0.06072
应急设备设施配备与管理能力 U_3	0.1594	应急设备设施的配备 U_{31}	0.6250	0.09963
		应急设备设施的管理 U_{32}	0.2385	0.03802
		应急设备设施配备管理合规性 U_{33}	0.1365	0.02176
应急救援队伍专业能力 U_4	0.0732	专职消防应急队伍建设 U_{41}	0.5714	0.04183
		队伍管理与专业处置能力 U_{42}	0.2857	0.02091
		其他应急救援力量联动能力 U_{43}	0.1429	0.01046

续表

Ⅰ级指标	Ⅰ级指标权重	Ⅱ级指标	Ⅱ级指标对Ⅰ级指标权重	总权重
应急演练培训组织能力 U_5	0.0501	企业应急培训组织情况 U_{51}	0.3333	0.01670
		企业应急演练执行情况 U_{52}	0.6667	0.03340
应急操作实战能力 U_6	0.2398	双盲实战演练应急处置能力 U_{61}	0.6667	0.15987
		桌面演练应急处置能力 U_{62}	0.3333	0.07993

3 基于模糊综合评价的炼化企业应急能力评估方法体系

专家组主要采用主观模糊概念对各项指标因素的评估结果进行定性描述，造成主观性和模糊性较大，边界不清和无法定量化分析等问题[13-15]。为此，本文基于模糊综合评价理论，将专家评估结果中模糊性的程度语言概念进行量化处理，将定性研判转换为定量分析，实现了对多因素多层次复杂问题的有效评估。为此，构建了炼化企业应急能力模糊综合评价模型，建模具体步骤如下：

（1）构建炼化企业应急能力评估因素集 U。根据第二节所构建的炼化企业应急能力评估层次结构模型，将 Ⅰ 级指标层中的 6 个应急能力评估指标记为 $U=\{U_i\}=\{U_1, U_2, \cdots U_l\}$；将下一层 Ⅱ 级指标集记为 $U_{ik}=\{U_{i1}, U_{i2}, \cdots U_{ik}\}$。

（2）建立评语集 V。根据上一节所制定的应急能力评分规则，在模糊综合评价模型中，以程度语言“好，较好，一般，较差和差”等作为评价等级进行评级，据此制定评语集，即：V=｛好，较好，一般，较差，差｝。

（3）建立模糊关系矩阵 R。根据所制定的评语集，结合专家针对各 Ⅱ 级指标因素的评级结果，逐个计算各指标因素 U_{ik} 相对于评语集的隶属度，设有 n 个专家对指标 U_{ik} 进行评价，其中有 q 个专家选中评语集中的某一评语等级，则该指标对于该评语的隶属度为 q/n，据此生成模糊关系矩阵 $R=(r_{ij})_{l\times k}$，其中，r_{ij} 表示第 i 个指标对该评语的隶属度。

（4）生成模糊综合评价向量。根据前文层次分析模型所确定的各指标权重向量 W，将 W 与模糊关系矩阵 R 用模糊算子进行合成，得到涵盖各项评价指标的模糊综合评价向量 Y，其中，模糊算子采用加权平均型算子 $M(\cdot, \oplus)$。

（5）应急能力评估结果的量化处理和分析。为直观、量化反映评估结果，分别对评语集中的 5 个等级进行模糊化赋值，如表 2 所示：

表 2 炼油化工企业应急能力评估标准

分值	$100>V\geq 80$	$80>V\geq 60$	$60>V\geq 40$	$40>V\geq 20$	$V<20$
评估级别	好	较好	一般	较差	差

接下来，采用加权平均法来确定最终的量化评价结果：通过取 5 个应急能力评估标准赋值区间的中间值：“好”=90，“较好”=70，“一般”=50，“较差”=30，“差”=10，构成赋值矩阵 $P=[90, 70, 50, 30, 10]$；在此基础上，将所确定的模糊综合评价向量与赋值矩阵相乘，确定评价结果的量化数值，进而根据数值所处的分值区间确定评估等级。

4 炼化企业应急能力评估试点应用及提升建议

选择A炼化公司作为试点企业，评估组的10位专家深入A企业，采用所制定的评估方法，针对6项Ⅰ级指标和16项Ⅱ级指标进行评估定级。在此基础上，基于所构建的炼化企业AHP-模糊评价方法体系，确定A企业应急能力各项指标因素的隶属度，如表3所示。

表3 A企业应急能力各项指标因素隶属度汇总表

Ⅰ级指标	Ⅱ级指标	评语集				
		好	较好	一般	较差	差
风险辨识能力 U_1	企业危害因素辨识清单 U_{11}	0.1	0.3	0.5	0.1	0
	风险防控方案 U_{12}	0.2	0.3	0.5	0	0
	预案中的风险辨识分析 U_{13}	0	0.1	0.7	0.2	0
应急体系策划能力 U_2	应急管理制度及预案编制 U_{21}	0.1	0.2	0.6	0.1	0
	应急程序与机制策划 U_{22}	0.1	0.3	0.5	0.1	0
	应急组织系统建设 U_{23}	0.1	0.4	0.4	0.1	0
应急设备设施配备与管理能力 U_3	应急设备设施的配备 U_{31}	0.5	0.3	0.2	0	0
	应急设备设施的管理 U_{32}	0.4	0.4	0.2	0	0
	应急设施配备管理合规性 U_{33}	0.1	0.3	0.5	0.1	0
应急救援队伍专业能力 U_4	专职消防应急队伍建设 U_{41}	0.1	0.3	0.5	0.1	0
	队伍管理与专业处置能力 U_{42}	0.1	0.2	0.5	0.2	0
	其他应急救援力量联动能力 U_{43}	0	0.2	0.6	0.1	0.1
应急演练培训组织能力 U_5	企业应急培训组织情况 U_{51}	0.2	0.4	0.4	0	0
	企业应急演练执行情况 U_{52}	0	0.3	0.5	0.2	0
应急操作实战能力 U_6	双盲实战演练应急处置能力 U_{61}	0.3	0.4	0.2	0.1	0
	桌面演练应急处置能力 U_{62}	0	0.2	0.6	0.2	0

根据所确定的A炼化企业应急能力各指标因素的隶属度，计算相应的模糊综合评价矩阵，据此对炼化企业的应急能力评级结果进行量化处理。根据表3，A企业“风险辨识能力U_1”Ⅰ级指标的模糊关系矩阵R_1为：

$$\begin{bmatrix} 0.1 & 0.3 & 0.5 & 0.1 & 0 \\ 0.2 & 0.3 & 0.5 & 0 & 0 \\ 0 & 0.1 & 0.7 & 0.2 & 0 \end{bmatrix} \tag{7}$$

根据前文所确定的各Ⅱ级指标相对于“风险辨识能力U_1”Ⅰ级指标的权重向量：$W_1=[0.2970\ 0.5396\ 0.1634]$，运用模糊算子$M(\cdot,\ \oplus)$，计算确定“风险辨识能力$U_1$”的模糊综合评价向量：$Y_1=W_1*R_1=[0.1376\ 0.2673\ 0.5327\ 0.0624\ 0]$。采用相同的方法，分别计算A企业包括应急体系策划能力U_2、应急设备设施配备与管理能力U_3、应急救援队伍专业能力U_4、应急演练培训组织能力U_5和应急操作实战能力U_6的模糊综合评价向量，并由以上Ⅰ级指标模糊综合评价向量的计算结果构成相对于目标层T(炼化企业应急能力)模糊关系矩阵R_A：

$$R_A = \begin{bmatrix} R_1 \\ R_2 \\ R_3 \\ R_4 \\ R_5 \\ R_6 \end{bmatrix} = \begin{bmatrix} 0.1376 & 0.2673 & 0.5327 & 0.0624 & 0 \\ 0.1000 & 0.2624 & 0.5376 & 0.1000 & 0 \\ 0.4215 & 0.3238 & 0.2410 & 0.0137 & 0 \\ 0.0857 & 0.2571 & 0.5143 & 0.1286 & 0.0143 \\ 0.0667 & 0.3333 & 0.4667 & 0.1333 & 0 \\ 0.2000 & 0.3333 & 0.3333 & 0.1333 & 0 \end{bmatrix} \quad (8)$$

根据前文所确定炼化企业应急能力评估各Ⅰ级指标相对于目标层T的权重集 W_T = [0.1060 0.3716 0.1594 0.0732 0.0501 0.2398]，计算A企业应急能力评估的模糊综合评价向量 $Y_A = W_T * R_A$ = [0.1765 0.2929 0.4356 0.0940 0.0010]，根据所制定的赋值矩阵 P，确定A企业的应急能力评估分值为61.00分，得分位于 $80>V\geqslant 60$ 区间，根据表3的应急能力评估标准可知，该企业的应急能力为"较好"。

5 结论

通过总结归纳A试点企业应急能力问题清单、指标评级结果和实际评估情况，分析归纳炼化企业应急能力所存在的突出问题，并提出了与之匹配的应急能力提升建议：

突出问题：①在风险评估报告中，未充分引用公司危害因素和风险清单成果，这可能导致风险辨识结果不准确，不利于应急工作的有效开展；②公司现场应急消防设备设施老旧坏问题较多；③消防战斗人员年龄偏大，对先进消防装备操作能力不足，难以承担高强度训练作战任务，制约公司消防战斗能力。

建议：①建议引入公司危害因素辨识和风险清单成果，并与公司风险防控方案中确认的高级别事故风险呼应，使公司事故风险评估分析和应急预案工作紧密衔接；②建议公司加强现场应急消防设施管理，保障应急设备设施完好可用；③建议研究制定加强消防队伍人员更新机制，考虑年轻员工入职后在消防队伍先进行锻炼的可能性，探索消防人员社会化、职业化方法，保障消防队伍的战斗力。

参考文献

[1] 李思潮．炼油化工工程项目风险管理探究[J]．化工管理，2019(36)：169-170.

[2] 李安庆．炼油化工装置突发事件应急管理和事故处置的基本对策[J]．石化技术，2019，26(01)：273.

[3] 中策．2021年1月石油化工工程项目来了，涉及6个省37个项目[EB/OL]．https://www.china0001.com.cn/news/4734.html

[4] 栾国华，裴玉起，储胜利，等．炼油企业火灾事故统计分析与应急技术需求分析[J]．油气田环境保护，2014，24(06)：60-63+66.

[5] 申璐，王慧婷，孟晓杰，等．炼油厂环境风险评价研究——以中化泉州1200万t/a炼油项目为例[J]．环境工程，2012，30(S2)：352-357.

[6] 张超光．化工企业应急管理工作探究[J]．消防界(电子版)，2019，5(22)：62-63.

[7] 权红旗．应用保护层分析法提升炼化企业生产应急管理水平[J]．当代石油石化，2020，28(02)：37-41.

[8] 赵永华，袁纪武，朱先俊，等．石化企业应急能力评估方法与应用[J]．安全、健康和环境，2019，19

(04)：51-55.

[9] 杨振宏，田甜，刘鹏刚，等．基于可拓理论的化工园区应急管理能力评估[J]．中国安全生产科学技术，2016，12(08)：104-108.

[10] 袁斐，巫殷文，刘建，等．基于改进层次分析法的化工园区应急能力评估研究[J]．中国安全生产科学技术，2009，5(01)：160-164.

[11] 王慧飞，杨明，姚宣丞．基于 AHP 的城市化工应急能力评估指标体系的构建[J]．中国应急救援，2019(02)：26-30.

[12] 张驰，陈涛，倪顺江．基于层次分析和模糊综合评价的电网系统应急能力评估[J]．中国安全生产科学技术，2020，16(02)：180-186.

[13] 宋人杰，陈禹名．基于变权系数的继电保护状态模糊综合评价方法[J]．电力系统保护与控制，2016，44(03)：46-50.

[14] 张秋文，章永志，钟鸣．基于云模型的水库诱发地震风险多级模糊综合评价[J]．水利学报，2014，45(01)：87-95.

[15] 肖运启，王昆朋，贺贯举，等．基于趋势预测的大型风电机组运行状态模糊综合评价[J]．中国电机工程学报，2014，34(13)：2132-2139.

医用聚丙烯输液瓶瓶坯注塑成型工艺影响因素研究

杜新胜，陈秀娣，彭仁苹，张　霖

（中国石油兰州石化公司研究院，兰州　730060）

摘　要　针对生产聚丙烯 PR260 输液瓶在可见异物检测过程中出现的产品缺陷问题，采用韩国晓星医用聚丙烯 R530A、兰州石化医用聚丙烯 RP260 进行输液瓶可见异物对比试验。通过正交试验分析影响输液瓶瓶坯壁厚的各因素，研究表明：聚丙烯瓶坯注塑成型各影响因素的正交试验表明，在主流道温度为 220℃、熔胶压力为 115MPa、熔胶时间为 1.8s、保压压力为 45MPa、填充时间为 8.5s 时得到的瓶坯具有较好的壁厚均匀度。聚丙烯瓶坯注塑成型各工艺参数对壁厚影响大小顺序为：主流道温度>熔胶时间>保压压力>填充时间>熔胶压力。采用韩国晓星医用聚丙烯 R530A、兰州石化医用聚丙烯 RP260 进行对比试验，两种医用聚丙烯制备的瓶坯中，兰州石化 RP260 医用聚丙烯和韩国晓星医用聚丙烯 R530A 制备的瓶坯效果比较接近，韩国晓星医用聚丙烯的透明度要更好一些。

关键词　可见异物　医用聚丙烯　检测分析　灯检

1　引言

聚丙烯（PP）输液瓶凭借其质量较轻、密封性良好、运输和保存方便等优势，已经逐渐取代玻璃输液瓶[1]。在各个医院里，已普遍采用聚丙烯输液瓶来盛装和配置医用液体。输液瓶瓶坯是聚丙烯输液瓶在进行吹塑成型之前的毛坯件[2]。目前输液瓶瓶坯主要利用注塑成型工艺来进行生产加工。熔体温度是成型聚丙烯瓶坯要考虑的一个重要参数，其选取要适当，以保证瓶坯的透明度[3]。注塑成型是聚丙烯制品应用较为广泛的一种成型方法，注塑成型模具约占整个塑料模具行业的 90%，成型工艺参数的选择是注塑成型中的关键，它将直接影响到聚丙烯制品的质量、生产效率和成本。在实际生产中，对某一给定的聚丙烯树脂和成型设备，可采用先逐渐降低温度，至瓶坯开始出现雾状，然后再提高温度，刚好能成型出透明瓶坯时的温度即为合适的熔体温度[4]。由于熔体快速冷却，迅速通过结晶温度区，可得到透明的瓶坯[5]。而缓慢冷却熔体所得到的瓶坯透明度低。为了使温度高的熔体在短时间内冷却固化，要求瓶坯模具有较高的冷却能力，这可以通过冷却水来调节。模具的冷却水温应选取 10~15℃，此时可得到透明瓶坯；模温过低，有时会因冷凝作用而在模腔或芯棒上形成水珠，从而影响成型性能和瓶坯性能[6]。因此，本文基于医用聚丙烯输液瓶瓶坯，对医用聚丙烯输液瓶瓶坯注塑成型工艺影响因素进行了研究。

2 试验部分

2.1 实验材料

医用聚丙烯 RP260(兰州石化公司乙烯厂)，工业品；韩国晓星医用聚丙烯，牌号 R530A，工业品；氯化钠注射液(四川科伦药业股份有限公司，250mL)；去离子水，自制。

2.2 实验主要仪器设备

160SekⅡ伺服节能注塑机(东华机械有限公司)；LGB-3L 半自动吹瓶机(台州市黄岩朗格机械模具有限公司)；NTGM-1.0/30H 冷冻式压缩空气干燥机(临安市诺顿机电有限公司)；JLSF-10HP 冷水机(东莞市加立晟制冷设备有限公司)；偏心仪(成都联余精密模具有限公司)。

2.3 瓶坯壁厚测试

采用成都联余精密模具有限公司制造的偏心仪测试瓶坯的厚度，每个瓶坯测试三次，取平均值，精度为 0.001。

3 聚丙烯瓶坯注塑工艺参数优化

3.1 聚丙烯瓶坯的壁厚分析

在聚丙烯瓶坯生产制造过程中瓶坯的质量直接关系到后续加工的质量，衡量聚丙烯瓶坯质量中最关键的指标之一就是聚丙烯瓶坯的壁厚以及均匀度。聚丙烯瓶坯的瓶身部分壁厚应保持均匀一致，为使型坯从模具中容易脱出，型坯壁厚应保持均匀，在本研究中，随机取出 15 个不同工艺参数下吹塑成型聚丙烯瓶坯，每只瓶坯上从瓶坯顶部到瓶坯底部等距离分别标有 9 个检测点，分为三个区间，分别为上部、中部和下部，每个区平均 3 个检测点，对于每个瓶坯的每段多次测量求平均壁厚，如表 1、图 1 所示。

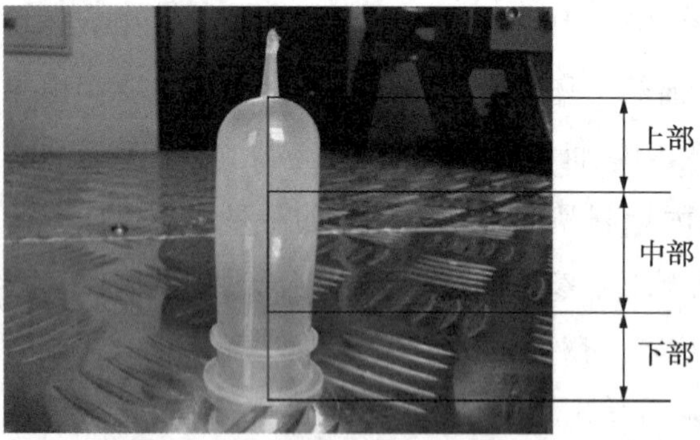

图 1 聚丙烯瓶坯上的点位置

表 1 15 个瓶坯上三个区间 9 处的壁厚值

序号	上部/mm	中部/mm	下部/mm
1	12.441	12.448	12.439
2	12.445	12.440	12.447

续表

序号	上部/mm	中部/mm	下部/mm
3	12.437	12.432	12.441
4	12.439	12.443	12.440
5	12.428	12.431	12.435
6	12.442	12.445	12.439
7	12.438	12.443	12.439
8	12.435	12.438	12.440
9	12.447	12.444	12.446
10	12.452	12.448	12.450
11	12.440	12.438	12.442
12	12.429	12.430	12.432
13	12.431	12.433	12.435
14	12.444	12.441	12.445
15	12.438	12.439	12.441
平均值	12.439	12.440	12.441

从表 1 可以看出，不同的工艺参数吹制的聚丙烯瓶坯壁厚并不相同，不同检测点的壁厚分布也不均匀，瓶坯各区域的壁厚差异较大，虽然不影响瓶体的正常使用，但是造成了材料的浪费，容易引起质量问题，影响输液瓶的性能。

3.2 影响瓶坯主要的主要因素取值范围的确定

影响聚丙烯瓶坯的因素包括主流道温度、熔胶压力、熔胶时间、保压压力、填充时间。本实验在参考四川科伦药业有限公司瓶坯注塑条件和本装置的实际情况，确定影响聚丙烯瓶坯工艺以及壁厚的主要因素的取值范围如下：主流道温度(200~240℃)、熔胶压力(100~140MPa)、熔胶时间(1.0~2.0s)、保压压力(20~60MPa)、填充时间(5~10s)。在实验研究中，当只有一个因素或两个因素试验时，由于其因素少，试验的设计、实施与分析都比较简单。但在实际情况中，常常需要同时考虑 3 个或 3 个上的试验因素，对于体积收缩率和壁厚等问题，需要考虑的影响因素比较多，若需要进行全面完整的试验时，则实验的规模非常庞大，往往就因试验条件、试验时间等限制而难于实施。正交试验就是安排多个因素试验，以最少的试验次数寻求最优水平组合的一种高效率的试验方法。正交试验的优点在于采用分布均匀的数据点来完成实验要求，试验次数较少且具有代表性，试验结果可采用极差分析法等来分析。

3.3 聚丙烯瓶坯注塑成型工艺的正交试验设计

全面的试验包含多个因素多个水平，将会产生若干组试验组合，工作量非常大，由于受试条件、试验材料、时间节点、经费等限制而难于实现，若有 6 个因素，选取五个水平，全面试验就需要六的五次方即 15625 个组合，正交试验可以为多个因素试验提一种快速寻找较优水平组合的高效试验方法。本文选取主流道温度、熔胶压力、熔胶时间、保压压力、填充时间五个工艺参数作为正交试验因素，并分别用 A、B、C、D、E 五个字母表示。假设以上五个工艺参数之间没有交互作用，为了获得较优的工艺参数组合，每个因素选取 5 个水平，即五因素五水平的正交试验。

3.4 正交试验影响分析

通过对160 SekⅡ伺服节能注塑机的研究和影响聚丙烯瓶坯壁厚的注塑工艺参数的分析，对影响壁厚的因素采用五因素五水平的正交试验，并通过极差分析和方差分析，得到各因素的主次顺序和较优组合以及聚丙烯瓶坯壁厚。

3.4.1 试验因素及水平

选取主流道温度、熔胶压力、熔胶时间、保压压力、填充时间作为试验影响因素，分别记为A、B、C、D、E。本试验不考虑各因素间的交互作用，相关的因素水平见表2。

表2 试验因素与水平

水平	因素				
	主流道温度 A/℃	熔胶压力 B/MPa	熔胶时间 C/s	保压压力 D/MPa	填充时间 E/s
1	200	105	1.1	25	5.5
2	210	115	1.4	35	6.5
3	220	125	1.6	45	7.5
4	230	135	1.8	55	8.5
5	240	140	2.0	60	9.5

针对本试验所确定的因素及水平采用$L_{25}(5^5)$正交表进行试验，分别对不同因素水平的试样各生产50只聚丙烯输瓶坯，测其壁厚取平均值，按极差分析法的观点，只需对有显著影响的因素选择最佳水平，而其他对试验结果影响较小的因素，则可按实际需要选择适当的水平，具体试验结果如表3所示。

表3 正交试验结果

试验号	1	2	3	4	5	试验结果
	A	B	C	D	E	平均壁厚/mm
1	1	1	1	1	1	12.306
2	1	2	2	2	2	12.548
3	1	3	3	3	3	12.530
5	1	4	4	4	4	12.347
6	1	5	5	5	5	12.463
7	2	1	2	3	4	12.357
8	2	2	3	4	5	12.475
9	2	4	5	1	2	12.531
10	2	5	1	2	3	12.412
11	3	1	3	5	2	12.626
12	3	2	4	1	3	12.458
13	3	3	5	2	4	12.579
14	3	4	1	3	5	12.406
15	3	5	2	4	1	12.320
16	4	1	4	2	5	12.572
17	4	2	5	3	1	12.441
18	4	3	1	4	2	12.563
19	4	4	2	5	3	12.421

续表

试验号	1	2	3	4	5	试验结果
	A	B	C	D	E	平均壁厚/mm
20	4	5	3	1	4	12.437
21	5	1	5	4	3	12.415
22	5	2	1	5	4	12.501
23	5	3	2	1	5	12.403
24	5	4	3	2	1	12.511
25	5	5	4	3	2	12.438
K1/5	12.344	12.355	12.326	12.320	12.288	
K2/5	12.290	12.463	12.297	12.371	12.316	
K3/5	12.456	12.331	12.378	12.467	12.414	
K4/5	12.278	12.375	12.469	12.299	12.455	
K5/5	12.446	12.450	12.287	12.338	12.373	
极差	0.1780	0.1320	0.1720	0.1680	0.1670	

在表3中，K1、K2、K3、K4、K5分别表示试验的各因素在第1、2、3、4、5五个水平值下的聚丙烯瓶坯的壁厚的总和，K1/5、K2/5、K3/5、K4/5、K5/5分别表示试验的各因素在第1、2、3、4、5五个水平下的聚丙烯瓶坯的壁厚总和的平均值，极差R是最大平均值与最小平均值的差，同时也反映各因素对聚丙烯瓶坯壁厚的影响程度大小。为了能够更加直观的反应聚丙烯瓶坯的正交试验各因素对其壁厚的影响程度，本文对聚丙烯瓶坯注塑成型正交试验的壁厚进行极差分析，从而获得最佳工艺参数组合，即A3B2C4D3E4。也就是主流道温度为220℃、熔胶压力为115MPa、熔胶时间为1.8s、保压压力为45MPa、填充时间为8.5s时瓶瓶具有较好的壁厚均匀度。

3.4.2 聚丙烯瓶坯的正交试验结果分析

在表3中模拟结果已给出了聚丙烯瓶坯注塑成型的各个工艺参数试验组合结果，将正交试验的每个因素在各个水平下的最大值平均值和最小值平均值之差称为极差。各因素对各评价指标极差不相同，这说明各因素在实试验时对某一评价指标的影响不相同。如果极差数值越大，运就说明该试验因素对对应评价指标的影响较大，随着该因数的数值变化，相应评价指标将会发生较大变化；反之，影响则较小。通过计算可获得各因素(工艺参数)对聚丙烯瓶坯的壁厚的极差分析可得到：聚丙烯瓶坯注塑成型过程中各工艺参数对壁厚的影响大小顺序为：主流道温度>熔胶时间>保压压力>填充时间>熔胶压力。

为验证组合参数的科学性和合理性，采用正交试验得到的较优方案做重复试验并取平均值，其中共进行5组实验，每组实验参数均相同，且每组共注塑瓶坯20个，对瓶坯平均壁厚和合格率进行计算，试验结果如表4所示。

表4 最终验证试验数据表

试验序号	平均壁厚/mm	合格率/%
1	12.439	94.6
2	12.440	94.9
3	12.439	95.3
4	12.440	96.1
5	12.440	95.2

由表4试验数据知，在此工艺参数下的聚丙烯输液瓶瓶坯平均壁厚12.439~12.440mm，合格率为94.6%~96.1%，相对于初步调试时来说，合格率提高了3.5%，满足了吹瓶要求。采用最佳注塑条件得到医用聚丙烯输液瓶瓶坯如图2所示。

图2 医用聚丙烯输液瓶瓶坯

4 同类产品对比研究

本研究采用韩国晓星医用聚丙烯R530A、兰州石化医用聚丙烯RP260进行对比试验。对两种医用聚丙烯进行瓶坯注塑。图3、图4分别为兰州石化医用聚丙烯RP260、韩国晓星医用聚丙烯R530A两种原料制备的瓶坯。

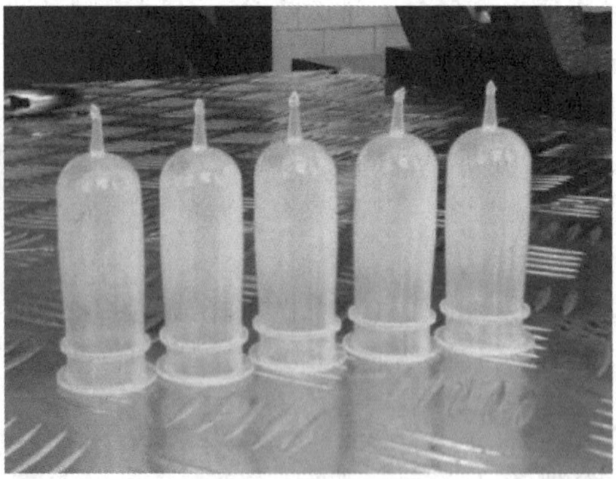

图3 兰州石化RP260

图4 韩国晓星R530A

从图3、图4可以看出，两种医用聚丙烯制备的瓶坯中，兰州石化RP260医用聚丙烯和韩国晓星医用聚丙烯R530A制备的瓶坯效果比较接近，韩国晓星医用聚丙烯的透明度要更好一些。

5 结论

(1)聚丙烯瓶坯注塑成型各影响因素的正交试验表明，在主流道温度为220℃、熔胶压力为115MPa、熔胶时间为1.8s、保压压力为45MPa、填充时间为8.5s时得到的瓶坯具有较好的壁厚均匀度。聚丙烯瓶坯注塑成型过程中各工艺参数对壁厚的影响大小顺序为：主流道温度>熔胶时间>保压压力>填充时间>熔胶压力。

(2)在最佳工艺参数下，聚丙烯输液瓶瓶坯平均壁厚为12.439~12.440mm，合格率为94.6%~96.1%，相对于初步调试时来说，合格率提高了3.5%。

(3)采用韩国晓星医用聚丙烯R530A、兰州石化医用聚丙烯RP260进行对比试验，两种医用聚丙烯制备的瓶坯中，兰州石化RP260医用聚丙烯和韩国晓星医用聚丙烯R530A制备的瓶坯效果比较接近，韩国晓星医用聚丙烯透明度则更好一些。

参考文献

[1] 李彦文. 注塑模热流道技术的发展及未来发展趋势探究[J]. 技术研发，2011，18(9)：124.

[2] 苏凤珍，杨红梅. 输液生产中影响产品灯检合格率诸因素研究[J]. 黑龙江医药，2000，13(6)：342.

[3] 周烨，辛勇. 瓶坯尺寸对拉伸吹塑成型PET瓶壁厚分布的影响[J]. 工程塑料应用，2014，42(4)：56-61.

[4] 陈魁. 试验设计与分析[M]. 北京：清华大学出版社，2005：108-129.

[5] Szegedy C, Ioffe S, Vanhoucke V, et al. Inception-v4, Inception-Res Net and the Impact of Residual Connections on Learning[J], 2016：12-17.

[6] 任相友. 吹瓶拉伸吹塑解析[J]. 科技创新与应用，2015(5)：32.

炼化行业智能工厂建设思考与探索

赵志飞，齐建勋

（中国石油华北石化公司，任丘 062552）

摘 要 随着信息技术迅速发展，世界主要国家都提出了智能制造战略和行动计划。炼化行业作为传统的流程工业，面对新能源、碳达峰等多种因素的冲击，迫切需要通过技术革新大幅提高生产效率、降低生产成本、有效提升竞争力，部分企业通过信息技术与炼化技术的融合探索，取得了初步成效。本文借鉴典型企业案例和技术应用成功经验，对炼化行业智能工厂建设要求进行了分析，提出了智能炼化功能构架，并构思了“生产管控一体化”智能优化应用场景方案，另外本文也简要分析了炼化智能化目前存在的认识误区。智能炼厂建设是一项复杂的系统工程，在理念与技术上的更新从未止步，智能炼厂建设需要整个行业来努力推进，确保行业具有可持续的竞争力和优势。

关键词 智能工厂 炼化企业 功能架构 优化 智能化

以制造业为核心的实体经济的重要性被世界各国重新认知，纷纷制定国家层面的战略计划，我国在《十九大报告》中也明确提出了“加快建设制造强国，加快发展先进制造业，推动互联网、大数据、人工智能和实体经济深度融合。”

炼化行业是我国经济的支柱产业，是我国从制造大国向制造强国迈进的关键之一。目前国内炼化行业存在主要问题如下：产能过剩严重与碳达峰、碳中和对化石能源消费的转变；传统的管理模式和业务运行模式已不足以支撑企业高效运行；运营成本高（能耗、设备维修维护）；安全环保要求日趋严格；员工老龄化熟练工种缺少等挑战。在这种背景下，炼化行业智能化转型的目标是借鉴新兴信息化智能化技术及其最佳实践，构建一个符合炼化行业特点，开放、敏捷和高效的业务平台，加快炼化产业转型升级、提质增效、实现炼化行业高质量可持续发展。

1 炼化行业“智能工厂”认知和实践

目前，智能工厂还没有统一的定义，但已初步有了方向性的共识——智能化的本质是机器代替人进行"决策"或管理，或通过人机协同辅助人类决策，实现生产力的大幅度提升。炼化行业的“智能工厂”也可称为“智能炼厂”。

1.1 智能炼厂的认知

由于炼化行业工艺过程复杂、涉及专业性强、产品随市场变化大等特点，因此无论是国外技术公司针对智能炼厂技术的研发集成，还是国内智能炼厂的探索，都有各自特点。根据炼化行业的特点和要求，炼化企业的智能化建设可归纳为“生产管控、供应链管理、设备管理、能源管理、安全环保、辅助决策”6个主要业务领域[1]，其功能要求详见图1。

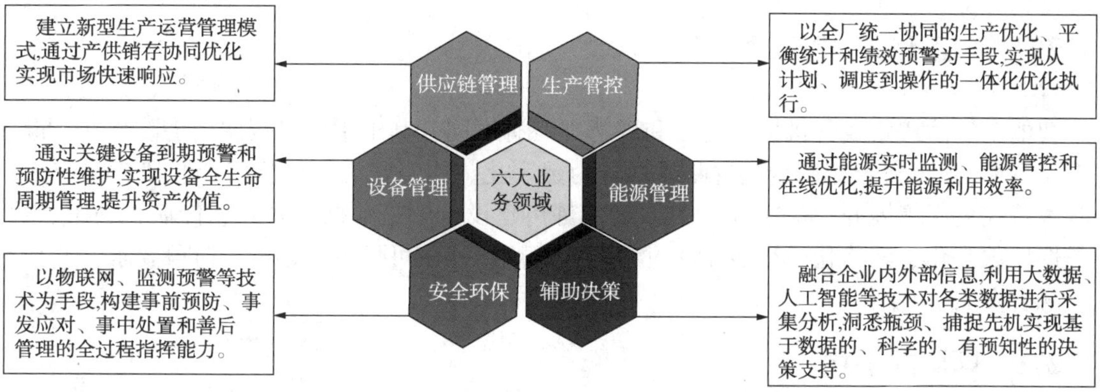

图 1　智能炼厂主要业务领域

1.2　智能炼厂实践

从国内外石化企业的经验来看，现阶段的智能炼厂技术主要是在整合原有不同领域技术基础上的智能化设计与研究，包括油品在线调和、在线分析、生产计划优化、生产调度排产优化、装置实时优化、Robust-IC 智能控制优化、设备运行预测预警等。中国石化自 2012 年启动智能工厂建设，启动燕山、镇海、茂名、九江的试点建设工作，四家试点企业建设效果显著，各具特色，在自动化、可视化、数字化水平方面都有了大幅提升，其中九江石化是国家首批认可的石化领域智能制造示范企业。

（1）炼油全流程优化。集成执行系统(MES)、资源规划系统(ERP)、实验室信息管理系(LIMS)等重要数据，建立基于核磁技术的原料油快评，实时提供常减压装置各馏分油温度点切割方案，自动下达给 APC 在线执行，提出各馏分的二次加工路线建议，利用 PIMS、ORION、RSIM 联动优化功能，开展加工路线比选、装置优化工作。

（2）资产全生命周期管理。实施设备预知性维修技术，通过实时或定期地获取设备运行过程中振动、温度、位移等数据，可预测数据变化趋势、诊断设备故障、判断故障原因，预测下次发生故障的时间和可能性，帮助技术人员提前防范。

（3）能源在线优化。应用能源管理在线优化技术，对锅炉、蒸汽管网、瓦斯管网等工况进行实时监测、动态优化，综合平衡全厂与局部的利益，给出切实可行的优化操作方案。

（4）建设虚拟数字炼厂。建成与物理空间完全一致的三维数字化工厂，建有装置单元模型，集成工艺实时数据、质量分析数据、腐蚀监测点数据、机组及油泵监测测点数据；实施监控可燃气体检测仪数据、视频监控画面。初步建立了现场作业、人员、环境三位一体的闭环监控模式，为现场安全和管控提供了支撑和保障。

通过智能化建设，九江石化提质增效作用显著，例如，先进控制投用率提高 10%，达到 90%以上；生产数据自动采集率提高 10%，达到 95%以上；操作平稳率提高 5.3%，操作合格率从 90.7%提升至 100%；重点环境排放点实现 100%实时监控与分析预警；生产优化也由线下优化转为线上集成优化；劳动生产率提高 10%以上[2]。

2 智能炼厂建设思考

智能工厂演进路线各机构的定义和理解都略有不同，其中中国工程院周济院长在“世界智能制造大会”上将智能制造演进路线划分为数字化、网络化、智能化三个阶段，对应于三种基本范式，次第展开、迭代升级[3]。智能炼厂建设也就是数据的采集、传输、利用过程，也是炼厂数字化、网络化、智能化的过程。智能炼厂建设可借鉴前述三个阶段要求，并行推进，融合发展。

2.1 炼厂数字化

炼厂数据包括两大类，即静态数据和动态数据。静态数据包括工厂设计数据、地理信息数据、工艺设备特性数据、文档图片等，这些数据大多来自工厂设计、设备供应商等。动态数据包括安全环保、生产执行、设备运行、质量管控、能源产耗、仓储物流、销售采购等。数字化是物理工厂从设计、建造到运维全生命周期静态信息和动态信息的结构化、集成化、数字化统一表达。以一个泵为例，它的数字化模型内容包括设计阶段的信息(如设计结构参数等)、采购阶段信息(如品牌厂商、规格型号等)、运行维护阶段信息(如输送的介质及流量、运行压力、运行电压电流、相关备品备件、历史维护维修等)以及全生命周期各阶段信息之间的联系，共同构成了泵这个物理资产的数字化资产模型。全厂所有要素的数字化表达，就构成了数字化工厂，进而可建设成三维数字工厂，以三维可视化平台作为统一的人机交互界面，实现对经营、生产、设备、环保、安全、质量等业务的可视化监控与管理，过程的优化。

2.2 数据网络化

数据网络化可大大提升数据质量和工作效率，把人解放出来，省时、省力、省心，减少人为干预。每个环节都会有实时的数据产生，不论是生产、经营，还是管理，每个数据都会在系统里留有痕迹，只要打开数据库系统，所有的数据尽在掌握之中，不需要二次填报。可通过"区块链"技术实现去中心化、不可篡改、全程留痕、可以追溯、集体维护、公开透明等要求，实现信息数据的自动采集、交互和集成。基于统一标准的数据集成，以集成的数据流带动业务协同，业务协同推动数据共享，打破部门壁垒，避免信息孤岛，实现公司数据全面共享，更容易的建立信息安全保障体系。

2.3 应用智能化

智能化建设的最终目标是智能决策，数据的应用(智能决策)是完全智能化的表现，决策问题的提出和解决都是困难的。首先，决策的目标是多目标；其次，生产运营的要素之间存在着众多的约束关系，且未来有太多的不确定性，在做决策时，必须做出假设。例如提质增效最为显著的“生产管控一体化优化”应用，难点为装置模拟的准确性，虽然通过 Aspen 等软件可以实现装置模拟，但实际情况下仍有许多未知因素影响这装置的实际运行结果；若放到全厂角度，多因素影响条件下，装置极不容易收敛。目前实际根据装置历史数据，配以专家库、知识库、规则库等为核心实现计划—调度—操作一体化优化，如：应用专家系统技术，使系统能够更充分地应用人类的知识，如关于决策问题的描述性知识，决策过程中的过程性知识，求解问题的推理性知识，通过逻辑推理来帮助解决复杂的决策问题的辅助决策系统。另外将设备运行的阈值、能源利用的实时闭环优化等与生产运行优化充分集成，实现安全环保及成本最小化条件下的原料采购、计划调度、生产制造到产品入库、物流配送的生产全过程优化，以达到智能化生产的根本目的——效益最大化。当然，这还需要大量的工作才能实现，目前分解协调局部智能优化可以作为初步手段。

3　智能炼厂功能架构及应用

结合目前国内外石化企业智能化的研究、建设进展，在目前技术及可预期的前提下，根据“生产管控、供应链管理、设备管理、能源管理、安全环保、辅助决策”6 个主要业务领域，规划智能炼厂功能架构。

3.1　智能炼厂功能架构

结合这些技术功能，将智能炼厂总体架构规划为一个指挥中心，数字集成和应用集成两大平台，经营管理、生产执行、过程控制三个层次及 IT 基础支持。智能炼厂功能架构见图 2。

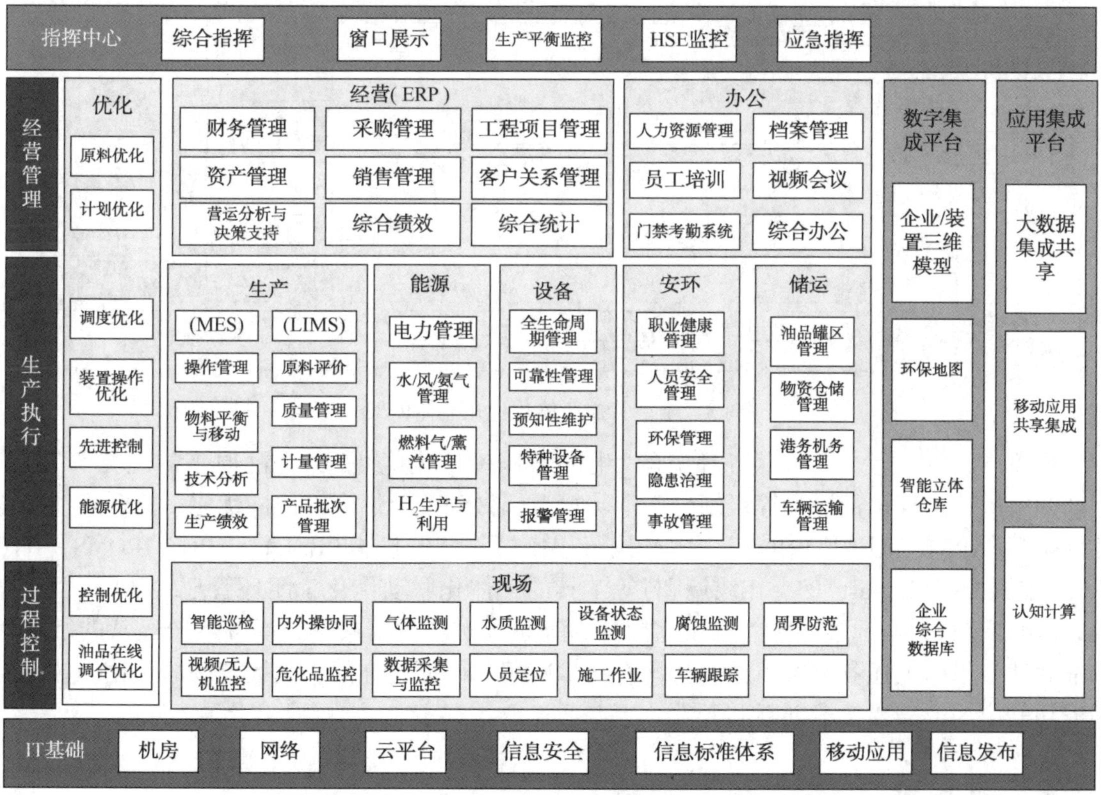

图 2　智能炼厂功能架构图

智能工厂功能架构设计为类电脑主板结构，每一个小的模块实现独立的功能，随技术发展可增加新模块实现新功能。从架构中抽取相应的数据和调用相应的模块来实现相应的要求。如要实现生产管控一体化优化功能，则调用原料优化、计划优化、生产调度、操作优化、先进控制、操作管理、物料平衡与移动、生产绩效、质量管理等功能模块，协同实现目标。

3.2 智能应用场景方案

以“生产管控一体化”应用为例，基于前述功能块的分工协作，确保计划、调度、工艺装置、操作、统计等各部门业务协作更为科学有效，生产经营方案最优，自上而下得到有效执行和反馈。

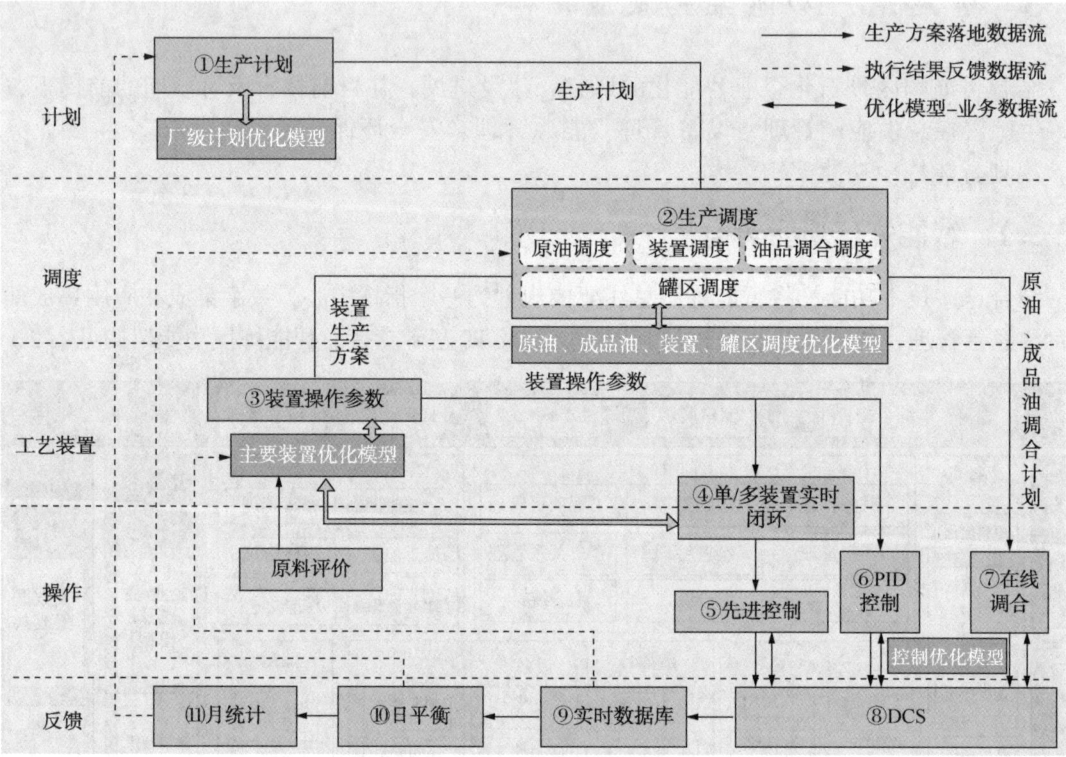

图3 生产管控一体化优化总体框架

覆盖产、供、运、销、存各环节的“生产管控一体化优化”，打乱原来的经营管理层，生产调度层，过程执行层等等级划分，消除壁垒，做到整个供应链协同优化。提升炼油企业计划排产(APS)、调度(ORION)、生产执行(MES)、装置模拟(RSIM、APC、IPOMS、RTO等)、装置控制(Robust-IC、在线调和)等工具的一体化联动优化，闭环管理，采用“中心交换式”集成模式，与原油评价、实验室数据库等系统实现数据共享，提升生产经营的敏捷性和准确性。目前上述各层次单独优化均有技术应用，但更精准的，更大范围的优化，暂无看到成功的应用，需要技术创新和开发。

4 智能炼厂建设认知误区

建设智能炼厂，首先要对智能炼化有正确的认识，结合目前国内外石化企业智能化的研究、建设进展，以及对智能炼厂的思考，指出智能炼厂建设可能存在的误区，和大家探讨。

4.1 建设智能炼厂属于信息部门的事，交给专业公司实施即可

传统信息化项目，较少涉及信息和生产过程的深度融合，实施以信息部门为主；但在“智能化”时代，信息化技术是作为基础支撑而存在，真正的优化和智能化需求在使用者的要求之中，使用者要深入参与，傻瓜式的应用，无法满足深度优化、智能的要求。

4.2 智能化是常规成熟技术，可以大规模地快速发展智能化

现阶段的智能炼厂主要是在整合原有不同领域技术基础上的智能化应用，及针对炼化特殊要求的局部智能化应用开发，整体水平处于完善数字化、网络化，局部探索智能化阶段。炼化内部规律表达不甚明了，应强化炼化基础技术研究、渐进式推进智能化建设，有些设想会在发展过程中证明非最佳路线，则需及时调整，避免重复建设和资源浪费。

4.3 智能炼厂投资大、见效慢

智能炼厂建设要渐进式推进，针对难点布局攻克，分担研发成本；随着技术发展，智能炼厂建设费用会逐渐降低；在选择实施智能化项目时，要根据技术发展，实际需求、资金投入情况，按照轻重缓急，灵活选择。

4.4 智能炼厂是空中楼阁，无法达到

国外先进成熟的技术，在国内部分炼厂无法达到预期应用效果，这需要我们脚踏实地地把先进技术应用好，这是第一步的，就像建楼房，要逐层稳健实施。智能化的目标是提高生产力，发展趋势势不可挡；国内外，各行业正在奋力推进，如果我们停滞不前，必然“落后就要淘汰”。

5 结论

智能工厂在技术与理念上的更新从未止步，虽然至今没有一个完整的“智能炼厂”的大型组件在现实工业领域投入使用，虽然智能化的提出到发展还只有短短几年时间，前述的“智能化”功能从概念到实现还存在的诸多困难需要克服，但是从企业的积极投入和未来发展的要求来看，智能化只能坚定地向“下一步”迈进。

现阶段，炼化企业要充分认识智能炼厂建设是一项复杂的系统工程，不可能毕其功于一役，需要付出长期艰巨的努力，企业必须统筹规划，充分估计面临的困难，结合实际科学合理地制订建设路线，分步实施，确保企业具有可持续的竞争力和优势。

参 考 文 献

[1] 龚燕，杨维军，王如强，等．我国智能炼厂技术现状及展望[J]．石油科技论坛，2018，37(3)：28-33.

[2] 王海龙．九江石化：流程型智能制造样本[J]．中国工业评论，2016，0(6)：72-77.

[3] 周济．走向新一代智能制造[C]//中国工程院，中国科协，中国机械工程学会，工业和信息化部．第六届智能制造国际会议(IIMC2018)论文集，2018：19-60.

炼化企业智能工厂构建及应用分析

杨建峰

（中国石油兰州石化公司电仪事业部，兰州　730060）

摘　要　智能工厂构建正在各个企业推行，但是智能工厂构建怎样助力炼化企业的生产，需要进一步探讨。本文讨论炼化企业智能工厂构建要遵从“以人为本”“逐步进化”“全生命周期”三个原则，要依据炼化的生产和设备特性来分析，在此基础上本文讨论了炼化企业智能工厂构建的冰山模型，并且在新的智能工厂构建架构中探讨各种应用平台的作用。

关键词　智能工厂构建　架构　冰山模型

智能工厂构建是世界经济发展的大趋势，现在智能工厂构建架构在制造业已经比较成熟，但是智能工厂构建怎样助力炼化企业的生产，以及炼化企业智能工厂构建架构与离散工业的智能工厂构建架构的区别还需要进一步探讨。同时在炼化企业智能工厂构建架构中，各种应用平台在架构中的作用也不尽相同，本文试图在新的智能工厂构建架构中探讨各种应用平台的作用。

1　炼化企业智能工厂构建分析的三个原则

1.1　“以人为本”原则

智能工厂构建最终目的是提高生产力，其最终结果并不是通过智能工厂构建、达到智能化以后抛弃“人”这个生产力的主体，而是以高度的智慧为人服务，与人结合。在这里“人”及包括客户，也应当包括企业全体员工。在炼化企业中，人和工具结合方式基本有三种：第一种是人作为体力劳动者同工具结合，在炼化企业建设初期的肩扛手提属于这种；第二种是人作为控制者同生产工具结合，这几十年炼化常规生产属于这种；第三种是人作为监测者同工具的结合，现在智能工厂构建属于第三种。这三种不同类型的结合方式反映个人生产力内部不同质的结构和不同层次的效能。第一种结合反映了体力型劳动；第二种结合反映了体力——智力型劳动；第三种结合反映了智力型劳动。人和工具结合方式越高级，生产能力越高。

因此可以确定第一个原则，智能工厂构建“以人为本”原则。因此数字化、智慧化转型后不是裁员、减少员工，而是让人与数字相结合，提高生产力。要进行智能工厂构建必须围绕人展开，要分析人员结构和功能，调研人员需求才能进行智能工厂构建。炼化企业离开人员结构和功能谈智能工厂构建皆是空谈。

1.2　“逐步进化”原则

从宏观和历史的角度说，任何产业形成规模，形成成熟的发展态势都不是一蹴而就的。

企业智能工厂构建是一个持续的迭代创新过程，是一个在推进中不断完善、不断改革、不断创新的过程。企业智能工厂构建以适应社会消费需求的变化、以推动生产运行模式的变化、让企业创新成为动力。

IEC/PAS63088《智能制造——工业 4.0 参考架构模型(RAMI4.0)》也给出的工业进化的三维架构模型中等级制度维度就是一个数字进化的过程：从简单生产—机械生产—控制生产—集中加工—网络化—全球化。这是一个趋势，但不是智能工厂构建的进化。

从技术角度说，智能工厂构建也是一步一步水到渠成的。Deloitte 德勤和 4Paradigm 第四范式发布的“智能工厂构建新篇章”中，将数字化技术的演进路径划分成了三个阶段：连接、分析、智能。智能工厂构建将逐步进入了一个智能化阶段。图 1 中，A 层是数字连接层；B 层是数字分析层；C 层是智能数字层。图 1 左侧是“智能工厂构建新篇章”数字进化图。这三个层次概括的比较准确，但方向值得讨论。“连接、分析、智能”的方向应该是由外而内的。连接是范在感知、硬件设备，范围很大，方式越来越多；智能应该是越来越集中，融合程度越来越高。图 1 右侧是本文讨论的智能工厂构建进化方案。

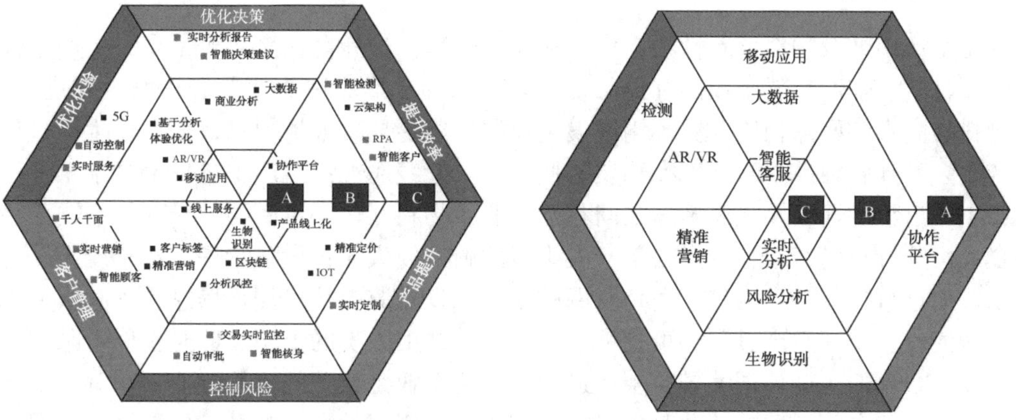

图 1　数字进化图

发展到“智慧工厂”的特征体现为：系统具有可采集与理解外界及自身的资讯，并以之分析判断及规划自身行为自主能力；具有结合讯号处理、推理预测、仿真及多媒体技术的整体可视技术的实践；系统中各组承担为可依据工作任务，自行组成最佳系统结构的自我学习及维护；在生产过程中落实资料库补充、更新，及自动执行故障诊断，并具备对故障排除与维护，或通知对的系统执行的能力；人机之间具备互相协调合作关系，各自在不同层次之间相辅相成。

但按照图 1 分析炼化企业，国内很多甚至连“数据”这个门槛都没有迈过去，就谈不上“智能”。对于我们传统炼化企业来说，连接尚存问题，分析还没有头绪，智能就更是遥遥无期了。在这个过程中硬上一些智能化解决方案，就会水土不服。

因此可以确定第二个原则，智能工厂构建“逐步进化”原则。要在炼化企业智能工厂构建构架中明确进化阶段。

1.3　“全生命周期”原则

全生命周期管理是指管理对象从需求、规划、设计、生产、经销、运行、使用、维修保养、直到回收再用处置的全生命周期中的信息与过程。这是一个时间纬度的全面完整管理理念。现在各行各业，各个领域都在研究全生命周期管理，派生出产品全生命周期管理，设备全生命周期管理，服务全生命周期管理，项目建设全生命周期管理，功能安全全生命周期管理等等。智能工厂构建不仅要考虑各个领域的全生命周期管理，还要考虑本身发展进程和本身软件的全生命周期管理。智能工厂构建全生命周期建模目的是建立面向所有领域的全生命周期的统一的、具有可扩充性的能表达完整信息的产品模型，该产品模型能随着产品开发进程自动进化成长。

因此可以确定第三个原则，智能工厂构建“全生命周期”原则。我们要分析炼化企业的智能工厂构建要全方位的考虑转型，从时间纬度来全面分析，从而可以看到智能工厂构建的未来。

2　炼化企业的特点与智能工厂构建分析

2.1　炼化企业生产工艺特征与智能工厂构建分析

炼化生产中涉及物料危险性大，发生火灾、爆炸、群死群伤事故概率高；生产过程中所使用的原材料、辅助材料半成品和成品，一旦泄漏，易形成爆炸性混合物发生燃烧、爆炸；许多物料是高毒和剧毒物质处置不当或发生泄漏，容易导致人员中毒、伤亡；生产过程中使用、产生多种强腐蚀性的酸、碱类物质易使设备、管线腐蚀；生产工艺技术复杂，运行条件苛刻；生产过程的连续性强，装置之间相互关联，物料互供关系密切，局部的问题往往会影响到全局。装置技术密集，资金密集，发生事故财产损失大；设备管理工作难度大。

制造业进行智能工厂构建利用物联网的技术和设备监控技术加强信息管理和服务；清楚掌握产销流程、提高生产过程的可控性、减少生产线上人工的干预、即时正确地采集生产线数据，以及合理的生产计划编排与生产进度。炼化企业是典型的流程工业，与制造工业不同的是天然不具备数字属性，因此其生产工艺与采购、销售的数字联系比较困难。按照一般智能工厂构建的做法，可以对炼化生产方式和设备建立模型，然后再根据模型指导生产，而对于炼化企业生产工艺特征，变化是常态，不变的可能性太少。将所有变化量纳入模型建设对炼化企业是一个庞大的工程量。

2.2　炼化企业人员与智能工厂构建分析

中石油有员工138万人，其中炼化企业员工有55万人。在炼化企业员工中，管理决策、采购、销售人员占40%，生产和设备维护一线人员占60%。炼化企业员工常规工作任务是对所属工厂或者装置的部分或全部区域进行定期巡检，在企业生产、维修期间不可避免的直接接触有毒、剧毒化工原料，直接操作泵、反应器、精馏塔或高温、高压的容器、管道等装置。炼化企业员工严格执行规章制度，随时检查及时处理生产过程中的安全隐患，对工厂设备维修保养工作。上面分析的炼化企业生产工艺苛刻条件，对石化生产设备的制造、维护以及人员素质都提出了严格要求，任何一个小的失误就有可能导致灾难性后果。

高度复杂的生产体系需要人脑与机器的高度融合，炼化企业以人为本的智能工厂构建按组织结构划分，只有让30万炼化企业一线员工享受到数字化的红利，炼化企业才真正实现了数字化、智能化。

2.3 炼化企业设备运维与智能工厂构建分析

设备是炼化企业生产的重要物质资源，设备管理与维修是企业生产过程中重要管理工作。设备管理和维修的主要内容包括设备的设计选型、运行保养、检测维修、技术改进和设备配件管理等工作。炼化企业的设备管理与制造业设备管理有根本区别：制造业生产设备和产品相关联；炼化企业生产设备与产品关联性不强，但是和生产、安全紧密相关。炼化企业智能工厂构建，通过对设备的管理维修及技术改造，使人员、制度、设备等有机融合、规范化运行，进而提高生产效率。

2.4 炼化企业未来发展趋势与智能工厂构建分析

“生态优先、绿色发展”的新发展理念对炼化企业发展提出了新要求。节能降碳和生态环保的外在压力将是行业转型升级的内生动力，形成行业新的经济增长点和价值源泉。炼化企业为我国六大高耗能行业之一，有高能耗、高投入、高排放的特征，要改变还不容易。在新形势与新要求下，推动炼化企业从粗放发展向创新、绿色和高质量发展转变，企业要建设能源管理体系，将能源管理贯穿于企业生产全过程，促进企业节能管理水平持续改进。开展低碳能源替代，推动余热余压利用、废物交换利用和水的循环利用，实现炼化企业资源高效、循环利用和废物“零排放”。

绿色发展是炼化企业发展最终目标，智能工厂构建是炼化企业发展的战略。在推进企业能源管理体系建设中，智能工厂构建是一个契机。炼化企业规划阶段重视一体化发展，尽量形成企业间产品原料相互供给，推动物料、能源、信息、物流以及基础设施的一体化，实现经济、环境效益最优化。因此规划阶段数字化模型就应考虑绿色发展。

3 炼化企业以人为本的智能工厂构建架构

通过对炼化企业智能工厂构建分析的三个原则的确立和炼化企业的特点与智能工厂构建分析，我们最终可以设计出炼化企业“以人为本”的智能工厂构建架构，见图2。

从此架构，可以进行分析出如下结果：

(1) 企业组织分工由人构成，是人为达到特定目的而形成的最优架构。炼化企业按组织结构功能，最基本可以分为管理决策、采购、销售、生产、和设备维护五个类别。其他再怎么重组也离不开这五个功能。炼化企业的智能工厂构建也应该按这五个功能划分，为管理决策者、采购人员、销售人员、生产操作人员、和设备维护人员五类人员服务。

(2) 按照炼化企业按组织结构功能、人员数量，可以形成五边形。但各自占比不同，功能不同，管理方式不同，最终形成冰山架构。按功能分，应该是两个层次。上面一层是对外经营层次，他们需要根据政策的变幻、生产的能力状况、顾客的需求快速变化，做出决策和规划。因此他们的智能工厂构建构架以客户为中心，他们面对的状况易变、不确定、复杂、模糊。这一层人员占比为40%，他们所在架构属于冰山上层，浮在水面以上，易为人关注。下面一层是炼化生产层。根据前面分析炼化企业特征，这一层相对稳定，生产周期长，方法、方案变动不频繁。这一层人员占比为60%，是炼化企业智能工厂构建架构的基础，在冰山以下，炼化企业稳定组成。

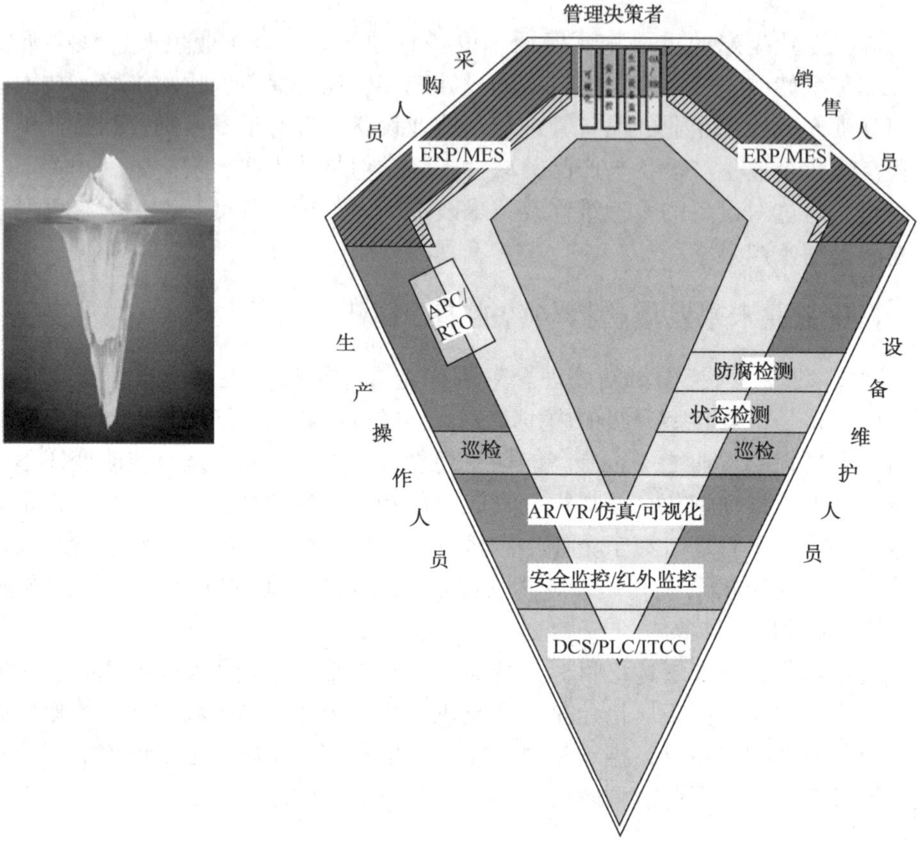

图2　炼化企业智能工厂构建冰山模型

（3）在架构图中，红线就是人机对话平台。智能工厂构建最终是需要人机对话的，因此都要面对人。冰山构架与其他构架区别就是引入了人机平台。计算机将计算、处理和控制的情况及时显示出来，供人观察与了解；而人通过一些输入设备把各种数据与指令，输入机器进行操纵和控制。人机界面是人和机器在信息交换和功能上接触或互相影响，包括人和机器的硬接触和软触，既点线面的直接接触和远距离的信息传递与控制的作用空间。

（4）生产操作和设备维护一线人员占关键60%，决定了平稳生产和安全。生产和设备维护一线人员的临场处置最关键。智能工厂构建不是啥都直接面对领导，让领导来决定。对生产和设备维护一线人员数字化、智能化软硬件的开发，决定了炼化企业的稳定和效益。

（5）智能工厂构建进化三个阶段用蓝、黄、绿来表示。对大多数应用平台、软件而言主要功能处在数据连接阶段，同时可以完成一些数据分析。包括企业资源计划ERP、生产执行MES，包括安防、巡检、调度和应急指挥ECP等。AR、VR、可视化等平台已经有智慧的影子。DCS对生产操作和设备维护是一个重要的平台，其大部分功能在数据连接阶段，但已经可以进行一些数据分析。

（6）制造业以产品全生命周期的相关数据为基础，主要解决产品设计和产品制造之间的“鸿沟”。炼化企业必须以生产全生命周期的相关数据为基础，解决生产和安全、稳定、长周期之间的矛盾。冰山模型的生命周期应当针对五个部分进行，每一个平台都有自己的生命周期。但整体而言，经营层是所有炼化企业活动平台生命周期的起点和终点，生产层是炼化企业活动平台生命周期的中间阶段。

(7) 智慧发展的最高境界是融合。现有的系统难以自动化处理非结构数据以驱动智慧决策，也无法支撑复杂的知识自动化软件平台以辅助操作工人决策，需要在此架构下不断融合各种平台，才能实现控制-优化-决策一体化。

4 各个平台在炼化企业智能工厂构建架构中的作用及地位

4.1 ERP 和 MES 平台应用探讨

ERP 和 MES 平台是以客户为中心发展起来的数据平台。ERP 的重点在于财务，也就是从财务的角度出发来对企业的资源进行计划，相关的模块也是以财务为核心的展开，最终的管理数据也是集中到财务报表上。ERP 在制造管理方面的功能主要是编制生产计划，收集生产数据。MES 重点在于制造，也就是以产品质量、准时交货、设备利用、流程控制等作为管理的目标。MES 能更细致到每个制造工序，对每个工序进行任务的下达、执行的控制和数据采集、现场调度。MES 是采用事件的方式实现管理，生产订单的变化和现场的制造情况。

ERP 和 MES 平台的特点对制造业来说是非常切合的。对炼化企业这种连续生产的高危行业来说，客户的要求直接按计划直接下达到生产一线，这是非常危险的做法！因此对炼化企业 ERP、MES 平台和实际生产中间还需要一个过渡、缓冲、调度平台，解决客户和生产之间的矛盾。

4.2 AR 等可视化平台应用探讨

可视化是智能工厂构建的一个方面，目的是加快决定的能力和效率。其中已经达到智慧层次的是增强现实(AR)，是一种将真实世界信息和虚拟世界信息“无缝”集成的新技术，实现虚拟世界套在现实世界并进行互动，这需要真实世界和虚拟世界的信息集成，实时交互性。这个平台将 DCS 室内操作和室外巡检相结合，真正实现两个平台的融合，大大提高效率和准确度。

4.3 APC、RTO 平台应用探讨

炼化企业中正在探索的 APC、RTO，这个软件在操作指标指导方面有比较不错的应用，但其在实时控制和不同情况下的应急操作方面却有所欠缺。APC 可利用多变量协调和预估技术，克服装置的外来干扰，平稳装置操作，改善控制性能、提高效益和质量、降低装置能耗。但在全局优化层面，APC 仍然难以实现装置整体的优化。RTO 系统是模拟和控制的紧密结合，可在装置稳态模型的基础上，通过数据校正和更新模型参数，根据经济数据与约束条件进行模拟和优化，并将优化结果传送到 APC。最关键一点，APC、RTO 本质是操作指标指导，并不是控制，APC、RTO 平台不能直接面对生产操作人员，应急操作控制是由生产操作人员面对 DCS 平台完成的。

4.4 DCS等控制平台应用探讨

(1) DCS等控制平台地位。

DCS包括ITCC、SIS等控制平台(以下用DCS统称)的基本思想是分散控制、集中操作、分级管理、配置灵活、组态方便。在冰山模型中，DCS在炼化企业智能工厂构建架构中是最基础平台，起控制中心的地位，也是最早的数字化平台。

炼化企业生产进程、设备状况谁最应该先知道?我们现在很多平台建设的对象是上级领导，但炼化企业生产、设备的异常最应该是生产和设备维护一线人员先知道，并且做出决断。现在DCS就是给生产和设备维护一线人员提供的数字化平台。

传统意义上的DCS现在仅仅是指生产过程控制这一部分的自动化，在智能化时代则应定位到企业全面解决的层次。它不仅包括过去DCS中所包含的各种内容，还向下深入到了现场的每台测量设备、执行机构，向上发展到了生产管理，企业经营等。

(2) DCS既是生产操作平台，也是设备监视平台。

DCS是生产操作平台。DCS系统上能显示现场所有工序和设备的工艺参数，比如流量、压力、温度、液位等信息。DCS操作需要监视各种参数，保证正常生产。系统各种控制软件与算法可以将工艺对象的控制精度提高。

DCS同时是设备监视平台。首先，现在设备的参数，比如转速、压力、温度、振动等信息直接在DCS显示，反映设备运行状况，当设备异常时通过异常参数可以在DCS及时进行操作。第二方面，通过设备转速、压力、温度、振动等参数变化趋势分析可以进行设备检测，预知维修。DCS操作人员及时随时地发现故障苗头，果断处理是关键。第三是通过仪器仪表的智慧化进行智慧感测，主要是以微处理器和人工智慧技术的发展与应用为主，包括运用神经网路、遗传演算法、进化计算等智慧技术，使仪器仪表实现高速、高效、多功能、高机动灵活等性能。智能设备直接通过DCS组态，在操作画面显示，为设备监视，及时维修提供依据。

(3) DCS的进化是炼化企业智能工厂构建的重点之一。

现代炼化企业生产过程向大型、综合、复杂和精细化方向发展，重大装备和重大工程越来越依赖于控制系统对其进行运行控制。控制系统将与人工智能技术融合，是当前业内科技企业的机遇。DCS发展将目光聚焦到智能化、智慧化方向。智能DCS的基础能力是将各类物联感知数据可靠接入，同时无缝整合各类第三方数据，实现广义工业过程信息的泛在感知，形成后续流程的数据基础；智能DCS对大量数据进行实时解析，快速提炼出生产过程的信息和知识，需要其本身具有深度数据分析和信息可视化能力。智能DCS应能够与底层设备和子系统联动，采用先进控制、智能控制技术实现过程的精准稳定控制，或能够为决策者提供可靠的智慧化、可视化指导建议，引导生产过程趋向最优化，提升生产效率、促进生产安全。智能DCS与智能仪表联动，则直接实现设备管理功能。在智能DCS上，一旦设备故障信息出现，便可及早采取处理措施，避免事故发生，减轻事故危害程度，从而使设备管理提升到事故前预测和监控的水平。

DCS越成长，炼化企业的控制越稳定；DCS兼容、整合平台越多，越利于工艺人员的操作。

5 结论

炼化企业智能工厂构建分析要遵从“以人为本”“逐步进化”“全生命周期”三个原则。炼化企业智能工厂构建分析要依据炼化的生产和设备特性来分析，这与制造业的生产和设备特性截然不同。在此基础上本文构建了炼化企业智能工厂构建的冰山模型。这是对炼化企业智能工厂构建架构的初步探讨。炼化企业智能工厂构建架构已经给很多炼化企业带来困惑，我期望通过这种架构给炼化企业智能工厂构建带来启示。

参 考 文 献

[1] 黄焕袍，曲云．分散控制系统及其应用[M]．北京：中国电力出版社，2010.
[2] 夏茂森．流程工业智能工厂建设技术的研究[J]．信息技术与信息化，2013(6)：46-52.
[3] 吴青．流程工业智慧炼化建设的研究与实践[J]．无机盐工业，2017(12)：1-8.

基于物联网的石化企业智能质检室研究与设计

赵志宏，王云锦

（中国石油兰州石化公司自动化院，兰州　730060）

摘　要　以物联网技术为基础，将石化企业质检室各生产要素数字化。通过各业务模块的数字化运营及数据共享，可优化现有业务运行及效率提升。基于各业务模块数据，使用成熟业务管理数据模型，确保质检各项业务的经济性与高效性。以精益管理思想为核心，构建价值流分析，配合决策模型，最终达到质检室精益运营，各模块协同运行，质检业务整体优化的目的。

关键词　物联网　质量检测　数字化

1　引言

智能制造是以集成各业务数据为基础，推动各业务协作为目的的新兴生产方式。质量检测是连续生产型企业实施质量管理的有效手段，特别是石化企业产品多为高危产品，通过实现数字化、智能化质量检测管理也是保证石化企业健康、高效运行的必要一环。

基于物联网技术，将质检业务、设备管理、库存管理、人力资源等数字化，并统一构建在一个实验室信息平台上，进行统一管理及运营，将很大程度提升质检室管理水平及运营能力。同时，利用物联网技术，不仅有助于深化系统集成，而且更使得信息系统的管控范围更加广泛，管理颗粒度更加细腻。

各个专业管理模型的引入，更能提高各业务的运行效率及经济性。经济性是管理的核心。以精益管理为核心，基于价值流分析，通过决策模型，可提供业务高效开展方案，降低质检业务运营成本，统筹各质检业务模块协调运行，达到质检室整体优化的目的。

2　智能质检室框架设计

实现石化企业质检室智能化是最终目标。数字化是智能制造的基础，也是物联网技术实施的要求。特别是在质检过程中，将各生产要素数字化，搭建出物联网的感知层，形成全面的业务数据流为后续业务管理及协同工作提供数据支撑。以运营数据为基础，进行数据管理与数据运算，是智能化质检室的技术核心。其框架图如图 1 所示。

2.1　质检室感知层的构建

基于物联网技术的感知层搭建是实现智能化质检室的数据基础。以业务维度划分石化企业质检室业务可分为化验流程、设备管理、文档管理、人力资源管理、财务管理五个大类。

化验流程数据要素包括了样品、仪器、试剂、报告、结果值、留样等质检全流程数据。

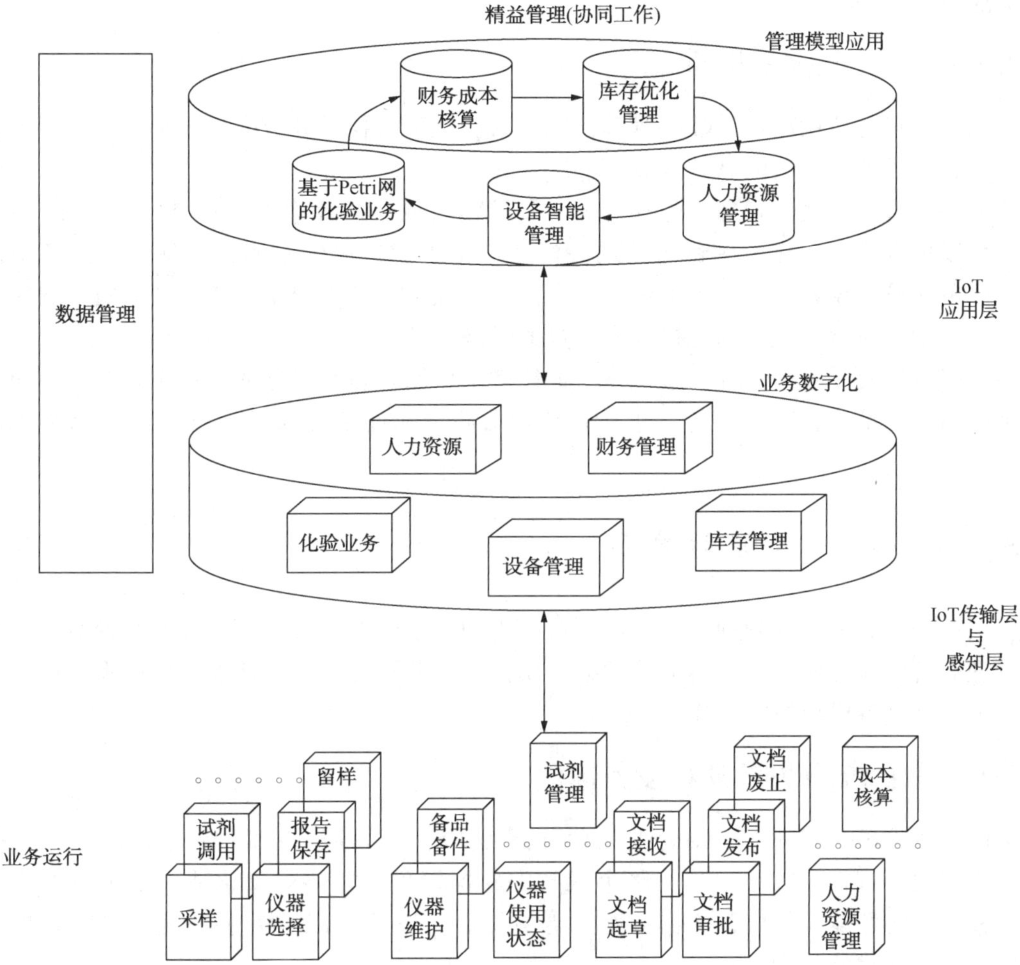

图1 智能化质检室框架设计

设备管理要素包括了仪器档案数据(基本信息、出厂日期、投用日期、运行状态、维修信息等),计量器具信息(基本信息、检定日期、检定到期日期等)。文档管理包括了质量文件的动态管理功能(文件起草、审批、发布、接收、废止、归档)。人力资源管理包括人员基本信息、人员绩效等。财务管理主要对质量成本进行记录。

将各质检室运营要素的数字化,仪器、试剂、设备等以ID为鉴别标识,并将其各属性信息一并连接入信息平台当中。通过质检室物联网感知层的构建,使质检室满足了在同一信息空间进行管理及运算的条件。

2.2 质检室数字化运行

将各运营要素数字化后,需要贴合业务实际进行数字化运转。基于业务管理要求对实际业务操作进行数字化辅助,实现工业化与信息化的融合。质检流程需要仪器数据、试剂数据、人力资源数据的支撑。基于设备管理数据、计量器具数据数字化辅助功能可有力的支撑设备、计量器具正常化运行。文档管理使质量文件管理更加便捷与高效。通过抓取质检数据,可对质量成本进行核算,主动干预,控制成本。可见,提升质检室运行的工作效率离不开各类业务数据的相互支持。

2.3 质检室数据模型的应用

数据的运转与使用离不开数据管理，通过数据规则对各业务数据进行标准化的处理，有利于后续各业务数据模型的高效运算。

业务流程管理、设备管理、库存管理均有成熟的数据运算模型可以使用。基于Petri网模型，可以提升质检工作流的稳定性与灵活性。基于随机退化模型，可预测出设备剩余寿命，从而事先进行设备调整，确保设备调度合理与经济。基于定量订货模型与概率分布，可确保各库存物资对化验业务的支撑及库存量的经济性。

各功能模块协同工作，选择最优化、最经济工作路径是智能化的一项重要标准。通过构建决策模型，以精益管理为指导，进行价值流分析，从而最终实现石化企业智能化质检室构建。

3 业务数据模型的应用

各项业务均有成熟的管理模型，使用这些管理模型能够提升个项业务的管理效率。通过精益管理的价值流分析，可将精益管理融入质检室运营管理当中，从而降低成本，提升整体工作效率，推进各模块协同工作。

3.1 基于Petri网的质检业务优化

工作流管理(BPM)不仅是对企业的业务流程进行规范管理的过程，也是对资源分配安排、流程优化的过程。Petri网作为一个成熟的建模模型，能够对象化地表示出质检业务的工作流程，同时还能表征出各工作节点的传递关系。基于Petri网对质检业务进行建模，是对质检流程的优化的基础。

基于Petri网的质检业务流程建模首先确立采样、仪器选型、试剂调用、操作、报告保存、留样的关键活动，其次建立对象Petri网模型，将上述关键模型对象化，再次构造出对象的传递关系，最后设定流程的初始状态。模型建立后，通过仿真软件进行仿真，验证模型的可行性，并不断矫正。

将人力资源、仪器、试剂作为数据模型托肯进行运算，不仅将质检流程分解成模块化的任务、定义好角色，按照正确规则和过程来执行质检流程，而且对整个流程进行监控，使得质检工作效率提高，方便定位非正常的生产成本。

3.2 设备管理智能化

设备管理主要对设备自身的维护保养和设备延长寿命进行管理。设备维护保养包括了设备台账管理、运行管理、维修管理。设备台账管理的主要内容有：设备的基本参数、出厂日期、投用日期、检定日期等。同时基于相关的管理及信息系统功能要求，设定检定、保养日期自动提醒，确保设备正常的维护保养。设备台账管理保证设备的正常运行及历史运行记录，同时与可靠性分析相结合，确保设备状态保持在在线状态。其主要内容有：设备检测记录、设备状态监测。

设备维修管理不单单要记录维修，还需要与库存管理联动，获取备品备件数据，快速恢复产能。更要结合状态监测、设备异常捕捉、故障诊断进行设备使用的趋势预测。利用时序模型预测法、灰色模型预测法可对质检设备进行预知性故障预测，从而事先介入，保证质检设备的高在线率。

设备全生命周期管理是设备管理的重要理论。设备剩余寿命的预测可为设备维修策略、延寿策略提供数据支持，并提升设备管理的经济效益。以相同品牌、同标程设备为采样样本，使用拉格朗日插值法可以模拟出设备剩余寿命的正态分布。将该正态分布及置信参数代入至随机退化模型中可得出设备剩余生命的函数表达式。通过剩余寿命函数，可事前调整各质检设备，从而保证质检业务的正常运行。

3.3 基于定量订货模型与概率分布的库存管理

定量订货模型在库存管理中有着广泛的应用。出于数据模型定性分析及简化模型研究的目的，利用线性模型分析库存管理。为避免短缺库存带来的负面影响，简而有效的方法就是设置安全库存，即最低安全库存。根据定量订货法模型，如在订货点进行订货，在理论情况下，在到货前这一时刻，库存可以为零。但实际上，库存到货率并没有那么准确。同时，库存运行曲线是以需求为主要因素而下降。

因为库存物资使用服从于正态分布，同时，我们注意到安全库存是对物资使用的映射，并且安全库存与本采购期的使用量是线性关系。由需求与安全库存的关系可知，其变化同步。因为是线性映射，安全库存服从同一正态分布。如图 2 所示。即其安全库存与使用标准差 σ 有直接线性关系。可得 $SS = K \times \sigma_S$（K 为安全因子，σ_S 为物资使用标准差）。

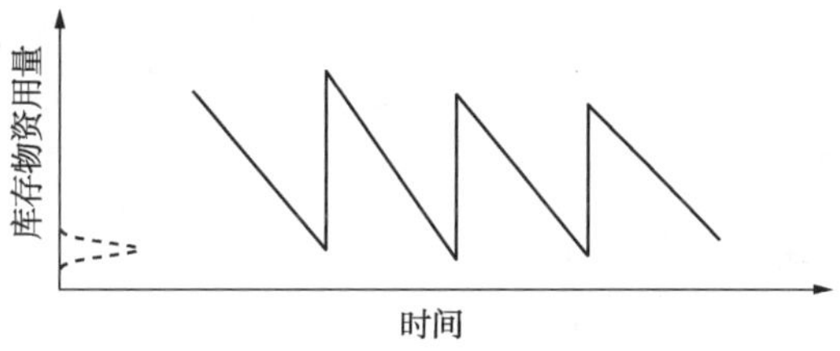

图 2　基于定量订货法的最低库存模型图

针对日常耗材物资，如试剂等，可使用该模型。统计以往最低安全值，并进行正态分布标准化，根据不同生产要求，强度确定安全因子，既可保证库存管理正常运转，又可保证库存值不会占用大量资金价值，提升库存管理的经济性。

3.4 基于精益管理的协同工作

在整个生产运行过程中，降低浪费，提升效率是精益管理的核心。以精益管理为核心理念，通过构建质检室一体化价值流为建设思想，不仅能够提升整个质检室的经济性，而且能够使各个业务模块系统性运作。

石化企业质检室精益管理实施步骤包括：①确定价值，精益管理的重点就是价值，作为石化企业质检室，其价值主要检测的准确性与及时性；②鉴别价值流活动，基于数字化业务流，分析从采样到归档的业务流全过程（各个业务模块的辅助均在分析之列），并鉴别出其中的增值活动与非增值活动；③基于各数据模型推进各业务模块的高效开展；④以质检业务需求为驱动，基于上游生产系统的数据信息及生产要求，编制质检室的质检工作计划；⑤基于整体决策模型，动态调整各业务模块，达到整体优化的目的。

4 结论

智能质检室的建设要从数字化开始。基于物联网技术，将各个生产要素数字化，并在同一信息平台下推进质检室数字化运行。通过各个业务模块的数据化运行及数据共享，将有力地指导质检室高效运营。基于成熟的专业管理数据算法，可提升各业务模块运行效率，并确保运行的经济性。同时，基于精益管理理念，进行价值流分析，配合整体决策模型，进行业务全流程精益管理，使各模块协同运行，达到质检室整体优化的目的。

参考文献

[1] 黄雅婕，张秀山．基于物联网的实验室管理系统设计与实现[J]．实验室研究与探索，2019，11.

[2] 江志斌，周利平．精益管理、六西格玛、约束理论等工业工程方法的系统化集成应用[J]．工业工程与管理，2017，4.

[3] 张德龙．基于Petri网的BPM建模与分析[D]．天津科技大学，2013.

[4] 王泽洲．考虑随机失效阈值的设备剩余寿命在线预测[J]．系统工程与电子技术，2019，5.

[5] 宋丹丹．基于库存策略的备件信息管理系统研究[D]．武汉理工大学，2017，3.

[6] 覃伟中．石油化工智能制造[M]．北京：化学工业出版社，2019.

输电线路杆塔倾斜智能监测报警系统的开发与应用

陈凯平，高　旭，马　吉

（中国石油兰州石化公司电仪事业部，兰州　730060）

摘　要　近年来，电网智能化已经逐步成为电力系统发展的主流趋势。针对当前电网发展的需求以及兰州石化公司化工区输电线路的特点，设计了一套输电线路杆塔倾斜智能监测报警系统，实现输电线路杆塔倾斜状态可视化监测，预知输电线路杆塔存在风险并及时解决，确保输电线路安全、稳定运行。

关键词　杆塔　倾斜　GPRS　监测

随着国家城镇化建设跨越式发展，各项工程建设项目向城区外纵深式延伸，原处于地质稳定区域的输电线路周边逐渐演变为采动区域，大型机械的施工给输电线路杆塔的稳定性造成极大威胁。另外，自2018年开始，兰州地区降水量逐年递增，暴雨等极端天气频繁出现，输电线路杆塔基础周边水土流失情况日益加重。如何做到及时、准确的了解杆塔是否稳固并及时采取防范措施成为输电线路运行管理工作的重中之重。

1　所辖输电线路基本情况

目前，兰州石化公司化工区所辖6回110kV输电线路，2回35kV输电线路、共164基杆塔、全长43.35公里，城区外杆塔数量117基，8回输电线路辐射面积达500平方公里。

根据上述输电线路数据来看，兰州石化公司化工区所辖输电线路存在距离长、周边地形及运行环境复杂，大型取土建设项目较多，维护难度大等特点，采取智能化技术手段增强输电线路维护水平，确保输电线路供电安全、稳定，成为电气运行人员所关注的重点。

2　所辖输电线路存在的问题及造成危害

2.1　极端天气造成杆塔基础周边水土流失

目前，兰州石化公司化工区所辖164基杆塔中，30基杆塔分布在山顶或邻坡、邻沟等位置，随着兰州地区极端暴雨天气频繁出现，容易出现雨水冲击导致山体滑坡等原因引起的杆塔基础不稳隐患，见图1。

2.2　外界施工造成杆塔基础不稳

随着平山造地等大规模施工进一步增加，原位于山区的输电线路周边也陆续出现取土、

图1 杆塔选址位置临坡

开挖、兴建建筑物等施工作业，待线路巡检人员发现问题时，施工作业往往已经初具规模，原位于地质稳定区域的输电线路杆塔也处于采动区及地质不稳定区域。2015年7月28日，由于中国五矿兰州钢铁物流园推山造地，造成兰州西330kV变电站供我单位的110kV兰西化1115、1116线2座单回路铁塔(27#)倒塌(见图2)，供电中断，造成我单位多套装置非计划停车。给我单位造成巨大损失，直接经济损失1690万元。

2.3 维护巡检方式无法及时、预知杆塔存在隐患

近年来，兰州石化公司化工区输电线维护工作基本依靠属地车间与线路维护单位进行定期人工巡检的单一模式，电仪事业部投入大量人力、物力组织开展输电线维护巡检工作，但收效甚微。很多杆塔周边的地质情况无法及时了解。由于输电线杆塔倾斜倒塌有一个缓慢变化过程，周期性人工巡检本身就存在盲区，单凭人工巡检不能及时发现。而且通过肉眼对杆塔小角度的倾斜也无法判断。

图2 施工引起兰西化27#杆塔倒塔

通过对输电线路存在隐患、对人工巡检方式存在缺陷的分析，我单位设计了一套具备实时监测输电线路杆塔倾斜角功能的监测系统。

3 输电线路杆塔稳定性实时监测装置开发

3.1 技术思路

(1) 利用技术手段部分替代人工巡检，更连续、实时、可靠。通过传感器检测信号的变化趋势对比实现预知杆塔倾斜发展趋势。

(2) 用GPRS无线数据传输设备实现传感器检测数据远程传输及异常情况实时报警。

(3) 利用户外环境用太阳能光伏发电系统为传感器和 GPRS 无线数据传输设备供电。

(4) 开发 PC 机人机界面实现数据处理、显示、报警及趋势记录功能。

3.2 主要开发内容

3.2.1 模型搭建

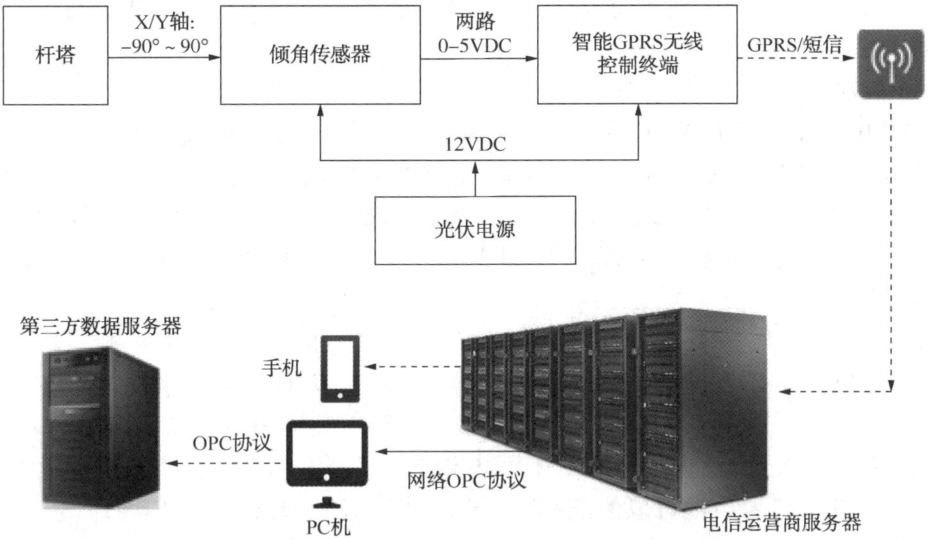

图 3 输电线杆塔倾斜检测报警系统功能框图

3.2.2 装置组成

(1) 倾角传感器

根据牛顿第二定律的物理原理，在一个系统内部，速度是无法测量的，但却可以测量其加速度。如果初速度已知，就可以通过积分算出线速度，进而可以计算出直线位移，本装置利用双轴倾角传感器，实现杆塔四个方向 0~90°角度实时测量，倾角传感器将检测的角度信号转换成两路 0~5V DC 信号，送至智能 GPRS 无线控制终端。

图 4 杆塔倾斜检测报警系统设备安装

(2) GPRS 无线控制终端

GPRS 无线终端采用低功耗设计，通过 GPRS 或短消息方式远程传输数据，特别适用于太阳能供电的监测场合，可大大减少太阳能供电成本并降低施工难度。已经广泛应用于气象、供电、地质等行业。

根据我单位所辖架空线路全线均处于移动网络覆盖良好区域这一特点，本装置利用GPRS无线控制终端稳定可靠，数据终端永远在线、多种协议互相转换的优越性，在GPRS无线控制终端模块中放入一张开通GPRS功能的SIM卡，通过GPRS网络建立连接，发送建立SOCKET的数据包给电信运营商服务器，电气运营商服务器通过TCP/IP协议将数据发送至放置在控制室的PC机和手机上。

（3）光伏发电及存储系统

本装置由2块功率20W光伏板与20Ah蓄电池组合成光伏发电及存储系统，作为电源为倾角报警装置供电。为确保光伏系统最大限度接受光照，2块光伏板分别安装在杆塔西侧与南侧，且周围无遮挡。光伏板转化的电能通过光伏光伏发电及存储系统一部分用于本装置用电，一部分存储至蓄电池，待连续阴雨天无光照或环境下，用于本装置供电。

按照兰州地区平均有效光照7h计算，2块光伏板总功率40W，而倾角报警系统总功率为1.12W（倾角传感器功率5V×20mA = 0.1W + GPRS无线控制终端功率12V×85mA = 1.02W），在太阳光充足时，光伏板发电能力远远大于本装置用电负荷，满足本装置白天生产运行。连续阴雨天无光照或环境下，蓄电池投入使用，按照本装置正常运行总功率1.12W计算，20Ah的蓄电池可以保证本装置连续使用12V×20A÷1.12W = 214.3h，而兰州地区从未发生过连续9天处于阴雨天无光照情况。光伏发电及存储系统配置可靠，目前运行正常。

（4）人机界面与短信报警

为更加直观、更加及时、准确监控杆塔倾斜角度的变化趋势，我单位利用win CC软件自主组态及调试，从传感器厂家数据网页中读取实时数据，再通过我单位自主开发的MES系统，实现杆塔倾斜数据的可视化及短信报警功能。

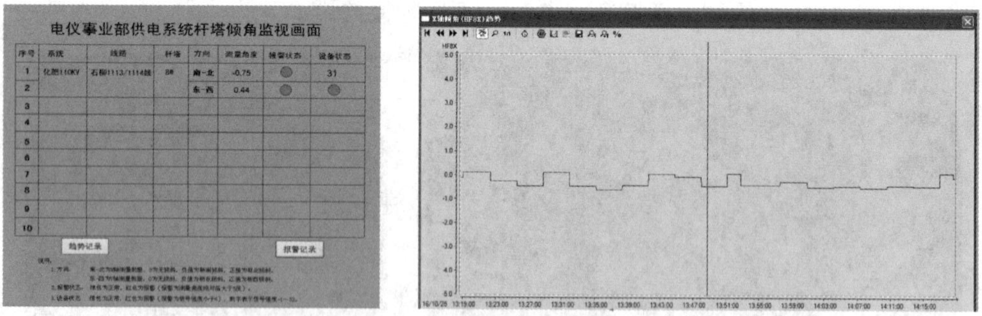

图5　杆塔倾斜监测报警系统人机画面

利用上述技术手段检测杆塔倾角变化情况，同时将检测数据通过无线信号传送至指定地点，通过一张流程图画面一目了然的监控所有杆塔倾斜角度，部分替代人工巡检，实时、可靠。同时通过检测信号的变化趋势可以提前发现杆塔倾斜发展趋势。

4 应用效果

据不完全统计，输电线路倒塔事故在输电线路故障中占比很少，但造成的经济损失及社会影响巨大，系统投用后在我单位应用效果良好。2019 年夏季，我单位所辖兰西化线路 2# 杆塔因暴雨冲刷导致杆塔基础水土流失，护坡断裂，2#杆塔超过 5 度限值报警，我单位立即组织负荷转移，现场查看并立即组织抢修，避免又一次因倒塔引起的全所失电，挽回直接经济损失 1690 万元。

图 6 杆塔倾斜处理前后对比

5 结论

本文介绍了一套输电线路倾斜监测报警系统，代替传统人工巡检，具备实时监测输电线路杆塔倾斜角度并在输电线路杆塔倾斜角度超过一定限值的报警的功能，大幅降低人工成本，从根本上弥补传统人工巡检方式存在的缺陷。自系统投运以来，收效良好，保证输电线路安全、稳定运行。虽然输电线路维护管理工作中还存在很多不足，但我们可以不断利用科技前沿技术，通过科学高效的管理，不断探索，让输电线路维护管理水平得到全面提升。

参 考 文 献

[1] 李文静 . 电网智能化安防监控技术研究[J]. 重庆文理学院学报，2015(19).
[2] 胡义华 . 光伏电池板在阴影影响下输出特性[J]，电工技术学报，2011(1)：123-128.

低压变频器抗晃电方案研究

张　英

（中国石油兰州石化公司动力厂，兰州　730060）

摘　要　在复杂的工艺生产中，低压变频器受其供电方式、所带负载性质及工艺运行条件变化的限制，使其在实现抗晃电的过程中仍有待完善。通过对变频器功能研究发现，低电压穿越、自动重起动和飞车起动三种功能共同启用，可提高抗晃电的成功率。结合一般变频器控制回路的特点，提出可将控制回路电源接至独立的、稳定输出的电源中，对变频器该三项功能进行设置的抗晃电思路。同时因部分型号变频器使用时间长、版本低，此三项功能不全，针对此种情况提出安装抗晃电模块的方案。两种方案，可在今后的应用中不断进行实验和优化。

关键词　低电压穿越　自动重起动　飞车起动　抗晃电模块

系统供电存在暂态电能质量问题，其主要表现形式有：电压暂升、电压暂降、电压中断等，如图 1 所示。

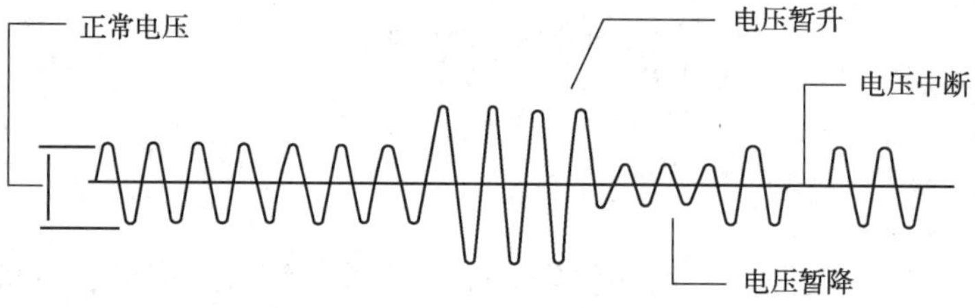

图 1　电压波形图

其中，最为突出的问题是电压暂降对用电设备造成的影响，可能使装置发生非计划停工，同时带来重大安全隐患和经济损失。对带变频器控制运行的三相异步电动机，电压暂降时电动机的运行状态由运行转为发电，此能量回馈变频器，则可实现变频器低电压穿越功能。由此对变频器低电压穿越功能进行研究，通过开启变频器自身功能，达到抗晃电的目的。但部分变频器无此类功能，针对这种情况，提出两种抗晃电方案，一种为变频器自身功能的应用，另一种为加装抗晃电模块，以下做详细说明。

1　抗晃电方案一——变频器功能应用

变频器功能的应用需满足两个条件，即变频器具备相应功能，和控制回路不失电。对变频器相关原理及相应功能进行分析。

1.1　变频器低电压停机原理分析

变频器交流侧采用三相不可控桥式整流，将交流电源整流为直流电压，直流母线采用电容稳压，并储存在电容中，逆变侧采用全控型功率单元产生频率和电压可控的三相交流变频输出。其拓扑图如图 2 所示。

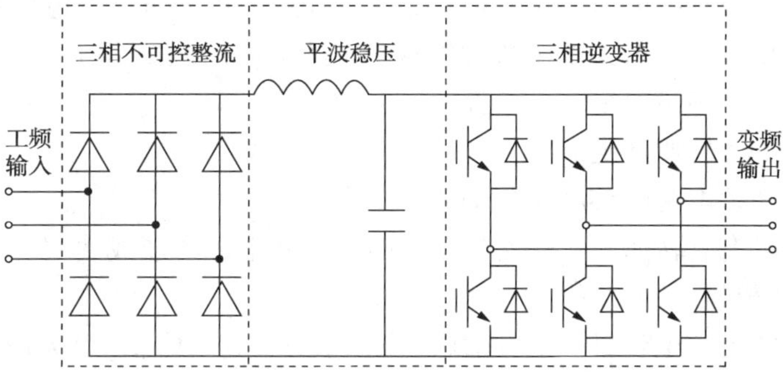

图 2　变频器拓扑图

当系统电源发生波动时，变频器功率单元逆变器件 IGBT 在变频器交流侧电压降低到一定水平时，由于直流母线稳压电容的存在，会允许变频器继续工作一段时间，若电源电压持续跌落，以致电容内的电压不足以维持变频器持续运行，变频器触发保护功能，进入瞬停或跳闸状态。故障继电器输出，禁止变频器再启动。当母线电压恢复，储能电容充电，电压达到允许值时故障继电器返回，则可重新启动变频器。

1.2　动能反馈

电源电压正常时，电机在高速运转，电源电压降低时，转速随即减小。但电动机所带负载具有惯性，在外力的作用下并不立刻下降，于是出现了同步转速低于转子转速的状态，即发电机状态。在能量转换过程中，反馈能量的大小取决于物体的转动半径和刚体质量，质量越大，惯性越大，运动状态越难改变，因此质量大的物体比质量小的物体角速度更难于被改变，如图 3 所示。系统的转动惯量也决定着电机的加减速时间，转动惯量越大，受外界扰动影响越小。当系统欠压电机进入发电状态时，大电机的减速时间慢，输出平稳性高，越易于维持直流母线电压，使变频器平稳过渡运行。

然而，变频器在工业生产中，受所带负载不同，及运行状态时时变化的影响，使其回馈能量大小不一，在晃电发生时，能否平稳过渡存在不确定性。

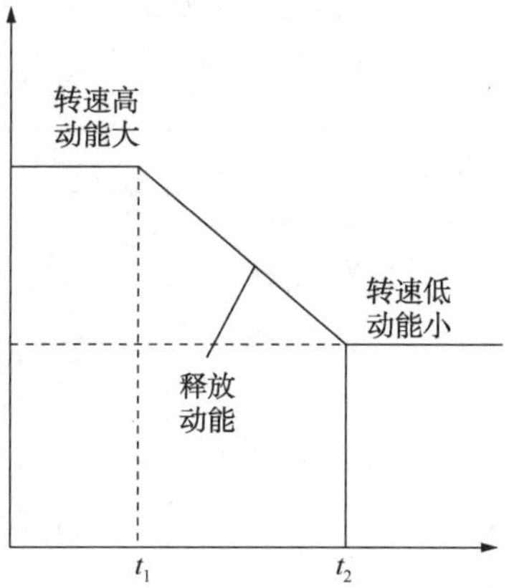

图 3　释放能量

1.3　变频器功能

变频器在应对晃电时主要有低电压穿越功能，研究中发现，自动重起动功能和飞车起动功能可作为补充，以此完善抗晃电的过程，提高成功率。针对目前使用较多的西门子 G120C 系列和施耐德 ATV61 系列变频器，进行功能分析。

1.3.1　低电压穿越功能

电压骤降时，变频器中的直流母线电压也会下降，打开低电压穿越功能，直流母线电压下降到失电跨越功能激活阀值时，即可接通直流母线，利用电动机所带负载的高转速、大惯性，把再生能量回馈到变频器，短时间维持直流母线电压，变频器将利用电机旋转的动能继续维持运行。当电源恢复，再从电网侧获得能量，直流母线电压上升。当直流母线电压大于低电压穿越动作值的电压量，低电压穿越功能关闭，之后传动变频器的输出频率沿由斜坡函数发生器确定的斜坡，恢复到所选择的定值继续运行。

该功能的应用必须满足两个前提条件：

（1）工作机械的回转质量足够大；

（2）电机在电源掉电时能够减速制动。

只有当电机在带有高转速、大惯性的负载时，变频器才可能成功实现低电压穿越。

1.3.2 自动重起动

低电压穿越功能无法生效时，变频器将打出“欠压”故障信息，“欠压”故障一经电源恢复，故障信息即可消除，而“自动重起”功能则是锁定在一个故障之后，如果故障消失且其他运行条件允许重起动，这时就可以自动重启动，通过一系列的自动尝试来执行自动重起动。

1.3.3 飞车起动

当电源欠压或瞬间停电使变频器停止运行，在变频器停止输出时，电动机的转速应很快停下来，即再自起动变频器是从 0Hz 开始的。再起动前，如电动机的转速未降为零，电动机先刹车，这种情况将产生泵生电压，可能造成过压保护。对惯性较大的电动机（如风机类），需设置捕捉再起动参数——飞车起动，即线电源缺失或断开、当前故障复位或自动重起动时，如果运行命令依然存在，变频器给出的速度从重起动时估计的电机速度重新开始，沿着斜坡直到给定速度，使重起动平稳运行。

1.4 变频器参数设定

通过上述分析，在变频器设置中依次打开低电压穿越功能、自动重起动功能、飞车起动功能，相互补充，提高变频器抗晃电的成功率。

不同品牌的变频器中，参数设置如下：

（1）西门子 G120C 系列

表1 西门子 G120C 系列变频器参数设置表

序号	参数组	参数	功能描述	设定值
1	动能缓冲 $V_{DC\ min}$控制			
1.1		r0056.15	$V_{DC\ min}$控制器生效或关闭	1 信号
1.2		p0210	设备输入电压	380V
1.3		p1240	V_{DC}控制器配置，禁用或使能	2 使能 $V_{DC\ min}$控制器
1.4		p1245	$V_{DC\ min}$控制器的启用电平	47%
1.5		r1246	$V_{DC\ min}$控制器的启用电平	255V
1.6		p1247	$V_{DC\ min}$控制器的动态响应系数	300%
1.7		p1255	$V_{DC\ min}$控制器的时间阈值	2s

续表

序号	参数组	参数	功能描述	设定值
1.8		p1255	$V_{DC\ min}$控制器的转速阈值	50rpm
2	自动重启			
2.1		p1210	自动重启的模式	4
2.2		p1211	自动重启中的启动次数	3
2.3		p1212	自动重启中的启动时间	1.0s
2.4		p1213[0]	自动重启中的启动 监控时间	60s
2.5		p1213[1]	自动重启中故障计数器归零	0s
3	捕捉重启			
3.1		p1200	捕捉重启操作模式	1
3.2		p0346	电机励磁时间	自动计算参数
3.3		p0347	电机去磁时间	自动计算参数
3.4		p1201	捕捉重启使能的信号源	1
3.5		p1202	捕捉重启搜索电流	自动计算参数
3.6		p1203	捕捉重启搜索速度	100%

(2)施耐德 ATV61 系列

表 2 ATV61 变频器参数设置表

序号	参数组	参数名称	功能描述	设定值
1	欠压管理			
1.1		欠压管理	出现欠压时变频器的动作	报警
1.2		电网电压	主电源额定电压	380V
1.3		欠压故障电压	欠压故障跳闸等级设置	调至最小
1.4		欠压故障延时	考虑欠压故障的延时	2s
1.5		欠压保护设置	达到欠压故障预防等级时的动作	直流母线保持
1.6		欠压保护电压	欠压故障预防等级设置	255V
1.7		直流母线维持时间	直流母线维持时间	9999s(最大值)
2	自动重起动			
2.1		自动重起动	启用或关闭	YES
2.2		最大启动时间	用于再次发生故障时限制连续重起动的次数	5 分钟
3	飞车起动	飞车起动	启用或关闭	YES

1.5 变频器功能应用前提条件分析

变频器自身功能的应用前提在于晃电发生时，变频器不能失电，变频器控制原理图如图 4 所示。

接触器在晃电时因电压的降落易发生线圈释放，致使主回路断开，用电设备失电停机。

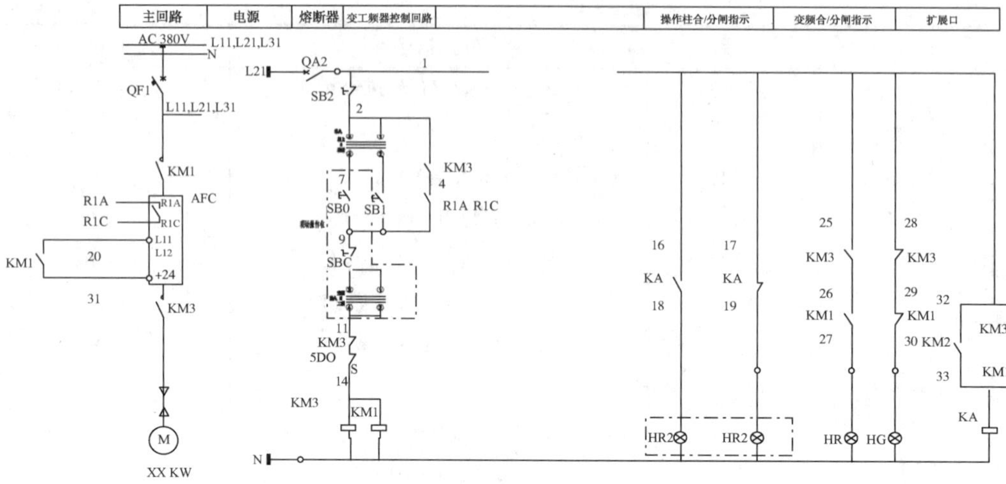

图4　变频器控制原理图

然而变频模式下的接触器KM1、KM3的功能和作用至关重要，不宜使用其他元器件代替，因变频器上电过程中，首先通过充电电阻对电容进行预充电，当电容电压达到80%以上时，充电电阻被短路，完成变频器上电。若变频器整流电路短路故障，或电容因长期放置造成内部电解液逐渐干涸，漏电电流增大，直接上电加大电压时，电容会发生击穿爆炸的危险。输入端接触器KM1起到隔离作用，可防止电气维护人员送电合上断路器时，主电路接通瞬间发生短路故障，产生弧光，带来人员被灼伤的风险。输出端的接触器KM3一端连接变频器，另一端连接电机。变频器内部部分元器件耐压程度不同，其“电气安装”说明书中明确有“禁止用高压绝缘测试设备测试与变频器连接的电缆的绝缘”的严格规定。因此摇测电缆绝缘时，必须将变频器输出端与电缆脱开。这将带来操作不便，或在紧急开机时，无法迅速供电。输出端接触器KM3在变频器与电缆之间形成电气隔离，解决了这一问题。由此得出，接触器KM1、KM3不宜被其他元器件替代。

在晃电时必须保持接触器KM1、KM3不释放，保证至电机的供电回路不断开。可参考高压变频器的控制回路电源处理办法，将控制电源接至稳定的、持续供电的电源上，接至UPS，或采用直流接触器，使用直流屏可靠供电。此时便可保证变频控制模式下，通过开启自身功能实现抗晃电。

2　抗晃电方案二——加装抗晃电模块

针对部分无上述功能的变频器，可使用一种抗晃电模块。该抗晃电模块是经其内部对电压波形判别，判别晃电后，相继发出两个指令：复位、起动。改变人为复位和起动，以此实现抗晃电。

2.1　抗晃电模块

抗晃电装置模块内部使用超级电容储能，当发生短时电压跌落，装置模块由超级电容组经过DC-DC电源模块继续为装置供电，并能保证模块电源消失后能稳定工作60秒左右，使设备能继续监测母线及控制电压。同时通过变频器故障信号输出及电压监测，判断是否出现欠电压状态，自动输出复位、再次启动信号启动变频器。

2.2　控制回路改造

2.2.1　变频器设置

变频器可通过定义控制端子，接受外部复位命令，故将变频器故障复位设置为从外部输入电平信号，便可对故障继电器进行复位。

2.2.2　控制回路改造

加装抗晃电模块的变频器控制原理图如图 5 所示。抗晃电模块通过 1、2、3 端子和 15、16 端子分别采集母线电压和控制端电压。

（1）控制端电压发生扰动，接触器 KM1 失电，KM1 常开触点断开，导致变频器停机。此时抗晃电模块会通过 L、N 端子检测到控制电压波动并通过开关接点 12 判断变频器运行状态，若变频器停机且电压在设定的时间内恢复，模块会通过 4、5 出口输出再启变频器的脉冲信号，再启动变频器。

（2）若母线电压发生扰动，变频器报欠压故障，变频器停机。此时变频器报电压扰动故障，模块 6、7 端口发出复位信号，4、5 端口发出再启动信号，恢复运行。

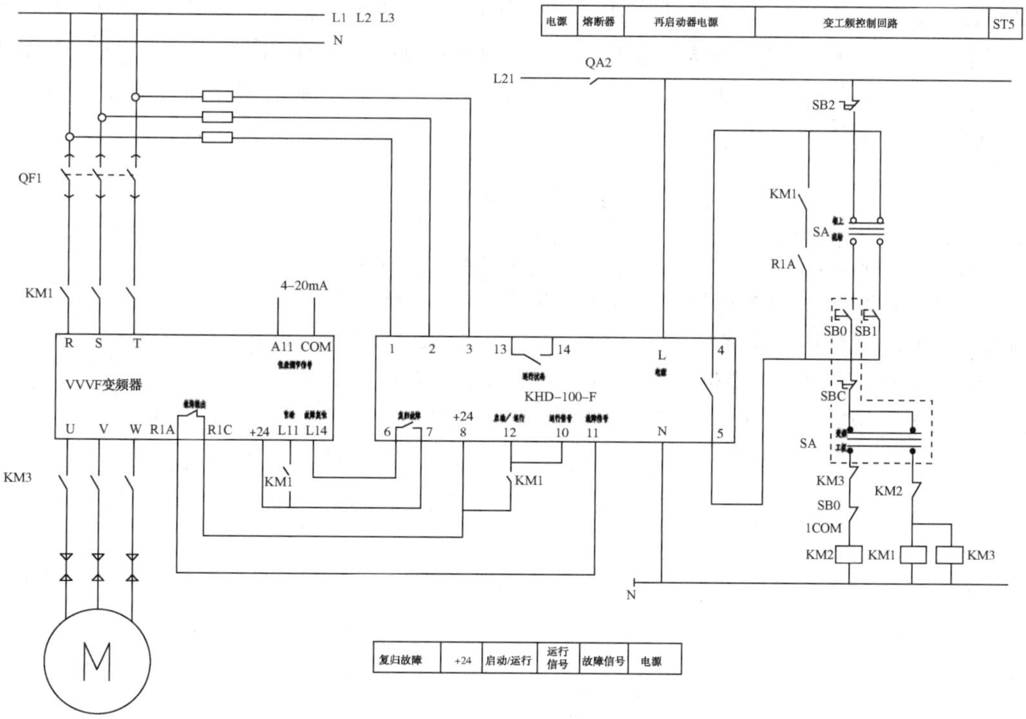

图 5　加装抗晃电模块的变频器控制原理图

2.3 参数设定

表3 参数设置表

序号	设备	名称	设置	备注
1	变频器	电网电压	380V	
2		欠压故障电压	228V	
1	抗晃电模块	变频再启动使能	投入	
2		变频器欠压故障强制复归	投入	
3		母线额定电压	380V	
4		控制额定电压	220V	
5		母线欠电压	228V	
6		控制电压欠压电压	117V	
7		电压扰动允许时间	1~5s	超过此时间，则设备认为是电源断电，不会重新启动变频器
8		再启动变频器母线电压	350V	
9		再启变频器控制电压	198V	

3 结论

低压变频器可选择开启自身功能或加装抗晃电模块两种不同的思路实现抗晃电。不同品牌变频器参数设置不同，但功能模块相似，文中给出两种常用变频器的参数设置，以提供此类方法的应用思路。加装抗晃电模块的应用方案，介绍众多类别抗晃电装置中的一种，提供应用思路。

参考文献

[1] 李华德．交流调速控制系统[M]．北京：电子工业出版社，2003.
[2] 李夙．异步电动机直接转矩控制[M]．北京：机械工业出版社，1994.
[3] 李发海，王岩．电机与拖动基础[M]．4版．北京：清华大学出版社，2012.
[4] 戈宝军，梁艳萍，温佳斌．电机学[M]．北京：中国电力出版社，2016.
[5] 张燕宾．变频调速异步电动机的发电状态和再生电能利用[J]．电工园地，2011，7：46.

石油化工装置中安全阀出口管道直径的计算方法

邰忠阳

（中国昆仑工程有限公司辽阳分公司，辽阳　111003）

摘　要　随着国内各类石油化工装置的大规模化，各工况下安全阀泄放量的增大，其出口管道尺寸也随之扩大，此时安全阀出口管道直径的大小对安全阀选型计算及管道布置的影响及敏感性尤为突显，本文根据国内外标准，总结梳理了安全阀出口管道直径的计算流程，旨在为类似工程设计中提供参考。

关键词　安全阀　管道直径　积聚背压

1　前言

安全阀是石油化工装置中用于保护锅炉、压力容器及压力管道系统的一种常用安全附件，而随着国内各类石油化工装置的大规模化，安全阀泄放量的增大，其出口管道尺寸也随之扩大，此时安全阀出口管道直径的大小对安全阀选型计算的影响及敏感性尤为突显。

安全阀背压影响安全阀的动作特性，是叠加背压和积聚背压的总和[1]。叠加背压是压力泄放装置开启前出口的静压，包括固定背压和其他泄放源产生的管网压力，其中固定背压是由火炬头、水封等产生的静压，一般叠加背压在安全阀计算选型过程中根据项目统一规定基本为定值；积聚背压是安全阀开启后，在介质泄放过程中增加的管道阻力损失，该值的大小与安全阀出口管道的直径、长度和布置有关。所以安全阀出口管道直径的选择对安全阀出口总背压有较大的影响，进而影响安全阀的选型和计算。本文梳理了安全阀出口管道直径的计算的流程，并结合某案例进行计算分析。

2　安全阀出口管道直径的设计原则

在进行安全阀计算过程中，通常取其中泄放量最大的事故工况为关键工况，并以此为基准进行安全阀的计算和选型。安全阀选型及出口管道直径的设计步骤具体如下：

（1）初选安全阀类型。确定泄放工况后可以初步选择安全阀的类型，例如，排放有剧毒、有强腐蚀、有极度危险的介质，选用波纹管安全阀；高背压的场合，选用背压平衡式安全阀或导阀控制式安全阀[2]。

（2）初选安全阀规格。根据安全阀泄放量计算出需要的最小泄放面积，结合初选的安全阀类型，初步确定安全阀规格。

（3）设置积聚背压初值。根据安全阀整定压力、叠加背压、管道布置及安全阀的类型，对积聚背压进行估值。通常参照如下标准进行背压的核算：通用式安全阀在非火灾工况使用时，其积聚背压不可超过定压的10%，在火灾工况下使用时，积聚背压不可超过定压的20%；波纹管式安全阀在火灾及非火灾工况下总背压(叠加背压+积聚背压)不高于定压值的30%；先导式安全阀在火灾及非火灾工况下总背压(叠加背压+积聚背压)不高于定压值的60%。总背压超过定压值60%的情况需要与安全阀厂家沟通，结合泄放工况确定总背压能达到的最大比例。

(4) 初步计算安全阀出口管道直径。根据初选的安全阀规格计算出额定泄放量，再通过积聚背压值、管道布置情况及马赫数，计算安全阀出口管道直径。其中对于气相的排放管道，通常按如下原则考虑：在背压允许的范围内，应保持排放管道内的物料具有较高的流速，使之经济合理；直接排至大气的管道，排放管出口马赫数取小于或等于0.5，对于排入密闭系统的管道，马赫数取0.5~0.7[2]，可能出现凝结液的可燃性气体排放管道末端的马赫数不宜大于0.5[4]。对于特殊情况如工艺计算的泄放量很小，而不得不选较大的安全阀，这样安全阀的额定流量可能几倍于计算值，这种情况管径的选择应结合经验合理确定。

(5) 管道直径选择的合理性。在计算完安全阀出口管道的直径后，应对其合理性进行判断，比如安全阀出口管道应不小于安全阀入口管道，一般相比安全阀阀体出口，安全阀出口管道扩径不大于2级，管径取值太大虽然能满足马赫数和阻力降要求，但经济合理性交差，对管道布置的影响也较大。

该计算步骤可以用流程图表示，如图1。

3 计算方法

3.1 最小泄放面积的计算

在对工艺系统分析确定安全阀最大泄放工况后，首先进行泄放面积的计算，常用标准为API 520《Sizing, selection and installation of pressure-relieving devices in refineries》[3]及HG/T 20570《化工装置工艺系统工程设计规定》[2]中的安全阀的设置和选用，两个标准的计算单位不同，因此公式中的系数不同，但计算结果基本一致。

根据API 520中规定，在进行泄放面积计算前应对流动状态进行判断，如背压满足公式(1)，则为临界流动，否则为亚临界流动。

$$P_b \leqslant P_{cf} = P \cdot \left[\frac{2}{k+1}\right]^{\frac{k}{k-1}} \tag{1}$$

式中 P_b——背压，MPa；

P_{cf}——临界流动压力，MPa；

P——泄放压力，MPa；

k——绝热指数。

确定流动状态后，根据标准中对应状态下的公式可以计算出最小泄放面积。

3.2 安全阀出口管道直径的计算

安全阀出口管道直径的大小影响管道的马赫数和阻力损失。SH 3009《石油化工可燃性

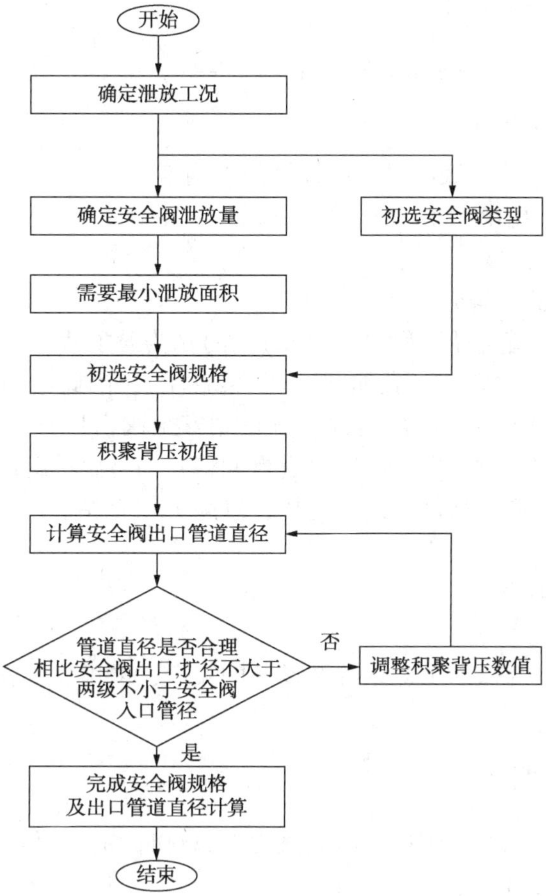

图 1　安全阀出口管径设计流程

气体排放系统设计规范》中“全厂可燃性气体排放系统管网”章节对管道摩阻损失的计算[4]采用如下公式(2)：

$$\frac{fL}{d}=\frac{1}{Ma^2}\left(\frac{p_1}{p_2}\right)^2\left[1-\left(\frac{p_2}{p_1}\right)^2\right]-\ln\left(\frac{p_1}{p_2}\right)^2 \tag{2}$$

式中　f——水力摩擦系数；

L——管道当量长度，m；

D——管道内径，m；

Ma——管道出口马赫数；

p_1——安全阀出口总背压(绝压)，kPa；

p_2——安全阀出口叠加背压(绝压)，kPa。

水力摩擦系数按式(3)计算：

$$f=0.0055\left[1+\left(20000\frac{e}{d}+\frac{10^6}{Re}\right)^{\frac{1}{3}}\right] \tag{3}$$

式中　e——管道绝对粗糙度，m；

Re——雷诺数。

管道出口马赫数按式(4)计算：

$$Ma = 3.23 \times 10^{-5} \frac{q_m}{p_2 d^2} \left(\frac{ZT}{kM}\right)^{0.5} \tag{4}$$

式中 q_m——气体质量流量，kg/h；

Z——气体压缩系数，取相对分段计算的平均值；

T——排放气体的温度，K；

k——排放气体的绝热指数；

M——排放气体的平均分子量。

在计算安全阀出口管道直径过程中，式(2)中的p_2为叠加背压，一般项目统一规定中此值为定值，p_1为安全阀出口总背压(叠加背压+积聚背压)，因此给积聚背压一个初值，将公式(3)及公式(4)代入公式(2)，可得迭代计算得到安全阀出口管道直径，此时应对结果进行合理性分析，如不合理需对积聚背压数值进行调整，调整后重新迭代计算，得到合理的安全阀出口管道直径，同时应对马赫数进行复核，以满足相应要求。

4 工程应用实例

某大型炼化装置中，为保护工艺系统及设备的安全，采用设置安全阀作为保护手段，下面以此安全阀为例计算。

4.1 设计基础数据

根据泄放工况分析，此安全阀最大泄放量为115000kg/h，其他参数如下：

T——泄放温度：473.15K；

M——泄放气体平均分子量：100.5；

Z——气体压缩系数：0.837；

k——排放气体绝热指数：1.04；

p_0——安全阀定压：0.65MPag；

p_2——安全阀出口叠加背压：0.15MPag

安全阀允许超压百分数：16%。

4.2 计算过程

(1) 安全阀最小泄放面积的计算

根据上述公式(1)进行判断，此流动状态为临界流动，根据HG/T 20570中《安全阀的设置和选用》的气体在临界流动条件下的最小泄放面积公式：

$$a = \frac{13.16W}{C_0 \cdot X \cdot P \cdot K_b} \sqrt{\frac{TZ}{M}} \tag{5}$$

式中 A——最小泄放面积，mm^2；

W——质量泄放流量，kg/h；

C_0——流量系数；

X——气体特性系数；

P——泄放压力，MPa；

K_b——背压修正系数；

T——泄放温度，K；

Z——气体压缩因子；

M——分子量。

流量系数 C_0 按 HG/T 20570 中提出，若没有制造厂的数据，则取 $C_0=0.975$，而根据厂家反馈，C_0 达到 0.975 较难实现，根据不同工况，部分厂家可以达到 0.9，本次计算取值 0.9。

气体特性系数 X 可由公式计算或者查表得到，此处根据 $k=1.04$，查表得 $X=320$，背压修正系数 K_b 取 1，将上述数据代入公式 5 可得到所需最小泄放面积为 122cm^2，根据工况，可初选安全阀规格为 8T10 的波纹管安全阀。

（2）安全阀额定泄放流量的计算

参照某安全阀厂家样本中，8T10 的波纹管安全阀实际泄放面积约为 191.13cm^2，根据此实际泄放面积，进行额定泄放量的计算，额定泄放量按公式(6)计算。

$$W = 10 \cdot A \cdot C \cdot C_0 \cdot P \cdot K_b \cdot K_c \cdot \sqrt{\frac{M}{T \cdot Z}} \tag{6}$$

式中 C 值为计算常数，与绝热指数 k 相关，按公式(7)计算：

$$C = 394.8 \cdot \sqrt{k\left[\frac{2}{k+1}\right]^{\frac{k+1}{k-1}}} \tag{7}$$

将上述数值代入 6，得到额定泄放流量为 180035kg/h。

（3）安全阀出口管道直径的初算及合理判断

将得到的额定泄放流量代入到公式 4，积聚背压取值按 0.15MPa 进行计算，此值对于波纹管式安全阀的背压比例已经接近极限，并通过与公式 2 进行迭代计算，可得到在此积聚背压下安全阀出口管道直径为 *DN*350，相比安全阀阀体出口 *DN*250 已经扩大两级，同时根据管道布置情况，*DN*350 管道对于综合考虑实际管道布置较难实现，因此需要调整积聚背压解决管道直径过大的问题，而波纹管式安全阀已难满足要求，因此需要重新选择安全阀类型为先导式安全阀。

（4）根据调整的安全阀类型重新计算管径

参照某安全阀厂家样本中，8T10 的先导式安全阀实际泄放面积约为 167.74cm^2，重复上述步骤(2)和(3)，依次得到额定泄放流量为 158000kg/h，积聚背压取值按 0.25MPa，满足先导式安全阀背压比例要求，此时安全阀出口管径计算为 *DN*300，满足管道布置要求。

（5）计算结果

根据上述计算，安全阀规格为 8T10 先导式安全阀，安全阀出口管径为 *DN*300。

5 结 语

本文根据国内外标准及手册总结了安全阀出口管道直径的计算流程，并结合某大型炼化装置中某泄放工况下的安全阀进行计算举例，计算发现当泄放量较大时，安全阀出口管道直径对积聚背压及安全阀的选型及管道布置有较大影响，需要进行详细计算。本文总结的安全阀出口管径的计算方法，旨在为类似项目设计过程中的相关计算提供参考借鉴。

参 考 文 献

[1] SY/T 10044—2002 炼油厂压力泄放装置的尺寸确定、选择和安装的推荐作法[S].
[2] HG/T 20570 化工装置工艺系统工程设计规定 安全阀的设置和选用[S].
[3] AP I520 Sizing, selection and installation of pressure-relieving devices in refineries[S].
[4] SH 3009—2013 石油化工可燃性气体排放系统设计规范[S].

完善 DCS 系统功能，实现报警分区——乌石化 3 号炉机实现报警分区

李华山

（中国石油乌鲁木齐石化公司检维修中心，乌鲁木齐　830019）

分析乌石化公司热电厂 3 号炉机 DCS 系统由于设计原因，对锅炉、汽机装置报警没有分区，对工艺带来较大困扰。通过利用现有 DCS 系统的报警分级功能，结合报警声音文件的配置，以及报警筛选功能，实现锅炉、汽机报警分操作站显示报警功能，解决了工艺操作困扰。

关键词　报警分区　报警级别　声音文件　过滤功能

乌鲁木齐石化公司热电厂 3 号炉机 DCS 系统是 2010 年改造后投入使用，系统选用西屋的 Ovation OCR400 系统，系统设置 6 对冗余控制器，1 台工程师站，1 台历史站，4 台操作站。其中两台操作站用于锅炉操作，两台操作站用于汽机部分操作。系统投用后整体运行平稳，控制性能良好，但在使用中发现报警无法分区显示，锅炉汽机部分报警在各个操作站都有报警，当报警出现时，操作人员发现不是自己装置的报警，就不去管它，久而久之就会产生麻痹思想，严重影响工艺人员监屏操作，有可能无法及时发现报警信息，导致工况波动或非计划停工。前期一直通过攻关想解决这个问题，但一直没有缺的实质性进展。

1　改进思路及方案实施

我公司电厂共有 5 台锅炉及 5 台发电机组，1、2 号炉机采用的是 ABB 公司的 AC800F 系统；4、5 号炉机采用的是 FOXBORO 公司的 I/A 系统；3 号炉机采用的是西屋的 Ovation OCR400 系统，实现锅炉以及汽机系统过程控制以及保护。

Ovation 系统的设计是基于开放式的思路，采用了目前由工业控制专家开发的最好的技术。系统采用了目前广泛认可的硬件、软件、网络和通讯接口，取代了过时的、有专利的 DCS 结构。同样，在 Ovation 软件平台的设计中也应用了同样的指导思想，大多数的软件是基于大家所熟悉的第三方软件包。如 AutoCAD、Oracle 相关数据库等软件，这样，操作人员和工程技术人员就比较容易上手。Ovation 系统一般为电厂的定制化系统，在国内外的电厂自动化领域应用广泛，支持 DP 与 FF 协议，与 Emerson 内部的各设备集成性较好。具有较多优点：

（1）支持 SEMA 图组态的方式，很符合有电力知识背景人员的使用习惯。系统的设计上较为负责，使用了商用数据库 Oracle 来进行数据管理，同时 Ovation 支持跨系统，可运行于 Unix 与 Windows 等多种操作系统上。

（2）Ovation 的硬件系统较为稳定，普遍反映硬件质量良好。

（3）Ovation 提供了丰富的算法库，可快速实现控制逻辑。

（4）控制回路支持在线查看、调试，便于操作人员了解所操作设备的控制逻辑。

但是 Ovation 系统也有较多不足：

（1）经济型：Ovation 系统多采用商用的软硬件，如 Cisco、Oracle 等产品，导致系统的成本偏高，价格上没有竞争力。

（2）易用性：从组态操作等方面看，其易用性较其他厂商的产品还有一定差距，加上严格的 License 管理，搭建系统工作量巨大，必须有专门的培训才能掌握。

（3）灵活性：Ovation 系统复杂，网络配置等灵活性较差。

此套 Ovation 系统自投用以来运行较为可靠，没有发生过大的故障，但是由于当时系统投用时，时间比较仓促，加之项目工程师能力问题，导致锅炉汽机操作站分区报警一直无法实现，严重影响操作人员正常监屏、操作。利用装置停工检修期，我们组织攻关，分析系统功能，希望能够找到办法实现分区报警功能。通过多次与厂家系统工程师沟通，我们发现，Ovation 系统的报警功能本身非常完善，每一个参数都分配了 8 个不同的报警等级来区分报警重要程度，但实际我厂报警基本没有区分这么多等级，可以将锅炉的参数和汽机的参数分配成不同的报警等级，这样根据报警等级的不同就可以区分锅炉还是汽机的报警。于是我们进入组态软件，打开锅炉参数的点信息组态，将锅炉参数的报警级别都设置为 8 级，由于参数点数量巨大，我们采用了批量修改的方式，将锅炉参数统一修改为 8 级。同时将汽机参数报警级别统一修改为 1 级。这样就可以区分锅炉和汽机的报警。

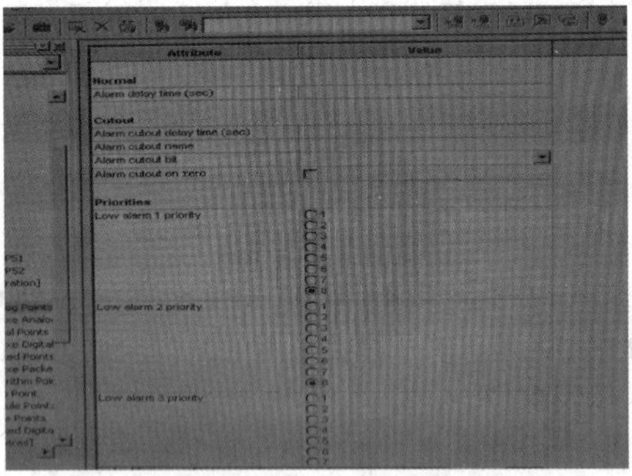

图 1　锅炉报警分级设置为 8 级

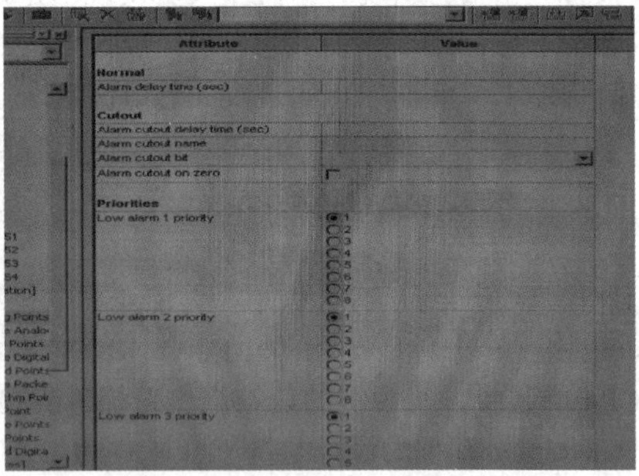

图 2　汽机报警分级设置为 1 级

报警等级区分以后，考虑到实际不管报警是那个级别，对于系统来说都是报警，都会触发报警功能，于是又在锅炉和汽机的操作站配置上，只给它自己装置的对应的报警等级配置声音文件，其他等级都不配置，具体是打开组态软件，点开相应锅炉汽机操作站前面的加号，再点开 Configurtion 前面加好，右键点击 Alarm，选择 open 打开设置窗口，在 Audio Files 选项卡中删除报警级别中多余的声音文件，锅炉操作站只留下 8 级的声音文件，汽机操作站只留下 1 级的声音文件。这样即使其他装置报警发生，自己的操作站也不会触发声音报警。这样就不会产生无效的声音报警，不会对操作人员产生误导。

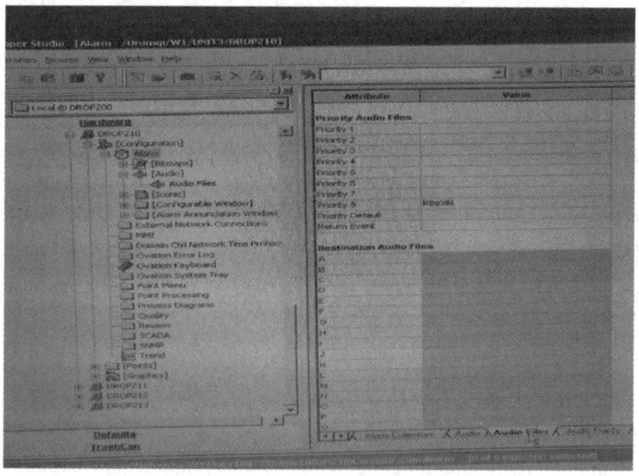

图3 锅炉操作站报警声音文件配置

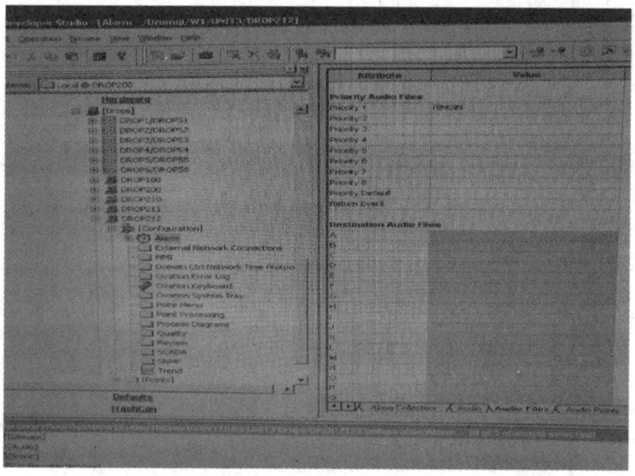

图4 汽机操作站报警声音文件配置

声音文件配置完成后，基本就可以实现锅炉和汽机操作站的报警分别在自己对应的操作站报警了，但实际应用发现，虽然报警声音没有了，但实际报警还是会产生，在锅炉和汽机的操作站上打开报警窗口，还是会看到所有的报警都被记录，影响工艺人员查看分析报警。经过分析发现，在操作站的报警窗口中有过滤功能，可以实现只显示自己选中的报警，于是我们在锅炉的操作站报警窗口中点击 NORMAL MODE 按钮，在弹出的设置画面中将优先级别 Priority 选项中 1~7 级全部取消，只保留 8 级；同样在汽机的操作站报警窗口中将优先级别只保留 1 级。

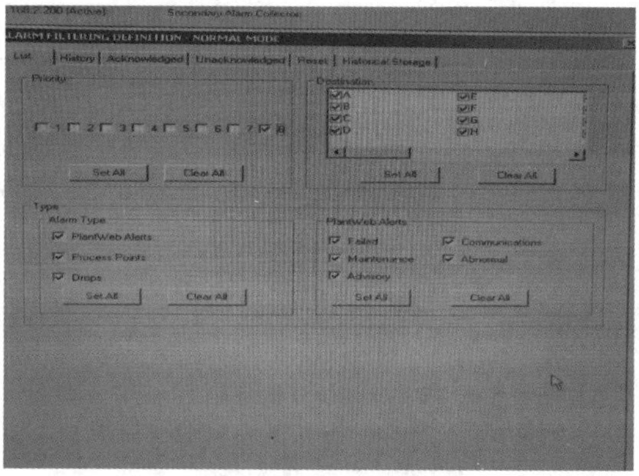

图5 锅炉报警筛选设置

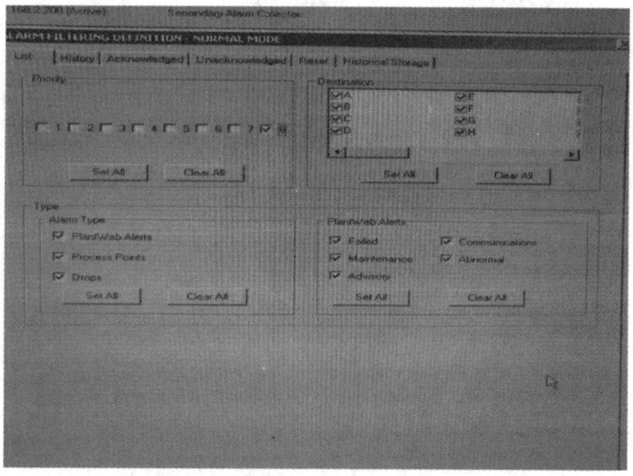

图6 汽机报警筛选设置

完成报警筛选设置之后，锅炉操作站就只显示锅炉报警的信息，汽机操作站就只显示汽机部分的报警信息。加上前面报警声音的区分设置，锅炉的报警就只能在锅炉的操作站上出报警声音并且显示，而汽机部分的报警不会响应；同样汽机的报警只能在汽机的操作站触发，这样就实现的报警的分区显示。

2 应用效果

利用装置大检修期，实施了此项技术攻关改造，DCS系统内对所有仪表重新进行报警分级，将锅炉、汽机仪表分别定义不同的报警级别，同时锅炉、汽机操作站上针对各自级别定义报警声音，只有自己片区的仪表发生报警才会触发报警声音。在锅炉、汽机操作站报警窗口中设置报警过滤，只有自己片区的仪表报警才可以显示。通过调试效果良好，交付工艺使用，检修结束3号机开机运行以来，系统运行稳定，锅炉、汽机操作站只触发自己装置的报警，效果得到操作人员充分认可。6月至7月期间3号炉处于检修状态，报警比较多，没有在汽机操作员站上显示，使操作人员的精力能够专注于有效的报警中，不会被其他报警干扰，大大降低了操作人员的劳动强度，改造应用效果良好。

3 结束语

本次创新改造在不增加任何软硬件成本的情况下，利用 Ovation 系统自身已经有的报警优先级别、报警声音文件配置及报警过滤功能，通过将这几个功能有效的组合使用，实现了热电厂3号锅炉的报警分区显示功能，解决了长期以来困扰操作人员的问题，虽然不能直接创造经济效益，但社会效益显著。

装配式建筑在工业建筑中的应用
——以某天然气管道分输站综合值班室建筑设计为例

李　妍，隋岳钊

（中石油华东设计院有限公司，青岛　266071）

摘　要　本文通过新建某天然气管道分输站综合值班室建筑项目，从项目的具体装配式设计和BIM技术的设计应用，分析了装配式建筑设计的综合优势，探讨了装配式建筑在工业建筑中的应用优点。

关键词　装配式建筑　工业建筑　BIM　应用

1　装配式建筑工程

1.1　项目概况

本项目为新建某天然气管道分输站综合值班室建筑（见图1），位于北京市平谷区马坊镇，建筑为一层小型装配式建筑，主要功能为办公室、会议室、控制室和设备用房等。

图1　综合值班室效果图

1.1.1　设计理念

本次建筑的设计理念来源于对建筑有机生长的思考，单一的预制构件在三维向度上生长，生成一个有机的生命体。每个细胞相当于一个子模块（见图2）。所有功能房间均由3.9×7.2×3.9m和3.9×2.4×3.9m两个子模块组合而成，每个子模块可根据使用功能的不同变为不同的使用房间，两种子模块也可以在三维向度上延伸生成需求更高的、面积更大的其他功能房间。各类功能房间按照人员、设备的使用情况组合形成不同的功能分区，如办公区、设备区及公用设施区。各个功能分区由交通模块联系生成整个建筑有机体。

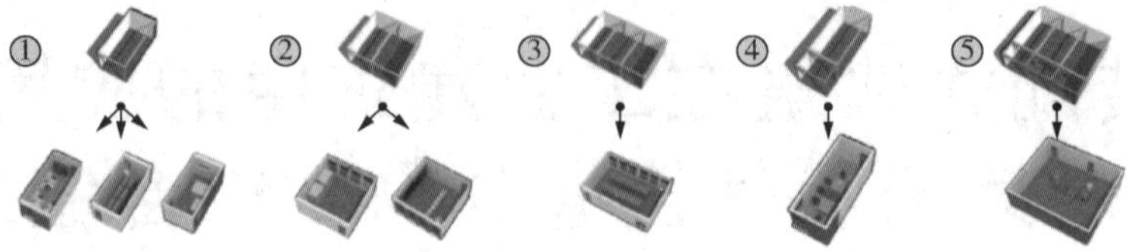

图2 房间子模块组合图

1.1.2 建筑平面布局

根据标准化、装配化及模块化设置柱网。整栋建筑分为办公区、设备区、公用设施区，走廊联系各个独立分区，流线顺畅。设备区为机柜室、配电室和发电机房。公用设施区为消防泵房、空调机房、工具间和卫生间等。办公区为办公室、仪表控制室、会议室、员工活动室等(见图3)。

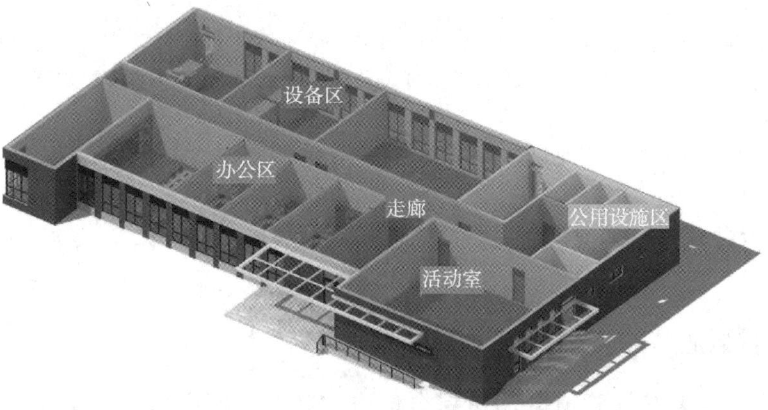

图3 区域布置图

设备区布置在北侧西部区域，公用设施区布置在北侧东部区域，避免用水房间对配电室造成影响。办公室布置在南侧区域，使办公室在北方地区得到更充足的日照(见图4)。

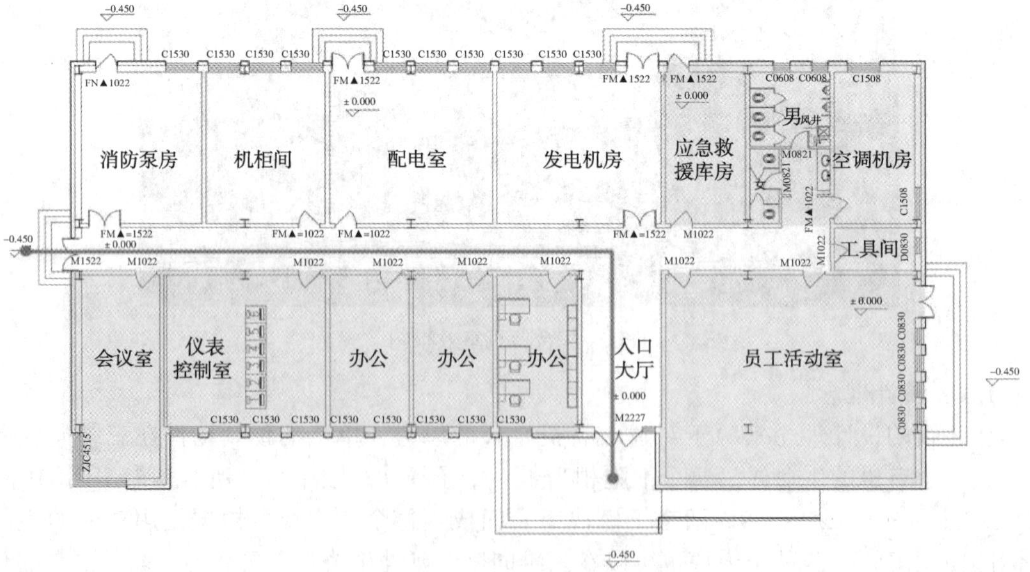

图4 建筑平面图

1.1.3 立面分析

采用现代的建筑风格，以折板为主要元素概念。正立面采用折板框体分割体块，削弱整个东西向过长的视觉观感，增加轻盈感，形成丰富的光影关系及虚实关系。入口采用单独体块，入口侧面以及边框采用深褐色木纹理饰面更强调凸出了入口。其余部分做玻璃幕外加铝合金竖向线条，通过玻璃与金属的材质对比凸显现代建筑轻盈、时尚、现代的建筑特性。

为了让工人在厂区中不再单调乏味，可以在工作的压力下获得精神上的疏解与放松，避免装备式建筑冰冷呆板的“方盒子”形象，根据色彩心理学原理，在建筑外立面和室内公共空间进行了一系列色彩设计。采用舒服的线条图案和丰富的色彩，传递正能量，体现对工人和厂区的人文关怀。主要颜色选用 CBCC 中国建筑色卡中的浅灰和深灰、浅褐色和深褐色，创造出稳重、大气、素雅、和谐的建筑(见图 5)。

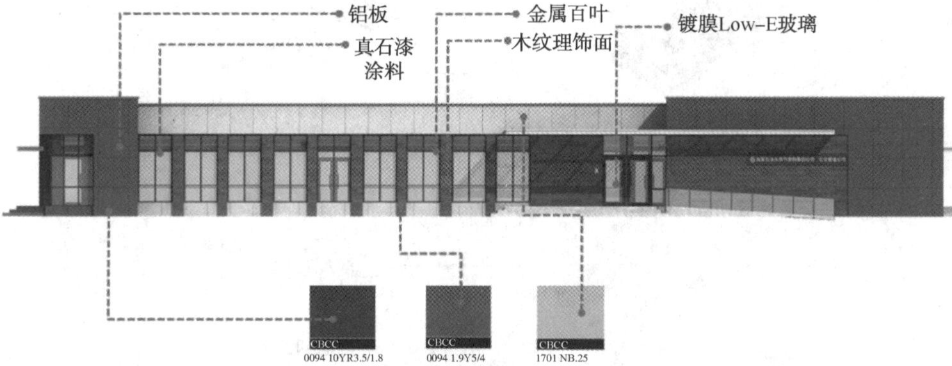

图 5　建筑立面分析图

1.1.4 室内设计

整体设计为现代简约设计风格，整体装修为干式做法，通过集成吊顶做法进行全局或局部整体及隐藏，使之规整统一、简洁美观。装修材料采用装配式基层墙板及地板：竹木纤维墙板(燃烧性能等级 B1 级)、硅酸钙板(燃烧性能等级 A 级)、地面架空地板(燃烧性能等级 A 级)等标准产品。对于不同防火要求的房间，相应采用不同燃烧性能等级的产品。这些产品优点是可快速安装、高效回收、方便改造。

1.2 装配式设计分析

本方案装配式设计时将对整体建筑进行拆分设计(见图 7、图 8)，分为结构系统、内外围护系统、设备管线系统、内装系统四大类。其中结构系统包括主体结构框架、连接节点系统。内外维护系统包括内外墙系统、外门窗系统、屋面系统、地面系统。设备管线系统包括暖通空调系统、强电系统、弱电系统。内装系统包括墙面系统、隔断墙系统、机电管线接口、吊顶系统等。

图 6　办公室室内效果图

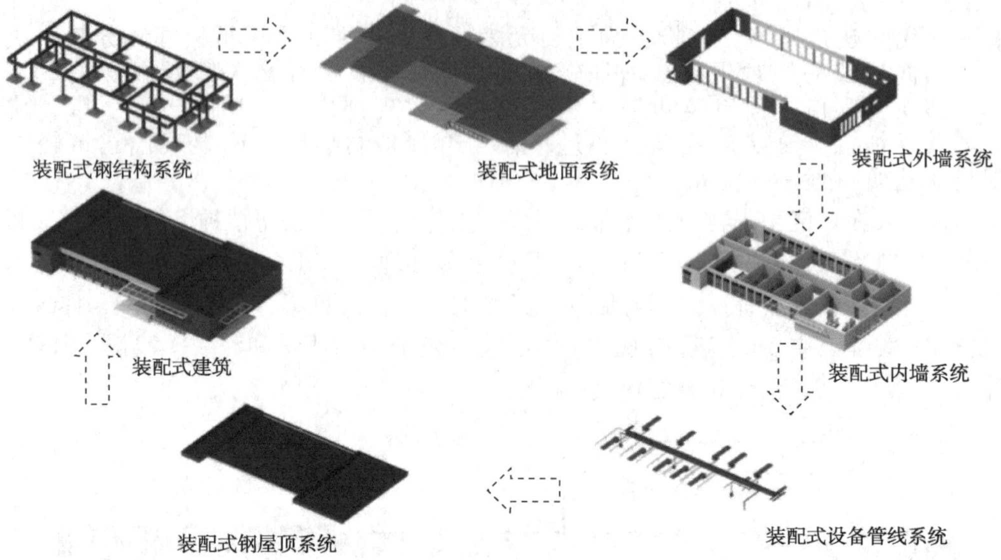

图7 综合值班室装配系统分析图

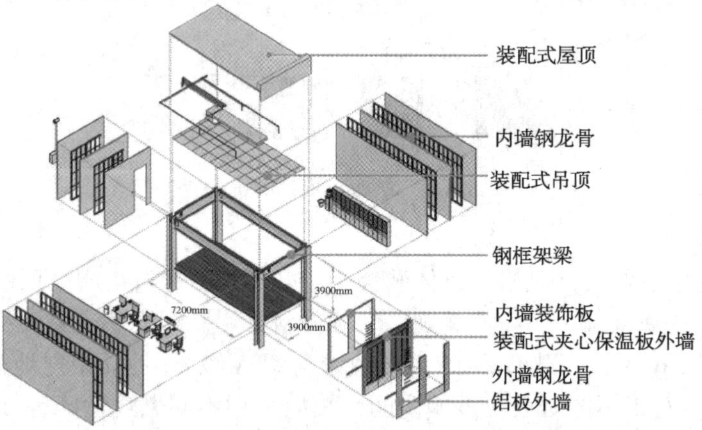

图8 装配拆分图

1.2.1 结构系统

预制装配化办公建筑的结构系统包括主体结构框架、连接节点系统。

(1) 主体结构框架

该建筑为钢框架结构。钢框架梁柱无需现浇，安装速度更快，施工质量更容易得到保证；钢框架梁柱是延性材料，具有更好的抗震性能；钢结构自重更轻，基础造价更低；钢框架梁柱是可回收材料，更加绿色环保；梁柱截面更小，可获得更多的使用面积。

(2) 主连接节点

本建筑预制装配式结构节点连接方式主要有螺栓连接、焊接连接等。螺栓连接将柱与柱、梁与柱、梁与梁等部件通过螺栓连接在一起。焊接连接则是采用现代焊接技术将梁柱等节点进行连接，可避免现场浇筑混凝土，对环境污染较小，见图9。

螺栓连接节点示意

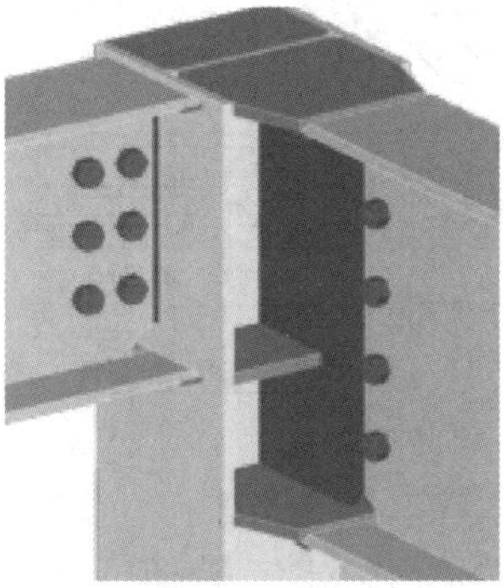

焊接连接节点示意

图 9　结构节点连接示意图

1.2.2　内外围护系统

该项目的内外围护系统主要由内外墙系统、外门窗系统、屋面系统、地面系统组成。包含幕墙、外墙挂板等多种样式。

(1) 外墙系统为装配式三合一夹心保温外墙板。三合一夹心保温外墙板是将外装饰铝板、无机塑化微孔保温板和内装饰板预制在一起，既能兼顾建筑的内外立面艺术效果，又能满足建筑的保温节能要求，见图 10。

(2) 内墙系统采用 ALC 预制板(见图 11)。ALC 预制板工业化生成，现场拼装，施工效率是传统砖砌体的 4~5 倍，无需现场砌筑和抹灰工序。ALC 预制板自重轻，对结构整体刚度影响小，还具有很好的隔音性能和防火性能；成品板材无放射性，无有害气体逸出，非常绿色环保。

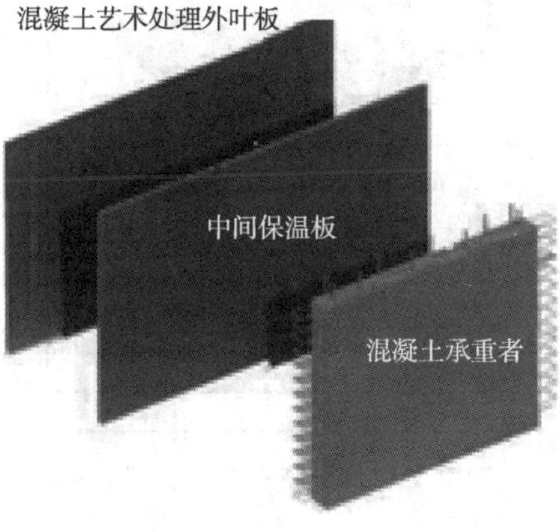

图 10　三合一夹心保温外墙板示意图

图 11　内隔墙 ALC 板现场图

(3) 外门窗系统：本建筑采用预装窗框装配，在工厂预先装设窗口，并打密封胶处理。做好成品保护运输至工地后，统一安装窗扇和玻璃。预装窗框节点采用内高外低的企口做法，上部设置滴水槽，下部设置斜坡泄水平台。可以有效控制质量，避免现场安装密封作业，防止渗漏，保证质量，见图 12。

(4) 屋面系统：该建筑屋面为装配式金属屋面，系统的主要组成构件有底板、内支撑体系、隔热保温材料、吸声材料、防水防潮材料、金属面板、附件，这些材料在现场组装完成

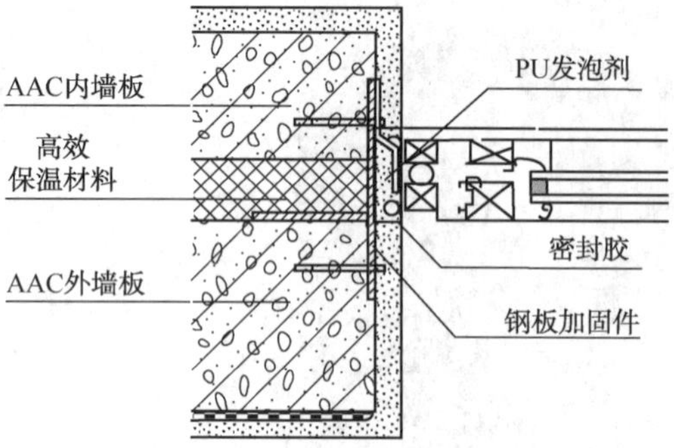

图12 装配式外墙门窗安装节点图

即可。

1.2.3 机电设备系统

装配化建筑的机电设备系统包含了集成吊顶系统、干式地暖系统等。

(1) 集成吊顶系统：运用轻质吊顶空腔用来敷设管线、设备等(见图13)。

(2) 干式地暖系统：热效应快，施工简洁，维修方便。结合装配化内装系统，在叠合板内、装修空腔内暗敷设，管线走向清晰明确，后期维护检修方便(见图14)。

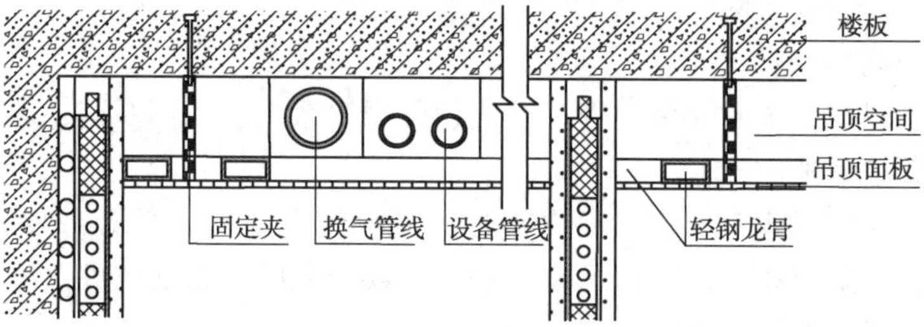

图13 装配式机电设备与内装修吊顶节点图

地砖楼地面做法:
1、地块(1~3条改为复合瓷砖)
2、专用聚合物砂浆结合层(地砖胶)
3、12厚水泥承压板
4、35厚预制挤塑聚苯沟槽模块,地热盘管(自带反射膜)(表面应保证洁净平整),抗压强度应≥1000kPa。
5、25厚xps保温板(仅首层)
6、20厚1:3水泥砂浆抹平(表面应保证洁净平整,平整度应达到平铺木地板的要求)
7、钢筋混凝土楼板随打随抹平
注:第3条12厚水泥承压板可根据甲方需求设置,增设承压板,脚感会大大改善。
干式地暖模块照片

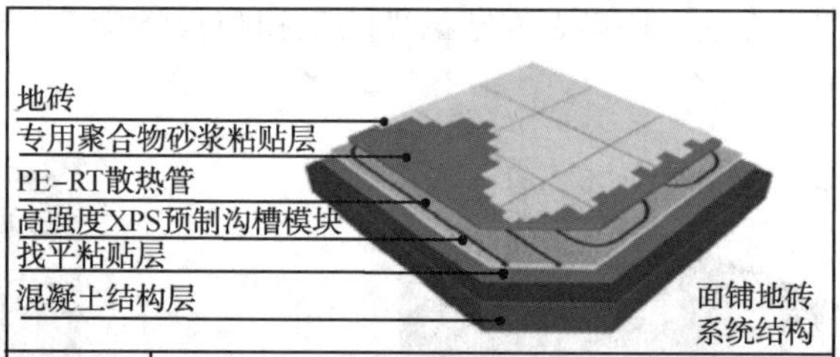

应用范围	适用范围户内客厅、卧室、书房、过道楼面、衣帽间、无水阳台等无水房间
结构降板	标准层100mm、首层120mm
优点	构造简单、施工快、荷载轻、降板少、散热均匀、检修方便
缺点	造价略高、脚感略差
工程案例	目前无具体工程案例
生产厂家	北京金宇通、广州孚达

图14 干式地暖楼面做法示意图

1.2.4 内装系统

装配式内装系统是将装修与建筑、结构、机电设备一体化同步设计，将功能条件前置，管线安装、墙面装饰、部品安装一步到位，避免重复浪费，事先统一进行建筑构件上的孔洞预留和装修层面固定件的预埋，避免在装修阶段对已有建筑构件打凿、穿孔，既保证了结构的安全性，又减少了噪声和建筑垃圾。通过内装一体化设计、配套化部品、专业化施工、系统化管理，实现功能、安全、美观和经济的协调统一。

本项目内装系统包括卫生间系统、夹层管线系统、轻质隔墙系统、快速地面系统、集成顶面系统、软装系统等。

（1）卫生间系统

整体卫生间系统采用一体成型的防水底盘，具有防水反沿和流水坡度设计。吊顶采用集成一体化铝扣板吊顶，工厂生产，现场高效干作业，便于施工安装；防水工厂加工时成型，抗菌清洁。通过对整体卫生间系统的设计，在工厂生产之前对使用功能形成体系预制，在现场装配安装，见图15。

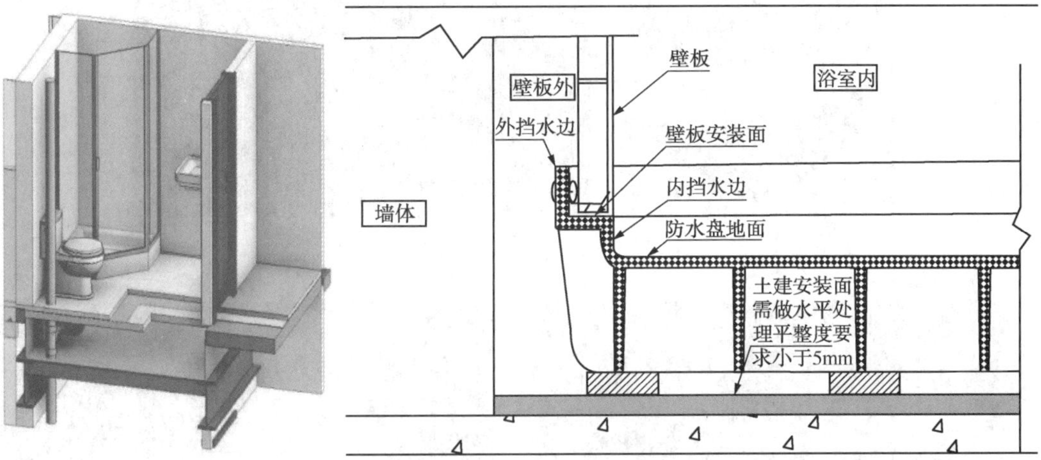

图15 装配式卫生间示意图

（2）轻质隔墙系统采用架空竹木纤维装配板和硅酸钙板等标准产品。可快速安装、高效回收、方便改造、电力布线免开槽，见图16。

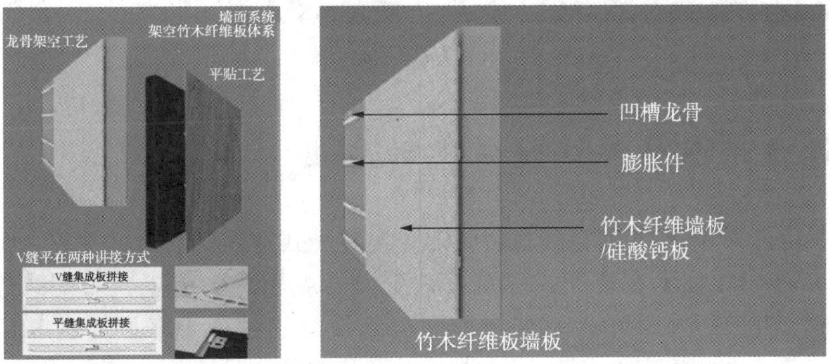

图16 轻质隔墙示意

（3）快速地面系统：地面采用SPC集成石材纹理架空块材（见图17）。SPC集成石材纹理架空块材是一种新型环保型复合材料产品，具有防火阻燃、硬度高、稳定性好、易安装、噪音小的优点。采用该地板可以有效与管线结合，做到管线分离，干法施工；施工工期短，环保、二次改造简单、可回收利用。

（4）集成顶面系统：有吊顶的房间，通过吊顶对机电走线进行了遮挡，对机电末端、灯具进行安装。排布按照国家规范且美观统一。门厅、走廊、开敞办公区、会议室采用600×1200铝板吊顶配合专用龙骨；中控室吊顶（见图18）采用600×1200冲孔铝扣板。灯具、喷淋、烟感、消防广播等末端安装在吊顶300MM宽集成带中，规则分部灯具和末端点位，可以实现每块可开启的检修模式。无吊顶的区域通过BIM技术对管线进行规则排布，提高空间净高，涂刷统一颜色，增强整体性。

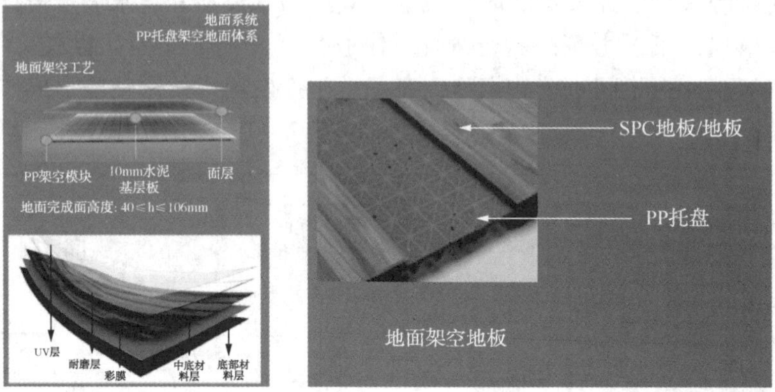

图17 SPC集成石材纹理架空示意

图18 集成吊顶示意

2 BIM技术该装配式建筑中的应用

BIM技术贯穿于装配式建筑的全寿命周期，集装配式建筑的设计、生产、施工安装、运行维护于一体。而BIM技术在装配式建筑设计阶段的应用尤为重要，装配式建筑最大的特点就是工作前置，生产、安装单位需要提前参与到设计的过程中来。通过BIM在装配式建筑设计阶段的实施，可以有效控制建筑成本，提高装配式构件工厂生产的质量，确保构件施工安装的精细化程度。

2.2.1 规划阶段

（1）日照采光分析

使用BIM建模和分析软件，可以创建模拟区域的三维模型，然后在建筑模拟仿真等领域的阳光和分析气象数据和其他信息的输入模拟区域，从而提供规划参考和设计。

（2）建筑微环境的空气流动分析

通过结合使用的BIM和CFD技术，可以方便，快捷地对建筑，环境空气流体仿真领域之外进行，可将图像在视觉上分析和评价内部和建筑外部的空气流动的液体环境环境中形成，并及时调整方案。有助于规划师，建筑师全面，直观的因素对环境的影响是在方案设计确定。同时，采取综合运用不同的技术优势，使规划更加科学合理。

（3）城市规划可视度分析

通过 BIM 分析模拟技术从分析结果可以清楚地看到标志性的可见性城市道路分布。统计软件不同类型的可视度面积，并在显示区域的道路网的区域中的颜色变化可以看到园林建筑的变化。

（4）城市建筑群热工分析

分析建筑空间的形成，实现太阳的热量在自然状态下的自然分布，通过这个热的分布式计算之后，可以清楚地看到，热量集中在建筑物内。获得这个结果，深化规划设计过程后，可以通过各种措施，如增加绿色，水或引入自然通风走廊减少高温区等进行调节。

2.2.2　方案阶段

（1）各种平面及三维效果图，协助规划布置，室内外透视图，显示各种技术参数，参数化协助空间及材质设计，见图 19。

（2）虚拟现实效果，三维场景视觉漫游，直接体验效果，全方位观察设计效果，三维效果动画，见图 20。

2.2.3　深化设计阶段

BIM 正向设计，2D 图纸与 3D 模型准确、便捷切换；自动生成平立剖，信息准确；各视图具有关联性；更利于设计师表现设计意图，见图 21。

2.2.4　建造阶段

（1）工程量计算与辅助材料管理

快速准确提取工程量，可根据设计变更动态更新。

（2）场区规划模拟

创建工程场地模型，模拟建筑、设备及资源模型的现场布置，通过场地漫游，及时发现场地中布置不合理区域，避免因布置不当造成的二次搬运等浪费。充分考虑现场项目与环境的合理关系，做好室外亮化和相变布置。

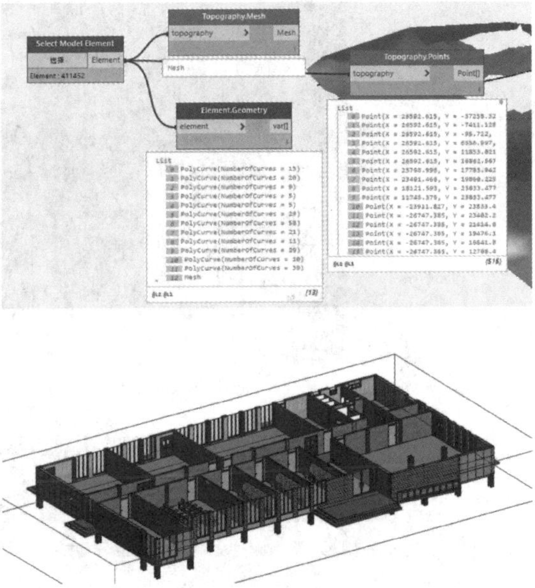

图 19　BIM 软件建模和技术参数示意

（3）辅助图纸会审

在 BIM 模型碰撞分析和三维可视化表达的帮助下，事前发现图纸问题，合理会审施工图纸。

（4）可视化方案交底

利用 BIM 可视化等特点，辅助施工交底和图纸深化，如 BIM 辅助管线安装交底，导出施工二维图纸。

（5）碰撞检查

本项目对各专业模型进行整合，发现主碰撞问题 100 多个，优化设计后利用虚拟人物漫游，提前查看各种错漏碰缺问题，见图22。

图20 BIM软件三维场景示意

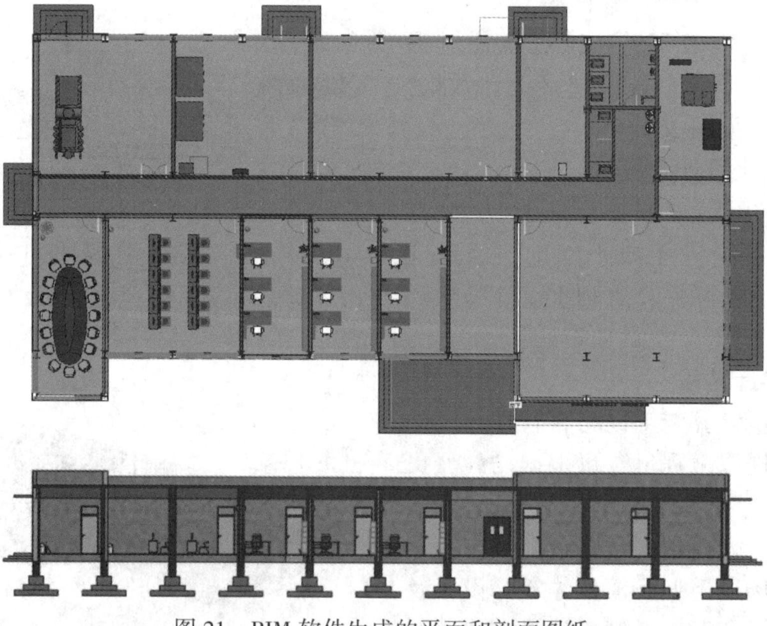

图21 BIM软件生成的平面和剖面图纸

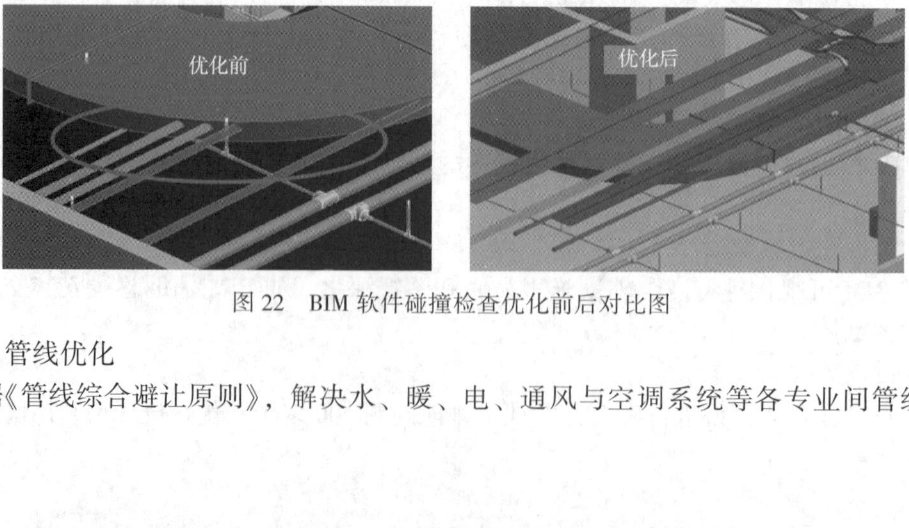

图22 BIM软件碰撞检查优化前后对比图

（6）管线优化

依据《管线综合避让原则》，解决水、暖、电、通风与空调系统等各专业间管线、设备的碰撞，实现机电综合排布。

（7）净高分析

所有优化完成后，生成优化方案，合理减少使用空间，最大限度提升了室内净高。

（8）物料管理

通过内置的材料采购计划表，进行工程报量。周密安排材料采购计划，能保证工期与施工的连续性，减少资金占用、降低库存、减少材料二次搬运，辅助材料管理。

（9）施工进度模拟与实时跟踪

将 Project 进度计划与施工现场 3D 模型集成一体，配以时间维度，实现对主体工程结构施工 4D 模拟，在施工过程中根据实际情况调整进度信息，对工程进度实时跟踪，实现流水施工、缩短工期、降低成本、提高工程质量。

（10）质量与安全管理

将工程中出现的问题及时记录在模型中，通过模型与现场跟踪挂接，参与方可及时交换意见、留存记录，且各方可实时关注问题状态，跟踪问题进展，完善安全隐患检查，在基于 BIM 技术的工程例会中提前解决问题，实现现场问题缺陷管理协同。

（11）动态成本管理

将编制的计价清单与模型关联，实现量价一体。在 4D 的基础上加上成本，形成资金曲线图，构成 5D 的成本管理，进行多维度成本分析，根据实际情况实时调整模型与成本信息，实时跟踪成本，达到对项目成本进行动态控制的目的。

（12）钢结构和预制构件深化

利用 BIM 模型对钢结构细部进行深化。对于管线密集区域，施工前确定钢梁开洞和加固位置，确保开洞在工厂完成，保证施工质量。

（13）精装深化

利用 BIM 技术将复杂的二维精装图转换为直观清晰的三维模型，深化精装设计和施工管理，形成基于 BIM 技术的电子样板，提高施工效率，节约施工工期，减少施工浪费。

2.2.5 数字化交付阶段

数字化交付是将工程建设期数字化设计、数字化采购、数字化施工管理所产生的模型、数据、文档进行系统性的规范整理，并以资产为核心、多种业务编码和分类相结合，通过一定的流程将信息有机关联，创建数据模型，将其作为一个整体移交给业主。数据的产生、确认贯穿整个生命周期，数字化交付的核心在于提供可用的数据：工作内容、工作流程和工作标准。

项目的竣工交付阶段，使用 BIM 软件整合深化后模型，并根据竣工信息调整完善。通过 BIM 软件进行模型轻量化及链接资料文档工作，完成项目数字化交付模型。

2.2.6 运维阶段

基于 BIM 的竣工验收，各参与方根据施工现场的实际情况将工程信息实时输入到 BIM 模型中，并且信息输入人员对自己输入的数据进行检查并负责。在施工过程中，分部、分项工程的质量验收资料、设计变更单、工程洽商等都以数据的形式存储并关联到 BIM 模型中，并根据交付规定对工程信息进行过滤筛选，不包含冗余的信息。

3 装配式建筑设计在工业建筑中的应用优点

装配式建筑设计有利于大幅降低建造过程中的能源浪费和消耗。比传统的现浇建造方式，可节水约25%，节材60%，降低施工耗能约20%。可以减少施工过程造成的环境污染影响。降低施工粉尘和噪声污染，减少建筑垃圾70%以上。也可以显著提高工程质量和安全。以工业化代替传统手工作业，即确保部品部件质量，又能提高施工精度，减少事故隐患，提高施工安全性。有利于提高劳动生产率，缩短施工周期，提高施工生产效率。装配式建筑设计是未来工业建筑设计的发展趋势，应加强装配化建筑技术的深入和广泛应用，将装配式在工业建筑中的优势充分发挥出来。

参 考 文 献

[1] 潘丽．装配式建筑在工业建筑中的应用[J]．住宅与房地产，2019，10：15

[2] 龙玉峰．BIM技术在住宅建筑工业化中的应用[J]．住宅产业，2012，09：79-82.

应用薄层色谱分析橡胶填充油组成的方法探讨

赵振海，廉　婕，杨　芳

（中国石油兰州石化公司质检部，兰州　730060）

摘　要　考察LSY 0002—2018《橡胶填充油》与SH/T 0753—2005《润滑油基础油化学族组成测定法》(薄层色谱法)分析橡胶填充油芳烃含量结果的相关性。对薄层色谱法分析橡胶填充油芳烃含量的准确性和精密度进行考察验证，饱和烃加标回收率在95%～105%之间，精密度符合SH/T 0753—2005《润滑油基础油化学族组成测定法》(薄层色谱法)要求。

关键词　橡胶填充油　薄层色谱　芳烃　准确性　精密度

1　前言

橡胶填充油是橡胶工业中很重要的一种助剂，可以改善胶料的塑性、降低胶料黏度和混炼温度，能促进其他配合剂的分散和混合，而且能降低硫化橡胶的硬度，并提高其性能。橡胶填充油还可以提高橡胶的产量，降低成本，改善橡胶的加工性能和使用性能，在橡胶加工工业中有着重要的地位。根据填充油物质不同可分为环烷基橡胶填充油、芳香基橡胶填充油、石蜡基橡胶填充油。烷烃含量高，使加工性能及磨耗、弹性、滞后损失和屈挠性能变好；芳烃增多，有利于抗张强度和撕裂强度的提高；当质量分数芳烃含量为50%～70%，烷烃含量约为30%～40%时综合性能较好。

石化公司以减四线馏分油的溶剂精制为原料，制备芳香型橡胶填充油，采用LSY 0002—2018《橡胶填充油》中4.1所述方法分析橡胶填充油中的芳烃和胶质含量，该方法操作过程繁琐，单个样品分析耗时6～7h时；而SH/T 0753—2005《润滑油基础油化学族组成测定法》(薄层色谱法)，该方法适用于测定不同加工工艺生产的润滑油基础油；适用于测定不同加工阶段的润滑油馏分油、精制油和石蜡油；也适用于测定橡胶填充油和橡胶操作油的化学族组成，该分析方法操作简单，单个样品分析耗时2h左右，并且可以同时分析多个样品。为缓解岗位人员紧缺，减少岗位人员的工作量，计划用SH/T 0753—2005替代LSY 0002—2018分析方法。

2　方法原理

LSY 0002—2018《橡胶填充油》：采用硅胶为吸附剂，以石油醚、苯和无水乙醇为冲洗液，将试样分离成烷烃、芳烃和胶质三个部分，分别回收烷烃、芳烃和胶质馏分，在105℃±5℃烘箱中烘干至恒重，计算出烷烃馏分、芳烃馏分和胶质馏分的质量分数。

SH/T 0753—2005方法概要：根据薄层色谱(TLC)分离原理，将试样用甲苯溶解，在硅胶棒上分别用正庚烷、甲苯展开剂展开后，采用氢火焰(EID)扫描技术进行检测，最后用面积归一法计算出饱和烃、芳烃、极性化合物(胶质+沥青质)三个组分的质量分数。

3 试验部分

3.1 试剂材料

(1) 异辛烷：化学纯。

(2) 苯：化学纯。

(3) 石油醚：馏程60~90℃，分析纯。

(4) 无水乙醇：化学纯。

(5) 粗孔硅胶：40~100目。

(6) 正庚烷：分析纯，按SH/T 0753-2005附录A中的A.6进行检测，透过率应大于85%。

(7) 甲苯：分析纯。

(8) 燃气：氢气，纯度大于99.99%。

(9) 助燃气：空气。

3.2 仪器设备

(1) 吸附柱：填充段Φ18mm±2mm，长200mm；分离段Φ9mm±2mm，长400mm。

(2) 三角瓶：250mL。

(3) 量筒：10mL、50mL。

(4) 恒温烘箱：温控精度±2℃。

(5) 分析天平：感量：0.0001g。

(6) 折光仪。

(7) 带有氢火焰离子化检测器的薄层色谱仪。

(8) 电子数据采集系统：任何用于定量的数据采集系统和积分仪。

(9) 硅胶棒。硅胶棒是直径小于1mm，总长度为150mm的石英棒。其外表层是由孔径为6μm，颗粒为5μm的硅胶和无机黏合剂烧结而成，硅胶部分长135mm。

(10) 硅胶棒支撑架。

(11) 点样板。

(12) 展开槽：150mL或250mL。

(13) 微量注射器：1μL或2μL。

3.3 试验条件确认

3.3.1 硅胶活化性测定

SH/T 0753—2005附录A中要求：正庚烷用分光光度计进行检测，吸收池光程长度为1cm，以空气做参比，在270nm波长处，测定其透光率应大于85%；LSY 0002—2018中4.1《芳烃、胶质含量的测定》分析方法要求对硅胶的活性进行鉴定。根据活化指数X的计算公式(X=2.5×V)进行计算。当活化指数大于11时，表示该硅胶已活化好，可以使用。

硅胶：活化指数=16符合LSY 0002—2018中4.1分析方法要求。

3.3.2 正庚烷透光率测定

对正庚烷和硅胶处理并进行相关测定，测定结果为正庚烷：透光率=89.3，符合SH/T0753-2005要求。

3.4 比对试验及结果分析

3.4.1 比对试验结果

收集的2019年3月至2020年8月所有生产的橡胶填充油不同样品，分别采用LSY 0002—2018与SH/T 0753-2005进行比对试验，SH/T 0753-2005分析时，各组分校正因子均为1，对比试验结果见表1。

表1 对比试验结果表

样品序号	芳烃/%(质量分数)			胶质/%(质量分数)		
	LSY	SH/T	差值	LSY	SH/T	差值
1	87.3	67.5	19.8	6.3	9.8	-3.5
2	85.6	64.8	20.8	5.4	9.1	-3.7
3	86	66.1	19.9	5.8	9.5	-3.7
4	86.1	65.1	21	6.1	9.2	-3.1
5	85.5	64.6	20.9	5.3	8.9	-3.6
6	86.1	64.7	21.4	6.3	10.1	-3.8
7	85.8	65.0	20.8	5.1	8.7	-3.6
8	86.6	65.3	21.3	6.6	10.4	-3.8
9	85.4	65.9	19.5	5.8	9.2	-3.4
10	85.3	64.7	20.6	5.9	9.3	-3.4
11	85.9	65.1	20.8	5.4	8.9	-3.5
12	87.7	67.8	19.9	5.6	8.8	-3.2
13	85.4	65.2	20.2	5.9	8.9	-3.0
14	85.7	66.2	19.5	6.1	9.4	-3.3
15	86.6	64.8	21.8	6.8	10.7	-3.9
16	85.9	65.3	20.6	6.7	9.8	-3.1
17	88.3	70.1	18.2	6.7	9.5	-2.8
18	85.7	65.5	20.2	6.4	10.2	-3.8
19	85.5	64.6	20.9	5.6	9.2	-3.6
20	86.0	65.5	20.5	6.2	9.5	-3.3
21	85.3	65.8	19.5	5.6	10.4	-4.8
22	86.4	67.3	19.1	3.3	9.3	-6.0
23	89.3	71.7	17.6	5.8	10.2	-4.4
24	89.4	69.6	19.8	5.7	10.6	-4.9

续表

样品序号	芳烃/%(质量分数)			胶质/%(质量分数)		
	LSY	SH/T	差值	LSY	SH/T	差值
25	86.1	65.7	20.4	3.8	9.6	-5.8
26	86.1	67.1	19.0	5.1	10.1	-5.0
27	88.2	68.5	19.7	4.0	9.5	-5.5
28	85.2	65.7	19.5	4.8	9.6	-4.8
29	85.2	66.3	18.9	4.3	9.8	-5.5
均值	86.3	66.3	20.1	5.6	9.6	-4.0

3.4.2　比对试验结果分析

根据表 1 数据结果，分别对不同方法同一结果做散点图进行数据分析，我们可以看出，采用 SH/T 0753—2005 和 LSY 0002-2018 两个分析方法的分析芳烃含量结果有很大差异，采用 SH/T 0753—2005 所得分析结果在 64.6%~71.7%之间，平均结果为 66.3%。而采用 LSY 0002—2018 所得分析结果在 85.2%~89.3%之间，均值为 86.3%，从均值看，两方法分析结果均值差值为 20.1%。但从数据表中差值数据分析，两方法测定结果 差值最大为 21.8%，最小为 17.6%，差值范围为 4.2%。两分析方法对橡胶填充油芳烃含量分析结果差异显著，为进一步确定两组数据的相关性，我们对两组数据进行相关系数的计算，芳烃含量相关系数为 0.61，胶质含量相关系数为 0.57，说明两方法测定的芳烃含量和胶质含量相关性不强。如何确定结果的准确性摆在我们面前，为进一步确定分析结果的准确性，选择进行加标回收试验。

3.4.3　典型薄层色谱分析谱图

SH/T 0753—2005 分析橡胶填充油的典型谱图见图 1。

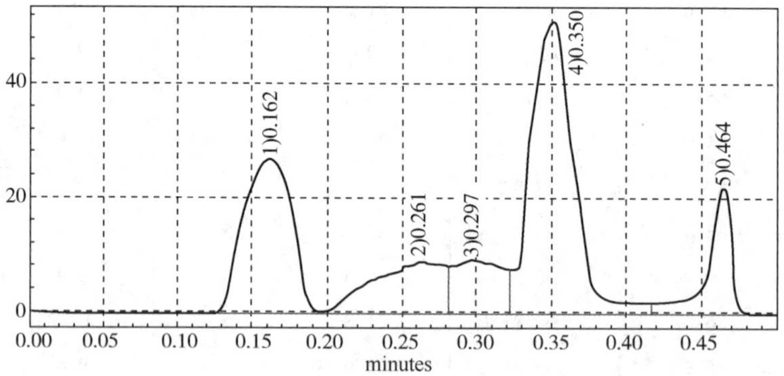

图 1　薄层色谱分析典型谱图

注：1)—饱和烃；2)、3)、4)—芳烃；5)—胶质沥青质

3.5　采用 LSY 0002-2018 方法溶剂进行薄层色谱试验考察

LSY 0002—2018 方法规定采用洗脱馏分的折光率进行定性，洗脱馏分折光率 n_D^{20}<1.49 为烷烃，折光率 n_D^{20}>1.49 为芳烃；芳烃和胶质以黑色谱带为分界，黑色谱带前为芳烃，黑色谱带后为胶质。SH/T 0753—2005 分析橡胶填充油时，根据色谱图上的保留时间(RT)划分饱和烃、芳烃、极性化合物三个组分。其中 RT 不大于 0.2min 的色谱峰为饱和烃；RT 在

0.2~0.4min 之间为芳烃，RT 大于 0.4min 的为极性化合物。为验证洗脱溶剂对分析结果的影响，我们采用 LSY 0002—2018 方法中饱和烃和芳烃洗脱溶剂作为薄层色谱法中饱和烃和芳烃的展开溶剂进行试验，即一展溶剂为石油醚(60~90)，二展溶剂为苯进行试验，谱图见图 2。

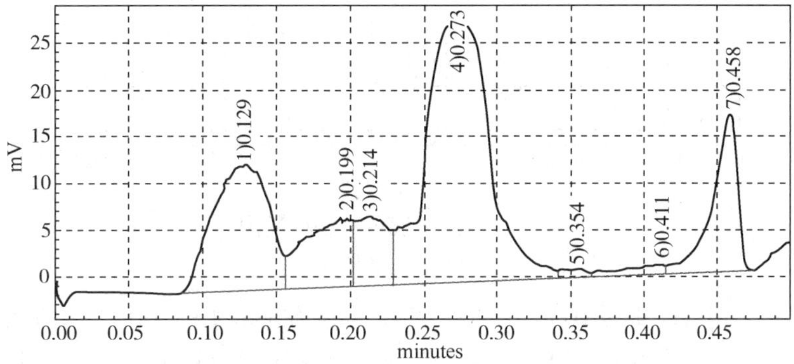

图 2　石油醚、苯为展开溶剂薄层色谱图

注：1)、2)—饱和烃；3)、4)、5)、6)—芳烃;；7)—胶质沥青质

从图 2 可以看出，用石油醚及苯作为饱和烃和芳烃的展开溶剂，按照 SH/T 0753 的定性方法，无法准确区分饱和烃、芳烃和极性化合物。

3.6　加标回收试验

加标回收试验是在测定样品的同时，于同意样品的子样中加入一定量的标准物质进行测定，将其测定结果扣除样品测定值，以计算回收率。加标回收试验是重要的质控手段，回收率是判断分析结果准确度的量化指标。根据样品对比结果显示，结果差异显著，为检验测定结果的准确性，我们选用加标回收试验。

3.6.1　加标标准物的选择及加标量

该方法主要测定橡胶填充油中芳烃含量，因此需要芳烃的标准物质。由于很难找到 C_{30} 芳烃或多环芳烃基准物做标样，进行加标回收试验。前期以萘为芳烃标准物进行加标试验，可能由于萘组分轻，易挥发的缘故，加标试验失败，目前没找到合适的芳烃标准物质。根据橡胶填充油的熔点、密度等特性，我们选用白油(液体石蜡)作为饱和烃含量的加标标准物。通过饱和烃加标回收率确定芳烃含量测定结果的准确性。白油是由石油所得精炼液态烃的混合物，主要为饱和的环烷烃与链烷烃混合物，原油经常压和减压分馏、溶剂抽提和脱蜡，加氢精制而得。密度(g/mL，25℃)；0.877 折光率(n_D^{20})1.476~1.483，符合 LSY 0002—2018 中 4.1《芳烃、胶质含量的测定》中 n_D^{20}<1.49 为饱和烃的定性要求。同时按照 SH/T 0753 对白油进行薄层色谱分析，分析谱图见图 3，从分析结果看，白油为饱和烃，主要组分为直链烷烃，还有少量带个别支链的烷烃和带长侧链的单环环烷烃。

为确保加标量应和样品中所含待测物的测量精密度控制在相同的范围内，加标量应尽量与样品中待测物含量相等或相近，并应注意对样品容积的影响；一般为待测物含量的 0.5~2.0 倍。

3.6.2　确定白油加标回收试验方案

在没有芳烃基准物的情况下，我们选用白油(液体石蜡)作为饱和烃的加标物，具

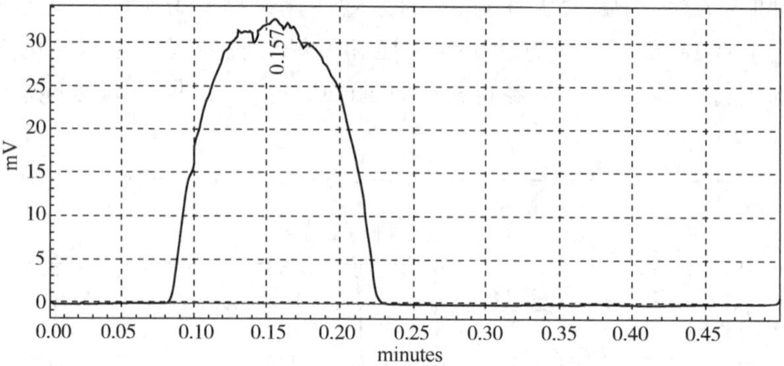

图3 白油薄层色谱分析谱图

注：饱和烃

体加标试验方案见表2。根据确定的加标回收试验方案，LSY 0002—2018 中4.1《芳烃、胶质含量的测定》规定的方法和SH/T 0753进行加标回收试验。加标回收试验数据见表3和表4。

表2 白油薄层色谱加标回收试验方案

方法	序号	样品量/g	加白油量/g
LSY 0002-2018《橡胶填充油》	1	0.10	—
	2	0.09	0.01
	3	0.08	0.02
	4	—	0.10
SH/T 0753 薄层色谱法	1	0.10	—
	2	0.09	0.01
	3	0.08	0.02
	4	—	0.10

表3 白油薄层色谱加标回收数据表

	序号	样品量/g	加白油量/g	测定结果/%(质量分数)			饱和烃回收率/%	
				饱和烃	芳烃	极化物		
1号样	1	0.1005	—	15.33	75.81	8.86	—	橡胶室
	2	0.0902	0.0102	24.01	68.03	7.96	101.03	
	3	0.0801	0.0212	32.21	59.62	8.17	96.10	
	4	—	1.0104	100.00	0.00	0.00	100.00	

续表

	序号	样品量/g	加白油量/g	测定结果/%(质量分数)			饱和烃回收率/%	
				饱和烃	芳烃	极化物		
2号样	1	0.1003	—	20.57	69.28	10.15	—	529
	2	0.0901	0.0102	28.65	61.27	10.08	100.02	
	3	0.0808	0.0206	36.18	54.66	9.16	97.41	
	4	0.0712	0.0305	43.33	46.58	10.09	96.46	

表4 白油层析法加标回收数据表

	序号	样品量/g	加蜡量/g	测定结果/%(质量分数)			饱和烃回收率/%	
				饱和烃	芳烃	极化物		
1	1	1.0051	—	6.7	87.6	5.7	—	橡胶室
	2	0.9022	0.1025	10.3	83.8	5.9	41.99	
	3	0.8015	0.2011	15.9	78.6	5.5	56.15	
2	1	1.0028	—	8.3	85.6	6.1	—	529
	2	0.9005	0.1012	13.8	79.7	6.5	62.74	
	3	0.8083	0.2063	18.2	75.5	6.3	56.99	

从分析谱图可以看出，用薄层色谱法分析时，加标回收效果比较明显，图6为样品薄层色谱分析典型谱图，图7为加标样分析典型谱图。根据加标回收数据表3的结果分析，用白油作为加标物进行加标回收试验，两个样品不同比例加标回收试验的加标回收率均在95%以上。由表4的加标回收率数据可以看出，用LSY 0002—2018中4.1规定的方法进行加标回收试验，加标回收率不大于70%。

3.6.3 沥青薄层色谱加标回收试验

为进一步确定薄层色谱试验结果的准确性，通过查阅资料得知，沥青按各化学组成结构，主要由饱和烃、芳烃、胶质和沥青质组成。

表5 试验方案及分析结果

序号		样品量/g	建筑沥青/g	测定结果/%(质量分数)		
				饱和烃	芳烃	极化物
建筑沥青		—	0.1019	4.72	4.16	91.12
1号样	1	0.1007	0.0000	15.32	75.73	8.95
	2	0.0803	0.0216	13.26	60.51	26.23
	3	0.0610	0.0402	10.74	48.75	40.51
2号样	1	0.1013	—	20.60	69.30	10.10
	2	0.0905	0.0112	18.33	62.19	19.48
	3	0.0710	0.0301	15.53	49.81	34.66

表6 测定结果与计算结果相对误差

序号		组分	测定值/%	计算值/%	相对误差/%
1号样	2	饱和烃	13.26	13.09	1.30
		芳烃	60.51	60.68	-0.28
		极性化合物	26.23	26.42	-0.72
	3	饱和烃	10.74	11.12	-3.42
		芳烃	48.75	47.35	2.96
		极性化合物	40.51	41.63	-2.69
2号样	2	饱和烃	18.33	18.85	-2.76
		芳烃	62.19	62.13	0.10
		极性化合物	19.48	19.02	2.42
	3	饱和烃	15.53	15.87	-2.14
		芳烃	49.81	49.91	-0.20
		极性化合物	34.66	34.22	1.29

因此，采用10号建筑沥青作为加标物再次进行加标回收试验。10号建筑沥青薄层色谱分析谱图见图8。加标回收试验方案及分析结果见表5，测定值与计算值相对误差见表6。由表6可以看出，分别在2号样和3号样中加入不同比例，已知其化学组成的10号建筑沥青进行测定，测定结果与计算结果的相对误差均小于5%，说明用该方法测定橡胶填充油化学组成结果真实可靠。

3.7 精密度考察

根据SH/T 0753—2005中的精密度要求，见表9，对13个橡胶填充油芳烃含量薄层色谱法分析结果进行精密度考察，芳烃含量精密度考察结果见表7。对个样品进行平行分析，分析结果见表8。

表 7 薄层色谱分析精密度数据考察表

样品	测定结果/%(质量分数)						均值/%	标准偏差/%	最大差值/%
序号	1	2	3	4	5	6			
1	71. 8	71. 42	71. 85	71. 36	71. 08	71. 93	71. 57	0. 34	0. 51
2	69. 32	68. 73	69. 84	68. 91	69. 29	68. 67	69. 13	0. 44	1. 17
3	66. 81	66. 97	67. 43	67. 16	66. 78	67. 32	67. 08	0. 27	0. 65
4	65. 69	65. 99	66. 27	66. 04	65. 83	66. 71	66. 09	0. 36	0. 88
5	67. 76	67. 02	68. 33	67. 95	68. 26	67. 58	67. 82	0. 48	1. 31
7	65. 83	66. 14	65. 43	65. 96	66. 28	65. 75	65. 90	0. 30	0. 85
8	67. 37	66. 86	67. 18	67. 32	67. 79	66. 92	67. 24	0. 34	0. 93
9	69. 66	69. 09	69. 83	70. 15	69. 48	69. 63	69. 64	0. 35	1. 06
10	65. 71	65. 85	66. 48	65. 22	65. 16	65. 91	65. 72	0. 49	1. 32
11	67. 19	67. 54	66. 51	66. 93	66. 39	67. 48	67. 01	0. 48	1. 15
12	68. 52	67. 87	69. 38	68. 17	68. 27	69. 32	68. 59	0. 63	1. 45
13	66. 36	65. 93	66. 86	65. 89	66. 71	66. 35	66. 35	0. 39	0. 97

表 8 薄层色谱分析平行结果数据表

样品	测定结果/%(质量分数)								
	饱和烃			芳烃			极性化合物		
	1	2	差值	1	2	差值	1	2	差值
1	17. 38	16. 43	0. 95	75. 8	76. 42	-0. 62	6. 82	7. 15	-0. 33
2	20. 13	20. 56	-0. 43	69. 32	69. 13	0. 19	10. 55	10. 31	0. 24
3	21. 91	22. 84	-0. 93	67. 32	66. 46	0. 86	10. 77	10. 70	0. 07
4	19. 21	18. 53	0. 68	71. 69	72. 73	-1. 04	9. 10	8. 74	0. 36
5	21. 89	21. 32	0. 57	67. 82	67. 58	0. 24	10. 29	11. 10	-0. 81

表 9 薄层色谱分析精密度数据考察表

测定组分名称	重复性	再现性
饱和烃	1. 62	3. 62
芳烃	1. 55	4. 02
极性化合物(胶质+沥青质)	0. 242X+0. 164	1. 37X+0. 417

由表 7 可以看出，使用 SH/T 0753-2005 测定橡胶填充油芳烃含量，标准偏差不大于 0. 63%(质量分数)，通过 13 个样品 6 次平行测定，测定结果最大差值为 1. 45%(质量分数)，小于 SH/T 0753—2005 中芳烃重复性要求 1. 55%(质量分数)。由表 8 可以看出，采用 SH/T 0753—2005 测定 5 个样品，饱和烃两结果之间的最大差值为 0. 95%(质量分数)；芳烃

含量两结果最大差值为1.04%(质量分数)，均符合SH/T 0753—2005的精密度要求。

4 进厂橡胶填充油原材料分析考察

为进一步确定采用SH/T0753-2005测定橡胶填充油芳烃含量的实用性，我们对兰州石化公司进厂的不同牌号橡胶填充油进行分析测定结果见表10。

表10 进厂原材料橡胶填充油数据表

样品	测定结果/%								
	饱和烃			芳烃			极性化合物		
	1	2	均值	1	2	均值	1	2	均值
1	68.62	68.35	68.485	31.38	31.65	31.52	—	—	—
2	17.27	17.36	17.32	76.34	76.70	76.52	6.38	5.94	6.16
3	15.99	16.47	16.23	77.91	77.32	77.615	6.10	6.21	6.16

表10数据其中1号样品为1778E型专用环保型橡胶填充油，2号样品为橡胶填充油，3号样品为PDAE型环保型橡胶填充油。1号和3号环保型橡胶填充油芳烃含量无质量指标，2号橡胶填充油芳烃含量质量指标为不小于85%，用该方法分析2号橡胶填充油，芳烃含量不合格。为进一步确定分析结果的准确性，采用白油为饱和烃进行加标试验，加标量100%，试验结果如表11。

表11 进厂原材料橡胶填充油加标数据表

序号	样品量/g	加白油量/g	测定结果/%(质量分数)			饱和烃
			饱和烃	芳烃	极化物	回收率/%
1	0.0511	0.0496	82.90	—	—	102.30
2	0.0525	0.0498	55.28	—	—	104.93
3	0.0516	0.0509	55.28	—	—	105.40

由表11可以看出，采用SH/T0753-2005<<润滑油基础油化学族组成测定法(薄层色谱法)》测定进厂原材料橡胶填充油，用白油为饱和烃标准物进行加标试验，饱和烃加标回收率均在95%~105%之间，说明用该方法分析进厂原材料橡胶填充油，分析操作过程简单，结果真实可靠。

5 结论

(1) 通过比对试验及结果分析，两方法分析结果差异显著，相关系数的计算，芳烃含量相关系数为0.61，胶质含量相关系数为0.57，说明两方法测定的芳烃含量和胶质含量相关性不强。

(2) 通过白油作为饱和烃加标回收试验，SH/T0753-2005<<润滑油基础油化学族组成测定法(薄层色谱法)》饱和烃回率在95%~105%之间，测定结果准确可靠；LSY 0002-2018《橡胶填充油》加标回收率小于70%，从饱和烃加标回收率看测定结果准确性较差。

（3）采用 SH/T 0753—2005《润滑油基础油化学族组成测定法（薄层色谱法）》分析橡胶填充油芳烃含量，精密度考察完全符合方法标准要求。

（4）SH/T 0753—2005《润滑油基础油化学族组成测定法（薄层色谱法）》分析橡胶填充油芳烃含量，操作简单，快速准确，切实可行。

参 考 文 献

[1] 杜国华. TLC/FID 法测定催化裂化原料油的烃族组成[J]. 石油天然气化工，2002，(4)：213-215.

[2] 苟爱仙. TLC/FID 法在重催原料油族组成分析中的应用[J]. 分析试验室，2008，SI：467-469.

[3] 杨佰娟，郑立，张魁英，等. TLC/FID 分析原油 SARA 组成方法研究[J]. 石油与天然气化工，2011，40(2).

[4] 苟爱仙，马守涛，李欣，等. 棒状薄层色谱法在焦化蜡油族组成分析中的应用[J]. 应用科技，2011(09)：69-71.

[5] 徐铮铭. 棒状薄层色谱法在分析重质油中四组分的应用[J]. 福建质量管理，2017(11).

便携仪器在水质分析中的应用研究

徐晓玲，饶　佳，王　漪

（中国石油兰州石化公司质检部，兰州　730060）

摘　要　采用哈希公司生产的便携式 DR900 比色计和 DR6000 分光光度计，利用专用分析试剂，可实现水样中多组分的测定，本文通过对水样中余氯、氨氮的测定方法进行研究，建立了相应项目的检测方法，通过测试结果的精密度、准确度和方法间比对考察，结果表明测定余氯、氨氮测试相对误差在 13%和 2%，精密度相对标准偏差在 6%和 3%，分析准确可靠，该方法简单快捷，易于操作，不再绘制曲线，不用大量配制溶液，减少了试剂用量和废液排放量，缩短分析周期，减少人工干预，提高了实验室工作效率。

关键词　比色计　分光光度计　水样　余氯

1　前言

水中余氯采用分光光度比色法，操作繁琐，分析时长，使用试剂较多，曲线每半年绘制一次，尤其是曲线绘制成功率低，需多次制作才能完成，用分光光度法测定样品耗时较长；氨氮分析目前采用的是蒸馏-中和滴定法，首先要将 250mL 的样品经蒸馏馏出 200mL 样品被吸收至相应的吸收液，然后再用标准滴定溶液进行滴定，每个样品单蒸馏时间达 50min，耗时费力，生产装置经常性发现废水指标超高时需要加样分析氨氮，随着国家环保政策的日益加强及污染物排放总量的控制和企业规模的扩大和加工量的提高，水质分析面临着检测项目、样品数量、分析频率大幅度的增加，数据报送要求时间缩短等问题。而且近年来企业人员短缺已制约了正常工作的开展，鉴于此，为了确保数据准确、及时、高效报出，在一定程度上能降低人工成本，减轻员工工作量，需寻求比较先进、自动化程度高的分析仪器。为了解决现有分析困境，通过文献查阅及对比，哈希公司生产的 DR900 比色计、DR6000 紫外可见分光光度计，可测量 420nm、520nm、560nm、610nm、835nm 等多种波长，配套专用试剂能用于饮用水、废水和工业应用水质中多种参数的测定，快速准确结果直读。根据本区所分析样品项目的特点，展开试验建立方法，进行方法检测限试验、标样对比试验、方法对比试验及精密度、准确度考察来确定其满足水质样品的测定要求。

2　实验部分

2.1　余氯的快速测定

2.1.1　试剂和材料

（1）DPD 余氯试剂粉枕包。

（2）碘酸钾溶液Ⅰ（1.006g/L）：称取 1.006g 碘酸钾，精确到 0.2mg。溶于 200mL 水中，

移入 1000mL 的容量瓶中，并用水稀释至刻度，摇匀。

（3）碘酸钾溶液Ⅱ(10.06mg/L)：移取 10mL 碘酸钾溶液Ⅰ置于 1000mL 容量瓶中，加 1g 碘化钾，用水稀释至刻度，摇匀，须当天配制。1mL 该溶液相当于 10 81 g3Cl。8此溶液可用来完成准确度考察和标样校核。

（4）本方法使用水(不含氧化性和还原性物质)，水质检验参照 GB/T 14424—2008《工业循环冷却水中余氯的测定》。试验中所需标准滴定溶液、制剂及制品，在没有注明其他要求时，均按 GB/T 603 、GB/T 603 的规定制备。

2.1.2 仪器和设备

（1）DR900 比色计、DR6000 紫外可见分光光度计。

（2）比色皿：10 mL。

（3）电子天平：感量 0.1 mg。

（4）容量瓶：1000mL、100mL。

（5）移液管：10mL。

（6）吸量管：10mL。

2.1.3 测定原理

样品中的余氯与 DPD 指示剂反应，溶液呈粉红色。颜色的深浅程度与其中的余氯含量成正比例关系。测试结果是在波长为 530nm 的可见光下读取的。

2.1.4 分析步骤

（1）开机选择余氯测试程序(方法 8021)。

（2）向比色皿里加 10mL 样品，擦干比色皿，刻度线朝向右方(DR6000)或是朝向用户(DR900)，放入仪器按零完成零点校准。

（3）在测完零点的比色皿中加入一份 DPD 余氯试剂粉枕包，反复摇晃比色皿 20 秒，混匀比色，记录测定结果。

（4）关机。

注：每隔半年用 1.0 mg/L 的含氯标样进行仪器曲线的验证，测定结果与标样的差值应不大于 0.03 mg/L。

2.2 氨氮的快速测定

2.2.1 试剂和材料

（1）高量程 Test'N Tube AmVerTM 试剂管或低量程 Test'N Tube AmVerTM 试剂管。

（2）高量程 Nitrogen Ammonia Salieylate 试剂粉枕包或低量程 Nitrogen Ammonia Salieylate 试剂粉枕包。

（3）高量程 Nitrogen Ammonia Cyanurate 试剂粉枕包或低量程 Nitrogen AmmoniaCyanurate 试剂粉枕包。

（4）本标准中所用水为无氨水，用市售纯水器直接制备，无氨水检验方法：用盐酸标准溶液滴定 250 mL 水，消耗盐酸标准溶液的体积不得大于 0.04mL。

2.2.2 仪器和设备

（1）DR900 比色计、DR6000 紫外可见分光光度计。

（2）容量瓶：1000mL、500mL。

（3）吸量管：2mL。

2.2.3 测定原理

氨的化合物与氯结合生成一氯胺。一氯胺与水杨酸盐反应生成5-氨基水杨酸盐。在亚硝基铁氰化钠催化剂的作用下，5-氨基水杨酸盐被氧化成为一种蓝色的化合物。蓝色在呈黄色的过量试剂中使溶液显绿色。测试结果是在波长为655nm的可见光下读取的。

2.2.4 分析步骤

（1）开机选择氨氮测试程序（方法10031）。

（2）分别向两个高量程（或低量程）的试剂管中加入0.1mL（或2.0 mL）待测量样品和0.1mL（或2.0 mL）的无氨水。

（3）向两个试剂管中各加入一包高量程（或低量程）Ammomia Salieylate试剂粉枕包。

（4）向两个试剂管中各加入一包高量程（或低量程）Ammomia Cyanurate试剂粉枕包。

（5）盖紧盖子，上下摇晃试剂管使用粉末溶解，计时反应20min。

（6）擦干空白比色皿外壁，插入样品池中，按下零键完成仪器零点校准。

（7）擦干样品比色皿外壁，插入样品池中，按下读数键读取测定结果。

（8）关机。

注：每隔半年用40.0 mg/L的氨氮标准溶液进行仪器曲线的验证，测定结果与标样的差值应不大于1.9 mg/L。

3 仪器重复性与准确度考察

3.1 余氯准确度与重复性考察

循环水样余氯的分析指标范围为0.1~1.0 mg/L，根据生产需要，配制不同浓度的余氯标样进行方法准确度测试，结果见表1。

表1 余氯准确度测试结果

序号	标样浓度/（mg/L）	DR900比色计法			DR6000紫外可见分光光度计法		
		测试结果/（mg/L）	误差/（mg/L）	相对误差/%	测试结果/（mg/L）	误差/（mg/L）	相对误差/%
1	0.05	0.05	0.00	0.00	0.05	0.00	0.00
2	0.50	0.48	0.02	4.00	0.51	0.01	2.00
3	0.90	0.89	0.01	1.11	0.91	0.01	1.11
4	1.50	1.48	0.02	1.33	1.49	0.01	0.67

根据现场样品数据范围，用不同样品进行方法重复性测试，见表2、表3。

表 2　余氯重复性测定结果

仪器	样品名称	测试结果/(mg/L)						平均值/(mg/L)	RSD/%
DR900 比色计法	乙烯循环水	0.03	0.03	0.03	0.03	0.03	0.04	0.03	12.89
	丙烯酸循环水	0.09	0.11	0.11	0.11	0.09	0.11	0.10	9.99
DR6000 紫外可见分光光度计法	乙烯循环水	0.03	0.03	0.03	0.03	0.04	0.03	0.03	12.89
	丙烯酸循环水	0.09	0.11	0.11	0.12	0.09	0.11	0.11	11.66

表 3　余氯重复性测定结果

仪器	样品名称	测试结果/(mg/L)						平均值/(mg/L)	RSD/%
DR900 比色计法	硝酸循环水	0.51	0.47	0.48	0.52	0.49	0.52	0.50	4.29
	三聚循环水	0.91	0.93	0.95	0.91	0.96	0.92	0.93	2.26
	空分循环水	1.52	1.54	1.51	1.5	1.54	1.57	1.53	1.65
DR6000 紫外可见分光光度计法	硝酸循环水	0.52	0.48	0.48	0.51	0.49	0.51	0.50	3.46
	三聚循环水	0.91	0.92	0.93	0.93	0.95	0.96	0.93	1.99
	空分循环水	1.52	1.54	1.51	1.55	1.58	1.56	1.54	1.67

由表 1、表 2、表 3 可看出，用标准样品测试结果相对误差最大为 2.00%，证明准确度符合要求。对于余氯含量较低的现场样品，测试结果重复性测定 RSD%<13.0%，对于余氯含量较高的现场样品，测试结果重复性测定 RSD%<5%，均符合精密度要求。证明此方法准确可靠。

3.2　氨氮准确度与重复性考察

雨排装置进水中氨氮的分析指标范围为≤50.00 mg/L，装置出水中氨氮的分析指标范围为≤ 8.00 mg/L，根据生产需要，配制不同浓度的氨氮标样进行方法准确度测试，结果见表 4。

表 4　氨氮准确度测试结果

序号	标样浓度	DR900 比色计法			DR6000 紫外可见分光光度计法		
		测试结果/(mg/L)	误差/(mg/L)	相对误差/%	测试结果/(mg/L)	误差/(mg/L)	相对误差/%
1	2.00	2.06	0.06	3.00	2.05	0.05	2.50
2	10.00	9.82	0.18	1.80	9.85	0.15	1.50
3	20.00	19.71	0.29	1.45	19.78	0.22	1.10
4	50.00	49.56	0.44	0.88	49.74	0.26	0.52

用低含量样品进行方法重复性测试，结果见表 5。

表5　氨氮重复性测定结果

仪器	样品名称	测试结果/(mg/L)						平均值/(mg/L)	RSD/%
DR900比色计法	样1	2.11	2.19	1.88	1.98	2.02	2.08	2.04	5.30
	样2	8.98	8.61	8.81	8.76	9.05	8.62	8.81	2.06
DR6000紫外可见分光光度计法	样1	2.08	2.16	1.98	1.88	2.01	2.11	2.04	4.96
	样2	8.98	8.68	8.81	8.76	9.01	8.65	8.82	1.71

用高含量样品进行方法重复性测试，结果见表6。

表6　氨氮重复性测定结果

仪器	样品名称	测试结果/(mg/L)						平均值/(mg/L)	RSD/%
DR900比色计法	样3	20.20	19.90	19.80	19.80	20.40	20.50	20.10	1.54
	样4	25.80	25.60	25.50	25.70	25.70	25.50	25.63	0.47
DR6000紫外可见分光光度计法	样3	20.10	19.80	20.00	19.70	19.90	20.30	19.97	1.08
	样4	24.80	24.90	25.00	24.90	24.96	25.10	24.94	0.41

由表4、表5、表6可看出，用标准样品测试结果相对误差最大为3%，用样品进行重复性测试结果低含量样品RSD<6.0%，高含量样品RSD<2.0%，证明此方法准确可靠。

4　分析数据比对

4.1　余氯分析数据的比对

用空分循环水样品进行原测定方法与DR900比色计法、DR6000紫外可见分光光度计法之间的分析数据比对，进行F检验，结果见表7、表8、表9。

表7　余氯不同方法测试数据

序号	分光光度法	DR900光度计法	DR6000紫外可见分光光度计法
1	0.43	0.41	0.41
2	0.42	0.41	0.41
3	0.43	0.40	0.40
4	0.42	0.41	0.41
5	0.42	0.40	0.40
6	0.42	0.41	0.41
7	0.43	0.40	0.40
8	0.41	0.40	0.40
9	0.40	0.42	0.41
10	0.43	0.39	0.40

续表

序号	分光光度法	DR900 光度计法	DR6000 紫外可见分光光度计法
11	0.43	0.40	0.40
12	0.42	0.42	0.41

表 8　数据间差异性 F 检验(原方法与 DR900 比色计法)

	变量 1	变量 2
平均	0.421666667	0.405833333
方差	8.78788E-05	8.10606E-05
观测值	12	12
df	11	11
F	1.08411215	
P(F<=f) 单尾	0.447925319	
F 单尾临界	2.81793047	

表 9　数据间差异性 F 检验(原方法与 DR6000 紫外可见分光光度计法)

	变量 1	变量 2
平均	0.421666667	0.405
方差	8.78788E-05	6.36364E-05
观测值	12	12
df	11	11
F	1.380952381	
P(F<=f) 单尾	0.30078462	
F 单尾临界	2.81793047	

经检验，原方法与 DR900 比色计法测定样品范围数据之间差异性检验值为 1.084，单尾临界值为 2.818；原方法与 DR6000 紫外分光光度计法测定样品范围数据之间差异性检验值为 1.381，单尾临界值为 2.818，F 检验值<F 单尾临界；说明两组数据间不存在显著性差异。

不同方法间数据差异性 F 检验完毕后进行两个方法之间的 t 检验，结果见表 10、表 11、表 12、表 13。

表 10　不同方法测试数据

序号	原方法	DR900 比色计法	DR6000 紫外可见分光光度计法
1	0.93	0.92	0.92
2	0.91	0.92	0.93
3	0.92	0.93	0.93
4	0.91	0.92	0.92
5	0.92	0.93	0.93
6	0.93	0.92	0.92

续表

序号	原方法	DR900 比色计法	DR6000 紫外可见分光光度计法
7	0. 92	0. 92	0. 92
8	0. 93	0. 92	0. 92
9	0. 91	0. 92	0. 93
10	0. 92	0. 93	0. 93
11	0. 93	0. 92	0. 92
12	0. 92	0. 93	0. 93

表 11 双样本等方差假 t 检验(原方法与 DR900 比色计法)

	变量 1	变量 2
平均	0. 920833333	0. 923333333
方差	6. 28788E-05	2. 42424E-05
观测值	12	12
合并方差	4. 35606E-05	
df	22	
t Stat	-0. 927830569	
P(T<=t) 单尾	0. 181781891	
t 单尾临界	1. 717144335	
P(T<=t) 双尾	0. 363563782	
t 双尾临界	2. 073873058	

表 12 双样本等方差假 t 检验(原方法与 DR6000 紫外可见分光光度计法)

	变量 1	变量 2
平均	0. 920833333	0. 925
方差	6. 28788E-05	2. 72727E-05
观测值	12	12
合并方差	4. 50758E-05	
df	22	
t Stat	-1. 52017248	
P(T<=t) 单尾	0. 071355214	
t 单尾临界	1. 717144335	
P(T<=t) 双尾	0. 142710428	
t 双尾临界	2. 073873058	

表 13 双样本等方差假 t 检验(DR900 比色计法与 DR6000 紫外可见分光光度计法)

	变量 1	变量 2
平均	0. 923333333	0. 925
方差	2. 42424E-05	2. 72727E-05

续表

	变量 1	变量 2
观测值	12	12
合并方差	2.57576E-05	
df	22	
t Stat	-0.804399667	
P(T<=t) 单尾	0.214886774	
t 单尾临界	1.717144335	
P(T<=t) 双尾	0.429773547	
t 双尾临界	2.073873058	

经过统计检验，检验值小于查表值，说明在95%置信度水平下，新旧两种方法和两个新方法之间不存在显著差异。

4.2 氨氮两个方法间测定结果的对比

用生活污水泵出口样品进行原测定方法与DR900比色计法、DR6000紫外可见分光光度计法之间的分析数据比对，进行F检验和t检验，结果见表14、表15、表16。

表14 氨氮不同方法测试数据

序号	分光光度法	DR900 光度计法	DR6000 紫外可见分光光度计法
1	8.33	8.38	8.37
2	8.28	8.33	8.33
3	8.28	8.38	8.37
4	8.35	8.33	8.33
5	8.34	8.38	8.38
6	8.35	8.33	8.34
7	8.33	8.38	8.38
8	8.38	8.38	8.37
9	8.32	8.33	8.33
10	8.33	8.39	8.39
11	8.35	8.33	8.33
12	8.29	8.39	8.38

表15 数据间差异性F检验（原方法与DR900比色计法）

	变量 1	变量 2
平均	8.3275	8.360833333
方差	0.000947727	0.000753788
观测值	12	12
df	11	11
F	1.257286432	

续表

	变量 1	变量 2
P(F<=f) 单尾	0.355406158	
F 单尾临界	2.81793047	

表 16 数据间差异性 F 检验(原方法与 DR6000 紫外可见分光光度计法)

	变量 1	变量 2
平均	8.3275	8.358333333
方差	0.000947727	0.000578788
观测值	12	12
df	11	11
F	1.637434555	
P(F<=f) 单尾	0.213157698	
F 单尾临界	2.81793047	

经检验，原方法与 DR900 比色计法测定样品范围数据之间差异性检验值为 1.257，单尾临界值为 2.818；原方法与 DR6000 紫外分光光度计法测定样品范围数据之间差异性检验值为 1.637，单尾临界值为 2.818，F 检验值<F 单尾临界；说明两组数据间不存在显著性差异。

不同方法间数据差异性 F 检验完毕后进行两个方法之间的 t 检验，结果见表 17、表 18、表 19、表 20。

表 17 不同方法测试数据

序号	滴定法	DR900 光度计法	DR6000 紫外可见分光光度计法
1	19.87	19.88	19.89
2	20.21	20.25	20.23
3	19.89	19.92	19.90
4	19.87	19.90	19.92
5	19.82	19.88	19.91
6	19.91	19.96	19.93
7	20.25	20.20	20.18
8	20.01	19.98	19.94
9	19.90	19.92	19.95
10	19.82	19.85	19.88
11	19.84	19.89	19.86
12	20.11	20.08	20.05

表 18 双样本等方差假 t 检验(原方法与 DR900 比色计法)

	变量 1	变量 2
平均	19.95833333	19.97583333
方差	0.022942424	0.017281061

续表

	变量 1	变量 2
观测值	12	12
合并方差	0. 020111742	
df	22	
t Stat	-0. 30226567	
P(T<=t) 单尾	0. 382644359	
t 单尾临界	1. 717144335	
P(T<=t) 双尾	0. 765288718	
t 双尾临界	2. 073873058	

表 19 双样本等方差假 t 检验(原方法与 DR6000 紫外可见分光光度计法)

	变量 1	变量 2
平均	19. 95833333	19. 97
方差	0. 022942424	0. 014418182
观测值	12	12
合并方差	0. 018680303	
df	22	
t Stat	-0. 209088649	
P(T<=t) 单尾	0. 418151483	
t 单尾临界	1. 717144335	
P(T<=t) 双尾	0. 836302966	
t 双尾临界	2. 073873058	

表 20 双样本等方差假 t 检验(DR900 比色计法与 DR6000 紫外可见分光光度计法)

	变量 1	变量 2
平均	19. 97583333	19. 97
方差	0. 017281061	0. 014418182
观测值	12	12
合并方差	0. 015849621	
df	22	
t Stat	0. 113496632	
P(T<=t) 单尾	0. 455333097	
t 单尾临界	1. 717144335	
P(T<=t) 双尾	0. 910666194	
t 双尾临界	2. 073873058	

经过统计检验，检验值小于查表值，说明在 95%置信度水平下，新旧两种方法和两个新方法之间不存在显著差异。

5 结论

(1)DR900比色计、DR6000紫外可见分光光度计因预先存贮了多种测试程序，测量波长范围在190nm到1100nm之间，应用范围宽，可测定余氯、氨氮等多个项目，余氯和氨氮测定相对误差在13%和2%，精密度相对标准偏差在6%和3%，分析准确可靠，可用于水质分析。

(2)使用新方法与原测定方法测定同一样品，结果相比较不存在显著性差异，说明方法间及仪器间均不存在显著差异，两个方法可同时使用。

(3)使用新方法，不再绘制曲线，不用大量配制溶液，减少了试剂用量、废液排放量；余氯的分析时间由原来每个样品分析时间50min降低至10min，氨氮分析时间由原来每个样品分析时间70min降低至30min，缩短分析周期。

(4)简单快捷，易于操作，结果数显直读，员工不需要进行专业培训，零基础入门就可完成任务，减少人工干预，提高实验室工作效率。

参 考 文 献

[1] GB/T 14424—2008 工业循环冷却水中余氯的测定[S].
[2] GB/T 6913—2008 锅炉用水和冷却水分析方法磷酸盐的测定[S].
[3] GB/T 12149—2017 工业循环冷却水和锅炉用水中硅的测定[S].
[4] HJ 537—2009 水质　氨氮的测定　蒸馏-中和滴定法[S].
[5] 刘珍．化验员读本(下册)[M]．北京：化学工业出版社，2003：12.

基于 LIMS 的网络化验室架构

王凤珀，李佳丽，武　奎

（中国石油兰州石化公司质检部，兰州　730060）

摘　要　实验室信息管理系统是通过先进的计算机网络技术、数据存储技术、快速和强大的数据处理技术来对实验室进行全面的管理的软硬件系统。通过实验室信息管理系统的应用，不仅可以完成实验过程的信息化，实验室办公的无纸化以及实验数据的组织、分析、处理、查询，更重要的是可以对实验过程中的质量活动进行控制和管理。

关键词　实验室管理系统　网络管理　数据共享　远程交互

1　前言

随着计算机技术普及网络云共享技术的发展，以及“互联网+”技术的不断推进，以互联网为核心的信息管理系统不断完善，网络实 验室的概念逐渐进入到传统实验室管理领域。实验室管理系统（LIMS）使用计算机网络，以信息化的形式来管理实验室，不仅对实验室的仪器、数据、人员、试剂、耗材以及测试流程更加快捷、方便地管理，还将计算机网络、人机交互、数据共享等结合起来，提高仪器设备利用率和工作效率，实现资源共享本文在分析了兰州石化公司质检部仪器、人员、管理等软硬件条件的基础上，结合实际情况，在 LIMS 的基础上，搭建了网络实验室，实现了分析测试中心的网络管理、数据共享、远程交互等功能。

2　网络实验室总体方案设计

兰州石化公司质检部，有各种高精密、跨学科的大型实验、分析仪器设备，负责整个兰州石化的中控、半成品、成品的分析检验，随着检测业务日渐增多，实验室日常的人工管理、纸质化办公的方式已经不能适应信息化高效办公需求，对仪器、人员、测样、试剂、耗材、检测流程等的日常运营管理未实现网络化。

目前，分析测试中心所有仪器的工作电脑已全部通过内部局域网实现文件管理、打印机共享功能。在此基础上，结合计算机云共享技术，构建网络实验室，网络实验室由实验室管理、远程交互、数据共享三个功能平台组成，如图 1 所示。整个网络实验室的数据安全由权限管理模块来保证，保证根据用户权限等级不同对三大平台进行查看、批准、修改、增加或删除等操作。

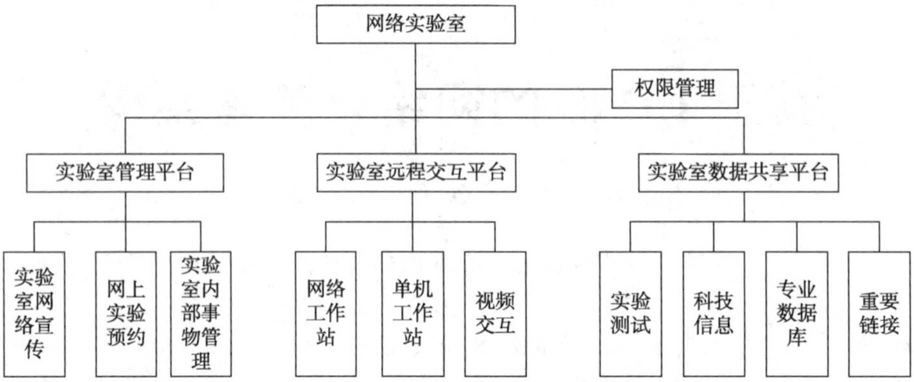

图1 网络实验室架构

3 功能平台构建

3.1 功能管理模块

(1) 数据录入。分为人工录入和自动采集，大部分数据实现以色谱数据上传、在线仪表数据自动采集上传LIMS和人工分析项目的原始记录电子化为主。

(2) 质量管理。运用统计工具将分析数据进行可视化展现(如直方图、趋势图、控制图、散布图等)，高效直观的指导实际生产。数据录入时，右下方会显示一个月该项目的折线图，直观判断数据异常点，设置控制指标，观察指标和考核指标，便于控制样品实物质量；比对功能，抓取在线仪表数据与人工分析结果进行自动比对；流程图功能，显示装置简易流程图并标注采样点位号，便于掌握装置及罐区质与量的关联，有助于生产趋势分析预测和优化调整。

(3) 仪器设备管理。对仪器购置计划、审批、验收、检定、状态、维护和报废进行管理；仪器编号和设备台账的查询功能。对于需到期校检的仪器，提前30天提醒。仪器设备完成采购后，贴上RFID电子标签，并通过RFID读写器，将设备建账所需的信息，写入到电子标签中；通过管理系统，将设备信息写入到数据库中完成设备建账操作。完成此操作后，为后续的设备自动化管理，提供了相应的必要条件。通过使用电子标签，可以保存更为完整的设备相关信息，还可以存储复杂设备的一些帮助信息等。完善的信息为设备的管理和使用提供了更多的便利。

(4) 计量器具管理。建立常规计量器具，如温度计、黏度计的参数校正表，提供数据校正表的输入、修改和版本更新的功能，通过计量器具的编号和相应的校正公式，实现计量器具根据视值来自动计算校正值，原始记录可电子化；该模块还可定制开发，对计量器具的送检、验收、发放、回收、破损等过程进行管理，自动生成到期送检计量器具列表，提供计量器具台账的查询功能。

(5) 材料试剂管理。危险化学品通过扫码进行入库登记，使用人只有进入系统平台扫描二维码才能完成化学药品的申请领用和归还，实现实验室危险化学品使用—归还—闭环信息化管理；物资到货后，库管员进行更新库存批次，设置库存量上下限报警。

（6）多维度统计。根据 LIMS 数据形成产品合格率统计等报表；自动抓取所需数据，形成交接班、日志、周报、月报和台账等信息，可记录当班生产质量情况、分析情况和交班任务等信息。将生产关键点的海量质量数据进行有效提取后，结合生产工艺参数，采用相关高效算法，计算过程能力控制 CPK(过程能力指数)等值，并提供直方图、趋势图、控制图等可视化信息，便于分析质量因素的变化及生产波动，优化生产。

（7）人员管理。在 LIMS 静态数据中，将不同分析方法进行量化配置，并与数据发布者相关联，以便于随时了解员工工作量，掌握分析任务，该功能未与绩效系统关联；员工上下班采用门禁、指纹或面部识别打卡方式。

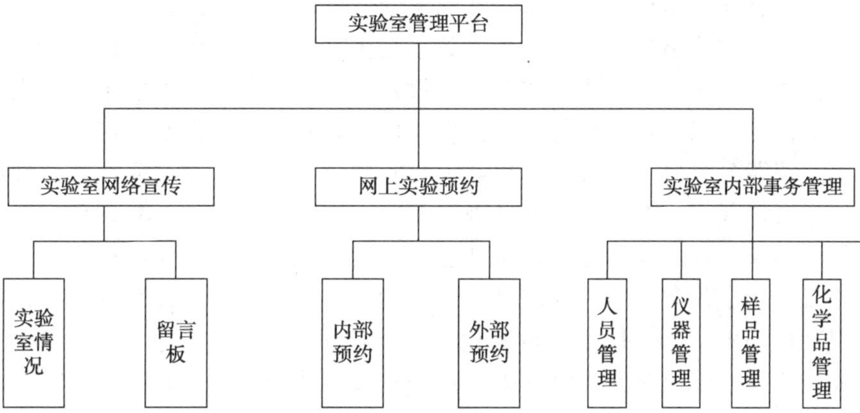

图 2　实验室管理平台

3.2　实验室远程交互平台

兰州石化公司乙烯厂现部署的自动采集系统为 1.0 版本，燃料油部署为 2.0 版本，经过 1 个多月的运行表明，2.0 版本的软件比 1.0 要更加高效稳定，考虑将乙烯化验室的自采系统重新部署。同时，将乙烯剩余 10 余台非色谱类仪器接入 2.0 系统，实现数据上传。通过本次调研分析，发现我公司自主开发的自采系统与国外先进的软件仍存在一定差距，考虑从以下几个方面进行优化升级。

色谱仪器网络化管理。要最大限度地降低数据文件导出的步骤环节，只能通过网络版平台管理软件来实现，因为只有本厂家的软件才可以对数据进行分析处理及导出。平台整合可以有效地降低工作站的使用数量，并且可以有效降低运维成本，方便管理人进行管理及维护，也可有效降低岗位人员数量，提高岗位人员工作效率。

客户端的完善。实验者在做样之前，每次需手动录入规定的样品信息，且不能出错，否则会造成数据无法推送至 LIMS 系统。为降低化验人员出错概率，减少工作量，考虑开发一个小程序，集成在 FTP 客户端软件中，化验人员通过点击复制、粘贴即可实现样品信息的录入功能。该功能仅为初步设想，具体开发细节问题有待斟酌。

平台整合。排查各质检室色谱类仪器软件，是否拥有网络版的工作，将这些仪器进行同平台整合；不具备网络版本的软件的机型利用路由器进行整合(需要放开远程桌面)。

3.3 实验室数据共享平台

样品流转管理。采样任务下达接收后，生成二维码标签，采样人员到达采样点后利用NFC刷卡技术，读取二维码中的样品信息，当信息完全一致是方可进行采样，采样后将样品分拣至各分析岗位；对已分析或未分析的需留存的样品，设置到期提醒功能；实现成品合格证和原材料检验单线上开具、线上审批、线上打印的管理流程。

实验室环境。空调、照明、通风、监控、电源和打卡等设备，所有这些硬件构成了整个实验室的物理环境。智能化的物理环境就是通过手机端扫描、PAD巡航和PC端管理等使这些设备能够根据需求自动做出相应的调整，从而实现设备运行的最优化。

虚拟实验室。基于虚拟仿真技术而产生的数字化仿真系统。在虚拟实验室中，有着跟真实环境一样的实验条件，包括实验室、实验仪器设备和实验材料等。人们可以自主、灵活的模拟操作各种实验仪器，完成各种分析测试任务，评价实验者的操作水平与实际能力。

智能分析仪。智能多组分标准液配制机器人，实现全自动、高效率完成数百种组分混合标准溶液配制、溶液稀释、标准曲线等标准液体配制工作，智能标准样品识别与管理、配液过程信息记录与追溯及远程配液信息管理等功能。智能比色分析仪，通过进样臂将样品和反应试剂加入比色皿中产生化学反应，反应结束后，检测器自动测量透光度并得到相应的吸光度值，充分实现全自动水质分析技术的自动化、智能化、微量化及批量化。全自动移液机，完成样品梯度稀释、移液以及合并等液体处理任务，监测移液模块的状态，保证移液的精确度和准确性。机械臂，有结构紧凑，运动速度快，四通道直流驱控器控制四通电磁阀，可精确控制溶剂比例，多轴电机驱动器控制注射泵吸液、吐液，适用于实验室样品前处理和后处理、称重、配液、加样、移液及水浴等过程。

网络实验室的搭建，将分析测试、实验室管理、数据共享融合在一起，使得实验室的管理网络化，通过互联网可了解实验室的日常运转和工作进程，促进了实验室的自动化运行、数字化管理，提高工作效率，降低运行成本，实现资源的最大化利用，还可保证实验室所有的检测或管理数据、信息均符合相关的质量标准或规范，促进了实验室更好、更正规的发展。

基于模糊 Bow-tie 模型燃气管道泄漏风险的定量分析

衡永宏，王新勇，袁 亮，韩会亮，文江南

（中国石化塔河炼化有限责任公司，新疆库车 842000）

摘 要 为了有效评价燃气管道泄漏事故的风险等级，利用模糊 Bow-tie 模型对燃气管道泄漏事故进行定性、定量分析。分析过程中，首先利用模糊综合评价法计算事故发生的概率；其次利用层次分析法对事故后果进行综合评价；最后运用风险矩阵进行事故风险评价。结果表明：炼厂燃气管道泄漏风险等级属于高风险，应以预防为主，尽量避免事故发生。模糊 Bow-tie 模型通过对事故原因提出预防措施以避免事故发生，同时对事故后果提出控制措施以减轻事故伤害，建立了有效的安全屏障和风险管控。

关键词 炼厂燃气管道泄漏 模糊 Bow-tie 模型 风险评估 三角模糊数 层次分析

Bow-tie 模型是揭示事故原因、安全屏障和可能的事故后果之间因果关系的有效方法[1]，是事故树、事件树和“冰山理论模型”的结合，能够相对完整且能直观地表示事故发生的全过程，并可进行相关定性分析。Bow-tie 分析中的故障树转化为贝叶斯网络，利用贝叶斯网络获得设备的失效概率，通过量化概率实现了燃气管道泄漏的风险量化。风险具有模糊和随机的不确定性，模糊数学[1,2,4]将发生事故可能性的定性描述模糊量化，解决的是模糊性问题，贝叶斯网络[3]将事故可能性概率化，通过在事故严重度指标赋权，解决随机性问题。将 两个理论结合，对炼厂燃气泄漏事故进行定性与定量分析，为炼厂燃气管道泄漏事件分析提供一种更为全面的方法。基于此，通过探究燃气管道泄漏事故原因和可能导致的后果，构建燃气管道泄漏事故树和事件树；进一步构建燃气管道泄漏 Bow-tie 模型；根据模型进行定量分析，分别对事故原因发生概率进行模糊综合评价，对事故结果进行层次分析及风险评价，从而提出 Bow-tie 模型中的预防与控制措施，为燃气管道泄漏事故建立安全屏障。

1 管道泄漏事故分析

1.1 燃气管道泄漏原因分析

燃气泄漏的主要原因：一是设备问题；二是管道腐蚀；三是安装问题；四是瞬间破损。其中设备问题主要是因为安全附件和监测检测失效造成的；管道腐蚀主要有土壤环境异常、防腐层失效、阴极保护失效、涂层问题等；安装问题主要安装质量不足、未按标准施工等方面。在一般露天燃气管道中，瞬间破损主要原因为监管失效和法律道德因素，因此分析瞬间破损原因时预警成功率很低。此外，通过分析了 2017 年山东潍坊日科学“12 • 19”泄漏爆燃事故，2017年中石油天然气输气管道贵州段发生泄漏燃爆等[5]，总结出26个基本事件，以燃气管道泄漏事故作为顶上事件，绘制炼厂燃气泄漏事故树，如图1所示。炼厂燃气泄漏事故树中各个事件符号含义如表1所示。

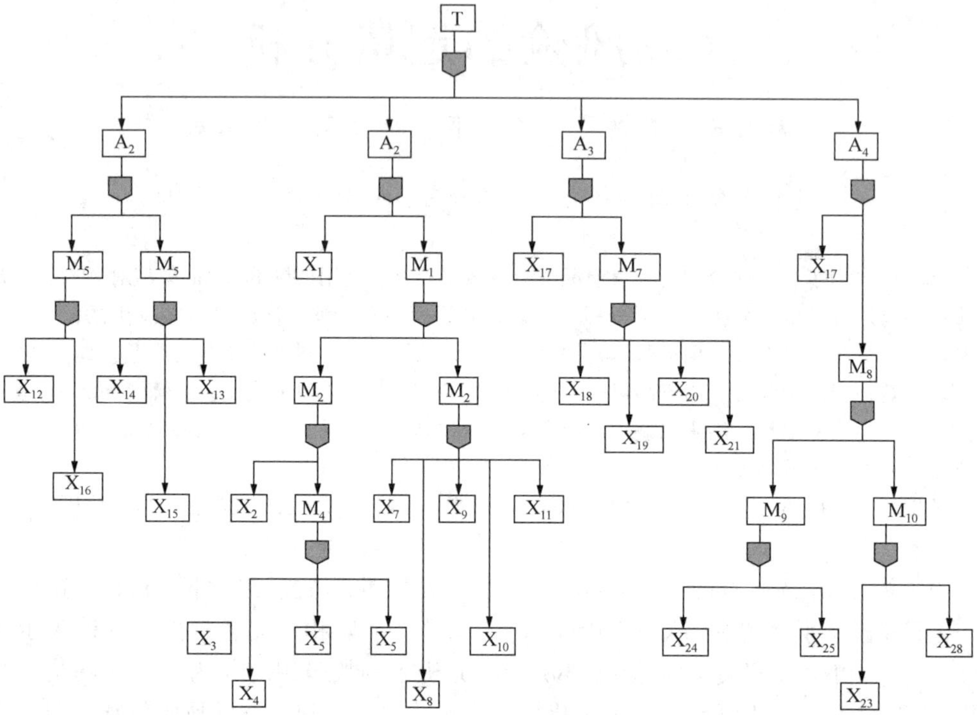

图1 炼厂燃气泄漏事故树

表1 炼厂燃气泄漏事故树中各个事件符号含义

符号	事件名称	三角模糊数	FFR	符号	事件名称	三角模糊数	FFR
T	燃气管道泄漏	—		X_7	存在杂散电流	(0.4，0.5，0.6)	0.005
A_1	管道腐蚀	—		X_8	保护距离小	(0.15，0.25，0.35)	0.0006
A_2	设备问题	—		X_9	保护电位小	(0.4，0.5，0.6)	0.005
A_3	安装问题	—		X_{10}	保护方法不当	(0.25，0.35，0.45)	0.0017
A_4	管道破损	—		X_{11}	保护材料失效	(0.3，0.5，0.4)	0.0029
M_1	土壤环境	—		X_{12}	设备选型不当	(0.15，0.25，0.35)	0.0006
M_2	管道涂层	—		X_{13}	设备老化	(0.4，0.5，0.6)	0.005
M_3	防腐层失效	—		X_{14}	监测失效	(0.25，0.35，0.45)	0.0017
M_4	阴极保护失效	—		X_{15}	检维修不及时	(0.3，0.4，0.5)	0.0029
M_5	安全附件	—		X_{16}	安全附件失效	(0.35，0.45，0.55)	0.0036
M_6	监测检测失效	—		X_{17}	未按标准安装	(0.1，0.2，0.3)	0.0005
M_7	未按标准施工	—		X_{18}	焊接存在问题	(0.3，0.4，0.5)	0.0029

续表

符号	事件名称	三角模糊数	FFR	符号	事件名称	三角模糊数	FFR
M_8	相关监管	—		X_{19}	埋深不足	(0.05, 0.15, 0.25)	0.0002
M_9	法律道德	—		X_{20}	穿跨越不合规	(0.25, 0.35, 0.45)	0.0017
M_{10}	报警检查	—		X_{21}	密封存在问题	(0.2, 0.3, 0.4)	0.0015
X_1	土壤自然因素	(0.6, 0.7, 0.8)	0.0164	X_{22}	自然灾害	(0.7, 0.8, 0.9)	0.0312
X_2	防腐层选择不当	(0.1, 0.2, 0.3)	0.0005	X_{23}	巡检力度不足	(0.2, 0.3, 0.4)	0.0015
X_3	涂层剥离	(0.05, 0.15, 0.25)	0.0002	X_{24}	报警系统失效	(0.25, 0.35, 0.45)	0.0017
X_4	涂层老化	(0.5, 0.6, 0.7)	0.0092	X_{25}	法律因素	(0.1, 0.2, 0.3)	0.0005
X_5	涂层变薄	(0.5, 0.6, 0.7)	0.0092	X_{26}	道德因素	(0.15, 0.25, 0.35)	0.0006
X_6	涂层起泡	(0.05, 0.15, 0.25)	0.0002				

1.2 燃气管道泄漏后的潜在风险分析

燃气管道泄漏会产生许多危害，例如：燃气爆燃产生高温，造成现场起火，使人员受伤或死亡；产生爆炸冲击波，引发燃气连续爆炸，并且可能使硫化氢大量泄漏，大量对人体有伤害的气体；会产生中毒窒息等事故。此外，燃气爆炸还可能破坏系统设备和各种设施，诱发管架坍塌，造成更大灾难。其潜在后果可划分为 4 个等级：无事故、一般事故、重大事故和特别重大事故。建立的燃气管道泄漏爆炸中毒事件树。通过事故树分析探究事故原因，事件树分析研究事故后果，最后借鉴瑞士乳酪模型加入两道安全屏障。根据以上分析。结合 Bow-tie 模型框、事故树和事件树，可以得出燃气管道泄漏事故 Bow-tie 模型，如图 2 所示。

2 燃气管道泄漏模糊 Bow-tie 模型定量分析

2.1 燃气管道泄漏事故原因分析

燃气管道泄漏事故原因分析模糊 Bow-tie 模型是结合了传统的 Bow-tie 模型与处理不确定性问题的模糊理论，并在事故树分析中引入三角模糊数的概念，利用三角模糊数计算出顶上事件发生的模糊概率[6,7]。

2.1.1 专家评价

邀请专家进行基本事件评价所邀请的专家应来自管道研究相关领域，最好是管道腐蚀、设备研究及安装、防火或安全管理等相关领域的专家，同时根据这些专家的经验、研究方向等赋予权重。因此邀请了 2 位中石化安全管理专家对基本事件进行评价，由于 2 位专家资历与研究领域都相近，因此给 2 位专家赋予一样的权重 W=(0.5, 0.5)。

2.1.2 模糊化

评价语集模糊化进行模糊综合评价要构建隶属度函数，三角模糊函数就是其中比较常见的一种，可以表示为：

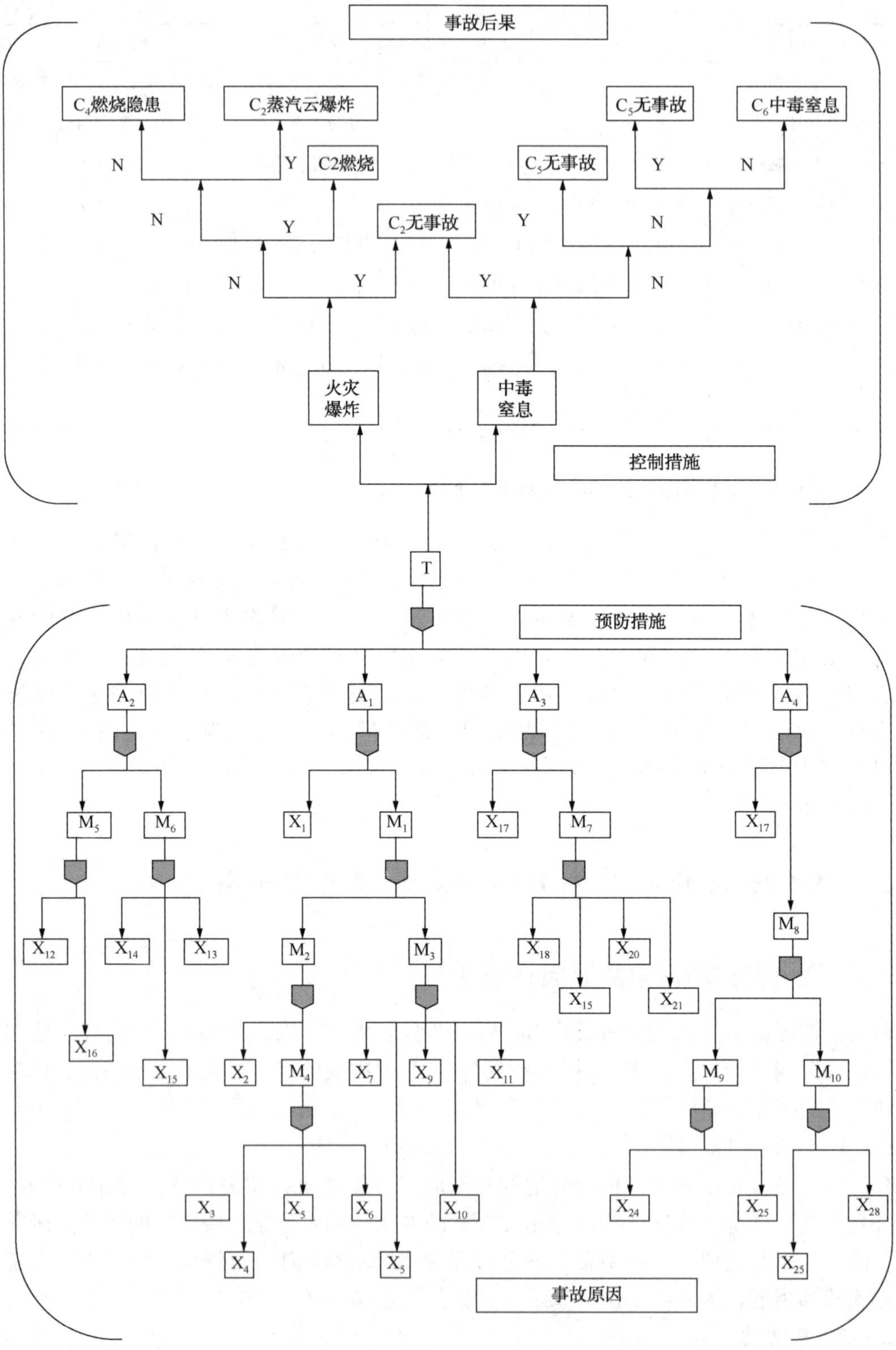

图2　燃气管道泄漏事故 Bow-tie 模型

$$\mu_M(X)=\begin{cases}(x-a)/(b-a), & a\leqslant x\leqslant b\\(c-x)/(c-b), & b<x\leqslant c\\0, & 其他\end{cases} \tag{1}$$

式中，M 为指定论域 x 上的模糊数集；$\mu_M(X)$ 为 x 对模糊数集 M 的隶属度函数；a 为三角模糊数的下限；b 为三角模糊数里最可能的值；c 为三角模糊数的上限。所以模糊数可以表示为 $M=(a, b, c)$。如表 2 所示，事件发生概率被划分为 5 个等级把专家们对每个基本事件的评价性语言转化为对应的三角模糊数。

表 2　评价语言集与三角模糊数对照

评价语言集	三角模糊数	评价语言集	三角模糊数
非常低	(0, 0.1, 0.2)	较高	(0.6, 0.7, 0.8)
较低	(0.2, 0.3, 0.4)	非常高	(0.8, 0.9, 1.0)
中等	(0.4, 0.5, 0.6)		

2.1.3　模糊数聚合

模糊数聚合(FPS)在得到专家们的评价结果后，还需要将每个事件的三角模糊数进行合并，即模糊数聚合[8]，这里采用的是加权平均法：

$$\widetilde{M}_n=\frac{\sum_{m=0}^{p}W_m\widetilde{M}_{nm}}{\sum_{m=0}^{p}W_m} \tag{2}$$

式中：$\widetilde{M}_n$ 为模糊数聚合后，第 n 个基本事件的模糊总数；W_m 为第 m 个专家的权重因子；$\widetilde{M}_{nm}$ 是第 m 个专家为第 n 个基本事件分配的模糊数；$n=1, 2, \cdots, n$；$m=1, 2, \cdots, p$；n 为基本事件数目；p 为专家个数。

2.1.4　去模糊化

去模糊化所有的基本事件评价都是三角模糊数，为了方便分析，需要将三角模糊数转化为一个确定值，较为常见的有最大最小集合法[9]和加权平均法，这里采用前者：

$$F_M=[F_{MR}+1-F_{ML}]/2 \tag{3}$$

$$F_{MR}=\frac{sup}{x}[F_M(x)\wedge F_{\max}(x)] \tag{4}$$

$$F_{ML}=\frac{sup}{x}[F_M(x)\wedge F_{\min}(x)] \tag{5}$$

$$F_{\max}(x)=\begin{cases}x, & 0\leqslant x\leqslant 1\\0, & 其他\end{cases} \tag{6}$$

$$F_{\min}(x)=\begin{cases}1-x, & 0\leqslant x\leqslant 1\\0, & 其他\end{cases} \tag{7}$$

式中，F_M 为模糊数 M 的模糊概率；F_{ML} 为模糊数 M 的左模糊概率；F_{MR} 为模糊数 M 的右模糊概率；F_{max} 为最大模糊集；F_{min} 为最小模糊集；sup 为取上确限。

2.1.5　模糊失效概率

模糊失效概率基本事件的发生概率由真实概率和模糊概率组成，为保证两者的一致性，需要将两者转化为模糊失效概率。转化公式如式(8)所示，其中 F 为模糊失效概率：

$$F = \begin{cases} 1/(10^k), & F_M \neq 0 \\ 0, & F_M = 0 \end{cases} \tag{8}$$

式中　$k = 2.301[(1-F_M)/F_M]^{1/3}$，由式(2~8)可以计算得到每个基本事件的模糊总数及模糊失效概率，计算结果如表 1 所示。由表 1 可以计算出事故树的顶上事件的概率为 2.47%，即燃气爆炸事故发生的概率为 2.47%。

2.2　燃气管道泄漏事故后果评价

首先根据 Bow-tie 模型中事故后果部分构建层次结构，从人员、声誉、经济和环境等层面去分析燃气爆炸所带来的后果，将燃气爆炸后果作为目标层构建层次结构模型，得到事故后果影响程度的排序。

2.2.1　建立“燃气泄漏后果”递阶层次结构模型

构建“燃气泄漏后果”递阶层次结构模型共分为 3 层，分别是目标层、准则层和指标层，如图 3 所示。

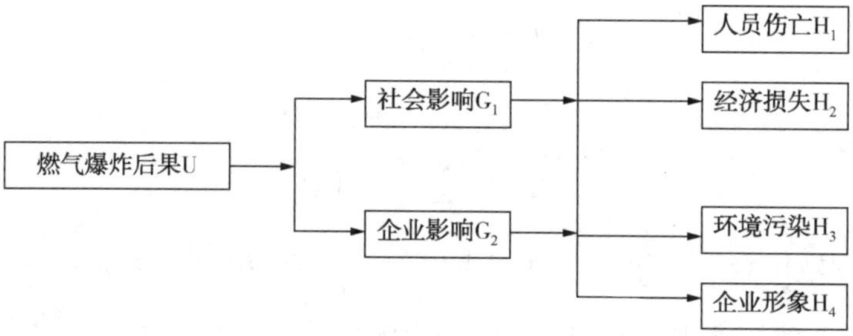

图 3　“燃气泄漏后果”递阶层次

2.2.2　构造判断矩阵

构造判断矩阵分别构造“燃气泄漏后果”判断矩阵 U-G“社会影响”判断矩阵 G_1-H 和“企业影响”判断矩阵 G_2-H。

$$U = \begin{bmatrix} 1 & 5 \\ 1/5 & 1 \end{bmatrix} \quad G_1 = \begin{bmatrix} 1 & 4 & 8 & 5 \\ \frac{1}{4} & 1 & 5 & 1 \\ \frac{1}{8} & \frac{1}{5} & 1 & \frac{1}{3} \\ \frac{1}{5} & 1 & 3 & 1 \end{bmatrix} \quad G_2 = \begin{bmatrix} 1 & 5 & 5 & 7 \\ \frac{1}{5} & 1 & 1 & 5 \\ \frac{1}{5} & 1 & 1 & 5 \\ \frac{1}{7} & \frac{1}{5} & \frac{1}{5} & 1 \end{bmatrix}$$

2.2.3　层次排序及其一致性检验

通过 Matlab 进行矩阵计算，得出 3 个判断矩阵 3 的权重向量，以及一致性检验情况如下：

$$Cr_{U-G} = [\overrightarrow{UG}]^T = 0 < 0.1$$

$$Cr_{G_1-H} = [\overrightarrow{G_1H}]^T = 0.0361 < 0.1$$

$$Cr_{G_2-H} = [\overrightarrow{G_2H}]^T = 0.0773 < 0.1$$

由层次单排序可以得出燃气泄漏后果层次总排序的权重向量为：

$$Cr = [0.6154, 0.1801, 0.0715, 0.1329]^T = 0.0668<0.1$$

2.2.4 综合评价

由表 2 可以看出，燃气泄漏对人员伤亡影响最严重，其次是经济、环境污染，最后才是形象。因此燃气爆炸事故综合评价得分为：

$$S = 0.6154\,H_1,\ 0.1801\,H_2,\ 0.0715\,H_3,\ 0.1329\,H_4 \tag{9}$$

由式(9)计算得到燃气爆炸事故综合评价得分为 4.2365。

2.3 燃气管道泄漏事故风险评估

根据模糊综合评价已求得燃气爆炸发生概率为 2.47%，炼厂燃气泄漏事故的发生概率划分风险等级为 A 级。结合根据中国石化安全风险矩阵[10]建立炼厂燃气泄漏事故的风险矩阵图，如表 3 所示。其中黑色区域代表高风险区，是难以接受的；灰色区域代表中风险区，是可以通过相关措施进行预防控制的；白色区域代表低风险区，是可接受的。

表 3 炼厂燃气泄漏事故的风险矩阵

事故后果等级	事故发生概率			
	D	C	B	A
Ⅰ				
Ⅱ				
Ⅲ				
Ⅳ				

根据层次分析和模糊综合评价可以得到燃气泄漏后果综合评价得分为 4.2365，属于燃气爆炸后果Ⅲ级，而事故发生概率为 A 级，所以燃气爆炸风险等级属于高风险区域，是难以接受的。现实中燃气泄漏会造成严重的人员伤亡与严重的财物损失，如果发生，后果极其严重，这与评价结果为高风险相符合，所以炼厂燃气爆炸主要以预防为主，尽量避免此类事故发生。

3 根据模糊 Bow-tie 模型定量分析需采取的对策与措施

通过 Bow-tie 模型分析燃气泄漏事故原因和事故后果，最后针对原因和后果分析提出对应的预防和控制措施，建立安全屏障，避免事故发生，同时减轻事故造成的后果，达到燃气泄漏事故分析的最终目的。并可采取以下措施来预防燃气泄漏事故的发生。

3.1 预防措施

(1) 防止管道腐蚀。优化管道检测，防止管道处于长期腐蚀状态，必须定期开展管道测厚工作，同时要保证燃气管道在出现减薄管段时可随时进行更换，避免造成腐蚀泄漏。还应该及时对管道内外壁衬胶进行检查检测，运用科学手段应对管道腐蚀问题。实时监测土壤环境，避免湿度、温度对管道的异常影响，减少散杂电流存在，尽量采用电极保护法控制腐蚀速率。

（2）正确选型、优化设备安装。严格控制设备选型，使用抗腐蚀、抗老化素材等。规范燃气管道的安装，按照标准严格执行，设备安装选型要符合《燃气管道选型安装》的相关规定。

（3）加强员工安全意识。由模糊综合评价可以看出，因为巡检不足发生的概率比较高，以及因为违规操作不当发生的事故也比较常见。主要是因为员工缺乏安全意识，责任心不强，因此要加强对员工的安全意识培养，可以通过安全讲话、安全培训及安全标语宣传等方式进行加强。同时还要完善制度，加强安全管理执行力，杜绝违章事故的出现。

3.2 控制措施

如果预防措施未起到作用而导致燃气爆炸事故发生，则应通过控制措施去尽力降低事故带来的伤害，及时发现事故原因并立即按照应急预案处理。通过对炼厂燃气爆炸模糊 Bow-tie 模型的事故后果细化分析，可采取沟通和上报，进行人员营救，减少人员伤亡；及时维修设备，降低经济损失；及时对燃气爆炸事故造成的环境问题进行处理，减轻环境污染程度；及时成立调查组，汇报事故调查结果并向社会公布，对伤亡人员进行有效补偿等措施来降低燃气爆炸事故的损害程度。

4 结论

综合运用 Bow-tie 模型结合事故、事件树对炼厂燃气泄漏事故进行了深入全面分析。相较于单一的事故、事件树分析，Bow-tie 模型更加全面、直观地揭示了事故原因及结果，定性分析的同时也为定量分析打好了基础提供了一种新的方法。传统 Bow-tie 模型引入三角模糊数后，避免了预测过程中专家打分带来的偶然性及主观性。同时三角模糊数也解决了炼厂燃气泄漏事故中数据的不确定性，使很多难以量化的变量实现了从定性到定量的转变，为日后炼厂燃气泄漏事故的研究、预防等提供了定量化数据。模糊 Bow-tie 模型分析，不仅仅可以找出事故发生的原因及可能造成的后果，更重要的是根据事故原因和事故后果建立起的安全屏障，这些预防和控制措施有利于防止同类事故发生。

参 考 文 献

[1] CUI Wengang, FAN Houming, YAO Qian, et al. Risk analysis on oil spill in berthing and handling operation of oil tanker based on fuzzy Bowtie model[J]. Journal of Safety Science and Technology, 2016, 12(12): 92-98.

[2] HUXianwei, UAN Menglan, UAN Yaohua. Quantitative risk assessment of deepwater submarine pipeline based on fuzzy Bowtie model[J]. China Safety Science Journal, 2012, 22(3): 128-133.

[3] YAN Fang, XU Kaili, YAO Xiwen, et al. Analysis of biomass gasification poisoning accidents based on BN-Bowtie[J]. Journal of Northeastern University: Natural Science, 2015, 36(3): 437-441.

[4] YU Xiaochun, JIA Pengmei, ZHANG Xing. Quantitative risk assessment of urban gas pipeline leakage based on fuzzy Bowtie model[J]. Natural Gas Industry, 2013, 33 (7): 134-139.

[5] 章博. 高含硫天然气集输管道腐蚀与泄漏定量风险研究[D]. 中国石油大学, 2010.

[6] 单亚飞，刘树存，王继仁．基于模糊数的煤矿燃气爆炸事故树分析[J]．阜新矿业学院学报(自然科学版)，1996(4)：12-15.
[7] 周步壮，杨胜强，张坤．三角模糊数—层次分析法在突出危险性预测中的应用研究[J]．煤炭技术，2018，37(4)：170-172.
[8] CLEMENR T，WINKLER R L. Combing probability distribution from experts in risk analysis[J]. Risk Analysis，1999，19(2)：187-203.
[9] CHEN S J，HWANG C L，HWANG F P. Fuzzy multiple attribute decision making：methods and applications[M]. Berlin：Springer Berlin Heidelberg，1992：138-150.
[10] 万古军．基于风险值的中国石化安全风险量化分级管控[J]．安全、健康和环境，2018，18(01)：40-43.

数字智能化时代能源化工企业应对策略研究

王德亮，孙　巍，马　莉，林梦蕾

（中国石化经济技术研究院，北京　100029）

摘　要　数字智能化成为能源化工行业面临的新发展态势，深入推进“两化”融合，实现智慧油田、智慧炼厂等建设成为企业信息化发展的重点工作。本文从数字智能化转型的影响、能源化工的实践入手，分析整理了面对数字智能化，能源化工企业应关注的三个关键问题，具体为数字资产如何管理、管理模式如何创新、技术创新如何突破，并在此基础上从顶层设计、业务数字化、技术合作创新、人才培养等方面，综合提出了数字智能化时代能源化工企业应对策略。

关键词　数字智能化　能源化工　策略　数字资产　数字化转型

21世纪以来，全球科技创新进入空前密集活跃期，以网络化、数字化和智能化为核心特征的新一轮科技革命和产业变革正在重构全球创新版图、重塑全球经济结构[1]。以清洁高效可持续为目标的能源技术和融合数字化、智能化的先进制造技术正在加速推进能源化工产业向服务化、绿色化、低碳化转型[2, 3]。能源化工行业的数字智能化转型升级已然成为行业高质量发展以及投资能源化工行业的确定方向和绝佳机会[4, 5]。

为推动能源化工行业与新一代信息技术的深度融合，行业企业积极探索实践，推动企业数字智能化转型升级[4, 6]。目前，信息技术在能源化工行业的应用场景日益丰富，促进了企业生产、设备、环保等管理的智能化水平的提升[7]。但是，信息技术的应用同时带来了诸多挑战，如何深入分析影响把握机遇并更好应对挑战成为行业的困扰。本文从数字智能化对能源化工行业的影响分析入手，总结分析了能源化工企业数字智能化过程中应关注的关键问题及应对策略，为解决困扰行业和企业发展的问题提供参考建议。

1　数字智能化转型影响及实践

近年来，随着发达国家纷纷实施“再工业化”战略，数字智能化转型逐步成为制造业发展的重要趋势。国内而言，在经济形态转变、疫情催化、新型基础设施建设推动等多重因素驱动下，我国企业数字智能化转型的实践将进一步加速深化。

1.1　数字智能化转型影响

数字智能化重塑发展格局。数字浪潮下，数据对其他要素资源具有乘数作用，正在变为生产力，数据资源正成为经济系统中最重要的经济资源。据华为发布的报告《数字溢出，衡量数字经济真正影响力》统计，过去30年，数字技术投资的平均回报是非数字技术的6.7倍。

企业传统的比较优势被弱化，数字智能化转型逐步成为企业新的比较优势。与传统企业相比，数字智能化企业通过数据驱动组织实现“以客户为中心”的核心能力建设，实现企业运行管理的敏捷、精益、智慧和柔性，从而改变全球制造业分工格局，重塑价值链，削弱发展中国家的劳动力成本优势。

1.2 能源化工企业数字智能化转型实践成果

国内外能源化工企业积极关注新一代信息技术，探索拓展应用场景，驱动自身转型升级和可持续发展，其数字智能化转型发展实践集中在传统业务的降本增效和新业务领域的拓展两方面[4, 5]。

1.2.1 数字智能化助力传统业务挖潜、降本、增效

数字智能化可将复杂流程简单化、自动化，实现降本增效[8]。超级计算机被用来提高地震成像和地质建模的准确性，BP 和壳牌通过部署大量传感器来减少油田生产用工和实现实时监控。上游领域，摩根大通预估数字化转型可带来约 3000 亿美元的潜在的成本节约。炼化领域，BNEF 估计数字技术可通过优化设备运行维护、减少操作错误、提高安全性，降低 11.5%的运营成本。

数字智能化被用作提高市场占有率的手段。埃森哲预测，在分布式能源智能化生产与接入、新型储能技术和能源交易平台三种新锐力量的推动下，到 2030 年中国市场新能源企业的增长能力和市场份额都将超过传统能源企业，而能源服务企业和跨界企业也将凭借能源互联网领域带来的新增长点迅速崛起，甚至赶超传统油气企业。

数字智能化用来优化延伸企业价值链。埃克森美孚通过建立全球油品移动系统对供应链系统进行优化；巴斯夫利用数字技术对供应链系统进行优化，实现主动信息管理，来提高客户响应能力和交付可靠性，增进客户、供应商以及战略合作伙伴的密切关系，促成可持续的业务增长。

1.2.2 数字手段孵化出新业务、新模式、新机遇

数字手段支撑油气企业拓展新业务。利用行业技术和数据的优势，斯伦贝谢、哈里伯顿等为成员企业提供开放共享的云平台，加速了勘探开发行业内的创新。

数字时代新模式层出不穷。油气交易方面，BP、壳牌和 Equinor 等大型石油公司的 VAKT、komgo SA 平台推动了油气交易电子化；新材料领域，世界经济论坛预计到 2025 年，数字化将为全球化工材料行业带来的经济收益达 3100 亿~5500 亿美元。

数字智能化催生新机遇。数字平台 Vakt 一旦全面投入运营可能会在贸易后解决方案中削减高达 40%的成本。加密数字法币已经进入市场。巴斯夫目前已建立了 50 多种数字商业模式，为客户提供前所未有互动体验的同时，获得了新的收益。

2 能源化工企业数字智能化过程中应关注的关键问题

中国石化、中国海油、中化集团等企业积极推进企业数字化生产运营，布局数字智能化建设[6, 9]。整体看，目前国内数字化技术在油气勘探开发领域应用和创新较多，中间贸易环节的应用正在起步，在下游环节的应用有限。在我国石化工业进入工业化后期发展阶段的大背景下，推动能源化工企业数字化转型仍面临诸多挑战，需针对关键问题展开思考、讨论与规划，下面从数字资产管理、管理模式变革和技术引进创新三个方面进行了探讨。

2.1 数字资产管理

兼顾数字资产的成本与收益存在挑战。数字智能化需大规模持续化投入，但投资回报难以界定，与传统可预期项目的投资平衡方面比较难以判断。持续大规模的资金投入，在较短时间内确实能取得硬件建设方面的进步，但后续面临智慧化运营与生产运营经验冲突的挑战。与任何其他商业转型一样，数字化转型的价值需随着时间的推移才能体现出来。

数字资产的本质安全难以绝对保障。通过数字化技术，对勘探开发、炼化设备运维管理等海量数据进行机器识别和学习，可帮助提高地质勘探的决策效率，预测炼化设备保养周期和实时监测预警异常故障[10]。业务流程数字化利于降本增效，大数据分析成为企业数字化最需具备的能力。但是，与服务型企业相比，化工企业包括研发、新产品、计划、生产、供应链、客户诸多环节，产业链长，相关数据多且复杂，企业内外相关数据的整合难度大。并且，由于工艺路线、生产模式各不相同，数字化的需求也存在很大差异，标准建立较为困难，数据资产的本质安全成为关注的重点方面。

企业数字智能化发展存在不均衡问题。受地域、人才、信息化投入等多因素影响，行业相关的油田、炼化等企业数字智能化水平参差不齐，数字智能化工业应用乘数效应较难统筹实现[5]。

2.2 管理模式变革

业务数字化与数字业务化融合需求造成人才的结构性短缺。首先，信息与业务部门融合面临组织管理方式的制约。其次，数字化人才的专业背景集中在计算机科学、软件课程、电气和电子工程等领域，既具备流程工业背景又具备信息技术知识的人才短缺问题严重。人才结构性短期也会造成新技术应用滞后的问题。

数字智能化过程中，新机遇与风险并存。数字时代，通过价值链的数字化，可对上下游产业链上的价值进行充分挖掘，通过较强的要素资源整合集聚能力实现价值链的延伸，在新赛道中抢占先机。但是，新机遇的有效发挥需配合组织管理模式的调整，这必定会动摇和颠覆现有的组织结构和根深蒂固的思想，与组织现有管理经验的不符成为现在及未来存在的风险因素。

2.3 技术引进创新

数字智能化领域存在“卡脖子”技术。中美科技脱钩加大了工业软件卡脖子风险。计划优化软件 PIMS、调度优化软件 ORION、流程模拟软件 Aspen、实施信息管理系统 LIMS、工业设计软件 CAD 等软件均为欧美国家产品，且大部分为美国产品。据统计，智能炼厂 12 大核心支撑软件中 90%以上存在卡脖子风险。并且，基于软件建立起的平台数据、运行操作经验等均对后进入者形成了较大技术、数据壁垒，国产化道路将异常艰辛。

竞争对手及潜在竞争对手逐步多维化。短短数年，汽车电动化对传统油气消费形成了部分替代；能链集团构建了覆盖 1700 余城市的油电一体出行能源服务网络，连接了 2 万余座加油站和 40 万余根充电桩。互联网平台企业或数字服务提供商能够快速在传统行业中延伸影响力，并且其成长速度较快与颠覆性较强，扰动传统市场竞争格局。

3 数字时代能源化工企业的应对策略

针对能源化工企业业务数字智能化发展需要，结合数字智能化的影响实践和关键核心问题，相关应对策略综合如下。

3.1 顶层设计，推动组织变革，适配数字化要求

把握数字智能化的工具属性。新一代信息化技术是服务公司业务发展的工具，在顶层设计过程中，要时刻围绕业务发展需要中心，完善数字智能化的战略方向，避免为了数字智能化而数字智能化的困境。

顶层设计下推进战略引领。顶层设计和前瞻布局尤为重要，一个具前瞻性、系统性、适宜性的战略是数字化转型成功的前提。在数字智能化战略引领下，制定层级规划目标，根据规划目标，统筹信息化投入分配，梯次完善数字智能化基础设施建设。

统筹联动，完善数字智能化组织建设。成立数字化领导小组，统筹协调，审议数字化技术创新和应用领域的重大任务、重大政策、重大问题和重点工作安排，指导、协调和督促相关部门做好规划任务的部署实施。

3.2 高效增值，做活数字资产，深挖降本增效潜力

稳步推进数字智能化建设，提升数字化覆盖率。在纵向集成方面，实现管理系统与控制系统的有效集成、数据信息的集成共享。在横向集成方面，推动原材料采购、生产制造过程、物流仓储产供销产业链一体化，实现产品可追溯、制造过程可监控、效益可实时计算的目标。

注重存量和增量资产的数字化。对新建炼厂，从规划设计到建设投产阶段均应注重数字智能化应用，注入数字智能化基因，打造起点高、竞争强的新一代智慧炼厂。同时，注重数字智能化解决方案的乘数效应，在存量资产中推广数字智能化改造，提升总体智能化水平。

实现数字资产投资与实体项目资产投资的动态平衡。数字资产的投入需兼顾效益与战略，同时需考虑企业实际情况，对信息化条件不足的企业，适当减少数字智能化投入，应从实体资产的优化开展加大投入；对数字化基础良好的企业，在保障产业竞争地位的基础上，应持续加大数字智能化投入，为将其打造成国际领先的智能制造企业奠定有力基础。

3.3 赋能员工，推动业务革新，打造关键人才队伍

通过平台化手段，实现信息部门、业务部门人才的交流，打通产业链上下游交流壁垒，赋能员工创新挖潜价值链增效潜力。数字智能化人才数量与质量是决定产业组织在智能化建设竞争地位的决定性因素，人才队伍规划、系统内人才队伍梯次建设与培养至关重要。

重视人才激励，完善基层人才管理的灵活性。信息化人才与业务数字化过程之中参与的业务人员同样重要，当业务人员提供业务知识，额外增加工作时，要适当提高其补贴，以此激励其为业务数字化贡献亟须的聪明才智。

3.4 强强联合，推动战略合作，借力要素整合发展

搭建石化行业工业互联网生态建设平台。与国内外信息科技领先企业、高校、科研院所或创业团队加强战略合作，共建数字化能源化工科技合作基地、联合实验室或创新中心，加快推广应用，构建具有乘数效应的石化行业工业互联网生态平台。

重视系统创新。国内工业软件开发面临投资高、协同应用难等问题，但突破壁垒、实现国产化势在必行。能源化工企业应把握好消化、吸收、转化与自主创新的关系，提前夯实完善智能化基础知识产权的布局，防患于未然。

4 结论

当今世界，数字技术发展迅猛，有效拓展了能源化工行业生产可能性边界。整体而言，能源化工公司立足实际和业务优势，深入分析自身数字资产管理、管理模式以及技术等方面的优势与不足，稳步推进顶层设计、业务数字化、人才培养、技术创新等工作，选好突破口，加快数字化转型，机遇大于挑战。

参 考 文 献

[1] 本刊综合报道．习近平：努力成为世界主要科学中心和创新高地[J]．中国科技产业，2018，06：8-9.
[2] 杨雷，金之钧．能源转型向“五化” [J]．中国石油石化，2020，11：12-15.
[3] 金之钧，白振瑞，杨雷．能源发展趋势与能源科技发展方向的几点思考[J]．中国科学院院刊，2020，35(05)：576-582.
[4] 张玉卓．以数字化转型促进能源化工产业高质量发展[J]．中国产经，2021，02：58-60.
[5] 本刊编辑部．2020 化工行业数字化转型现状报告[J]．流程工业，2020，09：13-16.
[6] 吴青．新态势下的炼化企业数字化转型——从数字炼化走向智慧炼化[J]．化工进展，2018，37(06)：2140-2146.
[7] 梁慧．油气公司倾情数字化革命[J]．中国石化，2018，10：66-69.
[8] 杨金华，邱茂鑫，郝宏娜，等．智能化——油气工业发展大趋势 [J]．石油科技论坛，2016，35(06)：36-42.
[9] 李德芳，索寒生．加快智能工厂进程，促进生态文明建设[J]．化工学报，2014，65(02)：374-380.
[10] 吉旭，党亚固，周利，等．化学工业多尺度融合的智能制造模式——互联化工[J]．化工进展，2020，39(08)：2927-2936.